国家重点档案专项资金资助项目

抗日战争档案汇编

抗战时期扩修梁山机场档案汇编

1

重庆市梁平区档案馆　编

五洲传播出版社

图书在版编目（CIP）数据

抗战时期扩修梁山机场档案汇编 / 重庆市梁平区档案馆编 . -- 北京 : 五洲传播出版社 , 2024. 8. -- (抗日战争档案汇编). -- ISBN 978-7-5085-5170-8

Ⅰ . V351

中国国家版本馆 CIP 数据核字第 2024FR3689 号

抗战时期扩修梁山机场档案汇编（全二册）

编　　者： 重庆市梁平区档案馆
出 版 人： 关　宏
责任编辑： 苏　谦
装帧设计： 北京禾风雅艺文化发展有限公司
出版发行： 五洲传播出版社
地　　址： 北京市海淀区北三环中路31号生产力大楼B座6层
邮　　编： 100088
电　　话： 010-82005927，82007837
网　　址： www.cicc.org.cn, www.thatsbooks.com
印　　刷： 天津艺嘉印刷科技有限公司
版　　次： 2025年6月第1版第1次印刷
开　　本： 210mm × 285mm
印　　张： 71.5
定　　价： 1150.00元

抗日战争档案汇编编纂出版工作组织机构

编纂出版工作领导小组

组　长　王绍忠

副组长　高　嵌　李洁鸿　林振义

编纂委员会

主　任　王绍忠

副主任　李洁鸿

顾　问　杨冬权　李明华　陆国强

成　员（按姓氏笔画为序排列）

王　宇　王　放　王海燕　方　旭　甘自强　田　红

田　峰　田富祥　代年云　白晓军　冯建华　伍　英

刘晓阳　孙秀梅　孙建军　苏雨新　苏树增　杜昕昱

李　军　李　晶　李世华　李宝玲　李莉娜　李海蓉

李家成　杨文丰　杨智友　谷　磊　张　军　张向军

张军勇　张秀丽　陆和兰　陈念芜　陈熙满　欧阳春

罗先东　周向阳　郑泽隆　赵舒龙　胡　勇　姜若宁

姚永军　聂文胜　夏　红　顾　俊　徐未晚　高建舟

常建宏　梁克昌　蒋宏灵　喻在岗　焦东华　童　鹿

曾德亚　谭荣鹏　潘　勇

编纂出版工作领导小组办公室

主　任　李莉娜

副主任　贾　坤　沈　岚

成　员（按姓氏笔画为序排列）

朱召师　李　宁　汪海涛　董书婷

《抗战时期扩修梁山机场档案汇编》编委会

总序

为深入贯彻落实习近平总书记「让历史说话，用史实发言，深入开展中国人民抗日战争研究」的重要指示精神，国家档案局根据《全国档案事业发展「十三五」规划纲要》和《「十三五」时期国家重点档案保护与开发工作总体规划》的有关安排，决定全面系统地整理全国各级综合档案馆馆藏抗战档案，编纂出版《抗日战争档案汇编》（以下简称《汇编》）。

中国人民抗日战争是近代以来中国反抗外敌入侵第一次取得完全胜利的民族解放战争，开辟了中华民族伟大复兴的光明前景。这一伟大胜利，也是中国人民为世界反法西斯战争胜利、维护世界和平作出的重大贡献。加强中国人民抗日战争研究，具有重要的历史意义和现实意义。

全国各级档案馆保存的抗战档案，数量众多，内容丰富，全面记录了中国人民抗日战争的艰辛历程，是研究抗战历史的珍贵史料。一直以来，全国各级档案馆十分重视抗战档案的开发利用，陆续出版公布了一大批抗战档案，对揭露日本帝国主义侵华罪行，讴歌中华儿女勠力同心、不屈不挠抗击侵略的伟大壮举，弘扬伟大的抗战精神，引导正确的历史认知，发挥了积极作用。特别是国家档案局组织有关方面共同努力和积极推动，「南京大屠杀档案」被联合国教科文组织评选为「世界记忆遗产」，列入《世界记忆名录》，捍卫了历史真相，在国际上产生了广泛而深远的影响。

全国各级档案馆馆藏抗战档案开发利用工作虽然取得了一定的成果，但是，在档案信息资源开发的系统性和深入性方面仍显不足。正如习近平总书记所指出的：「同中国人民抗日战争的历史地位和历史意义相比，同这场战争对中华民族和世界的影响相比，我们的抗战研究还远远不够，要继续进行深入系统的研究。」「抗战研究要深入，就要更多通过档案、资料、事实、当事人证词等各种人证、物证来说话。要加强资料收集和整理这一基础性工作，全面整理我国各地抗战档案、照片、资料、实物等……」

国家档案局组织编纂《汇编》，对全国各级档案馆馆藏抗战档案进行深入系统地开发，是档案部门贯彻落实习近平总书记重要指示精神，推动深入开展中国人民抗日战争研究的一项重要举措。本书的编纂力图准确把握中国人民抗日战争的历史进程、主流和本质，用详实的档案全面反映一九三一年九一八事变后十四年抗战的全过程，反映中国共产党在抗日战争中的中流砥柱作用以及中国人民抗日战争在世界反法西斯战争中的重要地位，反映国共两党「兄弟阋于墙，外御其侮」进行合作抗战、共同捍卫民族尊严的历史，反映各民族、各阶层及海外华侨共同参与抗战的壮举，展现中国人民抗日战争的伟大意义，以历史档案揭露日本侵华暴行，揭示日本军国主义反人类、反和平的实质。

编纂《汇编》是一项浩繁而艰巨的系统工程。为保证这项工作的有序推进，国家档案局制订了总体规划和详细的实施方案，明确了指导思想、工作步骤和编纂要求。为保证编纂成果的科学性、准确性和严肃性，国家档案局组织专家对选题进行全面论证，对编纂成果进行严格审核。

各级档案馆高度重视并积极参与到《汇编》工作之中，通过全面清理馆藏抗战档案，将政治、军事、外交、经济、文化、宣传、教育等多个领域涉及抗战的内容列入选材范围。入选档案包括公文、电报、传单、文告、日记、照片、图表等多种类型。在编纂过程中，坚持实事求是的原则和科学严谨的态度，对所收录的每一件档案都仔细鉴定、甄别与考证，维护档案文献的真实性，彰显档案文献的权威性。同时，以《汇编》编纂工作为契机，以项目谋发展，用实干育人才，带动国家重点档案保护与开发，夯实档案馆基础业务，提高档案人员的业务水平，促进档案馆各项事业的发展。

守护历史，传承文明，是档案部门的重要责任。我们相信，编纂出版《汇编》，对于记录抗战历史，弘扬抗战精神，发挥档案留史存鉴、资政育人的作用，更好地服务于新时代中国特色社会主义文化建设，都具有极其重要的意义。

抗日战争档案汇编编纂委员会

编辑说明

梁山机场位于四川省梁山县（今重庆市梁平区）境内。一九二八年十二月，由地方收支所筹款集工开辟梁山飞行场。一九五二年十二月，中央人民政府政务院批复改梁山县为梁平县，梁山机场即更名为梁平机场。一九九七年三月，重庆直辖市设立，更名为重庆梁平机场。抗日战争时期，随着战局形势变化，一九三六年初国民政府航空委员会正式接收梁山机场设立空军梁山站。一九三七年抗战全面爆发后，侵华日军以汉口为重要基地，集结其陆海军航空部队主力，向我大后方发动数次大规模「无差别」轰炸。战时首都重庆成为日机轰炸的首要目标，梁山机场作为大后方距离日军前哨最近的机场和拱卫重庆安全的重要空军基地之一，也数次遭到日机轰炸。为满足中国空军、苏联援华航空队和中美空军混合联队对日作战以及大型军用飞机起降需要，民国航空委员会、梁山县政府先后征调民工一百四十八点五万余人次，对梁山机场及其附属军事设施等进行了多次扩建和整修。在此期间，民工伤亡人数达三千零五十二人（死亡五百三十三人），梁山人民为抗战胜利作出了重要贡献。

重庆市梁平区档案馆深入挖掘馆藏档案资料，认真研究民国时期梁山机场建设史，经过数年努力，编纂出版《抗战时期扩修梁山机场档案汇编》，较为详细地记录了抗日战争时期梁山机场征地拆迁、民工征调、工程施工、经费筹集以及钱粮物资耗费、伤亡抚恤等方面内容，真实反映了梁山人民建设梁山机场的艰辛历程和牺牲贡献。全书共二册，选稿起自一九三六年，迄至一九四八年，按照「主题—类别—时间」的体例编排，分为征地拆迁、机场施工、人员管理三个主题，各主题按内容分类，每类按时间先后排列。

本书选用馆藏档案原件全文影印，少量作了节选并在标题后注明。标题未注明节选的，如有缺页，为档案自身不全。全书使用规范简化字和公元纪年。档案中原标题完整或基本符合要求的使用原标题，原标题有明显缺陷的进行了修改或重拟，无标题的加拟了标题。标题中人物姓名使用通用名，机构名称使用全称或规范简称，历史地名沿用当时地名，对于繁日期而没有年份的，排在该专题末，标注「时间不详」；只有年份的档案，排在该年末；只有年份、月份而没有具体日期的，排在该月末。限于篇幅，本书不作注释。没有时间或只有月份、体字、错别字、不规范异体字等予以径改。档案所载时间不完整或不准确的，作了补充或订正；

由于时间紧，档案公布量大，编者水平有限，在编辑过程中可能存在疏漏之处，欢迎斧正。

编　者

二〇二〇年十月

目录

总序

编辑说明

第一册

一、征地拆迁

（一）征拆补偿

梁山县政府关于扩修飞行场办理占用民间田地登记的布告（一九三七年九月十七日）……〇〇三

梁山县第一区北城镇联保办公处关于造报扩修飞行场应拆房院住户姓名表及应迁坟墓表致梁山县政府的呈（一九三七年九月二十一日）……〇〇五

附一：梁山县第一区北城镇造呈扩修飞行场应拆房院住户姓名表（一九三七年九月二十日）……〇〇九

附二：梁山县第一区北城镇造呈扩修飞行场应迁坟墓表（一九三七年九月二十日）……〇一四

梁山县政府关于限期办理扩修飞行场被征民田业主补行登记致梁山县第一区北城镇联保办公处的训令（一九三七年十月二十日）……〇一七

梁山县政府、扩修飞行场被征民田业主钟逢春等关于核发被占田地地价款的来往文书（一九三七年十二月十日至十二日）……〇二一

钟逢春等致梁山县政府的呈（一九三七年十二月十日收）……〇二一

附：扩修飞行场占地清册……〇二六
梁山县政府致钟逢春等的批示（一九三七年十二月十二日）……〇三〇
李醇关于请确定扩修飞行场被征民田清丈人员、清丈手续、清丈日期及伙食事致梁山县政府的签呈（一九三八年一月十九日）……〇三二
梁山飞行场扩修征占民田复查表（一九三八年一月）……〇三四
梁山县政府关于造呈扩修梁山飞行场增占民田地亩清册及征用民田略图致四川省政府的呈（一九三八年二月四日）……〇四〇
附一：扩修梁山飞行场征用民田地价清册……〇四四
附二：扩修梁山飞行场征用民田略图……〇四八
梁山县政府关于编造扩修飞行场征占民田地价预算请航空委员会核发致四川省政府的代电（一九三八年二月二十二日）……〇四九
梁山县政府、梁山县征收局关于回复扩建梁山飞行场增占民田实际价格致四川省政府的代电（一九三八年三月十六日）……〇五一
梁山县政府关于报送扩修飞行场各业主被征田地地价表致四川省政府的代电（一九三八年三月二十三日）……〇五四
附：业主自报地价表（节选）（一九三八年三月十日）……〇五六
梁山县政府关于召集飞行场各业主绘制被征田地分户略图致梁山县北城镇联保办公处的训令（一九三八年六月八日）……〇五九
附：扩修梁山飞行场征用田地各业主名单……〇六一
梁山县政府、航空委员会空军第三总站关于造报扩修飞行场征用民田地价清册及略图致四川省政府的呈（一九三八年六月二十一日）……〇六二
附：扩修梁山飞行场征用民田地价清册……〇六八
四川省政府、梁山县政府关于领取梁山飞行场扩修征用民田部分地价款的来往文书（一九三八年七月四日至二十日）……〇七一
四川省政府致梁山县政府的指令（一九三八年七月四日）……〇七一
四川省政府致梁山县政府的训令（一九三八年七月九日）……〇七四
附：照抄一九三八年六月二十七日会商分配各机场地价议决案……〇七八

梁山县政府致四川省政府的呈（一九三八年七月二十日）……〇七九
附：梁山县政府印领（一九三八年七月）……〇八一
航空委员会空军第三总站关于梁山机场扩修工程事务由机场工程事务处萧工程师办理致梁山县政府的公函（一九三八年七月二十九日）……〇八三
梁山县政府关于组织验发委员会发放机场扩修征用民田地价款致梁山县财委会、北城镇联保办公处的训令（一九三八年八月九日）……〇八七
附一：扩修梁山飞行场地价验发委员会简章……〇八九
附二：飞行场业主承领地价须知……〇九一
附三：扩修梁山飞行场地价领取领条式样……〇九三
梁山县政府、航空委员会扩修梁山飞行场工程事务处关于催促扩修飞行场被占田房各业主办理登记手续的来往文书（一九三八年八月十二日至十四日）……〇九五
航空委员会扩修梁山飞行场工程事务处致梁山县政府的函（一九三八年八月十二日）……〇九五
梁山县政府致航空委员会扩修梁山飞行场工程事务处的公函（一九三八年八月十四日）……〇九六
四川省政府、梁山县政府等关于派员领取梁山飞行场扩修征用民田剩余地价款的文书（一九三八年八月至十月）……〇九八
四川省政府致梁山县政府的训令（一九三八年八月三十一日）……〇九八
梁山县政府致四川省政府的呈（一九三八年九月十三日）……一〇二
附：梁山县政府印领（一九三八年九月）……一〇四
梁山县政府致四川省银行的公函（一九三八年九月二十六日）……一〇六
附：梁山县政府领款收据（一九三八年九月）……一一〇
四川省银行汇拨梁山飞行场扩修征用民田地价款汇款回据、水单（一九三八年九月二十六日）……一一二
四川省政府致梁山县政府的指令（一九三八年九月二十九日）……一一四
四川省银行汇拨梁山飞行场扩修征用民田地价款汇款回据、水单（一九三八年十月四日）……一一七

梁山县扩修飞行场被征田地业主一九三八年八月领取地价款领据、保结（节选）（一九三八年八月）……一一九
梁山县扩修飞行场被征田地业主一九三八年十月领取地价款领据、保结（节选）（一九三八年十月）……一二一
梁山县政府、扩修梁山飞行场地价验发委员会关于发放一九三七年扩修飞行场地价及缴还扣存情形的文书（一九三九年三月十八日至二十六日）……一二三
扩修梁山飞行场地价验发委员会致梁山县政府的签呈（一九三九年三月十八日）……一二三
附：扩修梁山飞行场征用民田地价发放清册……一二七
梁山县政府致四川省政府的呈（一九三九年三月二十六日）……一三一
梁山县政府关于派员测绘空军第三总站各项工程占用民田、拆迁民房致航空委员会扩修梁山机场工程事务处的公函（一九三九年四月十四日）……一三七
李增禄关于报送辟修梁山第二飞行场征用民田测勘登记表、应迁坟墓棺数表致梁山县政府的呈（一九三九年八月七日）……一四〇
附一：辟修梁山第二飞行场征用民田测勘登记表（一九三九年八月七日）……一四一
附二：辟修梁山第二飞行场应迁坟墓棺数表（一九三九年八月七日）……一四二
扩修机场被占田房业主代表陈义元关于派员丈量扩修机场占用田地报请给价减粮事致梁山县政府的呈（一九三九年十月）……一四三
附：梁山县空军总站扩修机场占用民房拆迁一览表……一四六
扩修机场被占田房业主代表陈义元关于增加被占田房补偿致梁山县政府的呈（一九三九年十一月）……一四八
附：梁山县空军总站扩修机场占用民房拆迁清册（一九三九年十一月）……一五〇
梁山县政府、航空委员会空军第三总站关于核实扩修机场征用民田价格的来往公函（一九四〇年三月五日至三十一日）……一五四
航空委员会空军第三总站致梁山县政府的公函（一九四〇年三月五日）……一五四
梁山县政府致航空委员会空军第三总站的公函（一九四〇年三月三十一日）……一五七
航空委员会空军第三总站关于抄送扩修机场征用民田面积清册致梁山县政府的公函（一九四〇年四月十二日）……一五九

附：空军第三总站扩修机场征用民田面积清册……一六三
航空委员会空军第三总站、梁山县政府关于机场占用民地清册补注拆迁用途的来往公函
（一九四〇年五月十四日至二十一日）……一六六
航空委员会空军第三总站致梁山县政府的公函（一九四〇年五月十四日）……一六六
附：梁山机场各项工程用地所迁房坟清册……一七〇
梁山县政府致航空委员会空军第三总站的公函（一九四〇年五月二十一日）……一七三
附：梁山机场各项工程用地所迁房坟清册……一七五
航空委员会空军第三总站关于派员会同办理更正扩修机场征用民地分户图册致梁山县政府的公函
（一九四〇年十月二十四日）……一七八
航空委员会空军第三总站关于召开扩修机场占用民地发价会议致梁山县政府的公函（一九四一年二月十八日）……一八二
空军总站征用民田发价委员会一九四一年三月发放扩修梁山机场历次征用田地及青苗费七成价款领款收据
（节选）（一九四一年三月）……一八四
空军总站征用民田发价委员会关于派员监发一九四〇年扩修机场部分地价款致梁山县政府的公函
（一九四一年十一月八日）……一八七
空军总站征用民田发价委员会一九四一年十一月发放扩修梁山机场征用民田三成地价款领款收据（节选）
（一九四一年十一月）……一八八
梁山县政府关于派员会勘推机便道被占田土致航空委员会空军第三总站的公函（一九四二年一月二十八日）……一九一
扩修机场被占田房业主代表陈义元关于请求派员勘丈梁山机场一九三八年、一九四〇年扩场征用民田
未经丈量田地、民房致梁山县政府的呈（一九四二年五月）……一九三
附一：梁山县空军第三总站一九三八年征用田地、拆迁民间房屋未经勘丈业主佃户姓名报请登记册
（一九四二年五月）……一九七
附二：梁山县空军第三总站一九四〇年征用民田未经丈量田地报请登记册……二〇一

梁山县空军建筑国防工程征用民地业主委员会组织办法（一九四四年二月二十二日）…………二〇八
梁山县空军建筑国防工程征用民地业主委员会关于报送第二次业主会议议案及印模备查致梁山县政府的呈
（一九四四年三月）…………二一二
附一：梁山县空军建筑国防工程征用民地业主委员会印模…………二一四
附二：空军征用民田业主第二次会议议案…………二一五
梁山县政府关于检送梁山机场机棚修建征地图册并请核发征地拆迁价款致航空委员会第一修理所的公函
（一九四四年八月二十四日）…………二一八
附一：航空委员会第一修理所建修机棚征用民地预算书…………二二〇
附二：航空委员会第一修理所建修机棚拆迁民房预算书…………二二一
附三：修理所建修机棚占用民地图…………二二二
航空委员会空军第三总站关于查复梁山机场扩修等占地亩数致梁山县政府的公函（一九四四年九月八日）…………二二三
四川省梁山县一九三九年九月空军建筑飞机堡垒征用地亩地价分户清册（一九四五年八月）…………二二五
四川省梁山县一九三九年九月空军第三总站建筑飞机堡垒机场征地地价款、青苗费、拆迁费支付预算书
（一九四五年八月）…………二三〇
四川省梁山县一九四四年四月建修棚厂征用房屋拆迁费清册（一九四五年八月）…………二三四
四川省梁山县一九四四年四月建修棚厂青苗补偿费清册（一九四五年八月）…………二三八
四川省梁山县一九四四年四月航空委员会第一修理所建修棚厂机场征地价款、青苗费、拆迁费支付预算书
（一九四五年八月）…………二四二
四川省梁山县一九四四年四月空军建修棚厂征用地亩地价分户清册（一九四五年八月）…………二四六

（二）　税赋减免

梁山县政府、四川省政府等关于造报扩修梁山飞机场征用民地免赋清册的来往文书（一九三八年二月至六月）…………二五〇
梁山县政府致四川省政府的呈（一九三八年二月）…………二五〇

附一：四川省梁山县造报扩修飞行场征用民地免赋清册……二五四

附二：四川省梁山县永远免赋简明表（一九三八年二月二十日）……二五八

四川省政府致梁山县政府、梁山县征收局的指令（一九三八年三月二十日）……二五九

附：发还免赋表……二六三

梁山县政府、梁山县征收局致四川省政府的呈（一九三八年六月二十九日）……二六四

附一：四川省梁山县造报扩修飞行场征用民地免赋清册……二六八

附二：四川省梁山县永远免赋简明表（一九三八年六月十日）……二七二

梁山县政府、梁山县征收局关于从扩修梁山机场占用民田各业主应领地价款中扣缴一九三七年前欠粮数目的来往咨（一九三八年七月至九月）……二七三

梁山县征收局致梁山县政府的咨（一九三八年七月二十六日）……二七三

附：扩修梁山机场占用民田各业主一九三七年前欠粮数目清册（一九三八年七月二十六日）……二七七

梁山县政府致梁山县征收局的咨（一九三八年九月七日）……二八四

附：扣粮名单……二八七

梁山县政府第三科关于送交扩修梁山飞机场征用民地免赋文书致梁山县政府第二科的函（一九三八年九月二十一日）……二九〇

附：机场免赋文书清单……二九二

李增禄关于汇报一九四〇年扩修机场及各附属工程占用民田减免粮额致梁山县政府的签呈（一九四一年十一月二十二日）……二九四

财政部四川省梁山县田赋管理处、梁山县政府关于办理一九三八年、一九四〇年扩修机场等占用刘乃卿等民田粮额减免事的来往咨（一九四一年十一月至十二月）……二九五

财政部四川省梁山县田赋管理处致梁山县政府的咨（一九四一年十一月二十九日）……二九五

梁山县政府致财政部四川省梁山县田赋管理处的咨（一九四一年十二月十二日）……二九七

财政部四川省梁山县田赋管理处、梁山县政府关于查明一九四〇年一月扩修机场占用谢香成租田免征粮额事的来往文书（一九四一年十二月七日至二十五日） …… 二九八

财政部四川省梁山县田赋管理处致梁山县政府的咨（一九四一年十二月七日） …… 二九八

梁山县政府致财政部四川省梁山县田赋管理处的公函（一九四一年十二月二十五日） …… 三〇一

财政部四川省梁山县田赋管理处关于办理历次扩修机场及附属工程占用民田田赋减免手续致梁山县政府的咨（一九四二年一月十九日） …… 三〇三

航空委员会第一修理厂建修飞机棚厂征用民田减赋册（一九四四年七月） …… 三〇五

梁山县空军建筑国防工程征用民地业主委员会关于造报空军第三总站一九三八年至一九四三年征用民田应免粮额清册致梁山县政府的呈（一九四四年九月二十二日） …… 三〇七

附：空军建筑国防工程征用民地业主委员会造报空军第三总站于一九三八年至一九四三年度征用民田面积应免粮额清册 …… 三〇九

梁山县政府、四川田赋粮食管理处等关于减免梁山县一九四三年至一九四五年因公征用民地田赋的来往文书（一九四六年二月至一九四八年五月） …… 三一三

梁山县政府、梁山县田赋粮食管理处致四川田赋粮食管理处的会呈（一九四六年二月二十六日） …… 三一三

附一：梁山县空军建筑国防工程征用民地业主委员会造具一九四三年度田赋减免表（一九四六年一月二十八日） …… 三一五

附二：梁山县空军建筑国防工程征用民地业主委员会造具一九四四年度田赋减免表（一九四六年一月二十八日） …… 三二二

附三：梁山县空军建筑国防工程征用民地业主委员会造具一九四五年度田赋减免表（一九四六年一月二十八日） …… 三二七

四川田赋粮食管理处致梁山县政府、梁山县田赋粮食管理处的训令（一九四八年五月二十七日） …… 三三一

二、机场施工

（一）工程施工

梁山县政府关于报送梁山飞行场状况调查表致四川省政府的呈（一九三六年二月） …… 三三五

附：四川梁山县飞行场状况调查表（一九三五年十二月）……三三九
四川省政府关于雇工整理梁山飞行场致梁山县政府的代电（一九三六年三月五日）……三四一
梁山县政府关于转报修整梁山飞行场工程计划约计书致四川省政府的呈（一九三六年四月一日）……三四三
附一：航空委员会梁山飞行场致梁山县政府的函（一九三六年三月二十四日）……三四七
附二：修整梁山飞行场工程计划约计书……三四八
四川省政府、梁山县政府关于先行简单修理梁山飞行场的来往文书（一九三六年四月十四日至二十日）……三五〇
四川省政府致梁山县政府的电（一九三六年四月十四日）……三五〇
梁山县政府致四川省政府的呈（一九三六年四月十五日）……三五一
四川省政府致梁山县政府的指令（一九三六年四月二十日）……三五五
航空委员会四川梁山飞行场、梁山县政府关于确定梁山飞行场扩修开工日期的来往文书（一九三六年五月至八月）……三五八
航空委员会四川梁山飞行场致梁山县政府的函（一九三六年五月三十日）……三五八
梁山县政府致航空委员会四川梁山飞行场的函（一九三六年六月九日）……三五九
航空委员会四川梁山飞行场致梁山县政府的函（一九三六年七月二十八日）……三六三
附：修整梁山飞行场工程计划、施工细则（一九三六年四月）……三六五
梁山县政府致航空委员会四川梁山飞行场的公函（一九三六年八月）……三七一
四川省政府、梁山县政府关于办理梁山飞行场是否大修事的来往文书（一九三六年六月至七月）……三七五
梁山县政府致四川省政府的呈（一九三六年六月十二日）……三七五
四川省政府致梁山县政府的指令（一九三六年七月十八日）……三七九
四川省第十区行政督察专员公署关于赴梁山机场实施测勘并拟具计划图说及开支预算致周膺九的训令（一九三六年八月八日）……三八二
航空委员会梁山飞行场关于按原计划克日兴工修整梁山飞行场致梁山县政府的公函（一九三六年十月四日）……三八七
四川省第十区行政督察专员公署关于梁山机场暂缓修筑致梁山县政府的训令（一九三七年一月二十四日）……三九一

梁山县政府关于请检交梁山机场扩修民工工作区段分配略图暨设立临时办事处致航空委员会梁山飞行场的公函
（一九三七年十月三十日）……三九五
附：梁山县政府扩筑飞行场临时办事处筹办事项（一九三七年十月二十九日）……三九九
梁山县第一区区署关于报送梁山飞行场扩修第一区各乡镇工作地段分配图、担任工作数目表和征调民工表致
梁山县政府的报告（一九三七年十一月五日）……四〇一
附一：梁山县第一区各乡镇工作地段分配图……四〇二
附二：梁山县第一区各乡镇扩筑飞行场担任工作数目一览表……四〇三
附三：梁山县扩筑飞行场第一区各乡镇征调民工表……四〇四
梁山县政府关于做好机场提沟排水工作致梁山县各区区署的训令（一九三七年十一月六日）……四〇五
四川省第十区行政督察专员公署关于修复日机轰炸后的梁山机场致梁山县政府的密电（一九三七年十一月六日）……四〇七
航空委员会扩修梁山飞行场民工一大队一九三七年十一月工作日报表（节选）（一九三七年十一月）……四〇九
梁山县政府关于请萧工程师临场指挥飞行场水沟整理工作致航空委员会空军第三总站的公函（一九三八年四月九日）……四一三
航空委员会、梁山县政府关于会同空军第三总站查勘梁山机场跑道修整情况的来往代电（一九三八年六月至八月）……四一五
航空委员会致梁山县政府的代电（一九三八年六月十七日）……四一五
梁山县政府致航空委员会的代电（一九三八年八月二日）……四一六
四川省第十区行政督察专员公署、梁山县政府关于会同空军第三总站组建扩修机场工程委员会的来往文书
（一九三九年十一月十一日至二十日）……四一八
梁山县政府致四川省第十区行政督察专员公署的呈（一九三九年十一月十一日）……四一八
四川省第十区行政督察专员公署致梁山县政府的指令（一九三九年十一月二十日）……四二〇
梁山县政府关于转发航空委员会空军第三总站扩修机场工程委员会第二次会议记录致梁山县各区区署的训令
（一九三九年十二月三十一日）……四二一
附：航空委员会空军第三总站扩修机场工程委员会第二次会议记录……四二三

梁山县政府关于报送梁山机场扩修工程进度、工程量及经费开支情况致四川省政府的呈（一九四〇年二月九日） …… 四三一

航空委员会空军第三总站、梁山县政府关于扩修梁山机场严禁盗窃民间坟墓石块的文书
（一九四〇年三月五日至十四日） …… 四三八

航空委员会空军第三总站致梁山县政府的公函（一九四〇年三月五日） …… 四三八

梁山县政府致东城、南城等各镇联保办公处的训令（一九四〇年三月十四日） …… 四四二

航空委员会空军第三总站、梁山县政府关于发布整修机场收购石料布告的来往公函（一九四三年九月七日至三十日） …… 四四三

航空委员会空军第三总站致梁山县政府的公函（一九四三年九月七日） …… 四四三

梁山县政府致航空委员会空军第三总站的公函（一九四三年九月三十日） …… 四四五

梁山县政府、航空委员会空军第三总站机场抢修工程第一次联席会议记录（一九四三年九月十二日） …… 四四六

航空委员会空军第三总站关于检送梁山机场图及修整工程以方给价计算表致梁山县政府的公函
（一九四三年九月十三日） …… 四五五

附一：梁山机场图 …… 四五七

附二：梁山机场修整工程以方给价计算表 …… 四五八

张树屏、赵仕武关于填报一九四三年九月至十月补修机场配方以后各乡民工担任工程分配表
致梁山县政府的签呈（节选）（一九四三年九月至十月） …… 四五九

梁山县各乡镇民工一九四三年九月十五日至二十八日补修机场工程分配表（一九四三年九月） …… 四六五

梁山新旧机场工作区分图（一九四三年九月） …… 四六七

梁山县政府关于报送征调民工整修梁山机场情形致四川省政府、四川省第十区行政督察专员公署的呈
（一九四三年十月六日） …… 四六八

张树屏、赵仕武关于检送一九四三年十一月补修机场各乡民工修理场面工作日报表致梁山县政府的签呈（节选）
（一九四三年十一月） …… 四七一

梁山县中城镇镇公所关于报送一九四三年十一月整理机场推行工役进度月报表致梁山县政府的呈（一九四三年十二月二十一日）……四七五
附：四川省梁山县中城镇推行工役进度月报表（一九四三年十一月）……四七七
张树屏、赵仕武关于检送一九四三年十二月补修机场各乡民工修理场面工作日报表致梁山县政府的签呈（节选）（一九四三年十二月）……四七八
梁山县城西乡乡公所关于报送一九四三年十月、十一月整理机场推行工役进度月报表致梁山县政府的呈（一九四四年一月三日）……四八二
附：四川省梁山县城西乡一九四三年十一月推行工役进度月报表（一九四三年十一月）……四八四
梁山县政府关于报送征调民工整修梁山机场情形致四川省政府的呈（一九四四年二月十一日）……四八五
附：梁山县政府造具补修机场逐日实到民工数目表（自一九四三年九月九日起至十月十日止）……四八八
航空委员会空军第三总站关于准备机场被炸抢修预案致梁山县政府的公函（一九四四年四月二十九日）……四九二
梁山县政府关于召开加强组织抢修机场会议致梁山县各乡镇公所的训令（一九四四年五月十三日）……四九四
梁山县政府关于请派员参加加强组织抢修机场会议致航空委员会空军第三总站的公函（一九四四年五月十三日）……四九六
梁山县政府关于印发一九四四年五月十六日加强组织抢修机场会议记录致梁山县各乡镇公所的训令（一九四四年五月二十五日）……四九八
附：一九四四年五月十六日加强组织抢修机场会议记录……四九九
梁山县空军建筑国防工程征用民地业主委员会关于转请修建机场工程处禁撤坟垣碑石致梁山县政府的呈（一九四五年六月三日）……五〇一
四川省第十区行政督察专员公署关于增加梁山机场工程建设日期致梁山县政府的代电（一九四五年六月六日）……五〇三
中国国民党四川省达县执行委员会关于一致呼吁扩修梁山机场民工工作困难致梁山县临时参议会的代电（一九四五年六月二十一日）……五〇四
梁山县政府关于急征水桶用于梁山机场工程建设的紧急命令（一九四五年六月二十五日）……五〇六

四川省梁山县特种工程民工管理处管理科关于梁山机场建设工程每日收工以号音为准致梁山县民工总队部的函报（一九四五年六月二十九日）……五〇九
军事委员会工程委员会第四十二工程处关于印发梁山特种工程加开夜工联席会议记录致梁山县政府的公函（一九四五年八月）……五一〇
附：梁山特种工程加开夜工联席会议记录……五一二
李醇关于制作碾压梁山飞行场所需石滚致李珥彤的便函（时间不详）……五一五
航空委员会空军第三总站停机地工程施工说明（时间不详）……五一七
航空委员会空军第三总站修整机场跑道施工说明书（时间不详）……五二〇

第二册

二、机场施工

（二）工程费用

梁山县政府、航空委员会四川梁山飞行场关于扩修飞行场民工工资拨付及占用民地测量的来往文书（一九三七年九月至十月）……五二五
梁山县政府致航空委员会四川梁山飞行场的公函（一九三七年九月二十五日）……五二五
航空委员会四川梁山飞行场致梁山县政府的函（一九三七年十月）……五二九
梁山县政府、扩修梁山飞行场民工第四大队第八中队关于补发多调民工生活费的来往文书（一九三七年十一月二十三日至二十九日）……五三一
扩修梁山飞行场民工第四大队第八中队致梁山县政府的报告（一九三七年十一月二十三日）……五三一
梁山县政府致扩修梁山飞行场民工第四大队第八中队的指令（一九三七年十一月二十九日）……五三二

梁山县政府、梁山县第一区区署关于补发扩修飞行场割草民工口食费余款的文书（一九三七年十一月至十二月） …… 五三四
梁山县第一区区署致梁山县政府的呈（一九三七年十一月十九日） …… 五三四
梁山县政府致梁山县第一区区署的指令（一九三七年十一月二十八日） …… 五三八
梁山县政府致航空委员会四川梁山飞行场的公函（一九三七年十二月七日） …… 五四〇
梁山县政府、梁山县第一区区署关于扩修飞行场割草应按规定发给各级队长及伙夫口食费的来往文书（一九三七年十二月五日至六日） …… 五四二
梁山县第一区区署致梁山县政府的呈（一九三七年十二月五日） …… 五四二
梁山县政府致梁山县第一区区署的指令（一九三七年十二月六日） …… 五四六
梁山县政府、梁山县第三区区署关于报送太平乡第四中队补造扩修飞行场民工口食清册暨各中队伙食津贴印收一览表的来往文书（一九三七年十二月二十日至二十九日） …… 五四八
梁山县第三区区署致梁山县政府的呈（一九三七年十二月二十日收） …… 五四八
附：梁山县扩修飞行场民工第三大队领发各期队长、民工伙食津贴印收一览表（一九三七年十二月） …… 五五二
梁山县政府致梁山县第三区区署的指令（一九三七年十二月二十九日） …… 五五五
梁山县第二区龙门、明达等乡镇联保办公处领取扩修梁山飞行场民工口食费领条（节选）（一九三七年十二月） …… 五五七
梁山县政府、梁山县第一区区署关于从县金库垫支挖淘飞行场水沟民工口食费的来往文书（一九三八年一月四日至五日） …… 五六〇
梁山县第一区区署致梁山县政府的签呈（一九三八年一月四日） …… 五六〇
梁山县政府致梁山县第一区区署的指令（一九三八年一月四日） …… 五六二
梁山县第一区区署收条（一九三八年一月五日） …… 五六四
四川省政府、梁山县政府关于在县预备费项下动支一九三八年三月整理飞行场水沟民工口食费的来往文书（一九三八年四月至五月） …… 五六五
梁山县政府致四川省政府的呈（一九三八年四月十八日） …… 五六五

附：梁山县整理飞行场水沟民工花名清册 …… 五六九
四川省政府致梁山县政府的指令（一九三八年五月三十一日） …… 五七八
梁山县政府关于补造扩修梁山飞行场民工清册致航空委员会空军第三总站的公函（一九三八年五月九日） …… 五八一
附：梁山县各区民工扩修飞行场口食津贴统计表 …… 五八三
梁山县政府、梁山县柏家乡联保办公处关于补发扩修飞行场雨阻停工津贴伙食的来往文书（一九三八年七月至八月） …… 五八四
梁山县柏家乡联保办公处致梁山县政府的呈（一九三八年七月） …… 五八四
梁山县政府致梁山县柏家乡联保办公处的指令（一九三八年八月五日） …… 五八六
四川省政府、梁山县政府关于在县预备费项下动支一九三八年五月整理飞行场水沟民工口食津贴的来往文书（一九三八年八月至九月） …… 五八八
梁山县政府致四川省政府的呈（一九三八年八月） …… 五八八
四川省政府致梁山县政府的指令（一九三八年九月十四日） …… 五九二
梁山县第一区各乡镇联保办公处领取一九三九年七月一日至七日培修机场、填修机场炸弹坑民工每日伙食费领条（节选）（一九三九年七月） …… 五九五
航空委员会空军第三总站扩修机场工程委员会、梁山县政府关于办理扩修机场民工所需柴米及炊具事的来往文书（一九三九年十二月二十七日至三十日） …… 五九八
航空委员会空军第三总站扩修机场工程委员会致梁山县政府的函（一九三九年十二月二十七日） …… 五九八
梁山县政府致航空委员会空军第三总站扩修机场工程委员会的公函（一九三九年十二月三十日） …… 六〇〇
航空委员会空军第三总站扩修机场委员会关于检送扩修梁山机场各县承做土方工价表致梁山县政府的代电（一九四〇年一月十五日） …… 六〇二
附：空军第三总站扩修梁山机场各县承做土方工价表 …… 六〇三
航空委员会空军第三总站关于告知民工来往途间伙食津贴给予办法致梁山县政府的公函（一九四〇年三月三十日） …… 六〇四
梁山县政府、梁山民工大队领取扩修机场民工雨天津贴费的领条（一九四〇年三月三十一日） …… 六〇八

梁山县政府、梁山县第四区区署关于补发第四区柏家乡扩修机场民工口食费的来往文书（一九四〇年三月至四月）……六〇九
梁山县第四区区署致梁山县政府的呈（一九四〇年三月）……六〇九
梁山县政府致梁山县第四区区署的训令（一九四〇年四月六日）……六一三
航空委员会空军第三总站关于派员来站会办一九四三年五月二十八日至六月十四日抢修补修机场各乡镇民工总数及已领欠领工款事致梁山县政府的代电（一九四三年六月十七日）……六一四
梁山县蟠龙乡抢修机场民工队关于领取一九四三年五月三十日至六月六日伙食费余款致梁山县政府民政科的呈（一九四三年六月）……六一六
附一：领款数目说明……六一七
附二：蟠龙乡民夫抢修机场逐日工作人数表（一九四三年六月）……六一八
航空委员会空军第三总站关于派员来站结算自一九四三年五月二十八日起抢修机场民工口食费致梁山县政府的公函（一九四三年七月五日）……六一九
航空委员会空军第三总站关于派员来站结算抢修机场工款致梁山县政府的公函（一九四三年七月十四日）……六二一
附：各乡镇担任补修机场工程查核表……六二三
福禄、三合等乡补修机场民工中队关于请求增加民工伙食费及划分工作区域致梁山县政府补修机场民工总队部的签呈（一九四三年九月十三日）……六二四
梁山县政府、航空委员会空军第三总站关于依照规定发给一九四三年五月二十八日至六月十日抢修补修机场民工往返途程费、集中费的来往公函（一九四三年九月至十月）……六二六
航空委员会空军第三总站致梁山县政府的公函（一九四三年九月十六日）……六二六
梁山县政府致航空委员会空军第三总站的公函（一九四三年十月二日）……六二八
张树屏关于报送一九四三年九月六日至十月十一日第二次补修机场用工、用时、用费结算情形致梁山县政府的签呈（一九四三年十月二十七日）……六二九
附：梁山县民工总队部收支经费一览表（一九四三年九月六日起至十月十一日止）……六三一

航空委员会空军第三总站、梁山县政府关于抢修机场滚压工作按面方单价支付民工伙食的来往公函
（一九四三年十一月二日至八日） …… 六三二
航空委员会空军第三总站致梁山县政府的公函（一九四三年十一月二日） …… 六三二
梁山县政府致航空委员会空军第三总站的公函（一九四三年十一月八日） …… 六三四
梁山县政府、航空委员会空军第三总站等关于补发一九四三年五月二十八日至六月十日抢修补修机场民工
口食费等各费的文书（一九四三年十一月二日至二十三日） …… 六三六
张树屏致梁山县政府的签呈（一九四三年十一月二日） …… 六三六
附：各乡镇抢修机场征用民工检查表（自一九四三年五月二十八日起至六月十日止） …… 六三八
梁山县政府致航空委员会空军第三总站的公函（一九四三年十一月十一日） …… 六四〇
航空委员会空军第三总站致梁山县政府的公函（一九四三年十一月二十三日） …… 六四三
附：航空委员会空军第三总站一九四三年五月、六月预发民工伙食费详细表 …… 六四五
梁山县政府关于造报一九四三年五月二十八日至六月十日抢修补修机场请发途程费、集中费民工名册
致梁山县各乡镇公所的训令（一九四三年十一月五日） …… 六四八
附：一九四三年五月二十九日至六月十日各乡镇补修机场请发途程费、集中费数目标准表 …… 六四九
梁山县蟠龙乡一九四三年五月二十九日至六月十日补修机场请发途程费、集中费民工花名册（节选）
（一九四三年十一月二十八日） …… 六五一
梁山县城南乡一九四三年五月二十八日至六月十日补修机场请发途程费、集中费民工花名册（节选）
（一九四三年十一月三十日） …… 六五六
梁山县天竺乡一九四三年五月二十九日至六月十日补修机场请发途程费、集中费民工花名册（节选）
（一九四三年十一月） …… 六五九
梁山县中城镇一九四三年五月二十九日至六月十日补修机场请发途程费、集中费民工花名册（节选）
（一九四三年十二月三日） …… 六六四

梁山县城西乡一九四三年五月二十九日至六月十日补修机场请发途程费、集中费民工花名册（节选）（一九四三年十二月十日）……六六八
航空委员会空军第三总站关于发放一九四三年五月二十八日至六月十日抢修机场民工警报、雨天津贴、口食费标准致梁山县政府的公函（一九四三年十二月二十九日）……六七一
梁山县金带乡一九四三年五月二十九日至六月十日补修机场请发途程费、集中费民工花名册（节选）（一九四三年十二月）……六七三
梁山县仁贤乡一九四三年五月二十九日至六月十日补修机场请发途程费、集中费民工花名册（节选）（一九四三年十二月）……六七六
梁山县礼让乡一九四三年五月二十九日至六月十日补修机场请发途程费、集中费民工花名册（节选）（一九四三年十二月）……六七九
梁山县明达乡一九四三年五月二十九日至六月十日补修机场请发途程费、集中费民工花名册（节选）（一九四三年十二月）……六八二
梁山县和林乡一九四三年五月二十日至六月十日补修机场请发途程费、集中费民工花名册（节选）（一九四三年十二月）……六八五
梁山县抢修机场民工总队关于汇报一九四四年五月十二日、六月一日抢修机场民工口食费发放情形致梁山县政府的签呈（一九四四年六月十日）……六八八
梁山县抢修机场民工总队关于呈报抢修一九四四年六月十一日机场被炸弹坑民工口食费发放情形致梁山县政府的签呈（一九四四年六月十四日）……六八九
附：梁山县抢修机场弹坑民工日报表（一九四四年六月十四日）……六九一
梁山县政府关于造报一九四三年十一月整修机场民工口食费证明册及领据致各乡镇公所的训令（一九四四年七月二十八日）……六九二

附一：一九四三年十一月各乡镇征调民工整修机场领费结算表 …… 六九四
附二：一九四三年十一月各乡镇征调民工整修机场造册须知 …… 六九五
梁山县政府关于催报一九四三年六月征调抢填机场弹坑民工口食费领费证明册及领据致各乡镇公所的训令
（一九四四年七月三十一日） …… 六九七
附：一九四三年六月征调民工抢填机场弹坑结算表 …… 六九九
梁山县政府关于催报一九四三年五月征调抢填机场弹坑民工口食费领费证明册及领据致天竺、
城东等乡镇公所的训令（一九四四年八月三日） …… 七〇一
附：一九四三年五月征调民工抢填机场弹坑结算表 …… 七〇三
梁山县政府关于催报一九四三年六月征调局部整修机场民工已领各费领费证明册及领据致各乡镇公所
的训令（一九四四年八月三日） …… 七〇四
附一：一九四三年六月征调民工局部整修机场结算表 …… 七〇六
附二：一九四三年六月征调民工局部整修机场雨警津贴数目表 …… 七〇八
梁山县政府关于检送一九四三年五月、六月征调民工抢修机场证明册及应领各费表致航空委员会空军
第三总站的公函（一九四四年八月二十六日） …… 七一〇
附：一九四三年五月、六月征调民工抢修机场各乡镇应领途程费、集中费数目表 …… 七一二
航空委员会空军第三总站关于请速填一九四三年机场局部抢修工程总价验证转送航空委员会
致梁山县政府的代电（一九四五年五月十六日） …… 七一四
梁山、大竹等七县民工总队部关于请求增加民工待遇致梁山县特种工程民工管理处的呈（一九四五年六月十一日） …… 七一五
四川粮食储运局渝夔区储运分局关于修建梁山机场达县民工食米应在机场总领米内配拨致梁山县政府的代电
（一九四五年六月二十日） …… 七二〇
四川省梁山县特种工程民工管理处关于印发修建梁山机场各县民工总队单价结算及米款具领办法议定书致梁山县
民工总队部的训令（一九四五年八月六日） …… 七二二

附：议定书……七二四
四川省梁山县特种工程民工管理处关于明确一九四五年八月十五日前空袭或天雨停工口食费应领数目致梁山县民工总队部的训令（一九四五年八月十五日）……七二八
梁山县民工总队部造具各乡镇民工来程旅费表（一九四五年八月十八日）……七二九

三、人员管理

（一）民工征调

梁山县政府关于征调民工修理飞行场致梁山县四城镇联保办公处的训令（一九三六年四月十三日）……七三五
梁山县政府关于已征调四城镇民工五十名前来修理飞行场致航空委员会四川梁山飞行场的公函（一九三六年四月十五日）……七三九
梁山县政府关于如期遣归整修飞行场民工致航空委员会四川梁山飞行场的公函（一九三六年四月二十二日）……七四三
梁山县政府、梁山县第三区区署关于造报扩修飞机场民工清册的来往文书（一九三七年九月二十四日至二十七日）……七四六
梁山县第三区区署致梁山县政府的呈（一九三七年九月二十四日收）……七四六
梁山县政府致梁山县第三区区署的指令（一九三七年九月二十七日）……七五〇
附：第三区呈报扩修飞行场民工花名清册正误清单……七五二
航空委员会四川梁山飞行场、梁山县政府关于集合民工赴飞行场割草铲根的来往函（一九三七年十月二日）……七五七
航空委员会四川梁山飞行场致梁山县政府的函（一九三七年十月二日）……七五七
梁山县政府致航空委员会四川梁山飞行场的函（一九三七年十月二日）……七五九
梁山飞行场一九三七年十月十五日割草民工单（一九三七年十月十六日）……七六一
梁山县民工第一大队飞行场铲草工作实际做工人数总表（一九三七年十月十八日）……七六二
梁山县民工第一大队飞行场铲草工人第一区署点名人数暨飞行场点名人数比较表（一九三七年十月二十日）……七六三
梁山县政府关于征工扩修梁山飞行场致梁山县各区区署的训令（一九三七年十月二十三日）……七六四

附一：飞行场扩大修筑各区征调民工表……七六六
附二：飞行场扩修工程注意事项……七六七
梁山县扩修飞行场民工第一大队一九三七年十月五日至十七日工作日报表（节选）（一九三七年十月）……七六九
梁山县政府扩修飞行场第三区造呈民工数目住地调查表（一九三七年十月）……七七二
梁山县政府扩修飞行场征工名额一览表（一九三七年十一月一日）……七七四
梁山县扩修飞行场民工第四大队关于报送扩修飞行场民工调集情况及大队办公地点致扩修梁山飞行场工程事务处的报告（一九三七年十一月一日）……七七五
梁山县政府扩修飞行场民工队工作人数日报表（第一区）（一九三七年十一月四日）……七七七
梁山县政府扩修飞行场民工队工作人数日报表（第三区）（一九三七年十一月七日）……七七八
梁山县政府扩修飞行场民工队工作人数日报表（第四区）（一九三七年十一月七日）……七七九
梁山县政府关于扩修梁山飞行场第二次征调民工致梁山县各区区署的训令（一九三七年十一月九日）……七八〇
附：飞行场扩修第二次各区征调民工表……七八四
梁山县政府扩修飞行场民工队工作人数日报表（第四区）（一九三七年十一月十日）……七八五
梁山县政府关于前往龙门镇、安辑乡催征补足扩建机场第一期应送民工致政警张吉云的朱谕（一九三七年十一月十五日）……七八六
梁山县政府扩修飞行场第二区造呈民工数目住地调查表（一九三七年十一月）……七八九
梁山县政府、梁山县民工第三大队关于飞行场第一、二期工程完竣定期返署的来往文书（一九三七年十二月二日至五日）……七九〇
梁山县民工第三大队致梁山县政府的报告（一九三七年十二月二日）……七九〇
梁山县政府致梁山县民工第三大队的指令（一九三七年十二月五日）……七九二
梁山县政府关于征调八百名民工滚压飞行场致梁山县第一区区署的训令（一九三七年十二月六日）……七九四
梁山县政府关于征调二百名民工整修飞行场水沟致梁山县第一区区署的训令（一九三八年三月十五日）……七九八

梁山县政府关于抄发征工整理飞行场水沟暂行办法致梁山县第一区区署的训令（一九三八年四月九日）……八〇〇
附一：梁山县政府征工整理飞行场水沟暂行办法……八〇四
附二：整理飞行场水沟应征民工名额一览表……八〇六
梁山县政府关于按飞行场工程处要求调足整理水沟民工致梁山县第一区区署的训令（一九三八年五月十三日）……八〇七
附：整理飞行场水沟各乡镇应征民工及实到民工比较一览表……八〇九
梁山县政府关于扩建梁山飞行场民工换替致梁山县第一区文化、骑龙、仁和乡联保办公处的训令（一九三八年五月十五日）……八一〇
航空委员会空军第三总站、梁山县政府关于补征民工三千名平填机场的文书（一九三八年七月五日至八日）……八一二
航空委员会空军第三总站致梁山县政府的公函（一九三八年七月五日）……八一二
梁山县政府致航空委员会空军第三总站的公函（一九三八年七月八日）……八一五
梁山县政府致梁山县第一区区署的训令（一九三八年七月八日）……八一七
梁山县政府关于检送第一区培修机场民工大队名册致航空委员会空军第三总站的公函（一九三九年五月）……八二一
附：梁山县政府第一区培修机场民工大队花名册（节选）（一九三九年五月）……八二三
航空委员会空军第三总站、梁山县政府等关于再组织培修机场民工一大队的文书（一九三九年五月至六月）……八二九
航空委员会空军第三总站致梁山县政府的公函（一九三九年五月十五日）……八二九
梁山县政府致梁山县第一区区署的训令（一九三九年五月十八日）……八三三
梁山县第一区区署致梁山县政府的呈（一九三九年六月十四日）……八三七
梁山县政府第一区培修机场民工第二大队花名册（节选）（一九三九年六月十六日）……八三八
航空委员会空军第三总站关于征工五千名辟修临时机场致梁山县政府的公函（一九三九年七月二十六日）……八四三
航空委员会空军第三总站关于征集一万名民工扩修梁山机场致梁山县政府的公函（一九三九年九月二十二日收）……八四六
梁山县政府关于速派民工补修一九三九年九月二十八日夜被炸机场致梁山县第一区区署的命令（一九三九年九月二十八日）……八四八

航空委员会空军第三总站关于扩修机场征调民工减为三千名致梁山县政府的公函（一九三九年十月五日）……八五〇
梁山县第一区区署关于报送征工数目表并请以后征工事件另调他区担负致梁山县政府的呈（一九三九年十月七日）……八五四
附：梁山县政府第一区区署造具自一九三八年十月二十三日起至一九三九年十月七日止临时事件征工数目表……八五六
梁山县政府关于另调他区担负修筑沙河铺机场临时征工任务致梁山县第一区区署的指令（一九三九年十一月二日）……八五八
航空委员会空军第三总站、梁山县政府关于扩修梁山机场及预备场征调民工三千名于一九四〇年一月十日前
到场施工的文书（一九三九年十二月二十五日至三十日）……八六〇
航空委员会空军第三总站致梁山县政府的公函（一九三九年十二月二十五日）……八六〇
梁山县政府致梁山县各区区署的命令（一九三九年十二月三十日）……八六三
附一：空军第三总站扩修梁山机场工程委员会征用民工办法……八六七
附二：空军第三总站扩修机场工程委员会民工给价办法……八七〇
附三：空军第三总站扩修机场工程委员会民工服役规则……八七一
附四：空军第三总站扩修机场工程委员会民工作息时间表……八七二
附五：空军第三总站扩修机场工程委员会组织简章……八七三
四川省政府关于征调梁山、开江、垫江、大竹县民工扩修梁山机场致梁山县政府的训令
（一九四〇年一月二十二日收）……八七九
航空委员会空军第三总站扩修机场委员会关于补足逃亡民工致梁山县政府的函（一九四〇年一月二十四日）……八八一
梁山县第一区中城镇镇公所关于造报机场抢修队名册致梁山县政府的呈（一九四一年六月二十八日）……八八三
附：梁山县第一区中城镇镇公所造具机场抢修队名册（一九四一年六月）……八八五
梁山县抢修机场民工第二大队第二中队花名清册(节选)（一九四一年七月）……八八九
航空委员会空军第三总站、梁山县政府关于增编抢修机场民工队二千名的文书（一九四三年四月至五月）……八九六
航空委员会空军第三总站致梁山县政府的代电（一九四三年四月十四日）……八九六
梁山县政府致梁山县中城、天竺等乡镇公所的训令（一九四三年五月四日）……八九八

航空委员会空军第三总站、梁山县政府关于征雇民夫三百名于五月二十八日上午六时到达机场工作的来往公函
（一九四三年五月二十七日至二十八日）…… 九〇〇
航空委员会空军第三总站致梁山县政府的公函（一九四三年五月二十七日）…… 九〇〇
梁山县政府致航空委员会空军第三总站的公函（一九四三年五月二十八日）…… 九〇二
航空委员会空军第三总站关于征雇大量民夫抢修雨水浸泡机场致梁山县政府的公函（一九四三年五月二十八日）…… 九〇三
航空委员会空军第三总站关于紧急征雇民三千名抢修一九四三年五月二十九日被炸机场致梁山县政府的公函
（一九四三年五月二十九日）…… 九〇六
航空委员会空军第三总站关于增雇民夫二千名抢修一九四三年五月二十九日被炸机场致梁山县政府的公函
（一九四三年五月二十九日）…… 九〇七
航空委员会空军第三总站关于组织各乡镇抢修机场民工队随时听候召集致梁山县政府的代电（一九四三年五月）…… 九〇九
梁山县蟠龙乡乡公所关于报告征调抢修一九四三年五月二十九日被炸机场民工到位请予验收致梁山县
政府的呈（一九四三年五月）…… 九一〇
梁山县政府关于漏夜征调民夫二百名到机场工作致梁山县城北乡乡公所的命令（一九四三年六月四日）…… 九一二
航空委员会空军第三总站关于迅速征调一千名民工抢修一九四三年六月六日被炸机场致梁山县政府的代电
（一九四三年六月七日）…… 九一三
航空委员会空军第三总站、梁山县政府关于征调民工抢修机场跑道及滑行道的来往文书
（一九四三年六月九日至二十三日）…… 九一五
航空委员会空军第三总站致梁山县政府的代电（一九四三年六月九日）…… 九一五
梁山县政府致航空委员会空军第三总站的公函（一九四三年六月二十三日）…… 九一七
梁山县政府关于紧急征调五百名民工于九月六日到场补修机场致安胜、城北乡乡公所的代电
（一九四三年九月四日）…… 九一八

航空委员会空军第三总站、梁山县政府关于自九月十日起每日征催民工一千名抢修机场的文书
（一九四三年九月五日至九日）……九二一
航空委员会空军第三总站致梁山县政府的公函（一九四三年九月五日）……九二一
梁山县政府致航空委员会空军第三总站的公函（一九四三年九月七日）……九二三
梁山县政府致梁山县各乡镇公所的代电（一九四三年九月九日）……九二五
附一：各乡镇征调补修机场民工配备表……九二六
附二：征调民工注意事项……九二七
航空委员会空军第三总站关于催促按期征足民夫三千名到机场工作致梁山县政府的代电（一九四三年九月十三日）……九三七
梁山县政府关于检发梁山县一九四三年九月补修机场民工队组织及服务办法致梁山县各乡镇公所的训令
（一九四三年九月二十日）……九三九
附一：梁山县一九四三年九月补修机场民工队组织及服务办法……九四一
附二：补修机场征调民工名册……九四六
张树屏、赵仕武关于补足梁山机场补修欠征民工及置办工具事致梁山县政府的签呈（一九四三年九月二十四日）……九四七
附：各乡现在实到作工人数表……九四九
梁山县政府、航空委员会空军第三总站关于紧急征调民工六百名于十月三十日晨到场滚压场面的来往文书
（一九四三年十月二十九日至三十日）……九五〇
航空委员会空军第三总站致梁山县政府的代电（一九四三年十月二十九日）……九五〇
梁山县政府致航空委员会空军第三总站的公函（一九四三年十月三十日）……九五二
航空委员会空军第三总站、梁山县政府关于代雇民工二百名运输梁山机场滑行道块石的文书
（一九四三年十一月一日至十三日）……九五四
航空委员会空军第三总站致梁山县政府的公函（一九四三年十一月一日）……九五四
梁山县政府致航空委员会空军第三总站的公函（一九四三年十一月十三日）……九五六

梁山县政府致金带、合兴等乡乡公所的训令（一九四三年十一月十三日）……九五八

航空委员会空军第三总站、梁山县政府关于征调民工滚压梁山机场松软跑道的来往公函
（一九四三年十一月十日至十三日）……九六〇

航空委员会空军第三总站致梁山县政府的公函（一九四三年十一月十日）……九六〇

梁山县政府致航空委员会空军第三总站的公函（一九四三年十一月十三日）……九六二

航空委员会空军第三总站、梁山县政府关于征调民工六百名继续修整机场场面未完工程的文书
（一九四三年十一月十五日至二十六日）……九六五

航空委员会空军第三总站致梁山县政府的公函（一九四三年十一月十五日）……九六五

梁山县政府致四川省政府的呈（一九四三年十一月二十六日）……九六七

航空委员会空军第三总站、梁山县政府关于代征一千名民工赶运机场新兴工程石料的来往文书
（一九四三年十二月二十二日至二十九日）……九六九

航空委员会空军第三总站致梁山县政府的代电（一九四三年十二月二十二日）……九六九

梁山县政府致航空委员会空军第三总站的公函（一九四三年十二月二十九日）……九七〇

梁山县各乡镇一九四三年秋季补修机场民工队组织及服役办法（一九四三年）……九七二

梁山县政府、航空委员会空军第三总站关于随时准备民工队抢修机场以利作战的来往文书
（一九四四年三月五日至二十日）……九七九

航空委员会空军第三总站致梁山县政府的代电（一九四四年三月五日）……九七九

梁山县政府致航空委员会空军第三总站的公函（一九四四年三月二十日）……九八一

梁山县政府关于征调一万名民工赶修机场跑道致锦水乡乡公所的紧急命令（一九四四年三月二十日）……九八二

附：赶修梁山机场跑道集中征调民夫分配表（一九四四年三月二十日）……九八四

四川省政府关于加强抢修机场民工大队编组以备调遣致梁山县政府的训令（一九四四年三月）……九八七

梁山县政府关于奉四川省政府令征调六千三百名民工赶修机场新跑道致三民乡乡公所的训令（一九四四年三月）……九八八

航空委员会梁山工程处关于一九四四年三月十一日至四月十九日梁山县政府征调赶修机场跑道民工数量的证明
（一九四四年四月二日）…………九八九
航空委员会空军第三总站、梁山县政府关于加强民工抢修队组织工作的来往文书（一九四四年四月至五月）…………九九〇
航空委员会空军第三总站致梁山县政府的代电（一九四四年四月二十三日）…………九九〇
梁山县政府致航空委员会空军第三总站的公函（一九四四年五月五日）…………九九二
梁山县政府一九四四年三月二十三日至四月二十日征调民工赶修机场跑道逐日实到民工检查统计表
（一九四四年四月）…………九九四
梁山县政府关于委派抢修机场民工总队部成员的训令（一九四四年五月二十六日）…………九九七
附一：梁山县政府委派令（一九四四年五月）…………九九八
附二：梁山县抢修机场民工总队部编制表…………九九九
四川省政府、梁山县政府关于具报抢修一九四四年五月十日被炸机场实到民工人数的来往文书
（一九四四年五月至六月）…………一〇〇一
四川省政府致梁山县政府的电（一九四四年五月二十三日）…………一〇〇一
梁山县政府致四川省政府的呈（一九四四年六月十日）…………一〇〇二
附：梁山县抢修五月十日夜袭机场弹坑实到民工人数表（一九四四年五月三十日）…………一〇〇四
四川省政府致梁山县政府的代电（一九四四年六月二十日）…………一〇〇五
四川省政府、梁山县政府关于报送抢修机场民夫大队组织情形的来往文书（一九四四年七月至九月）…………一〇〇六
四川省政府致梁山县政府的训令（一九四四年七月）…………一〇〇六
梁山县政府致四川省政府的呈（一九四四年八月二十五日）…………一〇〇七
四川省政府致梁山县政府的指令（一九四四年九月十八日）…………一〇〇九
航空委员会空军第三总站关于按美方建议加强梁山机场工程将来需征工数量致梁山县政府的代电
（一九四五年一月十九日）…………一〇一一

梁山县民工总队部各乡镇征调民工检查表（一九四五年八月五日）……一〇一三
四川省政府关于军事委员会工程委员会决定抗战结束将留梁山机场的百分之十五民工一并遣回秋收不再复工
致梁山县政府的代电（一九四五年八月三十日）……一〇一七
航空委员会空军第三总站关于奉令撤销机场民工抢修大队致梁山县政府的代电（一九四五年十二月十日）……一〇一八
扩修梁山飞行场民工第四大队造具各联保民工人数及住地表（时间不详）……一〇二〇
梁山县补修机场民工各级队部办事规则（时间不详）……一〇二一

（二）民工医疗

航空委员会空军第三总站关于准发扩修机场民工伤病医药费且需补呈医药单据及伤病人证明册
致梁山县政府的公函（一九三八年七月一日）……一〇二四
梁山县卫生院关于组设特种工程民工总站医疗所并造报预算书致梁山县政府的呈（一九四五年六月四日）……一〇二八
梁山县民工总队部一九四五年六月一日至二十八日治疗日报表（节选）（一九四五年六月）……一〇三〇
大竹、梁山等县政府关于增发民工医药费致四川省梁山县特种工程民工管理处的签呈（一九四五年七月四日）……一〇三四
四川省梁山县特种工程民工管理处关于派工役一名到民工总站医疗所工作致梁山县民工总队部的训令
（一九四五年七月四日）……一〇三六
四川省梁山县特种工程民工管理处关于填具增发卫生费领款收据致梁山县民工总队部的训令
（一九四五年七月十日）……一〇三七
四川省梁山县特种工程民工管理处关于领取奎宁丸一百四十粒并转发疟疾患者致梁山县民工总队部的训令
（一九四五年七月十四日）……一〇三八
四川省梁山县特种工程民工管理处关于领取验方价款致梁山县民工总队部的训令（一九四五年七月十七日）……一〇三九
四川省梁山县特种工程民工管理处关于霍乱流行广为发动中西医师慈善团体到场服务致梁山县民工总队部
的训令（一九四五年七月十七日）……一〇四〇
梁山县特种工程医药卫生人员第三次医药联席会议记录（一九四五年七月十七日）……一〇四一

四川省梁山县特种工程民工管理处关于协助卫生署医疗队来梁救治霍乱病人致梁山县民工总队部的训令
（一九四五年七月十九日）……一〇四五
梁山县特种工程民工管理处关于注意饮食清洁、疏散居住、防范霍乱滋蔓致梁山县民工总队部的训令
（一九四五年七月十九日）……一〇四七
梁山县民工总队部关于严禁商民售卖生冷食物致城区警察所的训令（一九四五年七月二十二日）……一〇四八
四川省梁山县特种工程民工管理处关于发现病人即刻送医致梁山县民工总队部的训令
（一九四五年七月二十四日）……一〇四九
四川省梁山县特种工程民工管理处关于军医署会同航委会派员赴梁山防救霍乱致梁山县民工总队部的训令
（一九四五年七月二十六日）……一〇五〇
四川省梁山县特种工程民工管理处关于民工霍乱病亡安葬问题致梁山县民工总队部的训令
（一九四五年七月二十七日）……一〇五二
四川省梁山县特种工程民工管理处关于卫生署医防总队梁山霍乱办事处借梁山卫生院办公事致梁山县民工
总队部的训令（一九四五年七月二十七日）……一〇五四
四川省梁山县特种工程民工管理处关于霍乱死亡民工安埋事致梁山县政府的训令（一九四五年七月二十七日）……一〇五六

（三）民工抚恤

航空委员会空军第三总站关于修建机场民工伤亡抚恤查照本会征雇民工伤亡给恤暂行规则办理致梁山县政府
的公函（一九四〇年九月二十四日）……一〇五九
附：征雇民工姓名箕斗报名表……一〇六一
梁山县城西乡乡公所关于报送服役特种工程民工死亡证明书及报请抚恤表致梁山县民工总队部的呈
（一九四五年七月二十二日）……一〇六二
附：梁山县城西乡中队部统率民工服役梁山特种工程死亡报请抚恤表（一九四五年七月二十日）……一〇六三

四川省梁山县特种工程民工管理处关于领取伤亡民工抚恤金致梁山县民工总队部的训令
（一九四五年七月二十四日）…………一〇六五
梁山县民工总队部一九四五年六月一日至七月三十一日民工死亡清册（节选）（一九四五年七月）…………一〇六七
梁山县民工总队部领取四川省梁山特种工程民工管理处发放死亡民工抚恤费的领条（一九四五年八月二十一日）…………一〇六九
梁山县一九四五年七月一日至八月十八日工地服役民工伤亡请恤名册（节选）（一九四五年八月）…………一〇七〇
梁山县民工总队部一九四五年六月一日至八月二十七日民工死亡暨抚恤情形一览表（一九四五年八月）…………一〇七三
梁山县民工总队部第七大队第三十五中队关于报送建筑特种工程染霍乱死亡民工姓名表请予抚恤致梁山县
民工总队部的签呈（一九四五年八月）…………一〇七四
附：梁山县民工第七大队第三十五中队造具建筑特种工程民工染霍乱毙命姓名表（一九四五年八月）…………一〇七五
（四）人员奖惩
四川省第十区行政督察专员公署关于给予征调扩修梁山机场民工不力之开江县长记过一次致梁山县政府的训令
（一九四〇年四月十八日）…………一〇七七
航空委员会、四川省政府等关于嘉奖梁山县征工抢修一九四三年五月二十九日敌机炸毁梁山机场有功的文书
（一九四三年六月至十月）…………一〇八一
航空委员会致空军第三总站的电（一九四三年六月二日收）…………一〇八一
四川省政府致梁山县政府的代电（一九四三年六月十六日）…………一〇八二
四川省政府致梁山县县长黄乃安的训令（一九四三年八月）…………一〇八四
四川省政府致梁山县临时参议会议长文赞丞的训令（一九四三年八月）…………一〇八六
梁山县政府致梁山县各乡镇公所的训令（一九四三年十月）…………一〇八八
梁山县临时参议会关于请予梁山县县长兼梁山县民工总队部总队长、民工管理处副处长赵秉钺嘉奖致
四川省政府的代电（一九四五年九月十四日）…………一〇八九
梁山县民工总队部关于到部领取奖金致锦水乡乡公所的训令（一九四五年十月九日）…………一〇九〇

梁山县政府关于传令嘉奖谢锡森、陈德安致锦水乡乡公所的训令（一九四五年十月）……一〇九一
梁山县仁贤乡一九四五年担任特种工程领奖金人员清册（一九四六年二月）……一〇九二
梁山县民工总队部关于嘉奖特种工程努力人员致四川省第十区行政督察专员公署的呈（时间不详）……一〇九五
附：梁山县特种工程民工总队部成绩优人员请奖名单……一〇九六
后　记

一、征地拆迁

（一）征拆补偿

梁山县政府关于扩修飞行场办理占用民间田地登记的布告（一九三七年九月十七日）

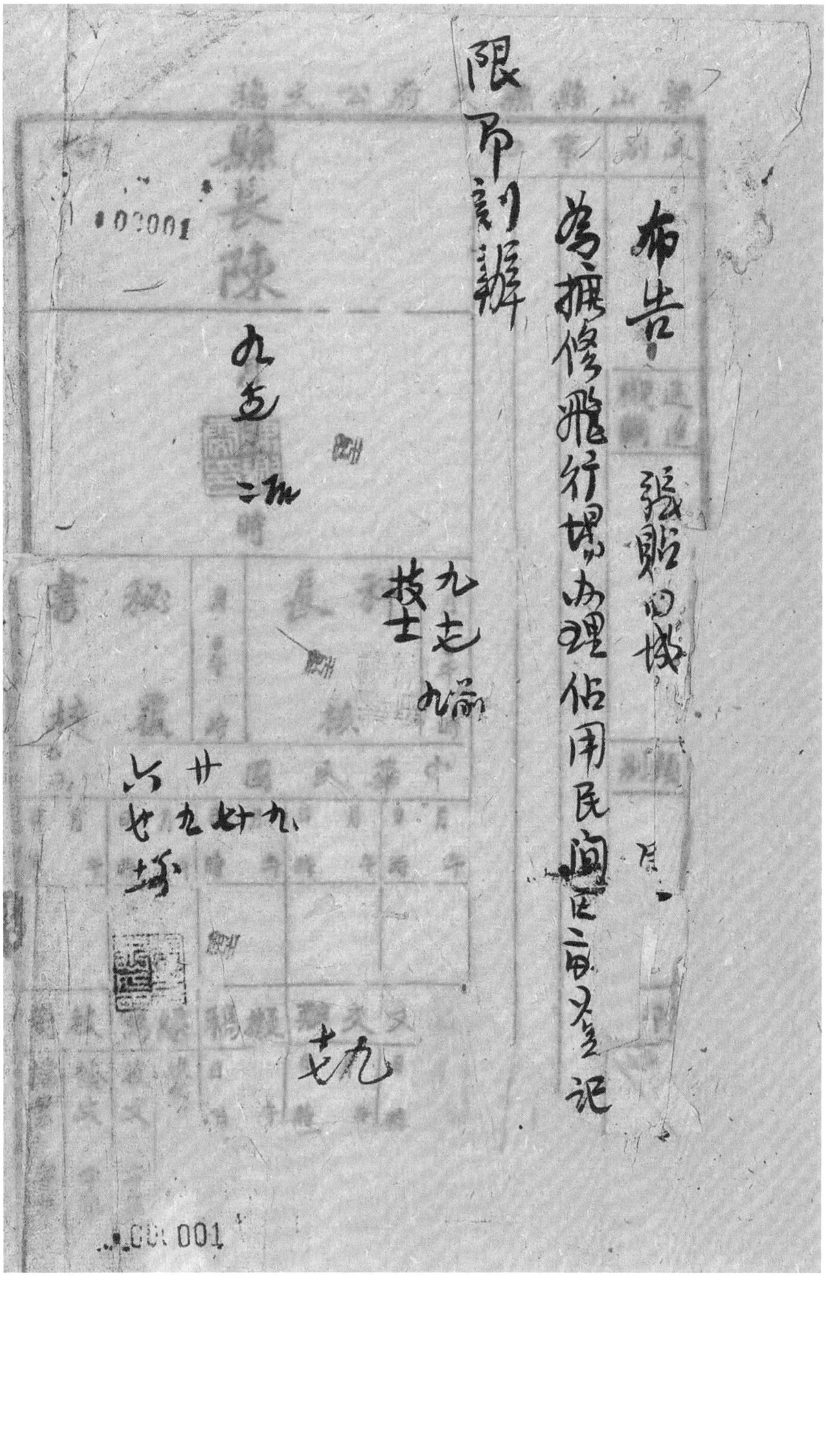
布告

張貼田坎

為擴修飛行場辦理佔用民間田畝登記

限即刻辦

全衔布告　廿六年建字第325号

查北外飞行场，原宽七百米见方，现奉
[illegible]电令征工扩修至一千米见方，扩修区域，业
经勘定，竖有标桩。所有标桩以内田地，应[illegible]
办理登记，以凭[illegible]地价。兹订期于本月十八日
[illegible]北城[illegible]设立[illegible]办理登记事宜
为此合行布告，仰[illegible]各业主[illegible]本月十
午前八钟起至午后六钟止
迳赴[illegible]登记，毋得自误为要。此布。

中华民国廿六年九月十七

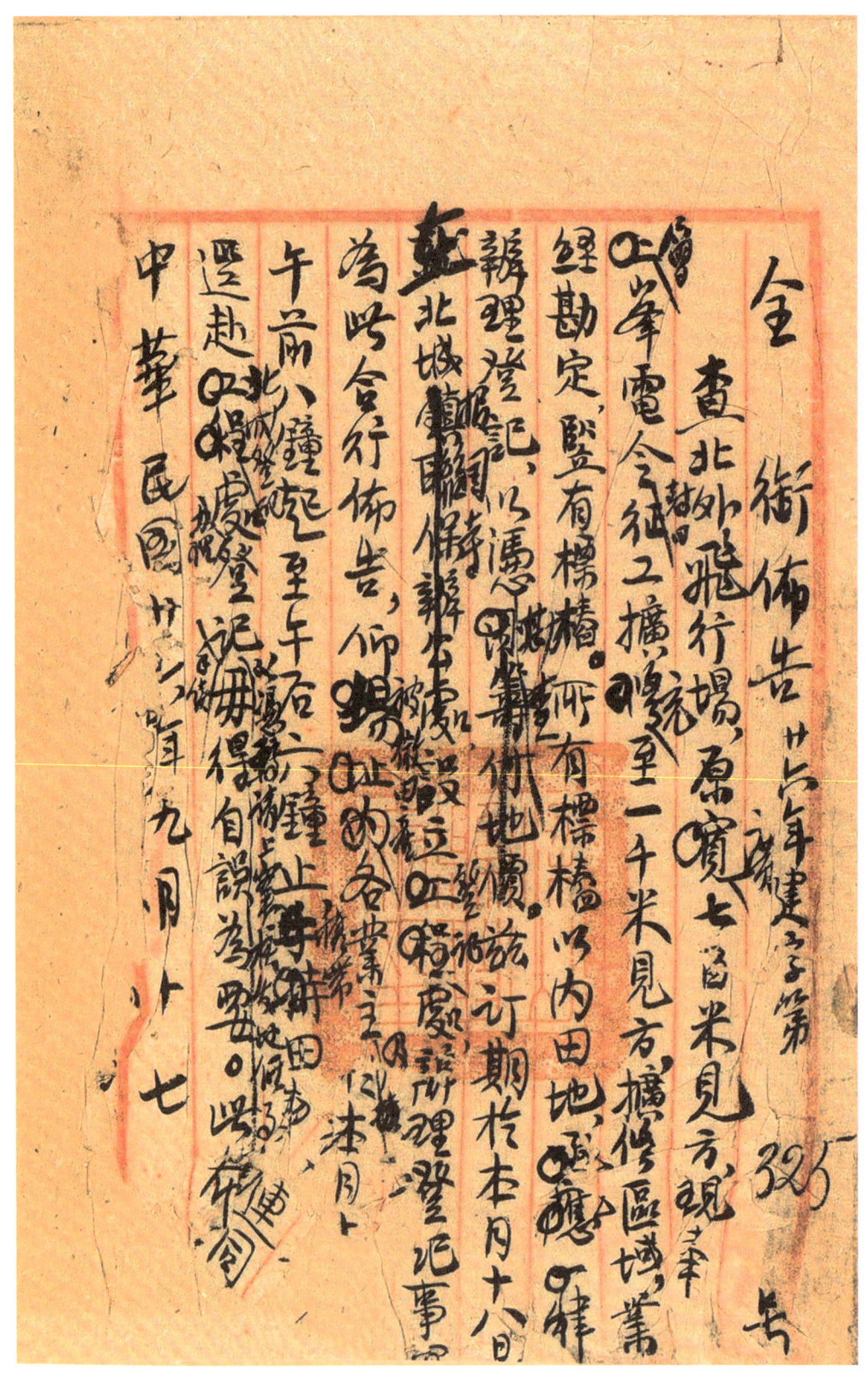

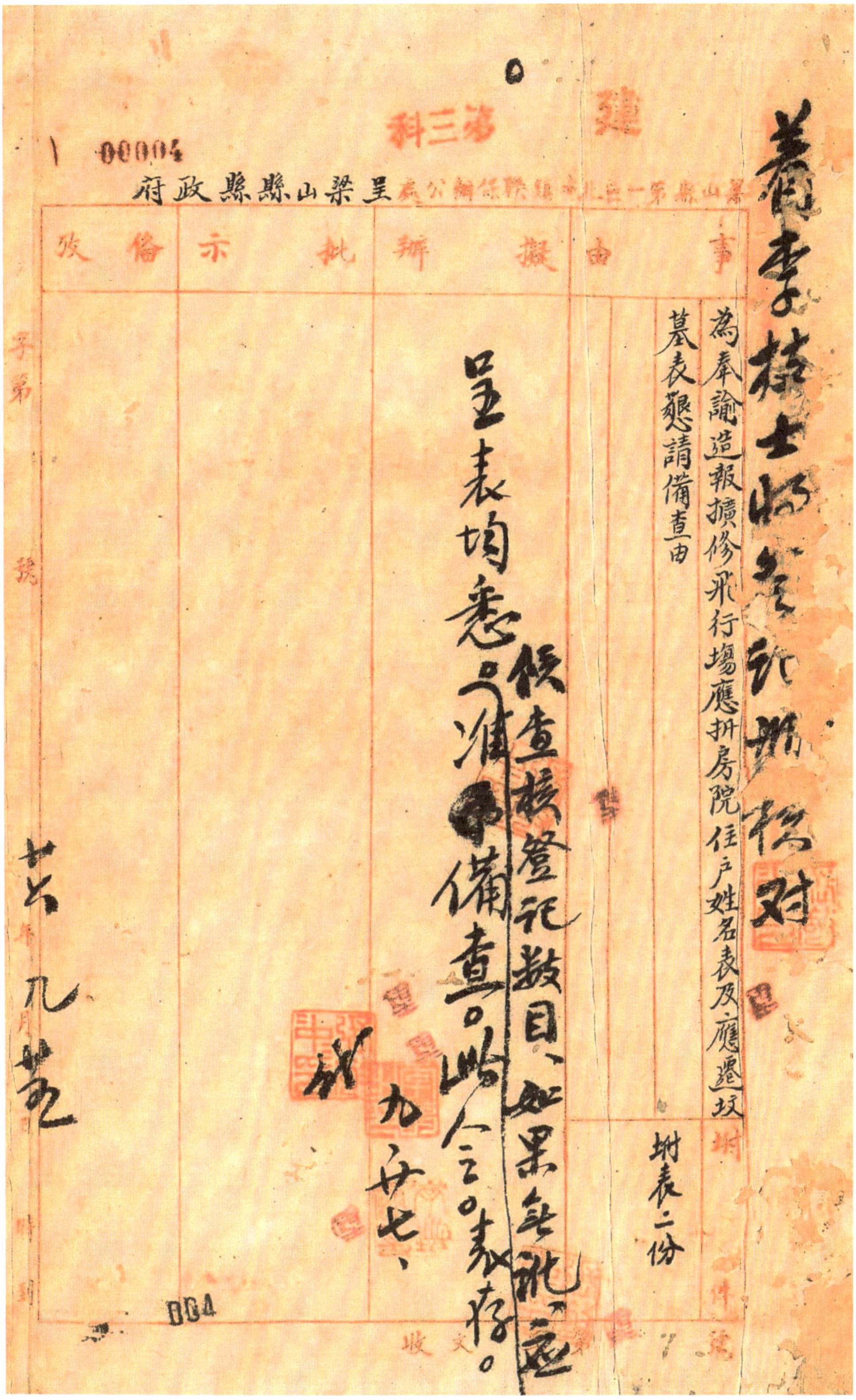

梁山縣第一區北城鎮聯保辦公處呈 梁山縣縣政府

第三科

建

00004

事由	擬辦	批示	備考
為奉諭造報擴修飛行場應拆房院住戶姓名表及應遷墳墓表懇請備查由	候查核登記數目，如果無訛，速	呈表均悉。准予備查。此令。表存。	

附件：附表二份

着李桂士將表冊核對

九廿七

廿六年九月廿一

004

梁山县第一区北城镇联保办公处关于造报扩修飞行场应拆房院住户姓名表及应迁坟墓表致梁山县政府的呈（一九三七年九月二十一日）

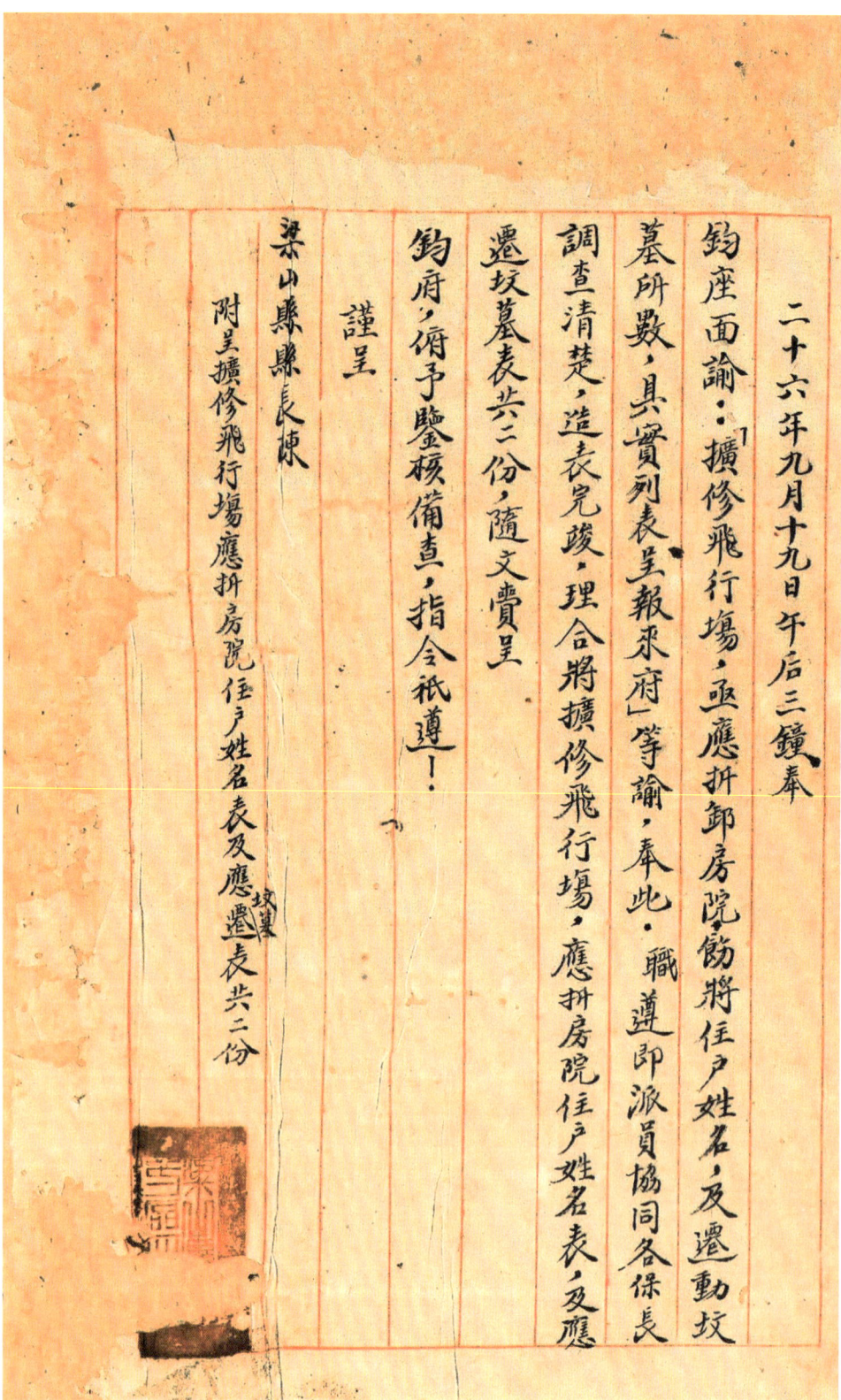

二十六年九月十九日午后三鐘奉

鈞座面諭：「擴修飛行塲，亟應拆卸房院，飭將住户姓名，及遷動坟墓所數，具實列表呈報來府」等諭，奉此。職遵即派員協同各保長調查清楚，造表完竣，理合將擴修飛行塲，應拆房院住户姓名表，及應遷坟墓表共二份，隨文賫呈

鈞府，俯予鑒核備查，指令祇遵！

謹呈

梁山縣縣長陳

附呈擴修飛行塲應拆房院住户姓名表及應遷坟墓表共二份

00005

梁山縣第一區北城鎮聯保主任庾 高

005

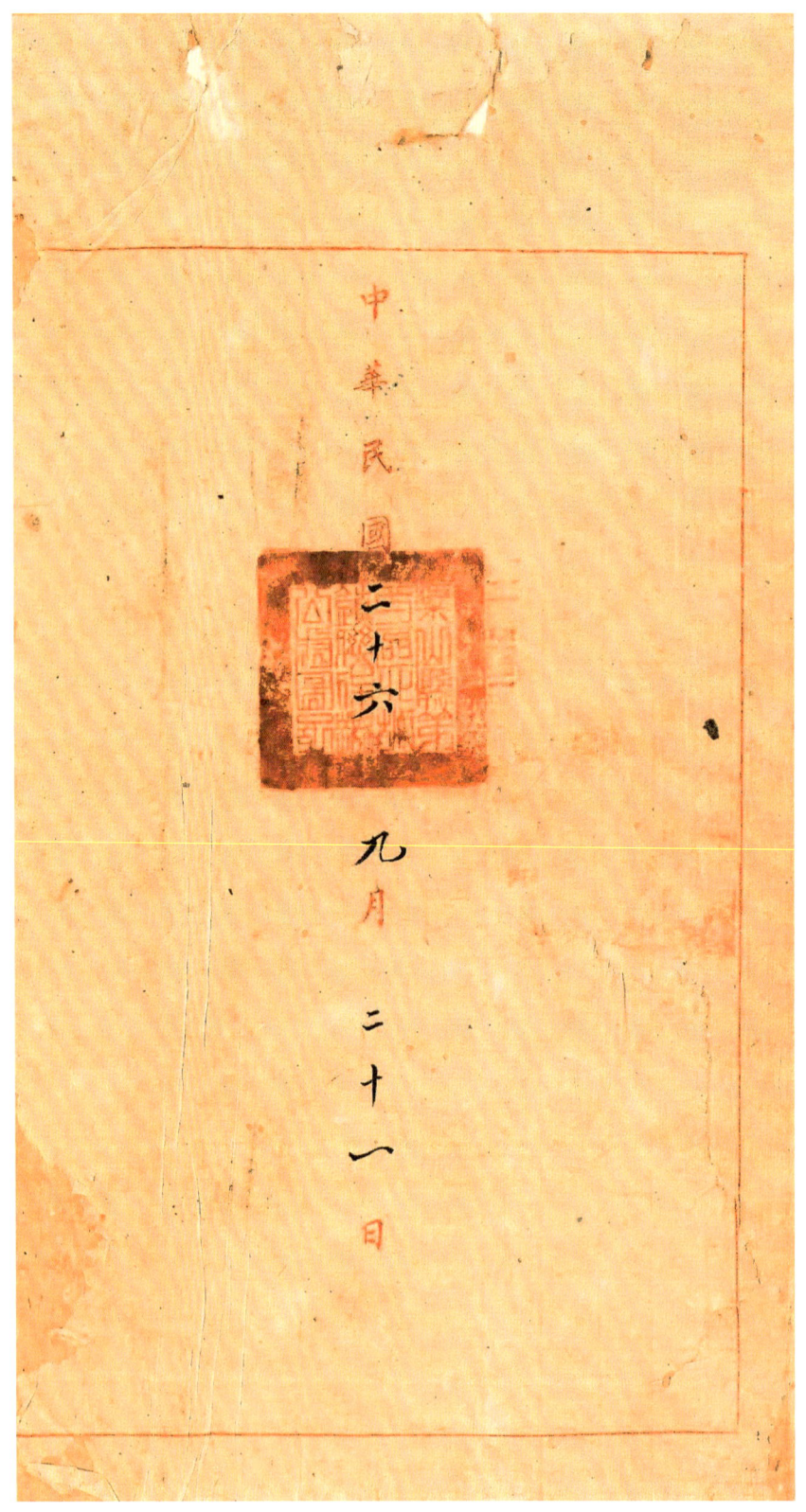

中華民國二十六九月二十一日

00006

梁山縣第一區北城鎮造呈擴修飛行場應拆房院住户姓名表

006

附一：梁山县第一区北城镇造呈扩修飞行场应拆房院住户姓名表（一九三七年九月二十日）

梁山縣第一區北城鎮遵呈擴修飛行場應拆房院住戶姓名表 二十六年九月二十日製

保別	甲別	住戶姓名	人口數目	自業或佃業	押金數目	租田數目	備考
六九保	二甲	王吉云	四人	佃業	三〇元	五〇石	
		劉厚云	四人	佃業	二〇五元	五〇石	
		孫銘章	一〇人	佃業	一〇〇元	二六石	
		孫鳳文	八人	佃業	一〇〇元	三六石	
		陳呂應	五人	佃業	五〇兩	一五石	
		陳光塗	二人	佃業	二〇〇元	三七石	
		蕭序福	五人	佃業	五〇元	六一石	
		蕭序傑	四人	佃業	二〇元	一四石	

	蕭紀文	六人	佃業	六〇元	六五石
	鍾云青	六人	佃業	一〇〇元	三五石
	黃元亮	一〇人	佃業	一〇二元	六一石
	李德見	一二人	佃業	一八元	一三四石
	劉興發	四人	佃業	一〇〇兩	五〇石
	劉厚珍	三人	佃業	一〇〇兩	五〇石
	嚴順錫	四人	佃業	二五〇兩	五〇石
七一保八甲	葉祖元	六人	佃業	二〇元	四〇石
九甲	陳洪月	七人	佃業	一〇〇元	二石 全藏三十六石現距二石
	劉華田	六人	佃業	二〇〇元	五〇石

		王天才	七人	佃業	二0元	四0石	
		安懷工廠	五0人	自業		一四石	
		劉永恒	四人	佃業	五0元	八石	
上四保	九甲	劉永安	五人	佃業	三五0兩	一二0石	暫遷本保唐家灣
		李華倫	一0人	佃業	五0兩	四0石	分佃劉永安佃租 暫遷本保李佐周碾房
	十甲	魏宗才	八人	佃業	一0兩	六石	
		葉唐氏	四人	佃業	一0兩		葉文四塊
		鄧福初	八人	自業		二石	
		陳國玉	四人	自業		三石	與鄧福初同院住房 兼職飛機場
		陳伯堂	四人	佃業	四0元	三四石	

羅和慶	八人	佃業			佃户紡織布
蔣錫山	一三人	自業		六石	與羅和慶同院住 房屋靠飛機場
唐伯鈞	四人	佃業			同前
吳正云	六人	佃業	五〇兩	五三石	佃房住家 佃名吳正乾
馮遠康	三人	佃業	二〇兩	一七石	分佃吳正云佃租 還黃、公鄉豆子籮
熊明道	七人	佃業	一〇〇元	一四〇石	佃名熊明德 暫遷鎮廣七士保秦家壩
周和清	五人	佃業	五六元	四二石	暫遷本保迎水庵 龍家院內

合計 卅六户

附二：梁山县第一区北城镇造呈扩修飞行场应迁坟墓表（一九三七年九月二十日）

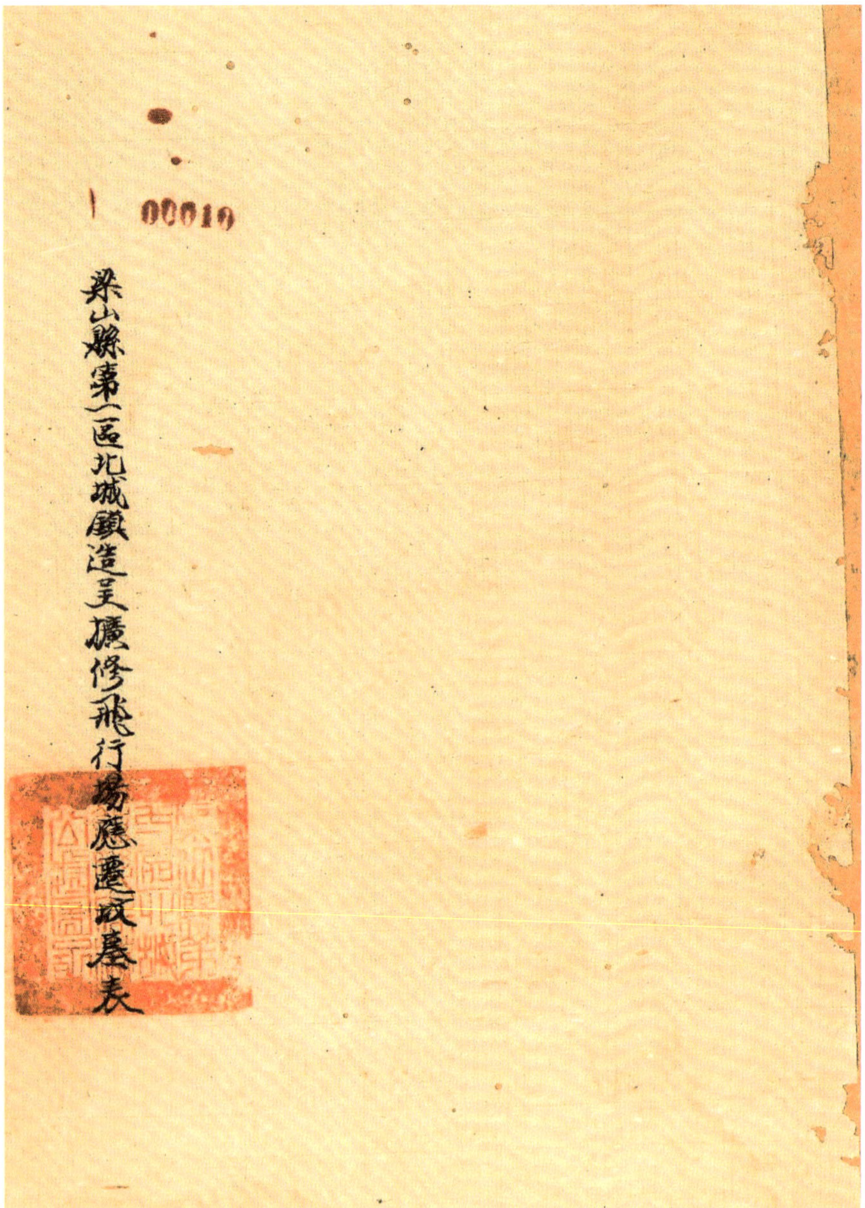
00010

梁山縣第一區北城鎮造呈擴修飛行場應遷坟墓表

010

梁山縣第一區北城鎮造呈擬飛行場應遷墳墓表

二十六年九月二十日製表

保別	甲別	墳屬何人	所數	備考
六九保	二甲	朱氏主宗	二所	
		羅隆清主宗	一	
七一保	九甲	謝藎沈主宗	一五	內有熟土一段
		鄧國英主宗	四〇	其餘古墓
		孫元谷主宗	一三	同前
			二	純係古墓
			四五	同前
		劉氏主宗	三六	其餘古墓

七四保十甲徐姓坟园 三 此坟系已修飞行场地址内未迁移

四 同前 内有一坟两棺

合计 一六二所

梁山县政府关于限期办理扩修飞行场被征民田业主补行登记致梁山县第一区北城镇联保办公处的训令
（一九三七年十月二十日）

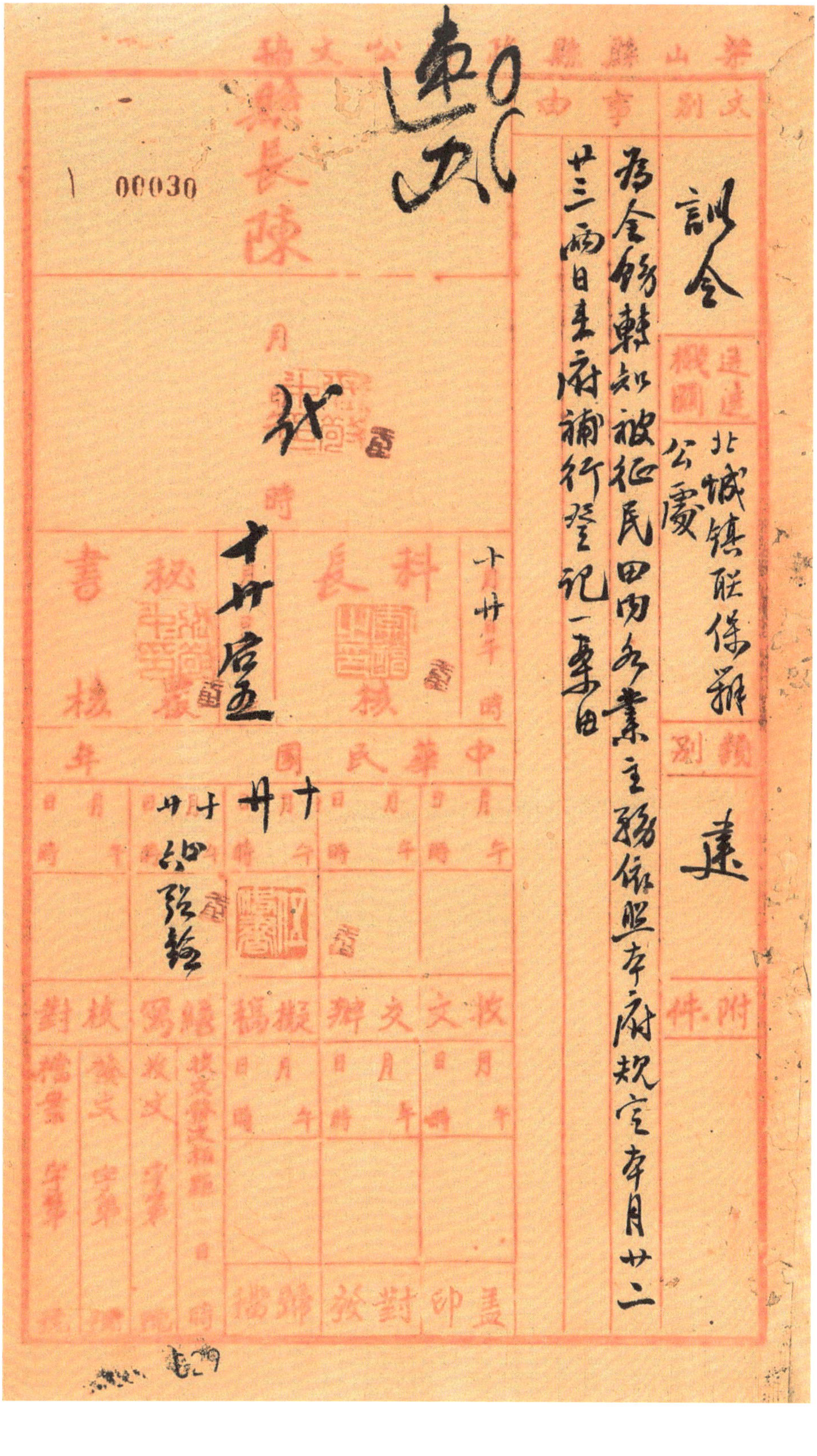
梁山縣縣政府公文稿

文別	訓令
事由	為令飭轉知被征民田內各業主務依照本府規定本月廿二、廿三兩日來府補行登記一案由
機關	北城鎮聯保辦公處
類別	速
附件	

縣長 陳

00030

梁山县县政府训令　卅二年建字第　394　号

令北城镇联保主任○○○

查北外飞行场前经划定扩充区域为一千米见方，现奉层峰电令再展至一千二百米见方，并已勘定范围，所有标桩，所有标桩以内田地，至今尚有未登记者，兹由本府订期本月廿二廿三两日在本府第三科设登记处办理补行登记事宜，登记时间，每日上午八钟至十二钟，下午二钟至五钟止，除布告周知外，合行令仰该主任即便遵照立即派丁通知被征田地内保甲长

00031

等，藉知各業主務遵本府規定時間來府補行登記，事關緊急，勿延干咎，

此令。

魁日

00030

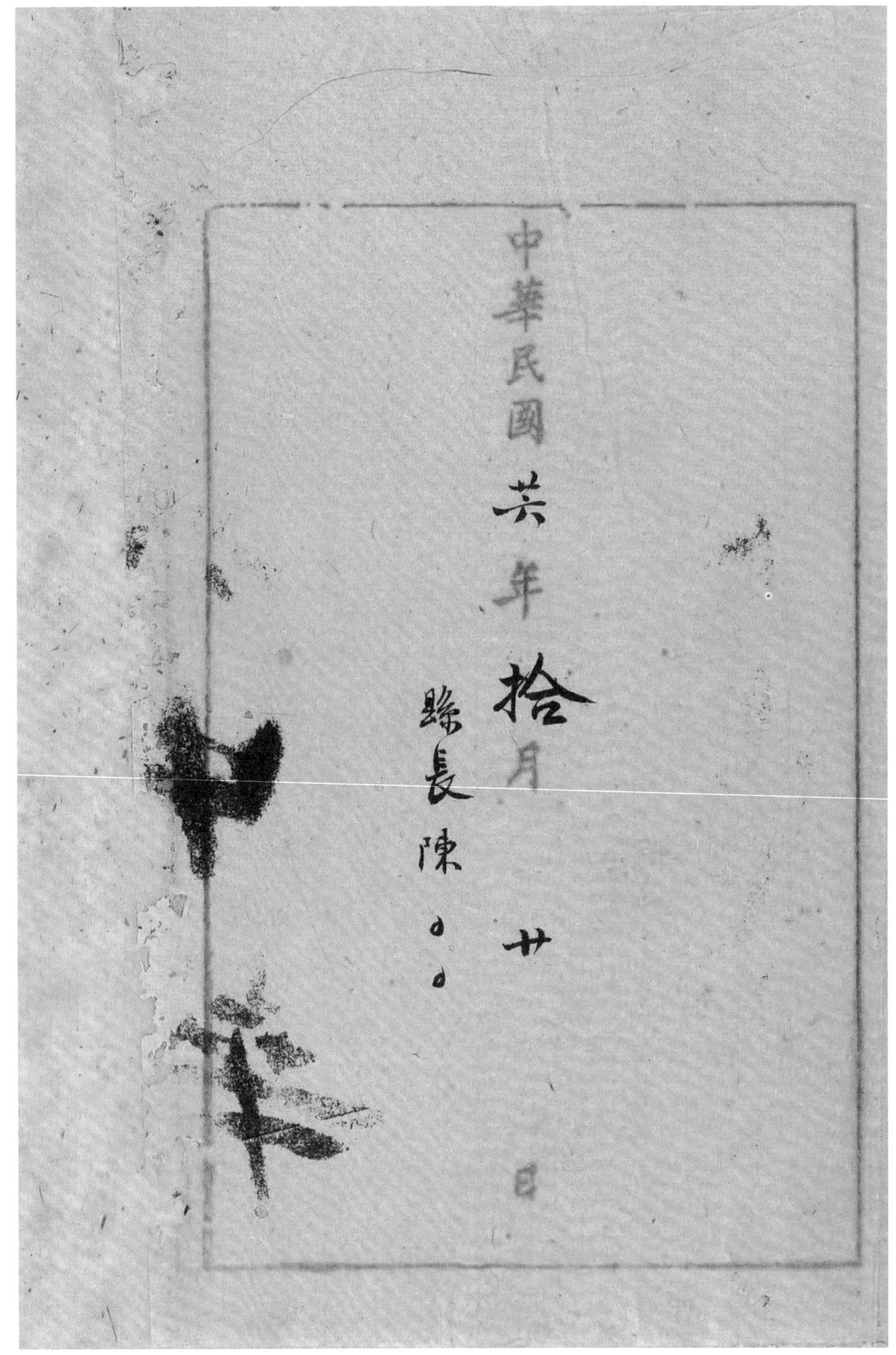

中華民國卅年拾月廿日

縣長陳○○

中華

梁山县政府、扩修飞行场被征民田业主钟逢春等关于核发被占田地地价款的来往文书（一九三七年十二月十日至十二月十二日）

钟逢春等致梁山县政府的呈（一九三七年十二月十日收）

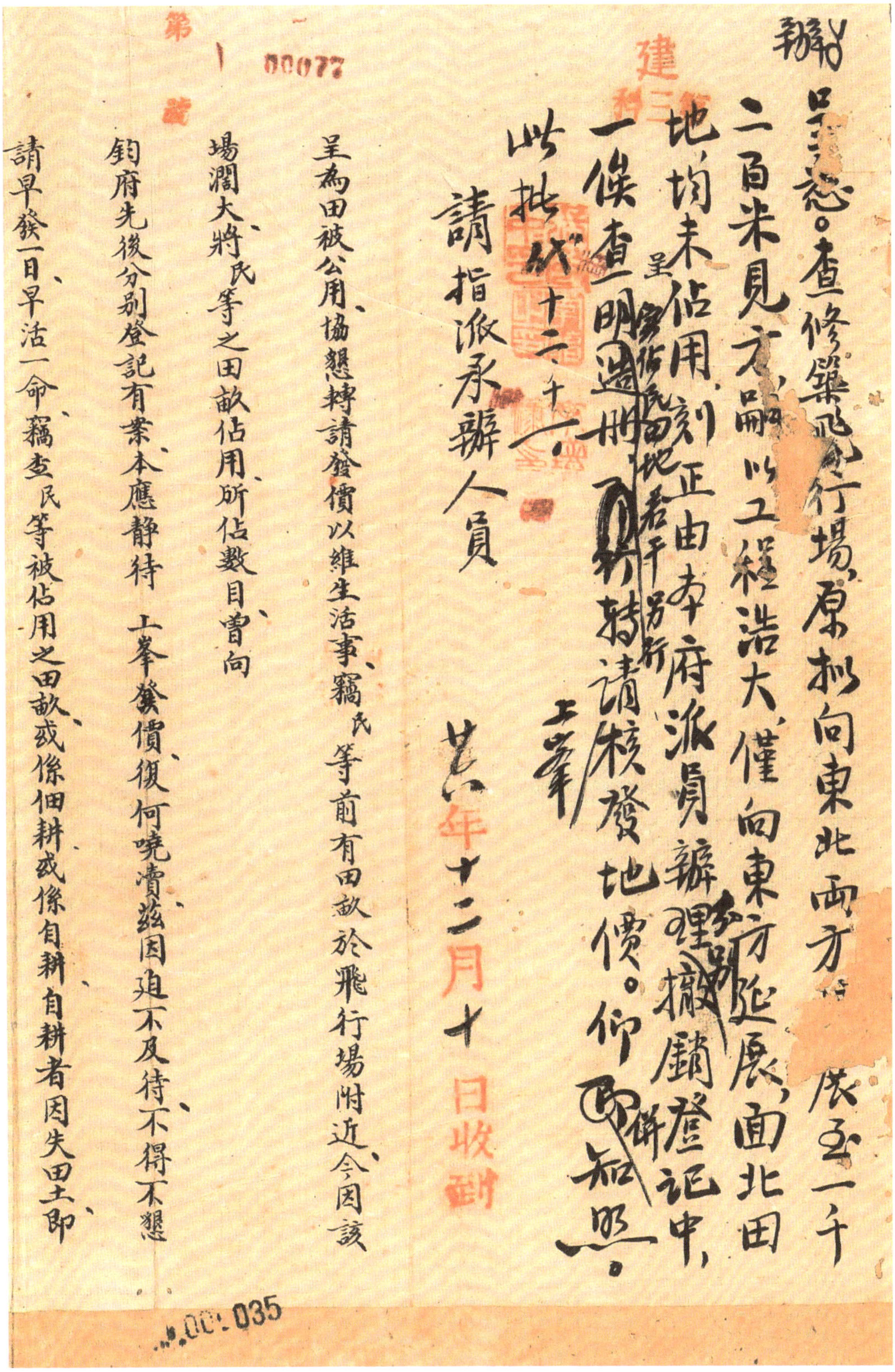

辦

呈悉。查修築飛行場，原擬向東北西方展至一千二百米見方，嗣以工程浩大，僅向東方延展，面北田地，均未佔用。刻正由本府派員辦理撤銷登記中，一俟查明，造冊轉請核發地價。仰即知照。

此批。十二、十二。

請指派承辦人員

廿六年十二月十日收

呈為田被公用，協懇轉請發價以維生活事。竊民等前有田畝於飛行場附近，今因該場濶大，將民等之田畝佔用，所佔數目曾向

鈞府先後分別登記有案，本應靜待 上峯發價，復何嘵瀆，茲因迫不及待，不得不懇

請早發一日，早活一命。竊查民等被佔用之田畝，或係佃耕，或係自耕，自耕者因失田土即

失生活佃耕者既有押佃更多糾紛業主無錢退押佃客無以營生毆吵之事層出不窮長此以往民等慘苦情形更當與日俱深況值隆冬饑寒交迫恒產既失告貸無方是特請陳

鈞府俯賜垂憐轉呈 上峯早給業價俾民等得免於饑寒不啻

鈞座所賜也臨紙彷徨不勝待命之至謹呈

梁山縣縣長陳

行場田業主 鍾逢春（印） 余蔭南（印） 劉光前（印） 劉光裕（印） 劉光照（印） 秦伯平（印） 孫茂堂（印） 楊孝維（印）

孫茂堂　楊孝絹

楊勳益　楊沛霖

胡景斌　夏洴波

鄧三星　柳永慶

涂德富　涂明星

唐伯福　李光裕

錢振慧　劉雲程

黃伯楷　黃伯均

孫奉舉　十　孫時秀　十

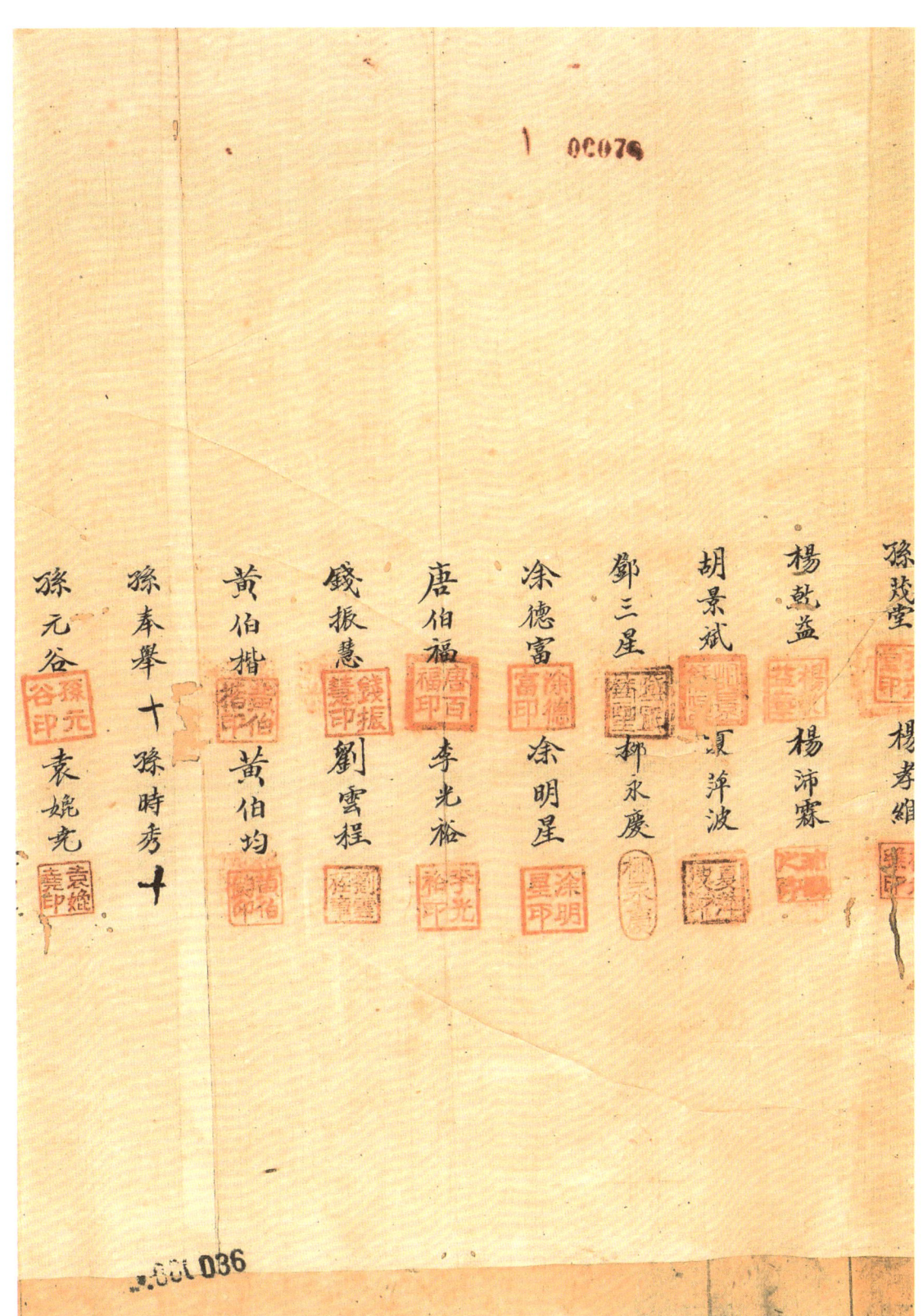

孫元谷　袁媲堯

鍾蔭甫 鍾蔭遠

[illegible]氏 杜林氏 十

[illegible]明章 孫春新

江東生 押 江北生 正

[illegible]明一堂 正 郭裔春

賀榮培 徐子萬 押

中華民國二十六年十二月　日

附：扩修飞行场占地清册

東	刘光玉	三八.〇〇	刘光玉	〇.一五二〇	三八.〇〇	鍾云炳
東	龔紹叔	一〇.〇〇	龔敦化	〇.〇一八〇	一〇.〇〇	王貴余
西北	龔鑑龍 龔嗣明炳 刘双合	八七.五〇	与業主同	〇.三五〇〇	一五.〇〇	唐仁貴 刘模
東	鍾蔭濤	四七.二五	鍾蔭濤	〇.一八九〇	三一.五〇	鄭六海
西北	鍾登甲	一二〇.〇〇	鍾希伯	〇.五八七八	九三.〇〇	刘永安 并撤房屋
東	盛永興	五〇.〇〇	盛永兴	〇.二〇〇〇	四七.〇〇	刘德志 并撤房屋
東	鍾逢春	一二〇.〇〇	鍾逢春	〇.四八〇〇	一二〇.〇〇	刘厚之 蔡双合
東	孫蔭堂	二四.〇〇	孫三堂	〇.〇九六〇	二四.〇〇	肖啟福 傑
東	蔣天福	二.〇〇	蔣天福	〇.〇〇八〇	二.〇〇	自耕
東	余蔭蘭	一一〇.〇〇	余介藩	〇.四四〇〇	一一〇.〇〇	李德孝 黄云亮 并撤房屋

038

北	孫鳳明	二四·〇〇	孫明正	〇·〇九六〇	二四·〇〇	王天才	
北	孫鳳文 吉昌	八·〇〇	孫鳳文 吉昌等	〇·三二〇〇	二六·〇〇	自耕	
東	袁娘亮	一二·〇〇	隆純堂	〇·〇六〇〇	一五·〇〇	刘和相	
西北	鄧復初	二·〇〇		無	二·〇〇	自耕	并撤房屋
東	柳治清	二一·三五	柳永慶	〇·〇八七五	二一·三五	李德見	并撤房屋
東	夏瑞廷	二一·三五	夏平波	〇·〇八七五	二一·三五	同	
東	鄧正貴	二一·三五	鄧三星	〇·〇八七五	二一·三五	同	
東	胡景六	二一·三五	胡景斌	〇·〇八七五	二一·三五	同	
西北	梅葛會	一·〇〇		無	一·〇〇	許茂林	撤房屋 被佔係二塊菜土
東	楊應滄	一五·〇〇	楊孝維	〇·〇六〇〇	一五·〇〇	陳昌紅	

佽佐三石

東北	刘雲成	三七、〇〇	刘石子德 劉黄氏	〇、二四八〇	三七、〇〇	同	并撤房子
東	羅錫九	四二、〇〇	羅藻文	〇、二〇〇	一二、〇〇	刘道隆 鳳	
北	賀守元	一二、〇〇	賀守元 郭祖純	〇、〇五〇	一二、〇〇	魏良清	
北	孫治安	七、〇〇	孫國名	〇、〇二八〇	七、〇〇	王天才	
北	安懷工廠	一四、〇〇	安懷工廠	〇、〇五六〇	一四〇〇	自耕	并撤房子
西北	李華倫	一、五〇	李永昌	〇、〇〇六〇	一、五〇	同	
北	袁体臣	五、〇〇	袁洪基	〇、〇二〇〇	五、〇〇	魏良清	
東	楊沛霖	一〇、〇〇	楊沛霖	〇、〇三九八	一〇、〇〇	孫三星	
東	楊乾益	一〇、〇〇	楊乾益	〇、〇三四	七、〇〇	同	
北	李棟材	四七、〇〇	李勛	〇、一八八〇	一三、〇〇	陈崇志	

胡玉如共〇名 文琴
[illegible]鶴河全佃 孫三思
又佃廿八名
又佃二千の名
附五保十七名三元柄 王佃伊户 魏孝春

東	胡价樹人	四九五〇	胡太極 書兄弟	〇、二三〇〇	三九五〇	孫竹堂 并撤庄[illegible]
東	徐子萬	二〇、〇〇	徐璞山	〇、〇八〇〇	四〇〇	曹発富
北	丁申之	五、〇〇	丁申之	無	五、〇〇	白耕
北	孫澤	一一、〇〇	孫春興	〇、〇五〇五	一〇、〇〇	王秀井
東	杜林氏	一〇、〇〇	杜維富	〇、〇四〇〇	一〇、〇〇	孫老幺
東	杜賀氏	一〇、〇〇	杜賀氏	〇、〇四〇〇	一〇、〇〇	孫作富
東	鍾蔭溥 鍾蔭遠	九五七五	鍾蔭溥 鍾蔭遠	〇、〇四〇八〇	九五七五	林宗文 任兵俊 刘和相
東	李德先 涂富裕 唐有明 楊星福	五三、〇〇	与業主同	〇、〇二一二〇	一五、〇〇	孫鳳清
東	秦北平	六二、〇〇		〇、〇三四八〇	三二、〇〇	刘萬上介
	合計 六十名			九、一三八五一八一二九		

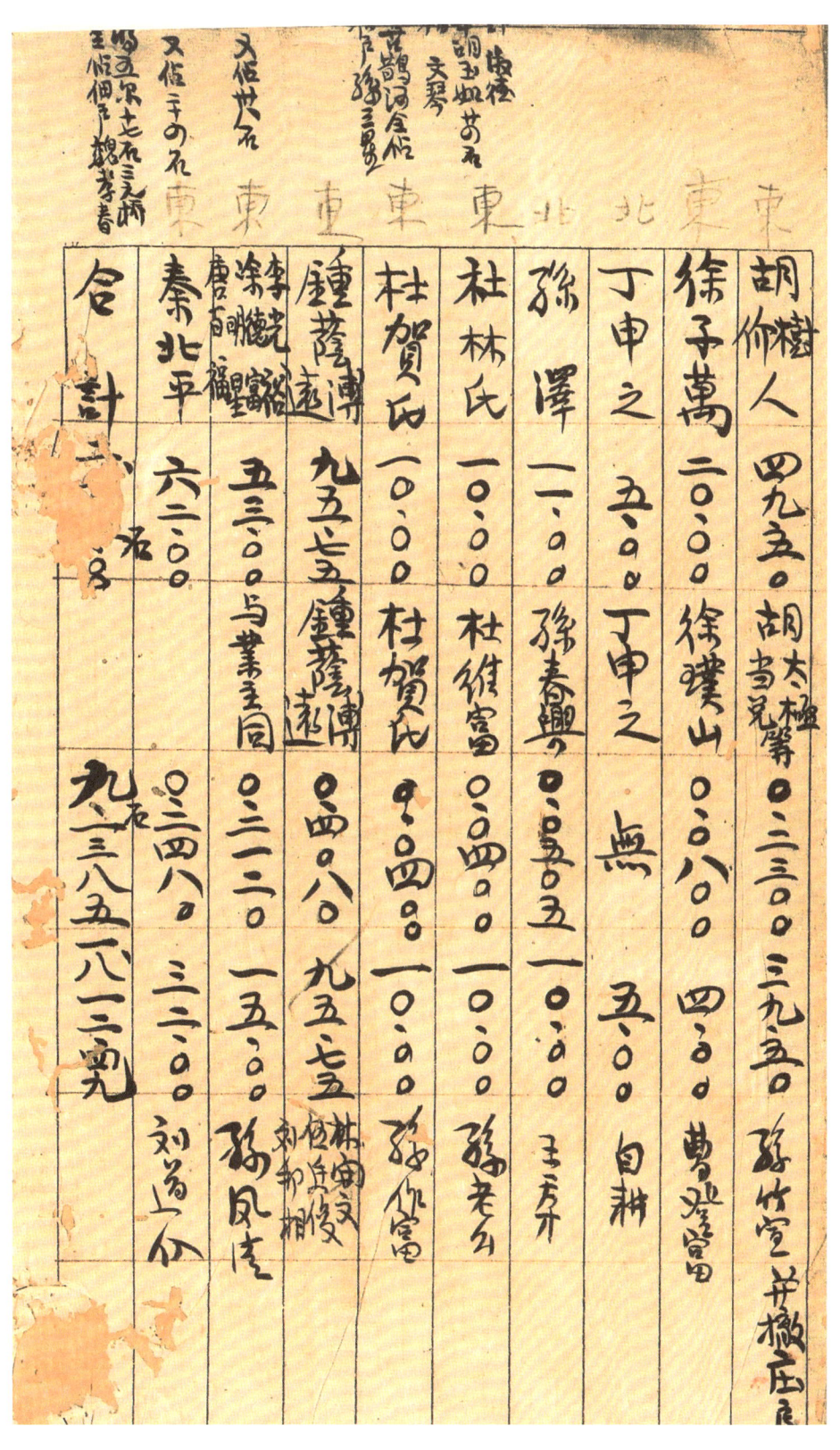

梁山县政府致钟逢春等的批示（一九三七年十二月十二日）

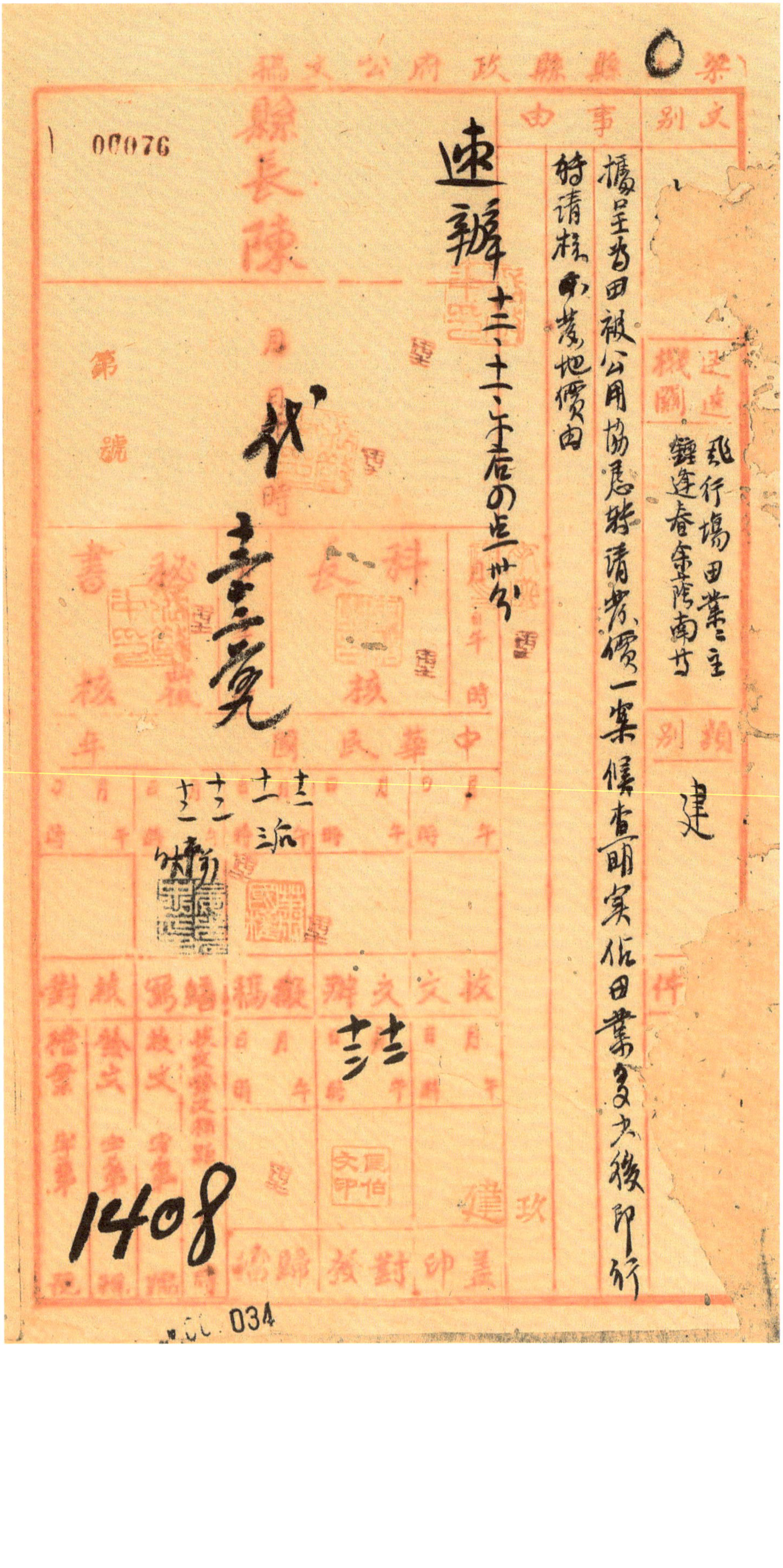
梁山县政府公文稿

文别：批

事由：据呈为田被公用协恳转请发价一案候查明实估田业多少后即行转请核示发地价由

送达机关：飞行场田业主钟逢春、余隆南等

类别：建

县长陈

速办 十二、十二、午后四点卅分

00076

1408

全銜 批示廿六年建字第 1408 號

具呈人飛行塲業主鍾逢春等

呈件∣為田被公用，協懇轉請撥價以維生活由

呈悉。查修築飛行塲，原擬向東北兩方擴展至一千二百米見方，嗣以工程浩大，僅向東方延展，南北田地，均未佔用，刻正由本府派員辦理分別撤銷登記中。一俟查明實佔田地若干，另行造冊轉請上峯核發地價，仰併知照。

中華民國二十六年十二月十二日

縣長陳○○

李醇关于请确定扩修飞行场被征民田清丈人员、清丈手续、清丈日期及伙食事致梁山县政府的签呈

（一九三八年一月十九日）

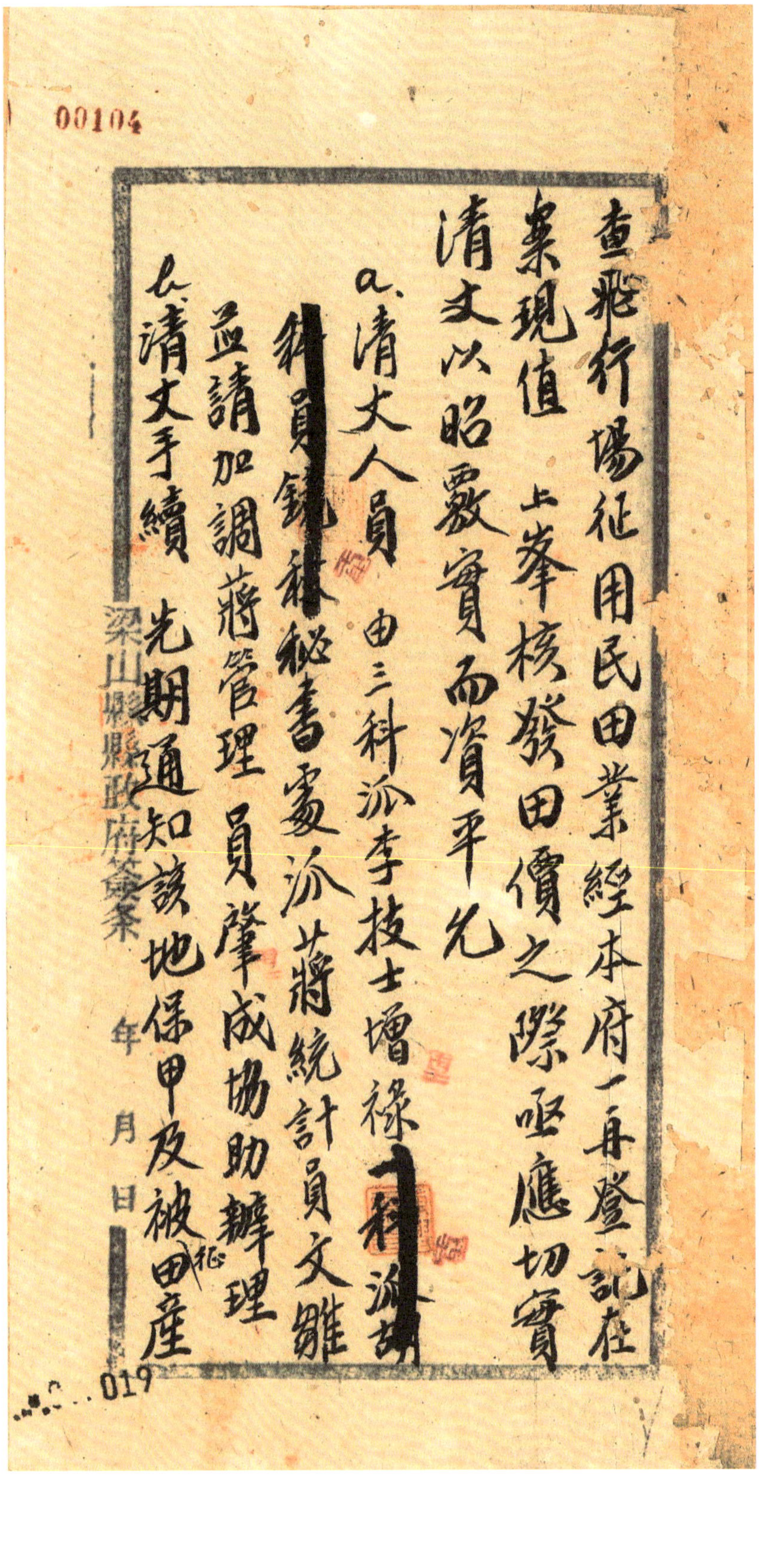

00104

查飛行場征用民田業經本府一再登記在
案現值 上峰核發田價之際亟應切實
清丈以昭覈實而資平允
a、清丈人員 由三科派李技士增祿~~秘科派胡~~
~~科員錢秘~~秘書處派蔣統計員文雒
並請加調蔣管理員肇成協助辦理
b、清丈手續 先期通知該地保甲及被征田產

梁山縣政府簽條

年 月 日

019

00105

各業主各攜田契及佃約來場查驗如各業
主認爲所清丈田畝數目無訛即於測繪圖表
自己姓名之下加蓋私章或簽字爲憑
c、清丈日期　自一月二十四日起二十六日止丈量完竣
d、清丈伙食　每日午間恐難回家吃飯各清丈員
日給午飯費三角　以上辦法是否可行祇候
鈞裁謹呈
縣長陳

准如所擬　一、十九

三科科長李翿

梁山縣縣政府簽條　廿年一月十九日

020

梁山飞行场扩修征占民田复查表（一九三八年一月）

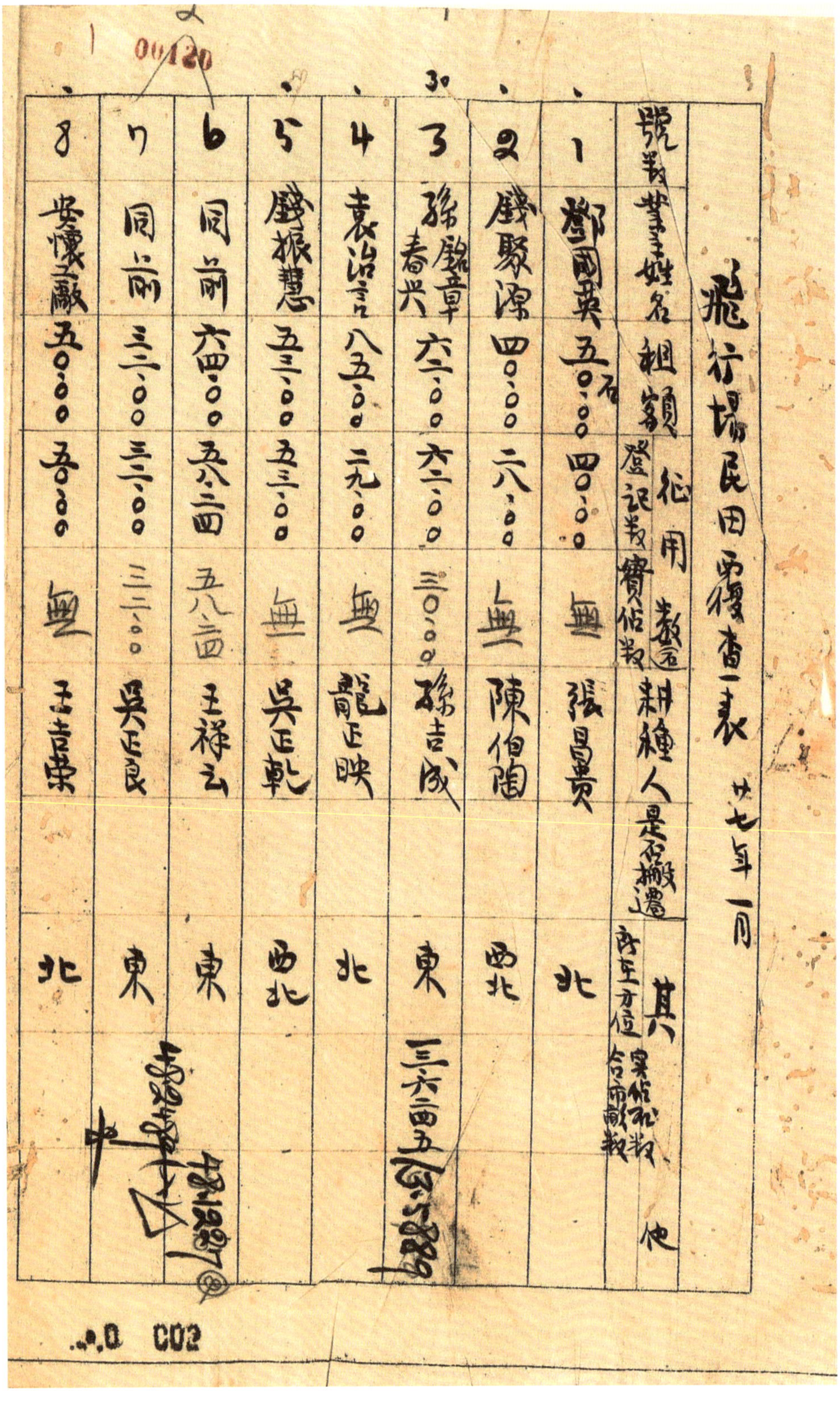

飛行場民田覆查表　廿七年一月

號數	業主姓名	租額	征用數 登記數	征用數 實佔數	耕種人	是否搬遷	其坐方位	其他 實佔和合市畝數
1	鄧國英	五〇〇〇石	四〇〇〇	無	張昌貴		北	
2	錢聚源	四〇〇〇	六八〇〇	無	陳伯陶		西北	
3	孫駿章/春興	六二〇〇	六二〇〇	三〇〇〇	孫吉成		東	三六二四五
4	袁治言	八五〇〇	二九〇〇	無	龍正映		北	
5	錢振慧	五三〇〇	五三〇〇	無	吳正乾		西北	
6	同前	六四〇〇	五八二四	五八二四	王祥云		東	
7	同前	三二〇〇	三二〇〇	三二〇〇	吳正良		東	
8	安懷工廠	五〇〇〇	五〇〇〇	無	王吉榮		北	

溝

9	羅世恩	二三五〇	一七〇〇	無	自耕		東	
10	彭劍民	一四三〇〇	一四三〇〇	一三〇〇	龍明德		西北	5.9040（又）5.8885
11	僧大喜	一四〇〇	一四〇〇	無	僧西来		西北	
12	張孝順忠	五七〇〇	四七〇〇	無	刘明進		西北	
13	藍樹樵	五〇〇〇	五〇〇〇	無	刘秀良		東	
14	黄世明	一六〇〇	一六〇〇	一六〇〇	羅世恩		北	7.2664 7.2474
15	謝順德 惠進	四二〇〇	三七〇〇	無	吴月卿		北	
16	孫元谷 鳳舉	六五〇〇	六五〇〇	六五〇〇	肖继文		東	29.5178（又）29.4426
17	孫元谷	六五〇	六五〇	六五〇	肖叙福 傑	搬迁	東	27.9309（又）27.8578
18	江東生 北	一三五〇	一三五〇	一三五〇	刘邦相		東	6.1310（又）6.1150

14 13 12 11 10 9 8

17	刘光玉	三八.〇〇	三八.〇〇	三八.〇〇	鍾云卿	搬迁	東	17.2577	17.2186
20	龔紹叔	一〇.〇〇	一〇.〇〇	一〇.〇〇	王楷尔		東	4.5457	4.5286
21	龍嗣炳 羅嗣明 刘双合	八七.五〇	一五.〇〇	無	唐仁贵 利模		西北		
22	鍾蔭溥	四七三.五	三一.五〇	四七三.五	邱大海		東	64.43	64.7736
23	鄒登甲	一二〇.〇〇	九三.〇〇	無	刘永安		西北		
24	盛永兴	五〇.〇〇	四七.〇〇	四七.〇〇	刘德忠		東	21.3451	21.2892
25	鍾逢春	一二〇.〇〇	一二〇.〇〇	一二〇.〇〇	刘厚珍 嚴双合	搬遷	東	54.480	54.3855
26	孫茂堂	二四.〇〇	二四.〇〇	二四.〇〇	蕭叙傑 福		東	10.8996	10.8772
27	蔣天福	二.〇〇	二.〇〇	無	自耕		東		
28	余蔭蘭	一二〇.〇〇	一二〇.〇〇	一〇五.〇〇	李德孝 黄云亮		東	47.6858	47.5610

29	孫鳳明	二四〇〇	二四〇〇	無	王天才	北		
30	孫鳳文 孫吉昌	八〇〇〇	六〇〇〇	無	自耕	北		
31	袁娘竟	一二〇〇	一二〇〇	一二〇〇	刘邦相	東	5:5978	5:5365
32	鄧緩初	二〇〇	二〇〇	無	自耕	西北		
33	柳治清 夏瑞廷 鄧正貴 胡景六	八五〇〇	八五〇〇	八五〇〇	李德見	東	36:7862	36:6988
34	梅萬全	一〇〇	一〇〇	無	謝茂林	西北		
35	楊應濡	一五〇〇	一五〇〇	一五〇〇	陳昌應	東	6:8123	6:7944
36	刘雲成	三七〇〇	三七〇〇	三七〇〇	同前	東	16:8036	16:7996
37	羅錫九	四二〇〇	一二〇〇	無	刘道隆 鳳	北		
38	賀安九	一二〇〇	一二〇〇	一二〇〇	魏良清	東	5:4498	5:4365

中右吳 佔22石 共十二石二元厘 竹宣 照未佔 20

39	孫治安	七〇〇	七〇〇	無	王天才	北	
40	安懷敞	一四〇〇	一四〇〇	無	自耕	北	
41	李華倫	一五〇	一五〇	無	自耕	西北	
42	袁俸良	五〇〇	五〇〇	無	魏良清	北	
43	楊沛霖 乾益	二〇〇〇	二〇〇〇	二〇〇〇	孫育星	東	7·0830 90 692
44	李棟材	四七〇〇	一三〇〇	無	陳榮志	北	
45	胡樹人 价	四九五〇 一五〇〇	三九五〇	一五〇〇	孫竹宣	東	6·8123 (3) 6779
46	徐子萬	三〇〇〇 二〇〇	四〇〇	四[illegible]	曹營富	東	1·8166 1·8119
47	丁申之	五〇〇	五〇〇	無	自耕	北	
48	孫澤	一一〇〇	一一〇〇	無	王天才	北	

記摘地 賸(?)

編號	戶名						地點	
47	杜林氏	一〇.〇〇	一〇.〇〇	一〇.〇〇	孫老么		東	4.5296
50	杜賀氏	一〇.〇〇	一〇.〇〇	一〇.〇〇	孫作富		東	4.5296
51	鍾蔭溥 逯[illegible]	九五.五五	九五.七五	九五.七五	林甫文 伍受俊 刘翊[illegible]		東	
52	李克稱 李德富 宋明星 唐日福	五三.〇〇	五三.〇〇	五三.〇〇	孫鳳溎		東	24.0100 ⊙ 24.0070
53	秦北平	六二.〇〇	五六.〇〇	五六.〇〇	刘道儒		東	25.4324 25.3659
54	蔣五京	一七.〇〇	一七.〇〇	一七.〇〇	魏孝春		三元橋	7.7226 ⊙ 7.7064
55	劉振慧	二八.〇〇	一六.〇〇	一六.〇〇	吳正云		馮家堰	
56	劉聚垣	二八.〇〇	八.〇〇	四.五〇	陳伯陶		月耳坵	2.0437 ⊙ 2.0385
57	鄧徽德 畢胡玉如 [illegible]	二四.〇〇	二四.〇〇	無	孫三星		喜鵲河	
合計		三六八.〇〇	二九五.一四九					

梁山县政府关于造呈扩修梁山飞行场增占民田地亩清册及征用民田略图致四川省政府的呈（一九三八年二月四日）

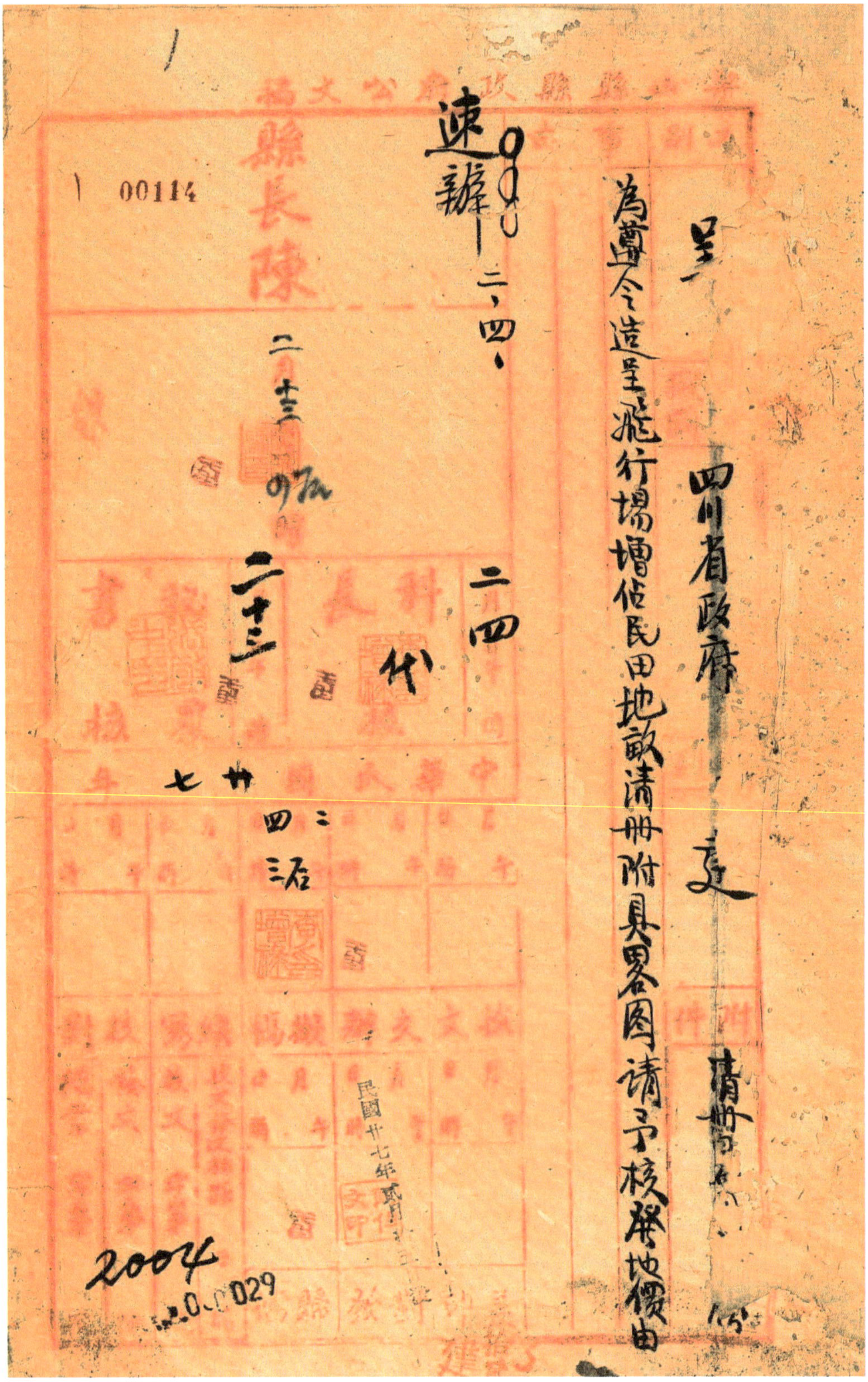
梁山縣政府公文稿
縣長陳
呈 四川省政府
為遵令造呈飛行場增佔民田地畝清冊附具略圖請予核發地價由
附件 清冊
民國廿七年貳月

建2004

廿七年一月廿八日昭二本

劉府感省民建電内開：「飭將此次擴修梁山飛行場增佔地畝及應需地價清丈登記列冊呈核」等因，奉此，查職縣飛行場於廿六年十一月一日興工擴修，所佔民田，迭據各業主請求給價前來，當經派員登記，並訂期履查有案。茲奉前因，遵即督飭趕辦，除舊機場所佔田地，已經給價不計外，擴修地段場面佔地四百八十二市畝二分，水溝寬七公尺佔地一十の市畝九分，傾土壅沒之水田不堪耕種者廿二市畝三分三釐，共增佔五百一十の市畝又四分三釐。因職縣田地單位不計面積而依租額，合田租一千一百の十六石七斗の卄。其應需地價，不按照以飛行場所佔田地，土質肥沃，灌溉便利，稻作收穫倍於山坡，因之坡田一石面積超過一畝，地價不及四十元，飛行場田租地一畝租額恒在二石以上，每一石地價，即有需洋五十餘元者，茲以平均市價每石值洋四十六元叁角計，共應發給地價洋伍萬三千零九百四十四元零六角六仙正。理合造具清册附略圖一份，賫呈

鈞府俯賜核發，指令祇遵。謹呈

四川省政府

計呈擴修梁山飛行場征用民田地價清册及略

圖各一份。

梁山縣縣長陳○○

卅七年二月四日

附一：扩修梁山飞行场征用民田地价清册

擴修梁山飛機場征用民田地價清冊 二

編號	業主姓名	原有租石數	征用田地租石數	合畝數	每石租地價	應給地價總數	備考
1	孫聯章 孫春興	六二〇〇石	三〇〇〇石	一三五八九	四六三〇元	一三八九〇〇元	
2	錢振惠	一三四〇〇	一〇六二四	四八二七	四六三〇	四九一八九一	
3	彭劍民	一四三〇〇	一三〇〇	五六八	四六三〇	六〇一九〇	
4	黃世明	一六〇〇	一六〇〇	七二四	四六三〇	七四〇八〇	
5	孫元谷 孫鳳舉	六五〇〇	六五〇〇	二九四六	四六三〇	三〇〇九五〇	扣八十五元
6	孫元谷	六二五〇	六二五〇	二七八三	四六三〇	二八四七五	
7	江東生 江北生	一三五〇	一三五〇	[illegible]	四六三〇	六二五〇五	
8	劉光玉	三八〇〇	三八〇	[illegible]	四六三〇	一七五九四〇	

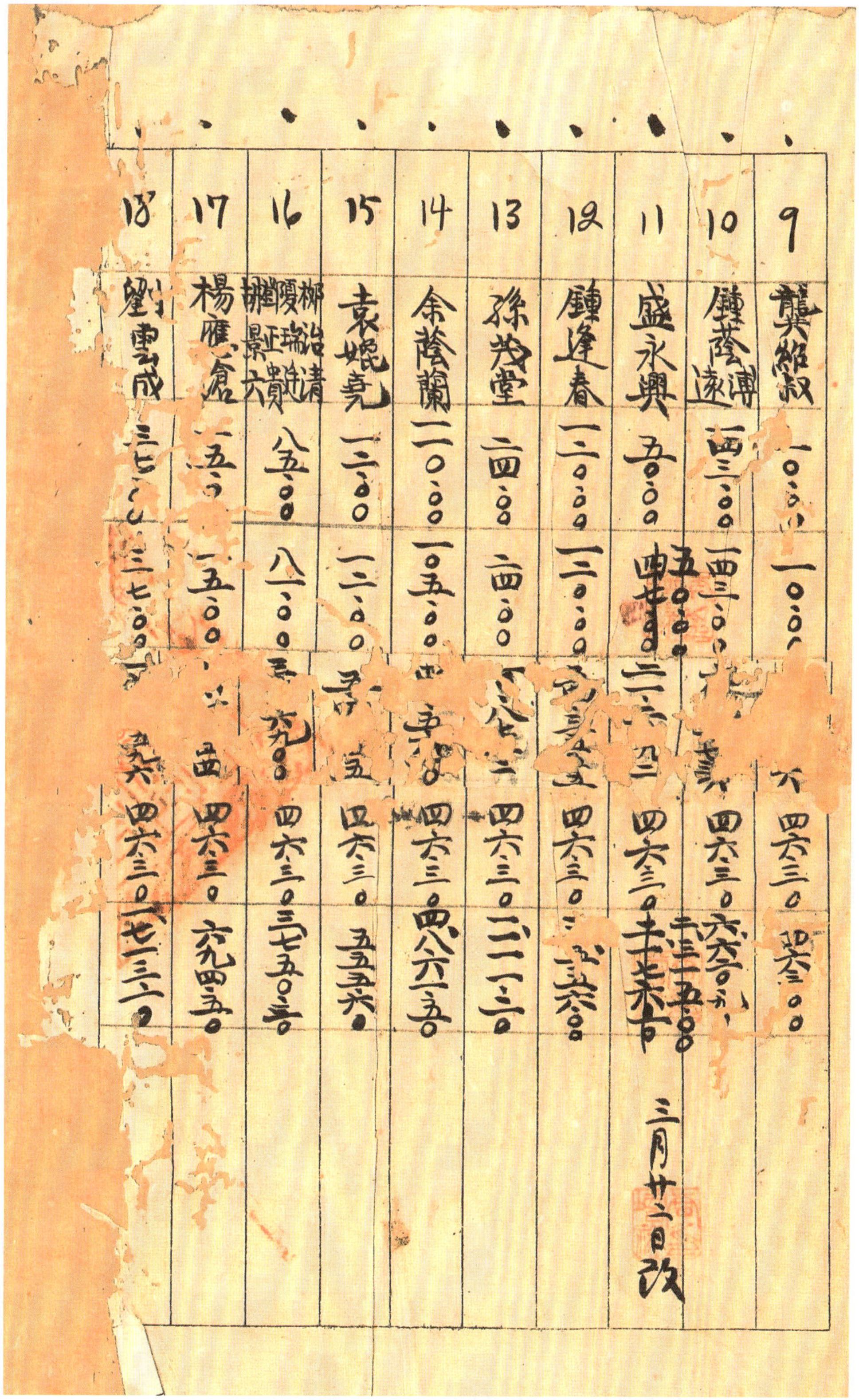

18	17	16	15	14	13	12	11	10	9
劉雲成	楊雁倉	柳治清 陳瑞生 謝正貴 胡景六	袁曉堯	余蔭蘭	孫茂堂	鍾逢春	盛永興	鍾蔭溥 遠	龔紹叔
三七〇〇	一五〇〇	八五〇〇	一二〇〇	二〇〇〇〇	二四〇〇	一二〇〇〇	五〇〇〇	一四三〇〇	一〇〇〇
三七〇〇	一五〇〇	八〇〇〇	一二〇〇	一〇五〇〇	二四〇〇	一三〇〇〇	[illegible]	一四三〇〇	一〇〇〇
[illegible]	[illegible]	[illegible]	[illegible]	[illegible]	[illegible]	[illegible]	[illegible]	[illegible]	[illegible]
[illegible]	四四	[illegible]	[illegible]	[illegible]	[illegible]	[illegible]	四三	[illegible]	六
四六三〇	四六三〇	四六三〇	四六三〇	四六三〇	四六三〇	四六三〇	四六三〇	四六三〇	四六三〇
一七一三二〇	六九四五〇	三七五〇二〇	五五五六〇	四八六六一五〇	二二一一二〇	[illegible]	[illegible]	[illegible]	[illegible]

三月廿二日改

2

19	賀[illegible]	一三.〇〇	一二.〇〇	[illegible]五	四六三〇	五五五六〇
20	楊[illegible]乾益	一〇.〇[illegible]	二〇.〇[illegible]	九[illegible]二	四六三〇	九二六〇〇
21	胡价人 樹人	一五.〇〇	一五.〇〇	六九四	四六三〇	六九四五〇
22	杜林氏	一〇.〇〇	一〇.〇〇	[illegible]九六	四六三〇	四六三〇〇
23	杜賀氏	一〇.〇〇	一〇.〇〇	[illegible]五[illegible]八	四六三〇	四六三〇〇
24	韓光裕 徐德富 唐明星 百福	五三.〇〇	五三.〇〇	二四〇.七	四六三〇	二四五三九〇
25	秦北平	六三.〇〇	五六.〇〇	二[illegible]三九	四六三〇	二五九二八〇
26	蔣五爾	一七.〇〇	一七.〇〇	七七四	四六三〇	七八七一〇
27	錢聚垣	二八.〇〇	四.五〇	[illegible]	四六三〇	二〇八三五
28	遊[illegible]化所	一五.六〇	五.〇〇	[illegible]	四六三〇	二三一五〇

033

29	徐子萬	一三〇〇	四〇〇	八九四六三〇	五八〇	
30	袁修吾	三〇〇	三〇〇	十一五八九四六三〇	一三八九	五三五三一九六
合計		一三九六六六〇	一四八九	七四五三九四三〇		十三九四八

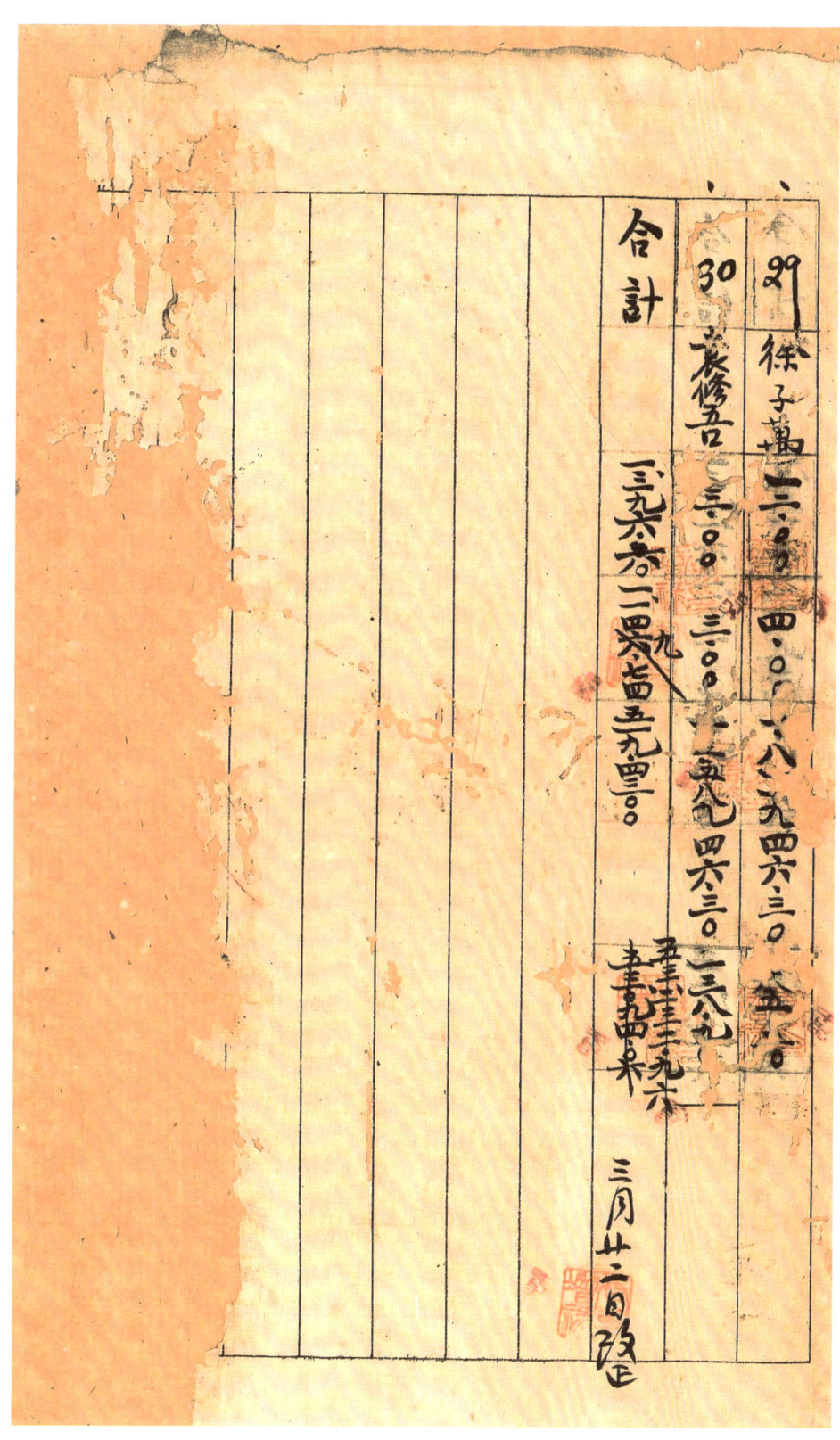

三月廿二日 改正

附二：扩修梁山飞行场征用民田略图

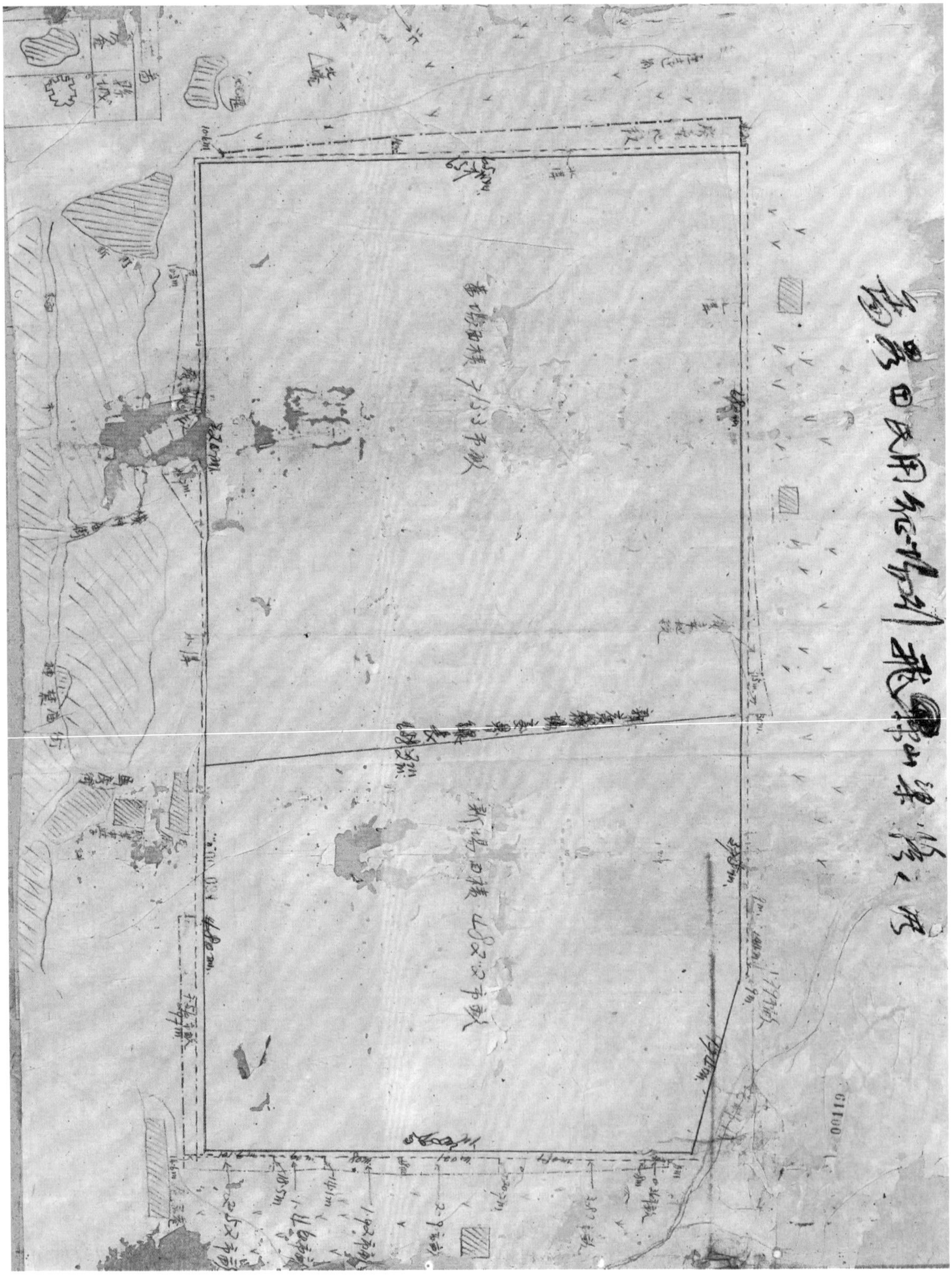

梁山县政府关于编造扩修飞行场征占民田地价预算请航空委员会核发致四川省政府的代电
（一九三八年二月二十二日）

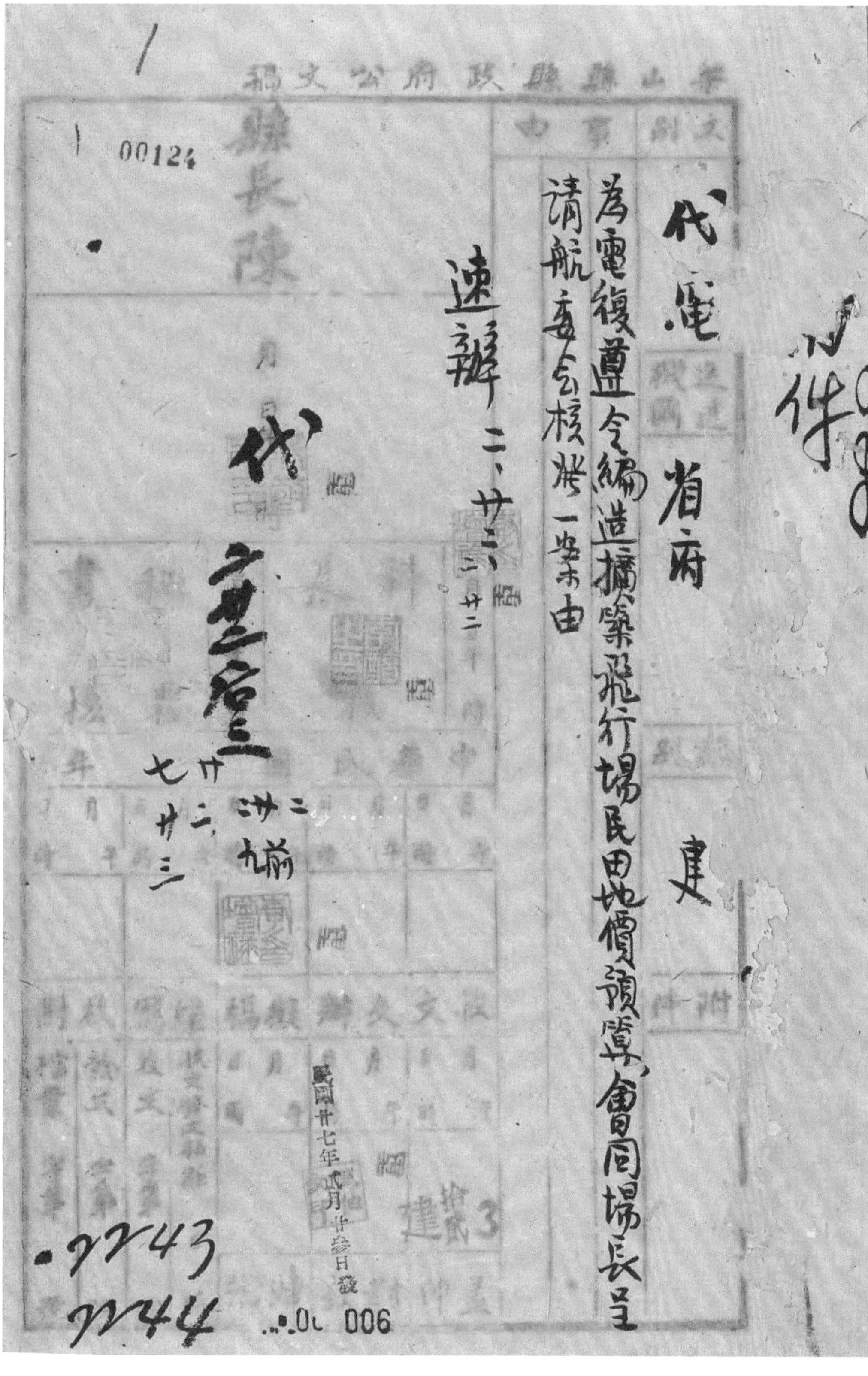
梁山縣政府公文稿

縣長陳

代電 省府 建

為電復遵令編造擴築飛行場民田地價預算，會同場長呈請航委会核發一案由

速辦 二、廿二

民國廿七年貳月廿參日發

建2243

省民建

成都省府鄧代主席、劉監臺、馬電奉悉。職縣擴修飛行場征用民地五百一十九市畝四分三厘，應給地價洋五萬叁千零九十四元零六仙，業於冊日遵鈞府上月感省民建電造具清冊，並附略圖，呈請核發在案。除再繕具一份會同飛行場長呈報航委會核發地價外，謹電奉聞。梁山縣長陳興雯叩養印

梁山县政府、梁山县征收局关于回复扩建梁山飞行场增占民田实际价格致四川省政府的代电
（一九三八年三月十六日）

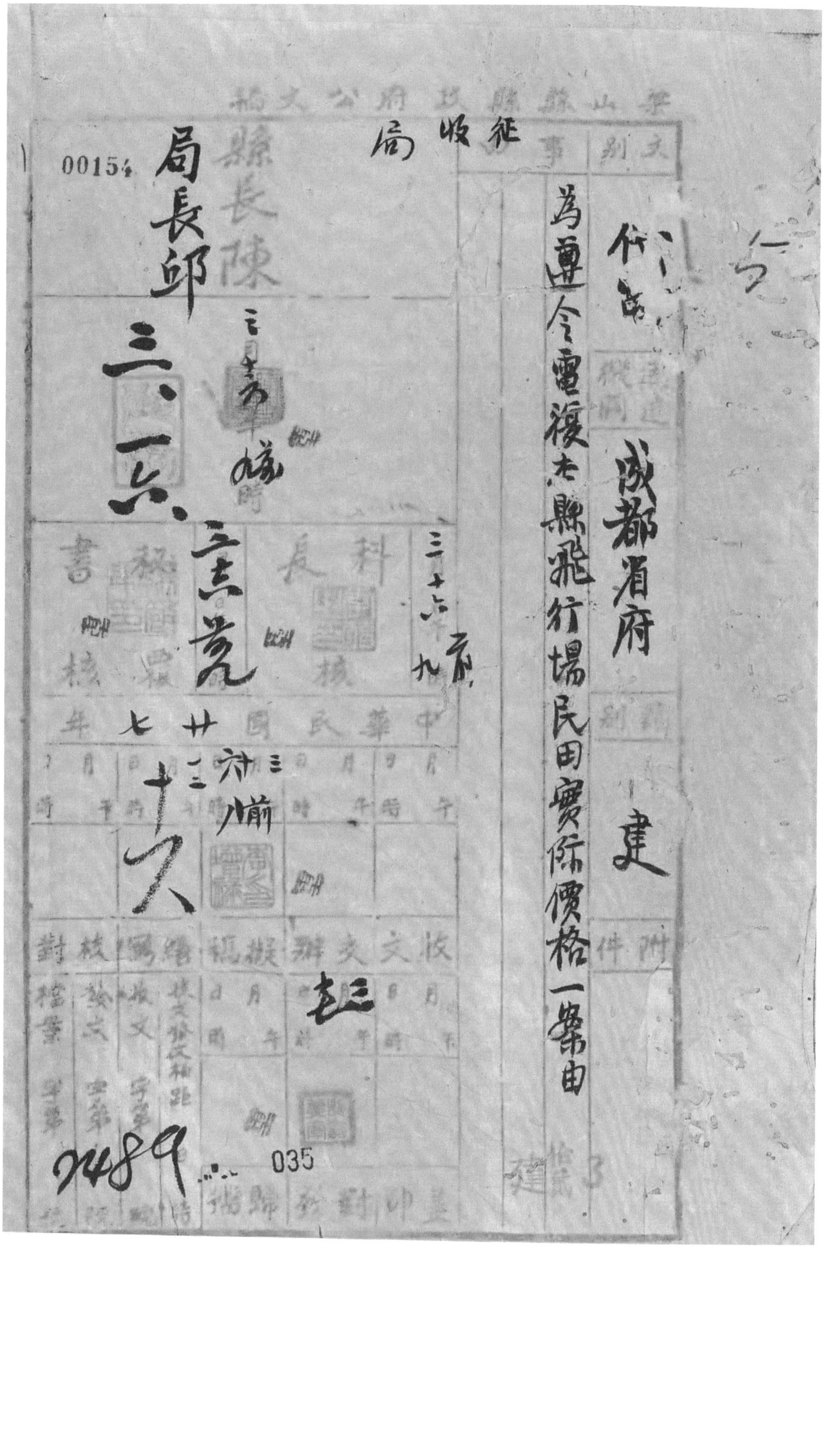
梁山縣政府公文稿

文別：代電

事由：為遵令電復本縣飛行場增占民田實際價格一案由

成都省府

縣長陳

征收局 局長邱

中華民國廿七年三月十六日

建24/89

成都省府代理主席鄧 鈞鑒：歌眉民建家電奉悉。查職縣飛行場擴修增征民田五百一十九市畝又四分三厘，合田租一千一百四十六石七斗〇升，其應給地價以每石四十六元三角計，共該五萬三千零九十四元零六仙（折合每市畝地價為一百零二元二角一仙六星），前經造具清冊先後呈報 鈞府暨 航委會懇予核發在案。茲奉電飭查報地價并轉諭各業主自報一份等因，除已轉諭各業主遵辦，俟彙齊另呈外，特再會同調查，按飛行場所征土地，俱屬肥沃稻田，依租額以計地價，在廿六年內，每銀一百兩，最高價購二石二斗，最少購二石八斗，平均足

00155

購三石，前報每石值洋四十六元三角，即係以此為根據緣
上查得各情，合先電達，伏乞示遵。樂山縣縣長陳興
雯 樂山縣征收局局長邱濤同叩銑印

036

梁山县政府关于报送扩修飞行场各业主被征田地地价表致四川省政府的代电（一九三八年三月二十三日）

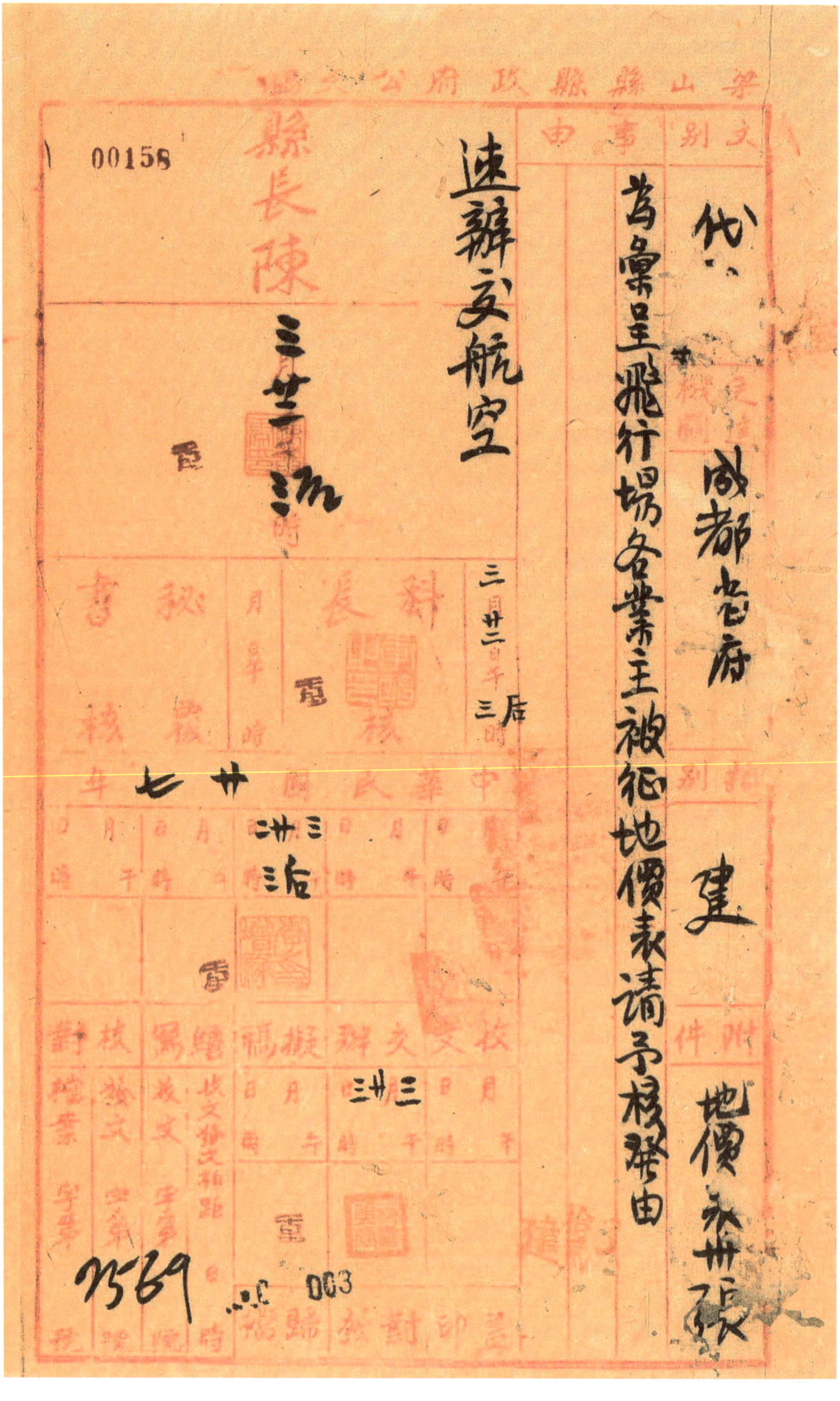

梁山縣政府公文

文别：代電

事由：爲彙呈飛行場各業主被征地價表請予核發由

機關：成都省府

附件：地價表卅張

縣長陳

速辦交航空

00158

建2569

成都省府代主席鄧（錫侯）鑒：查一縣飛行場擴修所佔民田，前經造具地畝清冊，呈請核發地價，並遵歌省民建密電轉諭各業主自報一份各在案。茲據各業主繳呈地價表前來，計業主三十户，除盛永興田租五十石全部被佔，前報佔用四十七石，漏列三石，應予補列給價，并另案詳呈外，其餘各業主被佔田畝價屬相符合，用特連同所報地價表隨電賫呈，伏乞核發示遵。

梁山縣縣長陳興雯叩印

計呈業主自報地價表三十張。

附：业主自报地价表（节选）（一九三八年三月十日）

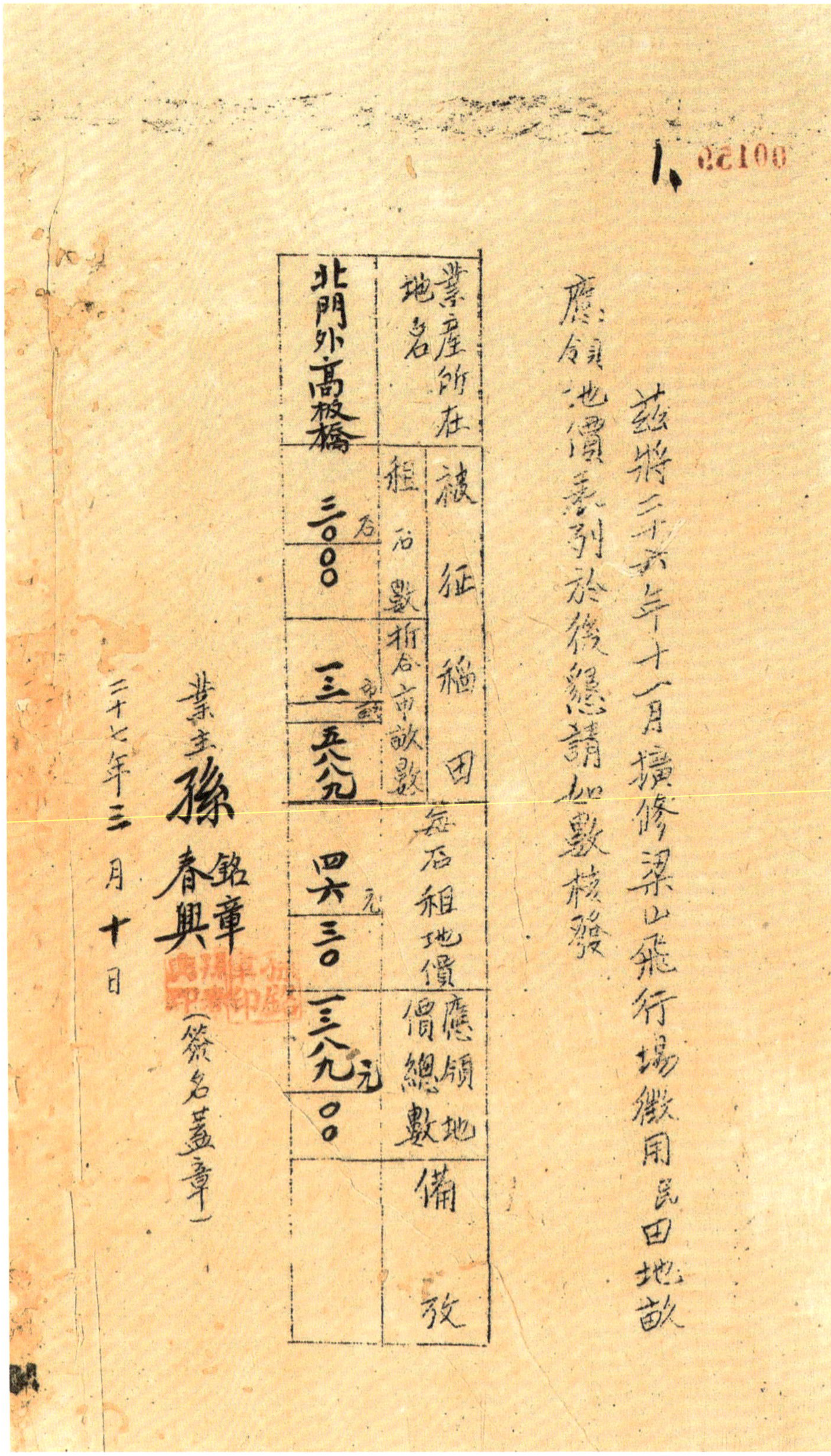

1、00152

茲將二十六年十一月擴修梁山飛行場徵用民田地畝應領地價表列於後懇請如數核發

業產所在地名	被征稻田租石數	折合市畝數	每石租地價	應領地價總數	備致
北門外高板橋	三〇〇石	一三市畝五六八九	四六元三〇	一三八九元〇〇	

業主孫銘章 春興（簽名蓋章）

二十七年三月十日

00100

2

茲將二十六年十一月擴修梁山飛行場徵用民田地畝
應領地價表列於後懇請如數核發

業產所在地名	被征稻田 糧石數	被征稻田 折合市畝數	每石租地價	應領地價總數	備致
北外急救巷馮家院	一〇六石二四	四八市畝三二七	四六元三〇	四九八九元九一	

業主 錢振慧（簽名蓋章）

錢孝德明

二十七年 三月 十 日

005

13106 丁、

兹将二十六年十一月扩修梁山飞行场征用民田地亩应领地价表列于后恳请如数核发

业产所在地名	被征稻田 租石数	被征稻田 折合市亩数	每石租地价	应领地价总数	备考
北外月尔垭	一三〇石	五市亩八八五	四六元三〇	六〇一九九〇	

业主 彭剑民（签名盖章）

二十七年三月十日

006

梁山县政府关于召集飞行场各业主绘制被征田地分户略图致梁山县北城镇联保办公处的训令

（一九三八年六月八日）

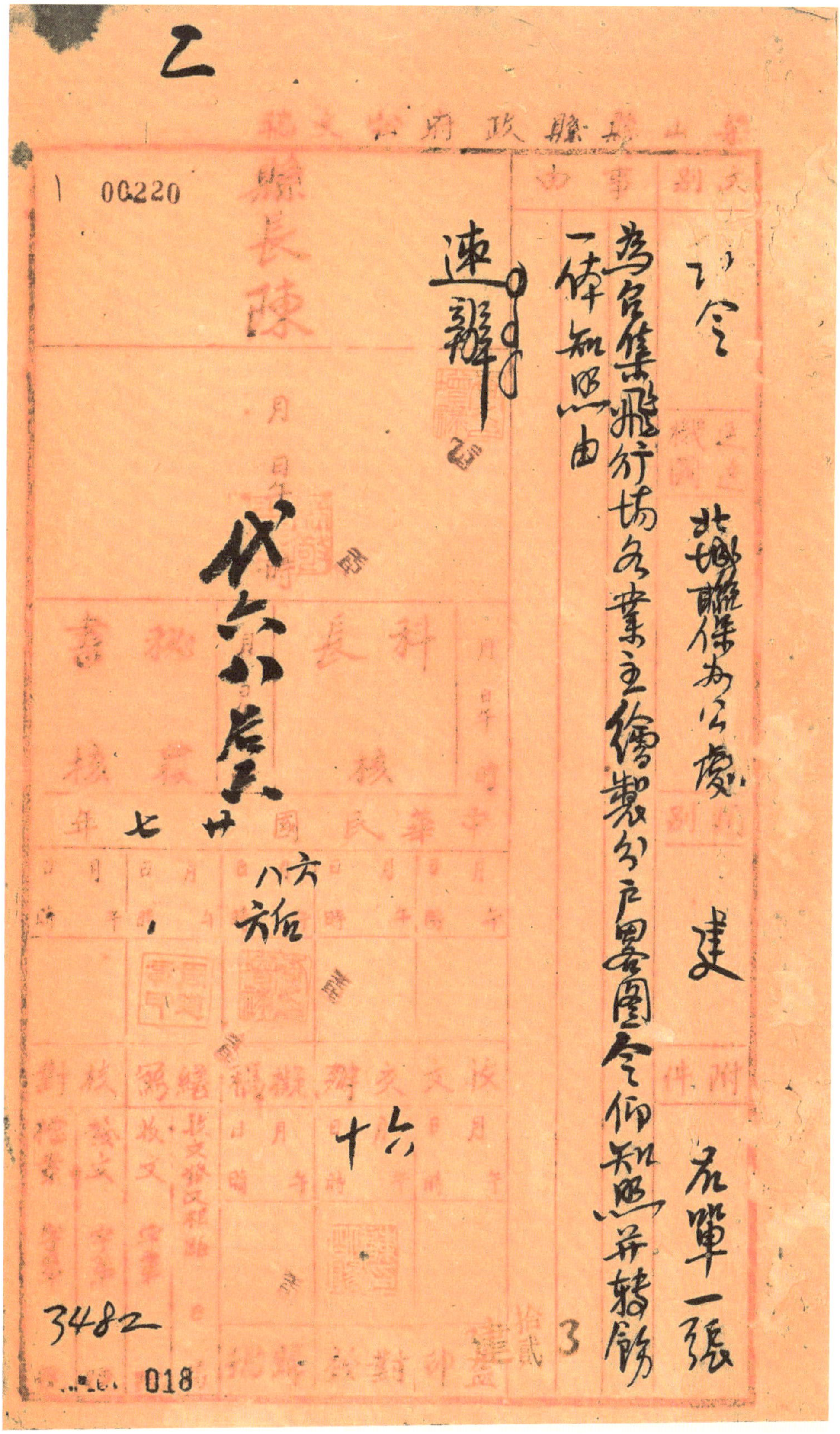

全銜訓令　廿七年建字第3482號

令北城鎮聯保主任龐高

查二十六年十一月擴修機場征用民田，前經本府造具清冊圖表呈報上峯核發地價在案。現奉省府電令飭再按照實際最低價格，另造正確圖表清冊各二份，呈請核轉等因。刻地價清冊業經造妥，各業主分戶略圖亟應繪具，以憑呈報。茲訂期於本月十一日午前九時召集各業主在北城聯保辦公處繪製，除準時派員到場指導外，合行抄發業主名單，令仰該主任即便知照，并轉飭各該業主一體知照。此令。

計抄發飛行場業主名單一份。

廿七年一月　日　縣長　陳[illegible]

00221

擴修梁山飛行場征用田地各業主名單

孫銘章
孫春興
孫元谷
孫鳳举
鍾蔭溥
鍾蔭遠
余蔭蘭
劉雲鳳
胡樹人
胡仰人
秦北平
游民感化所

鄒振慧
江東生
江北生
盛永興
袁婉堯
賀守元
杜林氏
蔣玉泉
徐子萬

彭劉氏
劉光玉
鍾逢春
鄒治清
鄒瑞廷
鄧正貴
胡景六
杜賀氏
鄒聚恒
袁修吾

黃世明
龔紹叔
孫茂堂
楊鷹滄
楊沛霖
楊乾益
李光裕
涂德富
涂明星
唐百福

00019

梁山县政府、航空委员会空军第三总站关于造报扩修飞行场征用民田地价清册及略图致四川省政府的呈

（一九三八年六月二十一日）

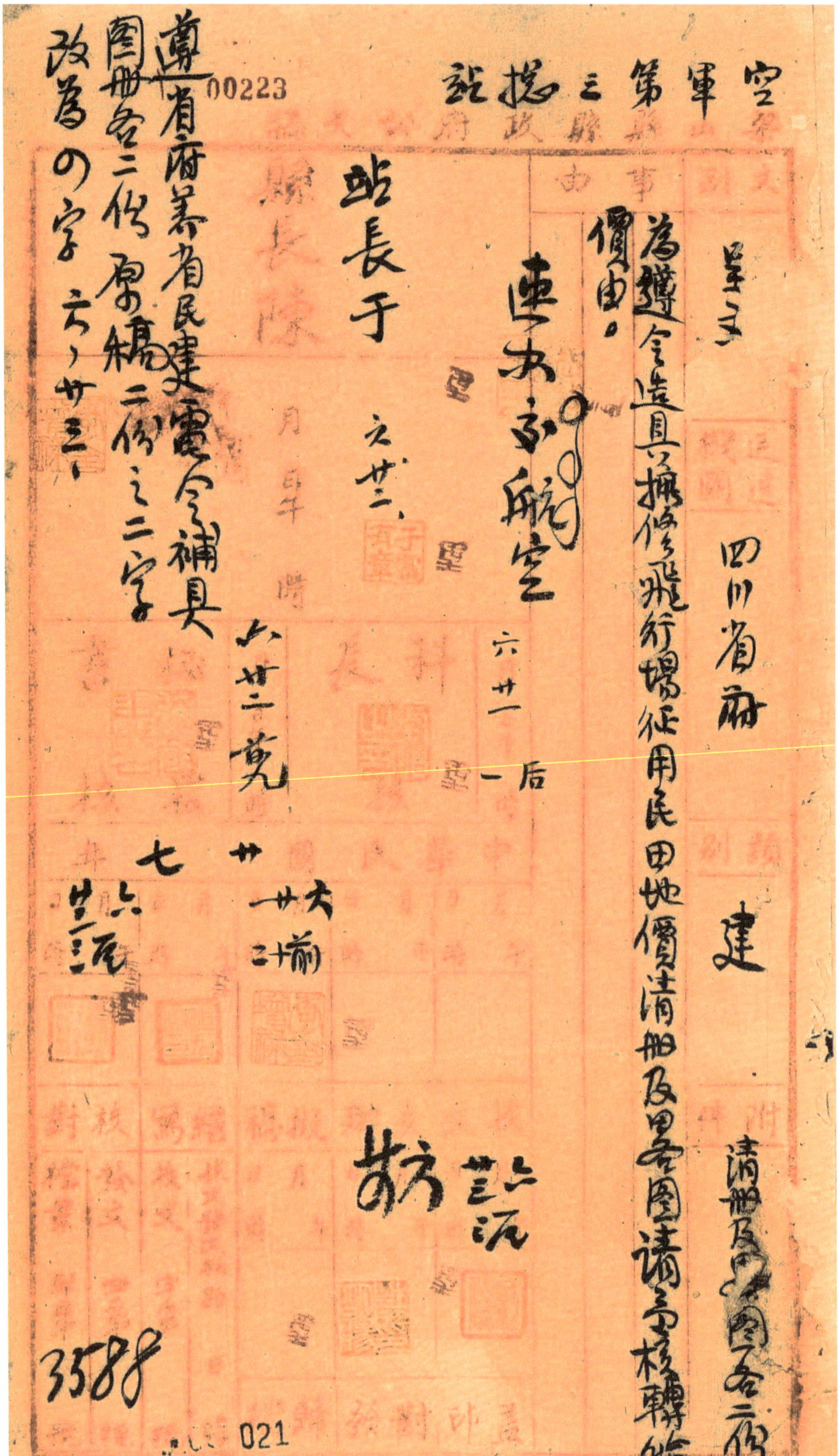

空軍第三總站 00223

呈文 四川省府 建

事由：為遵令造具擴修飛行場征用民田地價清冊及略圖請予核轉給價由。

附件：清冊及略圖各二份

站長于 六廿二

遵省府某省民建電令補具圖冊各二份原稿二份之二字改為の字 六、廿三

3588

021

案35888

廿七年六月十六日，案奉

鈞府刪省民建電內開：「飭遵先今各電，速將機場確佔畝數按實際最低價格，會同站長造具正確圖表清冊，各府呈請核轉，以憑發給地價。」等因；奉此，查梁山飛行場，於廿六年十一月奉令擴修，增佔民田五百一十九市畝又四分三厘，合本地田租一千一百四十六石七斗五升，以每石租地價四十六元三角計，共值五萬三千零九十四元零六仙正，曾於廿七年二月十五日，造具征用民田地價清冊及略圖，分呈

鈞府暨航委會核發在案，嗣據業主盛永興呈明所有田租五十石全數被佔，前報征用四十七石，與事實不合，曾於本

年三月廿四日，復經查勘該民田租五十石，爲數征用以外，此項脫漏田租三石，應予一併給價。計所佔水田五百一十九市畝四分三厘，實合田租一千二百四十九石七斗四升，按每石租地價四十六元三角，共值五万三千二百卅二元九角六仙正等情，復分呈

鈞府暨　航委会備查各在案。關於地價一項，因本縣田地買賣，不計面積，而依租額，當征用時間，每銀一百兩，最多購地三石二斗，最少購地二石八斗，平均足購三石，所報每石租價值即以此平均數爲標準。且機場征用田地，平坦肥沃，在全縣稻田中，屬最上等田，每畝稻作，平均租額，達舊量[illegible]二石

二斗，合新制五市石，較之成都堤田，實不稍遜。平均每市畝地價一百零二元五角，較之成都鳳凰山飛行場核定地價，所低實多。蓋因目前本縣地價，實係地方金融枯竭，業主廹於出售之結果，故近來田價較別縣為低。因此之故，於上月

奉到

鈞府銑省民建電令，當即會同向各方調查機場正確地價，造具清冊，并飭各業主田產所在地點，分別於圖上標明界限。茲經辦理竣事，理合具文連同清冊略圖，呈請

鈞府備賜核轉給價，指令祇遵。謹呈

四川省政府主席王。

00227

計呈擴修梁山飛機場征用民田地價清册及略圖各一份

空軍第二總站站長于富有
梁山縣縣長陳〇〇

024

中華民國廿七年六月廿二日

附：扩修梁山飞行场征用民田地价清册

擴修梁山飛行場征用民田地價清冊

號數	業主姓名	原有租石	征用田地租石數	折合市畝數	每石租地價	應給地價總數	備考
1	孫銘章 孫春興	六二.〇〇石	三.〇〇石	一.三五八八九市畝	四六三.〇〇元	一三八九.〇〇元	
2	錢振慧	一三四〇〇	一〇六二四	四八一二七	四六三〇	四九一八九一	
3	彭劍民	一四三〇〇	一三〇〇	五八八八五	四六三〇	六〇一九〇	
4	黃世明	一六〇〇	一六〇〇	七二四七四	四六三〇	七四〇八〇	
5	孫元谷 孫鳳攀	六五〇〇	六五〇〇	二九四二六	四六三〇	三〇〇九五〇	
6	孫元谷	六一五〇	六一五〇	二七八五七三	四六三〇	二八四七四五	
7	江東生 江北生	一三五〇	一三五〇	六一一五〇	四六三〇	六二五〇五	
8	劉先玉	三八〇〇	三八〇〇	一七二一二六	四六三〇	一七五九四〇	

9	龔紹淑	一〇〇〇	一〇〇〇	四五二九六	四六三〇	四二三〇〇
10	鍾蔭遠溥	一四三〇〇	一四三〇〇	六四七七三六	四六三〇	六六二九〇
11	盛永興	五〇〇〇	五〇〇〇	二	二八九二 四六三〇	二三一五〇〇
12	鍾逢春	一二〇〇〇	一二〇〇〇	五四三五五五	四六三〇	五五五六〇〇
13	孫茂堂	二四〇〇	二四〇〇	一〇八七二	四六三〇	一一一二〇
14	余蔭蘭	一一〇〇〇	一〇五〇〇	四七五六〇	四六三〇	四八六一五〇
15	袁娘竞	一二〇〇	一二〇〇	五四三五五	四六三〇	五五五六〇
16	柳治清 夏瑞廷 劉正 胡景賢 六	八五〇〇	八一〇〇	三六六九〇〇	四六三〇	三七五〇三〇
17	楊應滄	一五〇〇	一五〇〇	六七九四	四六三〇	六九四五〇
18	利西藏	三七〇〇	三七〇〇	一六七五九六	四六三〇	一七一三一

19	賀守元	一二〇〇	一二〇〇	五四三五五	四六三〇	五五[illegible]
20	楊沛霖 乾益	二〇〇〇	二〇〇〇	九〇五九二	四六三〇	九二六〇〇
21	胡樹人 价人	一五〇〇	一五〇〇	六七九四	四六三〇	六九四五〇
22	杜林氏	一〇〇〇	一〇〇〇	四五三九六	四六三〇	四六三〇〇
23	杜賀氏	一〇〇〇	一〇〇〇	四五三九六	四六三〇	四六三〇〇
24	李光裕 涂德富 余明星 唐百福	五三〇〇	五三〇〇	二四〇〇七〇	四六三〇	二四五三九〇
25	秦北平	六二〇〇	五六〇〇	二五三三五九	四六三〇	二五九二八〇
26	蔣五爾	一七〇〇	一七〇〇	七七〇四	四六三〇	七八七一〇
27	錢聚垣	二八〇〇	四五〇	二〇三三	四六三〇	二〇八三五
28	遊民感化所	一五六〇	五〇〇	二二六四八	四六三〇	二三一五〇
29	徐子萬	一三〇〇	四〇〇	一八二九	四六三〇	一八五二〇
30	袁修吾	三〇〇	三〇〇	一三五八九	四六三〇	一三八九〇
合計		一、三九六六〇	一、二四九七四	五一九四三〇〇		五三、三二九六

四川省政府、梁山县政府关于领取梁山飞行场扩修征用民田部分地价款的来往文书（一九三八年七月四日至二十日）

四川省政府致梁山县政府的指令（一九三八年七月四日）

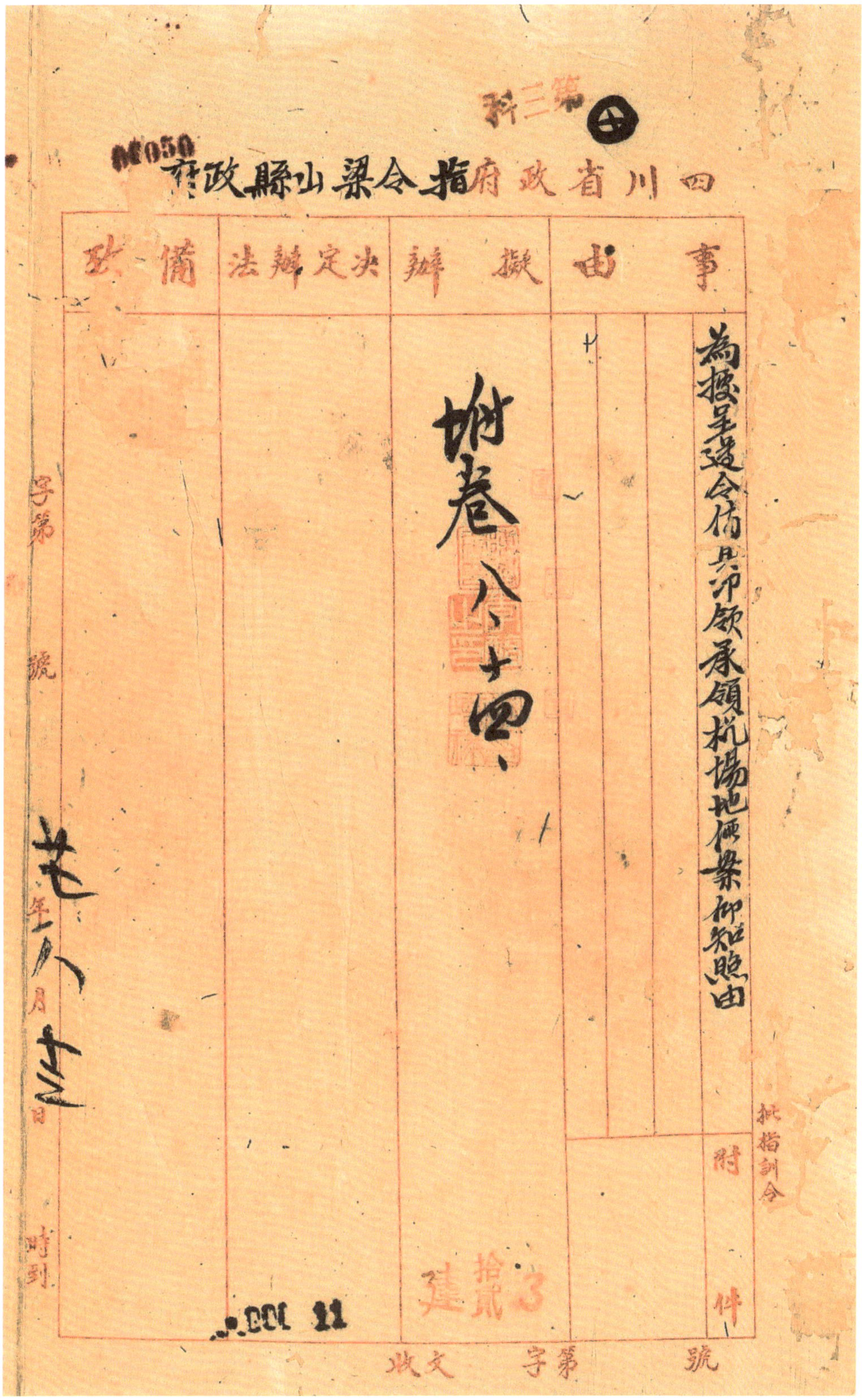

第三科

四川省政府指令梁山縣政府

事由	擬辦	決定辦法	備考
為據呈遵令備具印領承領機場地價案仰知照由	附卷 八、十四、		

附件

批指訓令

字第　號

廿七年八月十三日到

拾貳 3

收文　字第　號

四川省政府指令

建二字第17548號

令梁山縣政府

廿七年七月廿二日建字第8879號呈件為遵令備具印領託齎行李南薰代領机場地價由

呈及印領均悉。價款已照數發交該李南薰承領去訖，仰即知照。

此令。

代理主席 王纘緒

代理建設廳長 何北衡

監印員 梅寄鶴

四川省政府致梁山县政府的训令（一九三八年七月九日）

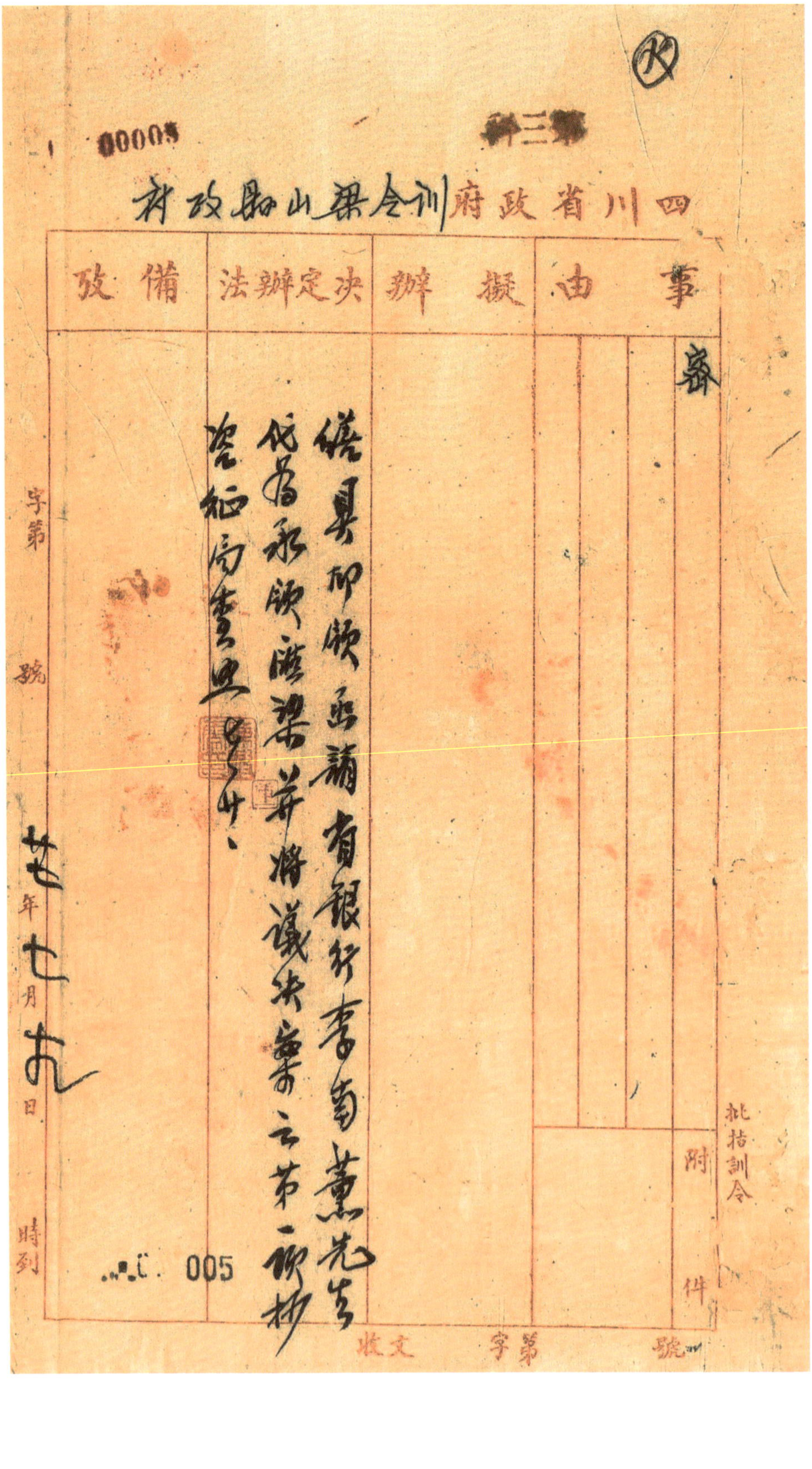

四川省政府訓令

建二字第15435號

令梁山縣政府

查此次搶修各縣飛機場佔用民地所需地價業經航空委員會匯來一部份惟各場地價尚未核定此款究應如何分配經呈請委員長行營及航委会委派大員会商後於六月廿七日開会商決：暫就各該縣原報地價數內配發約二分之一但每畝不得超過伍拾元並商定分配該縣地價計為弍萬伍仟玖佰柒拾壹元伍角除呈行營及航会備案並分令外合行抄發議決案令仰該府遵照分別從趕並速備具印領派員來府具領妥為分發各該地主取據彙報！

此令。

计抄发议决书一件

中華民國廿七年七月九日

代理主席王纘緒

代理建設廳長何北衡

監印員楊寄鄉

校對員[illegible]

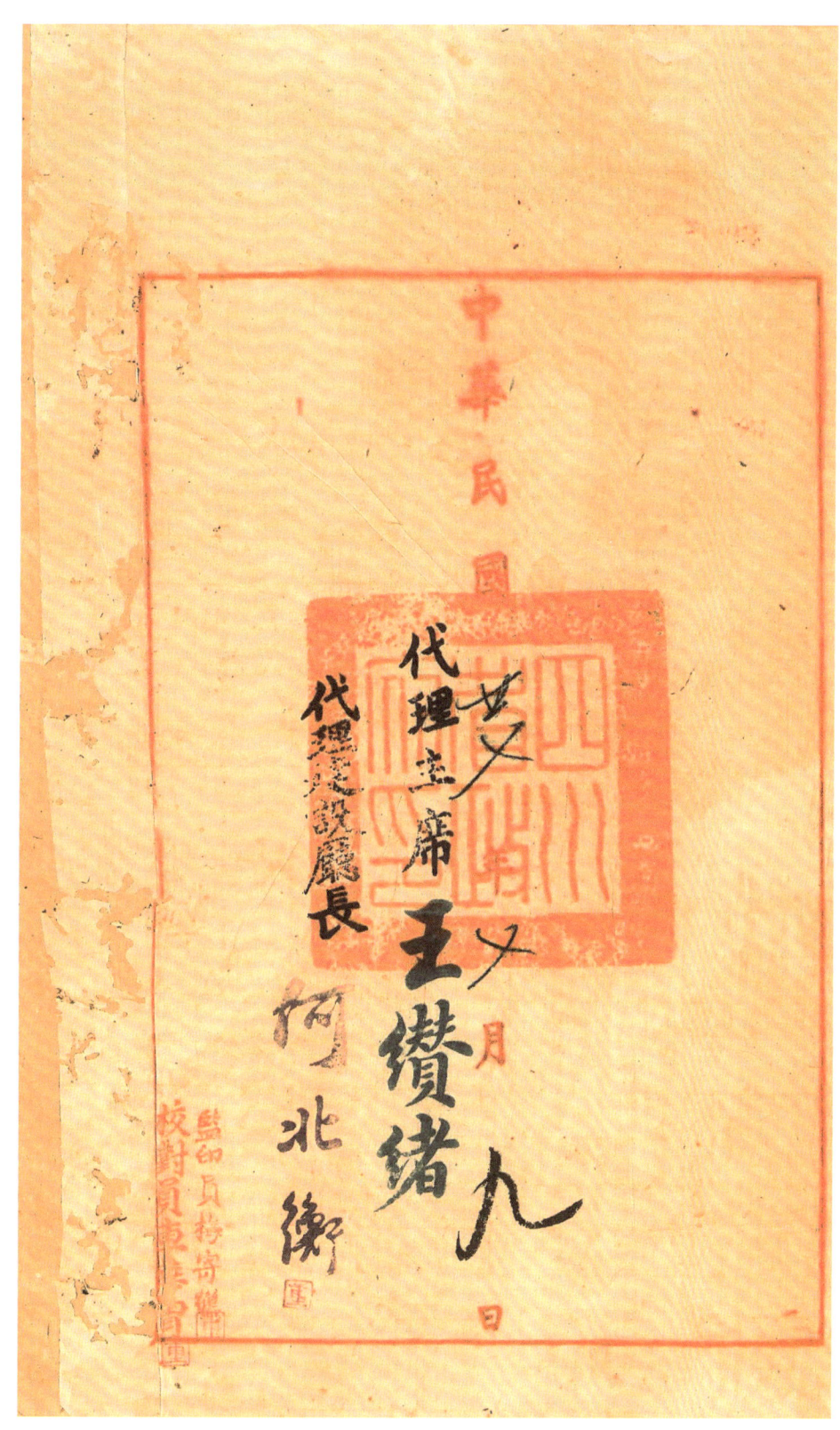

附：照抄一九三八年六月二十七日会商分配各机场地价议决案

照抄廿七年六月廿七日会商分配各航場地價議決案

一、決議：自廿六年九月起至目前止各縣擴修航場征用田畝應納糧款即截至廿六年年底止廿七年起即予豁免但欠在廿六年年底以前者即由各該縣政府於此次發給地價內扣繳清楚並應由各該縣政府將航場擴修被征用田畝應免糧額迅造列冊呈核

二、決議：分配其他各場地價因尚未經 航委會核定目前即就航會已滙到之款酌量配發其分配標準即暫就各該縣原報數目配發約三分之一但每畝不得超過五十元此項分配辦法即由省府會同 行營及 航会一行派大員電呈行營及航會備案一面即飭各該縣具領妥為分發各地主取據彙報

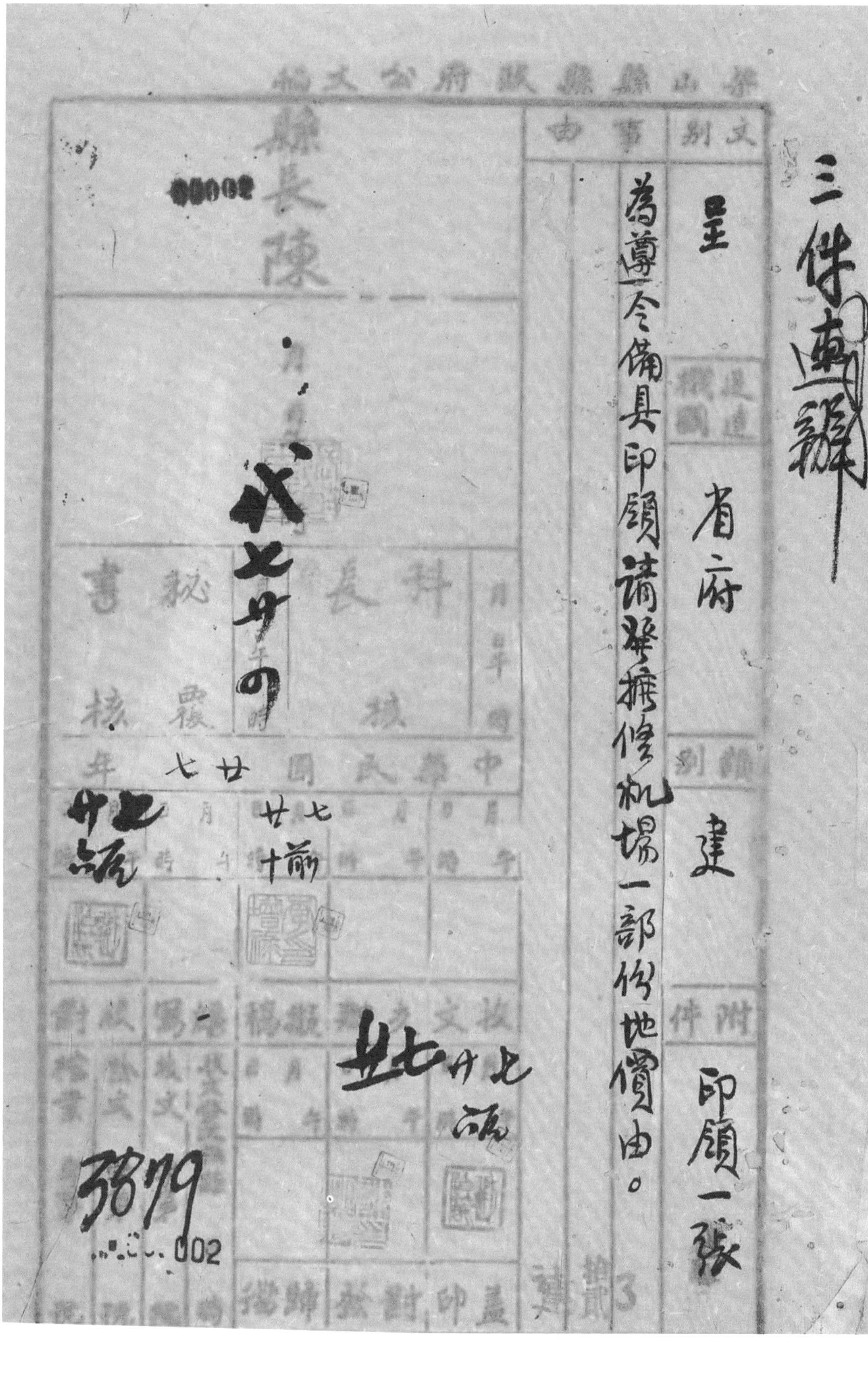
梁山縣縣政府公文稿

文別：呈

送達機關：省府

事由：爲遵令備具印領請發擴修機場一部份地價由。

附件：印領一張

縣長陳

三件東通縉

梁山县政府致四川省政府的呈（一九三八年七月二十日）

二十七年七月十九日，案奉

鈞府建三字第一五四三五號訓令內開：「飭遵商定分配機場地價洋貳萬伍千玖百柒拾壹元伍角，速備印領，派員承領，妥為分發各該地主，取據彙案轉呈等因，計抄發議決案一件」。奉此，遵即備具印領一紙，除函託四川省銀行李南董先生代赴承領，彙案以備轉發，並檢送鈞府議決案，照數咨請征收廳查照豁免各該業主賦稅外，理合具文連同印領呈請

鈞府俯賜核發，指令祗遵。謹呈

四川省政府主席王

計呈印領一紙。

梁山縣縣長陳〇〇

廿七年七月廿日

附：梁山县政府印领（一九三八年七月）

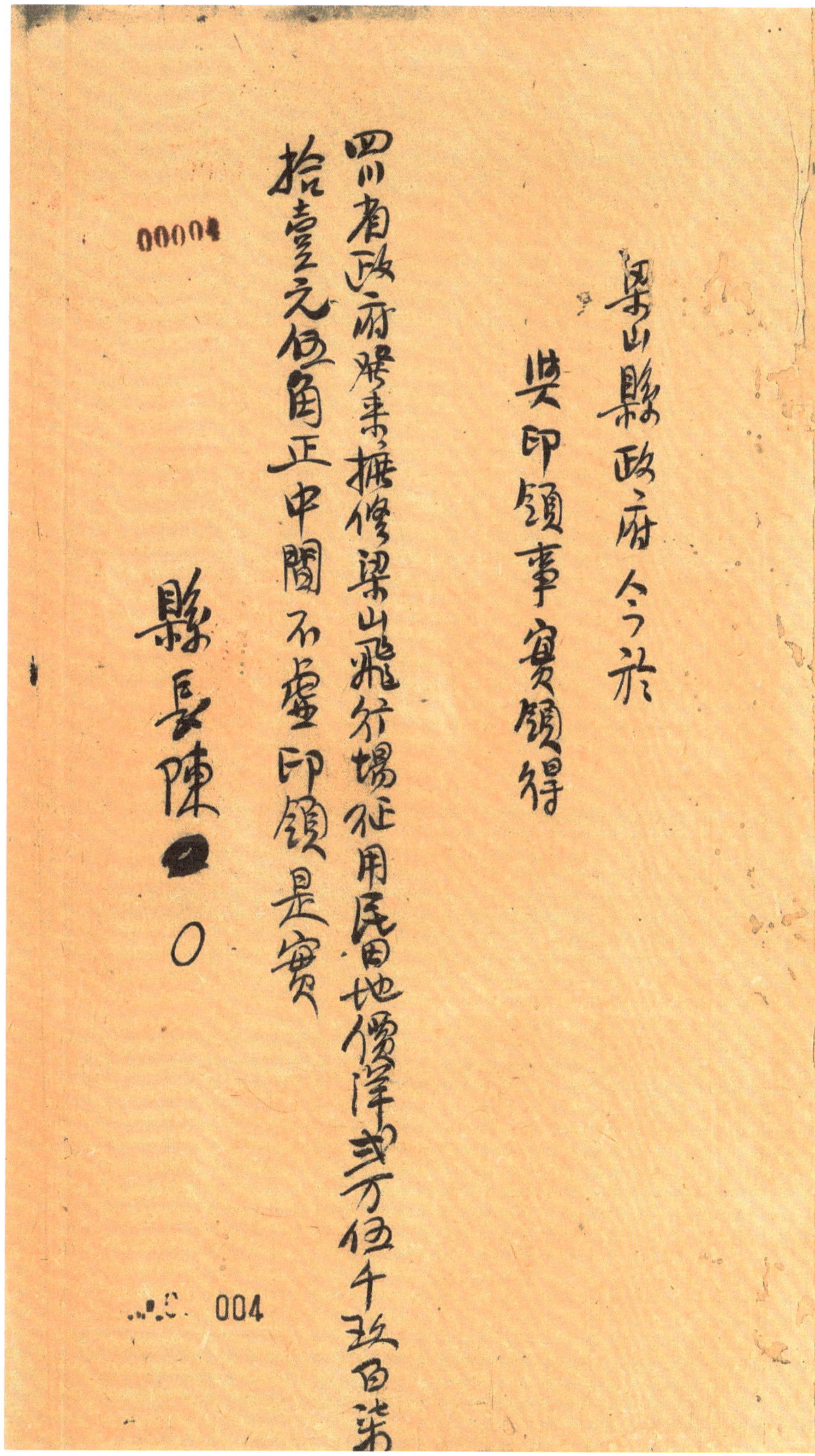
梁山縣政府今於

具印領事實領得

四川省政府發來撥償梁山飛機場征用民田地價洋貳万伍千玖百柒

拾壹元伍角正中間不虛印領是實

縣長陳〇〇

00004

004

中華民國廿七年七月　日

航空委员会空军第三总站关于梁山机场扩修工程事务由机场工程事务处萧工程师办理致梁山县政府的公函
（一九三八年七月二十九日）

航空委員會空軍第三總站公函

事由	擬辦	決定辦法	備考
為函嗣後關於機場工程事務請逕函工程事務處蕭工程師辦理由	存查 七、卅一		
附件			

總字第0426號
廿七年七月卅日 時到
收文 字第 號

航空委員會空軍第三總站公函

總字第0426號

案查擴修梁山機場及建築一切工程事務

航委會派有專員及設有工程事務處負責辦理

其事，嗣後凡關機場工程所佔民地及搬遷青苗等

事項，請逕函擴修機場工程事務處蕭工程師辦理俾

資迅速、相應函請

查照為荷。

此致

梁山縣政府

總社長 于富有

中華民國二十〤年〤月二十九日

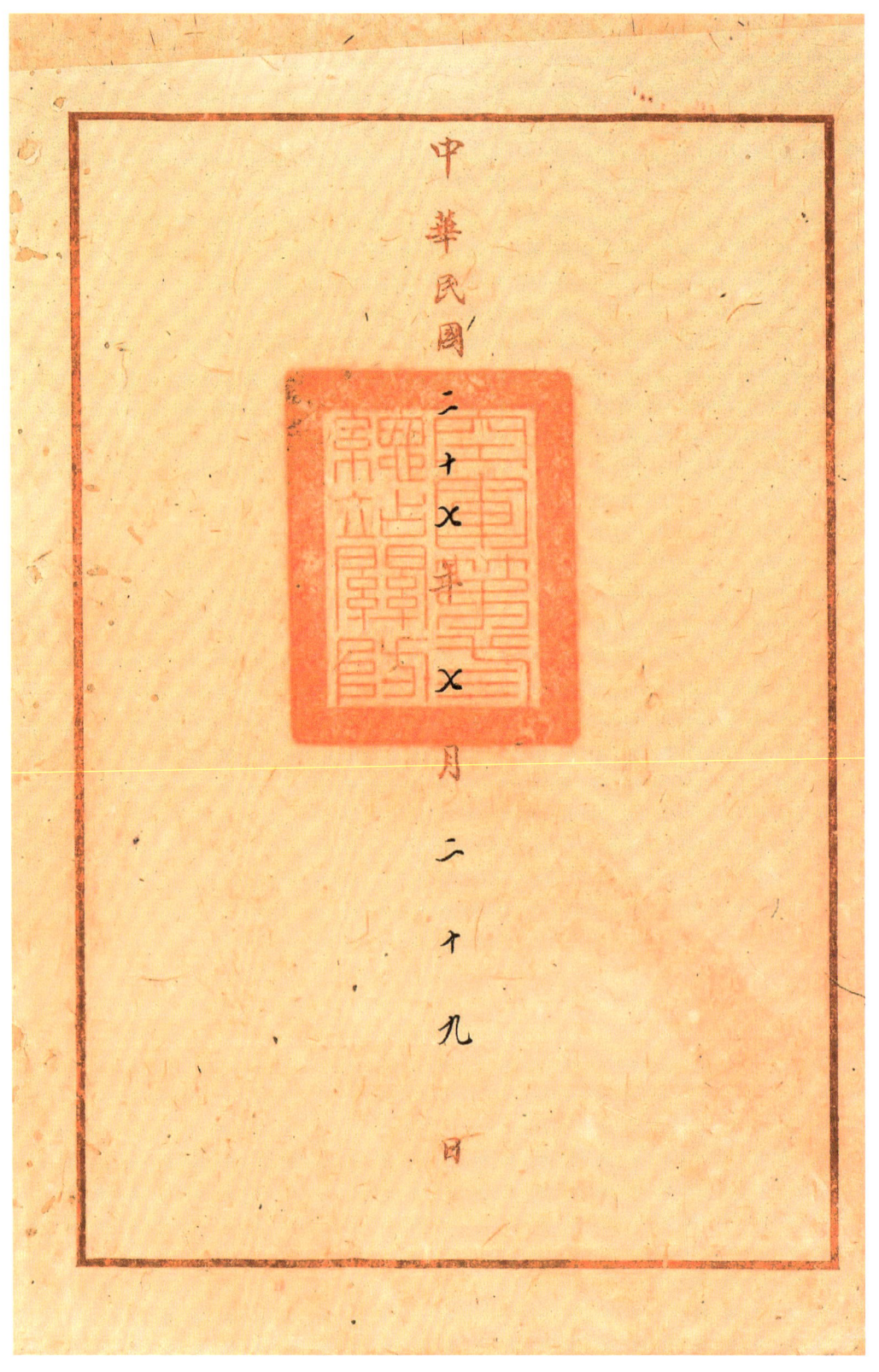

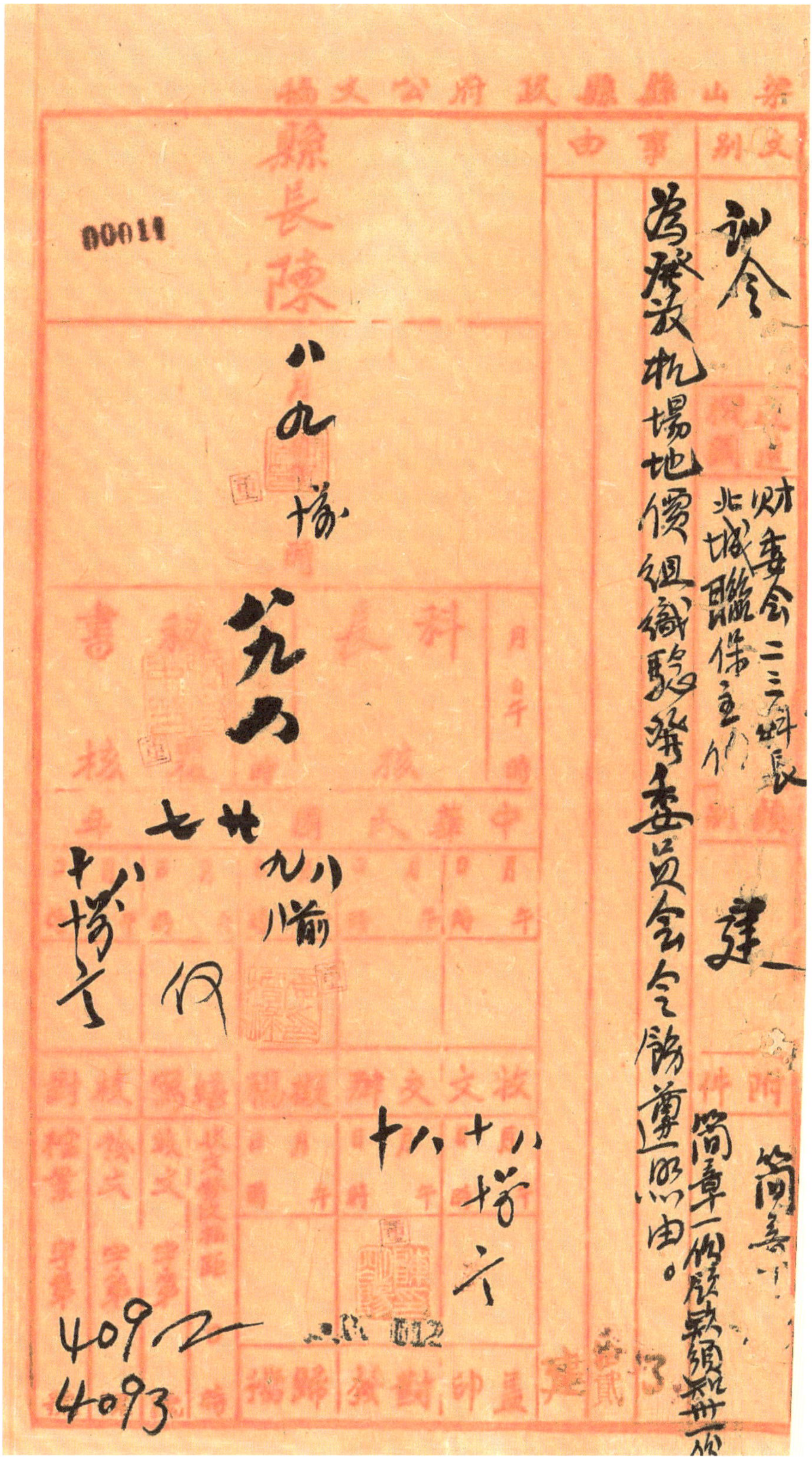

梁山县政府关于组织验发委员会发放机场扩修征用民田地价款致梁山县财委会、北城镇联保办公处的训令
（一九三八年八月九日）

全銜訓令　　廿七年建字第4092號

令財委會委員長鄭豫江、本府第二、三科々長謝○○、李○○、北城鎮聯保主任康高

查機場地價，即將發放，所有各業主被征田畝，亟應詳加覆查，俾便核發，而杜流弊。茲擬由縣黨部委員一人、征收局長、財務委員長、本府二三兩科々長、北城聯保主任及業主代表三人，組織聽發委員會，以第三科々長兼任主任委員，業主代表互推一人担任副主任委員，辦理覆查一切事宜。除分別函令外，合行抄發簡章及領款須知，令仰遵照，並轉知各業主推舉代表三人，具報備查。此令。

計抄發聽發委員會簡章一份、業主承領地價須知卅一份

縣長　○○

廿七年八月九日

修梁山飛行場地價驗發委員會簡章

第一條 本會由梁山縣政府邀請發放飛行場地價各有關機關首長及業主代表組織之

第二條 本會會址設梁山縣政府內

第三條 本會設委員九人由縣長、縣黨部委員一人、空軍站站長、航委會委員、工務員、征收會長、財務委員長、縣府二三兩科科長、北城聯保主任、業主代表三人擔任之。

第四條 本會設主任委員一人由委員互推之，副主任委員一人由第三科科長兼任。辦理會內一切事宜

第五條 本會設常務委員一人由主席就委員中指定之承辦本會日常事務。副主任委員一人由業主代表互推一人擔任

第五條 本會正副主任委員及常務委員委員俱為無給職書記職務由縣府臨時派員兼办不另支薪。

第六條 本會遇有重要事故由主任委員召集會議解

决，行文借用县印。

第七条 机场业主承领地价，应先呈明田产所在地名，原有租额，征用租石，现存石数，报请本会查勘给予证明，再向县府请领。（验发证样式另定之）

第八条 查勘各业主田租被征石数，由本会正副主任委员暨全体委员于会后订期举行。

第九条 各业主被征田租石数或以少报多者，一经查明，由本会函请县府扣发其多报部份价款，并送司法机关法办，必要依法议处。

第十条 本会办公费用由县府负担。

第十一条 本会于地价发放终了时宣告结束。

油印十五份 八、八、

飛行場業主承領地價須知

一、此次分發地價按被征田糧壹千壹百四十玖石北市斗の計，就 省府匯發價款洋貳萬伍千玖百柒拾壹元伍角平均每石給洋貳拾貳元伍角捌仙玖星正

二、各業主廿六年度以前應完糧税，遵照 省令並按照征局咨明數目，於其應領地價內扣繳。秦北平、蕭亞泉條子影響逃民感化所等粮税，是否完清，並應取得征局証明書，再行請領價款。

三、此次领款应费及各该业主所负债务经司法处判决在业价内扣还者，均于发款时扣除。

四、业主领款，须将被征扩修飞行场地价及其与现存数目所在地点等呈请验契委员会验明给证，出具收据，连同验证持向县府领款。

油印四十份

八、八。

附三：扩修梁山飞行场地价领取领条式样

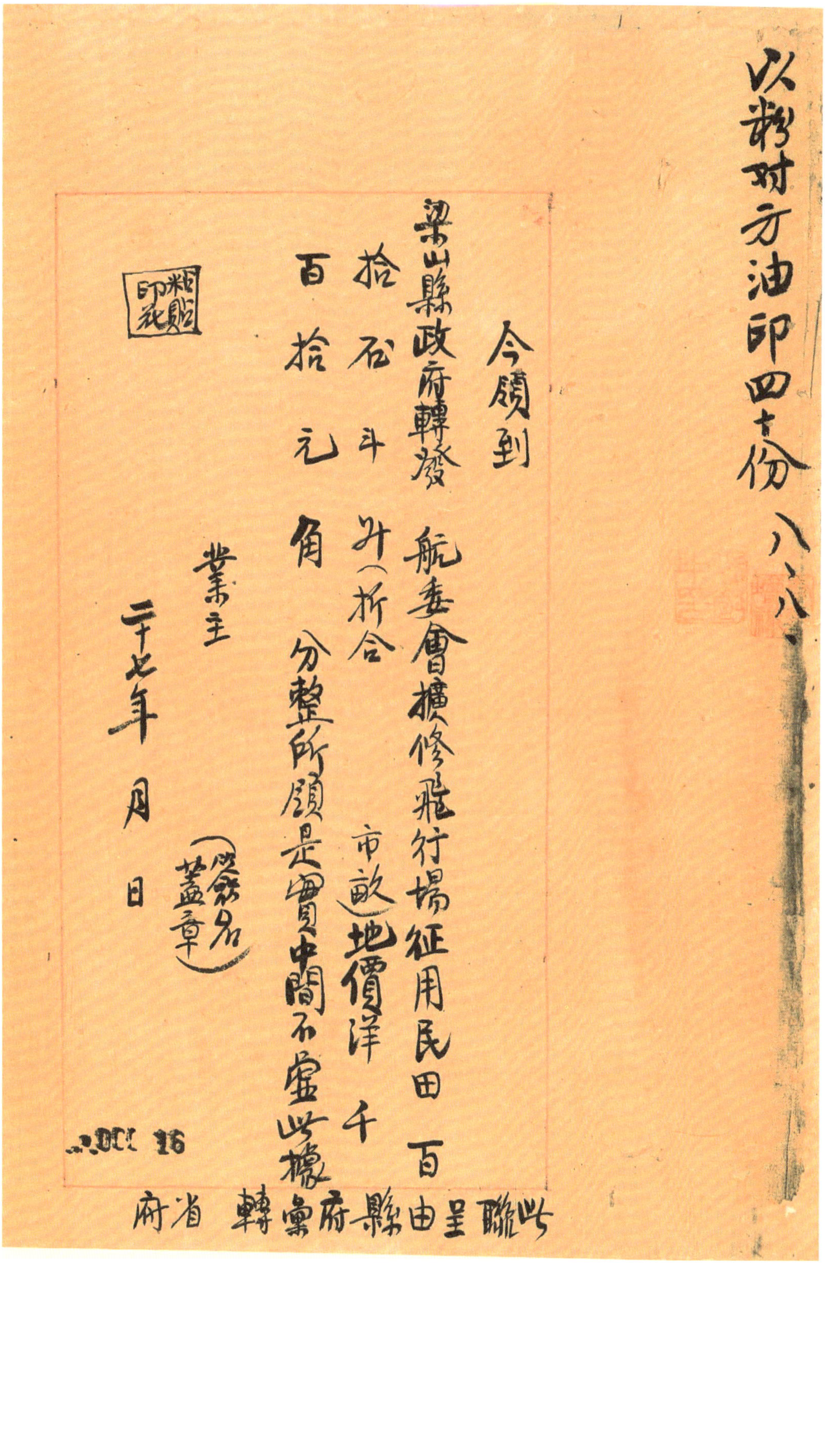
以粉对方油印四十份　八、八、

今領到

梁山縣政府轉發　航委會擴修飛行場征用民田　百

拾　石　斗　升（折合　市畝）地價洋　千

百　拾　元　角　分整所領是實中間不虛此據

業主　（簽名蓋章）

二十七年　月　日

粘貼印花

此聯呈由縣府彙轉省府

今領到

梁山縣政府轉發航委会擴修飛行場征用民田　百

拾　石　斗　升（折合　市畝）地價洋　千

百　拾　元　角　分整所領是實中間不虛

業主　（簽名蓋章）

二十七年　月　日

粘貼印花

此聯繳呈縣府備查

梁山县政府、航空委员会扩修梁山飞行场工程事务处关于催促扩修飞行场被占田房各业主办理登记手续的来往文书（一九三八年八月十二日至十四日）

航空委员会扩修梁山飞行场工程事务处致梁山县政府的函（一九三八年八月十二日）

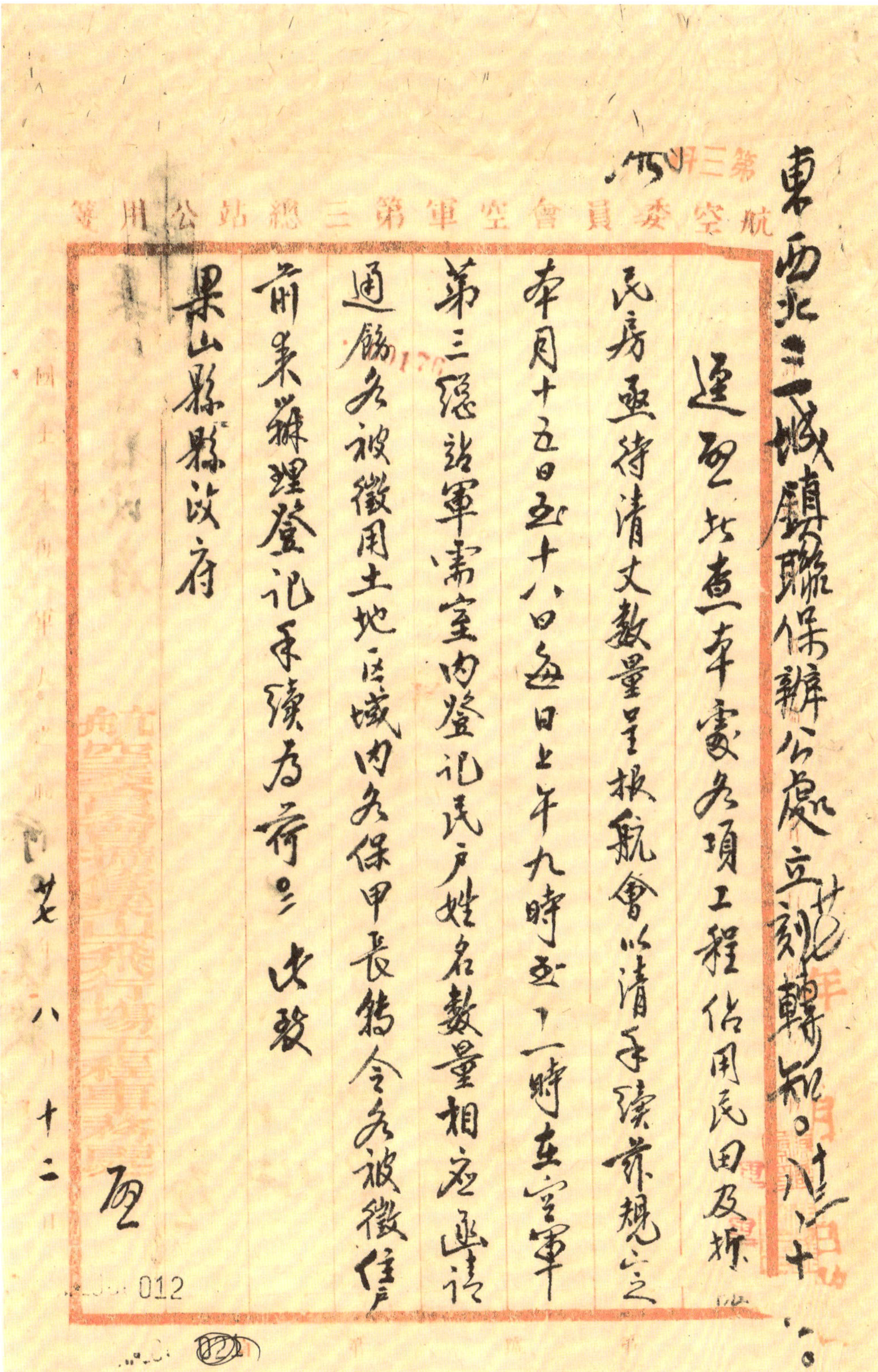

東西北三城鎮聯保辦公處立刻轉知。八.十三

航空委員會空軍第三總站公用箋

逕啟者：查本處各項工程佔用民田及拆民房，亟待清丈數量，呈報航會以清手續。茲規定之本月十五日至十八日每日上午九時至十一時在空軍第三總站軍需室內登記民户姓名數量，相應函請通飭各被徵用土地區域內各保甲長轉令各被徵住户前來辦理登記手續爲荷。此致

梁山縣政府

廿七 八 十二

梁山县政府致航空委员会扩修梁山飞行场工程事务处的公函（一九三八年八月十四日）

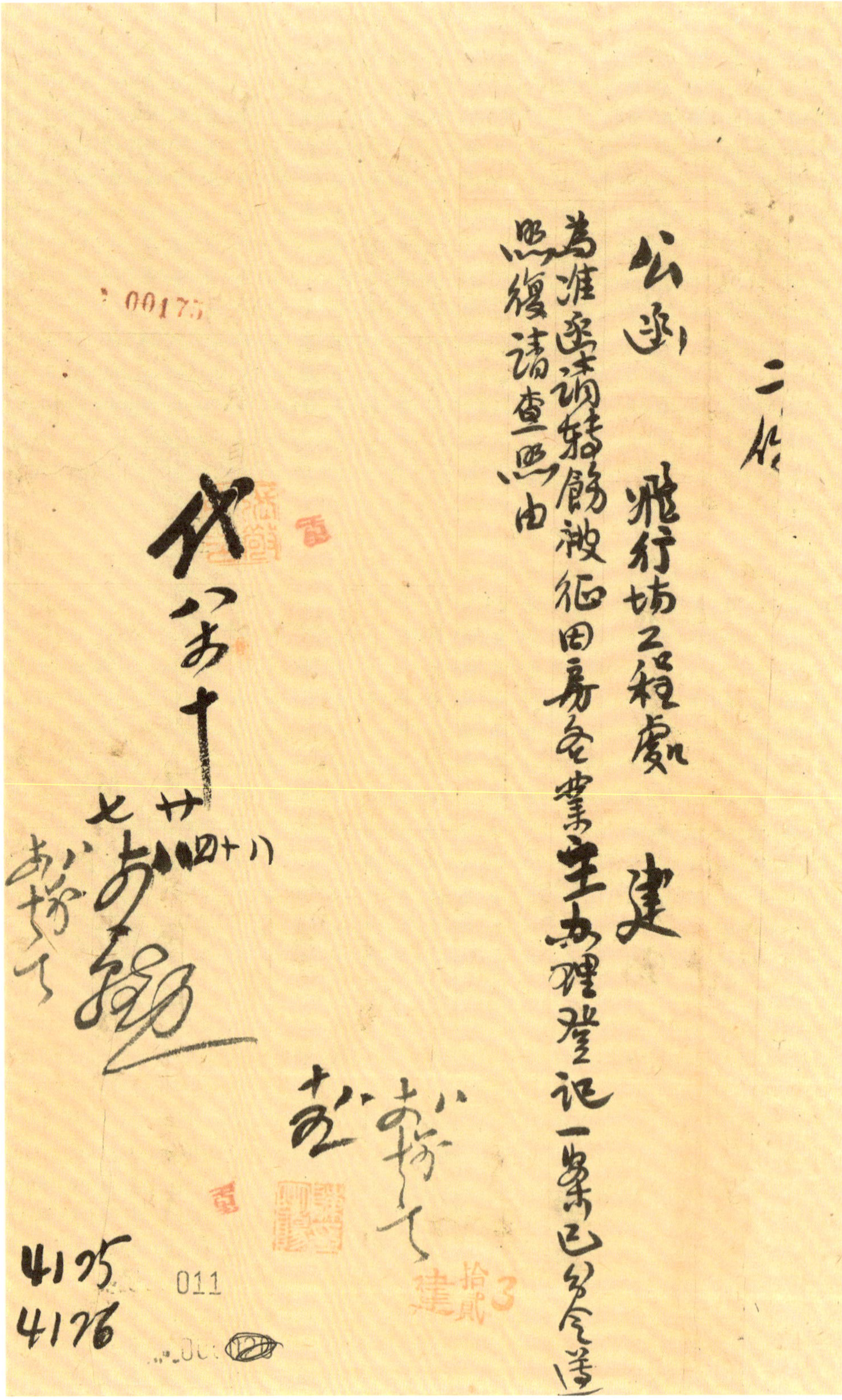

公函 飛行場工程處 建

為准函請轉飭被徵田畝备案主办理登記一案已分令遵
照復請查照由

全銜公函　廿七年建字第4175號

廿七年八月十三日，案准

貴處同年同月十二日箋函內開：「請轉飭各項工程佔用民田及拆讓民房之各業主，於本月十五日至十八日，每日午前九時至十一時，赴空軍第三總站辦理登記手續。」等由；准此，除分令東城西城北城三鎮聯保主任立刻轉飭照辦外，相應函復，請煩

查照為荷。此致

航空委員會樂山飛行場工程事務處

縣長陳○○

廿七年八月十四日。

四川省政府、梁山县政府等关于派员领取梁山飞行场扩修征用民田剩余地价款的文书（一九三八年八月至十月）

四川省政府致梁山县政府的训令（一九三八年八月三十一日）

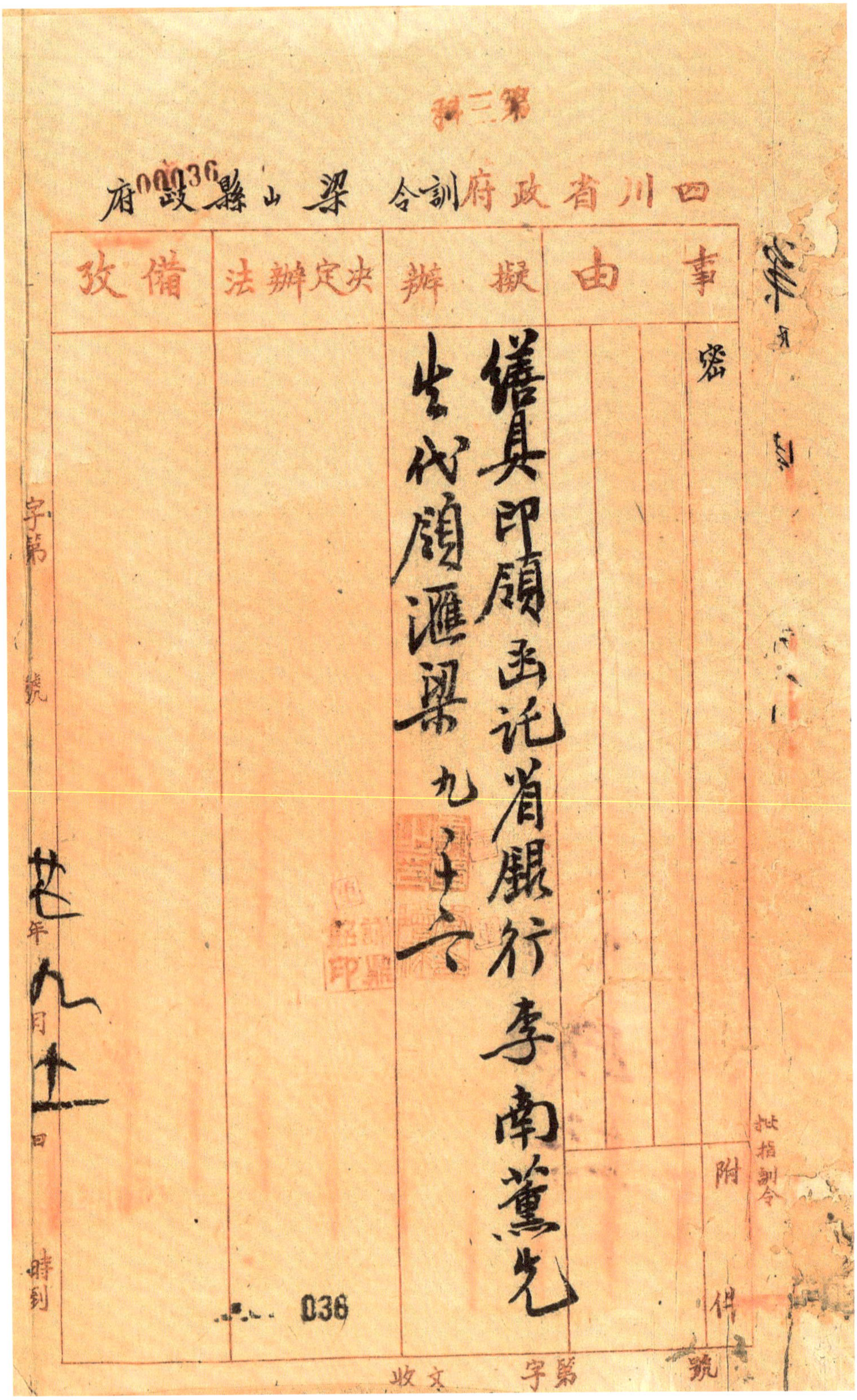
第三科
四川省政府訓令梁山縣政府 00036

事由	擬辦	決定辦法	備攷
密	飭具印領函託省銀行李南薰先生代領匯梁 九月十六		

附件 批指訓令
字第 號
廿七年九月十三日時到
036
收文 字第 號

四川省政府訓令

建二字第 19964 號

令梁山縣政府

案查前據該府造報該縣機場擴修佔用民地地價清冊圖表來府，當經轉請

航空委員會察核去訖。茲准空軍廷茂酒泉代電開：

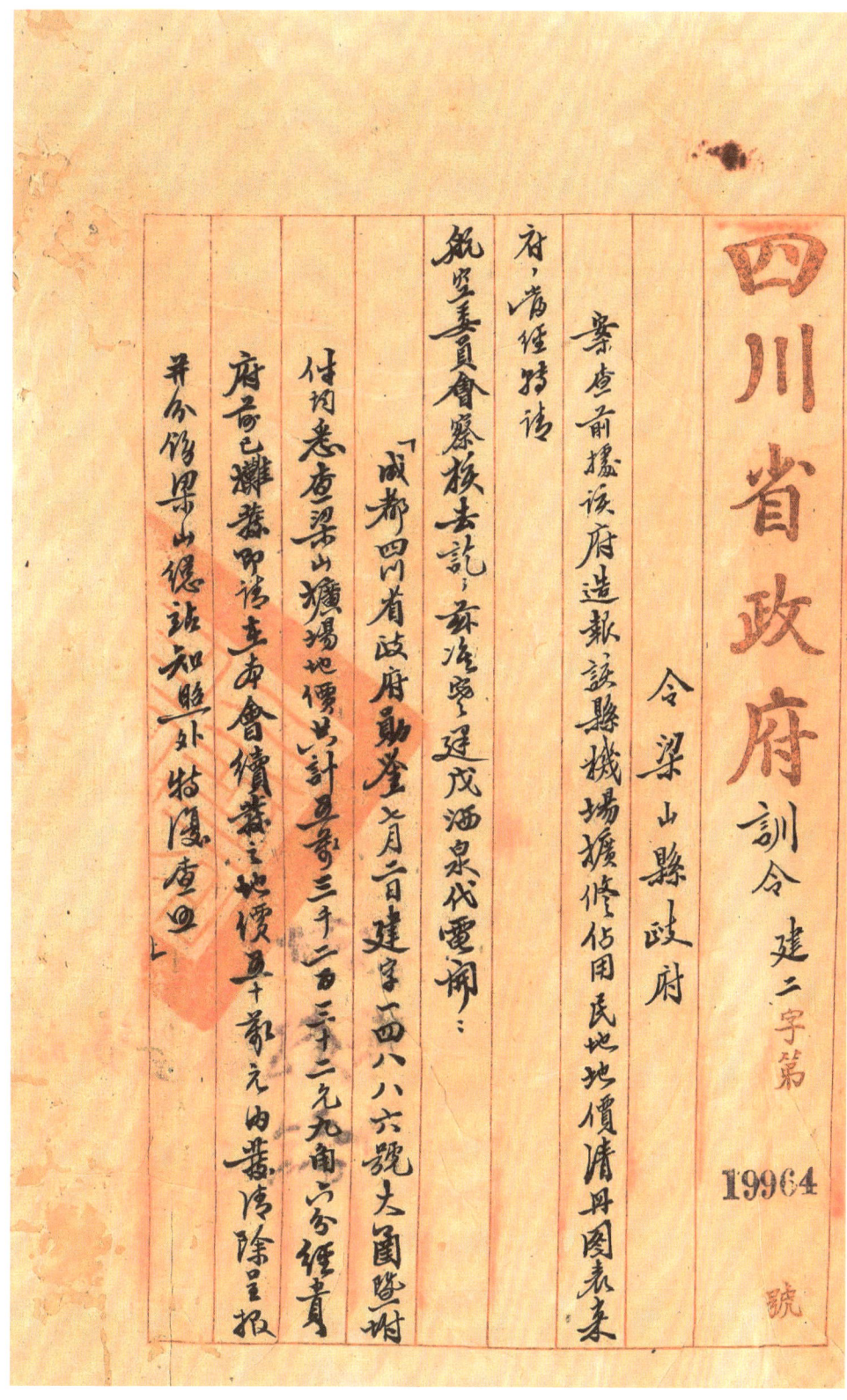

「成都四川省政府勛鑒：七月二日建字一四八八六號大函暨附件均悉。查梁山擴場地價共計五萬三千二百三十二元九角六分，經貴府前已撥發，即請查本會續發之地價五十萬元內發清。除呈報并分飭梁山總站知照外，特復查照」上

等由，准此。查该场核准地价，除前已拨发叁拾万伍仟玖佰柒拾壹元伍角外，尚应补发贰万柒仟贰佰陆拾壹元捌角陆分，合行令仰该府迅即遵照，转饬该县即饬派员来府承领，会同该县及地方机关妥为分发清楚，取据汇案报核销，仍将该派人员姓名先行电呈备查。

此令。

中華民國廿八年八月卅一日

主席

民政廳長

財政廳長 甘績鏞

建設廳長 何北衡

梁山县政府致四川省政府的呈（一九三八年九月十三日）

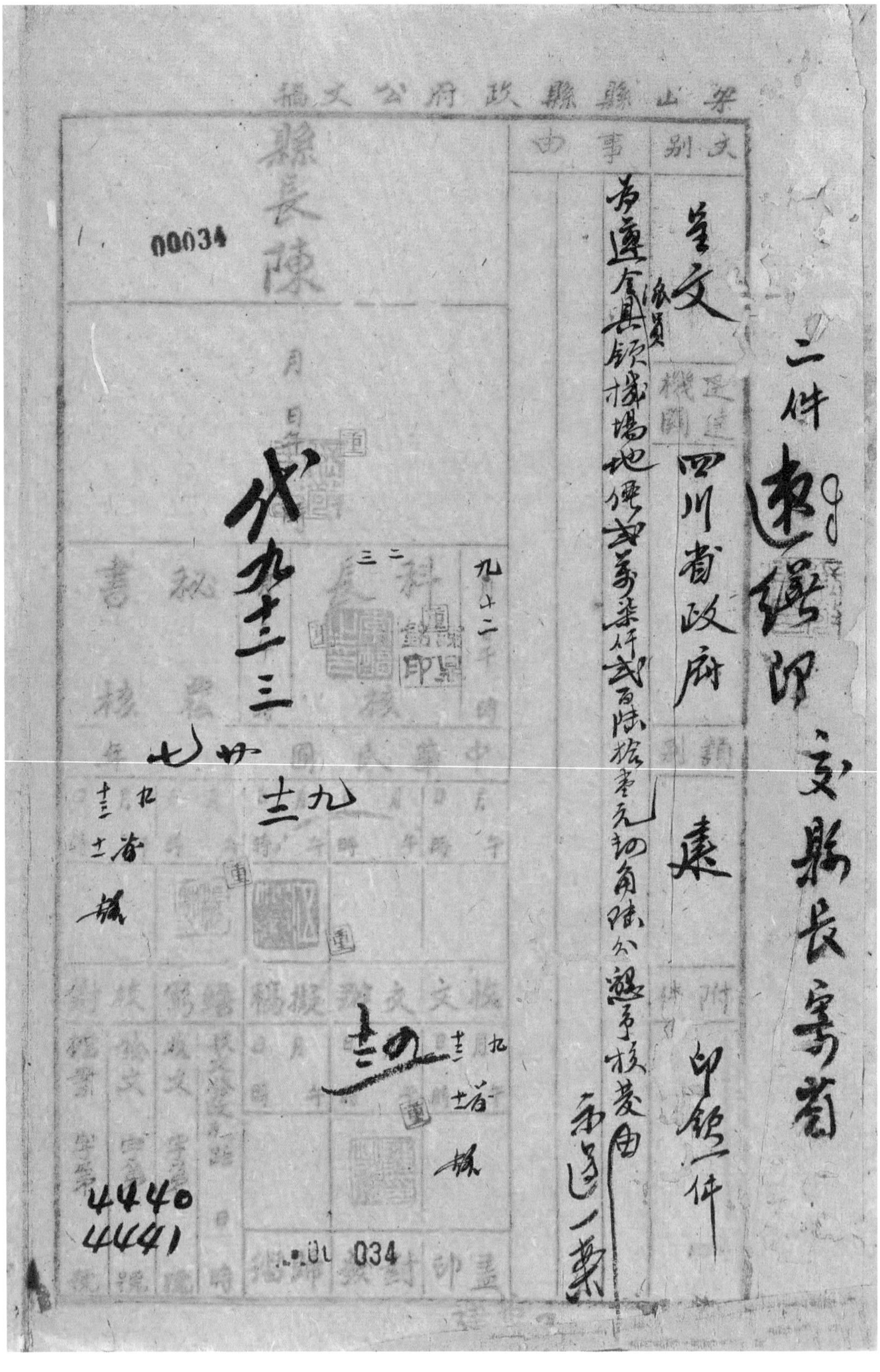

遠4440

为补发渠山机场地价，请另具印领一纸

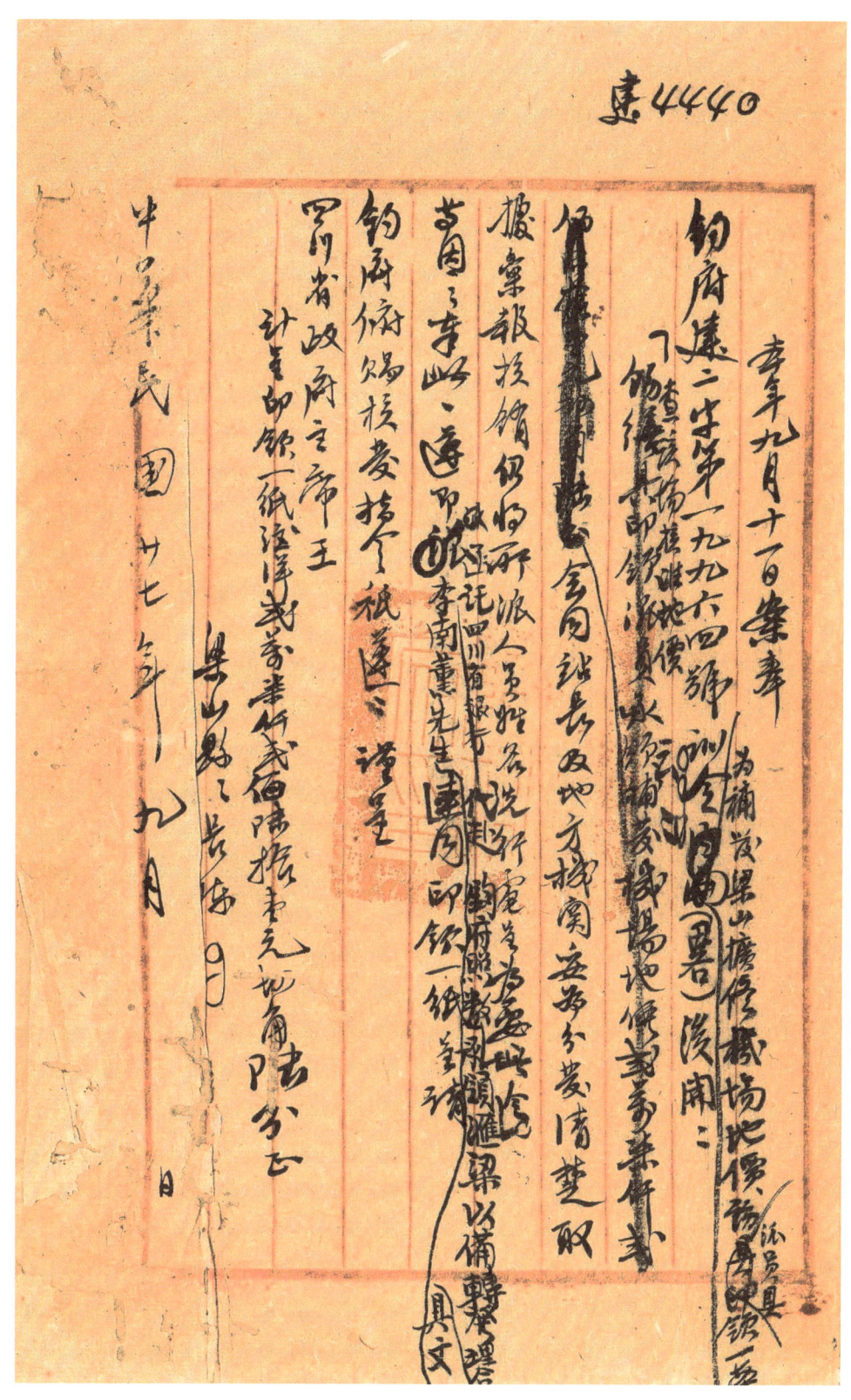

本年九月十日案奉
钧府建二字第一九九六四号训令开：（略）后开：
「饬查该场征地价……具印领……补发机场地价共计……」
仰祈……会同站长及地方机关妥为分发清楚，取具……
据案报核，惟所派人员姓名，并此行……为妥慎起见，故特委托四川省银行李南薰先生遵同……赴钧府照数领款汇渠，以备转发。理合具文……
等因，奉此，遵即……印领一纸，并请
钧府俯赐核发，拨令纸遵，谨呈
四川省政府主席王
计呈印领一纸，法币贰万叁仟贰佰陆拾肆元玖角陆分正
渠山县县长 陈□
中华民国廿七年九月　日

附：梁山县政府印领（一九三八年九月）

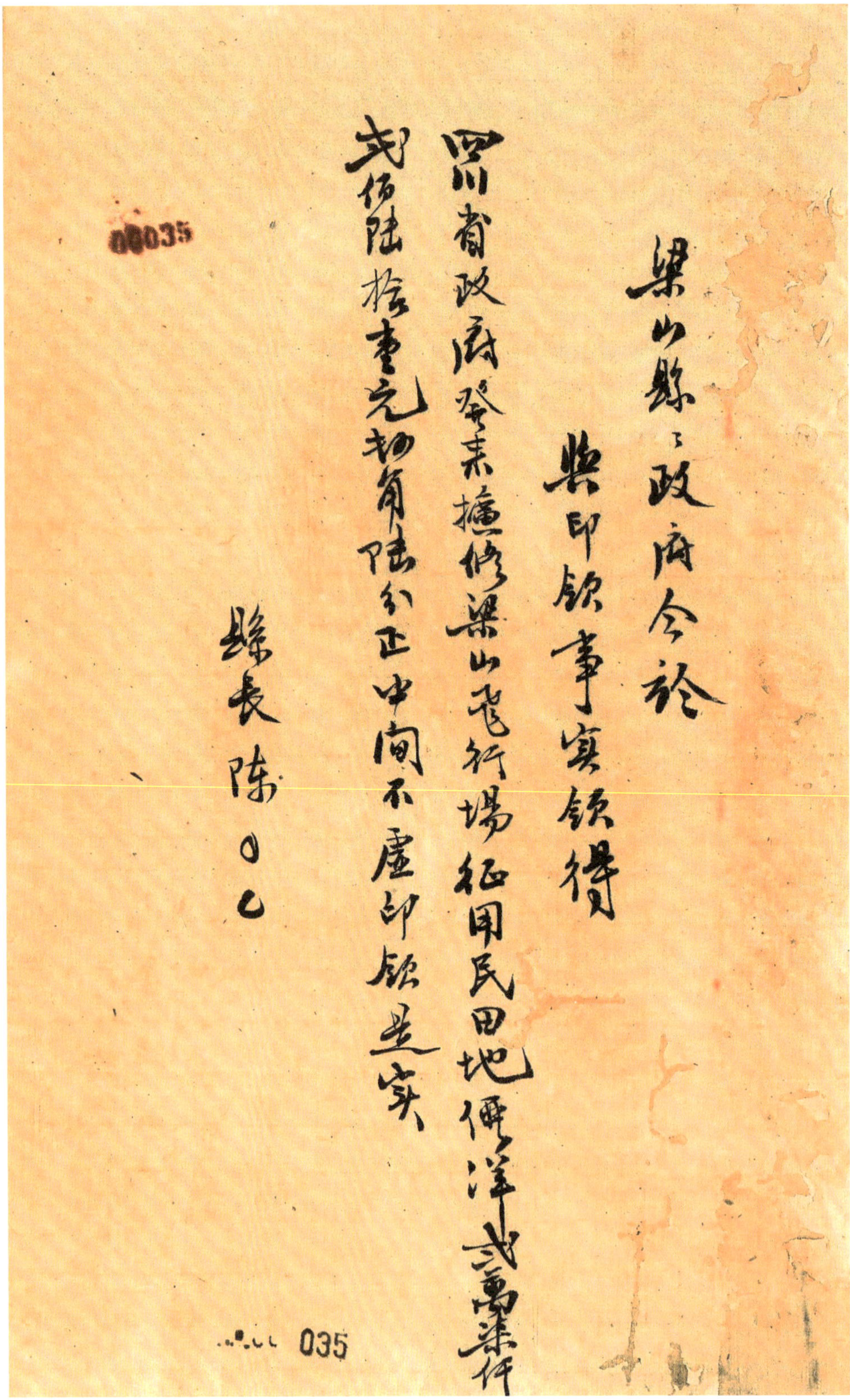
梁山縣縣政府今於
與印領事實領得
四川省政府發來擴修梁山飛行場征用民田地價洋弍萬柒仟
弍佰陆拾叁元柒角陆分正中間不虛印領是實
縣長陳〇乙
00035
035

中華民國廿七年九月　　日

梁山县政府致四川省银行的公函（一九三八年九月二十六日）

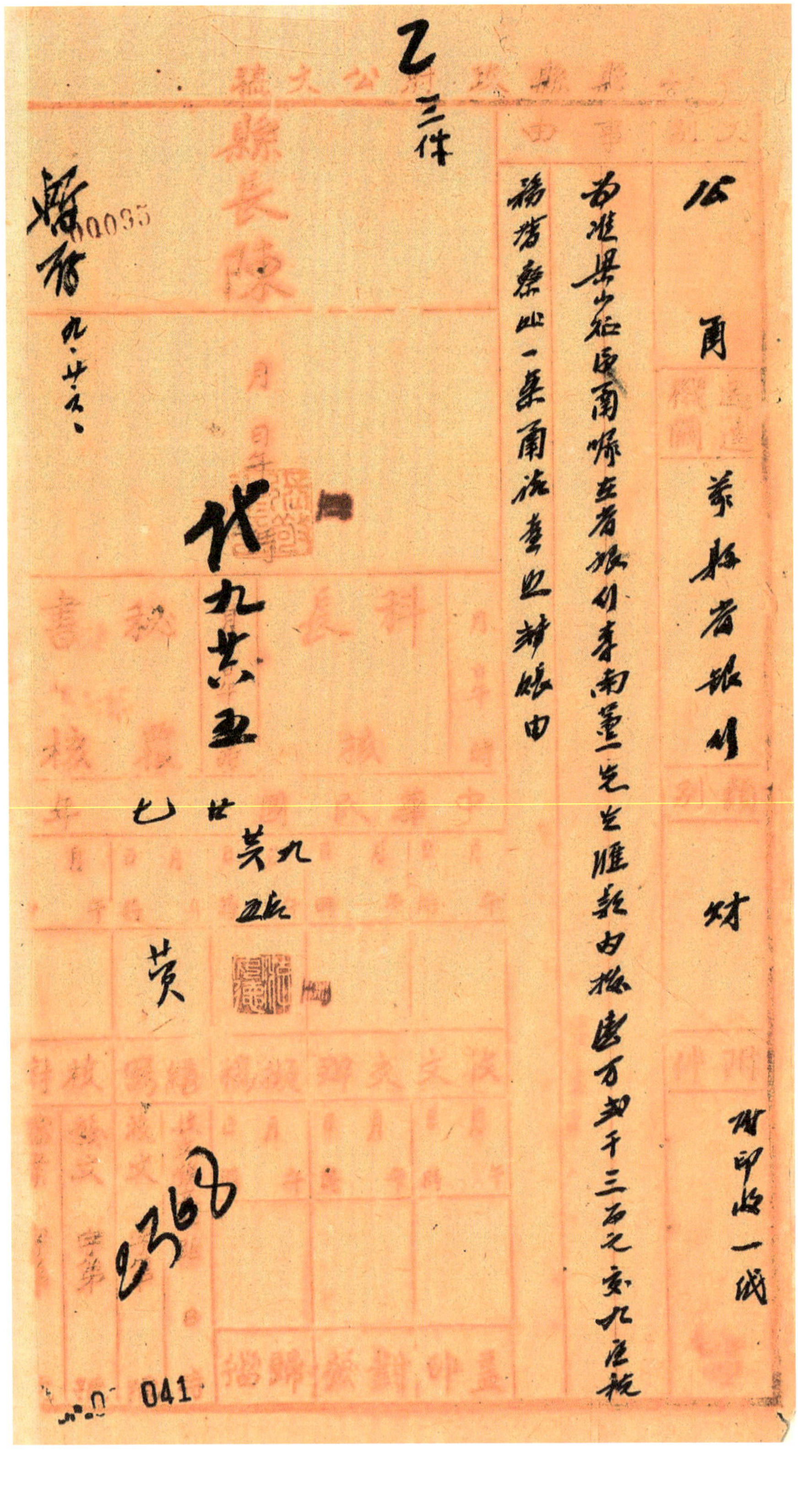

梁山县政府公鉴：兹年财字第　号

迳启者，本年九月廿日准西部四川省银行李南薰先生航信递代汇梁山田赋款、计法币五万七千元[illegible]剩已[illegible]寄汇贵县由

台到本行，兹准

梁山县征收处刘修因来行立雄钱款计[illegible]计洋四万五千肆百元正

[illegible]请将该行田赋存款内提出本行应按财务处业以免周折过账，自应照准办理、

相应备具收据一纸，函请

查照，希即报销为荷。

此致

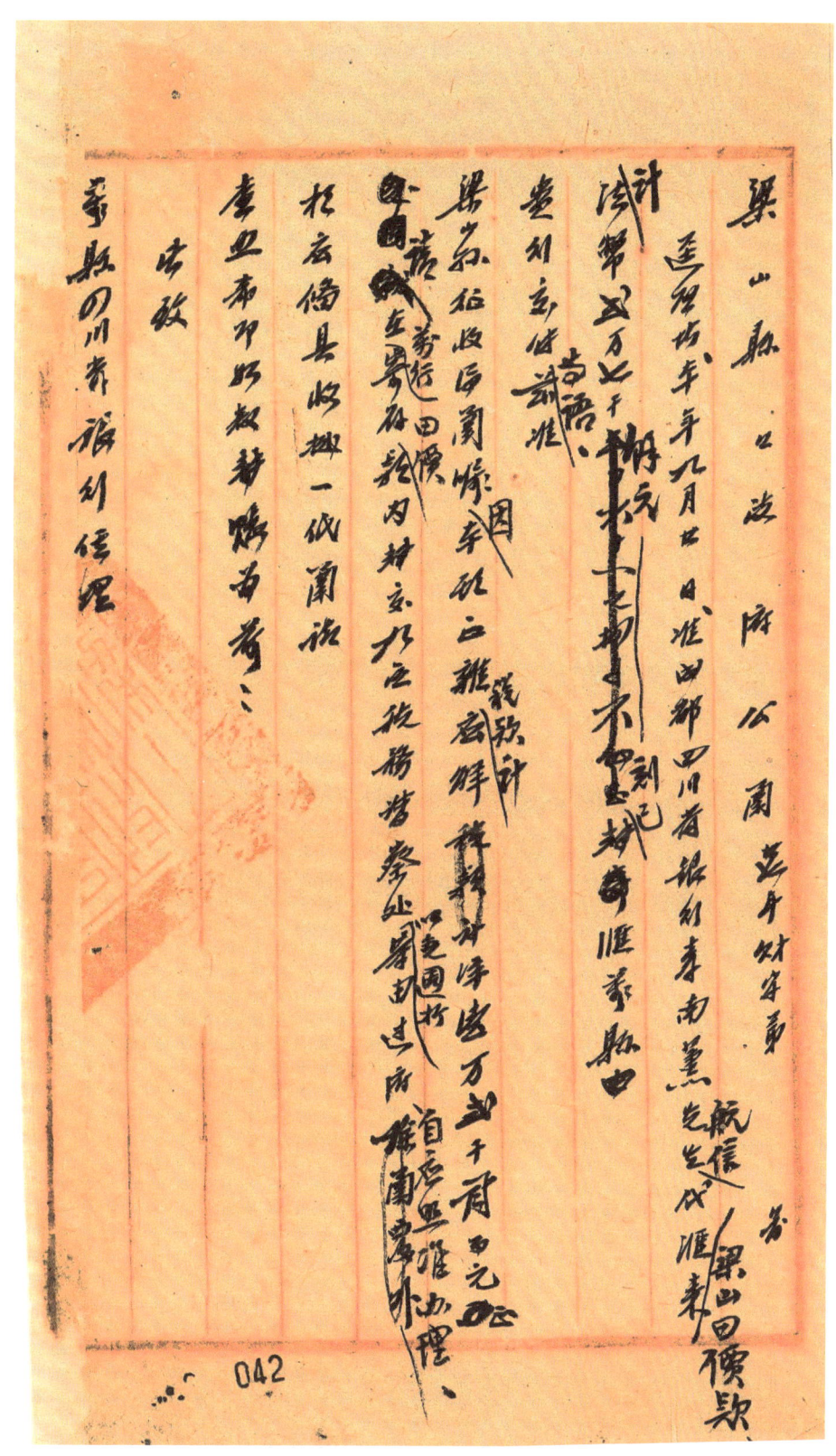

梁县四川省银行经理

附領款收據一紙

縣長 陳〇〇

梁山縣々政府 合檢同印收據

查收為荷

華縣有振到為來者振到秦南董先生匯來田賑款計國幣壹萬貳千

貳佰元正中間不達確收無誤

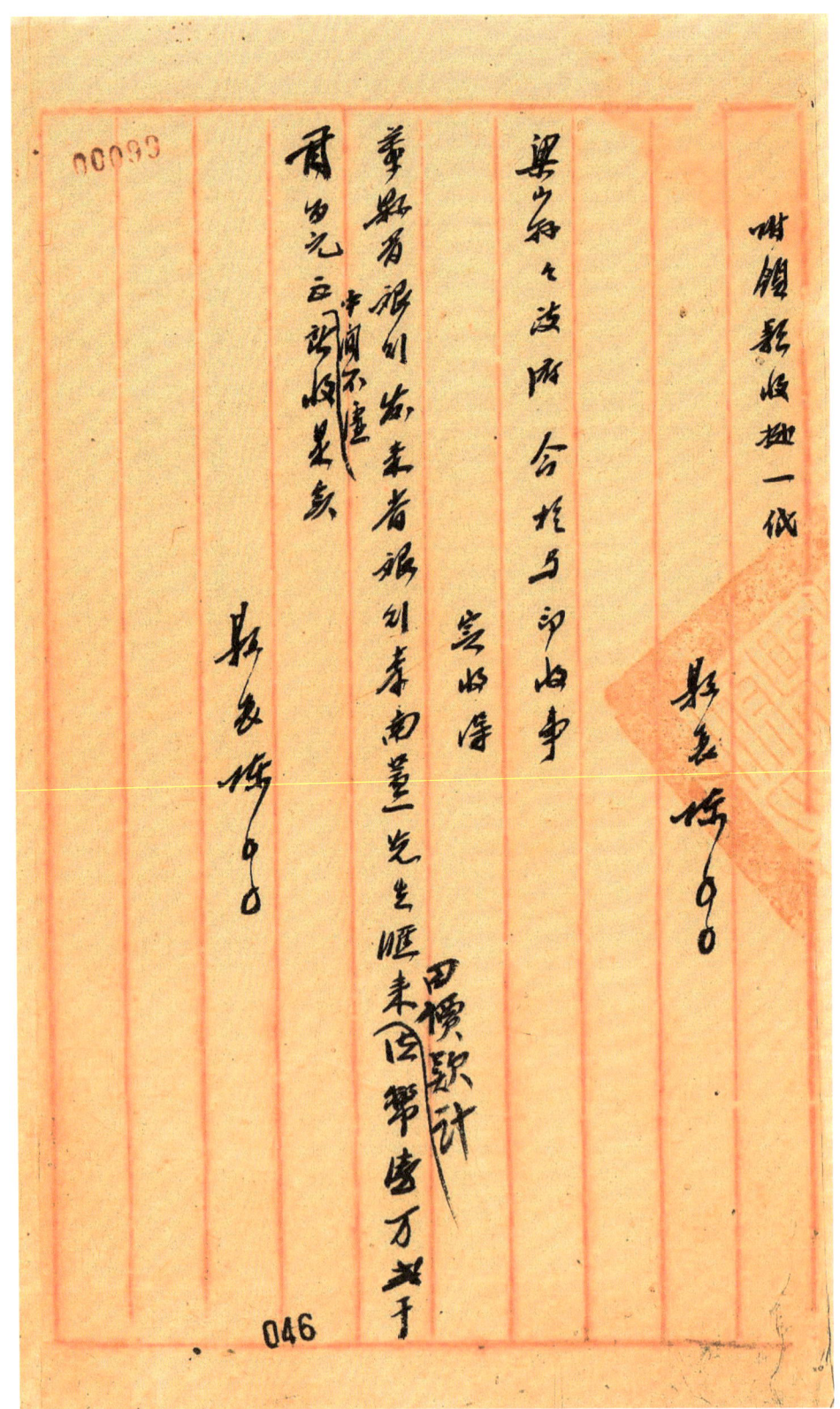

縣長 陳〇〇

中華民國卅七年九月廿八日

附：梁山县政府领款收据（一九三八年九月）

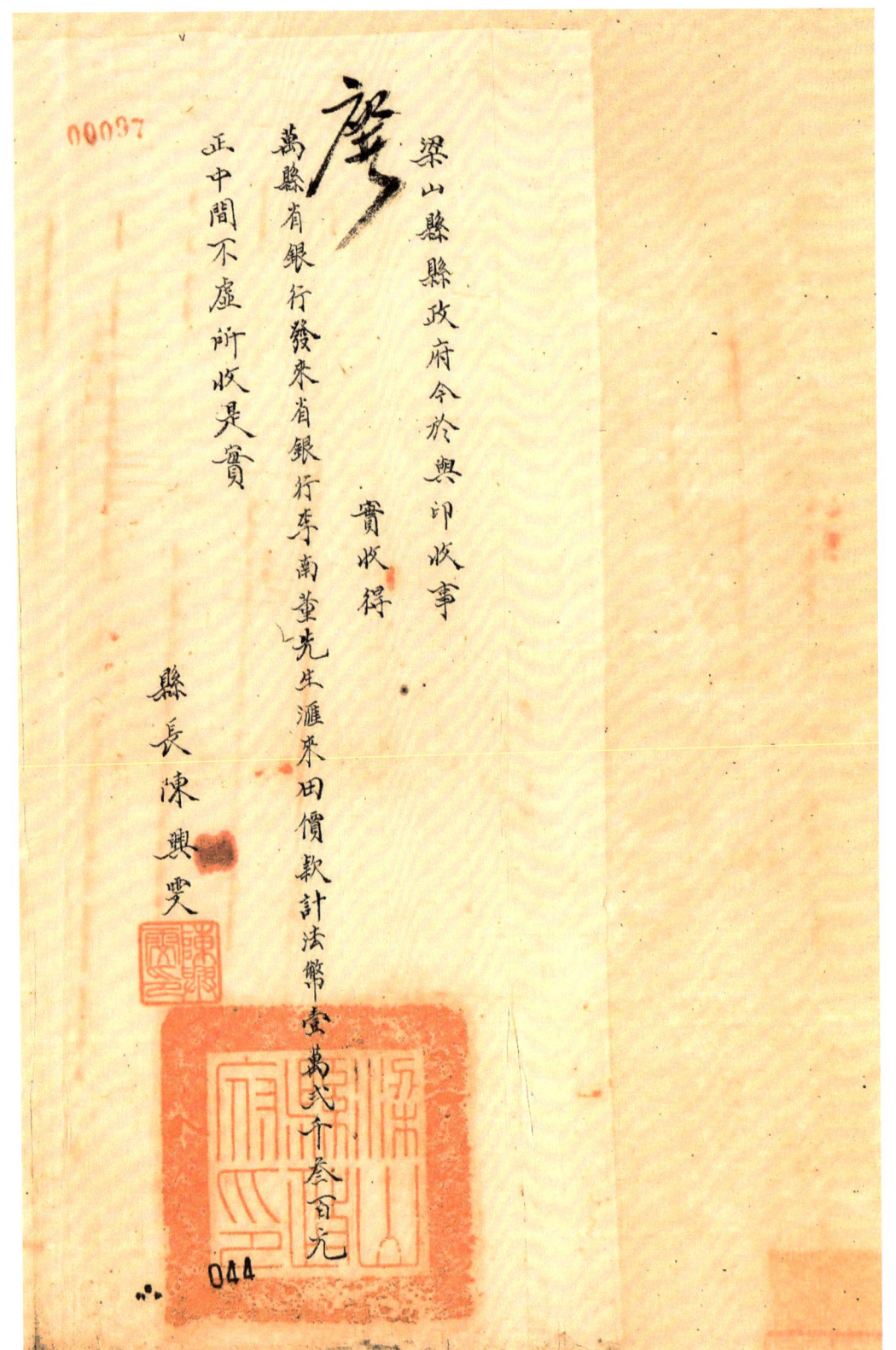

00037

梁山縣縣政府今於興印收事
實收得
萬縣省銀行發來省銀行李南董先生滙來田價款計法幣壹萬弍千叁百元
正中間不虚所收是實

縣長陳興雯

044

中華民國二十七年九月　日

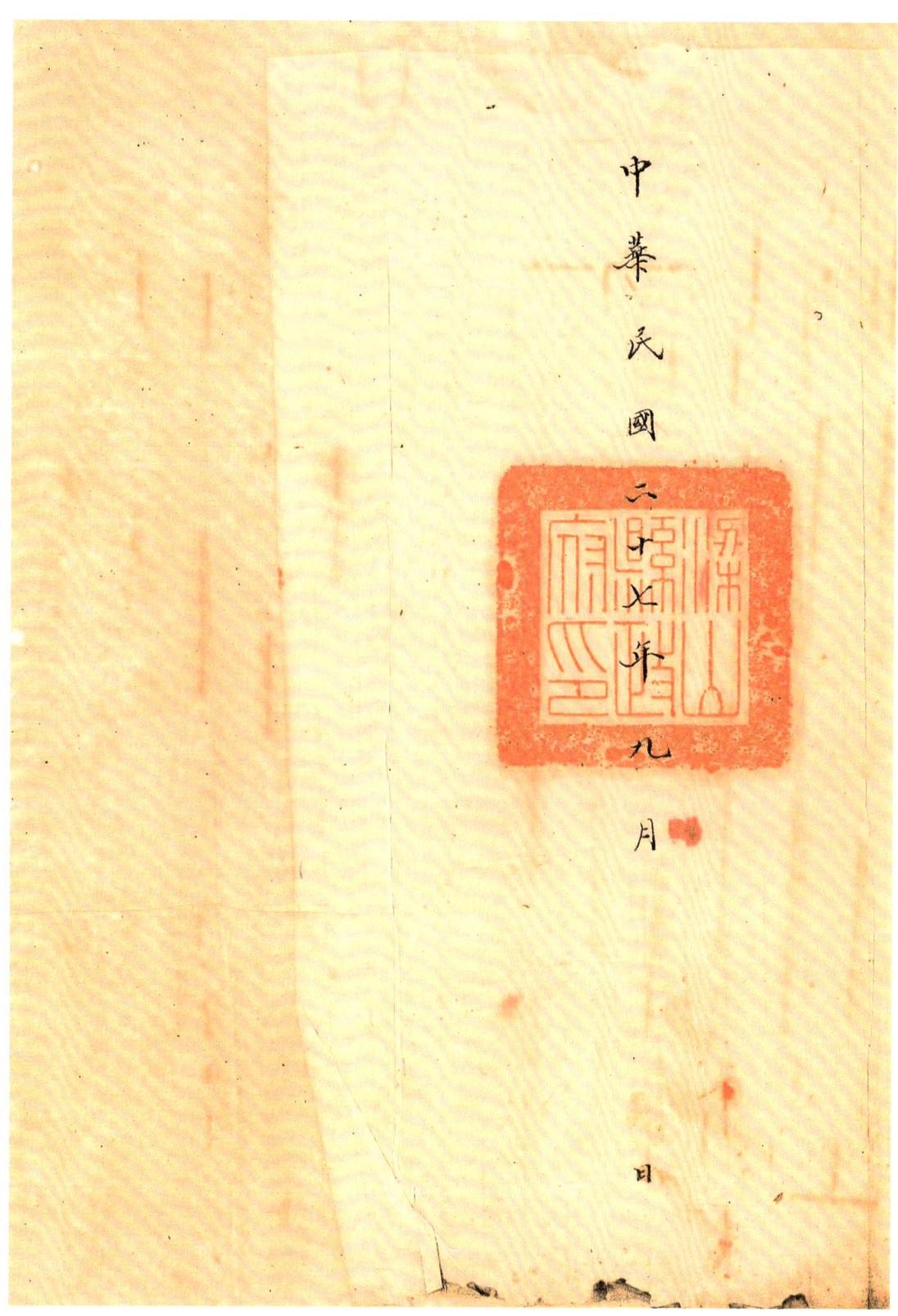

保山縣政府印

四川省银行汇拨梁山飞行场扩修征用民田地价款汇款回据、水单（一九三八年九月二十六日）

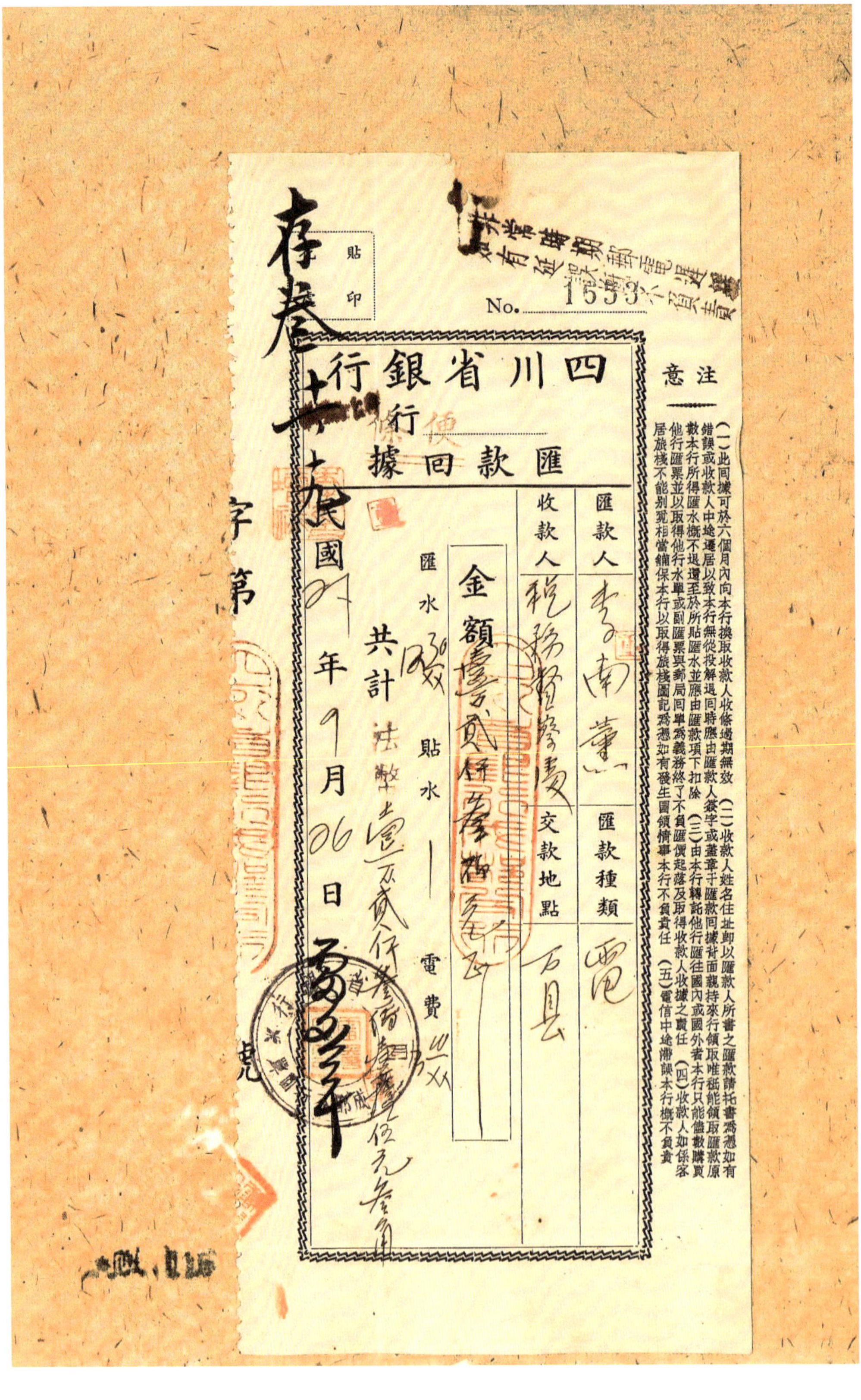

貼印

No. 1553

四川省銀行

便 行

匯款回據

匯款人	李南薰
收款人	稅務督察處
匯款種類	電
交款地點	万县

金額 壹万貳仟叁佰

匯水

貼水 —

電費

共計 法幣壹万貳仟叁佰……元叁角

民國廿七年九月廿六日

字第　　號

注意

（一）此回據可於六個月內向本行換取收款人收條過期無效 （二）收款人姓名住址即以匯款人所書之匯款請託書爲憑如有錯誤或收款人中途遷居以致本行無從投解退回時應由匯款人簽字或蓋章于匯款回據背面親持來行領取唯祇能領取匯款原數本行所得匯水概不退還至於所貼匯水並應由匯款項下扣除 （三）由本行轉託他行匯往國內或國外者本行只能儘數購買他行匯票並以取得他行水單或副匯票與郵局回單爲義務終了不負匯價起落及取得收款人收據之責任 （四）收款人如係客居旅棧不能別覓相當舖保本行以取得旅棧圖記爲憑如有發生冒領情事本行不負責任 （五）電信中途滯誤本行概不負責

四川省銀行成都行水單　注意：此單計數不繳

李南董　台照　中華民國27年9月26日

27年 月	日	事由	金額
9	26	電台第1號$1253.00及電費 川分會所 [illegible]	15.30
			$15.30

抄

四川省銀行成都分行 [illegible]

NO. 017

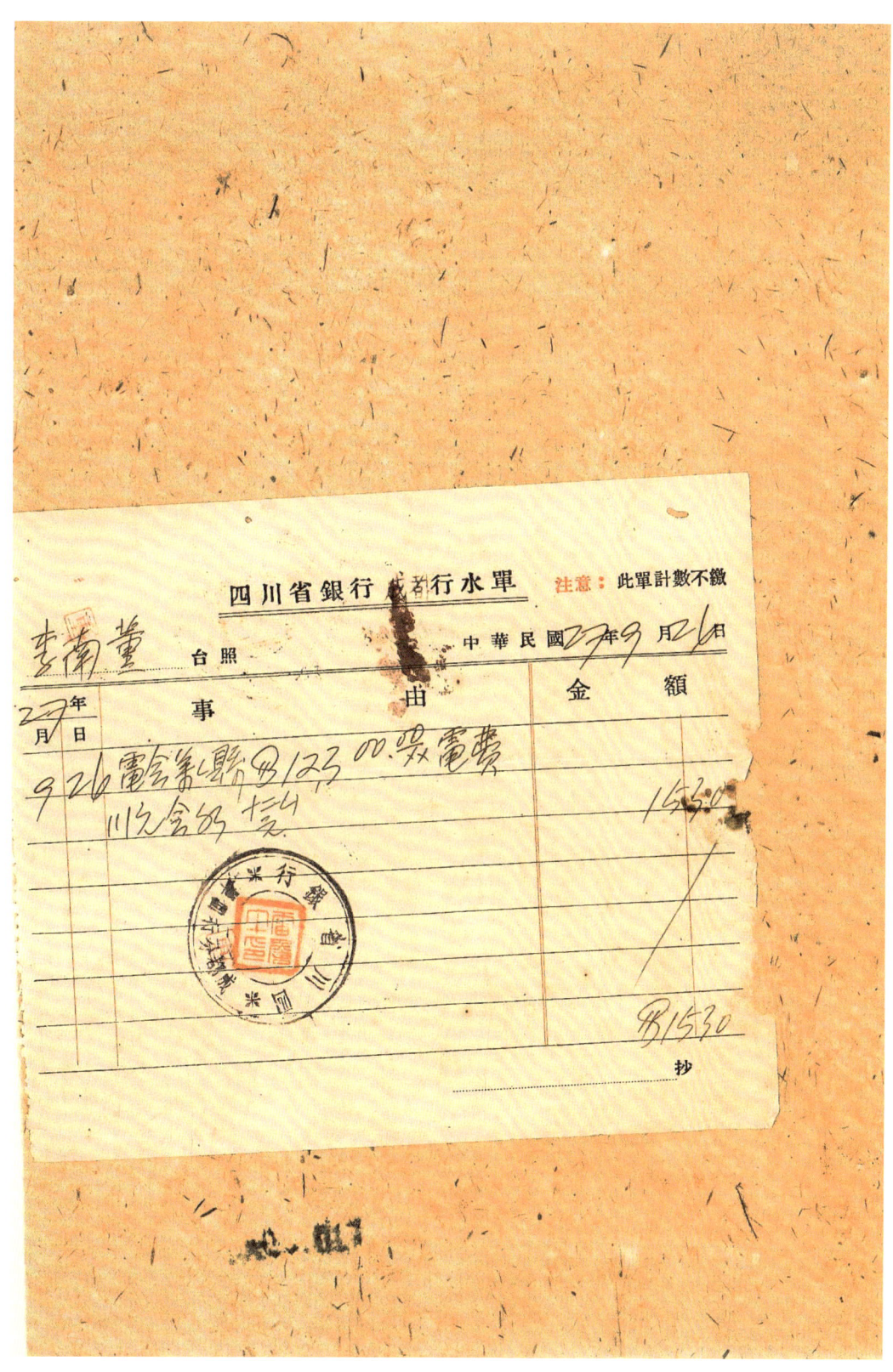

四川省政府致梁山县政府的指令（一九三八年九月二十九日）

第三科

四川省政府指令梁山縣府 00015

事由	擬辦	決定辦法	備考
機指訓令	存查 十、二		

字第　號

廿七年十一月一日　時刻

附件

815

收文　字第拾　號

四川省政府指令　廿年建一字第22422號

令樂山縣政府

廿年九月十六日建字第四四四零號呈一件為遵令派員具領機場地價由。

呈及印領均悉。已悉數交由四川省銀行李南薰領收矣。仰即遵照前令

會同航空人員及地方各機關迅予分發清楚，並將分發各戶地價每三日列表呈

府查考！

此令　印領存。

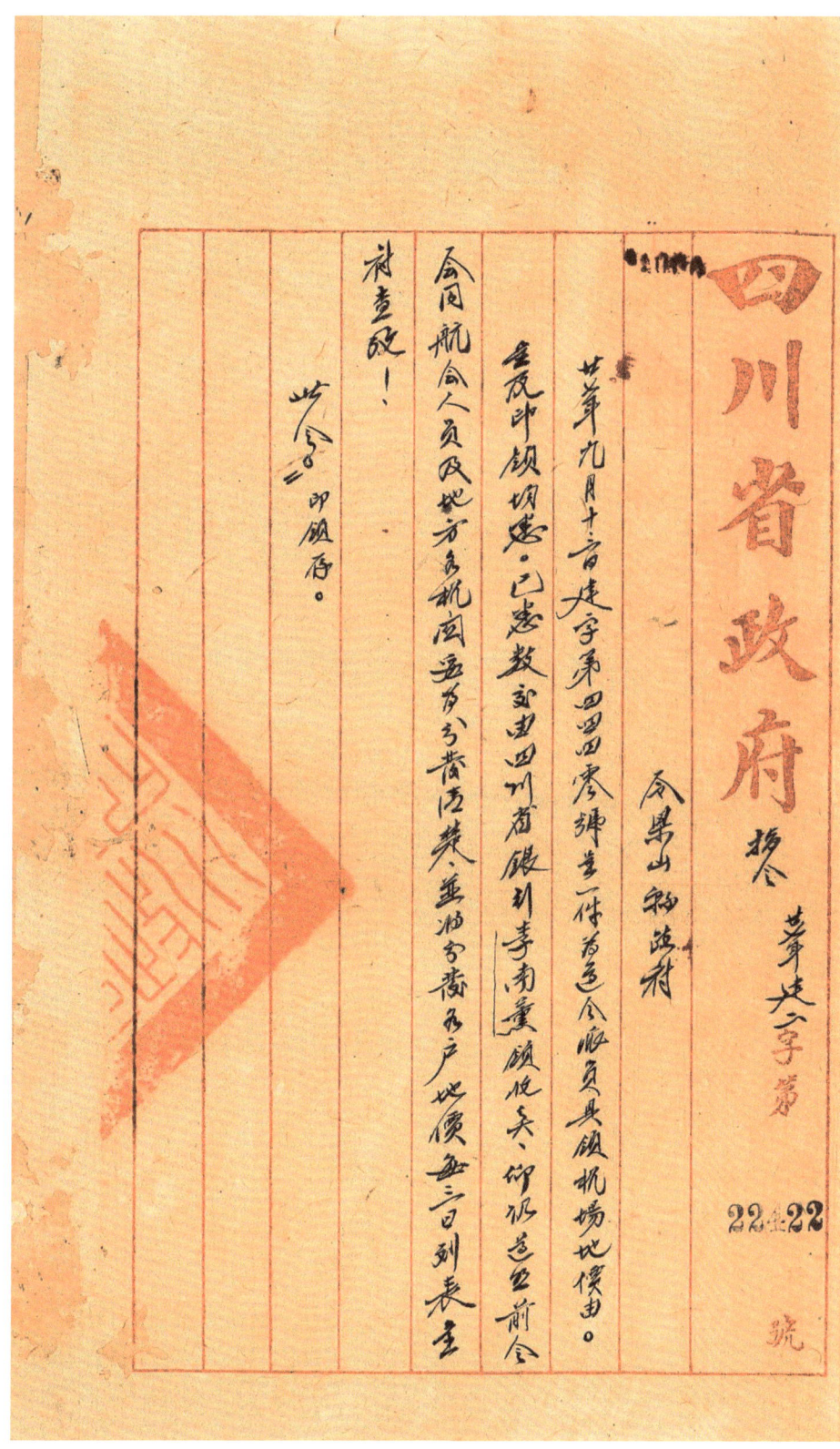

中華民國廿七年九月　日

主席　王纘緒　先

建設廳長　何北衡

監印員[illegible]

校對員[illegible]

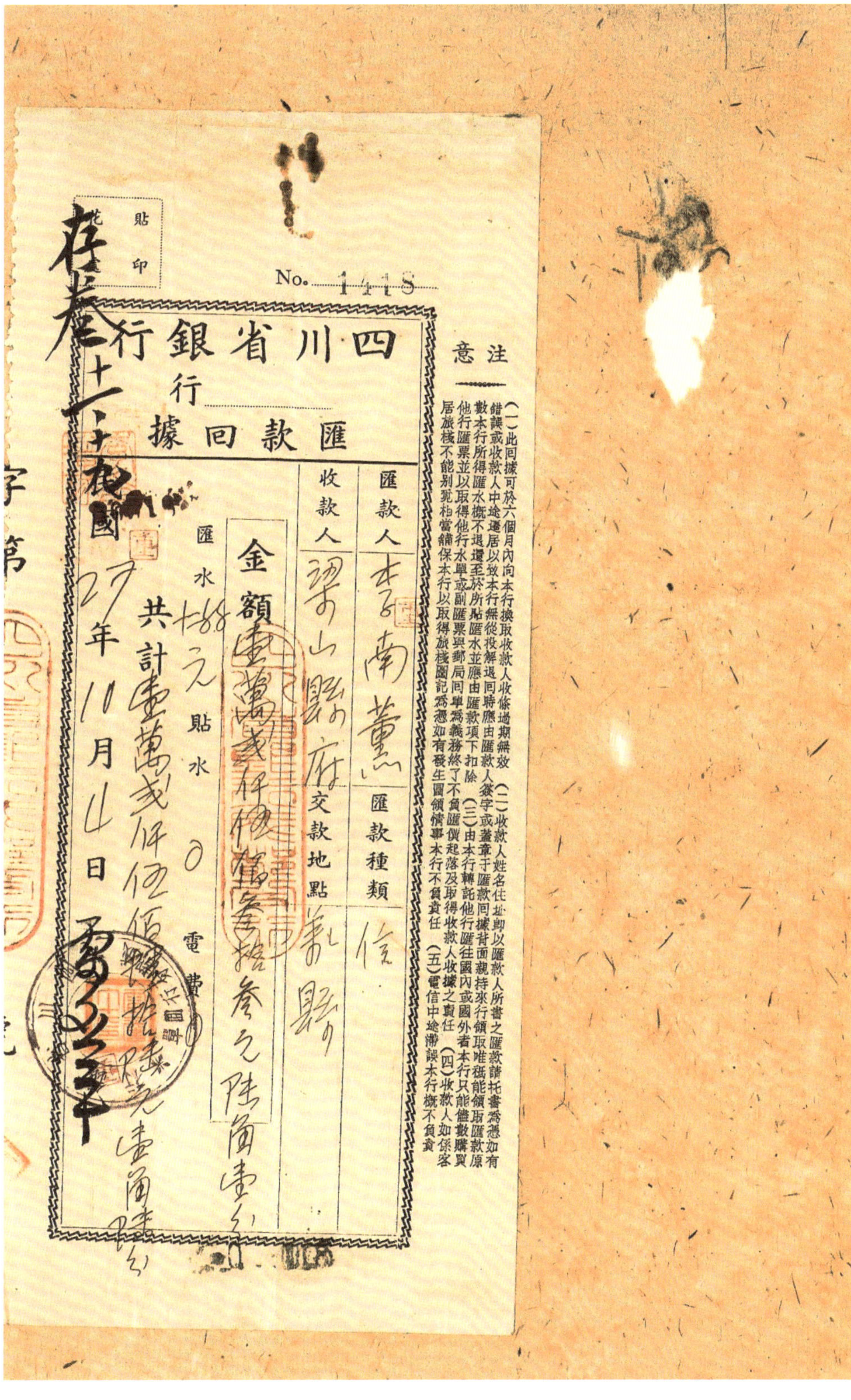

貼印花

No. 1418

四川省銀行

行

匯款回據

匯款人 李南薰

收款人 梁山縣府

匯款種類 信

交款地點 梁縣

金額 壹萬貳仟捌佰捌拾叁元陸角壹分

匯水 [illegible]

貼水 0

電費 0

共計 [illegible]

中華民國 27 年 10 月 [illegible] 日

注意

（一）此回據可於六個月內向本行換取收款人收條逾期無效（二）收款人姓名住址即以匯款人所書之匯款請託書為憑如有錯誤或收款人中途遷居以致本行無從投解退回時應由匯款人簽字或蓋章于匯款回據背面親持來行領取唯祗能領取匯款原數本行所得匯水概不退還至於所貼匯水並應由匯款項下扣除（三）由本行轉託他行匯往國內或國外者本行只能儘數購買他行匯票並以取得他行水單或副匯票與郵局同單為義務終了不負匯價起落及取得收款人收據之責任（四）收款人如係客居旅棧不能別覓相當舖保本行以取得旅棧圖記為憑如有發生冒領情事本行不負責任（五）電信中途滯誤本行概不負責

四川省银行汇拨梁山飞行场扩修征用民田地价款汇款回据、水单（一九三八年十月四日）

李甫薰　台照

四川省銀行成都行水單

注意：此單計數不繳

中華民國27年10月4日

27年 月	事由	金額
10	信令第1交梁山縣府$125,116.16	
	公紹内扣	12.55
		$12.55

四川省銀行

抄

410

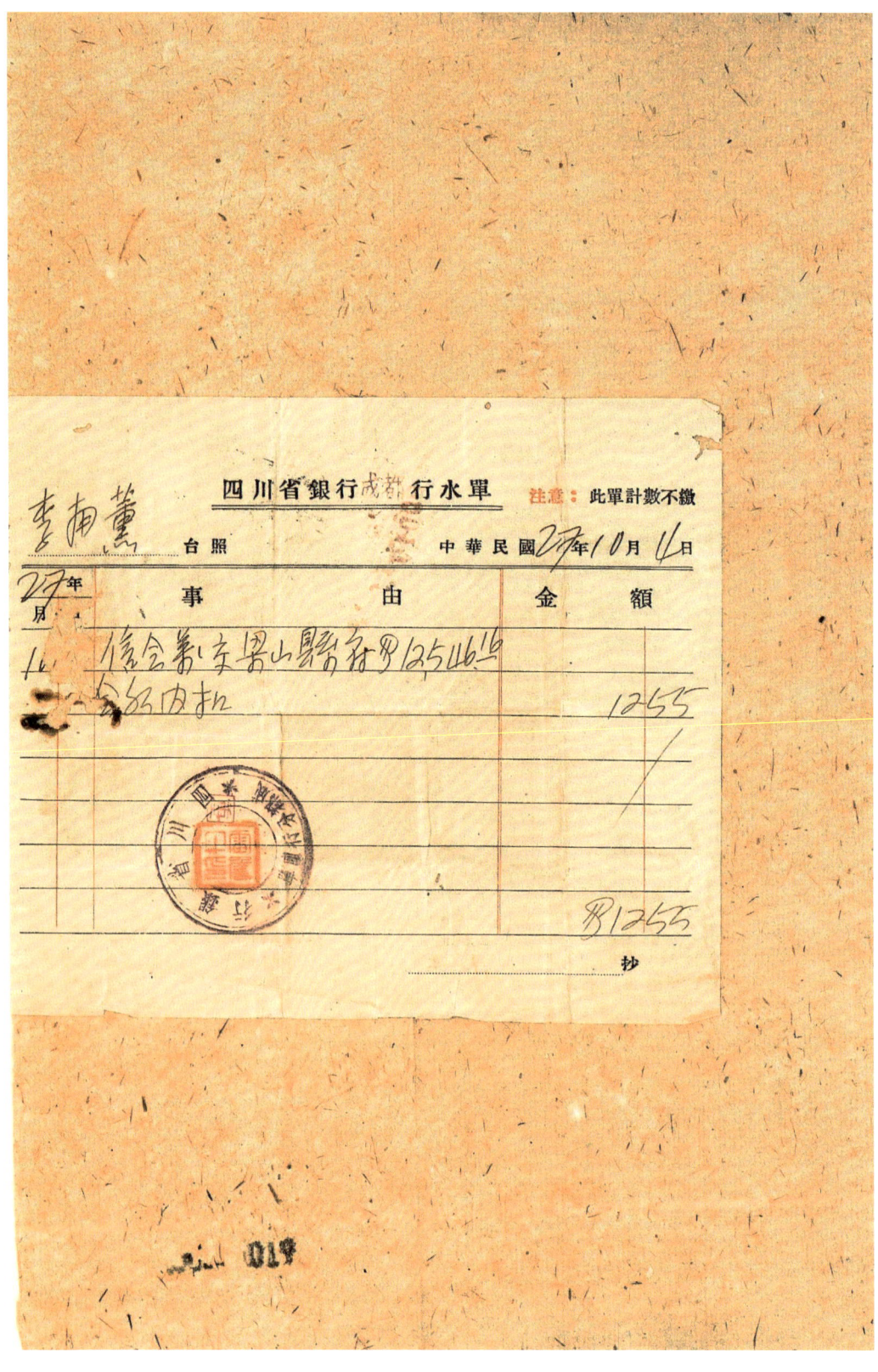

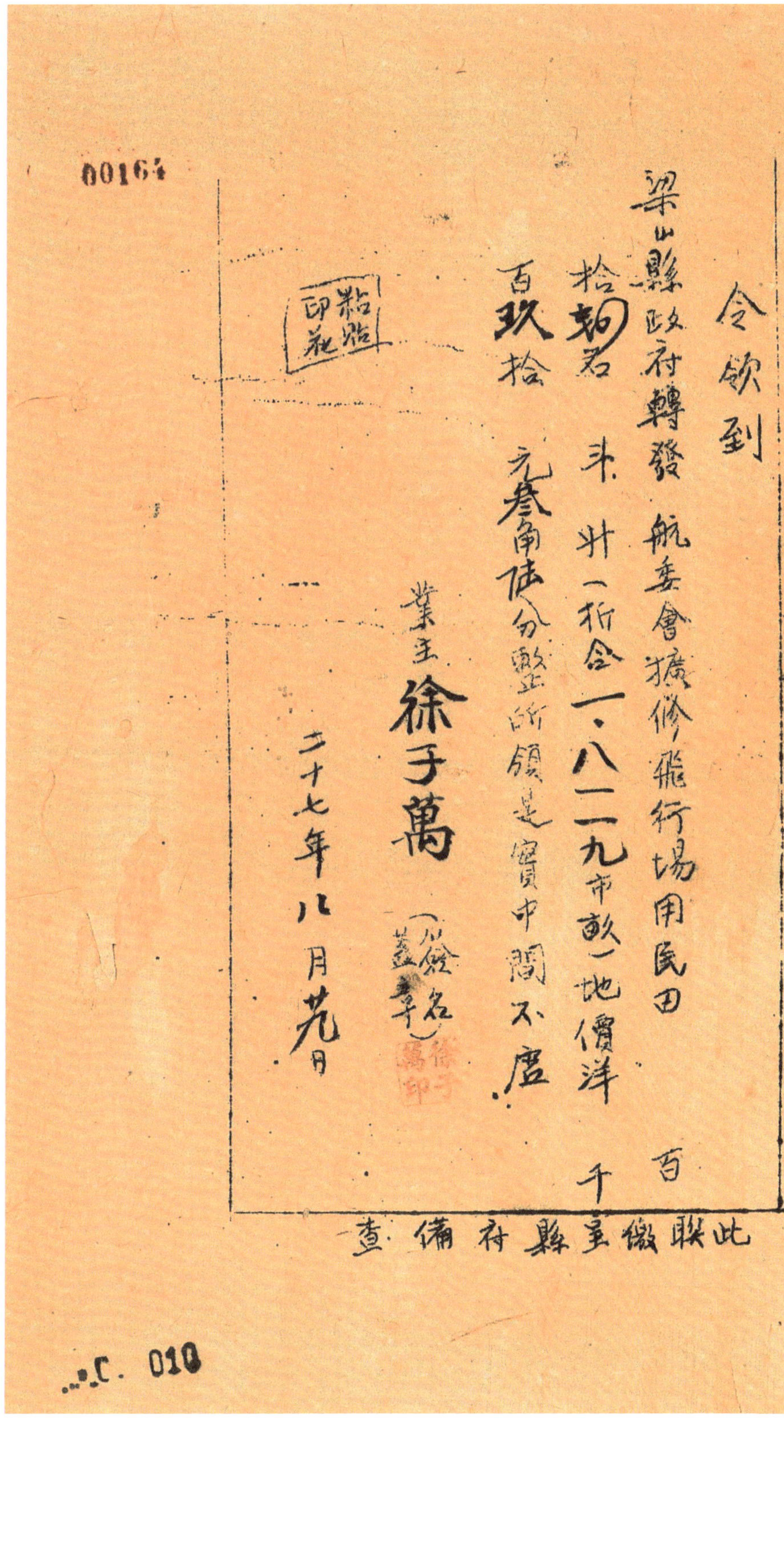

00164

粘貼印花

令欽到

梁山縣政府轉發航委會擴修飛行場用民田　百

拾鈞石　米　升（折合一·八一一九市畝）地價洋　千

百玖拾　元叁角陸分整所領是實中間不虛

業主　徐子萬　（簽名蓋章）

徐子萬印

二十七年八月[illegible]日

此聯繳呈縣存備查

C. 010

梁山县扩修飞行场被征田地业主一九三八年八月领取地价款领据、保结（节选）（一九三八年八月）

具保結人張月樓　該向

梁山縣政府担保擴修飛行場業主徐子萬承領被征田

地價款雖無多報田租隱蔽請領情事如經查出該業主應

報負領保之人領負完全賠償責任此結

具保結人張月樓（蓋章）

二十七年八月廿九日

查保　月　日查保人（蓋章）

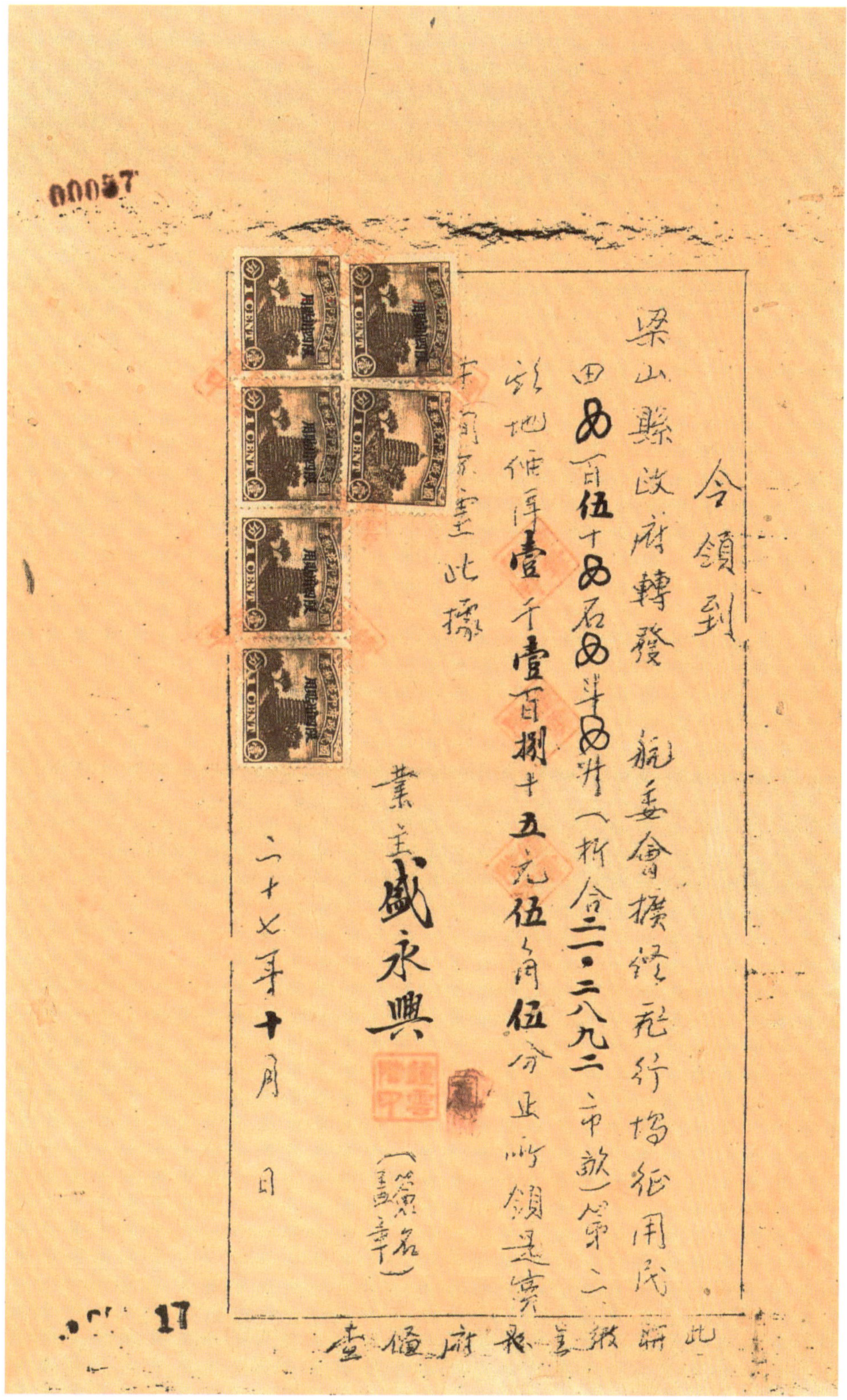
00057

今領到
梁山縣政府轉發　航委會擴修飛行場徵用民
田〇百伍十〇石〇斗〇升（折合二一·二八九二市畝）第二
次地價洋壹千壹百捌十五元伍角伍分正所領是實
中間不虛此據

業主　盛永興（簽名蓋章）

二十七年十月　日

此聯繳呈縣府備查

17

梁山县扩修飞行场被征田地业主一九三八年十月领取地价款领据、保结（节选）（一九三八年十月）

00058

具保結人羅沂舟茲向

梁山縣政府担保擴修飛行場業主盛永興承領被征田

地第二[illegible]價款確無冒報田租朦蔽請領情事如經查出該

業主虛報冒領保人願負完全賠償責任此結

具保結人羅沂舟（簽名蓋章）

羅沂舟印

二十七年十月廿八日

查保　月　日查保人（蓋章）

000 18

梁山县政府、扩修梁山飞行场地价验发委员会关于发放一九三七年扩修飞行场地价及缴还扣存情形的文书（一九三九年三月十八日至二十六日）

扩修梁山飞行场地价验发委员会致梁山县政府的签呈（一九三九年三月十八日）

令財委會遵繳前扣胡樹人胡价人地價洋六九四五元，一面據情照轉。三月廿八日

00131

簽呈 二十八年三月十八日

查本會前於二十七年八月十日，遵令組織成立，承奉

鈞府命令，辦理飛行場地價驗發事宜，即於廿七年八月，領到

鈞府發下第一期價款洋貳萬伍仟玖百柒拾壹元伍角正，十月復奉發二期價

款洋貳萬柒仟貳百陸拾壹元捌角陸仙正，合計領到價款伍萬叁仟弍百叁拾弍

元玖角陸仙正。按徵用租額壹仟壹百捌拾玖石柒斗四升，每石地價為肆拾

陸元叁角正。計第一期每石租應發洋弍拾弍元伍角捌仙九星正，第二期每石

租弍拾叁元柒角壹仙壹星正，當經分別算出，各業主應領一二兩期地價總數

通知各該業主，呈繳契約，由本會一一驗明，批註徵用數目，分別發還。並於八

月二十一日，煞全體委員，前往飛行場履勘各業主被徵田地，是否屬實，除

胡樹人胡价人所繳約據，其人名地名田租數目，均屬挖補，不足以資證明；復由本會詳查該業主前報田租拾伍石，徵用雖屬實在，但廿三年修築機場時，已由該業主併入原佃田租內，賸領地價有案，此次核准該業價款陸百玖拾捌元伍角正，應予全數截扣，並保存財委會，以備繳還外；其餘各業主田租契約，尚無不合，特照鈞府呈准地價清冊，訂期分發，於八月三十日配發第一期價款，十月二十八日配發第二期價款，殊於一期價款發放之際，即據縣人劉旭初與余蔭蘭柳治清夏瑞庚鄒正貴胡景六等發生業權糾紛，呈請扣除該余蔭蘭等地價到會，當以該氏等已經起訴，法庭自有正當解決，因將余蔭蘭等地價一律緩發，扣存縣財委會保管，現該余蔭蘭等訟案判結，業權確定，准縣司法處咨明過會，業將該余蔭蘭等應領一二兩期地價，如數補發清楚，所有已發價款，並經本會分別一二兩期，取得各該業主妥實鋪保及領條，亟應將發放地價，造具清冊，檢同保結領據，並繳還胡樹人胡价人業價，請予核轉，以資結束，綜上各由，理合檢同保結領據及發放清冊，呈請

鈞府鑒核，令飭縣財委會交出扣存該胡樹人胡价人地價，連同清冊領據，轉呈

省府備查，令遵。

謹呈

梁山縣縣長陳

計呈民田地價發放清冊一份各業主一期二期地價兩聯領據及保結各弍拾玖份

第三科科長兼主任委員李　醇

副主任委員鍾逢春

第二科科長兼委員 謝鼎銘

謝鼎銘印

擴修梁山飛行場徵用民田地價發放清册

號數	業主姓名	徵用田地 糧石數（石）	折合市畝數（畝）	核准地價總數（元）	發放地價數 第一期（元）	第二期（元）	合計（元）	備攷
1	孫殿章 孫春興	三〇〇〇	一三五八八九	一三八九〇〇	六七七六七	七一一三三	一三八九〇〇	
2	闞振慧	一〇六二四	四八一三七	四九一八九一	二三九九八六	二五一九〇五	四九一八九一	
3	彭蔚民	一三〇〇	五八八五	六〇一九〇	二九三六五	三〇八二五	六〇一九〇	
4	黃世明	一六〇〇	七二四四	七四〇八〇	三六一四二	三七九三八	七四〇八〇	
5	孫元谷 孫鳳舉	六五〇〇	二九四六三	三〇〇九五〇	一四六八二九	一五四一二一	三〇〇九五〇	
6	孫元谷	六五〇	二七八五三	二八四七四五	一三八九三三	一四五八三	二八四七四五	
7	江東生 江北生	三五〇	六一五〇	六二五〇五	三〇四九五	三二〇一〇	六二五〇五	
8	劉光玉	三八〇〇	一七二一六	一七五九四〇	八五八三八	九〇一〇二	一七五九四〇	

9	龔紹叔	一〇〇〇	四五九六	四六三〇〇	二三五八九	二三七一	四六三〇〇
10	鍾藩溥遂	一四三〇〇	六四七三六	六六二〇九〇	三三三〇三	三三九六七	六六二〇九〇
11	盛永興	五〇〇〇	二一二八九二	三三一五〇〇	一二九四五	一八五五五	三三一五〇〇
12	鍾逢春	三〇〇〇	五四三五五五	五五五六〇〇	二七一〇六八	六八四五三三	五五五六〇〇
13	孫茂堂	二四〇〇	一〇八七二	一一二一二〇	五四二一四	五六九〇六	一一二一二〇
14	余蔭蘭	一〇五〇〇	四七五六〇	四八六五〇	五〇三七一八五	二四八九六五	四八六一五〇
15	袁蛻堯	三〇〇	五四三五五	五五五六〇	二七一〇七	二八四五三	五五五六〇
16	柳治清 陳瑞廷 謝正貴 熊景六	八〇〇	三六六九〇	三七五〇三〇	一八二九七一	一九二〇五九	三七五〇三〇
17	楊應滄	一五〇〇	六七九四	六九四五〇	三三八八四	三五五六六	六九四五〇
18	劉憲成	三七〇〇	一六七五九六	一七三一〇	八三五七九	八七七三一	一七三一〇

00134

19	賀守元	一三〇〇	五四三三五	五五五六〇	二七一〇七	二八四五三	五五五六〇
20	楊乾益 沛縣	二〇〇〇	九〇五九二	九二六〇〇	四五一七八	四七四二三	九二六〇〇
21	胡斯人 樹人	一五〇〇	六七九四	六九四五〇	〇〇〇	〇〇〇	〇〇〇
22	杜林氏	一〇〇〇	四五三九八	四六三〇〇	二二五八九	二三七一一	四六三〇〇
23	杜賀氏	一〇〇〇	四五三九八	四六三〇〇	二二五八九	二三七一一	四六三〇〇
24	李先裕 徐德富 徐明星 唐百福	五三〇〇	二四〇〇七〇	二四五三九〇	一一九七三	一二五六六八	二四五三九〇
25	秦北平	五六〇〇	二五三六九	二五九二八〇	一二六四九八	一三二七八二	二五九二八〇
26	蔣五爾	一七〇〇	七七〇四	七八七一〇	三八四〇一	四〇三〇九	七八七一〇
27	錢駿垣	四五〇	二〇三六三	二〇八三五	一〇一六五	一〇六七〇	二〇八三五
28	遊民感化所	五〇〇	二二六八	二三一五〇	一一二九五	一一八五五	二三一五〇

該業主被徵田地卅三年築場時已一併[?]請發價特予截[?]

119

29 徐子萬 四〇〇 一八二九 一八五二〇 九〇三六 九四八四 一八五二〇

30 袁修吾 三〇〇 一三五〇 一三八九〇 六七七七 七一一三 一三八九〇

總計二四七四五九四三〇五三三、三九五五三六三二六六三九〇五八〇三五、三六四六

說明：第一次奉發地價洋弍萬伍千玖百柒拾壹元伍角正第二次奉發地價洋弍萬柒千弍百陸拾壹元捌角陸仙正合計洋伍萬叁千弍百叁拾弍元玖角陸仙正除已發洋伍萬弍千伍百叁拾捌元捌角陸仙正外實存洋陸百玖拾捌元伍角正（即截扣胡樹人、胡佐人地價數）

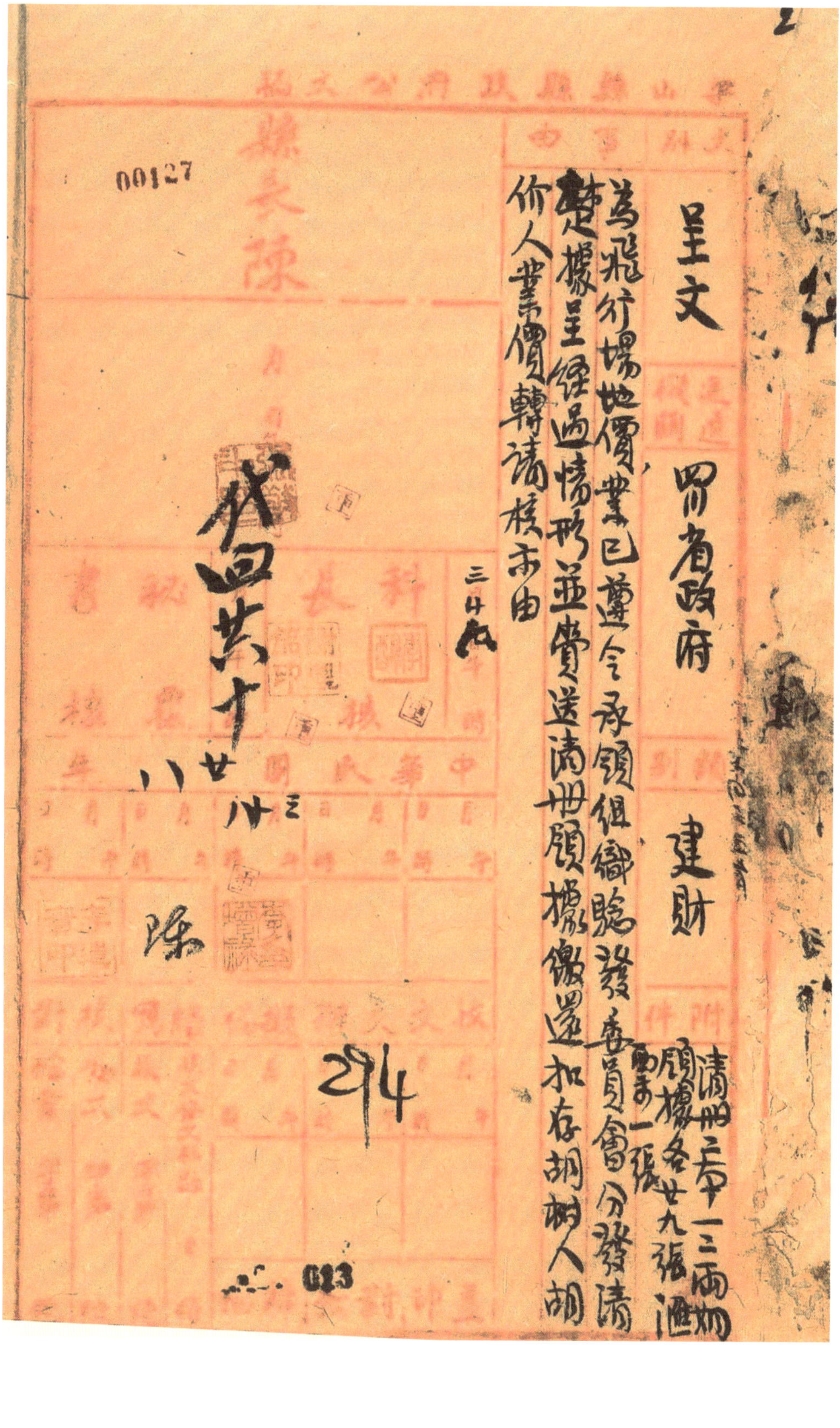

梁山县政府致四川省政府的呈（一九三九年三月二十六日）

集7643

竊查職縣廿六年十二月據修飛行場，徵佔民田五百一十九市畝四分三厘，計合租額一千一百四十九石七斗四升，按每一石租地價四十六元三角計算，全部地價為伍萬叁千貳百叁拾貳元玖角陸分正。經造具清冊，附同略圖，呈請核發在案。嗣於廿七年七月十九日，奉鈞府建二字第一五四三五號訓令，核定本縣地價，第一期分配數為貳萬伍千玖百柒拾壹元伍角正，飭具印領，派員晉省承領，並為分發各該業主，取據呈轉。等因，遵即繕具印領，函託四川省銀行李澤薰先生代表承領匯梁，並於八月十日，分別函令縣黨部委員鍾和霖徵收局長邱濤、財務委員長鄭豫江、本府第二科科長謝鼎勛、第三科科長李醽、北城鎮聯保主任庾高、及業主代表鍾逢春、余蔭棠、胡景文等九人，組織擴修梁山飛行場地價驗發委員會，議設主任委員一人，由第三科科長兼任，副主任委員一人，由業主代表互推鍾逢春擔任，接收本府轉發一期地價全數，負責驗發，其餘欠領地價洋貳萬柒千貳百陸拾壹元肆角陸分正，復於九月十一日，奉到鈞府建二字第一九九六四號訓令，准予如數補發，飭具印領，承領轉發等因，又經函託省銀行李南薰先生代領滙渠，全數發交該地價驗發委員會，妥為分發去訖，茲於廿八年三月十八日，據該会簽呈稱：

「查本会前於……訓令……備查各遵。」

等情，計呈民田地價發放清冊一份，各業主一期二期地價兩聯領據及保結各廿九份，據此，查核尚無不合，除飭財委會將扣存胡樹人胡介人價款如數繳呈，并提留各業主領據一聯、保結全份備歸檔備查及指令外，理合具文據呈原清冊檢同正領據，并繳還截扣地價，

呈請

鈞府俯賜核轉，指令祗遵。謹呈

四川省政府主席王

計呈雅行場地價發放清册二本，業主一二兩期地價領據各廿九張，繳還截扣胡樹人胡价人之地價匯票一張，票面註洋陸百玖拾捌元伍角正

梁山縣縣長陳○○

00129

四川省合作金庫經發匯票回條

字第80號

收款人	金額	手續費	合計
四川省政府 成都 收陸百玖拾捌元伍角正	[illegible]	[illegible]	[illegible]

匯款人 陳芬　　住址 梁山縣政府

匯出日期 民國廿八年6月8日

四川省合作金庫啟

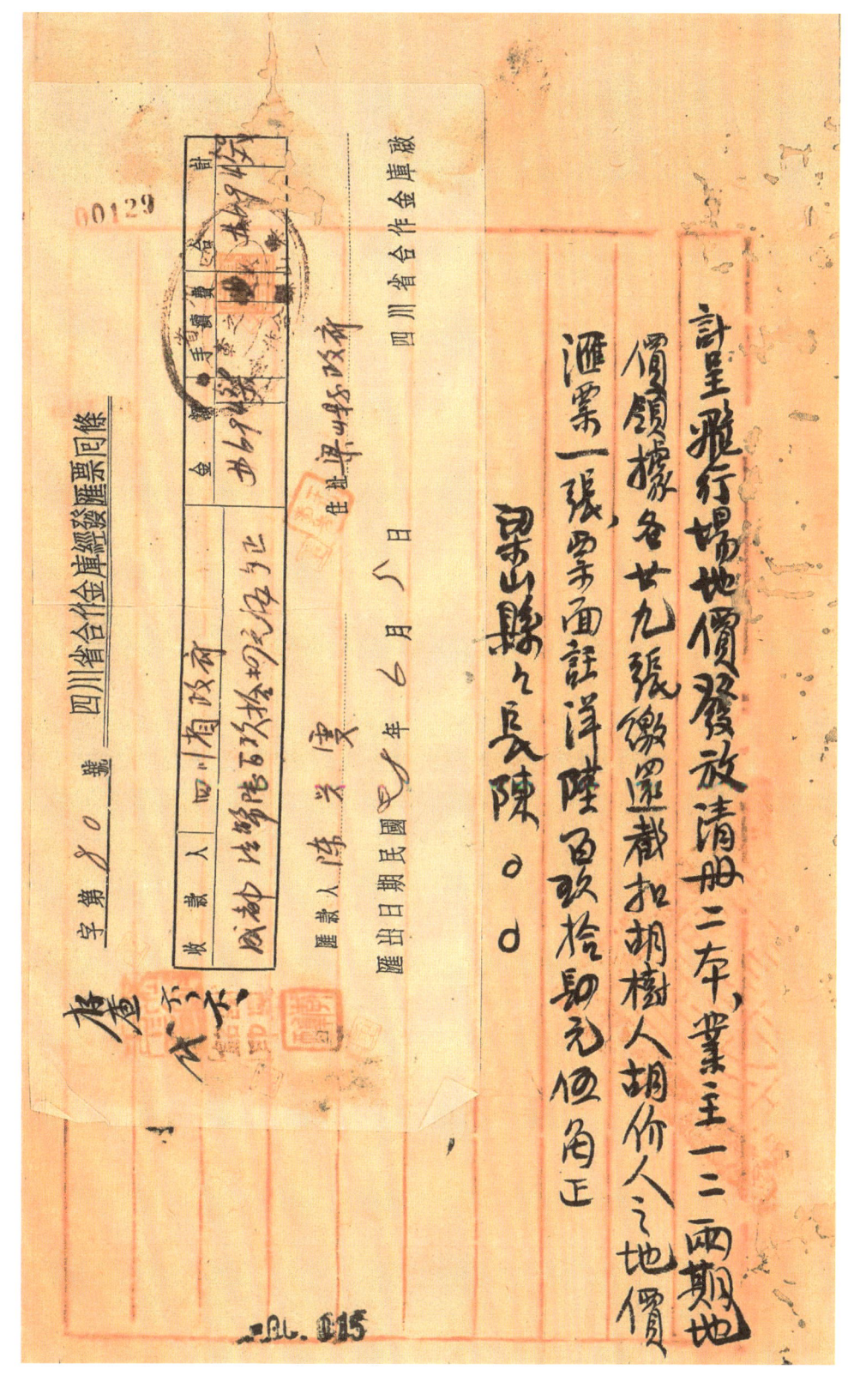

存查 六、十、廿

中華民國廿八年三月廿六日

梁山县政府关于派员测绘空军第三总站各项工程占用民田、拆迁民房致航空委员会扩修梁山机场工程事务处的公函（一九三九年四月十四日）

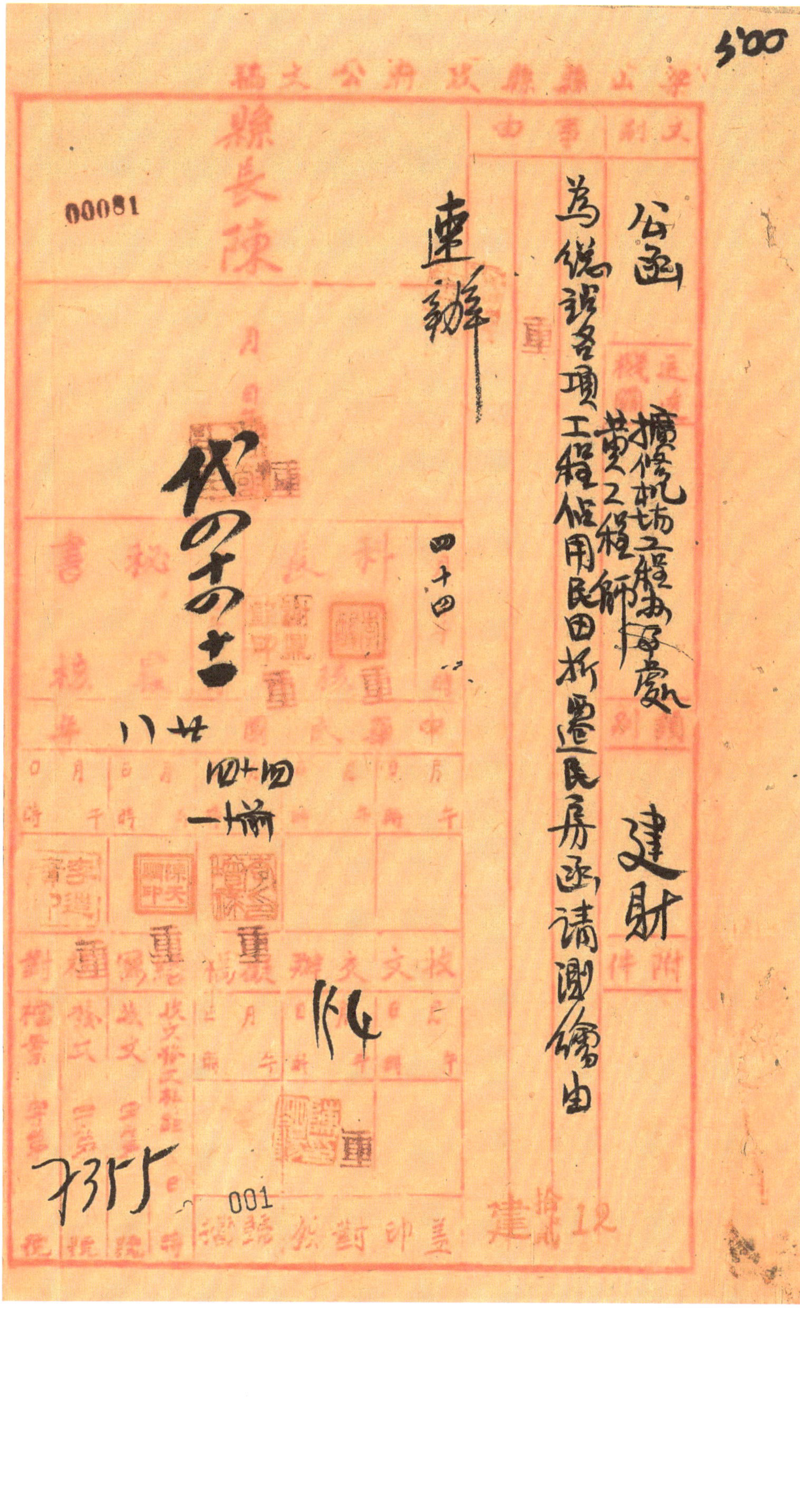

梁山縣政府公文稿

縣長陳

文別：公函

事由：為總站各項工程佔用民田拆遷民房函請測繪由

機關：擴修機場工程處黄工程師

附件：建財

速辦

全衡公函　廿八年　財建字第 7355 號

查空軍第三總站各項工程所佔民間田地及拆遷房屋，迭據各該業主呈請給價免糧前來。當於廿七年十月，經空軍驅逐總隊召集曾指導員功錦、張參謀彩生、空軍總站軍需、管理班長、空軍蕭工程師及本府技士李增祿等成立民產清理委員會，并開會議決推定蕭工程師、李技士擔負調查責任等語，紀錄在卷。嗣即先假本府設立登記處，於十月底以前將人民被佔田房登記完竣，十一月上旬開始清丈。甫量一部份，蕭工程師又奉調赴渝，測量工作亦即中止，現在時經半年，因房被徵各業主，處已無收獲，甚至生活無着，粮賦未免。爾照航委会暨四川省府前令規定，亟應測丈繪圖報請核發地價，豁免賦稅，用舒民困。今幸貴工程師必能體恤民艱，諒具同情，相應據情函達，

請煩

查照，將蕭工程師清丈未完部份，代為測量繪圖，藉以資結束。仍希將測丈日期賜覆，以便轉知各業主知照，并派員会同办理為荷。此致

航空委員会工程師黃

縣長 陳○○

卅八年四月十四日

李增禄关于报送辟修梁山第二飞行场征用民田测勘登记表、应迁坟墓棺数表致梁山县政府的呈（一九三九年八月七日）

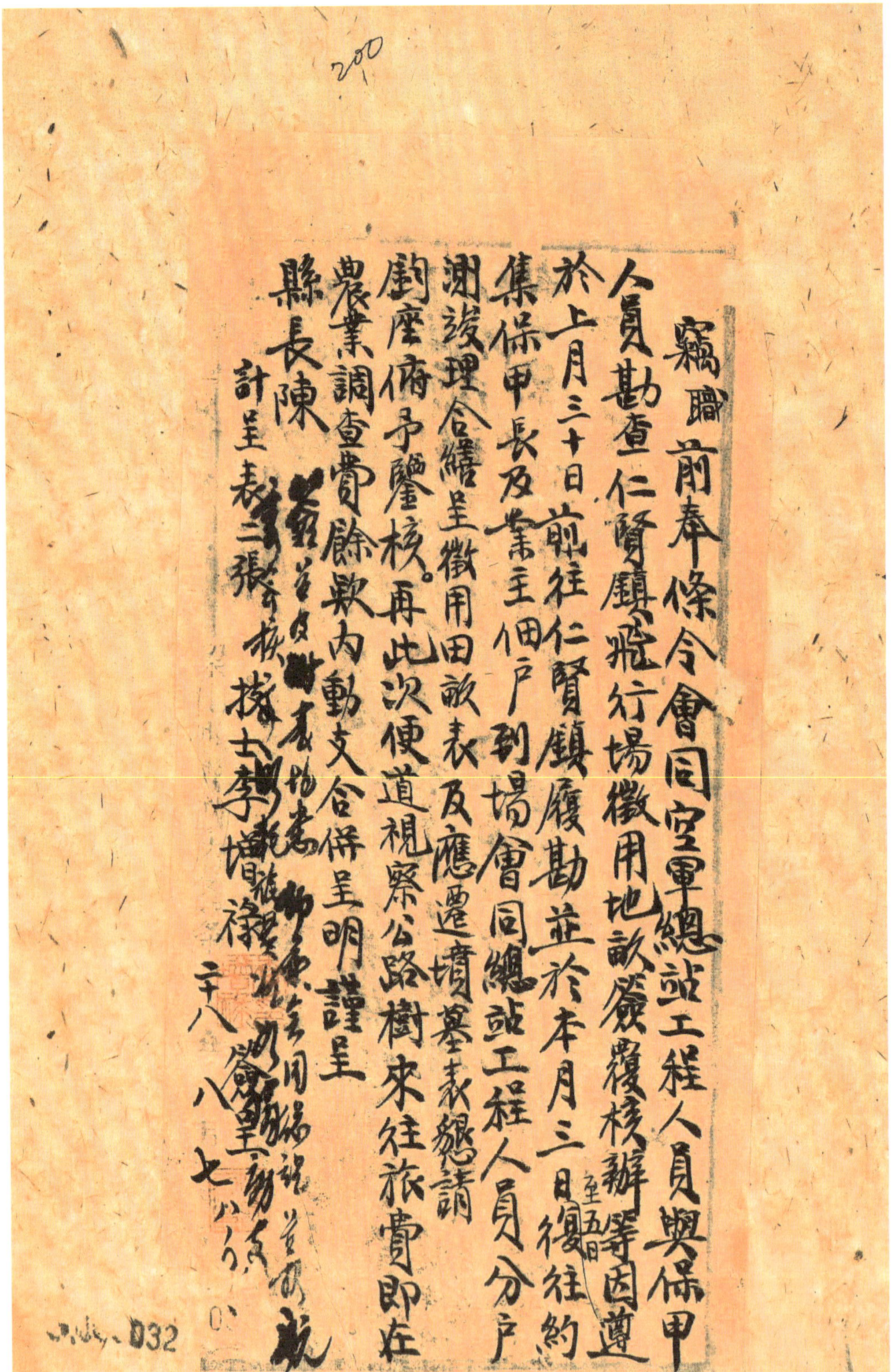

竊職前奉條令會同空軍總站工程人員與保甲人員勘查仁賢鎮飛行場徵用地畝覆核辦等因遵於上月三十日前往仁賢鎮覆勘並於本月三日至五日復往約集保甲長及業主佃戶到場會同總站工程人員分戶測竣理合繕呈徵用田畝表及應遷墳墓表懇請鈞座俯予鑒核。再此次便道視察公路樹來往旅費即在農業調查費餘款內動支合併呈明謹呈

縣長陳

計呈表二張

技士李增祿

廿八 八 七

關修梁山第二飛行場徵用民田測勘登記表

鄉鎮	保甲	所在地名	業主姓名	原出糧民名	田地種類	備考
仁賢鎮	第三保	長河橋	楊學泰 武	楊光清	塝田	106.5石租 4.26斗糧 民21年21價4,028元
			鄧四合	鄧永泰	〃	48石租 2.143斗 光緒廿年四月 840吊
			熊王氏	熊明善	〃	33石租 1.3斗糧 民廿年四月價1,840元
			鄭陳氏	鄭鴻基	〃	103石租 4.05斗糧 光緒六年十月價2,200吊
			楊樹藩		〃	
	三 一	88/100	謝近松	謝佐斗	〃	10石租 1升糧在鄭陳兩田界內
			凌洪伯	袁裕豐	〃	26石租 田契被炸失
			江先澤	江世奎	〃	石租 9升糧 民 價
			朱德海		〃	21石租
			潘海門		〃	20石
			何宗藩		〃	10.5石
			顧文彪	鄭萬合	〃	16石

030

附註：1. 鄧四合之田已分為八股，糧名亦改為鄧福陽、永泰、福榮、榮之、福成、繼德、吉成等。

2. 徵用面積會同空軍第三總站工務員測有詳圖

技士李鴻祿（印）

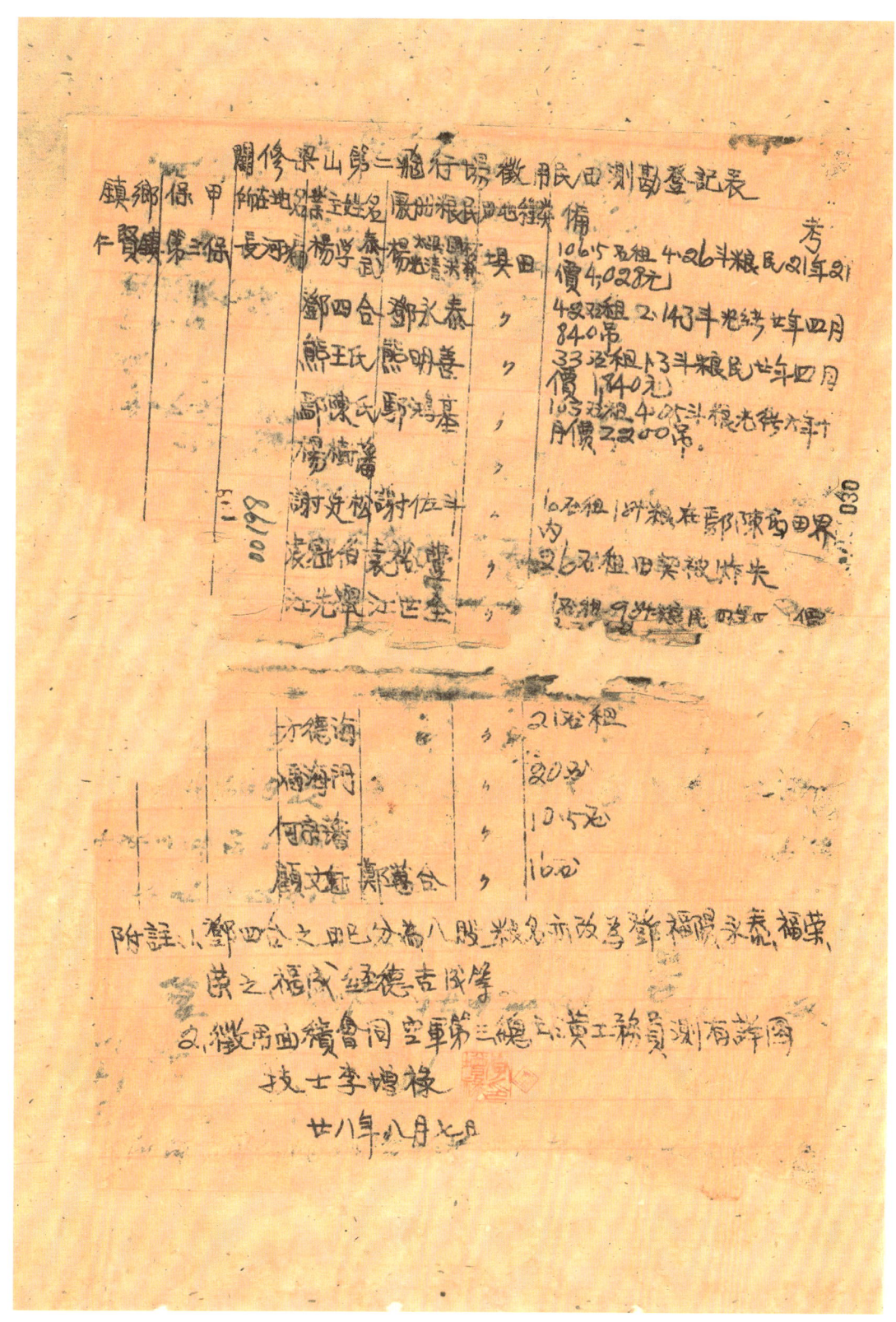

廿八年八月七日

附二：辟修梁山第二飞行场应迁坟墓棺数表（一九三九年八月七日）

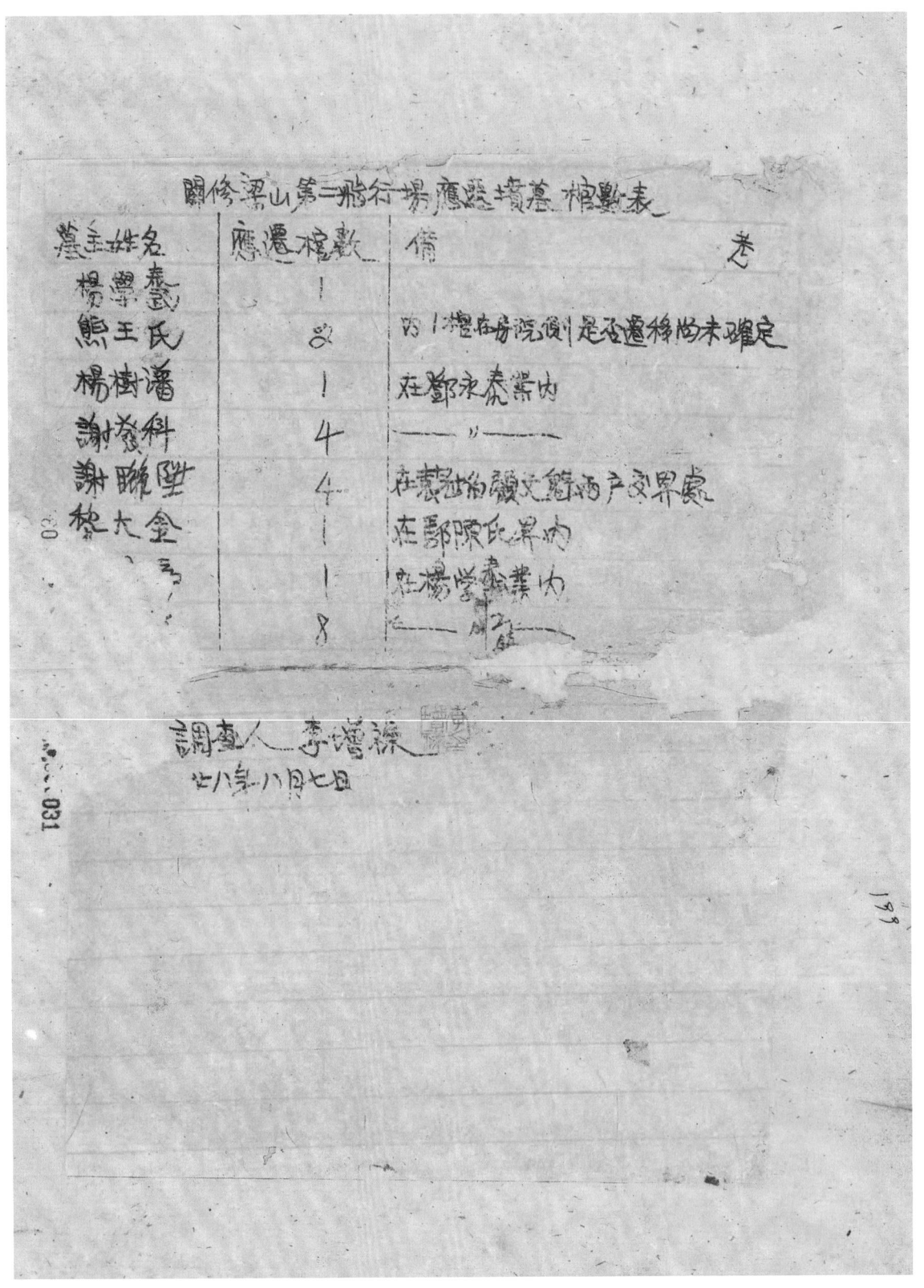

闢修梁山第二飛行場應遷墳墓棺數表

墓主姓名	應遷棺數	備考
楊學泰	1	
熊王氏	2	内1棺在房院側是否遷移尚未確定
楊樹藩	1	在鄧永泰業内
謝燮科	4	——〃——
謝聯壁	4	在袁紹伯顏文鍇兩户交界處
黎大金	1	在鄧陳氏業内
〃	1	在楊學泰業内
〃	8	——〃——

調查人 李鐸祿

廿八年八月七日

199

扩修机场被占田房业主代表陈义元关于派员丈量扩修机场占用田地报请给价减粮事致梁山县政府的呈（一九三九年十月）

呈册均悉。仰候派员会同总站工务员办理。册存。此批。十

呈

已丈量 此件存查 十七

為呈請派員丈量公用田地報請給價減糧以舒民困而免久懸事竊民等田地被公佔用幾及兩載雖前蒙鈞府派員同空軍工程師黃言亮勘丈奈伊公務殷繁已丈大部停止工作而尚存未丈小部經民等迭次請求俾早畢事殊該工程師皆籍詞抵塞茲將拖半載矣於昨民等又往面求伊仍謂公務繁多無餘時丈爾等自向縣政府請求設法補丈可也等語

007

竊民等聞悉不勝驚異查各業自被佔用不特地價未給租谷無獲糧無從減且受催科重累及議租無準暗受損害或因徑界爭嘲致成訴訟種種糾紛實難枚舉茲聞伊語顯然任意拖延無形抹煞是此情形民等迫于無奈乃綜各由叩懇

鈞府鑒原憫念民艱償准派員迅丈報請給價減粮而免久懸實為公便謹呈

梁山縣縣長陳

擴修機場被佔田房業主代表陳義亢

附佔用民房拆遷表一份

中華民國二十八年十月　日

附：梁山县空军总站扩修机场占用民房拆迁一览表

梁山縣空軍總站擴脩機場佔用民房拆遷一覽表

地名	業主姓名	佃户姓名	拆遷	房别	間數	備註
東外十二保	陳中舉	張樹雲	拆遷	瓦	三間	
同	陳陶氏	自住	同	茅	四間	
同	陳宗楷	自住	同	瓦	四間	
同	劉秀生、劉玉書、劉少周	徐光祥	同	瓦	六 一間	
同	劉玉書	康洪鈞、文藍乾、徐其貴、徐崇坤	同	瓦	六間	
東外方家冲	柏雲華	自住	同	瓦	六間	
同	楊紹馨	羅澤之	同	瓦、茅	二、一間	
東外十二保	鄧吉三	自住	遷	瓦	二間	

十六保	劉靜三 曉昌雲	自住	遷	瓦	二十八間	
西外正龍寺	雷映丹	萬吉興	拆遷	瓦	六間	
北外白塔側	唐隆光	自住	同	瓦	八間	
大河垻	李白勤	劉大富				查李白勤業內被修械所掘水井一口前未丈量補丈列入
北門外瓦廠	劉樹清	羅濟生	拆遷	瓦	四間	
	劉樹清	龐富樹	同	瓦	二間	
	劉樹清	陳興順	同	瓦	三間	
	劉樹清	自住	拆遷	瓦	二十一間	查此房係瓦廠計四向共二十一間特此註明

扩修机场被占田房业主代表陈义元关于增加被占田房补偿致梁山县政府的呈（一九三九年十一月）

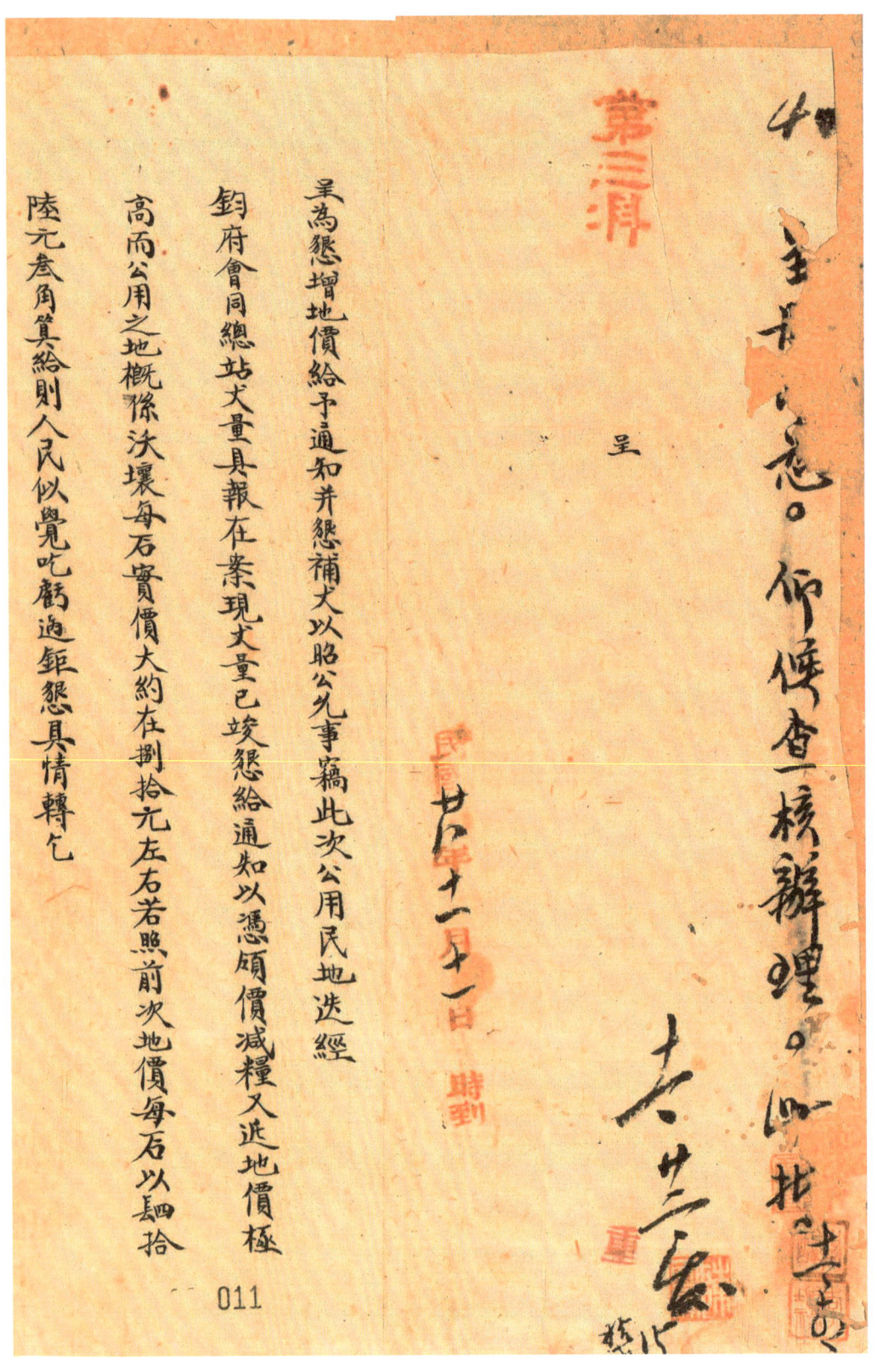

呈悉。仰候查核辦理。此批

第三科

呈

民國廿八年十一月十一日 到時

呈為懇增地價給予通知并懇補丈以昭公允事竊此次公用民地迭經鈞府會同總站丈量具報在案現丈量已竣懇給通知以憑領價減糧又近地價極高而公用之地概係沃壤每石實價大約在捌拾元左右若照前次地價每石以貳拾陸元叁角算給則人民似覺吃虧過鉅懇具情轉乞

011

上峯鑒核增加則不勝感戴之至再有懇者此次丈量對於東門外從汊埧起至原職

校側止係民國十七年勘築路綫後奉

上峯明令發還人民開墾但茲有一部份又重被機場收用亦懇請予補丈一律給

價以昭公允實為德便謹呈

梁山縣縣長陳

被佔田房業主代表陳義元

附粘折還房屋清册一份

中華民國二十八年十一月　日

附：梁山县空军总站扩修机场占用民房拆迁清册（一九三九年十一月）

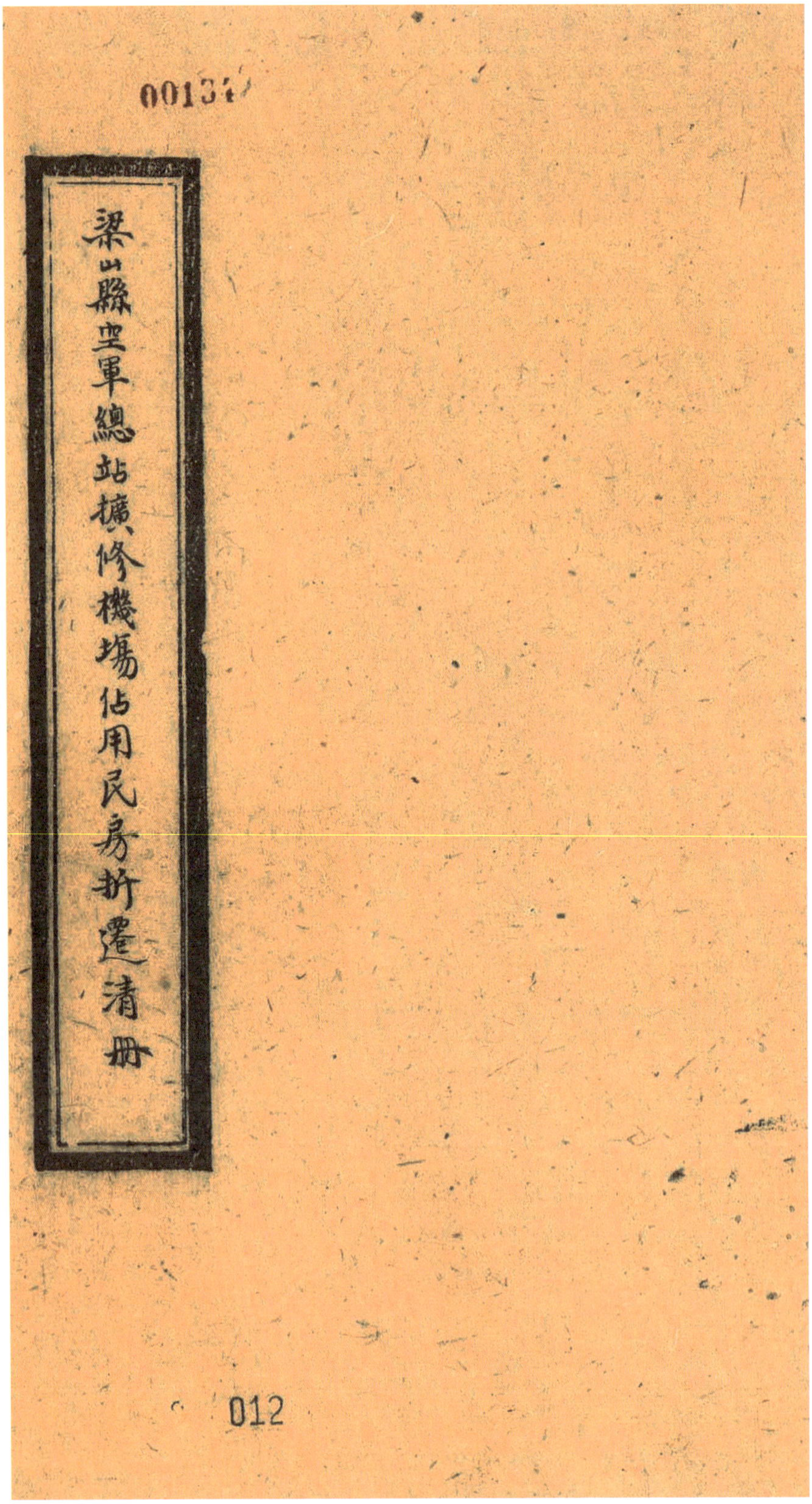
00134

梁山縣空軍總站擴修機場佔用民房拆遷清册

012

00135

地名	業主姓名	佃户姓名	拆遷	房別	間數	備考
東外十二保	陳中舉	張樹雲	拆遷	瓦	三間	
同	陳陶氏	自住	同	茅	四間	
同	陳宗楷	自住	同	瓦	四間	
同	劉秀生 炡書 遇	徐光前	同	瓦 茅	六間 一間	查此房七間係三人公有
同	劉玉書	廖洪鈞 徐其貴 徐定坤	同	瓦	八間	
東外十二保方家冲	柏雲華	自住	拆遷	瓦	六間	
同	楊紹馨	羅澤之	同	瓦 茅	二間 一間	
同	鄧吉三	自住	同	瓦	二間	

013

十六保	劉靜三 應昌榮	自住	遷	瓦	二十間
西外正龍寺	雷映丹	萬吉興	拆遷	瓦	六間
北外白塔側	唐隆光	自住	同	瓦	八間
西外大河壩	李白勤	劉大富			
北門外瓦廠	劉樹清	羅濟生	拆遷	瓦	四間
同	劉樹清	龐富樹	同	瓦	二間
同	劉樹清	陳興順	同	瓦	三間
同	劉樹清	自住	同	瓦	二十間
南門外醫務所	龔鴻文		同	瓦	

查李白勤業內被修械所掘井一口前未丈量[illegible]補入

查此房係瓦廠計四向共二十一間特此註明

查上列個户及房屋間数[illegible]龔鴻文前未查覺

00130

中華民國三十八年十一月　日

014

梁山县政府、航空委员会空军第三总站关于核实扩修机场征用民田价格的来往公函（一九四〇年三月五日至三十一日）

航空委员会空军第三总站致梁山县政府的公函（一九四〇年三月五日）

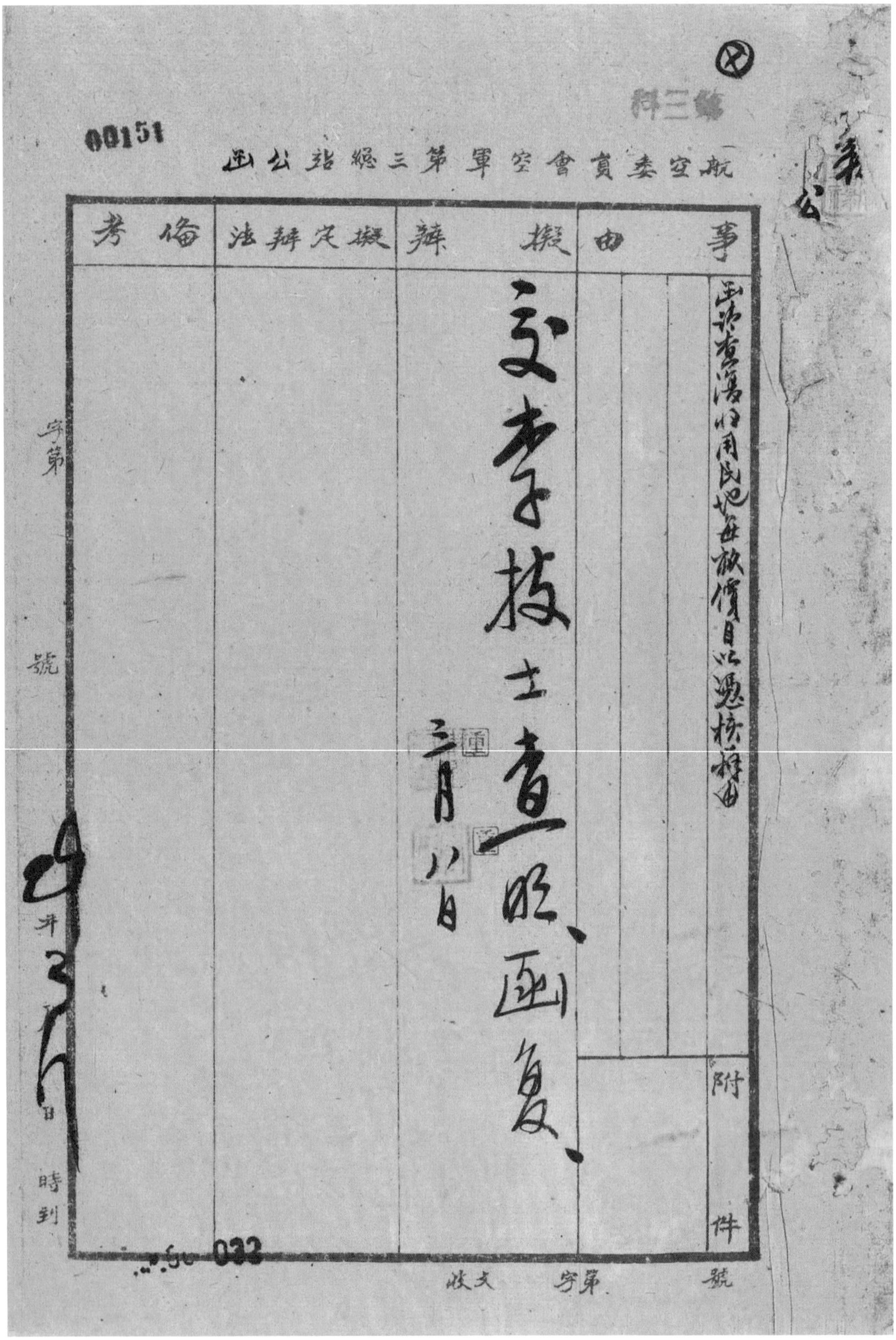

航空委員會空軍第三總站公函

經庚梁字第312號

查本站梁山機場擴修部分所有收用民地，業經丈量，繪具圖冊，送達後，應給地價，亟待派員核發，相應函請查照，將上項機場收用民地，每市畝已普價類及現時價差平，函復，以憑呈轉為荷。

此致

梁山縣政府

總站長 郭漢庭

中華民國廿九年三月五日

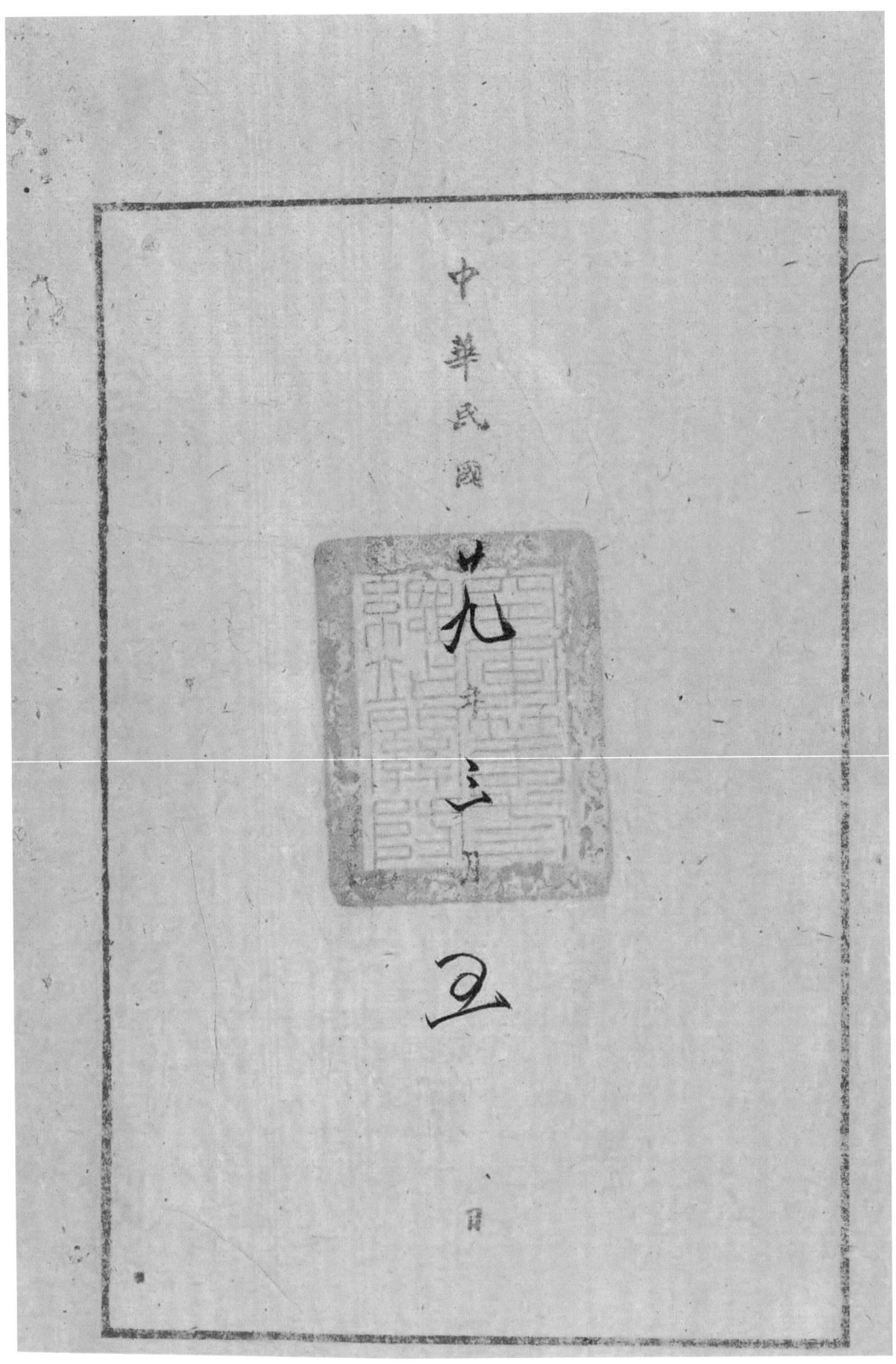

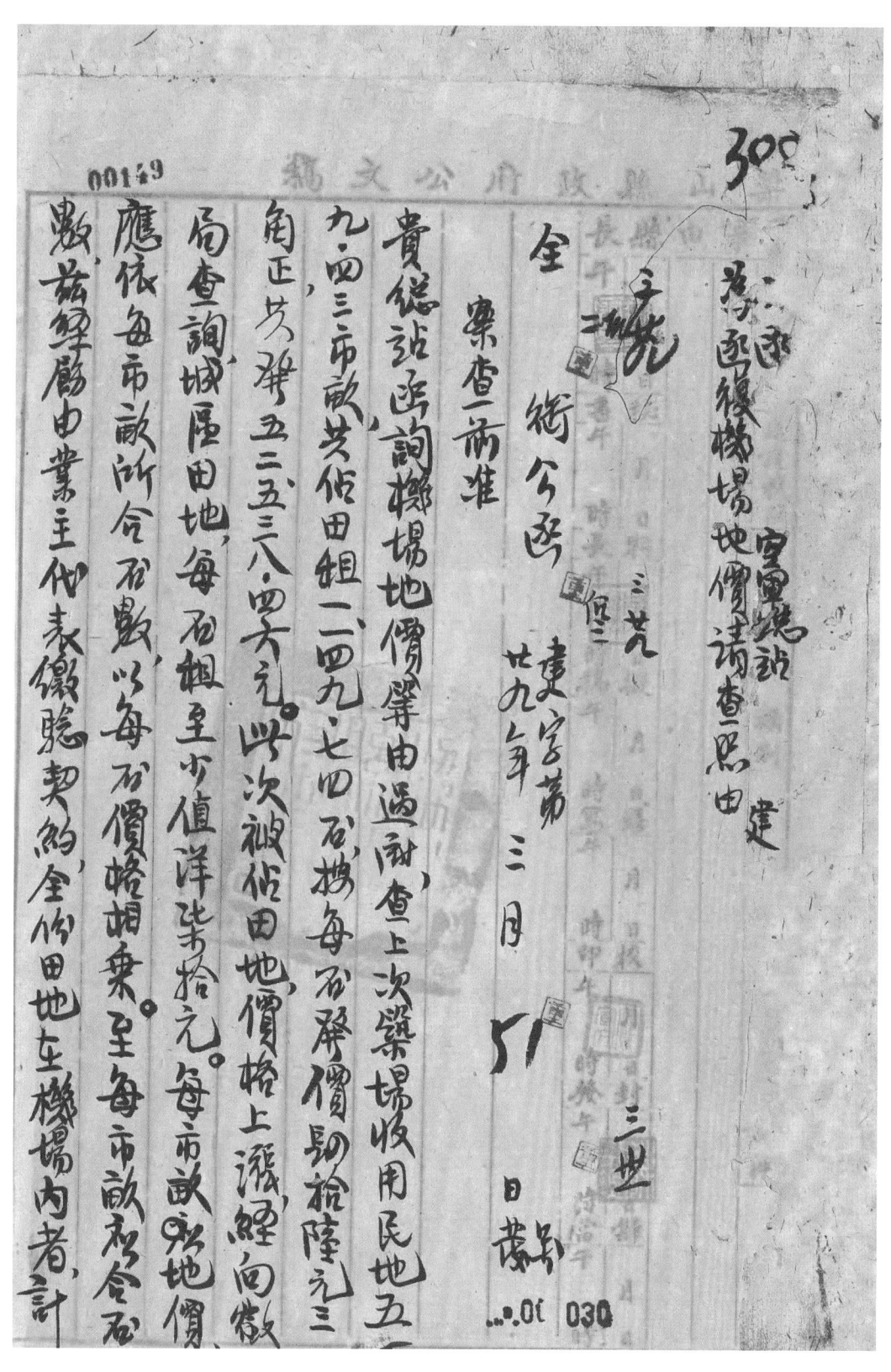

梁山县政府致航空委员会空军第三总站的公函（一九四〇年三月三十一日）

00149

為函復機場地價請查照由　空軍總站

全銜公函　建字第　號

廿九年三月卅一日發

案查前准

貴總站函詢機場地價緣由過府，查上次築場收用民地五九·四三市畝，共佔田租一一四九·七四石，計每石發價肆拾陸元三角正，共發五二五三八·四七元。此次被佔田地價格上漲，經向徵局查詢城區田地，每石租至少值洋柒拾元。每市畝之地價，應依每市畝所含石數，以每石價格相乘。至每市畝所含石數，茲經飭由業主代表繳驗契約，全佔田地在機場内者，計

00150

杜德森拾陆石、邓超群拾捌石，应请比照分户圈测算面积折合确定，相应函请

贵总站烦为查照。此致

空军第三总站总站长郭

县长陈〇〇

031

航空委员会空军第三总站关于抄送扩修机场征用民田面积清册致梁山县政府的公函（一九四〇年四月十二日）

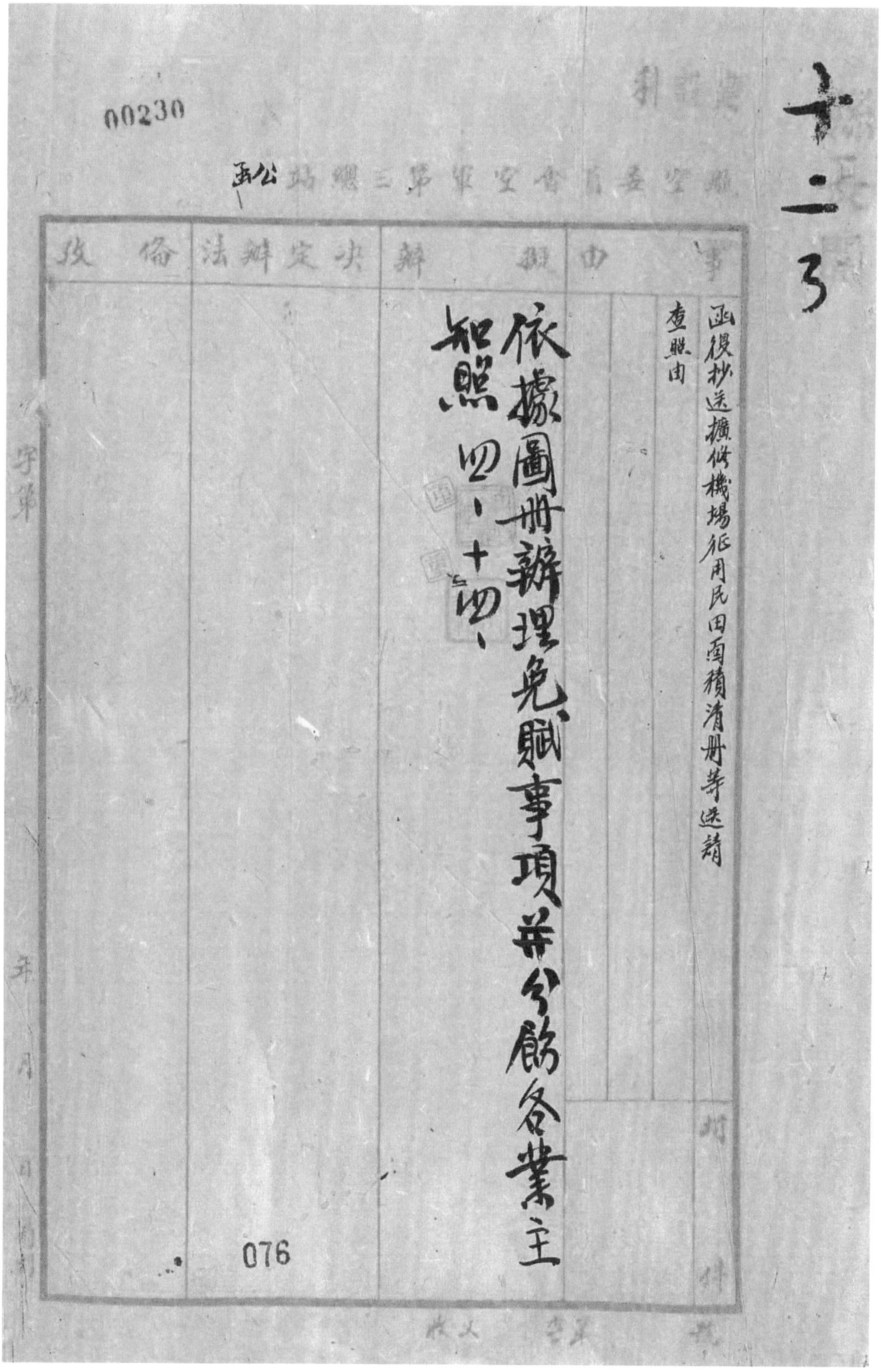

00230

航空委員會空軍第三總站公函

事由	擬辦	決定辦法	備攷
函復抄送擴修機場征用民田面積清冊等送請查照由	依據圖冊辦理免賦事項並分飭各業主知照 四、十四、		

附件

076

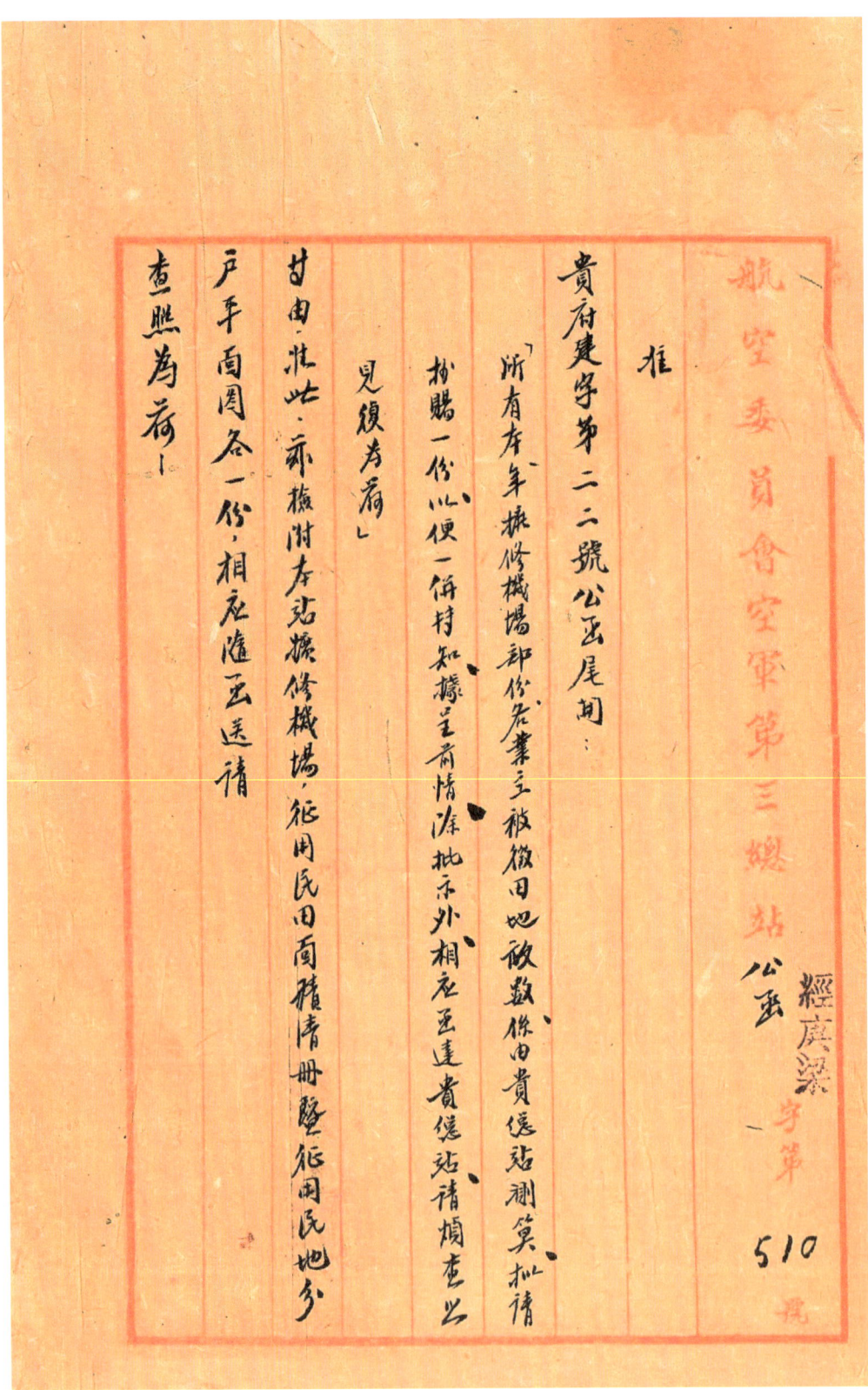

航空委員會空軍第三總站公函　經庚梁字第510號

准

貴府建字第二二號公函尾開：

「所有本年擴修機場部份各業主被徵田地畝數，係由貴總站測算，擬請

擲賜一份，以便一併特知，據呈前情，除批示外，相應函達貴總站，請煩查照

見復為荷」

等由，准此。承擴附本站擴修機場，征用民田面積清冊暨征用民地分

戶平面圖各一份，相應隨函送請

查照為荷！

梁山縣政府

此致

總站長

郭漢庭

中華民國二十九 四月十二日

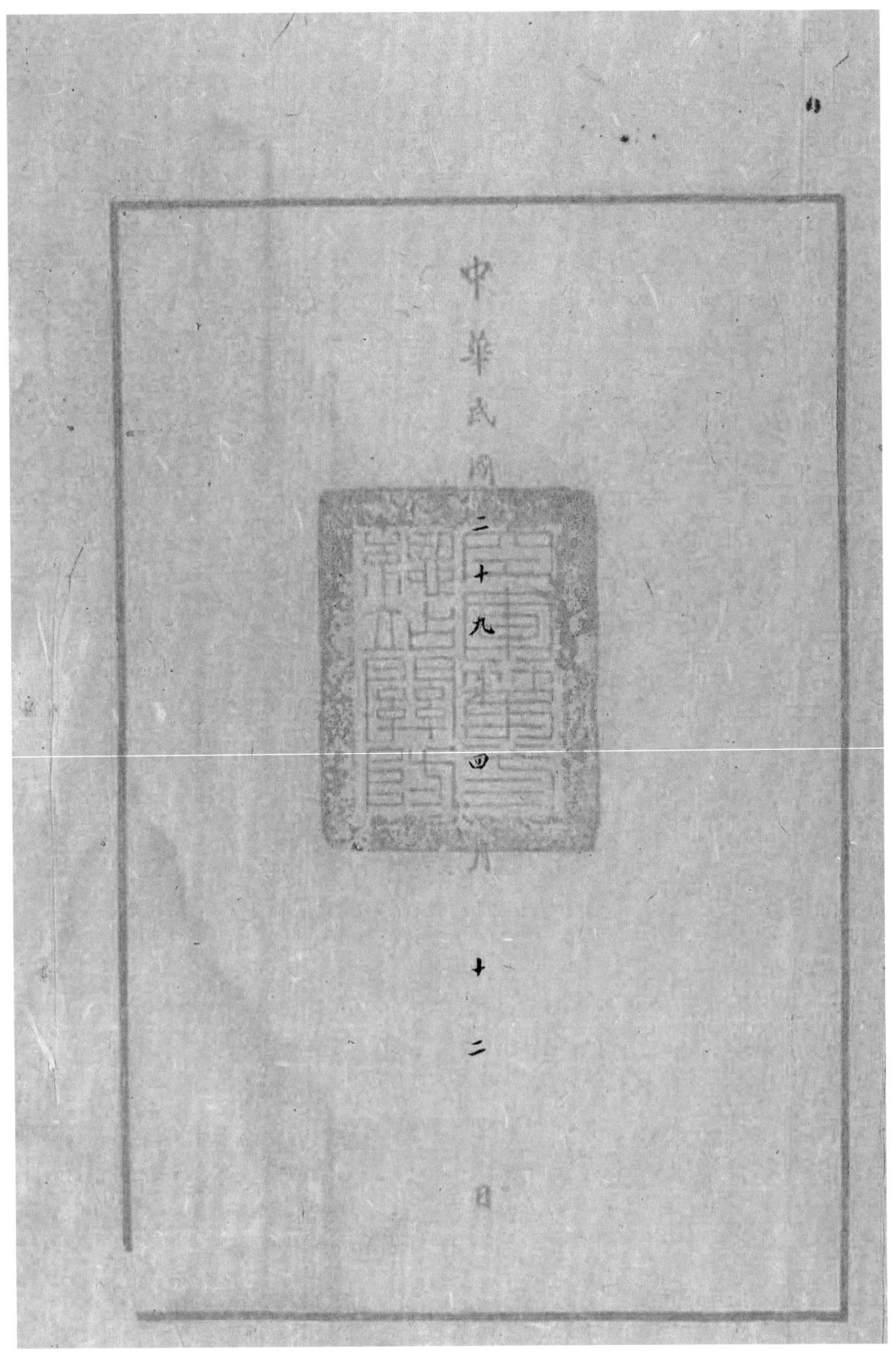

附：空军第三总站扩修机场征用民田面积清册

空軍第三總站擴修機場徵用民田面積清冊

排列號次	業主姓名	徵用面積（市畝）	排列號次	業主姓名	徵用面積（市畝）	備攷
1	彭建民	4.115	9	遊民感化所	10.125	
2	鄧子惠	4.111	10	賴光道	10.221	
3	財委會	0.772	11	兒童教養所	4.723	
4	鄧益善	7.586	12	黃耀仁	1.694	
5	劉佩之	14.161	13	徐彬然	0.446	
6	西百壹	3.208	14	土地會	0.530	
7	鄔子尊	1.575	15	兒童教養所	3.271	
8	黃耀仁	8.625	16	水塘(公地)	3.455	
17	徐彬然	1.693	27	朱李氏	1.708	
18	唐隆先	5.983	28	賴光道	12.378	
19	戴顯揚	11.951	29	徐彬然	13.399	
20	謝書祿	5.557	30	一貫圖書館	1.750	
21	彭建民	4.000	31	謝功令	2.848	
22	羅老四	7.689	32	財委會	5.543	
23	杜德生	11.551	33	徐彬然	8.688	
24	財委會	4.745	34	賴光道	2.112	
25	錢聚垣	1.996	35	邱劉氏	2.890	
26	羅老四	3.804	36	廖琢之	16.718	

37	劉矩廷	22.804	47	劉崇禮	4.263
38	賴光道	1.044	48	鄧國英	19.309
39	財委會	9.824	49	陳張氏	8.905
40	賴光道	2.573	50	房萬洪	14.160
41	財委會	14.370	51	徐彬然	3.462
42	王鶴軒	4.333	52	戴顯揚	5.921
43	何仁安	16.234	53	賴上淑	1.744
44	王鶴軒	17.304	54	劉昌治	1.681
45	王鶴軒	1.906	55	郭興發	4.464
46	戴顯揚	8.145	56	曹南鄉	2.904
57	賴光道	5.851	67	鄧國英	2.462
58	賴上淑	17.268	68	曹南鄉	3.375
59	劉昌治	22.497	69	劉福祿	29.167
60	賴上淑	2.550	70	郭興發	5.135
61	〃 〃 〃	4.207	71	顏丕臣	0.325
62	何仁安	8.800	72	曹南鄉	1.795
63	冉芷村	1.568	73	蔣代仁	3.785
64	蔣道銀	2.834	74	錢氏宗祠	16.000
65	財委會	27.280	75	陳代茂	5.824
66	曹南鄉	15.234	76	劉大東	2.455

77	陳代茂	12.887	87	劉福祿	2.584
78	曹南鄉	1.628	88	鄧國英	3.981
79	劉永福	2.197	89	劉旭初	9.055
80	曹南鄉	1.923	90	劉熾文	1.835
81	劉永福	0.711	91	顏丕臣	1.615
82	劉昌佩	12.283	92	劉熾文	4.825
83	李功禪	0.860	93	劉福祿	3.099
84	〃 〃 〃	8.895	94	唐百全	2.520
85	唐百全	6.265	95	戴顯揚	1.431
86	財委會	14.603	96	裕隆齋	2.946
97	唐百全	5.000	合計		656.526
98	蔣代仁	0.600			
99	劉大真	0.150			
100	李森之	0.600			
101	劉旭初	0.675			
102	賴緝三	0.705			
103	劉熾文	2.310			
104	〃 〃	0.195			
105	劉旭初	0.195			
106	鄧國衡	0.570			

航空委员会空军第三总站、梁山县政府关于机场占用民地清册补注拆迁用途的来往公函（一九四〇年五月十四日至二十一日）

航空委员会空军第三总站致梁山县政府的公函（一九四〇年五月十四日）

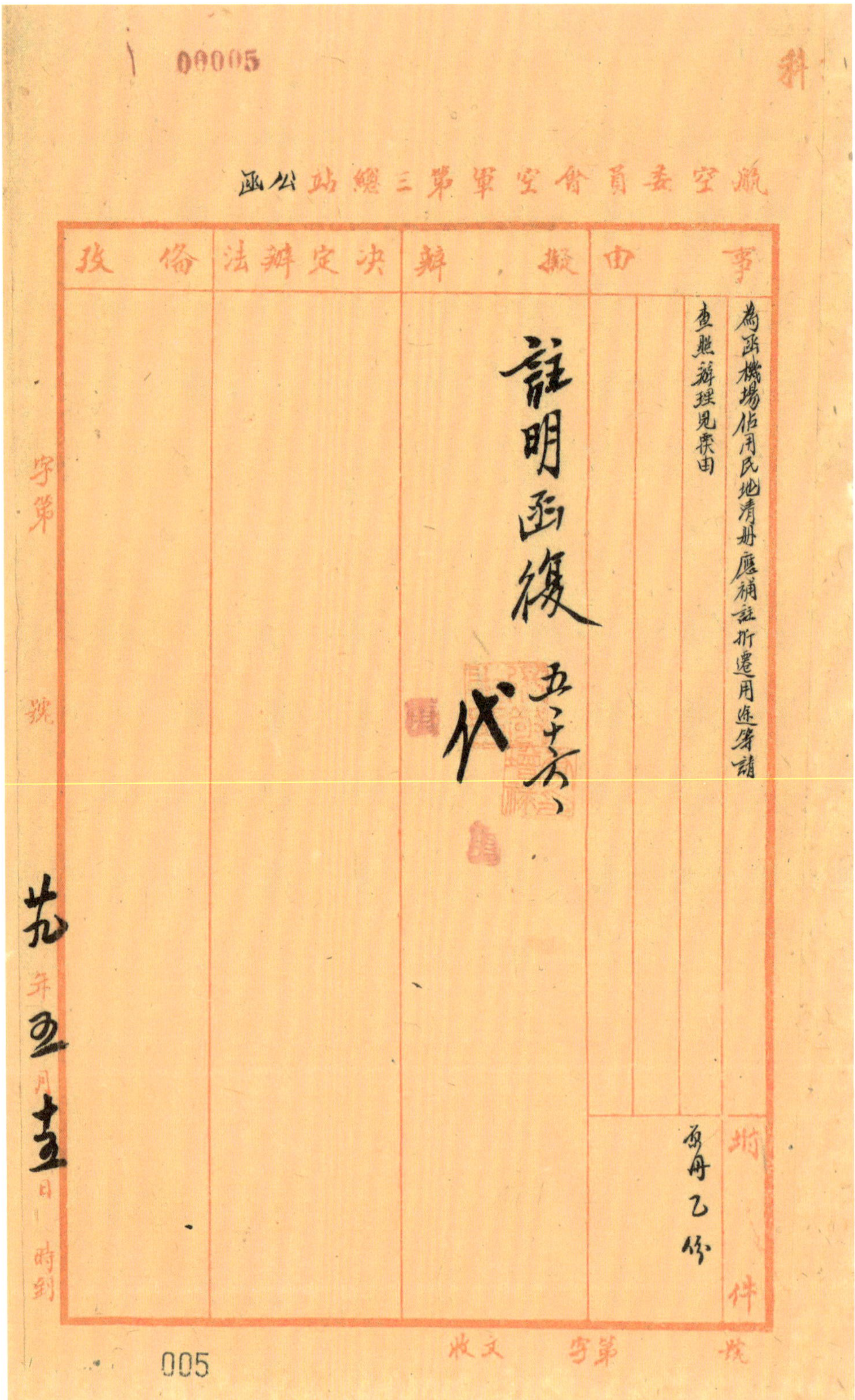
00005
科
航空委員會空軍第三總站公函

事由	擬辦	決定辦法	備考
為函機場佔用民地清冊應補註拆遷用途等請查照辦理見復由	註明函復 代 五、十六		

件數：冊乙份

第 字 號

廿九年五月十五日 時到

收文第 字 號

005

航空委員會空軍第三總站公函 經庚粱字第656號

案准

貴府五月九日建字第二〇四號公函尾開：

「相應備函抄同清冊請煩查照辦理為荷。」

等由，附清冊一份，准此。查各項拆還房屋用途以及被佔用時期未准於清冊各該戶備考欄內註明

相應檢附原清冊備函送請

查照，煩為分別註明函復過站，以憑核辦為荷。

此致

梁山縣政府

00006

總站長

郭漢庭

006

中華民國二十九年五月十四日

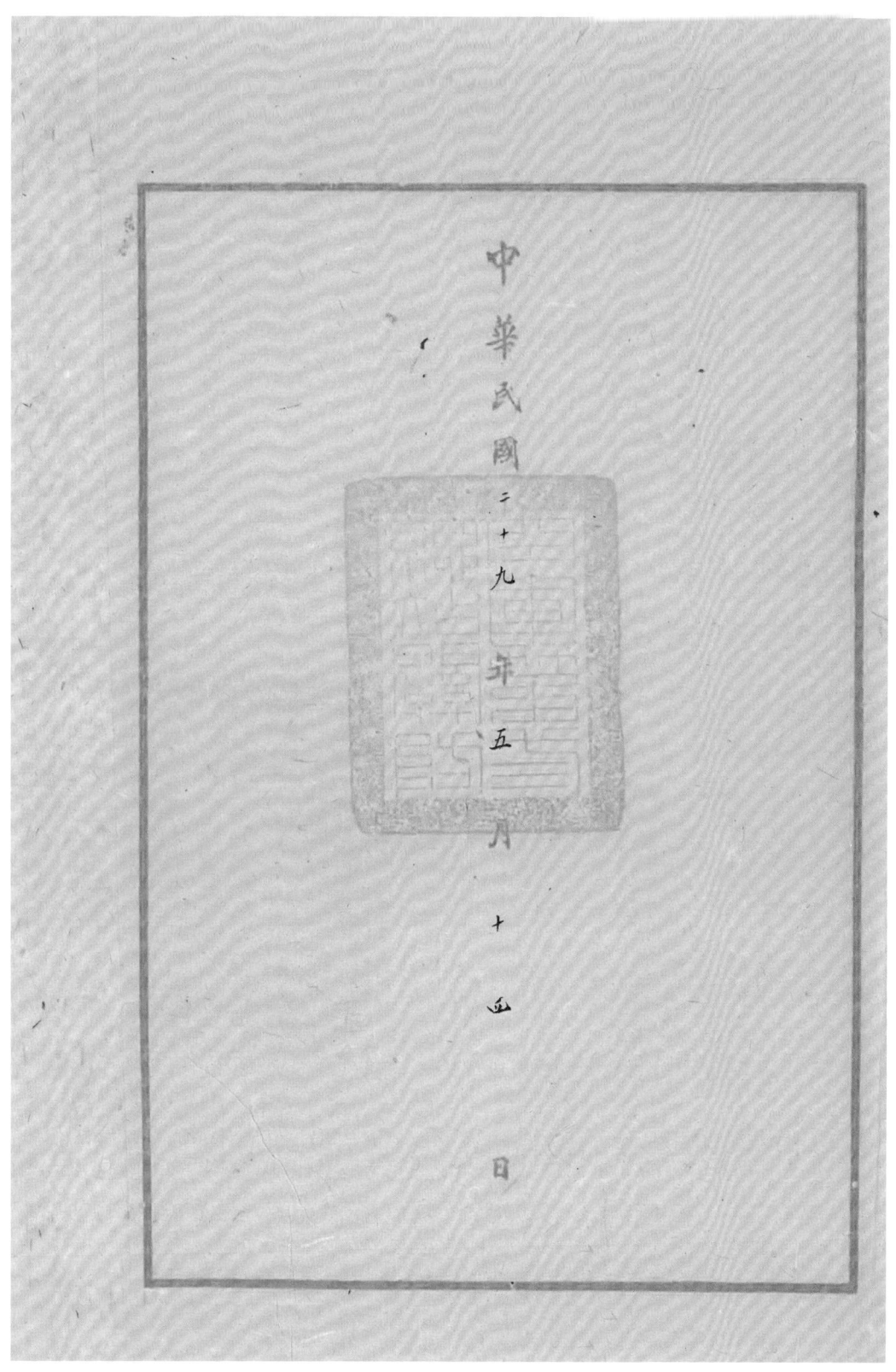

附：梁山机场各项工程用地所迁房坟清册

梁山機場各項工程用地所遷房墳清冊

業主姓名	佃户姓名	所在地點	折遷種類數量	備攷
陳中舉	張樹雲	東外十二保	瓦房三間	
陳陶氏		同	瓦房四間	
陳中楷		同	瓦房四間	
劉秀生、玉書、少週	徐光祥	同	瓦房六間、草房一間	
劉玉書	廖洪鈞	同	瓦房六間	
鄧吉三		同	瓦房二間	
柏榮華		東外方家冲	瓦房六間	
楊紹馨	羅澤之	同	瓦房二間、草房一間	

劉靜三 曠昌榮		東外十六保	瓦房	二八間
福德女校		東外苴芽橋	同	七間
蔣衡軒		東外柏樹塆	同	二間
施材掩埋所		南外萬年寺	同	長30M 寬27M
雷映丹	萬吉興	鎮龍寺	同	六間
李日勤	劉大富	西外大河填	水井	一口
賴光模		西城四保	瓦 草房	三 一間
杜賀氏			墳地	一幅
孫李氏			墳地	一幅
徐春甫			墳	八棺

劉樹清羅濟生	北外瓦廠	瓦房	三〇間
張世良	北外十三保	瓦房 窑	四院 十個
李亞洲	北外十八保	瓦房	五間
唐隆光		同	八間
遊民感化所	蔡倫廟後	同	三間
貧兒習藝所	白塔側	同	十九間

梁山县政府致航空委员会空军第三总站的公函（一九四〇年五月二十一日）

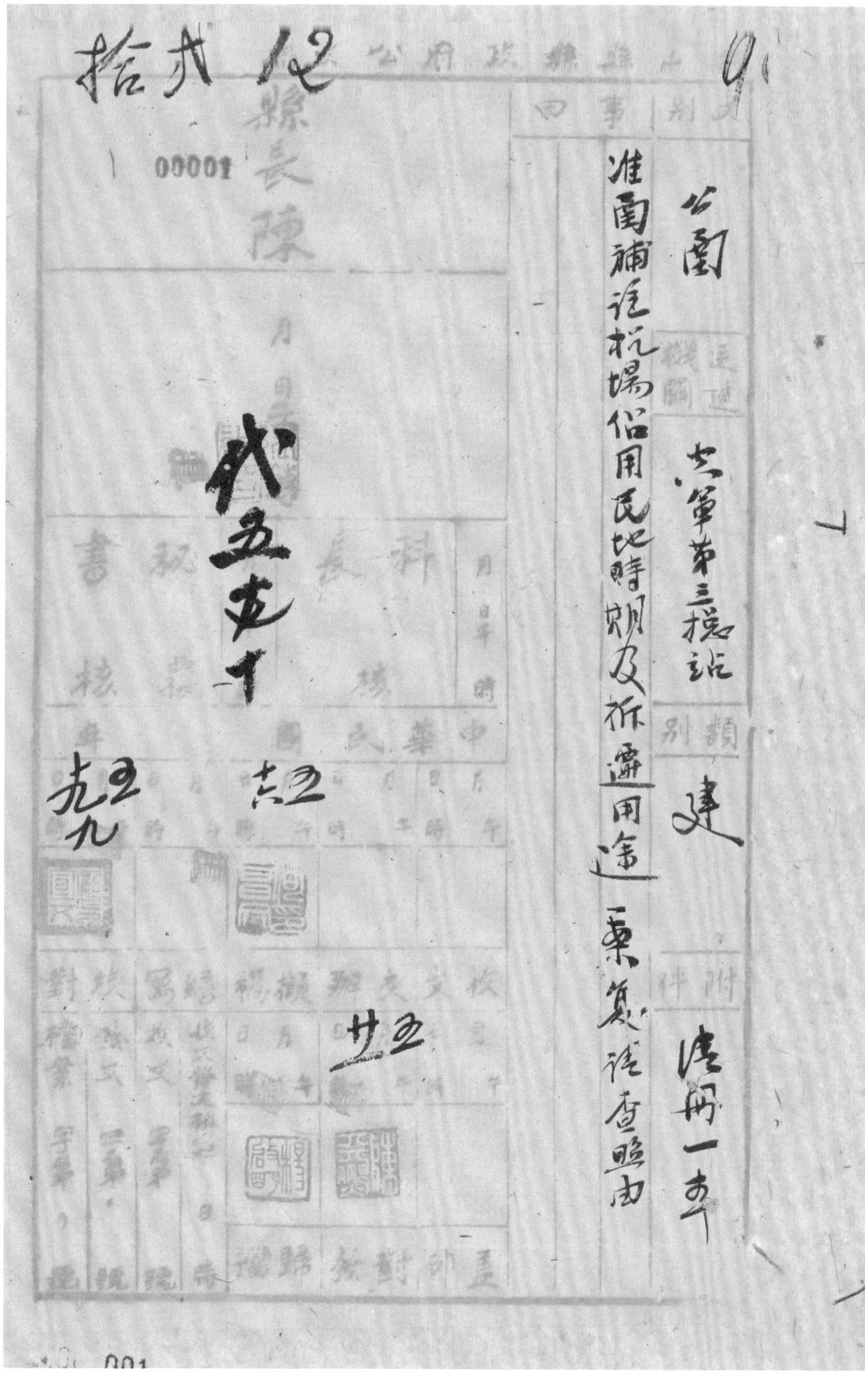
拾貳
縣長陳
00001
公函
空軍第三總站
建
准函補送机場征用民地時期及拆遷用途一案复請查照由
清册一本

全衔公函 建字第236号

本年五月十五日案准

贵搃站經庚梁字第六五六號公函，嘱於「梁山機場各项工程用地所遷房坟清册」備考欄内補註拆遷用途及佔用時期，以憑核办。等由；過府。茲已照嘱查明補註竣，相應檢同原册，函送

贵搃站，烦为查照為荷。

此致

空軍第三搃站

计送清册一本

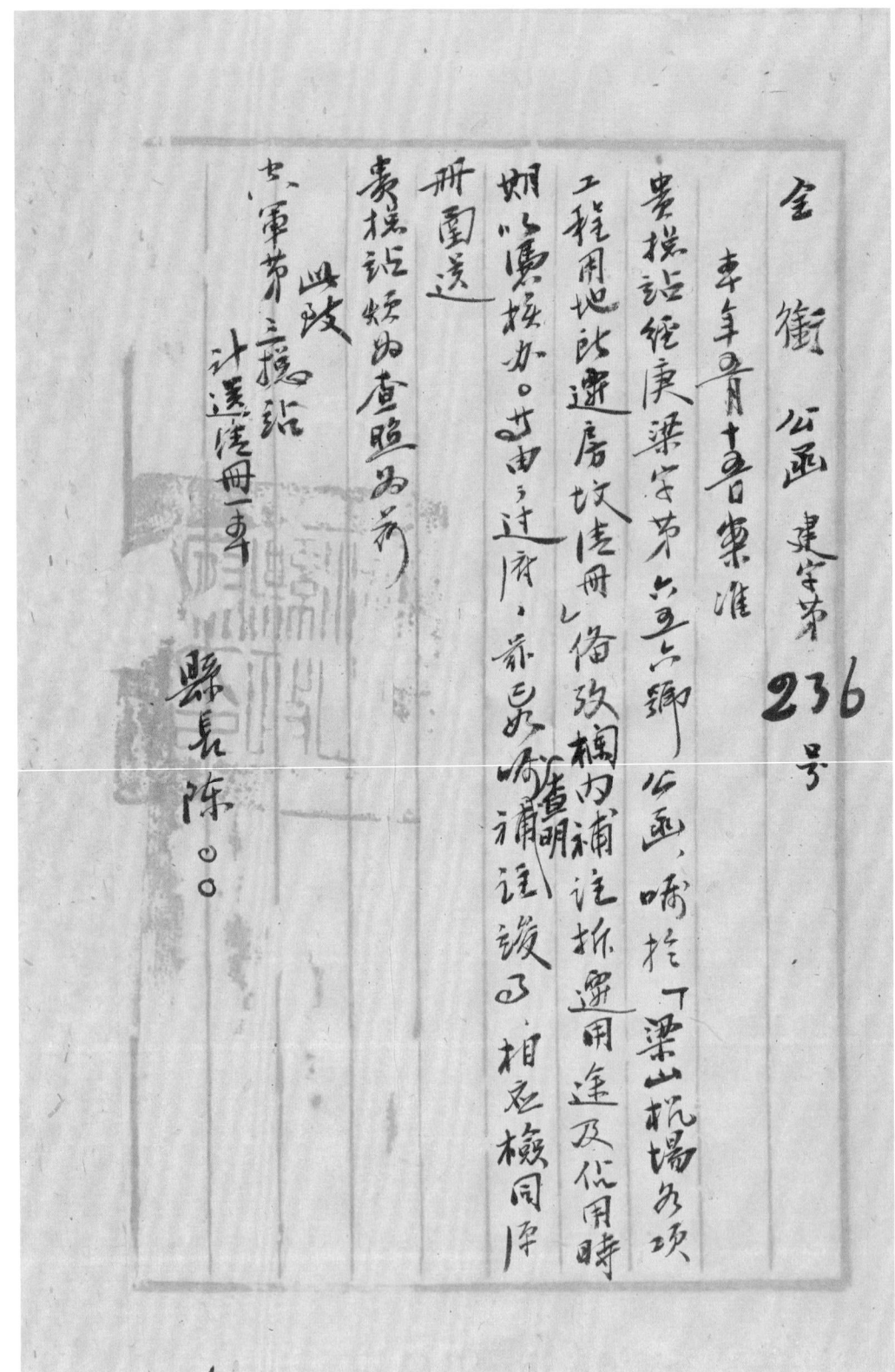

縣長 陳〇〇

00002

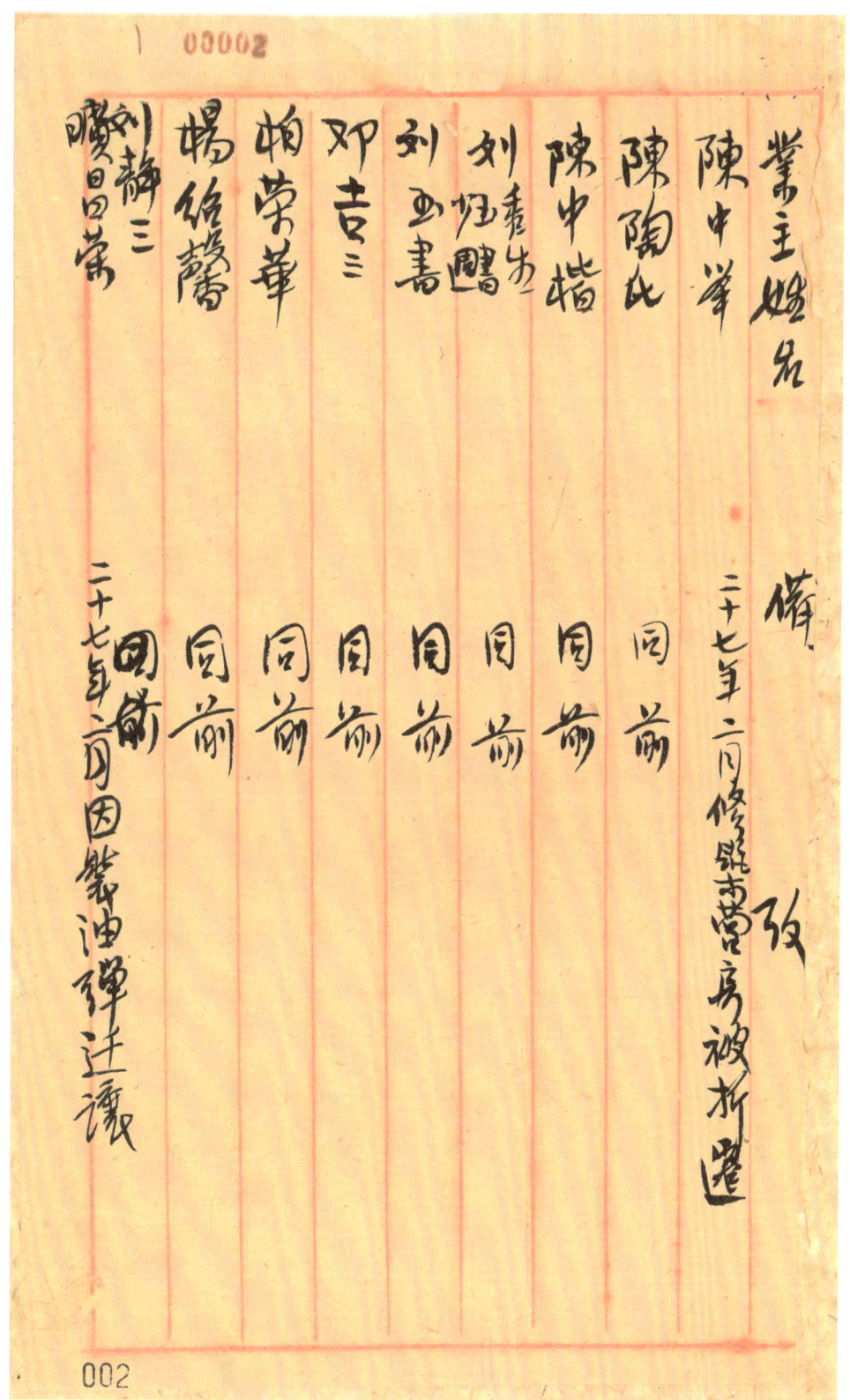

業主姓名	備攷
陳中举	二十七年二月修築市营房被拆遷
陳陶氏	同前
陳中楷	同前
刘秀山 刘炳鑑	同前
刘玉書	同前
邓吉三	同前
柏荣華	同前
楊绍龄	同前
刘静三	同前
曠田荣	二十七年三月因禁油弹迁讓

002

00003

禚袁女氏	二十七年二月因修食堂迁让
蒋衡轩	二十七年二月因驻军营房被拆迁
施材掩埋所	二十七年八月建筑军医务所被拆迁
雷映丹	二十七年十二月建筑油弹库被拆迁
李自勤	二十七年九月被佔
赖光模	二十七年六月修筑机场支路被拆迁
杜贺氏	同前
孙李氏	同前
徐春甫	同前
刘树涛	廿七年二月因障碍飞行被拆迁。

003

1 00004

張世良	二十七年六月因障碍飛行被拆迁
李亞洲	同前
袁隆光	同前
遊民感化所	同前
貧兒習藝所	同前

004

航空委员会空军第三总站关于派员会同办理更正扩修机场征用民地分户图册致梁山县政府的公函（一九四〇年十月二十四日）

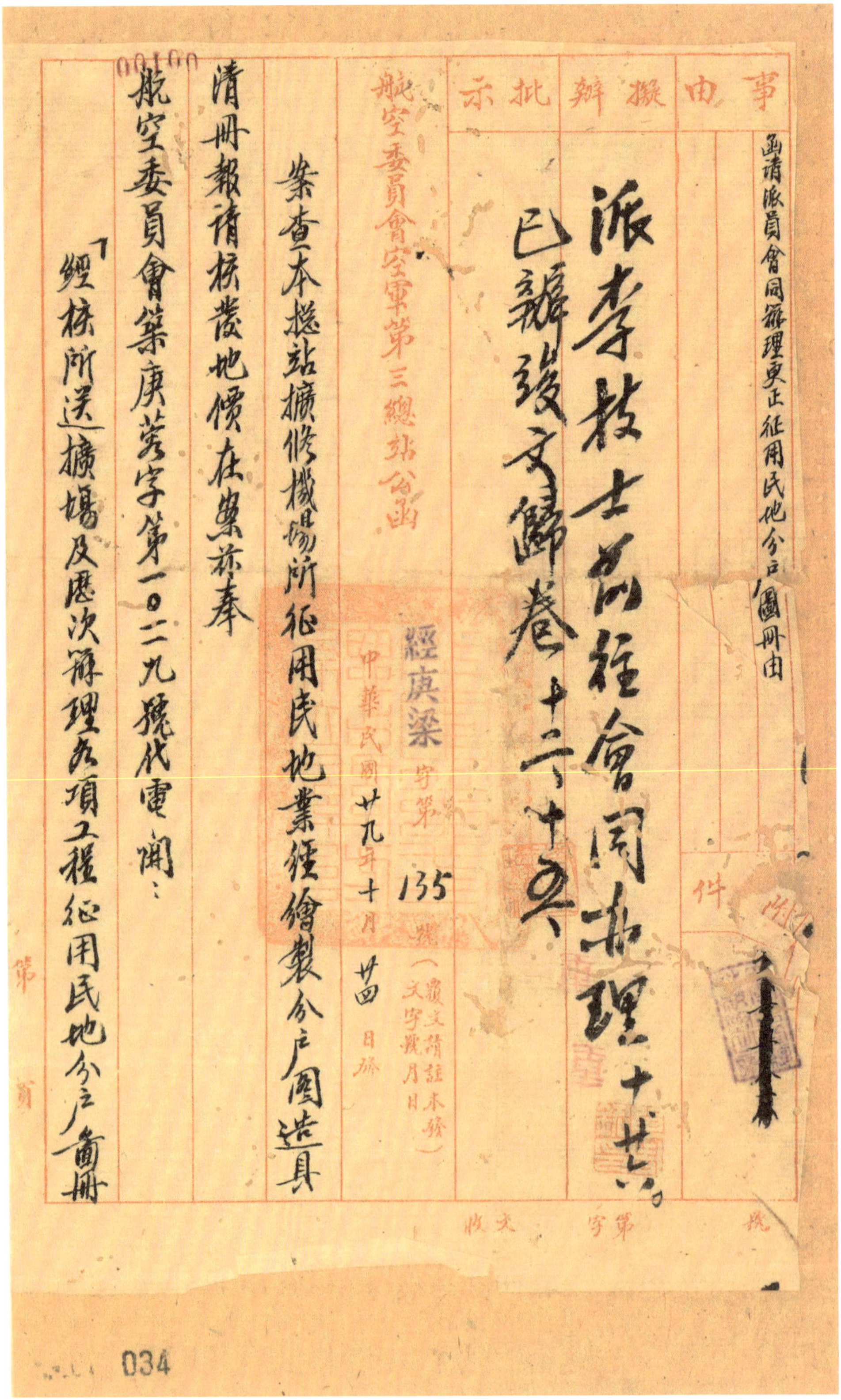
00160
事由：函請派員會同辦理更正征用民地分戶圖冊由
擬辦批示：派李技士前往會同辦理。十、廿六。
已辦發文歸卷 十一、十五
件
收文 字第 號
經庚梁字第135號
中華民國廿九年十月廿四日發
（覆文請註本發文字號月日）
航空委員會空軍第三總站公函
案查本總站擴修機場所征用民地業經繪製分戶圖造具清冊報請核發地價在案。茲奉
航空委員會築庚蓉字第一〇二九號代電開：
「經核所送擴場及歷次辦理各項工程征用民地分戶圖冊
第 頁
034

尚欠妥善茲分別復示如次：(一)各項單價填田每畝一百廿元山田一百元山地七十元填地八十元均予照准(二)分戶圖冊送來祇每種二份應多補送一份各項工程收地內缺電台房屋收地圖應補三份擴場地價徵地清冊祇送來一份應補二份(三)擴場地價與歷次徵地價應分業報核地價發訖後應檢送各業主契據備查(四)分戶圖及清冊所列不符者甚多(甲)擴場地價四號鄭益善冊列畝分七.五八六、畝圖註七.○六八畝六七兩號業主姓名及畝分數圖冊不符十一號、圖上未註畝分數十七號十九號圖冊畝分不符二十及二十一號業主姓名畝分數圖冊均不符卅二、卅三號圖冊畝分不符五十號九十九號一百號一百○二號圖冊業主姓名不符六十一號七十二號九十八號

034-1

一百〇三號畝册畝分不符一百〇六號畝册業主姓名[illegible]分均各不符(乙)停機地征地廿八號地價青苗費兩共按册列計算為四零三元兩册列三八五九元故原總價六五八六六五元應改為六五五二〇九元(丙)油彈庫地價總數一五八九九五元應改為一〇二五六五元(丁)站部房屋地價總數一五六二六一九元應改為一五六二九一元(戊)營房地價三七四八〇一元應改為三七四八〇四元(己)油彈庫交通路十六號業主册列江超黄畝内漏註醫務所第四號畝册業主不符營房二十七號卅一號畝册業主姓名不符卅六號業主姓名畝内漏註亦發還各項畝册一份仰即遵照更正汲呈核再憑發價特綴。

161-1

等因、附發還原呈各項圖冊各一份、奉此、查、是項征用民地圖冊前由

貴府派員會同辦理茲奉前因相應函請

煩請飭前經辦人員會同依照更正是荷

此致

梁山縣政府

總站長 金寔

035

航空委员会空军第三总站关于召开扩修机场占用民地发价会议致梁山县政府的公函（一九四一年二月十八日）

00106

十一

事由：為函定十九日上午九時假本總站大禮堂召開此次擴修機場佔用民地發價會議請參加由

附件

擬辦

批示 李技士代表

航空委員會空軍第三總站公函

查本總站此次擴修機場佔用民地所需價款經一再呈請上峯速發俾恤民困該款刻已發到七成其餘三成除再呈請速發外茲擬將該款七成先行發放關於各項手續亟須討論茲定於本月十九日上午九時假本總站大禮堂召開會議即請

中華民國三十年二月十八日 字第100號

第　頁

收文　字第　號

查照派員準時出席爲荷

此致

縣政府

總站長 金 燮

空军总站征用民田发价委员会一九四一年三月发放扩修梁山机场历次征用田地及青苗费七成价款领款收据（节选）（一九四一年三月）

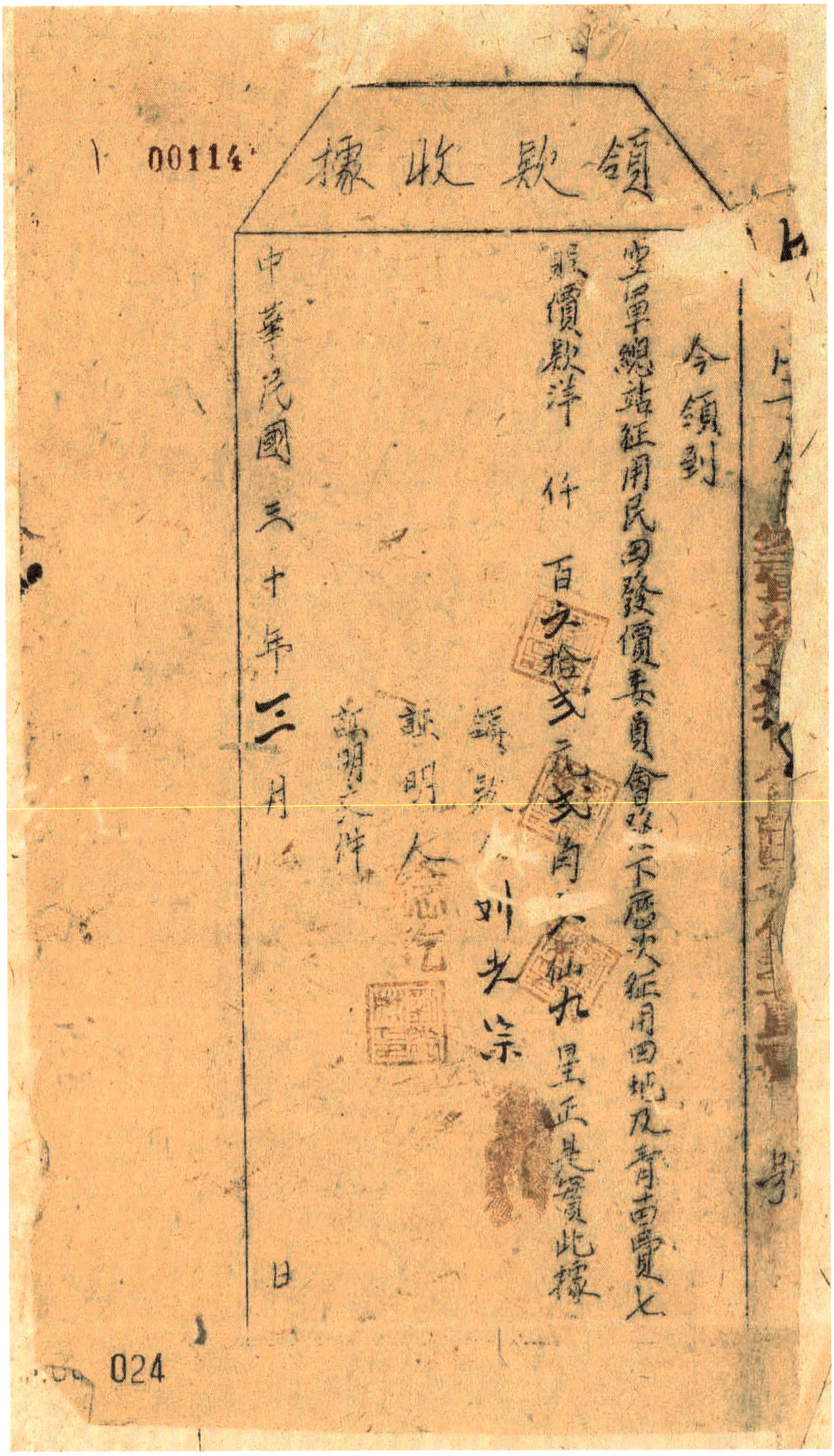

00114

領款收據

今領到

空軍總站征用民田發價委員會發下歷次征用田地及青苗費七成價款洋 仟 百六拾弍元弍角六仙九星正 是實此據

具領人 劉光宗

証明人

証明文件

中華民國三十年三月 日

024

00116

領款收據

今領到

空軍總站征用民田發價委員會發下恩光征用田地及青苗費之

賠價款洋　仟　百陸拾弍元三角九仙一　墨正　是實此據

領款人　劉兴礼

証明人

証明文件

中華民國三十年五月　日

026

00120

仁字第[illegible]號

領款收據

今領到

空軍總站征用民田發價委員會發下應交征用田地及青苗費七

銀價款洋　仟　百玖拾捌元柒角陸仙墨正是實此據

領款人　何泰義

證明人

證明文件　驗訖

中華民國三十年[illegible]月　日

030

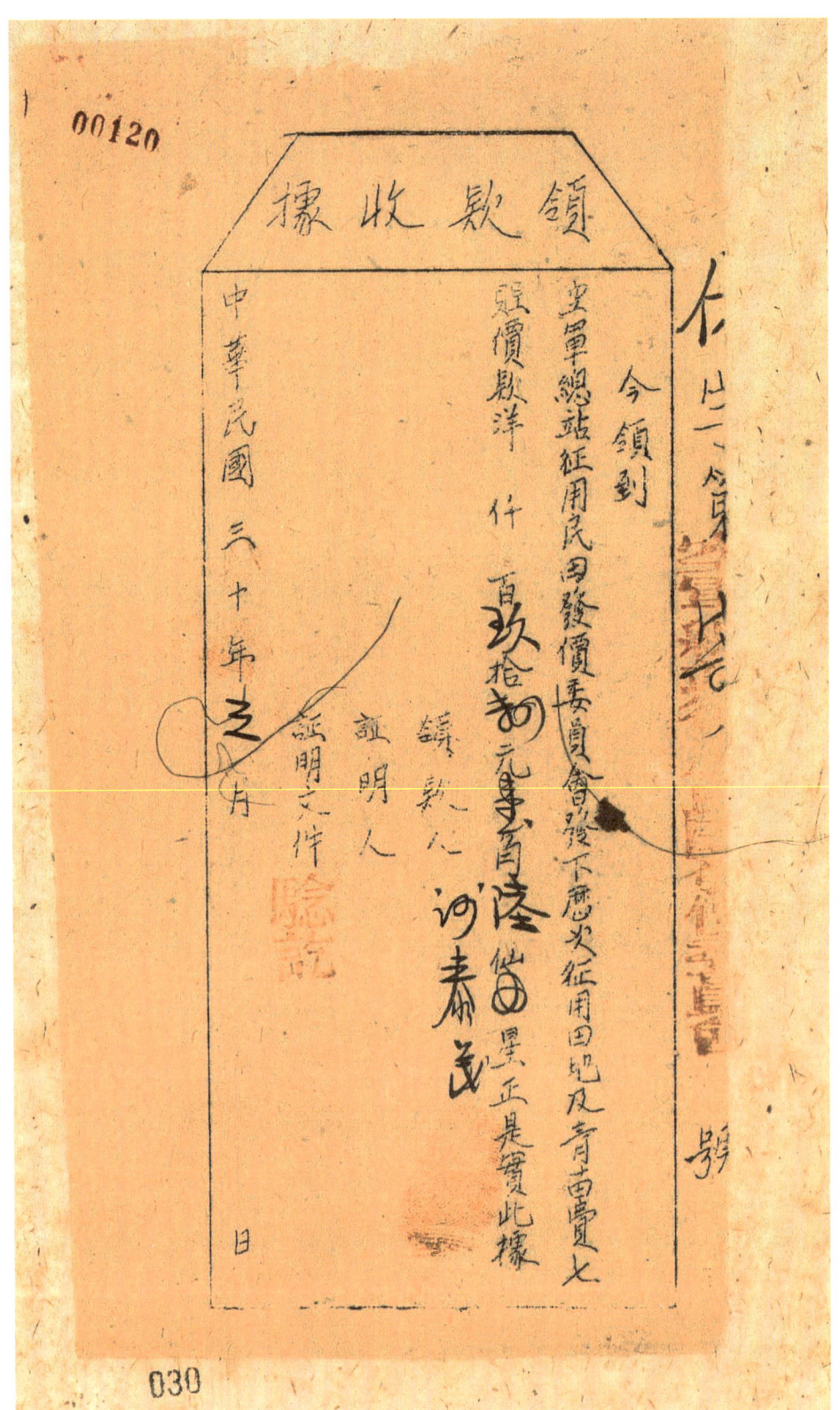

空军总站征用民田发价委员会关于派员监发一九四〇年扩修机场部分地价款致梁山县政府的公函

（一九四一年十一月八日）

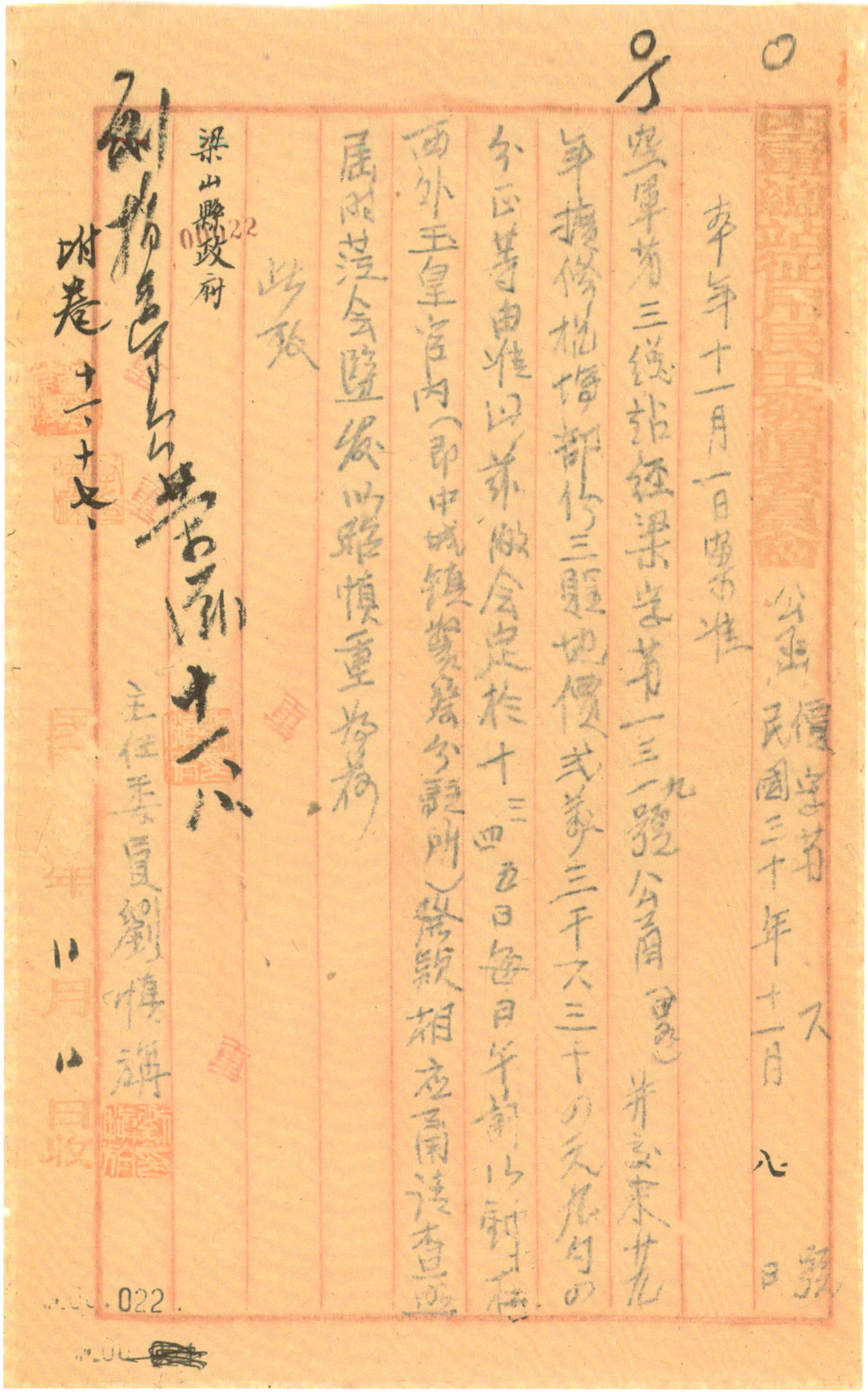

公函 優字第 六 號 民國三十年十一月 八 日

本年十一月一日案准

空軍第三總站經梁字第一三一九號公函（略）并案奉廿九年擴修機場部份三疆地價貳萬三千六百三十四元八角八分正等由，准此，茲敝會定於十三、四、五日每日午前八時至十二時在西外玉皇宫内（即中城鎮警察分駐所）發款，相應函請查照，屆時並會派員監發以昭慎重為荷。

此致

梁山縣政府

主任委員劉慎旃

劉務會派員監發 十一·十八

附卷 十一·十七

民 年 11 月 11 日收

000022

空军总站征用民田发价委员会一九四一年十一月发放扩修梁山机场征用民田三成地价款领款收据（节选）

（一九四一年十一月）

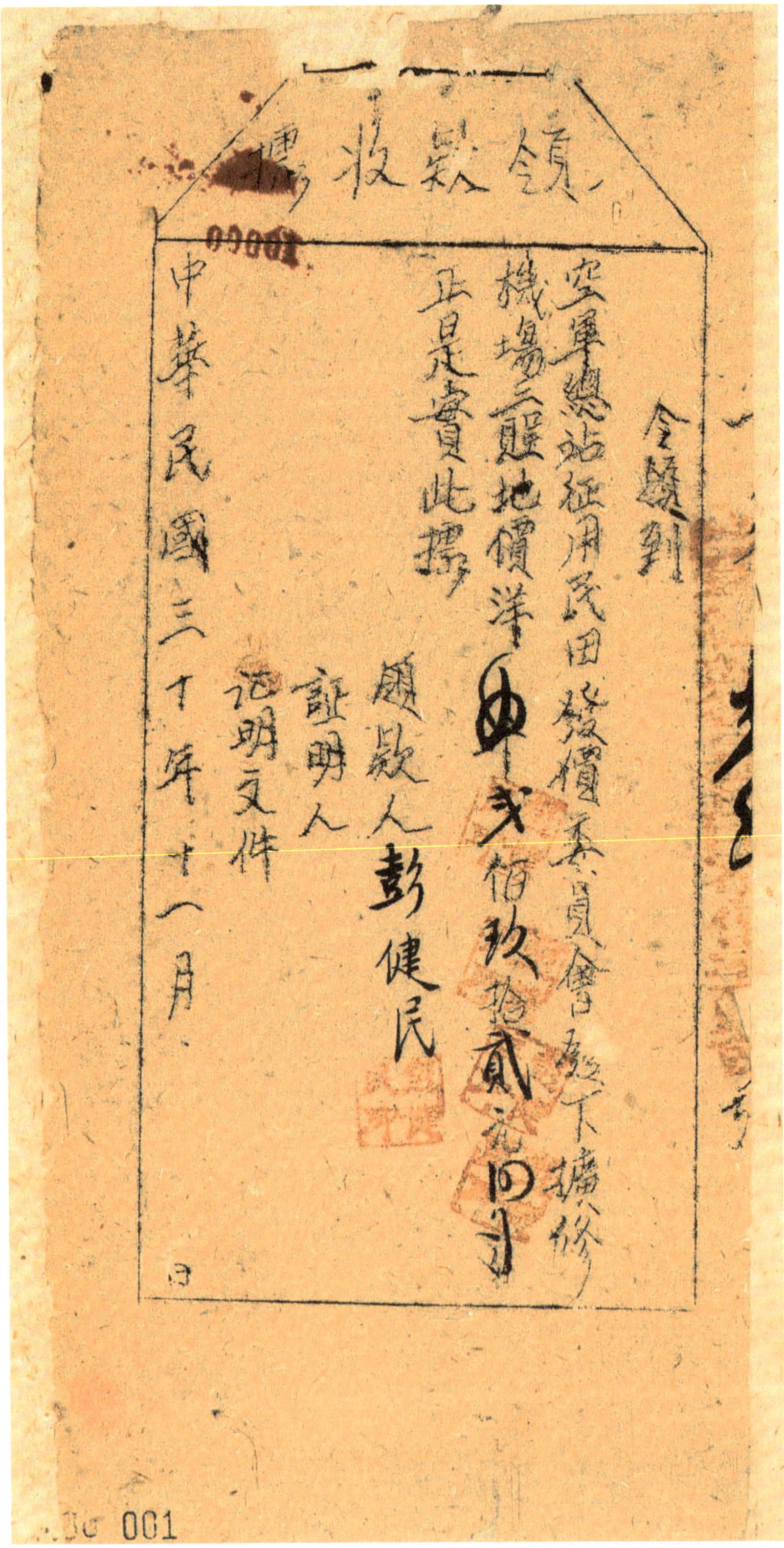

领款收据

今领到

空军总站征用民田发价委员会发下扩修机场三成地价洋[illegible]千弍佰玖拾贰元四角

正是实此据

领款人　彭健民

证明人

证明文件

中华民国三十年十一月　日

領款收據

00005

今領到

空軍總站征用民田發價委員會發下擴修

機場之贖地價洋叁千伍佰○拾九元捌角

正是實此據

領款人 劉佩之

證明人

證明文件

中華民國三十年十一月　日

005

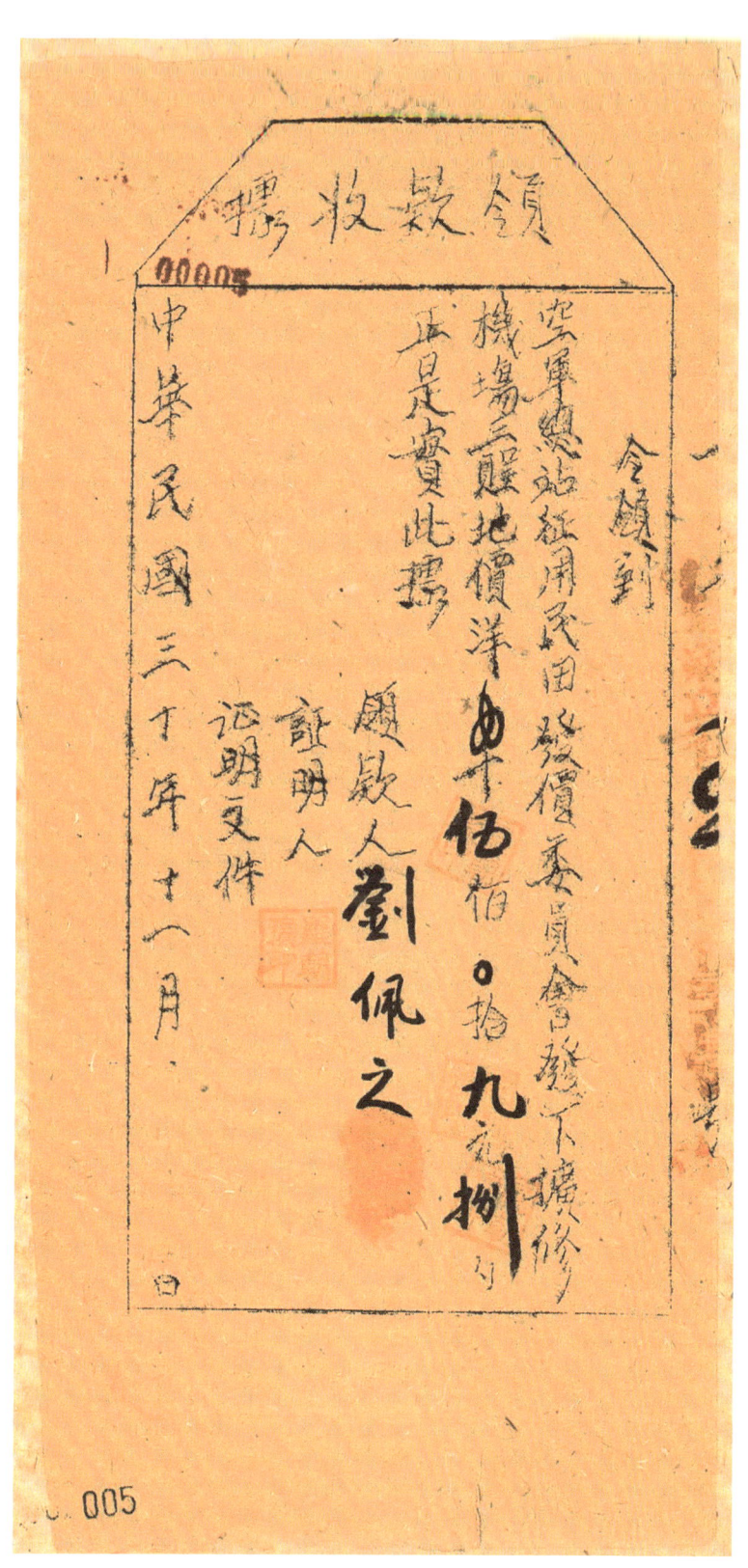

00010

領款收據

今領到

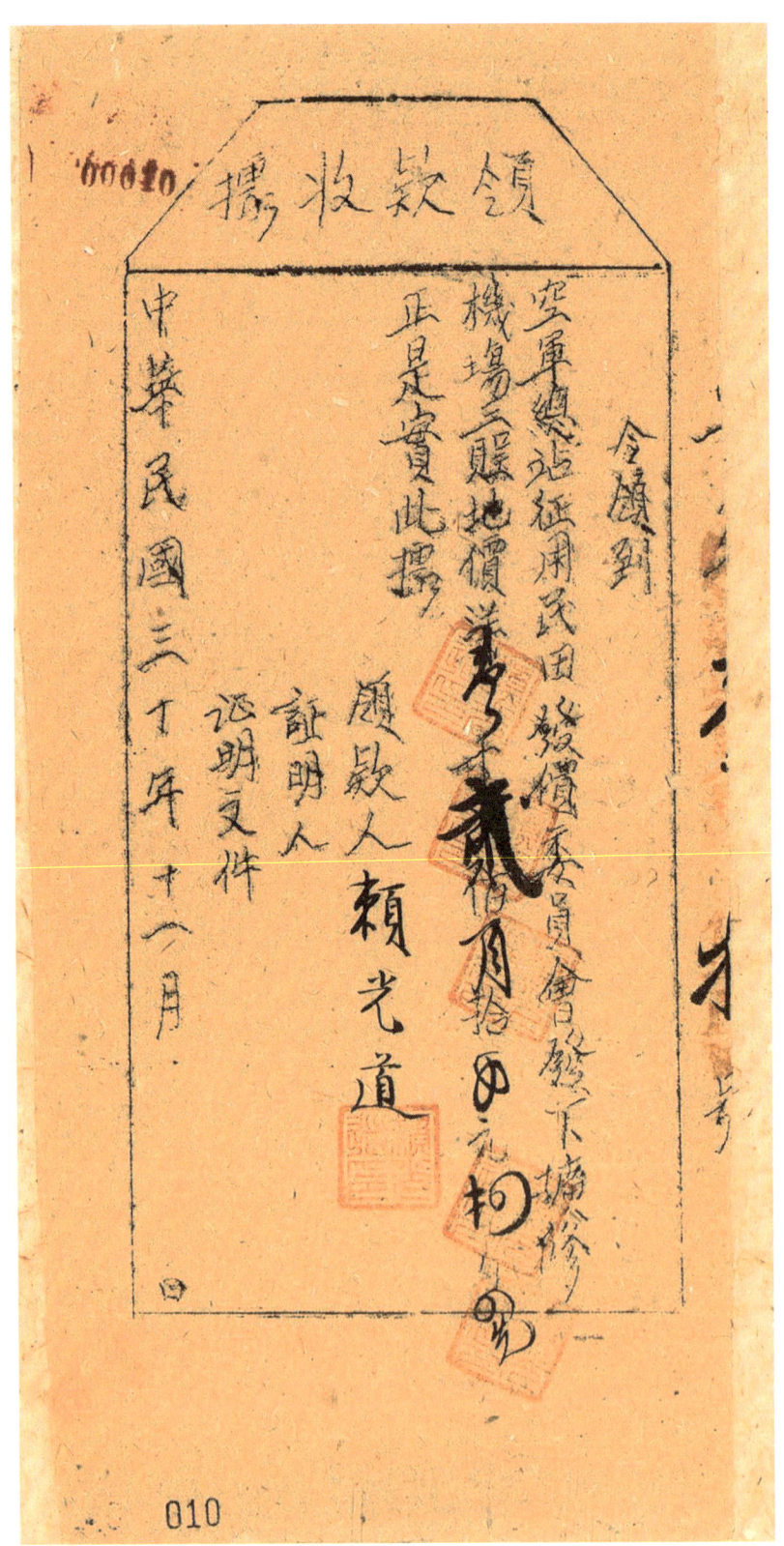

空軍總站征用民田發價委員會發下擴修

機場三賬地價洋壹千貳佰肆拾肆元捌角肆分

正是實此據

領款人 賴光道

證明人

證明文件

中華民國三十年十一月 日

010

梁山县政府关于派员会勘推机便道被占田土致航空委员会空军第三总站的公函（一九四二年一月二十八日）

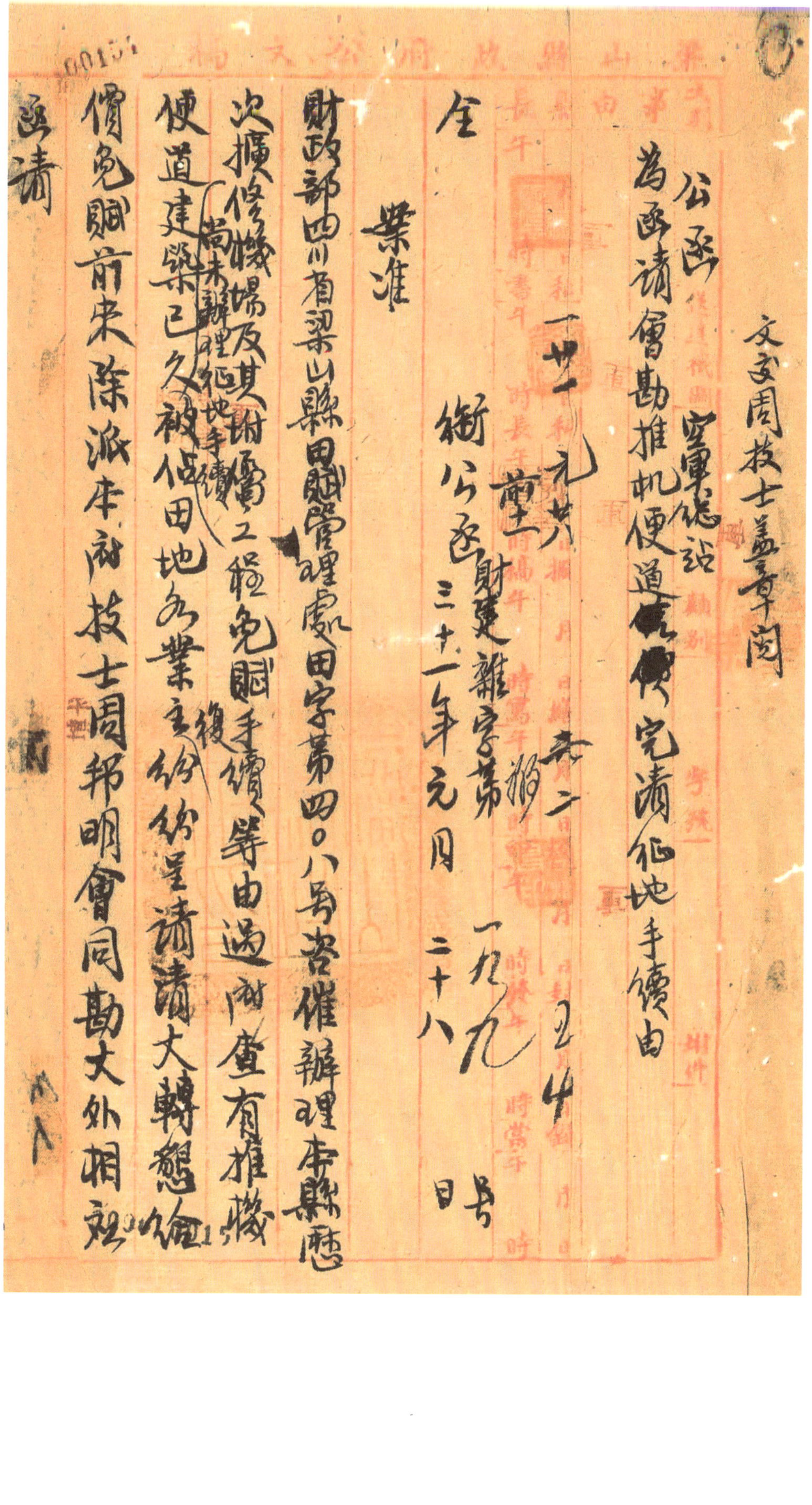

文書周技士益章閱

公函

為函請會勘推機便道佔完清征地手續由

空軍總站

衛公函 財建雜字第 號

三十一年元月二十八日

全

案准

財政部四川省梁山縣田賦管理處田字第四〇八號咨催辦理本縣應次擴修機場及其附屬工程免賦手續等由過縣查有推機便道建築已久尚未辦理征地手續被佔田地各業主紛紛呈請大轉懇核價免賦前來除派本縣技士周邦明會同勘丈外相應

函請

賜予宜。仍盼賜複爲荷 此致

空軍第三總站

縣長劉〇〇

送財政科會章

扩修机场被占田房业主代表陈义元关于请求派员勘丈梁山机场一九三八年、一九四〇年扩场征用民田未经丈量田地、民房致梁山县政府的呈（一九四二年五月）

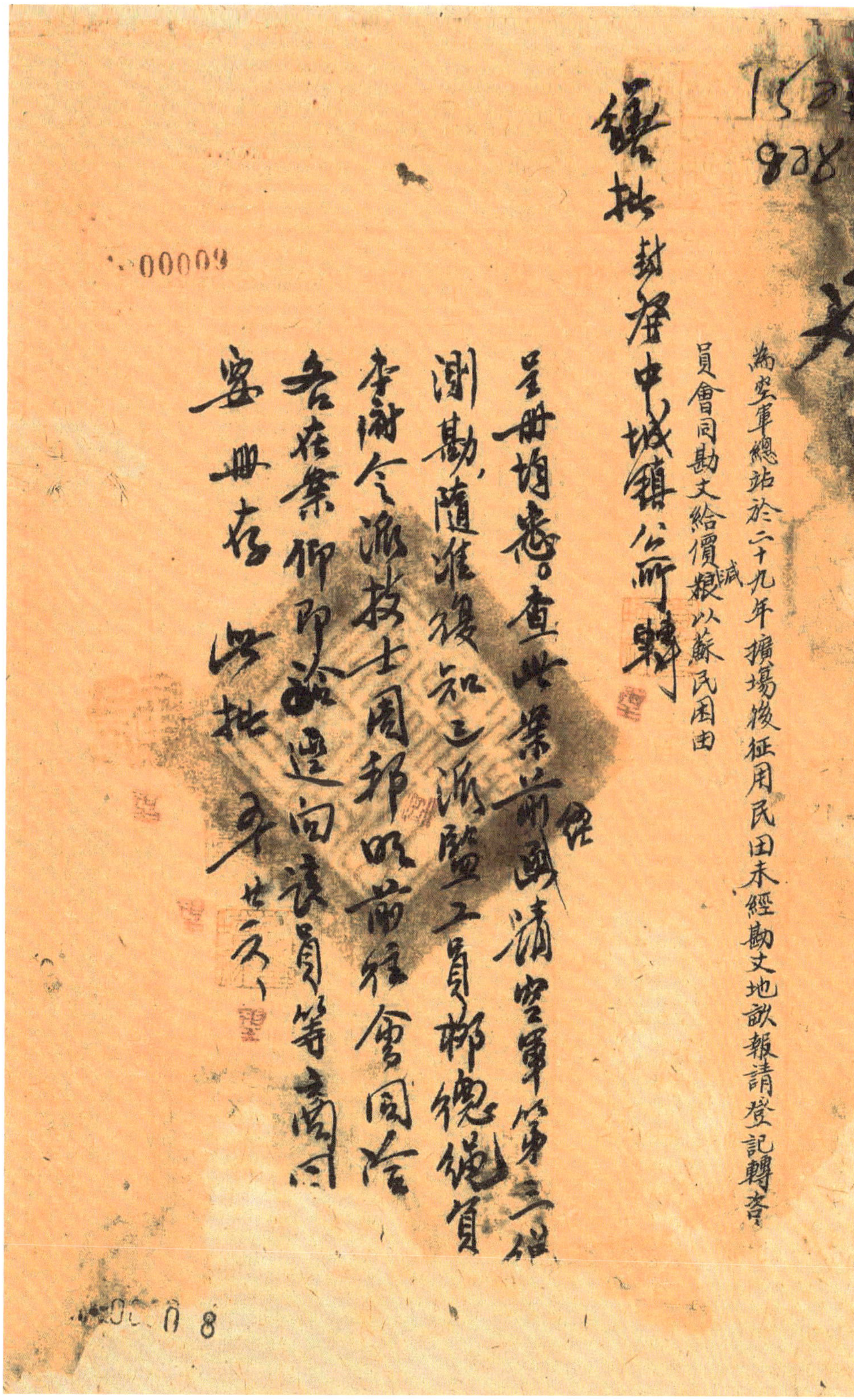

為空軍總站於二十九年擴場後征用民田未經勘丈地畝報請登記轉咨員會同勘丈給價减粮以蘇民困由

縣批 飭屠中城鎮公所轉

呈冊均悉。查此案前經函請空軍第二總站測勘，隨准復知已派監工員鄒德賢、李樹全、派技士周邦明前往會同清丈在案，仰即遵照向該員等商同妥冊存。此批。

五廿六

竊々[illegible]站，於民國二十七、二十九年，建築各項工程，征用民間田地，除

房屋、交通路、擴場等項工程，用地給價外，惟二十七年，代表等，呈請

鈞府登記，拆遷民間房屋、征用地基，迄今未沐丈量給價，又二十九年，擴場各

機棚、燈車房、加油便道等工程，征用民間田地，亦未勘丈，給價減糧，代表等

繕具，登記被征田地，業主姓名冊二份，呈請

鈞府鑒核，償准登記，轉咨空軍，第三總站，會同派員勘丈，俾早蘇

民困，實為德便！

謹呈

梁山縣縣長黃

計呈登記被征田地業主姓名冊二份

業主代表陳義元 住中城鎮

借印

三十一　五

附一：梁山县空军第三总站一九三八年征用田地、拆迁民间房屋未经勘丈业主佃户姓名报请登记册（一九四二年五月）

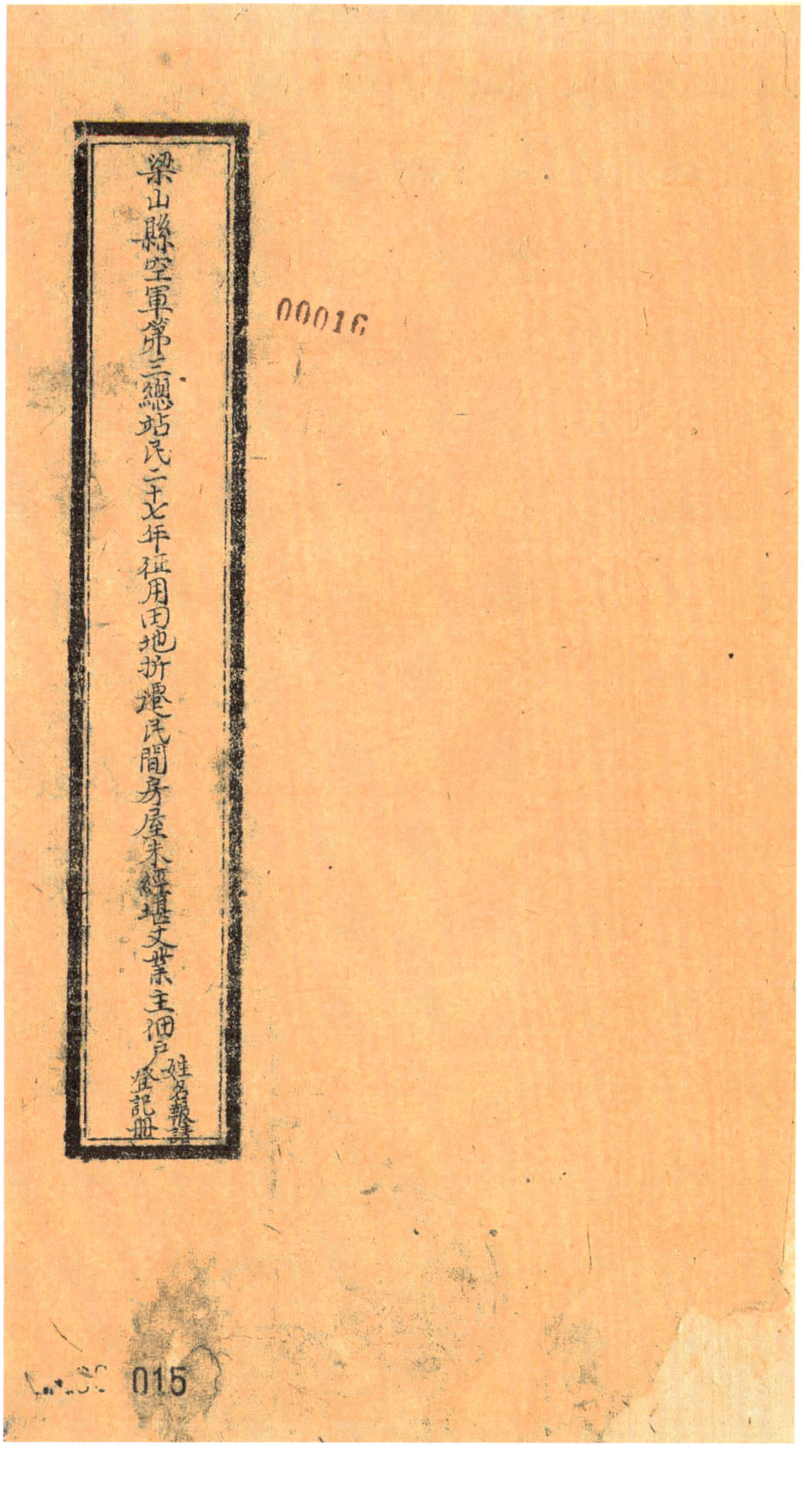
梁山縣空軍第三總站民二十七年征用田地折遷民間房屋未經堪丈業主佃戶姓名報請登記冊

00016

015

梁山縣空軍第三總站民二十七年征用田地折遷民間房屋未經堪丈業主佃户姓名书登記册一份

地名	業主姓名	佃户姓名	房别	間数	備
東外柏樹塆	陳中舉	張樹云	瓦	三間	
東外柏樹塆	陳陶氏	自住	瓦	四間	
東外柏樹塆	陳中楷	自住	瓦	四間	
東外土橋子側武器庫	劉秀生 刘玉書 刘紹周	徐光祥	瓦 芽	六間	
同	劉玉書	唐洪均 文呈新 徐其富	瓦	八間	
東外方家冲	柏榮葉	自住	瓦	六間	
東外方家冲	楊紹馨	羅澤之	瓦 芽	三間	
東外方家冲	鄧吉三	自住	瓦	二間	

西外正龍寺	雷映丹	萬吉星	瓦	六間
北外白塔側	唐隆光	自住	瓦	八間
北外戰校側	劉樹清	自住	瓦	二十間
		羅濟生		四間
		廠富林		二間
同	同	陳興順	瓦	三間

中華民國三十一年五月[illegible]日

附二：梁山县空军第三总站一九四〇年征用民田未经丈量田地报请登记册

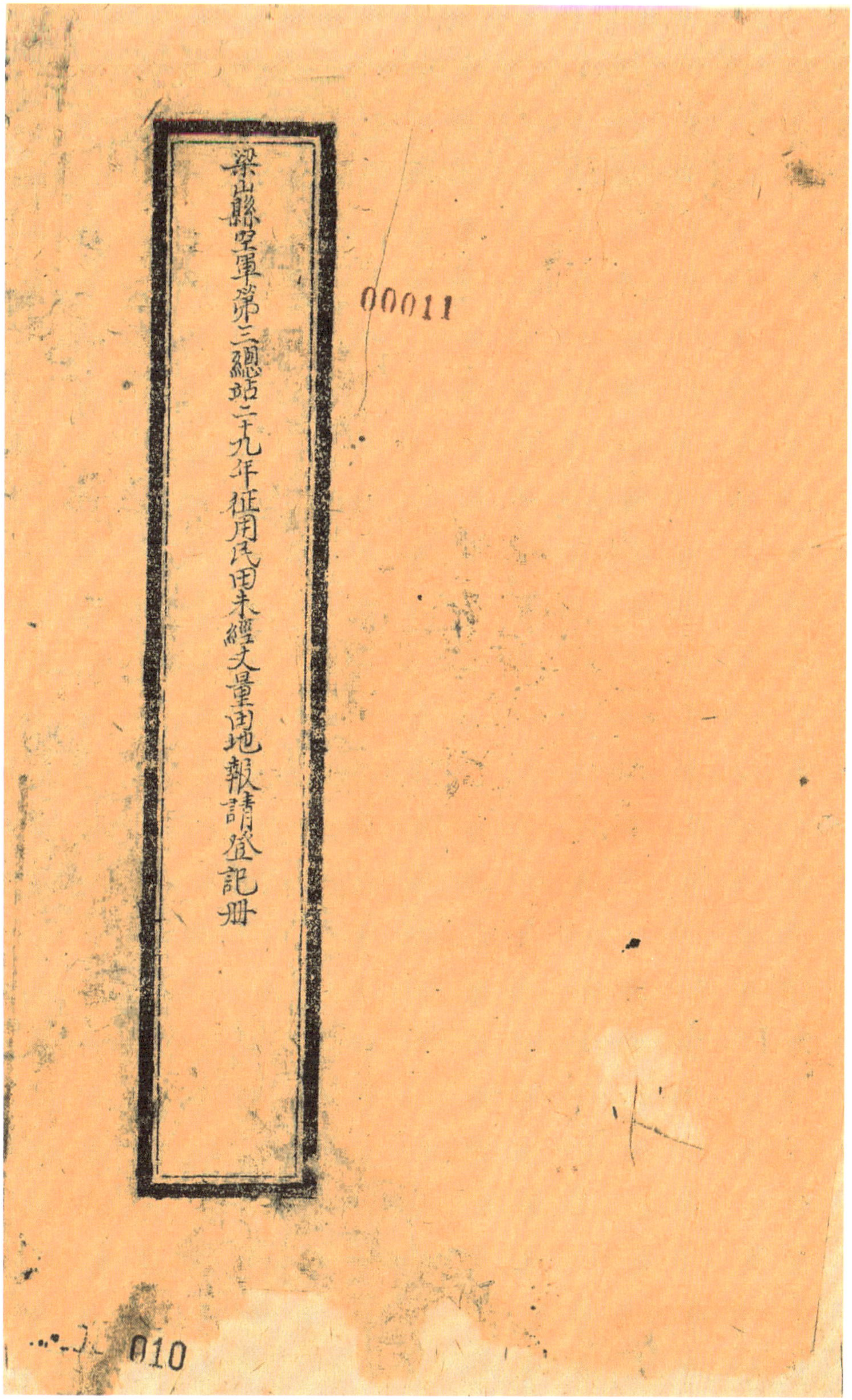
梁山縣空軍第三總站二十九年征用民田未經丈量田地報請登記冊

00011

010

00013

梁山縣空軍第三總站二十九年征用民田未經丈量田地報請登記

業主姓名	地名	工程名稱	開工時間	被用租田石數	有無青苗	備考
劉乃卿	西門外土城門	加寬機場交通路	二十九年七月	七、〇〇石	有	
劉織文	西门外土城门	加寬機場交通路	二十九年七月	七、〇〇	有	
劉旭初	西门外土城门	同	同	一〇、〇〇	同	
晏治北	同	同	同	二、〇〇	同	
鄧國衡	同	同	同	二、〇〇	同	
賴緒三	同	同	同	六〇、〇〇	同	
羅世忠	北门外紅糟门	加油便道	同	六〇、〇〇	同	
馮李氏	同	同	同	五〇、〇〇	同	

011

谢鼎铭	北门外红桥门	加油修道	二十九年七月	九〇〇	有
罗贵崇	同	同	同	一〇〇〇	同
冉並村	同	同	同	五〇〇	同
鄢子尊	同	杭棚加油修道等	同	二五〇	同
陳義元	同	同	同	六〇〇	同
鄺大仲	同	同	同	三〇〇	同
刘兴隆	同	同	同	一〇〇	同
鄧正益	同	同	同	一〇〇	同
洪毓九	同	同	同	一〇〇	同
楊仲傑	同	同	同	一〇〇	同

00012

陳永泰	六八甬外上	加油便道	二十九年七月	一二、〇〇	有
陳樹永	同	同	同	一三、〇〇	同
蕭俊居	同	同	同	八、〇〇	同
陸本刀	同	同	同	三、〇〇	同
賴顯三	同	同	同	一五、〇〇	同
盧兴武	同	同	同	五、〇〇	同
陳石真	同	同	同	一八、〇〇	同
江兴發	同	同	同	一〇、〇〇	同
庚賀氏	同	同	同	一〇、〇〇	同
孫吾	同	同	同	一〇、〇〇	同

012

熊袁氏	同	同	同	六〇〇	同
熊兴善	同	同	同	六〇〇	同
刘乃卿	同	同	同	二〇〇〇	同
孙义顺	同	同	同	三〇〇〇	同
孙凤鸣	同	同	同	二六〇〇	同
彭健民	同	同	同	一四〇〇	同
刘永祺	同	同	同	五〇〇	同
刘李氏	同	同	同	八〇〇	同
秦三星	同	同	同	四〇〇	同
唐双合	同	同	同	四〇〇	同

00014

遊民感化所	北外報國寺側	機場	二十五年七月	八〇〇
邀濟院	南外陳家祠	醫務所	二十七年	九〇〇
刘光明	大滄壩	灯車房	二十七年九月	八〇〇
李義頌	东门外土橋子	武器庫交通路	二十七佔用	八〇〇
鍾玄帆	同	交通路挑棚	同	一〇〇
張夢魁	同	同	同	六〇〇
刘玉書	同	同	同	五〇〇
陳中舉	同	同	同	四〇〇
刘光庭	北外方家沖	同	同	七〇〇
鍾護浦	同	同	同	一〇〇

業經魏站長
有據可憑未給
此係義寺房院地皮

000013

中華

鍾福梅	北外鍾家陛子	同	同	一八〇〇
加德小學	北外豆斤橋	同	同	八〇〇
周謙益堂	北外職校側	同	同	一〇〇〇
張玄山	同	同	同	六〇〇
楊治香	東外沙堤	同	同	四〇〇
姚正銀	西外大河堤	修械室	同	二〇〇

日

梁山县空军建筑国防工程征用民地业主委员会组织办法（一九四四年二月二十二日）

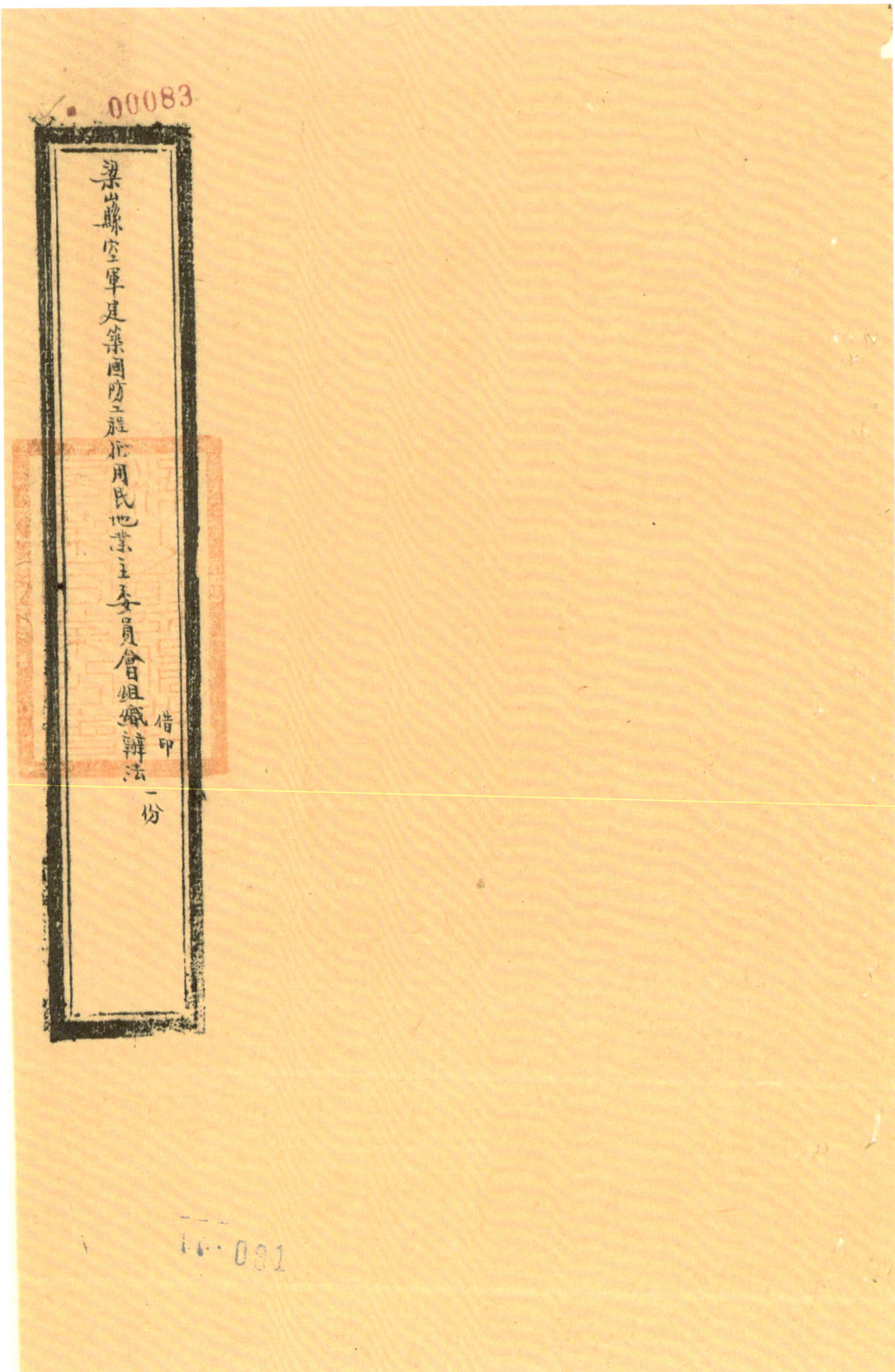

梁山縣空軍建築國防工程征用民地業主委員會組織辦法 借印 一份

00084

梁山縣空軍建築國防工程征用民地業主委員會組織辦法

一、本會為空軍建築國防工程征用民田房屋業主解決本身困難損害計特組織業主會（以下簡稱本會）

二、本會設主任委員一人常務委員二人組長二人幹事二人傳達一人

三、本會主任委員由業主常務委員推聘之其餘業主為當然委員

四、本會下分總務財務二組其職掌如左：

甲、總務組　辦理文書事宜

乙、財務組　辦理價款保管領發事宜

五、每組設組長一人由常務委員兼任幹事二人由主任委員就業主中選擇富有經驗者提出會議推任之

10-082

六、本會各級職員均為無給職傳達一職酌支津貼

七、本會辦公費仍照舊例於各業主領償時開會公決照實扣提用資歸墊

八、本會辦公地點設於中城鎮西大街四三號帽鞋業公會

九、本會刊刻鈐記一顆文曰「梁山縣空軍建築國防工程征用民地業主委員會」以昭信守

十、本會對縣府行文用呈對其他各機關法團行文用函

十一、本會之成立日期自開始征地之日起至給償免糧各項手續辦理完竣之日止

十二、本辦法如有未盡事宜得隨時修正之

十三、本辦法自三十三年三月實施并呈報　縣府咨請　第三總站備案

082-1

00085

借印

中華民國三十三年二月二十二日

083

梁山县空军建筑国防工程征用民地业主委员会关于报送第一次业主会议议案及印模备查致梁山县政府的呈（一九四四年三月）

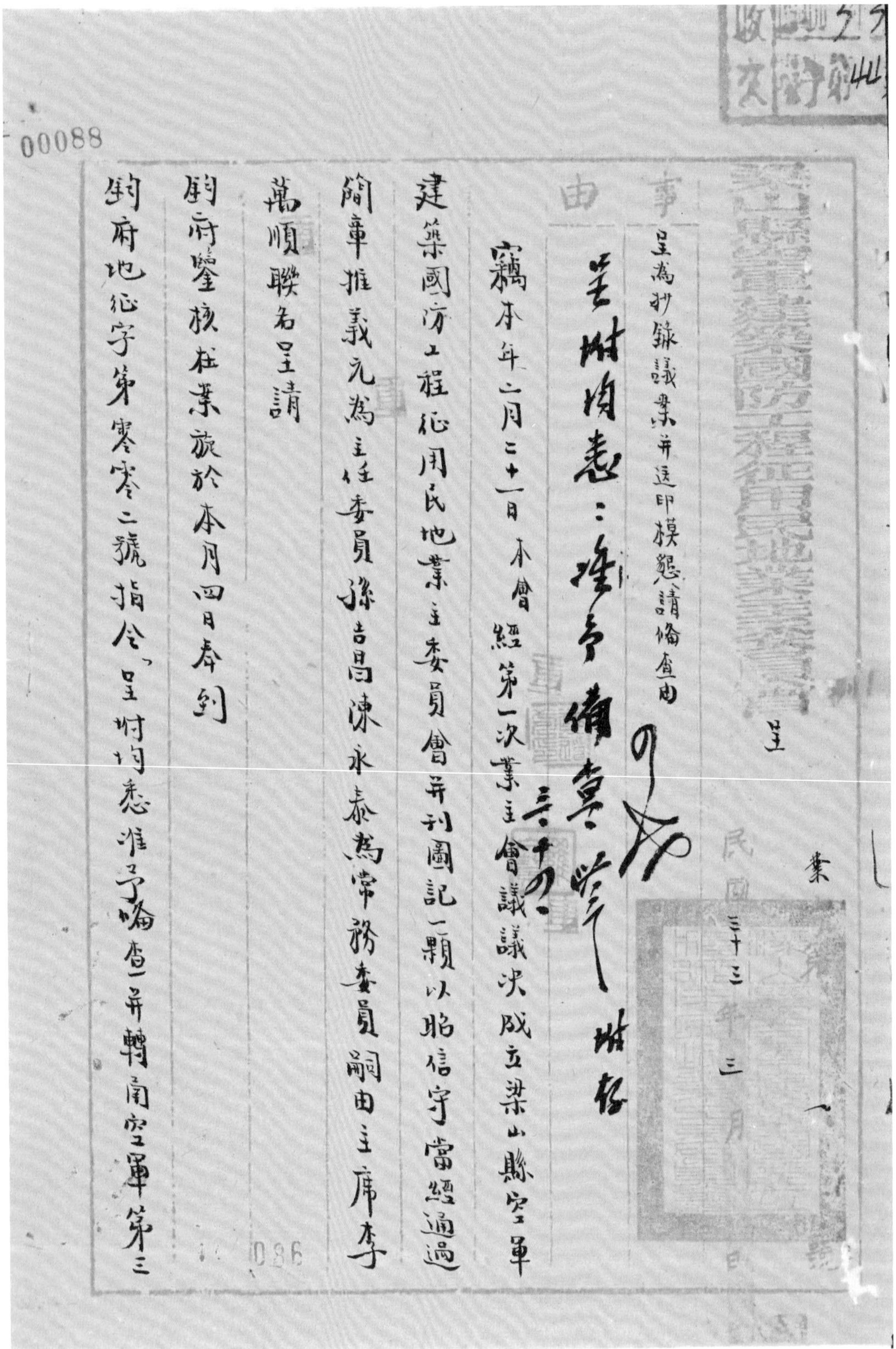
00088

梁山縣空軍建築國防工程征用民地業主委員會呈

業 字第 號

民國三十三年三月 日

事由：呈為抄錄議案并送印模懇請備查由

呈悉。准予備查。此批 三、十四

竊本年二月二十一日本會經第一次業主會議議決成立梁山縣空軍建築國防工程征用民地業主委員會并刊圖記一顆以昭信守當經通過簡章推義光為主任委員孫吉昌陳永泰為常務委員嗣由主席李萬順聯名呈請

鈞府鑒核在案旋於本月四日奉到

鈞府地征字第零零二號指令：呈悉准予備查一并轉函空軍第三

086

總站備查此令　附存轉等因奉此　本會乃於同月七日召集第二次業主會議計到會者三十七人當經檢出第一次議決各案逐一通過　義元等遵即就職并刊刻圖記一顆文曰「梁山縣空軍建築國防工程征用民地業主委員會」啟理合抄錄議案一份并印模二份具文呈請

鈞府鑒核懇予備查實為公便

謹呈

梁山縣政府

主任委員陳義元

附印模二份　議案八份

附一：梁山县空军建筑国防工程征用民地业主委员会印模

空軍征用民田業主第二次會議出席人

李萬順 陳陶氏 陳中舉 劉光明 劉肖氏

楊道承 唐仁貴 袁樹清 陳光泰 徐彬然

孫鳳鳴 向碧華 陸興五 劉滿樹 庚高

鍾云凡 劉玉書 劉織文 羅世忠 羅嗣能

張道權 熊袁氏 陳仲舉 賴錫三 陳永樹

陳永泰 孫吉昌 楊仲傑 鄧慶忠 鄧正益

楊紹馨 洪範九 劉次候 錢聚順 鄺大仲

王鶴軒 林西江

開會時間 三月七日

00094

地点中城镇第十三保保办公处

主席陈义元

纪录刘骥

主席报告（略）

讨论事项：

1.本会可否成立案：

决议：照第一次会议议决成立并呈请县党部备查；

参议会备查：

民通过简章案：

决议：照原简章通过：

092

00095

8、所推職員有無異議案；

決議：仍照第一次公推人員聘任之并無異議；

9、各業粮柱限何日彙齊案；

決議：限於本月十五日以前由各業自行送會登記以便彙報；

開會主席陳羲元印

090

梁山县政府关于检送梁山机场机棚修建征地图册并请核发征地拆迁价款致航空委员会第一修理所的公函（一九四四年八月二十四日）

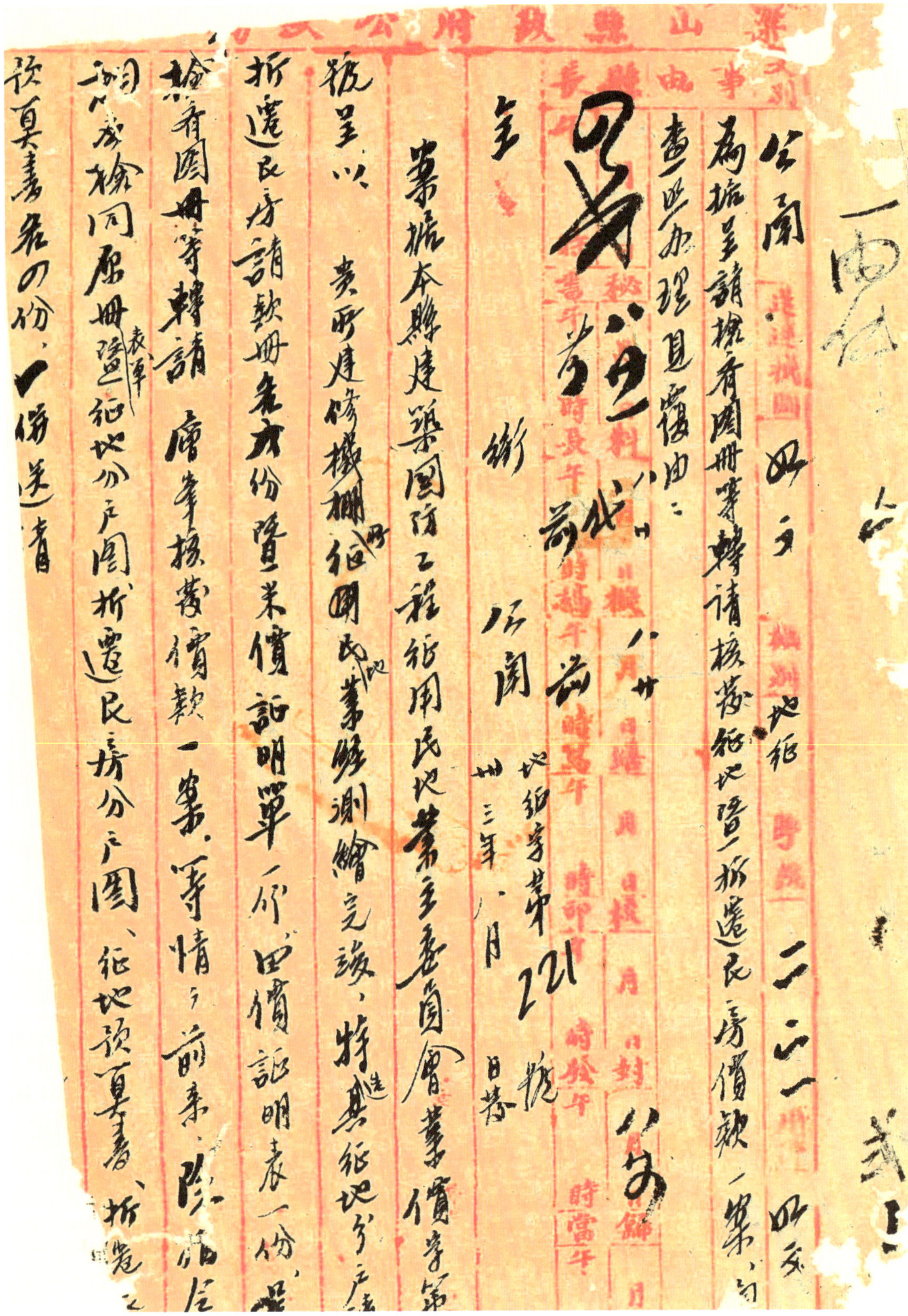
梁山縣政府公函
公函 如下 二二一
為據呈請檢齊圖冊等轉請核發征地暨拆遷民房價款一案，函
查照辦理見復由
至
衛
公函
地征字第221號
卅三年八月 日發
案據本縣建築國防工程征用民地業主委員會業價等第……
貴所建修機棚征用民地業經測繪完竣，特造具征地分戶清……
核呈。以
拆遷民房請款冊各十份暨米價證明單一份、田價證明表一份，呈……
檢齊圖冊等轉請 核發價款一案，等情。前來，除指令……
附檢同原冊暨征地分戶圖、拆遷民房分戶圖、征地預算書、拆遷……
預算書各四份，一併送請

此致

航空委員會第一修理廠

計附征地分户圖、拆遷民房分户圖、征地清册、拆遷民房請款清册、修建預算書、拆遷民房預算書各四份、米價證明單、田價證明表各一份

眾山鄉長黄[illegible]

000246

022

附一：航空委员会第一修理所建修机棚征用民地预算书

航空委員會第一修理所建修機棚征用民地預算書

項目	面積	價額	備
水田	一七八八	四〇六九四〇〇	
旱地	一五八	二五六〇五〇〇	
基地	〇二四	二四三五〇〇	
合計	三五〇二	六八七三四〇〇	

唐

附：航空委员会第一修理所建修机棚拆迁民房预算书

航空委員會第一修理所建修機棚拆遷民房預算書

項目	佔地面積	拆遷費額	備
房屋	二〇八丈	八四二五二〇	

000244

020

房

附三：修理所建修机棚占用民地图

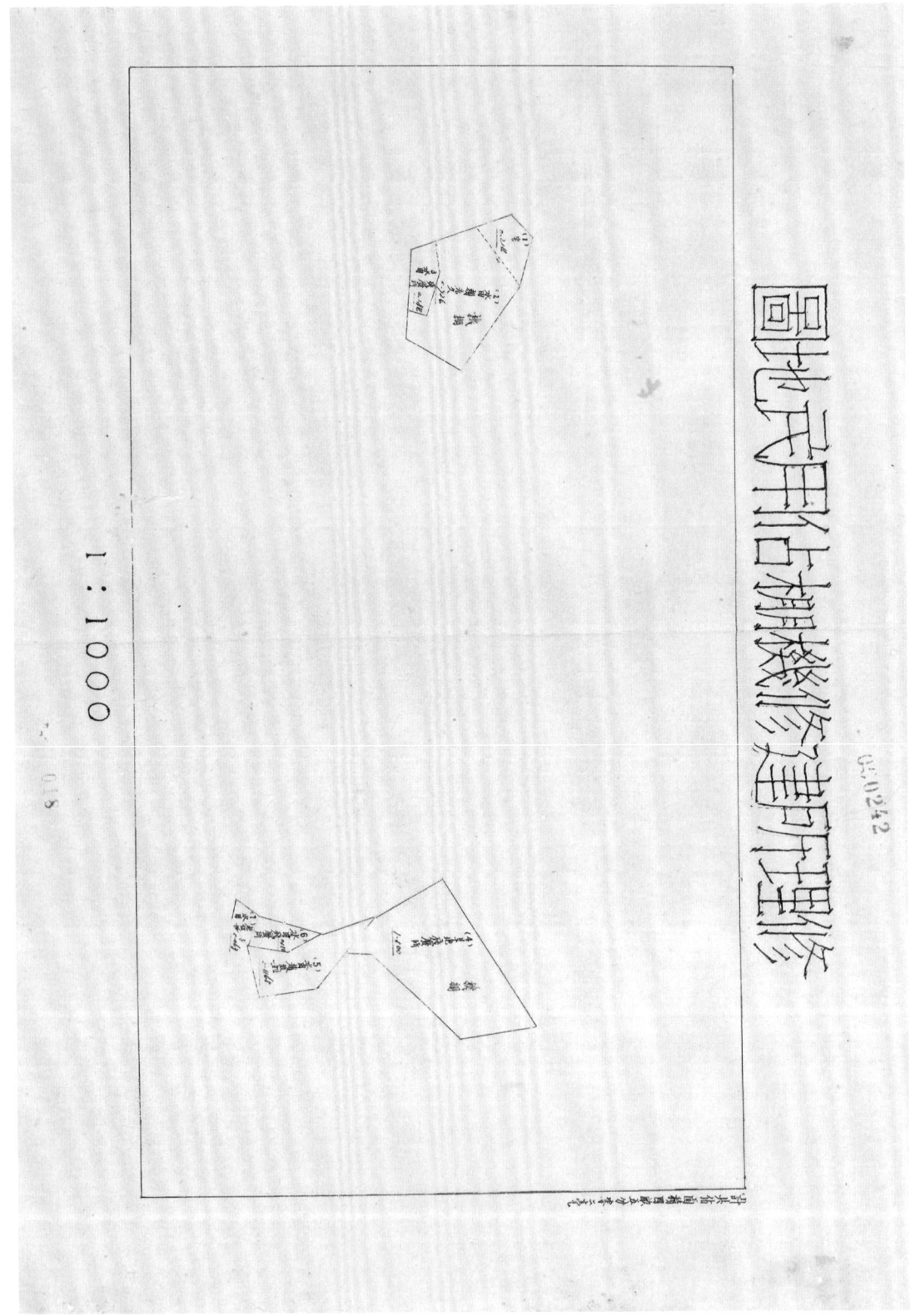

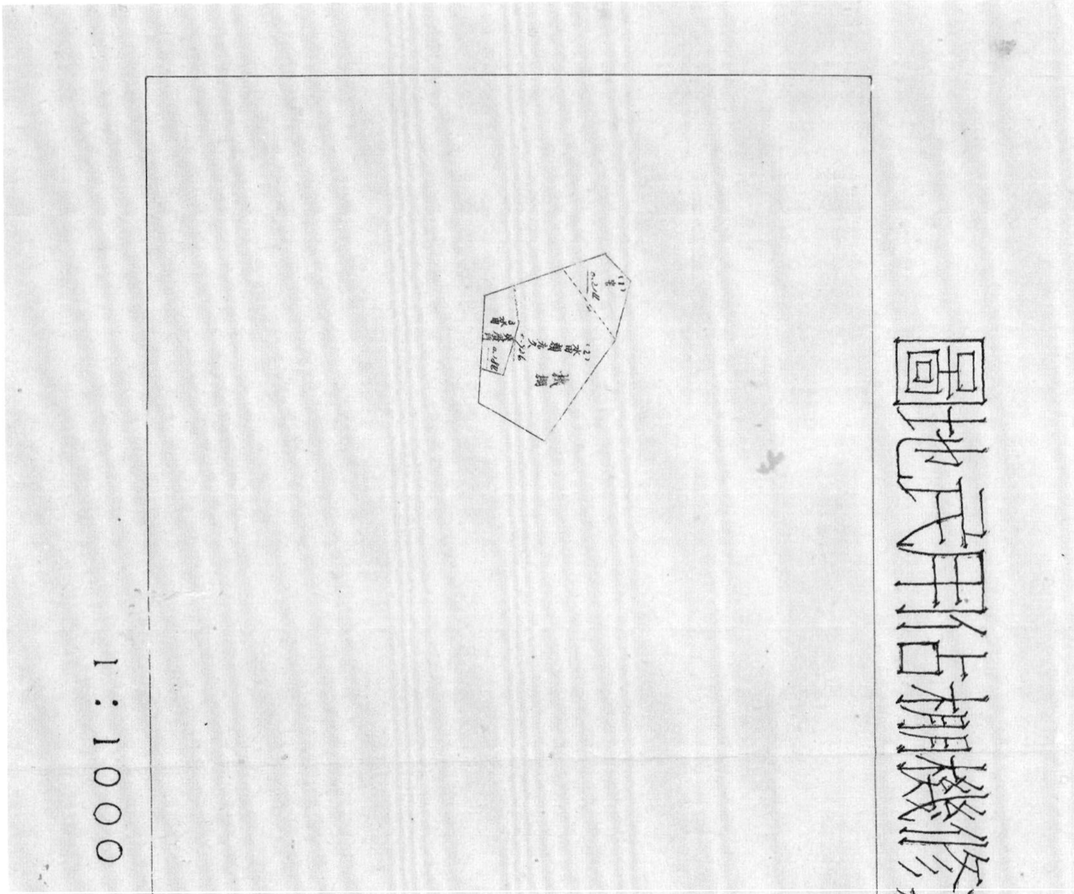

航空委员会空军第三总站关于查复梁山机场扩修等占地亩数致梁山县政府的公函（一九四四年九月八日）

为函复本总站查有机场营房等佔地亩数
函即希
查照由

查案汇填呈报　九·十六

公函　三二梁

三十三　九　八

敬准

贵府地查字第一四九号函开各节敬悉。查本总站征用民地现已丈量给价者，计有扩修机场六五六·六五二六市亩，历次征用民地营房交通路等一六六·一三〇市

006

亩，除有勘实机场余

亩及开修运动场、三、九、三、八市亩，并有勘实机场余地一〇八二、四四老担至原有老场征地及其他射击场等均系贵府主办，本总站并无存案，相应函复查照为荷。

此致

梁山县政府

总站长 [illegible]

四川省梁山县一九三九年九月空军建筑飞机堡垒征用地亩地价分户清册（一九四五年八月）

00057

四川省梁山縣民國二十八年度九月空軍建築飛機堡壘征用地畝地價分戶清冊

050

四川省梁山縣民國二十八年度九月空軍建築飛機堡壘征用地畝地價分 清册

坵號	業主姓名	類別（田、地、其）	坐落	丈量畝數（市畝）	每畝單價	合計價數	備攷
1	陳義元	水田	紅槽門第四便道	八六四	六四〇〇〇〇	五五二九六〇〇	內載每畝單價係根據縣政府召集評價會議由田糧管理處按照紅契證明結果依照奉頒四川省特種工程給價規定參酌戰前民國二十六年內地價平均折算如內載
2	財妾會	〃	〃	八六四	〃	五五二九六〇〇	
3	王鶴軒 李芳傑	〃	〃	八六四	〃	五五二九六〇〇	
4	鄺大冲	〃	〃	八六四	〃	五五二九六〇〇	
5	江茂之	〃	〃	八六四	〃	五五二九六〇〇	
6	洪範九	〃	〃	八六四	〃	五五二九六〇〇	
7	劉靜三	〃	〃	八六四	〃	五五二九六〇〇	
8	鄧慶志	〃	〃	八六四	〃	五五二九六〇〇	

9	鄧正益	水田	紅槽門第四便道		八六四	六四〇〇.〇〇	五五二九六.〇〇
10	鄧子尊	〃	〃		八六四	〃	五五二九六〇〇
11	楊仲傑	〃	〃		八六四	〃	五五二九六〇〇

051-1

合計	小計				
	荒地	墳地	屋基	旱地	水田
九五〇四					九五〇四
六四〇〇〇〇〇					六四〇〇〇〇〇
六〇八五六〇〇					六〇八二五六〇〇

054-1

梁山縣縣長趙秉鉞

航空委員會空軍第三總站站長鄧伯强

中華民國三十四年八月　日

四川省梁山县一九三九年九月空军第三总站建筑飞机堡垒机场征地地价款、青苗费、拆迁费支付预算书（一九四五年八月）

四川省梁山縣民國二十八年九月空軍第三總站建築飛機堡壘機場征地價款青苗費拆遷費支付預算書

四川省梁山縣民國二十八年度九月空軍建築飛機堡壘征地價款青苗費拆遷費支付預算書

支出臨時門共計法幣肆百陆十肆萬捌千弍百伍十陆元肆角肆分正

科目	預算數		備攷
第一款建築飛機堡壘征地價款	六〇八二五六(九)	〇〇	空軍第三總站奉航委會二十八年九月二六一七號人蓉電建築
第一項地價費	六〇八二五六	〇〇	
第一目水田費	六〇八二五六	〇〇	

00066

四川省梁山縣民國廿八年空軍第三總站建築機壘征用民地分户圖

(1)洄 陳義元 0.864	(2)洄 臨安會 0.864	(3)洄 王鶴軒 李芳燦 0.864	(4)洄 鄺大仲 0.864	(5)洄 江茂之 0.864	(6)洄 洪繼九 0.864
(7)洄 劉靜三 0.864	(8)洄 鄉慶忠 0.864	(9)洄 鄧正益 0.864	(10)洄 鄢子尊 0.864	(11)洄 馮伯傑 0.864	

059

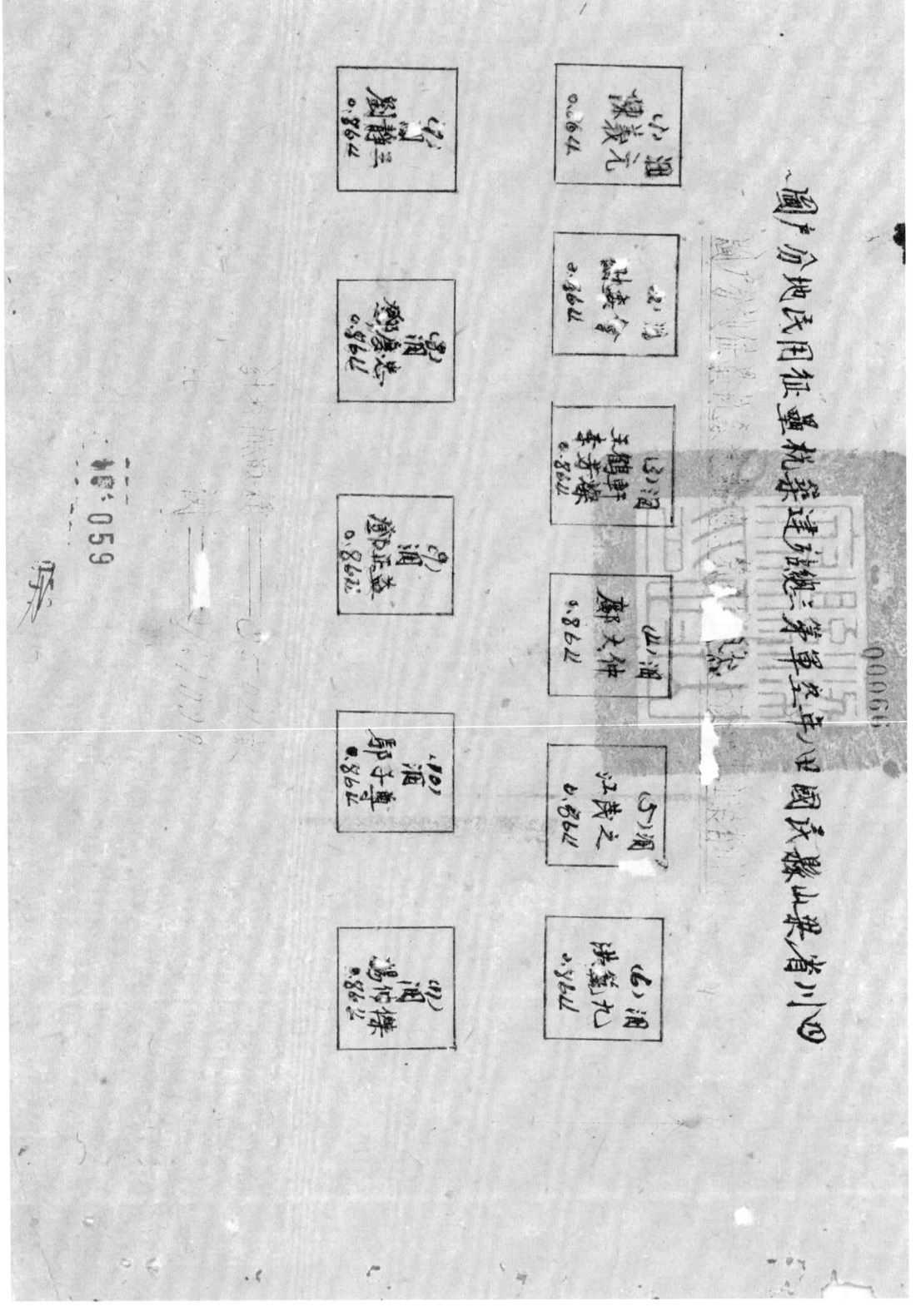

梁山縣縣長趙秉鉞

航空委員會
空軍第三總站

站長鄧伯强

中華民國三十四年八月　日

四川省梁山县一九四四年四月建修棚厂征用房屋拆迁费清册（一九四五年八月）

四川省梁山縣民國三十三年四月建修棚廠征用房屋拆遷費清冊

000192

011

四川省梁山縣民國三十三年度四月建修棚廠征用房屋拆遷賠償清冊

號數	業主姓名	坐落	類別（瓦草）	丈量面積（市方丈）	每市方丈單價（元）	合計價款（元）	備考
1	賴光久	中城鎮第十八保	草	一一.八〇	七一四.〇〇	八四二五.二〇	係奉並頒四川省特種工程給價規定分位一切市斗米之價值列註

合計	小計	
	草房	民房
二八〇	二八〇	
八四二五二〇	八四二五二〇	

0127

000195

梁山縣縣長趙東鉞

航空委員會第一修理所所長李瑞芳代

中華民國三十四年八月　日

013

四川省梁山县一九四四年四月建修棚厂青苗补偿费清册（一九四五年八月）

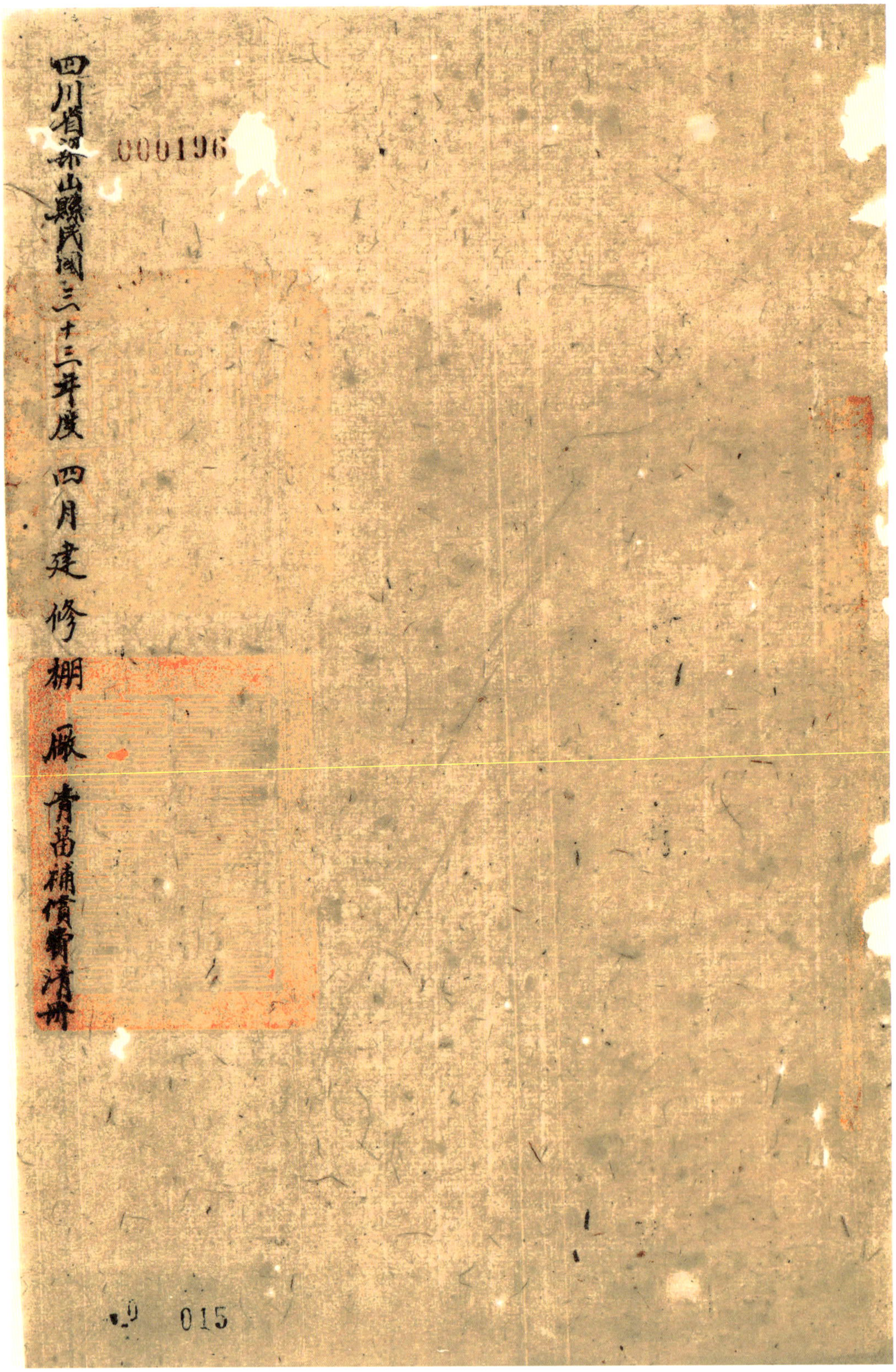
四川省梁山縣民國三十三年度四月建修棚廠青苗補償費清冊

000196

015

四川省梁山縣民國三十三年四月建修棚廠青苗補償費清冊 號

編號	1	2	3	4	5	6	7
業主姓名	賴光久	賴光久	殘廢所	殘廢所	趙致如	殘廢所	趙致如
坐落	中城鎮第十八保	〃	〃	〃	〃	〃	〃
受量面積（市畝）	二一四	九六六	一八四	一五〇〇	四六五	一五〇	〇六三
每畝單價（元）	八〇〇	〃	〃	〃	〃	〃	〃
合計價款（元）		一六八六〇〇	三三五〇〇	二〇四八四〇	八四六六〇	二七三一〇	一一四七〇
備考	每畝單價係依照奉頒四川省特種工程給價規定不分糧食種類一律照地價百分之八元發給列註						

合計										
三五〇二										
八〇〇										
五三〇三八〇										

0164

梁山縣縣長趙秉鉞

航空委員會第一修理所所長李瑞芳代

中華民國三十四年八月日

四川省梁山县一九四四年四月航空委员会第一修理所建修棚厂机场征地价款、青苗费、拆迁费支付预算书（一九四五年八月）

00200

四川省梁山縣民國三十三年四月航空委員會第一修理所建修棚廠機場征地價款青苗費拆遷費支付預算書

019

四川省梁山縣民國三十三年度四月建修棚廠征地價款青苗費拆遷費支付預算書

支出臨時門共計法幣肆百肆十捌萬弍千柒百陸柒元乙角肆分正

科目	預算數	備攷
第一款建修棚廠征地價款	八二四六四一〇	
第一項地價費	六八七三五一〇	
第一目水田費		
第一節旱地費		
第二節屋基費	二四三五三〇	
第二項青苗補償費	五三〇三八〇	
第一目青苗費	五三〇三八〇	

第三項拆遷費	八四二五二〇
第一目草屋拆遷費	八四二五二〇

020-1

000202

梁山縣縣長趙東鉞

航空委員會第一修理所所長李瑞芳

中華民國三十四年八月　　日

021

四川省梁山县一九四四年四月空军建修棚厂征用地亩地价分户清册（一九四五年八月）

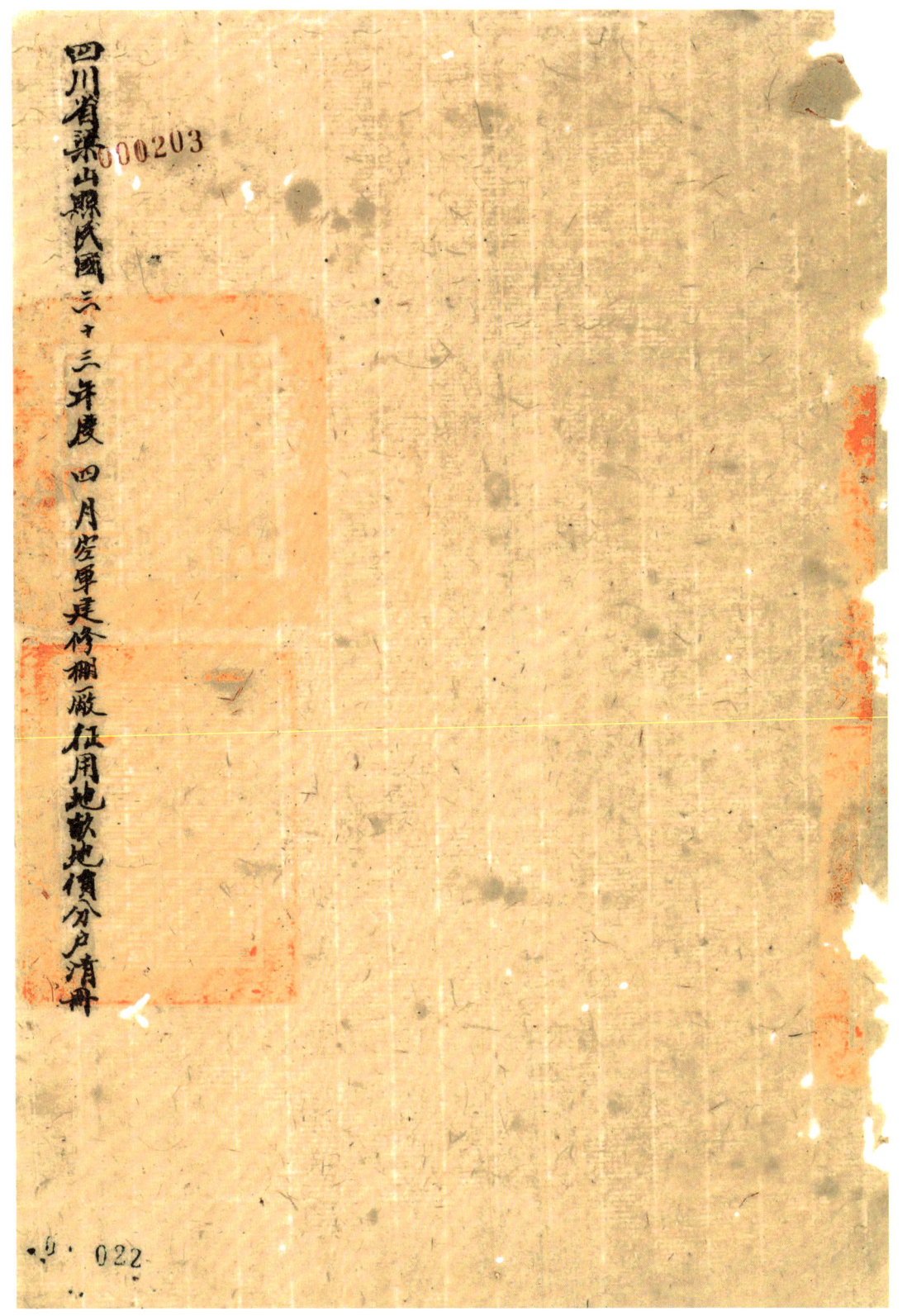
四川省梁山縣民國三十三年度四月空軍建修棚廠征用地畝地價分户清册
000203
9·022

C00204

四川省梁山縣民國三十三年度四川空軍建修棚廠征用地畝地價分户清冊

編號	業主姓名	類別（田地基等）	坐落	丈量畝數（市畝）	每畝單價（元）	合計價款（元）	備考
1	賴光久	基地	中城鎮第十八保	二一四	一一三八〇〇〇	二四三五三〇	内載每畝單價係根據縣政府兩度召集評價會議由田糧管理處摸具地契證明結果依照奉頒四川省特種工程給價規定平均折算旱地基地按現擔列計如内載
2	賴光久	水田	〃	九六	二二七六〇〇〇	二一〇五七〇	
3	残廢所	水田	〃	一八四	二二七六〇〇〇	四一八七八〇	
4	残廢所	旱地	〃	一五〇	一七〇七〇〇〇	二五六〇五〇〇	
5	趙致如	水田	〃	四六五	二二七六〇〇〇	一〇五八三四〇	
6	残廢所	水田	〃	一五〇	二二七六〇〇〇	三四一四〇〇	
7	趙致如	水田	〃	〇六三	二二七六〇〇〇	一四三三九〇	

023

梁山縣縣長趙東戭

航空委員會第一修理所所長李瑞芳代

中華民國三十四年八月

（二）税赋减免

梁山县政府、四川省政府等关于造报扩修梁山飞机场征用民地免赋清册的来往文书（一九三八年二月至六月）

梁山县政府致四川省政府的呈（一九三八年二月）

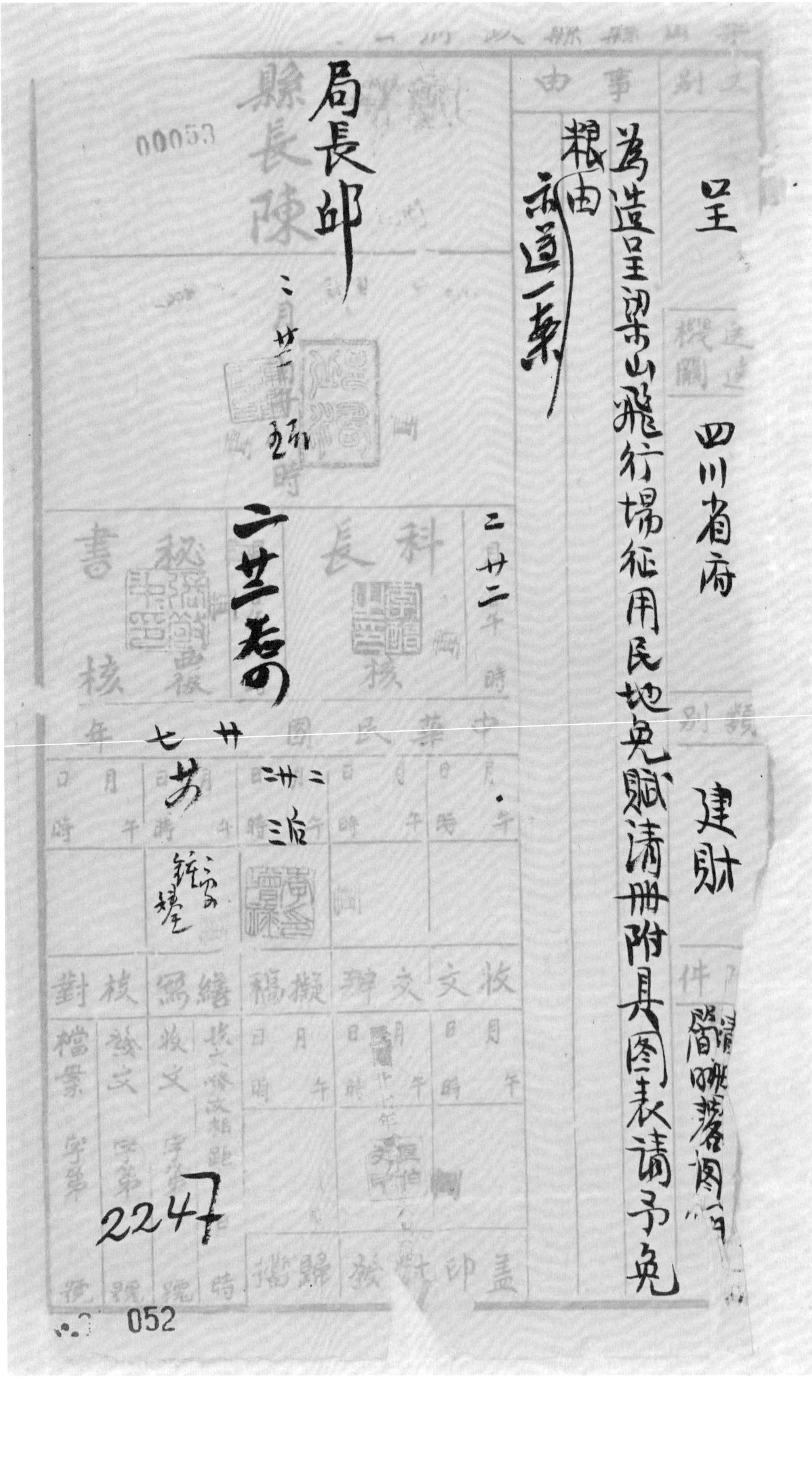

竊查耿縣飛行場於廿六年十一月一日興工擴修，
現已完成。所佔民田經清丈登記稻作租額計有一千
一百四十六石七斗〇升，面積為五百一十九市畝四分三
厘。此項被征田地，每租一石，載粮四合，共計載粮四石五
斗八升七合。每征應納洋一百四十六元七角九仙。迭據各
業主以田被征用，生活無着等情，請予豁免粮税，并
給地價前來；除地價一項，業由縣長另案報請核
發外，所載粮額，依修正土地賦税減免規程第四條「公
有土地及因公征用之土地，應一律免賦税」之規定，應
予全數豁免。茲按實際情形，造具飛行場征用民

地免赋清册填注永远免赋简明表并绘制略图，具文

赍呈

钧府俯赐核免，今遵谨呈

四川省政府

计呈扩修梁山飞行场征用民地免赋清册及略

图各二份、永远免赋简明表七份。

梁山县县长陈兴雯

梁山县征收局局长郎涛

中華民國廿七年二月　日

附一：四川省梁山县造报扩修飞行场征用民地免赋清册

3

00055

四川省梁山縣造報擴修飛行場征用民地免賦清冊

區鄉鎮名	第　聯保 保長辦事處所在 甲小地名	業主姓名	原納糧民	田地類別及面積數目 壩田 山田 壩地 坡地 （市畝）	應載糧額 （每畝）	應征減免糧賦	備考
第一區北城鎮	高板橋	孫驍章 孫春興	孫國名	三三五八九	〇·一三〇石	三元八四	合田租三十石
		楊應滄	楊孝維	六·七九四	〇·〇六〇	一九二	合十五石
		劉雲成	刘厚德 黄氏	六·七三九六	〇·一四八	四七四	合三十七石
		杜林氏	杜維當	四·五三九六	〇·〇四〇	一二八	合十石
		杜賀氏	杜賀氏	四·五三九六	〇·〇四〇	一二八	合十石
	馮家堰	戚振慧	戚豐泰	四八·三三七	〇·四二五	一三六〇	合一百零六石二斗四升
		彭劉民	彭劉國	五·八八五	〇·〇五二	一六六	合十三石
		胡樹人 胡价人	胡太極 胡當先	六·七九四	〇·〇六〇	一九二	合十五石

001

和尚橋	黃世明	黃伯椿鈞	七二四四	〇.〇六四	二〇五合十六石
	孫元吞	孫元吞 濟洲	三七八五三	〇.二四六	十八七合六十一石五斗
	余蔭蘭	余作藩	四七三六〇	〇.四二〇	一三四四合一百零五石
	柳治清 陳瑞廷 胡正貴 胡景六	柳永慶 陳平波 胡三星 胡景祺	三六六九〇	〇.三二四	一〇三七合八十一石
	賀安元 鄢祖純	賀安元	五四三五	〇.〇四八	一五四合十二石
	楊沛霖 乾益	楊沛霖 乾益	九〇三九二	〇.〇八〇	二五六合二十石
	徐子萬	徐璞山	一八二九	〇.〇一六	〇五一合四石
瓦廠	孫元吞 鳳樂	孫合兴 吉安	二九四三六	〇.二六〇	八三三合六十五石
	龔紹叔	龔敦化	四五二九六	〇.〇四〇	一二八合十石
	袁修吾	袁修吾	一三五八九	〇.〇一二	〇三八合三石

4

00056

第一區北城鎮邑家巷	江東生（北生）	江夢俠	六·二一吾	〇·〇五四	一七三合十三石五斗
	鍾蔭溥 遠	鍾蔭溥	六·四七三六	〇·三七三	一八三〇合一百四十三石
	袁鶴亮	隆純堂	五·四四三五五	〇·〇四八	一五四合十二石
	李光裕 冷德富 冷明星 唐百福	李光裕 冷德富 冷明星 唐百福	四·〇〇七〇	〇·二一二	六七八合五十三石
唐家花園	劉光玉	劉光玉	一七·二二六	〇·一五二	四八六合三十八石
	盛永興	盛永興	二·二八九二	〇·一八八	六〇二合四十七石
	鍾逢春	鍾逢春	五·三·三五	〇·四八〇	一五三六合一百廿石
	孫義堂	孫義堂	一〇·八七三	〇·〇九六	三〇七合廿四石
三元橋	秦北平	秦北平	二·五·三八九	〇·二二四	七一七合五十六石
	蔣五爾	蔣五京	七七·〇品	〇·〇六八	二一八合十七石

00-002

月耳垣戲聚垣戲豐泰	二三三八二	〇〇八	〇五八合四石五斗
麻榔灣遊民感化遊民感化所	二二六四八	〇〇二〇	〇六四合五石
合計	二五九四三〇	四·五八七	一四六七九合一千七百四十六石七斗四升

說明：1、本縣田地面積不計畝數，而計租額，單位為石，賦稅亦以石為標準，每田租一石載糧四合，表列面積數為市畝，不便計算其糧額，故於備考欄內特將各業主被徵田地之租額註明，用資查考。

2、每糧一石每徵納洋叁拾貳元。

附二：四川省梁山县永远免赋简明表（一九三八年二月二十日）

四川省梁山縣永遠免賦簡明表

00057

中華民國二十七年二月二十日

項目／區名／村名	免賦原因	免賦畝數	免賦成數	額徵數	豁免數	備攷
第一區北城鎮	擴修飛行場徵用民田	市畝 五一九·四三	全免	石 四·五八七	石 四·五八七	本縣糧額每石租為四四合所佔五一九·四三市畝合二四四六·七四石租應免賦如上數
合計		五一九·四三		四·五八七	四·五八七	

003

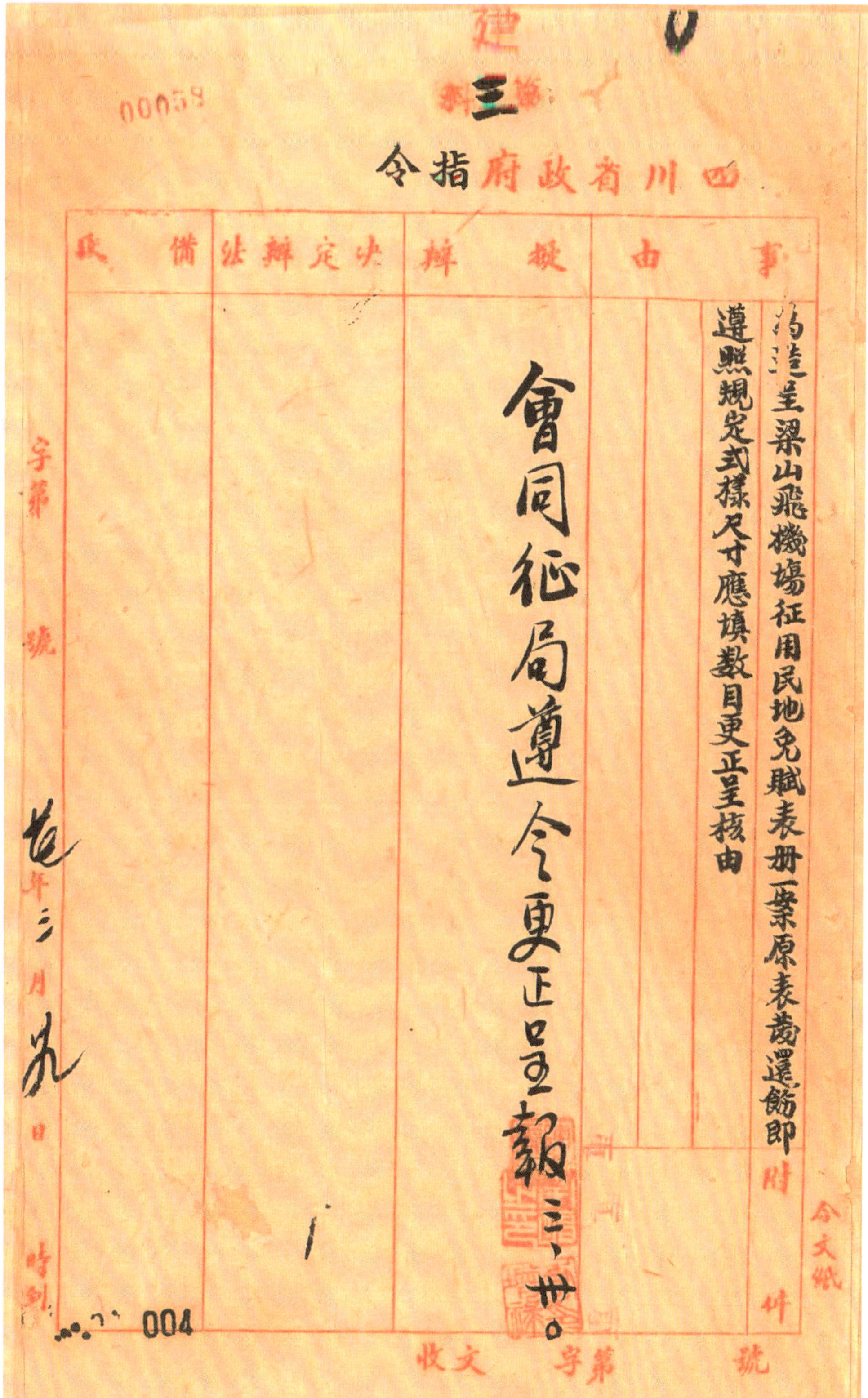
建

00058

三

四川省政府指令

事由	擬辦	決定辦法	備攷
為遵呈梁山飛機場征用民地免賦表冊一案原表發還飭即遵照規定式樣尺寸應填數目更正呈核由 附件	會同征局遵令更正呈報 三、卅。		字第 號 年三月 日 時刻

令文紙

收文 字第 號

004

四川省政府致梁山县政府、梁山县征收局的指令（一九三八年三月二十日）

四川省政府指令

二十七年财字第 6408 号

令梁山县政府
征收局

廿七年二月呈一件为造呈梁山飞机场征用民地免赋表册请予免粮示遵由

呈附均悉。查该县赍呈飞机场征用民地免赋表、核与部颁式样尺寸大小不合、且蠲免数一栏、应列为粮银数目、载粮数目、祇可注明于备考栏内、原表发还、仰即遵照更正并须署盖名章另呈来府、毋行核办。

附件分别存还。此令。

計處還免賦表七份。

中華民國廿七年三月廿日

主席

委員兼秘書長鄧漢祥代行

財政廳長劉航琛

監印員梅寄鶴

校對員吳少華

區名村名／項目	免賦原因	免賦畝數	免賦成數	額徵數	獨免數	備攷
第一區北城鎮	擴修飛行場徵用民田	五一九.四三市畝	全免	四五八七石	四五八七石	本縣粮額每石租為四合所佔五一九.四三市畝合一二四六、七四石租應免賦如上數
合計		五一九四三		四五八七	四五八七	

中華民國……二十日

梁山县政府、梁山县征收局致四川省政府的呈（一九三八年六月二十九日）

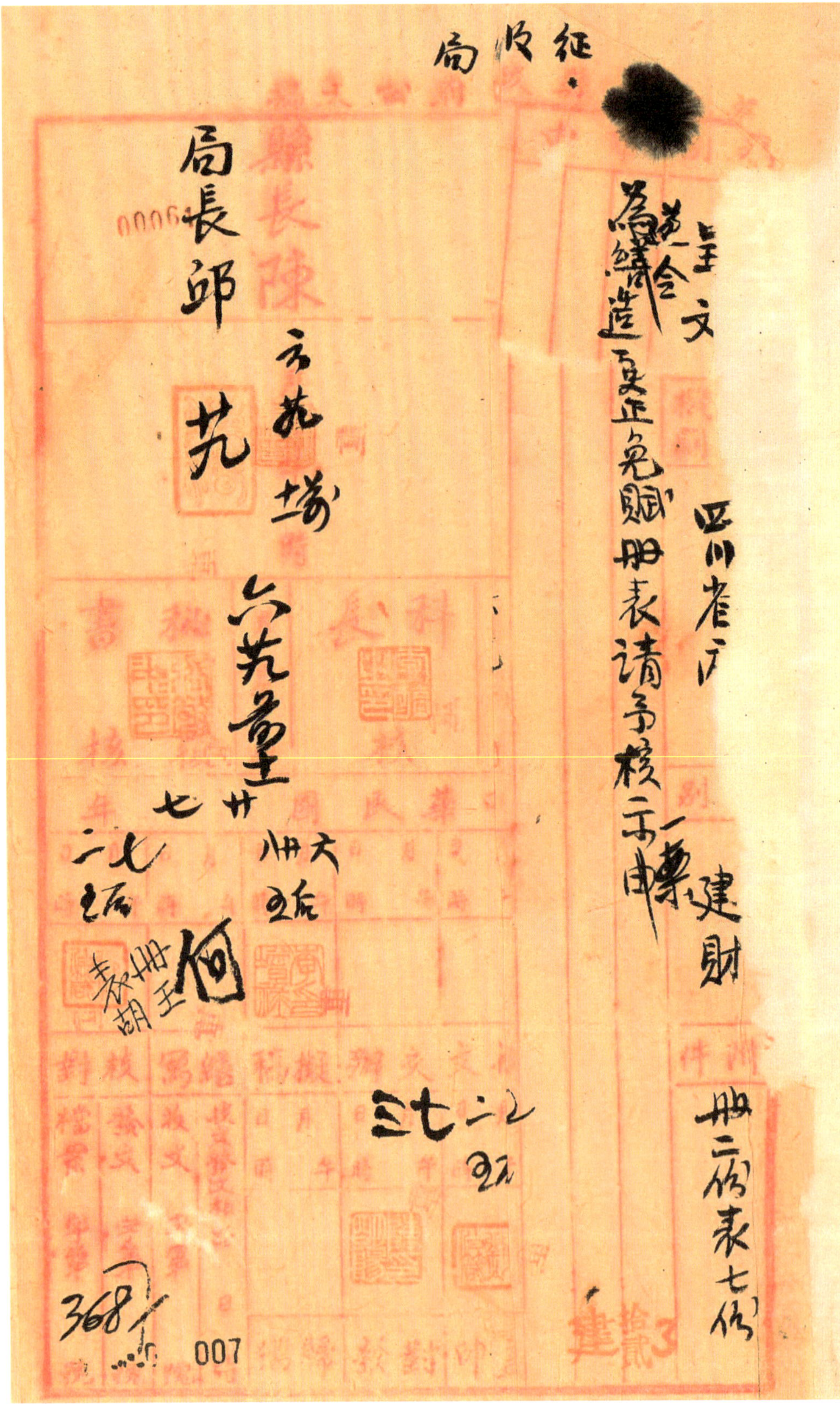
征收局

縣長陳

局長邱

呈文

四川省府

為彙造呈並免賦冊表請予核示由

建財

冊二份 表七份

科長

秘書

中華民國 年 月 日

擬稿 文 繕寫 校對

007

忠 368

竊查鄞縣擴修飛行場所佔民田應免賦稅一案，前經
造具免賦清冊，填註永遠免賦簡明表，並繪製平面圖，會同
呈奉
鈞府卅七年財字第六四〇五號指令內開：「發還免賦表七
份，飭遵部頒式樣更正，併須署蓋名章，另呈核辦。」等因
在案。查所報征用民田為壹千壹百貳拾陸石柒斗貳升，每石
載糧四合，應免貳石伍斗捌升柒合。嗣據業主盛永興呈明所有田
租伍拾石，全數被佔，前報徵用貳拾柒石，與事實不合，曾於本年
三月廿四日復經查勘該民田租伍拾石，悉數徵用屬實，此項脫漏
田租叁石，經呈奉

鈞府建字第七一三〇号迴批代令備查，有案，應予一併免賦。計實佔田租為壹千壹百捌拾玖石柒斗捌升，免粮總數為捌石伍斗玖升玖合，按每粮一石年納法幣叁拾元，每石應減粮銀壹百捌拾柒元壹角柒仙正。奉令前因，理合彙造更正免賦清冊，及永遠免賦簡明表，具文一併賫呈

鈞府俯賜核免，指令祗遵。謹呈

四川省政府主席王。

計呈擴修飛行場征用民地免賦清冊二份，永遠免賦簡明表七份。

梁山縣縣長陳〇〇

梁山縣征收局局長邱〇

中華民國廿七年六月廿九日

附一：四川省梁山县造报扩修飞行场征用民地免赋清册

四川省梁山县造报扩修飞行场征用民地免赋清册

区别	镇乡别	联保别	保甲	产业所在小地名	业主姓名	原册粮民	田地类别及面积亩数	应缴每亩应纳粮额	减粮银元	备考
第一区	北城镇			高板桥	孙铭章 孙春兴	孙国光	三·五六九	〇·一二〇	三·八四	合田租三十石
					杨应全	杨孝维	六·六九四	〇·〇六〇	一·九二	合十五石
					刘云凤	刘厚德 黄氏	六·七五六	〇·一四八	四·七四	合二十七石
					杜林氏	杜维富	四·五九六	〇·〇四〇	一·二八	合十石
					杜贺氏	杜贺氏	四·五六六	〇·〇四〇	一·二八	合十石
				冯家堰	钱振楚	钱丰泰	四·八三七	〇·〇四五	一·三六〇	合一百零六石二斗〇升
					彭剑民	彭剑国	五·八五五	〇·〇三三	一·〇六	合十三石
					胡树人 胡荷人	胡亦极 胡当先	六·七五四	〇·〇六〇	一·九二	合十五石

和尚橋 黄世明 黄伯楷 鈞	七一四四	〇〇六四	二〇五合十六石
孫元谷 孫元谷 濟洲	七一八四三	〇三八六	七八七合十一石〇五斗
金蘆蘭 金介藩	四九一三〇	〇四二〇	一三四四合一百零五石
柳治清 柳永慶 項瑞廷 項平波 劉正貴 劉三星 胡景文 胡景斌	三六一九〇	〇三三四	一〇三七合八十一石
賀守元 賀守元 鄢祖純	三一四二五	〇〇四八	一五四合十二石
楊沛霖 楊沛霖 乾益 乾益	九〇三三	〇〇八〇	二五六合二十石
徐子萬 徐璞山	一八二九	〇〇一六	〇五一合四石
瓦廠 孫元谷 孫鳳舉 孫合興 吉安	一九四二六	〇二六〇	八三三合六十五石
龔紹叔 龔龍敷 化	四五三六	〇〇四〇	一二八合十石
袁修吾 袁修吾	一三五三九	〇〇一三	〇三八合三石

第一区北碚镇

龙家巷 江东生 江北生	江梦依	四·三一三	〇·三四	一七三合十三石五斗
钟荫溥 钟远	钟荫溥	五四·一三六	〇·一五三	一八三〇合一百四十三石
袁娘尧	隆纯堂	五四·三三五	〇·〇四八	一五四〇合十五石
李光裕 徐德富 徐明星 唐百福	同上	十〇·五〇	〇·二三	六七八合五十三石
唐家花园 刘光玉	刘光玉	一七·三三六	〇·一五二	四八六合三十八石
盛永兴	盛永兴	二·六九二	〇·二〇〇	六四〇合五十石
钟逢春	钟逢春	四·三三五	〇·四八〇	一五三六合一百二十石
孙光堂	孙三堂	十·八二三	〇·〇九六	三〇七合廿四石
三元桥 秦北平	秦北平	二三·五三九	〇·二二四	七一七合五十六石
蒋五常	蒋五爾	七·〇四	〇·〇六八	二一八合十七石

月耳坵	錢聚垣	豐泰	一〇三八三	〇〇〇八	〇五八合〇石五斗
麻榔灣	遊鳳花	同上	一二六四八	〇〇二〇	〇五四合五石
合計			五二九四三〇	四五九	一四七一七合一千一百〇十九石二斗〇升

說明：一、本縣田地面積，不計畝數，而計租額，單位為石。賦稅亦以石為標準，每田租一石載糧四合，表列面積數為市畝，不便計算糧額。故於備攷欄內特將各業主被征田地之租額註明，用資查攷。又每糧一石，每征納洋叁拾貳元。

附二：四川省梁山县永远免赋简明表（一九三八年六月十日）

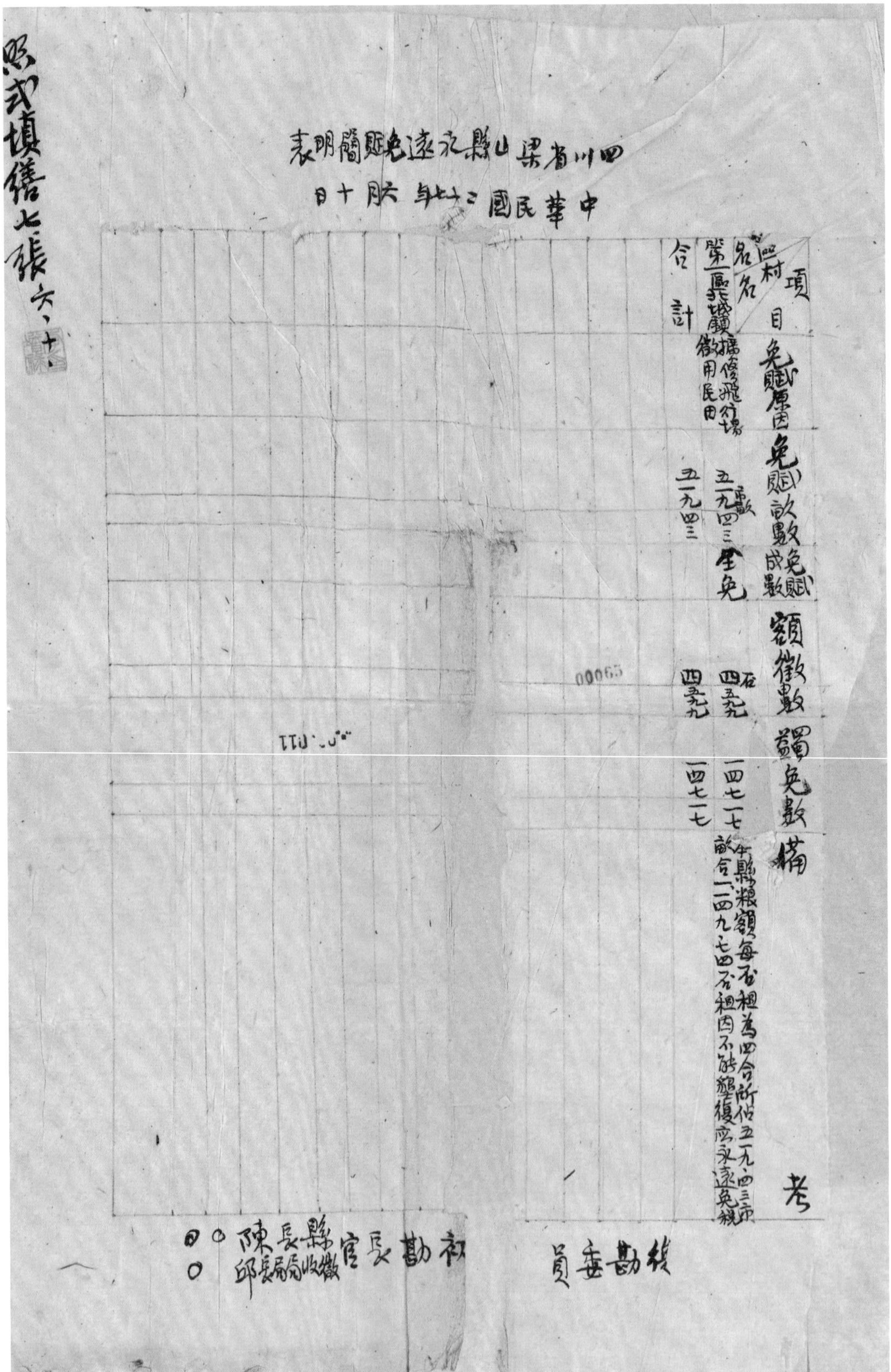

照式填繕七張 六、十

四川省梁山縣永遠免賦簡明表

中華民國二十七年六月十日

項目 區村名	免賦原因	免賦畝數	免賦成數	額徵數	豁免數	備考
第一區張家鎮	擴修飛行場徵用民田	畝 五一九·四三	全免	石 四五九九	一四七一七	本縣糧額每石租為四合，所佔五一九·四三市畝合一一四九·七四石租，因不能墾復，應永遠免賦
合計		五一九·四三		四五九九	一四七一七	

縣長 陳 印

初勘長官 徵收局局長 邱

複勘委員

梁山县政府、梁山县征收局关于从扩修梁山机场占用民田各业主应领地价款中扣缴一九三七年前欠粮数目的来往咨（一九三八年七月至九月）

梁山县征收局致梁山县政府的咨（一九三八年七月二十六日）

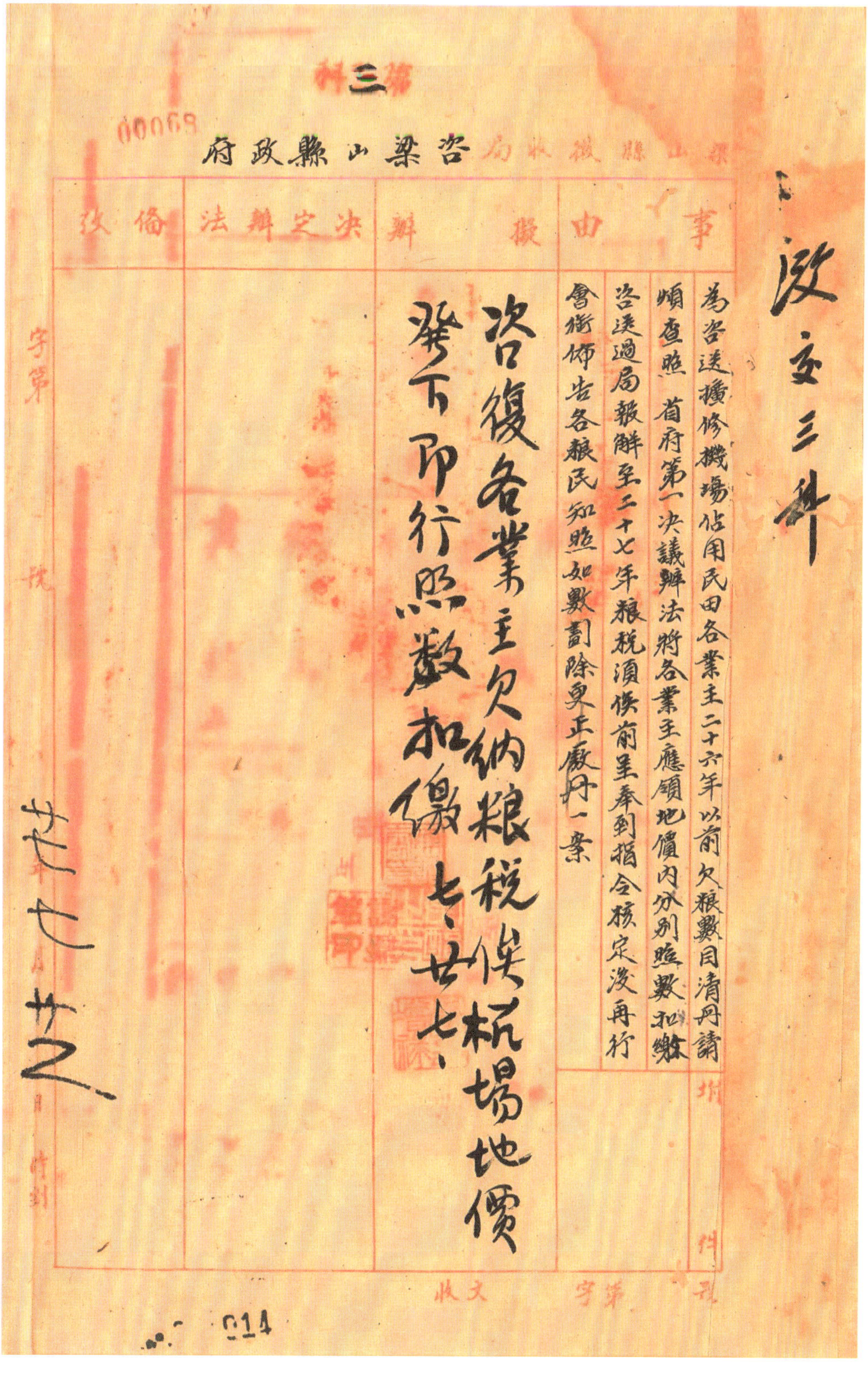

第三科

梁山縣徵收局 咨 梁山縣政府

發交三科

事由	擬辦	決定辦法	備考
為咨送擴修機場佔用民田各業主二十六年以前欠糧數目清冊請煩查照 貴府第一決議辦法將各業主應領地價內分別照數扣繳咨送過局報解至二十七年糧稅須俟前呈奉到指令核定後再行會銜佈告各糧民知照如數劃除更正厥冊一案	咨復各業主欠納糧稅俟機場地價發下即行照數扣繳 七、廿七		

廿七 七月 廿七

014

梁山縣徵收局 咨

二十七年粮字第一一一號

本月二十一日案准

貴府二十七年財建字第三八八零號咨轉

省令將擴修機場徵用田畝應納粮款截至二十六年底止二十七年起即予豁免一案并抄送二十七年六月二十七日會商分配各機場地價議決案過局咨請查照辦理見復等由准此查敝局對於此案已逕奉

省令抄發議案下局亦同前由業飭粮稅股查明前報機場佔用民田各業主二十六年以前欠粮數目分別繕造清冊備文咨送

貴府煩為查照第一決議辦法請各業主於應領地價內分別照數扣繳咨

00069

送過局以憑報解至二十七年應免糧稅須俟前呈奉到指令核定後再行會

銜佈告各糧民知照如數劃除更正厥冊茲准前由相應咨復希即

查照爲荷此復

梁山縣縣長陳

計咨送清冊一本

局長鄧　濤

000015

中華民國二十七年七月二十六日

業主	廠區名	號數	糧石數	應納稅額	備考
孫銘軒 孫春興	孫國名	已完	七四〇		
楊應滄	楊孝維	26下 一	九二九	七〇七	
劉云成	劉厚德	26上下 二	一三六〇	一九一二	
	劉黃氏				
杜林氏	杜維富	26上下 二	四〇〇	五六三	
賀氏	杜賀氏	26上下 二	四〇〇	五六三	
錢振惠	錢丰泰	26上下 二	四二八〇	六〇一五	
彭劍氏	彭劍國	已完	四五〇〇		
胡景六	胡景斌	26下 一	九七五	七四二	

016

胡樹人	胡太極					
胡价人	胡當光				一一七九六	由分櫃送局照案上的欠數
黃世明	黃伯鈞	26下附加連夫佔等共五季		一三〇	八四二	
	伯楷	26下	一	六〇〇	四五七	
孫元谷	孫元谷	26下	一	六七〇	五一〇	
	濟洲	26下	一	一〇〇	七七	
余蔭蘭	余介藩	26下	一	二〇〇	二〇三一	
	余若應	26下	一	二〇〇	二〇三一	
柳治清	柳永慶	26下	一	九七五	七四二	
夏瑞廷	[illegible]	26下		八五〇	六四七	

鄧正貴	鄧三星	26下 一	九七五	七四二
賀守元	賀守元			
	郭祖純	26上下 二	二五〇	三五二
楊沛霖	楊沛霖		三九八	
乾益	乾益	26上下 二	一〇二	一四四
徐子萬	徐璞山			
孫元谷	孫合興	26下 一	六七〇	四八九
鳳舉	吉安	26下 一	六七〇	四八九
龔紹叔	龔敦化	26上下 二	一八〇	二五二
袁修吾	袁脩吾	已完	五〇三	

鄧正貴	鄧三星	26下 一	九七五	七四二
賀守元	賀守元			
	郭祖純	26上下 二	二五〇	三五二
楊沛霖	楊沛霖		三九八	
乾益	乾益	26上下 二	一〇二	一四四
徐子萬	徐璞山			
孫元谷	孫合興	26下 一	六七〇	四八九
鳳舉	吉安	26下 一	六七〇	四八九
龔紹叔	龍敦化	26上下 二	一八〇	二五二
袁修吾	袁脩吾	已完	五〇三	

江東生	江夢侠	26下 一	九〇〇	六八五
鍾蔭溥 逵溥	鍾蔭溥	已完	三二〇〇	
袁娘堯	隆紙堂	26上下 二	六〇〇	八四四
李光裕	李光裕	25下 26上下 三	五三〇	一三四四
涂德富	涂德富	25下 26上下 三	五三〇	一八(三)四四
明星	明星	同前	五三〇	一八(三)四四
唐百福	唐百福	同前	五三〇	一三四四
劉光玉	劉光玉	26上下 二	五二〇	七三一
盛永興	盛永興	26上下 二	二〇〇〇	二八二一
鍾逢春	鍾[illegible]	26下 一	二六〇〇	一八七八

00072

孫茂堂	[illegible]	26上下	二	九六〇	一三四九	
秦北平	秦北平					不知屬何鄉
蔣五尔	蔣五尔					不知屬何鄉
錢聚垣	錢丰太	已完				
游民感化所	游民感化所					不知冊名究竟何名
合計				四五七七七		

018

中華民國二十七年七月二十六日

梁山县政府致梁山县征收局的咨（一九三八年九月七日）

00079

咨

征收局

为咨送机场业主王棢应滚算第十八名应扣粮税洋贰百柒拾元零贰角贰仙

请烦查收并填送粮票前进府转发由

建财

据款收条三张

现洋拾贰元陆角陆仙

代九七三

九七二丘

七廿

九七

十柄

4391

025

全

衔咨　廿七年建财字第 4391 号

案查扣缴机场各业主欠粮一案，前准

贵局廿七年粮字第一二一号咨送清册，请扣款四佰拾柒元

柒角柒仙等由过府，当经咨复照扣，并于八月廿四日以建财

字第四二三六号咨请分别填送粮票各在案。兹查册列各

业主陈胡树人、胡介人因田契抵补正在传究，余荫兰、郑

治清、夏瑞廷、邓正贵、胡景六等因业权纠纷尚未解决，业价

均已扣存缓发，应扣粮税计洋壹百捌拾柒元叁角壹仙正，须

俟讯明另案办理外，其余业主杨应沧等十八名应扣粮税共（终结）

洋弍百柒拾元零伍角陆仙正，业经于发叙地价时照数扣得，

相應備文連同所扣糧款列单咨請
貴局查收，並煩將該楊應滄等十八名糧票，查填過府，以
憑轉發爲荷。再所扣糧款，有縣財委会撥款收条三
張，共計註洋壹百伍拾伍元捌角正，餘爲現金，合併咨明。此咨
梁山縣徵收局
計咨送扣糧名單一紙、縣財委会撥款收条三張，共洋壹百伍拾伍元捌角
正，又現金拾捌元陸角陸仙正
縣長 陳○○
廿七年九月七日

业主	厂册粮名	共欠年数	粮石数	应纳税额	备考
杨应沧	杨孝维	26下 一	九二九	七〇七	
刘云氏	刘厚德	26上下 二	一三六〇	一九一二	刘丰成刘棠氏系十户
	刘黄氏				
杜林氏	杜维富	26上下 二	四〇〇	五六三	[illegible]
杜贺氏	杜贺氏	26上下 二	四〇〇	五六三	
钱振惠	钱丰春	26上下 二	四二八〇	六〇一五	
黄世明	黄伯钧	26下附加连大佐共洪五季	一三〇	八四二	黄世明黄伯楷系十户
	伯楷	26下 一	六〇〇	四五七	
孙元谷	孙元谷	26下 一	六七〇	五一〇	孙丰友孙衡清系十户

	孫濟洲	26下一	一○○	七七	
賀守元	賀守元				賀守元郭祖純係一户
	郭祖純	26上下二	二五○	三五二	
楊沛霖	楊沛霖		三九八		楊沛霖楊乾益係一户
乾益	乾益	26上下二	一○二	一四四	
孫元谷	孫合興	26下一	六七○	四八九	孫元谷孫鳳峰係一户
鳳峰	吉安	26下一	六七○	四八九	
龔紹叔	龍敦化	26上下二	一八○	二五二	
江東生	江贊俠	26下一	九○○	六八五	
袁嬈堯	隆純堂	26上下二	六○○	八四四	

00082

李光裕	李光裕	25下26上下 三	五三〇	一三四四	李光裕涂德富涂明星唐百福係一户
涂德富	涂德富	25下26上下 三	五三〇	一三四四	
明星	明星	同前	五三〇	一三四四	
唐百福	唐百福	同前	五三〇	一三四四	
劉光玉	劉光玉	26上下 二	五二〇	七三一	
盛永兴	盛永兴	26上下 二	二〇〇〇	二八一一	
鍾逢春	鍾逢春	26下 一	二六〇〇	一八七八	
孫茂堂	孫三堂	26上下 二	九六〇	一三四九	
合计				二七〇四六	

028

梁山县政府第三科关于送交扩修梁山飞机场征用民地免赋文书致梁山县政府第二科的函（一九三八年九月二十一日）

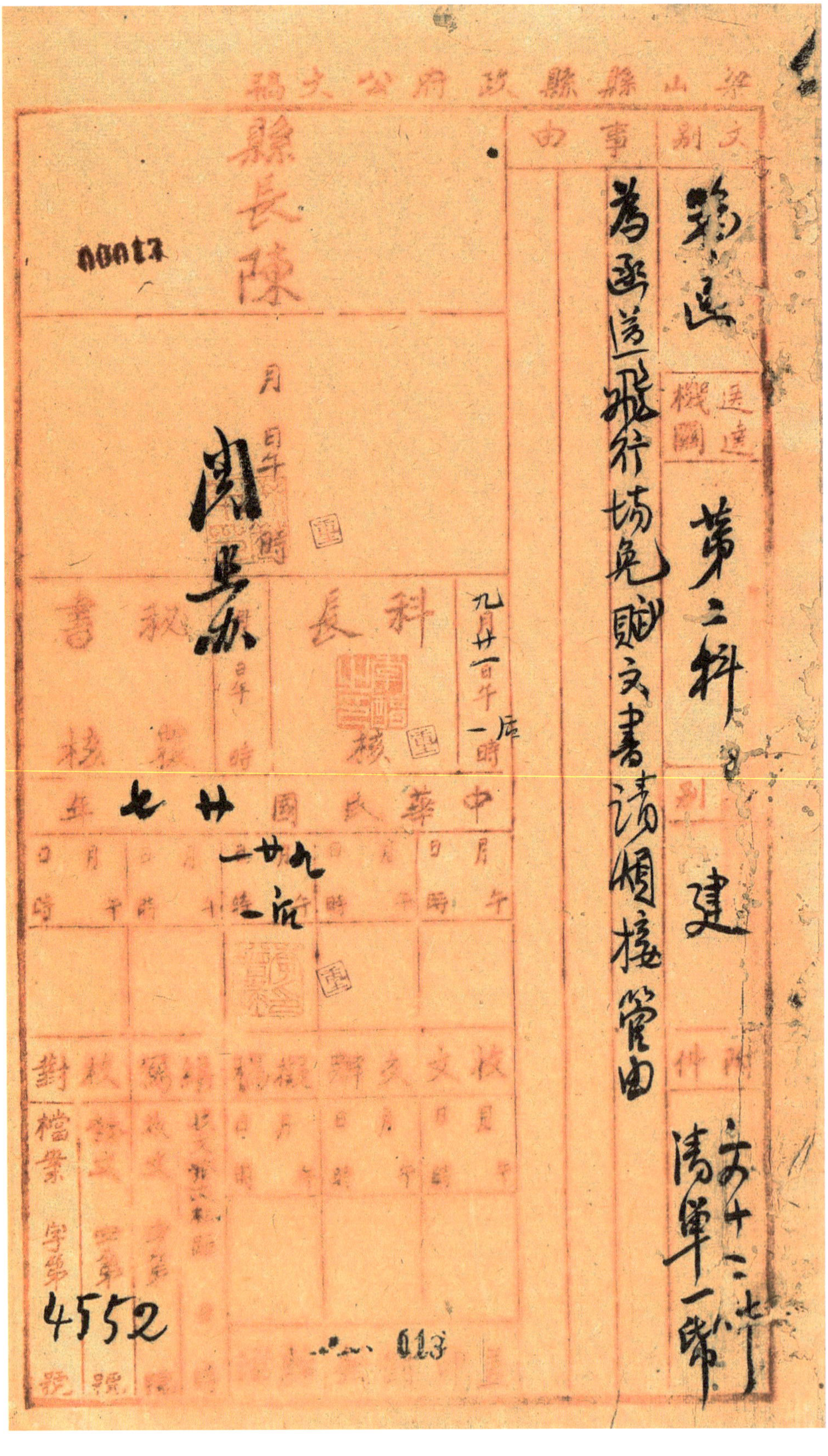
梁山縣政府公文稿

縣長陳

文別：移送

送達機關：第二科

事由：為函送飛機場免賦文書請備查由

附件：清單一份

中華民國廿七年九月廿一日

查飛行場廿六年擴修部份應免賦稅，前經令飭查明辦報，業經 省府核准自廿七年一月一日起，即行豁免在案。茲查辦理免賦事項，係屬

貴科職權，特即檢出有關公文十二件，備函送達，請煩

查收接管為荷。此致

第二科

附送机場免賦文書十二件、清單一紙。

第三科科長李

廿七年九月廿一日

附：机场免赋文书清单

機場免賦文書清單

1. 建字第二二四七号呈文一件
2. 省府廿七年財字第六四〇五号指令一件
3. 建字第二六八七号呈文一件
4. 建字三八八〇号咨文一件
5. 建字三九七四号咨文一件
6. 徵局七月廿六日粮字第二一号咨文一件
7. 建字四〇九一号咨文一件
8. 省府廿七年財字第一八八四七号指令一件
9. 八區税务處督字第九〇八号訓令一件

○10.縣局會勘切結一件

○11.建字四二三六号咨文一件

○12.建字四三九一号咨文一件

謹以上各件連同附件一併齎全。

李增禄关于汇报一九四〇年扩修机场及各附属工程占用民田减免粮额致梁山县政府的签呈（一九四一年十一月二十二日）

准原抗場免糧存

准轉田管股核

秘科
存查
十一.廿八

梁山縣縣政府簽條

頃奉

鈞座條令飭將本縣公路糧機場糧清理完善報核等因，查免賦工作向由財政科管理，在廿九年擴修機場及各附屬工程佔用民田曾經勘明共佔八二三·四二五市畝，并據業主等請按每市畝減免糧額一升到府，經會同財科託由田統計員繪圖併圖冊辦妥，即行報省。綜上各由，理合呈覆

鈞座俯賜核示。謹呈

縣長劉

建設科科長李增祿

三十年十一月廿二日

财政部四川省梁山县田赋管理处、梁山县政府关于办理一九三八年、一九四〇年扩修机场等占用刘乃卿等民田粮额减免事的来往咨（一九四一年十一月至十二月）

财政部四川省梁山县田赋管理处致梁山县政府的咨（一九四一年十一月二十九日）

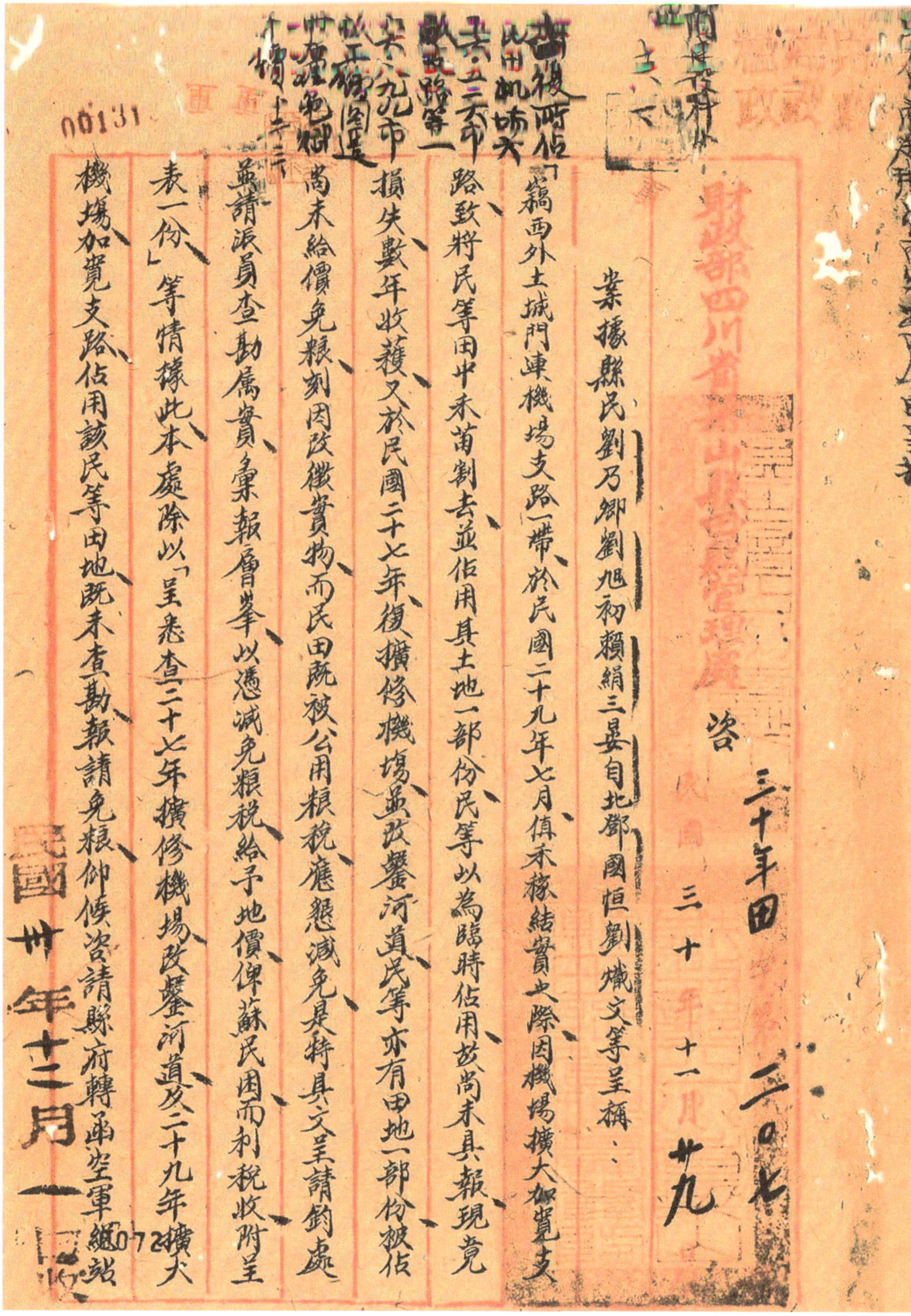

財政部四川省梁山縣田賦管理處 咨 三十年田字第二〇七號

民國三十年十一月廿九日

案據縣民劉乃卿、劉旭初、賴絹三、晏自北、鄧國恒、劉熾文等呈稱：「竊西外土城門連機場支路一帶，於民國二十九年七月值禾稼結實之際，因機場擴大加寬支路，致將民等田中禾苗剷去，並佔用其土地一部份。民等以為臨時佔用，故尚未具報。現竟損失數年收穫。又於民國二十七年復擴修機場，並改鑿河道，民等亦有田地一部份被佔，尚未給價免糧。剗因改徵實物，而民田既被公用，糧稅應懇減免，是特具文呈請鈞處並請派員查勘屬實，彙報層峯，以憑減免糧稅，給予地價，俾蘇民困而利稅收。附呈表一份」等情。據此，本處除以「呈悉。查二十七年擴修機場，改鑿河道及二十九年擴大機場加寬支路佔用該民等田地，既未查勘報請免糧，仰候咨請縣府轉函空軍總站

民國卅年十二月一

00132

約期會勘轉報筯峯減免粮額發給地價可也」等語批示外相應照鈔附表備文咨請

貴府查照辦理為荷！

此咨。

梁山縣縣政府

兼處長劉慎旃

副處長李文敎

0073

梁山县政府致财政部四川省梁山县田赋管理处的咨（一九四一年十二月十二日）

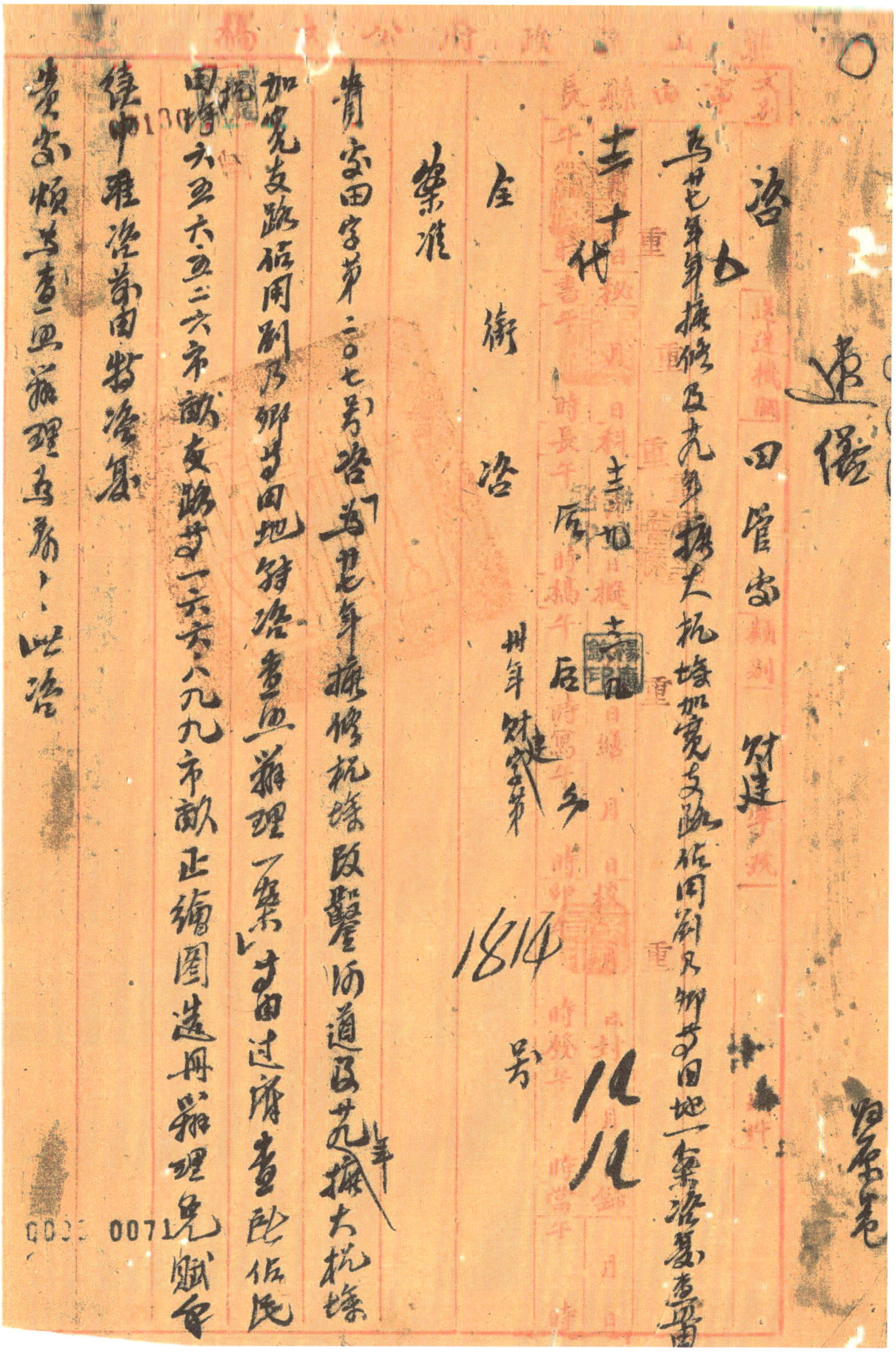

咨 田管处 财建字

为廿七年拆修及卅年拆大杭堤加宽支路征用刘乃卿等田地一案咨复查照由

十二月十二日 代

全衔 咨

卅年财建字第1814号

梁准

贵处田字第二〇七号咨，为廿七年拆修杭堤段凿河道及卅年拆大杭堤加宽支路征用刘乃卿等田地请咨查照办理一案，计当时征用田亩经查明面积共六五六五二六市亩，支路共一六六六八九九市亩，正绘图造册办理免赋，俟中准咨前由，特咨复

贵处烦为查照办理为荷。此咨

财政部四川省梁山县田赋管理处、梁山县政府关于查明一九四〇年一月扩修机场占用谢香成租田免征粮额事的来往文书（一九四一年十二月七日至二十五日）

财政部四川省梁山县田赋管理处致梁山县政府的咨（一九四一年十二月七日）

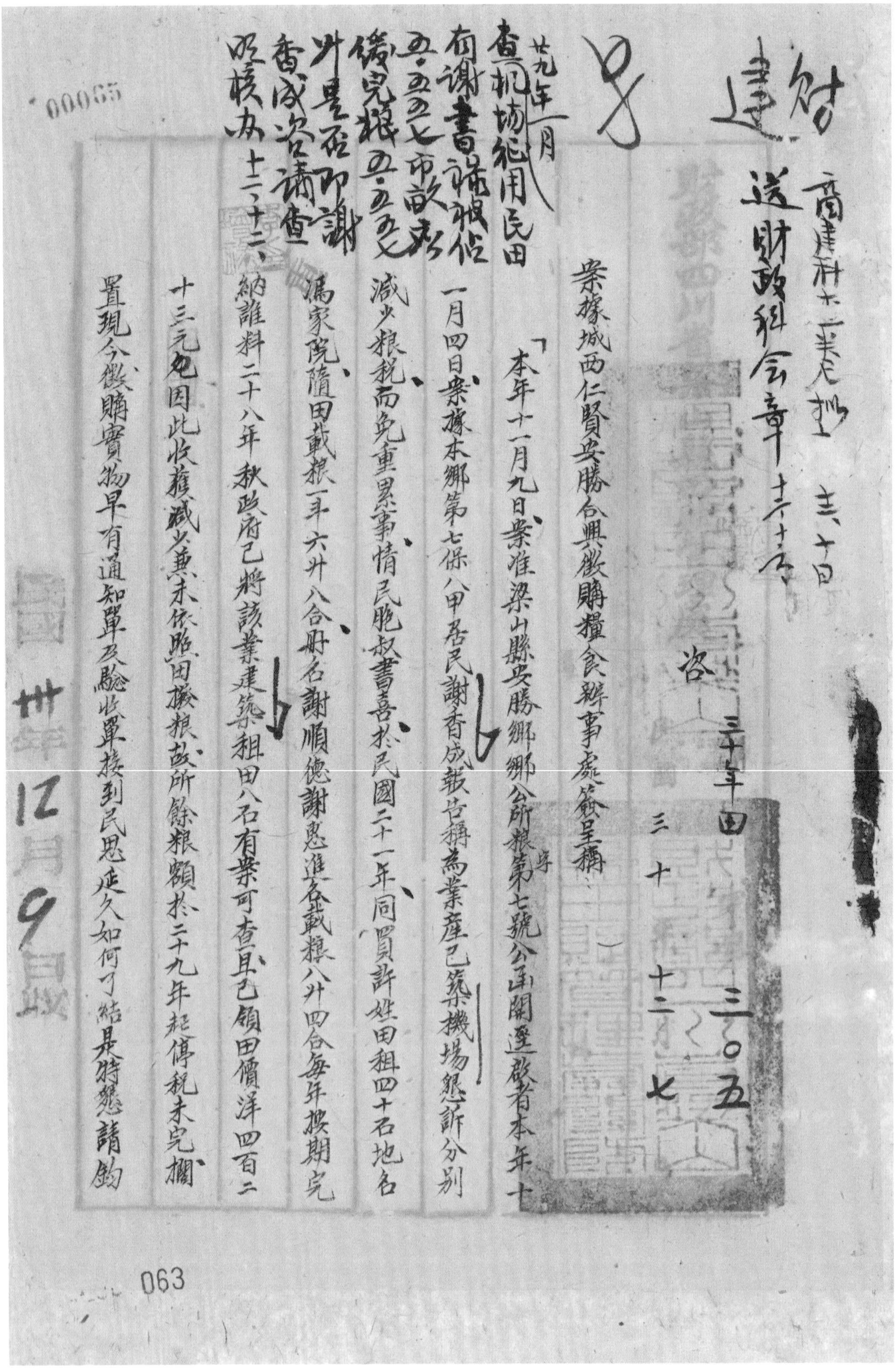
送财政租会章

咨 三十年田 三〇五 三十 十二 七

案據城西仁賢安勝合興徵購糧食辦事處簽呈稱、「本年十一月九日案准梁山縣安勝鄉鄉公所粮第七號公函開逕啟者本年十一月四日案據本鄉第七保八甲居民謝香成報告稱為業產已築機場懇請分別減少粮稅而免重累事情民胞叔書喜於民國二十一年同買許姓田租四十石地名馮家院隨田載粮一斗六升八合另名謝順德謝恩進各載粮八升四合每年按期完納雜料二十八年秋政府已將該業建築租田八石有業可查且已領田價洋四百二十三元免因此收穫減少兼未依照田撥粮故所餘粮額於二十九年起傳稅未完擱置現今徵購實物早有通知單及驗收單接到民思延久如何了結是特懇請飭

民國卅年12月9日

063

所轉呈田賦管理處分別將謝順德謝惠進名下各推出壹升八合八勺所餘粮額各該陞
升玖合弍勺懇請另撥通知單以清粮税而維粮政不勝沾感謹呈等情據此除當
以准予函請徵收處轉請田賦管理處查案核示等語批答外相應函請貴處希
即轉請田賦管理處查案核示賜復為荷等由准此竊查安樂徵册謝順德謝惠進
名載粮八升四合自二十九年上季即未完納究竟該民謝香成報稱田被佔用應免完
納各情職處實無案卷可資查考理合具文轉請鈞座鑒核可否准予減免徵收
用恤民困伏候令遵謹呈
等情據此本處除以簽呈志查謝香成田業為機場佔去租田八石應予免粮等情本處無案
可稽仰候咨請梁山縣府查明該謝香成應免粮額若干過處再予令飭知照此令等語指
令外相應備文咨請

00067

貴府煩為從速查明該謝喬晟應免粮額若干，以憑核辦是荷。

此咨

梁山縣縣政府

兼處長 劉慎旃

副處長 李文歆

065

梁山县政府致财政部四川省梁山县田赋管理处的公函（一九四一年十二月二十五日）

00063

梁山縣政府公文稿

文别 公函

田賦處

事由 為咨囑查覆謝香成請免糧額若干相應將查明情形覆請查照由。

十二 六

十二 六

十二 十八

全衔 公函 建字第 号

7086

案准

貴處三十年田字第三〇五號咨囑查覆安勝鄉農民謝香成應免糧額數字，以憑核辦，等由。准此，查民國二十九年十一月修建修機場徵用民田，有謝書祿被佔租田五、五五七市畝，應緩完糧額五、五五七升，是否即謝香成，相應函請

貴處查明核辦為荷！

此致。

財政部四川省梁山縣田賦管理處

部長劉〇〇

财政部四川省梁山县田赋管理处关于办理历次扩修机场及附属工程占用民田田赋减免手续致梁山县政府的咨
（一九四二年一月十九日）

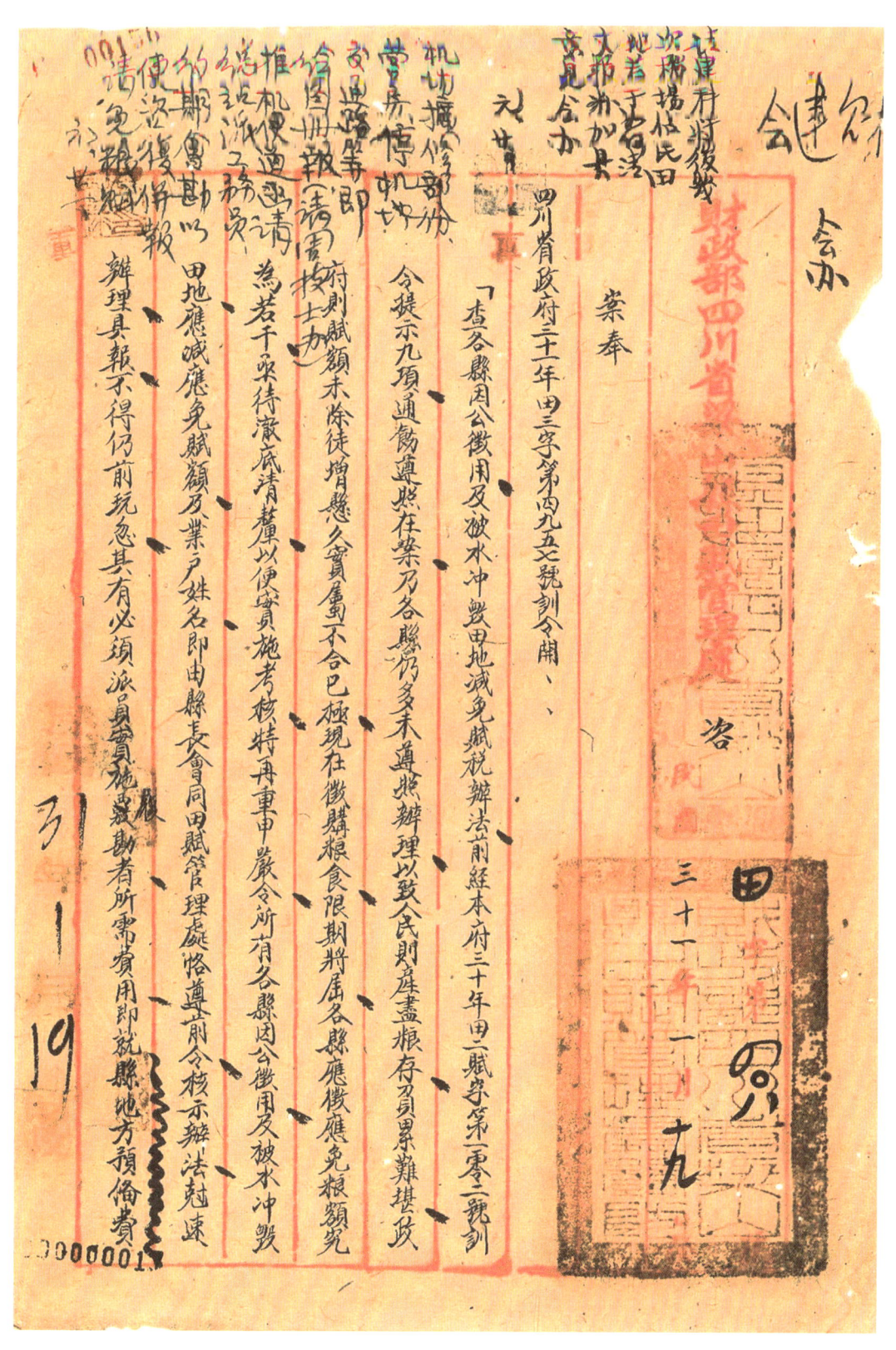

财政部四川省梁山县田赋管理处 咨

三十一年一月十九日

案奉

四川省政府三十一年田三字第四九五七號訓令開：

「查各縣因公徵用及被水沖毁田地減免賦稅辦法，前經本府三十年田一賦字第一零三二號訓令提示九項，通飭遵照在案。乃各縣仍多未遵照辦理，以致人民則產盡糧存，負累難堪，政府則賦額未除，徒增懸久，實屬不合已極。現在徵購糧食限期將屆，各縣應徵應免糧額究為若干，亟待澈底清釐，以便實施考核。特再重申嚴令，所有各縣因公徵用及被水沖毁田地應減應免賦額及業戶姓名，即由縣長會同田賦管理處恪遵前令核示辦法，尅速辦理具報，不得仍前玩忽。其有必須派員實施覆勘者，所需費用即就縣地方預備費項下開支事後據實報請核銷如果預備費業經支用無餘應即設法增籌以備支拂邇來各縣舊欠田賦附加因加強催徵力量收數暢旺增籌並不困難事關清釐賦額考成所繫應即切實辦理限月竣事各督導員並應隨時督促依限完竣勿任延誤除分令外合亟令仰該處即便遵照辦理仍將遵辦情形具報查考此令

等因奉此查本縣歷次攤修機場及其附屬工程佔地實多均應辦理減免手續奉令前因相應咨請

貴府煩為查照辦理是荷 此咨

梁山縣縣政府

兼處長 劉慎旃

副處長 李文敬

航空委员会第一修理厂建修飞机棚厂征用民田减赋册（一九四四年七月）

航空委員會第一修理所建修飛機棚廠征用民田減賦册

民國三十三年七月　日

00138

航空委员会第一修理所建停飞机棚厂征用民田减赋册　民国三十三年七月

乡镇保别	业主姓名	户名	全业赋额	工程名称	被征田地 征用亩分	折合石数	应减赋额	备考
中城 十四	赖光久	赖松廷	元 九[illegible]	飞机棚厂	市亩 一.四	石 二.八〇	元 .四六	前减免户额由四六条集字军庚年征用民田负亩撤令租额以石每年又据县田赋管理处都合户额所租一石两赋一万大免照算列入
中城 十八	钱麟所	钱麟所	七.七七	仝	一.二四	四.五八	.二三	
中城 十八	赵致如	赵自如	五.〇九	仝	.五六	一.一三八	.二八	
合计					三.五三二	八.五五	一.四〇	

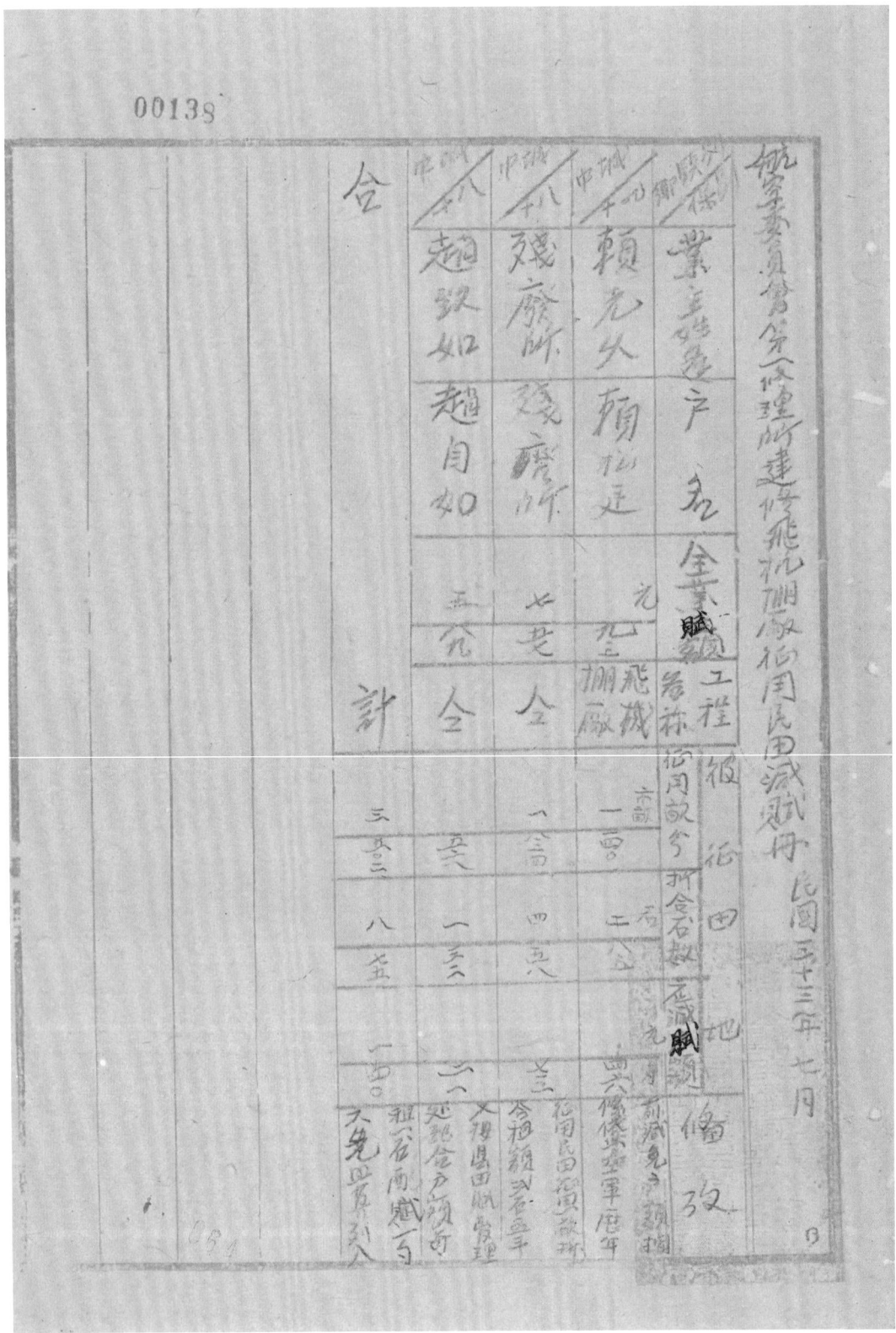

梁山县空军建筑国防工程征用民地业主委员会关于造报空军第三总站一九三八年至一九四三年征用民田应免粮额清册致梁山县政府的呈（一九四四年九月二十二日）

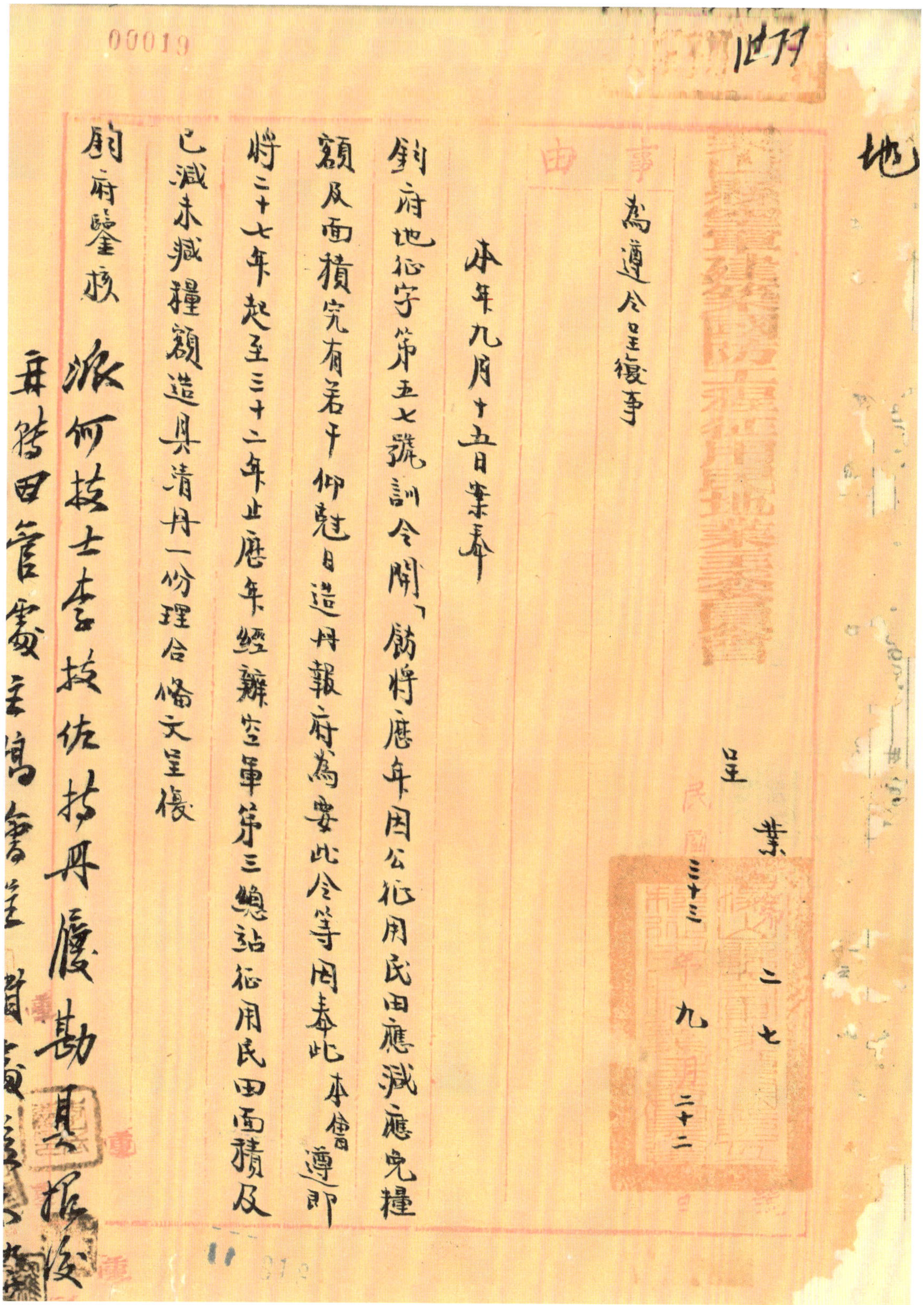

00019

事由：為遵令呈復事

呈 業字第二七號 三十三年九月二十二日

本年九月十五日案奉

鈞府地征字第五七號訓令開：「飭將歷年因公征用民田應減應免糧額及面積究有若干，仰尅日造冊報府為要」，此令。等因。奉此，本會遵即將二十七年起至三十二年止歷年經辦空軍第三總站征用民田面積及已減未減糧額造具清冊一份，理合備文呈復

鈞府鑒核。

派何技士李技佐持冊履勘具報

并將田管處主任曾[illegible]

00020

謹呈

梁山縣縣長趙

（附空軍第三總站征用民田面積及應減糧額清冊一份）

主任委員 陳義元

020

附：空军建筑国防工程征用民地业主委员会造报空军第三总站于一九三八年至一九四三年度征用民田面积应免粮额清册

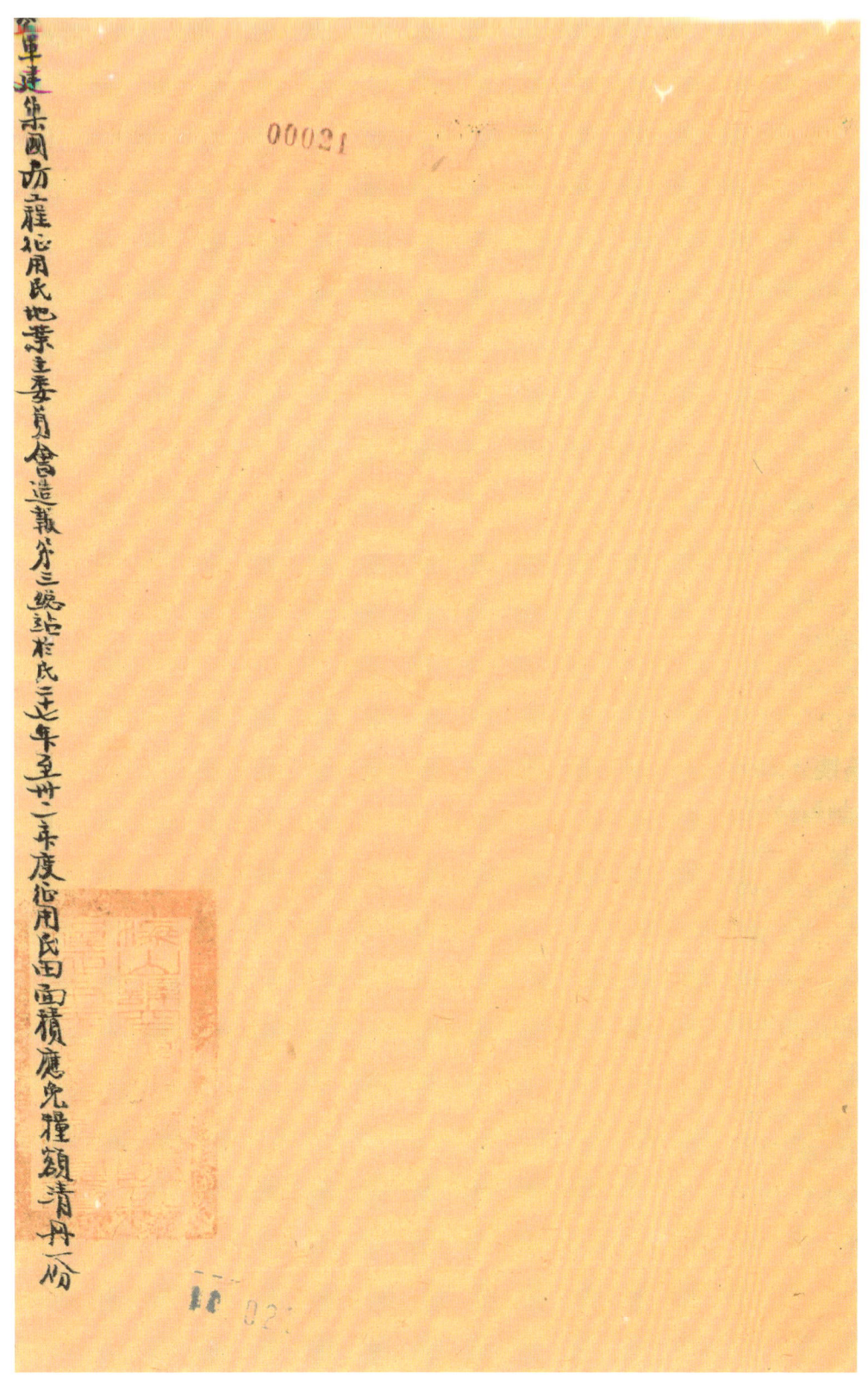
空軍建築國防工程征用民地業主委員會造報空軍第三總站於民二十七年至卅二年度征用民田面積應免糧額清冊一份

00021

交民政字第　號
閱送田賦
□秘書處

00022

空軍建築國防工程征用民田地業主委員會造報第三總站於民廿七年至卅一年度征用民田面積應免糧額清冊

開工時間	工程名稱	征用面積（畝）	折合石數（石）	應免舊賦	應免新賦（元）	備攷
民念七年	機場支路	三一七五八四	三九一八	二一十二六九〇	七八五	已奉四川省府田四字第二九四號訓令減免在案
〃	停機地	五一七九五三	一三八二	五一六九四	一六四一	
〃	油彈庫	二一九八	三九七九	十六五六六七	三八三	
〃	油彈交通路	一〇三四	二五八八	十六四〇九	三三三	
〃	射擊場	七九三	一九八一	七九二	二五六	
〃	修理所	一四〇六	三一六一	十五九五八	四〇七	修理所係擬以營房棚廠及交通路備地
〃	站部房屋	一二六八十四九	二六二五	一二六八十四	三三三	
〃	電臺房屋	一三五十四七	三六二	一〇七十四五	四三	

民卅一

民念七年	營房	三二一〇四八八	八〇二六	二八七一五	一〇三三
民念九年	擴修機場	六五六五六	一六四一三一	六五六五九	二一〇八七
民念七年	醫務所交通路	四九八四	一二四六	三八一九八	一五五五
民念九年	第一便道	五一〇〇	一三七五	五一〇〇	一六三二
〃	第二便道	一五五五八	三八八〇	一五五二	四九六六
〃	第四便道	五六七八三	一四一九六	五六七八	一八一七
〃	第五便道	二六〇七二	六五一八	二六〇七	八三四
〃	柑子園交通路	四八六七	一二一七	四八六	一五六
民卅一年	通路第五股辦公室	九八三九	二四六〇	九八四	三一四九
民念八年	大河壩汽車棚	一九九八	四九九	一九九	六三九

022-1

00023

民卅年	大河壩油車棚	五三一	一三三	五三	一七〇
民廿八年	飛機堡壘	九五四	二三七六	九五〇	三〇四一
民三十年	總站操場	三九八	九八四	三九四	一〇〇四
民卅二年	中美聯隊營房及交通路機堡等	一〇九七七	二四四四	一〇九七八	三五一二八
合	計	一〇六七三六	六六八三〇	一〇六七二九	二四一五四

以上征地已奉四川省政府卅四推字第二三三五號訓令予以停征在案

9?3

梁山县政府、四川田赋粮食管理处等关于减免梁山县一九四三年至一九四五年因公征用民地田赋的来往文书（一九四六年二月至一九四八年五月）

梁山县政府、梁山县田赋粮食管理处致四川田赋粮食管理处的会呈（一九四六年二月二十六日）

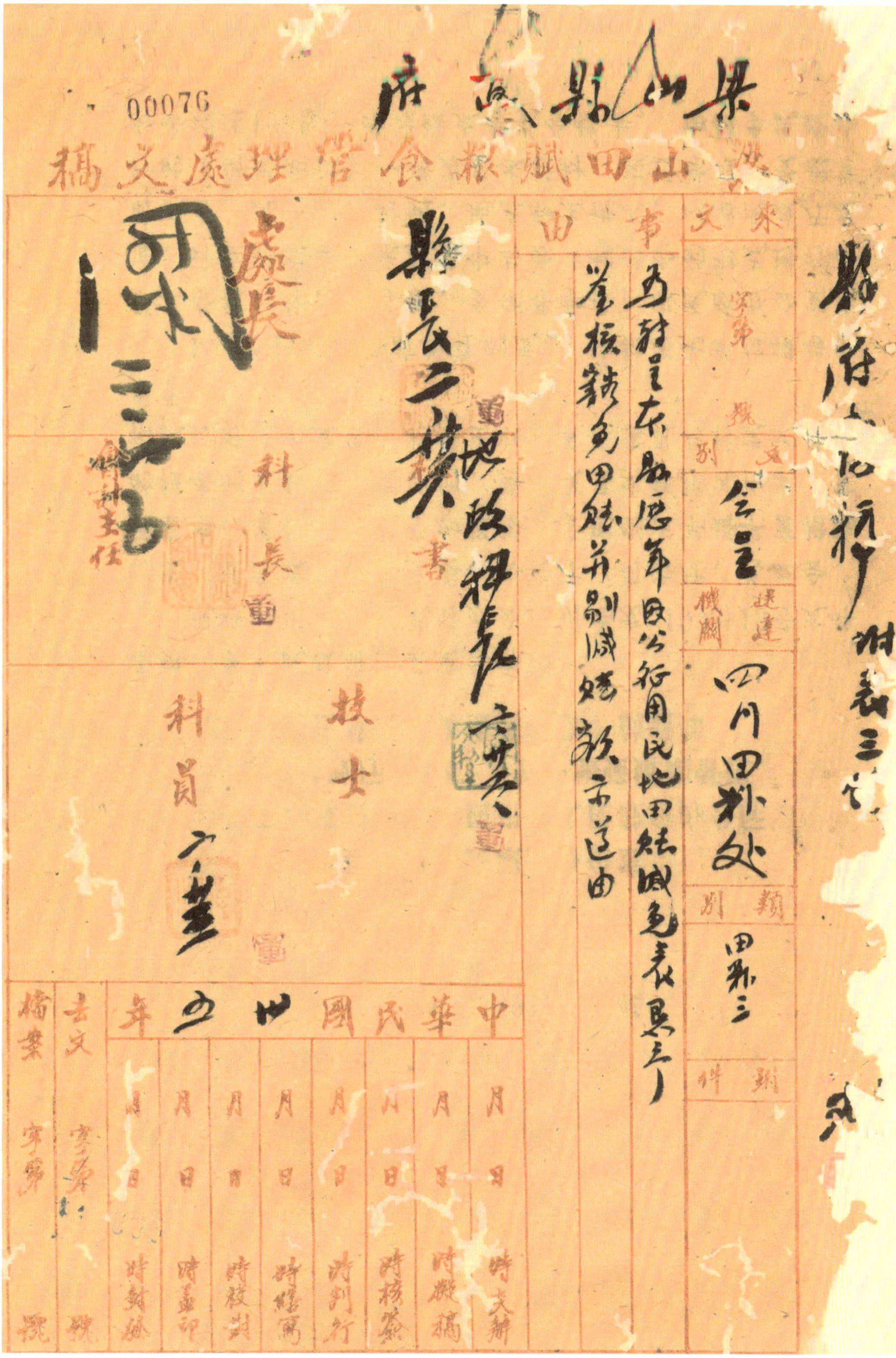
梁山田賦糧食管理處文稿

梁山縣政府

00076

來文	字第 號
文別	會呈
機關	四川田糧處
類別	田糧三
件別	

事由：為會呈本縣歷年因公征用民地田賦減免表暨請核轉豁免田賦並分別減免額示遵由

處長　科長　科員　技士　秘書　縣長

中華民國卅五年

收文　擬稿　核稿　判行　繕寫　校對　蓋印　封發

去文 字第 號

備案 字第 號

案据本县此次军事建筑防空工程征用民地业主委员会呈称：

「录原文」

等情。附卅二、卅三、卅四年度此次军事征用民地田赋减免表各二份。据此，除将原表分别提存并批示外，理合遵照规定缮具田赋减免表各二份随文赍呈

鉴核，迅予并饬豁免田赋，划减赋额，俾令祗遵！

谨呈

四川田赋粮食管理处

计呈卅二、卅三、卅四年度田赋减免表共六份

梁山县长

全衔 如名

周〇〇

附一一・梁山县空军建筑国防工程征用民地业主委员会造具一九四三年度田赋减免表
（一九四六年一月二十八日）

00077

梁山縣空軍建築國防工程徵用民地業主委員會造具三十二年度田賦減免表

00078

四川省梁山縣田賦減免表

户名	土地坐落	土地面積	減免原因	減免成數	減免年限	原征賦額 賦額	原征賦額 折征實物 種類	原征賦額 折征實物 數量	減免實數 賦額	減免實數 折征實物 種類	減免實數 折征實物 數量	附註
熊袁氏 兵籌	中城鎮第十三保	五畝〇二六	空軍建築第四便道	全免	自本年起永遠豁免	一元六二	谷	五石四六	一元六二	谷	五四六	
孫吾	〃	二.六一三	〃	〃	〃	八四	〃	二.八五	八四	〃	二.八五	
庾賀氏	〃	二.三五七	〃	〃	〃	七五	〃	二.五四	七五	〃	二.五四	
陳永泰	〃	一二.五四〇	〃	〃	〃	四.〇二	〃	一三.五九	四.〇二	〃	一三.五九	
劉乃卿	〃	二.八九一	〃	〃	〃	九三	〃	三.一五	九三	〃	三.一五	
賴絹三	〃	五.二三	〃	〃	〃	一.六七	〃	五.六五	一.六七	〃	五.六五	
陳永樹	〃	四.〇四	〃	〃	〃	一.二八	〃	四.三四	一.二八	〃	四.三四	
向必華	〃	一九三	〃	〃	〃	〇六	〃	二〇	〇六	〃	二〇	
盧刁氏	〃	八〇八	〃	〃	〃	二六	〃	八八	二六	〃	八八	
蕭成儒	〃	一.五九三	〃	〃	〃	五一	〃	一.七三	五一	〃	一.七三	

007

00081

四川省梁山縣田賦減免表

户名	土地坐落	土地面積（畝）	減免原因	減免成數	減免年限	原征額數·賦額（元）	原征額數·折征實物種類	原征額數·折征實物數量（石）	減免實數·賦額（元）	減免實數·折征實物種類	減免實數·折征實物數量（石）	附註
劉靜三	中城鎮第廿八保	八四	空軍建築機場	全免	自本年起永遠豁免	六八	谷	九五	六八	谷	九五	
鄧慶忠	〃	八四	〃	〃	〃	六八	〃	八三	六八	〃	八三	
鄧玉益	〃	八四	〃	〃	〃	六八	〃	八三	六八	〃	八三	
駱子尊	〃	八四	〃	〃	〃	六八	〃	八三	六八	〃	八三	
楊仲傑	〃	八四	〃	〃	〃	六八	〃	九五	六八	〃	九五	
陳陶氏	天竺鄉第八保	一〇三	柑子園交通路	〃	〃	三三	〃	九三	三三	〃	九三	
陳光太	〃	一〇二	〃	〃	〃	〇三	〃	〇九	〇三	〃	〇九	
陳中舜	〃	一二六	〃	〃	〃	三九	〃	一三	三九	〃	一三	
劉玉書	〃	二〇四	〃	〃	〃	八三	〃	二七八	八三	〃	二七八	
育嬰堂	〃	一五八	空軍建築第五便道	〃	〃	四九	〃	一六六	四九	〃	一六六	

00083

四川省梁山县田赋减免表

户名	土地坐落	土地面积	土地减免原因	减免成数	减免年限	原征额数 赋额	原征额数 折征实物种类	原征额数 折征实物数量	减免实数 赋额	减免实数 折征实物种类	减免实数 折征实物数量	附注
李申之	中城镇	六四	空军第一建筑便道	全免	自本年起永远豁免	〇八	谷	二七	〇八	谷	二七	
劉旭初	〃	一五〇	〃	〃	〃	五〇	〃	一六九	五〇	〃	一六九	
賴緝三	〃	六八	〃	〃	〃	一九	〃	五六	一九	〃	五六	
林希江	〃	四一	〃	〃	〃	一五	〃	四四	一五	〃	四四	
晏治兆	〃	四八	〃	〃	〃	一六	〃	五四	一六	〃	五四	
劉織文（乃卿）	〃	一七二	〃	〃	〃	五三	〃	一八六	五三	〃	一八六	
劉蕭氏	〃	五三	汽车棚转车地	〃	〃	一七	〃	三	一七	〃	三	
劉光明	〃	一九八	〃	〃	〃	六四	〃	[illegible]	六四	〃	一八七	
刑志清	〃	九八六九	扩小教室交通路	〃	〃	三一五	〃	[illegible]	三一五	〃	一〇六八	
劉炬廷	〃	三五七三	扩建运动场	〃	〃	一一四	〃	[illegible]	一一四	〃	三八六	

00085

四川省梁山縣田賦減免表

户名	土地坐落	土地面積	土地減免原因	減免成數	減免年限	原征額數 賦額	原征額數 折征實物 種類	原征額數 折征實物 數量	減免實數 賦額	減免實數 折征實物 種類	減免實數 折征實物 數量	附註
周國平	天叁鄉	四六	空軍建築營五便道	全免	自卅六年起永遠豁免	一四	谷	四一	一四	谷	四一	
陳仲楷	〃	一三七	〃	〃	〃	四二	〃	五四	四二	〃	五四	
楊紹馨	〃	三五九	〃	〃	〃	二	〃	一四	二	〃	一四	
陳仲楷	〃	四〇八	〃	〃	〃	一三二	〃	三八三	一三二	〃	三八三	
劉次庚	城西鄉	一七五	美軍營房	〃	〃	五三	〃	一八六	五三	〃	一八六	
何沼軒	〃	九二	〃	〃	〃	二九	〃	八五	二九	〃	八五	
陳集榮	〃	一五	〃	〃	〃	三二	〃	一〇	三二	〃	一〇	
王道隆	中城鎮	二五五	空軍建築水井浴池	〃	〃	〇八	〃	一〇	〇八	〃	一〇	
鍾雲階	〃	五〇	〃	〃	〃	一八	〃	六二	一八	〃	六二	
徐彬然	〃	二六一	〃	〃	〃	〇八	〃	一〇	〇八	〃	一〇	

00086

四川省梁山縣田賦減免表

户名	土地坐落	土地面積	土地減免原因	減免成數	減免年限	原征額數 賦額	原征額數 折征實物種類數量		減免實數 賦額	減免實數 折征實物種類數量		附註
張安吉	中城鎮	三三〇	修建理所（管）鎮永井沿池	全免	自本年起永遠豁免	一〇	谷	一四	一〇	谷	一四	
劉正銀	〃	四六八	〃	〃	〃	一五	〃	四	一五	〃	四	
劉大有	〃	一八一	〃	〃	〃	〇六	〃	〇八	〇六	〃	〇八	
謝世惠	城北鄉	五〇六六	開山取石捐毀永無收益	〃	〃	一六三	〃	五四九	一六三	〃	五四九	
張建中	〃	一〇八九七	〃	〃	〃	三四九	〃	一一八三	三四九	〃	一一八三	
熊双喜	城西鄉	五三三〇	〃	〃	〃	一七〇	〃	五七六	一七〇	〃	五七六	
合計		二六八〇三四				八六三		九三六八	八六三		九三六八	

015

00087

中華民國三十五年元月二十八日

附二：梁山县空军建筑国防工程征用民地业主委员会造具一九四四年度田赋减免表

（一九四六年一月二十八日）

00089

四川省梁山县田赋减免表

户名	土地坐落	土地面积	土地减免原因	减免成数	减免年限	原征额数 赋额	原征额数 折征实物 种类	原征额数 折征实物 数量	减免额数 赋额	减免额数 折征实物 种类	减免额数 折征实物 数量	附注
西乡公所	城西乡	二〇四	中美营房征用	全免	自本年度起永远豁免	〇九	谷	一	〇九	谷	一	
刘昌达	〃	二〇五	〃	〃	〃	九九	〃	二四	一九	〃	二四	
陈集荣	〃	九〇二	〃	〃	〃	二九三	〃	九九三	二九三	〃	九九三	
何高仲	〃	一三八	〃	〃	〃	四四	〃	一四九	四四	〃	一四九	
刘荣和	〃	〇四八	〃	〃	〃	〇二	〃	〇三	〇二	〃	〇三	
刘翰林	〃	五四三	〃	〃	〃	一七三	〃	五八六	一七三	〃	五八六	
刘绍武	〃	〇九八	〃	〃	〃	〇六	〃	〇八	〇六	〃	〇八	
刘昌凤	〃	一五六	〃	〃	〃	五六	〃	一五四	五六	〃	一五四	
罗杰松	〃	三〇八一	〃	〃	〃	九九	〃	三三六	九九	〃	三三六	
刘大祯	〃	一〇三	〃	〃	〃	〇三	〃	〇九	〇三	〃	〇九	

00090

四川省梁山縣田賦減免表

户名	土地坐落	土地面積	土地減免原因	減免成數	減免年限	原征額數 賦額	原征額數 折征實物種類	原征額數 折征實物數量	減免實數 賦額	減免實數 折征實物種類	減免實數 折征實物數量	附註
鄧維哲	城西鄉	六〇九	中美着房征用	全免	自本年起永遠豁免	一九二	谷	六〇五	一九二	谷	六〇五	
謝泰盛	〃	二四三	〃	〃	〃	六九	〃	二〇三	六九	〃	二〇三	
錢聚順	〃	一四四八	〃	〃	〃	七八二	〃	一六〇五	七八二	〃	一六〇五	
錢氏宗祠	〃	八四五	〃	〃	〃	二六九	〃	九一三	二六九	〃	九一三	
譚顯楨名	〃	二四四	〃	〃	〃	八〇	〃	二七一	八〇	〃	二七一	
王明德	〃	一四九	〃	〃	〃	〇五	〃	〇六	〇五	〃	〇六	
陳金田	〃	九二〇	〃	〃	〃	二九	〃	三七	二九	〃	三七	
陳世榮	〃	一四三	〃	〃	〃	〇八	〃	一〇	〇八	〃	一〇	
陳氏宗祠	〃	一四三	〃	〃	〃	〇八	〃	一〇	〇八	〃	一〇	
關睿光	〃	二八〇五	〃	〃	〃	九四	〃	三〇五	九四	〃	三〇五	

00093

四川省梁山縣田賦減免表

戶名	土地坐落	土地面積	土地減免原因	土地減免成數	土地減免年限	原征賦額 賦額	原征賦額 折征實物種類數	原征賦額 折征實物量	減免實數 賦額	減免實數 折征實物種類數	減免實數 折征實物量	附註
洪範九	中城鎮	一二四	杭堡	全免	自本年起永遠豁免	四四	谷	一〇	四四	谷	一〇	
李芳燦	〃	六七	〃	〃	〃	二一	〃	七一	二一	〃	七二	
陳義元	〃	二一	〃	〃	〃	五七	〃	四四	五七	〃	四四	
房萬宏	〃	九七	〃	〃	〃	三一	〃	一一五	三一	〃	一〇二	
合計		一二三六八				三六四三		九四八三	三六四三		九四八三	

中華民國三十五年元月二十八日

附三：梁山县空军建筑国防工程征用民地业主委员会造具一九四五年度田赋减免表（一九四六年一月二十八日）

梁山縣空軍建築國防工程征用民地業主委員會造具三十四年度田賦減免表

00095

00096

四川省梁山縣田賦減免表

户名	土地坐落	土地面積	減免原因	減免成數	減免年限	原征額數 賦額	原征額數 折征實物 種類數	原征額數 折征實物 量	減免實數 賦額	減免實數 折征實物 種類數	減免實數 折征實物 量	附註
財委會	中城鎮	一二九三〇	軍委會工程委員會四二年征用工程處	全免	自卅四年起永遠豁免	四五	谷	一四五六	四五	谷	一四五六	
郭代乾	〃	二三〇	〃	〃	〃	七〇	〃	二三七	七〇	〃	二三七	
謝鼎銘	〃	二〇〇	〃	〃	〃	六六	〃	二二四	六六	〃	二二四	
王道明	〃	一五〇	〃	〃	〃	三八	〃	一二八	三八	〃	一二八	
李芳序	〃	一三四〇	〃	〃	〃	四四〇	〃	一四九一	四四〇	〃	一四九一	
陳義元	〃	二六〇	〃	〃	〃	七八	〃	二六三	七八	〃	二六三	
吳澤安	〃	一〇五〇	〃	〃	〃	三三五	〃	一一〇一	三三五	〃	一一〇一	
詹能洲	〃	五三〇	〃	〃	〃	一七〇	〃	五七六	一七〇	〃	五七六	
李許氏	〃	四〇〇	〃	〃	〃	一三〇	〃	四四〇	一三〇	〃	四四〇	
劉本余	〃	八九三〇	〃	〃	〃	二八六	〃	九六九	二八六	〃	九六九	

00109

四川省梁山縣田賦減免表

戶名	土地坐落	土地面積	土地減免原因	減免成數	減免年限	原征額數 賦額種類數	原征額數 折征實物量	減免賦額 種類數	減免 折征實物量	減免實數 賦額種類數	減免實數 折征實物量	附註
劉炬廷	城西鄉	二一九〇	美軍營房	全免	自卅四年起永遠豁免	七〇	谷	二三七	七〇	谷	二三七	
鄢子尊	〃	〇八〇	征用田地	〃	〃	〇三	〃	〇七	〇三	〃	〇七	
錢象順	〃	一八五四	〃	〃	〃	六九	〃	二〇五三	六九	〃	二〇五三	
林周希江	中城鎮	一三	〃	〃	〃	四	〃	一一七	四	〃	一一七	
晏自兆	〃	三八〇	〃	〃	〃	一四	〃	三六〇	一四	〃	三六〇	
劉其震	〃	一六八五	〃	〃	〃	五八	〃	一七九〇	五八	〃	一七九〇	
劉修和	〃	一一三九	〃	〃	〃	三七	〃	一三七	三七	〃	一三七	
合計		六〇三四九				五四八		六三七	三四五四六七		六三七三四	

中華民國三十五年元月二十八日

四川田赋粮食管理处致梁山县政府、梁山县田赋粮食管理处的训令（一九四八年五月二十七日）

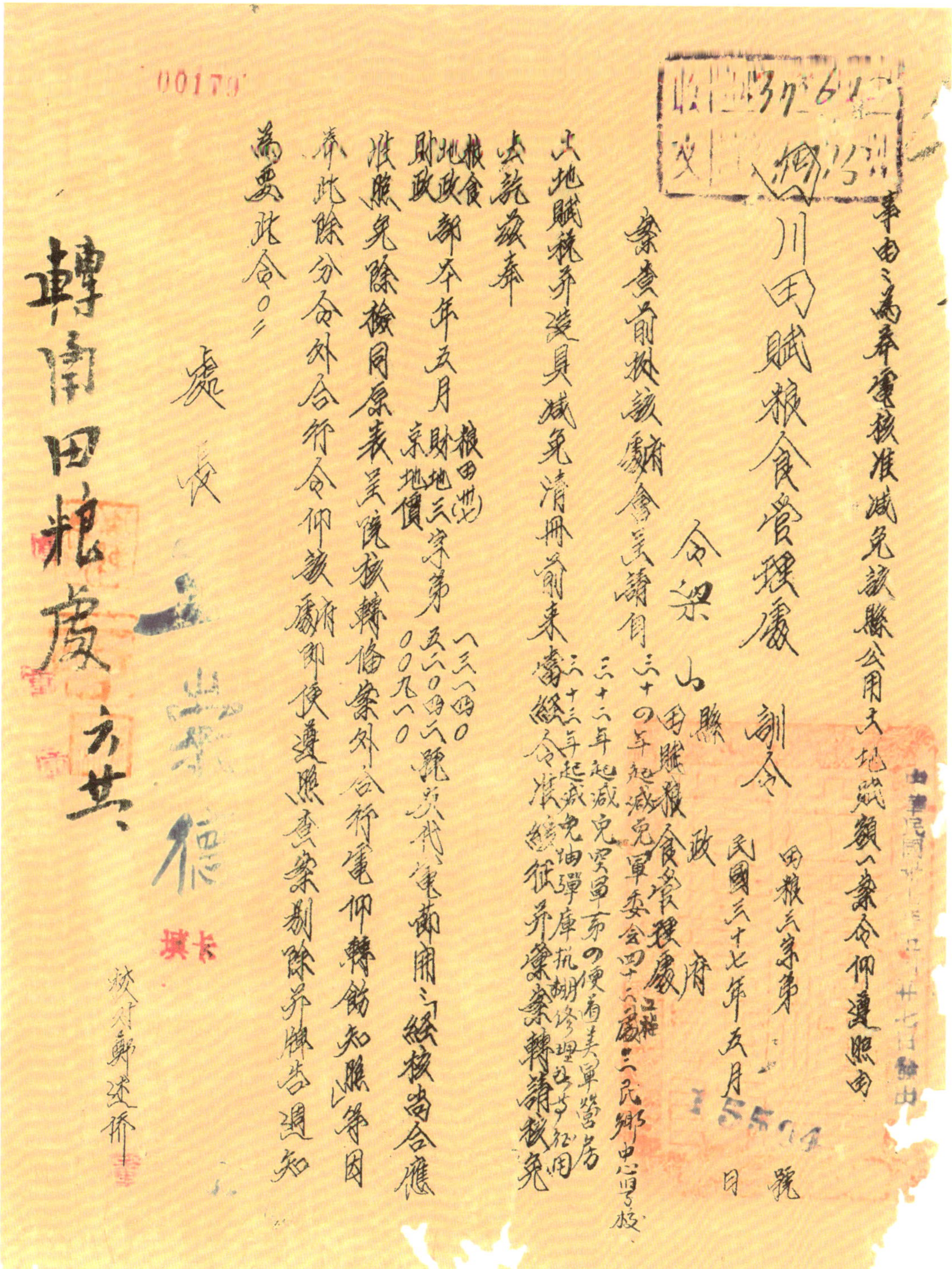

00179

事由：為奉電核准減免該縣公用土地賦額一案令仰遵照由

四川田賦糧食管理處訓令 田糧三字第 號

民國三十七年五月 日

令梁山縣政府
田賦糧食管理處

案查前據該縣府、處會呈請自三十年起減免軍委會四十六廠三民鄉中心學校、三十二年起減免兵役單位便衣美軍營房、三十三年起減免油彈庫抗粉修理廠等征用土地賦穀并造具減免清冊前來，當經分令准緩征并彙案轉請核免去訖。茲奉

糧食部、財政部、地政部本年五月糧田（卅七）、財地三字第一三一四〇、五六〇四六、〇〇九一〇號代電節開：「經核尚合，應准照免除，檢同原表呈院核轉備案外，合行電仰轉飭知照」等因。奉此，除分令外，合行令仰該府、處即便遵照查案剔除并辦告週知為要。此令。

處長 王□德

填卡

校對 鄭述孫

轉開田糧處 六、廿。

二、机场施工

（二）工程施工

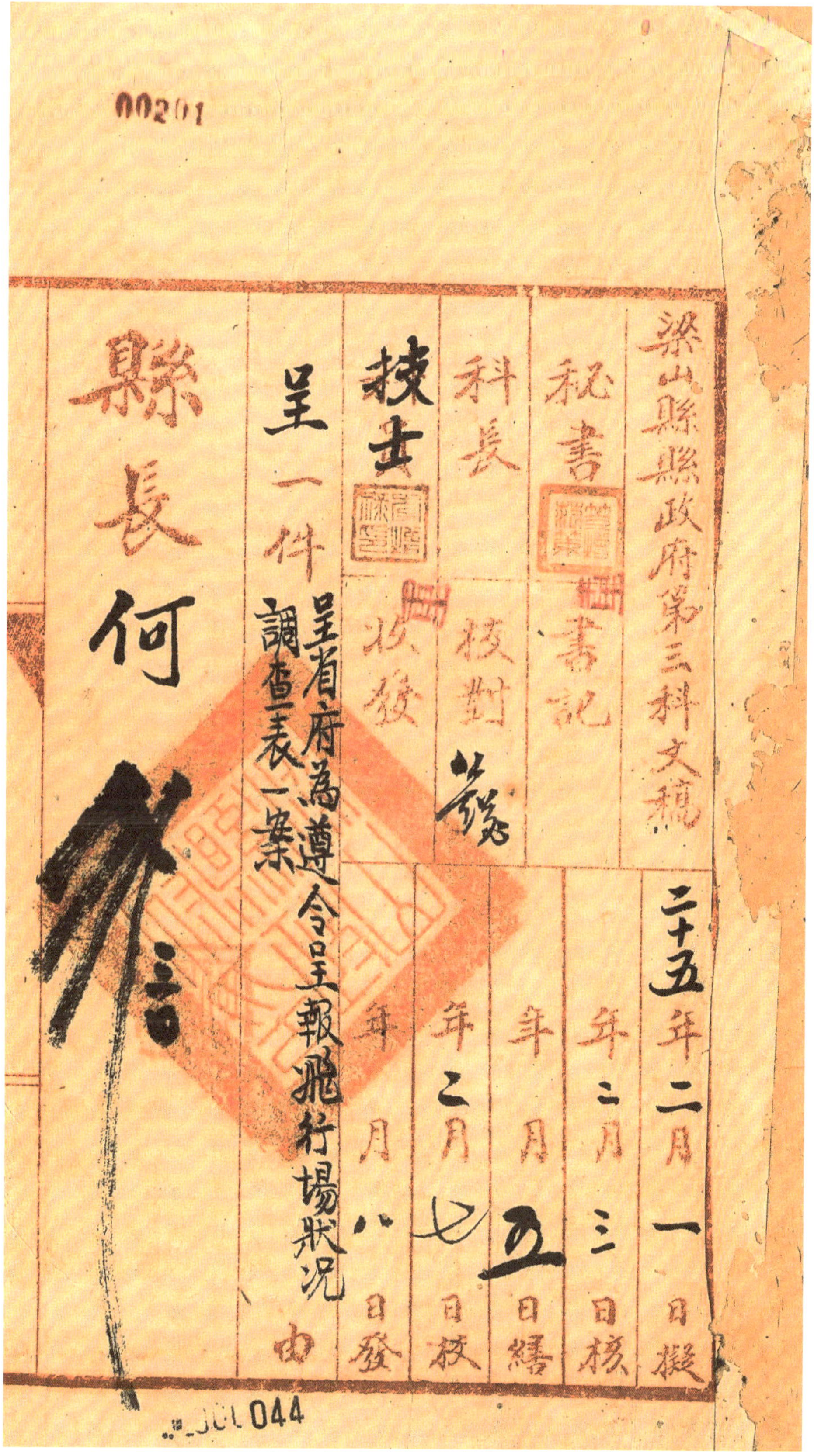
00201

梁山縣縣政府第三科文稿

秘書　　書記

科長　　校對

技士　　收發

呈一件

呈省府為遵令呈報飛行場狀況調查表一案由

縣長何

二十五年二月一日擬

年二月三日核

年月五日繕

年二月七日校

年月八日發

044

梁山县政府关于报送梁山飞行场状况调查表致四川省政府的呈（一九三六年二月）

1895

二十四年十二月二十日，案奉
鈞府訓令二十四年建字第四九三〇號內開：「飭填飛行場狀況調查表，附發表式一份。」復於二十五年一月二十九日，
奉到
鈞府訓令二十五年建字第六三九號「飭將前表詳填，呈報二份。」各等因，奉此，茲已調查竣事，理合填繕二份，具文呈請
鈞府俯賜鑒核，指令祗遵。

遵令

00202

謹呈

四川省政府主席劉

建設廳長盧

計呈飛行場狀況調查表二份

梁山縣縣長何　○

...000045

中華民國二十五年二月　　日

00203

四川梁山縣飛行場狀況調查表

民國廿四年十二月　日

位置	在縣城北郊，機場側與市街口隣接
面積	縱（南北）六三〇公尺，橫（東西）六五七公尺，其總面積為六七三·七畝
交通	機場既與市街相接，四周又多大道，交通頗便
地勢及地質	地勢平坦，地質為壤土
跑道	無特設跑道，以機場平坦，飛行起落隨處均宜
恒風	春夏為東南風，秋冬為東北風
場內地面標識	場中有石灰所築之白色圓環，場之四角亦各有丈餘正方之三合土所築
天然及設置目標	場之南北兩方各十里許均有高山，場西南與北塔相接，西北十餘里有文風塔
周圍障礙物	離場數里之傾斜坡地，所有大樹已經砍伐無遺；北塔頂上一層亦早撤去，現無何種障礙
工廠	西南角原有平民教養工廠一所，現已停頓未開
棚廠	場東邊地建有棚廠五所，每所均可停放飛機三架，現以無專人管理，四壁均已損毀
電台	無
測候所	無
油彈庫	未建油彈庫，廿二年秋剿赤軍入川時，暫借縣府番場房舍貯藏油彈
辦公室	係飛機降落時，係借縣府番場房舍為辦公室
油料及其他供給狀況	油料須由萬縣運來，以交通不便，轉運諸感困難，需油較多，即須預[illegible]
機場開闢之年月及機關	民國十七年十二月由地方收支所籌款集市工開闢機場，二十二年十月由縣財政科經理擴大
機場擴充之可能	場東[illegible]為一平坦良田，尚可擴充
場面業權	場面田地除前建設科所有稻田十一畝外，均係民有
保管狀況	停有飛機時由駐軍防守，現均撤去
附記意見	場之東北兩方地勢較低，四周宜[illegible]水溝排洩之需，又因廣以泥土填平
其他	本縣飛機場現無管理人員

046

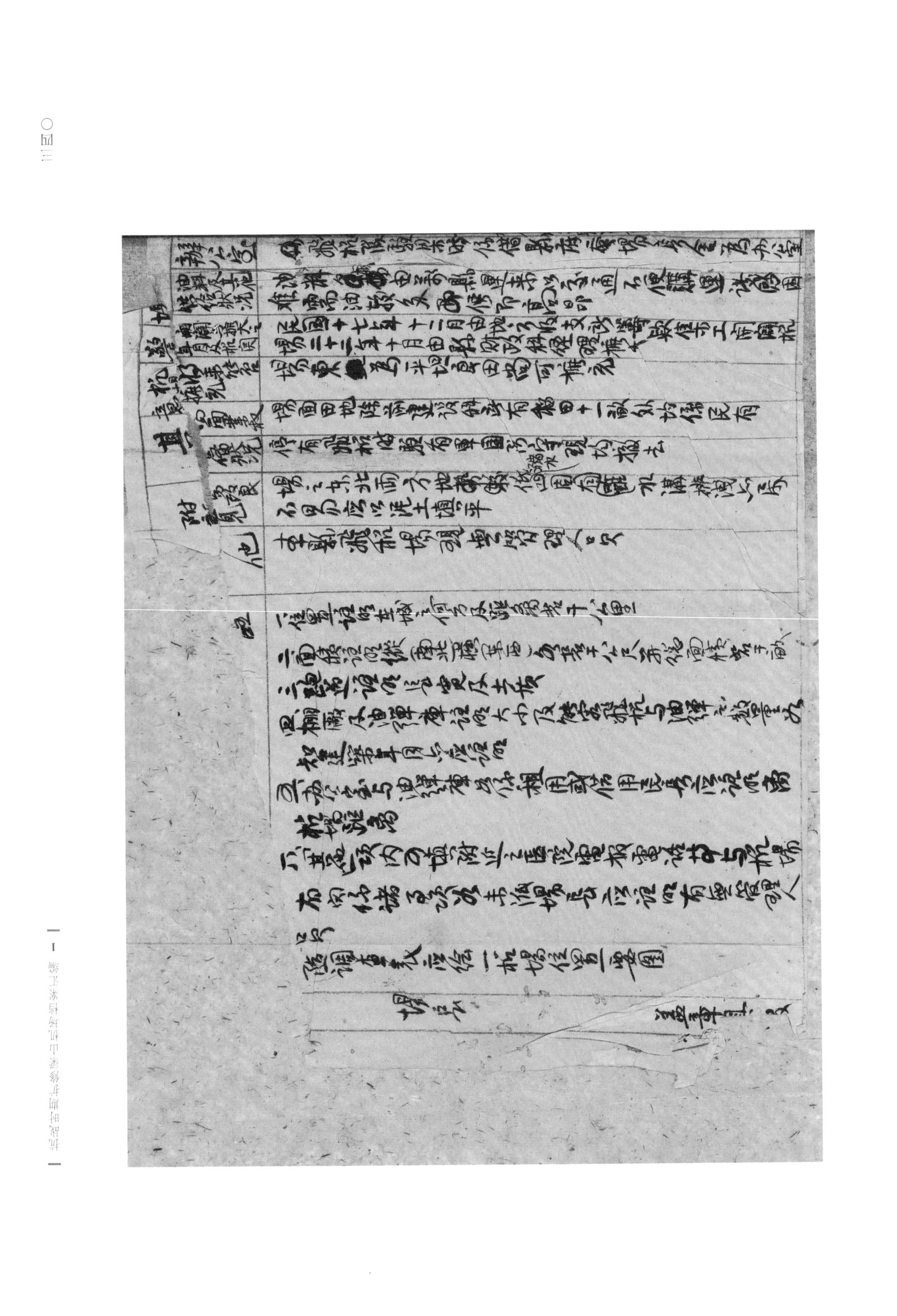

	[illegible]	[illegible]
	油料及其他供给状况	[illegible]
	[illegible]	民国十七年十二月由地方[illegible] [illegible]二十三年十月由[illegible]
	[illegible]	[illegible]
	[illegible]	[illegible]
	[illegible]	[illegible]
附	其他	[illegible]

[illegible]

一、[illegible]

二、[illegible]

三、[illegible]

四、[illegible]

五、[illegible]

六、[illegible]

[illegible]

[illegible]

四川省政府关于雇工整理梁山飞行场致梁山县政府的代电（一九三六年三月五日）

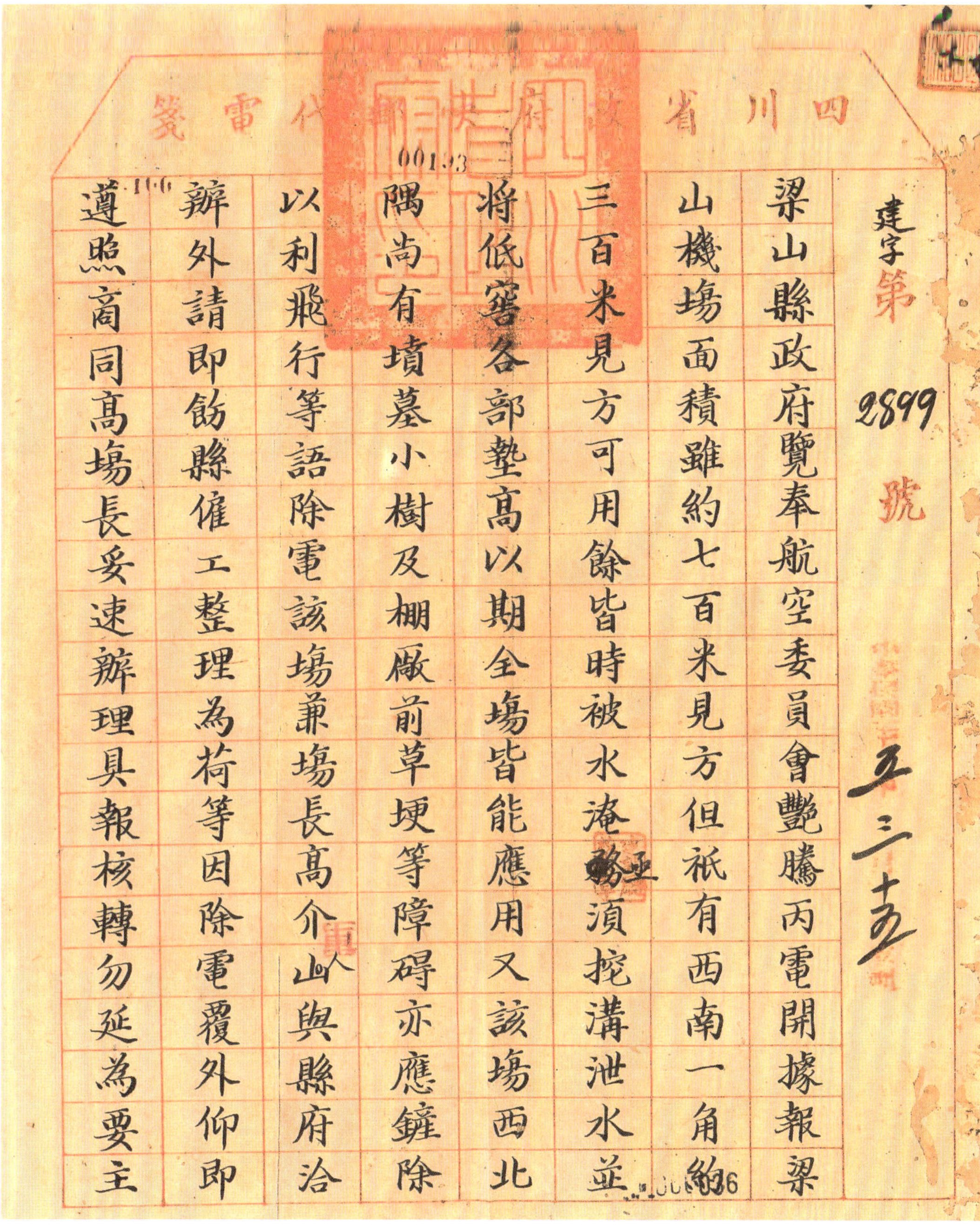

四川省政府快郵代電箋

建字第2899號

梁山縣政府覽奉航空委員會艷騰丙電開據報梁山機場面積雖約七百米見方但祇有西南一角約三百米見方可用餘皆時被水淹務須挖溝泄水並將低窪各部墊高以期全場皆能應用又該場西北隅尚有墳墓小樹及棚廠前草埂等障碍亦應鏟除以利飛行等語除電該場兼場長高介人山與縣府洽辦外請即飭縣僱工整理為荷等因除電覆外仰即遵照商同高場長妥速辦理具報核轉勿延為要主

四川省政府快郵代電箋

第　　號

席劉湘歌建印

遵辦，但本府特建築工作民工甚苦

請完成一辦，民財民力已疲於奔命

徵調之黄[illegible]瑞航空自有專款，所需

材料工價由高瑞專案付撥，將發

發其專案之款，前奉嚴令不能開支

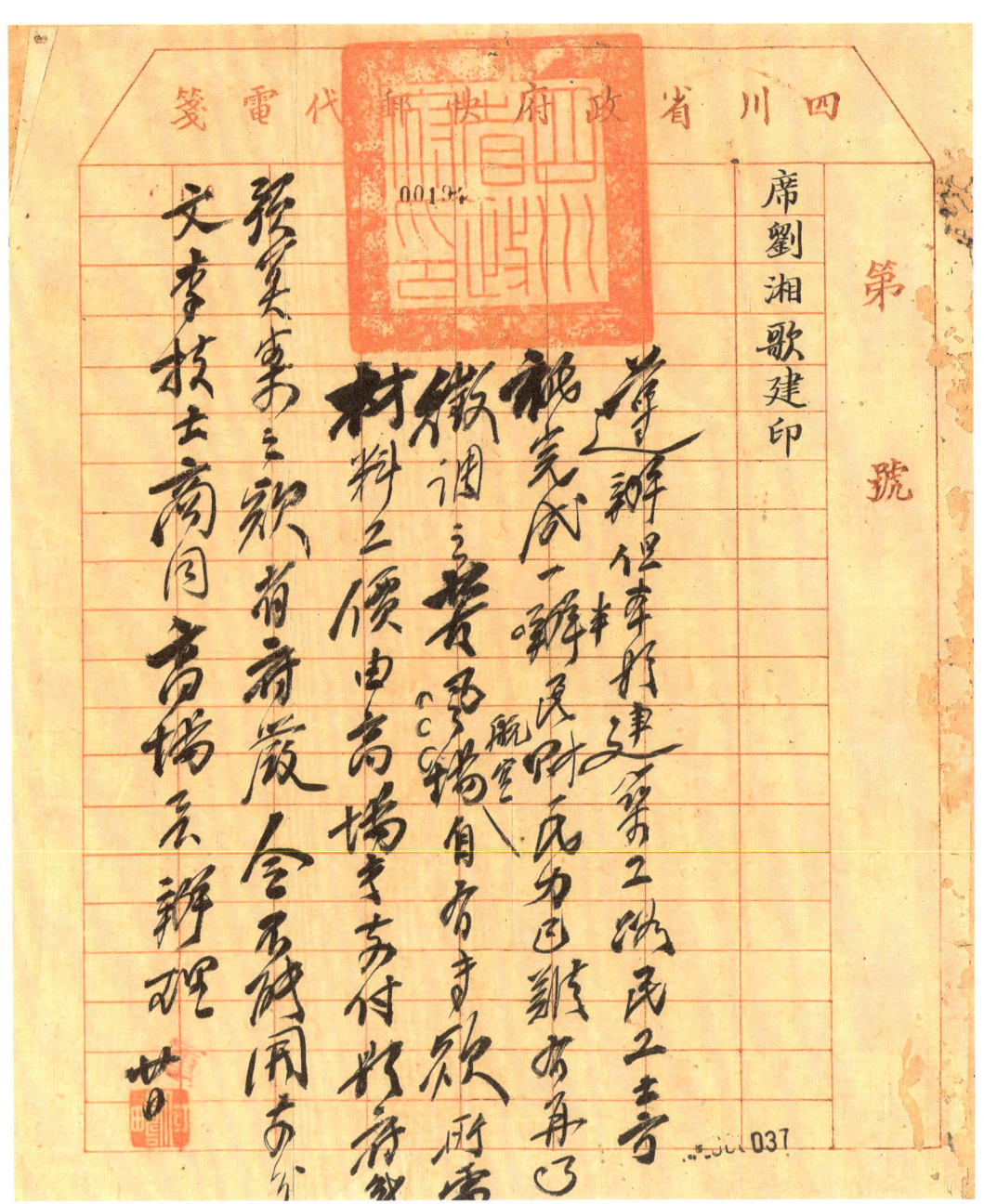

文李技士商同高瑞兵辦理　廿日

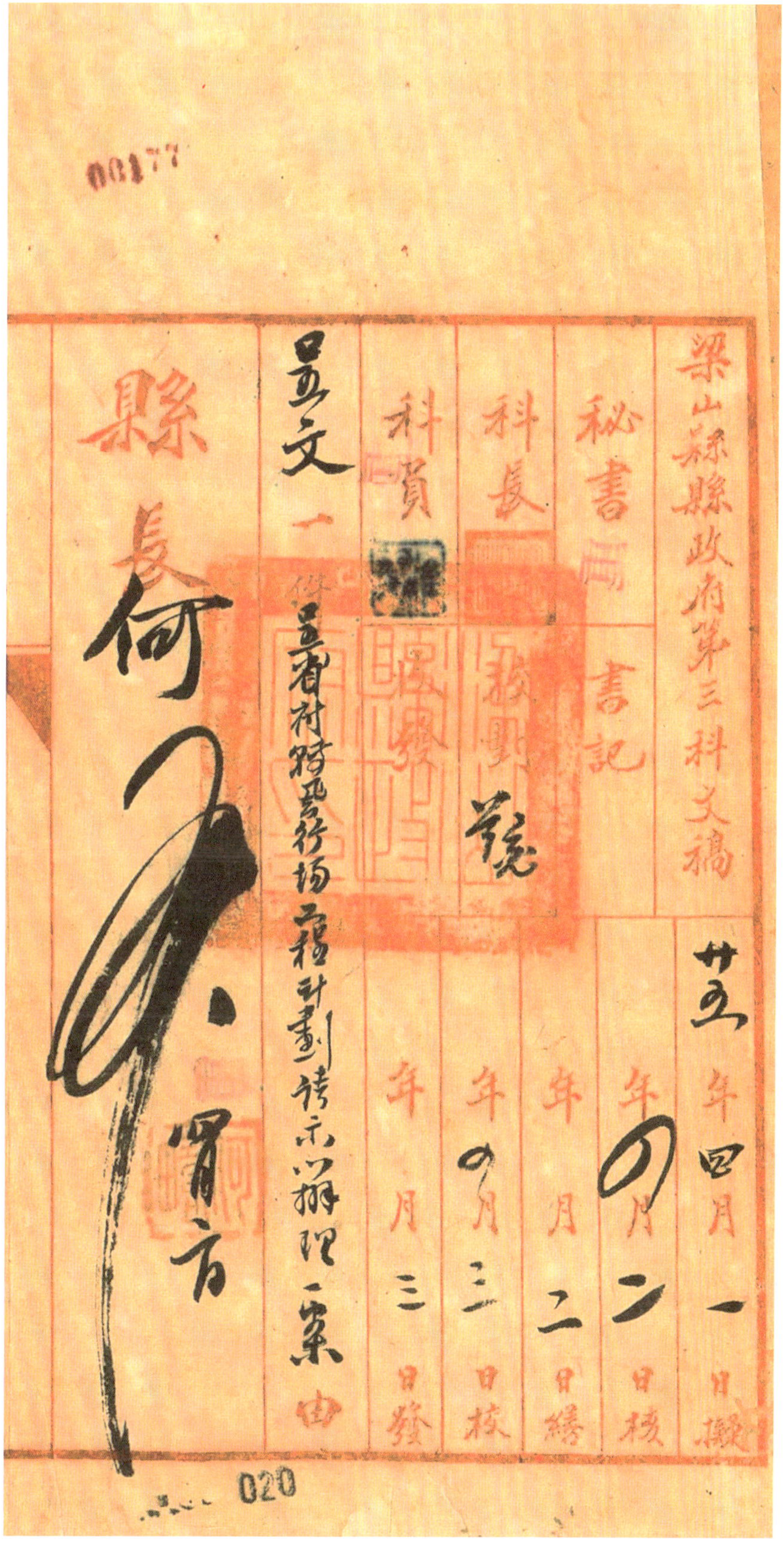

梁山县政府关于转报修整梁山飞行场工程计划约计书致四川省政府的呈（一九三六年四月一日）

钧府廿五年三月十五日，案准奉
钧府建字第二八九九号敕建代电饬催工整理梁山场，
商同高介人场长办理等因，奉此，道即遵照，并商同高
场长详细测量计划，兹于廿五年三月廿四日，准高场长
函开：「全文四廿……」等由，准此，查计划书所列工程，
需工十万，以民间生活状况，逆观催工办法计算，每人
每日最低工价四角，需款四万元，并連用器具及其他
用费，尚不止此数，我县因连年饑馑，人民生活困难
如雇需约六千元

00178

仰祈 彭鸣，引领云霓，

特甚，亟待赈救，引领云霓之际，此弹丸之区，尤[illegible]

此项目前救急，实非易事。现时峨[illegible]县征工筑路，一期

甫竣，二期继始，统计全县壮丁不过六万，春耕已[illegible]余分派[illegible]奉调遍命

而另一[illegible]救

半，以民在饥寒百折之中，尤[illegible]施[illegible]程公路，修建行场

[illegible]知建筑铁路，

领云霓，渴待赈救，若根高场长[illegible]

工程至钜，所需人力物力究属有限，若俟时相责，未必能胜。需款浩多

理合缮呈原计划书，连同原图，具文呈请

钧府，俯赐鉴核，指令祗遵。谨呈

四川省政府主席 刘

021

已繕……計繕呈航空委員會工程師肖英華原計劃書一份

原圖一張。

梁山縣縣長何 。

中華民國廿五年四月一日

附一：航空委员会梁山飞行场致梁山县政府的函（一九三六年三月二十四日）

航空委員會四川梁山飛行場用箋

00179

敬啟者，前奉 令修整梁[illegible]場一案，業經

貴府面洽，共策進行事宜，嗣囑將修整計劃工程數量，先由本會工程師測量估計，俾得依此進行等由，准此。業經本會工程師蕭巽華測繪完畢，隨函檢同修整梁山飛行場工程計劃約計書一份，及机場平面圖一頁，即希

查照見覆為荷。並請趕速興工，以利軍用，至紉公誼。此致

梁山縣政府

附 修整梁山飛行場工程計劃約計書一頁

梁山飛行場平面圖一幅

航空委員會梁山飛行場 啟

三月二十四日

022

附二：修整梁山飞行场工程计划约计书

修整梁山飛行場工程計劃約計書

一、机場現狀

查梁山飛行場，會于羣山之間，原係水田，地勢本低，開闢之時，似近應急性質，未將土面填高，坡度莫準，四面圍溝，挖掘過淺，以致場內之水，不能外洩，歷時既久，復經牛羊踐踏，場面土質，更形下沉，每遇雨季，全場四分之三，悉被水淹，非加修整，不能應用。

二、修整計劃

甲、場之北方左角，尚有坟墓二座，碍及飛行，即須遷出剷平。

乙、四週圍溝，須挖掘深至三公尺，溝面寬四公尺，底寬二公尺，使全場積水，得以向外暢流。

[illegible]建築
[illegible]
[illegible]
對[illegible]另已
[illegible]擔任
[illegible]指
[illegible]
[illegible]向省府請示 [illegible]

丙、填高場面，以場之西南角，加高四十公分為標準，依次填土，成為五百分比一之坡度，向北傾斜，利周圍溝挖出之泥土，填于場面，如需土不敷時，得在場之東北角及机棚後面（芳處）取土。

丁、全場填平之後，用三噸重石滾，滾壓二道，再用五噸重石滾，復壓一二道。

戊、以上工程，約計填土拾柒萬公方，需用人工拾萬工，（連滾壓在內）假定每日有三千人工作，約三十四日晴天完工。

附記 此係應急計劃，初步約算，至詳細辦法，另有施工細則

航空委員會工程師蕭巽華草擬

四川省政府、梁山县政府关于先行简单修理梁山飞行场的来往文书（一九三六年四月十四日至二十日）

四川省政府致梁山县政府的电（一九三六年四月十四日）

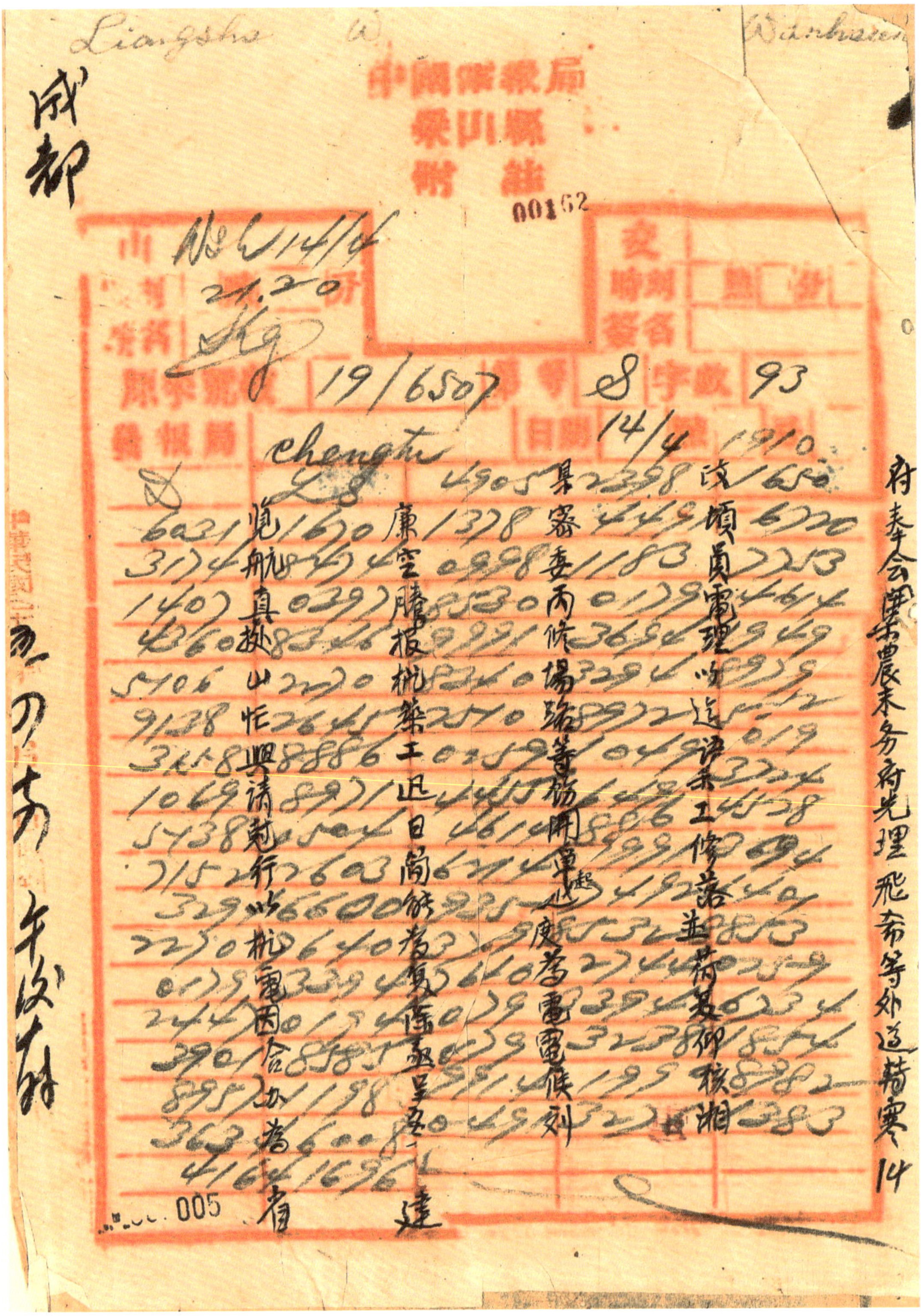
Liangshan
Wanhsien
成都
00162
19/6507
8
93
14/4
1910
chengtu

梁山县政府致四川省政府的呈（一九三六年四月十五日）

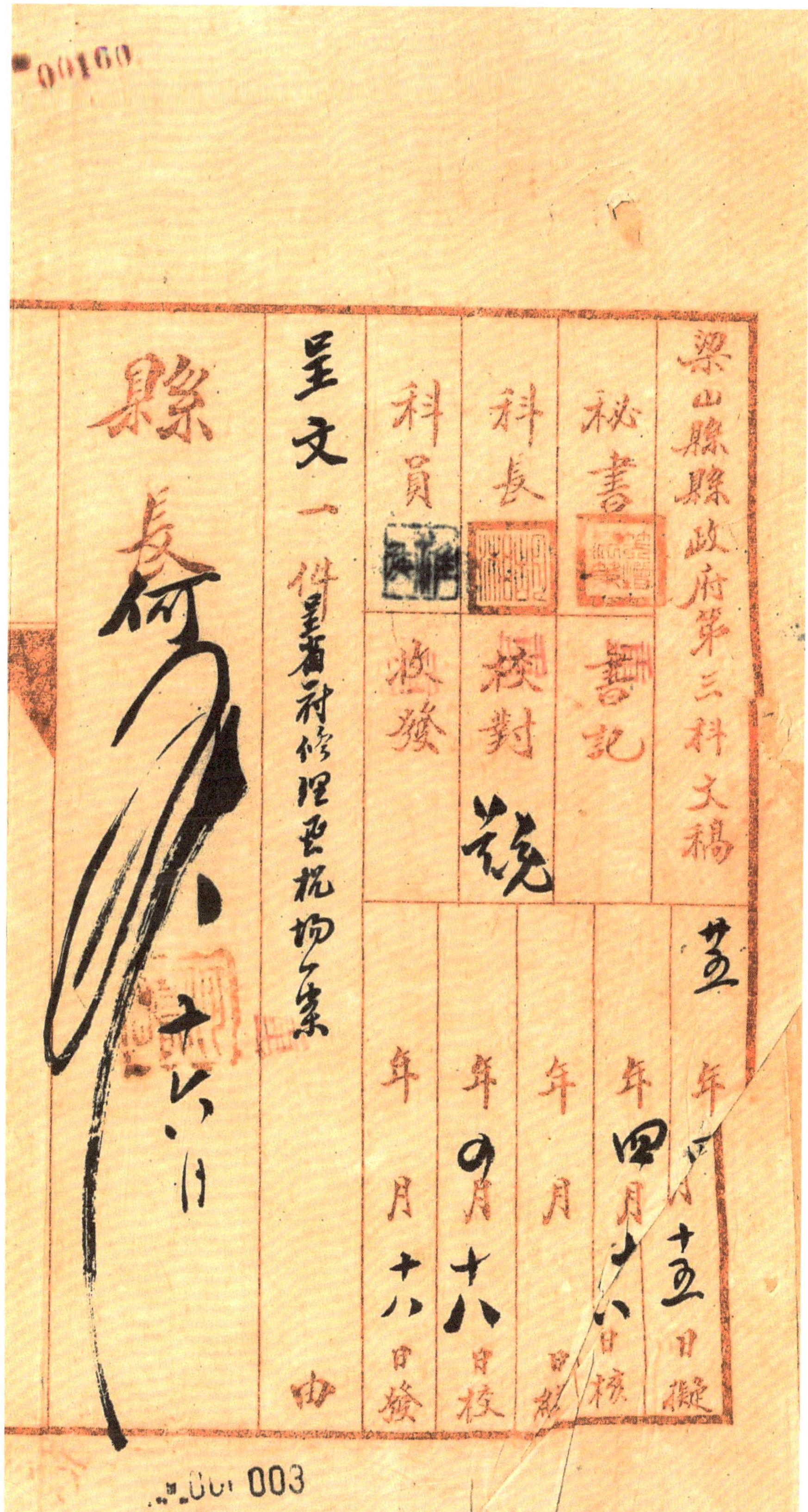
梁山縣縣政府第三科文稿

秘書　科長　科員

書記　校對　繕發

縣長何[illegible]

呈文一件

[illegible]

廿五年四月十五日擬

年四月十八日核

年月日繕

年四月十八日校

年月十八日發

廿五年四月十四日午後十時，案奉

鈞座寒省建電內開：「飭將忠機場先行簡單修理，以能起落忠機為度，呈候核轉。」等因。奉此。查前奉令修理機場，曾經轉呈忠機場長高介山計劃書在案。旋准高場長轉奉西

航空會宥騰兩電同前因，當與高同機場機械士吳建中及副官李元愷計劃辦理，經吳建中李元愷會擬定修理辦法，征調民工五十名，連續工作（定於四月宥日開工）七日，業照計劃轉令四城鎮聯保主任徐

00161

俟此次征集民工，派監工員如期率往機場，聽候分配工作。理合將遵辦情形，具文呈請

鈞座，俯賜鑒核，指令祇遵。

謹呈

四川省政府主席劉

梁山縣縣長何○

004

中華民國卅五年四月十五日

四川省政府致梁山县政府的指令（一九三六年四月二十日）

四川省政府指令梁山縣政府

事由	擬辦	決定辦法	備攷
為呈報飛行場計劃書一案仰仍遵照前電辦理由	經飛行場擬定簡單修复計劃，征調民工五十名，連續作五七日，業已於四月十八日調城區民工五十名開工，廿日完成。擬存。	縣　耆	

附件

字第　號　年　月　日　時到

收文　字第1999號

四川省政府指令

廿五年建字第5929號

令梁山縣政府

廿五年四月 日呈一件，據呈報該縣飛行場工程計劃請核示由

呈及附件均悉。查此案前奉

航空委員會真騰兩電，飭轉該府尅日興工先行簡單修理，以能起落飛機為度等因；業經轉電飭遵在案。仰即遵照妥為辦理，並期毋誤春耕為要，仍將遵辦情形具報核轉。

此令。

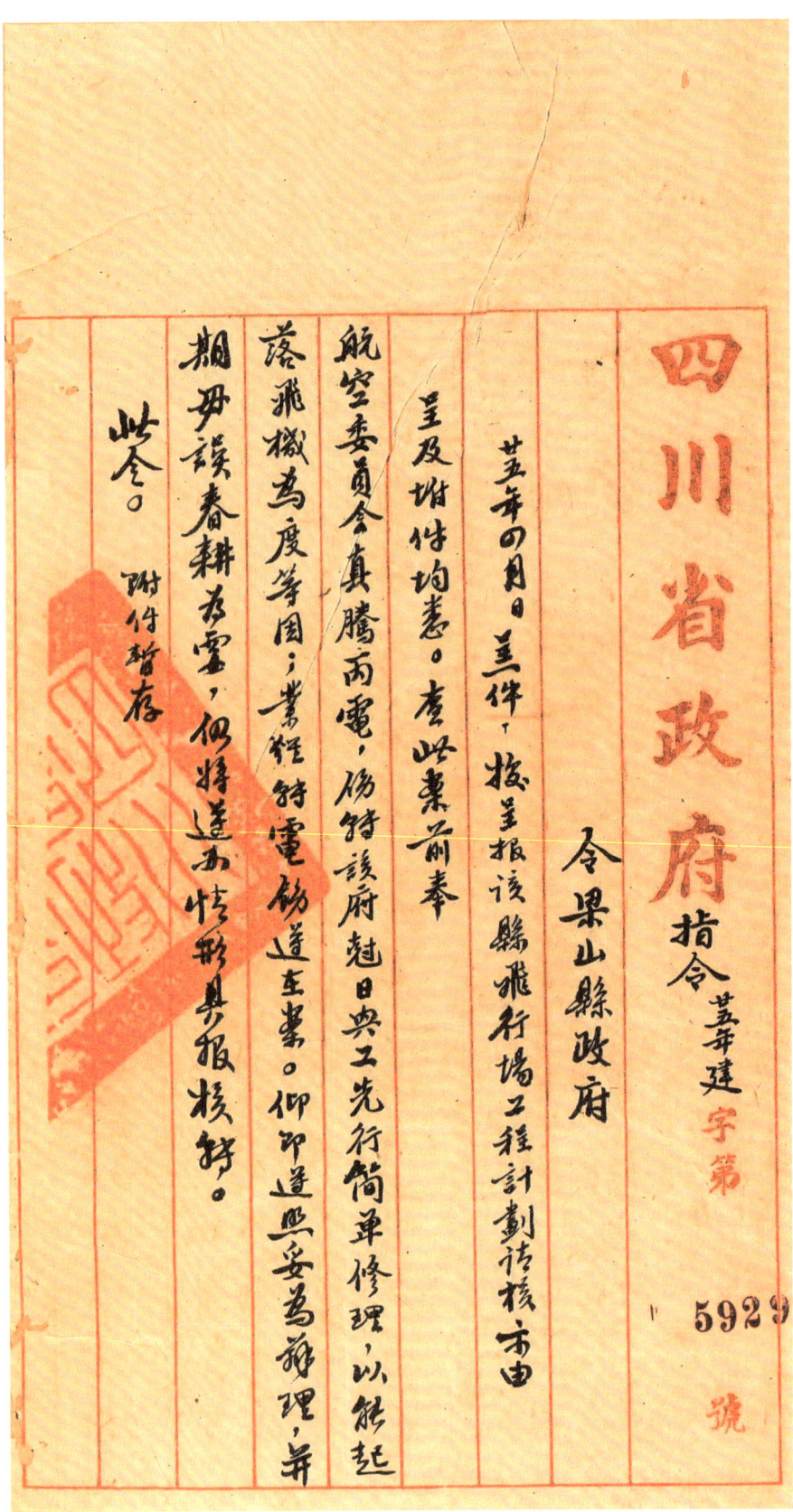

附件暂存

中華民國廿五年　月廿日

四川省政府之印

主席 劉湘

建設廳長 盧作孚

監印 [illegible][illegible]寄鶴

校對員 東華[illegible]

航空委员会四川梁山飞行场、梁山县政府关于确定梁山飞行场扩修开工日期的来往文书（一九三六年五月至八月）

航空委员会四川梁山飞行场致梁山县政府的函（一九三六年五月三十日）

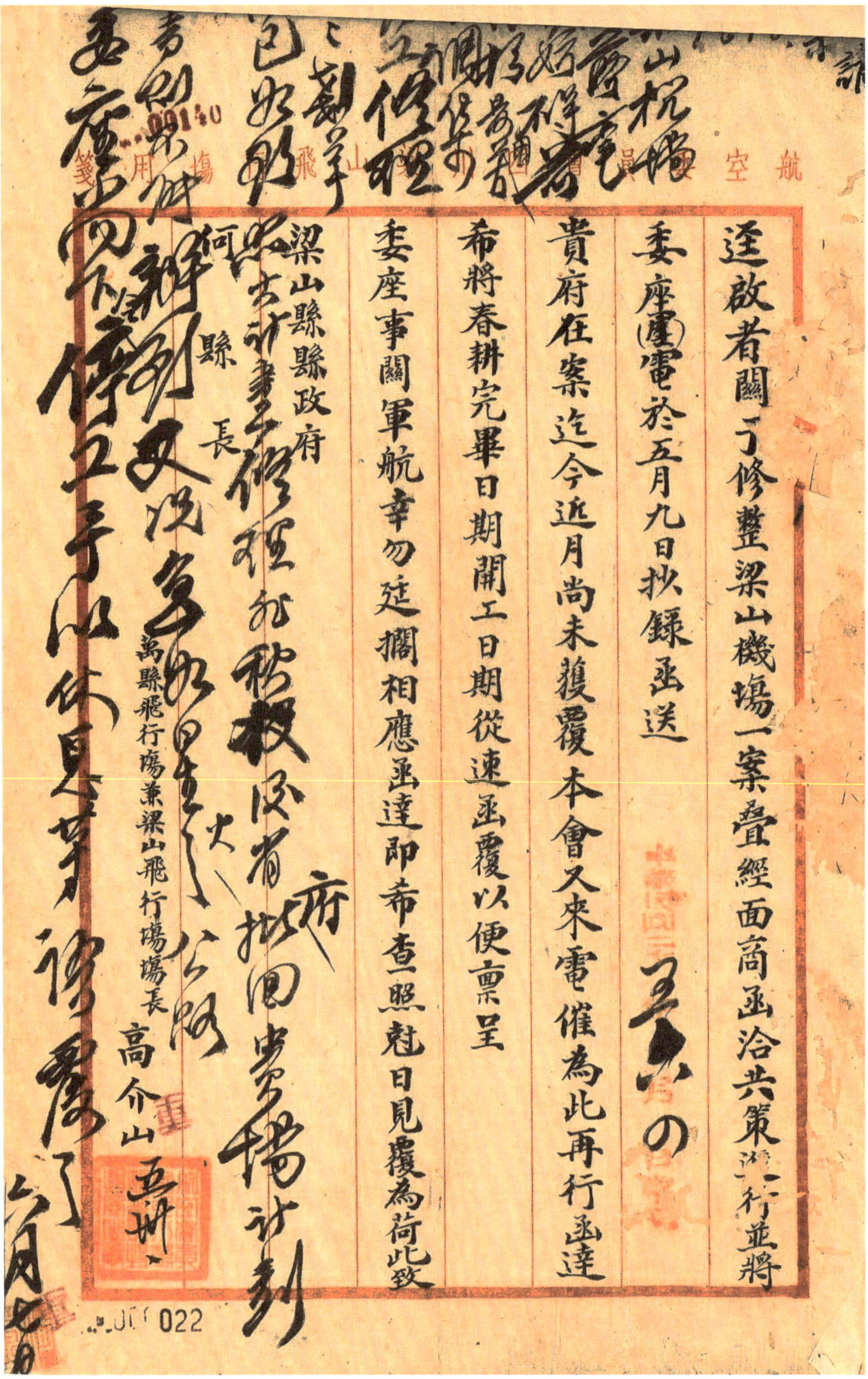

航空委員會四川梁山飛行場用箋

逕啟者關于修整梁山機場一案疊經面商函洽共策進行並將
委座(灰)電於五月九日抄錄函送
貴府在案迄今逾月尚未獲覆本會又來電催為此再行函達
希將春耕完畢日期開工日期從速函覆以便稟呈
委座事關軍航幸勿延擱相應函達即希查照尅日見覆為荷此致
梁山縣縣政府
縣長何
萬縣飛行場兼梁山飛行場場長 高介山 五卅

梁山县政府致航空委员会四川梁山飞行场的函（一九三六年六月九日）

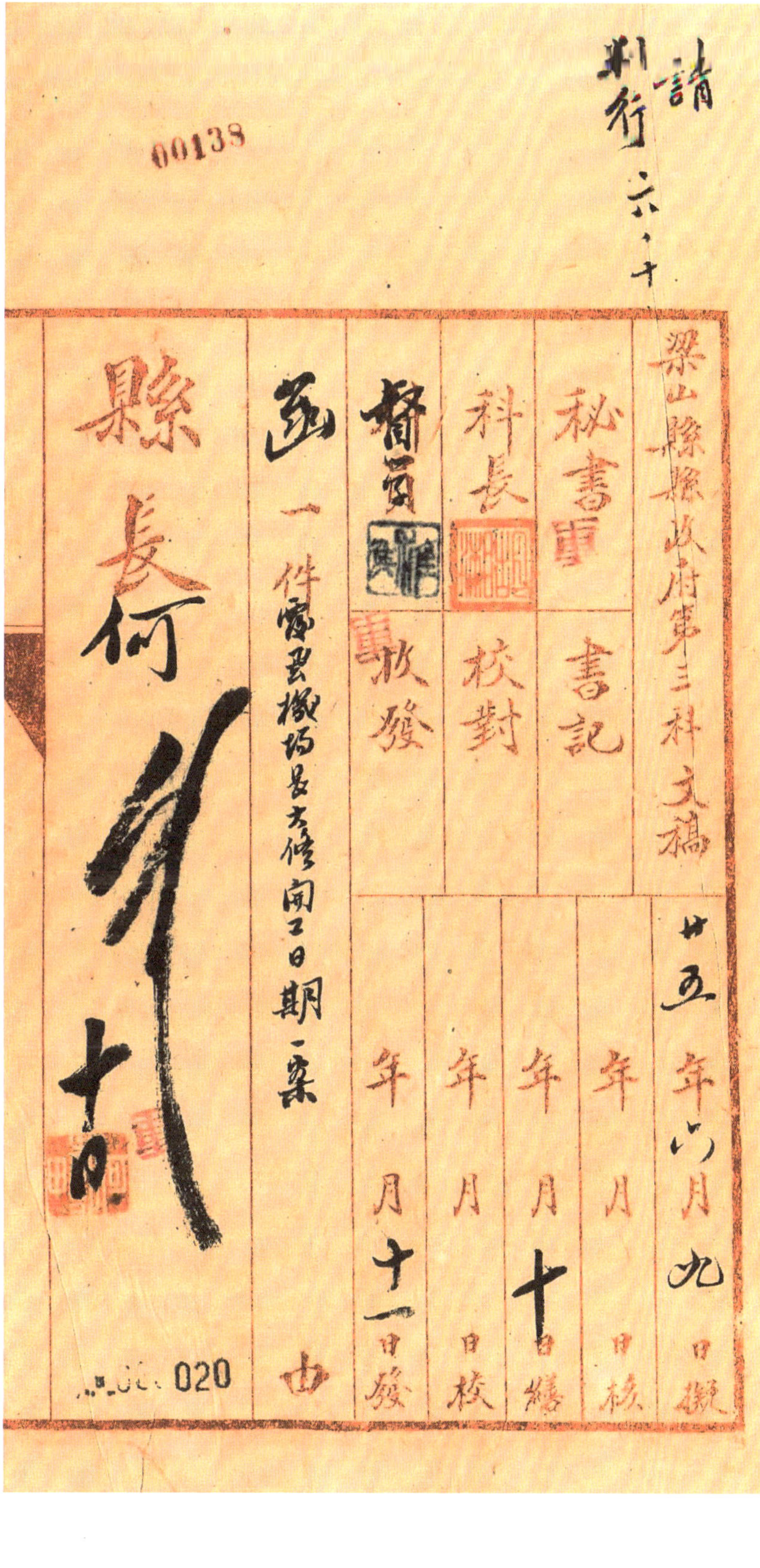
請
判行
六、十
00138
梁山縣縣政府第三科文稿
秘書
書記
科長
校對
收發
縣長何
函一件
廿五年六月九日擬
年月日核
年月十日繕
年月日校
年月十一日發
020

逕覆者：准

貴場長函詢春耕完畢日期，並催從速照原計劃案修開

工日期一案。事關軍航，自應遵辦。逕查層峯對於征工，規定發給口糧，

已有明令公佈。如照原案大修，則十萬民工口食，如何

籌給；大批修理器械，如何設備；所需經費，在在皆省有對於地方財政，

限制謹嚴，重大工作尤不敢擅專，須請示後方可

辦理。前省公路建設，急如星火，層峯省念農忙，

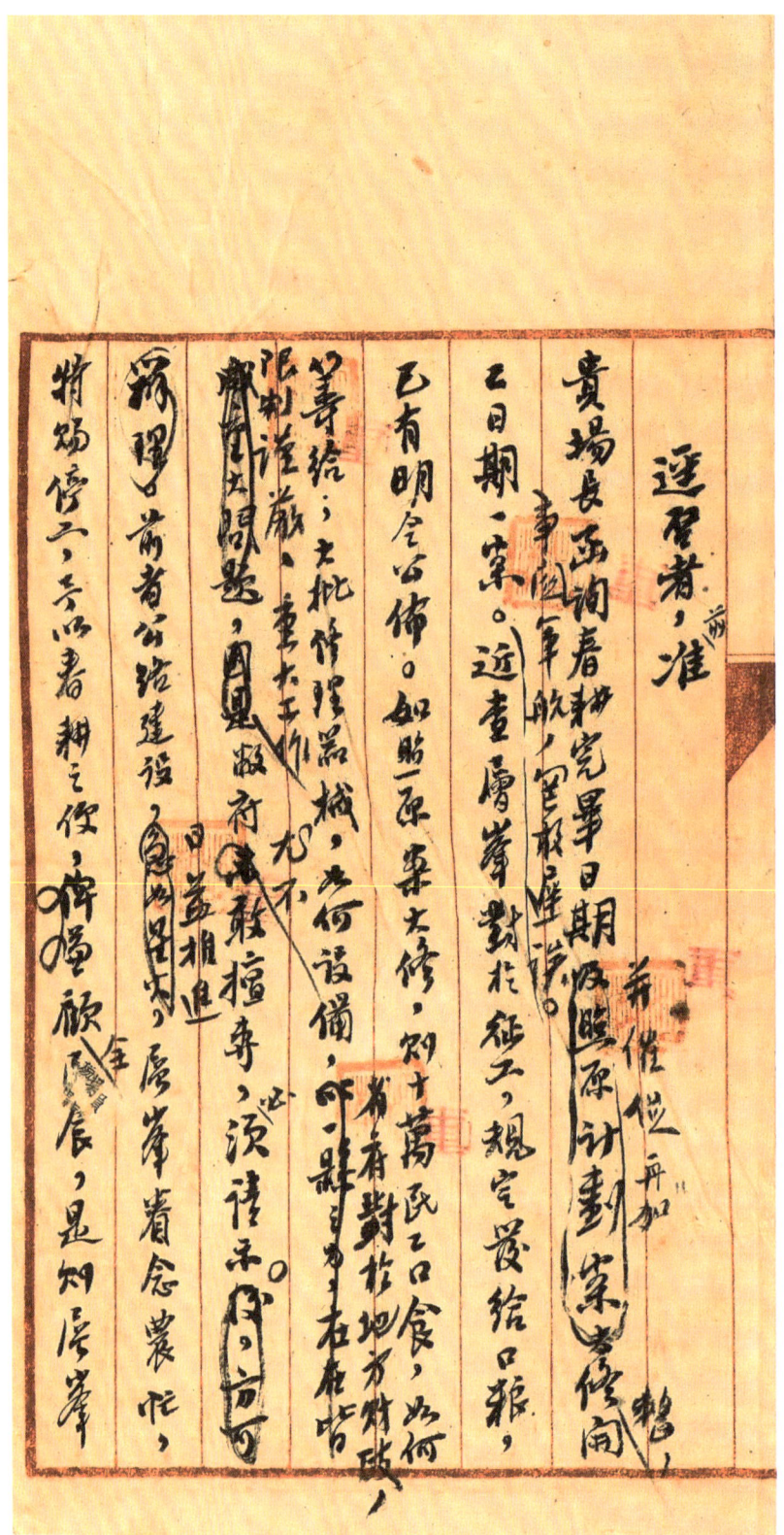

特令停工，并以春耕之便，俾得顧全農民食，是知層峯

對於巨大建設の[redacted]一是以民力為準。現在春耕，
尚未完竣，人民農作，極為緊張，巨量征工，恐防農根，有未便
或者俟秋穫後，開始有調征可能，亦必請示後，始
有道循途徑。特此函電，日煩此致
時綏
長

何□啓
六月九日

中華民國廿五年六月九日

航空委员会四川梁山飞行场致梁山县政府的函（一九三六年七月二十八日）

逕啓者：關于修整梁山飛行場一案，自本年三月迭令叠與

貴府前縣長面商函洽，共策進行在案，頃奉

委座令催，趕速開工，以利軍航，茲隨函附送梁山飛行場工程計劃、施工細則一份，請即

查收，並希將開工日期，從速規定，俾資轉呈，相應函達，即煩

查照見覆為荷。此致

航空委員會四川梁山飛行場用箋

梁山縣政府楊縣長

航空委員會梁山飛行場兼場長 高介山 卅二、七、廿八

附工程計劃施工細則一份

00127

奉

令修整梁山飛行場工程計劃

施工細則

010

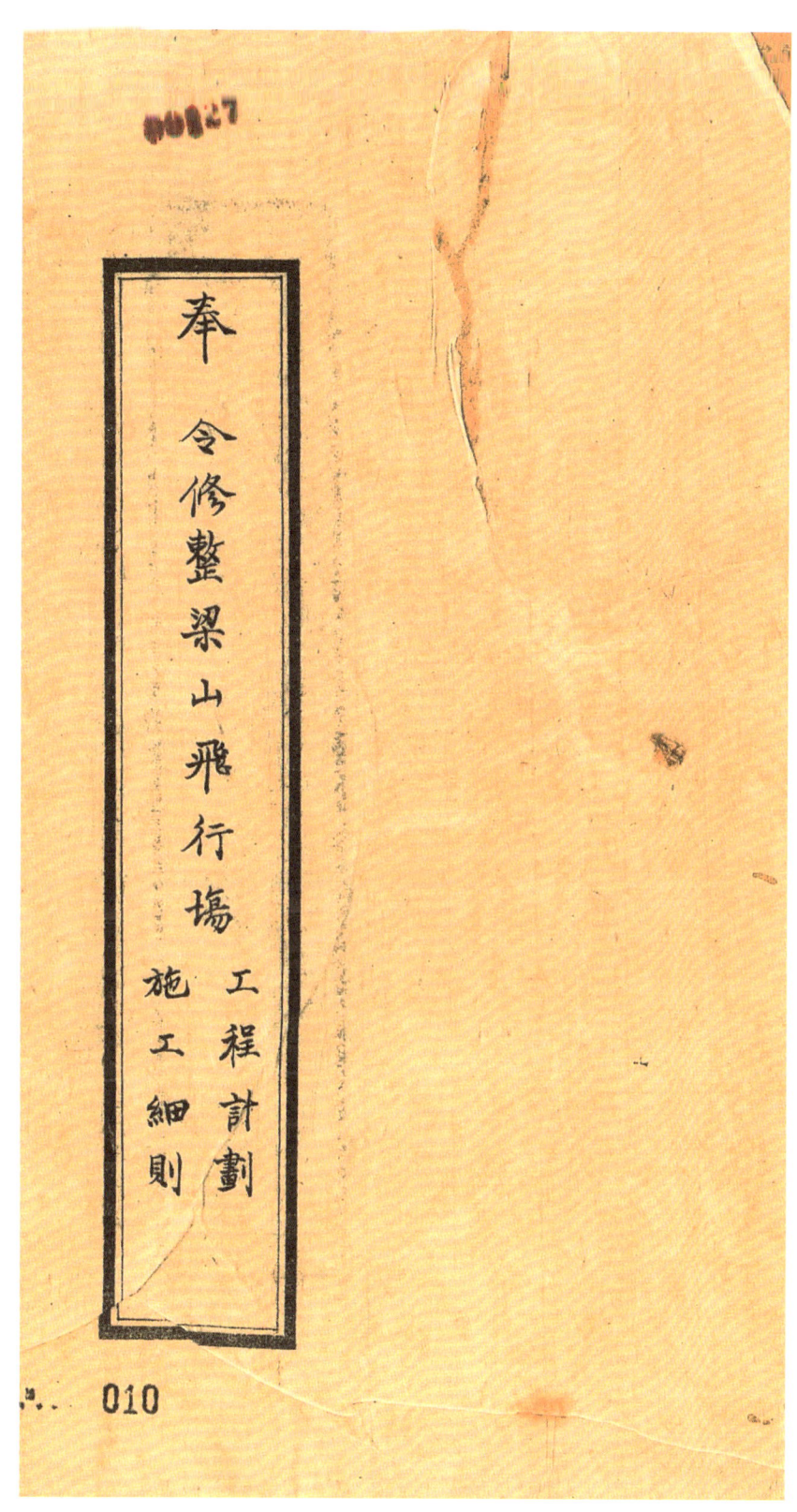

00128

修整梁山飛行場工程計劃

机場現狀

查梁山飛行場，會於羣山之間，原係水田，地勢本低，昔日開闢之時，似近應急性質，稍欠通盤籌劃，未將場面填高，坡度做準，以致天雨之後，場內積水，不克外洩，而場邊圍溝挖掘過淺，反致場外之水，倒灌場內，歷時既久，復經牛馬踐踏，場面之水田部分，更形下沉，每逢雨季，全場四分之三，悉被水淹，非加修整，不能應用。

机場面積

就原場形勢，從事修整，計南向為六百七十公尺，東西向為七百公尺，該地恒風為東西向

修整計劃

011

以最經濟之法，求一勞永逸計，填高場面，使場基穩固，借天然地勢，將場面築成坡度，以助場內之水，迅速排洩，挖掘圍溝，使溝中之水，得以向外導流。

(甲)場之北方左角，有墓二座，礙及飛行，即須遷出剷平。

(乙)填高場面，以場之西南角，加高四十公分為標準，依地形向北傾斜，填成為五百分比一坡度，以免北部填土過多，滚壓不易堅實，且可借此坡度，以利洩水。

(丙)四周圍溝，須挖掘深至三公尺，溝面寬五公尺，溝底寬三公尺，俾可使全場積水并城內流出之水，得以向外排洩，並可藉此資助防衛机場之用。

工程估計

填挖工程，全場共須填土十七萬四千三百公方，以四周開掘之泥土填之，如需土不敷時，得在場之東北角及机棚後面取土，如必要時得收買民田，以為填土之用。

單位估計，挖土每工以二公方計，運填土車均以二公方計，（每公方之土，約重一千六百斤）

以上共計需工十七萬四千三百工

滾壓工程，用三噸重石滾滾壓二道，再用五噸重石滾，壓滾二道。

以上共計需工四千工

統共計需十七萬八千三百工

以每日五千人工作計算，須三十六個晴天可完工

修整梁山飛行場施工細則

1、在未施工以前，及已施工以後，所有監督工程人員，須完全明瞭當說，根據本施工方法，以執行職務。

2、場內標樁，須一律保存至完工後，但遇不得已而必須扯動時，須得監工人員之許可。

3、填土須儘先至場沿排水溝內挖取，不足再至他處。（但遇溝內土質不良，須責成工人運出溝外）。

4、填土土塊直徑不得過一公寸，否則監督工程人員，令其搗碎。

5、填土土質，須用岩土，如遇土質不良，或含有雜草皮垃圾等物，不得運進場內。

6、填土須每填三公寸，即打夯一次。

7、如遇土質乾燥時，須噴水至相當程度，俟水化合後，施行夯工。

8、田內稻草，須連根拔除，運至外場，塘內積水，須排乾挖出淤泥，然後再填。

9、兩組工人毗連處，填土中間，不得留一定溝，否則監工員須即責令兩組工人互填。

10、工人取土處，由近而遠，落土處由遠而近，往來工人均靠左邊走，以免擁擠。

11、本細則如有未盡善處，或有不適合該地情形時，得隨時修改。

中華民國二十五年四月　日

蕭巽華

梁山县政府致航空委员会四川梁山飞行场的公函（一九三六年八月）

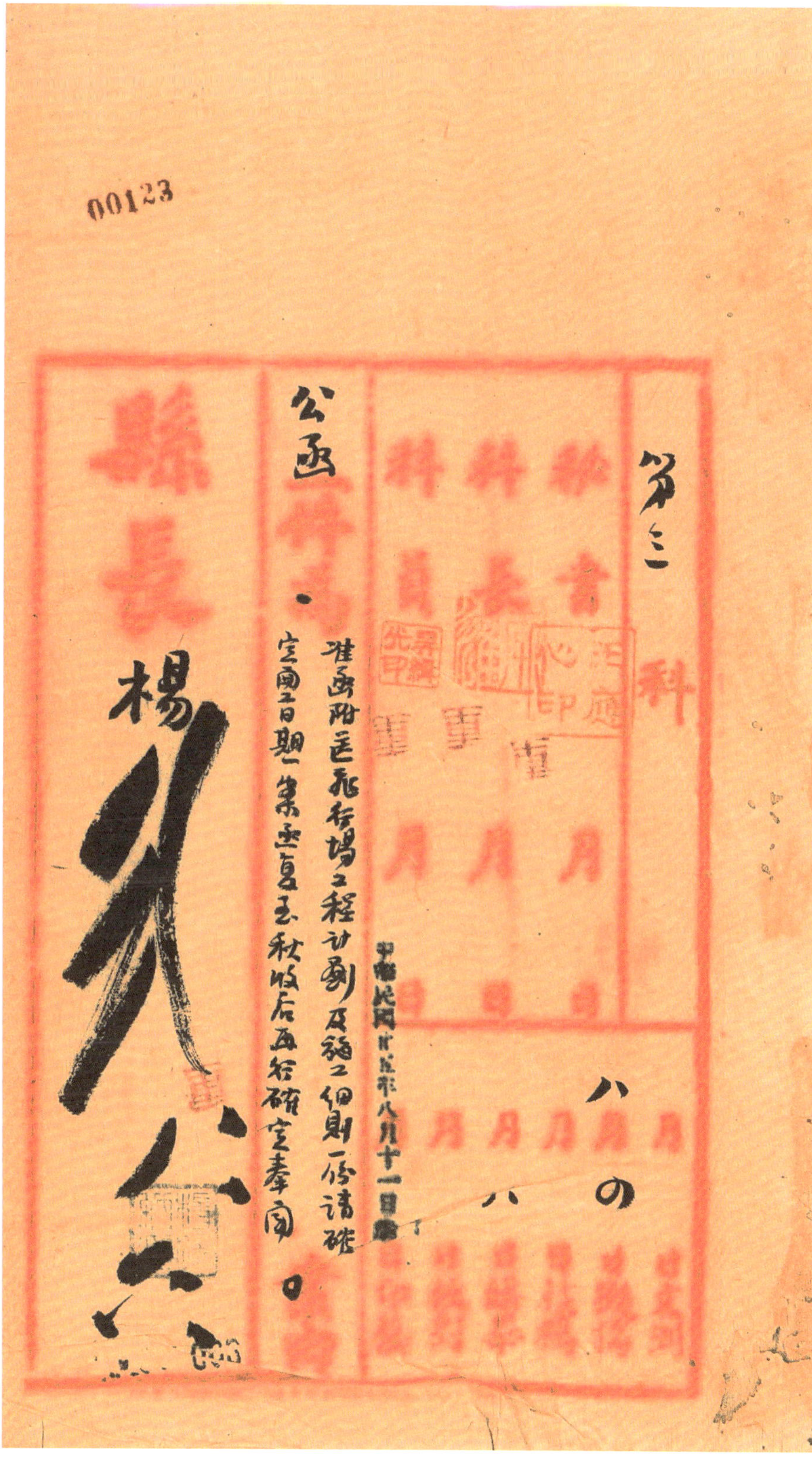

00123

縣長 楊

第三科

公函 字第 號

准函附送飛行場工程計劃及施工細則一份請確定開工日期一案函復至秋收后再行確定奉函

中華民國廿五年八月十一日發

全　衛公函　卅五年政三建字第[illegible]號

項准

貴場長卅五年七月廿八日函，並附工程計劃及施工細則，均已閱悉。本應自當賡即如命照辦，以濟要公。惟本縣現值徵工築路期間，民工抽調已空，兼以秋收在邇，農事正忙，實係兼顧不暇，擬請稍緩時日，至秋收后，民力稍蘇，即將開工日期再行確定，轉函奉覆。馬[illegible]

00124

復，即希

查照為荷。此致

航空委員會梁山飛行場兼場長高

梁山縣縣長楊〇〇

007

中华民国

卅八

日

四川省政府、梁山县政府关于办理梁山飞行场是否大修事的来往文书（一九三六年六月至七月）

梁山县政府致四川省政府的呈（一九三六年六月十二日）

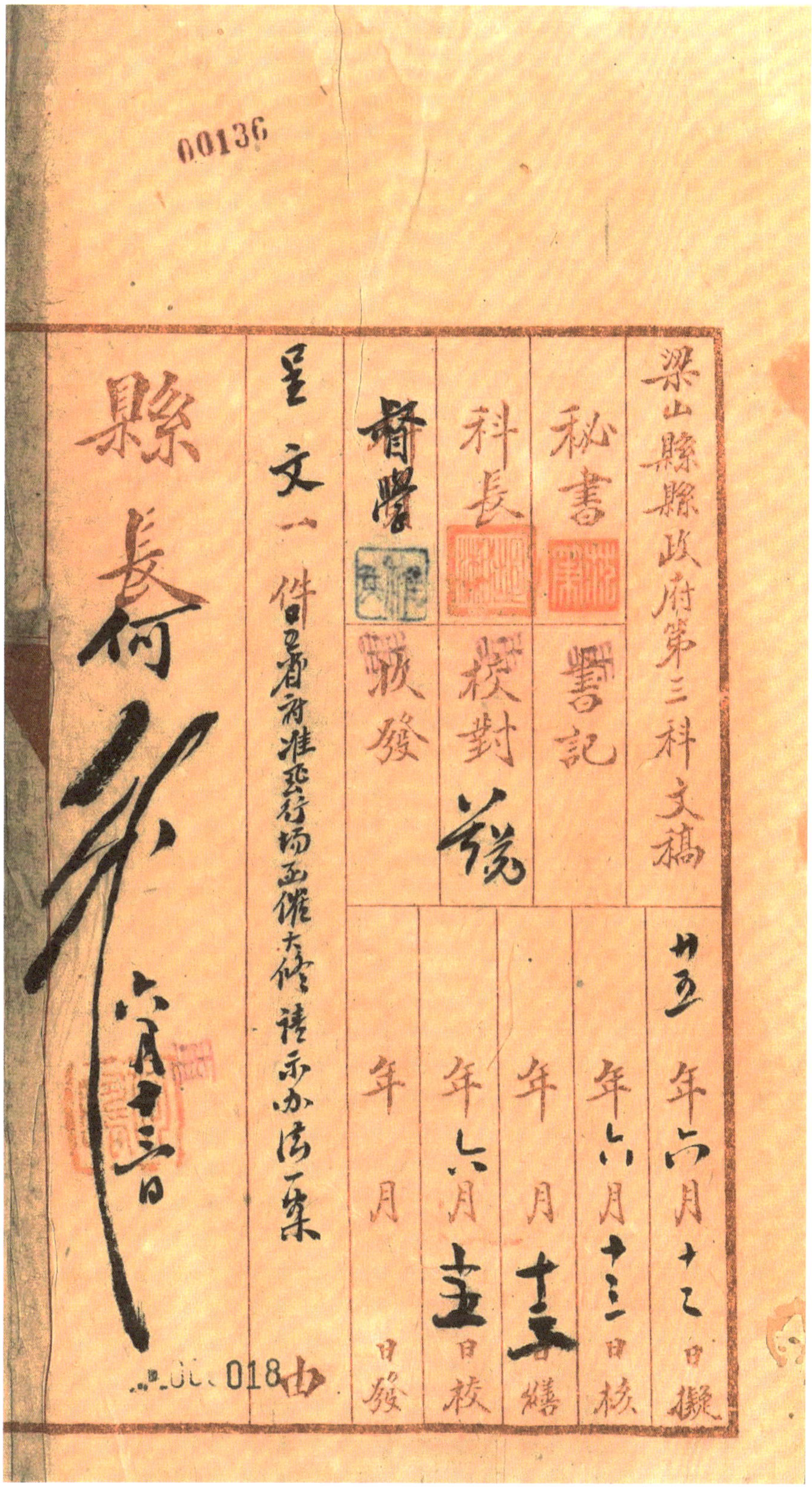

梁山縣縣政府第三科文稿

秘書

科長

督導

書記

校對

收發

廿五年六月十二日擬

年六月十三日核

年月十三日繕

年六月十三日校

年月日發

呈文一件

縣長何

4330号

窃于三月十五日，案奉
钧府歌建代电饬维工修理梁山飞行场，旋于四月三日，
赍呈该场计划书呈请核示，奉廿五年四月廿日发廿五年
建字第五九二九号指令，饬即先行简单修理廿亩，业经
会同该场长督修完竣在案。近复准飞行场场长高介
山函奉
航空会虞一航丙电令于春耕将毕时，
查照原案继续大修廿亩。惟查该场原计划书，需工
十万，若遵照歌建代电维工办法，每工每日伙食工资

五角，連同大量修理器械，實需款約六萬元。若於征工，則公路建築，丁壯早已征盡，又兼現值春耕農忙之期，實際征無可征，必待秋穫，始有農隙；且照新近公佈征工給食辦法，全部費用，仍需三萬餘元。所有以上工程費用如何措辦，工人如何征雇各緣由，理合具文呈請

鈞府，俯賜查核，指令祇遵！謹呈

四川省政府 主席 劉

建設廳廳長 盧

渠縣縣長 何

中華民國卅三年六月十七日

梁山縣政府印

四川省政府致梁山县政府的指令（一九三六年七月十八日）

四川省政府指令梁山縣府

事由	擬辦	決定辦法	備攷
為據署梁山飛行場長呈請繼續大修機場一案，仰候電請航委會查核再奪由。		特函梁山飛行場高場長查照 八六一	三科
附件			

字第 號 年 月 日 時刻

□國廿五年七月廿九日收到

017

收文 字第 號

四川省政府指令

廿五年建字第 11616 號

令梁山縣政府

二十五年六月十五日呈一件，為准函大修飛行場請示辦法由。

呈悉。查該縣飛行場繼續大修一節，本府未准

空委員會通知，並經核辦。所請核案，應候電請

該會查明電復，再行飭遵。

此令。

中華民國廿五年七月十六日

主席 劉湘

建設廳長 盧作孚

監印員楊奇[illegible]

校對員東華胄

四川省第十区行政督察专员公署关于赴梁山机场实施测勘并拟具计划图说及开支预算致周膺九的训令
（一九三六年八月八日）

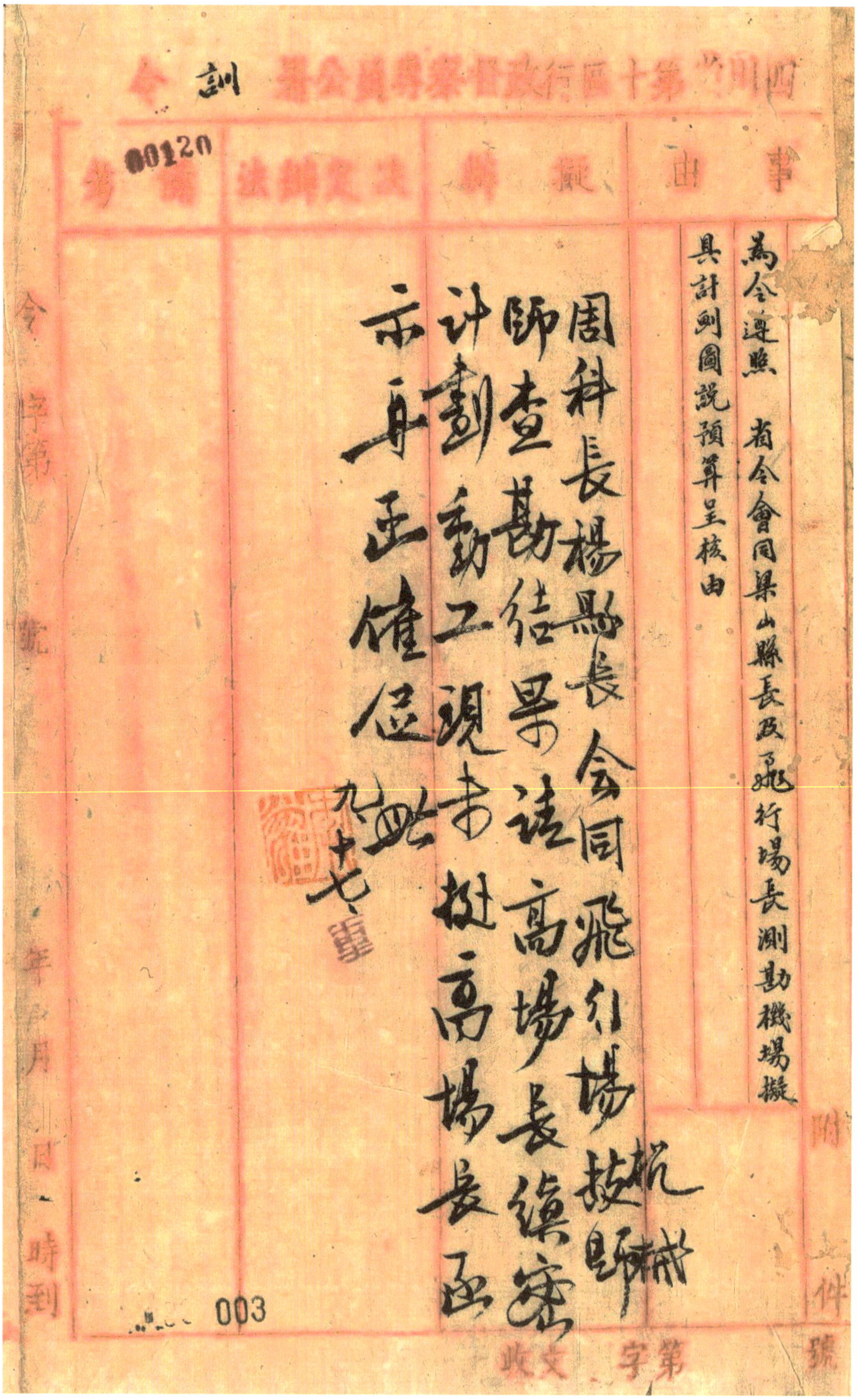
四川省第十區行政督察專員公署訓令
00120

事由	擬辦	批示	決定辦法	備考
為令遵照省令會同梁山縣長、飛行場長測勘機場擬具計劃圖說預算呈核由	周科長、楊縣長會同飛行場航機技師查勘結果，請高場長繪製計劃動工，現由高場長函示再派催促。此 九十七			

令　字第　號　年　月　日　時到
附件
第　字　收文　號
003

四川省第十區行政督察專員公署訓令

廿五年政字第一三〇八號

令本署第一科々長周膺九

案奉

四川省政府二十五年七月三十日建字第一二二三九號訓令開：

「案准航空委員會本年六月二十九日一航西字第一二九二四號公函開：案據萬

梁山飛行場々長高介山六月十二日呈略稱：梁山機場自二月間成立以來，

所有呈請修整場面及工程計劃，暨簡修情形，疊經呈報在案。至五月八日

奉鈞會電令：梁山機場因故停工，仰與梁山縣府洽商，於春耕將畢

應查照原案繼續修築。尤須注意排水工作。等因；遵即前往梁山縣府洽商

興工，未得要領；復經函請速辦去後；旋准函復略稱；本縣修築梁山机場如照原案大修，則十萬民工口食，如何籌給？大批修理器械，如何設備？省府對地方財政，限制謹嚴，重大工作，本府尤不敢擅專。又梁山氣候特殊，春耕尚未完竣，人民趕農作，極度緊張，巨量徵工，恐有未便；或者秋穫後，開始徵調，亦必請示後，始有遵循途徑。等由；竊恐如此延遲，工作進行，深恐貽誤，懇即轉函川省府迅予飭縣剋日徵工，照原案修整，限期完成。又機場排水工程，在未修以前，雨後積水入場；雖每次督同員兵，疏濬淤溝，惟因場基過低，未見大效，將來開工興修，首應注意排水方法。等情；查梁山機場，為宜渝間最佳之中間飛行場，現既春耕將畢，自應修妥備用，以策航行安全。據呈前情；除指令外，相應函請查照，迅予飭縣速照原案修整為荷！等由；准此。查梁山機場，前經轉飭簡單修理在案。茲准前由；該梁山機場究應如何修整始臻完善？、亟應先事規劃，俾民力財力得以兼顧。為此令仰該署迅即遵照，尅日派員前往，會同該場長实地測勘，並負責精密計劃，繪具圖說，擬具預算，一併呈賫來府，以憑核奪。勿得違延為要！」

等因；奉此，合亟令仰該員即便前往該縣，會同該縣縣長及場長等实施測勘，擬具計劃圖說，及開支預算，一併呈賫來署，以憑核轉，為要！」

此令。

中華民國 廿五 年 八 月 八 日

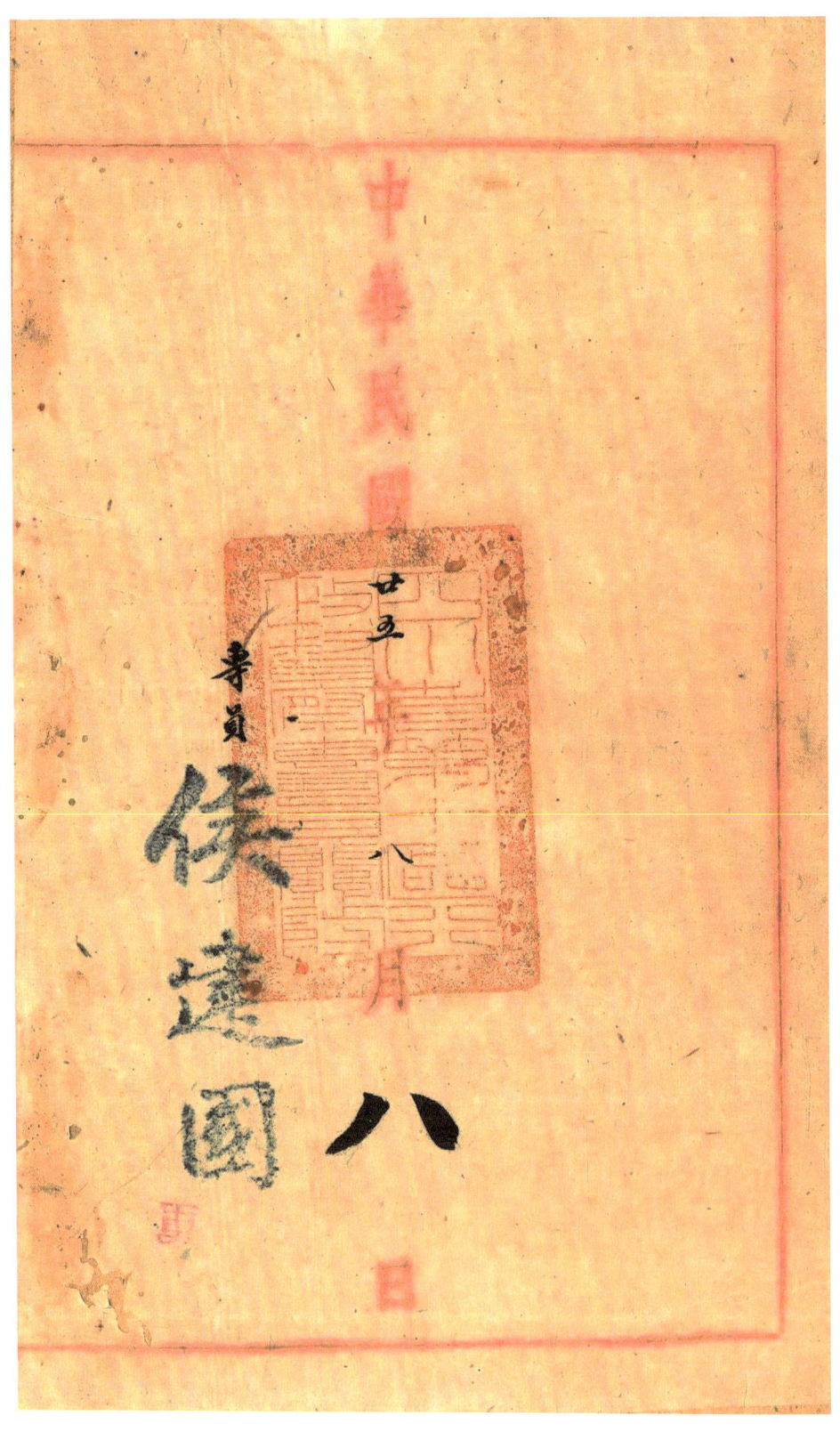

專員 侯遠國

航空委员会梁山飞行场关于按原计划克日兴工修整梁山飞行场致梁山县政府的公函（一九三六年十月四日）

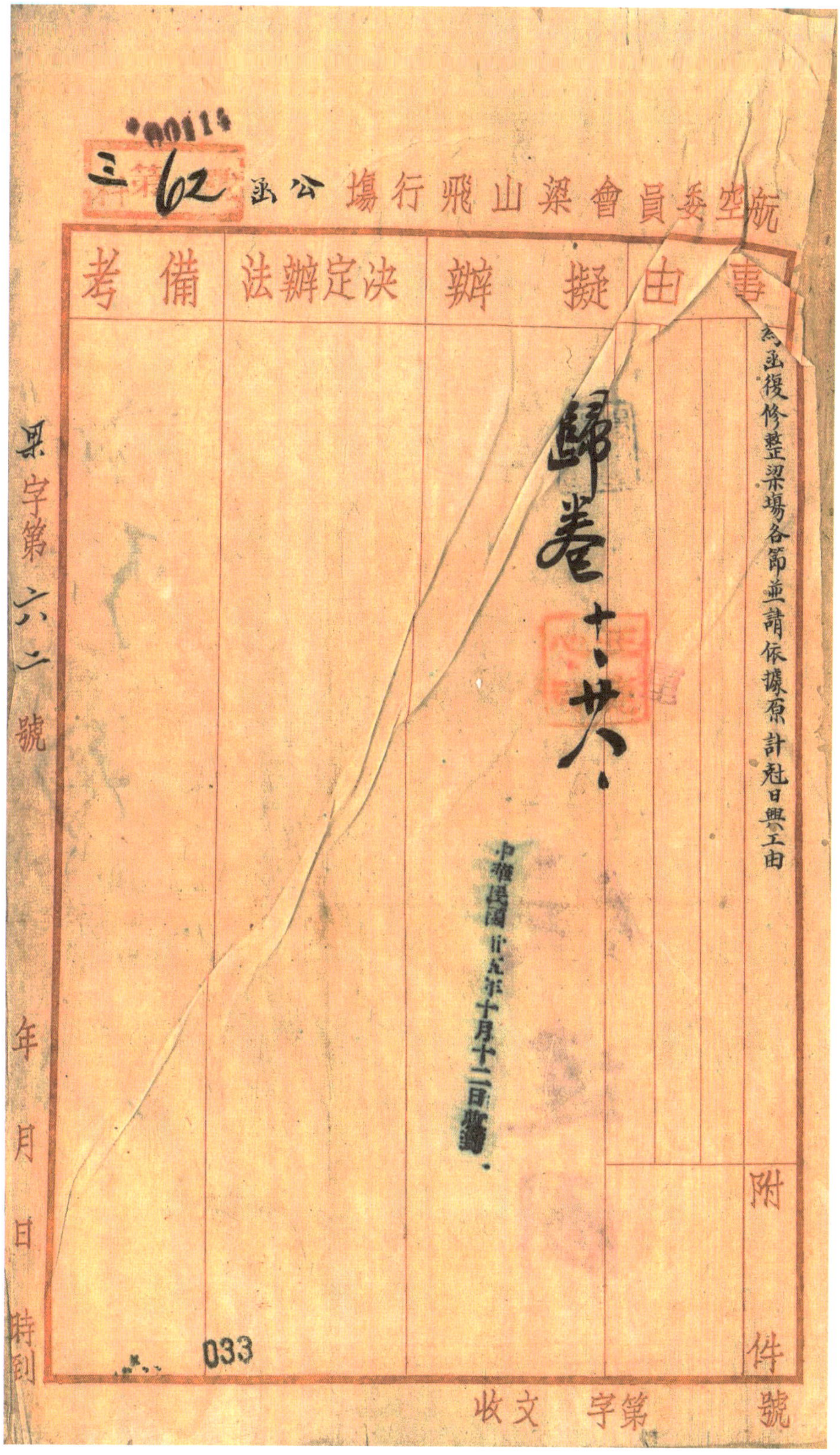

*00114

航空委員會梁山飛行場公函 三第62號

事由：為函復修整梁場各節並請依據原計劃尅日興工由

擬辦：歸卷 十、廿八

決定辦法

備考

附件

梁字第六二號 年 月 日 時到

中華民國廿五年十月十二日發

收文 字第 號

033

航空委员会梁山飞行场公函

案准

贵府政三建字第三〇号公函开：“案查修整梁山飞行场一案，前经会同贵场机械士吴建中暨本区行政督察专员公署第一科科长周膺九，到场实地测勘，亟应拟具计划，图说，及开支预算，呈请省府核准，以便兴工。惟当兹征工筑路，民力早已不胜，农作歉收，财源几将告竭之际，如照贵场长本年七月二十八日函送工程计划，需工十七万八千三百个，固属无法担负，即照本年三月二十四日萧工程师冀华所拟计划，需工十万，亦殊困难。用特函达贵场，请烦顾及本县民众财力，拟定修整计划，图说，及开支预算，函送过府，以凭呈报，而利进行”等由，准此。查梁山飞行场修整一案，早经本会工程员萧冀华会同何前县长，测量完毕，拟有奉令修整梁山飞行场工程计划施工细则及修整图等，两次送达贵府，函请依照計劃，早日興工在案（在何前縣時甬送一份，七月二十八日再送一份）至　貴縣長會同專署科長周膺九與本場機械士實地測勘一節，事先未奉函約，後據該報稱，並未會同實地測勘等語，又三月二十四日蕭巽華所擬修整約計書，原係測量尚未完畢，何前縣長，急欲明瞭工程概數，乃是臨約計，難以為準。再函請顧及民衆財力，擬定修整計劃圖說等一節，是項計劃圖說，早經兩次函送，且軍事建設，已定計劃並經　航空委員會核准有案，本場無由改擬，碍難照辦。其他修場開支預算，事屬經費問題，本場不渻顧問，援照各處修場之例，統由經辦地方機關，自行造算，相應函達，即煩　查照，並請仍照原定計劃，尅日興工，至級公誼。此致

梁山縣縣長楊

航空委員梁山飛行場場長　高介山

中華民國二十五年十月四日

四川省第十区行政督察专员公署关于梁山机场暂缓修筑致梁山县政府的训令（一九三七年一月二十四日）

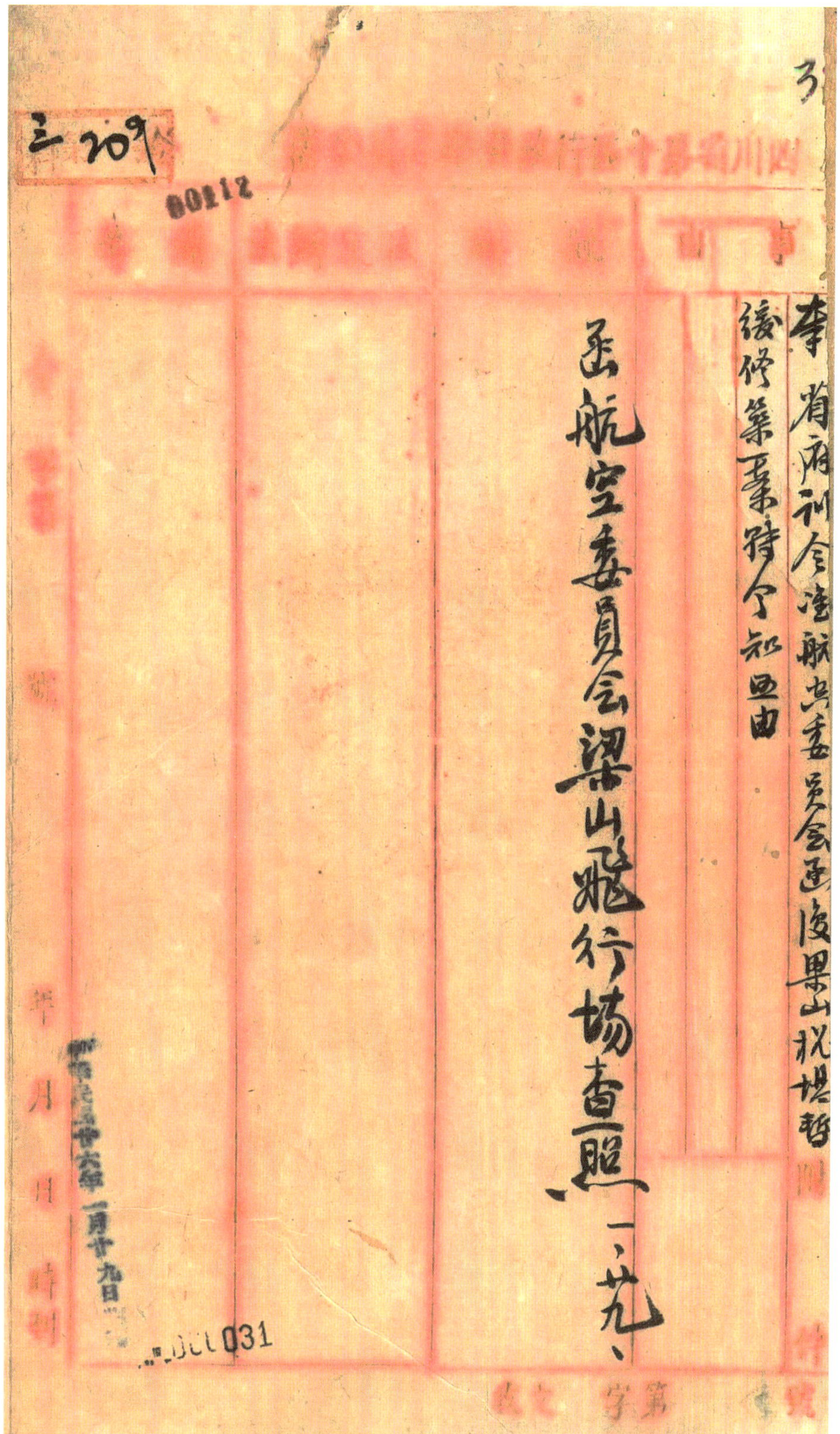

奉省府训令准航空委员会函复梁山机场暂缓修筑一案转令知照由

函航空委员会梁山飞行场查照

四川省第十區行政督察專員公署訓令 建字第 號

466

令梁山縣政府

案奉

四川省政府建字第〇〇六七八號訓令開：

「案查前據該署送令擬具請修梁山飛行場計劃書一案到府，曾經指令并轉請

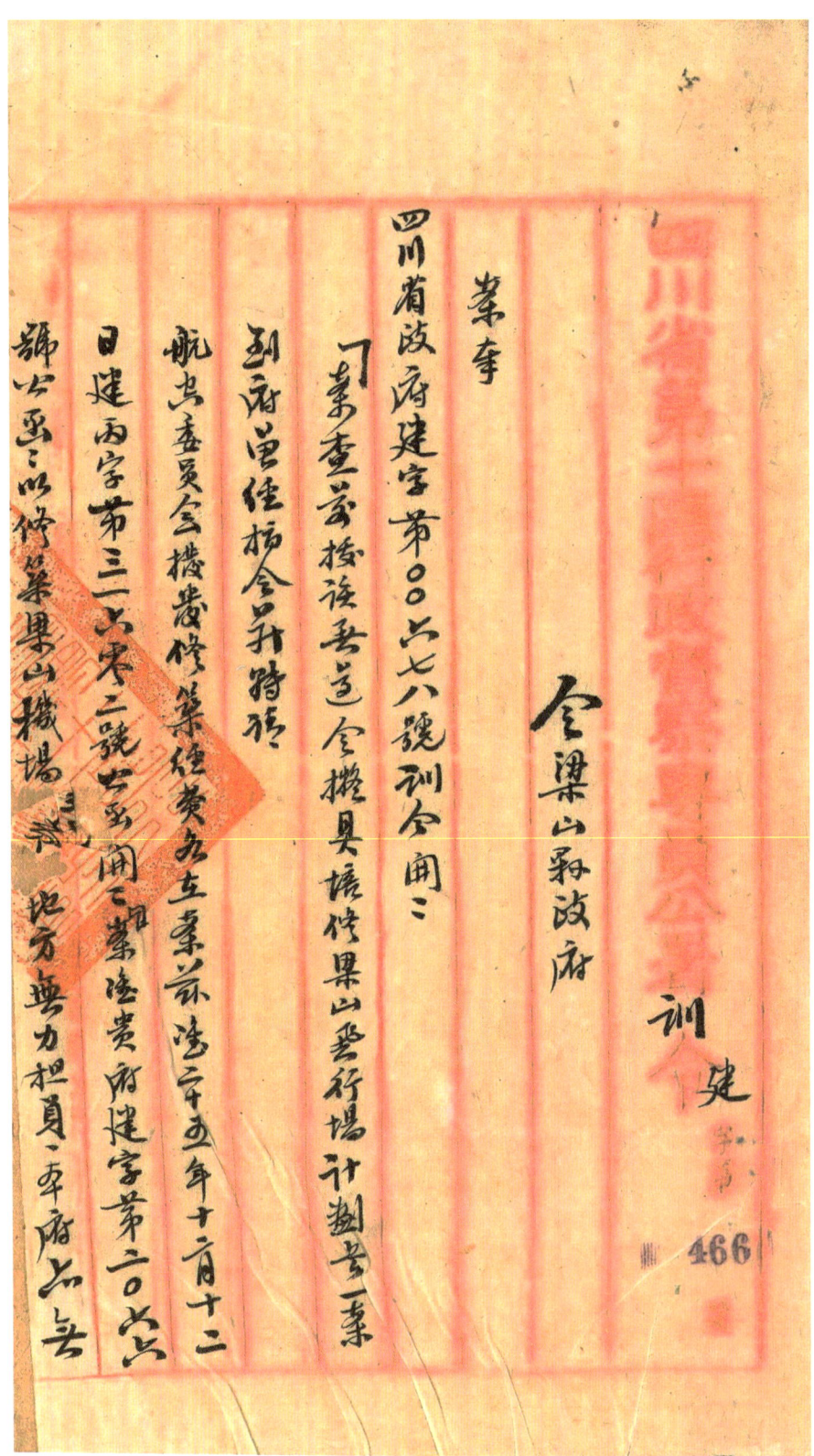

航空委員會撥發修築經費各在案。茲准二十五年十二月十二日建丙字第三一六零二號公函開：『案准貴府建字第二〇八六六號公函，以修築梁山機場，該地方無力担負，本府亦無

餘款可資撥注、所有該場修築經費、擬請撥費、以資修築。等由。查本會現值軍費支絀、無款可撥、地方財力尤感拮据、祇有暫緩修築、准函前由、相應復請查照為荷等由。准此、合行令仰知照、並轉飭果山縣政府知照。此令。等因。奉此、除函知果山飛行場查照外、合行令仰該府即便知照。此令。

中華民國 廿六 一 节 日

專員 侯遠國

梁山县政府关于请检交梁山机场扩修民工工作区段分配略图暨设立临时办事处致航空委员会梁山飞行场的公函（一九三七年十月三十日）

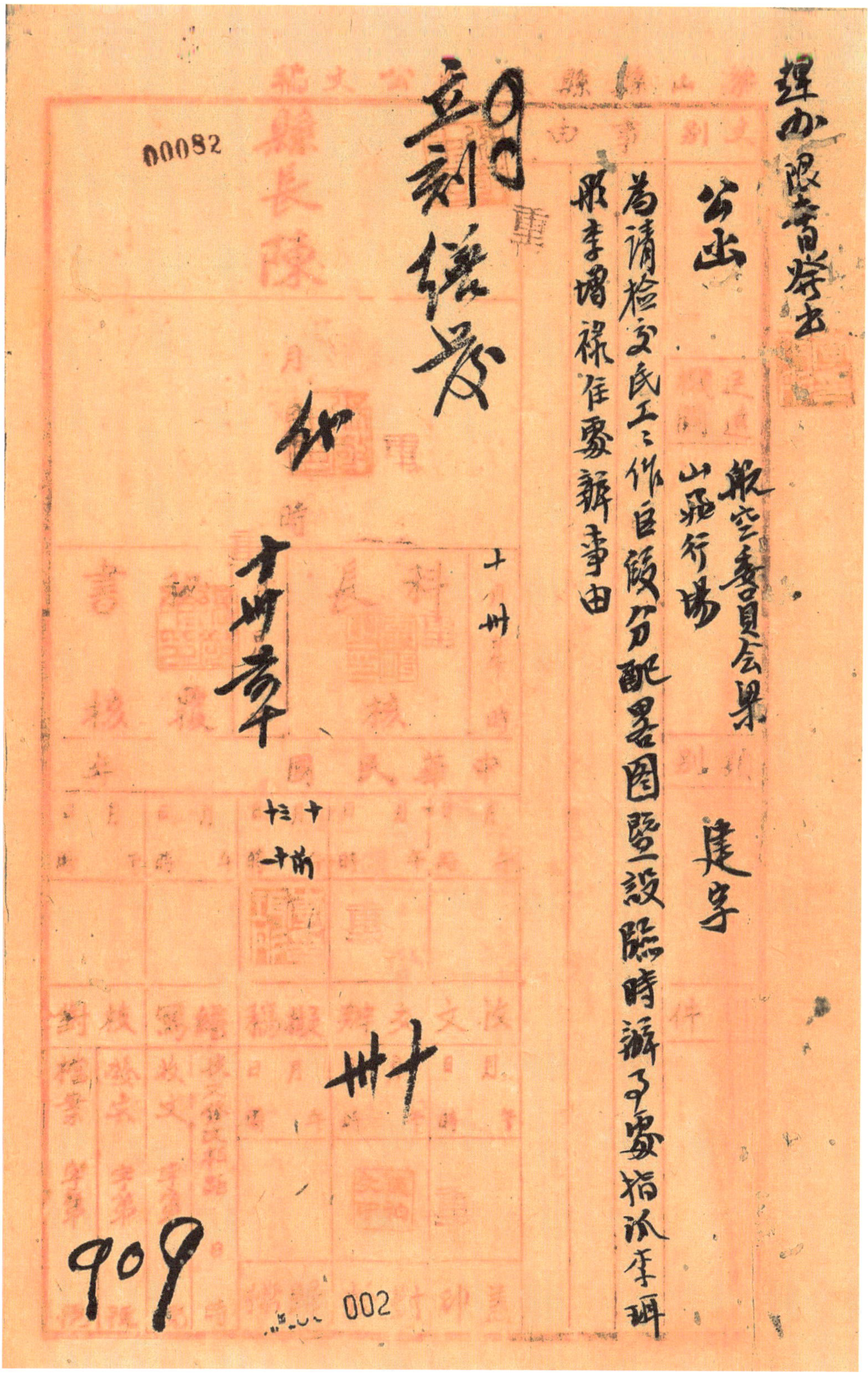

公函

航空委员会梁山飞行场

建字

為請檢交民工工作區段分配畧圖暨設臨時辦事處指派李珊照李增禄任處辦事由

梁山縣政府公函　建字第909號

案查機場擴修，業經本府令飭各區長及各聯保主任定於本年十一月一日起開工修築在案，所有各該區鄉鎮民工，瞬即到場，

貴場對於該民工等工作區段分配，懇早規劃完善，應請將是項區分略圖檢擲一份交府，以便轉飭遵循，不致虛糜時日，至紉公誼。再機場興工之日起，事務殷繁，所應綢繆者，敝府擬於

貴場中設臨時辦事處，指派督學李瑞彤、技士李增祿常川住處辦理報工事宜，督飭進行，相合併函知，希煩

達

00083

查照是荷此致

航空委员会梁山飞行场场长高

县长陈〇〇

003

中华民国廿八年十月三十日

附：梁山县政府扩筑飞行场临时办事处筹办事项（一九三七年十月二十九日）

梁山縣政府擴築飛行場臨時辦事處籌辦事項

1、彙集各區鄉鎮徵工名冊以資查考、

2、取用必需紙張筆墨硯台等物、

3、請撥公差或政警二名看守辦事處並供驅使

4、每日上午七鐘至十二鐘下午一鐘至六鐘為本處辦公時間遇有特殊事故不在此限、

5、按日核閱各大隊工作日報表、

6、按日表報民工工作情況及作工人數、

7、置備督工日誌由督學校士二人輪翻值日記載、

照所
照擬
式名

8、分飭各區長填報民工口糧收支表備查、

7、本處每日應会同各級隊長處理民工奬懲医藥衛生等項並調解其糾紛事件

督導李瑚彤

技士李增祿　擬

卅年十月二十九日

照辦　十、卅　代

梁山县第一区区署关于报送梁山飞行场扩修第一区各乡镇工作地段分配图、担任工作数目表和征调民工表致梁山县政府的报告（一九三七年十一月五日）

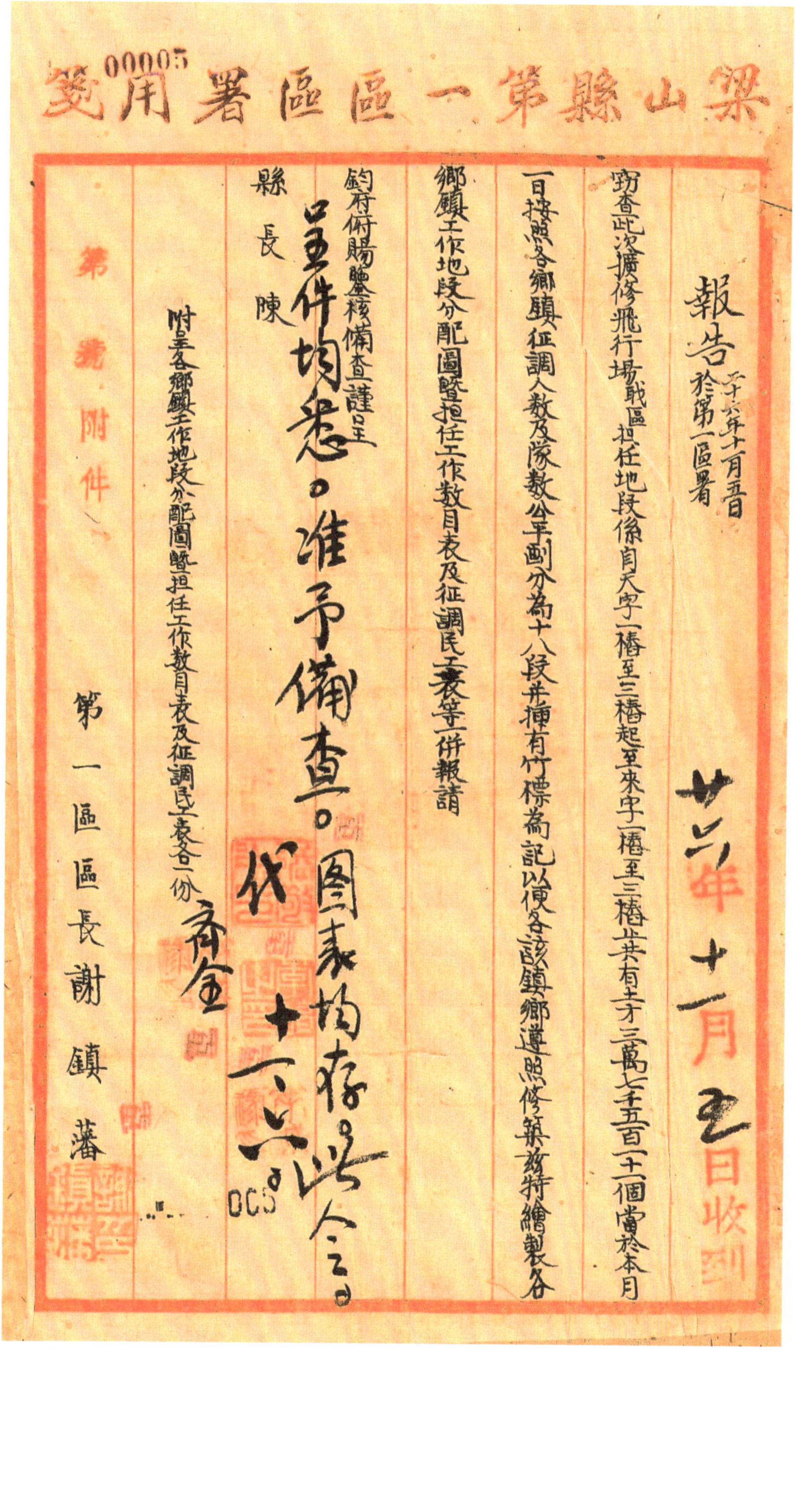

梁山縣第一區區署用箋 00005

報告 二十六年十一月五日 於第一區署

竊查此次擴修飛行場職區担任地段係自天字一樁至三樁起至来字一樁至三樁止共有土方三萬七千五百一十一個當於本月一日按照各鄉鎮征調人數及隊數公平劃分為十八段并插有竹標爲記以便各該鎮鄉遵照修築兹特繪製各鄉鎮工作地段分配圖暨担任工作數目表及征調民工表等一併報請

鈞府俯賜鑒核備查 謹呈

縣長 陳

附呈各鄉鎮工作地段分配圖暨担任工作數目表及征調民工表各一份

第一區區長 謝鎮藩

第 號 附件

廿六年十一月五日收到

呈件均悉。准予備查。圖表均存。此令。

代 十一、六。 齊金

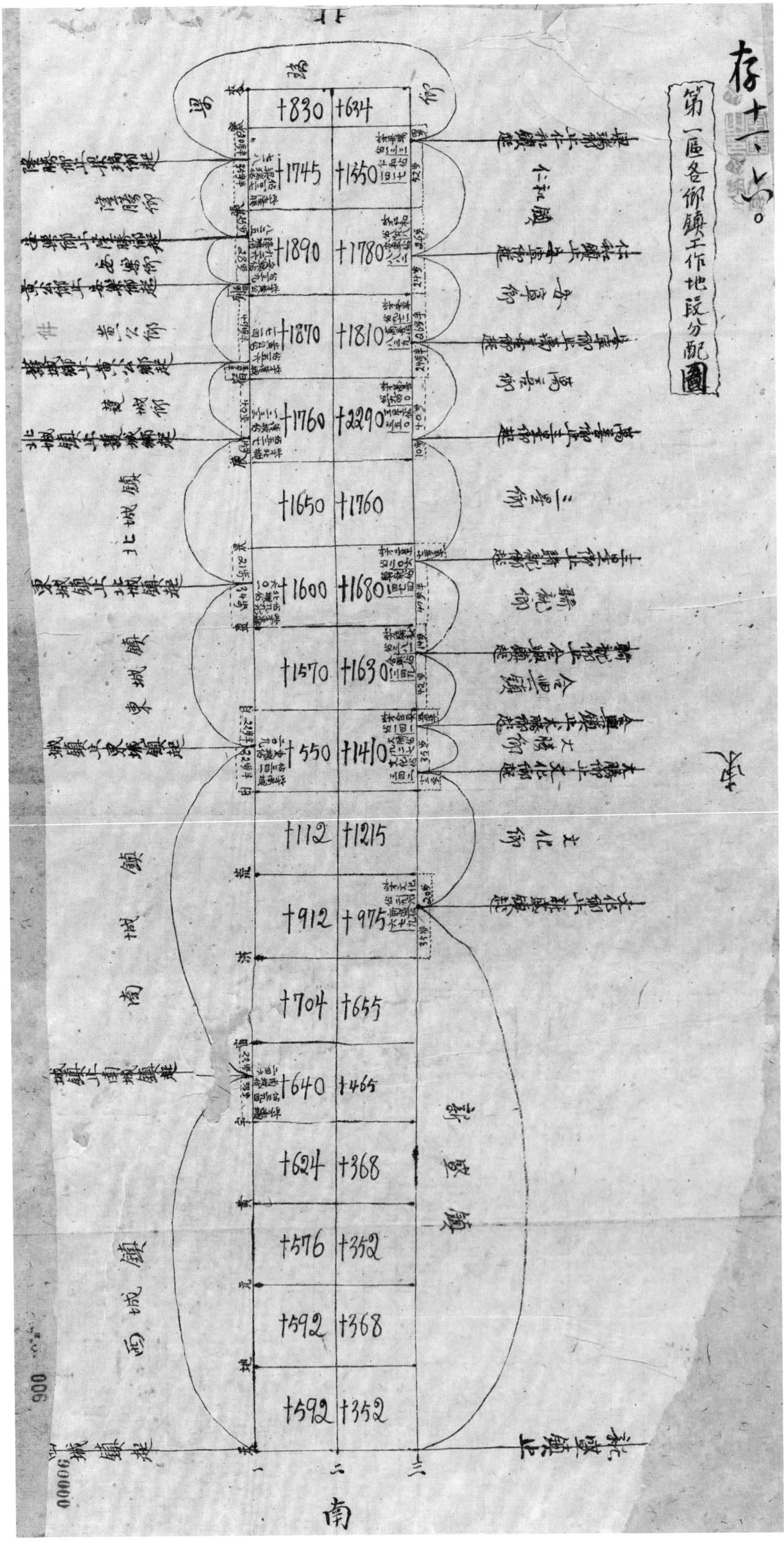

附一：梁山县第一区各乡镇工作地段分配图

附二一：梁山县第一区各乡镇扩筑飞行场担任工作数目一览表

00007 附件

梁山縣第一區各鄉鎮擴築飛行場擔任工作數目一覽表

鄉鎮別	以人數分	以隊數分	以鄉鎮數分	合計作工數	備考
西城鎮	二七〇〇	七八		二七七八	
南城鎮	二二五〇	六五		二三一五	
東城鎮	二七〇〇	七八		二七七八	
北城鎮	二七〇〇	七八		二七七八	
護城鄉	一三五〇	三九		一三八九	
黃公鄉	一八〇〇	五二		一八五二	
安樂鄉	九〇〇	二六		九二六	
隆勝鄉	一八〇〇	五二		一八五二	
梁瑞鄉	二二五〇	六五		二三一五	
仁和鎮	二二五〇	六五		二三一五	
安家鄉	一八〇〇	五二	一	一八五三	
萬善鄉	二七〇〇	七八	一	二七七九	
三星鄉	二二五〇	六五	一	二三一六	
騎龍鄉	一八〇〇	五二	一	一八五三	
合興鎮	一三五〇	三九	一	一三九〇	
大勝鄉	九〇〇	二六	一	九二七	
文化鄉	一八〇〇	五二	一	一八五三	
新盛鎮	三一五〇	九一	一	三二四二	
合計	三六四五〇	一〇五三	八	三七五一一	

007

附三：梁山县扩筑飞行场第一区各乡镇征调民工表

00008

梁山縣擴築飛行場第一區各鄉鎮征調民工表

鄉鎮別	所轄保數	應調分隊	現調分隊	備考
西城鎮	一九	一九	六	
南城鎮	一七	一七	五	
東城鎮	二〇	二〇	六	
北城鎮	一八	一八	六	
護城鄉	五	五	三	
黄公鄉	七	七	四	
安樂鄉	四	四	二	
隆勝鄉	八	八	四	
梁瑞鄉	一〇	一〇	五	
仁和鎮	一一	一一	五	
安寧鄉	八	八	四	
萬善鄉	一二	一二	六	
三星鄉	一一	一一	五	
騎龍鄉	八	八	四	
合興鎮	七	七	三	
大勝鄉	四	四	二	
文化鄉	九	九	四	
新威鎮	一四	一四	七	
合計	一九二	一九二	八一	

003

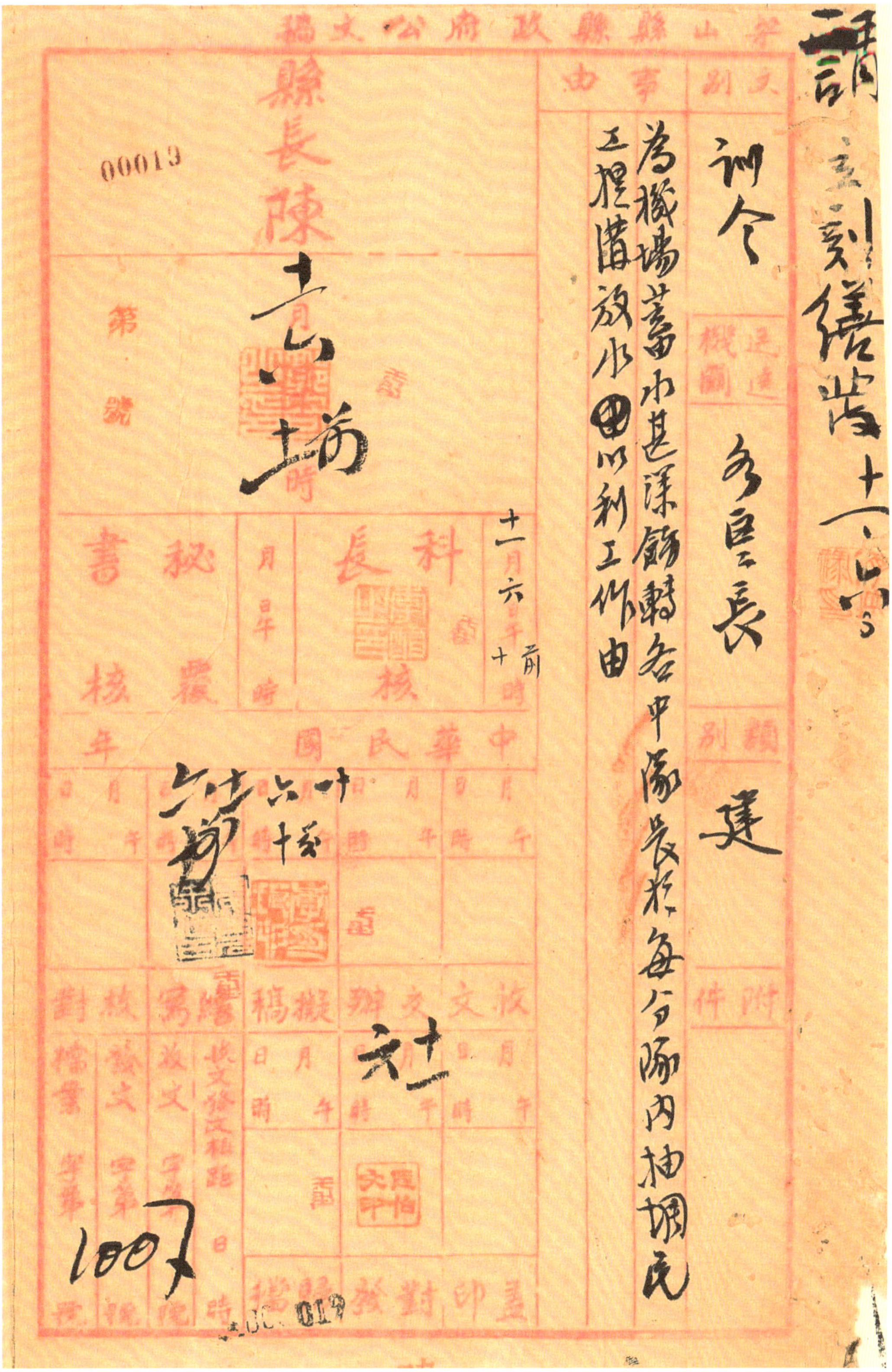
梁山縣政府公文稿
文別：訓令
受文者：各區區長
事由：為機場蓄水甚深飭轄各區區長於每分區內抽調民工提溝放水以利工作由
縣長陳
科長
秘書
中華民國 年 月 日
附件

梁山县政府关于做好机场提沟排水工作致梁山县各区区署的训令（一九三七年十一月六日）

梁山縣政府訓令　　廿六年建字第1007號

令各區區長

查昨夜今晨連綿大雨，飛行場工作地段蓄水甚深，应（亟）速排除，以利工作。除分令外，仰該區長即便遵照轉飭所屬各中隊長，每分隊抽調民工二名，於所在工程區內提溝放水，俾便雨止工作，迅速暢利。再庵家巷、鍾家院子一帶，廣仰區域田水尤多，該區長等应（和）（即日）另僱民工六人，隨同（遵照）工程處蕭工程師（指示）義往放水。合併飭知。此令。

中華民國二十六年十月六日

縣長陳○○

四川省第十区行政督察专员公署关于修复日机轰炸后的梁山机场致梁山县政府的密电
（一九三七年十一月六日）

建第三科

四川省第十區行政督察專員公署電箋

20

竹查代 十一、十三

密建字第3922號

事由

梁山陳縣長密頃奉省主席劉艷省建代電開大竹候專員密頃奉委員長蔣感總二電開查近日敵機四出轟炸我飛機場蓄意破壞我空軍根據地除已由空軍前敵總指揮部令各場站迅速設法修整外各省市縣政府應即切實協助各該場長立謀修復以利我機合行令仰遵照並轉飭遵照為要等因自應遵辦除分行外仰即遵照密飭區屬機場所在縣縣政府遵照為要等因查區屬各縣僅梁山有機場一處仰該縣長即便遵照辦理為要專員

廿六年十一月十一日

079-1

四川省第十區行政督察專員公署
保安司令部
電箋

字第　號

事由

侯建國虞建印

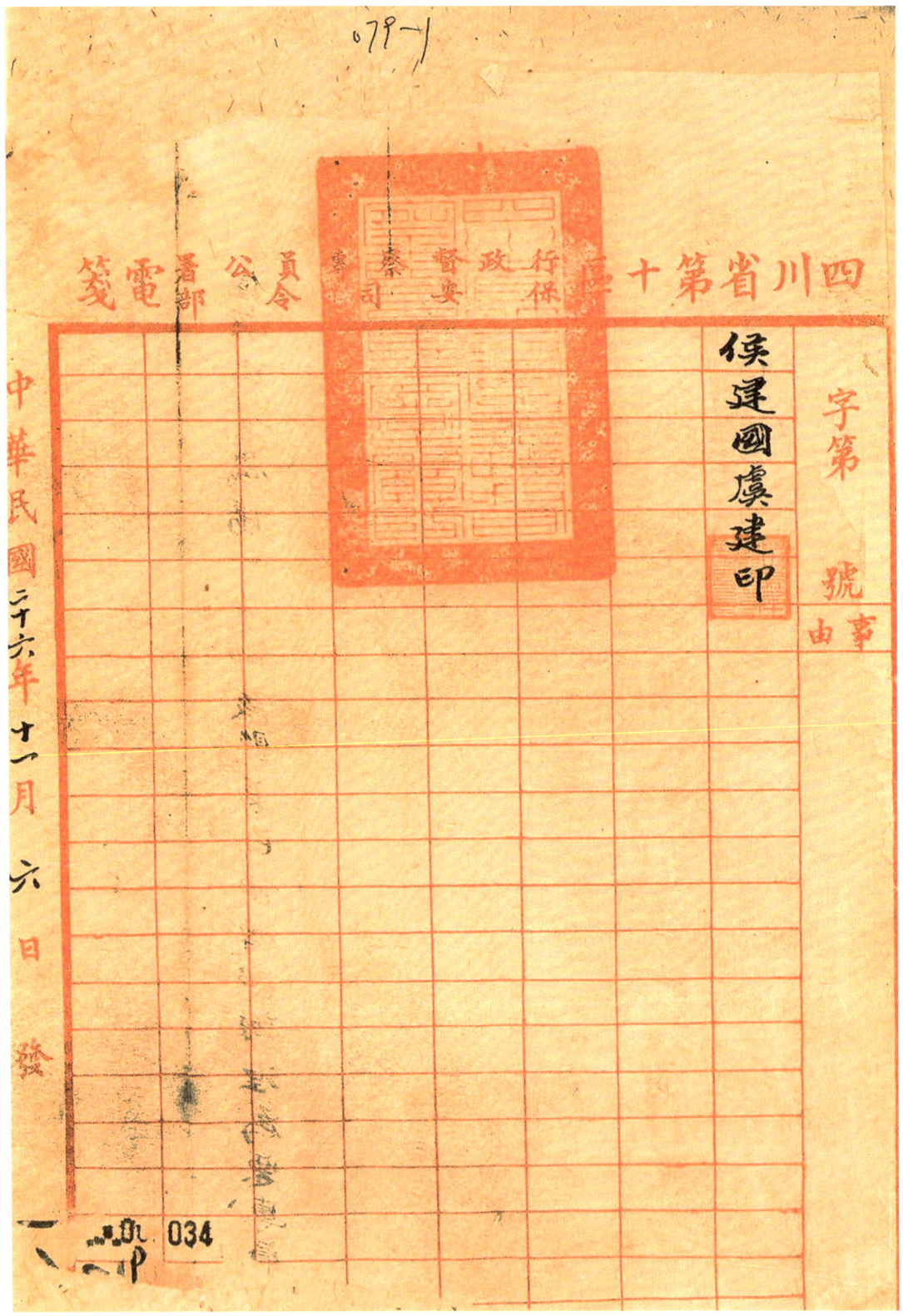

中華民國二十六年十一月六日發

航空委员会扩修梁山飞行场民工一大队一九三七年十一月工作日报表（节选）（一九三七年十一月）

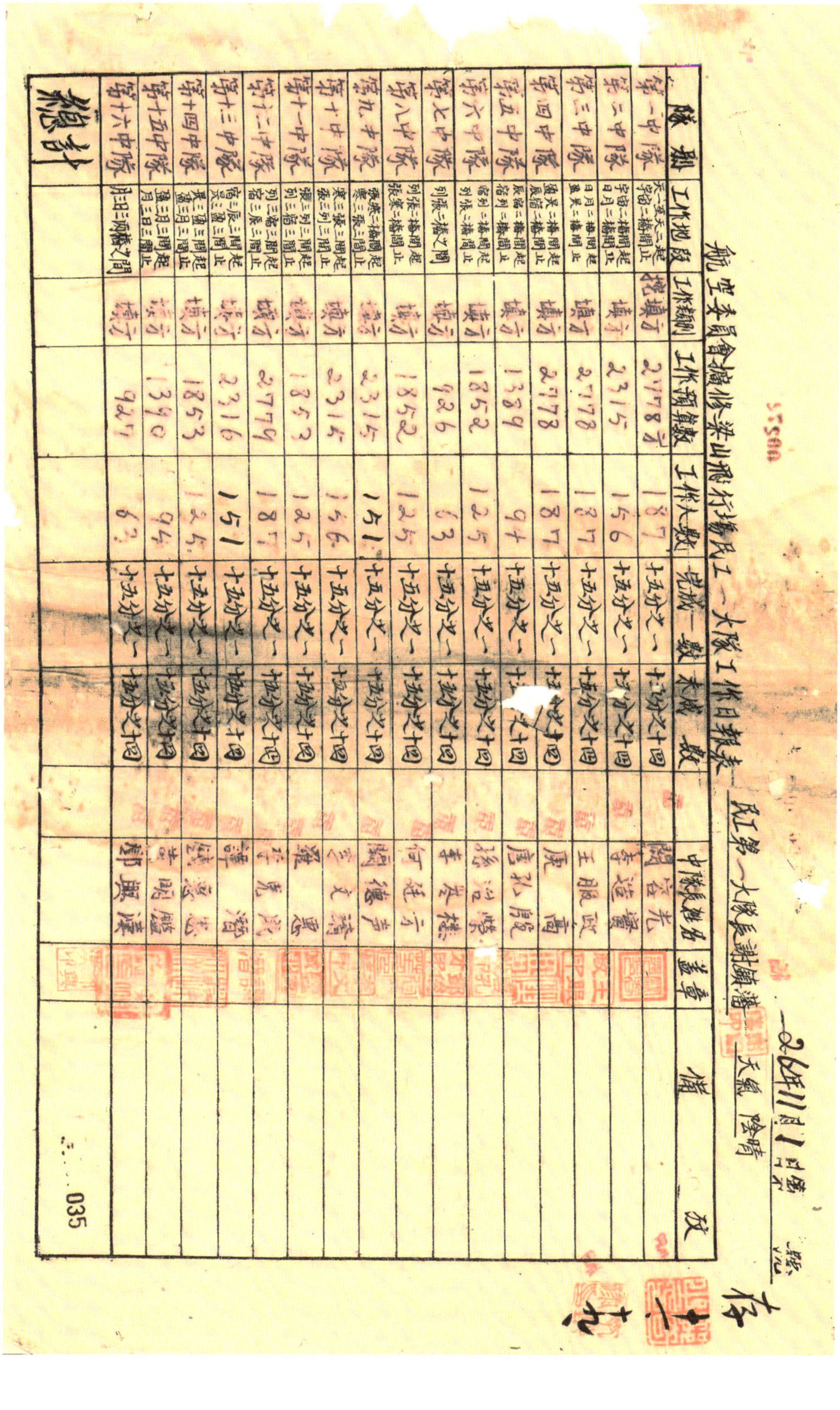

航空委員會擴修梁山飛行場民工一大隊工作日報表

民工第一大隊長謝[illegible]　天氣 陰晴　26年11月1日

隊別	工作地段	工作類別	工作預算數	工作人數	完成數	未成數	中隊長姓名	蓋章	備考
第一中隊	天一至天三起 宇宙三椿間止	挖填方	2778方	187	十五分之一	十五分之十四	關[illegible]先		
第二中隊	宇宙三椿間起 日月三椿間止	填方	2315	156	十五分之一	十五分之十四	李[illegible]		
第三中隊	日月三椿間起 盈昃三椿間止	填方	2778	187	十五分之一	十五分之十四	王服政		
第四中隊	盈昃三椿間起 辰宿三椿間止	填方	2778	187	十五分之一	十五分之十四	庾[illegible]商		
第五中隊	辰宿三椿間起 宿列三椿間止	填方	1389	94	十五分之一	十五分之十四	唐孔殷		
第六中隊	宿列三椿間起 列張三椿間止	填方	1852	125	十五分之一	十五分之十四	孫[illegible]		
第七中隊	列張三椿之間	填方	926	63	十五分之一	十五分之十四	李[illegible]		
第八中隊	列張三椿間起 張寒三椿間止	填方	1852	125	十五分之一	十五分之十四	何廷方		
第九中隊	張寒三椿間起 寒三張三間止	填方	2315	151	十五分之一	十五分之十四	關德声		
第十中隊	寒三張三間起 張三列三間止	填方	2315	156	十五分之一	十五分之十四	[illegible]		
第十一中隊	張三列三間起 列三宿三間止	填方	1853	125	十五分之一	十五分之十四	羅[illegible]		
第十二中隊	列三宿三間起 宿三辰三間止	填方	2779	187	十五分之一	十五分之十四	[illegible]		
第十三中隊	宿三辰三間起 辰三盈三間止	填方	2316	151	十五分之一	十五分之十四	譚[illegible]		
第十四中隊	辰三盈三間起 盈三月三間止	填方	1853	125	十五分之一	十五分之十四	[illegible]		
第十五中隊	盈三月三間起 月三日三間止	填方	1390	94	十五分之一	十五分之十四	李明[illegible]		
第十六中隊	月三日三兩椿之間	填方	927	63	十五分之一	十五分之十四	鄭興[illegible]		
總計									

035

年　月　日第　號

天氣

航空委員會擴修梁山飛行場民工一大队工作日報表

民工第一大隊長

隊別	工作地段	工作類別	工作預算數	工作人數	完成	未成數		中隊長姓名	蓋章	備考
第十七中隊	月三日三間起 荒三洪三間止	壔方	1853方	119	十五分之	十五分之十四		唐星若	[印]	
第十八中隊	荒三洪三間起 天守第三橋止	挖壔方	3242方	218	十五分之	十五分之十四		朱民張		
總計			37511方	2512						036

26年11月12日第　號

存 十一、十九

航空委員會擴修梁山飛行場民工一大隊工作日報表

民工第一大隊長謝頤藩　天氣 陰

隊別	工作地段	工作類別	工作預算數	工作人數	完成數	未成數		中隊長姓名	蓋章	備考
第一中隊	天一至天二起 宇宙二椿間止	挖填方	2778方	187	十五分之拾五	無		關容光		
第二中隊	宇宙二椿間起 日月二椿間止	填方	2315	156	十五分之十一	十五分之四		李造寶	代	
第三中隊	日月二椿間起 盈昃二椿間止	填方	2778	187	十五分之十一	十五分之四		王服政		
第四中隊	盈昃二椿間起 辰宿二椿間止	填方	2778	187	十五分之十一	十五分之四		廣高		
第五中隊	辰宿二椿間起 宿列二椿間止	填方	1389	94	十五分之十一	十五分之四		扈孔殷		
第六中隊	宿列二椿間起 列張二椿間止	填方	1852	125	十五分之十一	十五分之四		孫治榮	代	
第七中隊	列張二椿之間	填方	926	63	已於十日完工	已於十日完工		李峯樓		
第八中隊	列張二椿間起 張寒二椿間止	填方	1852	125	十五分之拾五	無		何廷芳		
第九中隊	張寒二椿間起 寒三張三間止	填方	2315	156	十五分之十一	十五分之四		關德声		
第十中隊	寒三張三間起 張三列三間止	填方	2315	156	十五分之十一	十五分之四		李文靖		
第十一中隊	張三列三間起 列三宿三間止	填方	1853	125	十五分之十一	十五分之四		羅惠		
第十二中隊	列三宿三間起 宿三辰三間止	填方	2779	187	十五分之十一	十五分之四		李克威		
第十三中隊	宿三辰三間起 辰三盈三間止	填方	2316	156	十五分之十一	十五分之四		譚潛		
第十四中隊	昃三盈三間起 盈三月三間止	填方	1853	125	十五分之十一	十五分之四		錢惠忠		
第十五中隊	盈三月三椿間起 日三月三椿間止	填方	1390	94	十五分之十一	十五分之四		黃明鑑		
第十六中隊	月三日三兩椿之間	填方	927	63	十五分之十一	十五分之四		鄧興漢		037
總計										

年　月　日第　號

航空委員會擴修梁山飛行場民　大隊工作日報表　民工第　大隊長　　天氣

隊別	工作地段	工作類別	工作預算數	工作人數	完成數	未成數		中隊長姓名	蓋章	備攷
第十七中隊	月三日三間起 荒三洪三間止	填方	1853方	125	十五分之十一	十五分之四		唐星若		
第十八中隊	荒三洪三間起 天字第三檔止	挖填方	3242	218	十五分之十一	十五分之四		朱民張		
總計			37511方	2519						

038

梁山县政府关于请萧工程师临场指挥飞行场水沟整理工作致航空委员会空军第三总站的公函（一九三八年四月九日）

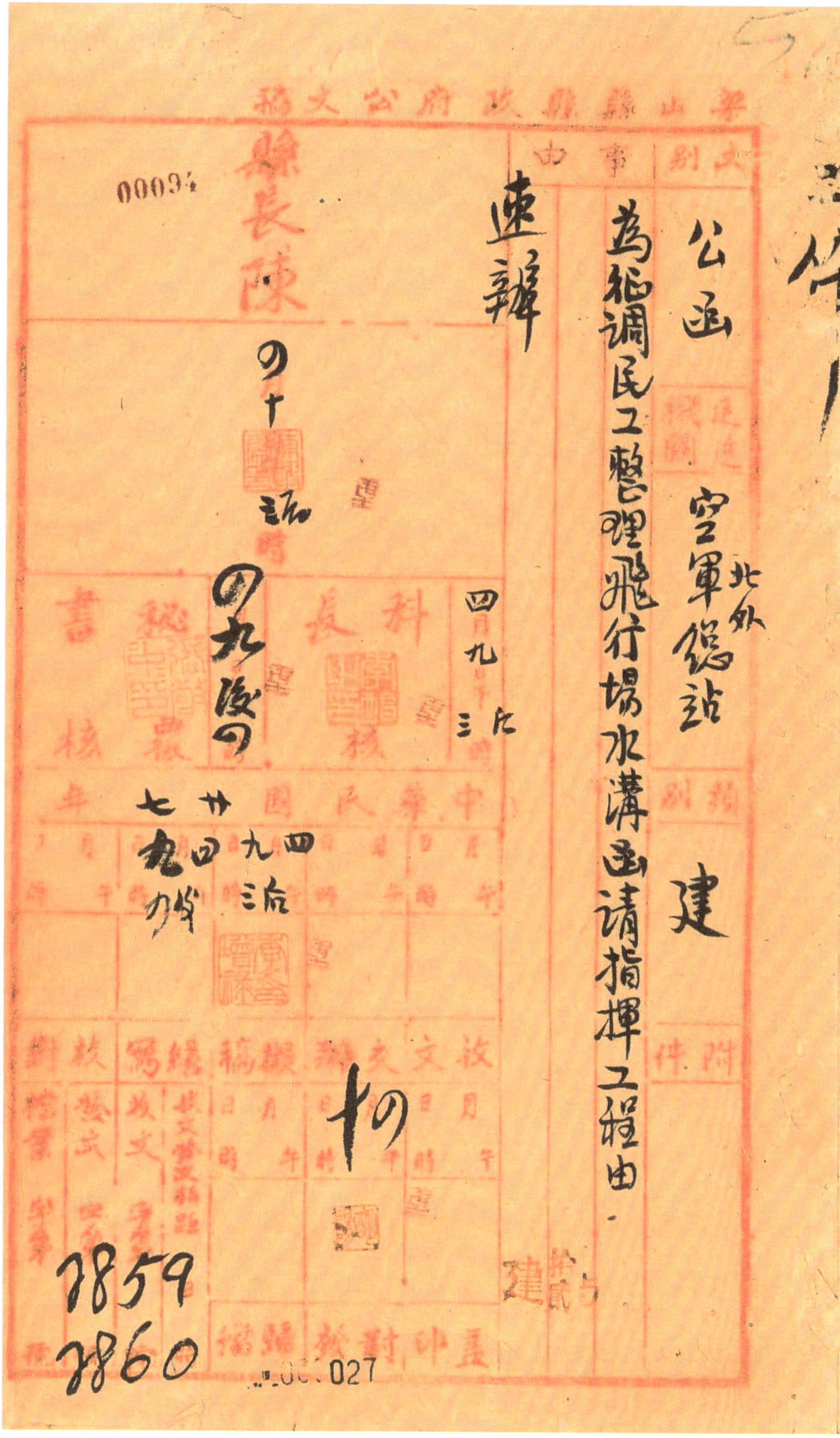

梁山縣政府公文稿

文別	公函
事由	為協調民工整理飛行場水溝函請指揮工程由
受文者	空軍總站

縣長陳

速辦

00094

2859
2860

全銜公函　廿七年建字第2859号

查飛行場四周水溝積水不洩，有碍飛机升降，

昨准蕭工程師、

貴站長面囑征工整理，本府業已令調第一區各

鎮鄉民工，擔任整理工作。預計一萬五千三百六十個工，

每日征足民工五百一十二名，以三十二名為一分隊，共編

十六分隊，由第一區區長黃璽統率到場，工作一月。并

訂期於本月十六日開工，相應函達

貴站請煩轉知蕭工程師，屆期臨場指揮工作為荷！此致

航空委員会梁山空軍總站

縣長　陳○○

廿七年四月九日

航空委员会、梁山县政府关于会同空军第三总站查勘梁山机场跑道修整情况的来往代电（一九三八年六月至八月）

航空委员会致梁山县政府的代电（一九三八年六月十七日）

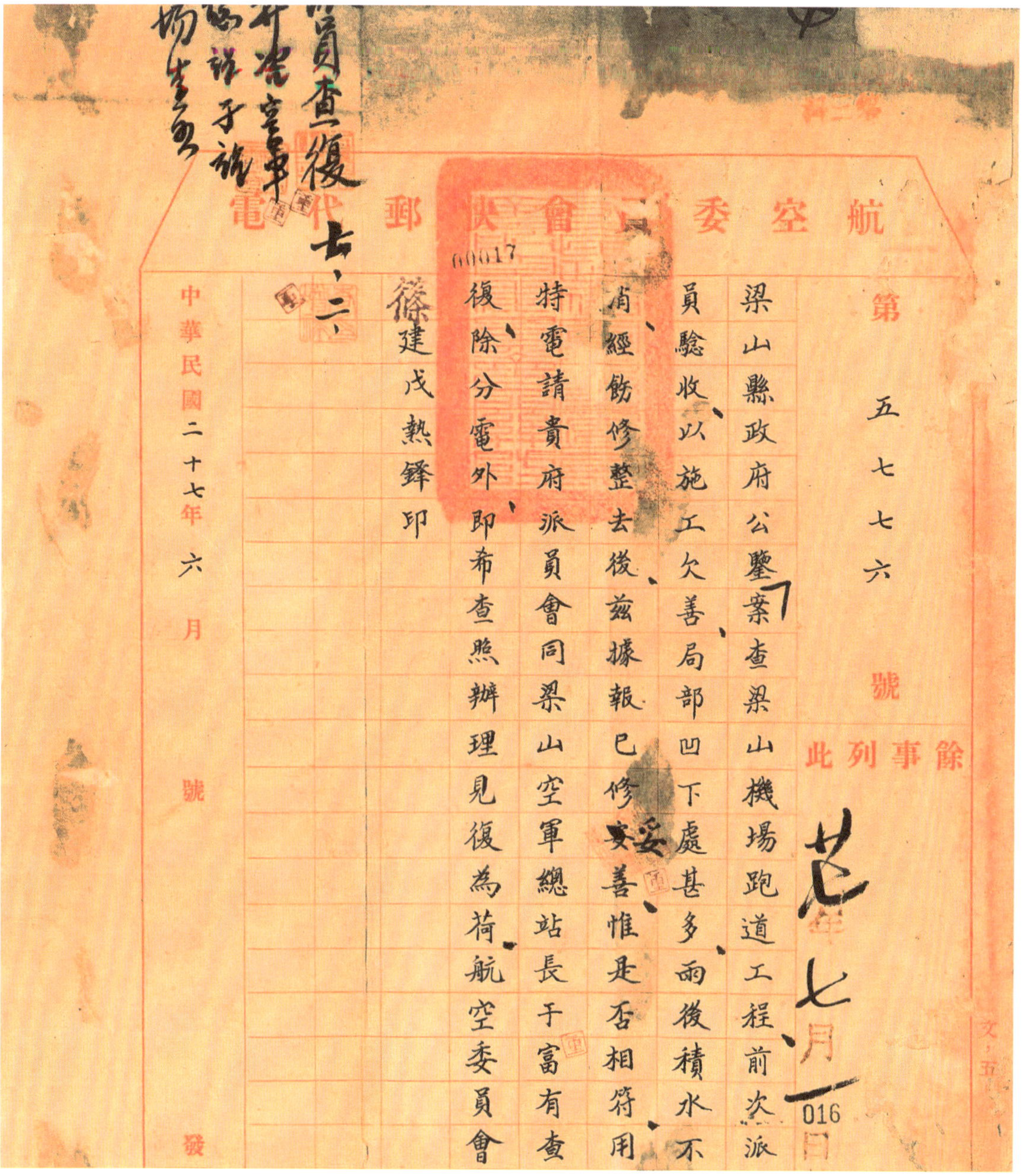

航空委員會快郵代電

第五七七六號

餘事列此

梁山縣政府公鑒：案查梁山機場跑道工程前次派員驗收，以施工欠善，局部凹下處甚多，雨後積水不消，經飭修整去後，茲據報已修妥善，惟是否相符，用特電請貴府派員會同梁山空軍總站長于富有查復，除分電外，即希查照辦理見復為荷。航空委員會篠建戊熱鋅印

中華民國二十七年六月　號發

梁山县政府致航空委员会的代电（一九三八年八月二日）

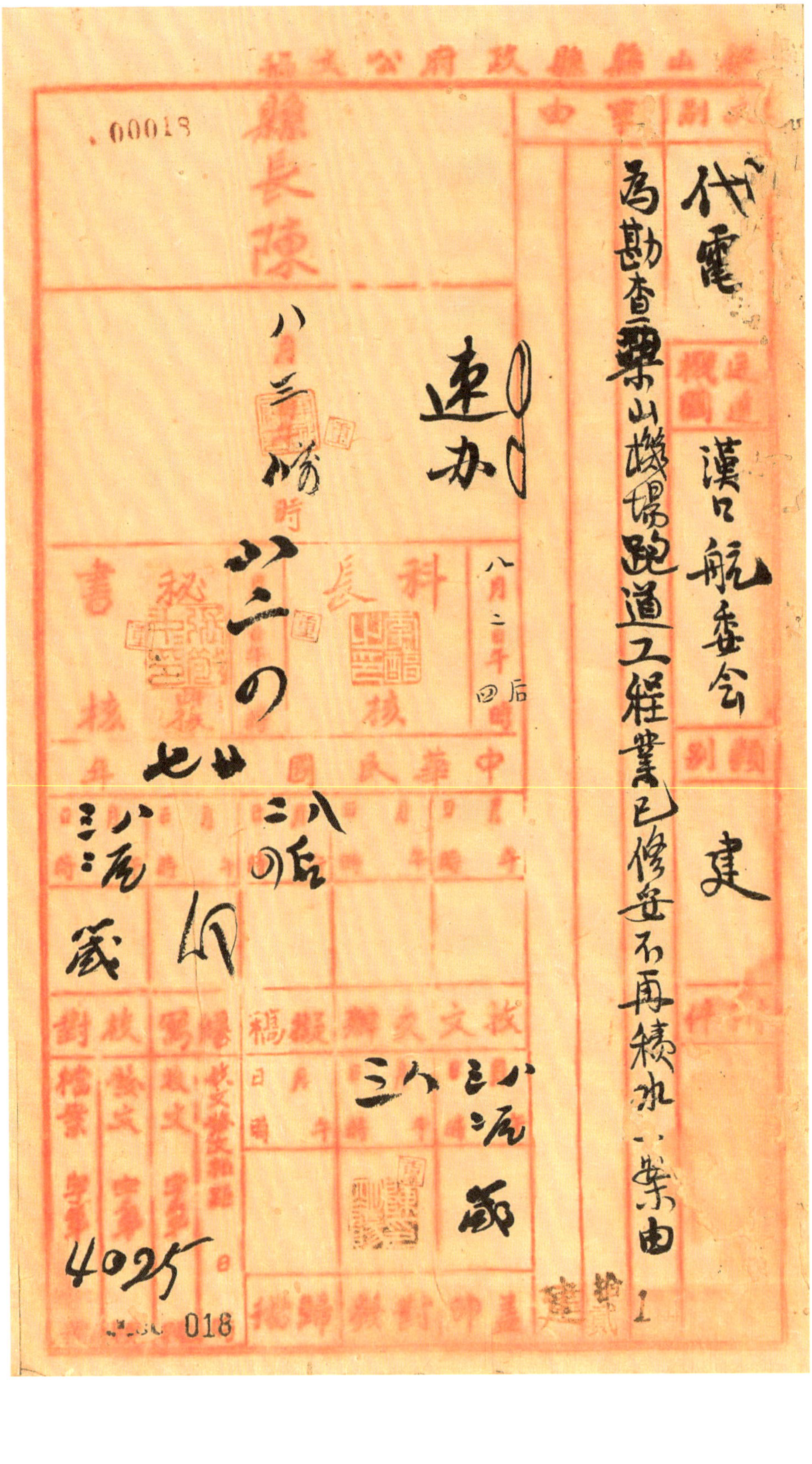
梁山縣政府公文稿

文别：代電

受文機關：漢口航委会 建

事由：為勘查梁山機場跑道工程業已修妥不再積水一案由

縣長陳

速办

八月三日 時

科長 秘書 核

中華民國 年 月 日

0018

4025

建4025

漢口航空委員會劉臨鑒、孫建民熱譯仰電奉悉。梁山機場跑道工程，東日業派技士李增祿會同冊空軍總站長于富有履勘，原報有凹下處所，俱已整修平坦，跑道兩側之石板水溝，亦建築告竣，當無積水之患等語。除電奉復外，特復垂鑒。梁山縣縣長陳兆雯冬建印。

四川省第十区行政督察专员公署、梁山县政府关于会同空军第三总站组建扩修机场工程委员会的来往文书

（一九三九年十一月十一日至二十日）

梁山县政府致四川省第十区行政督察专员公署的呈（一九三九年十一月十一日）

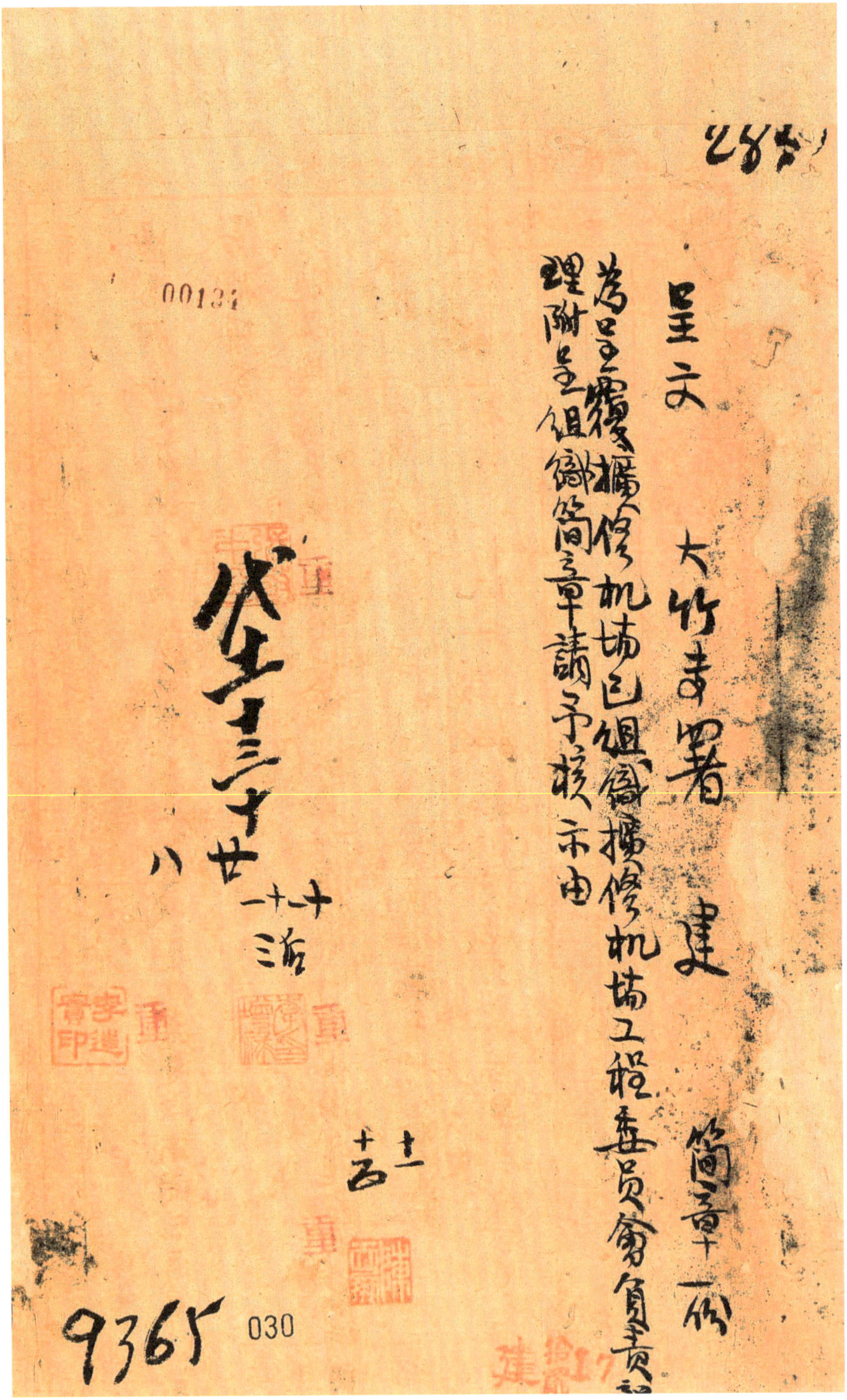
呈文
大竹专署　　建　　简章一份
为呈报扩修机场已组织扩修机场工程委员会负责办理附呈组织简章请予核示由

廿八年十月廿三日，案奉

鈞署建通（四）字第三六二三号密令，為擴修機場一案，（略）後開：「合行令仰該縣即便遵照辦理，并將辦理情形隨時具報為要。」等因；奉此，查擴修梁山機場一案，業經會同空軍第三總站組織擴修機場工程委員會，於本年十月廿一日正式成立，負責辦理工程設計、民工徵調、會計、調查等事宜。刻正測量工程，籌劃擴修中。除修築情形，俟施工後隨時呈報外，理合具文，檢附擴修機場工程委員會組織簡章，呈請

鈞署俯賜鑒核，令遵。謹呈

四川省第十區行政督察專員孫

附呈擴修機場工程委員會組織簡章一份

梁山縣縣長陳〇〇

廿八年十一月十一

四川省第十区行政督察专员公署致梁山县政府的指令（一九三九年十一月二十日）

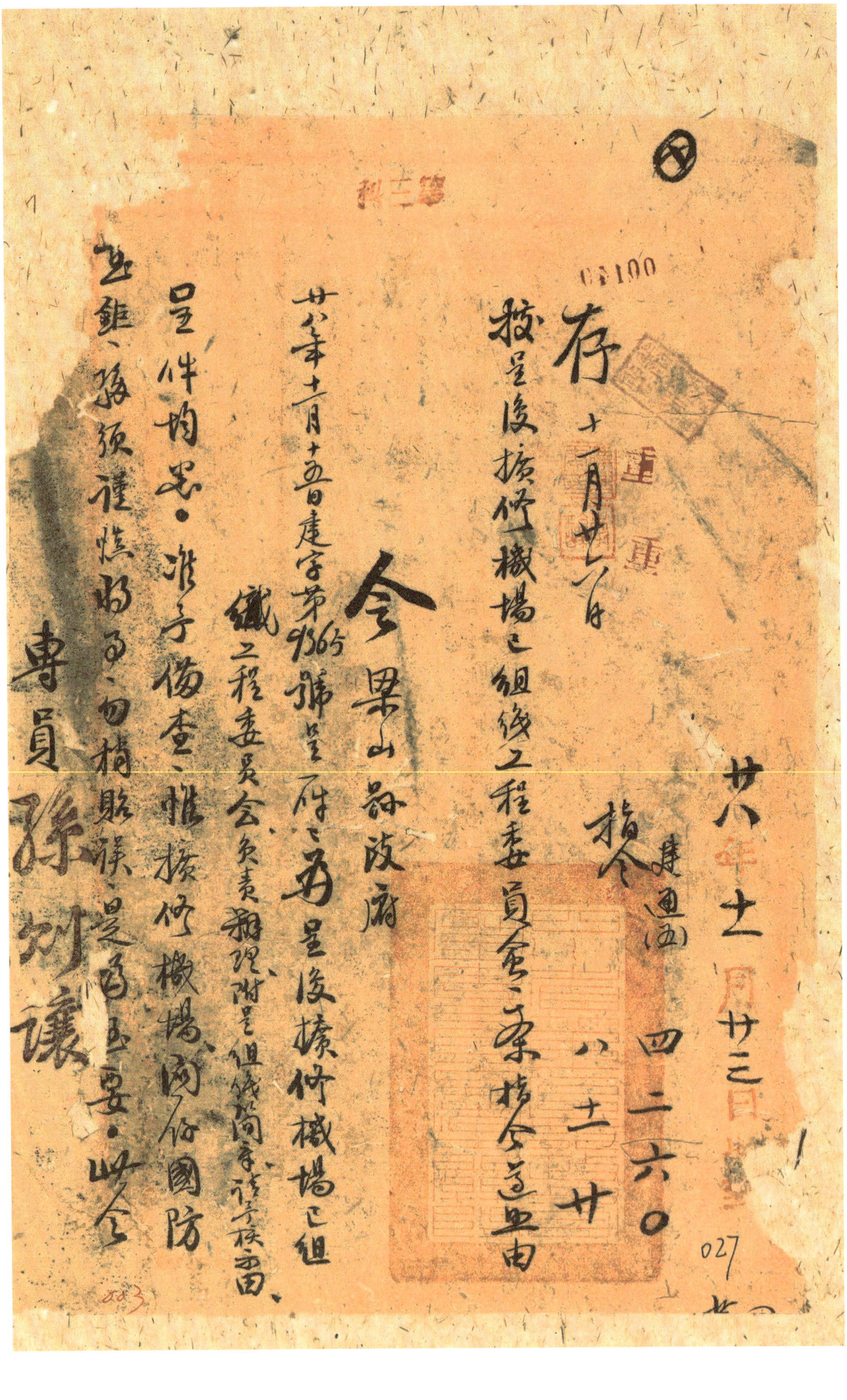
廿八年十一月廿三日
指令 建通（五） 四二六〇
八十二 廿
存 十一月廿六日
據呈復擴修機場已組織工程委員會一案指令遵照由
令梁山縣政府
廿八年十一月十五日建字第9365號呈一件，為呈復擴修機場已組織工程委員會負責辦理，附呈組織簡章，請予核示由。
呈件均悉。准予備查。惟擴修機場關係國防要鍵，務須謹慎將事，切實辦理，是為至要。此令。
專員 孫[illegible]讓
027

梁山县政府关于转发航空委员会空军第三总站扩修机场工程委员会第二次会议记录致梁山县各区区署的训令
（一九三九年十二月三十一日）

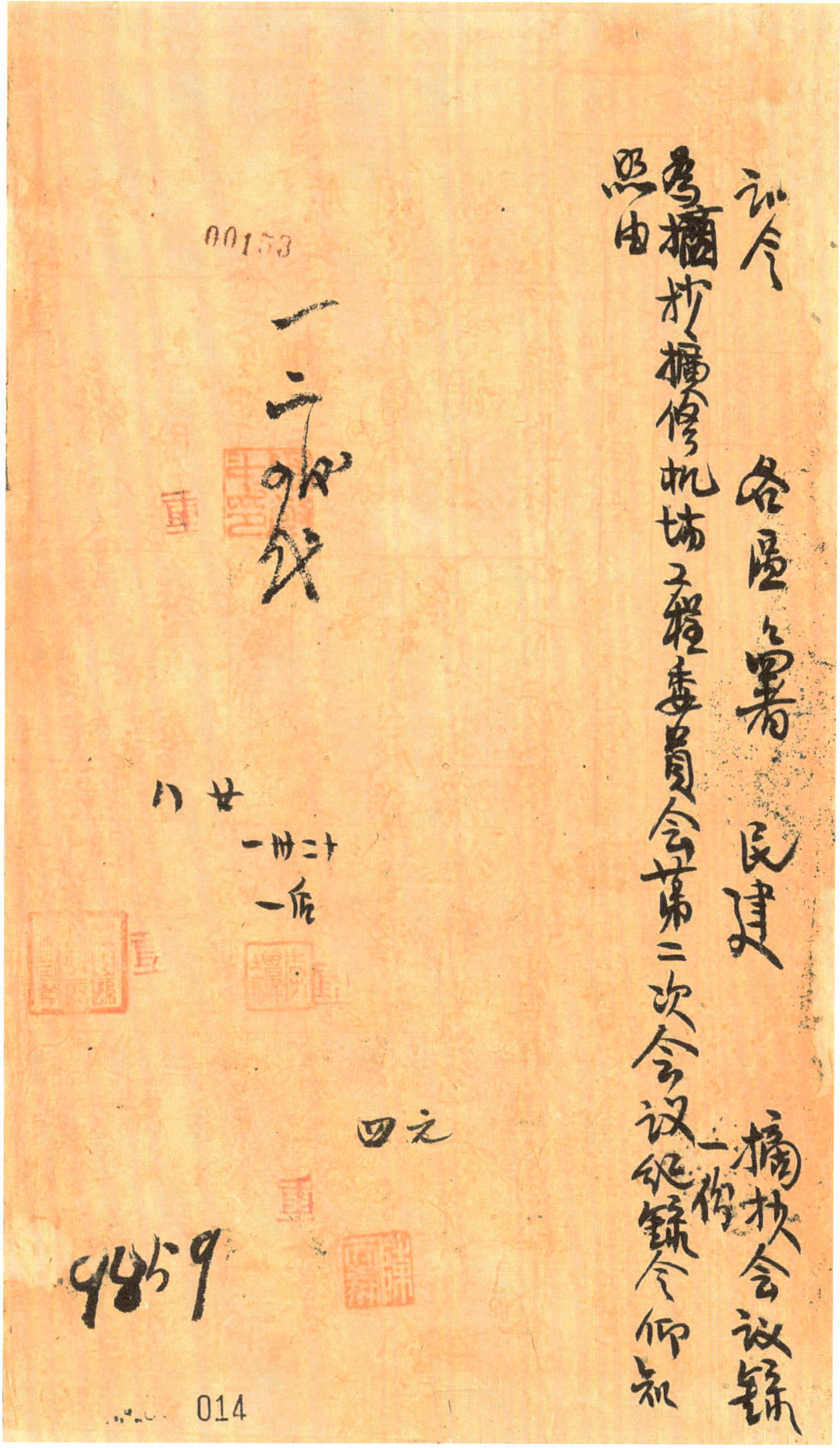
训令　各区区署　民建
为摘抄扩修机场工程委员会第二次会议纪录令仰知照由
摘抄会议录一份
00153
9859
014

全

衔训令　民建字第九八五九号
卅八年十二月卅一日发

令各区区署

查扩修机场工程，业经订期卅九年一月十日动工，并令饬日征调民工，如期到场工作在案。兹准扩修机场工程委员会函送该会卅八年十一月廿七日第二次会议纪录过府，查该决案1、7、8、9、10、11、13、14、15、17、19各项，对于民工之征调及工作规定颇详，除分令外，合行摘抄上列各条之文，令仰该区署，即便遵照办理。此令。

县长陈〇〇

航空委員會空軍第三總站擴修機場委員會第二次會議

時間：二十八年十二月二十七日上午十一時

地點：空軍第三總站

出席：縣政府代表陳政 李增祿 李爾達

憲兵連代表孫寶泉

特務連代表彭壽

第三總站郭漢庭 劉燕之 黃言亮 傅厚澤 董策 陶建唐

紀錄 陶建唐

主席 郭漢庭

行禮如儀：

主席報告

此次會議關于梁山擴修機場籌備工程進行事宜尤其征集民工及管理等辦法請大家提出討論藉作日後工程進行之準繩以利實施

關於上屆會議請黃股員報告

黃股員報告上次會議議決案

(一)本會之定名　(二)擴修機場之面積　(三)委員會之組織

(四)民工之組織系統

討論事項

1、決定各縣民工自廿九年元月五日來梁至明年一月十一日動工所有一切項事務應由地方各有關機關派專人負責

2、決定各組負責人員

(一)工程組組長 黄言寬工(總站)

副組長 李增祿(縣府)

監工員 七人(由組長負責僱用)

督工員 由總站有空閒官兵負責另由征調組派 負責之

(二)征調組組長 陳縣長兼任

副組長 由縣府派員負責

(三)事務組組長 董 第(總站)

副組長 由縣府派員負責

組 員 醫務組員由僱員王醫官主持并由總站第六股協助

警衛組員由憲兵連特務連各派一人

事務組員由總站派二人縣府派一人

(四)文牘工作 由總站及縣府文牘人員隨時協助

(五)會計組組長 鄭 麟(總站)

副組長 由縣府派一人負責

組 員 由縣府財委員派一人征收局借撥一人，並由
站派軍士一人協助

(六)調查組組長 丁書記長(黨部)

副組長 傅特導員(總站)

組 員 由縣府黨部憲兵連總站各派一人

000

00158

3、决定民工總隊附由縣府派員兼任或備用
4、决定以上所派人員應由各該機關將派定人員名册交本會事務
組辦理（名册務於本月底以前交來）自决定發下之日起實施
5、决定所有各組負責人員於呈會核定後應發給正式文件以
証明
6、决定工作區之劃分先以大隊為單位再由各大隊自行分配
7、决定民工之炊具餐具由各縣縣府自行轉飭籌辦
8、决定辦公費依照各區名額而分發
9、决定所有征集之民工由各縣繕造清册來會再由本會接
照清册分發符號以資接收

018

10、決定工具修理費依航委會規定每土方為法幣二分分發各隊為損壞修理之用本會按各隊所負責土方數量附加工具修理費於各大隊民工到達時發給領用以利工作

11、決定民工往返旅費之規定以各縣縣城為出發點、縣則以各區平均距離五十里計算並於事前先發旅費若干由縣府分發以利民工來會工作

12、決定民工伙食費之領取各大隊民工到達時按照人數向會計組先領五日伙欵為籌備嗣後按日點數積多之總工數再行發給一次每工每日伙食以兩角計算依會定每一土方為三角先發二角剩餘之一角俟工作完成時核

0 00 6

00159

其完成之土方價款與民工已領伙食數額比對後再行核算

補發

13、決定民工因事請假離場以前工作時每日剩餘之工資如何補

發辦法俟日後召集各大中小隊長再行商討

14、決定有警報時由總站掛旗及敲鑼為號

15、決定每日開工以打鑼為號休工以敲鼓為號

16、決定關於機場之治安與警衛由憲兵連及警察所各派

五人其餘由十七連及總站派員兵維持之

17、決定所有民工不得任意走入機場

18、決定拆遷給價由黃組長測量估價擬交縣府轉發拆

019

遷費

19、決定民工到場工作其疾病治療事項由總站兼任事務股之醫務人員處理之至意外死傷力有未逮時由該股與縣城各醫務機關洽理之

20、議決备案由各有關部份負責辦理之

梁山县政府关于报送梁山机场扩修工程进度、工程量及经费开支情况致四川省政府的呈（一九四〇年二月九日）

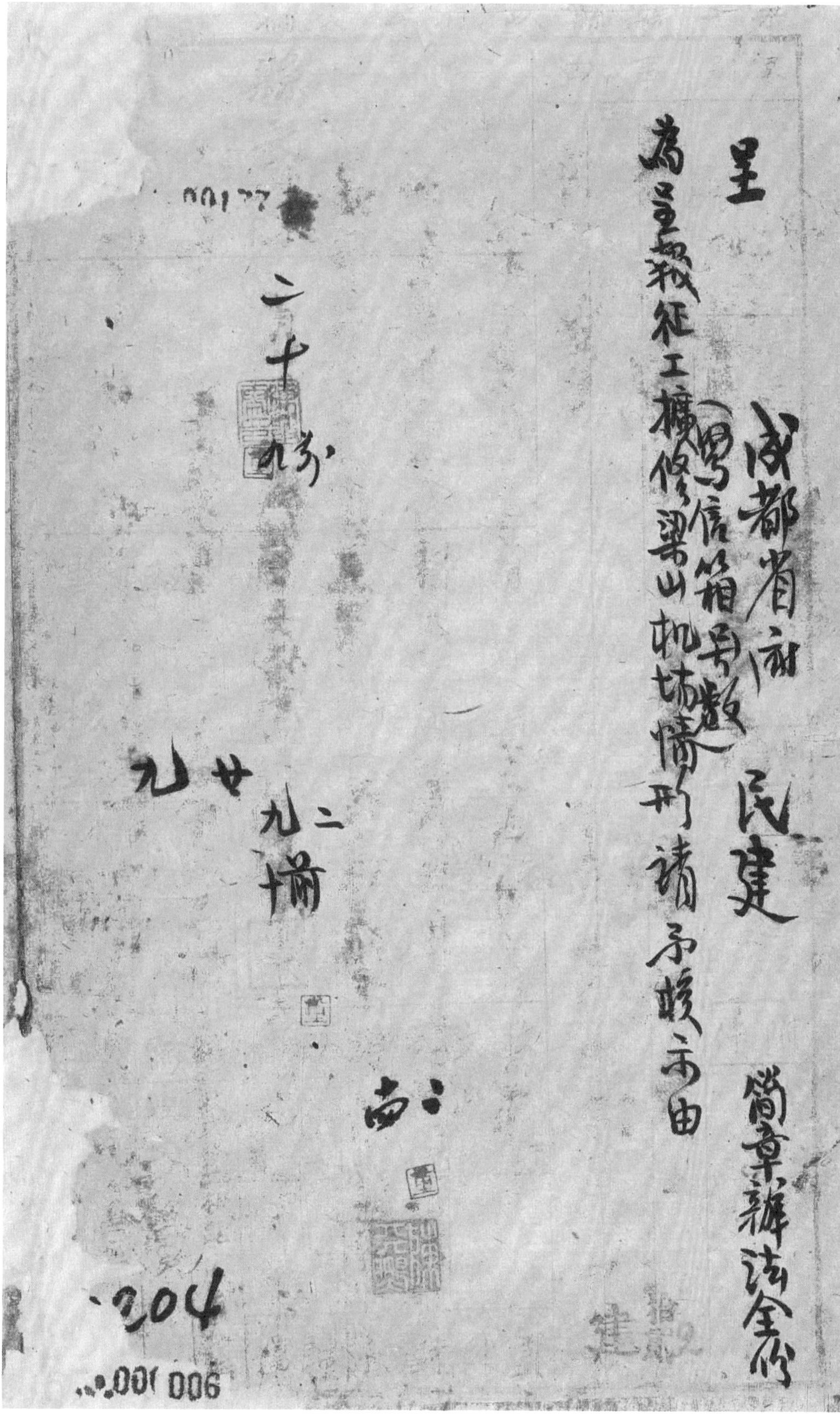
呈
成都省府 民建
（寄信箱号数）
為呈報征工擴修梁山机場情形請予核示由
簡章辦法全份
二十九年二月九日

竊查職縣飛行場，原寬七百公尺見方。二十六年十一月奉令擴修，向東延展至一千二百公尺，當遵職縣民工一萬零二百餘名，工作三十二日，修築完成。現空軍第三總站，為適應目前抗戰需要，復經請准擴修，并增闢砂河鋪（即仁賢鎮）預備場，除預備場曾於廿八年八月派員會同總站，在仁賢鎮屬長河壩勘測，刻以當地限於地勢，無法擴充，已另覓觀音橋（在仁賢鎮東五里）附近平壩，重新測量，準備施工外，所有梁山飛行場擴修事宜，於廿八年十一月二十日，即經會同空軍第三總站，職縣縣黨部及駐梁空軍機關，組設擴修機場工程委員會，由職擔任任徵調組々長兼民工總隊長，並指派本府職員分任徵調工作事務各組副組長、民工總隊附、及會計調查各組々員，辦理工程設計民工徵調會計調查等事項。並詳晰討論，規定徵用民工辦法民工給價辦法及民工作息時間表，而由總站工務人員勘定擴修範圍，將機場向西加長八百一十公尺寬五百一十公尺，每三十公尺見方，打定標樁，測量填挖深度。於十二月底以前，並派員會同辦理民田分戶清丈發放房坟折還費及責成當資督飭場內住戶，趕行折還，以便興工。同時決定開工日期，電知應徵民工各縣，到場修築。並由本附劃分各縣民工住地、代購編草及必要工具等。應徵民工三千名，承做土方三九、三八公方，開江、墊江各應徵工三千名，共做土方七七、一一八公方，至卅一年一月九日先後開工。對於民工組織，每四十名為一分隊，設分隊長一名，每三分隊為一中隊，設中隊長一名，各縣設大隊長，轄所屬各中隊，大隊之下並設隨隊調遣員擔任，承大隊長之命，統率該屬各中隊，至各大隊工作，則隨時到場督導，並召集各級隊長訓示工作要點。關於工程方面，由工程組正副組長督率監工員負責指導。計兩縣民工廿五中隊，開工以前，即為防免逃亡，增進工作效率，將承做全部土方，以中隊為單位平均攤算，分劃工作地區，規定各中隊工竣即予遣歸，以資激勵。工價方面，每一土方給土方單價三角，工具費二分，另加趕運費自八分至一角六分。事前議定民工每名每日暫給伙食二角，每五日按實到名額發放一次，工竣結算，有餘照補，不敷由各大隊負責自籌。工作迄今時已一月，各縣民工尚能努力工作。職縣擔任地段在舊場東南角，長三百一十公尺，寬二百七十公尺，內河流二道，迂迴交織，并有水溝池塘及敵機所炸坑陷，填土工程極為艱鉅。復須新闢南面河溝，寬一〇.八公尺，深三公尺，長七百二十公尺，運取其土，以墊鄰舊場之溝塘河流。致令工每日僅作〇.三六公方，較之廿六年擴修取土便利，其工作足一公方以上者，費工實多。茲經督飭趕工，少數殘，業已完成。全縣工程，計約作足百分之八十，迨至本月二十日，當能全部交驗。所領工價，每公方總價四角二分，計三九、三五八公方，共為一六五三〇.三六元，用供民工口食，約差三千元，已令各區鄉鎮，飭知未完各中隊民工，自帶口糧，以竟全功。至竹墊開江各縣，實則民工人數不足，逃亡後又難於調補，已作工程百分數均較耿縣為小，

閬江所作僅及百分之三十，此項已作未作土方，郎已
彙列詳表，商請擴修工程委員會轉知各該縣附
加調民工早日築成，綜上各由是否有當，理合具文賫
同前設之簡章辦法，呈請
鈞府俯賜鑒核，指令祇遵。謹呈
兼理四川省政府主席蔣
計呈擴修機場工程委員會征用民工辦法民工
給償辦法民工作息時間表各一份
璧山縣長陳[illegible]
廿九年六月九日

航空委员会空军第三总站、梁山县政府关于扩修梁山机场严禁盗窃民间坟墓石块的文书（一九四〇年三月五日至十四日）

航空委员会空军第三总站致梁山县政府的公函（一九四〇年三月五日）

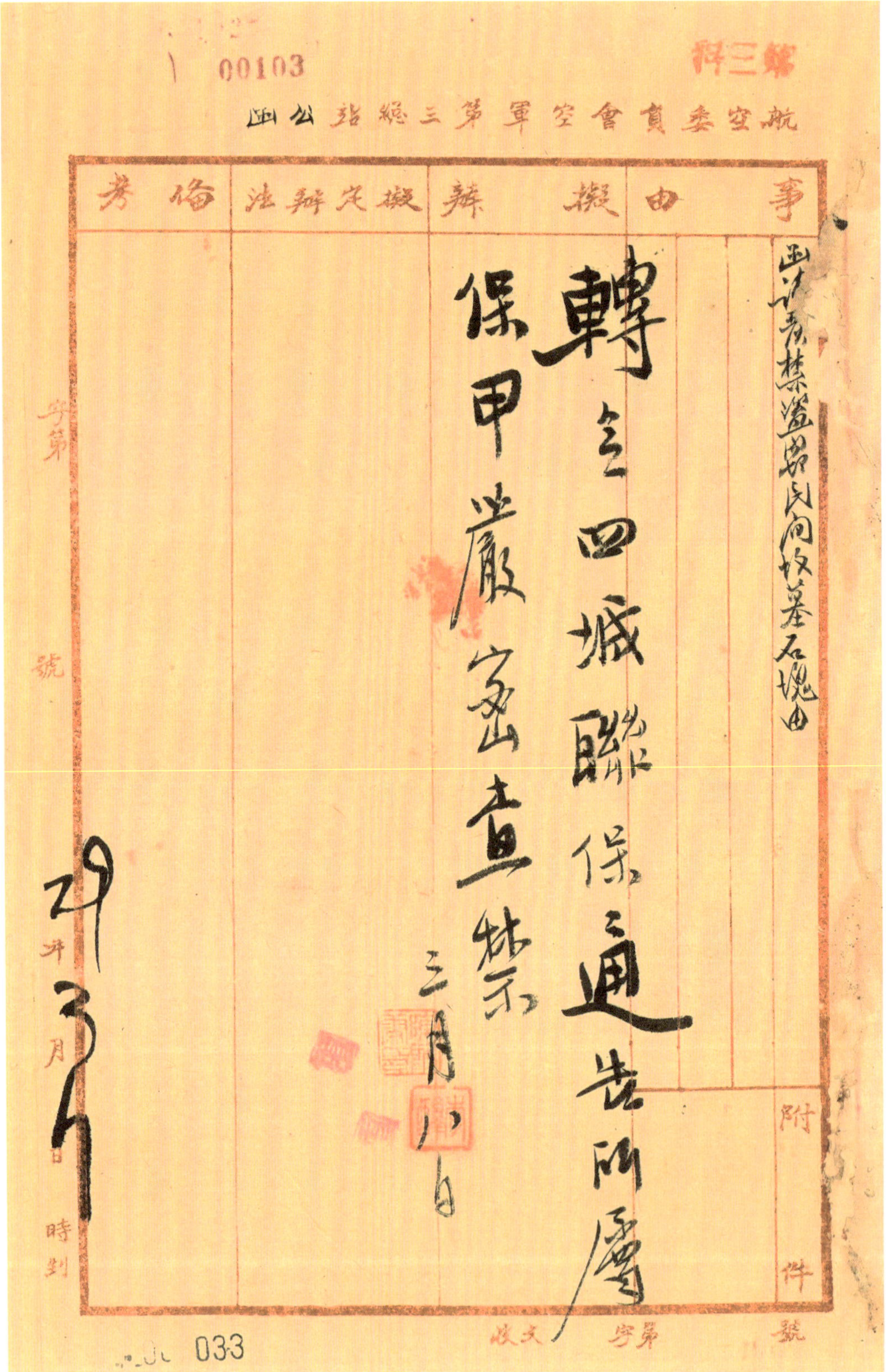

航空委員會空軍第三總站 公函

總庚梁字第 314 號

查本站遵令儲備石料及梁山機場擴修跑道所需石料，概係招商承包，並訂約以開山採石為原則。近據報頗有不肖之徒盜掘民間坟墓石塊運交承辦包商，以致附郭坟墓多遭殘壞，殊為可恨。除嚴諭承辦包商切實取締外，深恐民間不明真相，致滋誤會，且刨掘坟墓，法應嚴懲，相應函請查照，即希出示嚴禁，并轉飭田埠聯保通告該所保甲嚴密查拿究辦，以杜頹風，並為至荷。

此致

梁山縣政府

總站長

郭漢庭

中華民國廿九年三月五日

梁山县政府致东城、南城等各镇联保办公处的训令（一九四〇年三月十四日）

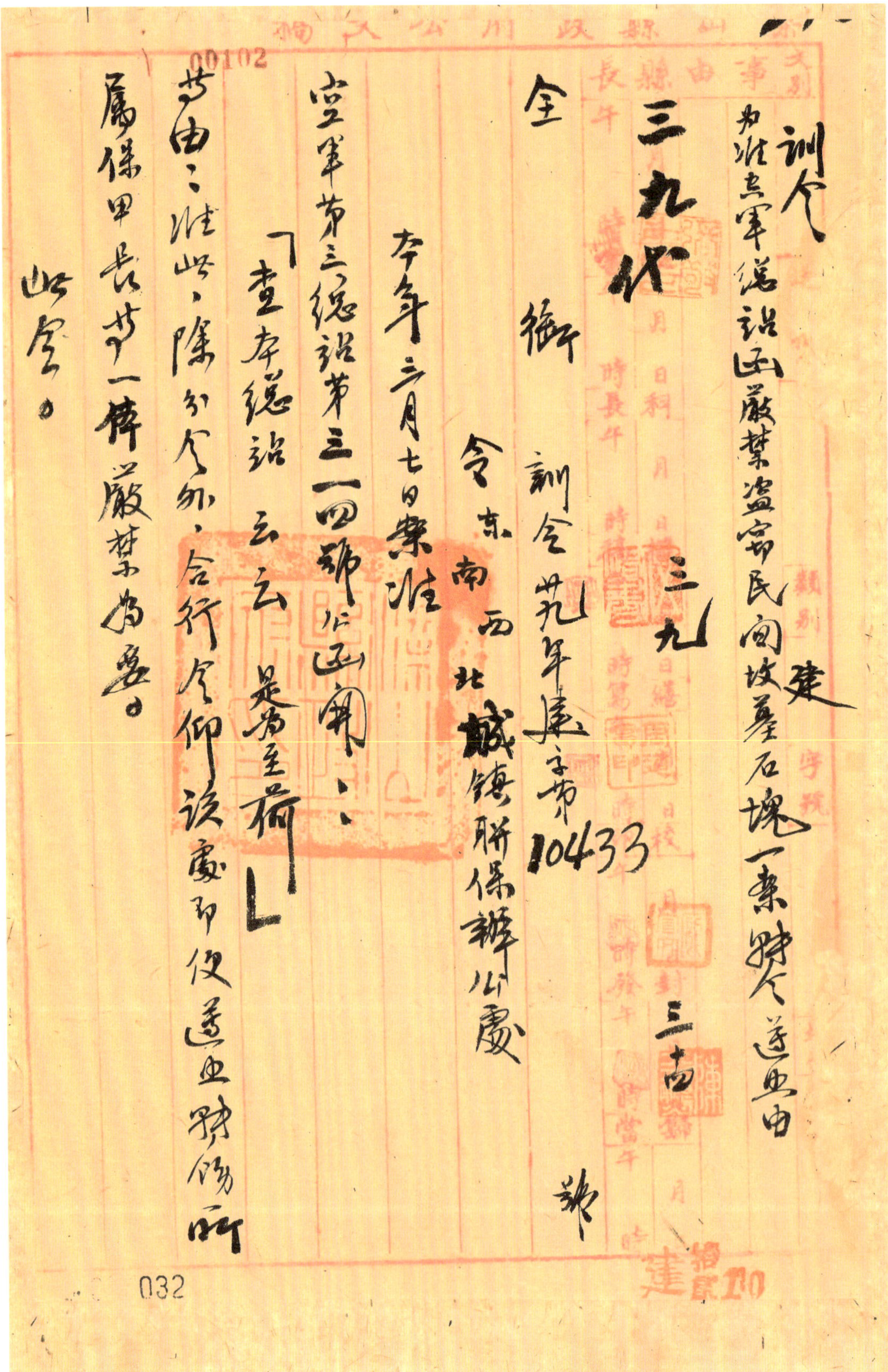

航空委员会空军第三总站、梁山县政府关于发布整修机场收购石料布告的来往公函（一九四三年九月七日至三十日）

航空委员会空军第三总站致梁山县政府的公函（一九四三年九月七日）

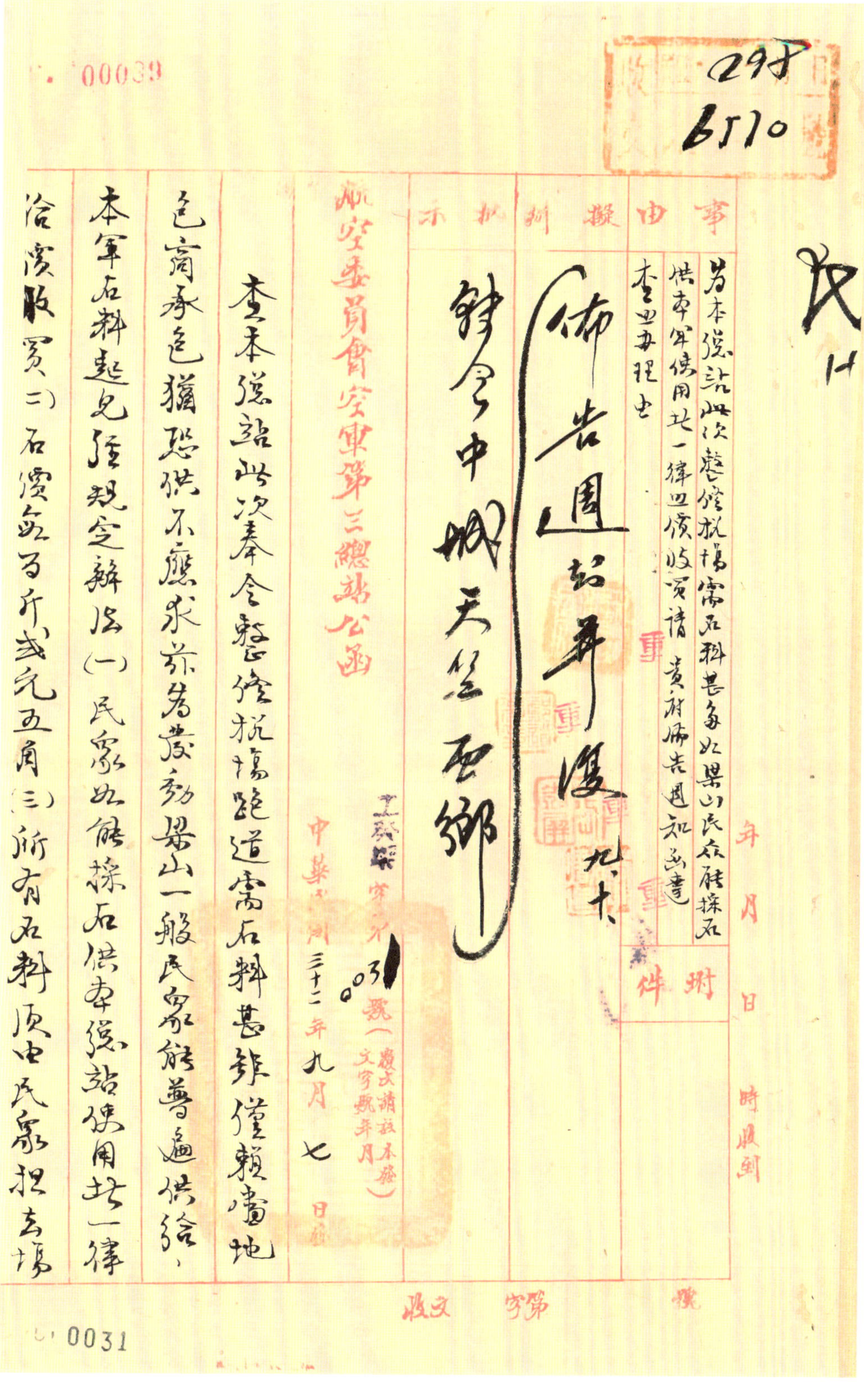

邊過稀（四）過稀處殺場邊新街口袁家院兩處（五）石料過稀，係由本總站製給收據，由出售石料民家持據向中城鎮鎮公所領款（六）石料價款由本總站預發一部交中城鎮保管，每三百或五百清結，請

貴縣府佈告周知，相應函達，即希

查照辦理為荷！

此致

梁山縣縣政府

總站長 狄楊

031-1

梁山县政府致航空委员会空军第三总站的公函（一九四三年九月三十日）

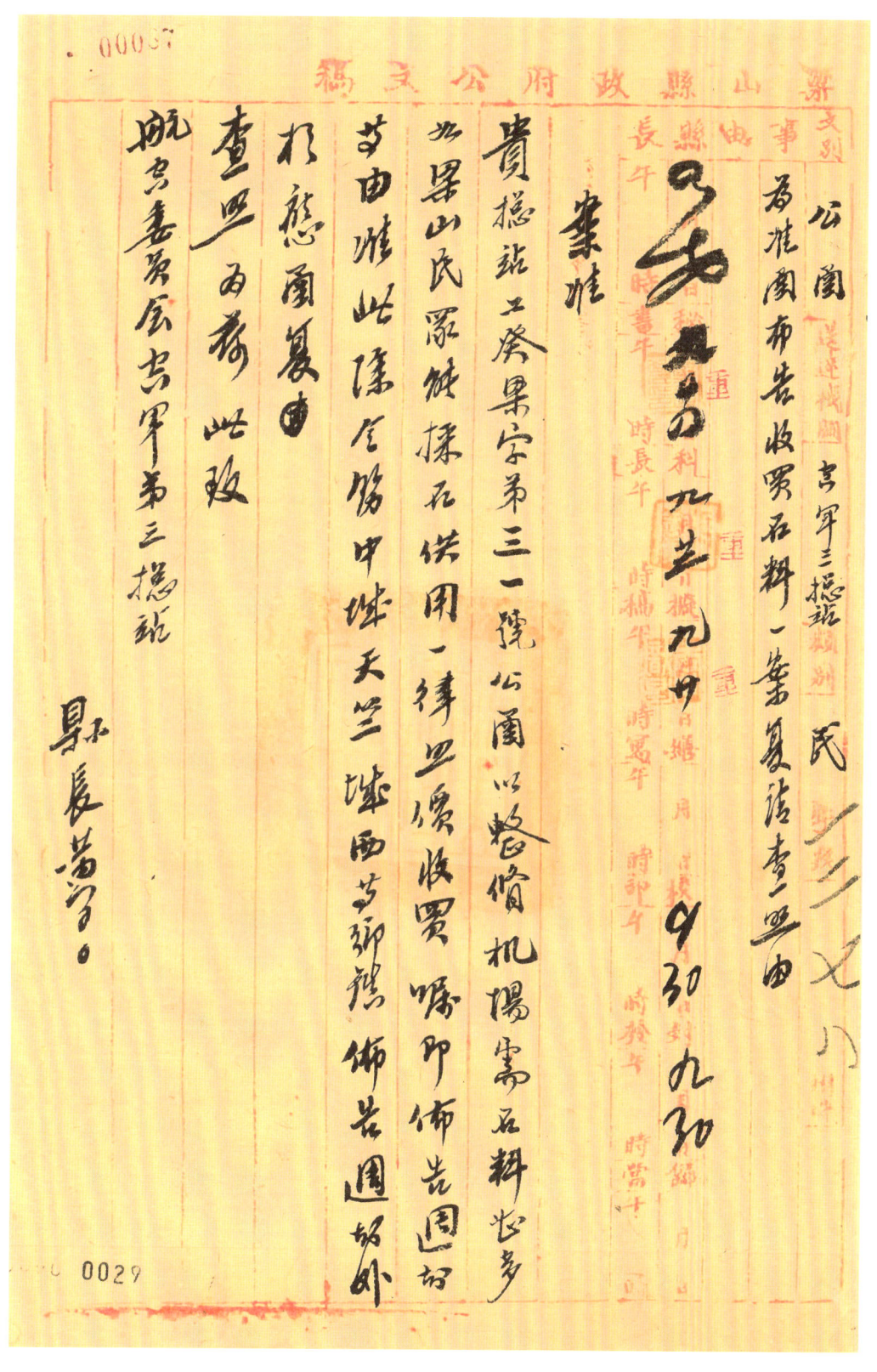

00037

梁山縣政府公文稿

文别：公函

事由：爲准函布告收买石料一案复請查照由

受文機關：空軍三總站

類別：民

案准

貴總站工發渠字第三一號公函以整修机場需石料甚多如渠山民眾能採石供用一律照價收買嘱即佈告周知等由准此除令飭中興天竺興西安鄉鎮佈告周知外相應函复即希

查照爲荷　此致

航空委員會空軍第三總站

縣長黄

0029

梁山县政府、航空委员会空军第三总站机场抢修工程第一次联席会议记录（一九四三年九月十二日）

梁山縣府
黃縣長

梁山縣縣政府
空軍第三總站機場搶修工程第一次聯席會議紀錄

地　點：總站部
時　間：三十二年九月十二日午前十時
出席人：裴乃安　鄭道一　李正東　鍾[illegible]　陳甫松
　　　　狄志揚　劉林　陳景熙　[illegible]　張鵬心
主　席：狄志揚　　紀　錄：羅驥

開會程序

（甲）儀式從簡。
（乙）報告事項：
主席報告：本總站機場整理工程現奉　航委會命令將整理面積改為2000X500經[illegible]核定為貳百萬元但為該項事實起見已由本人將實際情形電　會对

工款不加限制，惟初奉電限期雙十節以前全部完成，現展改為九月底完成。在此短期的一月以內，欲其圓滿成功，對於工程進行，亟有重行檢討之必要。特邀請縣府有關人員與本總隊有關課室，來此舉行聯席會議，務希各位對於民工征集管理、組織、監督及工程計劃、糧食、撥款、救濟等項作適當之詳細之決議，以資本隊遵行為荷！

縣長報告：此次征工修築工程，若對民工組織管理及工事督導無辦法，決難達圓滿目的。前月由本府會同總隊部，遵照省府征工辦法，擬訂計劃，預計需工三萬個。關於組織方面，亦擬有簡要組織（詳見表）。至動員方面，原定九月六日至十月為預備期間，先以附城鄉鎮，強調民伕五百名工作十日，以徵每日一千人工作，根據該日實到人數，僅二三百人，不能達到預期要求。推其原因，不外由於編制未定，隊部未設，監督未行之所致。故現欲求工程進行順利，首須成立民工總隊部，以便負起征調、點名、施工、監督、救護、給養、撫恤等等一切事責。督導中分隊進行業務，除總隊部派督工數人外，并請站部派監工數人，其監工、隊長應分負責，并請討論施行。以本人意見，施工程序最先須按方單劃分工段分配各鄉鎮（中分隊）負責加緊工作，然後逐一嚴加考核，督飭依限交工報驗。至驗收方式，取嚴格態度，如認不合要求，立飭補足。又民工口食之撥給，對工作實在人數有密切關係，若用分工限期辦法，無形可免偷工減工之弊。關于經理方面，此後口食費請站方預支若干與縣府，轉存銀行，再由縣府視各中隊工程進度，劃撥憑單，到銀行領取。惟此項口食費每日是否敷用，或有餘或不足，能否剩餘作為工資，確屬不易計算，但又非精算不可，此應請各位研究妥善辦法。再各鄉鎮（中分隊）辦理征工及工作成績，如另獎懲辦法，請總站決定。

（丙）討論事項：

鄭秘書：適才狄總站長及縣長對各項問題言之甚詳，本人根據討論者（一）點名時間，如有（缺）則率隊人易於作弊，本人認為可隨時由監工督工人員分頭查點，俾免抽工減工之弊；（二）民工作息時間請作原則確定；（三）監工督工人員對於率隊中分隊長到場人數姓名應嚴為稽查記載，以免敷衍偷惰；（四）病假誤務分差人數及因雨停工空襲待工等時間之改核訛載（五）每個工作員每日應作公方應預為規定晚間收工應辭加檢查是否徵到。（六）民工々作技術請監工人員隨時加教導（七）每個監工督工人員所負員域應予劃分。

主席答復：：工程總隊部之組織自當即時變現惟其設置人員名額與行政經費應由管理費項下支載或工程事務費項下支報第五課即決定俾先日成立。（二）工程計算方法計方則不計工計工則不計方應請決定（三）機場高低對工段之方量難有關係但本場高低差度尚小於在二十公尺一個標樁之內所因高低發生之方量差數當然不大可以不必顧慮（三）為顧及各隊多支工食而不能比照交方起見擬在民工口食中預扣保險費若干由縣府保管以為日後補工地步（四）點名時間因完早晚各一次并隨時抽查（五）作息時間參照開放時間由總隊部及工程課決定之（六）雨天及警報請監工督工羅實記入表報（七）養場大隊場兵名額差數當多與新劃（自九月六日起核定五百人工作限繳下節前作足一萬五千個工。）

揭彥太遠

006-1

縣府設予撥交方籌補救。

一、叙課張課長壽南報告:(此從略)

丁、決議事項:

一、為便於民工管理指揮起見,即組織工程總隊部,其經費在工程事務費項下開支。其組織草案按縣府民字第一八九〇號公函照件規定辦理。

二、方案面積由總隊即日造交縣府,由縣府出撥民工給予按方案給值,不再論工計算。

三、工作區分由縣府按方案之配撥,通知總隊。

四、為使民工工作努力提高服務情緒起見,擬規定之獎懲事項,其獎金額數暫定為一萬元,由縣長根據各方報告給予成績優良之工作團體,其懲罰視工作成績最劣者予以處分,均由縣府按照命令行之。

五、民工數額暫以九月十五日以後每日能到三千人為最多,愈使總隊能按期完工為目的。

六、天雨警報及與一切意外而有停工之民工伙食費按原來規定辦法處理之。

七、關于民工管理指揮監督等細節部份由[illegible]與大發展部會商辦理之。

八、工程計算決定採用方案未來決定民工方案以前暫以民工計算作為報銷依據，得在發工結算時併入方案計算。

九、全部工款核算後，收工後按撥款額分段由表及驗收方案結算之。

十、本會議決議案即作此次修繕工程一切規定之準據，雙方共同遵守之。

完

本日下午与揚諾開会讨论事项

一、停机塲如何補修：查旧停机塲補修工程系为剷草、填挖、高低碾(?)滚、壓三次等，惟过(?)方单補修半年前方改为二年，以前係方由鄉民工業經指定人数多寡列表記定填闸(?)填壓高低，拟全面補修擇要按方填挖，如此則計方管理均感不便

二、工具如何借发：現各鄉民工均在努力工作争取时间，惟所用工具不够順利，借发颇碍工作，又以石滚及担石箩最需用，更急

三、員工人員如何密取联系：民工总督工處方塲須揚諾与縣府会同办理，本府現分五组督工，每组派一專人负责，惟揚諾所派于塲内高级職員因事上之趋忙不能常在机塲工作，致总督處

方均感不便

四、运费及补助：按规定运石至一公里者一两，运草半两，运土至六十公尺以内不另给价，但现在运石运草运土往往超出法定距离，此系应加发运费或缩短距离

五、医药及伙费：今二千余人民工病伤时有，现总指派巡疗队，据各民工报告须药医疗均极感困难，最好由民工总队部办理

六、经费请拨款发给之办法：按方给价，请将每日民工现做之方数及工价此规定寄请函知县府拨款是项以便转发

七、验方之验方应由工程人员按日查验，双方会同盖章，以工程印证为完毕

八、前修跑道及停機場內堆有土方數堆請另行派工担出或就地焚燬

九、發剷草工價如何給付、擬按三和雲[illegible]前經劃定剷草範圍以內補修範圍減少而草葉已剷完此項工價應請照算

航空委员会空军第三总站关于检送梁山机场图及修整工程以方给价计算表致梁山县政府的公函

（一九四三年九月十三日）

收文 2913 6181

民

事由	擬辦	批示
為准函送梁山机場及修整工程以方給價計算表各一份請查照分配工作由		

附件

年　月　日　時收到

航空委員會空軍第三總站公函

字第0371號

中華民國三十二年九月十三日

案准

貴府九月民字第二二五號公函敬悉茲将梁山机場图及修整工程以方給價計算表各一份送請

第　字　收文

此致

梁山縣政府

附送图表各一份

總站長

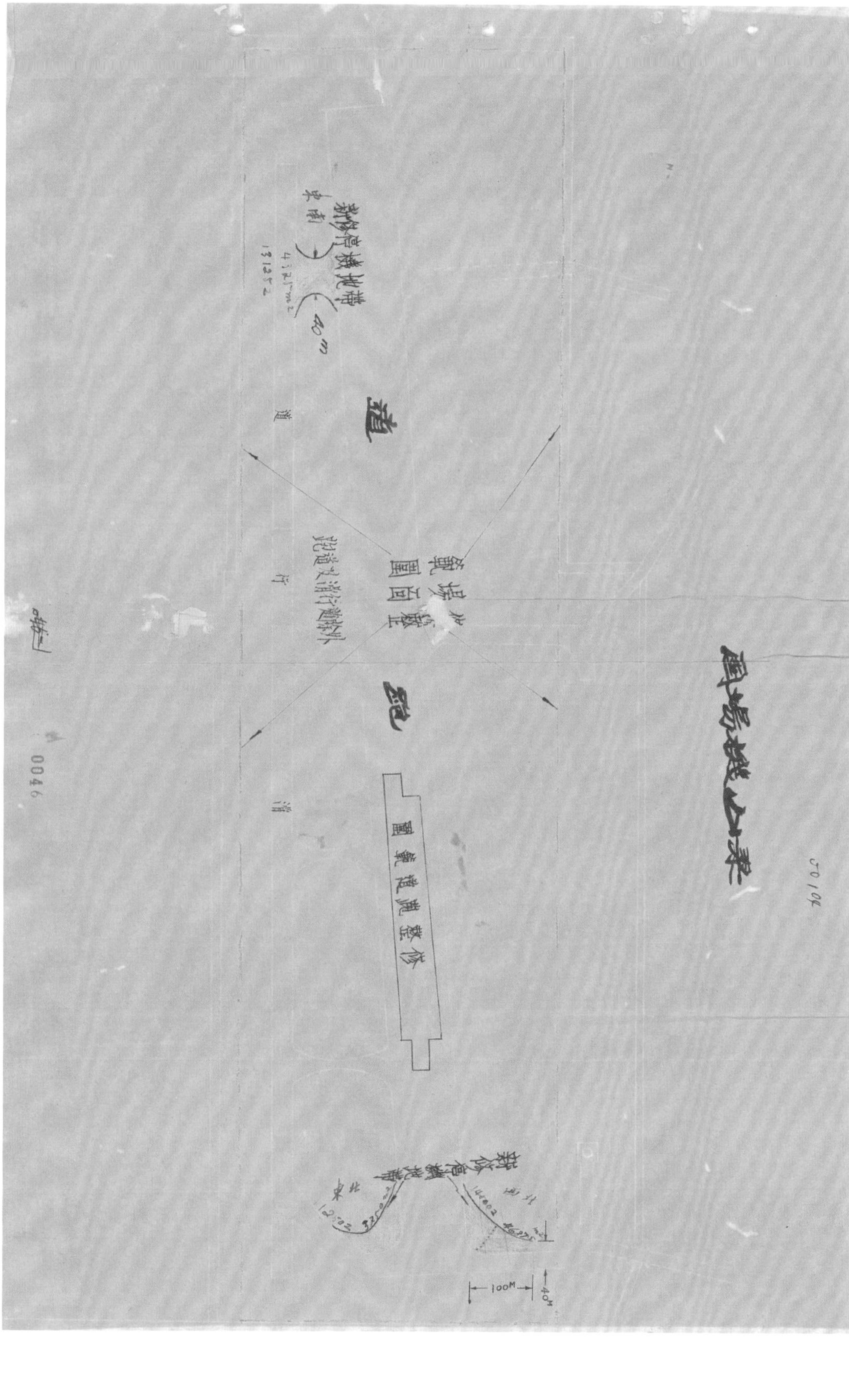
梁山機場圖
0046

附二：梁山机场修整工程以方给价计算表

修整工程以方給價計算表

工作名稱	估計數量	單價(元)	總價(元)	備考
補修跑道	20000 M²	1.81元	362000 00	1.割草連運力0.05元 2.翻挖0.17元 3.鋪工0.1元 4.滾壓三次0.12元 5.[illegible]0.6元 運力0.44元(半公里計) 灌漿0.2元 鋪沙0.1元 合計1.81元
修整場面	600000 M²	0.19元	1140000 00	割草0.05元 整理場面0.05元 滾壓三次0.09元 合計0.19元
加做停机地	128125 M²	6.2元	794375 00	每面方計石運力3.2元 鋪做工3元 合計6.2元 所有石料開山費在外
挑運石方	10000 M³	12元	120000 00	挑石每公斤每公里$\frac{1}{200}$元 每公方以1600公斤 運距以一公里半 合計12元
總計			2416375 00	

附　修補跑道如不加鋪石子處只給割草及滾壓費 修整場面如有高低填挖土方另給價 所有工作數量以現時估計計算得

註　按實際工作增減之 現時米價每市斗約九元 係暫以十元計算之 全工程計需十二萬人 每天須得工四千名 方能如限完工

张树屏、赵仕武关于填报一九四三年九月至十月补修机场配方以后各乡民工担任工程分配表致梁山县政府的签呈（节选）（一九四三年九月至十月）

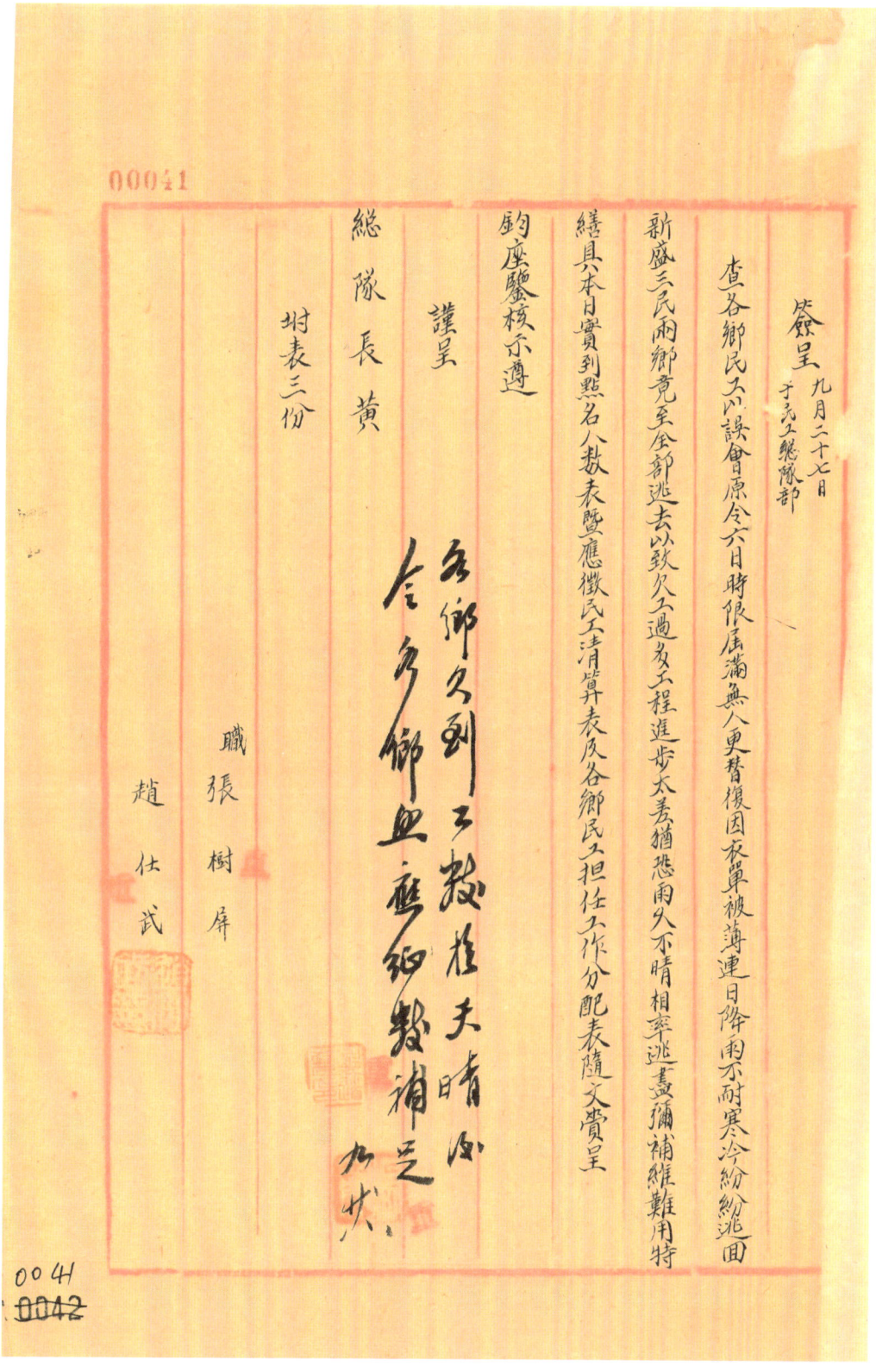

00041

签呈 九月二十七日 于民工总队部

查各鄉民工以誤會原令六日時限屆滿無人更替復因衣單被薄連日降雨不耐寒冷紛紛逃回新盛三民兩鄉竟至全部逃去以致欠工過多工程進步太差猶恐雨久不晴相率逃盡彌補維難用特繕具本日實到點名人數表暨應徵民工清算表及各鄉民工担任工作分配表隨文賫呈

鈞座鑒核示遵

謹呈

總隊長黄

職 張樹屏

趙仕武

附表三份

各鄉欠到工數俟天晴後令各鄉照應征數補足 九卅

0041

~~0042~~

[illegible]表 32年9月27日

鄉鎮別	月日	工作地點	方數	實到工數	已領工資	工作進度	備考
龍門	9.27	新修東南停機地帶		93	未領		本日因雨除袁驛鄉照常工作外各鄉于午前七鐘遵照規定前來掛號由本部派監工員會同按號分別點名以上數字即為點名所到各鄉實數
七星	〃	新修東南停機地帶		30	450元		
蔭平	〃	〃 〃		76	1140元		
大觀	〃	〃 〃		151	2265元		
袁驛	〃	〃 〃		541	5000元		
歸水	〃	〃 〃		201	3015元		
文化	〃	劃章		166	未領		
雲龍	〃	〃 〃		212	3195元		
寃城	〃	新修東北停機地帶		296	4440元		
新盛	〃	〃 〃		未到	未領		
屏山	〃	新修西北停機地帶		123	1445元		
迴龍	〃	〃 〃		208	3100元		
文峰	〃	〃 〃		177	2655元		
柏家	〃	〃 〃		206	3135元		
三民	〃	〃 〃		未到	未領		
				總計2280	總計29840元		

填表人 [印]

00034

簽呈 十月一日 于總隊部

查補脩機場配方以後十月一日各鄉民工担任工程分配表業經分別填竣理合檢同原表

簽請

鈞座鑒核備查！

謹呈。

縣長兼總隊長黄

附表一份

准備查 十二、

職 張樹屏

趙仕武

0034

[illegible]三十二年十月一日

縣別	月日	擔任工程	方數	實到工數	已領工資	工程進度	備考
新盛	10.1.	運石修理場西寨工作	未按照方計算	午前323 午後266 總計589 平均294半	5000		

填表人

00019

簽呈 十月十日 于總隊部

查補修機場配方以後各該鄉民工擔任工程分配表業經分別查填完竣理合具文連同原表一份簽請

鈞座鑒核備查。

謹呈

縣長兼總隊長黄

附表一份

職 張樹屏 趙仕武

[批示]准備查 十六

0019

補修機場配方以後各鄉民工担任工程分配表　三十三年十月十日

鄉鎮別	月日	担任工程	方數	實到工數	已領工資	工程進度	備考
雲龍	10.9	剷草	按照方計算	午前 114 午後 98	1500元		奉總隊部命令雲龍午後遣散由周監工員繼志會同總站点名後每人發給返鄉費壹拾元
屏山	〃	担沙		午前 85 午後 78	1400元		
三民	〃	剷草		午前 46 午後 46	800元		
岳豐	〃	〃〃		午前 93 午後 87	1200元		
錦水	〃	担沙		午前 156 午後 161	2200元		
龍門	〃	〃〃		午前 66 午後 68	1000元		
七星	〃	剷草		午前 65 午後 65	1000元		
				總計 1228	總計 9100元		
				平均 614			

填表人

梁山县各乡镇民工一九四三年九月十五日至二十八日补修机场工程分配表（一九四三年九月）

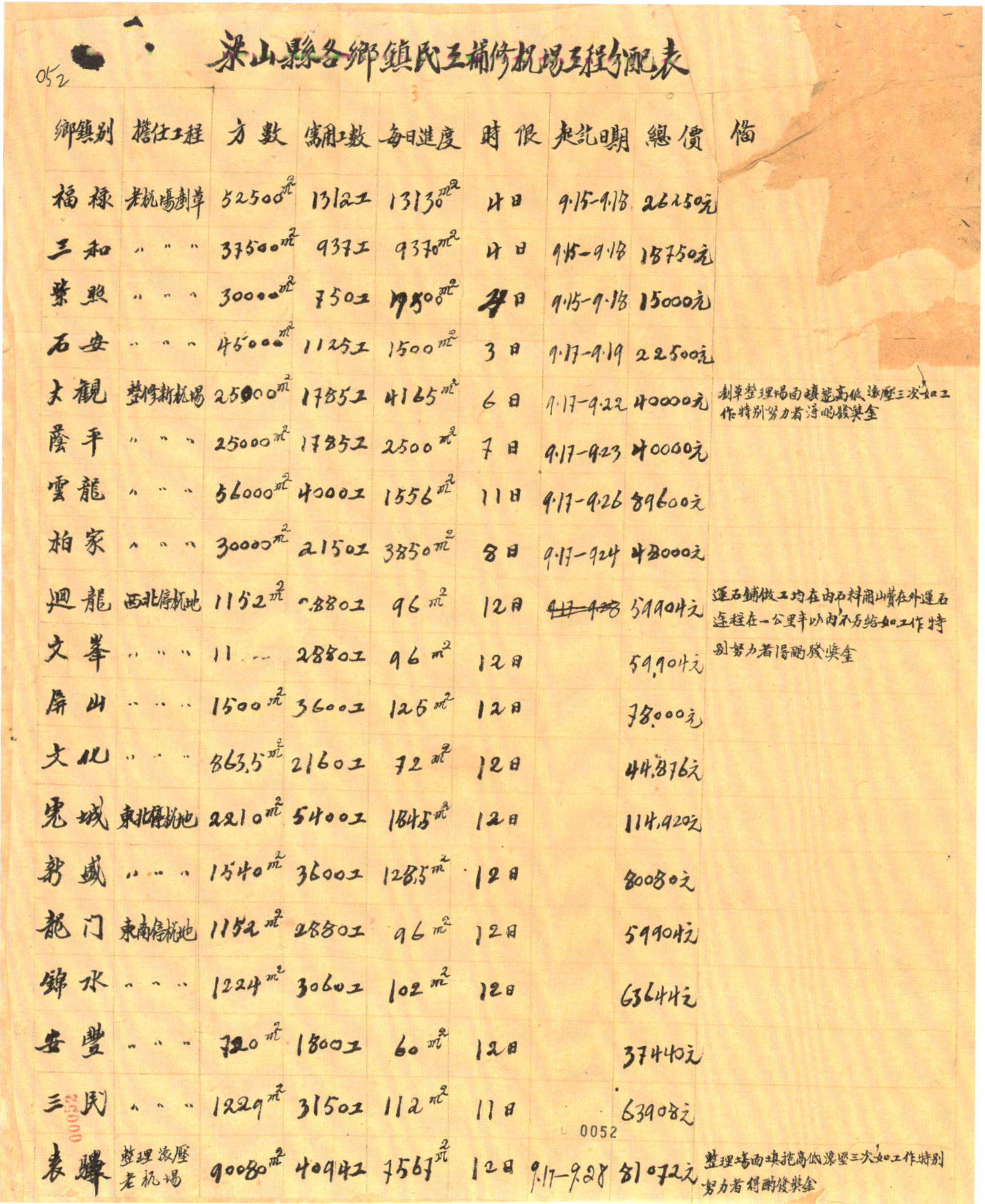

052

梁山縣各鄉鎮民工補修機場工程分配表

鄉鎮別	擔任工程	方數	需用工數	每日進度	時限	起訖日期	總價	備
福祿	老机場剷草	52500 m^2	1312工	13130 m^2	4日	9.15—9.18	26250元	
三和	〃〃〃	37500 m^2	937工	9370 m^2	4日	9.15—9.18	18750元	
紫照	〃〃〃	30000 m^2	750工	7500 m^2	4日	9.15—9.18	15000元	
石安	〃〃〃	45000 m^2	1125工	1500 m^2	3日	9.17—9.19	22500元	
大觀	整修新机場	25000 m^2	1785工	4165 m^2	6日	9.17—9.22	40000元	剷草整理場面填挖高低滾壓三次如工作特別努力者得酌發獎金
蔭平	〃〃〃	25000 m^2	1785工	2500 m^2	7日	9.17—9.23	40000元	
雲龍	〃〃〃	56000 m^2	4000工	1556 m^2	11日	9.17—9.26	89600元	
柏家	〃〃〃	30000 m^2	2150工	3850 m^2	8日	9.17—9.24	48000元	
迴龍	西北停机地	1152 m^2	2880工	96 m^2	12日	~~9.17—9.28~~	59904元	運石鋪做工均在內石料開山費在外運石遠程在一公里半以內不另給如工作特別努力者得酌發獎金
文峯	〃〃〃	〃	2880工	96 m^2	12日		59,904元	
屏山	〃〃〃	1500 m^2	3600工	125 m^2	12日		78,000元	
文化	〃〃〃	863.5 m^2	2160工	72 m^2	12日		44,876元	
虎城	東北停机地	2210 m^2	5400工	184.5 m^2	12日		114,920元	
新盛	〃〃〃	1540 m^2	3600工	128.5 m^2	12日		80080元	
龍门	東南停机地	1152 m^2	2880工	96 m^2	12日		59904元	
錦水	〃〃〃	1224 m^2	3060工	102 m^2	12日		63644元	
安豐	〃〃〃	720 m^2	1800工	60 m^2	12日		37440元	
三民	〃〃〃	1229 m^2	3150工	112 m^2	11日		63908元	
袁驛	整理滾壓老机場	90080 m^2	4094工	7567 m^2	12日	9.17—9.28	81072元	整理場面填挖高低滾壓三次如工作特別努力者得酌發獎金

00052

0052

梁山縣各鄉鎮民工補修机場工程分配表(二)

鄉鎮別	担任工程	方數	需用工數	每日進度	時限	起訖日期	總價	備考
福祿	滾壓整理舊机場	34360m^2	1440工	8590m^2	4日	9.19—9.22	30924元	整理場面填挖高低滾壓三次，如工作特別努力者得酌發獎金
三和	〃 〃	24370m^2	1020工	6070m^2	4日	9.19—9.22	21933元	
石安	〃 〃	30030m^2	1260工	7508m^2	4日	9.20—9.23	27027元	
紫照	〃 〃	16570m^2	840工	4143m^2	4日	9.19—9.22	14913元	
柏家	〃 〃	25770m^2	1080工	6443m^2	4日	9.25—9.28	23193元	
大觀	〃 〃	42950m^2	1800工	7158m^2	6日	9.23—9.28	38610元	
蔭平	〃 〃	29820m^2	1250工	5960m^2	5日	9.24—9.28	26820元	

梁山新旧机场工作区分图（一九四三年九月）

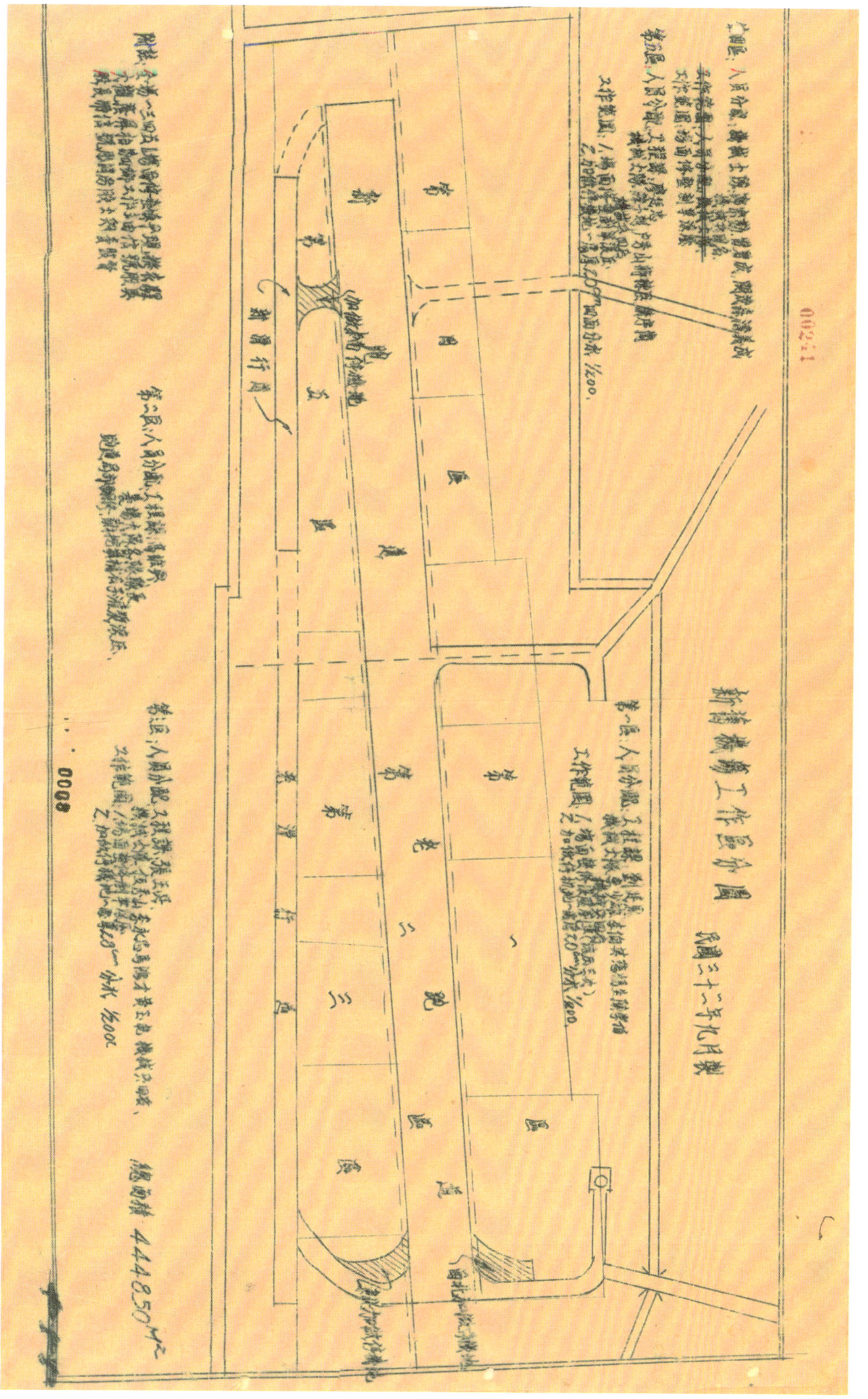

梁山县政府关于报送征调民工整修梁山机场情形致四川省政府、四川省第十区行政督察专员公署的呈（一九四三年十月六日）

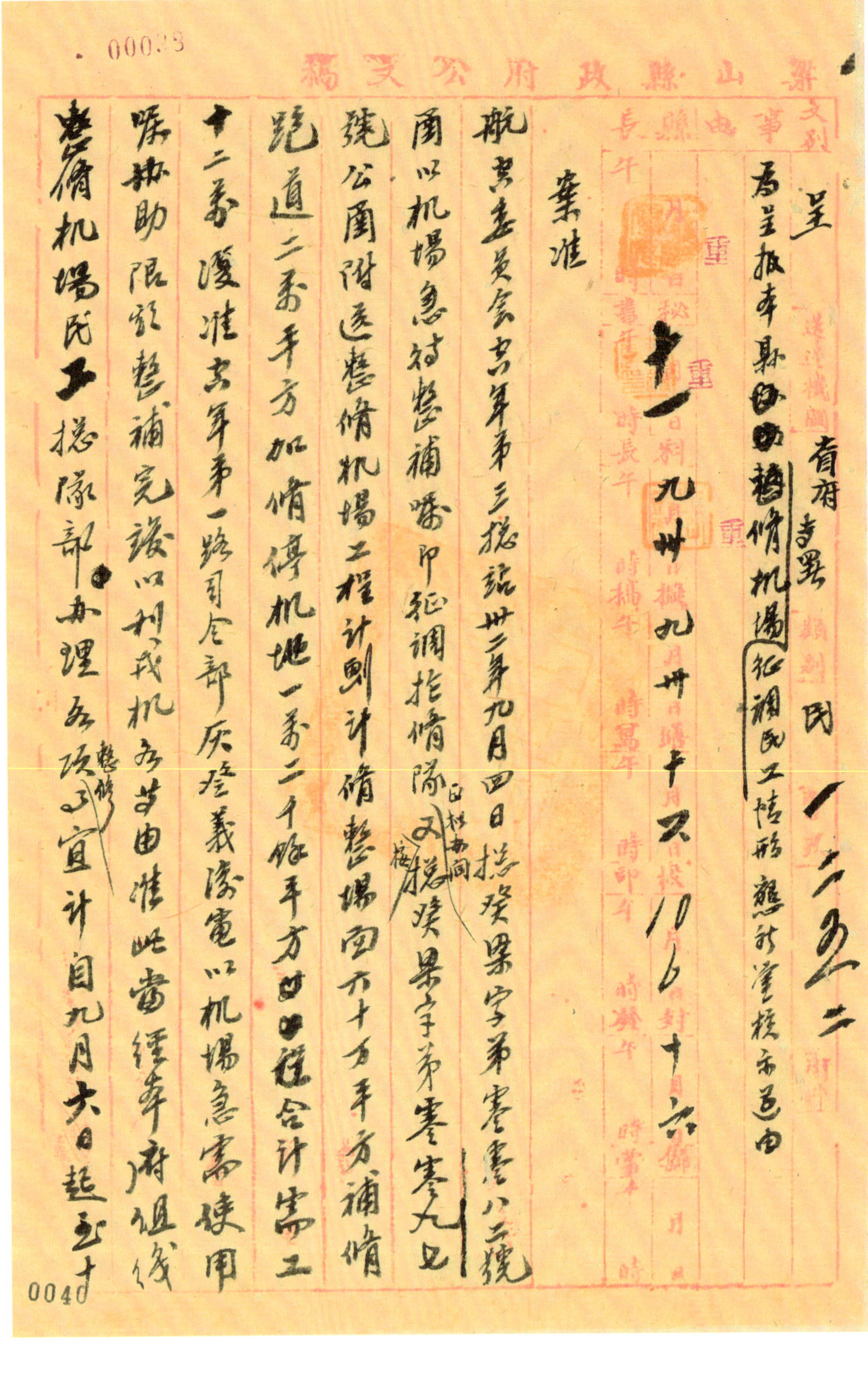

梁山縣政府公文稿

呈 省府 專署 民一二五二

為呈報本縣整修機場征調民工情形懇祈鑒核示遵由

十一 九卅 九卅 十八 10/6 十六

案准

航空委員會空軍第三總站卅二年九月四日總發渠字第壹壹八六號函以機場急待整補囑即征調指修隊又總發渠字第壹壹九五號公函附送整修機場工程計劃計修整場面六十方平方補修跑道二萬平方加修停機坪一萬二千餘平方總合計需工十二萬復准空軍第一路司令部灰登義滄電以機場急需使用囑協助限期整補完竣以利戎機各等由准此當經本府組織整修機場民工總隊部辦理各項事宜計自九月六日起至十

0040

一日止每日平均民工四百名又自同月十二日起迄今每日平均每日
民工三千五百名由本府派遣督工技士会同该总站监工
逐日指导工作现仍在整修中除俟工程再行详报外并将本段公路工程整修完竣
理合将办理情形具文呈请
钧府署俯赐察核示遵
谨呈
兼理四川省政府主席张
四川省第十区行政督察专员兼保安司令雷
渠山县县长黄○○

0041

一、修整場面六十萬平方
二、補修跑道二萬平方
三、加修停機地一萬六千餘平方
四、以上工程合計需十二萬工
五、自九月起至十一日止期內每日平均民工四百名
六、自九月十二日起迄今平均每日民工四三千五百名

印分別呈报　省府專署

九卅

重

张树屏、赵仕武关于检送一九四三年十一月补修机场各乡民工修理场面工作日报表致梁山县政府的签呈（节选）

（一九四三年十一月）

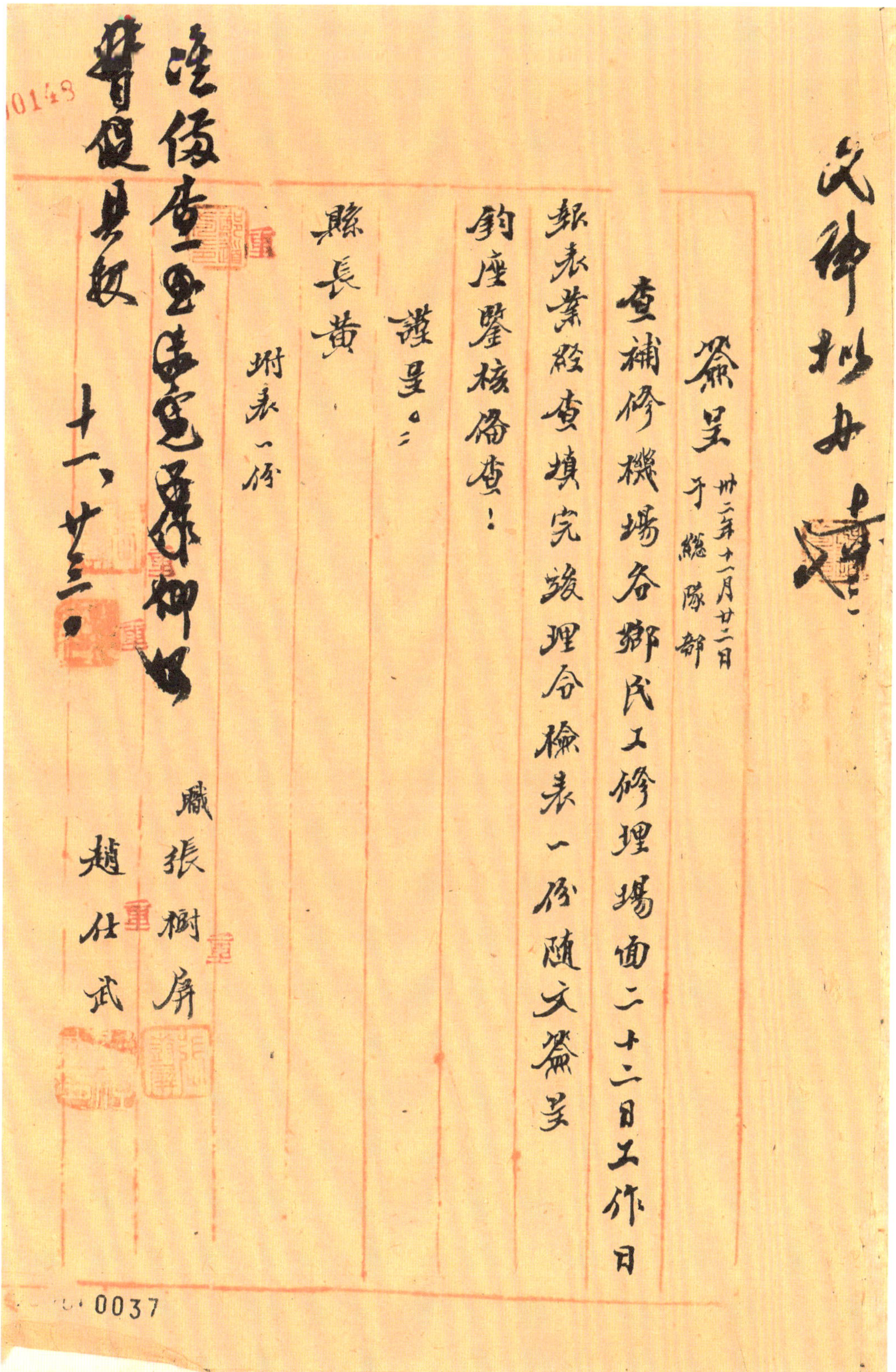
民科抄存 達

簽呈 卅二年十一月廿二日 于總隊部

查補修機場各鄉民工修理場面二十二日工作日報表業經查填完竣理合檢表一份隨文簽呈

鈞座鑒核備查！

謹呈。

縣長黃

附表一份

職 張樹屏 趙仕武

送保安隊查照存案 轉催具報 十一、廿三

補修飛機場各鄉民工修理場面工作日報表 32年11月22日天氣晴

鄉鎮別	鄉鎮長	到工人數	工作分配	已領工資	備考
天竺	向顯廷	午前179 午后119	拉石滾	5000元	
中城	蔣榮華	午前250 午后210	〃 〃	5000元	
城西	陳中華	午前223 午后223	〃 〃	9000元	
		總計1174			
		平均587			

填表人

簽呈　卅二年十一月廿五日　于總隊部

查補修機場各鄉民工修理場面二十五日工作日報表業經查填完竣理合檢表一份簽呈

鈞座鑒核備查！

謹呈。

縣長黃

附表一份

准備查

上六

職　張樹屏

趙仕武

补修机场各乡民工修理场面工作日报表　32年11月25日　天气　晴

乡镇别	乡队长	到工人数	工作分配	已领工资	备考
文华	尧宗明	午前 270 午后 270	拾石渣	7000元	
观龙	伍兴权	午前 193 午后 193	〃〃	6000元	
中城	蒋荣华	午前 82 午后 82	〃〃		
城西	陈中华	午前 95 午后 95	〃〃		
		总计 1280			
		平均 640			

梁山县中城镇镇公所关于报送一九四三年十一月整理机场推行工役进度月报表致梁山县政府的呈
（一九四三年十二月二十一日）

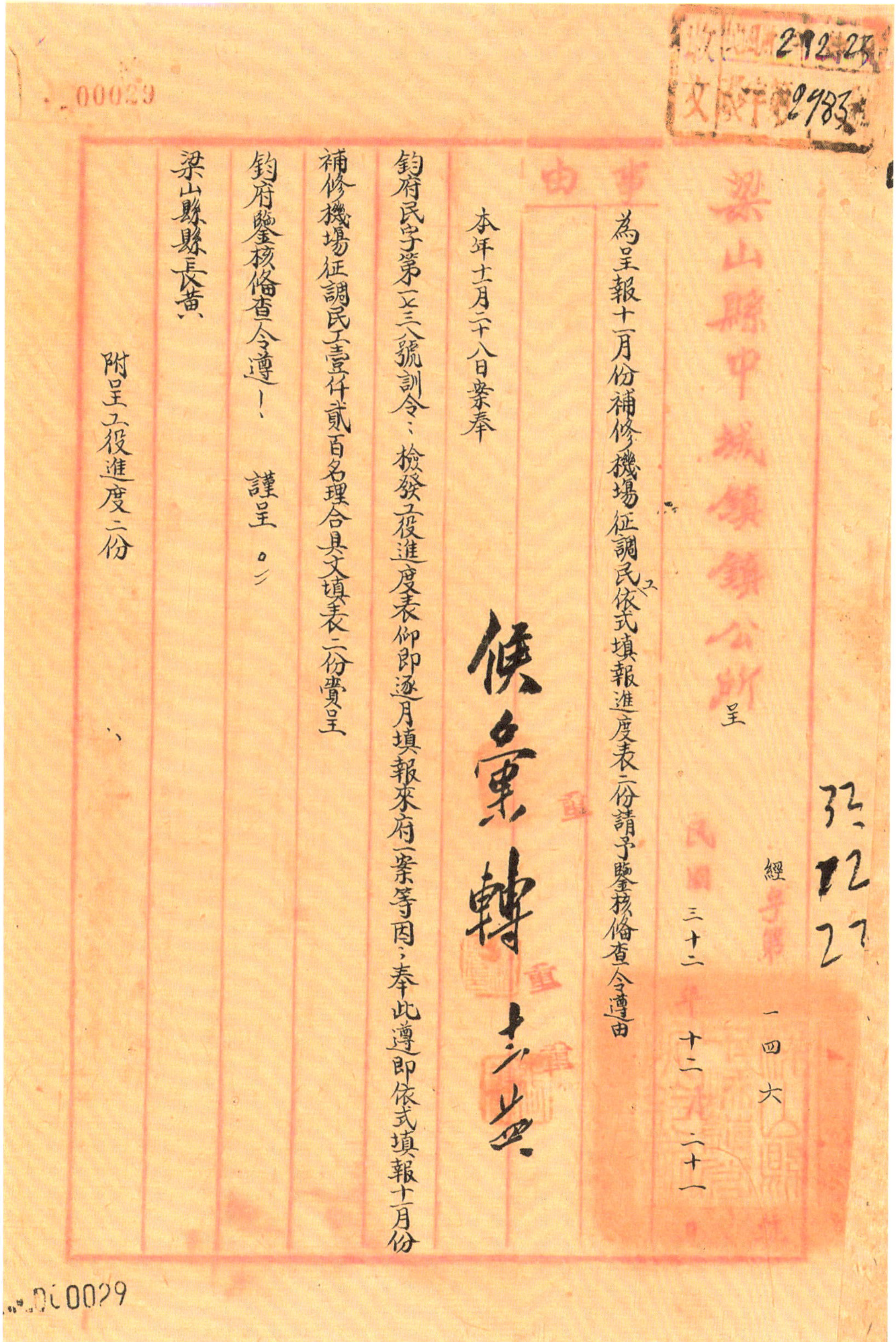

梁山縣中城鎮鎮公所　呈

經字第一四六號

民國三十二年十二月二十一日

事由：為呈報十一月份補修機場征調民伕依式填報進度表二份請予鑒核備查令遵由

本年十一月二十八日案奉

鈞府民字第一七三八號訓令：「檢發工役進度表仰即逐月填報來府」一案等因，奉此遵即依式填報十一月份補修機場征調民工壹仟貳百名理合具文填表二份賚呈

鈞府鑒核備查令遵！

謹呈

梁山縣縣長黃

附呈工役進度二份

侯策轉

中城镇镇長謝道懷

附：四川省梁山县中城镇推行工役进度月报表（一九四三年十一月）

四川省梁山縣中城鎮推行工役進度月報表

00031

（舉例填註以代說明）

民國三十二年十一月份

征	工役類別及性質	地方建設事務工役	地方建設事務工役	地方建設事務工役	地方建設事務工役	地方建設事務工役	地方建設繪養工役	國防工程工役	國防工程工役
	工事名稱	增產塘堰	培修鄉道	造林	墾荒	建築公倉	整理成仁公路	整理機場	搬運械彈
	工事地點							梁山機場	
	開工日期							三十二年十一月十九日	
	完工日期 預計							十一月十四日	
	完工日期 實際							十一月二十七日	
	動員人數 全部預計							壹仟貳百名	
	動員人數 本月征期							十一月十九日	
	動員人數 連前累計								
	服役工數 全部預計							壹仟貳百名	
	服役工數 本月實作							壹仟壹百陸拾伍名	
	服役工數 連前累計								
	何隊民工							中城鎮民工隊	
調	完成工事 單位							運碎石挪滾	
	完成工事 數量 全部預計							壹仟貳百名	
	完成工事 數量 本月完成							壹仟壹百陸拾伍名	
	完成工事 數量 連前累計								
	辦理經過							本月國防工役共動員1165名	
	備攷								

00031

张树屏、赵仕武关于检送一九四三年十二月补修机场各乡民工修理场面工作日报表致梁山县政府的签呈（节选）（一九四三年十二月）

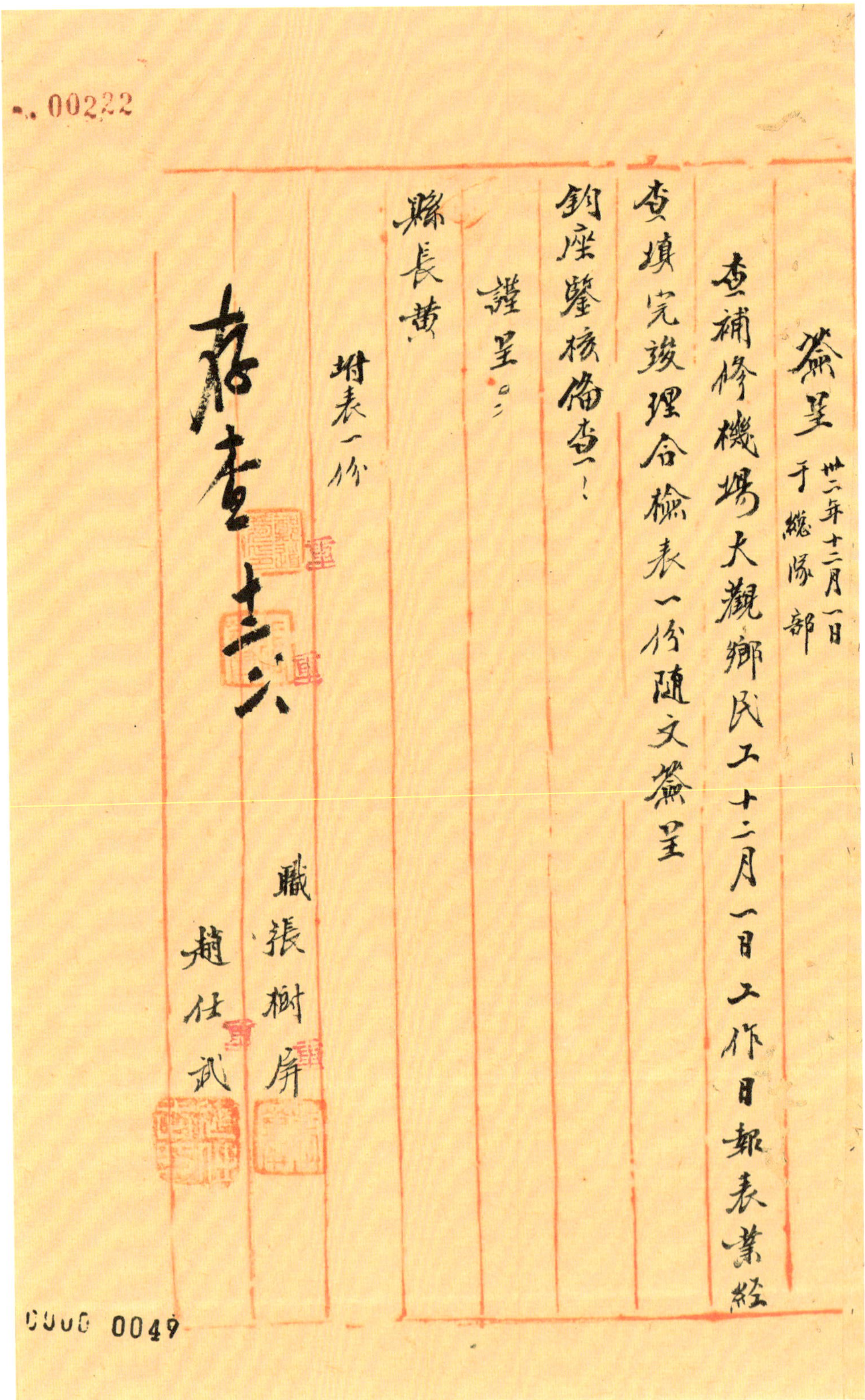

00222

签呈 卅二年十二月一日 于总队部

查补修机场大观乡民工十二月一日工作日报表业经查填完竣理合检表一份随文签呈

钧座鉴核备查！

谨呈

县长黄

附表一份

职 张树屏
赵仕武

存查 十二.六

0000 0049

00223

補修機場各鄉民工修理場面工作日報表 32年12月1日 天氣 晴

鄉鎮別	鄉鎮長	到工人數	工作分配	已領工資	備考
大觀	劉閩	午前131 午后128	運石拉石滚	5000元	
		總計259			
		平均129半			

填表人

0006 0050

簽呈 卅二年十二月二日于總隊部

查補修機場天觀鄉民工修理場面十二月二日工作日報表業經查填完竣理合檢表一份隨文簽呈

鈞座鑒核備查。

謹呈。

縣長黃

附表一份

職 張樹屏

趙仕武

存查 十二、三、

00219

补修机场各乡民工修理机场道工作日报表 32年12月2日天气雨

乡镇别	乡镇长	到工人数	工作分配	已领工资	备考
大观	刘图	上午 135 下午 135	运石拉石滚		
		总计 270			
		平均 135			

填表人 重

0000 0046

梁山县城西乡乡公所关于报送一九四三年十月、十一月整理机场推行工役进度月报表致梁山县政府的呈（一九四四年一月三日）

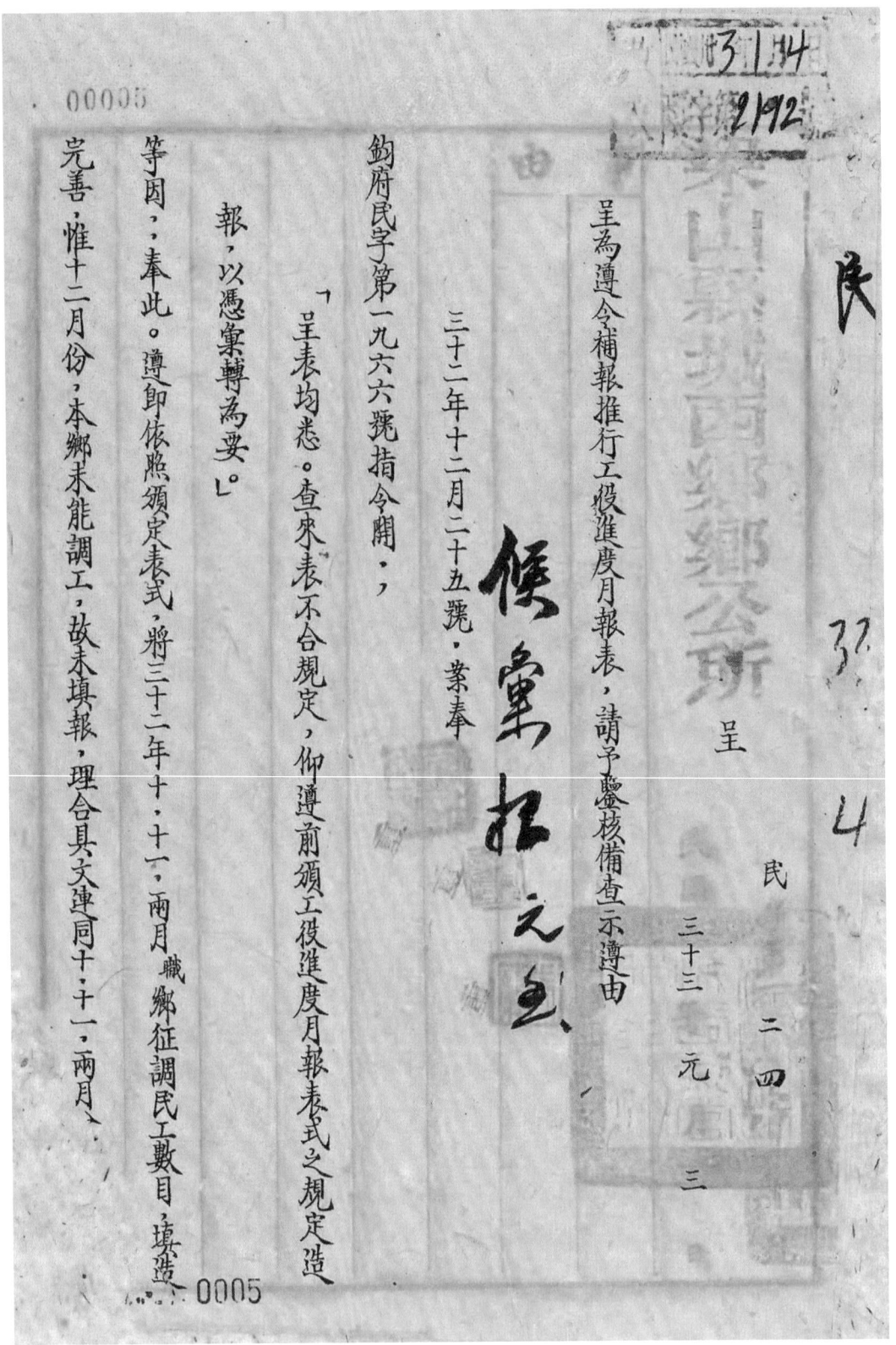

3134
2192

民 32 4

梁山縣城西鄉公所 呈

民 二 四

三十三 元 三

事由

呈為遵令補報推行工役進度月報表，請予鑒核備查示遵由

候彙報之

三十二年十二月二十五號，案奉

鈞府民字第一九六六號指令開：

「呈表均悉。查來表不合規定，仰遵前頒工役進度月報表式之規定造

報，以憑彙轉為要」。

等因；奉此。遵即依照頒定表式，將三十二年十、十一兩月職鄉征調民工數目，填造

完善，惟十二月份，本鄉未能調工，故未填報，理合具文連同十、十一兩月、

00005

0005

00006

月報表二份，呈請

鈞府鑒核，准予備查，如何？，令遵！

謹呈

梁山縣縣長黃

附呈月報表二份

鄉長羅惠之

0006

附：四川省梁山县城西乡一九四三年十一月推行工役进度月报表（一九四三年十一月）

00007

四川省梁山縣推行工役月報表　民國三十二年十一月份

	工役類別及性質		地方建設義務工役	地方建設義務工役	地方建設義務工役	地方建設義務工役	地方建設義務工役	地方建設義務工役	國防工程工役	國防工程工役
徵	工事名稱		增鑿塘堰	培修鄉道	生[illegible]	[illegible]荒	建築公倉	整理成[illegible]	整理機場	搬運械彈
	工事地點								梁山機場	
	開工日數								三十二年十一月十七日	
	完工日期	預計							十一月二十七日	
		實際							十一月二十五日	
	動員人數	全部預計							1200	
		本月徵調							1200	
		連前累計							1215	
	服役人數	全部預計							1200	
		本月徵調							1230	
		連前累計							1245	
	何隊民工單位								城西鄉隊	
	數量	全部完成								
		本月完成								
		連前累計								
調	辦理經過									
	備考									

填表者 城西鄉鄉長羅[illegible]之　校核者　縣長

0007

梁山县政府关于报送征调民工整修梁山机场情形致四川省政府的呈（一九四四年二月十一日）

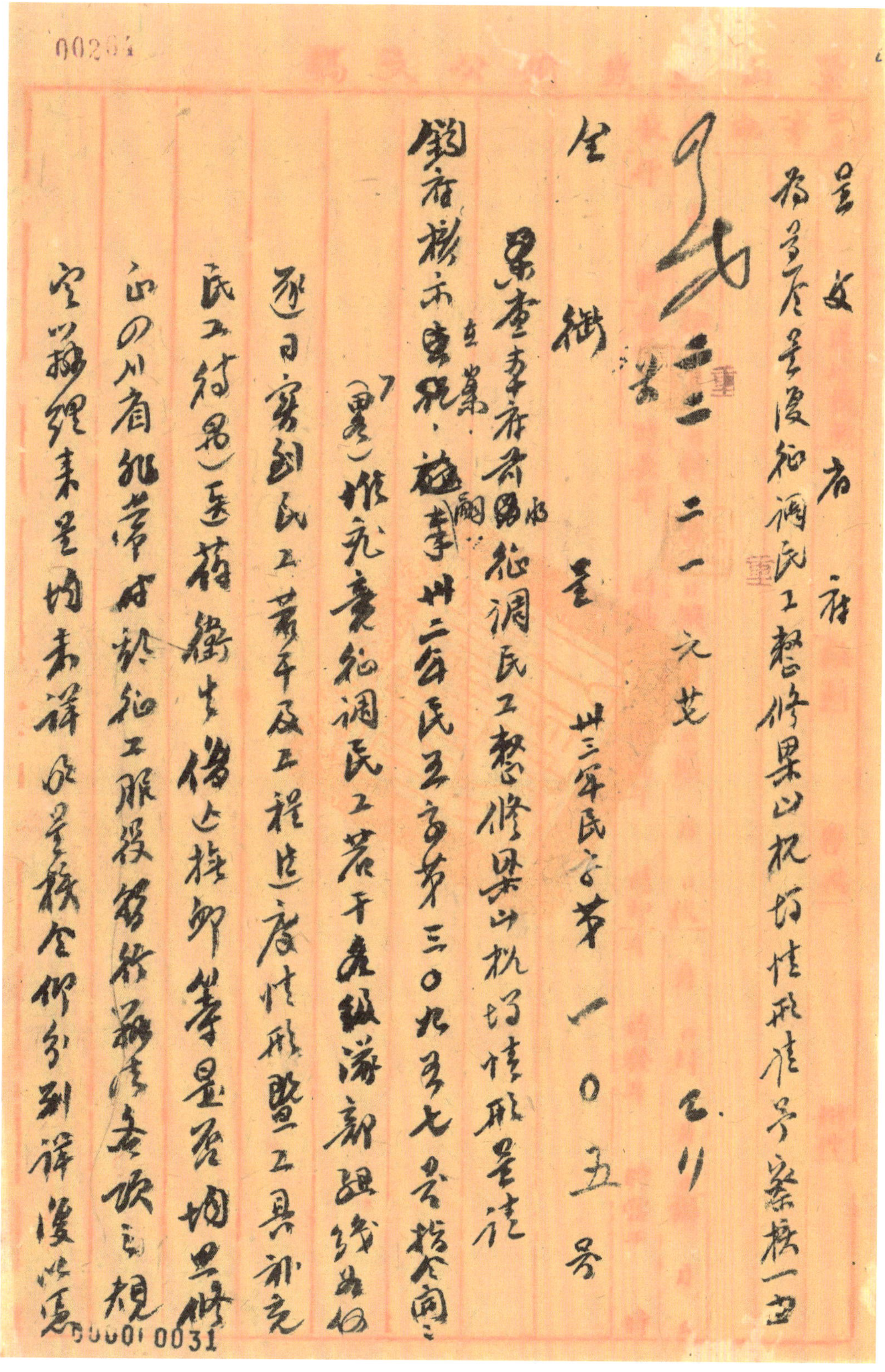

00264

呈文 府存

為呈復征調民工整修梁山機場情形仰祈鑒核由

二三 二一 文芝

全銜 呈 卅三年民字第一〇五号

案查本府前以為征調民工整修梁山機場情形呈請
鈞府核示在案。旋奉
鈞府卅二公民五字第三〇九八七号指令內開：
「（略）據呈征調民工若干名級添新組織如何，
逐日實到民工若干及工程進度情形暨工具補充、
民工待遇）並將衛生、傷亡撫卹等是否均照
[illegible]川省能否對於征工服役辦法奉頒之規
定以辦理來呈均未詳敘，呈候令仰分別詳復以憑

00001 0031

查核。

案因，奉此，兹分别呈复如下：（一）据查，全县今共

征调民工五万壹仟叁百零四名，（二）编组，系依四川省战时征

工服役办法以办法，县组织民工总队部，各乡镇组

织民工中分队，（三）到达日期及到达民工详附表，（四）工程进度

情形，已送函据该站函复，俟函复到府再报，（五）工具部分完全[illegible]，药品卫生

商由总站以办理，（六）待遇，每名日给四元，（七）伤亡抚恤，[illegible]俟[illegible]给，

悉照征工服役以办法以办理，奉令前因，理合将指示

各点（连同）一县民工表呈请

钧府，俯赐察核令遵！

00260

谨呈

四川省政府

计呈逕日寇刼民工表一份

县长黄〇〇

00060033

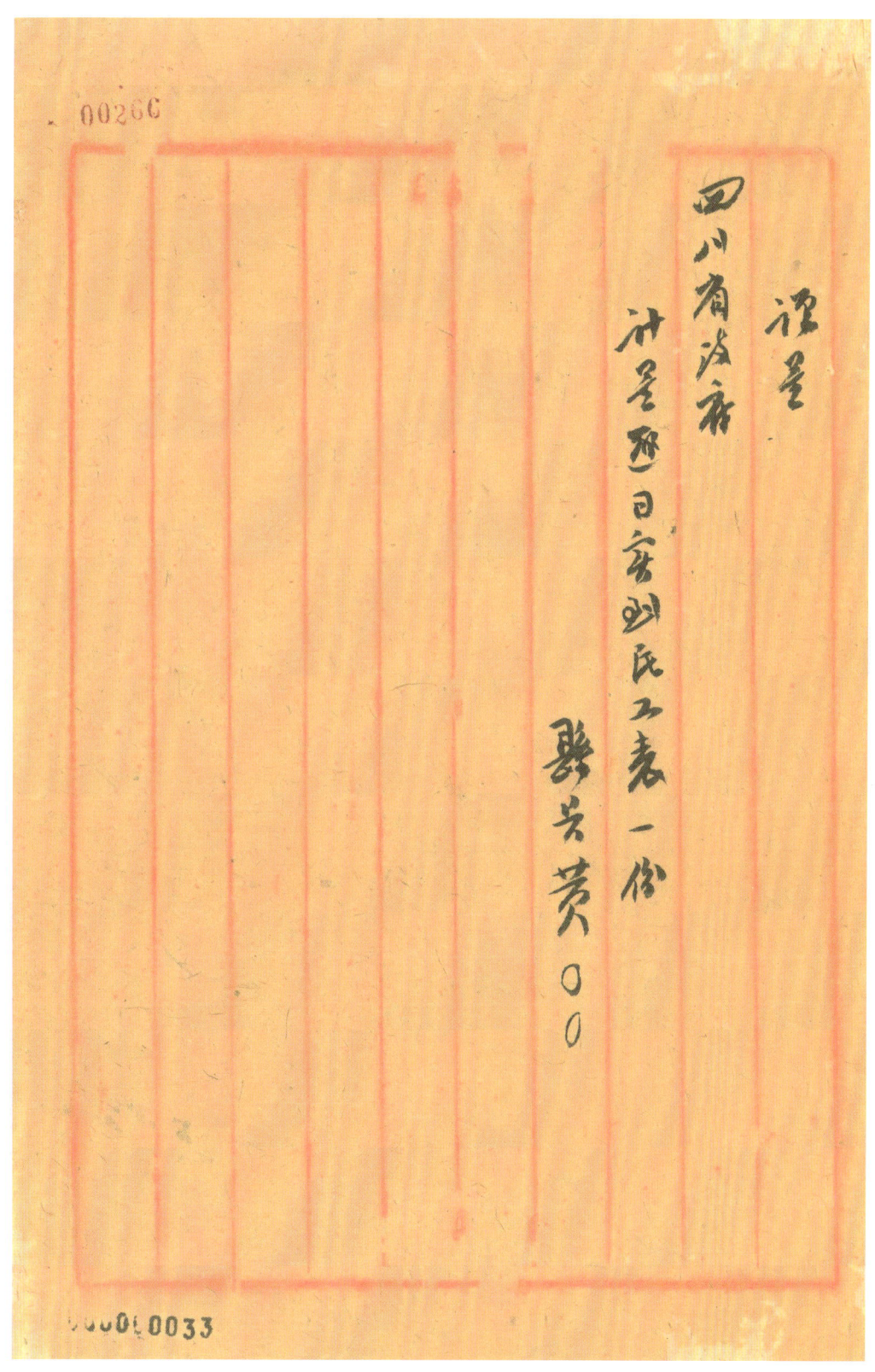

附：梁山县政府造具补修机场逐日实到民工数目表（自一九四三年九月九日起至十月十日止）

梁山縣縣政府造具補修機場逐日實到民工數目表 自卅二年九月九日起至卅二年十月十日止

日期	實到人數
九月九日	二二一
七日	六八六
八日	三三〇
九日	二九五
十日	二九九
十一日	二〇八
十二日	九四六
十三日	一四三一

十四日	一二七五
十五日	一三六八
十六日	一四五三
十七日	二七三九
十八日	二五〇八
二十日	三八三二
二十一日	三四六八
二十二日	二九七一
二十三日	二八一一
二十四日	二六七二

二十五日	二六三六
二十六日	一三二八
二十七日	二二八〇
二十八日	一八六一
二十九日	八五
三十日	二九一
十一月一日	一二四四
二日	一三六一
三日	一六六六
四日	一七六七

00270

五日	一八三三
六日	一九二三
七日	一六八七
八日	一二〇一
九日	六一四
十日	四一八
合计	五一三〇四

000 0037

航空委员会空军第三总站关于准备机场被炸抢修预案致梁山县政府的公函

（一九四四年四月二十九日）

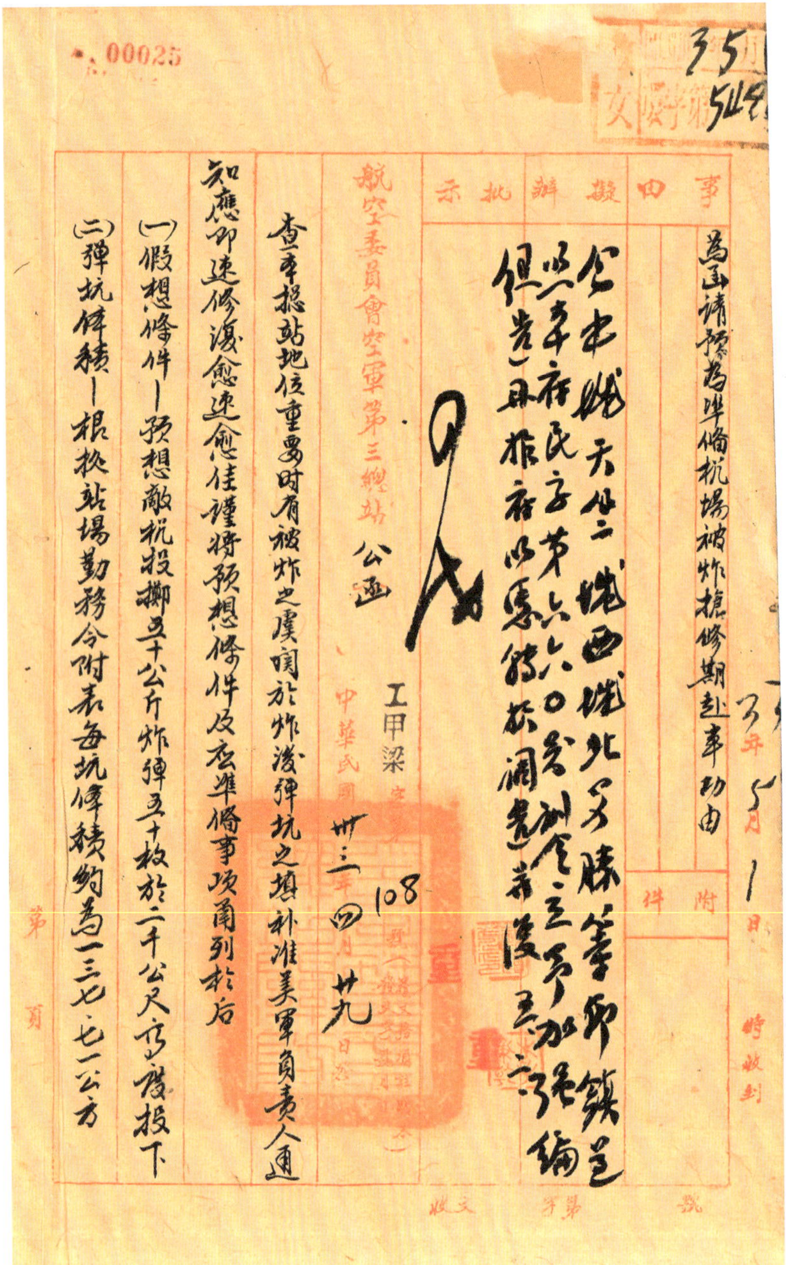

事由 為函請預為準備機場被炸搶修期赴事功由

擬辦

批示

附件

航空委員會空軍第三總站 公函 工甲梁字第108號

中華民國卅三年四月廿九日

查本總站地位重要時有被炸之虞關於炸後彈坑之填補准美軍負責人通知應即速修復愈速愈佳謹將預想修件及應準備事項開列於后

(一)假想修件—預想敵機投擲五十公斤炸彈五十枚於二千公尺高度投下

(二)彈坑体積—根據站場勤務令附表每坑体積約為一三七.七一公方

(三)需填土石數量——計需填石三、四四三公方，填土三、四四三公方

(四)需人工數量——如以利場邊預備石及挖土約二個工運填一公方（連打夯在內）計需人工壹萬叁仟柒佰名

(五)期限及征調民伕數——

甲、如全部限八小時完竣，則需征民工壹萬叁仟伍佰名

乙、如半數彈坑落於跑道之上，跑道彈坑限八小時填竣，其餘彈坑次日填竣，則須征工六仟七佰五十名，共兩日可填完

(六)搶修民工應於炸後警報解除立即到達機場，並隨帶鍬頭、箩筐、扁担，以三十人編列一小隊，向民工搶修大隊部報到，隨即由本站分配工作

(七)民工口食費按照每日每名二市升米價發給

以上各項為適應作戰，相應函達，即希

查照務為準備為荷——！

此致

梁山縣政府

總站長 施[illegible]

梁山县政府关于召开加强组织抢修机场会议致梁山县各乡镇公所的训令（一九四四年五月十三日）

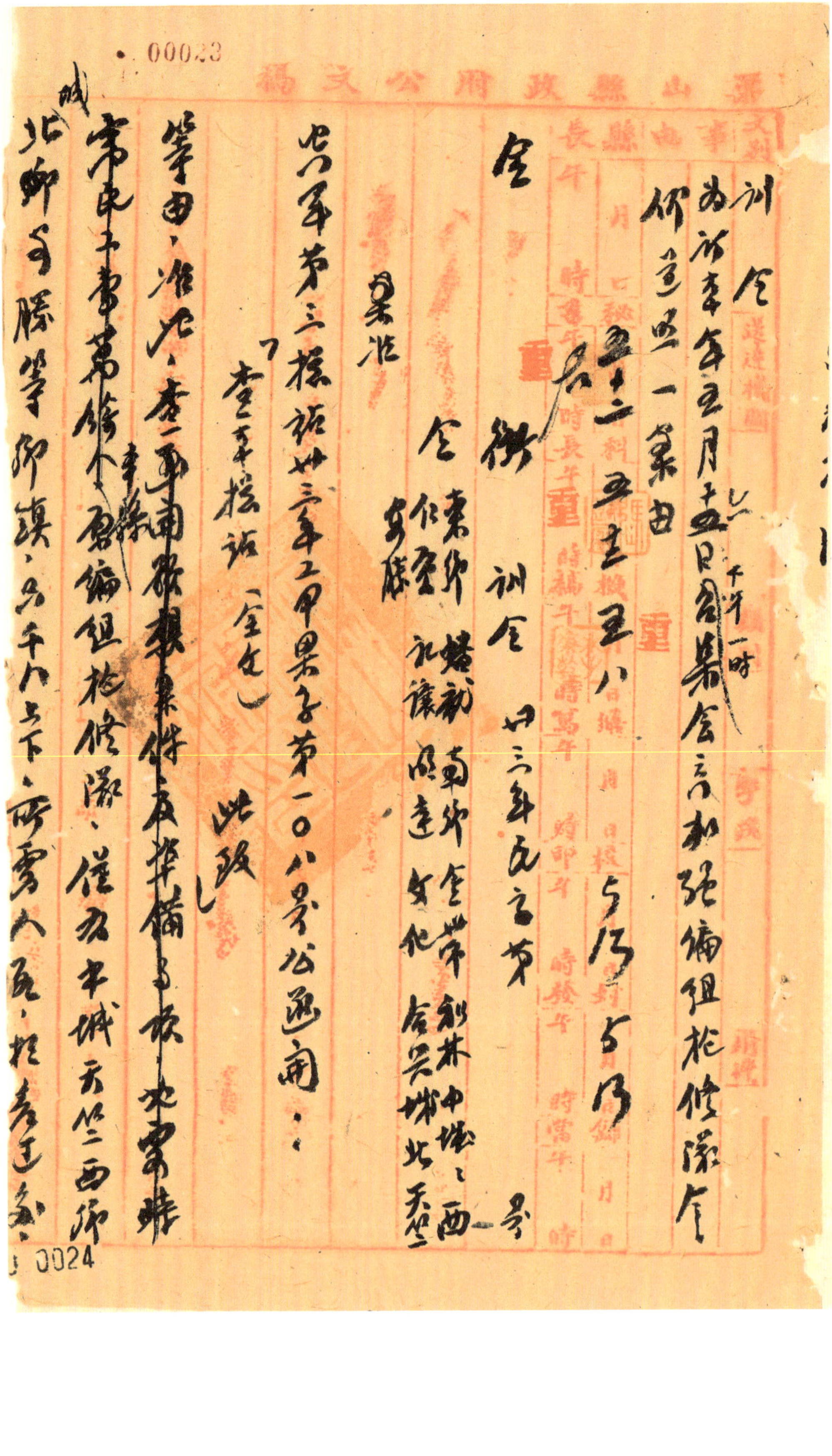

00023

梁山县政府公文稿

训令

为订本年五月十五日（上午十一时）召集会议加强编组抢修队令仰遵照一案由

令

各　衔

训令　卅三年度　字第　号

令东乡、城镇、南乡、金带、新林、中城、西[illegible]、作寨、礼让、福达、文化、合兴、城北、天竺、安胜

案准

[illegible]第三[illegible]卅三年五月[illegible]字第一〇八号公函开：

"查[illegible]（全文）……此致"

等由。准此，查[illegible]案件及准备[illegible]

[illegible]编组抢修队，催办本城、天竺、西郊、城北[illegible]等乡镇，[illegible]上午十一时[illegible]

0024

00024

茲為充實準備計，所於本年五月十四日下午四時召集各縣縣長於本府臨時辦公處開會商討一切會議，除分令外，合行令仰該縣長，即便遵照，屆時親自來府開會參加為要！！

此令。

縣長 黃[illegible]

0025

梁山县政府关于请派员参加加强组织抢修机场会议致航空委员会空军第三总站的公函（一九四四年五月十三日）

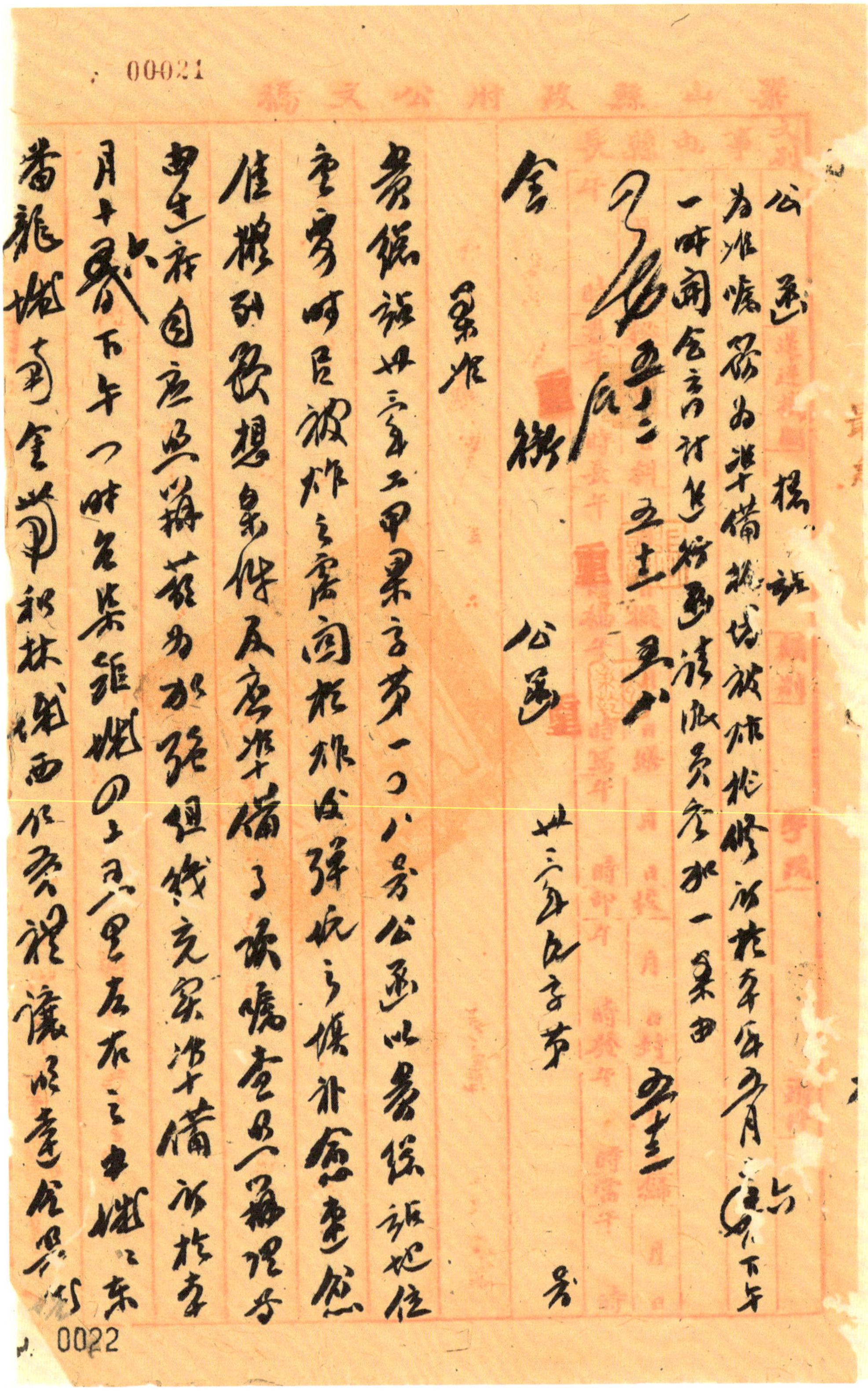
00021

梁山縣政府公文稿

公函 [illegible]站

为准函为准备机场被炸抢修於本年五月十六日下午

一时开会商讨，希派员参加一案由

[illegible] 五　十三 五　十三 五　八 五　十三

会稿

公函

卅三年五月　字第　号

案准

贵总站卅三年五月十二日梁字第一〇八号公函以贵总站地位

重要，时有被炸之虞，因於炸后弹坑之填补，非愈速愈

佳，拟[illegible]县府从速准备了，该处查照办理等

由，速从自应照办，兹为加强组织充实准备，於本

月十六日下午一时在梁县城四里左右之机场东

[illegible]

0022

00022

北方廿二分隊勝等鄉鎮函會商補充辦法（並於[illegible]時在[illegible]處）除分令外相應

函請

貴鎮長妥為查照屆時派員參加為荷。

此致

大六分第三保長

縣長黃〇〇

0023

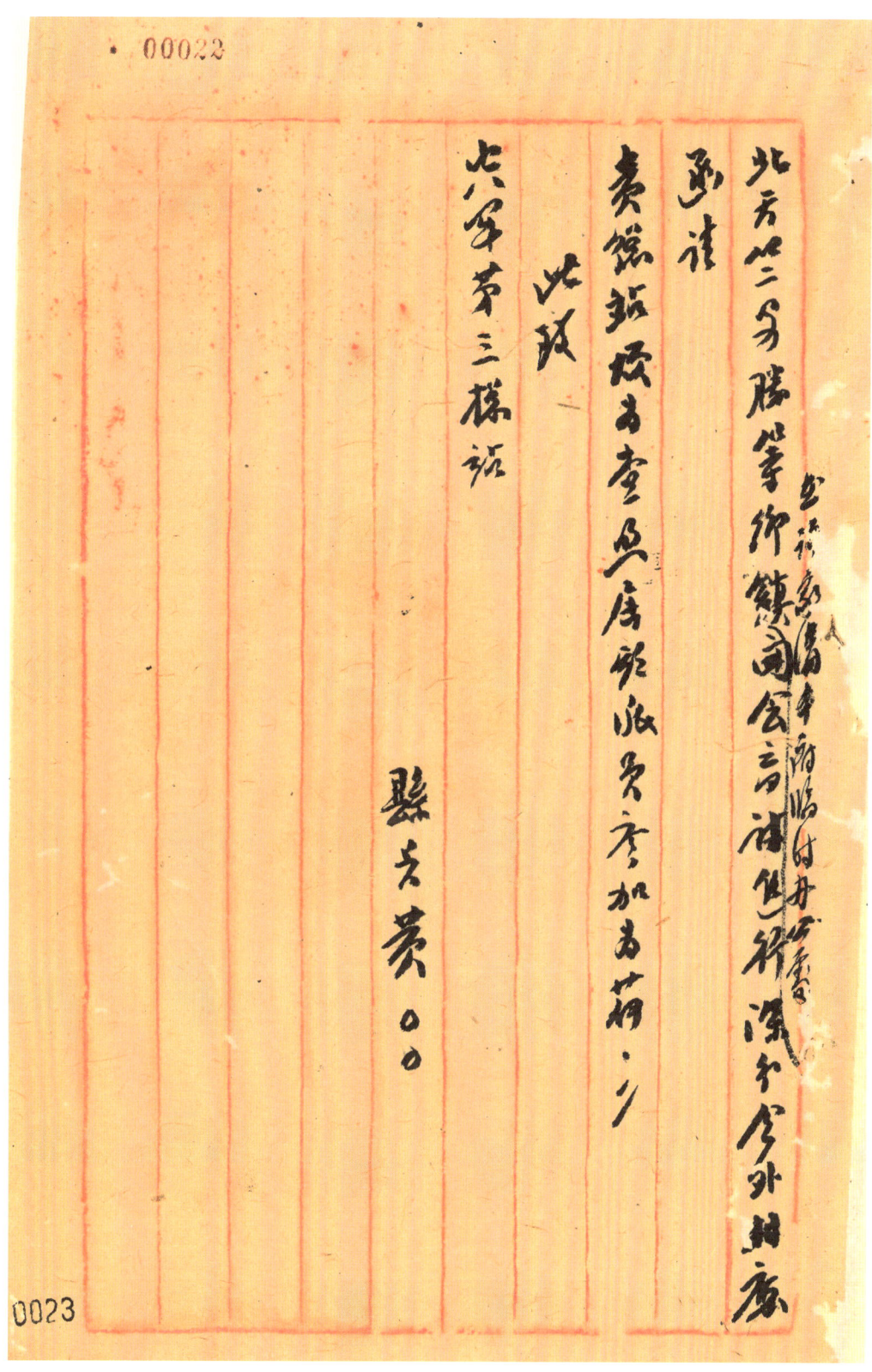

梁山县政府关于印发一九四四年五月十六日加强组织抢修机场会议记录致梁山县各乡镇公所的训令（一九四四年五月二十五日）

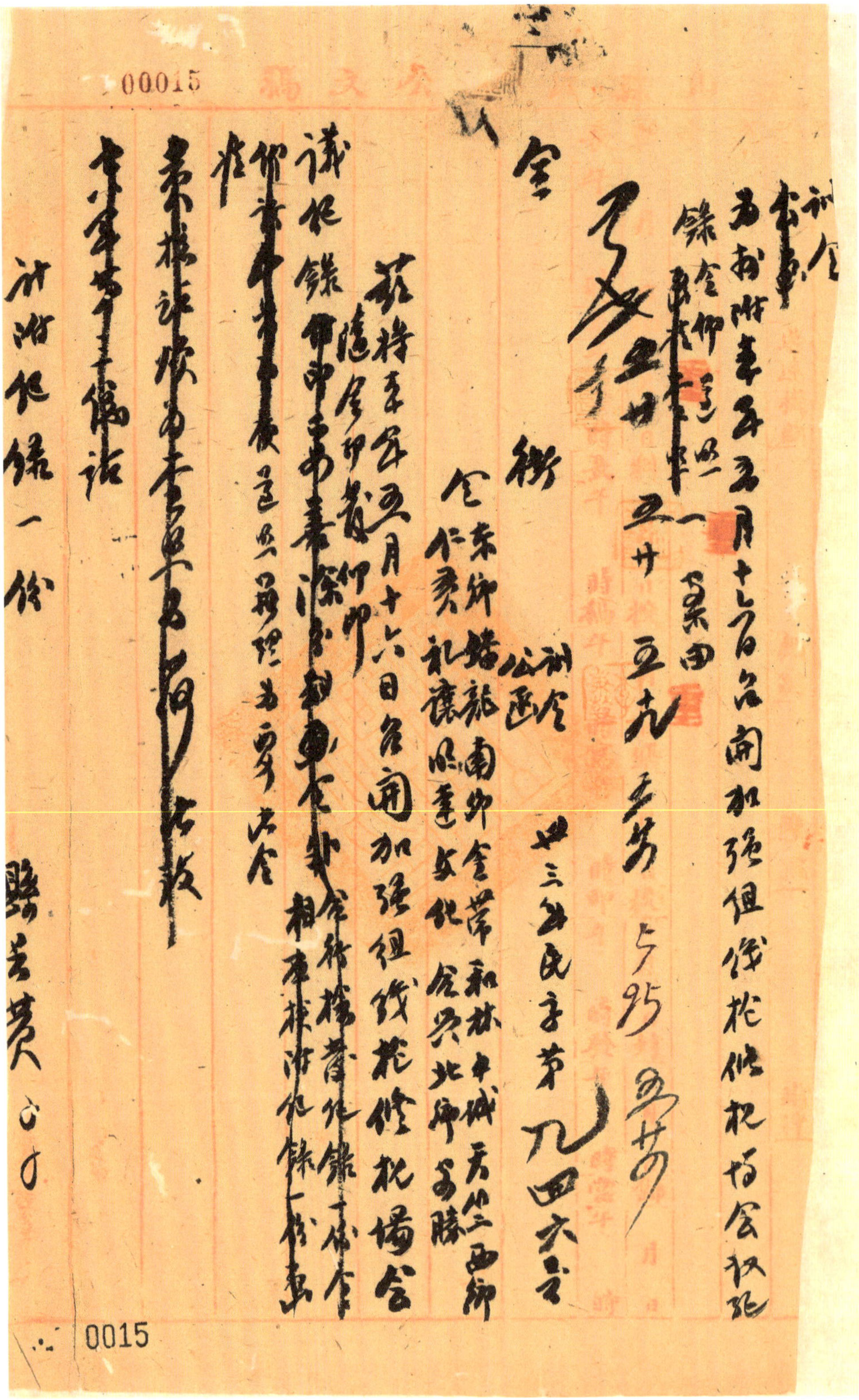
00015

训令

为抄附本年五月十六日召开加强组织抢修机场会议记录令仰遵照

令

各乡镇公所

兹将本年五月十六日召开加强组织抢修机场会议记录随令抄发仰即遵照

此令

计附抄记录一份

县长 黄

0015

卅三年五月十六日開加強組織搶修機場會錄

地點：縣政府

時間：下午六鐘

出席人：縣府民政科長張樹屏　空軍第三總站工程課長黃勳伕

中城鎮鎮長謝資懷　西鄉副鄉長羅秉波　南鄉副鄉長黃

子湘　明達鄉鄉長楊秀卜　禮讓鄉鄉長鄧鍾賢　文化鄉

鄉長劉蔭青　合興鄉鄉長廖高　安勝鄉鄉長金富饒　和

林鄉鄉長彭錦　蟠龍鄉鄉長陳顯仁　天然鄉鄉長鄧成東

鄉鄉長袁人傑

主席：張樹屏

報告事項（略）

討論事項

（一）組織

決議：全縣編組一總隊，每鄉鎮編組一大隊，鄉鎮以下編為中隊。

（二）編制人數

決議：人每保三十名編為一分隊。

2、三分队编为中队
3、全乡镇各中队编为一大队

（三）征调办法

决议：宋场、天然、城西、城北、新安塔机场被炸警报解除一小时内不用命令自动到达机场集中担负填坑任务，听候机场分配工作；其余各乡镇候县府命令或电话调遣。

（四）携带工具

决议：各担修队员以三分之一携带锄头，三分之二携带箢箕。

（五）造报名册

决议：各乡镇造报队员名册三份，以一份转送空军第三总站，一份存县府，一份存乡公所。

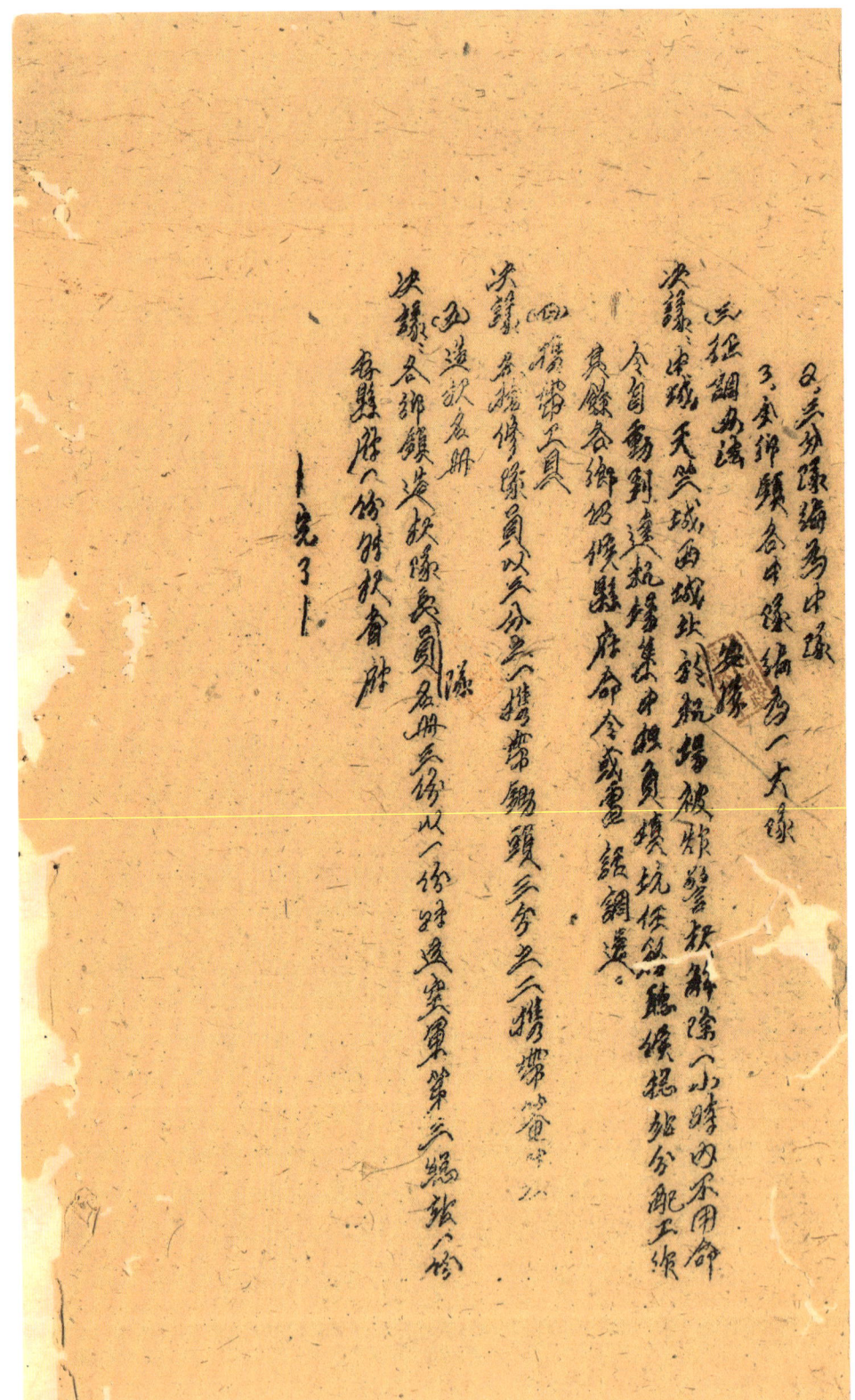

完了

梁山县空军建筑国防工程征用民地业主委员会关于转请修建机场工程处禁撤坟垣碑石致梁山县政府的呈

（一九四五年六月三日）

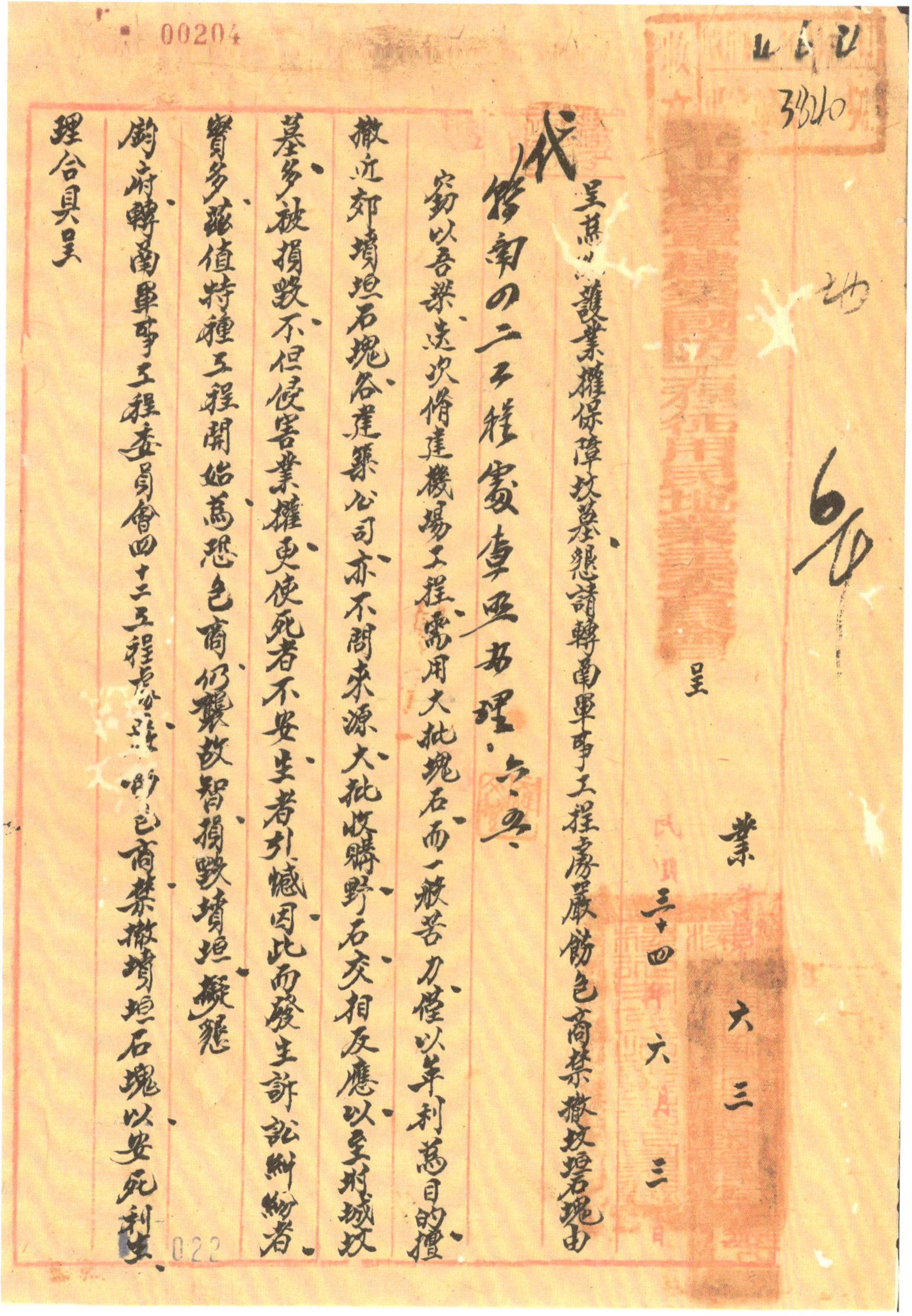

梁山縣空軍建築國防工程征用民地業主委員會

呈 業 六三

三十四 六 三

呈為維護業權保障坟墓懇請轉函軍事工程處嚴飭包商禁撤坟垣石塊由

代飭第四二工程處查照辦理。六.五

竊以吾梁迭次修建機場工程需用大批塊石而一般苦力僅以牟利爲目的擅撤近郊墳垣石塊各建築公司亦不問來源大批收購彼此交相反應以至附城坟墓多被損毀不但侵害業權更使死者不安生者引憾因此而發生訴訟糾紛者實多茲值特種工程開始爲恐包商仍襲故習損毀墳垣擬懇

鈞府轉函軍事工程委員會四十二工程處嚴飭包商禁撤墳垣石塊以安死利生

理合具呈

00205

鈞座鑒核示遵。是否有當，指令祗遵！

謹呈

梁山縣縣長趙

主任委員 陳義允

023

四川省第十区行政督察专员公署关于增加梁山机场工程建设日期致梁山县政府的代电
（一九四五年六月六日）

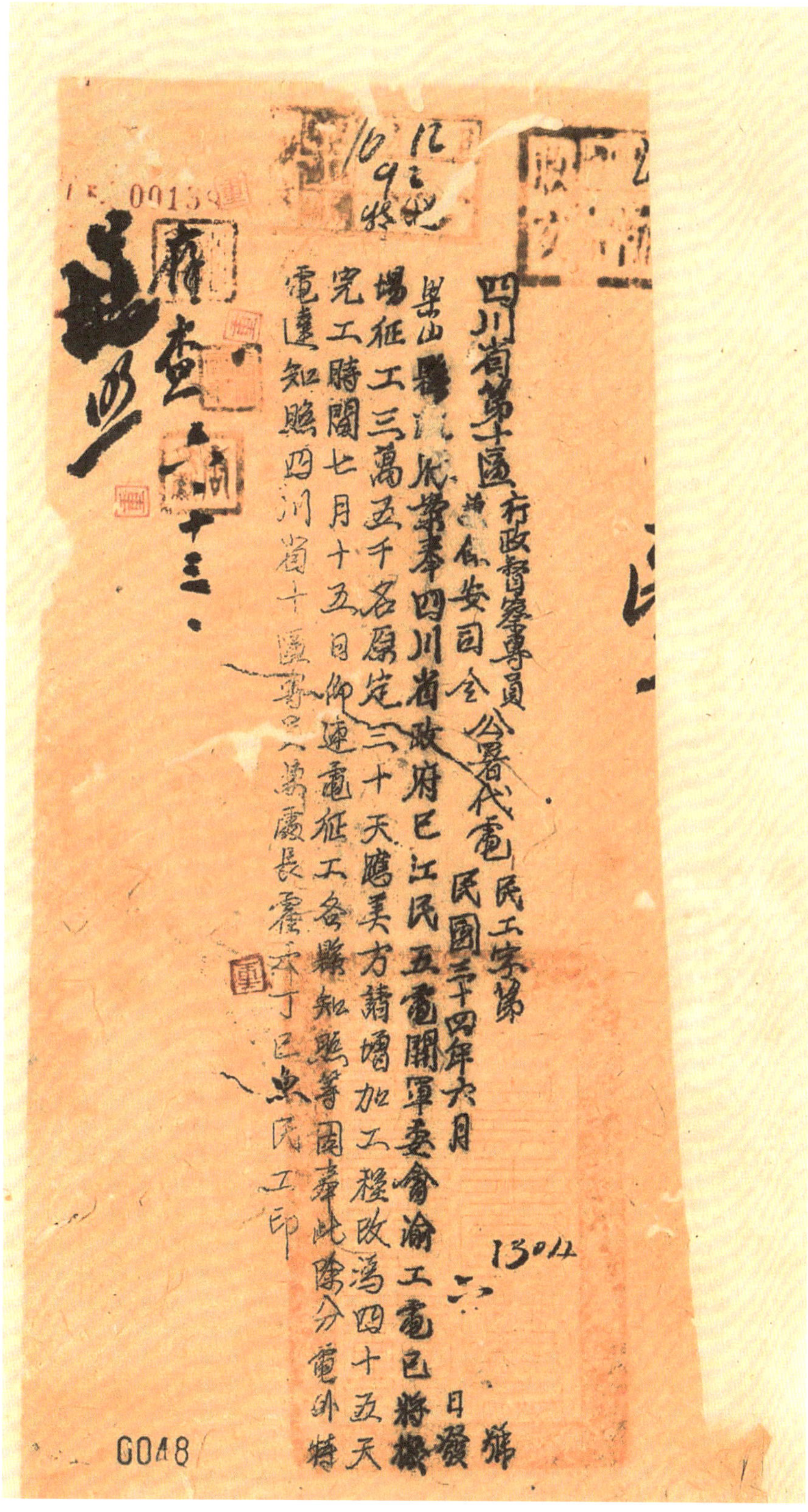
四川省第十區行政督察專員兼保安司令公署代電 民工字第 號
民國三十四年六月六日發
梁山縣長覽：案奉四川省政府巳江民五電開：軍委會渝工電以梁山機場征工三萬五千名，原定三十天，應美方請增加工程，改為四十五天，完工時間七月十五日，仰速電征工各縣知照等因。奉此，除分電外，特電遵知照。四川省十區專員兼處長霍□丁巳魚民工印

中国国民党四川省达县执行委员会关于一致呼吁扩修梁山机场民工工作困难致梁山县临时参议会的代电
（一九四五年六月二十一日）

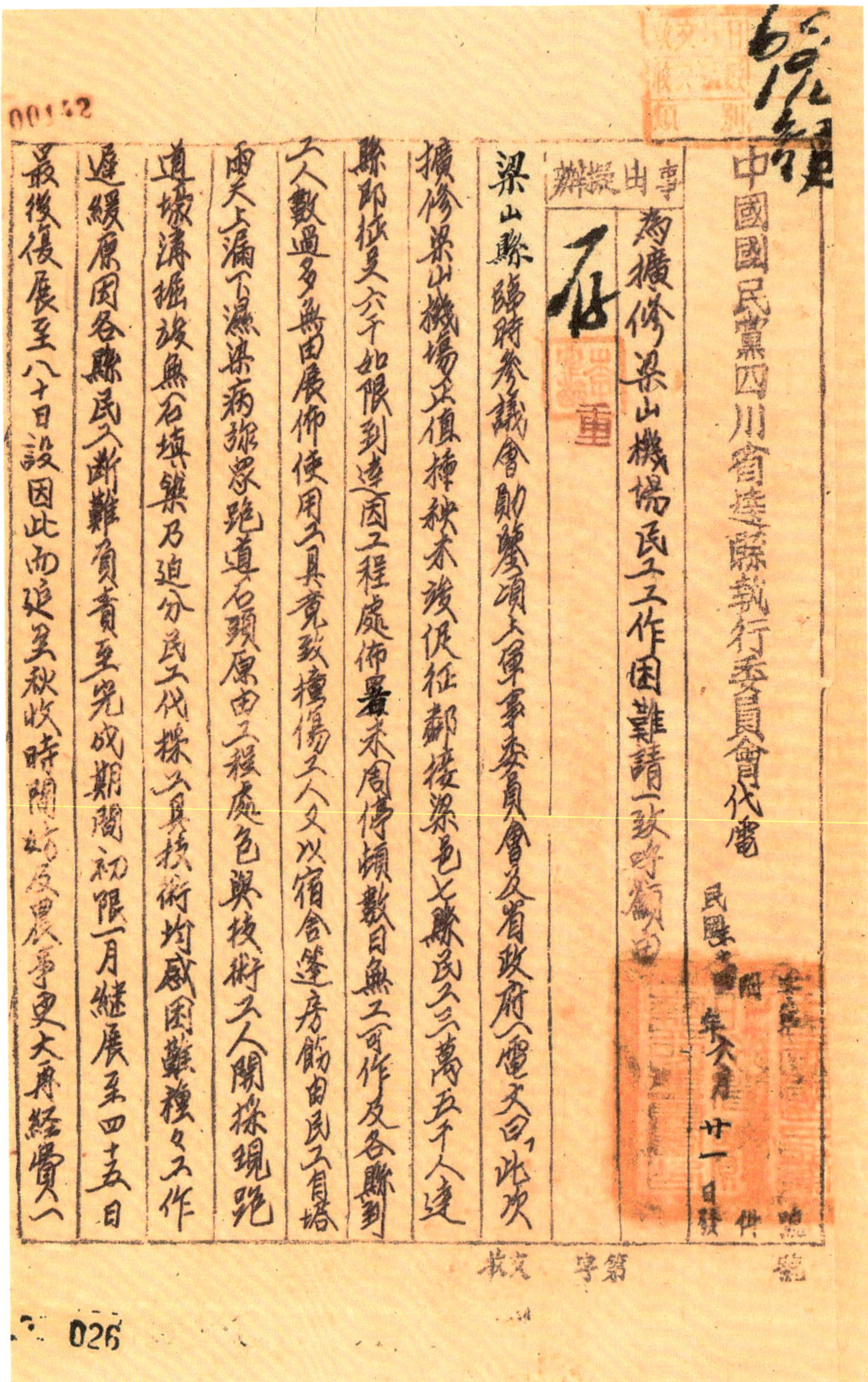
中國國民黨四川省達縣執行委員會代電
為擴修梁山機場民工工作困難請一致呼籲由
民國三十四年六月廿一日發
梁山縣臨時參議會勳鑒：頃上軍事委員會及省政府代電文曰：「此次擴修梁山機場，正值插秧未竣，促征鄰接梁邑七縣民工三萬五千人，達縣即抵負六千，如限到達，因工程處佈置未周，停頓數日無工可作，及各縣到工人數過多，無由展佈，使用工具竟致擅傷工人，又以宿舍篷房飭由民工自搭，雨天上漏下濕，染病旅眾，跑道石頭原由工程處包與技術工人開採，現跑道壩溝掘碎石填築，乃迫分民工代採，工具技術均感困難，種種工作遲緩原因，各縣民工斷難負責，至完成期間，初限一月，繼展至四十五日，最後復展至八十日，設因此而延至秋收時間，妨及農事，更大，再經費入

00143

費一千二百元，米廿斤，安家費二千元，多者尤不止此。以全縣出兵六千人計，一次派遣已達二千萬元以上，設再更換兩次，即達六千餘萬元。倘不蒙發還，何能負此重累？對雖由民擬呈處請續借撥款，米每人每日發米廿二兩，附食費一百元，日食尚覺不敷，況向民發薪，詢及民夫待遇，民夫不得償值，如奈來乎？答覆頒藉律減，事關民夫大計，縣安全懇請電上呈，伏乞轉電核示為禱」等語。准此，民夫前途利害，職部希聯合黨團一致呼籲為荷。謹

縣黨部、建縣臨時參議會同叩。巳馬印

027

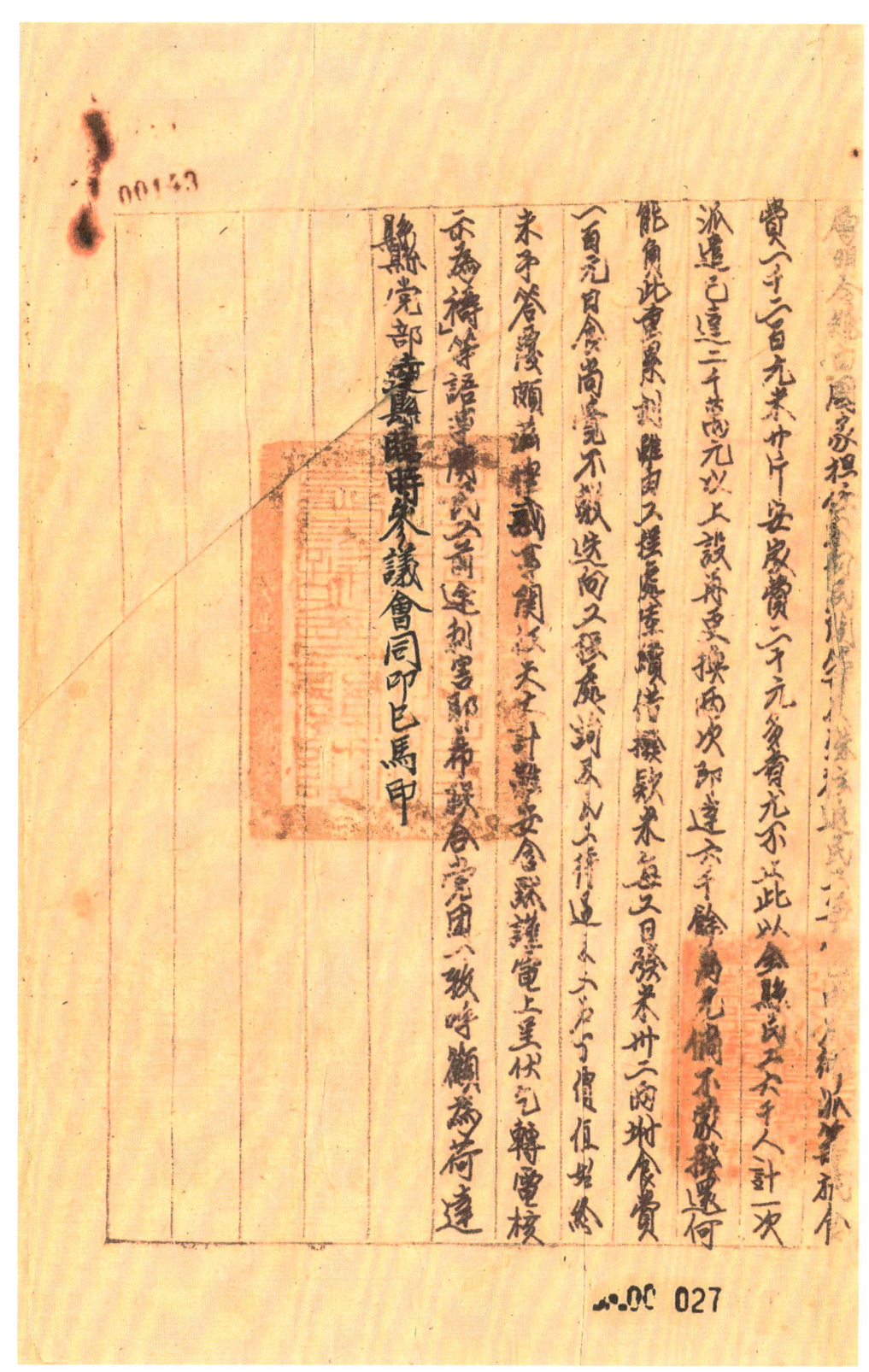

梁山县政府关于急征水桶用于梁山机场工程建设的紧急命令（一九四五年六月二十五日）

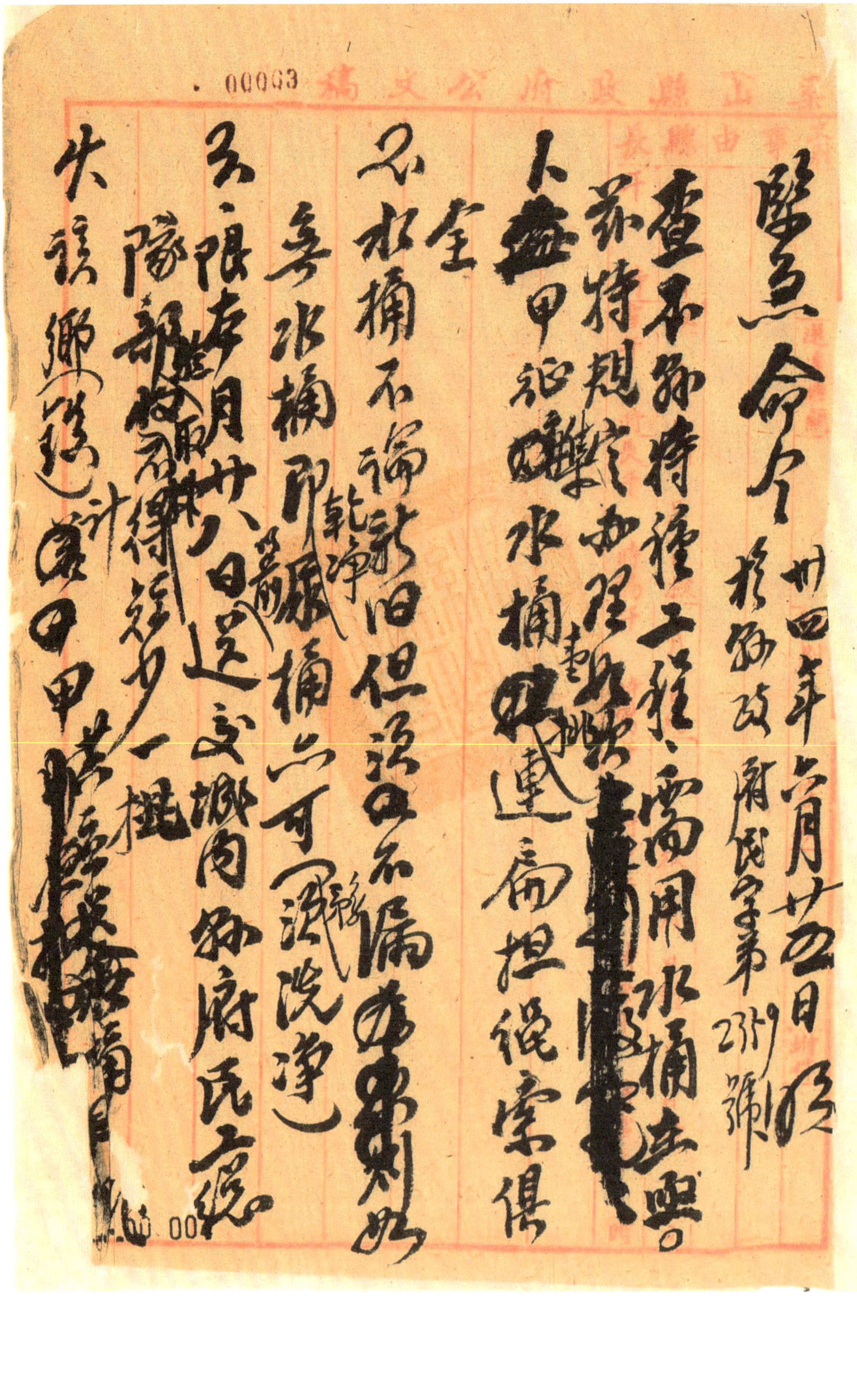

00064 □山縣政府公文稿

代電

鄉長[illegible]

分所[illegible]管理[illegible]者[illegible]決定[illegible]隊[illegible]

另外令行各[illegible]限[illegible]五[illegible]

[illegible]

縣長兼總隊長趙○○

00 005

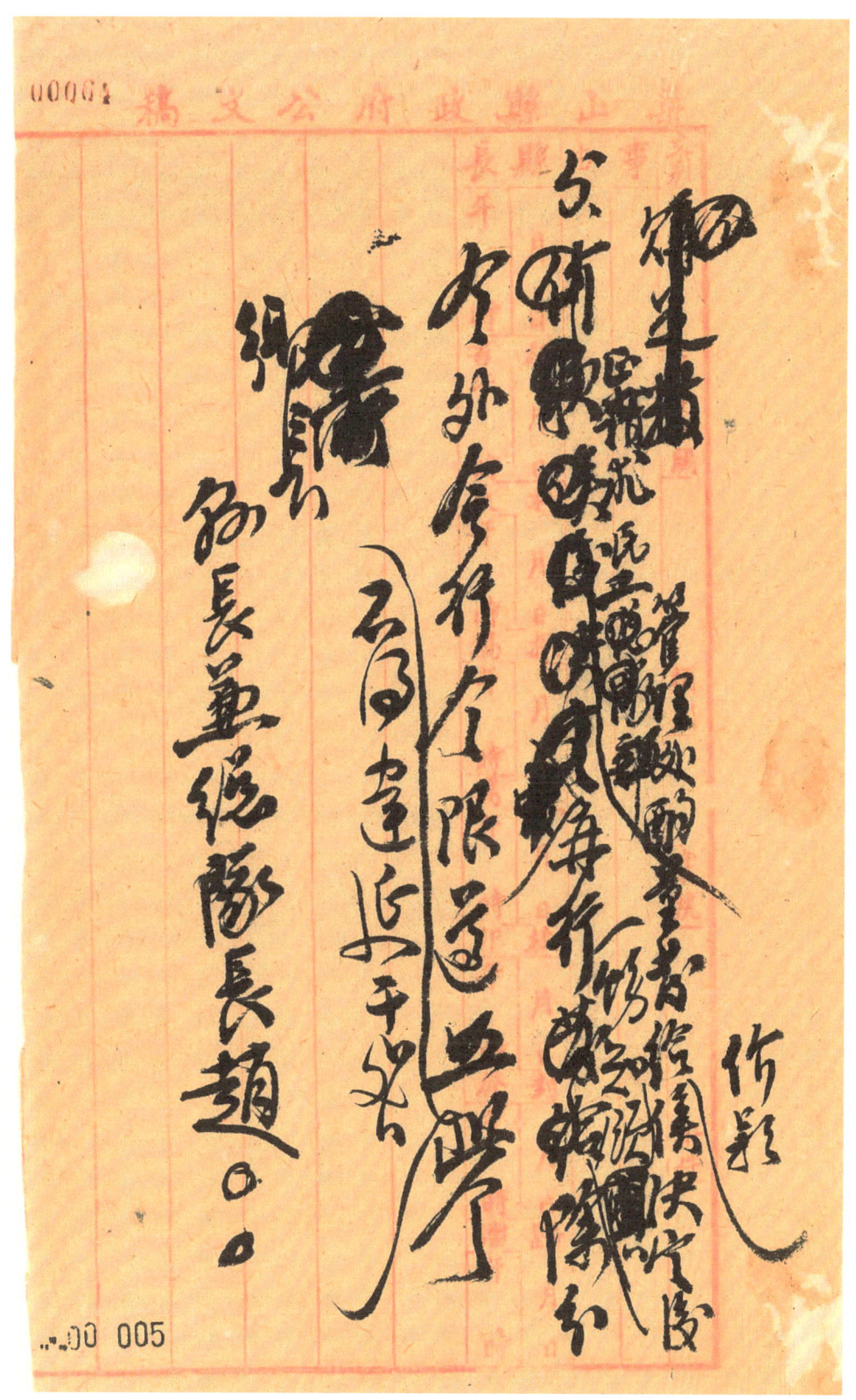

陈中城 338甲

80 孟二 118、

120 城西 228、

180 仁贵 237、

[illegible]

80 城北 131、

50 城南 109、

100 金帝 171、

110 永林 210、

100 城东 271、

40 合谷 82、

[illegible] 98、

[illegible] 248、

[illegible] 24、

50 安勝 118、

[illegible]

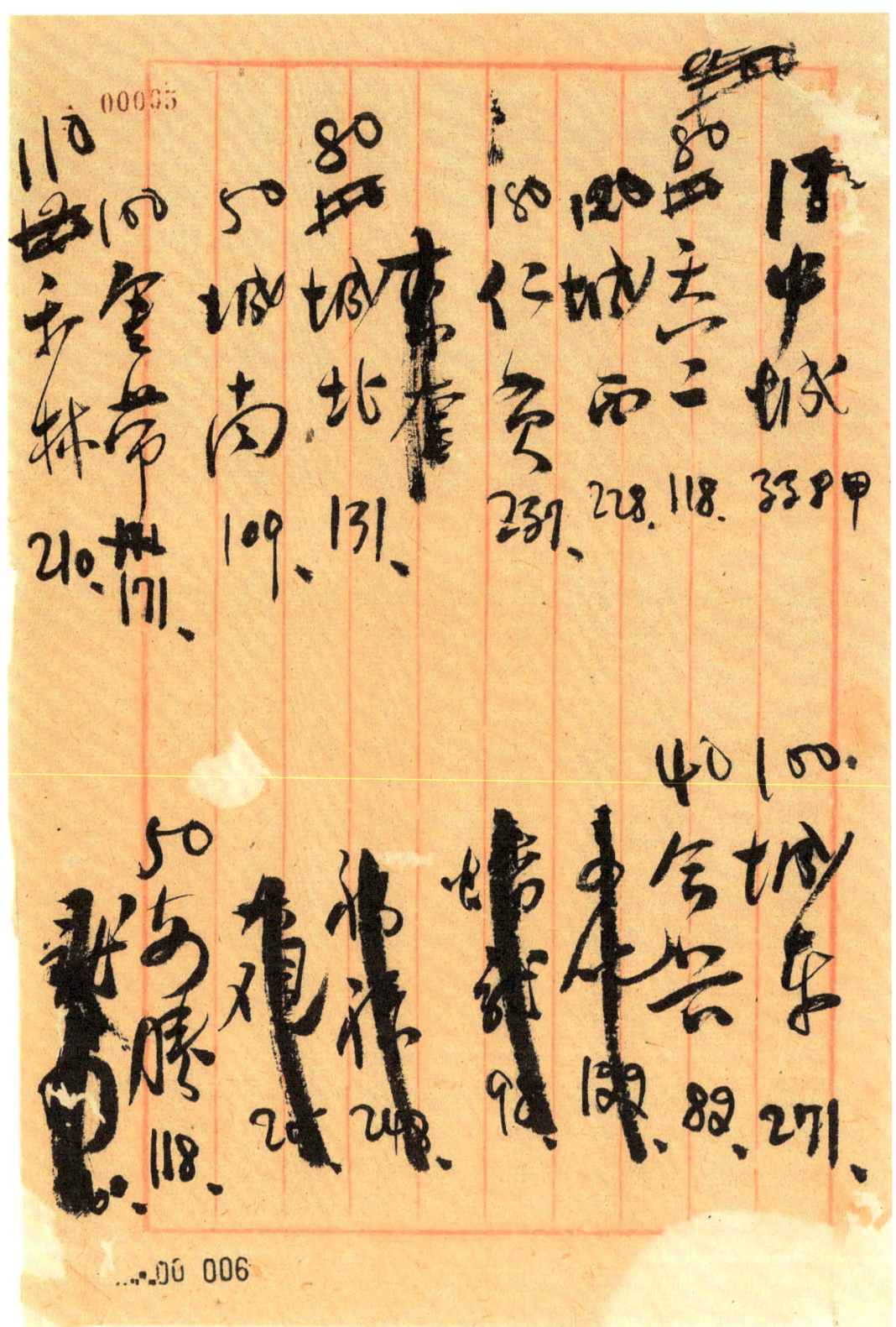

四川省梁山县特种工程民工管理处管理科关于梁山机场建设工程每日收工以号音为准致梁山县民工总队部的函报（一九四五年六月二十九日）

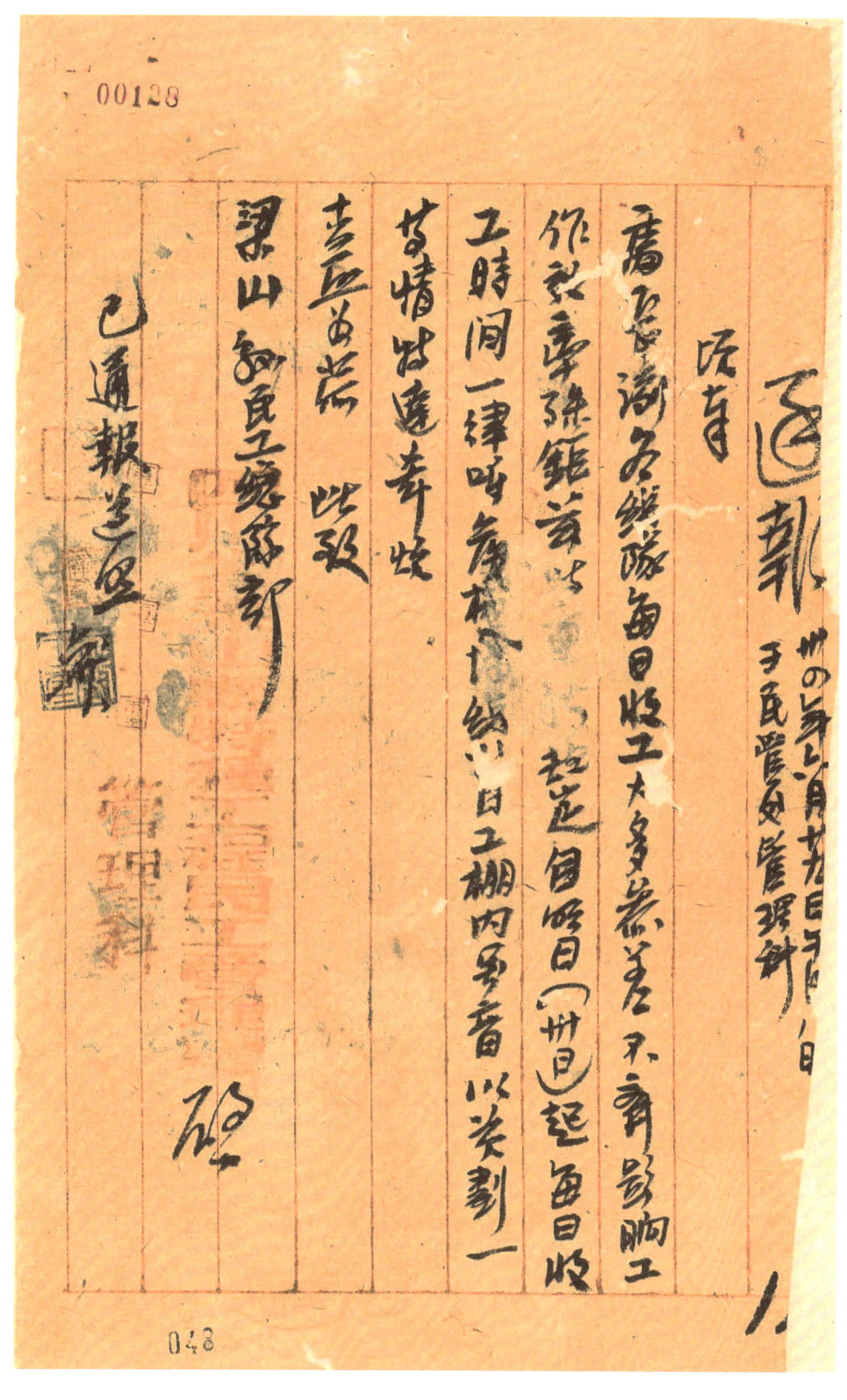

00128

通報　卅四年六月廿九日午后八時　于民管處管理科

逕啟者：

查近來各總隊每日收工大多參差不齊，影響工作效率殊鉅，茲為整齊起見，自明日（卅日）起每日收工時間一律聽廣場[illegible]總部工棚內號音，以資劃一。相應函達，即希

查照為荷　此致

梁山縣民工總隊部

管理科

已通報，簽呈

048

军事委员会工程委员会第四十二工程处关于印发梁山特种工程加开夜工联席会议记录致梁山县政府的公函

（一九四五年八月）

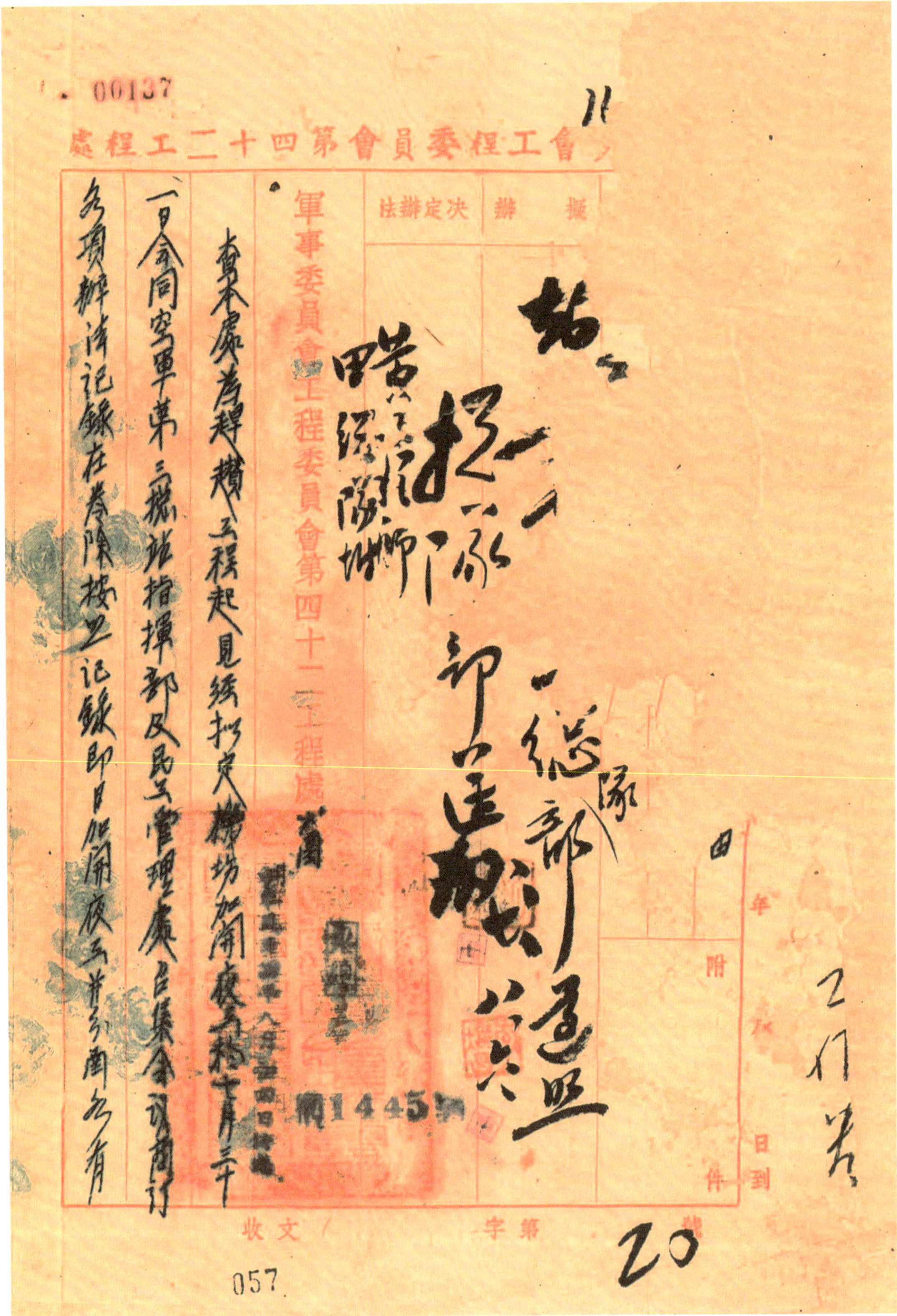
00137

軍事委員會工程委員會第四十二工程處

擬辦 決定辦法

軍事委員會工程委員會第四十二工程處 函

查本處為趕辦工程起見經擬定機場加開夜工辦法于七月三十一日會同空軍第三總站指揮部及民工管理處召集會議商訂各項辦法記錄在卷除按照記錄即日加開夜工并分函各有

收文 字第 號

20

057

閱機關查照外，相應檢同上項會議記錄一份，隨函送請

查照為荷

此致

梁山縣政府

附梁山縣特種工程處開夜工聯席會議記錄一份

附：梁山特种工程加开夜工联席会议记录

空軍第三總站民工管理處
指揮部四十二工程處 梁特種工程加開夜工聯席會議紀錄

三十四年七月廿八日 第 號

時間——三十四年七月二十六日下午一六時

地點——四十二工程處第六宿舍會議室

出席人：

空軍第三總站代表萬嘉鵬 指揮部代表袁松威

民管處代表何挺生 四十二工程處代表沈恩燮

梁汝康

主席：沈恩燮

紀錄：楊奇英

行禮如儀

報告事項：

一、因反攻期迫梁山機場工程需要提前完竣

五、秋收農忙民工急需返籍收割

三、空軍三總站已獲上峰批准允許工人加開夜工

六、有關加開夜工各問題請抒高見

議決事項：

一、夜班民工以五千人為限盡先由四十二三程處交通知（下午六時前）空軍三總站及指揮部并由四十六七程處交民工管理處共令派員嚴密監督以策安全

二、夜班工作時間及點燈由四十六七程處盡先通知（下午六時前）空軍三總站及指揮部

三、夜班工人進出機場須集體行動

四、夜班工人必須將臂章佩於左胸俾易識別

五、夜班工人不得進入機場東端二百五十公尺以內及越過跑道左邊溝滑行道右邊溝

6、加開夜工須設立紅灯若干以顯示該處為工作地點

7、夜班工人上下工時每隊々前隊尾須各設白色方形灯，灯罩上書番號作為標識

8、加開夜工一律須備電石灯或汽灯，不得以火把代替

9、遇有空襲各管理人員應負檢查熄滅灯火之責

10、夜班工人每十人須帶糞桶一付以備應用，下工時携出傾倒，不得隨地大小便

11、其他有關民工事項悉依民工管理處印發之民工管理事項之各項規定辦理

12、急需加開夜工悉依以上各項決議[illegible]準備

13、卡車板車夜班趕運問題由各軍工總站統籌

散會

李醇关于制作碾压梁山飞行场所需石滚致李珥彤的便函（时间不详）

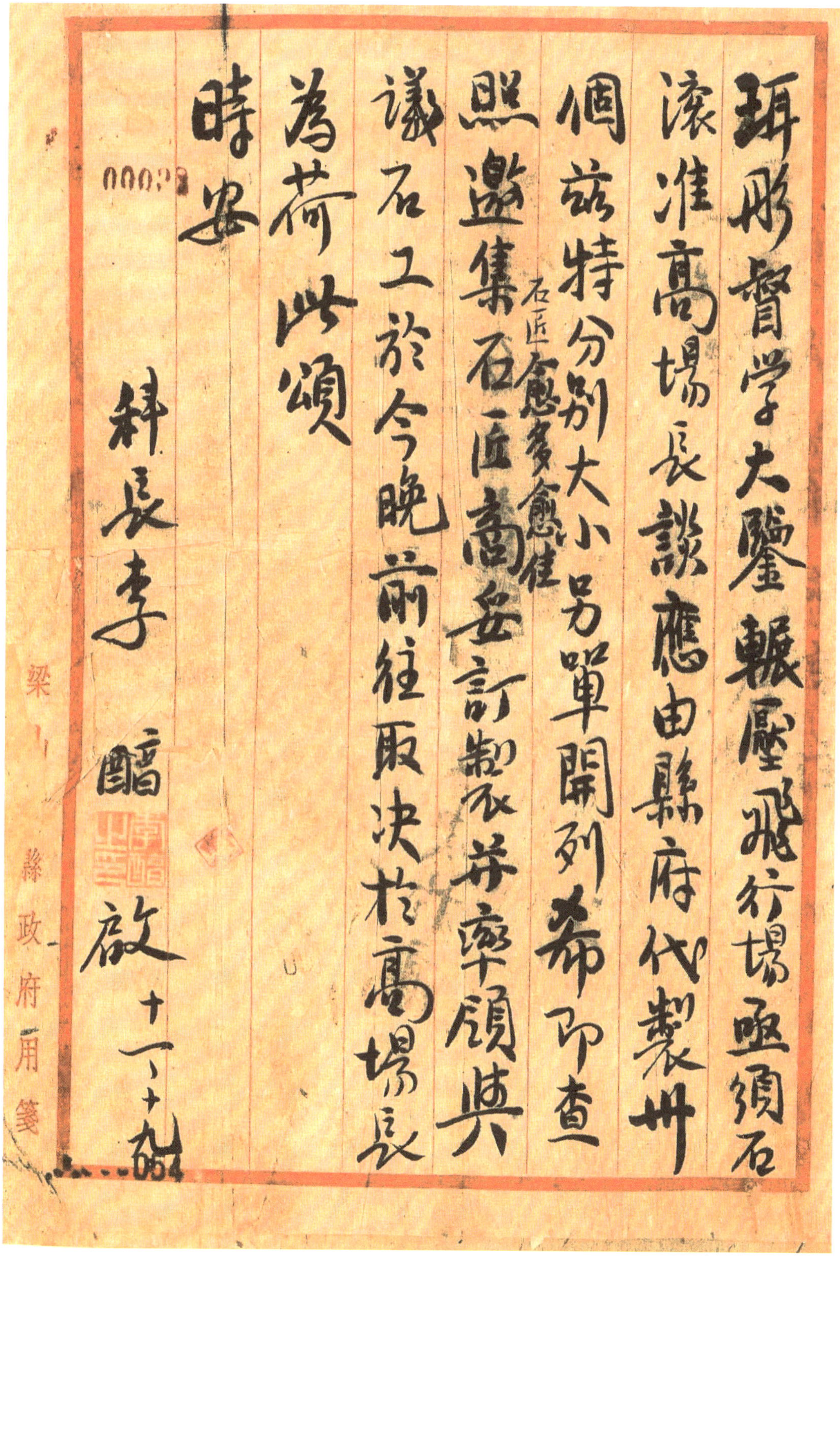
珥彤督學大鑒：輾壓飛行場亟須石滾，準高場長談，應由縣府代製卅個，茲特分別大小另單開列，希即查照，邀集石匠（石匠愈多愈佳）商妥訂製，並率領其議石工於今晚前往，取決於高場長為荷。此頌

時安

縣長李醕啟　十一、十九

梁山縣政府用箋

石滚

直徑	長	數量
2.1市尺	4.8市尺	4個
2.7市尺	3.0市尺	10個
2.7市尺	3.6市尺	4個
3.0市尺	3.0市尺	10個
3.3市尺	3.0市尺	2個
合計	——	30個

注意 1、石滚應將木架繩索安妥

2、包運至機場

3、限九天內送到卅個完工（從[illegible] 11月廿日起

簡廿

航空委員會空軍第三總站停機地工程施工說明

(一)總底及面積：A、跑道東北——3750平公方

B、跑道西北——4087.5平公方

C、跑道東南——4975平公方共12812.5平公方

(二)所需工數：以五個工做一立方計東北道需工11250，西北道需工14063，東南道需工13125，共需工38438

(三)需用石料：A、東北道塊石472.5立公方碎石187.5共660立公方

B、西北道塊石609.4立公方碎石234.4立公方

共需石料843.8立公方

C、東南道塊石568.8立公方碎石218.8共需石料787.6立公方

0006

四、業務：

A、搬運石料：為機場全部工程所需石料之搬運，以三十人為一隊，設工頭一人，負責點數運，規定每十人挑運一方，計每人每天須挑〇·一立方，每隊每天至少須運足一〇〇方。

B、碎石：碎石大小不得超過六公分，規定每人每天碎石一方。

C、挖土槽：在劃定界線內按照尺寸深度挖出土槽，所挖之土，只可安放施工處兩傍，備作後用，惟所有黑土則須挑出場外。

D、滾壓：土槽挖好後，需用三噸滾筒滾壓一次，使土層平實。

E、鋪塊石：滾壓後，即鋪八至十公分之塊石一層，鋪砌時應將石塊之平整面向下，所有空隙須用較小之石塊填塞，使接縫密合。

F、鋪小塊石：鋪完後，即鋪八公分厚之乙色粘土一層，並滾壓六次。

㈥鋪碎石、鋪土滾壓後再鋪3至4公分碎石一層厚4公分並滾壓一次

㈦加鋪海沙、碎石滾壓後再加鋪細沙或煤屑一層厚1公分並以三噸滾筒滾壓二次

附記：1.於各項作業完畢後須由總社監工員查視後方可繼續第二部工作

2.每立方石料約合（3200斤）

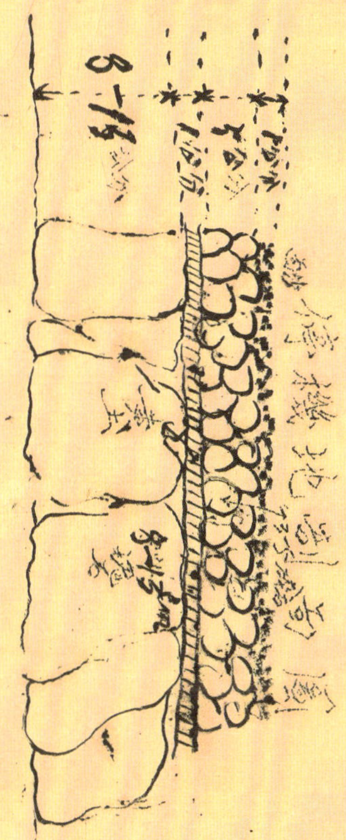

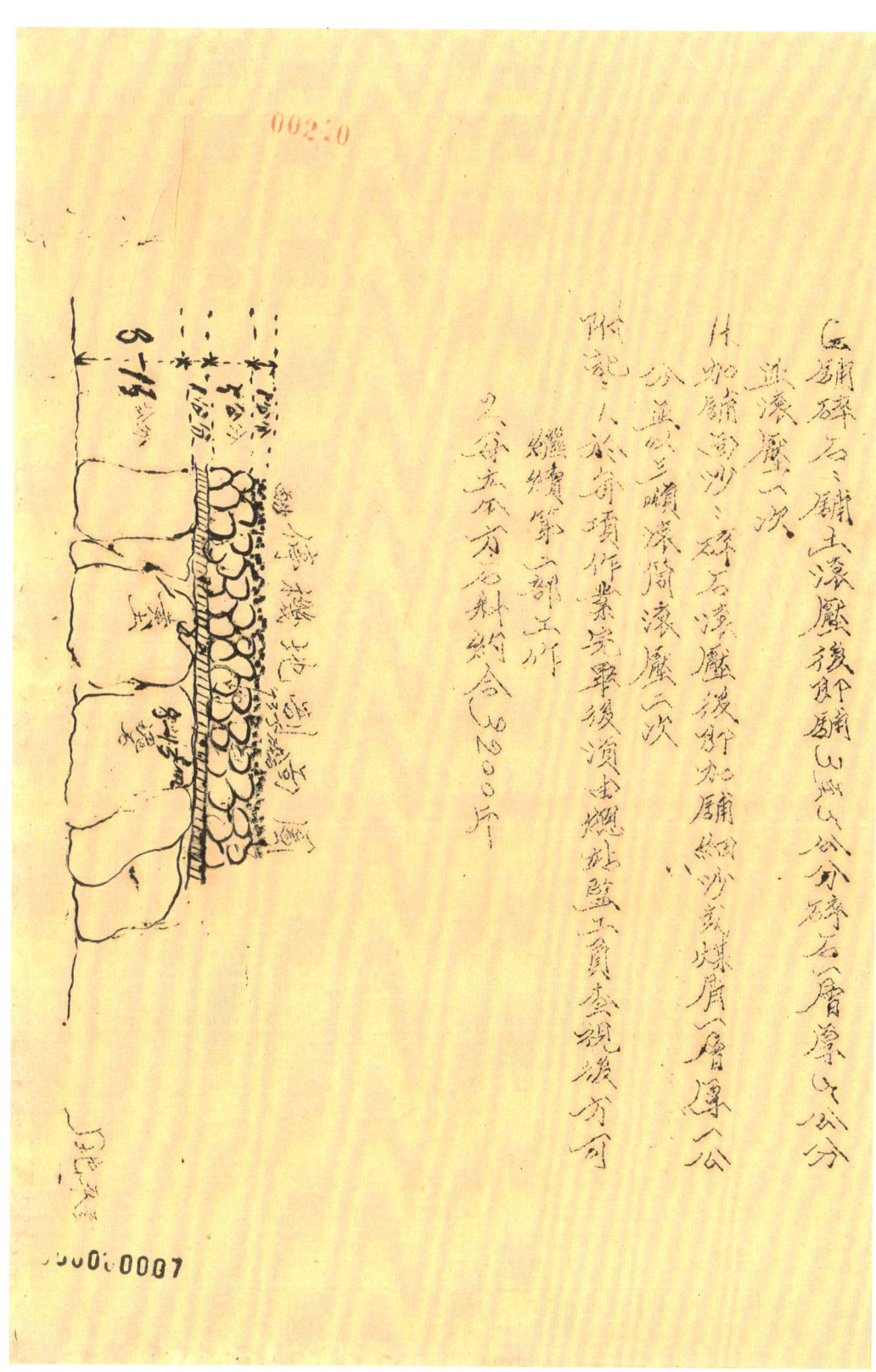

航空委员会空军第三总站修整机场跑道施工说明书（时间不详）

航空委員會空軍第三總站工程課 20

空軍第三總站修整機場跑道施工說明書

甲、總則：

一、按照跑道圖示應行修補部份訂立木樁並用石灰劃定界線以便施工

二、修補界限暫以圖示進行施工然得按跑道面實地情形增減之但增加數量以能於限期內完成為限

三、該照修補面積分段分配民工工作務使工作人力分配符合以增工效舉每人以五面方分配為合宜

四、所用石料須按技術工人開山由包商開採或征購石工開採由民伕挑運至工作地點堆積之以備使用

乙、修整部份施工程序：

一、剷草　先將修補跑道面處之草用平鋤或鐵剷遂撥翻除盡將浮鬆之面撥除至硬底為止又其分配民伕擬以

0011

六、柑鋪碎石　經塊石除靡河之鋪碎石一層，高約尚出將道塊道面六公分至滾壓後邊角樹道塊遺面平整為合宜。鋪碎石者厚度須超過一公寸時，則下部須鋪砌塊石一層，塊石與碎石厚度之比以三與一之比為合宜。鋪石以一人鋪十人搬為合宜

三、灌漿　將黃土調碎後加水用鋤頭或木板拌攪至流漿濃厚為止，以一人拌二人挑為合宜

四、鋪砂　經灌漿後挑鋪砂面一層，厚不過一公分，鋪砂務使平勻（塊道樹立孫沙）

五、滾壓　鋪碎石後滾壓之，次鋪沙後滾壓之，六次數滾壓滿堪至錯縫不得間離

附則一

一、到工民伕應分隊由縣府組織管理之以免怠工而增工作效率每隊三十人至五十人設隊長隊附各一人指導民伕工作並辦理民伕伕食等問題

二、每天休息時間須予規定俾民伕遵守之每天上午六時上工十一時至午後一時休息下午一時上工六時下工遲到者須按時扣除伕食

三、民伕督導工由工程課員參照督導由三課派員協助之民工驗工由一課信號股全體工兵分段驗工由勤務股全體工兵協助之

四、每天到工人數由縣府會同三課派員照稽查實以便發放火食由指導室第四課派員協助之

抗日战争档案汇编

抗战时期扩修梁山机场档案汇编

2

重庆市梁平区档案馆 编

五洲传播出版社

二、机场施工

（二） 工程费用

梁山县政府、航空委员会四川梁山飞行场关于扩修飞行场民工工资拨付及占用民地测量的来往文书（一九三七年九月至十月）

梁山县政府致航空委员会四川梁山飞行场的公函（一九三七年九月二十五日）

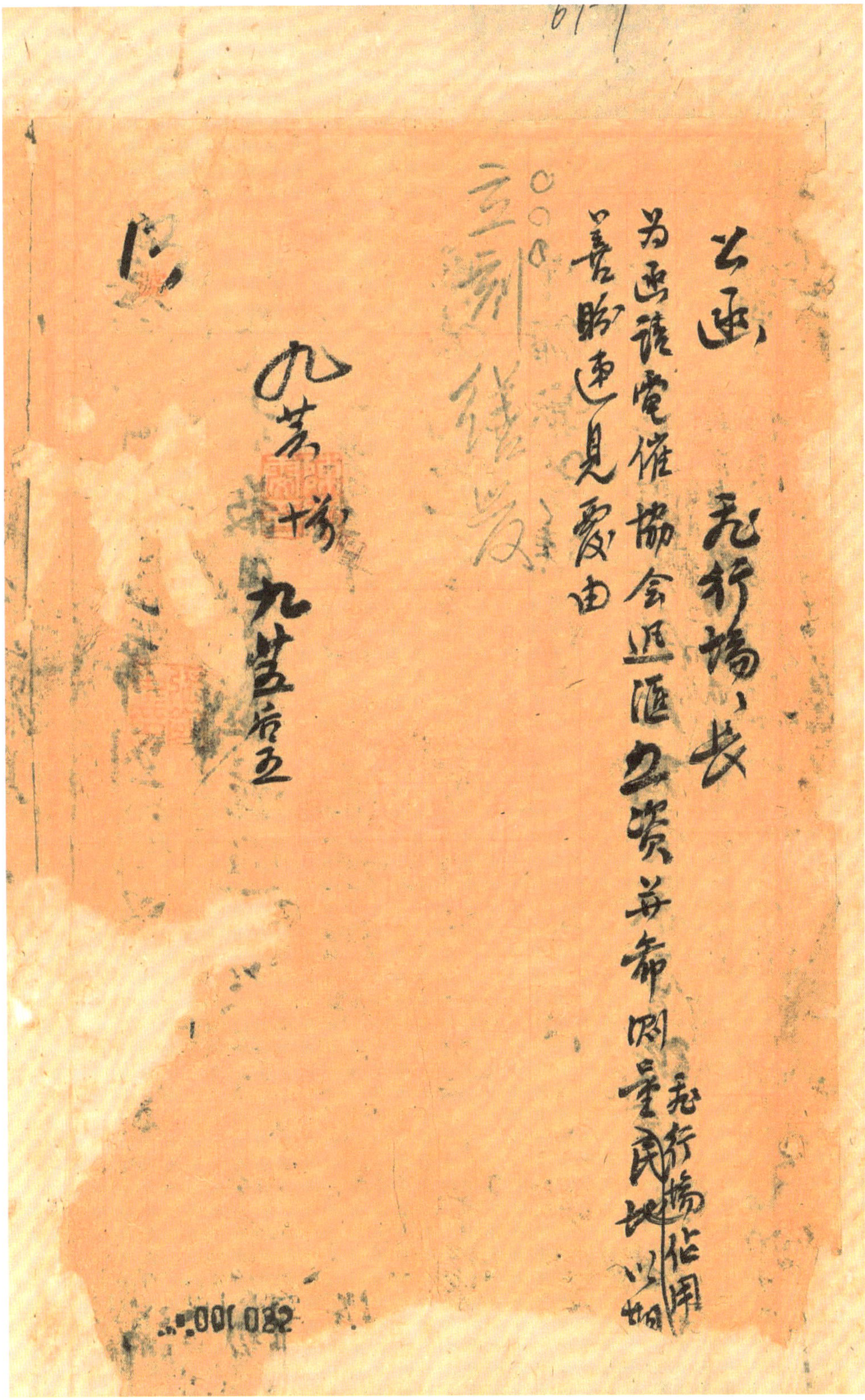

公函
飛行場場長
為函請電催協會迅匯工資並希測量飛行場佔用民地以
是盼速見覆由
立刻催發
001082

梁山县政府代电　建字第　号

案查元月廿日奉

四川省政府主席刘元寅电扩充梁山飞行场为一千八

见方限两星期修筑完成，地价田地与算支工资归本会

当因本府遵于十六日召集本县区长及四城联

保主任会议征民工二万余人，区征集办理限于

本月廿三日齐到飞行场开工并候

航空协会将征工款汇到发给，所需土地价签证

请示办理并请议决交案，部国汇款尚未到，殊感困难

鉴复。县长

申省建

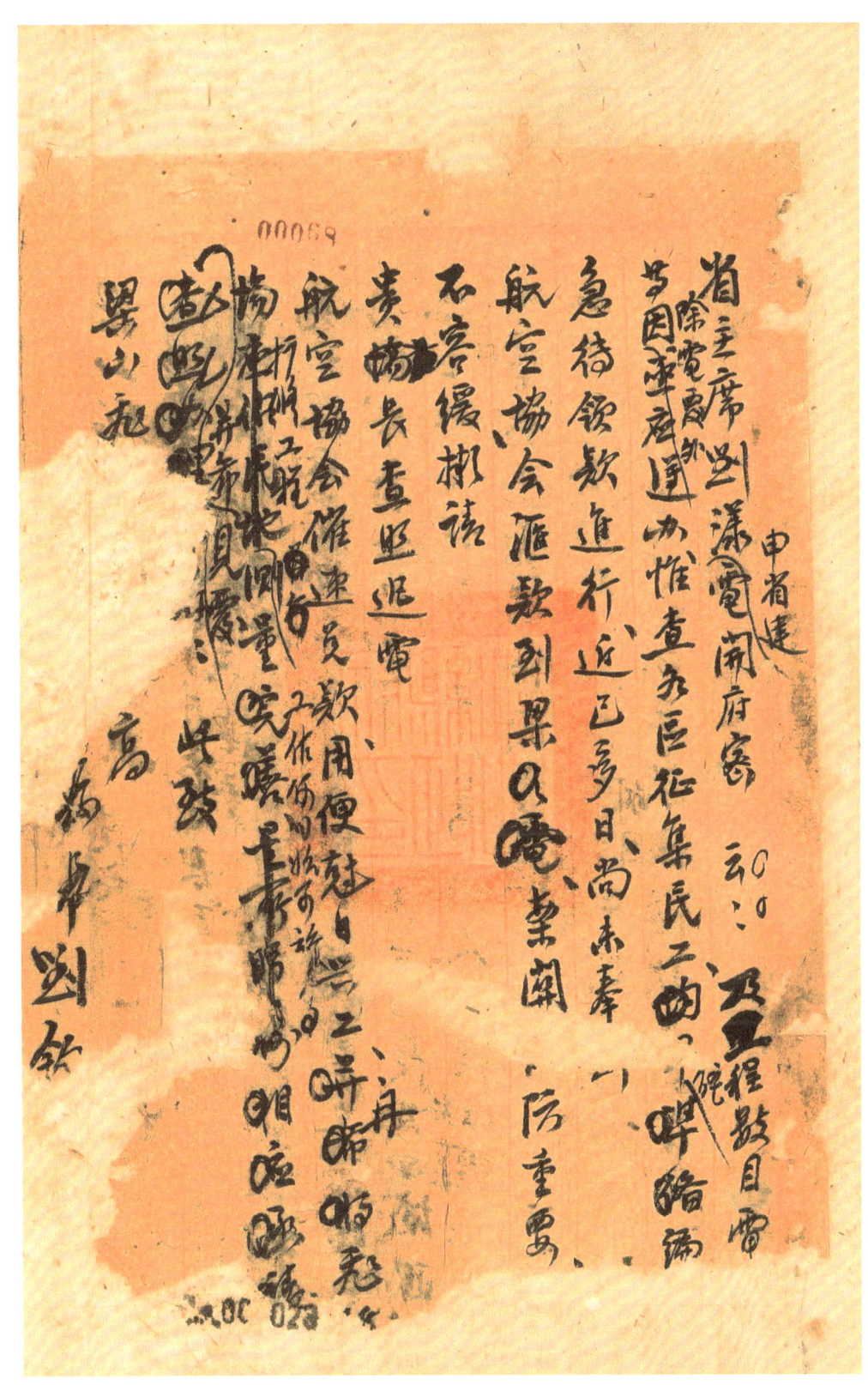

省主席劉 漾電閱府密云：「又工程數目需
除電覆外，并因本府迭次催查各區征集民工，均已曉諭，
急待領款進行，迄已多日，尚未奉到，
航空協會匯款到果。」又電稟閩防重要，
不容緩辦，請
貴協長查照，迅電
航空協會催速員款，用便趕工，并盼將
撥工程
協會派員來實地測量
工作俱照可行
[illegible]
高 峰致
梁山
縣長劉欽

中華民國卅年九月卅五

航空委员会四川梁山飞行场致梁山县政府的函（一九三七年十月）

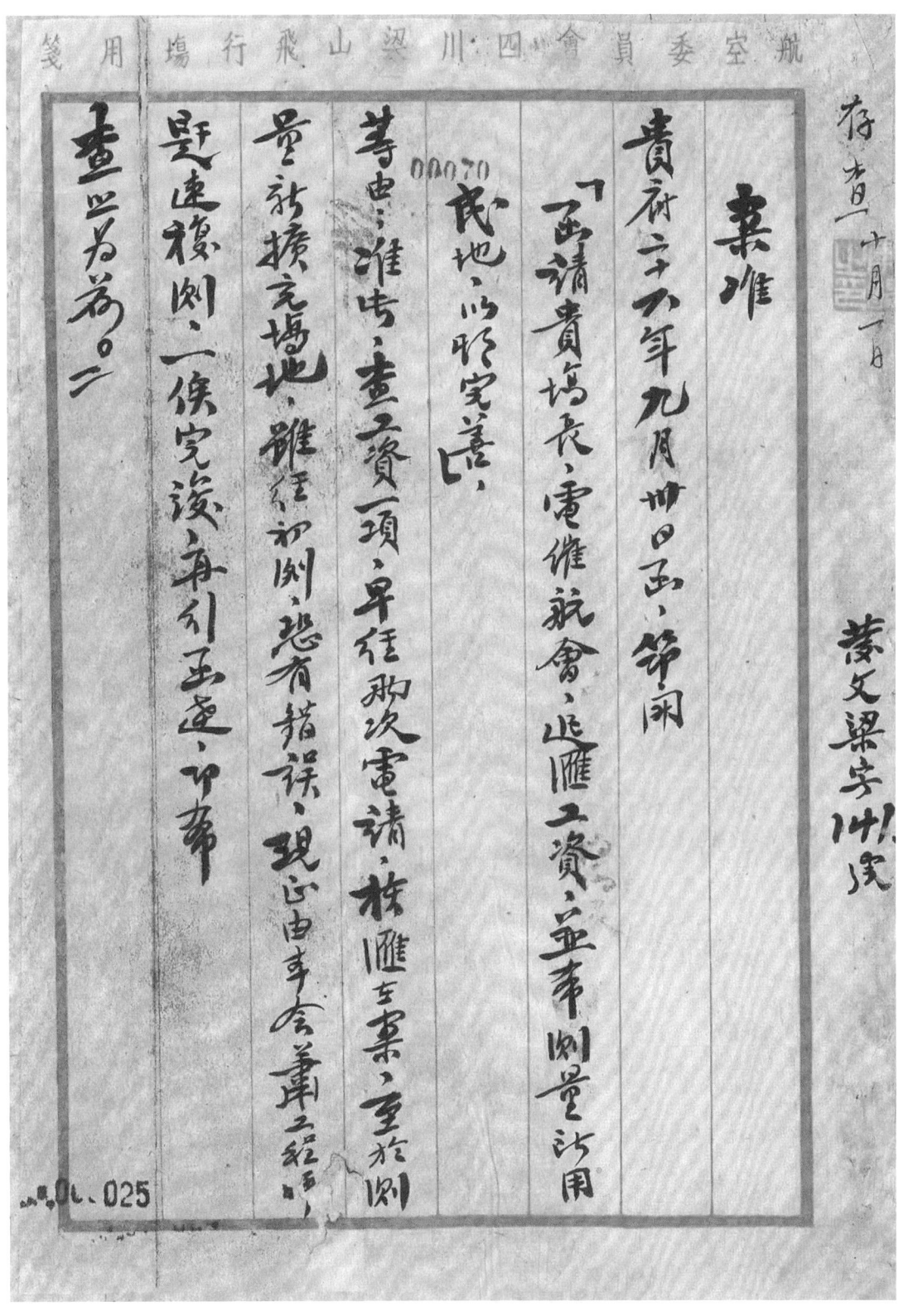

航空委員會四川梁山飛行場用箋

存查 十月一日

發文梁字141號

案准

貴府二十六年九月卅日函，節開

「函請貴場長，電催航會，迅匯工資，並希酌量訂用民地，以昭完善」

等由；准此，查工資一項，早經兩次電請，核匯在案，至於酌量新擴充場地，雖經初測，恐有錯誤，現正由本會派工程師，趕速複測，一俟完竣，再行函達，即希

查照為荷。二

00070

01.025

航空委員會四川梁山飛行場用箋

00071

此致

梁山縣縣長陳

航空委員會梁山站引場場長

高介山

001026

梁山县政府、扩修梁山飞行场民工第四大队第八中队关于补发多调民工生活费的来往文书（一九三七年十一月二十三日至二十九日）

扩修梁山飞行场民工第四大队第八中队致梁山县政府的报告（一九三七年十一月二十三日）

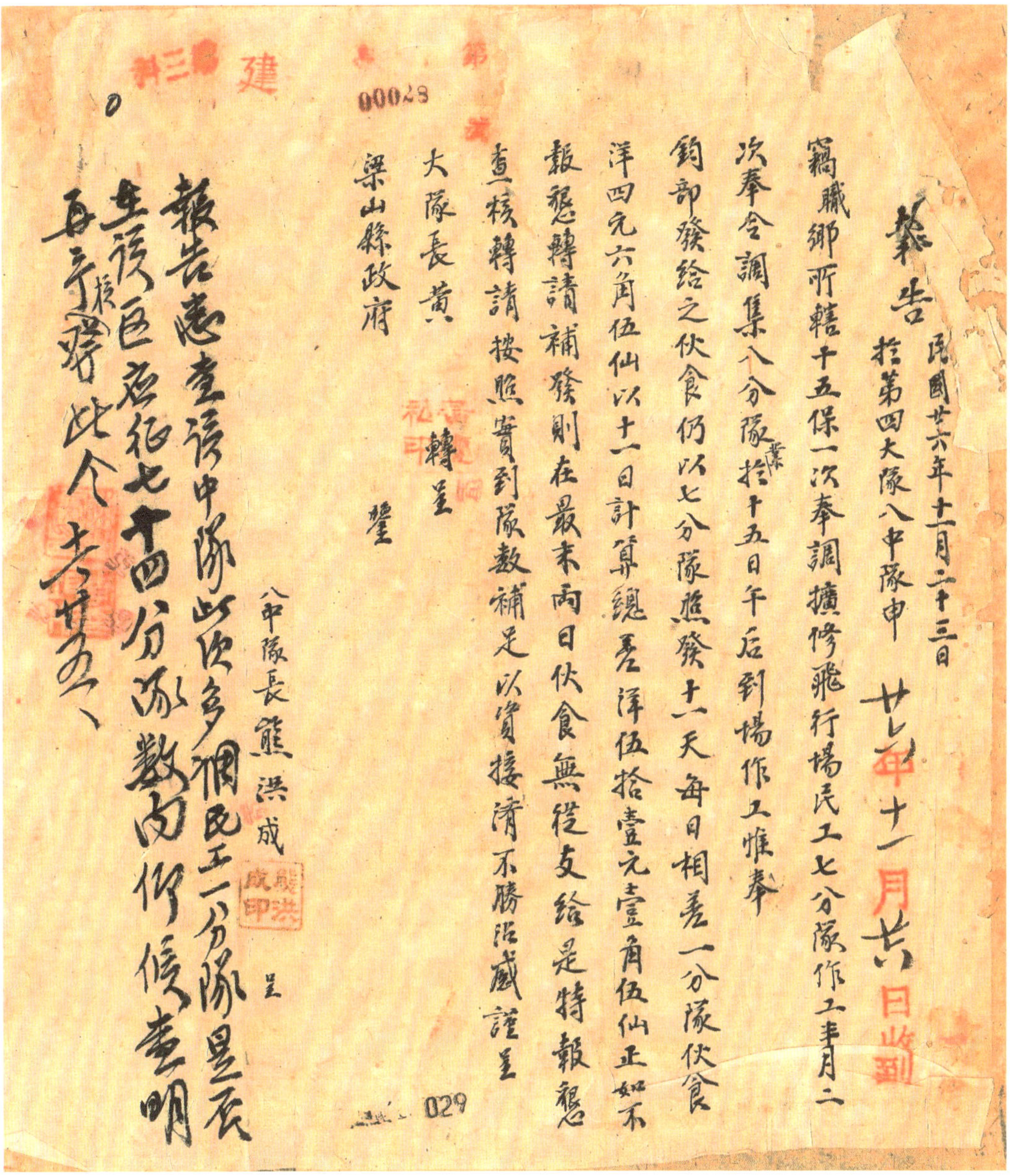

报告

民国廿六年十一月二十三日

于第四大队八中队中

窃职乡所辖十五保一次奉调扩修飞行场民工七分队作工，本月二次奉令调集八分队，业于十五日午后到场作工，惟奉钧部发给之伙食仍以七分队照发十一天，每日相差一分队伙食洋四元六角伍仙，以十一日计算，总差洋伍拾壹元壹角伍仙正。如不报恳转请补发，则在最末两日伙食无从支给，是特报恳查核转请按照实到队数补足，以资接济，不胜沾感。谨呈

大队长黄 转呈

梁山县政府 鉴

八中队长熊洪成（印）呈

廿六年十一月廿六日收到

报告悉。查该中队此次多调民工一分队是否在该区应征七十四分队数内，仰候查明再行核发。此令。十一、廿五、

梁山县政府致扩修梁山飞行场民工第四大队第八中队的指令（一九三七年十一月二十九日）

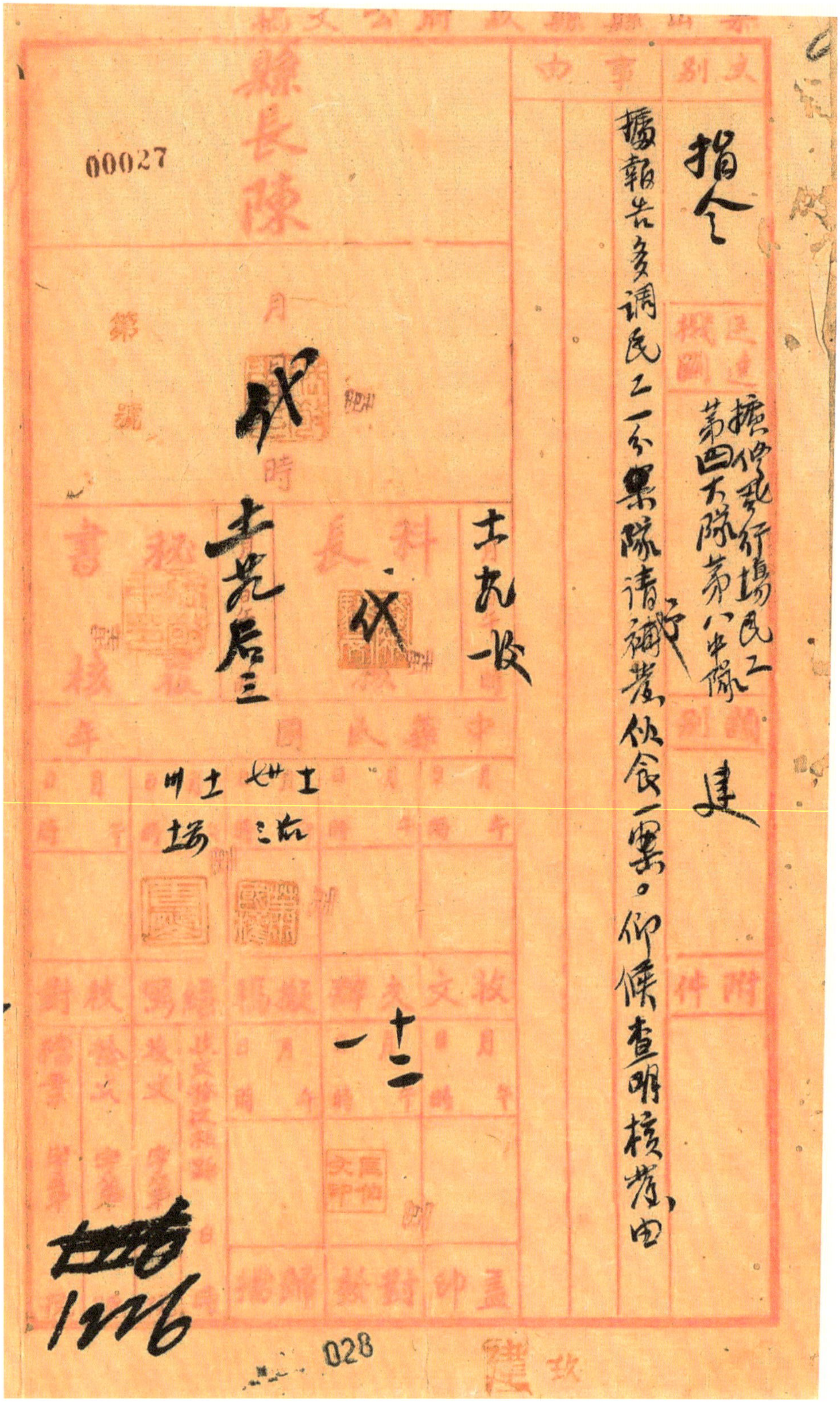
00027

指令 建

擴修飛行場民工第四大隊第八中隊

據報告多調民工一分隊請補發伙食一案。仰候查明核發，由

縣長陳

028

1226

全衛指令　廿六年建字第　號　1226

令民工第四大隊第八中隊隊長熊洪成

報告一件，為補報民補充多調民工一分隊，最添兩個伙食團由。

報告悉。查該中隊此次多調民工一分隊，是否在該區應征七十四分隊數內，仰候查明再予核發。此令。

中華民國二十六年十一月廿九日

縣長　陳〇〇

梁山县政府、梁山县第一区区署关于补发扩修飞行场割草民工口食费余款的文书（一九三七年十一月至十二月）

梁山县第一区区署致梁山县政府的呈（一九三七年十一月十九日）

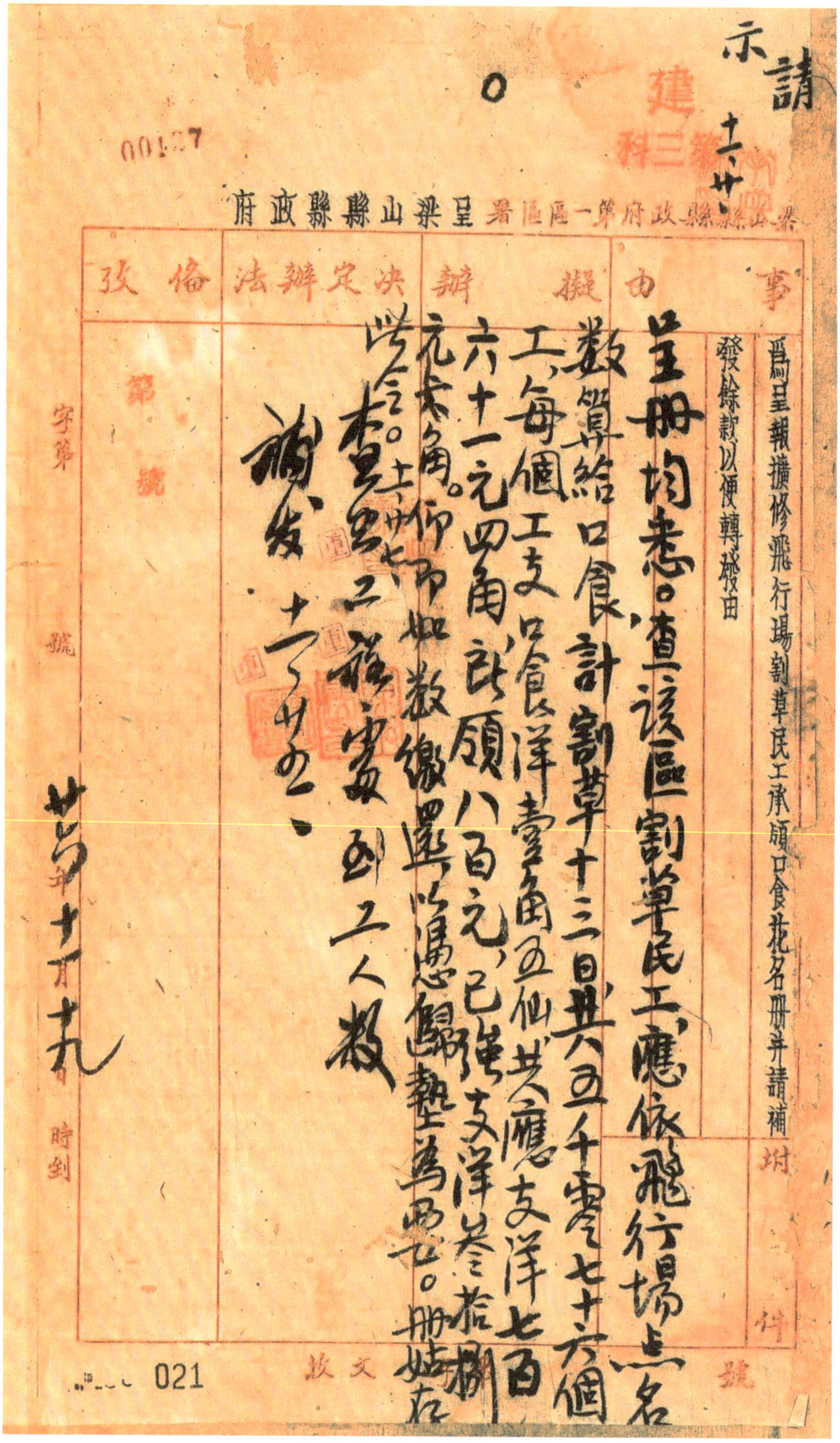

請示 十一．廿

建三科

00127

梁山縣第一區區署呈梁山縣縣政府

事由	擬辦	決定辦法	備攷
為呈報擴修飛行場割草民工承領口食花名冊并請補發餘款以便轉發由	呈冊均悉。查該區割草民工，應依飛行場点名數算給口食，計割草十二日，共五千零七十六個工，每個工支口食洋壹角五仙，共應支洋七百六十一元四角，已領八百元，已強支洋叁拾捌元六角。仰即如數繳署，以憑歸墊為要。冊姑存。		第 號

附件

字第 號

廿六年十一月十九 時到

收文 021 號

查本署前次奉令征調西城鎮民工十五分隊担任飛行場剷草工作自十月五
日起至十七日止共作工十三日計西城鎮所有隊長民工共作工壹千四百七十三個共
應領口食洋貳百貳十元零玖角伍仙南城鎮所有隊長民工共作工壹千零四十二
個共應領口食洋一百伍十六元三角東城鎮所有隊長民工共作工壹千三百四十
二個共應領口食洋二百零一元三角北城鎮所有隊長民工共作工壹千六百
個共應領口食洋貳百四十元總共應領洋八百一十八元五角五仙除已領撥
百元外尚差洋壹十八元五角五仙用特備文連同各鎮所造民工承領口食花名
冊賫呈
鈞府俯懇將餘款補發下署以便轉發而清手續併候指令祇遵
謹呈

00128

縣長陳

附呈册子四本

第一區區長謝鎮藩

022

中華民國二十六年十一月　日

華民國廿六年十一月十九日發

梁山县政府致梁山县第一区区署的指令（一九三七年十一月二十八日）

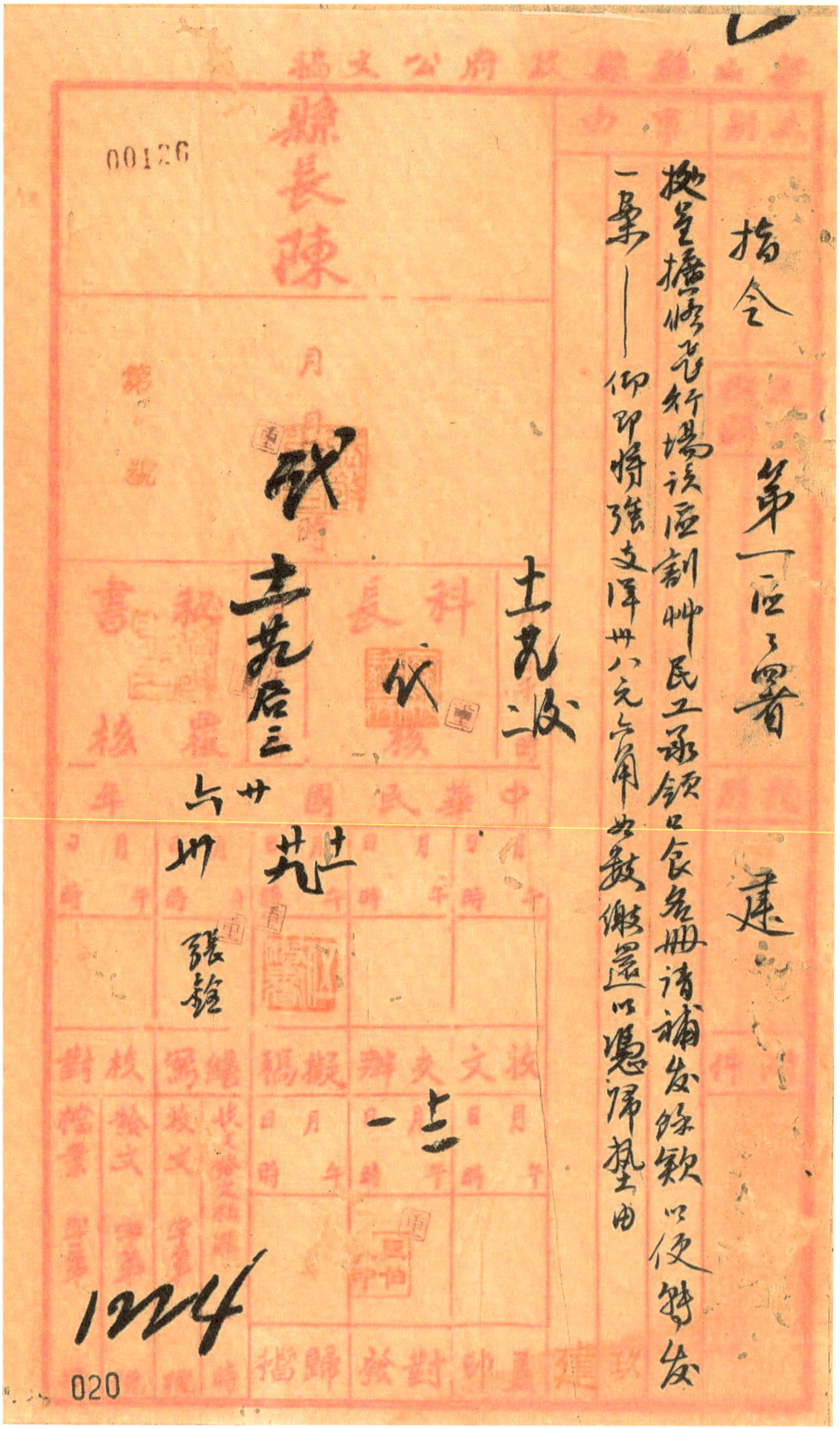

梁山縣政府指令　卅年建字第 1224 號

令第一區區署

卅年十一月十九日為呈報擴修飛行場民工承領口食名冊

請補發餘款以便轉發由

呈冊均悉。查該區到卅民工應依飛行場點名數算給口食，計到卅十三日共五千零七十六個工，每個工支口食洋壹角五仙，共應支洋七百六十一元四角，前領八百元，已溢支三十八元六角，仰即如數繳還，以憑歸墊為要，冊姑存。此令。

中華民國卅年十一月廿八日

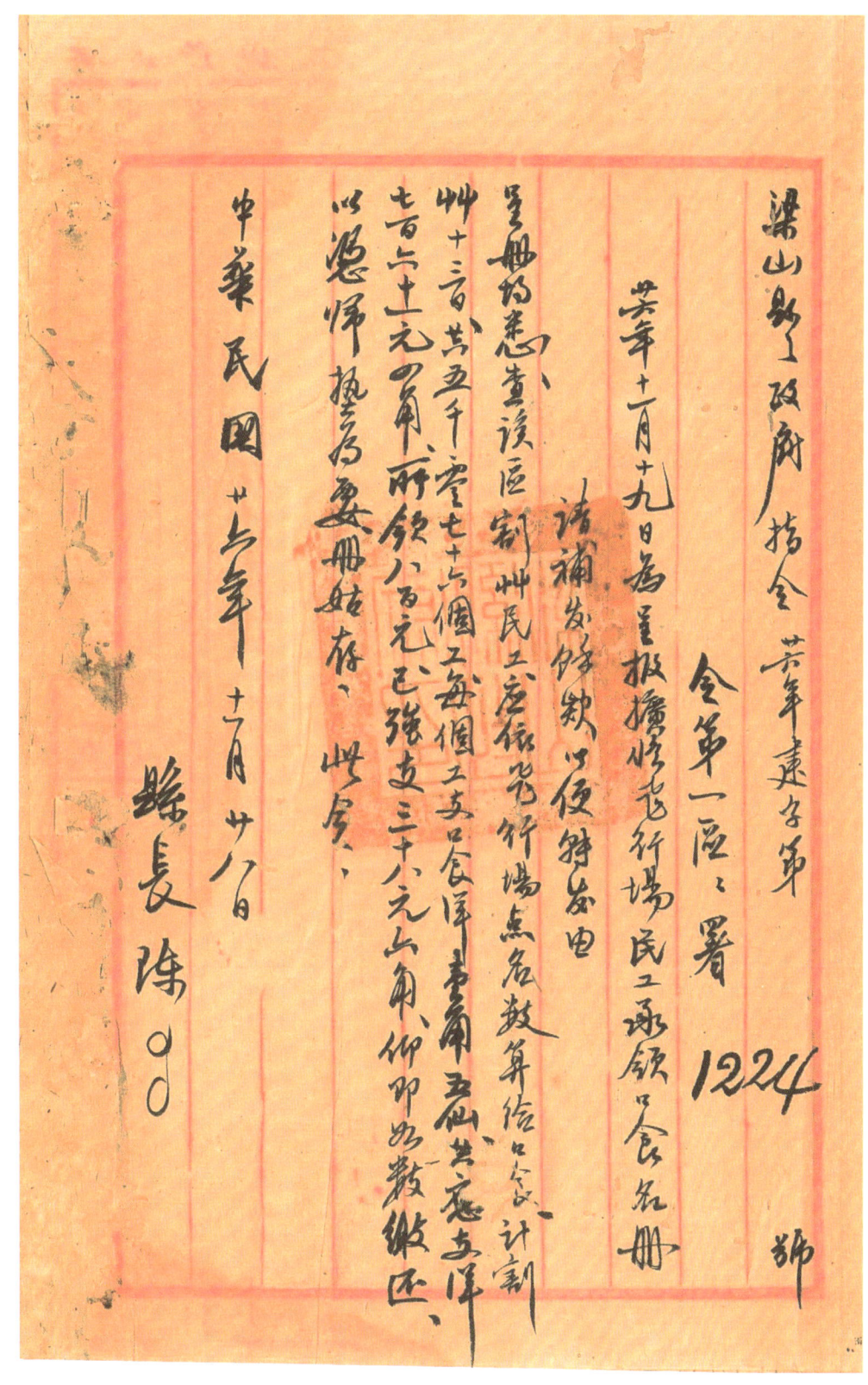

縣長　陳

梁山县政府致航空委员会四川梁山飞行场的公函（一九三七年十二月七日）

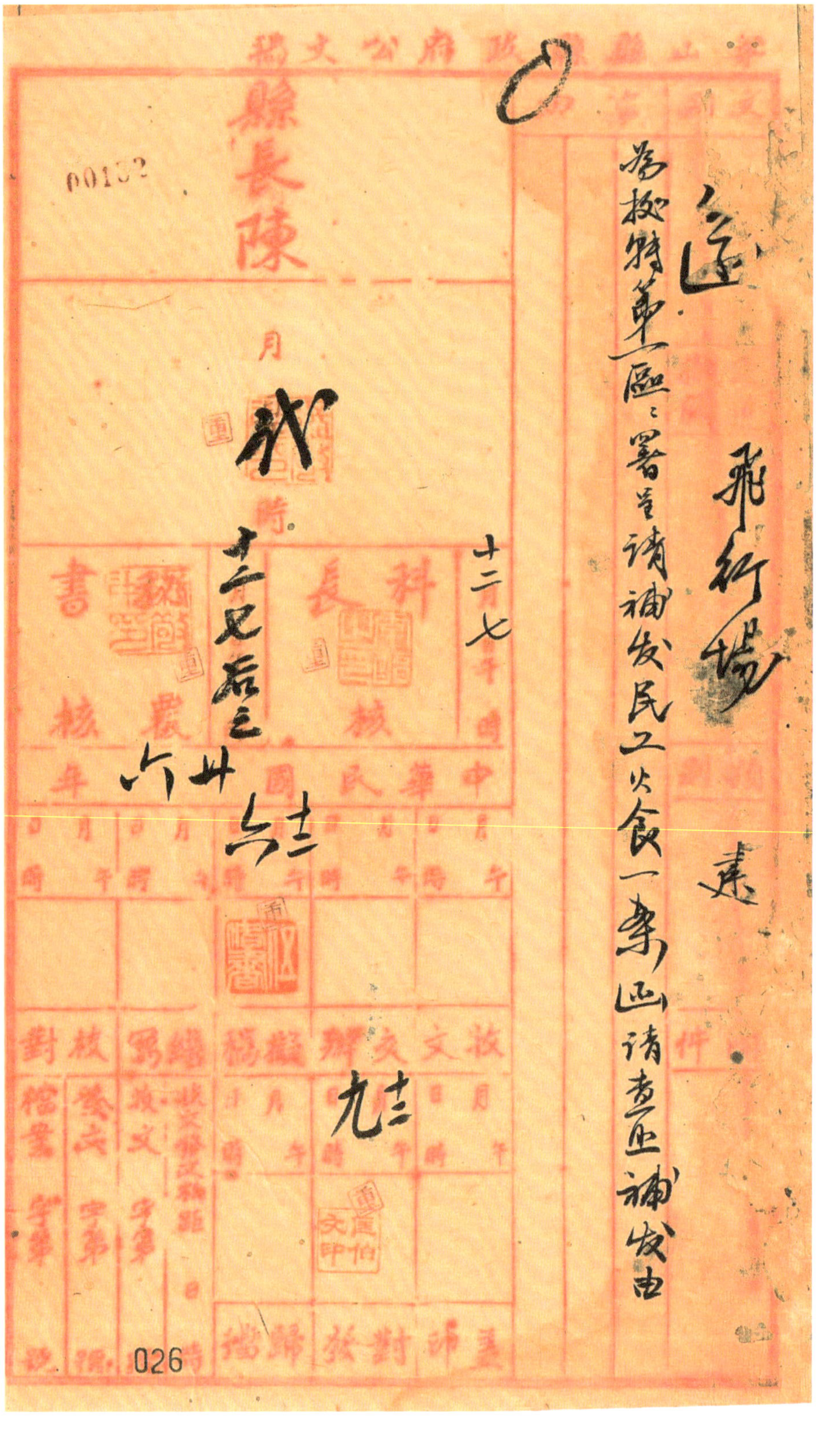
梁山縣政府公文稿
縣長陳
逕 飛行場
為據特第一區區署呈請補發民工伙食一案函請查照補發由
十二七
026

梁山縣縣政府公函 廿六年建字第 1327 號

廿六年十二月五日案據第一區區長謝鎮藩呈稱：

「廿六年十二月一日奉 鈞府云云。謹呈。」

等情。據此，查該區劃卅民工連同伙食及中分隊長結算伙食費應領洋捌百壹拾捌元五角五仙，除已領捌百元外，尚欠洋壹拾捌元五角五仙，相應函請

貴場煩爲查照，迅賜補發，以資結束，實紉公誼。此致

飛行場中央航空委員會梁山飛行場場長高

縣長陳

中華民國廿六年十二月七日

梁山县政府、梁山县第一区区署关于扩修飞行场割草应按规定发给各级队长及伙夫口食费的来往文书（一九三七年十二月五日至六日）

梁山县第一区区署致梁山县政府的呈（一九三七年十二月五日）

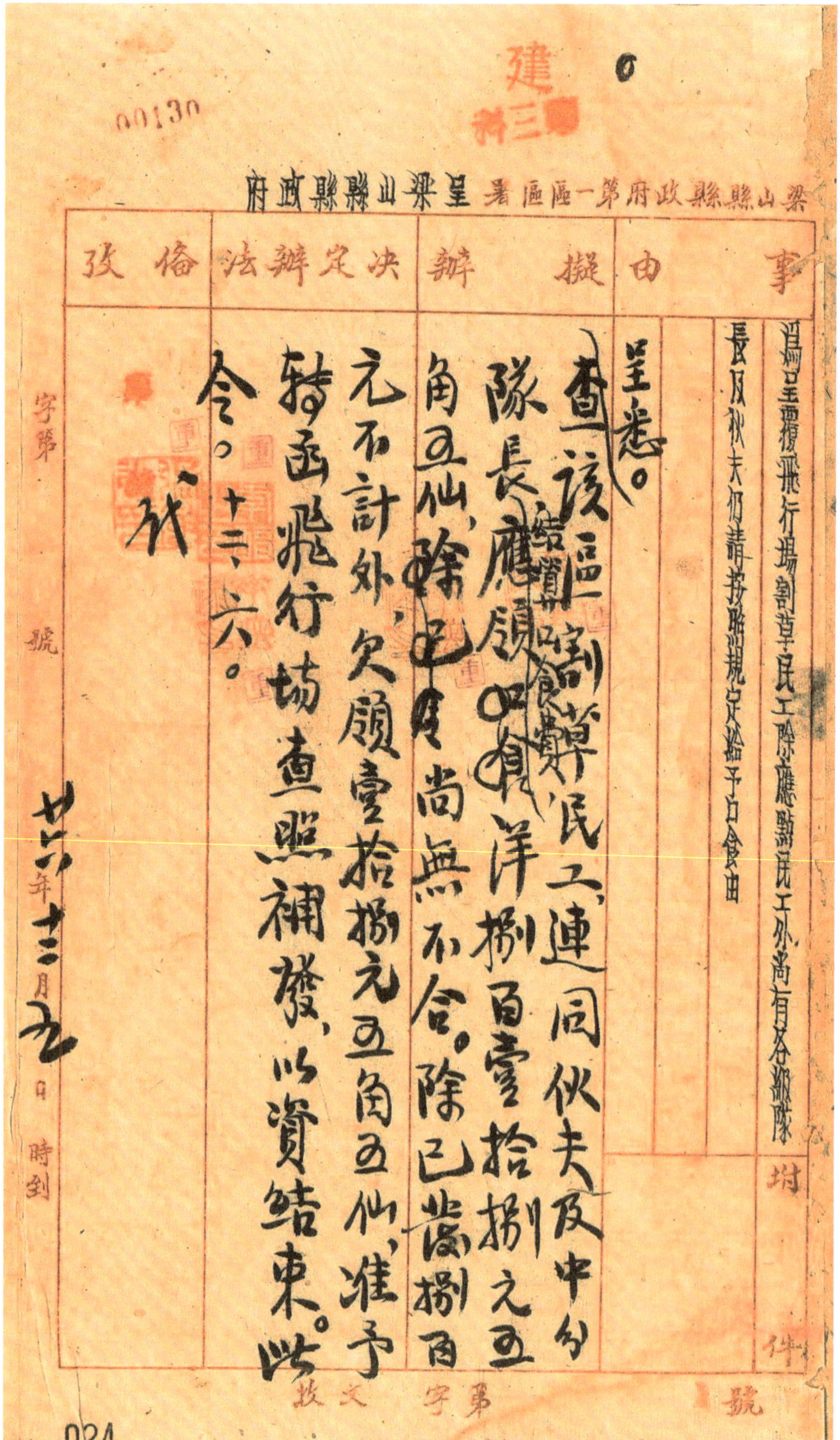

建
第三科
00130

梁山縣縣政府第一區區署　呈　梁山縣縣政府

事由	擬辦	決定辦法	備攷
爲呈覆飛行場割草民工除應點民工外，尚有各級隊長及伙夫仍請按照規定給予口食由	呈悉。查該區割草民工，連同伙夫及中分隊長應領口食洋捌百壹拾捌元五角五仙，所具尚無不合。除已發捌百元不計外，欠領壹拾捌元五角五仙，准予轉函飛行場查照補發，以資結束。此令。十二、六。		戒

字第　號

廿六年十二月五日　時到

收文　字第　號

024

二十六年十二月一日案奉

鈞府建字第一三二四號指令據本署呈報飛行場割草民工承領口食名冊一案開：

「呈冊均悉查該區割草民工應依飛行場點名數算給口食計割草十三日共五千零七十六個每個工支口食洋一角五仙共應支洋柒百六十一元四角所領捌百元已強支三拾捌元六角仰即如數繳還以憑歸墊冊姑存此令」

等因奉此查職署前報民工承領口食總數捌百一十捌元五角係照本署點名人數五千零三個外加伙夫二百三十三個中分隊長二百二十一個共計五千四百五十七個計算如照飛行場點名人數伍千零七十六個計算再加隊長伙夫

則應領口食尚不止此且

鈞府九月十六日會同高場長召集擴修飛行場會議錄載明隊長與工人同等待遇發給工食費復查嗣後正式擴築工作期間亦於每分隊中抽有伕夫專任造飯之責各中分隊長亦係同工人一律每日發給口食洋一角五仙前次割草民工係由擴築飛行場全部民工中先行抽調其中分隊長及伕夫似應與担任正式擴築者一律待遇方足以資勵茲奉前令理合備文呈請

鈞府俯賜轉函飛行場仍將割草民工中分隊長及伕夫名額按照 職署 前報人數發給口食免使西城鎮中分隊長致受墊累之苦是否有當伏候指令祗遵謹呈

縣長陳

第一區區長謝 鎮藩

025

中華民國二十六年十二月

樂山縣黨部鈐記

中華民國廿六年十二月五日發

梁山县政府致梁山县第一区区署的指令（一九三七年十二月六日）

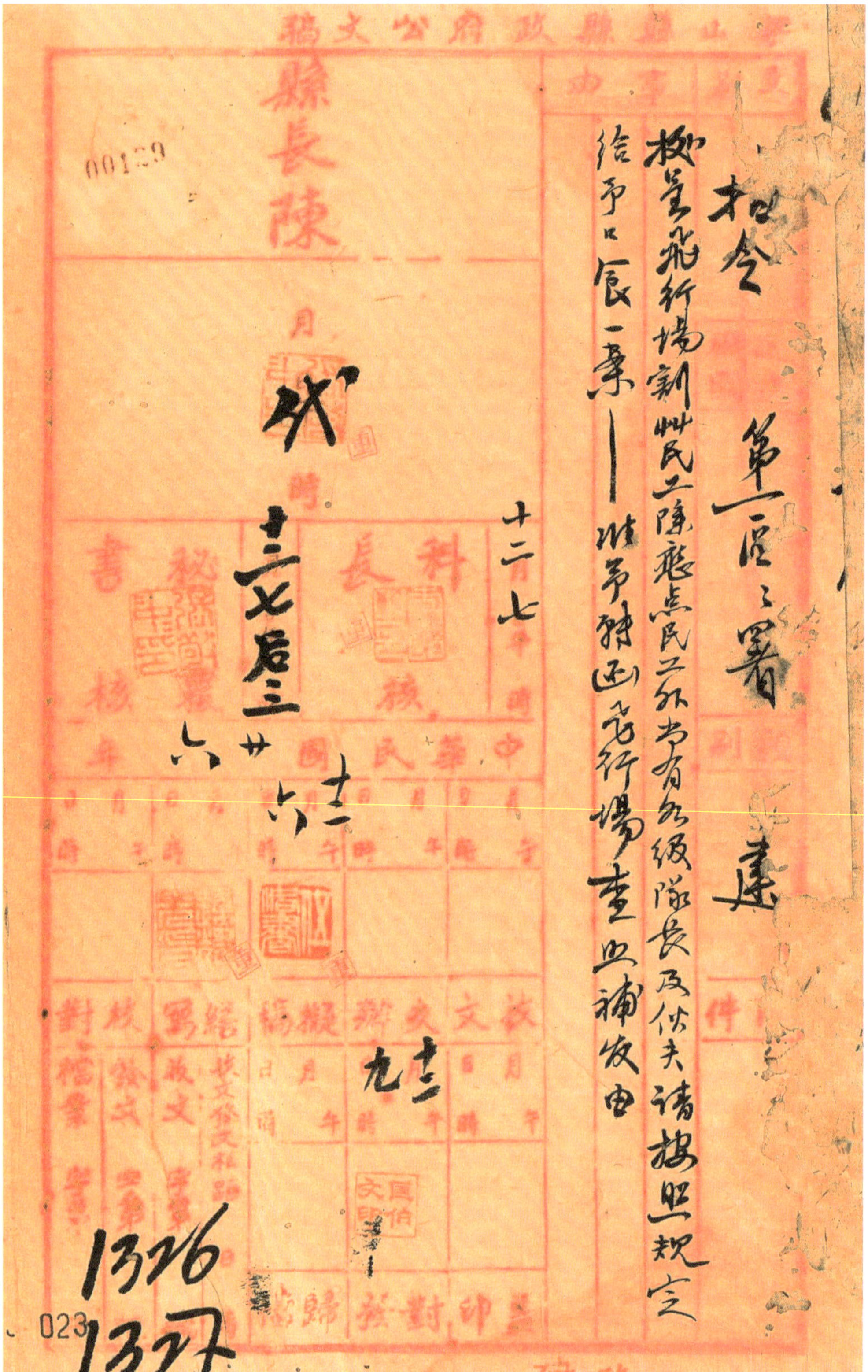

梁山县政府公文稿

县长陈

指令　第一区区署　呈一件

据呈飞行场新州民工队除点民工外尚有各级队长及伙夫请按照规定给予口食一案——准予转函飞行场查照补发由

梁山县政府指令　廿六年建字第 1326 号

令第一区区署

廿六年十二月五日呈一件为呈复飞行场割草民工队应点民工外尚有各级队长及伙夫请按照规定应领给予口食由

呈悉。查该区割草民工连同伙夫及中分队长结算口食费洋捌百叁拾捌元五角五仙，节余不会，除已发捌百元外，尚欠领叁拾捌元五角五仙，准予转函飞行场查照补发，以资结束。

此令。

中华民国廿六年十二月六日

县长　陈〔签名〕

梁山县政府、梁山县第三区区署关于报送太平乡第四中队补造扩修飞行场民工口食清册暨各中队伙食津贴印收一览表的来往文书（一九三七年十二月二十日至二十九日）

梁山县第三区区署致梁山县政府的呈（一九三七年十二月二十日收）

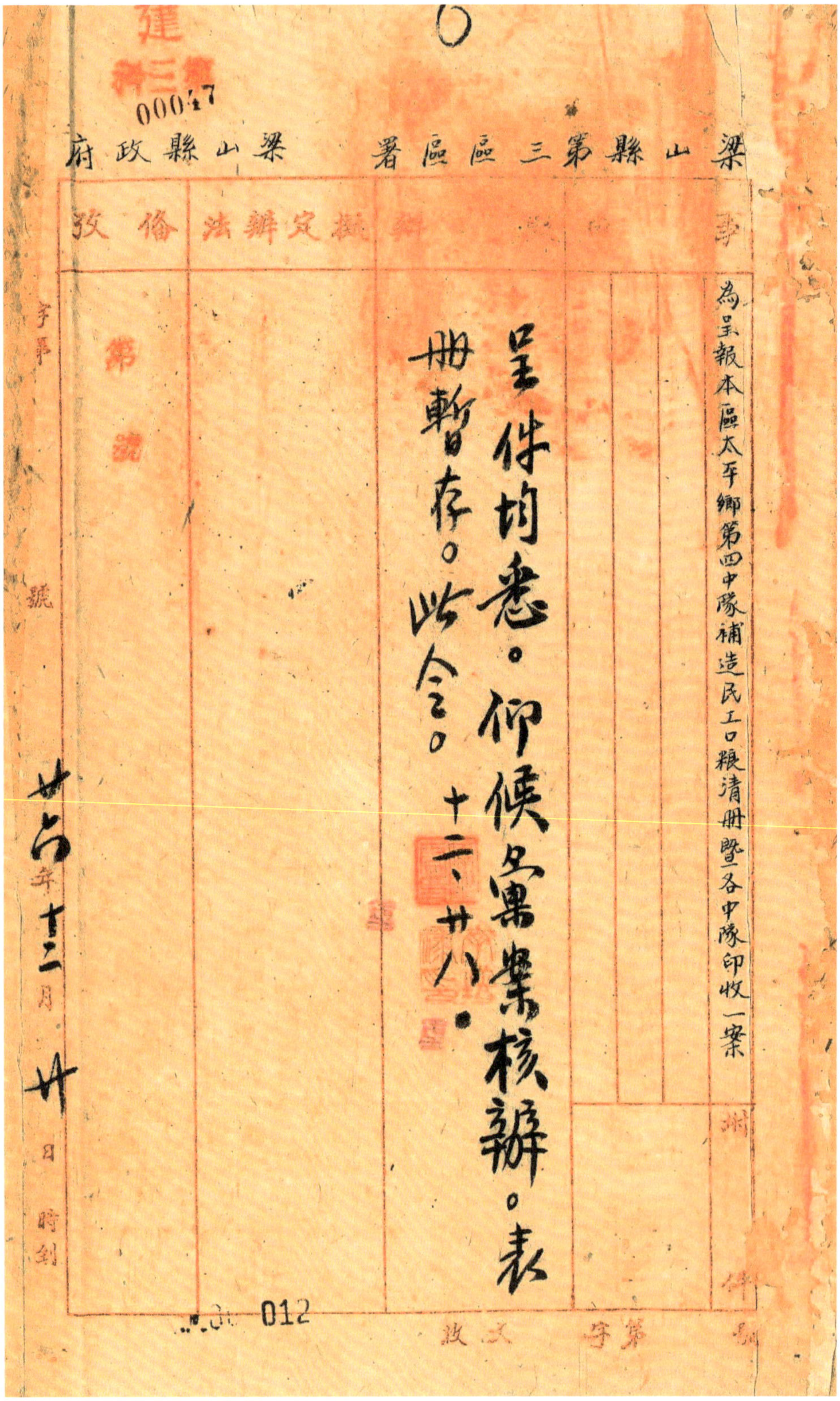

梁山縣第三區區署
梁山縣政府

為呈報本區太平鄉第四中隊補造民工口糧清冊暨各中隊印收一案

呈件均悉。仰候分案核辦。表冊暫存。此令。十二、廿八。

廿六年十二月廿日

本年十二月十二日案奉
鈞府建字第一三六八號訓令除原文有案邀免冗録外後開：
「合行令仰該大隊長即便遵照限文到三日內將具領清冊呈報來府以憑轉送勿稍擱延為
要此令」
等因奉此查職隊各分隊前次承領口糧清冊除太平第四中隊因紙張被雨浸濕廢即隨文補報外其餘十
中隊均於十二月四日填造完竣由職親送
鈞府適值收發處尚未辦公當交柳傳事轉遞懇請查案即明至職隊所有各中隊印領手續現已結
束完訖理合具文連同第四中隊補造清冊暨印收一覽表一併賫呈
鈞府俯賜鑒核示遵
謹呈

梁山縣縣長陳

附呈太平第四中隊補選民工口糧清冊叁份各中隊印收一覽表份

梁山縣第三區區長楊允璧

中華民國二十六年十二月　　日

附：梁山县扩修飞行场民工第三大队领发各期队长、民工伙食津贴印收一览表（一九三七年十二月）

梁山縣擴修飛行場民工第三大隊領發各期隊長民工伙食津貼印收一覽表

鄉鎮中隊別	第乙期七天	第一期八天	第二期十一天	十一月六日因雨停工補發伙食一天計每名每日一角	挖壕伙食	各鄉鎮承領總數	中隊長（即聯保主任）蓋圖記
屏錦鎮第一中隊	六八四六〇〇	七八二四〇〇	一〇二四六五〇	六五二〇〇	三七三二〇〇	二九三〇〇五〇	
廻龍鎮第二中隊	五八六九五〇	六七〇八〇〇	九七三五〇〇	五五九〇〇	三五四五四〇	二六四一六九〇	
柳蔭鄉第三中隊	一九六三五〇	二二四四〇〇	二五七四〇〇	一八七〇〇	九三三〇〇	七九〇一五〇	
第四中隊	九八七〇〇	一一二八〇〇	一〇三[illegible]	[illegible]	[illegible]	[illegible]	

龍沙鎮 第五中隊	三五九一〇〇	四一〇四〇〇	六一五四五〇	三四二〇〇	二三三九二〇	一六四三〇七〇
和親鎮 第六中隊	二九四〇〇〇	三三六〇〇〇	五一三一五〇	二八〇〇〇	一八六六〇〇	一三五七七五〇
石柱鎮 第七中隊	一三一二五〇	一五〇〇〇〇	二〇六二五〇	一二五〇〇	七四六四〇	五七四六四〇
桂林鄉 第八中隊	九八七〇〇	一一二八〇〇	一五五一〇〇	九四〇〇	五五九八〇	四三一九八〇
仁賢鎮 第九中隊	三五九一〇〇	四一〇四〇〇	[illegible]	[illegible]	[illegible]	[illegible]

澧讓鎮 第十中隊	二九四〇〇〇	三三六〇〇〇	五三一五〇	二八〇〇〇	一八六六〇〇	一三五七七五〇
聚奎鎮 第十一中隊	四二四二〇〇	四八四八〇〇	六六六六〇〇	四〇四〇〇	二四二五八〇	一八五八五八〇
合計	三五二六九五〇	四〇三〇八〇〇	五五四二三五〇	三三五九〇〇	二〇一五四〇〇	一五四五一四〇〇

說明

一、十一月六日因雨停工補發伙食每名每日壹角

二、十一月十六日因雨奉令停工補發伙食尚未發下

中華民國二十六年十二　日　區長楊允璧

梁山县政府致梁山县第三区区署的指令（一九三七年十二月二十九日）

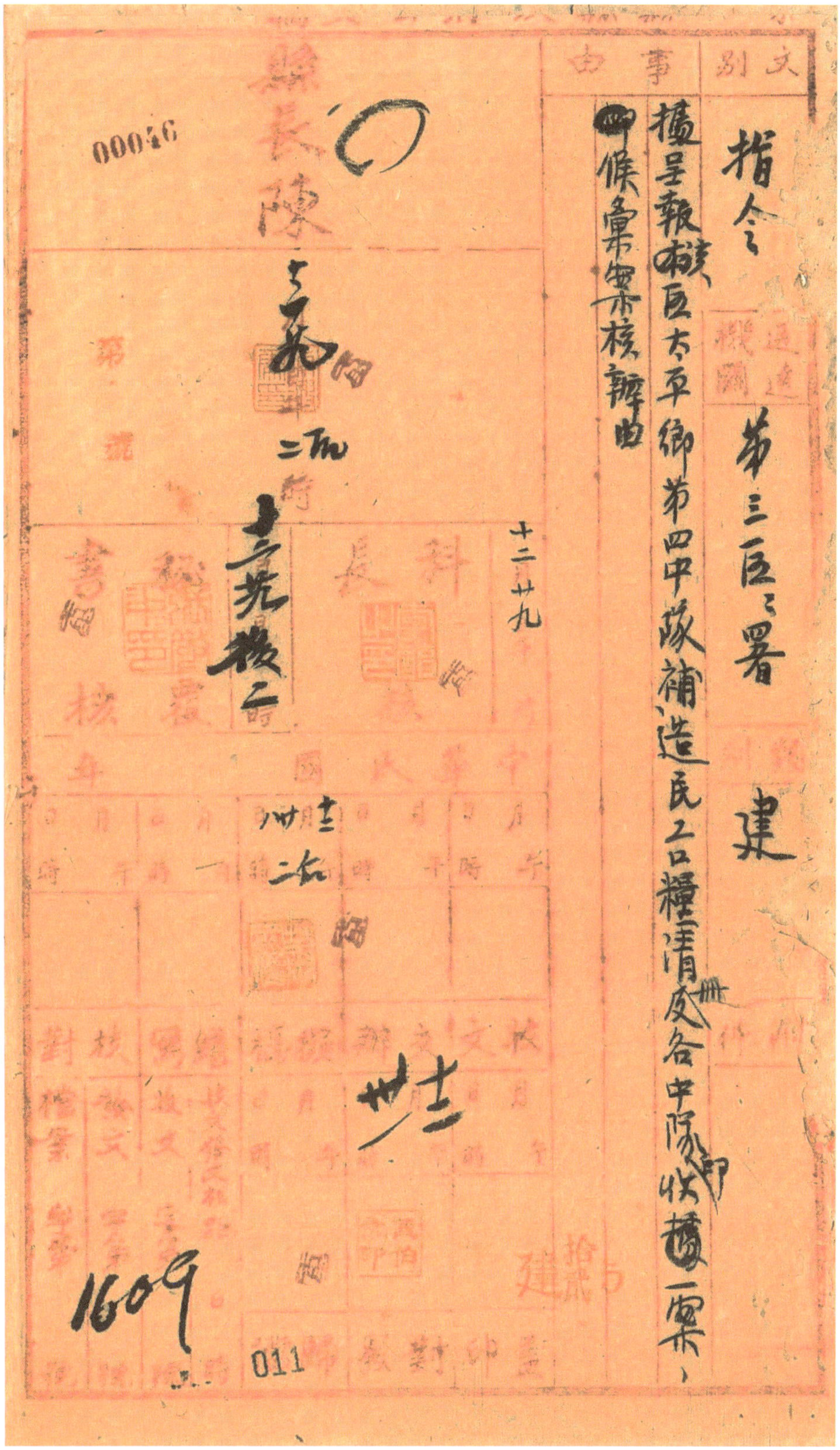
00046

县长陈

文别：指令

机关：第三区区署

建

事由：据呈报该区太平乡第四中队补造民工口粮清册、各中队收据一案、仰候汇案核办由

十二廿九

1609

011

全

銜指令 廿六年建字第1609号

令第三區區長楊允璧

十一月廿日呈一件，為呈報本區太平鄉第四中隊補造民工糧清冊暨各中隊印領一案

呈件均悉，仰候彙案核辦。表冊暫存。

此令。

中華民國二十六年十二月 日

縣長陳〇〇 先

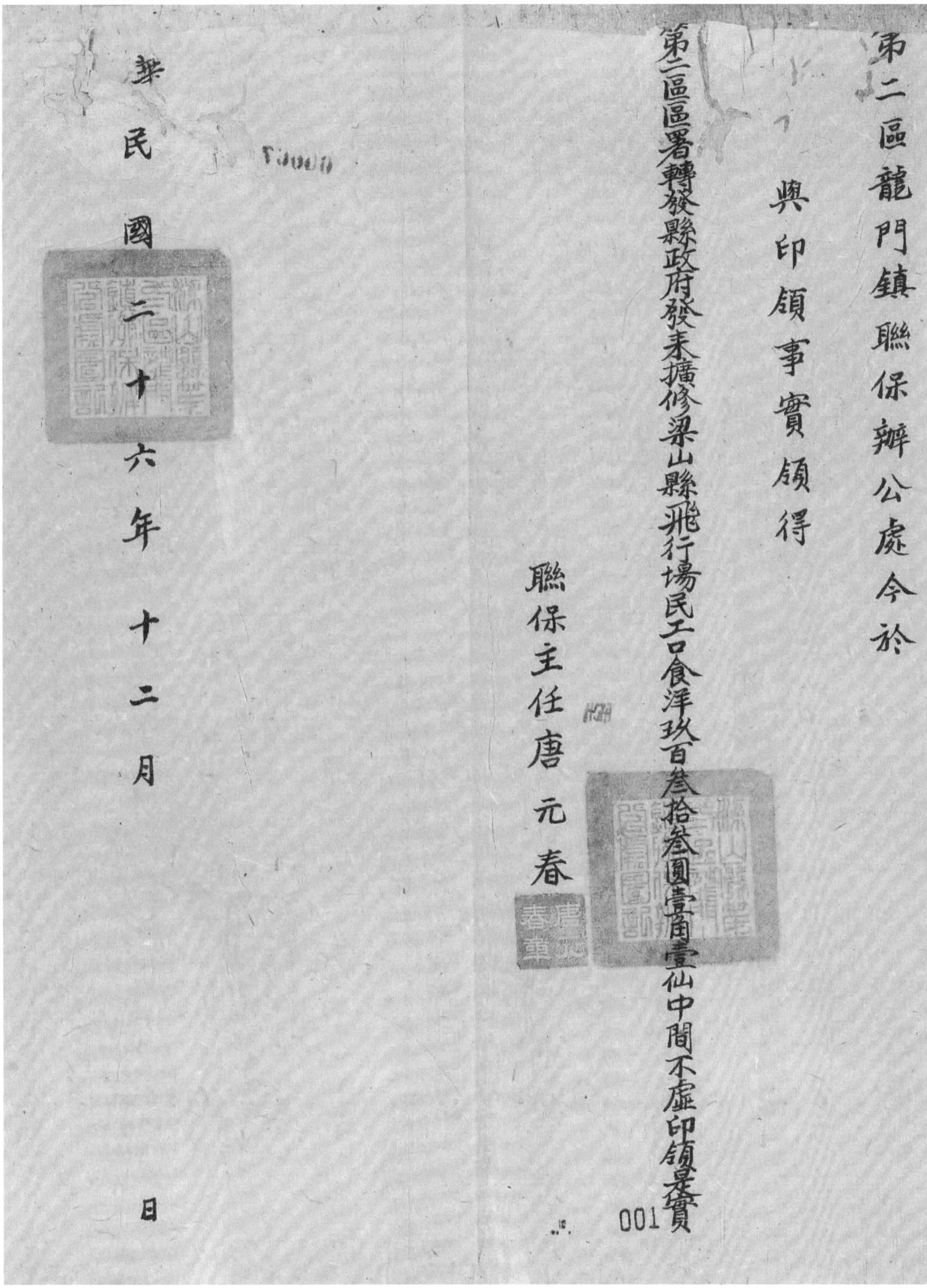
第二區龍門鎮聯保辦公處今於

與印領事實領得

第二區區署轉發縣政府發來擴修梁山縣飛行場民工口食洋玖百叁拾叁圓壹角壹仙中間不虛印領是實

聯保主任唐元春

華民國二十六年十二月　日

梁山县第二区龙门、明达等乡镇联保办公处领取扩修梁山飞行场民工口食费领条（节选）
（一九三七年十二月）

二區明達鎮聯保辦公處今於

與印領事實領得

三區區署轉發縣政府發來擴修梁山縣飛行場民工口食洋壹仟零七拾伍圓八角弍仙中間不虛印領是實

聯保主任陳煥

華民國二十六年十二月　日

第二區豐勝鄉聯保辦公處今於

具印領事實領得

第二區區署轉發縣政府發來擴修梁山縣飛行場民工口食洋弍百壹拾玖圓伍角六仙正中間不虛印領是實

聯保主任唐禹九

民國二十六年十二月　日

梁山县政府、梁山县第一区区署关于从县金库垫支挖淘飞行场水沟民工口食费的来往文书（一九三八年一月四日至五日）

梁山县第一区区署致梁山县政府的签呈（一九三八年一月四日）

敬呈者前奉
鈞座命令調集民工百名挖淘飛行場水滷當
即指調東西北門民工各一分隊連隊長共九十三
人到場工作以每名津貼一角伍仙照説每日應領
津貼壹拾叁元九角五仙計作工至今已十一日除已領
四日外尚應領洋九十七元六角五仙惟工程僅及一半而
民工口食現實無法挪墊可否轉飭財委會暫行墊
支壹百五十元以維民工伙食之處理合簽請

00057

鈞座鑒核示遵謹呈

縣長陳

區長謝鎮藩（印）簽呈

一月四日

轉令財委会縣金庫暫行墊
發俟本府呈奉　省令撥款歸還再行飭
知　一、廿四　代

022

梁山县政府致梁山县第一区区署的指令（一九三八年一月四日）

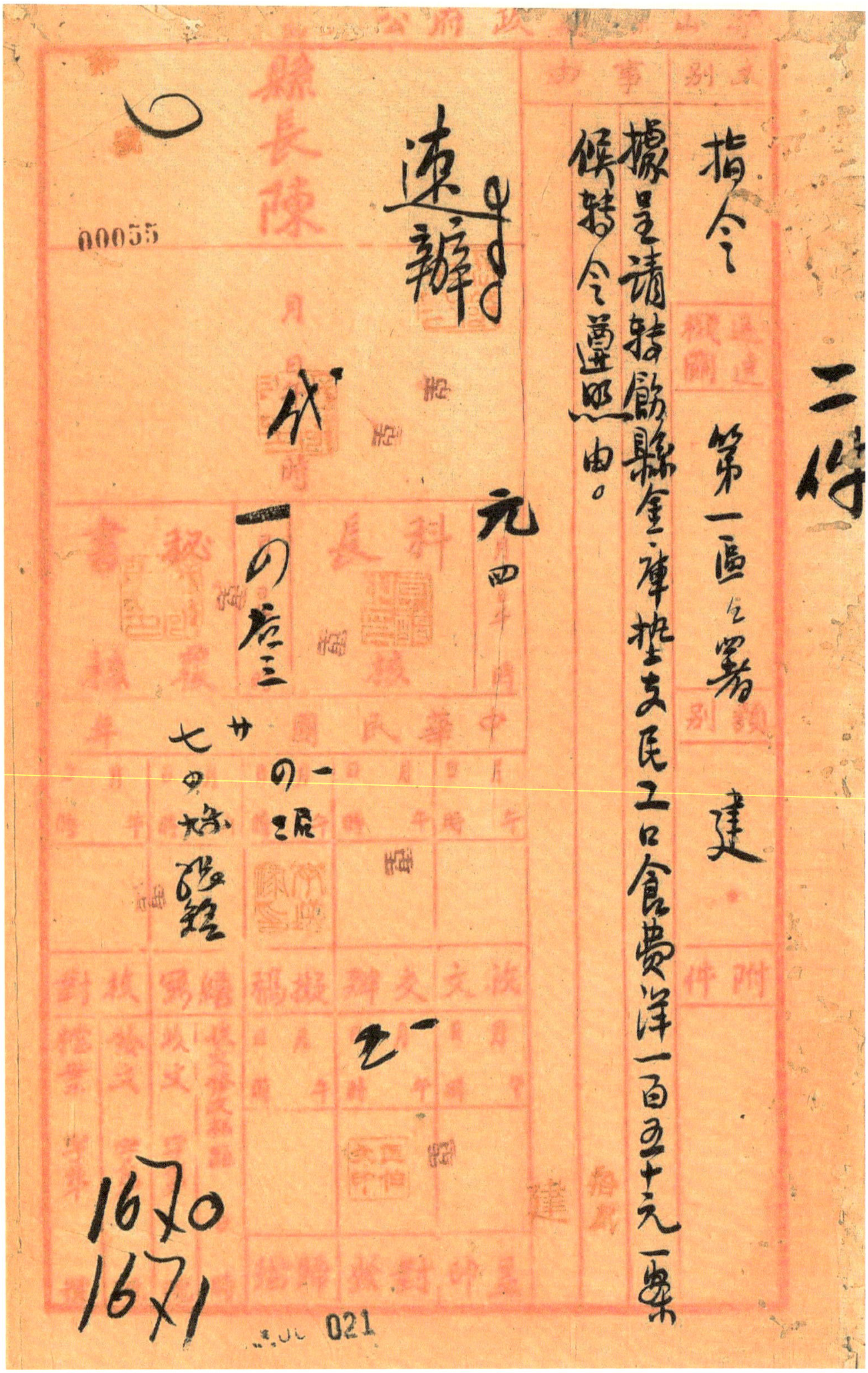

文别：指令
事由：第一區區署 建
據呈請轉飭縣金庫墊支民工口食費洋一百五十九元一案，候轉令遵照。由。

縣長陳
速辦

二件

全　銜　指令　廿七年建字第1670号

令第一區區長謝鎮藩

廿七年一月四日呈一件——為呈請特飭縣金庫墊支民工口食洋一百五十元一案由。

呈悉。仰候轉令財委會縣金庫，暫行照數墊發，俟呈奉　省令後，再行撥款歸墊。此令。

廿七、一、四、

縣長陳〇〇

秘書長〇〇

梁山县第一区区署收条（一九三八年一月五日）

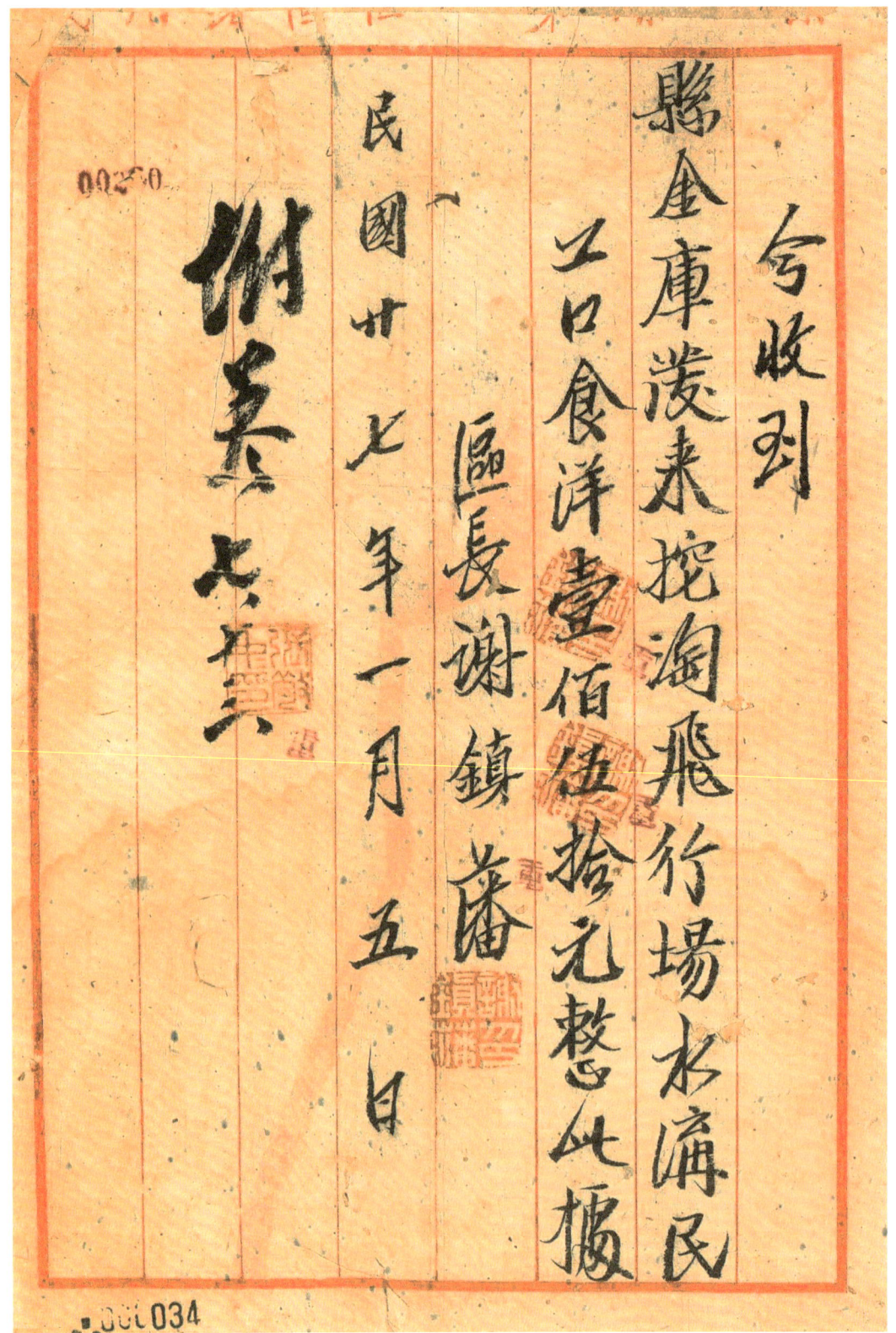

令收到

縣金庫撥來挖淘飛行場水滴民工口食洋壹佰伍拾元整此據

區長謝鎮藩

民國廿七年一月五日

附卷 六、廿六

00250

001034

四川省政府、梁山县政府关于在县预备费项下动支一九三八年三月整理飞行场水沟民工口食费的来往文书

（一九三八年四月至五月）

梁山县政府致四川省政府的呈（一九三八年四月十八日）

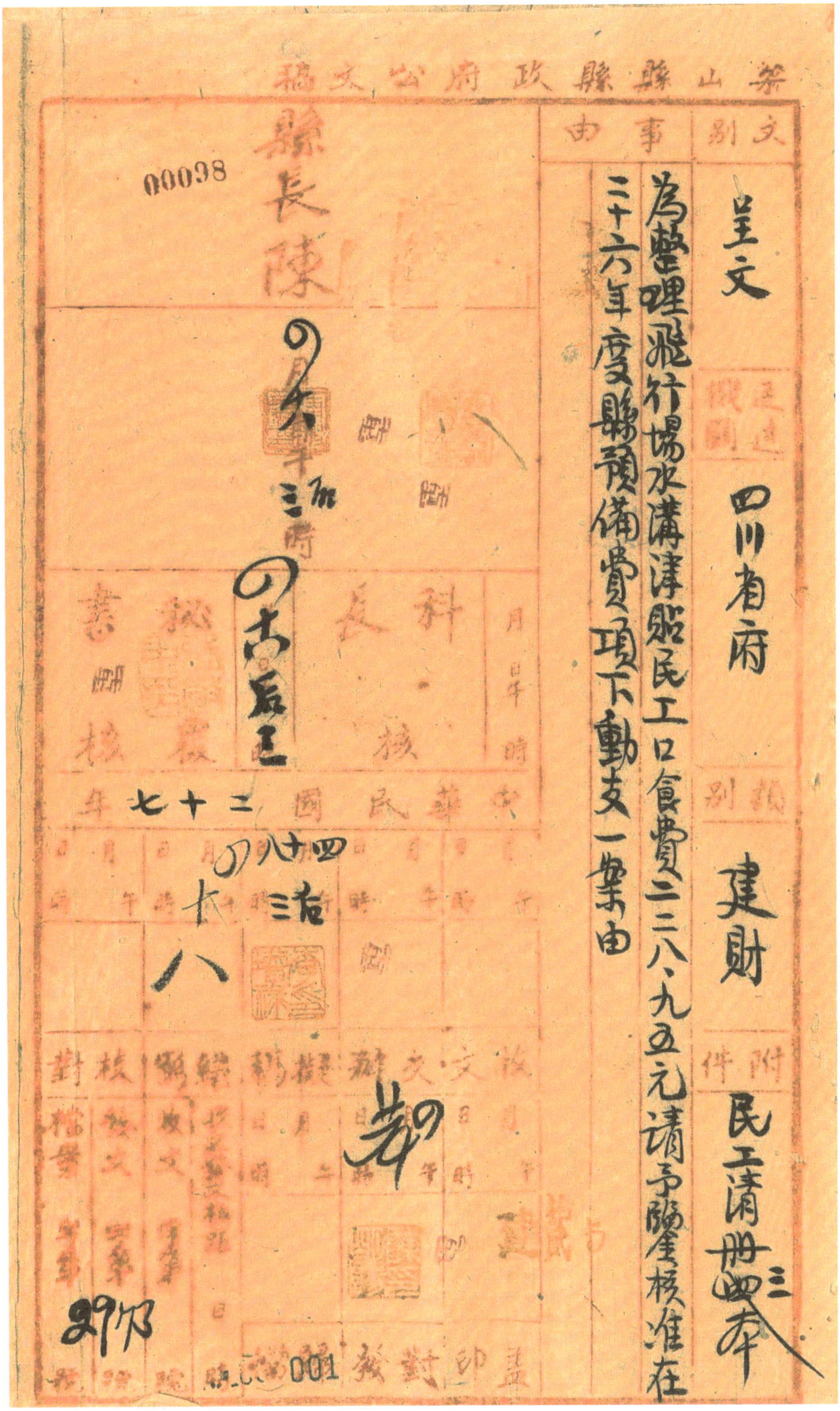
梁山縣政府公文稿

文別：呈文

事由：為整理飛行場水溝津貼民工口食費二三八、九五元請予鑒核准在二十六年度縣預備費項下動支一案由

四川省府

類別：建財

附件：民工清冊四本

縣長陳

中華民國二十七年

竊查職縣擴修飛行場，於二十六年十一月一日開工，按照飛行場工程師測定工程數量，征工一萬餘名，由 航委會津貼口食，至二十六年十二月二日修築完竣，曾經具文呈報在案。惟場面係屬水田，泥濘不堪，工作困難，民工雖無缺額，而四週水溝期滿尚未挖到規定程度，即以口糧無着，全數遣散。當時水溝不通，場面水分難於排除，迭准飛行場場長催促整理，如按原定寬度整理，計需一萬七千餘工，所需口食因時限迫促，一時不易籌集。為暫時維持場面乾燥，便利飛機升降計，特調少數民工，先將水溝挖通，以利排水。計自本年三月四日開工整理，徵調西城鎮民工三十一名，作二十七日半；東城鎮民工

六十二名，分為二隊，一隊作工七日，一隊作工六日半，北城鎮民工
三十一名，作工二十八日，仍照航委會發給口食辦法每日每名
津貼一角五仙，僅作半日者，每名津貼一角，內扣西城缺工一個，
東城缺工二個，實支口食費貳百貳拾捌元玖角五仙正。至此項
口食津貼，以本年度縣預備費，奉令保留，係作抗戰急需，
此項工程，既屬重要國防，自可動支。業由本府墊發各該
鎮聯保主任承領轉給去訖，茲於工竣，擬報造呈民工清冊到府，
理合具文連同清冊賫呈
鈞府俯賜鑒核，准予如數在二十六年度縣預備費項下動支，
以憑歸墊。再當時以事關緊急，未能先行請示，又瀆[illegible]懇

理水溝工作，尚需一萬五千三百六十個工，以縣預備費津貼口食費，為數過大，現已飭人民自帶口糧，於本月十六日起逐日征工五百一十二名，到場整理，下月十五日即可完成。合併申明。是否有當，伏乞令遵。謹呈

四川省政府代主席鄧

計呈民工清冊三本

梁山縣縣長陳〇〇

廿七年四月十八日

中華民國　年　月　日

附：梁山县整理飞行场水沟民工花名清册

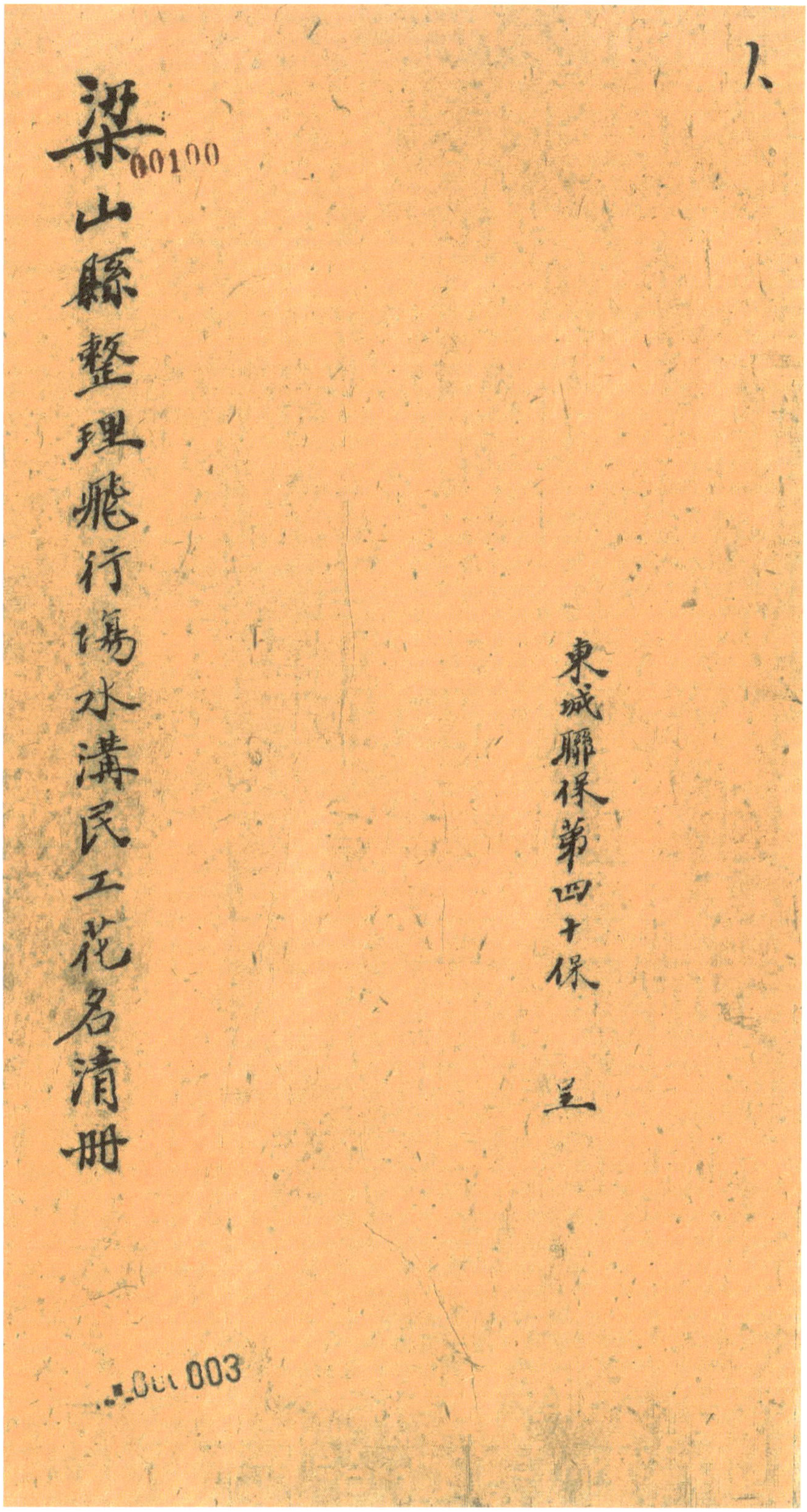
人

東城聯保第四十保 呈

梁山縣整理飛行場水溝民工花名清冊

00100

003

梁山縣整理飛行場水溝調集民工一小隊花名清册

職别	姓名	作工日數	應領口食數	箕手	備考
隊長	熊緝熙	七天	一元〇五		
第一班長	王興桂	七天	一元〇五		
民工	雷安仁	七天	一元〇五		
	徐大科	七天	一元〇五		
	周啟臣	七天	一元〇五		
	陶永春	七天	一元〇五		
	易達三	七天	一元〇五		
	黃天祥	七天	一元〇五		

	陳家云	七天	一元〇五
	周大興	七天	一元〇五
	余成發	七天	一元〇五
第二班長	鍾仁文	七天	一元〇五
民工	奉清正	七天	一元〇五
	周大培	七天	一元〇五
	王任元	七天	一元〇五
	王大毛	七天	一元〇五
	劉世相	七天	一元〇五
	曾遠傳	七天	一元〇五

	張云	七天	一元〇五
	張光明	七天	一元〇五
	張吉三	七天	一元〇五
第三班長	劉華廷	七天	一元〇五
民工	汪世琥	七天	一元〇五
	莫坤能	七天	一元〇五
	彭楷	七天	一元〇五
	呂榮茂	七天	一元〇五
	老周	七天	一元〇五
	鄧代光	七天	一元〇五

高金松　七天　一元〇五

袁福三　七天　一元〇五

袁厚興　七天　一元〇五

共合民工贰佰壹拾柒天　内扣除壹天

應歸民工口粮洋叁拾贰元肆角五

東城聯保主任王服政

梁山縣整理飛行場水溝調集民工一小隊花名清册

職別	姓名	工作日數	應領口食數 箕斗	備考
隊長	王盛文	七天	一元〇五	因放工早十二時点名不到後每人扣伙食洋伍先
第一班長	張仁學	七天	一元〇五	
民工	苟福喜	七天	一元〇五	
	梁海清	七天	一元〇五	
	朱富金	七天	一元〇五	
	凌興順	七天	一元〇五	
	劉先祥	七天	一元〇五	
	李用傑	七天	一元〇五	

兩仟
譚樹青
前

李用線　七天　一元〇五

游邦殿　七天　一元〇五

楊光前　七天　一元〇五

第二甲長　石光明　七天　一元〇五

民夫　張仁祥　七天　一元〇五

王欽祥　七天　一元〇五

陳澤芳　七天　一元〇五

曾吉安　七天　一元〇五

邱天六　七天　一元〇五

田雲棟　七天　一元〇五

曾子高	七天	一元〇五
李忠興	七天	一元〇五
余貴學	七天	一元〇五
第三班長 柳鏡泉	七天	一元〇五
民工 周定隆	七天	一元〇五
張民順	七天	一元〇五
黄學仕	七天	一元〇五
余茂禮	七天	一元〇五
唐作章	七天	一元〇五
曾慶云	七天	一元〇五

譚樹芝　七天　一元〇五

肖德春　七天　一元〇五

劉永昌　六天　九角

民工總共貳百壹拾陸天計洋叁拾貳元玖角点名不到扣洋壹元伍角

伍先實領伙食洋叁拾元〇八角伍先正

東城聯保主任王服政

四川省政府致梁山县政府的指令（一九三八年五月三十一日）

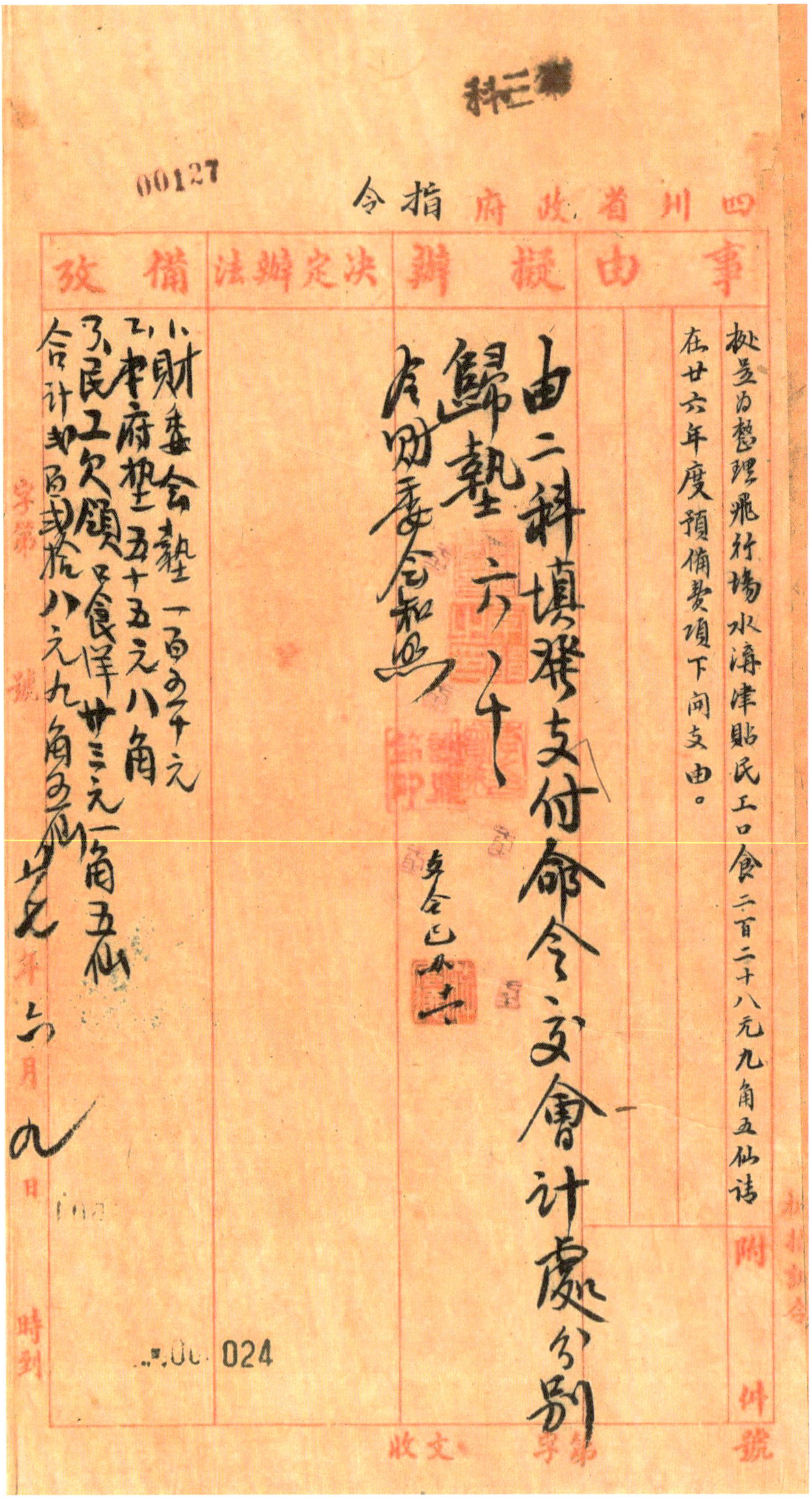
科二

00127

四川省政府指令

事由	拟办	决定办法	备考
拟呈为整理飞行场水济津贴民工口食二百二十八元九角五仙请在廿六年度预备费项下开支由。	由二科填发支付命令交会计处分别归垫。六、十一	交令已办	1. 财委会垫一百七十元 2. 本府垫五十五元八角 3. 民工欠领口食洋廿三元一角五仙 合计如原呈数於八元九角五仙

附件

廿七年六月九日

024

四川省政府指令　廿七年民字第15049號

令梁山縣政府

廿七年四月廿五日呈一件。為整理飛機場水溝墊發民工口食費二百二十八元九角伍仙請準在廿六年度縣預備費項下開支由。

呈暨附件均悉；查該縣徵調民工整理飛機場水溝，每人每日發給口食費一角伍仙，計共支銀二百二十八元九角伍仙，尚無不合，應予備查，并準在該縣廿六年度預備費項下開支，仰即知照！

此令。附件存。

中華民國廿八年五月廿一日

主席 王纘緒

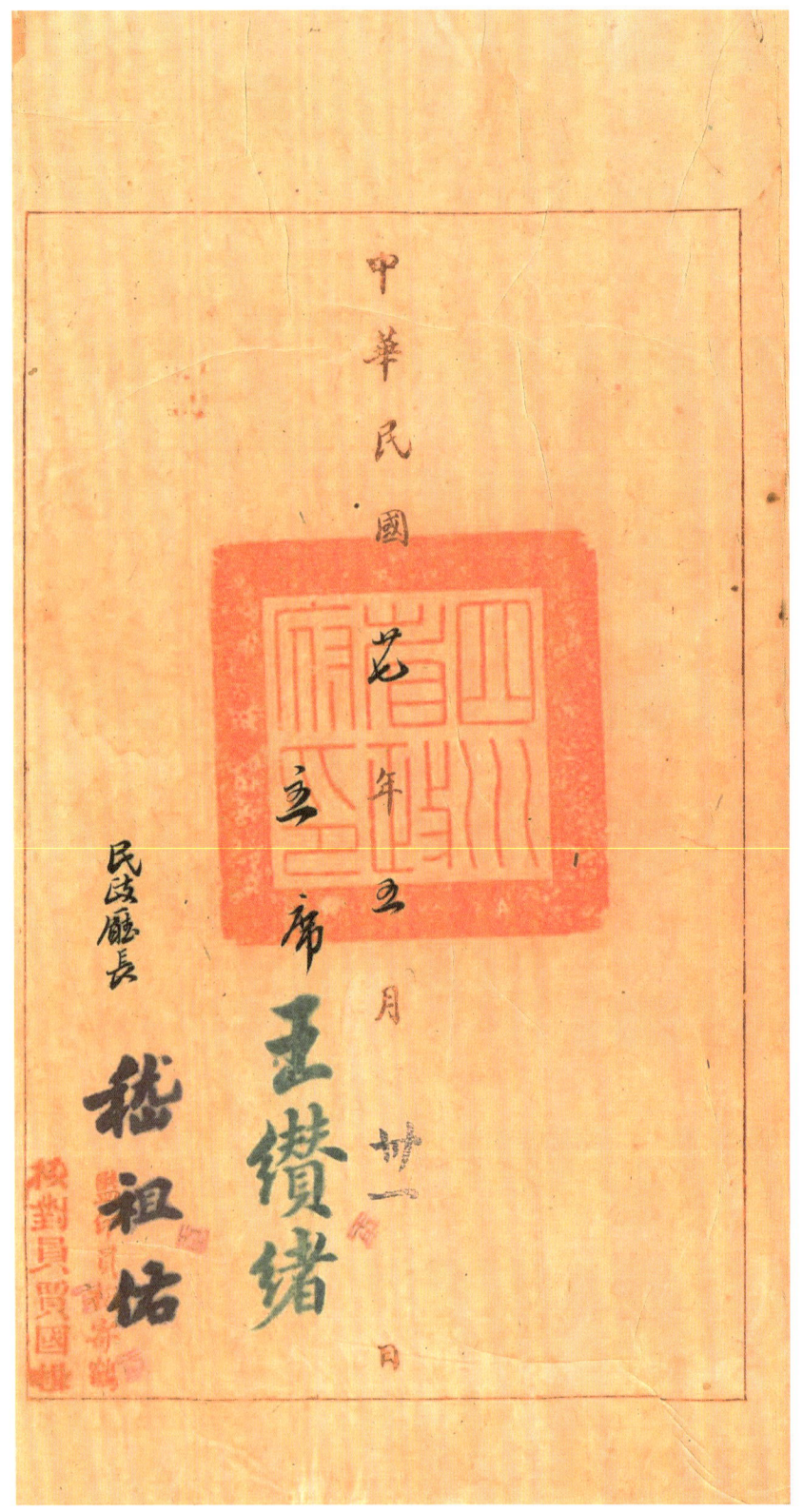

民政廳長 嵇祖佑

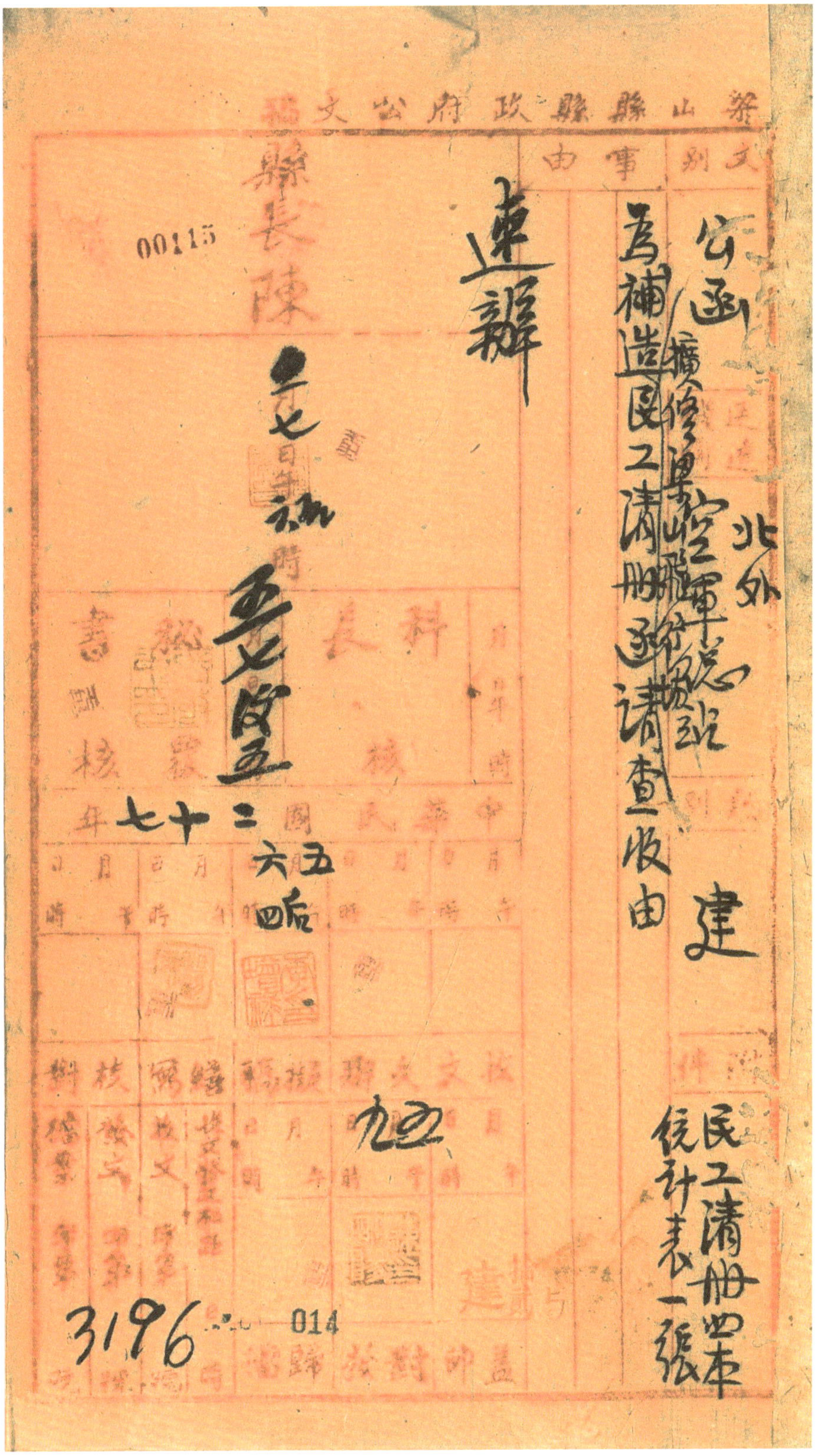
梁山縣政府公文稿
文別　公函
事由　為補造擴修梁山飛行場民工清冊函請查收由
北外　空軍第三總站
建
縣長陳
速辦
00115
附件　民工清冊四本　統計表一張
3196
014

梁山县政府关于补造扩修梁山飞行场民工清册致航空委员会空军第三总站的公函（一九三八年五月九日）

全衔公函　廿七年建字第3196号

查本縣飛行場於廿六年十二月一日征工擴修，直至二月二日完成，計征民工壹萬餘名，統由貴總站津貼口食費，每名每日一角五分，遇雨停工津貼一角。共領津貼貳萬貳千叁百四十七元七角五分正，曾經本府出具印領照收，并如數分撥各區轉給去訖。茲據各區鄉鎮民工清冊到府，特按貴總站前送冊式分隊彙填，訂為四本，相應備函連同民工清冊附送各隊民工口食津貼統計表，請煩查收賜復為荷。惟工散已久，手模一欄無法補辦，合併聲明。此致

梁山縣各區民工擴修飛行場口食津貼統計表

職務等級 \ 區即大隊		1		2	3	4		合計
徵調名額	中隊長	16	2	10	11	12	/	
	分隊長	72	9	67	108	73	1	
	民工	2,156	274	2,010	3,240	2,190	30	
	合計	2244	285	2087	3,359	2275	31	
起訖日期		卅六年十一月一日至十六日	十一月一日至十七日	十一月一日至十二月二日	十一月一日至十二月二日	十一月一日至十二月二日	十一月一日至十六日	
工作日數		15	16	30	30	30	15	
因雨停工日數		1	1	2	2	2	1	
每名津貼費		2.35元	2.50	4.70	4.70	4.70	2.35	
全隊津貼費		5,985.90元		9,808.90	15,787.30	10,765.35		42,347.45

梁山县政府、梁山县柏家乡联保办公处关于补发扩修飞行场雨阻停工津贴伙食的来往文书（一九三八年七月至八月）

梁山县柏家乡联保办公处致梁山县政府的呈（一九三八年七月）

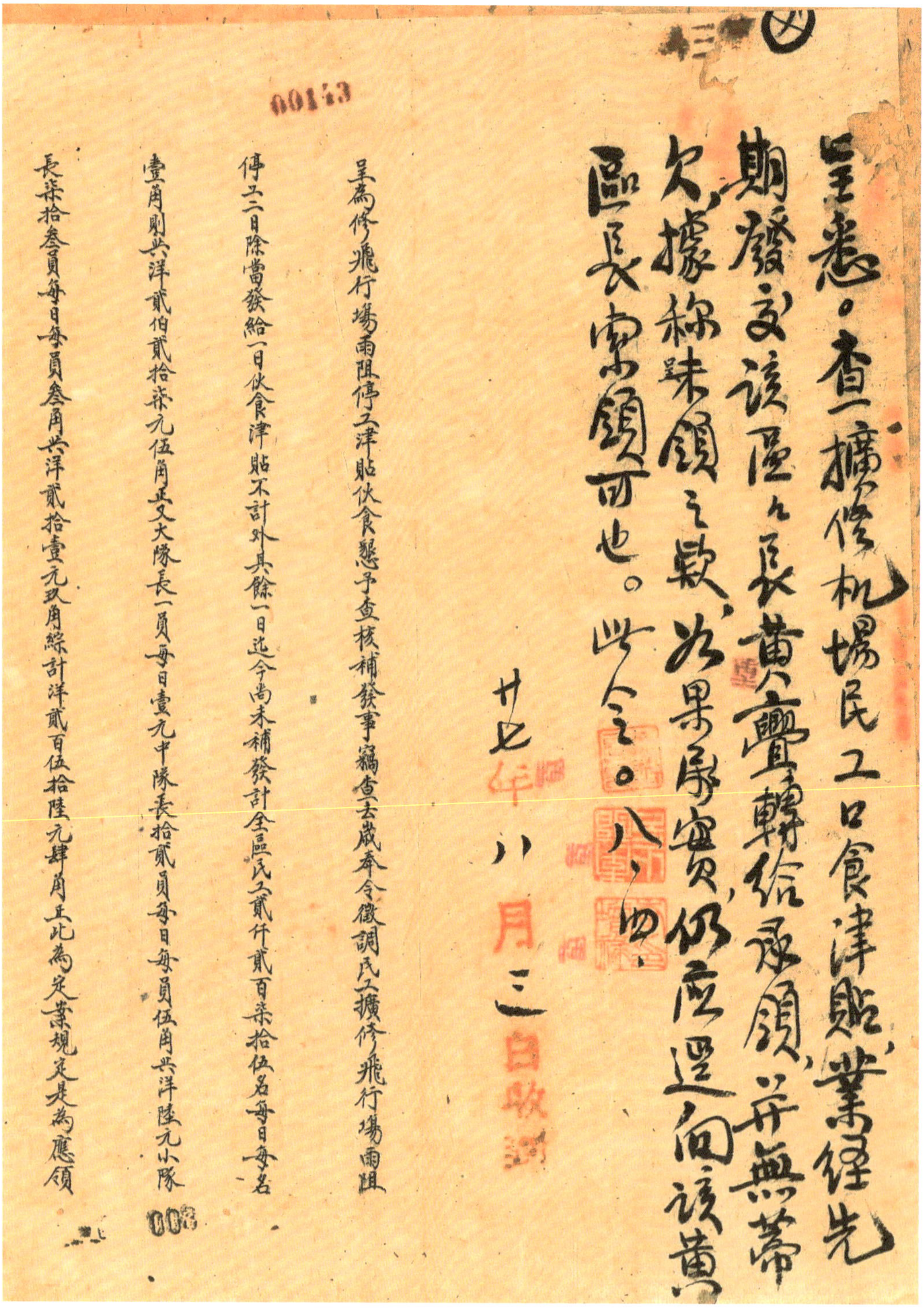

呈悉。查扩修机场民工口食津贴，业经先期发交该区区长黄贯轩转给承领，并无蒂欠，据称未领之款，如果属实，仍应迳向该黄区长索领可也。此令。八、四

廿七年八月三日收

00143

呈为修飞行场雨阻停工津贴伙食恳予查核补发事。窃查去岁奉令征调民工扩修飞行场雨阻停工二日，除当发给一日伙食津贴不计外，其余一日迄今尚未补发。计全区民工贰仟贰百柒拾伍名，每日每名壹角，则共洋贰伯贰拾柒元伍角正，又大队长一员每日壹元，中队长拾贰员每日每员伍角，共洋陆元，小队长柒拾叁员每日每员叁角，共洋贰拾壹元玖角，综计洋贰百伍拾陆元肆角正，此为定案规定，是为应领

0003

津貼之費是特代表全區具文呈請

鈞府俯賜查核如數補發以憑轉給是否有當指令祇遵謹呈

梁山縣縣長陳

柏家鄉聯保主任萬　恒

中華民國廿七年七月　日

梁山县政府致梁山县柏家乡联保办公处的指令（一九三八年八月五日）

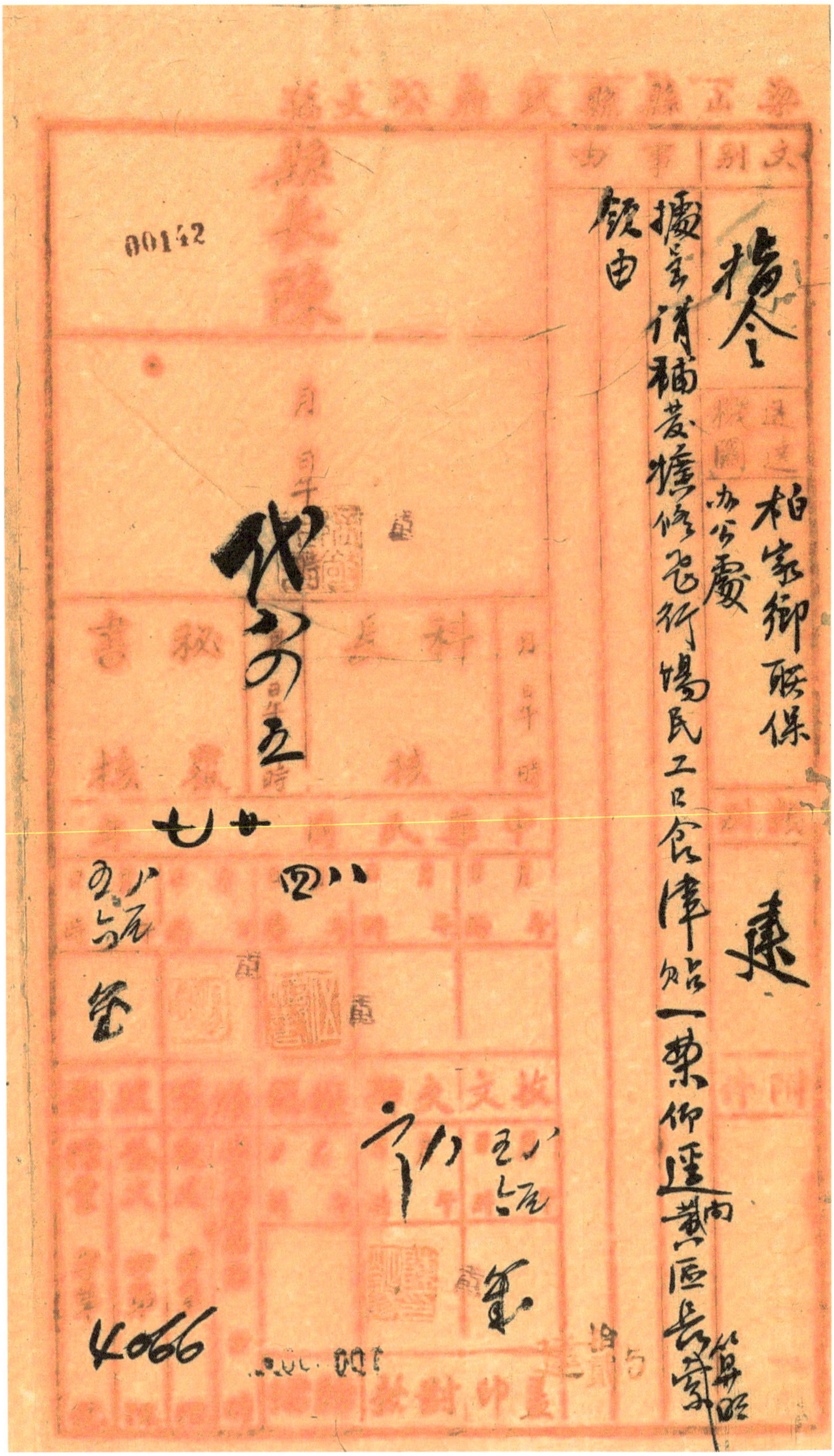
文别 指令
受文机关 柏家鄉聯保辦公處
速
事由 據呈請補發擴修飛行場民工口食津貼一案仰遵照由

梁山縣政府指令　卅七年建字第 4066 號

令柏家鄉聯保主任萬恒

本年八月三日呈一件，為請補發擴修飛行場民工口食津貼由

呈悉。查擴修機場民工口食津貼，業經先期發交該區區長黃璽封給領，并無蒂欠。據稱未領之款，如果屬實，仰逕向該區長黃璽封索領可也。此令。

中華民國卅七年八月五日

縣長徐[illegible]

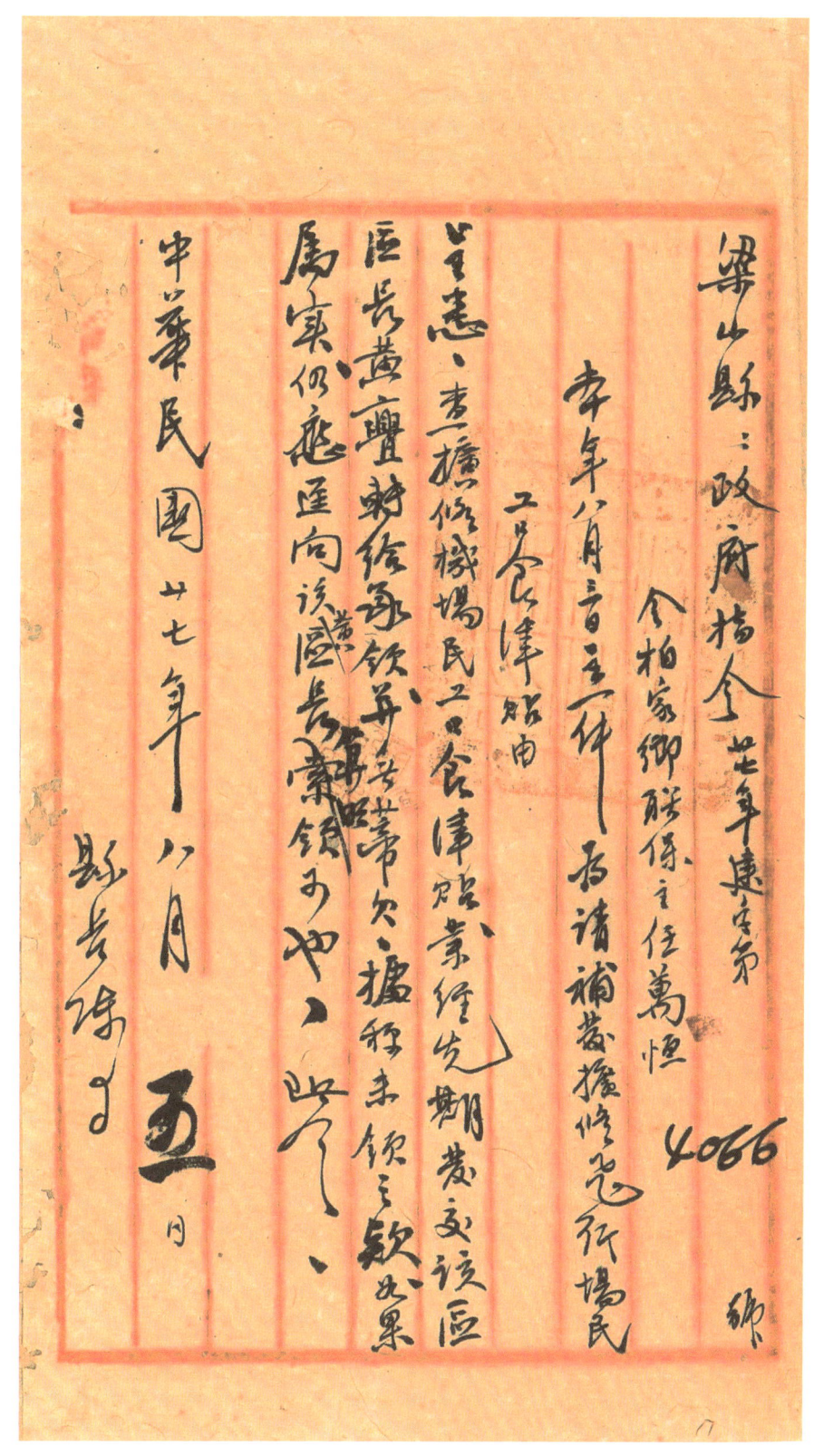

四川省政府、梁山县政府关于在县预备费项下动支一九三八年五月整理飞行场水沟民工口食津贴的来往文书（一九三八年八月至九月）

梁山县政府致四川省政府的呈（一九三八年八月）

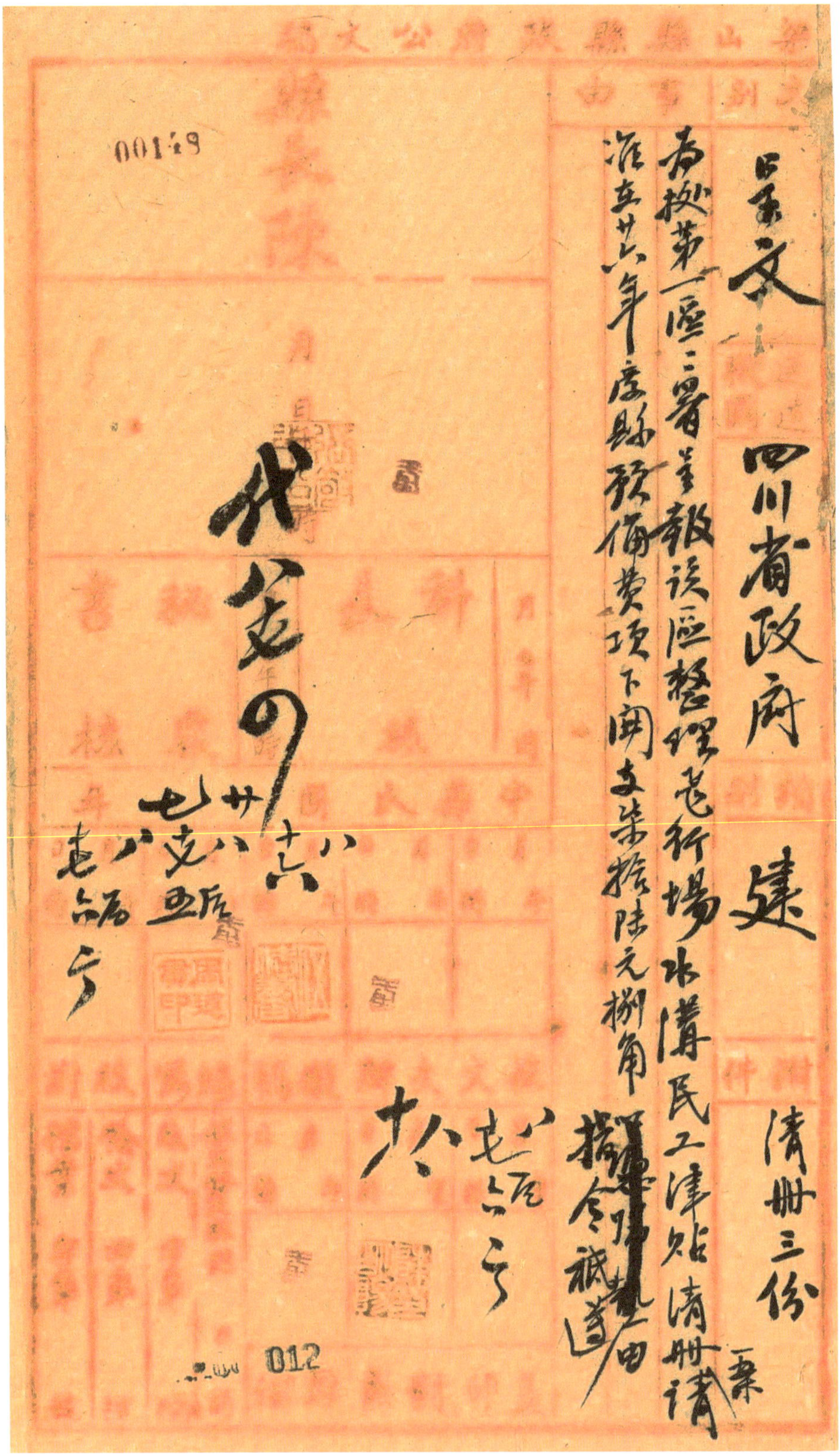

呈文

四川省政府 鑒

清冊三份

為據第一區專署呈報該區整理飛行場水溝民工津貼清冊請准在廿六年度縣預備費項下開支等情

遠4156

查職縣飛行場水溝前經調集民工修理并將民工清冊呈報鈞府本年有指令第一五〇四九號指令准備查在案，惟職縣因雨量過多，機場水溝時常傾圮，迭接飛行場場長衛從哲函請特在第一區所屬蘇龍、文化、仁和三鄉各調民工三十六名，自五月一日起至十五日止，共計五日，共計四百[illegible]個工，每民工一名每日津貼洋壹角六仙，共支洋[illegible]拾柒元捌角，此項民工食津貼業由職府墊發，各該鄉聯保主任承領轉發去訖。前已工程告竣，復據各該鄉造呈民工清冊前來，理合具文送同清冊，費呈鈞府鑒核，准在本年度縣預備費項下動支洋並檢陳元樹角、以憑歸墊、是否有當，指令祇遵。

謹呈

四川省政府主席王

計呈民工清冊三本

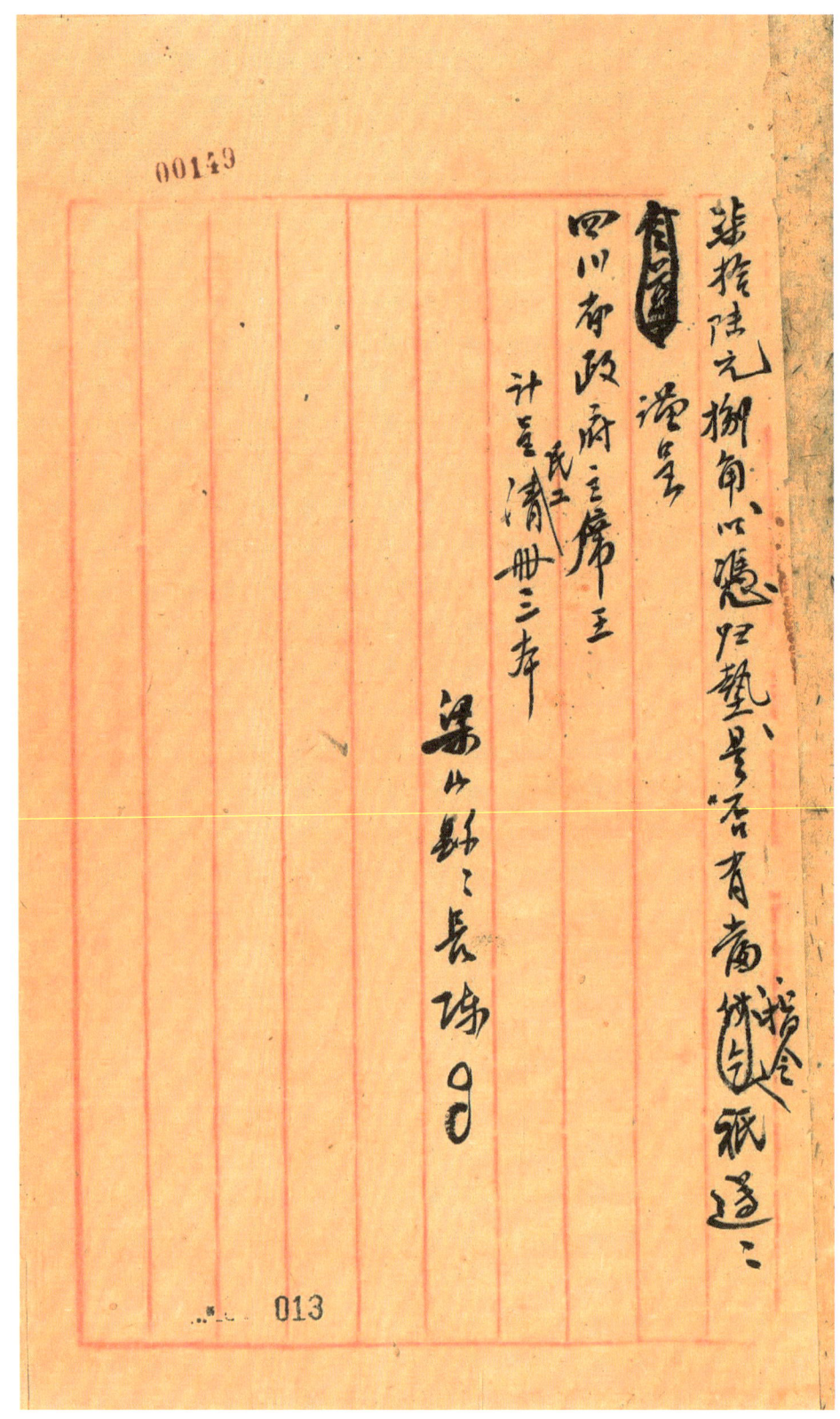

梁山縣縣長陳○

中華民國廿七年八月　　日

四川省政府致梁山县政府的指令（一九三八年九月十四日）

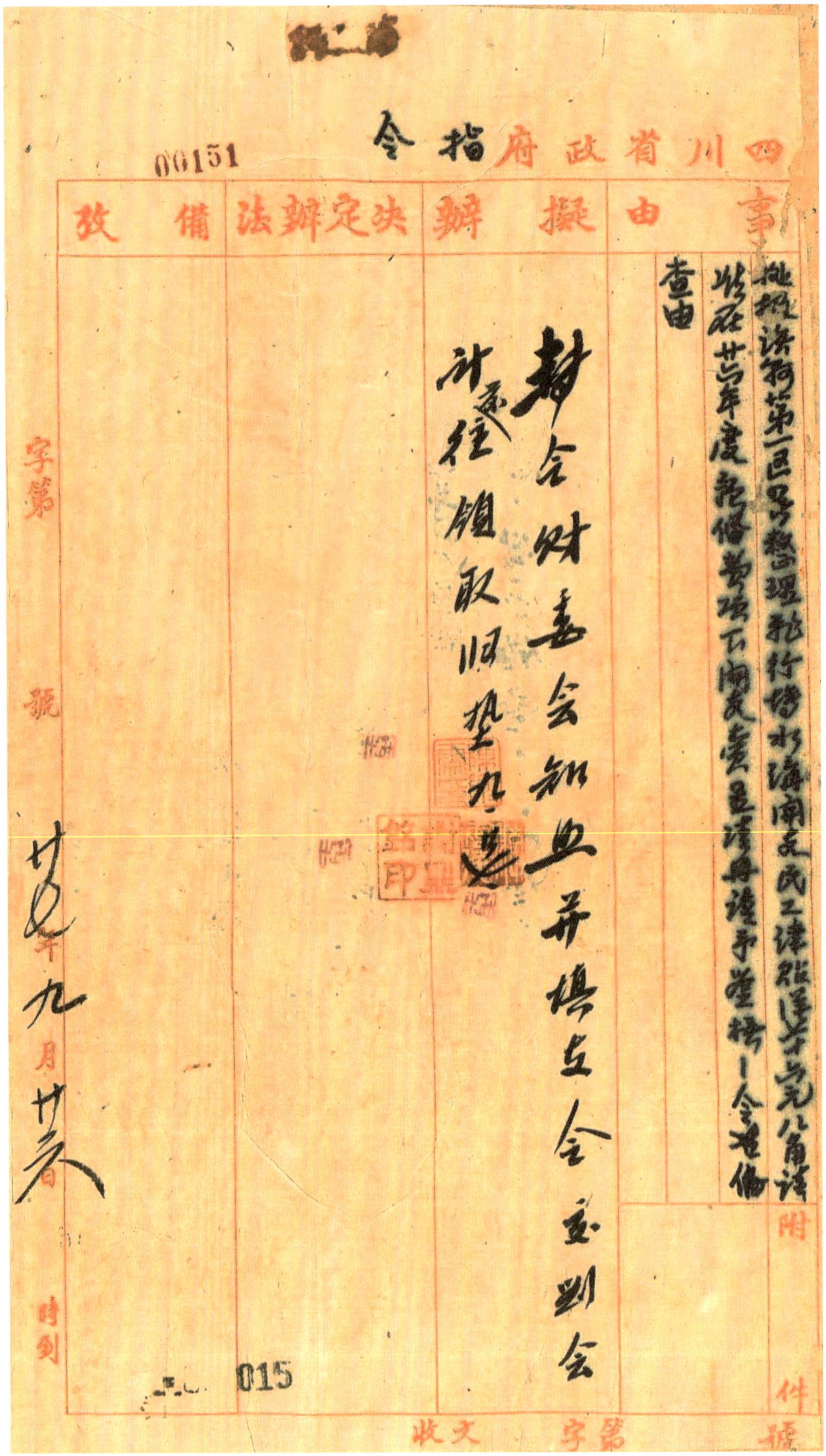

四川省政府指令 華財民字第 28506 號

令梁山縣政府

本年八月十九日為呈報該縣第一區長整理龍行塘水渠開支民工津貼洋七十六元八角請准在廿六年度預備費項下動支表呈請鑒請予備核由

呈附均悉，准予備查。此令。附件存。

中華民國廿七年九月十四日

四川省政府主席王纘緒

民政廳長胡次威

監印顧梅寄鳴

校對員賈國樑

梁山县第一区各乡镇联保办公处领取一九三九年七月一日至七日培修机场、填修机场炸弹坑民工每日伙食费领条（节选）（一九三九年七月）

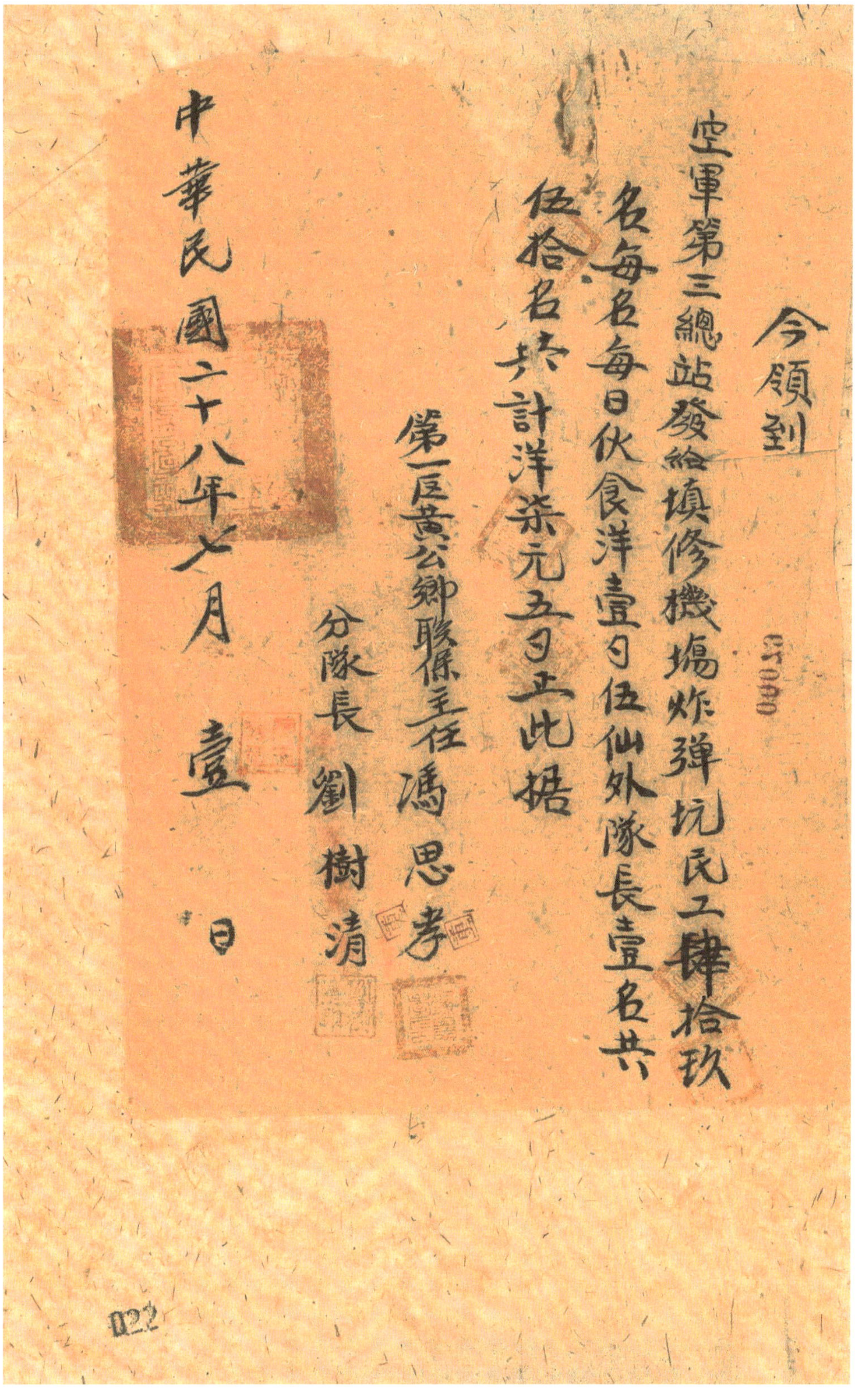

今領到

空軍第三總站發給填修機塲炸弾坑民工肆拾玖名每名每日伙食洋壹角伍仙外隊長壹名共伍拾名共計洋柒元五角正此据

第一區黃公鄉聯保主任 馮思孝

分隊長 劉樹清

中華民國二十八年七月 壹 日

022

今領到

空軍第三總站發來補修機場民工四十八名每日每名津貼洋一角五分共計洋柒元弍角整是實此據

謹呈

空軍第三總站

梁山縣一區梁瑞鄉聯保主任黎彬

中華民國二十八年七月　日

00085

025

今領到

空軍第三總站發經填修机場炸彈坑民工貳拾捌民每名每日伙食洋壹角伍仙外隊長壹名共計貳拾玖名共計洋肆元叁角伍仙整此據

梁山縣第一區蔓城鄉聯保主任唐允殷代

分隊長黄金堂

民國廿八年七月二 号

00113

065

航空委员会空军第三总站扩修机场工程委员会、梁山县政府关于办理扩修机场民工所需柴米及炊具事的来往文书（一九三九年十二月二十七日至三十日）

航空委员会空军第三总站扩修机场工程委员会致梁山县政府的函（一九三九年十二月二十七日）

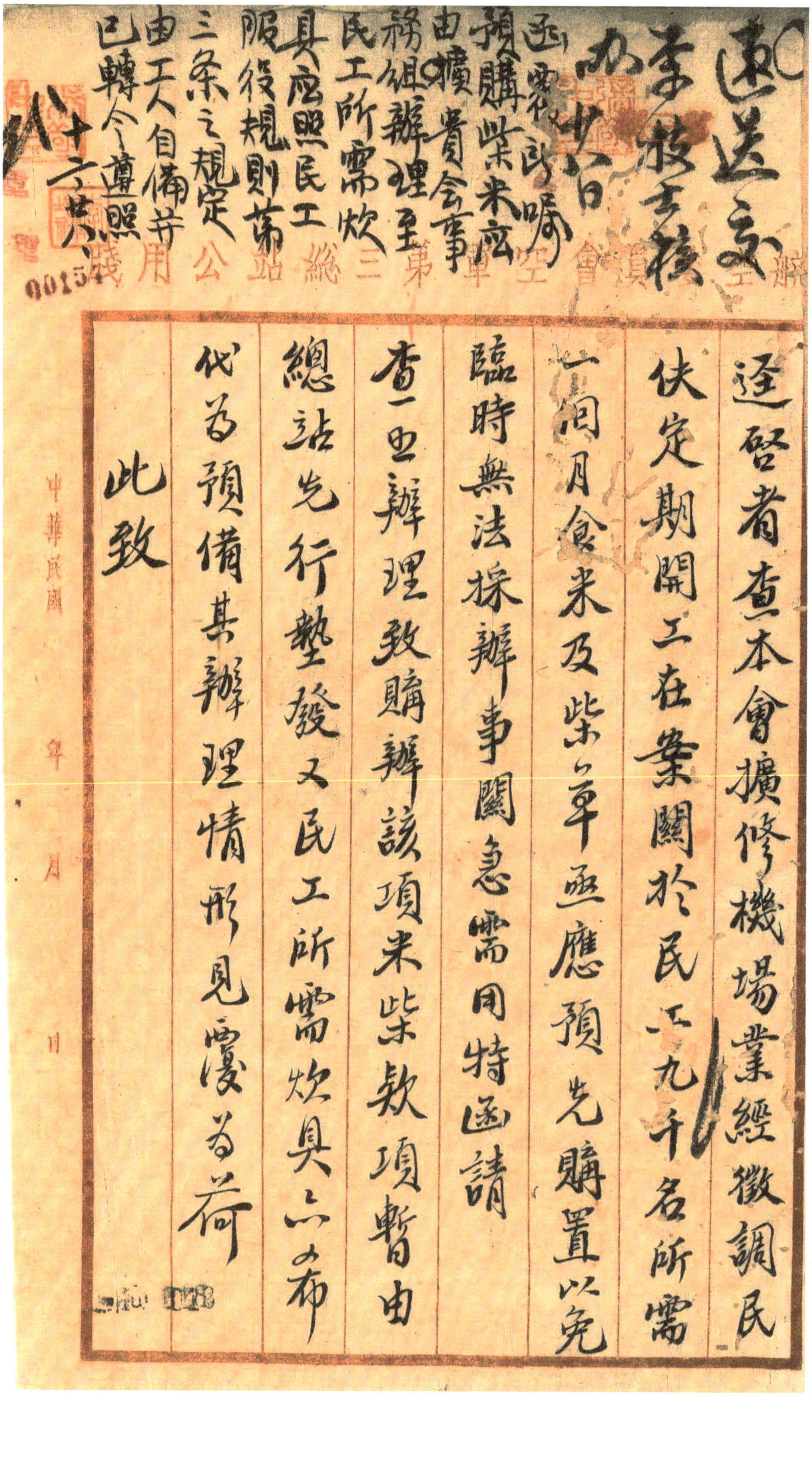
速送交李股长核办 廿六日

函覆所需预购柴米应由扩会事务组办理至民工所需炊具应照民工服役规则第三条之规定由工人自备并已转令遵照 十六

航空委员会空军第三总站公用笺

逕启者查本会扩修机场业经征调民伕定期开工在案关于民工九千名所需一个月食米及柴草亟应预先购置以免临时无法采办事关急需用特函请查照办理致购办该项米柴款项暂由总站先行垫发又民工所需炊具亦希代为预备其办理情形见覆为荷

此致

中华民国　年　月　日

航空委員會空軍第三總站公用牋

梁山縣政府

啓　十一、廿七、

梁山县政府致航空委员会空军第三总站扩修机场工程委员会的公函（一九三九年十二月三十日）

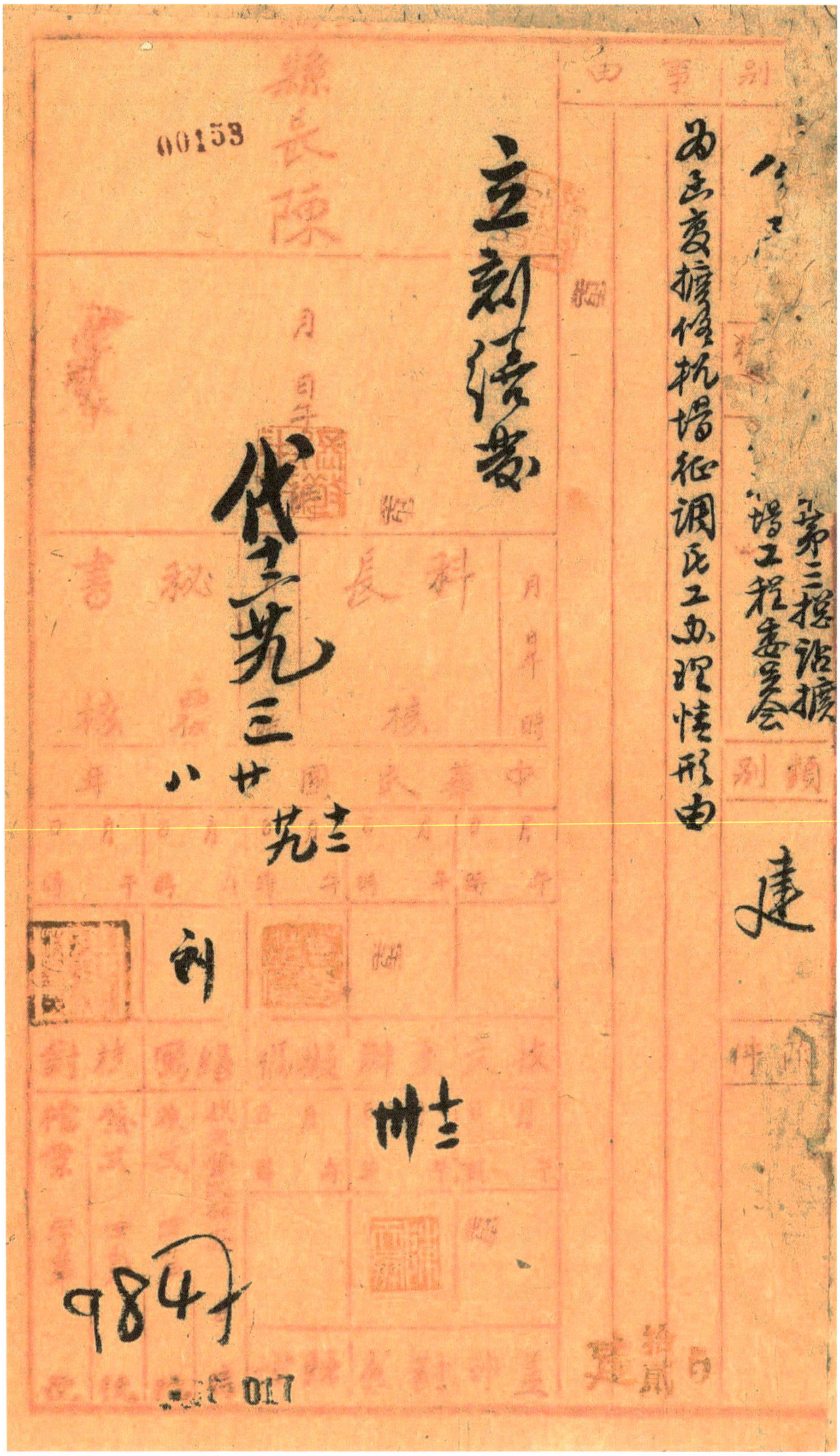
县长陈

00153

立刻缮发

为函复拨修机场征调民工办理情形由

第三总站扩场工程委员会

建

9847

全衔公函　卅年十二月　建字第　號

案查前准

贵會公函（四十）開關於民工所需食米，業准囑預先籌置

一案，當函過府，查預籌糧米，應由

贵會事務組辦理，至民工所需炊具，照民工服務役規則

第三條之規定，由工人自備，敝府已轉令遵照辦理在案，准函前由，

相應函復

贵會請煩查照為荷。此致

六軍第三挺進擔修機場工程委員會

縣長　陳○○

航空委员会空军第三总站扩修机场委员会关于检送扩修梁山机场各县承做土方工价表致梁山县政府的代电（一九四〇年一月十五日）

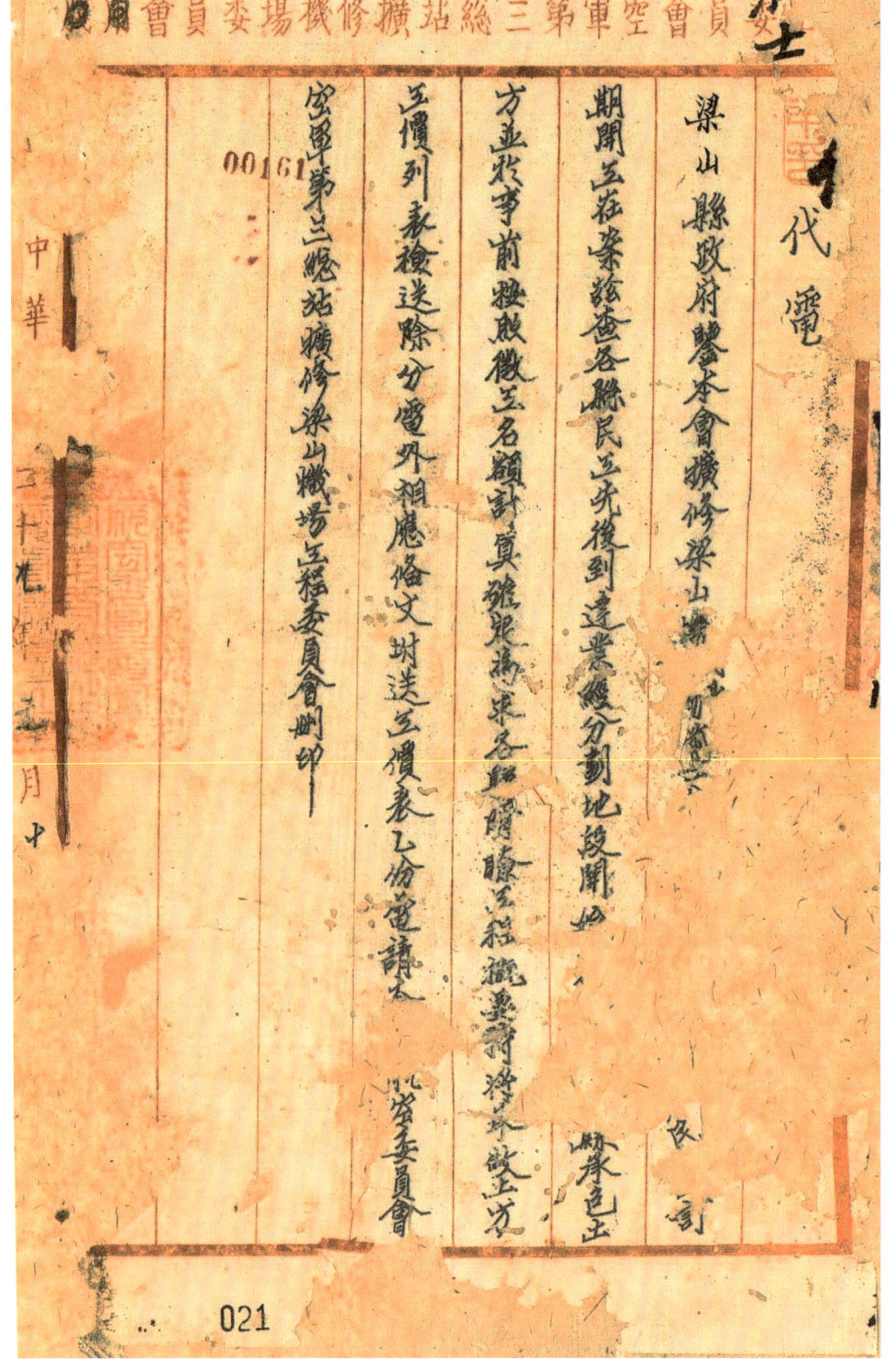

航空委員會空軍第三總站擴修機場委員會用箋

代電

梁山縣政府鑒：本會擴修梁山機場[illegible]期間工程業經函查各縣民工先後到達，業經分劃地段開始。縣承包土方並於事前按照徵工名額計算號碼，求各縣隨時照工程進度將承做土方工價列表，檢送除分電外，相應備文附送土價表乙份，電請查照。航空委員會空軍第三總站擴修梁山機場工程委員會删印

中華民國二十九年一月十 日

00161

021

附：空军第三总站扩修梁山机场各县承做土方工价表

空軍第三總站擴修梁山機場各縣承做土方工價表

縣名	大竹	開江	墊江	梁山	附言
承做土方數量(公方)	28566	24594	23958	39358	
土方單價	$0.30	$0.30	$0.30	$0.30	
土方費	$8569.80	$7378.20	$7187.40	$11807.40	土方費=土方數量×土方單價
平均運距(公尺)	255	150	270	210	平均運距超过六拾以外之距離謂之超運距離每公方每超運三十米給超運費二分
超運距離(公尺)	195	90	210	150	
超運單價	$0.13	$0.06	$0.14	$0.10	
超運費	$3713.58	$1475.64	$3354.12	$3935.80	超運費=土方數×超運單價
工具津貼單價	$0.02	[illegible]02	$0.02	$0.02	
工具津貼費	$571.32	$491.88	$479.16	$787.16	工具津貼費=土方數×工具[illegible]
工程總價	$12854.70	$9345.72	$11020.68	$16530.36	工程總價=土方費+超運費+工具津貼費
開工日期	一月十一日	一月十二日	一月九日	一月十日	雨天每日每名另給伙食津貼一角五分
限期(晴天)	25日	20日	21日	24日	

完

航空委员会空军第三总站关于告知民工来往途间伙食津贴给予办法致梁山县政府的公函（一九四〇年三月三十日）

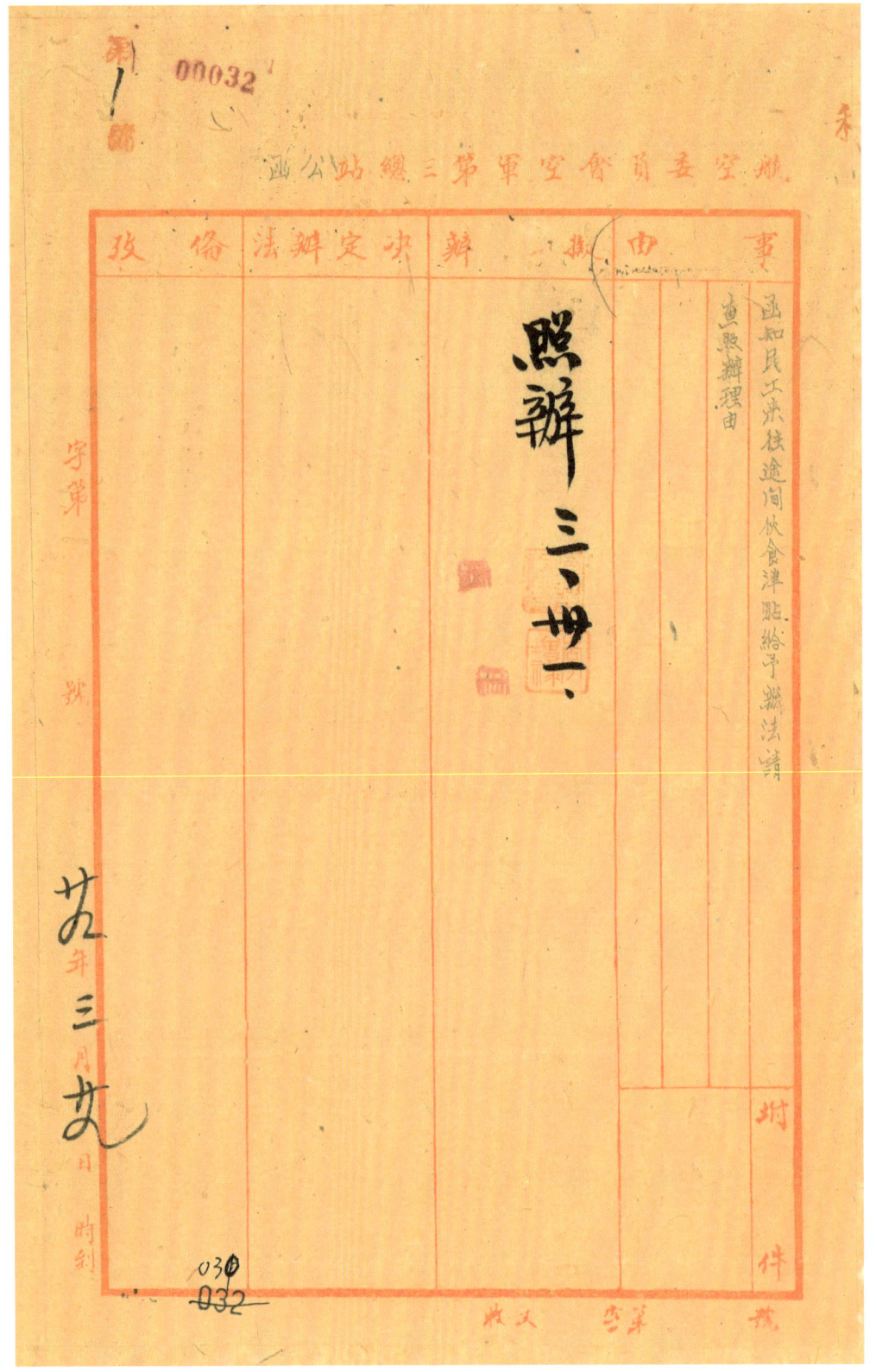

00032

航空委員會空軍第三總站公函

事由	擬辦	决定辦法	備攷
函知民工來往途間伙食津貼給予辦法請查照辦理由		照辦 三、卅一、	

附件

廿九年三月卅日 時 到

字第 號

030
032

航空委員會空軍第三總站公函　經庚梁字第418號

查核發民工來往途間伙食津貼詳細辦法業經本總站電奉

航委會核示民民工在途間伙食津貼往返均予支付但以第一次實到總數為準

換班者概不給予其給發標準為距離三十華里一角六分百華里二角

四分餘按此推算等因奉此遵按給發標準推算一百五十華里為三角二分二百華

里四角除分函外相應函達即希

查照辦理為荷！

此致。

梁山縣政府

總站長
郭漢庭

031
032

中華民國二十九年三月三十日

梁山县政府、梁山民工大队领取扩修机场民工雨天津贴费的领条（一九四〇年三月三十一日）

1181

今領到

軍第三總站擴修機場委員會發給本縣民工承修機場雨天津貼費國幣壹仟捌佰叁拾九元捌角六分正

此據

梁山縣縣長陳[illegible]

梁山民工大隊大隊長唐康

中華民國二十九年三月三十一日

41

梁山县政府、梁山县第四区区署关于补发第四区柏家乡扩修机场民工口食费的来往文书（一九四〇年三月至四月）

梁山县第四区区署致梁山县政府的呈（一九四〇年三月）

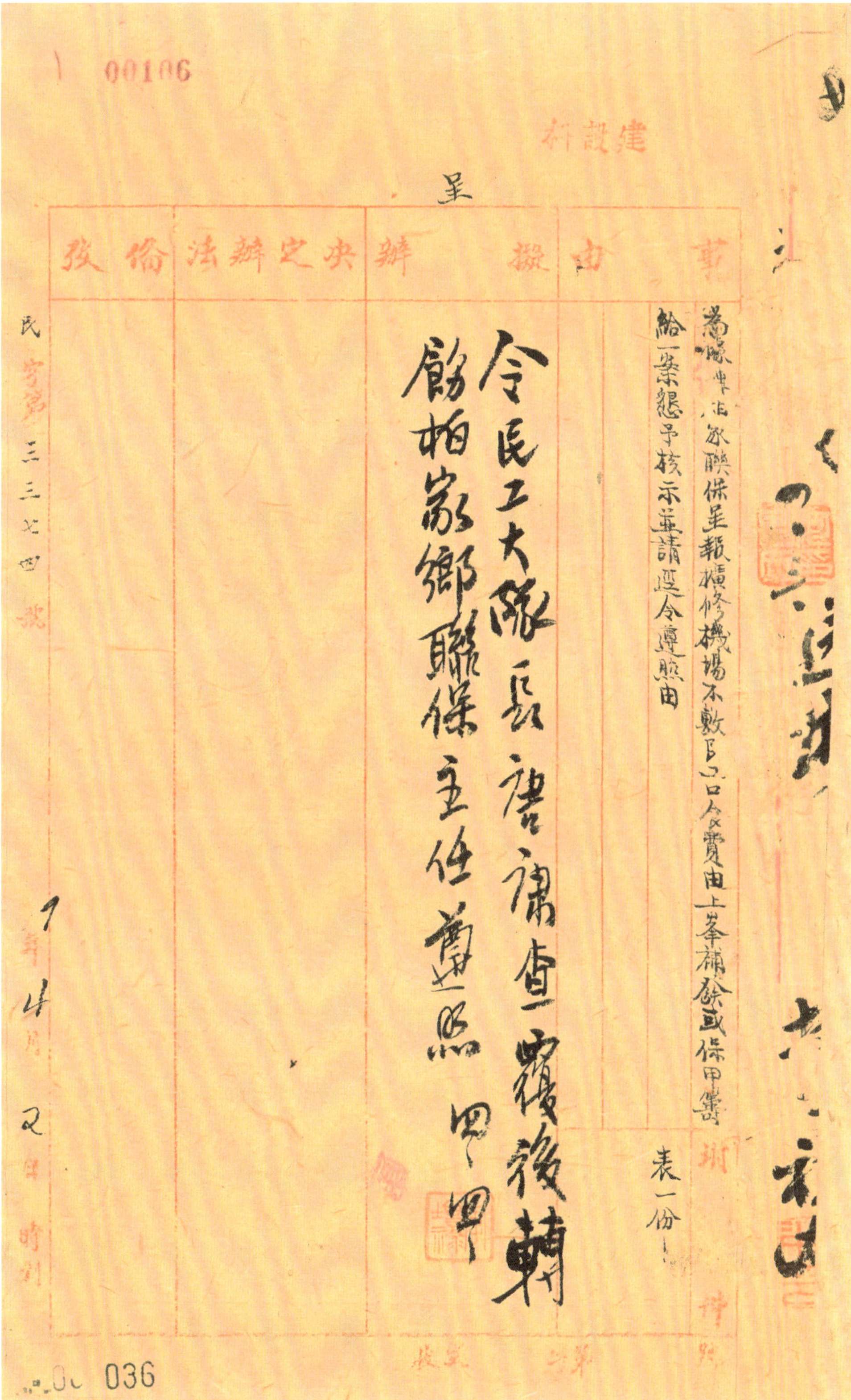

00106

建設科

呈

事由	擬辦	批示	決定辦法	備攷
為據柏家聯保呈報擴修機場不敷民工口食費由上峯補發或保甲籌給一案懇予核示並請遵令遵照由　表一份	令民工大隊長唐謙查覆後轉飭柏家鄉聯保主任遵照　四四			

036

本年三月二十八日案據柏家鄉聯保主任陳述平呈稱：

本月二十六日案據職鄉派赴擴修機場民工中隊長陳少陽報稱：竊少陽於本年元月十日奉令率領民工前往梁城機場担任工作，編為二十四中隊，計自元月十日起至二月二十日止，共作工五千貳百四十貳天工，共領米伙食洋六百另八元，依照上峯規定每天工伙食貳角，只敷作工三仟零四十天工之伙食，其餘作工貳仟貳百零貳天工，除紫照鄉担負民工八百零四天工，該伙食洋壹百六十元零八角由該鄉自行担負外，柏家鄉担負壹仟三百九十八天工，應該伙食洋貳百七十九元六角，由民工區隊長唐喻之向 縣府借來洋壹百三十貳元開支，不敷甚鉅，下欠洋壹百四十七元六角，正純由職在外挪墊，現米商追索甚急，無法應付，理合具文呈請 鈞處鑒核，轉請撥款發下，以便支付，或由鈞處舊款撥給，以清手續，而免墊累。再三月十日起至十六日止，奉令補修機場，柏家聯保作工三百四十四天，此項民工伙食由柏家聯保自行籌款担負，另派保長經理，合併申明，等情。

00107

據此。經職查係實情。理合具文呈請鈞署鑒核轉請　縣府核發。或飭令由職鄉保甲經

等情。計附民工隊長陳少陽民工日報表一份。據此。除指令外。理合備文檢同原表。轉呈

鈞府衡核此項民工不敷口食費由上峯補發。或由保甲籌給。以免該隊長因公受累。是為公便。再職

署裁撤在即。懇

鈞府對於此案指示辦法。逕令該相家廟保遵照。而免轉令不到。無所適從之虞。指令祗遵！

謹呈

縣長陳

計附呈原表一份

第四區區長李文華

037

中華民國二十九年三月　日

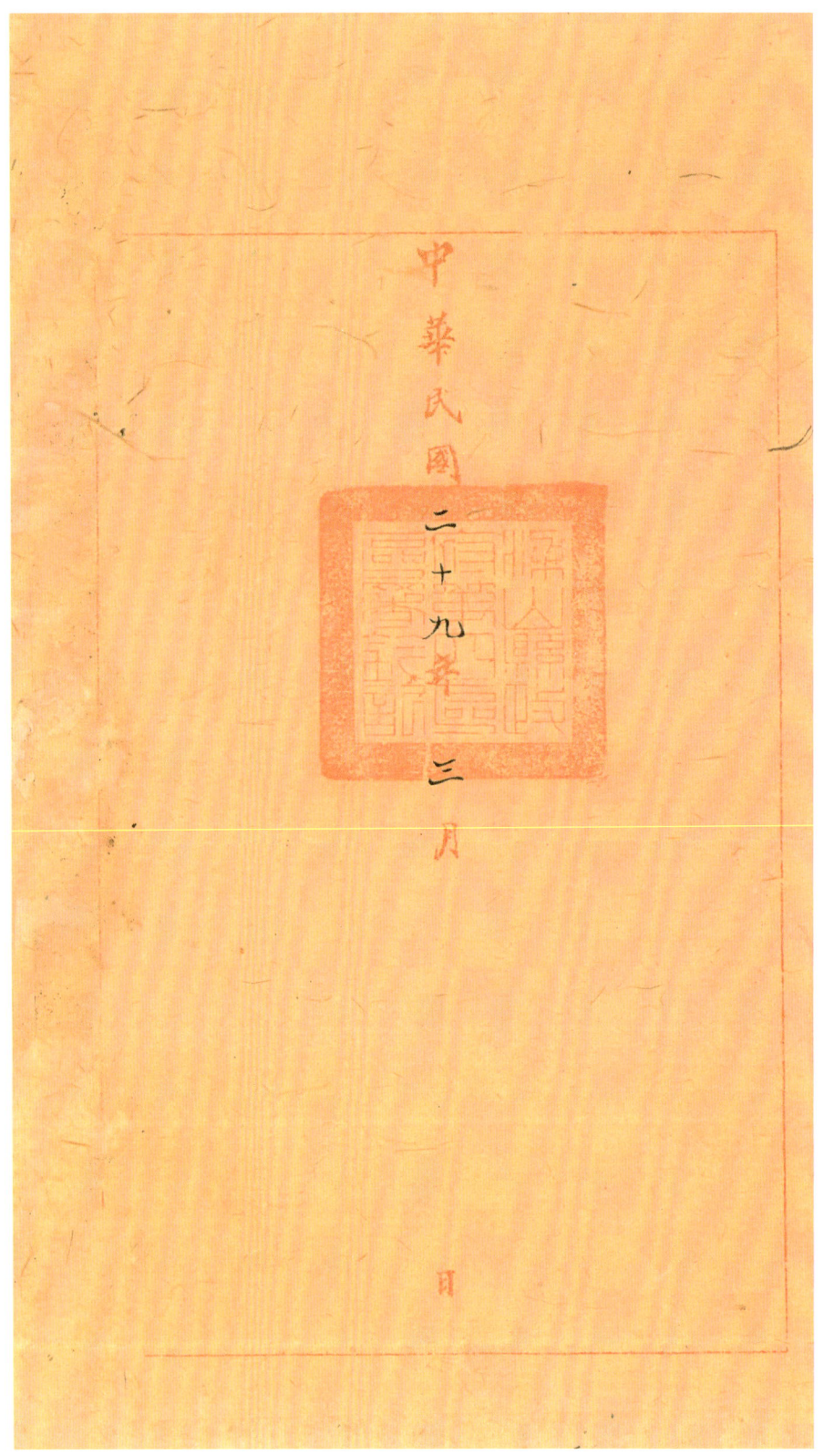

梁山县政府致梁山县第四区区署的训令（一九四〇年四月六日）

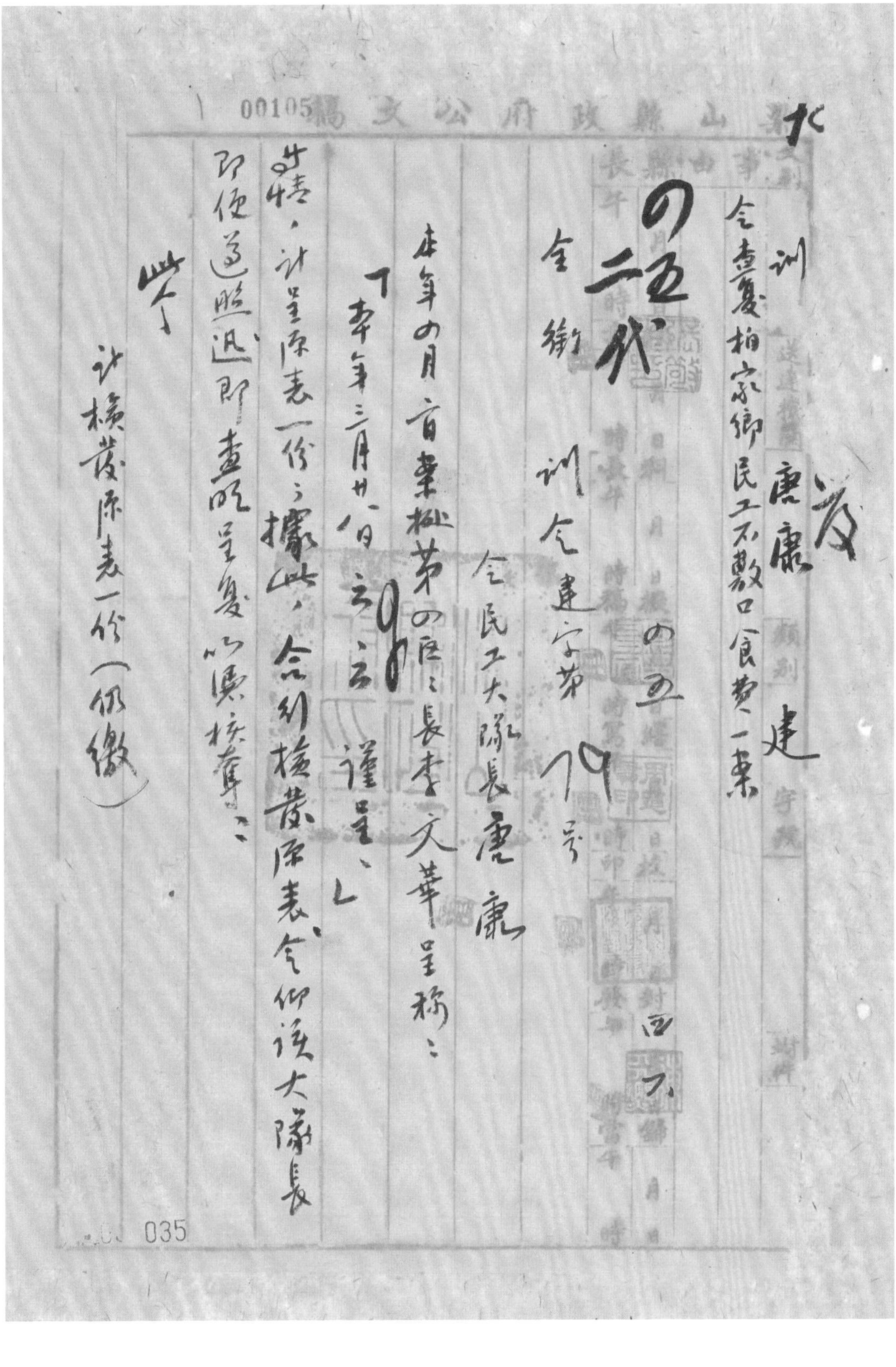

梁山縣政府公文稿 00105

訓

令查覆柏家鄉民工不敷口食費一案

令第四區區長唐康

訓令 建字第 號

令民工大隊長唐康

本年四月二日案據第四區區長李文華呈稱：

本年三月廿八日……謹呈。

等情，計呈原表一份，據此，合行檢發原表，令仰該大隊長即便遵照，迅即查明呈覆，以憑核奪。

此令

計檢發原表一份（仍繳）

航空委员会空军第三总站关于派员来站会办一九四三年五月二十八日至六月十四日抢修补修机场各乡镇民工总数及已领欠领工款事致梁山县政府的代电（一九四三年六月十七日）

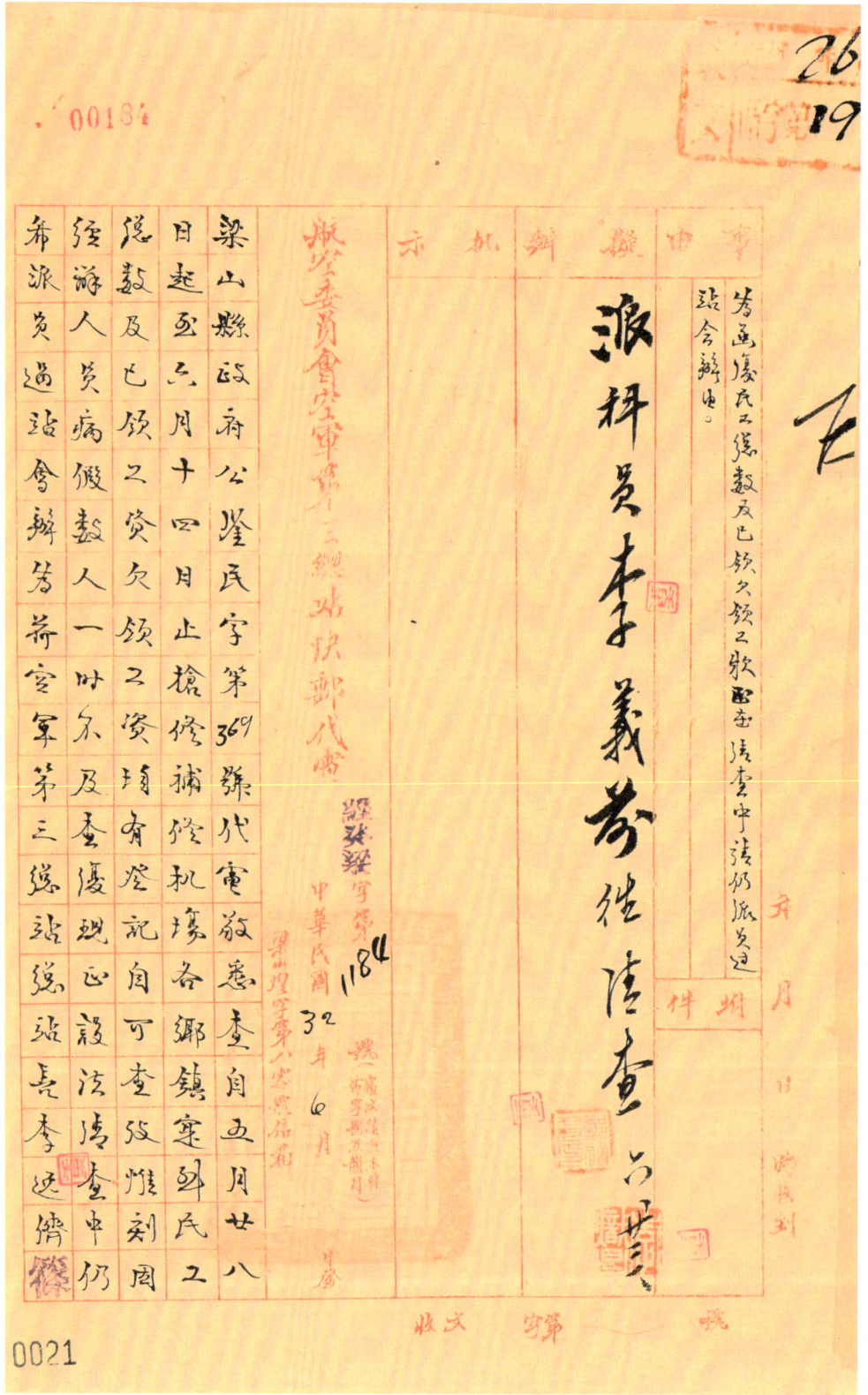

為函復民工總數及已領欠領工款正清查中請仍派員逕站會辦由。

派科員李義芬往清查

航空委員會空軍第三總站快郵代電

梁山縣政府公鑒：民字第369號代電敬悉。查自五月廿八日起至六月十四日止搶修補修機場各鄉鎮寔計民工總數及已領之資欠領之資均有登記，自可查考。惟刻因經辦人員病假數人，一時不及查復，現正設法清查中，仍希派員逕站會辦為荷。空軍第三總站總站長李述儕

梁理字第八號

中華民國32年6月 日發

張癸榮

021-1

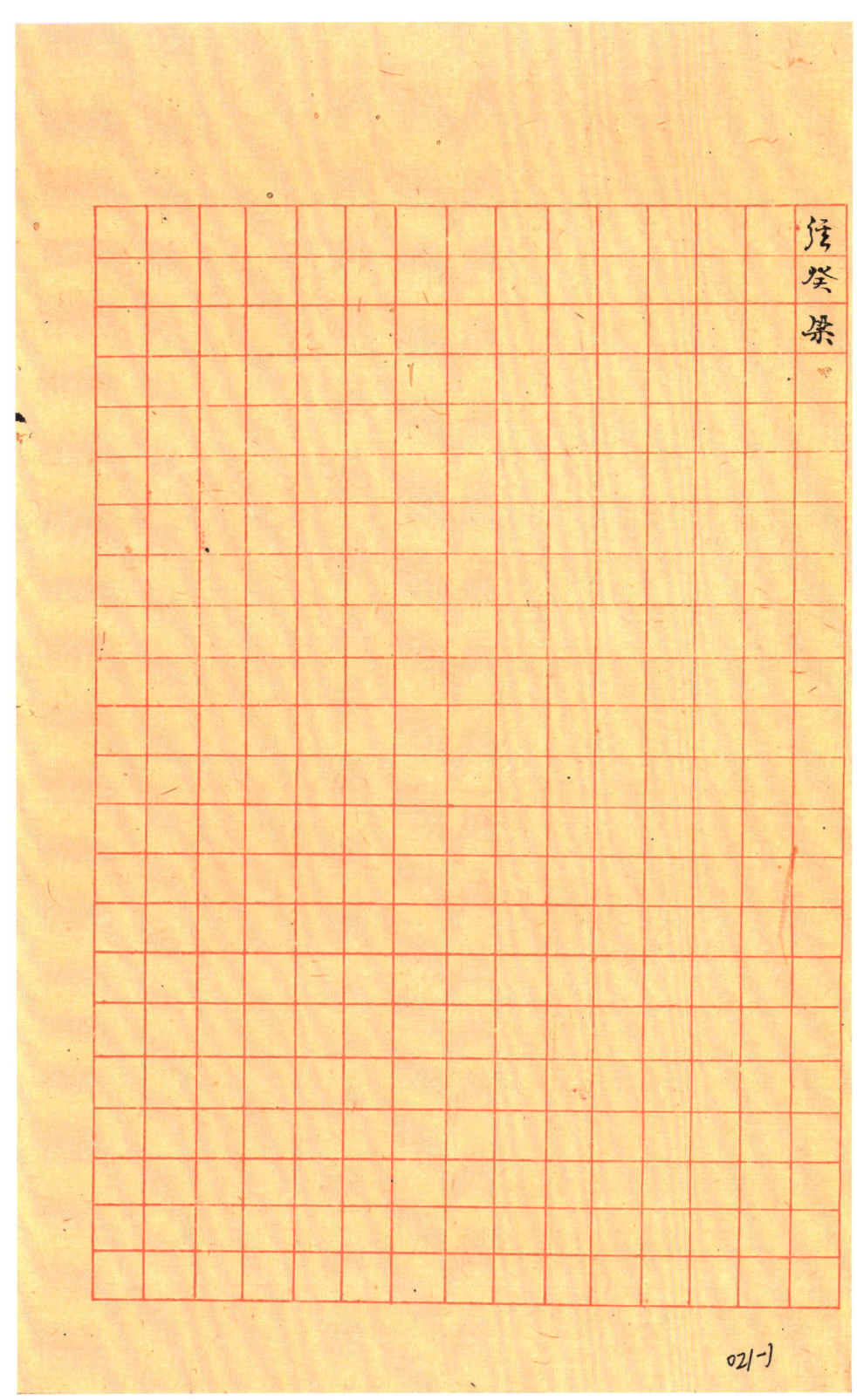

梁山县蟠龙乡抢修机场民工队关于领取一九四三年五月三十日至六月六日伙食费余款致梁山县政府民政科的呈（一九四三年六月）

竊職於五月三十日率領本鄉民伕來城搶修機場連日督率工作直至六月六日始停止作工惟每日應領火食均未發足合計共該洋貳萬餘元除已領洋壹萬四千伍百元外下應補發洋壹萬餘元旋因事務變遷舫亦染病拖懸迄今刻外欠米款追迫如火是特將逐日工作人數及領款數目列表賫呈

鈞座鑒核轉請 三總站補發以免懸累不勝沾感并祈令遵謹呈

民政科長張

計呈工作人數表一份 說明一份

蟠龍鄉領隊李 舫

1、由排於五月卅日午后一時張蓮開始工作至卅一日午前十一時止盡夜計貳日共民工貳百卅八人兩日計該洋玖仟五百廿元正已領貳仟五百元下欠洋柒仟零貳拾元正

2、包挖塘計洋四千柒百零八元僅領捌仟伍百元外加壘洋陸千樣出據石瓦工人卅名尚在包外該洋陸百元下欠（包）洋貳仟零壹拾八元正

3、壞石方共三百一碼將洋壹萬捌仟餘元撥出工人四十名換石該洋八百元（三日）共領洋捌仟伍百元正尚下欠洋壹萬零捌百元

4、尚有在大河填挑石共六工人壹百卅名作工僅十七名達伏共廿以廿五人計該洋五百元

5、自漲料長費洋叁仟元

6、以上總計共該洋叁萬壹仟八百卅八元除來壹萬捌仟五百元正下欠補洋壹萬叁仟叁百叁拾八元正

據龍行政聯 李斯 呈

附二：蟠龙乡民夫抢修机场逐日工作人数表（一九四三年六月）

P136

蟠龍鄉民夫搶修機場逐日工作人數表

工程種類	日期	工作人數	應領火食洋	已領數	未領數	備考
挖溝挑石	卅二年五月卅日	238人	2380元		2380	以半日計 張科長点名
填彈坑	夜同日	238	4760		4760	填中城鎮及城西鄉
填慢性彈坑	卅一日	238	2380	2500		總站副監督空襲後停以半日計
挖水溝	六月一日	220	4400		4400	廖股員監工 撥出15人撿飛石
〃	二日	121	2420	4500		撥出15人撿飛石 雨
挑石填溝	三日	64	1360	1000	360	
〃	夜	64	680		680	十二鐘止
〃	四日	131	2620	1000	1620	張課長及軍士点名
〃	五日	134	2680	2500	180	撥出20人撿石 20人拖飛机
挑石	六日	130	2600		2600	空襲
	十日	×		3000		張科長簽
總計		1586	26280	14500	11740	

卅二年六月　日　　蟠龍鄉領隊李樹方呈

航空委员会空军第三总站关于派员来站结算自一九四三年五月二十八日起抢修机场民工口食费致梁山县政府的公函（一九四三年七月五日）

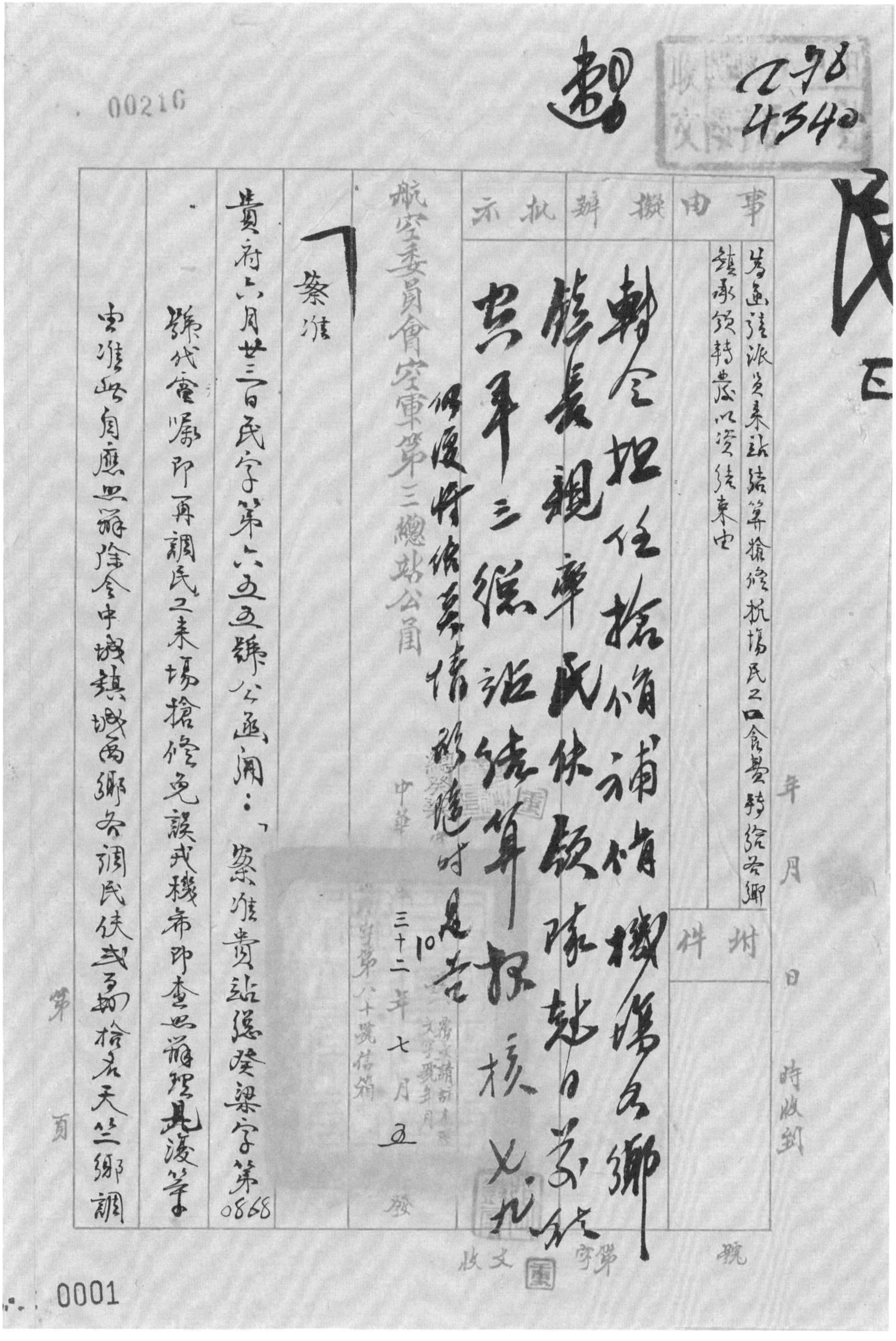
事由　为函请派员来站结算抢修机场民工口食费转给各乡镇承领转发以资结束由

拟办　批示

航空委员会空军第三总站公函

贵府六月廿三日民字第六五五号公函开："案准贵站总发梁字第0868号代电嘱即再调民工来场抢修免误戎机希即查照办理具复等由。准此，自应照办，除令中城镇城南乡各调民伕弍百名，检存天竺乡调

中华民国三十二年七月五日发

民工壹式拾名安勝蟠龍兩鄉各調式百名準時來場工作外准自五月廿八日起各鄉鎮所到之民工欠領工資希請即日結算以便轉飭具領准電前由相應函復貴站查照為荷」等由。准此。查該項民工工食，亟應清算，以資結束，相應函復，請煩查照！派員來站結算轉給為荷！

此致

梁山縣政府

總站長 李逸儒

0014

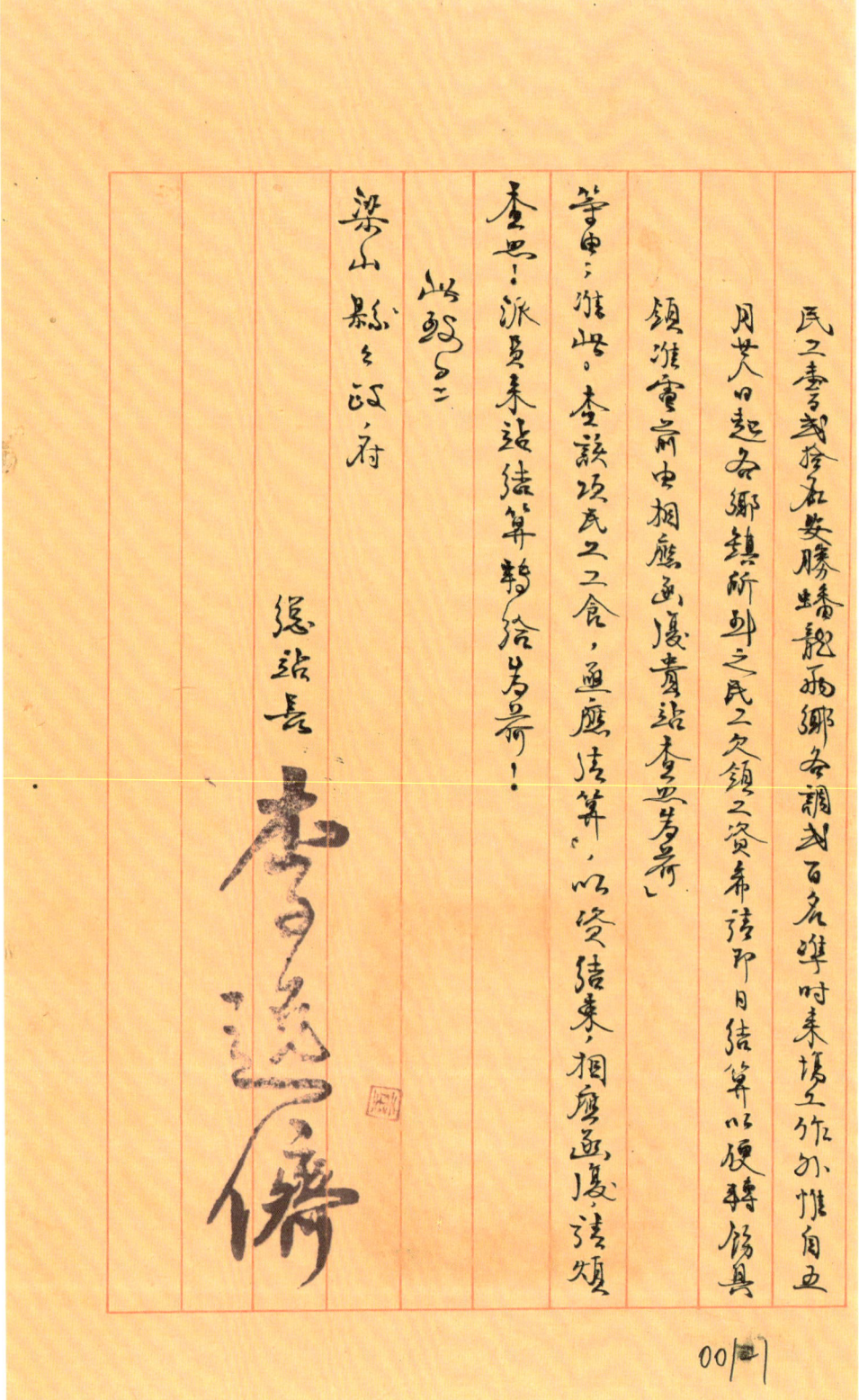

航空委员会空军第三总站关于派员来站结算抢修机场工款致梁山县政府的公函（一九四三年七月十四日）

事由：為函請派員來站結算搶修机場工款由

擬辦：分別令各該鄉鎮結算具報

航空委員會空軍第三總站公函

字第 296 號

查本總站機場搶修工程，現雖告一段落，但遣支工款尚未结束，請貴府派員來站結算，至應遷還石方仍請征伕完成，相應検送偈查核表函達查照办理見復為荷！

中華民國三十二年七月十八日發

此致。

梁山县政府

总经理 李运濂

附：各乡镇担任补修机场工程查核表

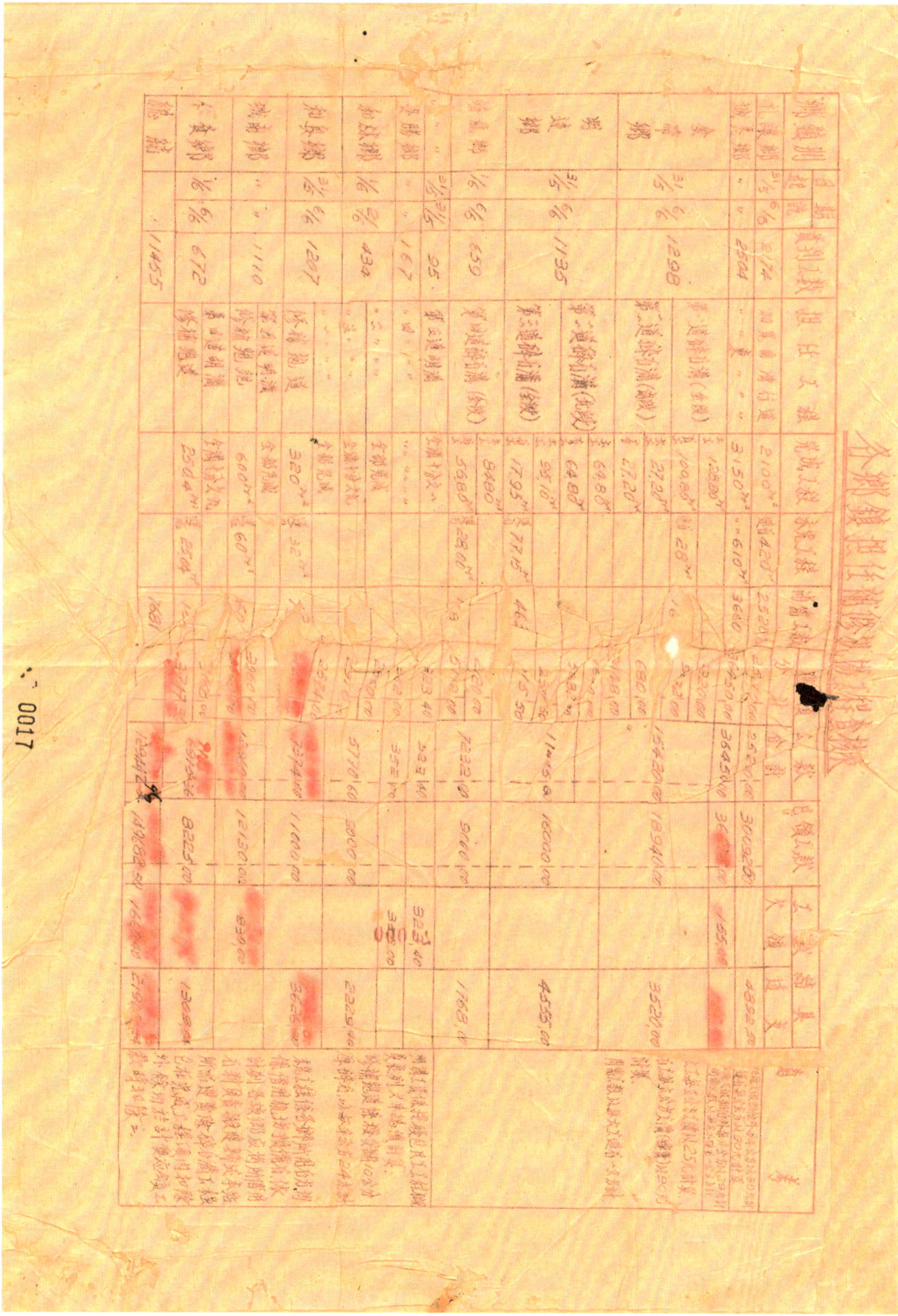

各郷鎮担任補修机場工程查核表

鄉鎮別	日期 起	日期 訖	實到工數	担任工程	完成工程	未完工程	尚需工數	應發工款 分計	應發工款 合計	已領工款	工款結算 欠領	工款結算 透支	備考
[illegible]鄉	31/5	6/6	2174	加寬西滑行道	2100M²	[illegible]420M²	2520	[illegible]	25200.00	30092.50		4892.50	[illegible]
城東鄉	〃	〃	2504	〃〃東〃〃〃	3150M²	〃〃610M²	3660	36450.00	36450.00	36[illegible]	155.00	[illegible]	[illegible]
金[illegible]鄉	31/5	6/6	1298	第一道碎石溝（全段）	128.80M³			3220.00	15420.00	18940.00		3520.00	土工每立公方工價以25元計算，石工每立公方工價（包賃）以90元計算，尚需工數以每大立方石一立方計
					100.80M³	[illegible]26M³	16[illegible]	[illegible]22.00					
				第二道碎石溝（南段）	27.20M³			680.00					
					27.20M³			[illegible]48.00					
明遠鄉	31/5	6/6	1135	第二道碎石溝（北段）	64.80M³			[illegible]	11445.00	16000.00		4555.00	
					64.80M³			[illegible]					
				第三道碎石溝（全段）	95.10M³			[illegible]50					
					17.95M³	77.15M³	46[illegible]	[illegible]15.50					
[illegible]鄉	1/6	6/6	659	第四道碎石溝（全段）	84.80M³			[illegible]20.00	7232.00	9000.00		1768.00	
					56.80M³	28.00M³	[illegible]	[illegible]					
〃 〃	31/5	31/5	95	第五道明溝	全溝十分之八			323.40	323.40		323.40		明溝工資係按照包民工工程概算表列之單價計算。
[illegible]勝鄉	〃	〃	167	〃四〃〃〃	〃〃〃〃〃			352.00	352.00		352.00		
和[illegible]鄉	1/6	2/6	434	〃六〃〃〃	全部完成			[illegible]50.00	5770.60	8000.00		2229.40	修補跑道條權實鋪10公分厚碎石，以每立公方24元計
				〃七〃〃〃	全溝十分之九			[illegible]					
和[illegible]鄉	31/5	6/6	1207	〃〃〃〃〃	全部完成			2574.00	7374.00	11000.00		3626.00	未完工程係各鄉所用石方均係借用機場預備石，依計劃各該鄉應將所借用石料負責繳還，辦法本應所需還費除碎石溝工程已在完成工程項内扣除外，餘則於計算應領工款時扣除之。
				修補跑道	320M²	32M²	[illegible]	[illegible]					
城南鄉	〃	〃	1110	第五道明溝	全部完成			2960.00	[illegible]	12130.00	839.00		
				修補跑道	600M²	60M²	[illegible]	[illegible]					
[illegible]鄉	1/6	6/6	672	第四道明溝	全溝十分之九			[illegible]	[illegible]	8225.00	[illegible]	1309.[illegible]	
				修補跑道	250.4M²	25.04M²	[illegible]	[illegible]					
總結			11455				7681		129442[illegible]	149682.50	1660.40	2190[illegible]	

0017

福禄、三合等乡补修机场民工中队关于请求增加民工伙食费及划分工作区域致梁山县政府补修机场民工总队部的签呈（一九四三年九月十三日）

呈道 萧總隊長核 九十四代

簽呈 三十二年九月十三日 中隊部呈

竊職等率領民工補修機場深知事關國防工作無不努力從事期其早日完成任務惟民工伙食以每人每日十六元之數實不足以飽腹且各民工以食料不足為詞於工作不甚努力以管見所及協懇改善者各有二端（一）民工伙食應照規定二十元之數預為發給即以各鄉民工數及工作日程計算統計各該數目若干全數一次或二次發交各鄉負責人主持辦理（二）劃分工作區域即以全場需工若干平均分担各鄉鎮（以保為單位）如能採擇施行職等決能負責依限完成是否可行理合簽請

鈞座鑒核示遵！

謹呈

梁山縣政府補修機場民工總隊總隊長黃

福祿鄉補修機場民工中隊長 徐其登

三合鄉補修機場民工中隊長 譚登校

紫照鄉補修機場民工中隊長 蔣 節

石安鄉補修機場民工中隊長何遠欽

呈悉。関於增加口食

及指示方法均已照

令各鄉鎮俾民工得以

果腹而利進工。令並

昨已將詳情通總隊辦

辦理矣。仰轉令民工

一體知照為要。此令

九十丁

梁山县政府、航空委员会空军第三总站关于依照规定发给一九四三年五月二十八日至六月十日抢修补修机场民工往返途程费、集中费的来往公函（一九四三年九月至十月）

航空委员会空军第三总站致梁山县政府的公函（一九四三年九月十六日）

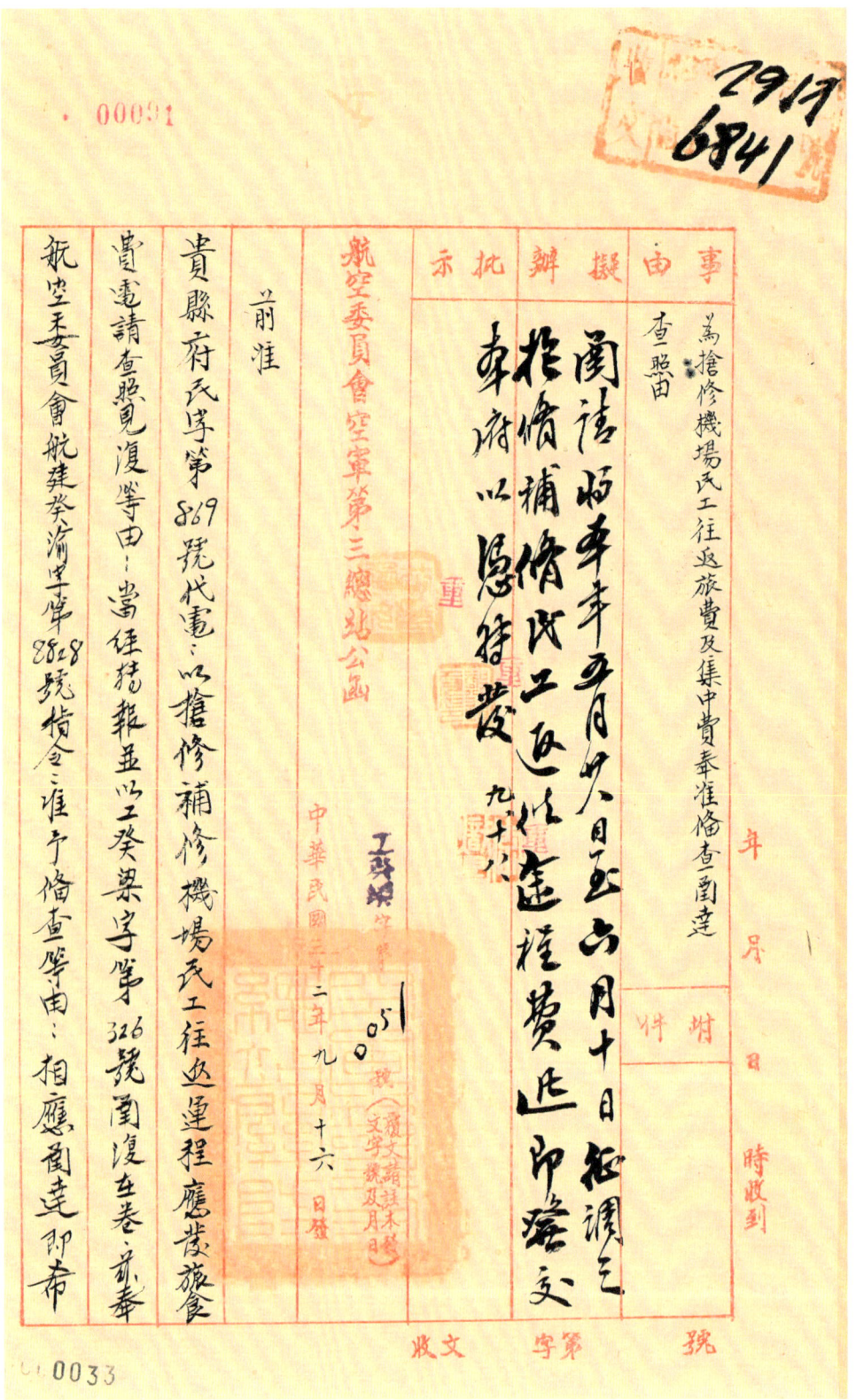

00091

2917
6841

事由：為搶修機場民工往返旅費及集中費奉准備查函達查照由

擬辦

批示

閱該將本年五月廿八日至六月十日征調之搶修補修民工返往途程費迅即發交本府以憑轉發 九十六

航空委員會空軍第三總站公函

工癸渠字第　號

中華民國三十二年九月十六日發

前准

貴縣府民字第869號代電：以搶修補修機場民工往返運程應發旅食費電請查照見復等由；當經轉報並以工癸渠字第326號函復在卷。茲奉

航空委員會航建癸渝字第8818號指令：准予備查等由；相應函達，即希

查照。

收文　第　字　號

年　月　日　時收到

0033

查照為荷

此致

梁山縣政府

總站長

牧志揚

033-1

梁山县政府致航空委员会空军第三总站的公函（一九四三年十月二日）

梁山县政府公文稿 一 00090

公函 民一三二五

为扩修补修机场民工往返途程费及集中费请即依照规定发给由

空军第三总站

案准

贵总站工癸渠字第五一号公函以扩修补修机场民工往返途程费及集中费呈奉航空委员会建癸济字第八八二八号指令准予备查嘱即查照等由过府。查本年五月廿八日至六月十日止先后征调扩修补修民工共二二八二二名，依照规定应分别发给往返途程费暨集中费，准函前由，相应函请

查照，希将各费迅予核算清楚送交本府以凭转饬为荷。此致

航空委员会空军第三总站

县长 黄○○

0032

张树屏关于报送一九四三年九月六日至十月十一日第二次补修机场用工、用时、用费结算情形致梁山县政府的签呈（一九四三年十月二十七日）

00165

民
32.11.25

查第二次補修機場業經結算完竣茲分別簽呈於左：

一、自九月六日起至十月十一日止各鄉共實到民工肆萬八千壹百九十七工每工每日照二十元之規定應領口食費玖拾壹萬弍千七百七十元正

二、各鄉民工應領雨工津貼玖千零三名每名每日照十六元之規定計拾萬叁千壹佰壹十弍元正

三、各鄉應領途程費民工伍千七百四十名（距工作地點）在三十華里以内者每名發十元距[illegible]在六十華里以内者每名發二十元在六十華里以外者每名發三十元共計壹拾肆萬肆千弍百元正

四、各鄉民工中隊部職員共弍百五拾捌名每名每日口食費二十元共應領弍萬零六十四百元正

五、總隊部職員并新津總站核定為三萬柒千四百元正

六、總隊部辦公費四千弍百七十四元正（另有單據）

七、扁担篾箕購置費壹千零伍十伍元正

歸十月十日補修机場處

0054

00166

八、袁驛鄉民工獎金壹千元正

九、以上合計共爲壹佰弍拾弍萬肆仟四百伍十壹元正

十、前已先後收領總站壹佰萬元正

十一、除領尚欠發弍拾弍萬肆千四百五十壹元正

十二、擬即分請總站補發以便轉令各鄉鎮如數具領以便早日結束是否之處理合簽請

鑒核示遵。

謹呈。

縣長黄

計附：總隊部收經費支表各鄉鎮應領口食費表應領雨工津貼表應領運程費表各中隊應領薪津表總隊部應領薪津表各一份

本室未收附件 十一、廿五、

職張樹屏

十月廿七日

0055

附：梁山县民工总队部收支经费一览表（一九四三年九月六日起至十月十一日止）

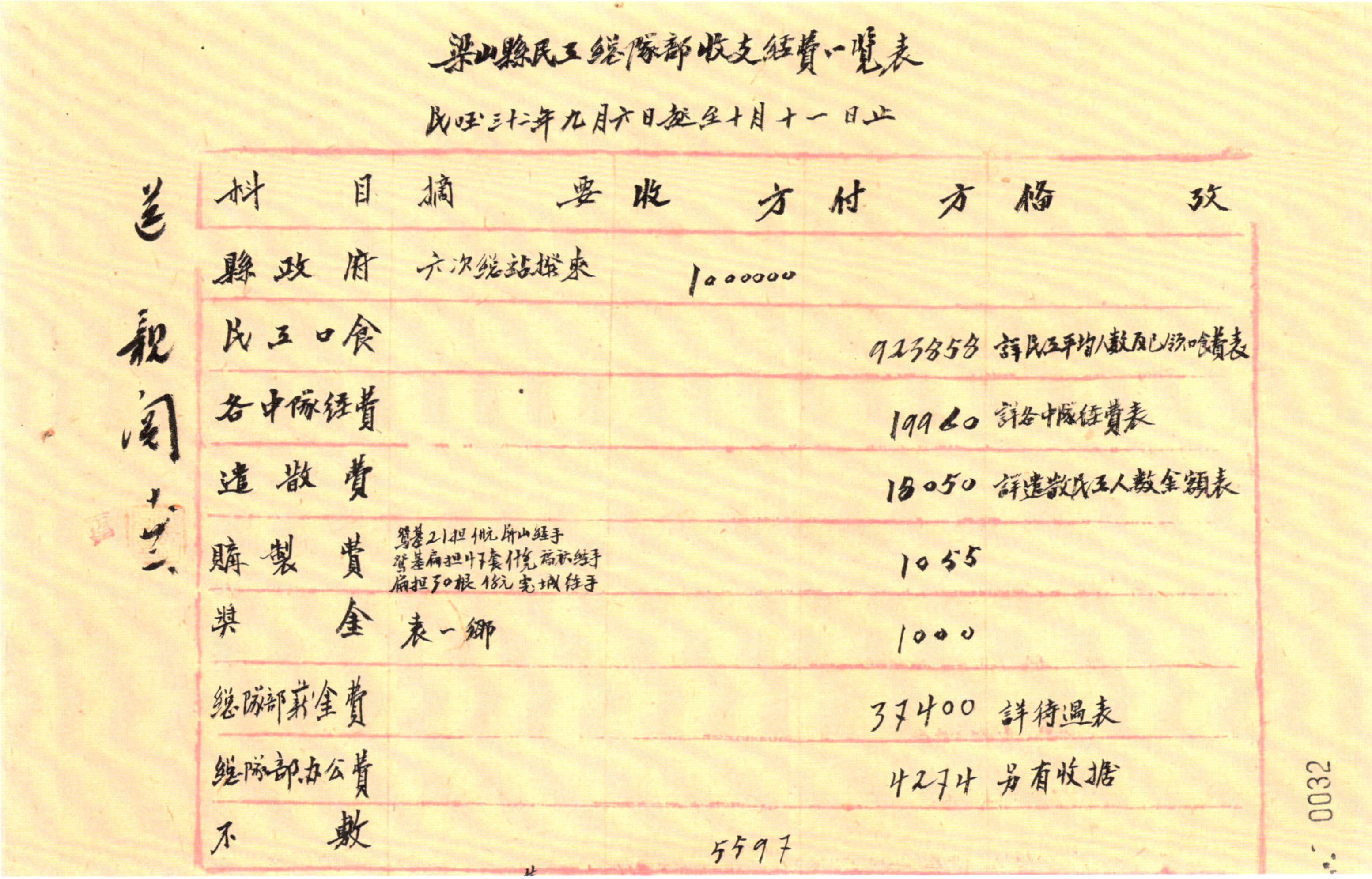

梁山縣民工總隊部收支經費一覽表

民國三十二年九月六日起至十月十一日止

科目	摘要	收方	付方	備攷
縣政府	六次總站撥來	1000000		
民工口食			923858	詳民工平均人數及已領口食費表
各中隊經費			19960	詳各中隊經費表
遣散費			18050	詳遣散民工人數金額表
購製費	鶯基21担 [illegible]元 鼎山經手 鶯基扁担卅個[illegible]元 [illegible]經手 扁担70根 [illegible]元 憲城經手		1055	
獎金	表一鄉		1000	
總隊部薪金費			37400	詳待遇表
總隊部辦公費			4274	另有收據
不敷		5597		

送親閱 十·十二

0032

航空委员会空军第三总站、梁山县政府关于抢修机场滚压工作按面方单价支付民工伙食的来往公函

（一九四三年十一月二日至八日）

航空委员会空军第三总站致梁山县政府的公函（一九四三年十一月二日）

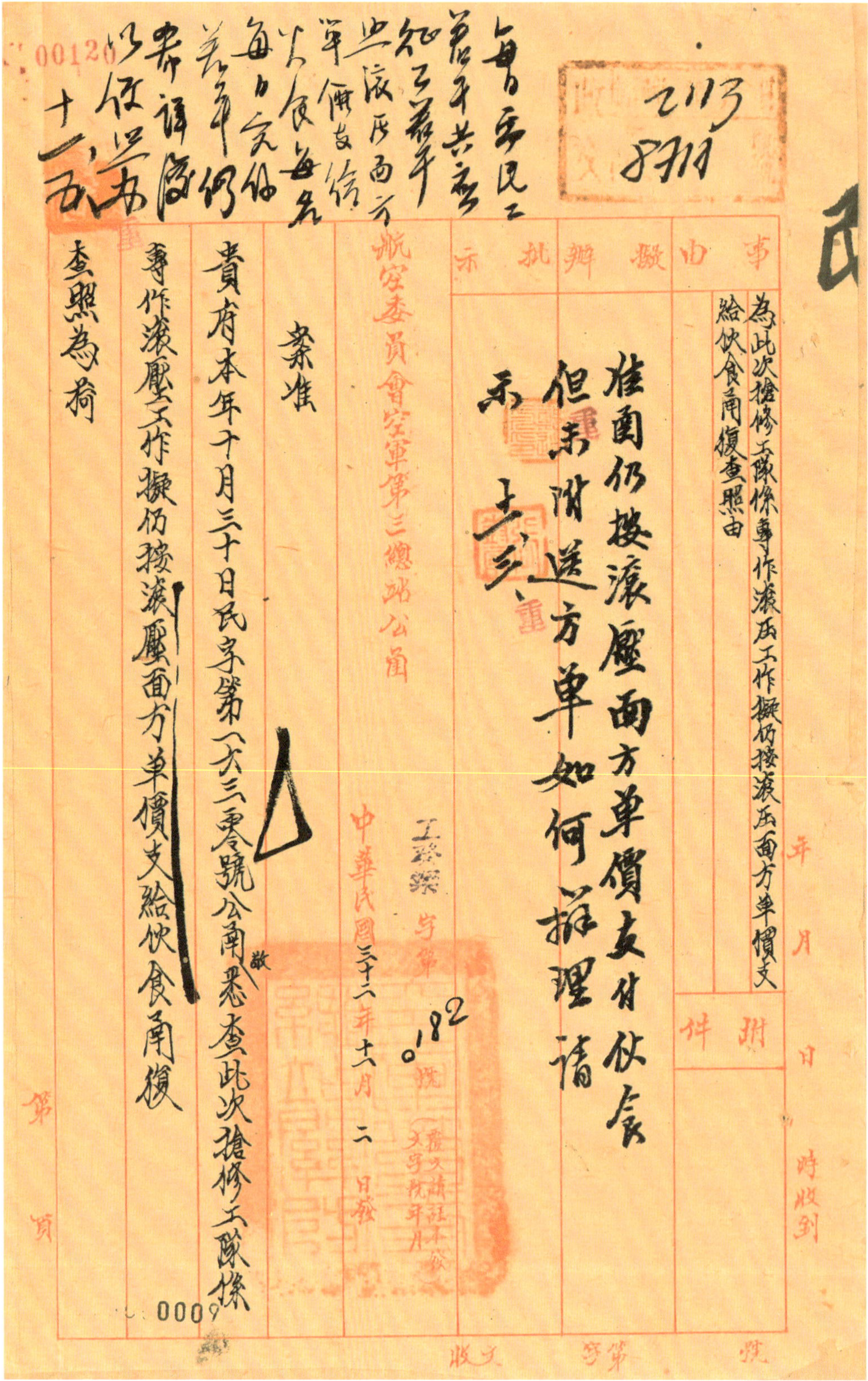

事由：為此次搶修工隊係專作滾压工作擬仍按滾压面方單價支給伙食開復查照由

擬辦：准函仍按滾壓面方單價支付伙食 但未附送方單如何辦理請示 十一、三

收文 2113 8311

航空委員會空軍第三總站公函

工務梁字第0182號

案准

貴府本年十月三十日民字第（六三零）號公函敬悉 查此次搶修工隊係專作滾壓工作擬仍按滾壓面方單價支給伙食 開復

查照為荷

中華民國三十二年十一月二日發

此致

梁山縣政府

總站長 熊志揚

009-1

梁山县政府致航空委员会空军第三总站的公函（一九四三年十一月八日）

公函 空三总站 字第一六六九

为准函於机场滚压工作按照西方单价支付伙食一案请查照见复由

案准

贵总站工发渠字第〇一八二号公函以修机场机场滚压工作按滚压西方单价支给伙食嘱即查照并由本府查照是项工程每日计需民工若干共应给工若干按照滚压西方单价支给伙食每名每日究为若干未准说明相应复请

贵总站烦为查照详复以资办理为荷

此致

安軍第三總站

部長黃〇〇

0008

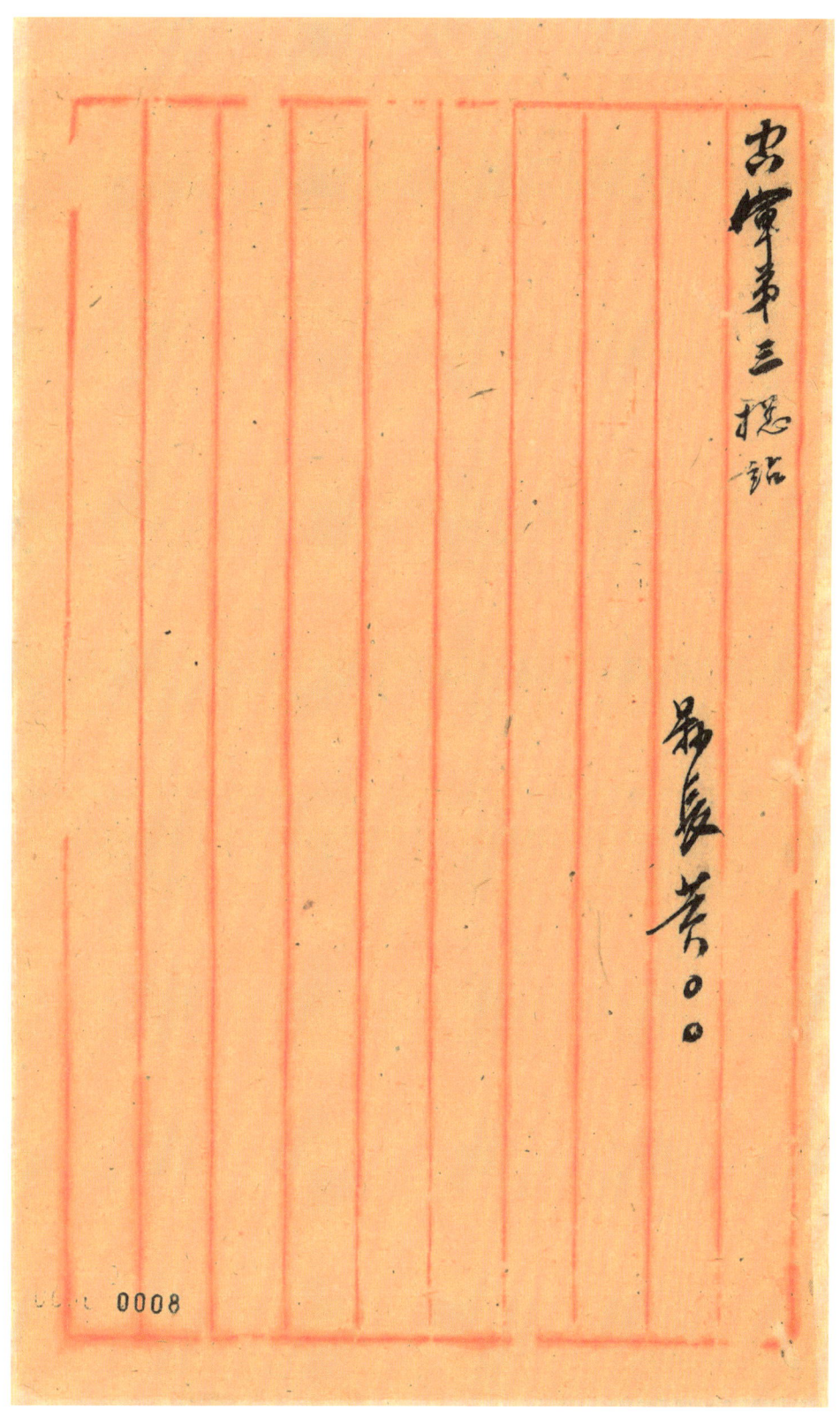

梁山县政府、航空委员会空军第三总站等关于补发一九四三年五月二十八日至六月十日抢修补修机场民工口食费等各费的文书（一九四三年十一月二日至二十三日）

张树屏致梁山县政府的签呈（一九四三年十一月二日）

查前次敵機襲梁機場被炸本府早已徵調民工搶修機場關於民工口食費津貼各鄉紛請補發惟各鄉前領是項數目亟待鑒詢謹將各鄉實到民工總數起訖日期及應發民工口食費津貼各款擬函第三總站照數發給以憑轉發當否請示

鈞裁

行去總站查復 十一、二、

（一）第一次補修機場自五月廿八日起六月十日止各鄉鎮共到民工二一九七五工

每工每日照廿元之規定應發口食費四三，九四二〇、元（如附表）

（二）各該鄉鎮共已領工資若干請即分別查明示知

（三）五月廿一日實到民工三一〇一名應發督扒津貼（五小時）二，四八〇八、元

六月二日實到民工一一二五六名應發兩工津貼（十小時）二，〇〇九六、元

六月五日實到民工一六四六名應發膳擬津貼（五小時）一，三六八〇元
六月六日實到民工一四九五名應發膳擬津貼（五小時）一，一九六〇元
七〇五四四

謹呈

縣長

計呈各鄉搶修補修機場征調民工檢查表一份

職張樹屏簽呈

三十二年十一月二日

00082

0022

附：各乡镇抢修机场征用民工检查表（自一九四三年五月二十八日起至六月十日止）

00083

各鄉鎮搶修機場征用民工檢查表 自五月二十八日起至六月十日止

鄉鎮別	起訖日期	實到工數	應領工資	已領工資	備考
中城	五月二十八日至六月九日	二四四二	四八八四〇元	二七八二〇	每日每工按二十元計算
天竺	五月二十八日至六月八日	一一八三	二三六六〇	一八六八〇	〃
西鄉	仝	一八三六	三六七二〇	二〇七四〇	〃
東鄉	五月二十八日至六月九日	二三二五	四六五〇〇	三七二七〇	〃
南鄉	五月二十八日至六月八日	一一八〇	一二五三〇	一三七三〇	〃
北鄉	五月二十八日至六月十日	一六二四	三六四八〇	二四三八五	〃
蟠龍	仝	一五九〇	三一八〇〇	二三九九〇	〃
金帶	五月二十八日至六月八日	一四六八	三九三六〇	一九八九〇	〃

0023

和林	五月三十日至六月六日	一四八三五	三九六六〇	一七八〇〇	〃
仁賢	五月三十日至六月八日	一四二五	二八五〇〇	二四八七五	〃
合興	仝	一二一九	二四三八〇	一五九二〇	〃
禮讓	五月廿日至六月六日	二八六七	五七三四〇	三五九一七五	〃
明達	仝	一六〇一	三二〇二〇	二〇八〇〇	〃
安勝	五月卅日至六月八日	七八六	一五七二〇	一九三〇〇	〃
總計		二三〇五九	四三九四二〇	三一三一一七元	〃

梁山县政府致航空委员会空军第三总站的公函（一九四三年十一月十一日）

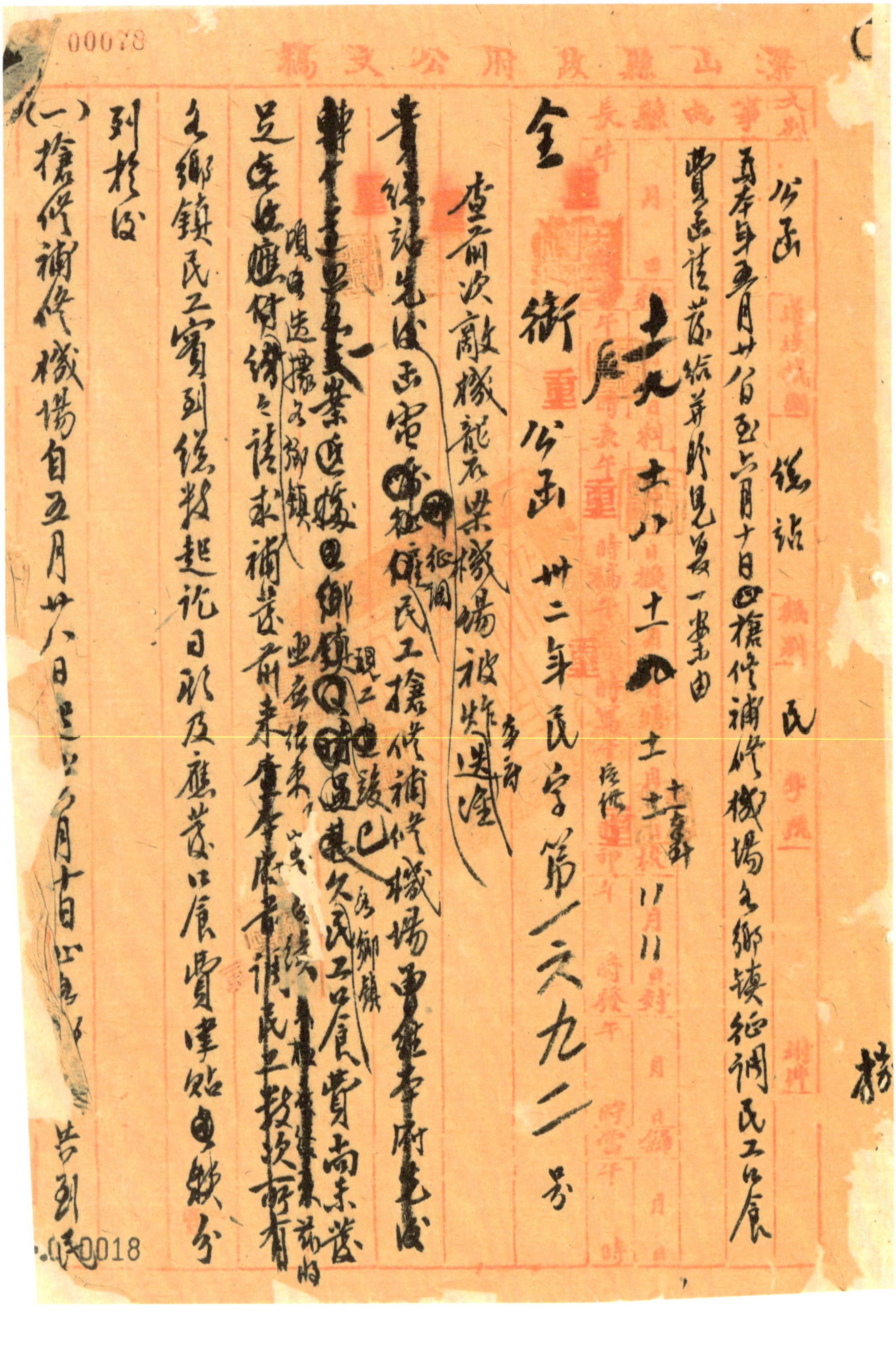

工弍萬壹仟玖百七拾五工每工每日以弍拾元之規定核發
給日食費肆拾叁萬玖千四百弍拾元（詳附表）
（一）民工日食費已領若干請按各鄉鎮實領數另單聲明
（二）五月卅一日實到民工叁千壹百〇壹名應發築堤津貼（五小時）
計弍萬肆千八百〇八元
六月一日實到民工壹千弍百五拾六名應發兩工津貼（十小時）
計弍萬〇玖拾六元
六月五日實到民壹千六百肆拾六名應發築堤津貼（五小時）
計壹萬叁千六百捌拾元
六月六日實到民工壹千肆百玖拾伍名應發築堤津貼

（五廿时）為重方重午玖百六十乙

相應檢附自本月廿八日起至本月十日止本鄉鎮搶修補償機場徵用民工檢查表乙份函請右列各節相應

查照逕予核發過府以憑轉發鄉民為荷並將各鄉鎮過去實領民工口食費數目分別查明見復備查核

此致

六軍第三總站

計附各鄉鎮搶修補償機場徵用民工檢查表乙份

縣長 黄〇〇

00080

0020

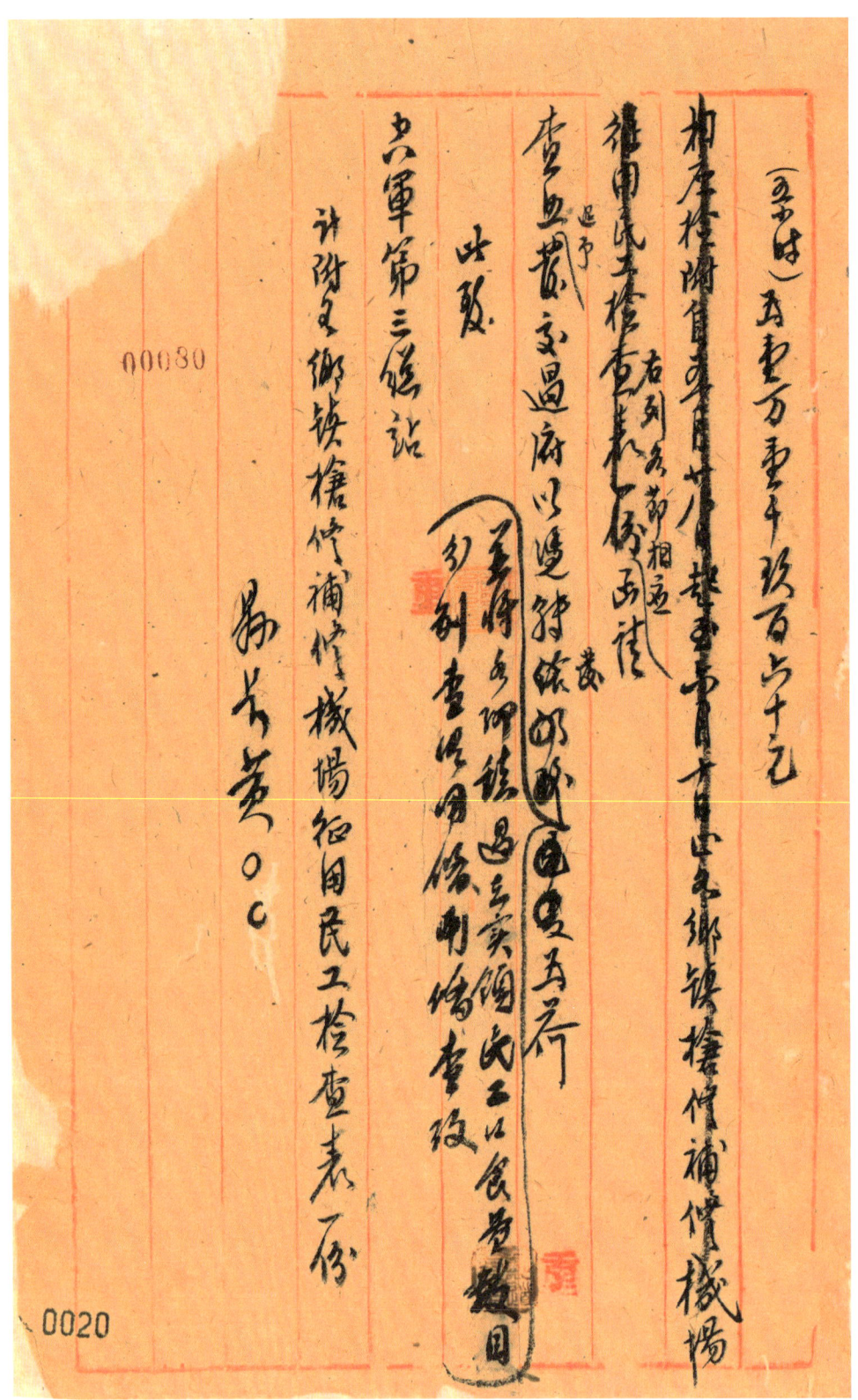

航空委员会空军第三总站致梁山县政府的公函（一九四三年十一月二十三日）

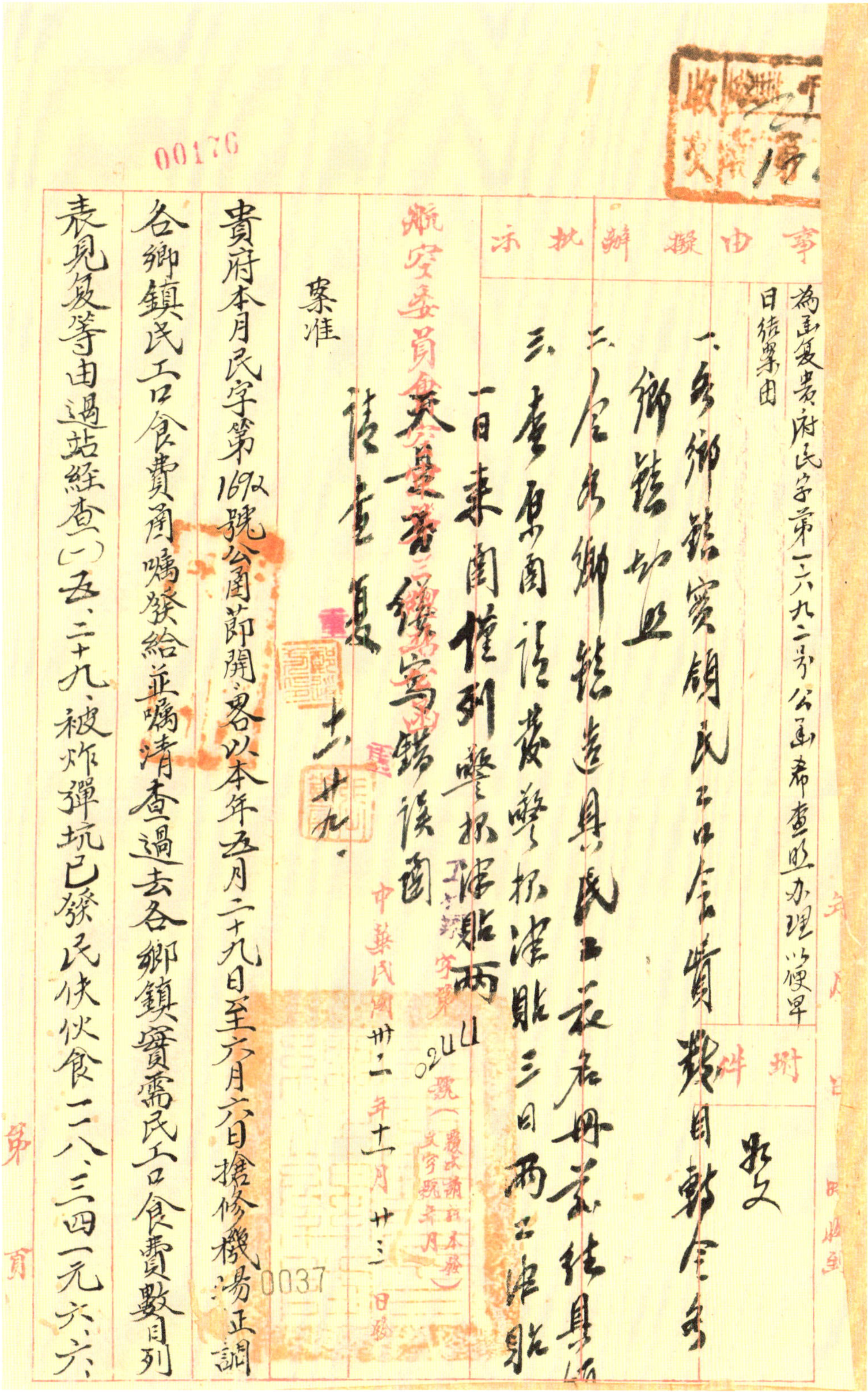
事由　擬辦　批示　辦件

為函復貴府民字第一六九二號公函希查照辦理以便早日結案由

一、各鄉鎮實領民工口食費數目勒令各鄉鎮如數

二、各鄉鎮造具民工花名冊蓋結具領

三、查原函請發轟炸溝賠三日兩工溝賠一日來函僅列轟炸溝賠兩天是否繕寫錯誤函請查復

十一、廿九

發文

航空委員會空軍第三總站公函

工字第0244號

中華民國卅二年十一月廿三日

案准

貴府本月民字第1692號公函節開：「略以本年五月二十九日至六月六日搶修機場正調各鄉鎮民工口食費，商囑發給並囑清查過去各鄉鎮實需民工口食費數目列表見復」等由。過站經查(一)五、二十九被炸彈坑已發民伕伙食一二八、三四一元六、六

被炸彈坑已發民伕伙食六八六一〇元機場局部搶修已發民伕伙食一四九九九七、五元共計已發三三六九四八元五角正應按實發分案結報不再補發（二）查所列應領兩天警報津貼民伕數目與口食費均相符准予照數補發並分案造具以資連同第一項早日造報結束（三）各鄉鎮實領民伕伙食費已詳另表准函前由相應檢仝民伕實領伙食費表復希

查照辦理以便早日結束為荷！

此致

梁山縣政府

附五至六月份預發民工伙食表一份

總站長

附：航空委员会空军第三总站一九四三年五月、六月预发民工伙食费详细表

00177

航空委員會空軍第三總站民國卅二年五至六月份預發民工伙食費詳細表

0038

航空委員會空軍第三總站民國卅二年五至六月份該發民工伙食費詳細表

月日	摘要	領發數	備攷
五、三〇	米城鎮民工伙食備支	七、00000	
〃	西鄉〃	〃 六、00000	
〃	天竺鄉〃	〃 二、三0000	
〃	明達鄉大保〃	〃 六0000	
〃	禮讓鄉〃	〃 二、三0000	
〃	仁賢鄉〃	〃 二、三0000	
〃	和林鄉〃	〃 二、00000	
〃	城南鄉〃	〃 一、六0000	

六、一五	〃 〃	二、四六〇〇〇
〃	蟠龙乡〃 〃	二、二四〇〇〇
六、六	安胜乡〃 〃	一、九〇〇〇〇
〃	蟠龙乡〃 〃	一、〇四〇〇〇
〃	〃 〃	九二〇〇〇
〃	〃 〃	六一〇〇〇
六、一	民工三百名往间工作食粥米斗二	四四六〇〇
六、三	赶修机场士兵稀饭费	六〇〇〇〇
六、一一	武威场伕工人共计七十一名伙食	一、二七八〇〇〇
合计		三三六九四八五〇

0046

梁山县政府关于造报一九四三年五月二十八日至六月十日抢修补修机场请发途程费、集中费民工名册致梁山县各乡镇公所的训令（一九四三年十一月五日）

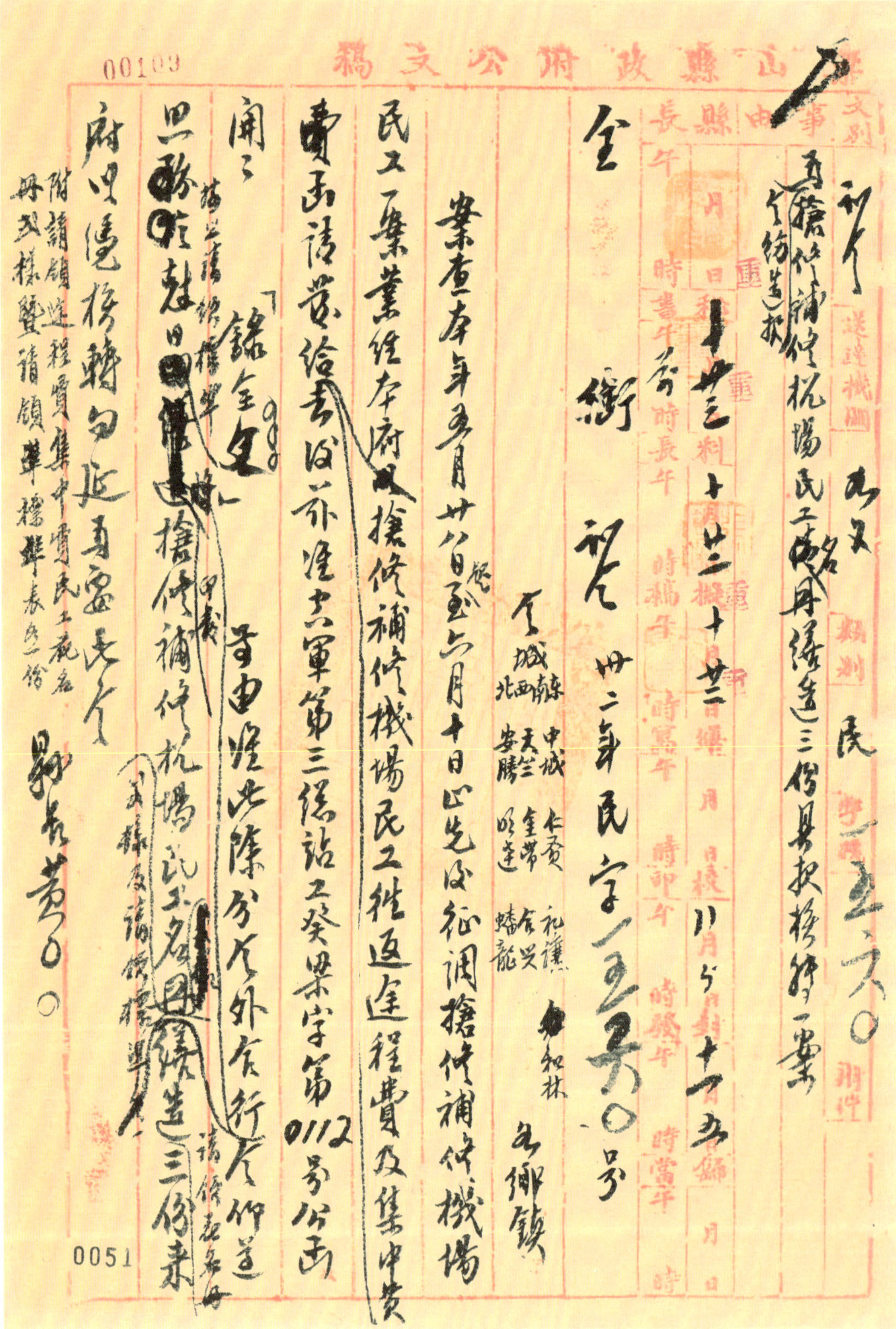

梁山縣政府公文稿

文別：訓令

事由：為搶修補修機場民工名冊造送三份具報核轉一案

全銜 訓令 卅二年民字第三五六〇號

令城東南西北、中城、天竺、安勝……各鄉鎮長

案查本年五月廿八日至六月十日止先後征調搶修補修機場民工，業經本府以搶修補修機場民工往返途程費及集中費函請發給去後，茲准本軍第三總站工癸梁字第0112號公函開：「……」等由，准此，除分令外，合行令仰該鎮長即便遵照，將搶修補修機場民工名冊造送三份來府，以憑核轉，勿延，為要。

附請領途程費集中費民工花名冊式樣暨請領單標本各一份

縣長 黄〇〇

附：一九四三年五月二十九日至六月十日各乡镇补修机场请发途程费、集中费数目标准表

00111

五月廿九至六月十日各鄉鎮補修機場請發途程費集中費數目標準表

鄉鎮別	請發民工數	距工作地里數	每名請發途程費	每名請發集中費	備考
中城	五〇〇名	一里	一〇元	二〇元	
天竺	三〇〇	二里	一〇元	二〇元	
西鄉	五〇〇	二里	一〇元	二〇元	
東鄉	四〇〇	一八里	一〇元	二〇元	
南鄉	三〇〇	三〇里	一〇元	二〇元	
北鄉	四〇〇	二〇里	一〇元	二〇元	
安勝	四〇〇	二〇里	一〇元	二〇元	

一、本表照各鄉原征數填列

二、照表列標準造具請領途程費集中費花名冊

0053

00112

乙

仁賢	五〇〇	三〇里	一〇元	二〇元
禮讓	四〇〇	四五里	二〇元	二〇元
明達	四〇〇	四五里	二〇元	二〇元
合興	三〇〇	二〇里	一〇元	二〇元
蟠龍	三〇〇	三五里	二〇元	二〇元
金帶	四〇〇	三五里	二〇元	二〇元
和林	四〇〇	四五里	二〇元	二〇元

0054

梁山县蟠龙乡一九四三年五月二十九日至六月十日补修机场请发途程费、集中费民工花名册（节选）

（一九四三年十一月二十八日）

00035

梁山縣蟠龍鄉五月廿九日至六月十日補修機場請發途程費集中費民工花名冊

民國卅二年十一月廿八

00035

00036

梁山縣蟠龍鄉五月廿九日至六月十日補修機場請發途程費集中費民工花名冊

保別	民工姓名	距工作地里數	應發途程費	應發集中費	備考
第一保	鄭文秀	三五里	二〇元	二〇元	
	李廂臣	仝	仝	仝	
	李俊樹	仝	仝	仝	
	李定傑	仝	仝	仝	
	周昌洪	仝	仝	仝	
	李占賢	仝	仝	仝	
	周德福	仝	仝	仝	
	周國富	仝	仝	仝	

0036

00037

	李孝毛	仝	仝	仝
	陳光富	仝	仝	仝
	汪仁禮	仝	仝	仝
	陳光統	仝	仝	仝
	楊會堂	仝	仝	仝
	鄭上松	仝	仝	仝
	雷九林	仝	仝	仝
第二保	唐登松	仝	仝	仝
	李啟益	仝	仝	仝
	柏先寬	仝	仝	仝

譚世林	仝	仝	仝
譚德元	仝	仝	仝
第十一保 袁長富	仝	仝	仝
唐吉安	仝	仝	仝
唐仕田	仝	仝	仝
唐登春	仝	仝	仝
唐仕奎	仝	仝	仝
袁和平	仝	仝	仝
鍾華武	仝	仝	仝
唐登隆	仝	仝	仝

049-1

雷華隆	仝	仝	仝
李春堂	仝	仝	仝
譚德樹	仝	仝	仝
譚德澤	仝	仝	仝
譚德珍	仝	仝	仝
陳益祥	仝	仝	仝
唐登山	仝	仝	仝

合計民工三百名 六〇〇〇元 六〇〇〇元

蟠龍鄉鄉長 陳則仁

050-1

梁山县城南乡一九四三年五月二十八日至六月十日补修机场请发途程费、集中费民工花名册（节选）

（一九四三年十一月三十日）

00100

梁山縣城南鄉五月二十八日至六月十日補修機場請發途程費集中費民工花名冊

三十二年十一月卅日製

0003

梁山縣城南鄉五月二十八日至六月十日補修機場請發途程費集中費民工花名册

保别	民工姓名	距工作地里數	應發途程費	應發集中費	備考
六	蒋小雨	三〇里	一〇元	二〇元	大隊長
一	池占鰲	同	一〇	二〇	分隊長
二	鄭昌德	同	一〇	二〇	同
六	張南美	同	一〇	二〇	同
七	蒋安学	同	一〇	二〇	同
八	朱宗什	同	一〇	二〇	同
九	鄭世珍	同	一〇	二〇	同
十一	李道萬	同	一〇	二〇	同

周代年	同	一〇	二〇
陳天仁	同	一〇	二〇
合計	三百名		

梁山县天竺乡一九四三年五月二十九日至六月十日补修机场请发途程费、集中费民工花名册（节选）
（一九四三年十一月）

00054
梁山縣天竺鄉五月廿九日至六月十日補修機場請途程費集中費民工花冊
卅二年十一月
0L0003

00055

梁山縣天竺鄉五月廿九日至六月十日補修機場請發途程費集中費民工花名冊

保別	民工姓名	距作里數	應發途程費	應發集中費	備考
一保	曹子光	二里	一〇	二〇	
	尹春柏	〃	一〇	二〇	
	傅國友	〃	一〇	二〇	
	羅隆德	〃	一〇	二〇	
	羅洪順	〃	一〇	二〇	
	龍青合	〃	一〇	二〇	
	陳定賢	〃	一〇	二〇	
	姚祖武	〃	一〇	二〇	

0604

00064

丁海青	〃	一〇	二〇
唐云富	〃	一〇	二〇
王家福	〃	一〇	二〇
十二保 姚成開	〃	一〇	二〇
陳天剛	〃	一〇	二〇
楊俊修	〃	一〇	二〇
傅立炳	〃	一〇	二〇
劉萬華	〃	一〇	二〇
游凱	〃	一〇	二〇
曹化秋	〃	一〇	二〇

0.0013

梁山縣天三鄉五月三十日補修機場請發途程費集中費民工花冊

保別	民工姓名	距離地里數	應發途程費	應發集中費	備攷
一保	周蔣氏	二里	一〇元	二〇元	
	張興發	〃	一〇元	二〇元	
	高傳家	〃	一〇元	二〇元	
	曹子光	〃	一〇元	二〇元	
	尹春柏	〃	一〇元	二〇元	
	傅國有	〃	一〇元	二〇元	
	羅隆德	〃	一〇元	二〇元	
	羅洪順	〃	一〇元	二〇元	

張盛五	〃	一〇元	二〇元
陳天凡	〃	一〇元	二〇元
胡金廷	〃	一〇元	二〇元
胡吉五	〃	一〇元	二〇元
秦洪	〃	一〇元	二〇元
唐沛	〃	一〇元	二〇元
秦繼成	〃	一〇元	二〇元
合計四百陸拾五名		四仟陸百伍拾元	九仟叁百元正

梁山县中城镇一九四三年五月二十九日至六月十日补修机场请发途程费、集中费民工花名册（节选）
（一九四三年十二月三日）

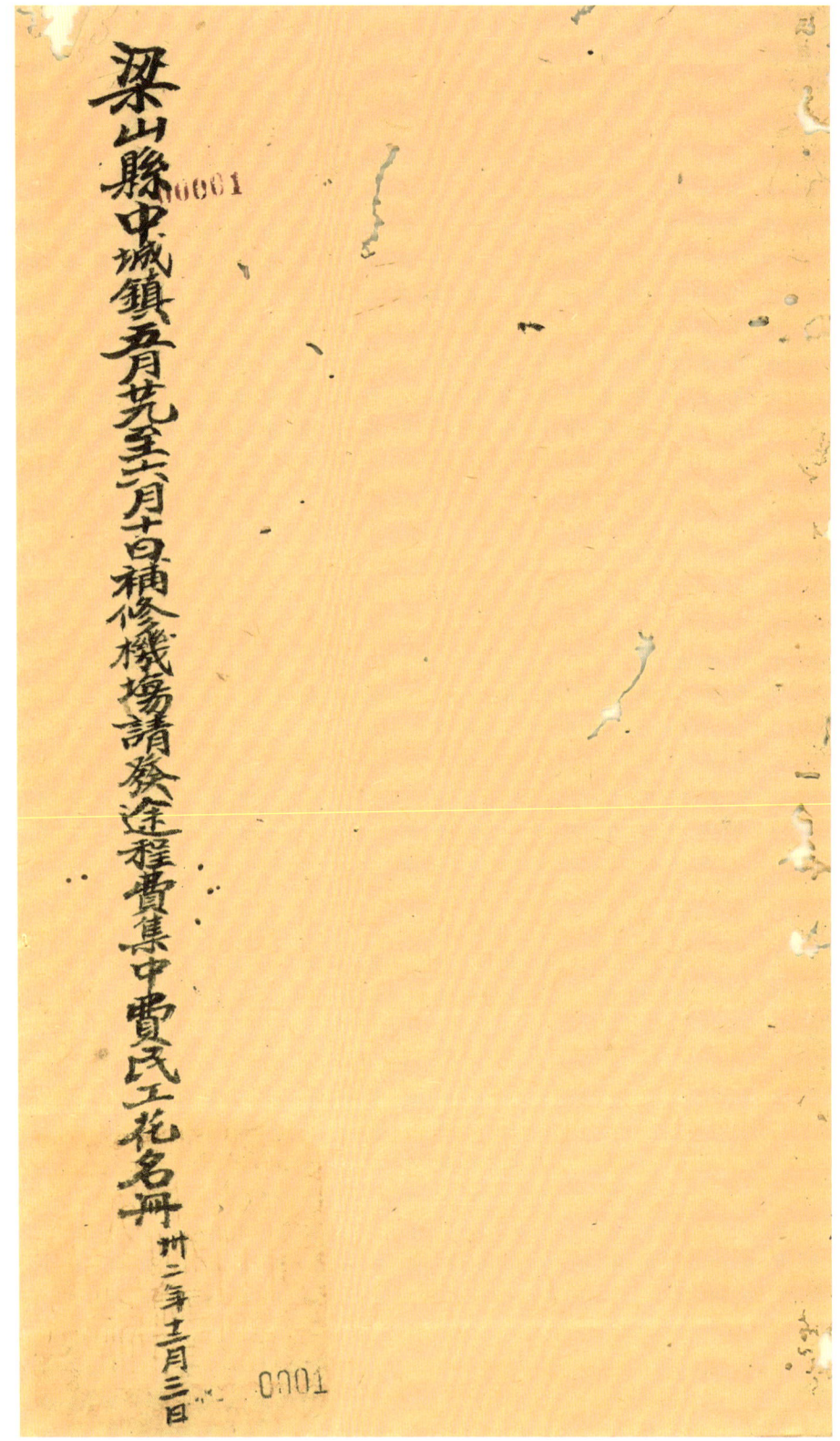
梁山縣中城鎮五月廿九至六月十日補修機場請發途程費集中費民工花名冊
卅二年十二月三日

梁山縣中城鎮五月廿七日至六月十日補修機場請發路程費集中費冊（一）

保別	民工姓名	距工作地里數	應發路程費	應發集中費	備考
	黄家太	一里	一〇元	二〇元	
	文大才	仝	仝	仝	
	唐文光	仝	仝	仝	
	汪元仲	仝	仝	仝	
	邑仁初	仝	仝	仝	
	劉啟瑞	仝	仝	仝	
	姜吉安	仝	仝	仝	
	陸少林	仝	仝	仝	

致

00002

0002

二

藍海云	一里	一百元	一百元
劉明章	仝	仝	仝
劉桂芳	仝	仝	仝
楊忠福	仝	仝	仝
高金福	仝	仝	仝
李方學	仝	仝	仝
鄧朗山	仝	仝	仝
熊銘卿	仝	仝	仝
何舉安	仝	仝	仝
但云成	仝	仝	仝

祝國之	一重	百元	二百元
邱世禎	仝	仝	仝
刘甫金	仝	仝	仝
孙登炳	仝	仝	仝
張光云	仝	仝	仝
刘倫常	仝	仝	仝
張光洪	仝	仝	仝
陶永照	仝	仝	仝
張万典	仝	仝	仝
十一 沈朝六	仝	仝	仝

梁山县城西乡一九四三年五月二十九日至六月十日补修机场请发途程费、集中费民工花名册（节选）

（一九四三年十二月十日）

00084

梁山縣城西鄉五月二十九至六月十日補修機場請發途程費集中費民工花名册

民國三十二年十二月十日

034

00086

梁山縣城西鄉五月二十九至六月十日補修機場請發途程費集中費民工花名冊

保別	民工姓名	距工作地理數	應發途程費	應發集中費	備攷
第一保	劉昌盛	二里	一〇元	二〇元	
	林洪富	同	一〇	二〇	
	劉昌元	同	一〇	二〇	
	劉昌其	同	一〇	二〇	
	周興金	同	一〇	二〇	
	彭德銘	同	一〇	二〇	
	唐先樹	同	一〇	二〇	
	曾玉興	同	一〇	二〇	

0035

李萬良 同 一〇 二〇

何云才 同 一〇 二〇

合計伍百名 伍仟元壹萬元

鄉長李秀實 [redacted]

郤任城西鄉鄉長李秀實

中華民國三十二年十二月十日

航空委员会空军第三总站关于发放一九四三年五月二十八日至六月十日抢修机场民工警报、雨天津贴、口食费标准致梁山县政府的公函（一九四三年十二月二十九日）

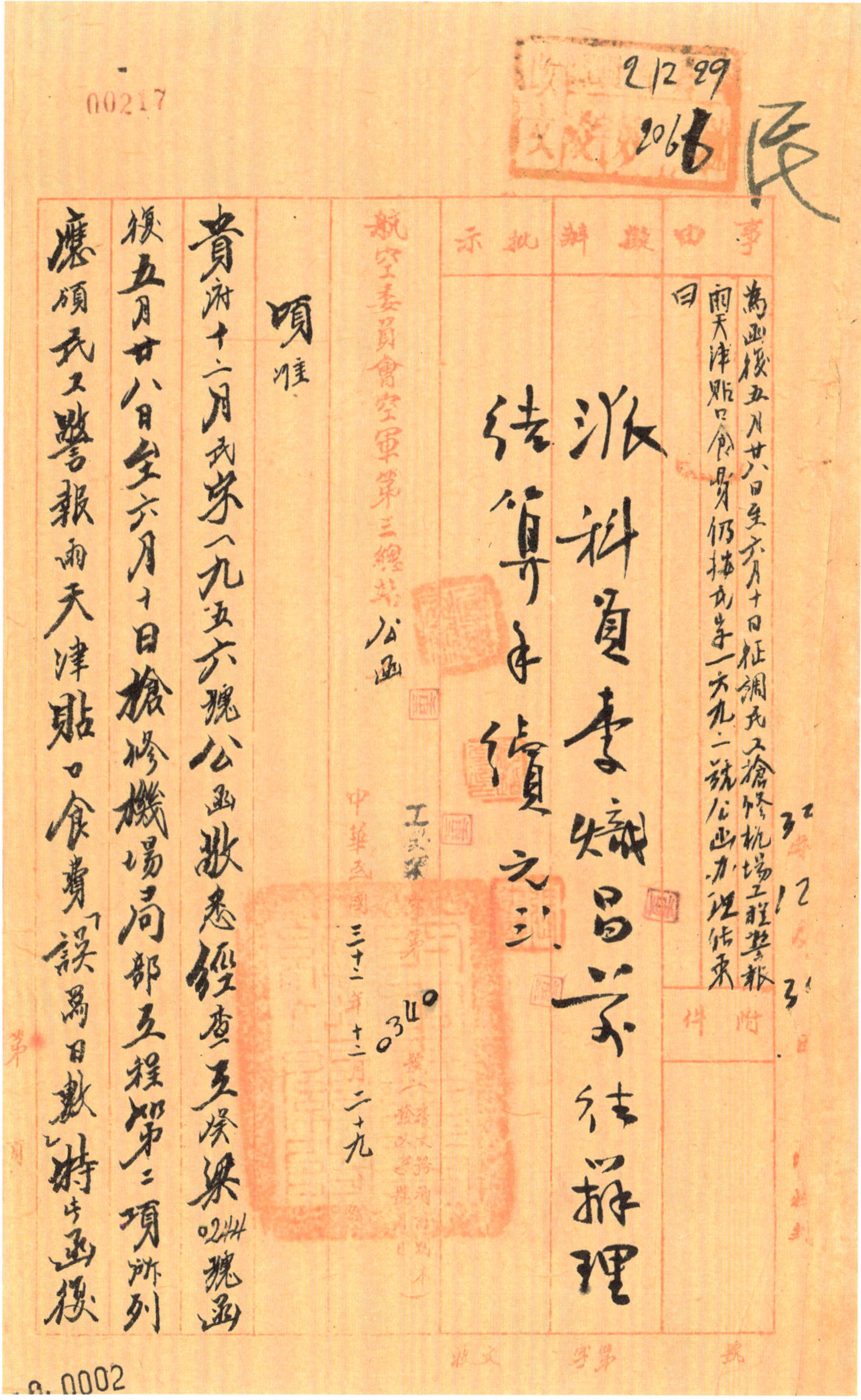
00217

收文 2 12 29 2066

民

事由：為函復五月廿八日至六月十日征調民工搶修機場工程警報雨天津貼口食費仍按前案一六九二號公函辦理由

擬辦：派科員李熾昌等往辦理

批示：結算手續 之三

航空委員會空軍第三總站公函

工字第 號

頃准

貴府十二月民米一九五六號公函敬悉，經查工燦梁0244號函復五月廿八日至六月十日搶修機場局部工程案第二項所列應領民工警報雨天津貼口食費「誤為日數」，特此函復

中華民國三十二年十二月二十九日

贵府仍按十一月民字一六九二号公函所列警报十五小时
两天十小时情形办理并请派员前来结算手续希
查照为荷
此致
梁山县政府
总站长 张□□

002-1

梁山县金带乡一九四三年五月二十九日至六月十日补修机场请发途程费、集中费民工花名册（节选）（一九四三年十二月）

梁山縣金帶鄉鄉公所送縣五月廿九日至六月十日補修機場請發途程費集中費民夫花名冊

民國卅二年十二月 日

004

梁山縣金带[illegible]鄉公所造具五月廿九至六月十日補修機場請發運程費集中費民工花名册

保别	民工姓名	距工作地里数	應發運程費	應發集中費	備攷
1	楊文華	三五.〇〇	二〇.〇〇	二〇.〇〇	
	孫代龍	三五.〇〇	二〇.〇〇	二〇.〇〇	
	楊超	三五.〇〇	二〇.〇〇	二〇.〇〇	
	蔣太明	三五.〇〇	二〇.〇〇	二〇.〇〇	
	方永發	三五.〇〇	二〇.〇〇	二〇.〇〇	
	陸青義	三五.〇〇	二〇.〇〇	二〇.〇〇	
	葉達仁	三五.〇〇	二〇.〇〇	二〇.〇〇	
	蘇温柱	三五.〇〇	二〇.〇〇	二〇.〇〇	

00025

張立生　三五.〇〇　吾.〇〇　二〇.〇〇

王長發　三五.〇〇　二〇.〇〇　二〇.〇〇

合計　四〇.〇〇名　三五.〇〇　八〇〇〇.〇〇元　八〇〇〇.〇〇元

金帶鄉鄉長王桂五

梁山县仁贤乡一九四三年五月二十九日至六月十日补修机场请发途程费、集中费民工花名册（节选）

（一九四三年十二月）

00028

梁縣仁賢鄉鎮五月二十九至六月十日補修機場請發途程費集中費民工花名冊

三十二年十二月

0028

00029

梁山縣仁賢鄉鎮五月廿九日至六月十日補修機場請發途程費集中費民工花名冊

保別	民工姓名	距工作地里數	應發途程費	應發集中費	備攷
	梁德斌	三〇〇〇	一〇〇〇	二〇〇〇	
	陳述發	三〇〇〇	一〇〇〇	二〇〇〇	
	曹老么	三〇〇〇	一〇〇〇	二〇〇〇	
	王明祥	三〇〇〇	一〇〇〇	二〇〇〇	
	唐永東	三〇〇〇	一〇〇〇	二〇〇〇	
	鄧毛	三〇〇〇	一〇〇〇	二〇〇〇	
	鄧明雄	三〇〇〇	一〇〇〇	二〇〇〇	
	羅力興	三〇〇〇	一〇〇〇	二〇〇〇	

以

729

鄧幹祥	三〇〇〇	一〇〇〇	二〇〇〇
周家慶	三〇〇〇	一〇〇〇	二〇〇〇

梁山县礼让乡一九四三年五月二十九日至六月十日补修机场请发途程费、集中费民工花名册（节选）
（一九四三年十二月）

00058

梁山縣禮讓鄉補修機場請發途程費集中費民工花名冊

三十二年十二月　日製

00059

梁山縣禮讓鄉五月二十九至六月十日補修機場請發途程費集中費民

保別	民工姓名	距飛機場里數	應發途程費	應發集中費	備攷
一	劉興文	四五里	二〇元	二〇元	
〃	張光明	仝	仝	仝	
〃	賴公毛	仝	仝	仝	
〃	楊太福	仝	仝	仝	
〃	賴五毛	仝	仝	仝	
〃	龔大毛	仝	仝	仝	
〃	鍾喜祥	仝	仝	仝	
〃	張家才	仝	仝	仝	

卅二年十一月　日

0005

00079

〃 蔣太尔 〃 〃 〃

〃 鄉盛跡 〃 〃 〃

合計 四百名

鄉長陳為彙

0025

梁山县明达乡一九四三年五月二十九日至六月十日补修机场请发途程费、集中费民工花名册（节选）

（一九四三年十二月）

梁山縣明達鄉五月廿九日至六月十日補修機場請發途程集中費民工花名冊

00003

民國三十二年十二月　日

00004

梁山縣明達鄉五月二十九日至六月十日補修機場請發途程集中費民工花名册

保別民工姓名	距工作地里數	應發途程費	應發集中費	備考
3、伍天喜	四五里			
游合尔				
劉厚培				
丁廷述				
丁占荣				
唐定益				
沈有貴				
顏天喜				

民國三十六年十二月 日製

0004

2 高方明 四五里

蔣克林

合計四〇〇名

0024

梁山县和林乡一九四三年五月二十日至六月十日补修机场请发途程费、集中费民工花名册（节选）
（一九四三年十二月）

梁山縣和林鄉鄉公所五月二十日至六月十日補修機場請發途程費集中費民工姓名冊

梁山縣和林鄉鄉公所五月二十日至六月十日補修機場請發途程費集中費民工姓名册

保別	民工姓名	距工作地里數	應發途程費	應發集中費	備攷
第一保	唐朝林	四五	二〇元	二〇元	
	唐見喜	〃	〃	〃	
	劉永德	〃	〃	〃	
	梁太亮	〃	〃	〃	
	王見亮	〃	〃		
	田吉廷	〃	〃		
	王朝科	〃	〃		
	蔡德元	〃	〃		

[illegible]

袁六生 〃 〃 〃

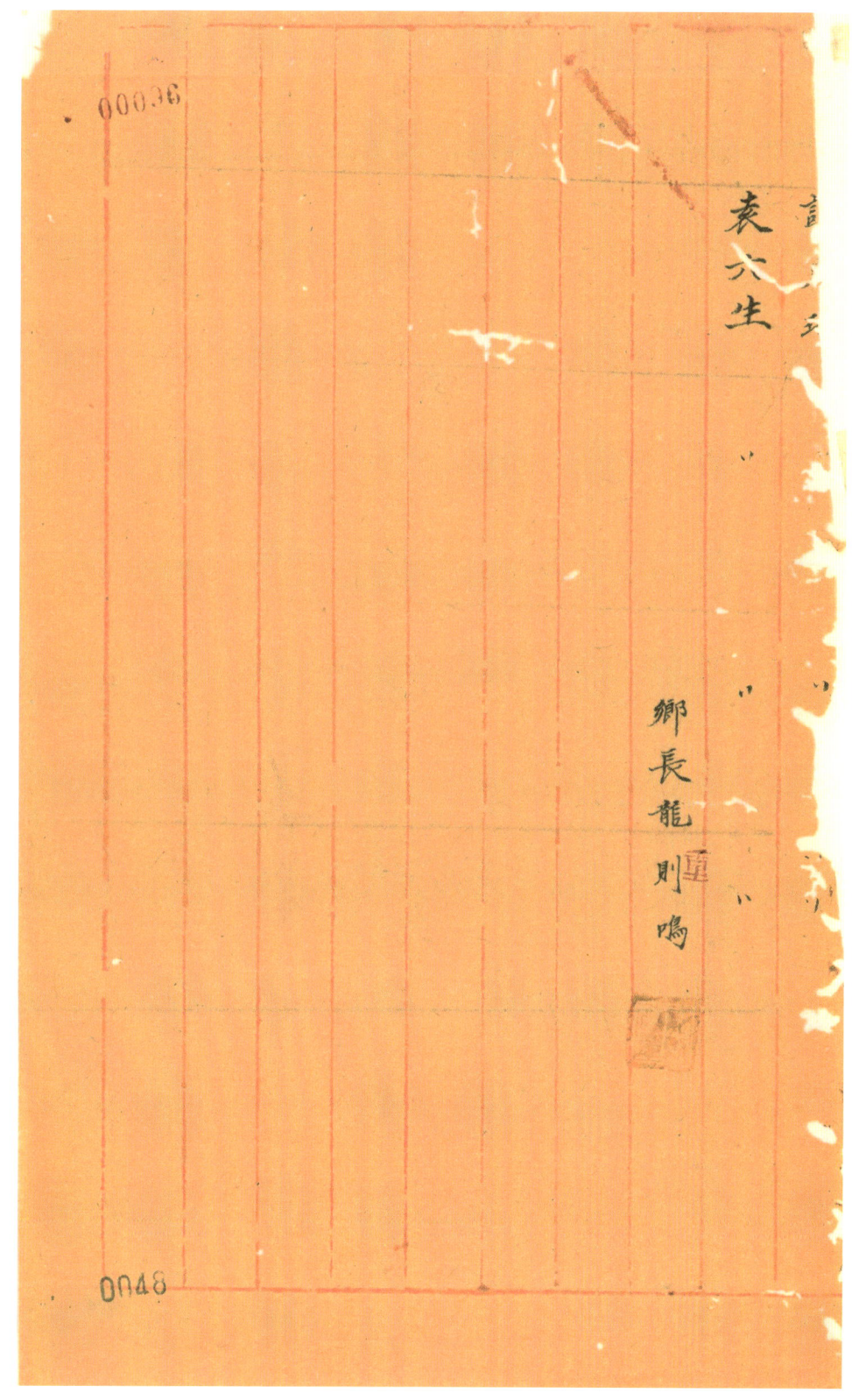

鄉長龍則鳴

梁山县抢修机场民工总队关于汇报一九四四年五月十二日、六月一日抢修机场民工口食费发放情形致梁山县政府的签呈（一九四四年六月十日）

签呈　卅三年六月十日 于民工总队部

窃职奉令兼任抢修机场弹坑民工总队，附职令将五月十二日暨六月一日两次抢修机场经领民工口食详签于后：五月十二日应向总站取领民工口食费洋四四一四零元，已领四二二九二元，欠领一八四八元；六月一日应领五八八四八元，全数领清。总计两次应领一〇二九八八元，已领一〇一一四〇元，欠领一八四八元。但对各乡民工口食，职已全数发清，现有印领备查，并乞钧座加盖私章及县印于各乡印领之上，以凭转向总站结领欠领之数为感。

谨呈

县长萧

职　罗四维

经核相符，拟准钤盖印章转报。

结领

梁山县抢修机场民工总队关于呈报抢修一九四四年六月十一日机场被炸弹坑民工口食费发放情形致梁山县政府的签呈（一九四四年六月十四日）

准予備查

簽呈　卅三年六月十四日　于民工總隊部

竊查本月十一日夜敵機襲梁機場被炸計約彈坑三十餘個於十二日晨經調民工五三九名搶修約成三分之二應向總站取領口食費洋五壹七四四元經職如數領取轉發清楚已由各該領款鄉鎮備有印領轉報結賬至搶修未完之彈坑於十三日晨續調民工六弍壹捌名作工半日始告完竣向總站應領口食費洋壹零四六四元正亦已如數領足轉發清楚備有各該領款鄉鎮之印領轉報結賬今特填具日報表一份連同各鄉印領一併賫呈鑒核

已於印領之上加蓋縣印及

鈞座私章以便轉向總站結了手續取出職私人之臨

時備參，謹此敬祈核示！

謹呈

縣長黃

附呈日報表一份

搶修機場民工總隊附　羅四維

附：梁山县抢修机场弹坑民工日报表（一九四四年六月十四日）

查

梁山縣搶修機場彈坑民工日報表

日期	鄉鎮別	隊長姓名	實到人數	應領伙食費	已領伙食費	未領伙食費	擔任工作	工程進度	備考
六月十二日	中城鎮	蔣榮華	337名	32352元	32352元	——	填彈坑	填好十個	
	城西鄉	羅平波	85名	8160元	8160元	——	〃〃〃	〃〃四個	
	天竺鄉	王治清	54名	5184元	5184元	——	〃〃〃	〃〃二個	
	城東鄉	左天宇	26名	2496元	2496元	——	〃〃〃	〃〃一個	
	城北鄉	張鏡如	37名	3552元	3552元	——	〃〃〃	〃〃一個	
六月十三日	安勝鄉	刘福安	51名	2448元	2448元	——	〃〃〃	〃〃二個	作工半日
	天竺鄉	王治清	61名	2928元	2928元	——	〃〃〃	〃〃一個	作工半日
	城東鄉	左天宇	106名	5088元	5088元	——	〃〃〃	〃〃七個	作工半日

填表人 民工總隊附羅四維 卅三年六月十四日

梁山县政府关于造报一九四三年十一月整修机场民工口食费证明册及领据致各乡镇公所的训令（一九四四年七月二十八日）

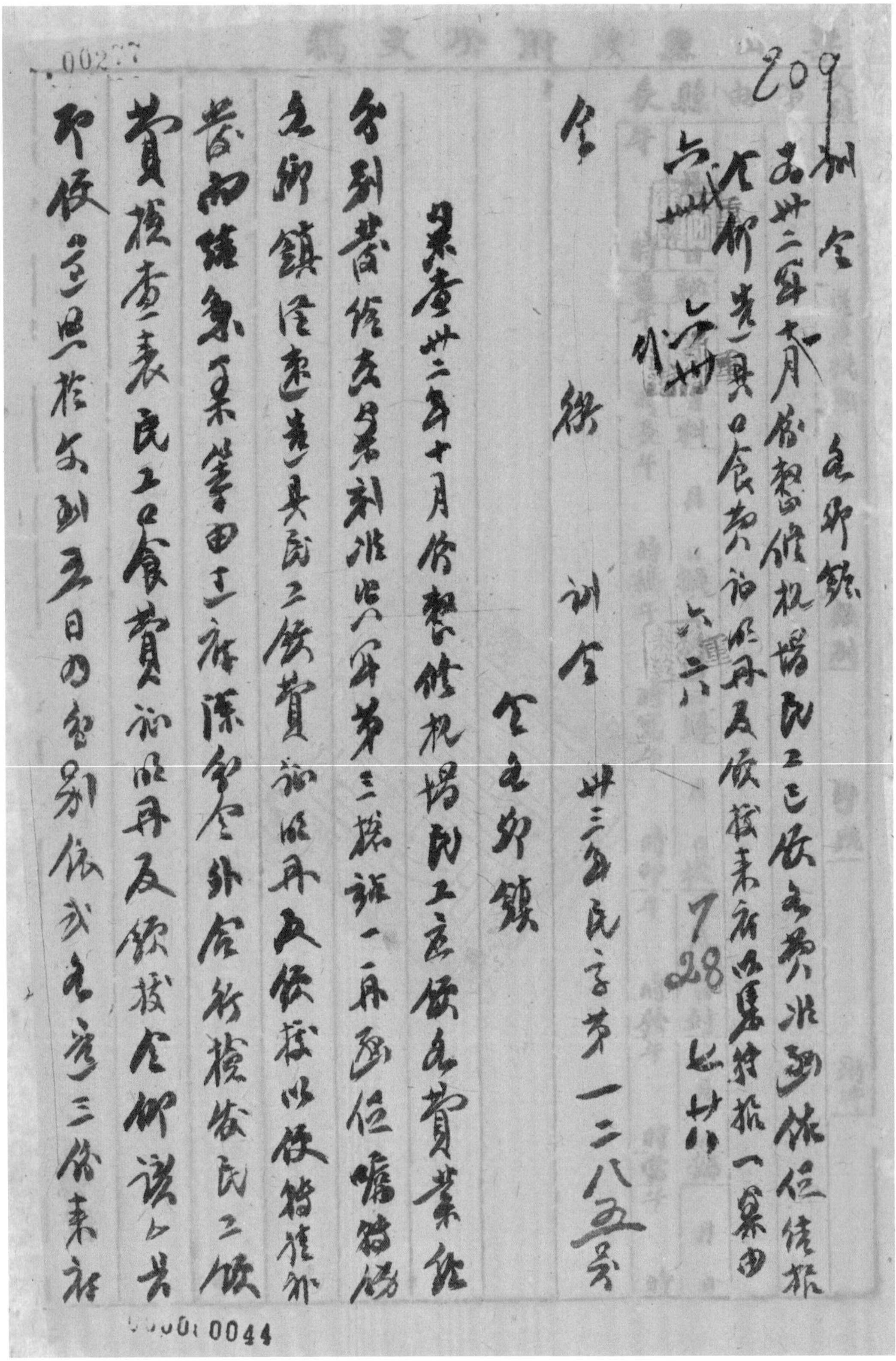

00279

以憑轉飭兩處查核自行更正為要　一、二

此令、

計附民工伙費核查表（造冊須知）及民工口食費說明（途程費兩暨津貼）

并式樣一份一張伙枝　份

縣長黃〇〇公出

民政科長張〇〇代行

民工口食費旅費兩暨津

貼證明冊檢奉並抄

0000_0045

附一：一九四三年十一月各乡镇征调民工整修机场领费结算表

欠运程费细册领数

欠运程费细册已领数

卅二年十一月各乡镇征调民工整修机场领费结算表

乡镇别	民工伙食费			运程费			费用整建			中队部职员公杂费			他		
	应领数	已领数	未领数	应领数	已领数	未领数	应领数	已领数	未领数	应领数	已领数	未领数	应领数	已领数	未领数
中城	三一、五九〇	三一、四五四	一三六	二、六〇〇		二、六〇〇				九七二	五四〇	四三二			
天竺	一六、二〇〇	一六、〇九二	一〇八	二、〇〇〇		二、〇〇〇				六四八	五四〇	一〇八			
龙田	三二、三三八	三二、三二四	一四	三、九八〇		三、九八〇				六四八	五四〇	一〇八			
大观	一四、五八〇	一四、四五八	一二二	二、七〇〇	一、三六〇	一、三四〇	一、二〇〇	一、二〇〇		六四八	五四〇	一〇八			
双龙	三二、〇六六	三二、〇六六		五、九四〇	九九〇	四、九五〇	四、一〇〇	四、一〇〇		六四八	五四〇	一〇八			
文峰	三五、二三五	三五、一四〇	九五	七、八三〇	五、六八〇	二、一五〇				五四〇	五四〇		一、〇〇〇（吴厘）	一、〇〇〇	
合计	一六一、九一九	一六一、四四四	四七五	二五、〇五〇	八、〇三〇	一七、〇二〇	五、三〇〇	五、三〇〇		四、一〇四	三、二四〇	八六四	一、〇〇〇	一、〇〇〇	

卅二年十一月各乡镇征调民工整修机场造册须知

乡镇别	民工人数（每日工作人数）	工作起止日期	工作天数	口粮费	每日人数	运程（里程）	费	人数	天数	整	津贴	中膳
中坝	一三〇	十九日起 廿四日止	九	三二	一三〇	二	二〇			四	九	三二
天竺	一〇〇	十九日起 廿四日止	六	三二	一〇〇	五	二〇			四	六	三二
湖西	一九九	二十日起 廿五日止	六	三二	一九九	四	二〇			四	六	三二
大观	九〇	廿二日起 廿六日止	六	三二	九〇	六〇	三〇	六〇	一	二〇	四	三二
迴龙	一九八	廿二日起 三十日止	六	三二	一九八	九〇	三〇	二〇五	一	二〇	四	三二
土寨	二六一	廿二日起 廿六日止	五	三二	二六一	九〇	三〇				四	五 二二

雲南省第 號 明冊

龍陵	二〇、二八〇	一八〇、二六	二二五四	二、三四〇	五五〇	一、五九〇	三、五〇四	三、四六四	四〇	一、二〇〇	一、二〇〇	
屏山	四九、一四〇	四三、八四六	五、二九四	五、六二〇	八〇	四、八六〇	五九五三	九九三六	一六	一、二〇〇	一、二〇〇	
雲龍	二三、二八〇	六四、〇二一	九、二五九	六、八二〇	九八〇	五、八九〇	一三六三	三、六二四	四八	一、六〇〇	一、六〇〇	
袁郎	二〇、六二〇	五八、七四五	一二、八七五	九、六三〇		九、六三〇	六、八一六	二、八〇八	八	九二〇	九二〇	
安寧	一三、二四〇	一一、三八五	一三五五	二、五二〇	八五〇	一、八〇〇				五六〇	五六〇	
合計	九一五、一六〇	八二一、二六三	九四〇、六六	一八〇、六〇	一八〇、六〇	一〇〇、五〇〇	一〇三、六〇〇	一〇二、六一五	八三	三、一八〇	五九九〇	一、九二〇

梁山县政府关于催报一九四三年六月征调抢填机场弹坑民工口食费领费证明册及领据致各乡镇公所的训令
（一九四四年七月三十一日）

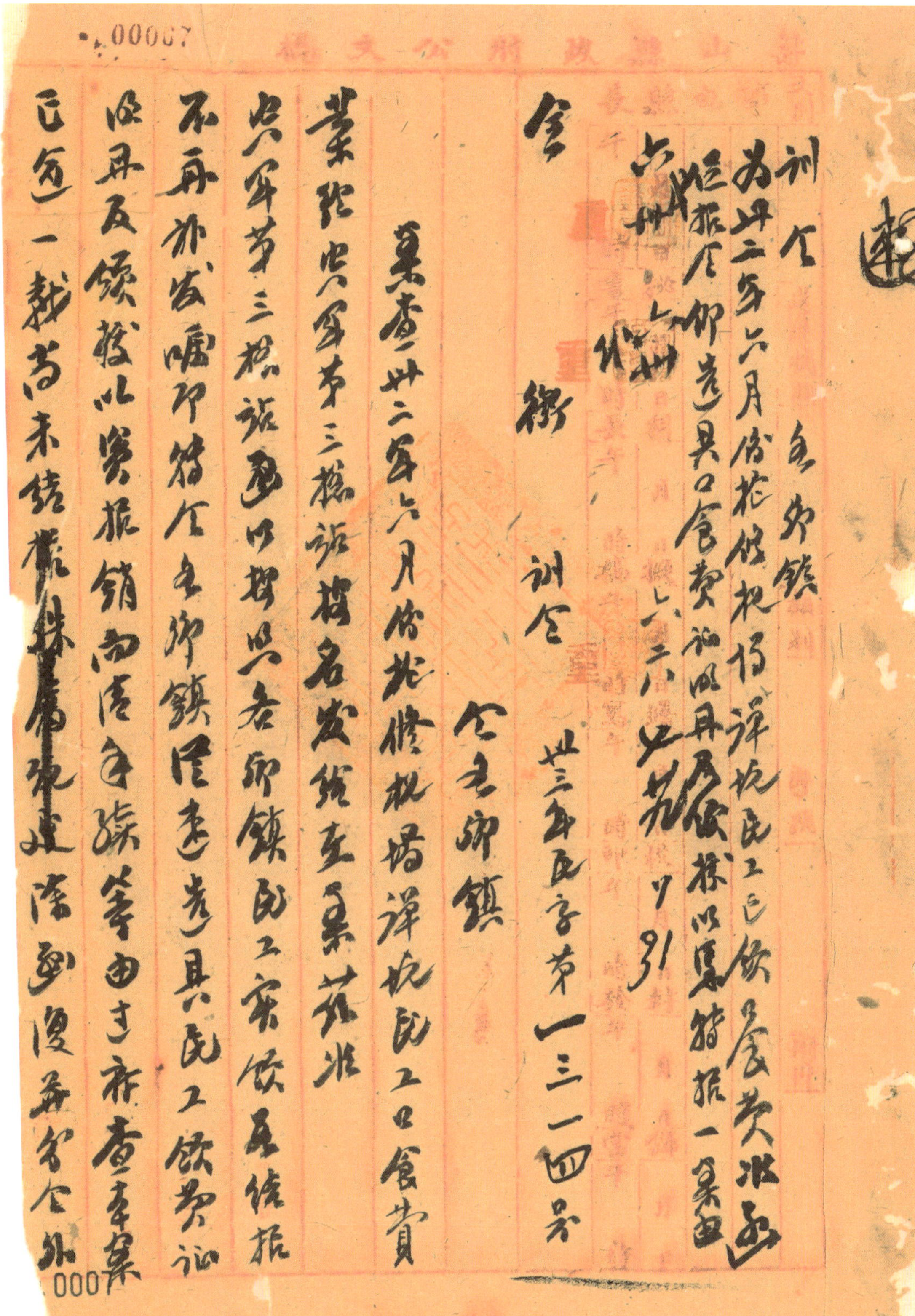
训令 各乡镇
为卅二年六月份抢修机场弹坑民工口饮食费仰迅速造具口食费领费证明册及领据以凭转报一案由
六卅 七卅一
令
衔 训令 卅三年民字第一三一四号
令各乡镇
案查卅二年六月份抢修机场弹坑民工口食费业经民工第三总队按名发给在案兹准民工第三总队函以据报各乡镇民工实领口食给据不再补发嘱即转令各乡镇迅速造具民工领费证明册及领据以资报销而清手续等由查本案已逾一载尚未结报殊属玩延除函复并分令外

合行檢發各鄉鎮民工飯費總查表及全份冊按式樣，仰該鄉鎮即依照於文到五日內（限）分別查造三份呈府，以憑對撥而清手續，如再遲延定予究辦為要！二

此令。

計附民工飯費結算總查表一張、民工口食費徵收冊式樣一張，飯稅　份

縣長黃〇〇公出

民政科長張〇〇代行

三十二年六月征調民工搶填機場彈坑結算表

鄉鎮別	起止工作日期	每日工作人數	工作日數	到工總數	每名每日伙食金額	合計應領金額	已領金額	備攷
△中城	六月七日起至九日止	上二〇〇	三日	六〇〇	一五〇〇	九〇〇〇〇	九〇〇〇〇	
久 城西	仝	上一七六	三日	五〇二	一五〇〇	七五三〇〇	七五三〇〇	
城南	仝	上一三四	三日	四〇二	一五〇〇	六〇三〇〇	六〇三〇〇	
城北（欽隊未蓋印△）	仝	上二六七	三日	八〇一	一五〇〇	一二〇一五〇〇	一二〇一五〇〇	
△金帶	仝	上二三四	三日	七〇二	一五〇〇	一〇五三〇〇〇	一〇五三〇〇〇	
和林（中 [illegible] 未△）	仝	上二〇〇	三日	六〇〇	一五〇〇	九〇〇〇〇	九〇〇〇〇	
仁賢	仝	上一七六	三日	五〇一	一五〇〇	七五一五〇〇	七五一五〇〇	
禮讓	仝	上一五六	三日	四六八	一五〇〇	七〇二〇〇〇	七〇二〇〇〇	

合計　一五四三　四六五　六六五〇〇

梁山县政府关于催报一九四三年五月征调抢填机场弹坑民工口食费领费证明册及领据致天竺、城东等乡镇公所的训令（一九四四年八月三日）

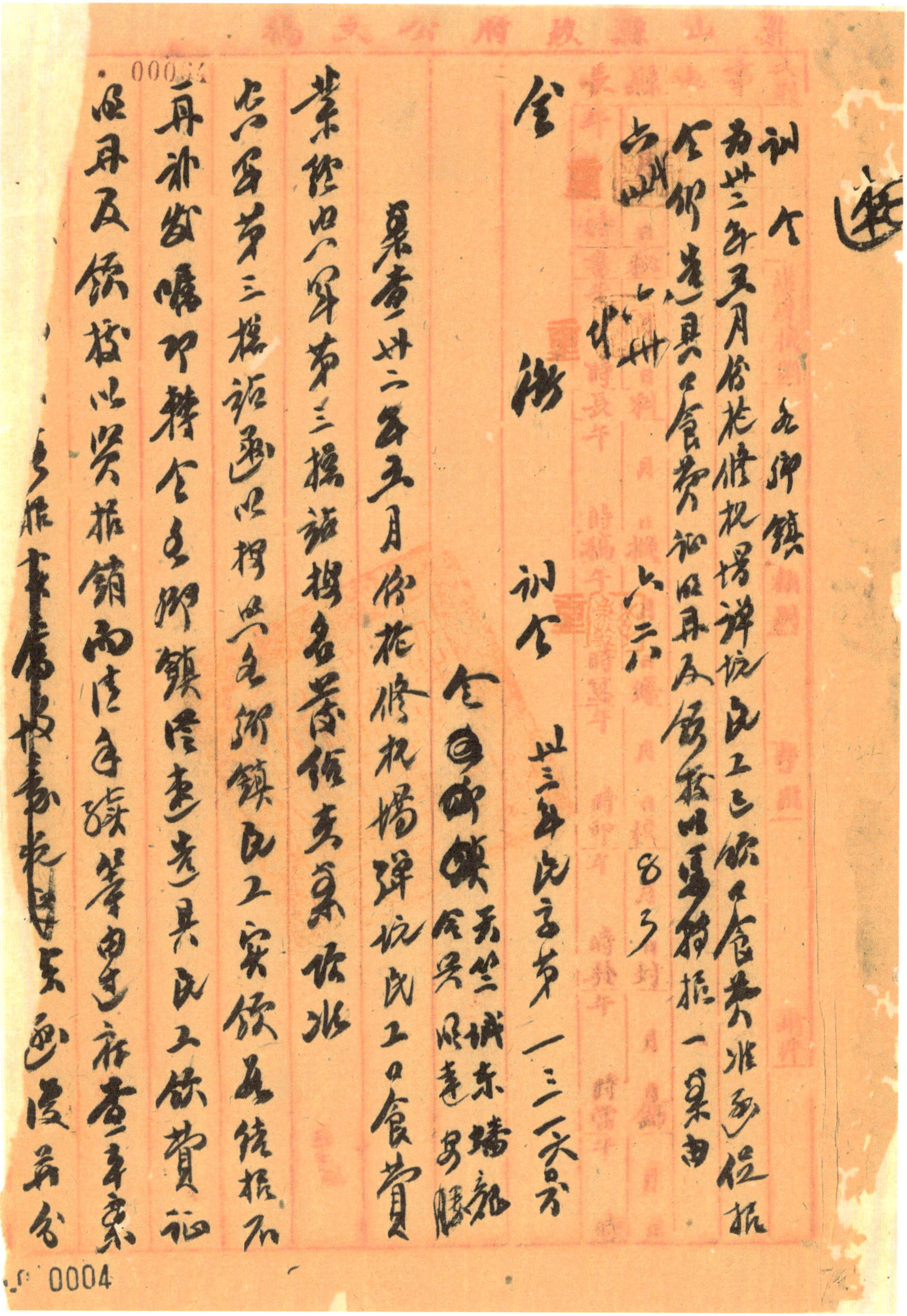

令外，合行检发各乡镇民工饭费报查表及工资册

格式样，令仰该乡镇即便遵照格式制具（日内送府）

分别各造三份来府以凭核拨为该手续（如有延误干咎）要！

此令。

计附民工饭费报查（结算）表一张，民工工食费证册

式样一张饭拨

份

县长 黄〇〇 公出

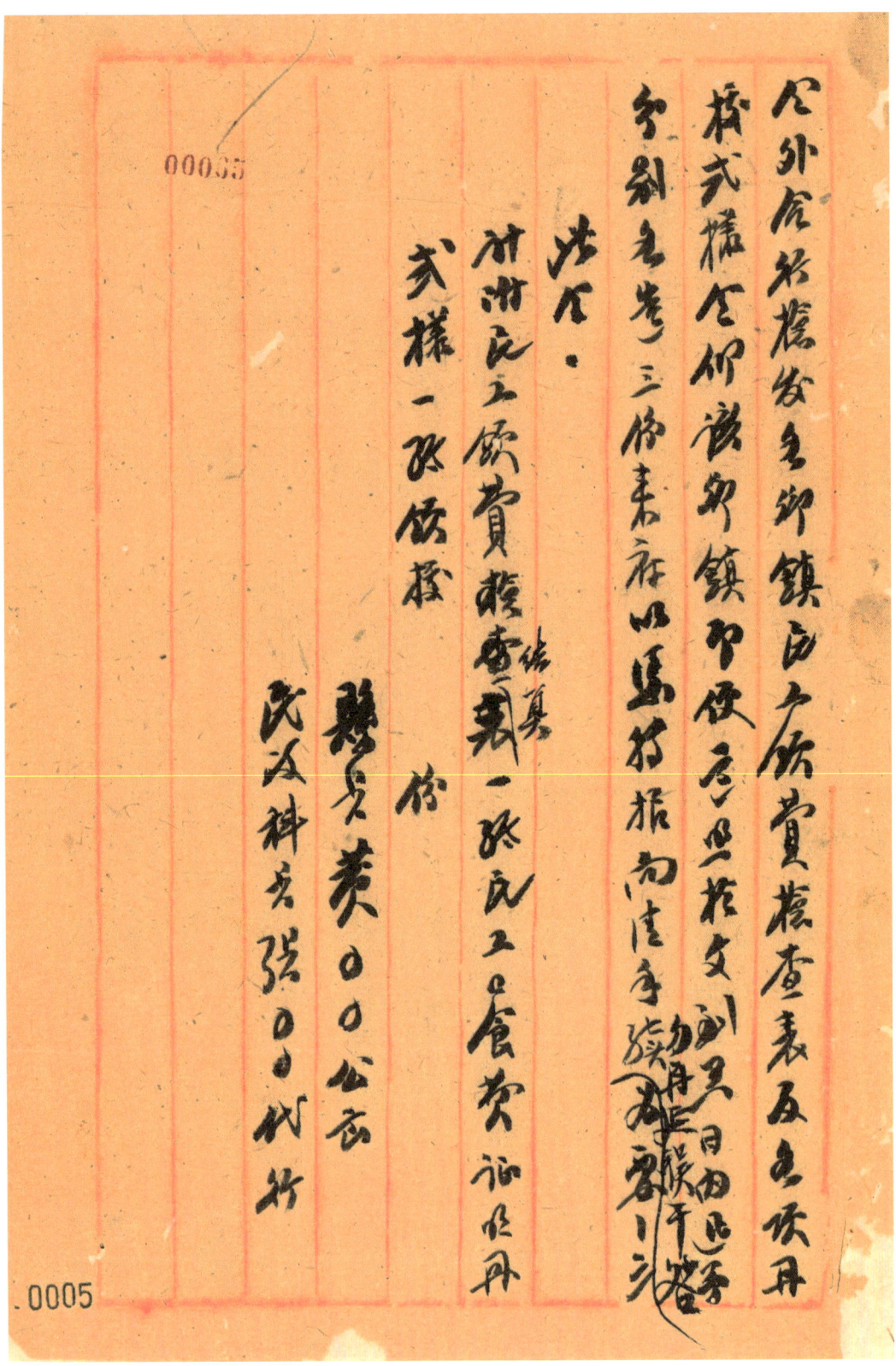

民政科长 张〇〇 代行

三十二年五月征調民工搶填機場彈坑結算表

鄉鎮別	工作日期	平均每日工作人數	工作日數	到工總數	每名每日伙食工資	合計應領工資金額	合計已領工資金額	多領工資	備攷
天竺	五月二十九日三十日六月三日	三七四	三天	一一二二	一五〇〇	一六八三〇〇〇	一八六八〇〇〇	一八五〇〇〇	
城東	五月二十九日三十日六月一日二日三日四日	四〇一	五天	二〇〇五	一五〇〇	三〇〇七五〇〇	四〇三五〇〇	四六〇〇〇	
蟠龍	五月二十九日三十日六月一日二日三日四日	三〇一	五天	一五〇五	一五〇〇	二二五七五〇〇	二二九〇〇〇	四五〇〇	
合興	五月二十九日三十日六月一日	三四五	三天	一一五五	一五〇〇	一七三二五〇〇	一七三二五〇〇	無	
明達	五月二十九日三十日六月一日三日四日	三〇四	五天	一五二〇	一五〇〇	二二八〇〇〇〇	二二八〇〇〇〇	無	
安勝	五月二十九日三十日六月一日	三〇五	三天	九一五	一五〇〇	一三七二五〇〇	一九三〇〇〇〇	五五七五〇〇	
合計		二〇三〇	二四天	八六二二		三九六三〇〇〇	四三〇〇三五〇〇〇		

梁山县政府关于催报一九四三年六月征调局部整修机场民工已领各费领费证明册及领据致各乡镇公所的训令（一九四四年八月三日）

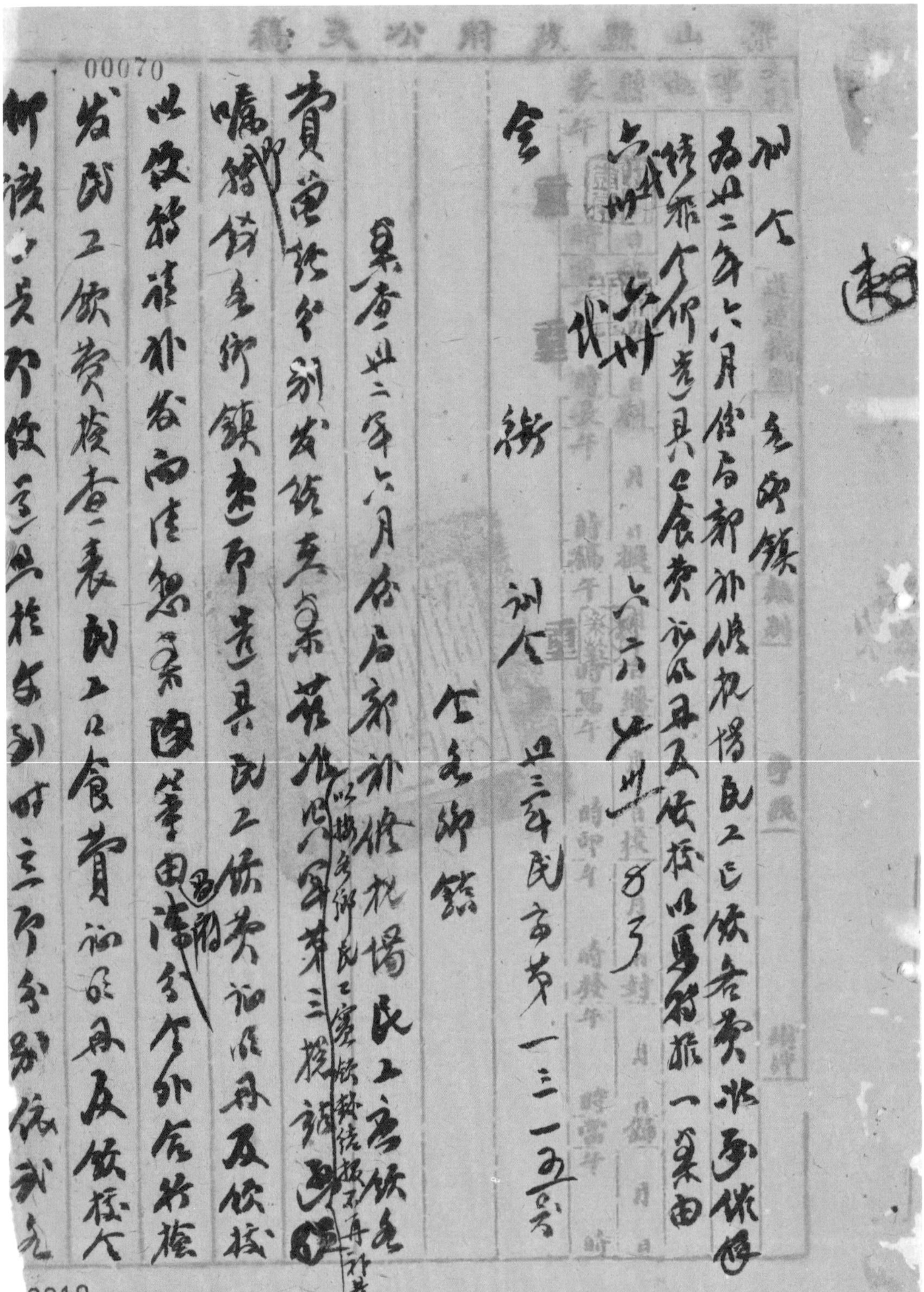

00071

造具三份呈府以憑轉報而清手續勿得稽延為要一二

此令。

計附民工伙食費標準一表、民工伙食費印領（續再表兩龍豐坪站數目表各）

兩龍豐坪站記帳冊

再同樣式樣一份、印領收據 份

縣長黃〇公出

民政科長張〇〇代行

0.0011

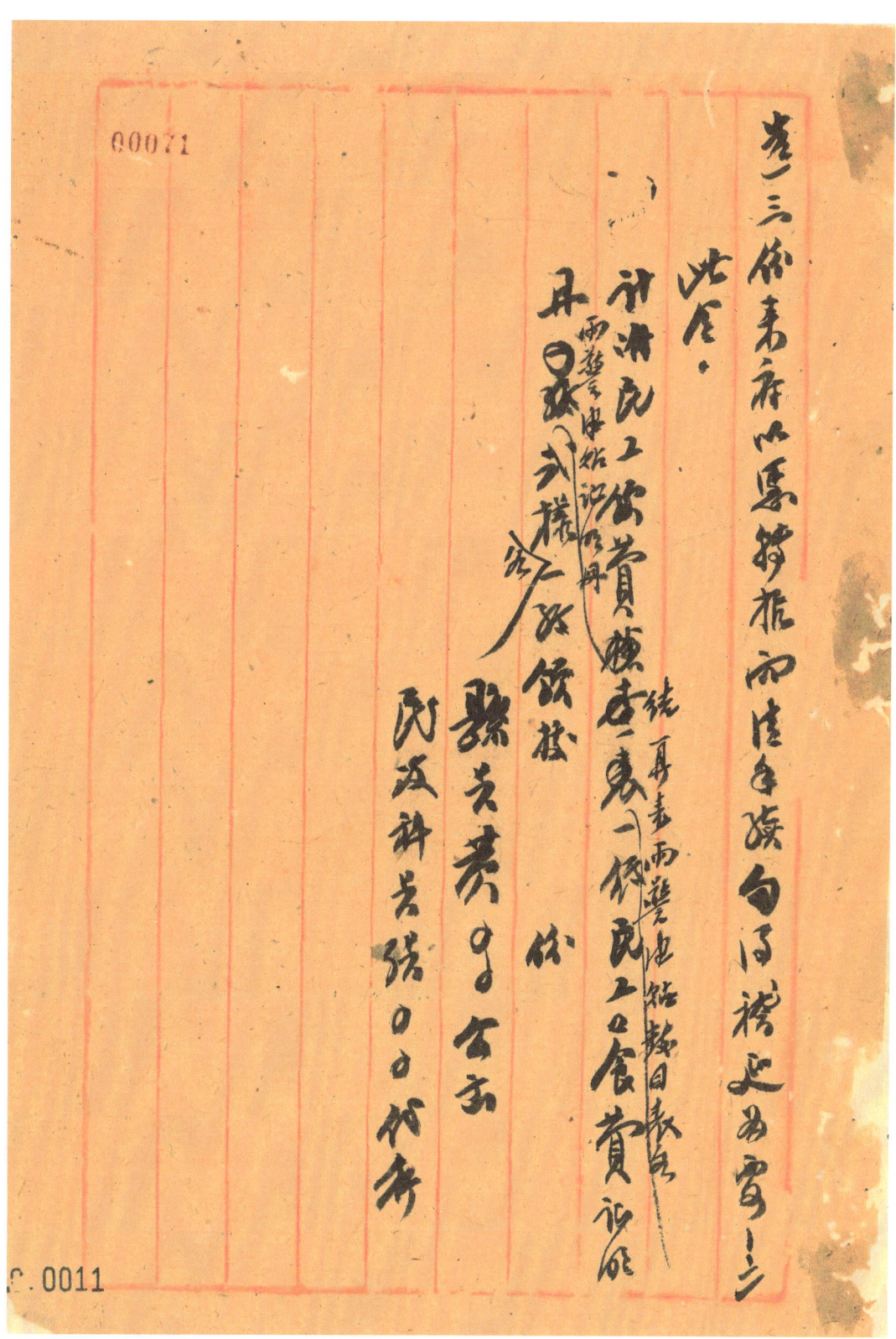

附一：一九四三年六月征调民工局部整修机场结算表

00072

三十二年六月征調民工局部整修機場結算表

鄉鎮別	工作日期	平均每日工作人數	工作天數	總工數	每名每日伙食領工資、合計應領工資、合計已領工資、欠領工資
中城	六月一日至三日四日	五七三	三天	一七二九	一五〇〇二五五〇二八二〇〇〇六九六五〇〇
城西	六月一日至三日四日五日	三一〇	四天	一三四〇	一五〇〇二六〇〇〇〇三三五〇〇五三七五〇〇
城南	六月一日	八〇〇	一天	八〇〇	一五〇〇三〇〇〇〇七三〇〇〇四六〇〇〇
城北	六月一日至三日四日五日	二一〇	四天	八四〇	一五〇〇三六〇〇〇三二七〇〇〇三七〇〇〇
金帶	六月四日至七日八日九日	一九八	四天	七九二	一五〇〇二八〇〇〇一五〇〇〇一一七〇〇〇
和林	六月四日至七日八日	二六七	三天	八〇一	一五〇〇三〇五〇〇八〇〇八六四五〇〇
仁賢	六月四日至七日八日九日	二三五	四天	九四〇	一五〇〇四六〇〇三六〇〇八〇〇〇
禮讓	六月四日至七日八日九日	五五八	四天	二二四〇	一五〇〇三三六〇〇〇三六九七〇〇六七〇三〇〇

備考：欠領工資准空軍第三總站函不再補發，另以兩警津貼補助之

0012

合計

三一五一二七六九三七二

四四四〇〇三九〇二〇〇四六〇八〇〇

附二：一九四三年六月征调民工局部整修机场雨警津贴数目表

00073

三十二年征調民工局部整修機場雨警津貼數目表

鄉鎮別	應領雨警津貼人數	天數	每名津貼金額	合計應領津貼總數	備攷
中城	一一五三	二天	一四〇〇	一六一四二〇〇	五月三十一日六月二日雨警津貼各一日
城西	八八三	二天	一四〇〇	一二三六二〇〇	仝右
城南	七〇三	一天	一四〇〇	九九四二〇〇	五月三十一日警報津貼
城北	三八八	二天	一四〇〇	五四三二〇〇	五月三十一日六月二日雨警津貼各一日
金帶	一三九	一天	一四〇〇	一八〇六〇〇	六月五日六月六日警報津貼各一日
和林	四九〇	二天	一四〇〇	六八六〇〇〇	仝上
仁賢	一三一	一天	一四〇〇	一八三四〇〇	仝上
禮讓	一一五一	二天	一四〇〇	一六一一四〇〇	仝上

P1 0013

合計五〇二八一三天　　七〇四九二〇〇

梁山县政府关于检送一九四三年五月、六月征调民工抢修机场证明册及应领各费表致航空委员会空军第三总站的公函（一九四四年八月二十六日）

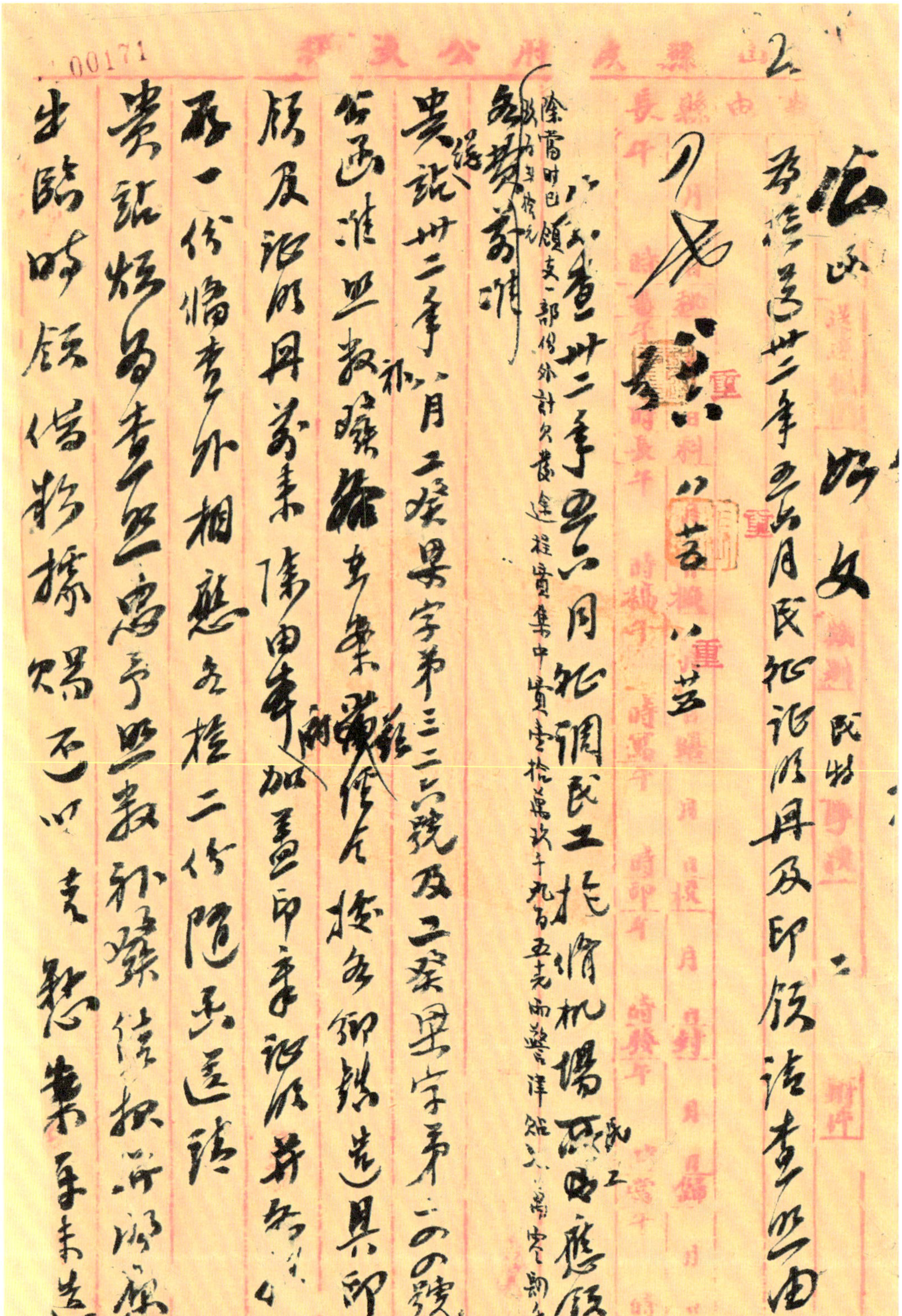

該項鈞饋提正催办中，俟具報下 廣森局

特呈，合併陳明

此致

教育委員會去年第二 提訖

計附各蒂雨警律紀道程費籌中費教育委員會一冊 城

西天堂合興城南城北彩林中城金帶城東嬌龍明達港口 合

費領據三十三張證明冊三十二張兩警津貼領據十二張證明冊十

二張仁賢安鎮嬌龍金帶城西中城城南天堂城東艾鄉

達程費籌中費證明冊十八張

縣長 黄□□

附：一九四三年五月、六月征调民工抢修机场各乡镇应领途程费、集中费数目表

三十二年五月六月征調民工搶修機場各鄉鎮應領途程費及集中費數目表

鄉鎮別	應領途程金額	應領集中金額	合計	備攷
仁賢鄉	五〇〇〇.〇〇	一〇〇〇〇.〇〇	一五〇〇〇.〇〇	
城東鄉	四〇〇〇.〇〇	八〇〇〇.〇〇	一二〇〇〇.〇〇	
天竺鄉	四六五〇.〇〇	九三〇〇.〇〇	一三九五〇.〇〇	
城南鄉	三〇〇〇.〇〇	六〇〇〇.〇〇	九〇〇〇.〇〇	
中城鎮	五〇〇〇.〇〇	一〇〇〇〇.〇〇	一五〇〇〇.〇〇	
城西鄉	五〇〇〇.〇〇	一〇〇〇〇.〇〇	一五〇〇〇.〇〇	
金帶鄉	八〇〇〇.〇〇	八〇〇〇.〇〇	一六〇〇〇.〇〇	
蟠龍鄉	六〇〇〇.〇〇	六〇〇〇.〇〇	一二〇〇〇.〇〇	

安勝鄉　四〇〇〇〇〇　八〇〇〇〇〇　一二〇〇〇〇

合　計　四四六五〇〇〇　七五三〇〇〇〇　一一九九五〇〇〇

034-1

航空委员会空军第三总站关于请速填一九四三年机场局部抢修工程总价验证转送航空委员会致梁山县政府的代电（一九四五年五月十六日）

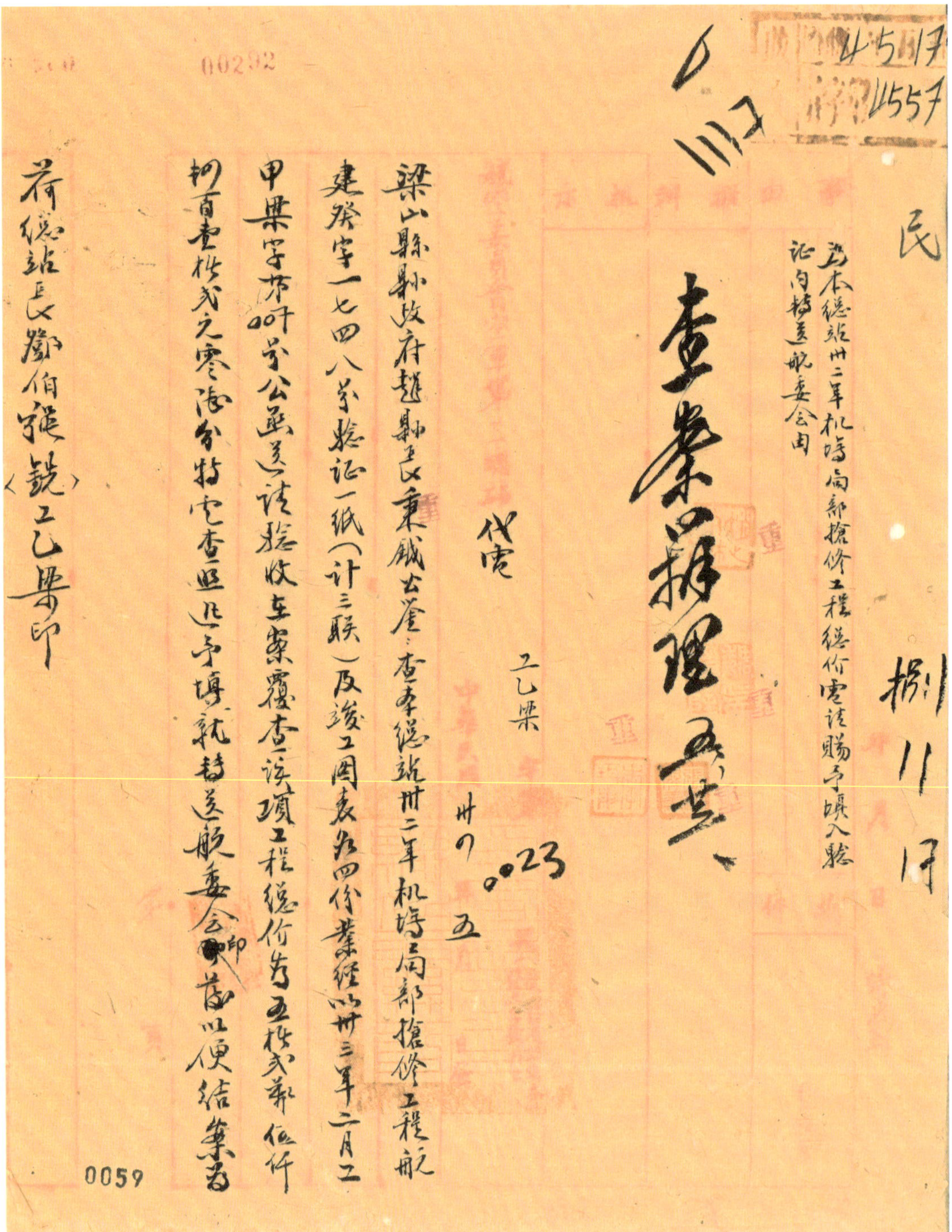

梁山、大竹等七县民工总队部关于请求增加民工待遇致梁山县特种工程民工管理处的呈（一九四五年六月十一日）

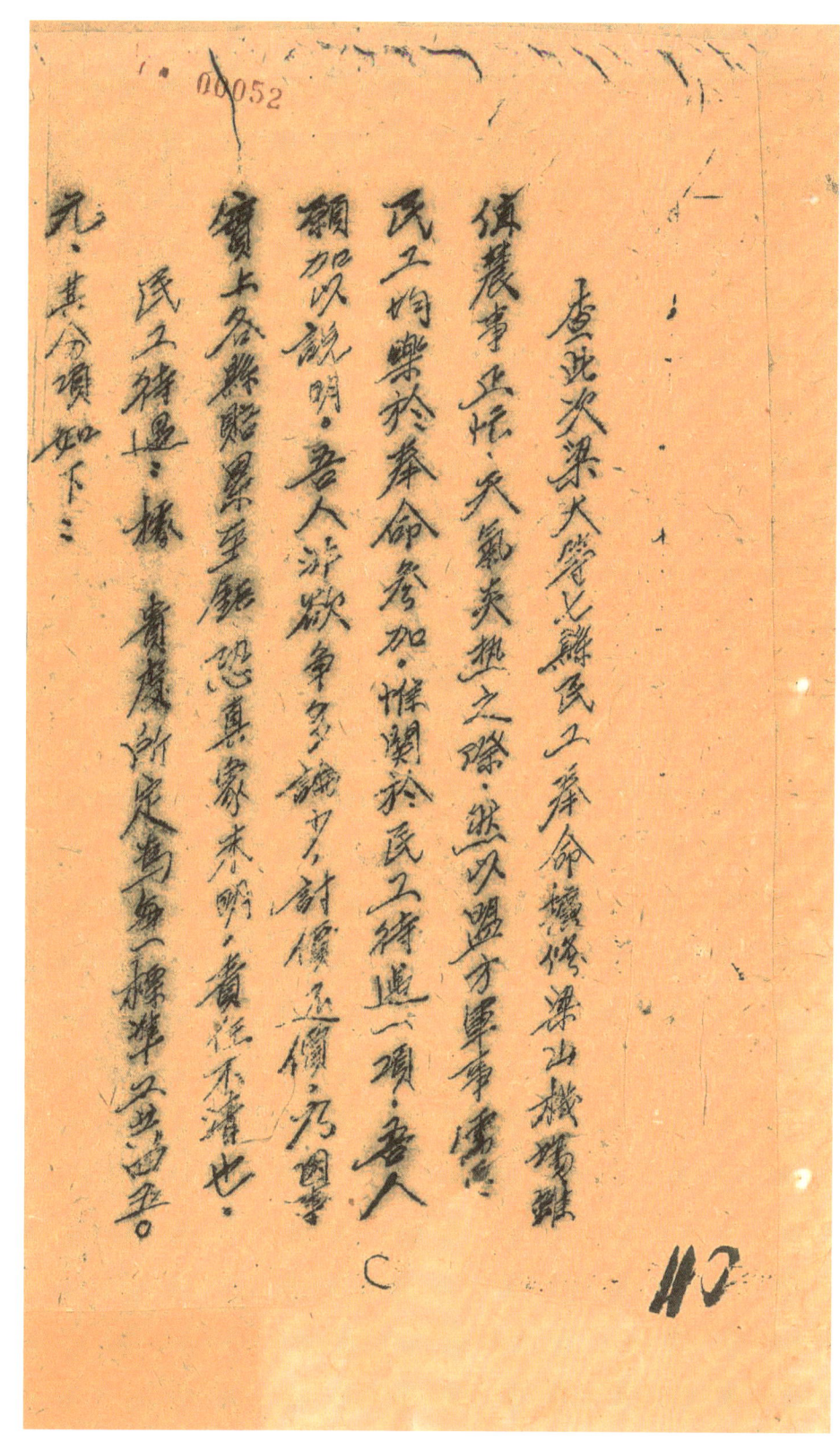

00052

查此次梁大等七縣民工奉命續修梁山機場，雖係農事正忙，天氣炎熱之際，然以盟方軍事需要，民工均樂於奉命參加，惟關於民工待遇一項，吾人頗加以說明。吾人非欲爭多論少，討價還價，乃因事實上各縣賠累至鉅，認真[illegible]未明，責任不清也。

民工待遇：據 貴處所定為每一標準工共四百元，其分項如下：

110

（一）工資共三二〇元

（二）工具補修費九元六角

（三）工棚費九元六角

（四）來往六日旅費二四元

（五）管理費二二元四角

（六）病工口食費九元

（七）病工經費[illegible]二元五角

（八）醫藥費 八角

（九）撫卹費 一六元

因開工伊始，各項費用，尚難精確計算，茲僅就四、五兩項，說明其不敷：

在此天氣炎熱生活設備簡陋條件之下，一民工最多只能繼續作工三十日，照第四項之規定，六日往返旅費共七二〇元，一日僅一二〇元。即以民工每日工資三二〇元之數為標準，各縣每一民工賠累旅費六〇〇元，每千名民工賠累六〇〇〇〇〇元。

管理機構：擬每三千名民工設一隊長，二伙夫，十算，平均每千名約需八人，其待遇即照民工工資計算每日應為三二〇元，而照第五項之規定僅又每十人之管理費僅為二三四元。即各縣每千名民工每日賠累管理費九、六〇〇元。醫師事務、大隊部總隊部經費，尚未計算在內。

就上所述，則僅被覆管理費兩項，各縣每千名民工每月之賠累，已達八十八萬八千元。至由標縣運米來山之費，及天氣過熱、太陽、陰雨不作時，以後限制，每日勢難完成標準工等項之賠累，以及民工管理處之經費，尚未計算在內也。

此致

民工管理處處長 霍六丁
梁山縣民工總隊長 趙秉鉞
大竹縣民工總隊長 徐中晟
達縣民工總隊長 陳伯良
墊江縣民工總隊長 蕭邦承
萬縣民工總隊長 盧起勳
忠縣民工總隊長 何好君
開江縣民工總隊長 蕭秉廉

中華民國三十四年六月十一日

000012

四川粮食储运局渝夔区储运分局关于修建梁山机场达县民工食米应在机场总领米内配拨致梁山县政府的代电

（一九四五年六月二十日）

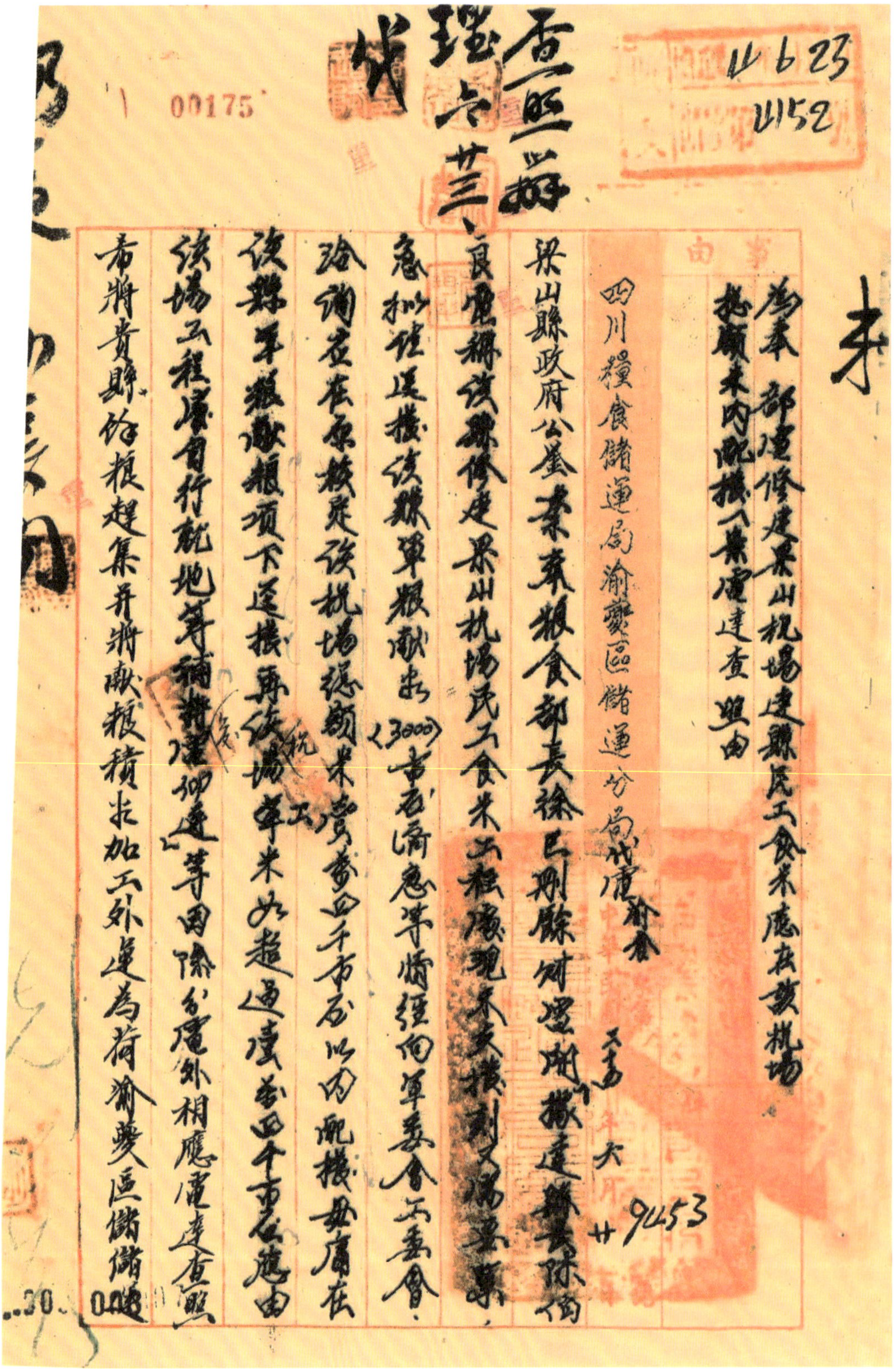

00175

事由：为奉部令修建梁山机场达县民工食米应在该机场总领米内配拨一案电达查照由

四川粮食储运局渝夔区储运分局代电 渝仓 三年六月廿 #9453

梁山县政府公鉴：案奉粮食部部长徐巳删代电开：达县县长陈倜艮电称该县修建梁山机场民工食米不敷，现奉交拨，刻不容缓，急拟请速拨该县军粮献米〈3000〉市石济急等情，经函军委会、工委会洽询在案，兹是该机场总领米贰万市石以内配拨，无庸在该县军粮献粮项下送拨，再该场军米如赶运续发四千市石，应由该场工程处自行就地筹补购运等因。除分电外，相应电达查照，希将贵县所粮赶集并将献粮积米加工外运为荷。渝夔区储……

00176

分局局長賈大有巳哿倉

00 009

四川省梁山县特种工程民工管理处关于印发修建梁山机场各县民工总队单价结算及米款具领办法议定书致梁山县民工总队部的训令（一九四五年八月六日）

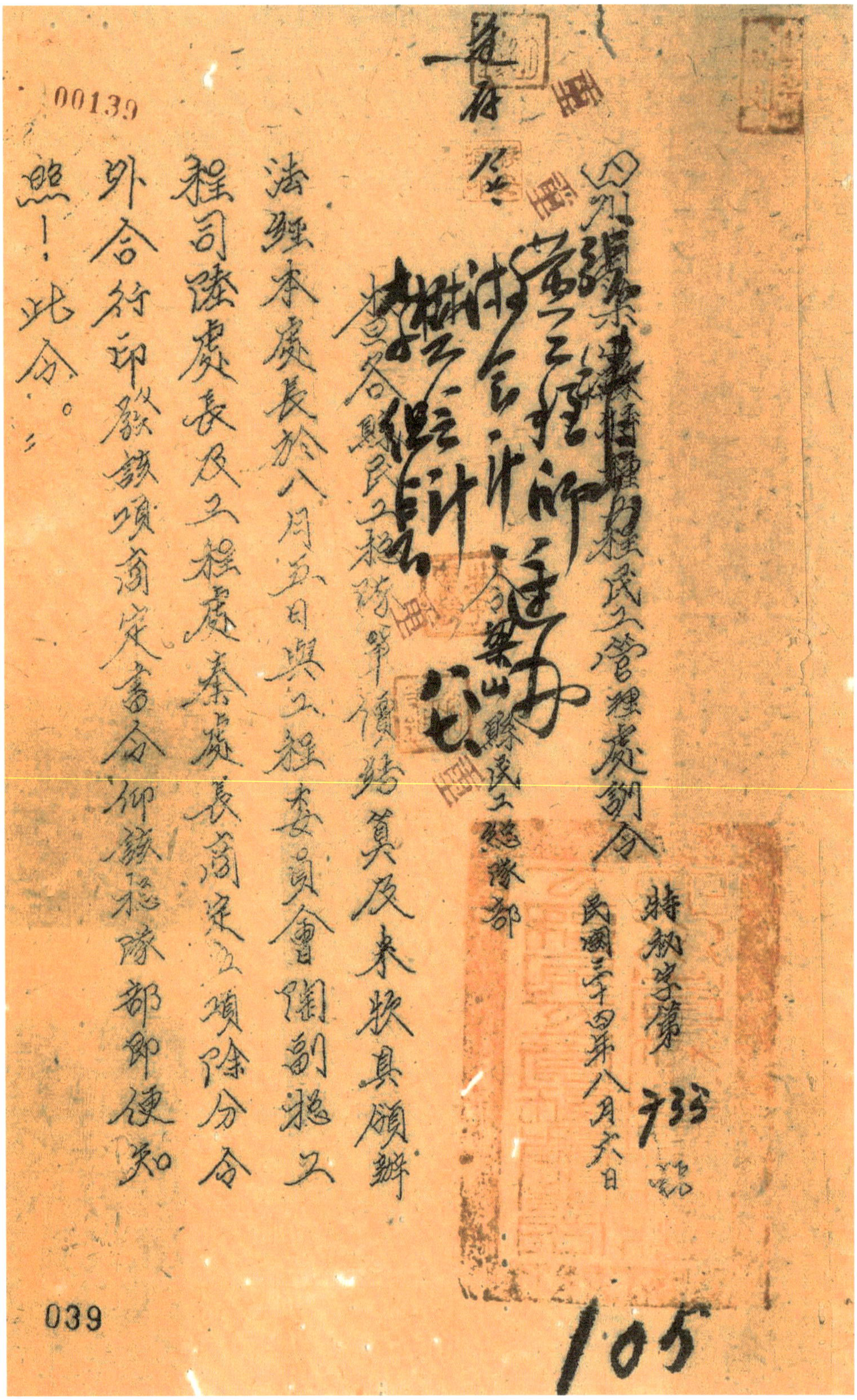
00139

四川梁山縣特種工程民工管理處訓令

特秘字第733號

民國三十四年八月六日

令梁山縣民工總隊部

為令發各縣民工總隊單價結算及米款具領辦法經本處長於八月五日與工程委員會閻副總工程司陸處長及工程處秦處長商定之項除分令外合行印發該項商定書令仰該總隊部即便知照！此令。

039

105

附抄勝商定書五份

萬處長震六寸

附：议定书

議定書

關於民工管理人員及伕役之食米計算辦法茲議定如下

一、在民工因霍亂疫病流行而減工期間所有民管處職員各總隊部之員役照原規定人數發給，如各大隊以下之員役按民工留工人數百分之二十發給。

二、民工完成全部工作時，於次日起所有民管處及各總隊部員役以共計五十名計算，繼續按每名每日二市斤發給食米，以發給兩個月為限。

陶述曾　陸爾康

儲六丁　八.五

秦以泰　八.五

議定書

040

106

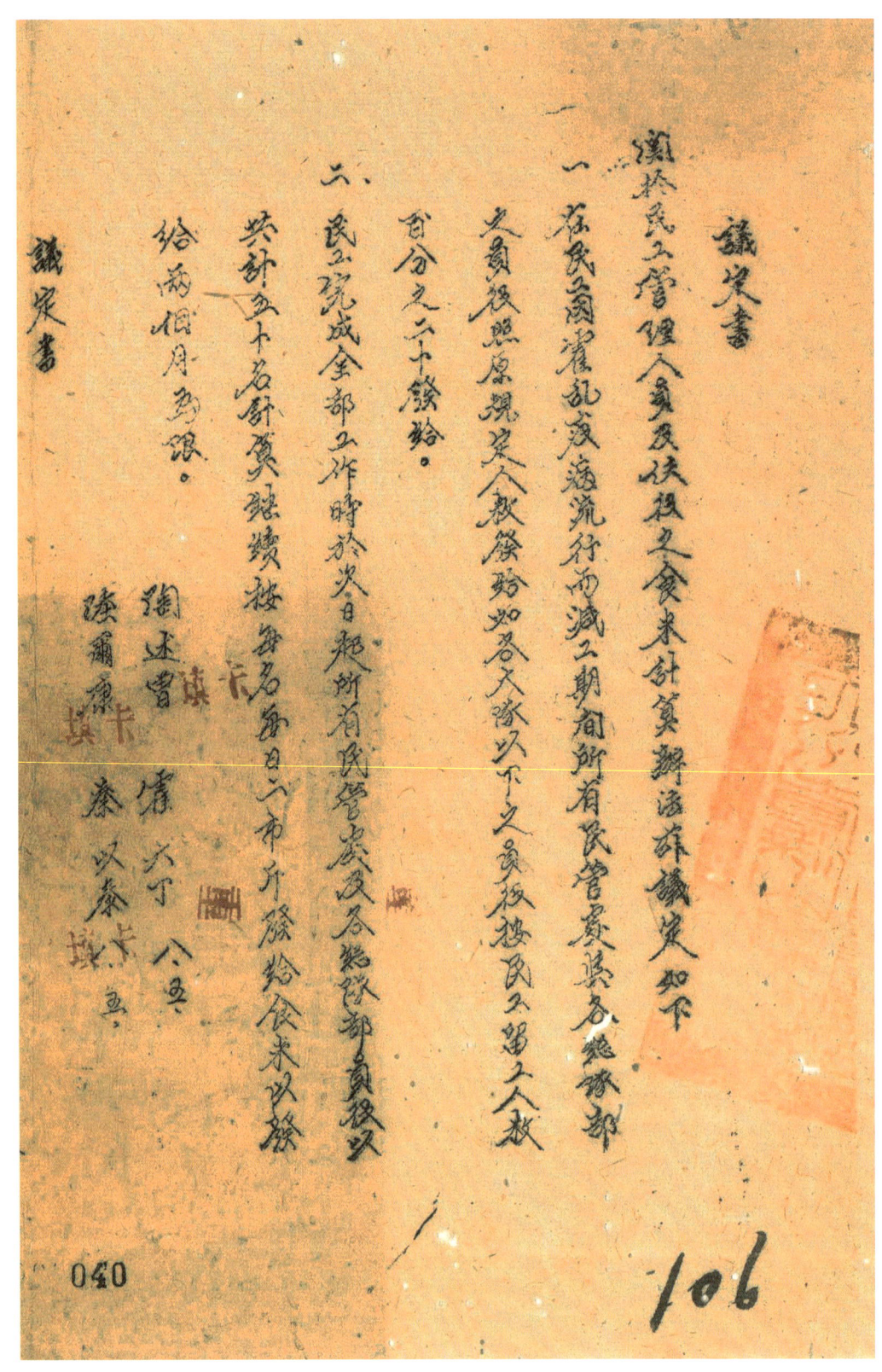

之報運價按修正四川非常時期服役暫行辦法第二十八條計算從

菜子壩倉庫至工地每壹百貳拾市斤由工程處發給國幣叁

百壹拾元。

闕述曾 六、丁 八、五

陳爾康 秦以泰 八、五

詳商定

大竹達縣應運支梁山物料又提之米，由工程處按壹萬壹仟元壹

市石之價發給各縣民工代金，但價款須迅速一次發足此定。

盧六丁 七、八、六

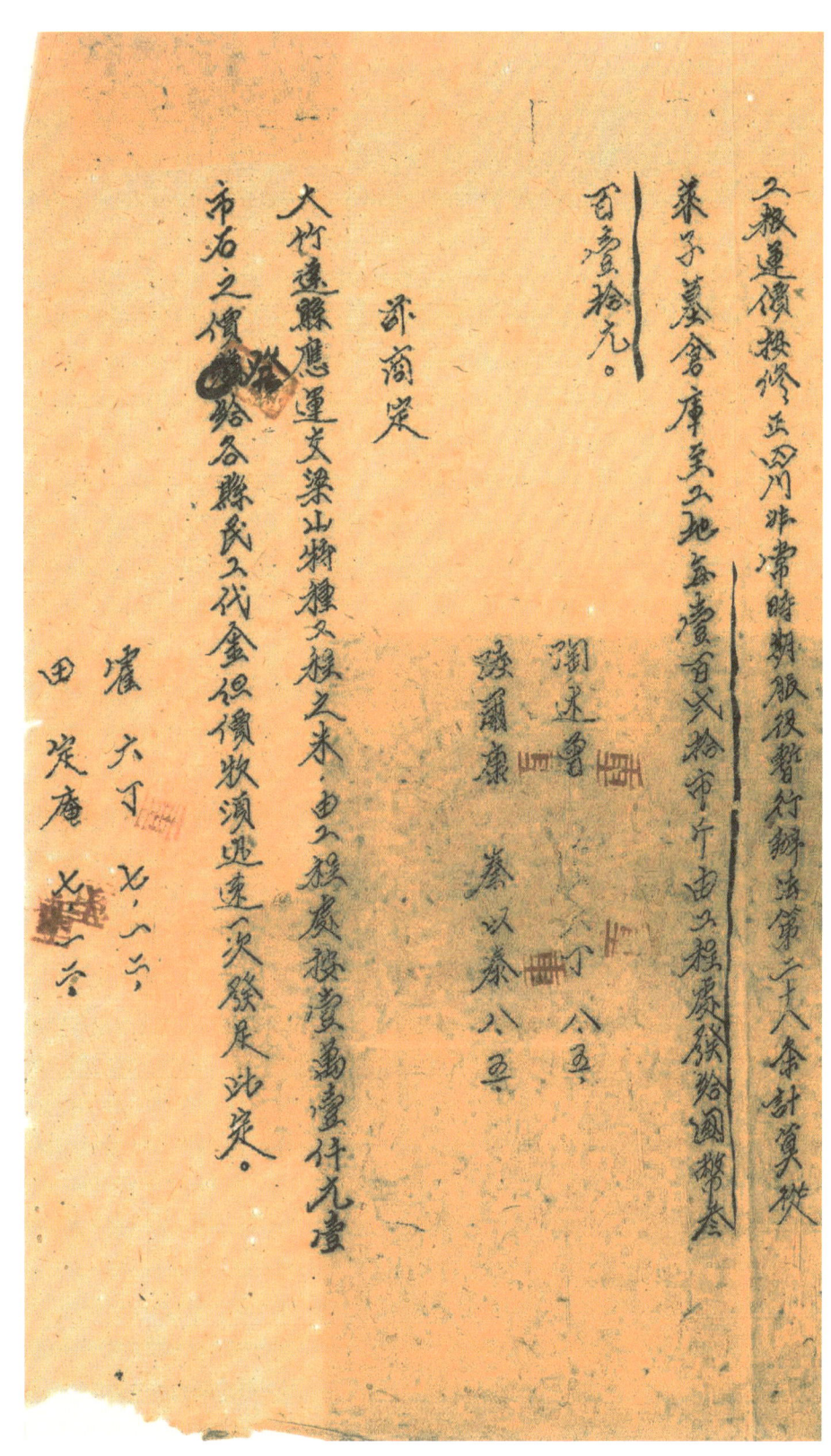

田定庵 七、一、廿

議定書

機僱處長在渝與田總指揮商定辦法，由工程處即發伍仟市石米款（每市石照壹萬壹仟九百元計算）交民管處代辦收即須發至另外仟市石照壹萬壹仟元（一市石由工程處在以前發給各縣糧費內扣算。

謝述曾　陳爾康

秦以泰　董大丁

八、五

關於雨或其他故障停工之人數另時救依照工委會與四川省政

041

府渝三字第13595號代電第九條之規定辦理

照以淨谷石照每九斗以下除石以每標準石之價三百一拾元

之比率折算標準石

陶述曾 八五、

崔大丁

陳爾康

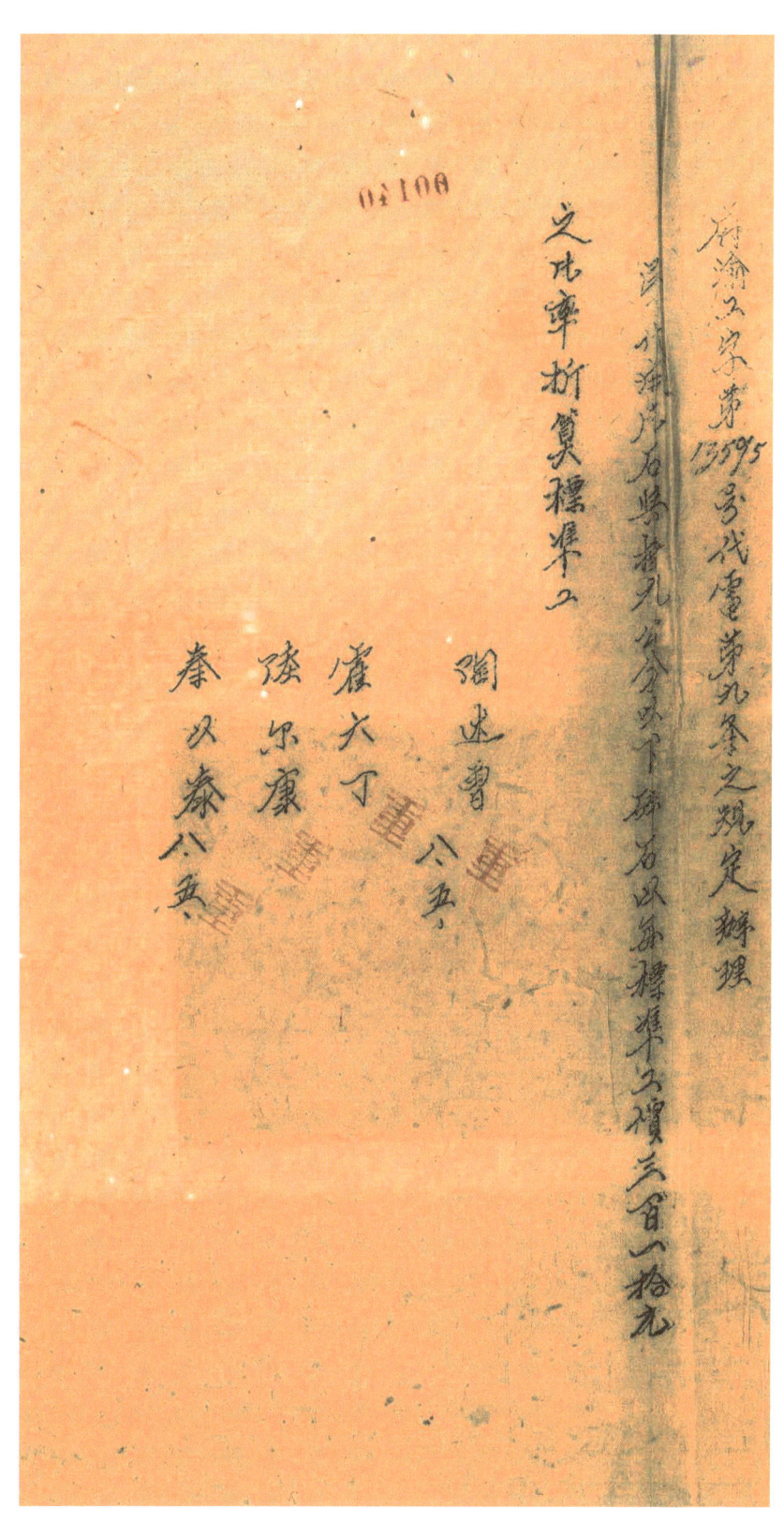

秦以泰 八五、

四川省梁山县特种工程民工管理处关于明确一九四五年八月十五日前空袭或天雨停工口食费应领数目致梁山县民工总队部的训令（一九四五年八月十五日）

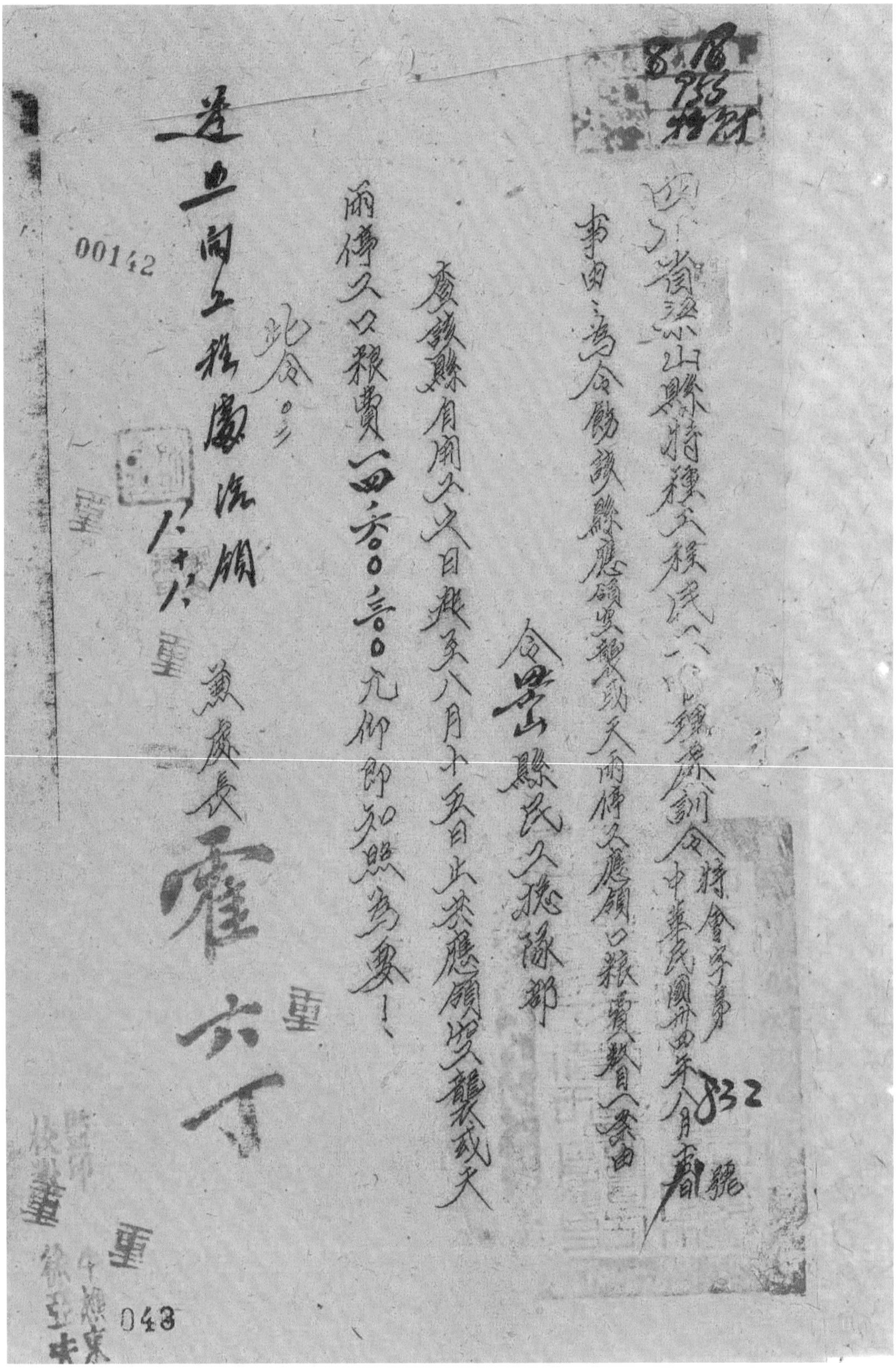

四川省梁山县特种工程民工管理处训令 特會字第832號 中華民國卅四年八月 日

事由：為令飭該縣應領空襲或天雨停工應領口糧費數目（案由）

令梁山縣民工總隊部

查該縣自開工之日起至八月十五日止，其應領空襲或天雨停工口糧費一四叁〇叁〇九，仰即知照為要！

此令

00143

梁山县民工总队部造具各乡镇民工回程旅费表

三十四年八月十八日

乡镇别	民工人数	离县里程	每人计领标准工数	每人应领旅费金额	共领数	备考
中城镇	一四九人	五里	一〇〇	三一〇〇〇元	三三、七九〇〇元	
天笋乡	六四	一〇	一〇〇	三一〇〇〇	一九、八四〇〇	
城东乡	一〇六	二五	一〇〇	三一〇〇〇	三二、八六〇〇	
城南乡	六四	三〇	一〇〇	三一〇〇〇	一九、八四〇〇	
城西乡	一一六	一〇	一〇〇	三一〇〇〇	三六、八六〇〇	
城北乡	八〇	二〇	一〇〇	三一〇〇〇	二四、八〇〇〇	
仁贵乡	一六〇	三〇	一〇〇	三一〇〇〇	四九、六〇〇〇	
巨庄乡	一七六	五五	二〇〇	六二〇〇〇	一〇九、一二〇〇	

0044

108

屏山乡	一四四	七〇	二〇〇	六二〇〇〇	八九、二八〇〇〇
锦水乡	一一二	七〇	二〇〇	六二〇〇〇	六九、四四〇〇〇
回龙乡	一一二	九〇	二五〇	七七五〇〇	八六、八〇〇〇〇
文峰乡	一一二	九〇	二五〇	七七五〇〇	八六、八〇〇〇〇
福禄乡	一七六	六〇	二〇〇	六二〇〇〇	一〇九、一二〇〇〇
三和乡	一一二	七五	二〇〇	六二〇〇〇	六九、四四〇〇〇
紫照乡	一〇四	一〇〇	二五〇	七七五〇〇	八〇、六〇〇〇〇
蟠龙乡	八〇	三〇	一〇〇	三一〇〇〇	二四、八〇〇〇〇
石安乡	一五二	八五	二〇〇	六二〇〇〇	九四、二四〇〇〇
安胜乡	八八	二〇	一〇〇	三一〇〇〇	二七、二八〇〇〇

居安乡	四八	三〇	一〇〇	三一〇〇〇	一四、八八〇〇〇
文化乡	八八	五〇	二〇〇	六二〇〇〇	五四、五六〇〇〇
新民乡	一四四	六〇	二〇〇	六二〇〇〇	八九、二八〇〇〇
龙山乡	一一二	七〇	二〇〇	六二〇〇〇	六九、四四〇〇〇
胜达乡	一四四	四五	二〇〇	六二〇〇〇	八九、二八〇〇〇
七星乡	一五六	一三〇	三〇〇	九三〇〇〇	五六、〇八〇〇〇
礼让乡	一一二	四五	二〇〇	六二〇〇〇	六九、四四〇〇〇
袁一乡	一九八	九〇	二五〇	七七五〇〇	一五三、四五〇〇〇
康城乡	二七六	一〇〇	二五〇	七七五〇〇	二一三、九〇〇〇〇
三民乡	二四六	一二〇	三〇〇	九三〇〇〇	一九八、五八〇〇〇

安壘鄉	七二	七〇	二〇〇	六二〇〇〇	四四、六四〇〇〇
柏家鄉	一二〇	七〇	二〇〇	六二〇〇〇	七四、四〇〇〇〇
大觀鄉	一四四	四五	二〇〇	六二〇〇〇	八九、二八〇〇〇
雲龍鄉	一七六	六五	二〇〇	六二〇〇〇	一〇九、一二〇〇〇
藤平鄉	一一二	八五	二〇〇	六二〇〇〇	六九、四四〇〇〇
和林鄉	一六〇	四〇	二〇〇	六二〇〇〇	九九、二〇〇〇〇
金帶鄉	一一二	三五	二〇〇	六二〇〇〇	六九、四四〇〇〇
合計	四三三五				二六一三、九二〇〇〇

三、人员管理

（一）民工征调

梁山县政府关于征调民工修理飞行场致梁山县四城镇联保办公处的训令（一九三六年四月十三日）

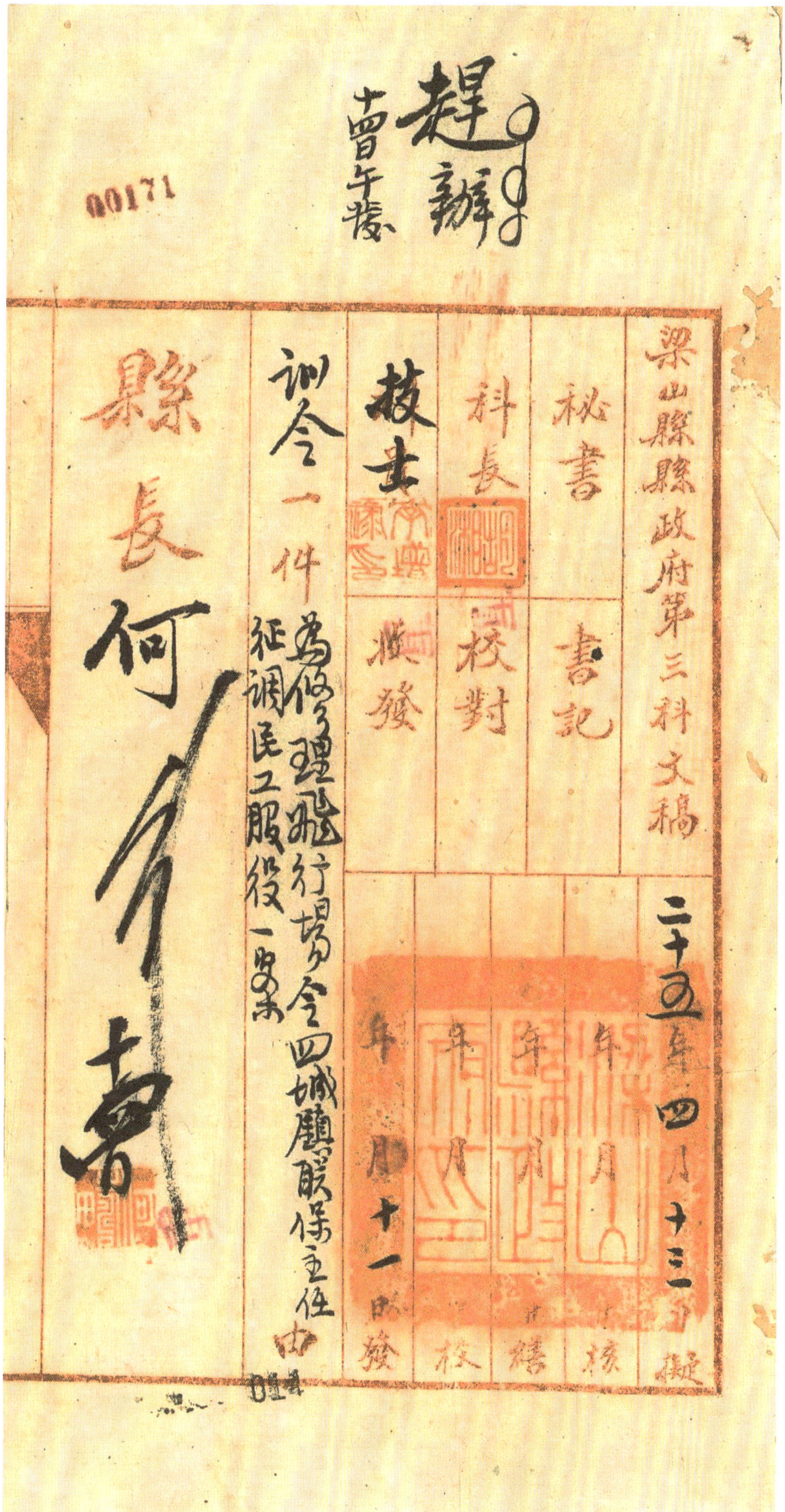
梁山縣縣政府第三科文稿
秘書
書記
科長
校對
繕發
訓令一件
為修理飛行場令四城鎮聯保主任
征調民工服役一案由
縣長 何
二十五年四月十三日擬
年月十一日發
00171

令

衛訓令　建字第2780號

令四城鎮聯保主任徐俊

查北外飛行場，高低不平，有碍机身起落，亟待興工整理，以期適用。惟在築路期間，又值農耕季節，顧念民艱，暫行簡單挖填，此項初步計劃，前經航空委員會梁山飛行場擬定，需工三萬五千個，如每日以五千人作工，七日之間，即可竣事。仍照義务征工办法，由民工自備應需口糧及鋤头畚箕绳索扁担等用具，并就近征调四城民工服役，为此令仰该主任即便遵照，赶日征调民工五十名，各备以上用具，限于本月十四日午前七时，由该主任率领民工，交飞行场机械士吕建中副官李元恺，分配工作，毋得违误为要！

此令。

中華民國卅五年四月　日

縣長何○

第三科科長胡○

梁山县政府关于已征调四城镇民工五十名前来修理飞行场致航空委员会四川梁山飞行场的公函（一九三六年四月十五日）

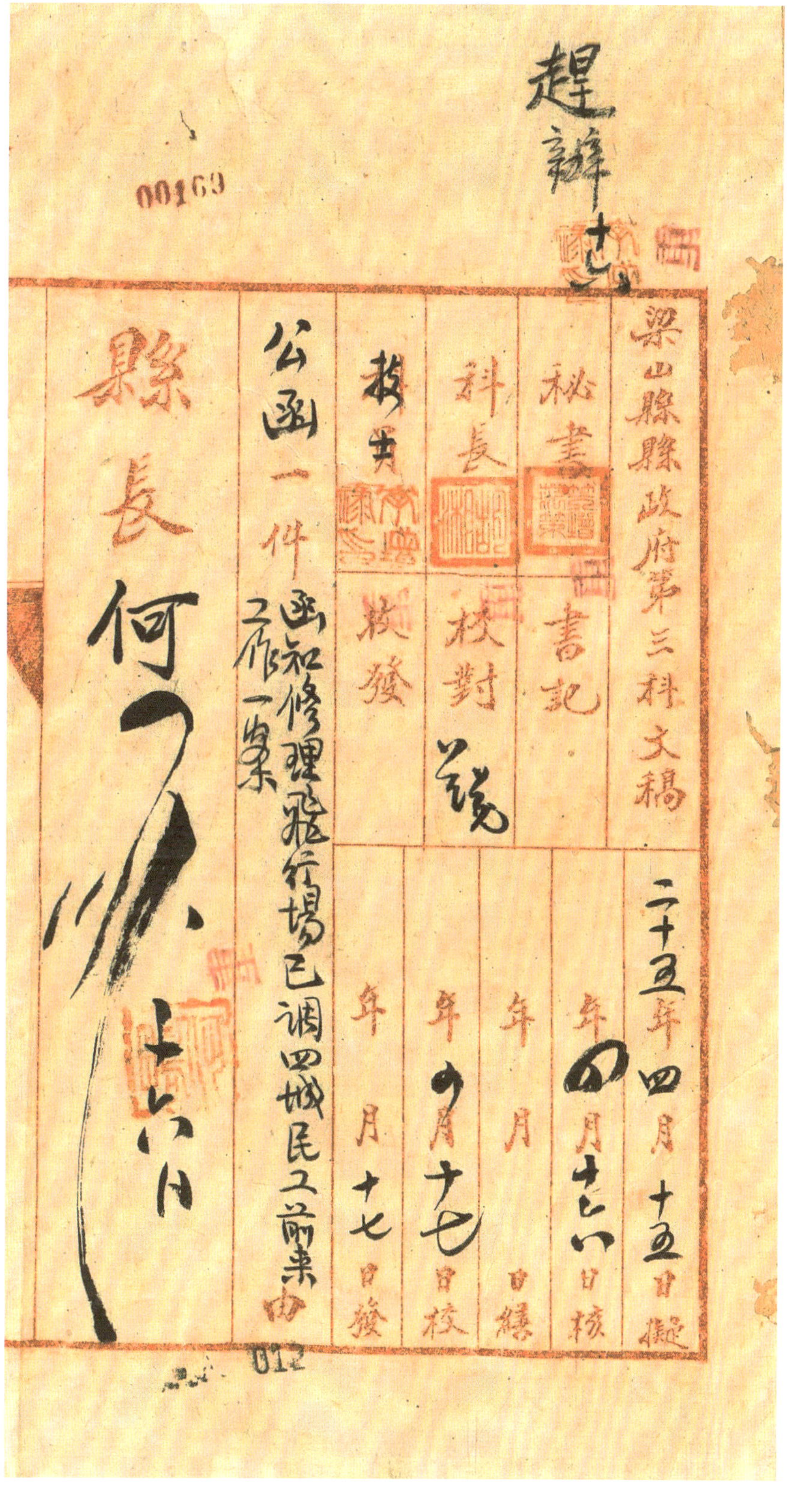
趕辦

00169

梁山縣縣政府第三科文稿

秘書

科長

技士

書記

校對

校發

縣長 何

公函一件

函知修理飛行場已調四城民工前來由

工作一案

二十五年四月十五日擬

年四月十六日核

年月日繕

年四月十七日校

年月十七日發

012

全銜公函　建字第2793号

日昨准

貴場機械士吴建中、副官李元愷來府面嘱

征调民工五十名，連續作工七日，簡單修理飛行場

等由；當經令飭四城鎮聯保主任徐俊，尅日義

務征调四城民工五十名，於本月十八日午前七钟，齊

頭前来，為此函请

貴場吴機械士、李副官，分配工作，相應函達。

00170

贵场请烦查照为荷！此致

航空委员会梁山飞行场

梁山县县长何

013

中華民國卅三年四月十三日

梁山县政府关于如期遣归整修飞行场民工致航空委员会四川梁山飞行场的公函（一九三六年四月二十二日）

全銜公函建字第二八六二號

查此次整理飛行場，前經

貴場長機械士李副官囑徵民工五千名，連續作工七日，業務服役本府業於四月十八日，就近徵調足額，並由民工自備口糧用具，逐日前來聽命工作。茲有被徵民工，業已應徵築路，定於本月廿四日傍晚，將整理機場民工，悉數調達指定地點，參加築路工作，相應函達

贵场，请于廿四日上午十时，将整理机场民遗骸，以利路政为荷！此致

航空委员会梁山飞行场

梁山县县长何〇

中華民國廿五年四月廿二日

梁山县政府、梁山县第三区区署关于造报扩修飞机场民工清册的来往文书（一九三七年九月二十四日至二十七日）

梁山县第三区区署致梁山县政府的呈（一九三七年九月二十四日收）

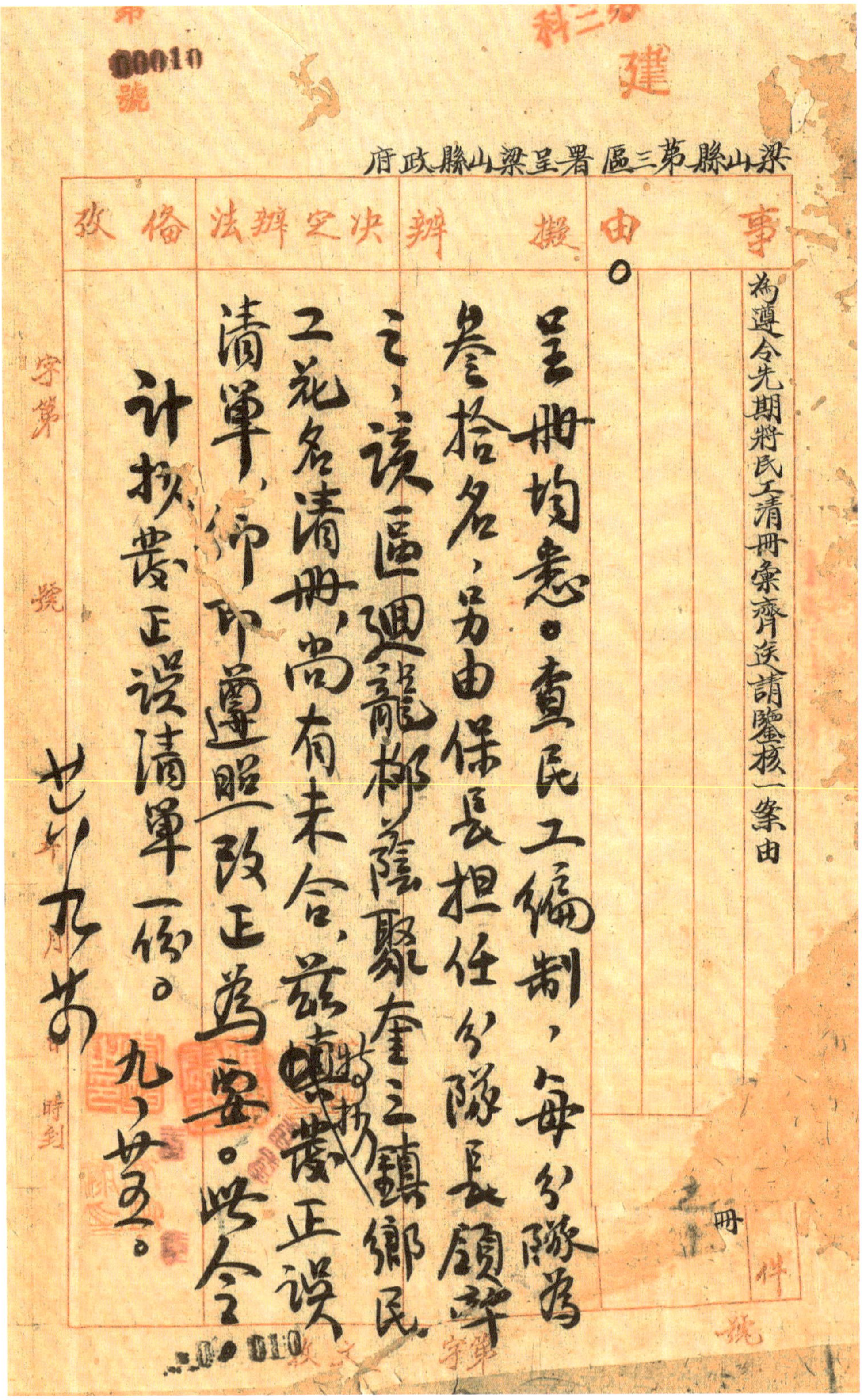
建

00010

梁山縣第三區署呈梁山縣政府

事由：為遵令先期將民工清冊彙齊送請鑒核一案由

擬辦：

呈冊均悉。查民工編制，每分隊為叁拾名，另由保長担任分隊長領率之。該區迴龍、柳蔭、聚奎三鎮鄉民工花名清冊，尚有未合，茲擬發正誤清單，仰即遵照改正為要。此令

計抄發正誤清單一份。

九，廿五。

決定辦法：

備攷：

冊 件

本年九月十七日午后一鐘案奉

鈞長命令飭每保調足壯丁三十名，限二十二日到府，擴修飛機場，除原文有案，邀免冗錄外，後開：

「仰該區署即便遵照議案程序辦理，如敢故違，定予軍法從事，其各一體凜遵，勿違此令。」

等因，附議案一紙，奉此，遵於本月十八日召開全區聯保主任緊急會議，嚴飭如期辦妥去訖，嗣奉

鈞府電令因款未滙到，緩期開拔，仍將民工清冊先期送府等因，除靜候令調外，理合先將清冊彙齊具

文賫呈

鈞府鑒核示遵。

謹呈

梁山縣縣長陳

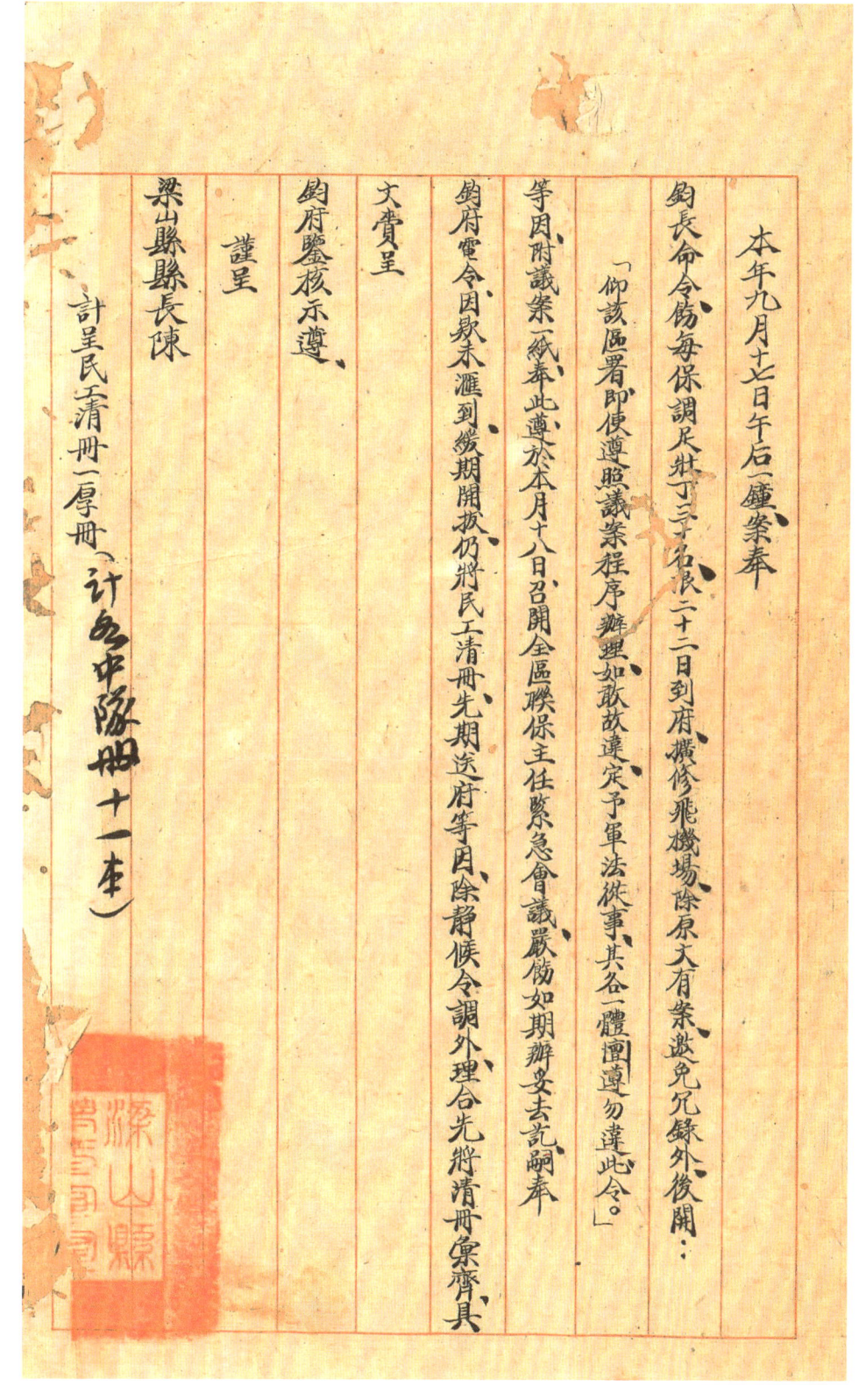

計呈民工清冊一厚冊（計各中隊冊十一本）

梁山縣第三區區長楊允壁

中華民國二十六年九月 日

梁山县政府致梁山县第三区区署的指令（一九三七年九月二十七日）

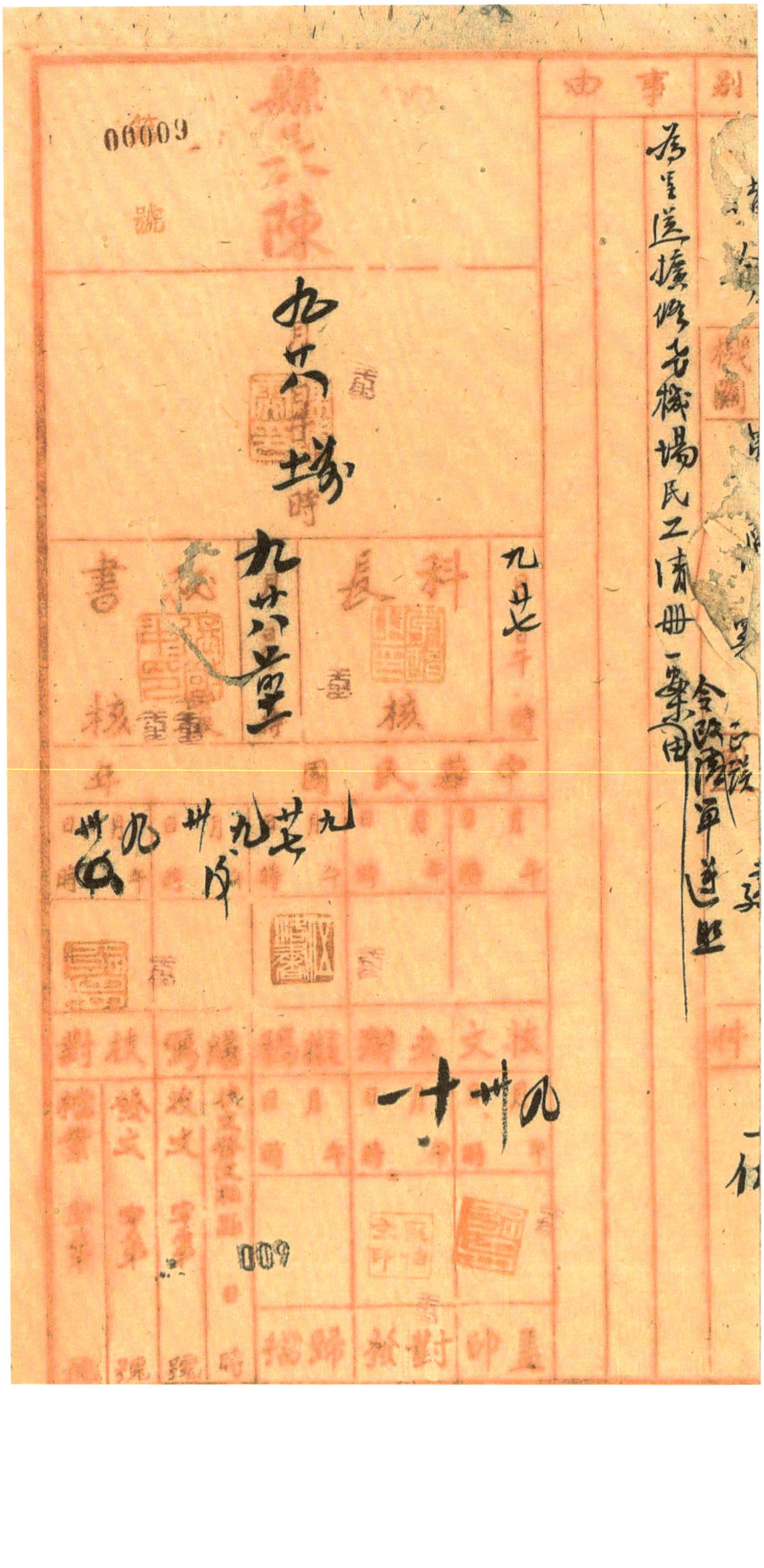

梁山縣縣政府指令 卅六年建字第423號

令第三區區長楊允璧

卅六年九月廿四日呈乙件，為呈送擴修飛機場民工清冊一案由

呈冊均悉，查民工編制每分隊為三十名，另由保長担任分隊長領率之，該區迴龍柳蔭聚奎三鎮鄉民工花名清冊，尚有未合，示特抄發正誤清單，仰即遵照改正為要。清冊存。

此令。

計抄發正誤清單一份

中華民國卅六年九月廿七日

縣長陳〇〇

附：第三区呈报扩修飞行场民工花名清册正误清单

第三區呈報擴修飛行場民工花名清冊正誤清單

中隊別	分隊別	民工數	備攷
第二中隊	第一分隊	缺一名	因龍鎮民工分隊編制即依該鎮各保之次序
	第三分隊	缺一名	
	第四分隊	缺一名	
	第七分隊	缺九名	
	第九分隊	缺七名	
	第十二分隊	多二名	
	第十五分隊	多十一名	

第二中隊

第卅五隊 缺二名

第二分隊 多二名 柳蔭

第四分隊 多三名

第五分隊 多一名

第六分隊 多一名

第八分隊 多三名

第十分隊 多三名

第十一分隊 少九名

第十一中隊

第一分隊 多一名 聚奎

第二分隊 多二名

第三分隊	多一名
第四分隊	多三名
第五分隊	多一名
第六分隊	多一名
第七分隊	多一名
第八分隊	少十二名
第九分隊	少十七名
第十分隊	多一名
第十一分隊	多一名
第十二分隊	多一名

并録分隊長

第十三分隊　多

第十四分隊　多

第十五分隊　多

第十六分隊　多一名

第十七分隊　多一名

第十八分隊　多一名

第十九分隊　多二名

第廿分隊　多一名

第廿一分隊　多一名

第廿二分隊　多四名

00014

第廿四分隊	多一名
第廿五分隊	多二名

014

航空委员会四川梁山飞行场、梁山县政府关于集合民工赴飞行场割草铲根的来往函（一九三七年十月二日）

航空委员会四川梁山飞行场致梁山县政府的函（一九三七年十月二日）

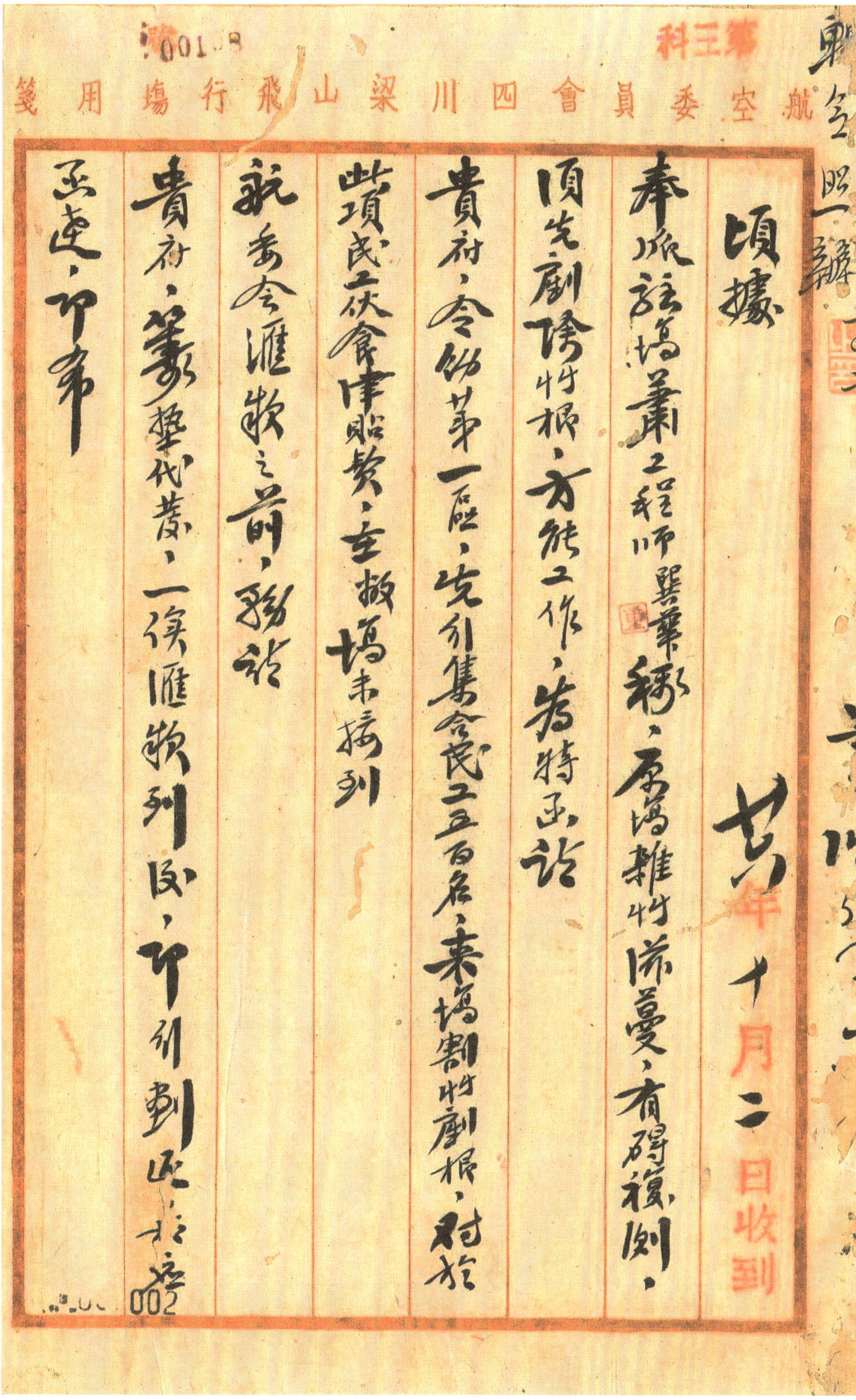
航空委員會四川梁山飛行場用箋

第三科

廿六年十月二日收到

頃據
奉派駐場蕭工程師賢華稱：本場雜草滋蔓，有碍複測，
須先剷除草根，方能工作，為特函請
貴府，令飭第一區，先行集合民工五百名，來場割草剷根，對於
此項民工伙食津貼費，在本場未接到
航委會匯款之前，務請
貴府，籌墊代發，一俟匯款到後，即行劃還，相應
函達，即希

航空委員會四川梁山飛行場用

查照辦理為荷。二

此致

梁山縣縣長陳

航空委員會梁山飛行場場長

高介山

十二

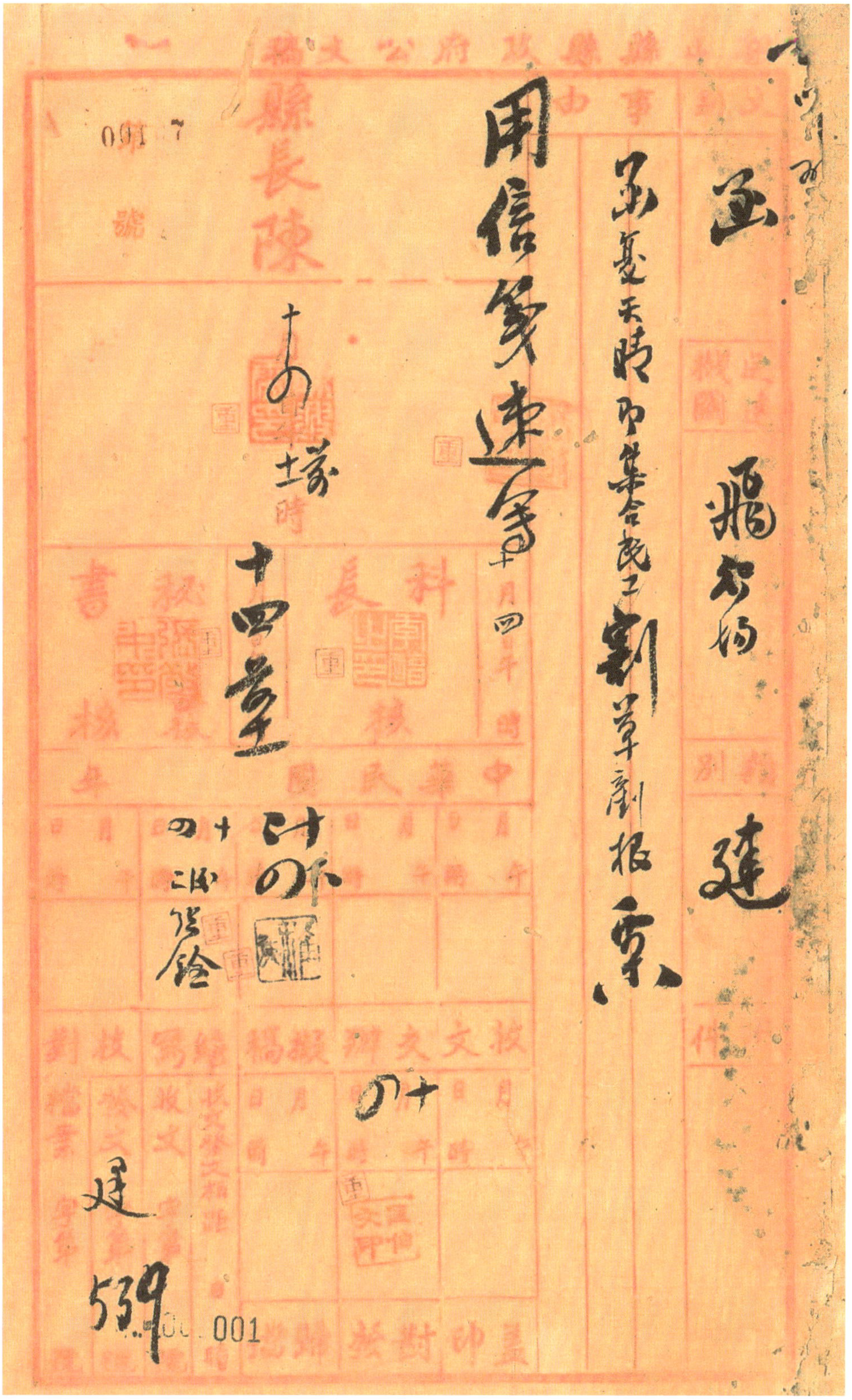

梁山县政府致航空委员会四川梁山飞行场的函（一九三七年十月二日）

頃准

大函：囑轉飭第一區集合民工五百名，赴飛行場剷

草剷根等由。自應照辦。查此項民工，敝府自奉

令擴築以來，早已分別準備完善，尅日開工。

如遇連日綿雨，不能工作，一俟天候放晴，或雨霽勉

能工作時，即行集合飭工建築，相應函覆

貴場，希即查照為荷。此致

航空委員會梁山飛機場場長高

兼縣長[illegible]○○

廿六、十二、二

梁山飞行场一九三七年十月十五日割草民工单（一九三七年十月十六日）

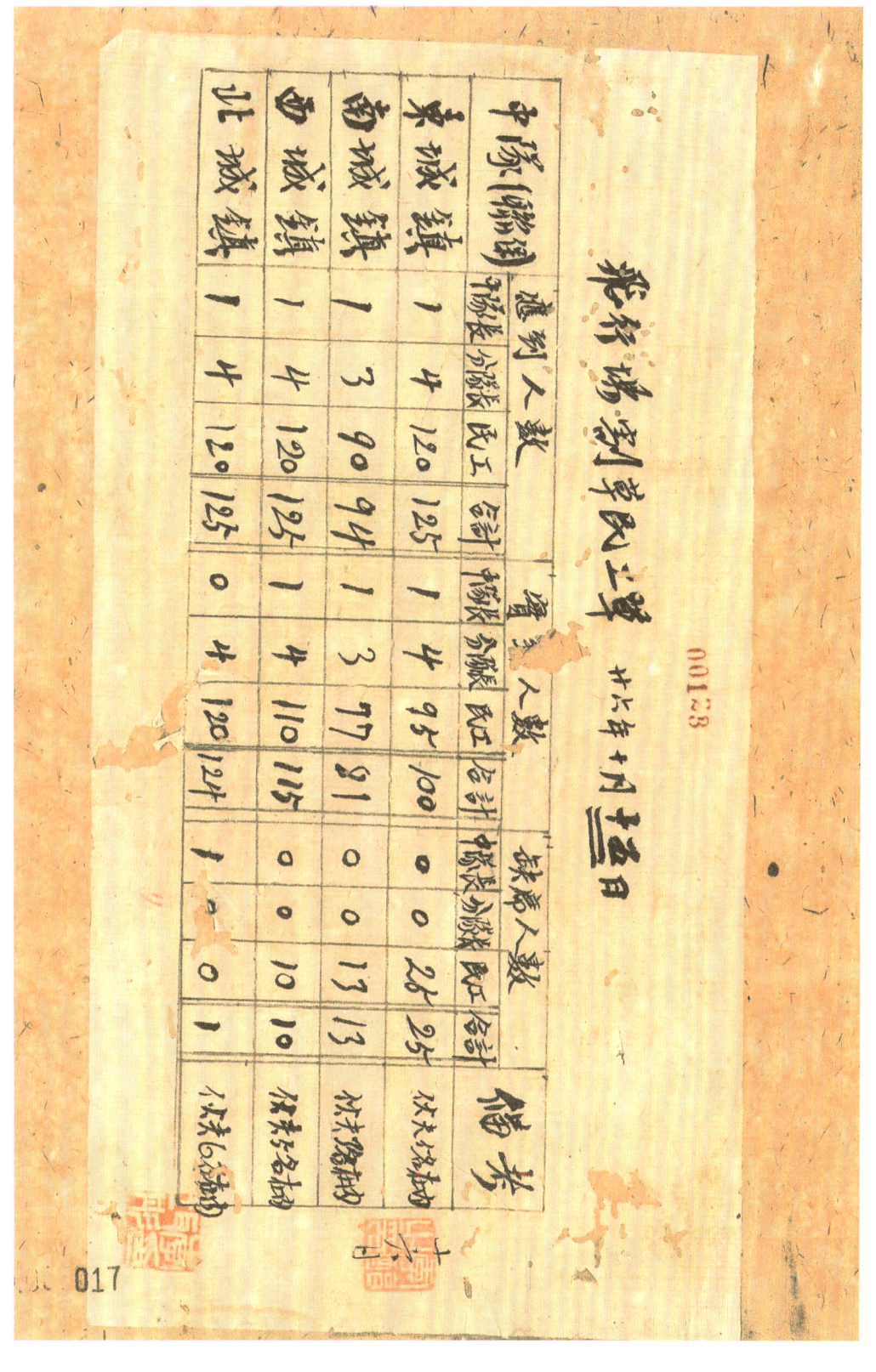

00123

飛行場割草民工單　廿六年十月十五日

中隊(聯保)	應到人數				實到人數				缺席人數				備考
	中隊長	分隊長	民工	合計	中隊長	分隊長	民工	合計	中隊長	分隊長	民工	合計	
東城鎮	1	4	120	125	1	4	95	100	0	0	25	25	伕夫4名在内
南城鎮	1	3	90	94	1	3	77	81	0	0	13	13	伕夫3名在内
西城鎮	1	4	120	125	1	4	110	115	0	0	10	10	伕夫5名在内
北城鎮	1	4	120	125	0	4	120	124	1	0	0	1	伕夫6名在内

十六日

017

梁山县民工第一大队飞行场铲草工作实际做工人数总表（一九三七年十月十八日）

存查 十、廿一

018

梁山縣民工第一大隊飛行場鏟草工作實際作工人數總表

鎮鄉別＼每日工作總數	五日	六日	七日	八日	九日	十日	十一日	十二日	十三日	十四日	十五日	十六日	十七日	合計	備考
西城鎮	八四	一一一	一二八	一二〇	一二五	一一五	一一〇	一一五	一一八	一一五	一一四	一一三	一〇五	一四七三	
北城鎮	一二五	一二一	一二三	~~[illegible]~~ 一三四	一二五	一二五	一二二	一二五	一二二	一二〇	一二三	一二七	一二一	~~一六[illegible]〇九~~ 一六〇三	
東城鎮	一〇二	一一〇	~~一〇七~~ 一〇八	一〇八	一〇八	一〇二	一〇〇	一一八	一〇三	一〇〇	一〇一	一〇〇	八三	~~一三四[illegible]~~ 一三四三	
南城鎮	九四	九四	八八	八五	九八	八〇	八六	七七	九〇	八四	七七	八九	無	一〇四二	
合計	四〇五	四三六	~~四四六~~ 四四七	~~四三四~~ 四[illegible]	四五六	四二二	四一八	四三五	四三三	四一九	四一五	四二九	三〇九	~~五四五[illegible]~~ 五四[illegible]	

附記：本表各鎮每日人數係民工伙夫及中分隊長一併在內

中華民國二十六年十月十八日大隊長謝鎮藩

梁山县民工第一大队飞行场铲草工人第一区署点名人数暨飞行场点名人数比较表（一九三七年十月二十日）

付查 十、廿七。

總[illegible]隊部

梁山縣民工第一大隊飛行場鏟草工人第一區署点名人數暨飛行場点名人數比較表

日期 \ 鎮別 \ 人數	西城鎮 本署点名數	西城鎮 飛行場点名數	南城鎮 本署点名數	南城鎮 飛行場点名數	東城鎮 本署点名數	東城鎮 飛行場点名數	北城鎮 本署点名數	北城鎮 飛行場点名數	合[illegible] 本署点名數	合[illegible] 飛行場点名數
十月五日	七六	七六	八七	八七	九三	九三	一二〇	一二〇	三七六	三七六
十月六日	九八	九八	九〇	九三	一〇〇	一〇一	一一〇	一二〇	三九八	四一二
十月七日	一一五	一一五	八〇	八〇	九八	九八	一一四	一一四	四〇七	四〇七
十月八日	一一〇	一一六	七八	八一	九八	一〇[illegible]	一一三	一二〇	三九九	四二二
十月九日	一一五	一一一	九一	九五	九八	一〇三	一一六	一二〇	四二〇	四二九
十月十日	一〇五	一一五	七二	七三	九二	九五	一一四	一一二	三八三	三九五
十月十一日	一〇三	一〇四	七九	七九	九〇	九〇	一一二	一一一	三八四	三八四
十月十二日	一〇八	一〇九	七〇	七〇	一〇八	一〇八	一一四	一一二	四〇〇	三九九
十月十三日	一一一	一一二	八三	八三	九四	九四	一一二	一一二	四〇〇	四〇一
十月十四日	一〇七	一〇七	七七	八七	九三	一〇三	一一二	一〇四	三八九	四〇一
十月十五日	一〇四	一〇五	七〇	七〇	九一	九五	一一二	一〇六	三七七	三七六
十月十六日	一〇三	一〇五	八二	八二	九〇	九〇	一一七	一一七	三九二	三八四
十月十七日	九五	一〇三			七三	六七	一一〇	一一〇	二七八	二八〇
合計	一三五〇	一三七六	九五九	[illegible]	一二一八	一二四[illegible]	一四七[illegible]	一四七八	五〇〇三	五〇七六
差數	二六		二一		二四		二		七三	

附記
1. 本表人數伏夫隊長尚不在內，如支給口食則須照飛行場点名總數再加伏夫總數二百三十八名及隊長總數二百二十一名，共為五千五百三十三名。
2. 本表差數係飛行場点名多於本署点名之人數。
3. 十月六日西城鎮之收工因点鐘至飛行場点名時該鎮民工已去故未点得。

二百三十二名　五千五百三十四名

中華民國二十六年十月二十日大隊長謝鎮藩呈

019

梁山县政府关于征工扩修梁山飞行场致梁山县各区区署的训令（一九三七年十月二十三日）

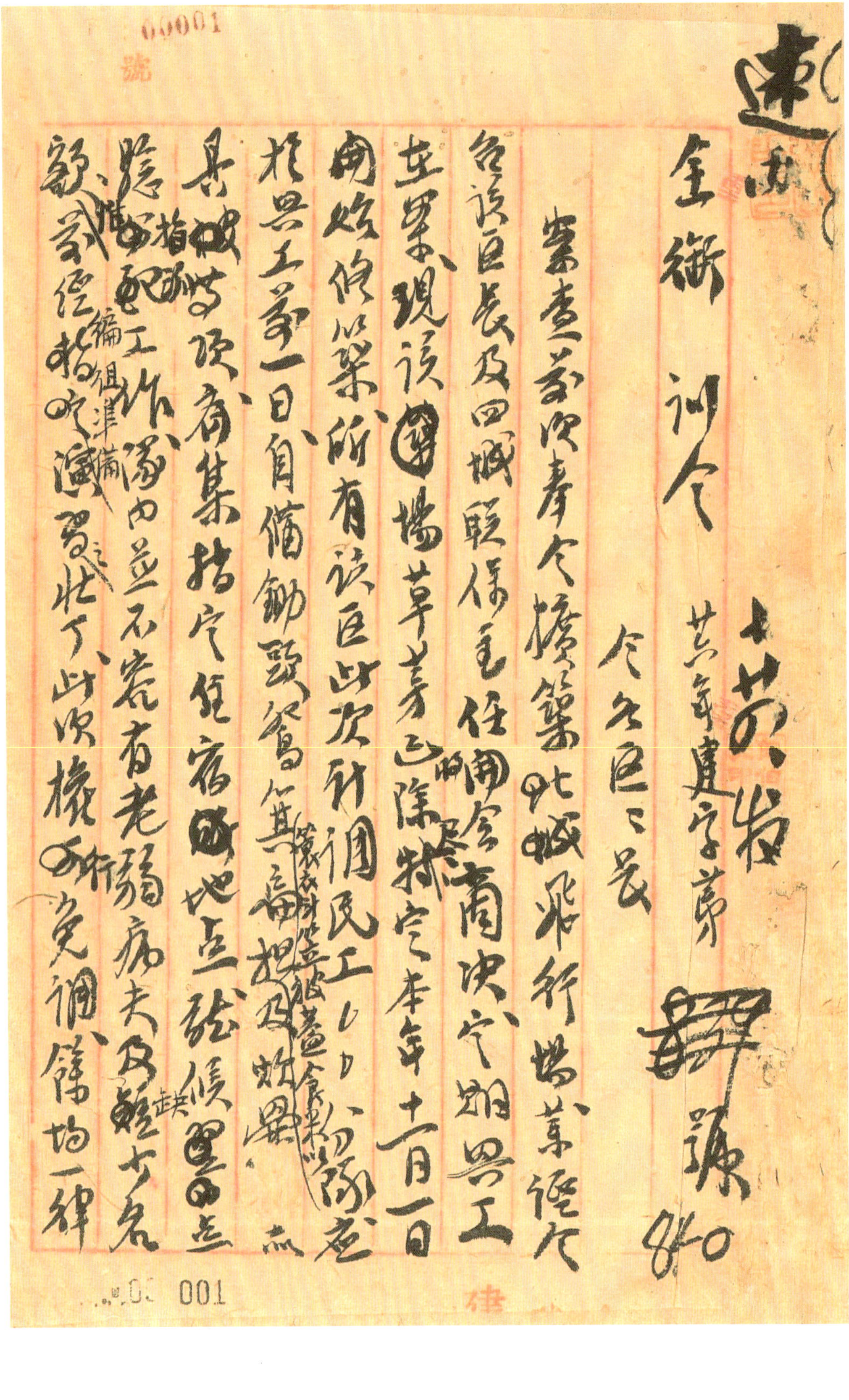

速

金衔　训令

廿六年建字第　[illegible]　號 840

令各区区长

案查前次奉令扩筑此城飞行场，业经令各该区长及四城联保主任开会商决，定期兴工在案。现该机场草芽[illegible]特定本年十一月一日开始，仰以梁所有该区此次计调民工　名，应于是月一日自备锄头、箕筐[illegible]及炊器[illegible]县城[illegible]聚集指定宿营地点，听候点验，[illegible]工作，须内并不容有老弱病夫及童子充名额，并须指明[illegible]壮丁此次机场[illegible]觉调[illegible]均一律

應飭，不得藉詞推諉，以期一律。除將擴修工程應辦事項提示各點

及各區徵調民工表隨令附發，并飭轉發外，合行

外，合亟令仰該區長即便遵照，趕速辦

理，務須依限齊到，分段趕修，毋得違誤，致干嚴究。切

切此令。

計發擴修工程應辦事項提示各點

附各區徵調民工表一

中華民國廿四年十月廿二日

縣長 沈〇〇

十、廿三、發

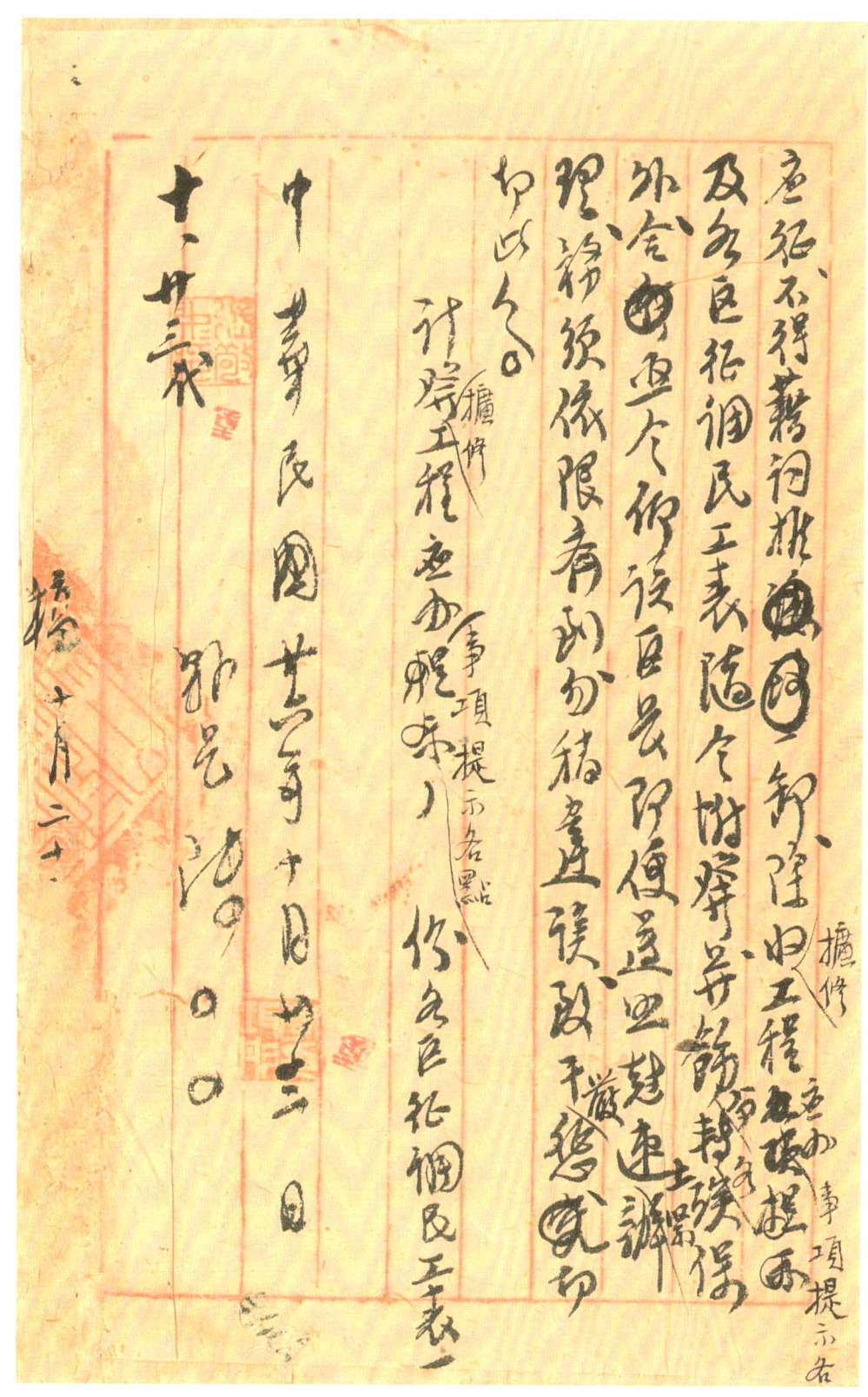

稿 十月二十

附一：飞行场扩大修筑各区征调民工表

件

00002

閱

飛行場擴大修築各區征調民工表

區別	所屬鄉鎮	共有保數	應調分隊	現調分隊	備攷
一區	一八	一九二	一九二	八一	因[illegible]鎮前次割草民工已調十五分隊故現調如上數
二區	一〇	一三四	一三四	六七	
三區	一一	二一六	二一六	一〇八	
四區	一二	一四七	一四七	七三	
合計	五一	六八九	六八九	三二九	

件

飛行場擴修工程定於十一月一日開工茲將應辦各項提示如左：

一、各鄉鎮應征民工分兩期調集本期應調二分之一（以分隊為標準）

二、各區民工統由各區長率領限於本月三十日到達机場不得延誤

三、各級隊旗槓以一二三等數字……旗幟符號由區署分發各中隊轉發各分隊倘有遺失應負賠償責任

因雨停工償給津貼一角

四、伙食津貼每人每日規定土方一方給口食一角五分被征民工

由各分隊之長

應造花名清冊交大隊長……

五、……

……未完者其伙食……由各分隊……

八

十九、等待（正式印領）[illegible]三千元[illegible]次要

民工伙食應集中辦理，規定四分隊為一組，每組設伙夫四名，（公推隊員一人為組長）

由民工内抽調，[illegible]剩餘之[illegible]看[illegible]の[illegible]一組，不足の隊者須自成一組

十、各組所需炊爨器具由各組自行購備，運到指定之住宿地備用

十一、各隊民工應由各分隊長遵照前次會議議決各項規定飭將各項用具攜帶齊全，不得短少，違者從嚴罰辦（如其有特別需用）

十二、各級隊長隊副分隊長因[illegible]勿太差[illegible]不得[illegible]

下[illegible]隨人代理外，務均應預先[illegible]

十三、休[illegible]遵照[illegible]

[illegible]

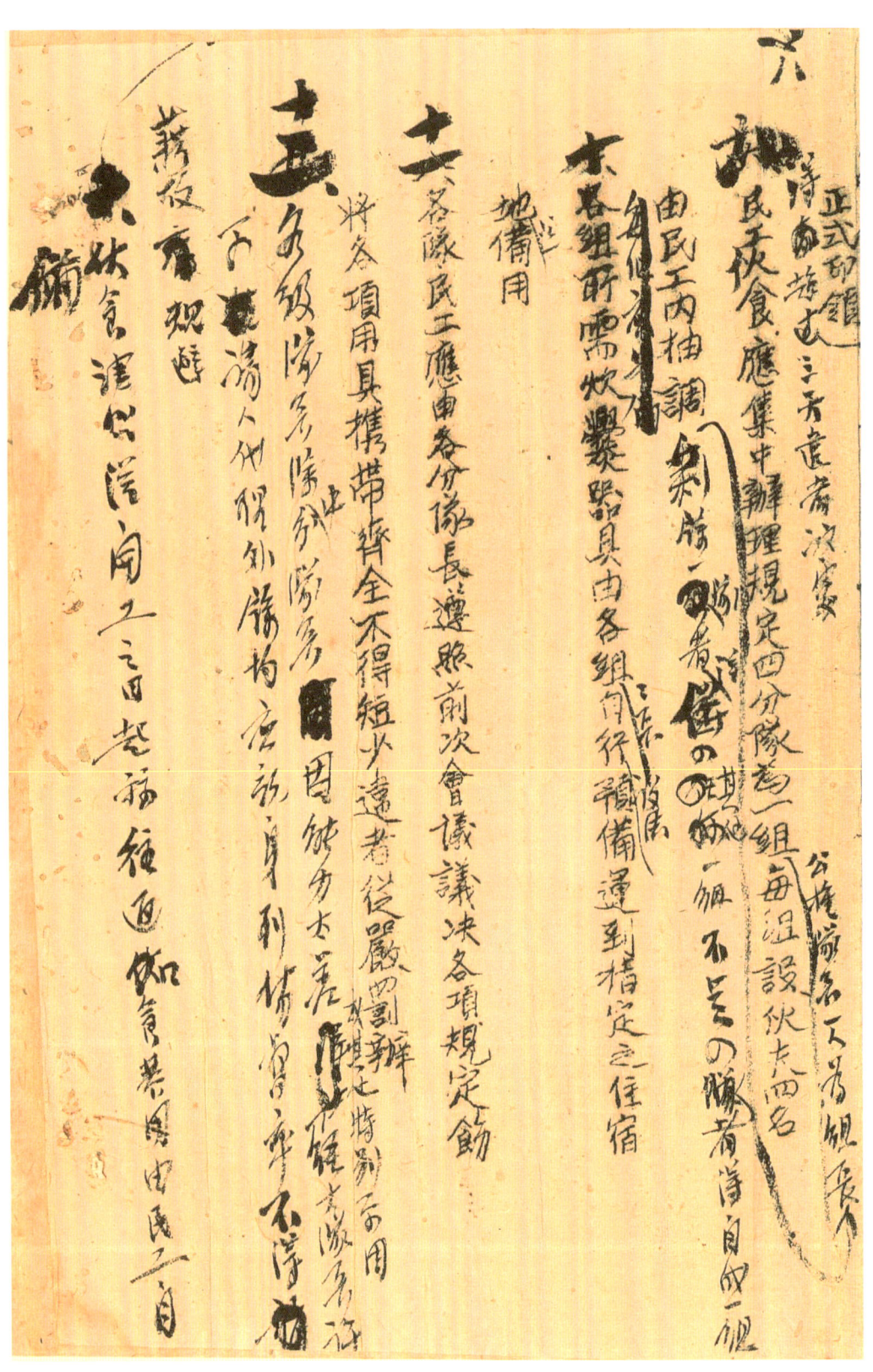

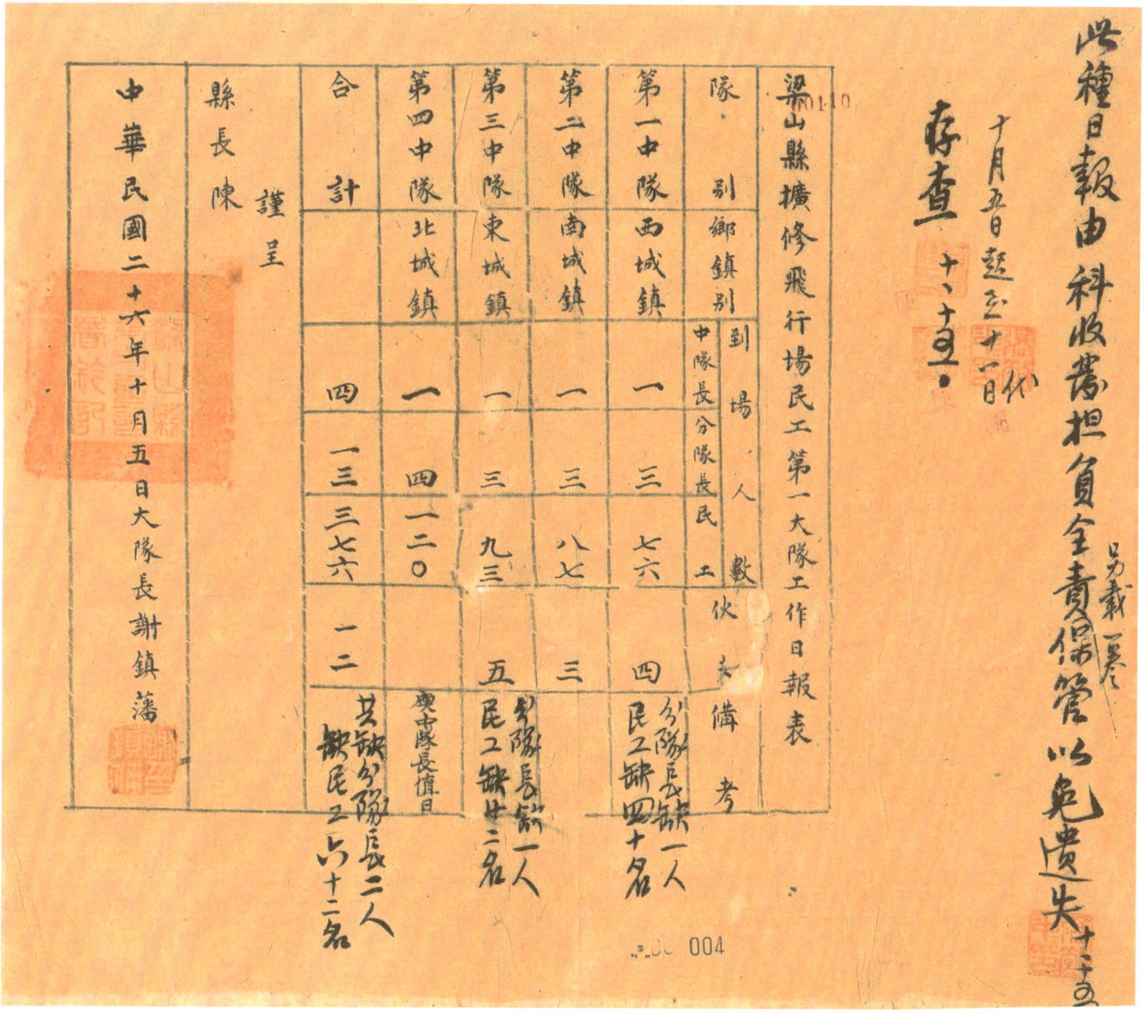

此種日報由科收發担負全責保管以免遺失 十、十五

另載一卷

存查 十、十五

十月五日起至十七日 代

梁山縣擴修飛行場民工第一大隊工作日報表

隊別	鄉鎮別	到場人數 中隊長	分隊長	民工	伙夫	備考
第一中隊	西城鎮	一	三	七六	四	分隊長缺一人 民工缺四十名
第二中隊	南城鎮	一	三	八七	三	
第三中隊	東城鎮	一	三	九三	五	分隊長缺一人 民工缺廿二名
第四中隊	北城鎮	一	四	一二〇		[illegible]中隊長值日
合計		四	一三	三七六	一二	共缺分隊長二人 缺民工六十二名

謹呈

縣長陳

中華民國二十六年十月五日大隊長謝鎮藩

梁山县扩修飞行场民工第一大队一九三七年十月五日至十七日工作日报表（节选）（一九三七年十月）

梁山縣擴修飛行場民工第一大隊工作日報表

隊別	鄉鎮別	到場人數			伙夫	備考
		中隊長	分隊長	民工		
第一中隊	西城鎮	一	二	一〇三	四	分隊長缺二 闕[illegible]長[illegible] 民工差十三名
第二中隊	南城鎮	一	二	七九	三	缺民工八名
第三中隊	東城鎮	一	四	九〇	五	缺民工廿五名
第四中隊	北城鎮	一	四	一一二	五	缺民工三名
合計		四	一三	三八四	一七	共缺分隊長二 缺民工四十九名

謹呈

縣長陳

中華民國二十六年十月十一日 大隊長謝鎮藩

00122

梁山縣擴修飛行場民工第一大隊工作日報表

隊別	鄉鎮別	到場人數				備考
		中隊長	分隊長	民	伙夫	
第一中隊	西城鎮	一	四	九五	五	
第二中隊	南城鎮					
第三中隊	東城鎮	一	四	七三	五	
第四中隊	北城鎮	一	四	一一〇	六	
合計		三	一二	二七八	一六	

謹呈

縣長 陳

中華民國二十六年十月十七日 大隊長 謝鎮藩

梁山县政府扩修飞行场第三区造呈民工数目住地调查表（一九三七年十月）

梁山縣擴修飛行場第三區造呈民工數目住地調查表

區別	聯保別	應到人數	實到人數	現在住地	備攷
第三區	屏錦鎮	六五二	六五二	北門外一帶銀水巷一帶東門外傅家巷子一帶	
同右	迴龍鎮	五五九	五五九	北門外花廠一帶西門外煤炭場及王靈宮一帶	
同右	柳蔭鄉	一八七	一八七	北門外傅家巷子附近	
同右	太平鄉	九四	九四	北門外高家院附近	
同右	龍沙鎮	三四二	三四二	東門外唐家院 北門外洪朝門	
同右	和[illegible]鎮	二八〇	二八〇	北門外傅家巷子一帶	
同右	石桂鎮	一二五	一二五	西門內鵝子市及袁劉兩院子	
同右	桂林鄉	九四	九四	北門外傅家院李家麵房王家院	

同右	聚奎鎮	四〇四	四〇四	西門外仁孝堂
同右	禮讓鎮	二八〇	二八〇	西門外烈女碑
同右	仁賢鎮	三四二	三四二	西門外毀土地
合計	一一	三三五九	三三五九	

彙案登記後歸卷十二、四

中華民國二十六年十月

四第三區區長楊光璧

梁山县政府扩修飞行场征工名额一览表（一九三七年十一月一日）

梁山縣政府擴修飛行場征工名額一覽表(一) 廿六年十一月一日

第一區	東城鎮	轄二〇保	應調六分隊	應徵民工一八〇名	前次割草曾調四分隊工作
	南城鎮	一七	五	一五〇	前次割草曾調三分隊工作
	西城鎮	一九	六	一八〇	前次割草曾調四分隊工作
	北城鎮	一八	六	一八〇	前次割草曾調四分隊工作
	護城鎮	五	三	九〇	
	黃公鄉	七	四	一二〇	
	安樂鄉	四	二	六〇	
	隆勝鄉	八	四	一二〇	
	渠瑞鄉	一〇	五	一五〇	
	仁和鎮	一一	五	一五〇	
	安寧鄉	八	四	一二〇	
	萬善鄉	一三	六	一八〇	
	三星鄉	一一	五	一五〇	
	騎龍鄉	八	四	一二〇	
	合興鎮	七	三	九〇	
	大勝鎮	四	二	六〇	
	文化鄉	九	四	一二〇	
	新盛鎮	一四	七	二一〇	
	合計	一九二	八一	二、四三〇	
第二區	袁驛鎮	二四	一三	三六〇	
	豐勝鄉	三	二	六〇	
	明達鎮	一五	八	二四〇	
	恒集鄉	七	三	九〇	
	龍門鎮	一三	七	二一〇	
	安輯鄉	五	二	六〇	
	虎城鎮	三九	一九	五七〇	
	石橋鄉	八	四	一二〇	
	清平鄉	一二	六	一八〇	
	七星鄉	八	四	一二〇	
	合計	一三四	六七	二、〇一〇	
第三區	屏廟鎮	四一	二一	六三〇	
	迴龍鎮	三七	一八	五四〇	
	柳蔭鄉	一一	六	一八〇	
	太平鄉	五	三	九〇	
	龍沙鎮	二五	一一	三三〇	
	和親鎮	一九	九	二七〇	
	石柱鎮	八	四	一二〇	
	桂林鄉	六	三	九〇	
	仁賢鎮	二一	一一	三三〇	
	禮讓鎮	一九	九	二七〇	
	聚奎鎮	二六	一三	三九〇	
	合計	二六六	一〇八	三、二四〇	
第四區	福祿鎮	二四	一二	三六〇	
	石安鎮	二六	一三	三九〇	
	柏家鄉	一七	八五	二五五	
	紫照鄉	一四	七	二一〇	
	太安鄉	七	三五	一〇五	
	聚寶鄉	八	四	一二〇	
	大寶鄉	八	四	一二〇	
	觀音鎮	一一	五五	一六五	
	同興鎮	七	三五	一〇五	
	蟠龍鄉	一二	六	一八〇	
	白水鄉	六	三	九〇	
	曲洋鄉	六	三	九〇	
	合計	一四六	七三	二、一九〇	
總計		六八九	三三九	九、八七〇	

（附）每日應到大隊長四員 中隊長五一員 分隊長三三九名 民工九、八七〇名 合計一〇、二五四人

督學李理彤

技士李增祿

梁山县扩修飞行场民工第四大队关于报送扩修飞行场民工调集情况及大队办公地点致扩修梁山飞行场工程事务处的报告（一九三七年十一月一日）

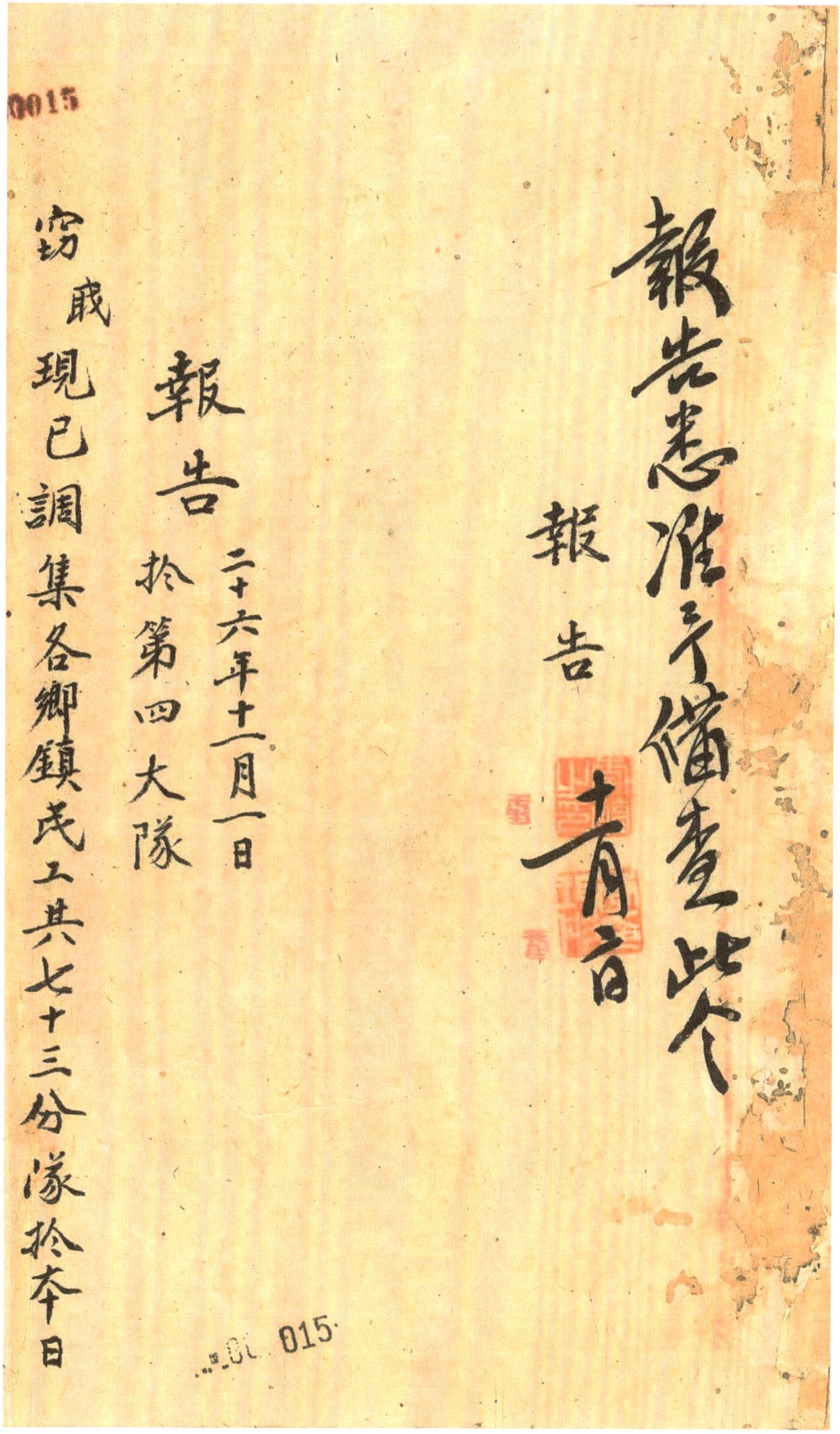

報告悉准予備查此令

報告

十一月二日

報告

二十六年十一月一日

於第四大隊

竊職現已調集各鄉鎮民工共七十三分隊於本日

完全到達飛行場分工合作當覓定職業學校對面何家院為本隊辦公地點除每日督飭進行外理合報請備查謹呈

擴修梁山飛行場工程事務處

民工第四大隊長

黃豐

梁山县政府扩修飞行场民工队工作人数日报表（第一区）（一九三七年十一月四日）

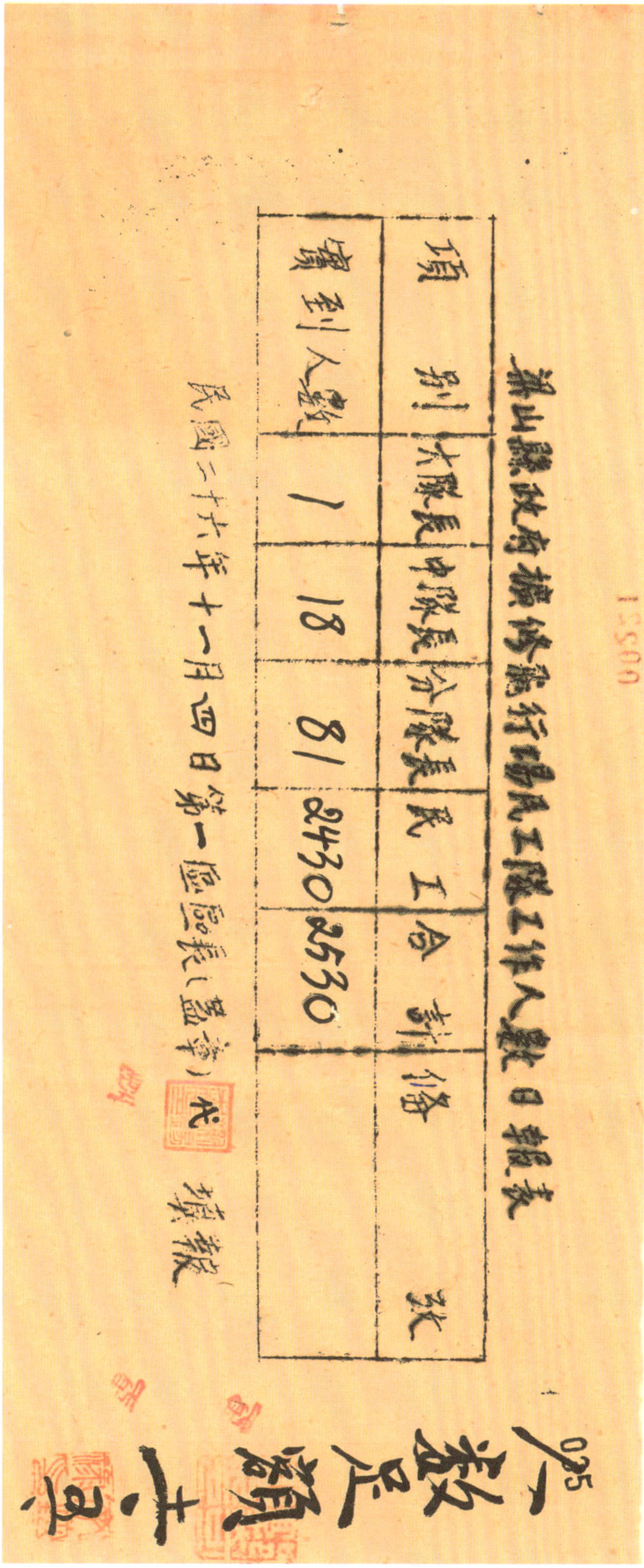

梁山縣政府擴修飛行場民工隊工作人數日報表

項別	大隊長	中隊長	分隊長	民工	合計	備攷
實到人數	1	18	81	2430	2530	

民國二十六年十一月四日第一區區長（蓋章）代 填報

人数足額 十一、五

梁山县政府扩修飞行场民工队工作人数日报表（第三区）（一九三七年十一月七日）

梁山縣政府擴修飛行場民工隊工作人數日報表

項別	大隊長	中隊長	分隊長	民工	合計	備考
實到人數	1	11	108	3240	3360	張

民國二十六年十一月七日第三區區長（蓋章）填報

梁山县政府扩修飞行场民工队工作人数日报表（第四区）（一九三七年十一月七日）

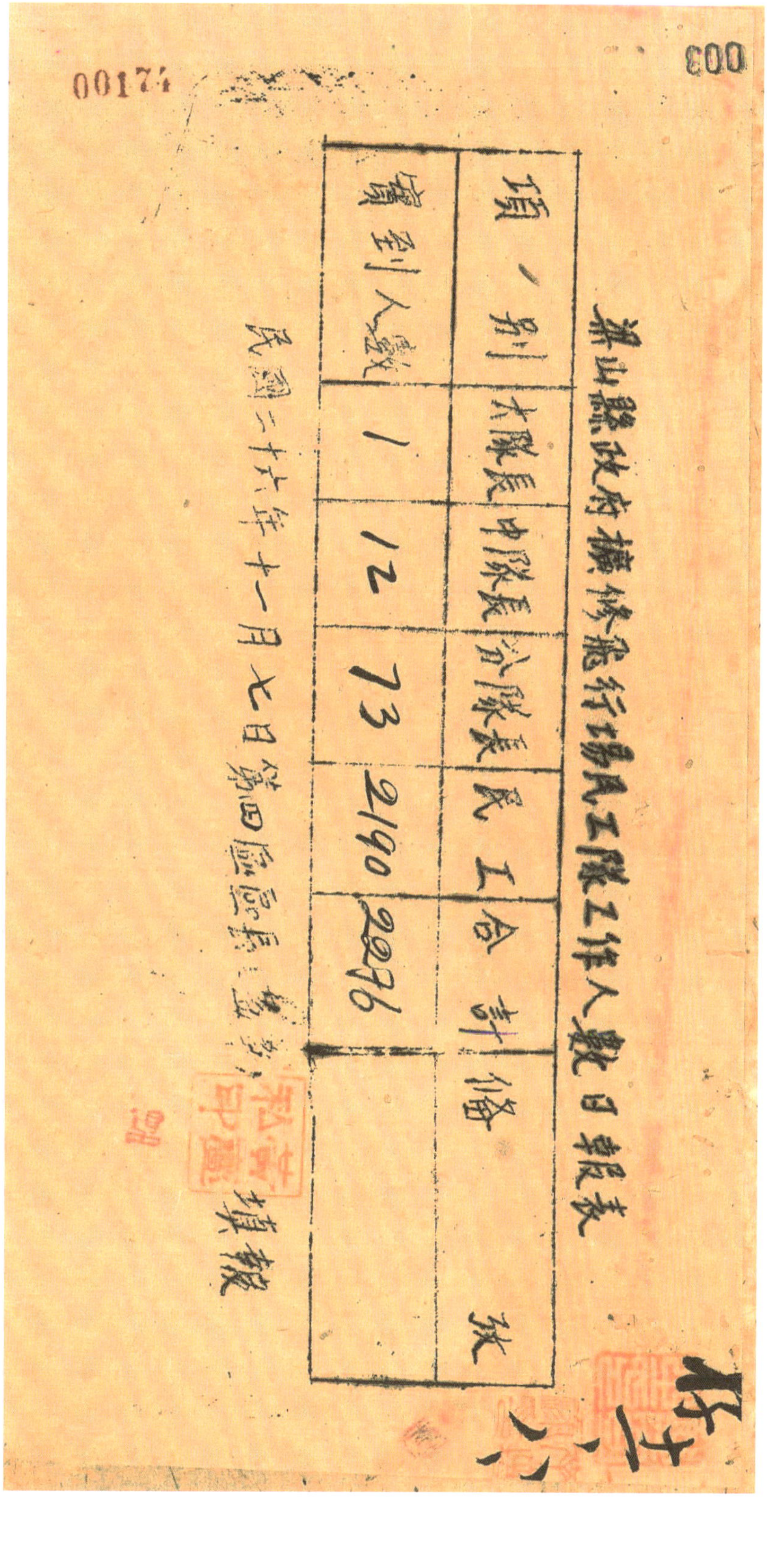

00174

003

梁山縣政府擴修飛行場民工隊工作人數日報表

項別	大隊長	中隊長	分隊長	民工	合計	備攷
實到人數	1	12	73	2190	2276	

民國二十六年十一月七日第四區區長 [illegible] 填報

梁山县政府关于扩修梁山飞行场第二次征调民工致梁山县各区区署的训令（一九三七年十一月九日）

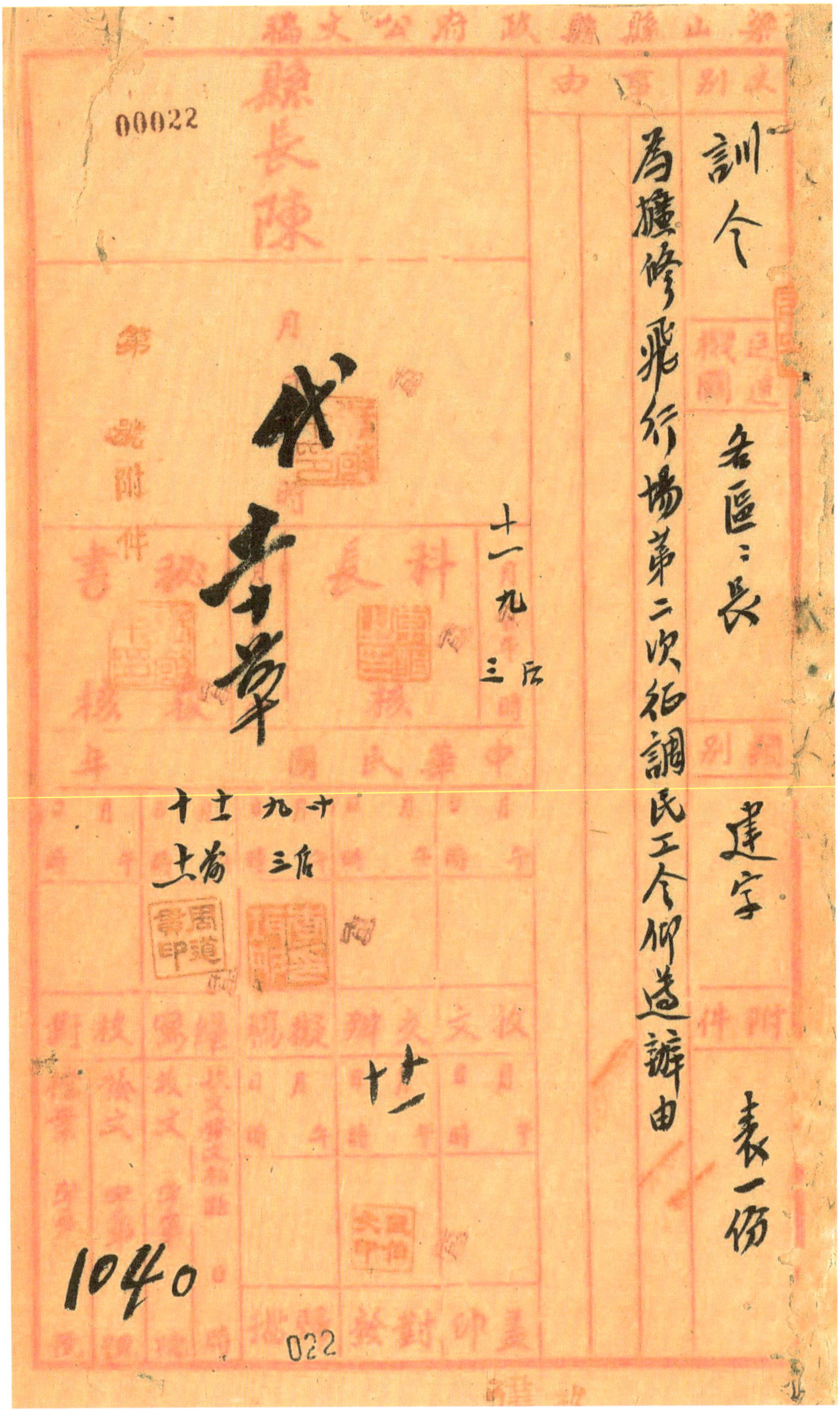
梁山縣政府公文稿
00022
文別：訓令
機關：各區區長
事由：為擴修飛行場第二次征調民工令仰遵辦由
字號：建字
附件：表一份
縣長陳
1040
022

梁山縣政府訓令

二十六年建字第1040號

令各區區長

案查第一次征調各區民工擴修飛行場，限期瞬
屆，所有第二次應征民工亟應繼續征調，以資接
替。特定於本月十六日為第二期各區民工開始修築之期，
該區此次應調民工計○○分隊，務於興工前一日飭遵
前令自備鋤頭、背篼、扁担、簑衣、斗笠、被蓋、食米
以及炊爨器具等項，[該區民工]齊到原住地點，聽候點名分配
工作。隊內如有老弱病夫及缺少名額，即以第一次並
征民工數內換補足額，以利工程。除分令外，合行令仰

并須依照前令提示各點準備齊全，特別留意。

該區長即便遵照、迅轉所屬各鄉鎮、趕速辦理、勿稍違誤、致干查究、切切此令

计發飞机行場擴修第八二次各區征調民工表一份

中華民國二十六年十一月九日

縣長陳〇〇代

附：飞行场扩修第二次各区征调民工表

飛行場擴修第二次各區征調民工表

區別	所屬鄉鎮	共有保數	應調分隊	本次征調分隊	備考
一區	一八	一九二	一九二	九六	
二區	一〇	一三四	一三四	六七	
三區	一一	二一六	二一六	一〇八	
四區	一二	一四七	一四七	七四	
合計	五一	六八九	六八九	三四五	

梁山县政府扩修飞行场民工队工作人数日报表（第四区）（一九三七年十一月十日）

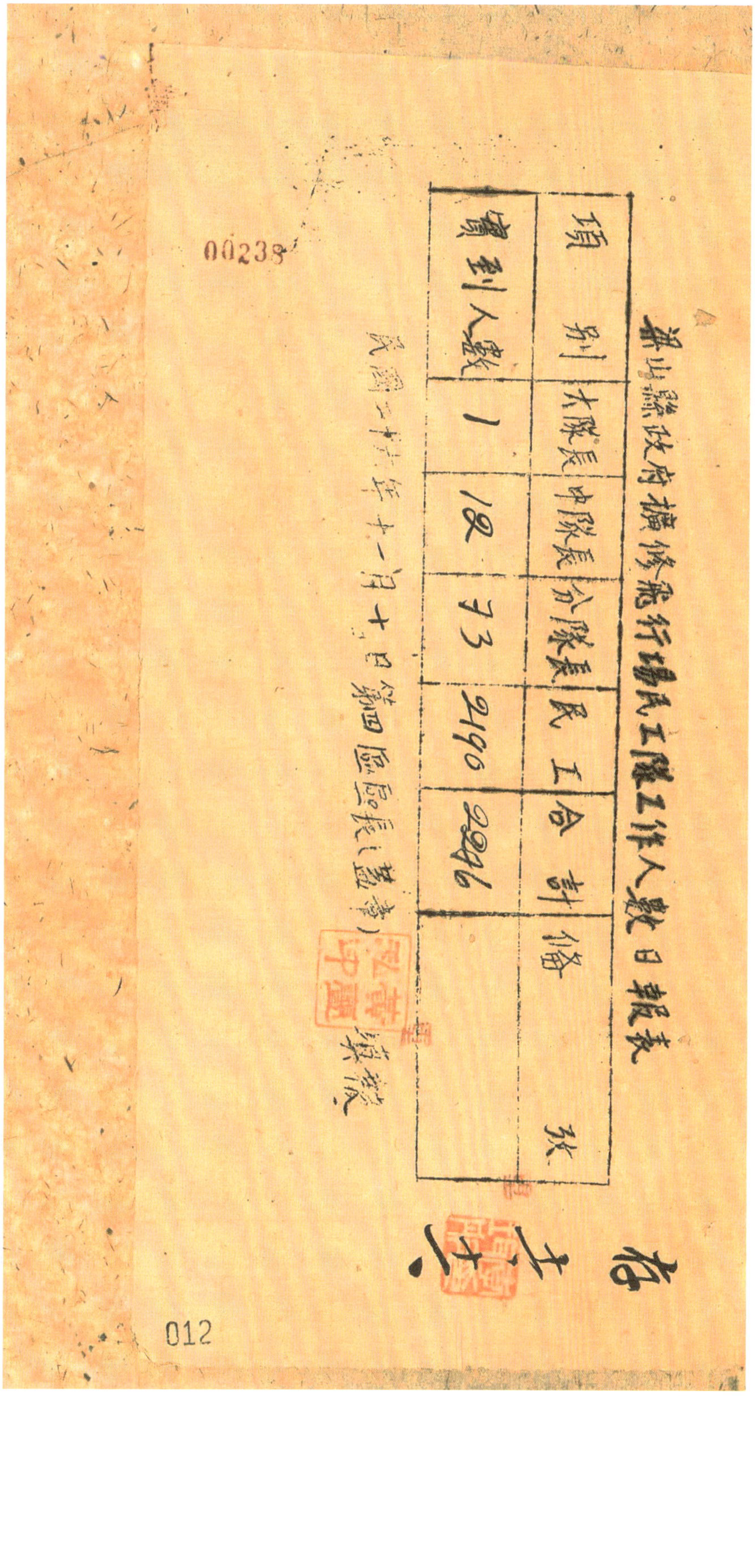

梁山縣政府擴修飛行場民工隊工作人數日報表

項別	大隊長	中隊長	分隊長	民工	合計	備考
實到人數	1	12	73	2190	2276	

民國二十六年十一月十日第四區區長

00238

012

梁山县政府关于前往龙门镇、安辑乡催征补足扩建机场第一期应送民工致政警张吉云的朱谕

（一九三七年十一月十五日）

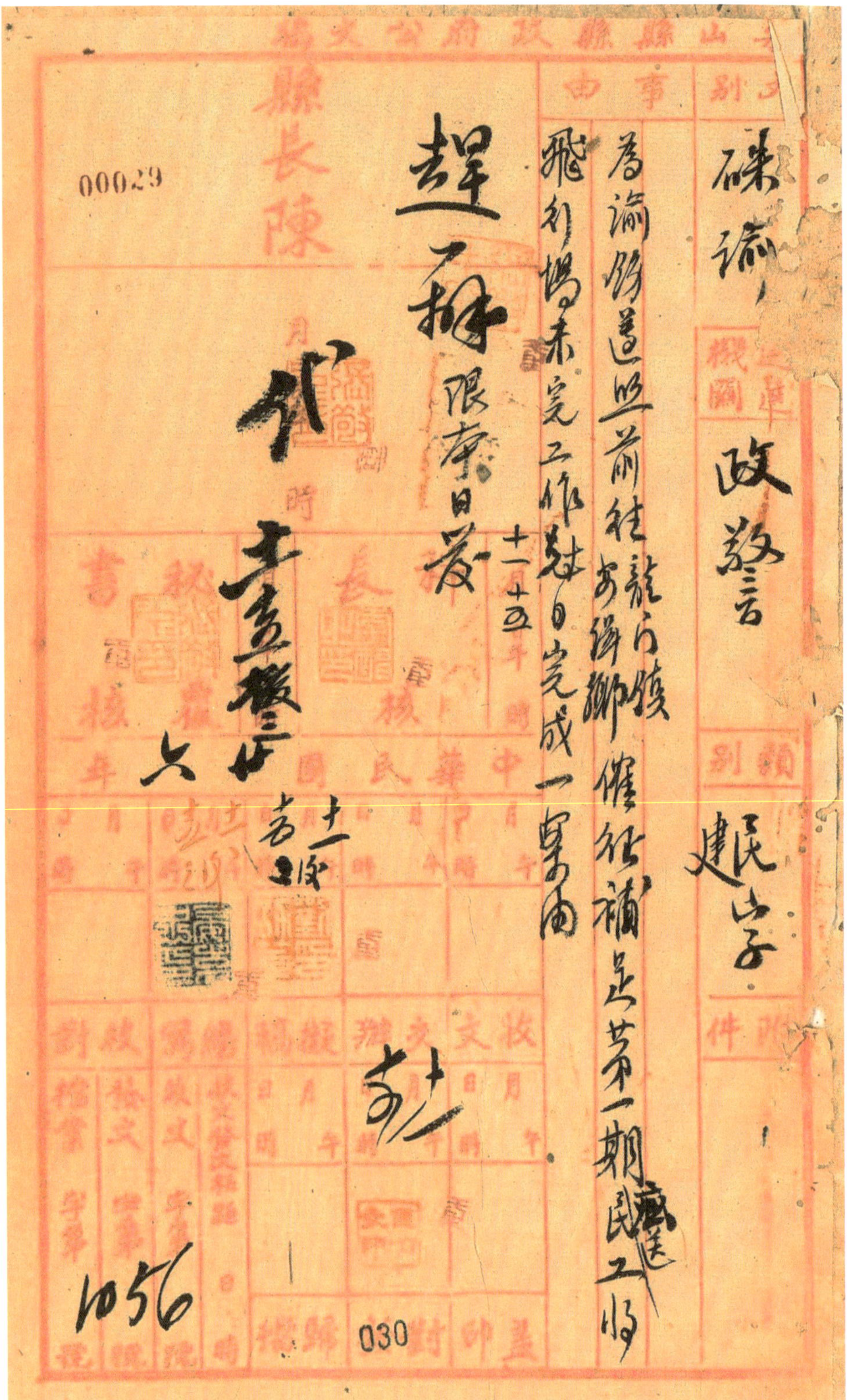

梁山縣政府公文稿

文别：硃諭

事由：為諭飭迅即前往龍門鎮安緝鄉催征補足第一期應送民工以利飛機場未完工作剋日完成一案由

機關：政警

類别：建民字

縣長陳

趕辦 限本日發

十一、十五

1056

1056

梁山縣縣長陳 為諭飭遵照事。查龍□鎮、安□鄉

應送擴修飛機場第一期民工人數，并未征調足

額，所遺未完工作尚多，亟應趕速補征，俾工

作完成，俾免貽誤處分，合行諭飭，仰該

務警即便遵照前往該鎮鄉聯保辦公處，將所欠第

一期民工尅日催征足額，來縣補完未完工作，

加以免干重咎。該警為因非常工作，該警務須

催征，不得藉端需索，致干懲處，切切此諭。

右諭政務警 □□□ 准此

中華民國廿六年十一月 日

龍门、西鄉派警催

安縣

紹民工

石橋鄉聯隊解函全

安不但私逃而扣錢責由

該鎮聯保主任負責取

立令賞擔修建賠償之完

戌

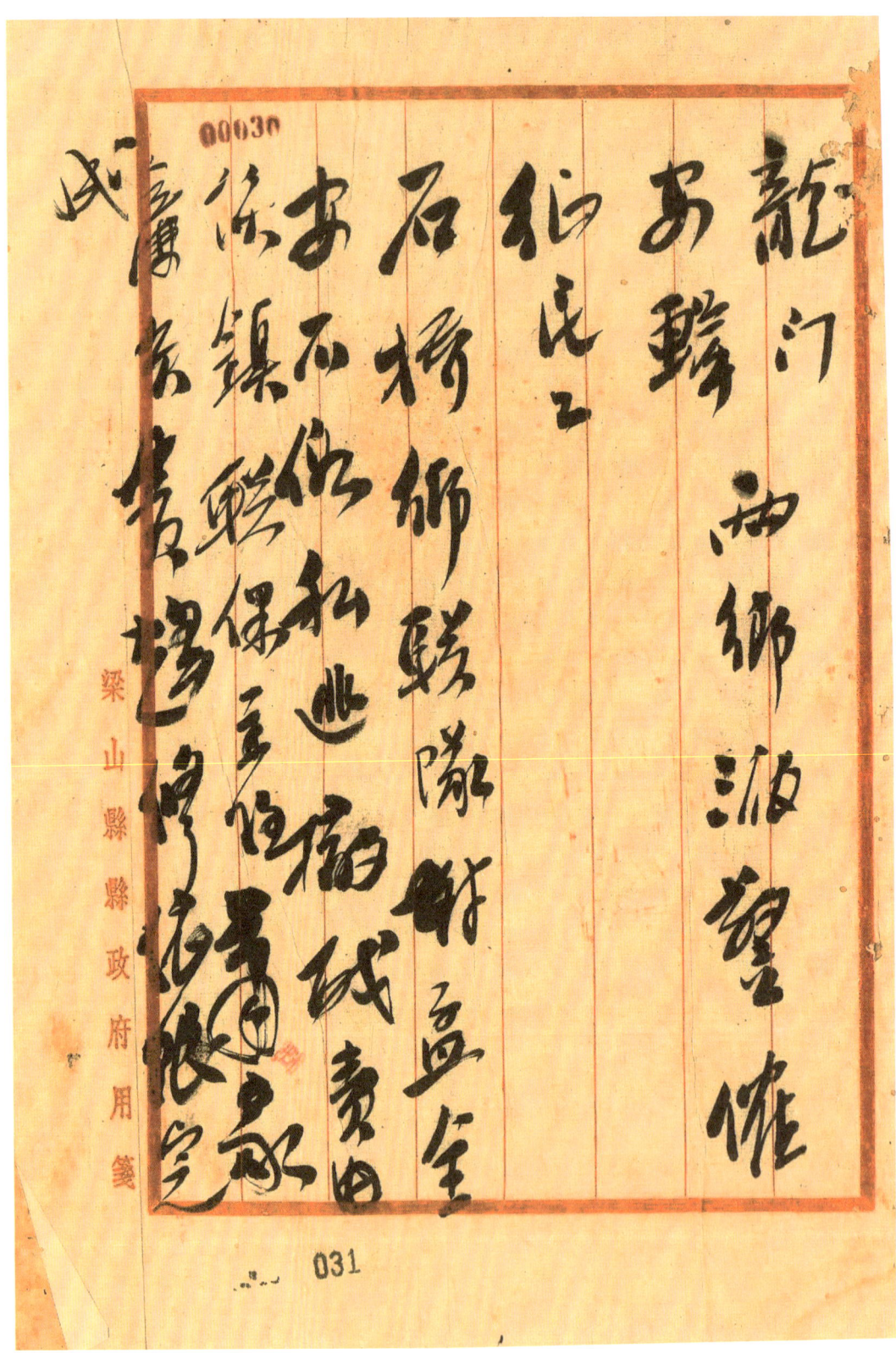

梁山縣縣政府用箋

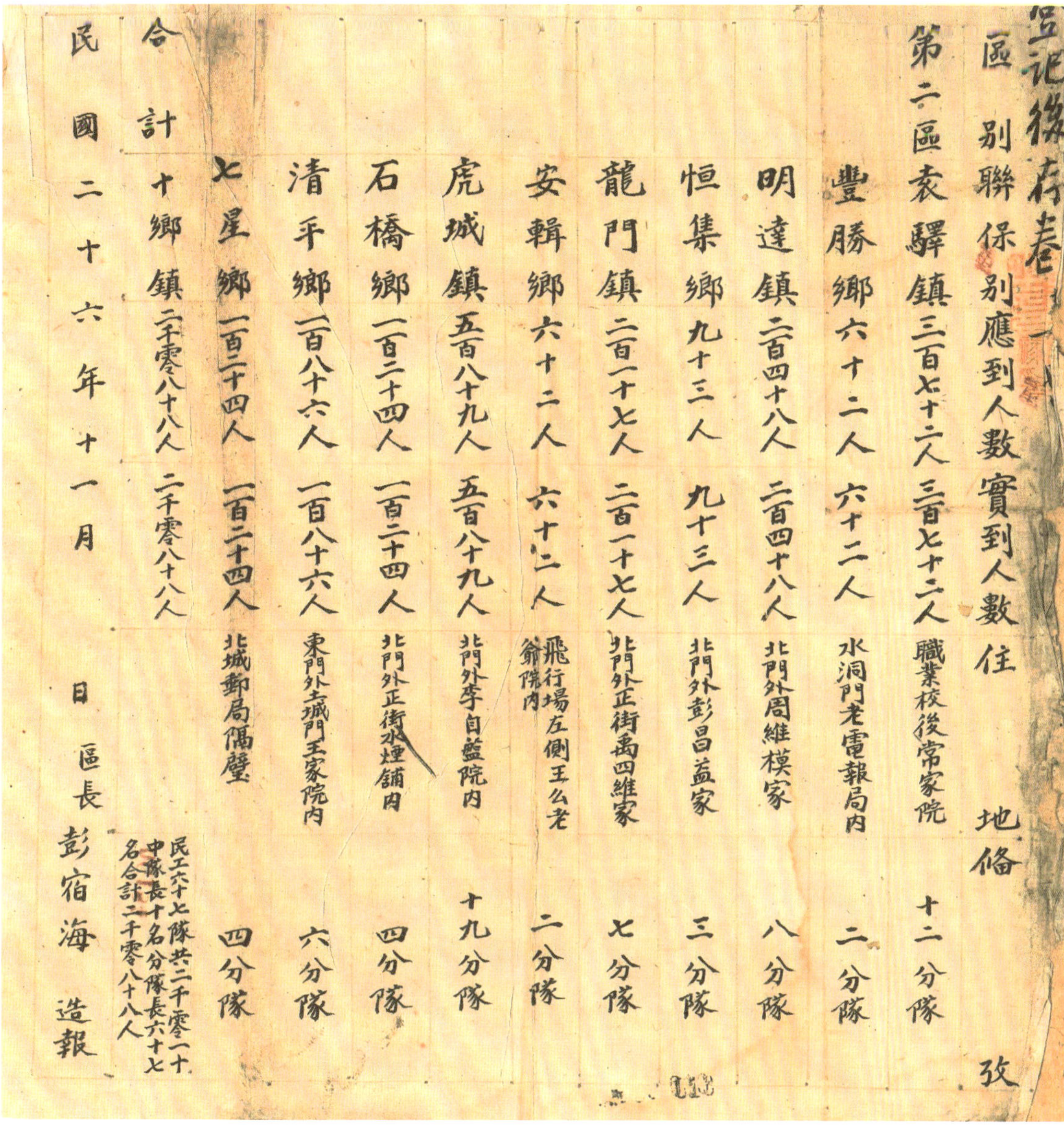

區别	聯保别	應到人數	實到人數	住地	備攷
第二區	袁驛鎮	三百七十二人	三百七十二人	職業校後常家院	十二分隊
	豐勝鄉	六十二人	六十二人	水洞門老電報局內	二分隊
	明達鎮	二百四十八人	二百四十八人	北門外周維模家	八分隊
	恒集鄉	九十三人	九十三人	北門外彭昌益家	三分隊
	龍門鎮	二百一十七人	二百一十七人	北門外正街禹四維家	七分隊
	安輯鄉	六十二人	六十二人	飛行場左側王么老爺院內	二分隊
	虎城鎮	五百八十九人	五百八十九人	北門外李自藍院內	十九分隊
	石橋鄉	一百二十四人	一百二十四人	北門外正街水煙舖內	四分隊
	清平鄉	一百八十六人	一百八十六人	東門外土城門王家院內	六分隊
	七星鄉	一百二十四人	一百二十四人	北城郵局隔壁	四分隊
合計	十鄉鎮	二千零八十八人	二千零八十八人		民工六十七隊共二千零一十名中隊長十名分隊長六十七名合計二千零八十八人

民國二十六年十一月 日 區長 彭宿海 造報

梁山县政府扩修飞行场第二区造呈民工数目住地调查表（一九三七年十一月）

梁山县政府、梁山县民工第三大队关于飞行场第一、二期工程完竣定期返署的来往文书（一九三七年十二月二日至五日）

梁山县民工第三大队致梁山县政府的报告（一九三七年十二月二日）

00037

报告　於飛行場　十二月二日

竊查職區工程所有第二期挖方掘濠暨整理場面凸凹不平之處補填第一期填方各種工作截至本日止除栟陰太平兩鄉尚有三分隊補填第一期工程已飭趕工限日完成外其餘各鄉鎮均已次第完成職以要政縈纍未敢久延決於明日離場返署理合具文報請

鈞處鑒核示遵

謹呈

辦事處兼主任陳

呈悉。准予備查。此令。十二、四。

梁山縣第三區區長兼民工第三大隊長 楊允璧

梁山县政府致梁山县民工第三大队的指令（一九三七年十二月五日）

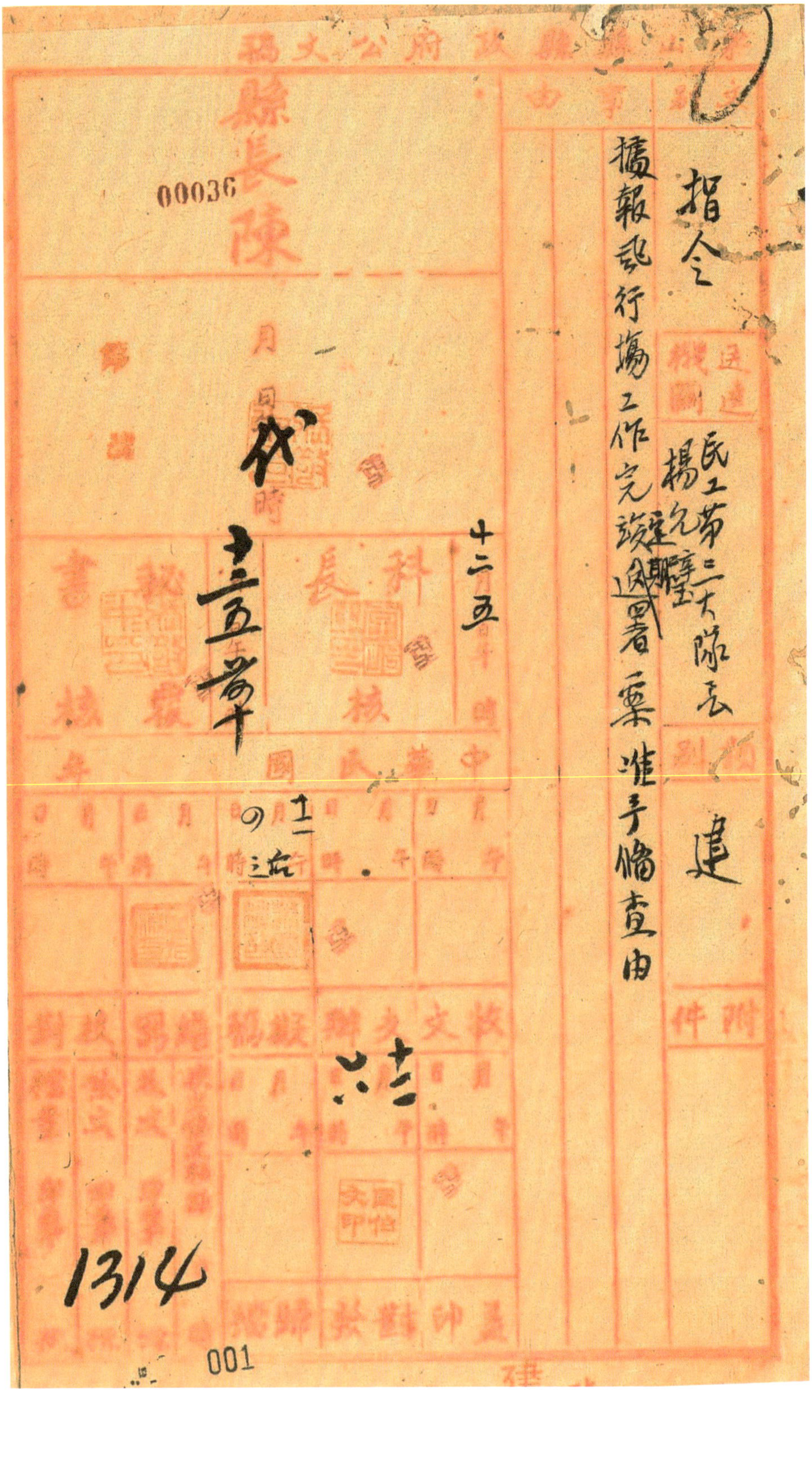

全銜 指令廿六年建字第1314號

令民工第三大隊長楊允璧

報告一件，為報告飛行場工作已完成，定期返署由

呈悉。准予備查。此令。

中華民國二十六年十一月五日

署長 陳〇〇

梁山县政府关于征调八百名民工滚压飞行场致梁山县第一区区署的训令（一九三七年十二月六日）

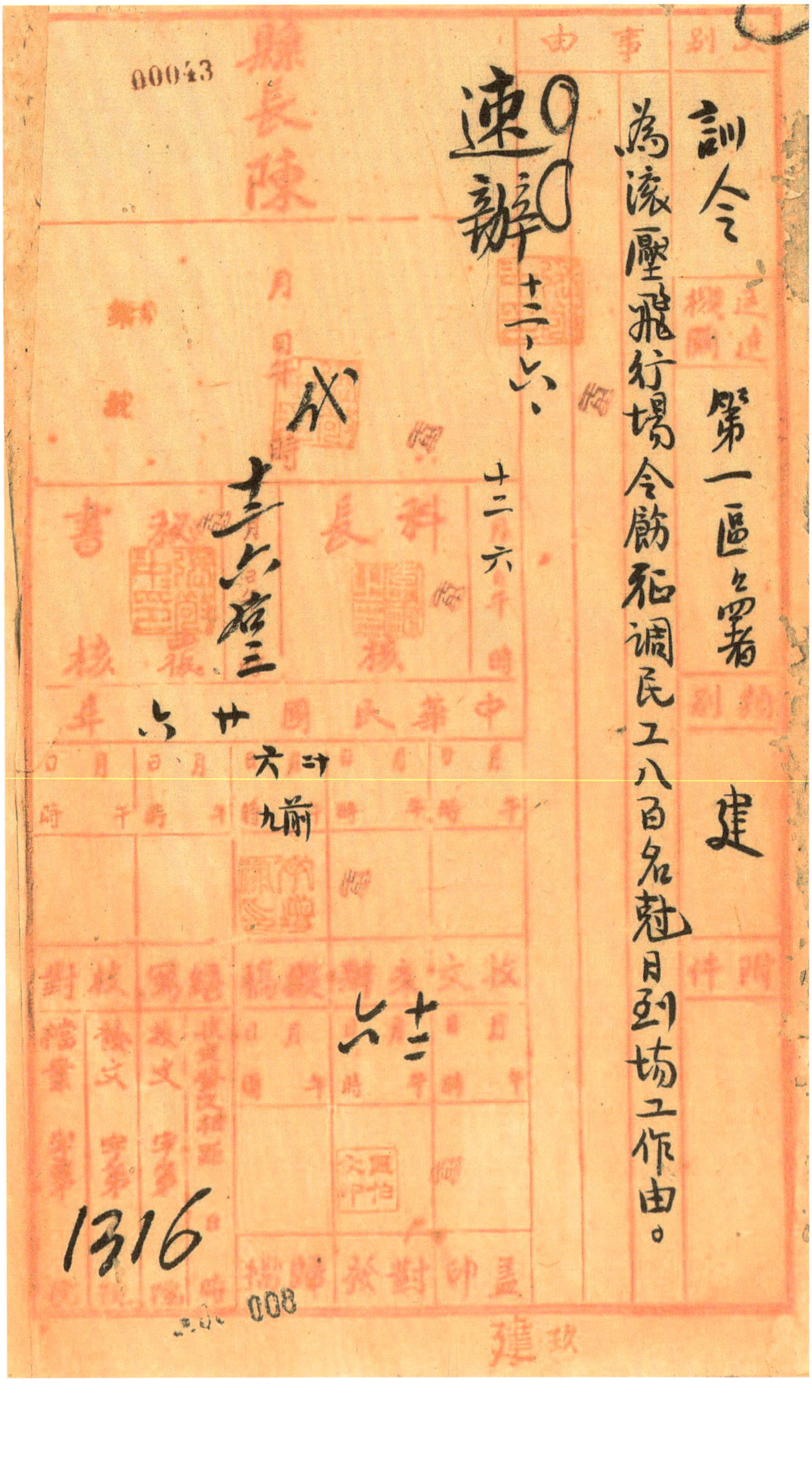
訓令 第一區區署 建

為滾壓飛行場令飭徵調民工八百名剋日到場工作由。

速辦

00043

1316

全

銜訓令　廿六年建字第 1316 號

令第一區區署

查飛行場擴修工程，前經工程處劃定各區民工工作地段，當由本府分令徵工修築在案。現興工月餘，所有場面填挖土方，業已完成。該區擔任之滾壓工程，應即徵工趕作，以供急需。茲擬先就鄰近縣城各鎮鄉共徵民工捌百名，到場滾壓，其有滾壓低陷部份，應行隨壞隨補，降雨停工，即予遣歸，并免給伙食津貼，晴明時再行復工，直至工竣為止。以上各節，合行令仰該署即便遵照，務將民工八百名，徵調足額，尅日率赴機場，督飭工作，并限奉令

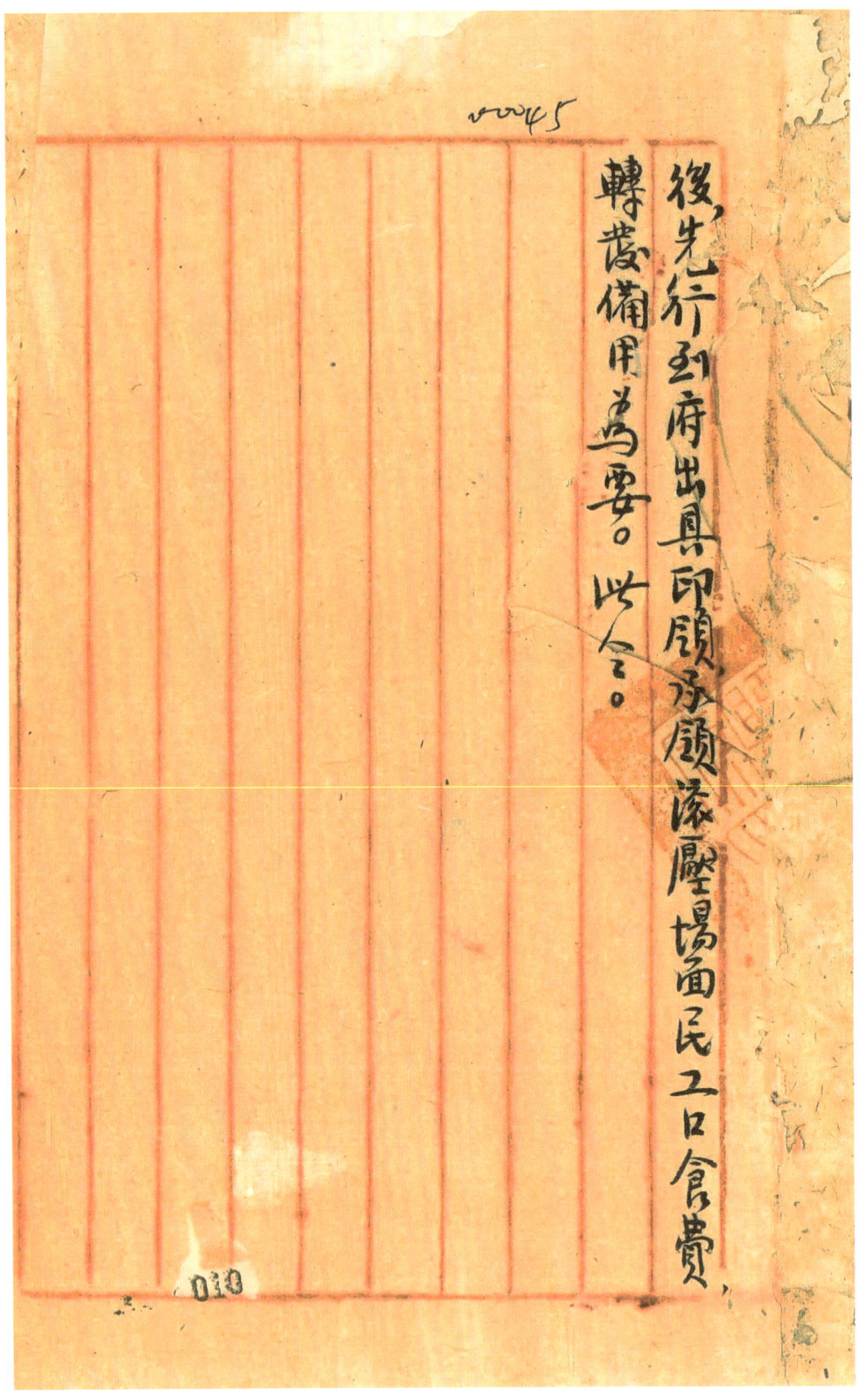

後，先行到府出具印領，承領該壓場面民工口食費，
轉發備用為要。此令。

縣長陳〇〇

中華民國廿六年十二月六日

梁山县政府关于征调二百名民工整修飞行场水沟致梁山县第一区区署的训令（一九三八年三月十五日）

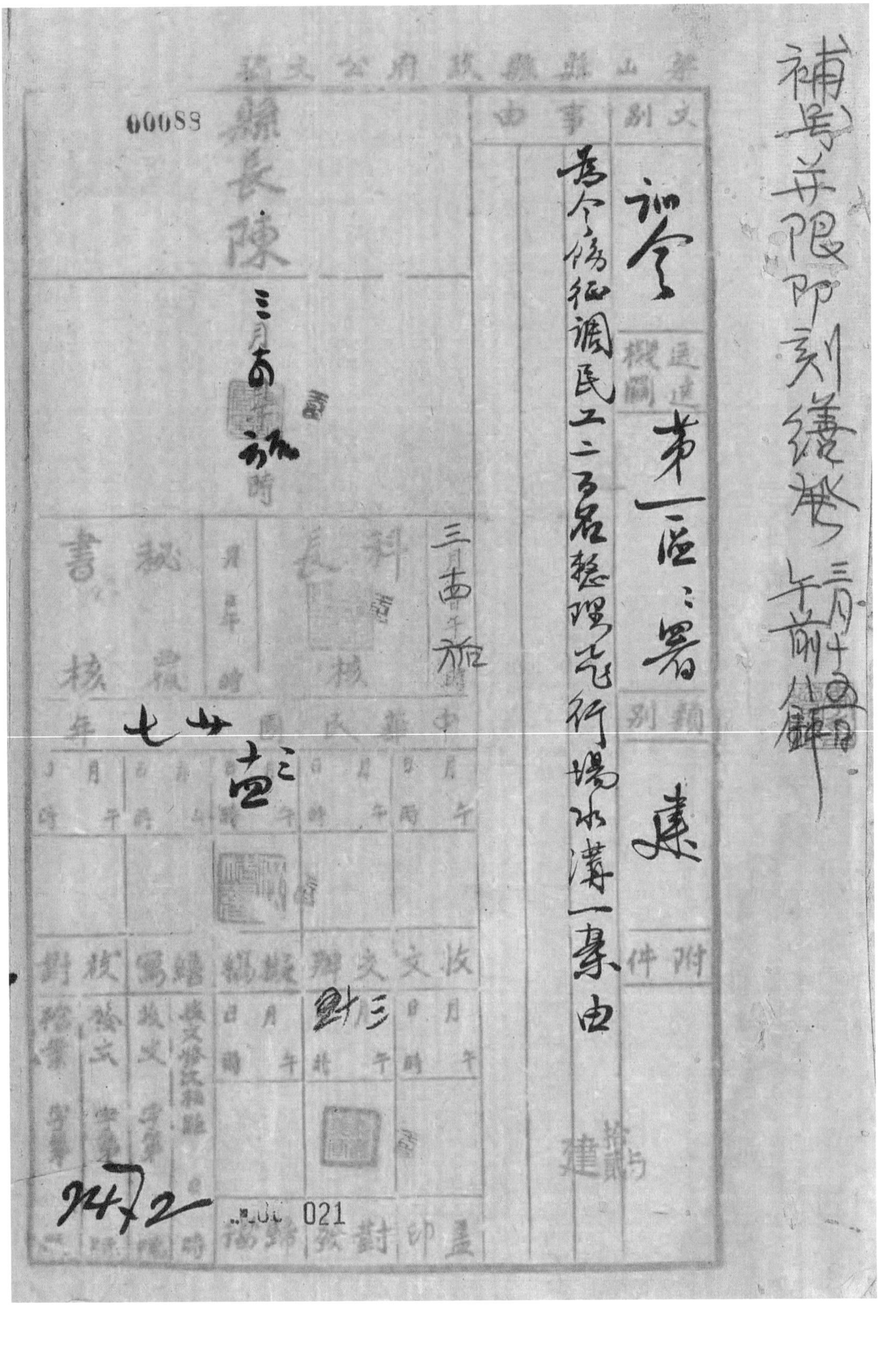
梁山縣政府公文

00088

縣長陳

文別：訓令

事由：為令飭征調民工二百名整理飛行場水溝一案由

第一區區署

補號並限即刻繕發

梁山县县政府训令　廿七年建字第　　号　247

令第一区区署

查飞行场水沟前经规定沟面宽七公尺沟深三公尺沟底三公尺去年征工开凿嗣未达规定程度即告停止近因积水过多亟应整理合行令仰该区署即便遵照在该区征调体格强壮之民工二百人分为五队每队四十人民工年龄在廿岁以上四十五岁以下限本月十七日开工务须依限集到场所有民工需衣斗笠锄头扁担箩篼箕炊爨器具伙食津贴每人日给二角五分概由本府发给并须均由民工自备至民工住宿地点应须就近自觅仍将遵办情形报查为要。此令。

中华民国廿七年一月二日　县长 吴□□

梁山县政府关于抄发征工整理飞行场水沟暂行办法致梁山县第一区区署的训令（一九三八年四月九日）

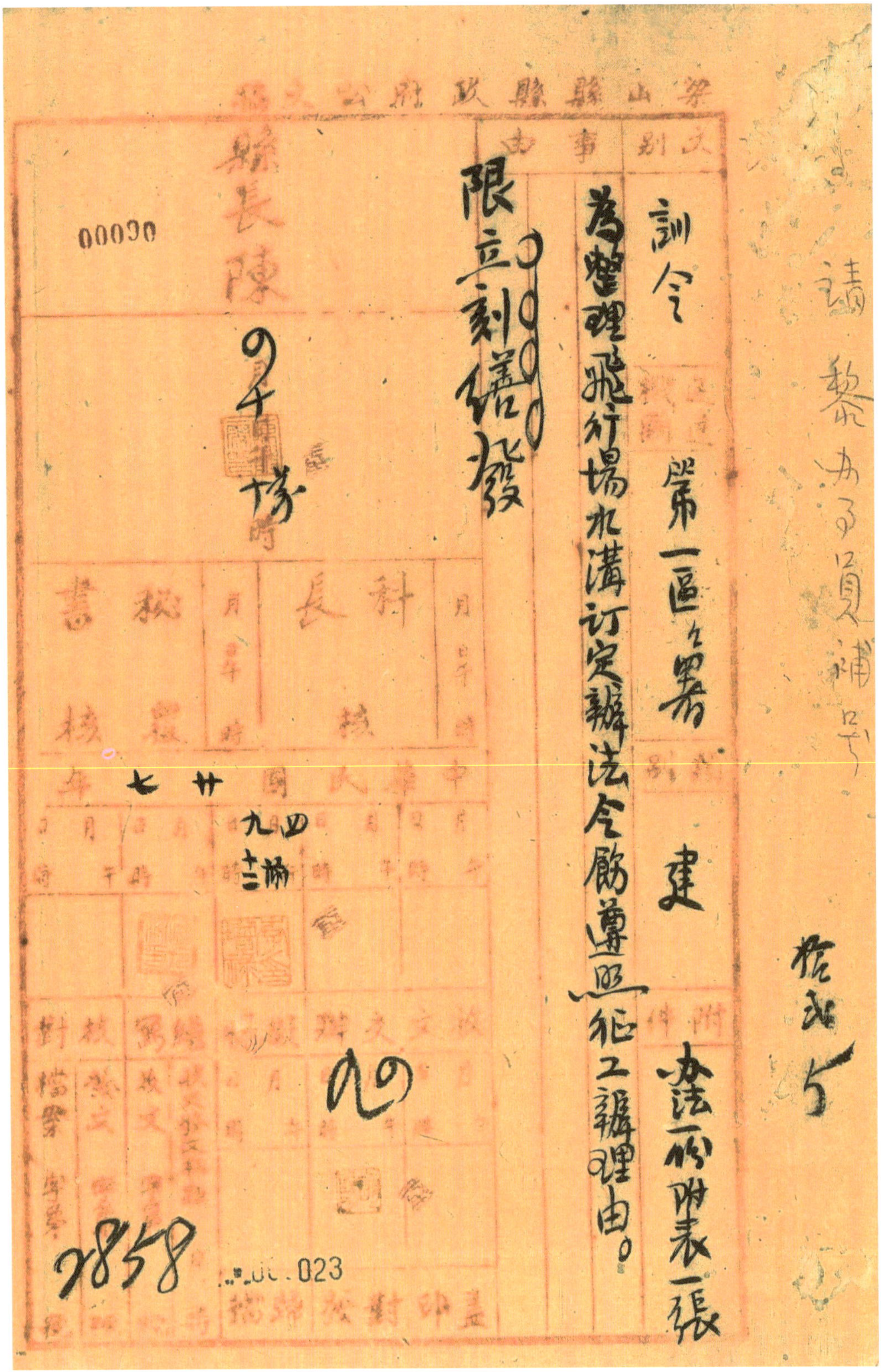
梁山縣縣政府公文稿

文別：訓令

事由：為整理飛行場水溝訂定辦法令飭遵照征工辦理由。

第一區區署

建

附件：辦法一份附表一張

縣長陳

限立刻繕發

中華民國廿七年四月九日

請黎办事員補号

仝　衔训令　廿七年建字第　号

令第一区区长黄亹　2858

查飞行场水沟，前经征工开凿，未达规定程度，即告停止。值兹抗战期间，迭奉　航委会电令饬速征工整理，务将机场积水尽量排除，以利飞机升降等因，不得违延，致误戎机等因，自应征调民工，遵照赶办。兹特订定整理暂行办法，征调第一区民工于本月十六日开工整理，合行抄发办法，令仰该区长即便遵照迅予征足民工，如期到场工作，严加督饬，依限完成，勿违干咎。仍将办理情形，具报备查。

00091

此令。

計抄發徵工整理飛行場水溝暫行办法一份附表一張。

[illegible]

024

中華民國廿七年四月九日

縣長陳〇〇

附一：梁山县政府征工整理飞行场水沟暂行办法

梁山縣政府徵工整理飛行場水溝暫行辦法

一、此次整理飛行場水溝由第一區區署按照本府規定應徵人數（另表附發）分期徵調該區民工如限到場工作。

二、此次所徵民工其口食津貼，由各保長自籌，每工每日規定籌發洋一角六仙。不得多籌少發，以歸劃一。

三、徵工整理水溝以不妨害社訓及整理公路為原則。

四、整理水溝所徵民工得與整理公路應徵民工數合併計算，以昭平允。

五、整理水溝計需一萬五千二百六十個工，自廿七年四月十六日開工，限一個月完成，每日徵工五百一十二名，以三十二名為一分隊，編足十六個分隊。

六、到場民工由第一區區長兼任大隊長統率之。

七、每個民工應自帶鋤頭扁担簸箕繩索斗笠簑衣等件一套。炊爨用具，由各分隊長統籌借用。

八、民工住宿地点，由四城聯保主任先行覓定。

九、工作期間，各分隊民工不得缺少一名，違則议處。

十、工程方面，所有民工除由本府監督工作外，并应受空軍總站工程人員之指揮。

十一、本办法如有未尽事宜，得隨時規定。

附二：整理飞行场水沟应征民工名额一览表

整理飛行場水溝應徵民工名額一覽表　二十七年[illegible]梁山縣政府製

徵調時期	工作起訖日期	征調地域	所屬保數	每日應徵人數	備考
第一期	四月十六日至四月廿五日	西城鎮	19	152	1、每期每保徵調民工八名 2、每日所徵民工以共編一大隊由區長統率設中隊若干由區長酌定惟每分隊連隊長在內一律定為三十二名 3、各期應徵民工統限開工前一日到達縣城以免延誤
		南城鎮	17	136	
		東城鎮	20	160	
		隆勝鄉	8	64	
		合計	64	512	
第二期	四月廿六日至五月五日	北城鎮	18	144	
		護城鄉	5	40	
		黃公鄉	7	56	
		安樂鄉	4	32	
		梁瑞鄉	10	80	
		安寧鄉	8	64	
		萬善鄉	12	96	
		合計	64	512	
第三期	五月六日至十五日	仁和鎮	11	88	
		三星鄉	11	88	
		騎龍鄉	8	64	
		合興鎮	7	56	
		大勝鄉	4	32	
		文化鄉	9	72	
		新盛鎮	14	112	
		合計	64	512	
合計	四月十六日至五月十五日	第一區十八鎮鄉	192	512	

00093

026

梁山县政府关于按飞行场工程处要求调足整理水沟民工致梁山县第一区区署的训令（一九三八年五月十三日）

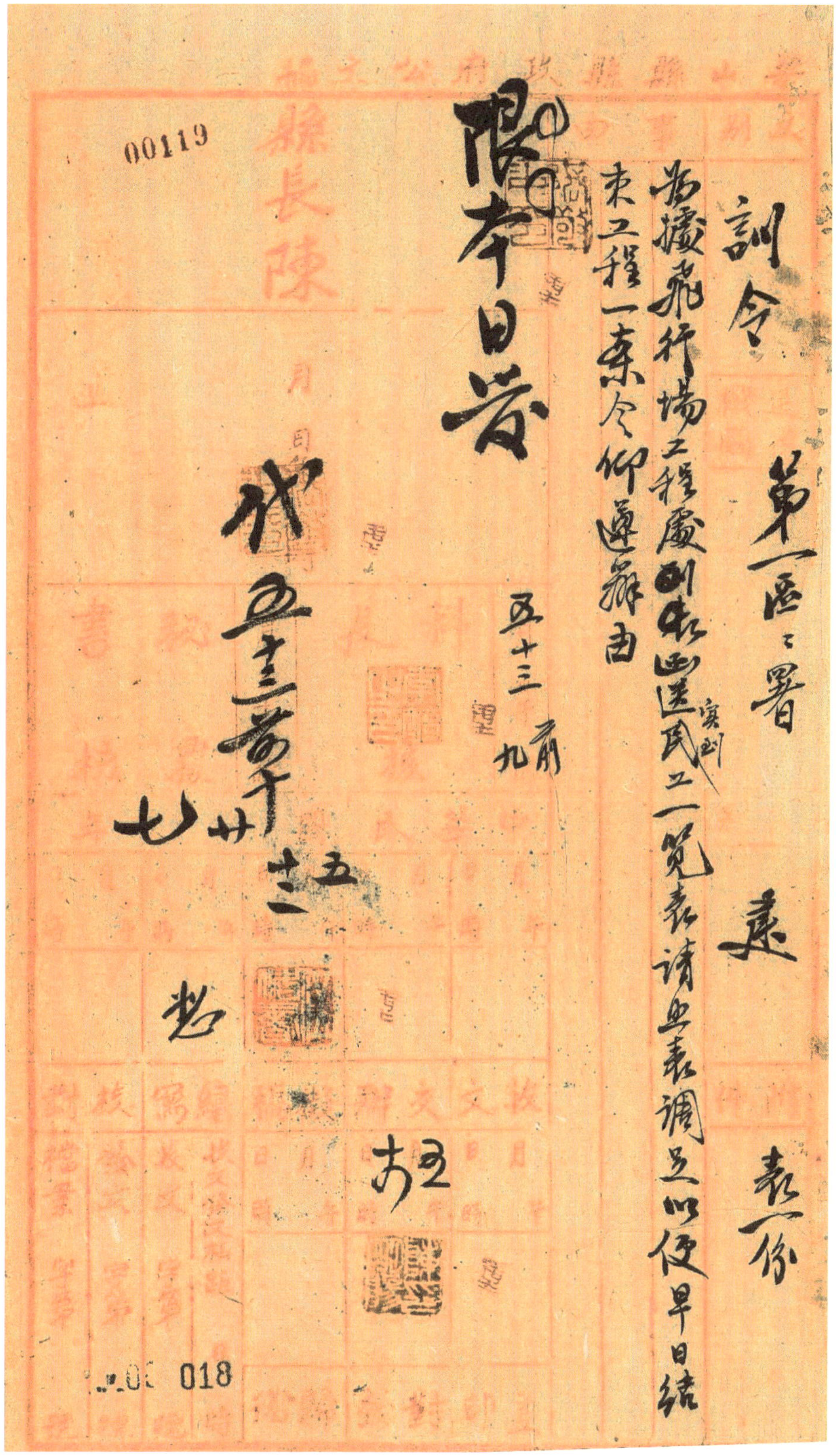

3

梁山縣政府訓令（廿七年康字第　號）

令第一區區長黃寶

324　41

本年五月十日案准

航空委員會擴修梁山飛行場工程事務處函開：

「逕啓者：查整理機場云云為盼」

等由；准（此）計送應征民工及實到民工一覽表，准此。查該區應調民工總數為一萬五仟三百六十名，茲據表列實到民工總數為一萬一千三百六十名，尚欠四千名，[illegible]合行抄發一覽表，令仰該區長即便遵照按表調足到場工作，勿延為要。[illegible]遵照勿違。

計發整理飛行場水溝各鄉鎮應征民工及實到民工一覽表一份

中華民國廿七年五月十二日

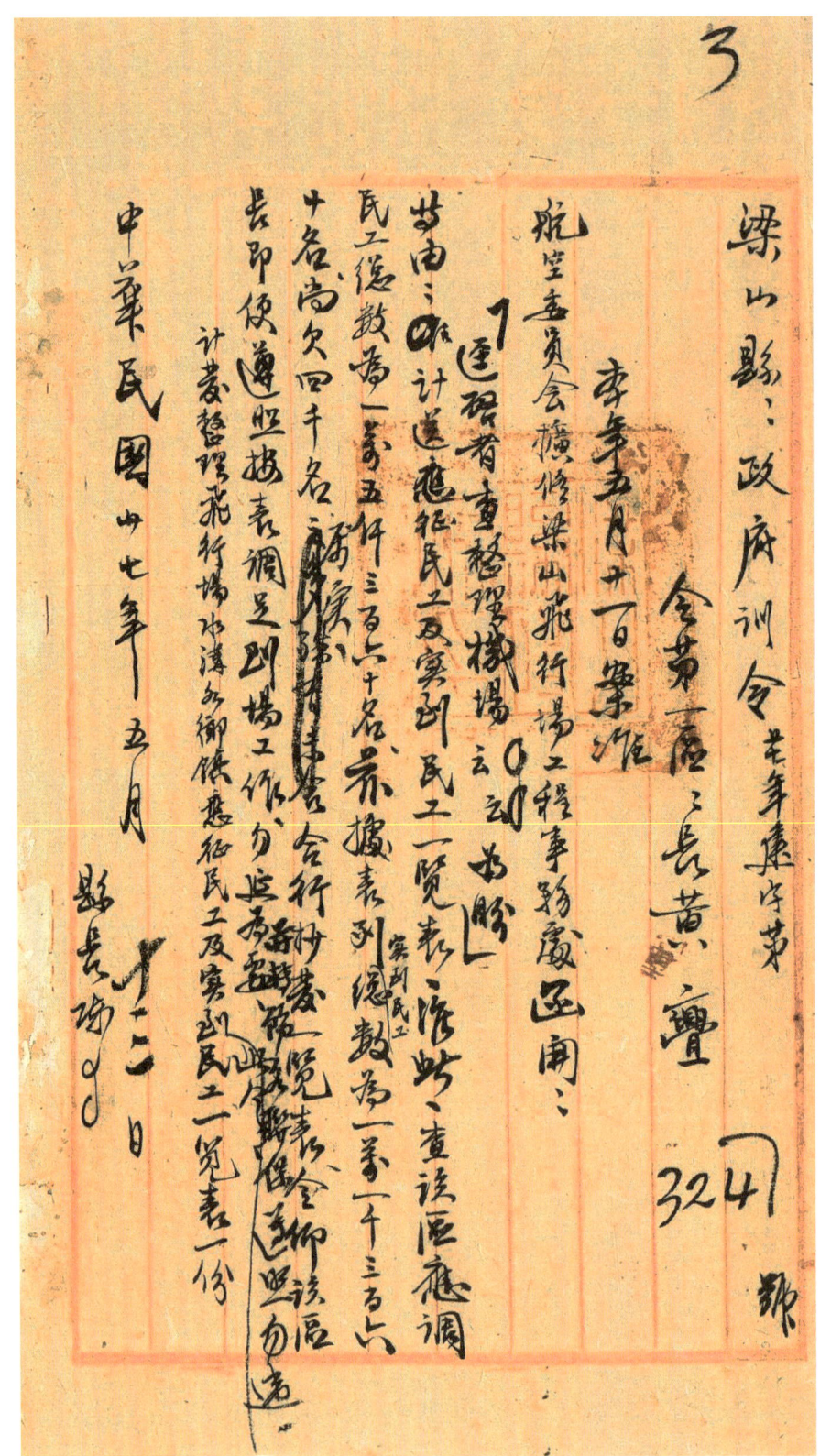

縣長［簽名］

附：整理飞行场水沟各乡镇应征民工及实到民工比较一览表

整理飛行場水溝各鄉鎮應征民工及實到民工比較一覽表

	鄉鎮别	應征人數	實到人數	日期		
欠616	西城鎮	1520	904	4/16	至	25
660	南城鎮	1360	700	4/16	至	25
833	東城鎮	1600	767	4/16	至	25
108	隆勝鄉	640	532	4/16	至	25
203	北城鎮	1440	1237	4/26	至	5/5
94	護城鄉	400	306	4/27	至	5/5
114	黄公鄉	560	446	4/27	至	5/5
79	安樂鄉	320	241	4/27	至	5/5
165	梁瑞鄉	800	635	4/27	至	5/5
143	安寧鄉	640	497	4/27	至	5/5
(多88)	萬善鄉	960	1048	4/26	至	5/5
216	仁和鎮	880	664	5/1	至	5/9
180	三星鄉	880	700	5/1	至	5/9
184	騎龍鄉	640	456	5/1	至	5/9
134	合興鄉	560	426	5/1	至	5/9
65	大勝鄉	320	255	5/1	至	5/9
198	文化鄉	720	522	5/1	至	5/9
96	新盛鎮	1120	1024	5/1	至	5/9
4088	統計	15360	11358			

−88

欠4,000工.

統計數應為11,360

梁山县政府关于扩建梁山飞行场民工换替致梁山县第一区文化、骑龙、仁和乡联保办公处的训令
（一九三八年五月十五日）

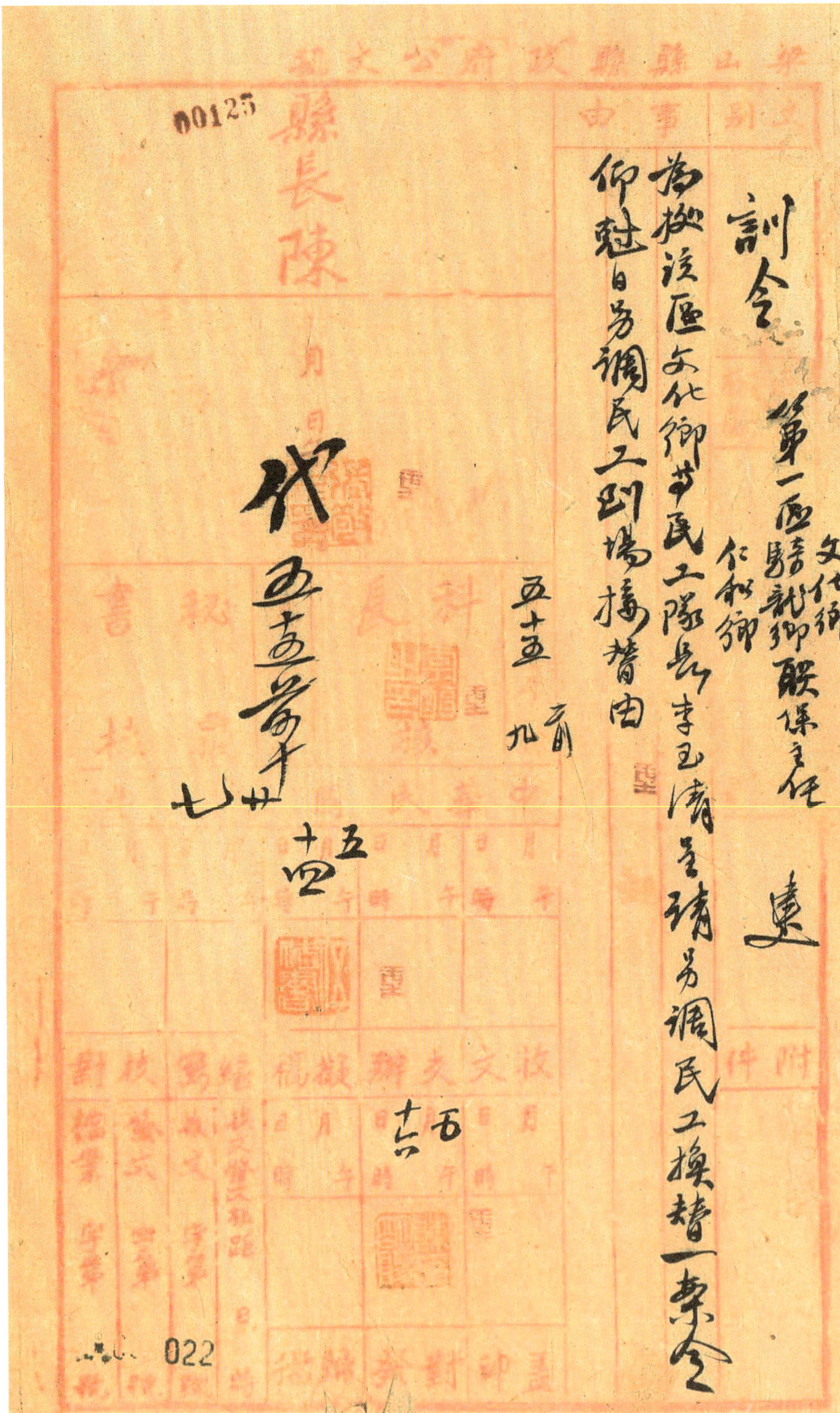
梁山縣政府公文稿

00125

文別：訓令

受文者：第一區騎龍、文化、仁和鄉聯保主任

事由：為據該區文化鄉第一民工隊長李玉清等請另調民工換替仰剋日另調民工到場接替由

縣長陳

附件

022

梁山縣政府訓令 廿七年建字第375號

令第一區文化鄉暨仁和鄉聯保主任○○○

本年五月十三日案據該區文化鄉暨仁和兩鄉民工隊長李玉清、唐永懋、潘琪秀等呈稱：「呈為工完農忙」云云，謹呈。等情。據此，除呈悉，候飭令該鎮鄉聯保主任趕日另調民工到場頂替可也，但必須俟另調各隊到達，財務清楚，始准撤回。仰即遵照。此批。揭示並分令外，合行令仰該主任即便遵照，趕日另調民工三十名到飛機場接替，毋得延誤為要。

此令。

中華民國廿七年五月 日

縣長陳○

航空委员会空军第三总站、梁山县政府关于补征民工三千名平填机场的文书（一九三八年七月五日至八日）

航空委员会空军第三总站致梁山县政府的公函（一九三八年七月五日）

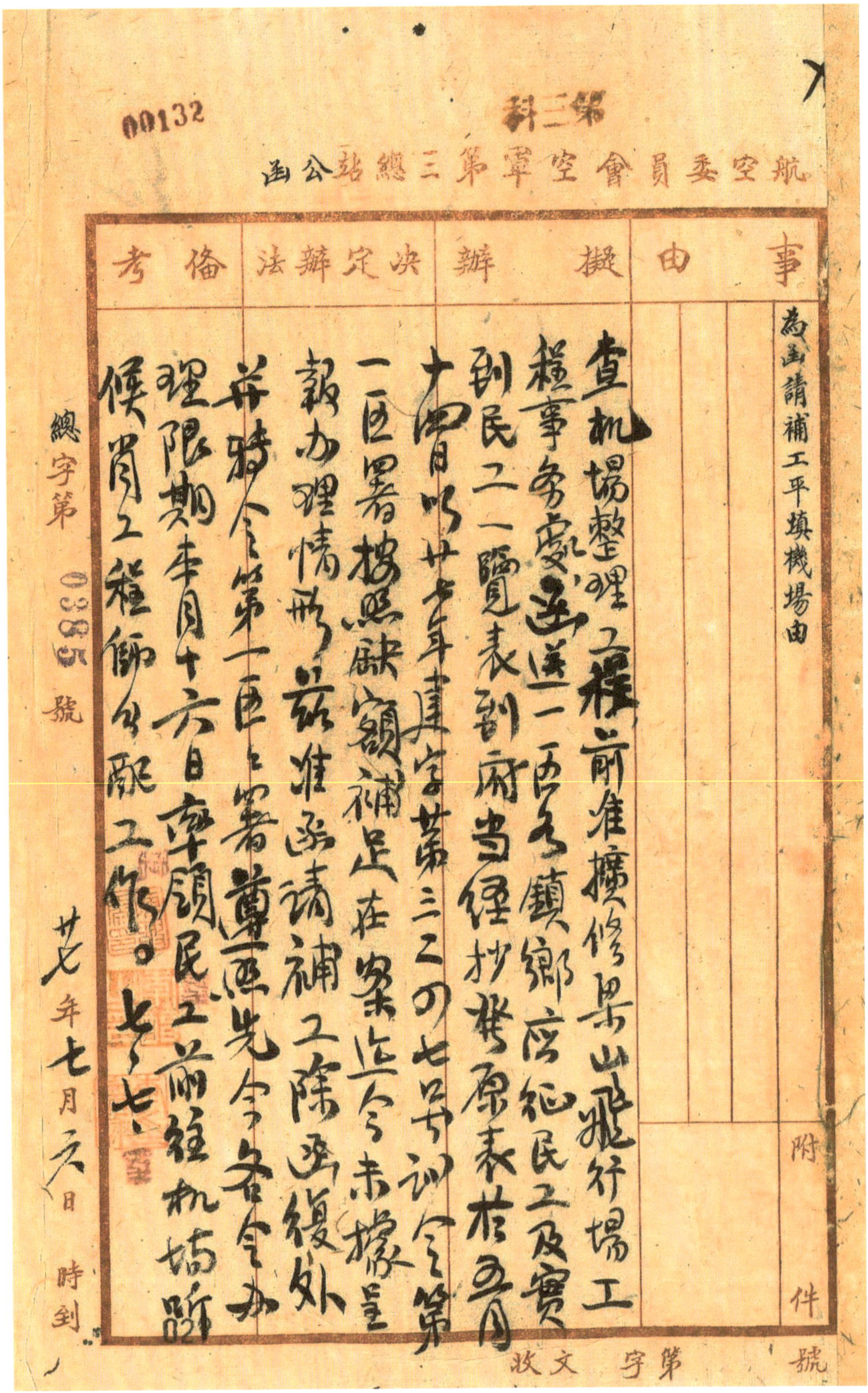

00132

第三科

航空委員會空軍第三總站公函

事由：為函請補工平填機場由

擬辦

決定辦法

備考

查机場整理工程前准擴修梁山飛行場工程事务處函送一百各鎮鄉應征民工及實到民工一覽表到府當經抄發原表於五月卅日以廿七年建字第三之〇七号訓令第一區署按照缺額補足在案迄今未據呈報辦理情形茲准函請補工除函復外並特令仰第一區署遵照先令各鄉如限期本月十六日率領民工前往机場聽候開工程師分配工作。七、七。

附件

總字第0385號

廿七年七月六日 時到

收文 字第 號

總字第1038號

航空委員會空軍第三總站公函

案據監修機場工程師蕭巽華聲稱：「查縣府前徵集民工平填機場，計缺三千名，請轉函縣府照補來場工作。」等語。據此，相應函請

查照辦理見復為荷。

此致

梁山縣政府

總站長　于富有

中華民國二十七年七月五日

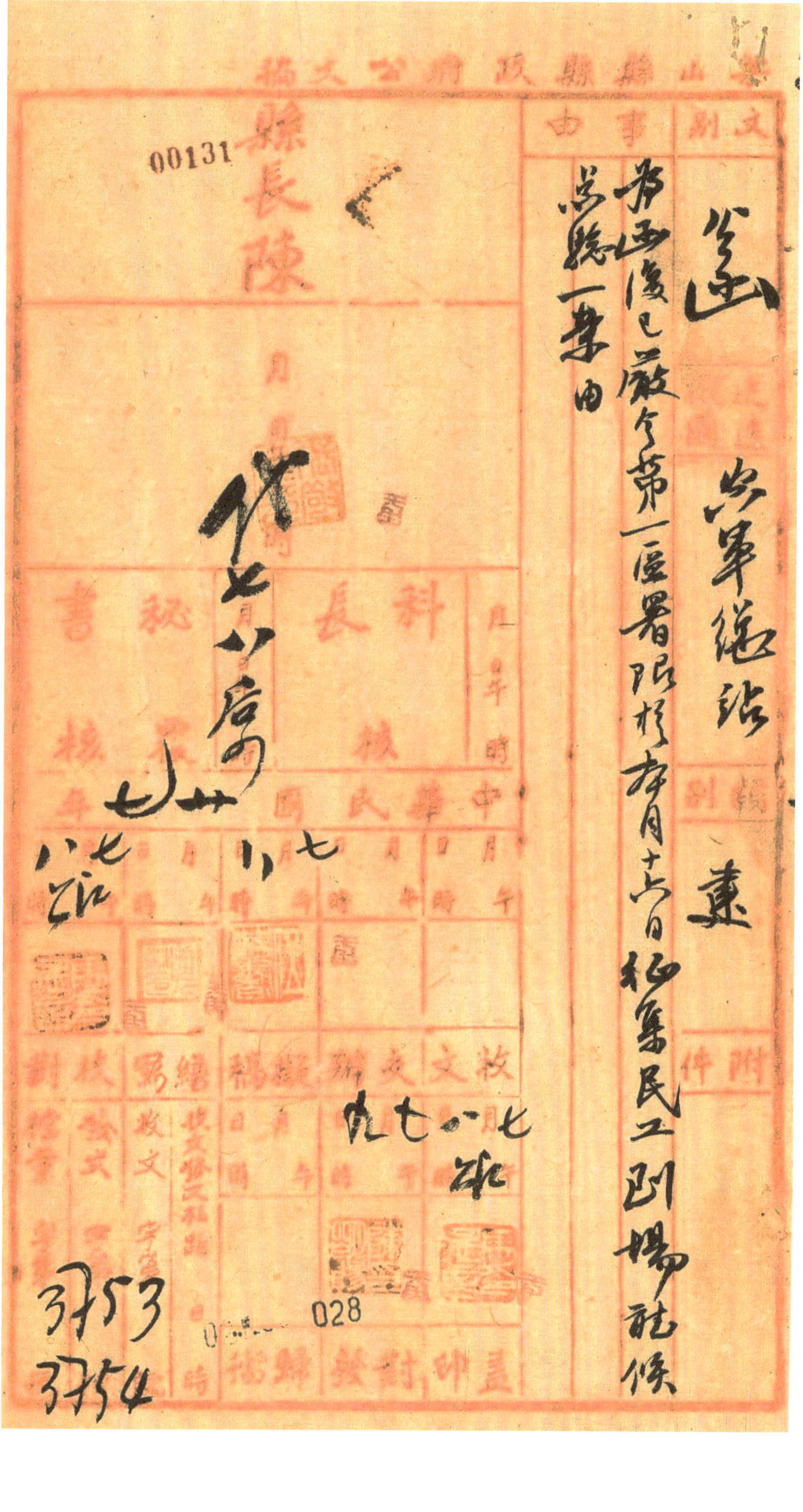
梁山县县政府公文稿

公函

空军总站

为函复已严令第一区署限於本月十六日征集民工到场

梁山县政府致航空委员会空军第三总站的公函（一九三八年七月八日）

梁山县政府公函　卅七年建字第3757号

本年七月六日案准

贵站总字第〇三八五号公函，嘱补征民工三千名到场工作一案，遵即饬第一区区署限于本月十六日照数征足到场听点外，相应函请

贵站烦予查照，拨附到场点验为荷。此致

航空委员会空军第三总站站长于

县长　陈〇

中华民国卅七年七月八日

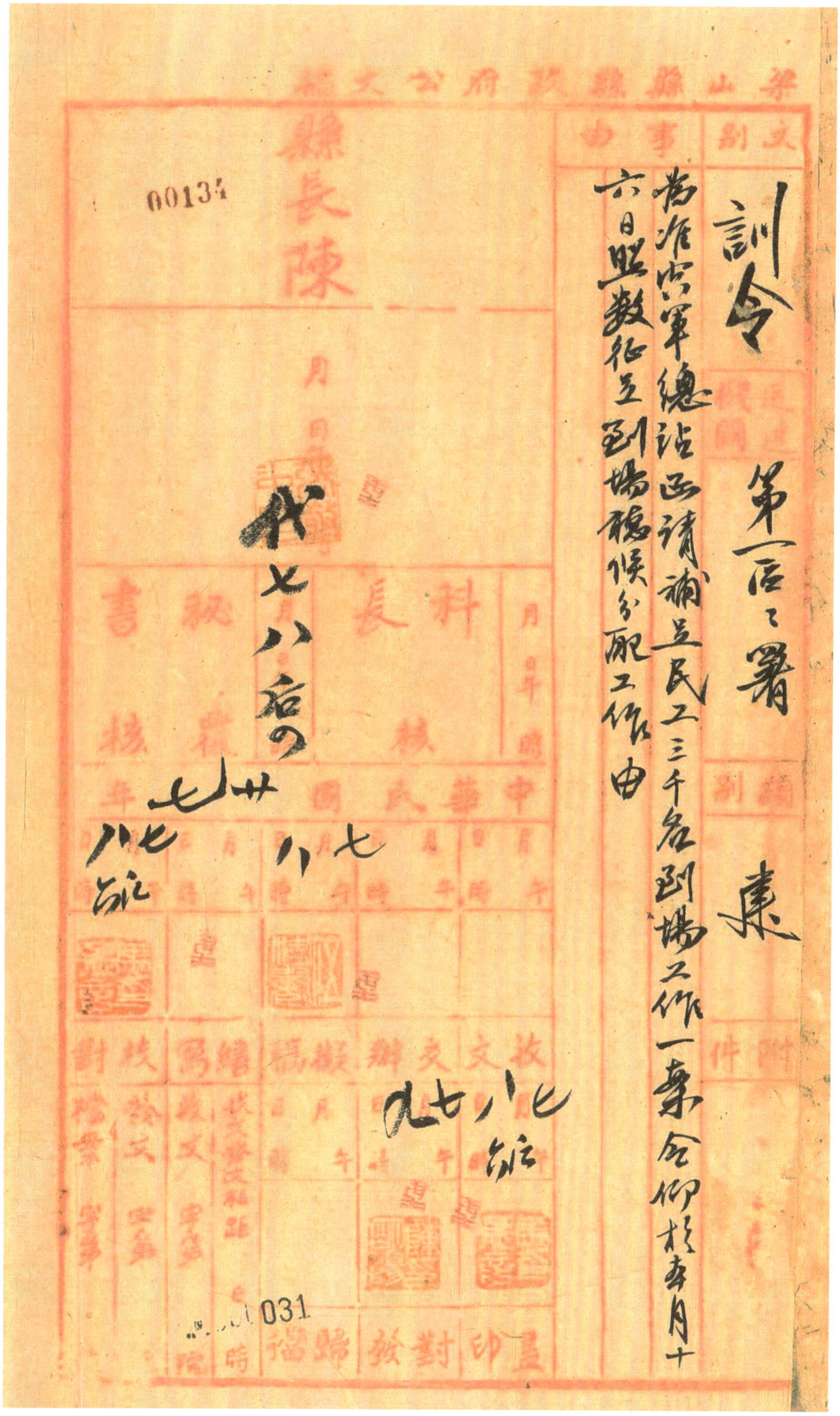
梁山縣政府公文稿

文別：訓令

受文機關：第一區區署 康

事由：為准皇軍總站函請補足民工三千名到場工作一案令仰於本月十六日照數征足到場聽候分配工作由

縣長陳

科長

秘書

中華民國 年 月 日

附件

擬稿 繕寫 校對 監印 封發 歸檔

00134

031

梁山县政府致梁山县第一区区署的训令（一九三八年七月八日）

梁山县县政府训令 卅年建字第3754号

令第一区区长黄寶

本年七月六日案准

航空委员会卅年第三总站第○三八五号公函开：

「案据监修机场工程师云剑为称」等由。准此。查本府前准飞行场工程处函称该区到场民工为廿三千余名，当以建字第三二四七号训令，并据发实到民工一览表令饬遵办在案。兹准前由，除函复外，合行令仰该区长即便遵照先令各令，限本月十六日照数征齐，由该区长亲领前往飞行

00135

楊總候蕭工程師點驗分配工作,勿再遲延,千萬為

要!此令。

032

中華民國廿七年七月八日

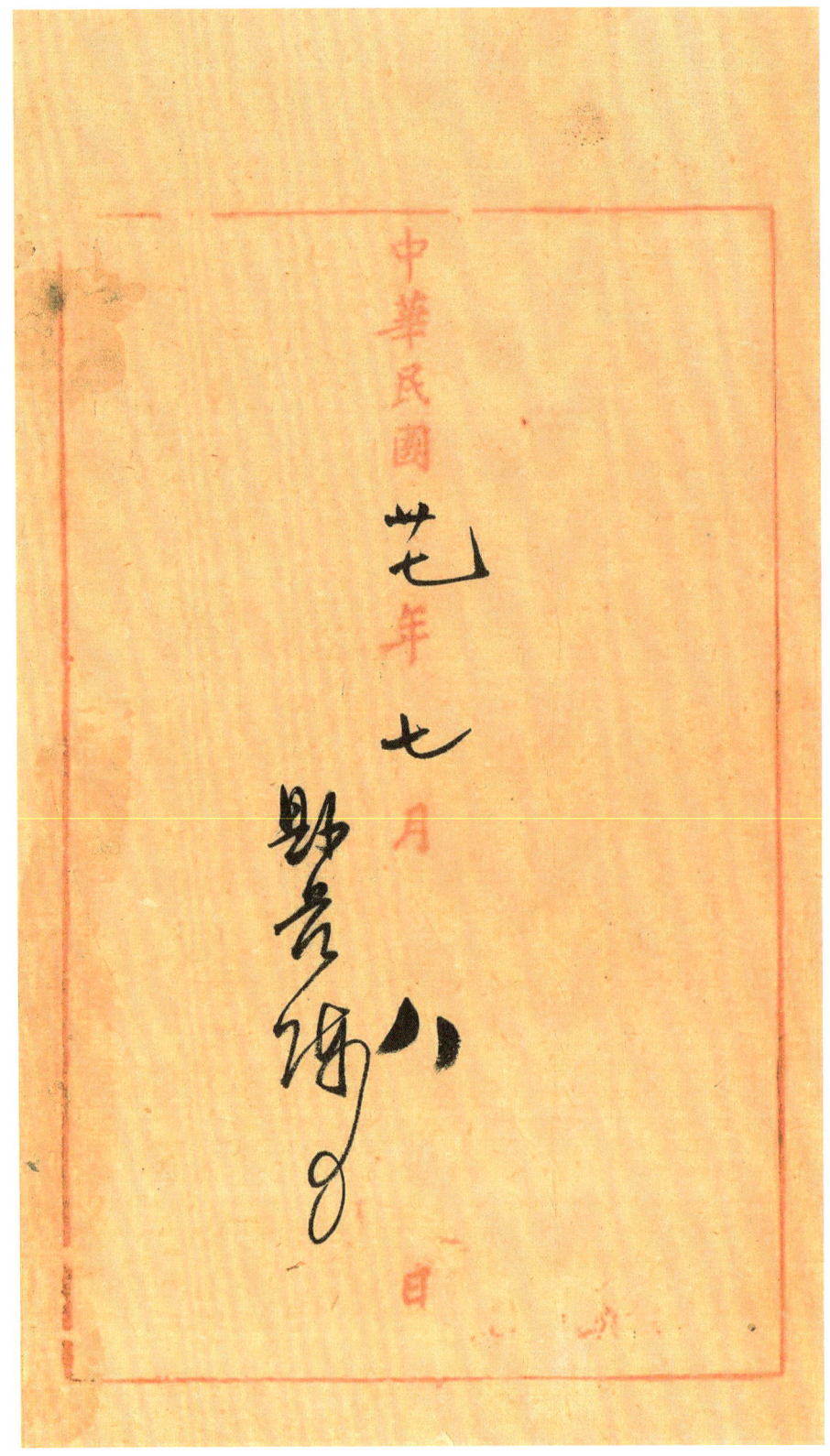

梁山县政府关于检送第一区培修机场民工大队名册致航空委员会空军第三总站的公函（一九三九年五月）

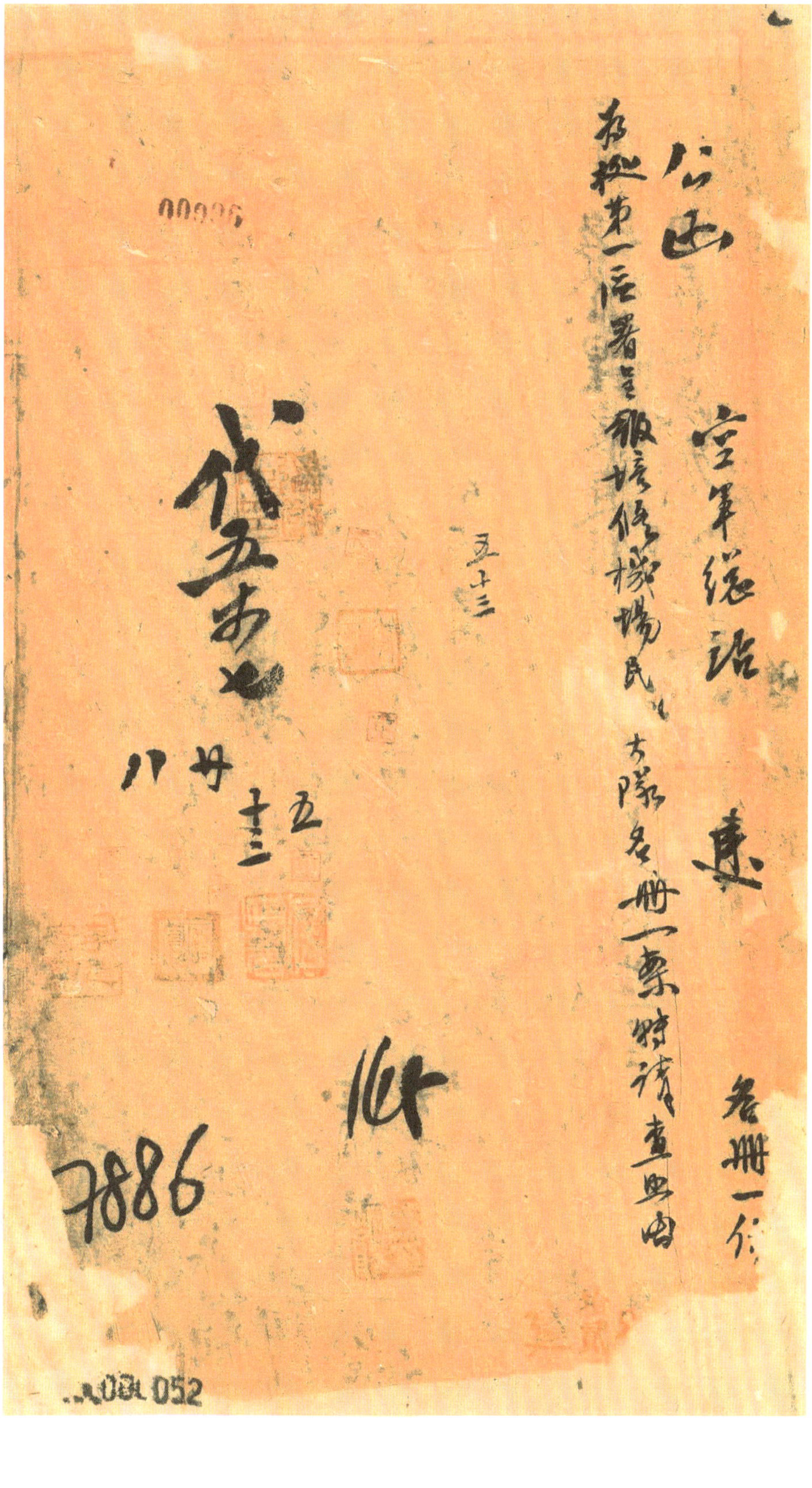
公函
空军总站 速
名册一份
为检送第一区署呈报培修机场民工大队名册一本特请查照由

全衔　公函　廿八年建字第　号

本年五月十二日案准第一区区长萧鉴呈移：

"案奉钧府建字训令饬造呈

赍"，等因，奉此，计呈民工花名册二份。据此，除将花名册抽

存一份备查并移知外，相应检同原册函请

贵站烦为查照为荷，此致

空军第三总站站长张

计送名册一份

县长陈○

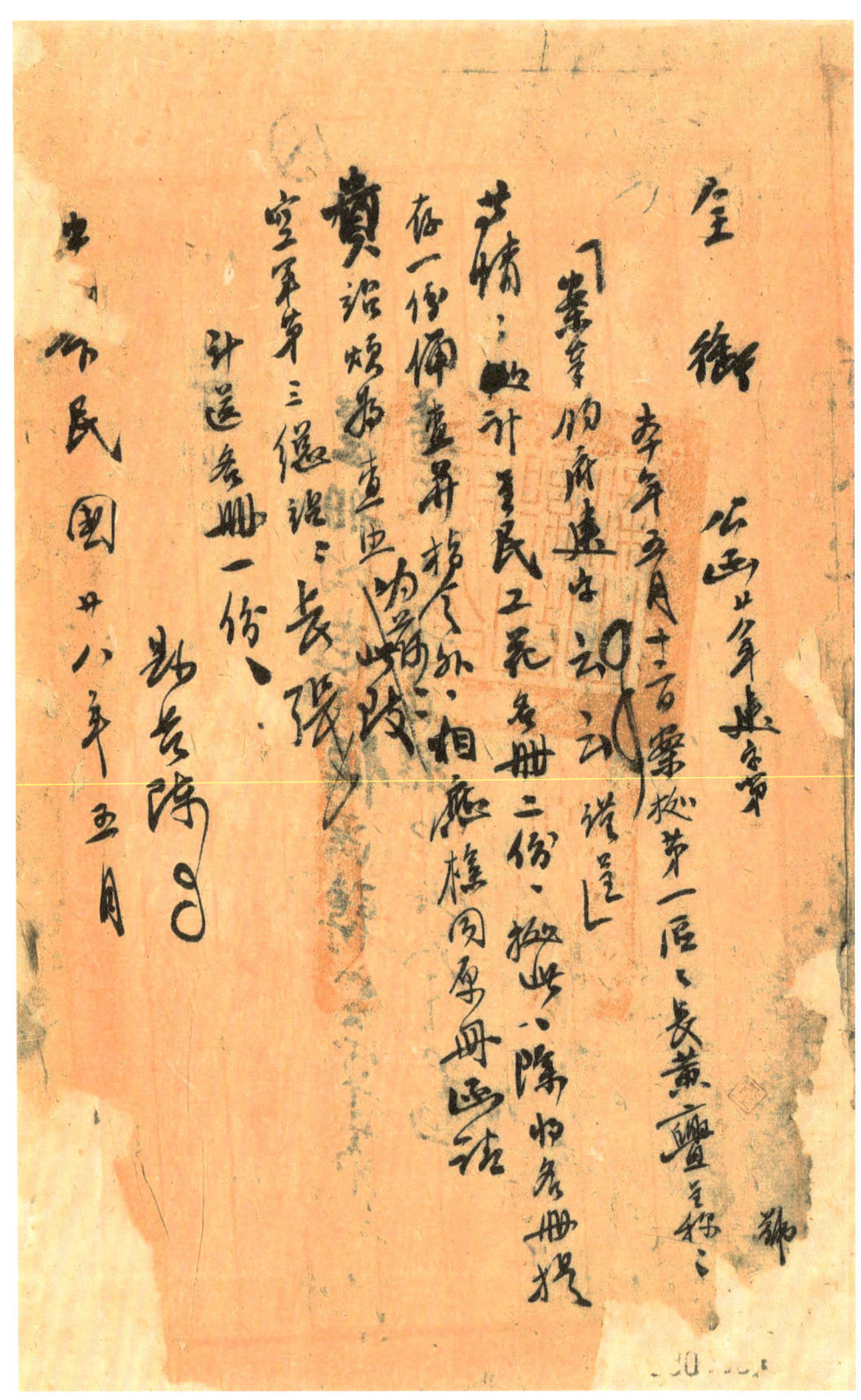

中华民国廿八年五月

附：梁山县政府第一区培修机场民工大队花名册（节选）（一九三九年五月）

00100

梁山縣政府第一區培修機場民工大隊花名

001001

梁山縣政府第一區培修機場民工大隊花名冊

隊別	職別	姓名	年齡	所屬鎮鄉	備
第一中隊	中隊長	羅蕩徵	四七	東城鎮	
第一小隊	小隊長	王裕臣	三二	同	
	民工	蔣明發	三五	同	
		蕭銀發	三〇	同	
		劉明澤	三〇	同	
		張維林	三〇	同	
		王萬謙	四四	同	
		柏友山	四七	同	

00101

...00.002

致

第二中隊

第一小隊

職別	姓名	年齡	籍貫
	藍顯碧	三二	同
	謝香正	三〇	同
	蔣良才	三二	同
	陳明才	三二	同
	劉秉遠	二六	同
	秦啟元	二六	同
	劉春興	二九	同
中隊長	何炎芳	三一	隆勝鄉
小隊長	羅仁樑	四一	同
民工	張昌金	四三	同

	劉喜遠	五九	黃金鄉
	曾學達	二八	同
第三中隊中隊長	黎[illegible]彬	二六	渠端鄉
第一小隊小隊長	譚維合	二九	同
民工	徐隆富	四〇	同
	王興發	三八	同
	關文祥	二〇	同
	蕭順發	四〇	同
	鄧興發	三六	同
	張正光	三二	同

	陶逸碧	三一	仁和鎮
	熊長久	二四	同
	呂朝合	三六	同
	梁永福	三三	同
	劉玄合	三八	同
	鄧顯灝	三二	同
	余友福	四〇	同
第四中隊中隊長	李樣華	三六	萬壽鄉
第一小隊小隊長	李錫三	二八	同
民兵	龍天福	二六	同

中華民國二十八年五月　日

航空委员会空军第三总站、梁山县政府等关于再组织培修机场民工一大队的文书（一九三九年五月至六月）

航空委员会空军第三总站致梁山县政府的公函（一九三九年五月十五日）

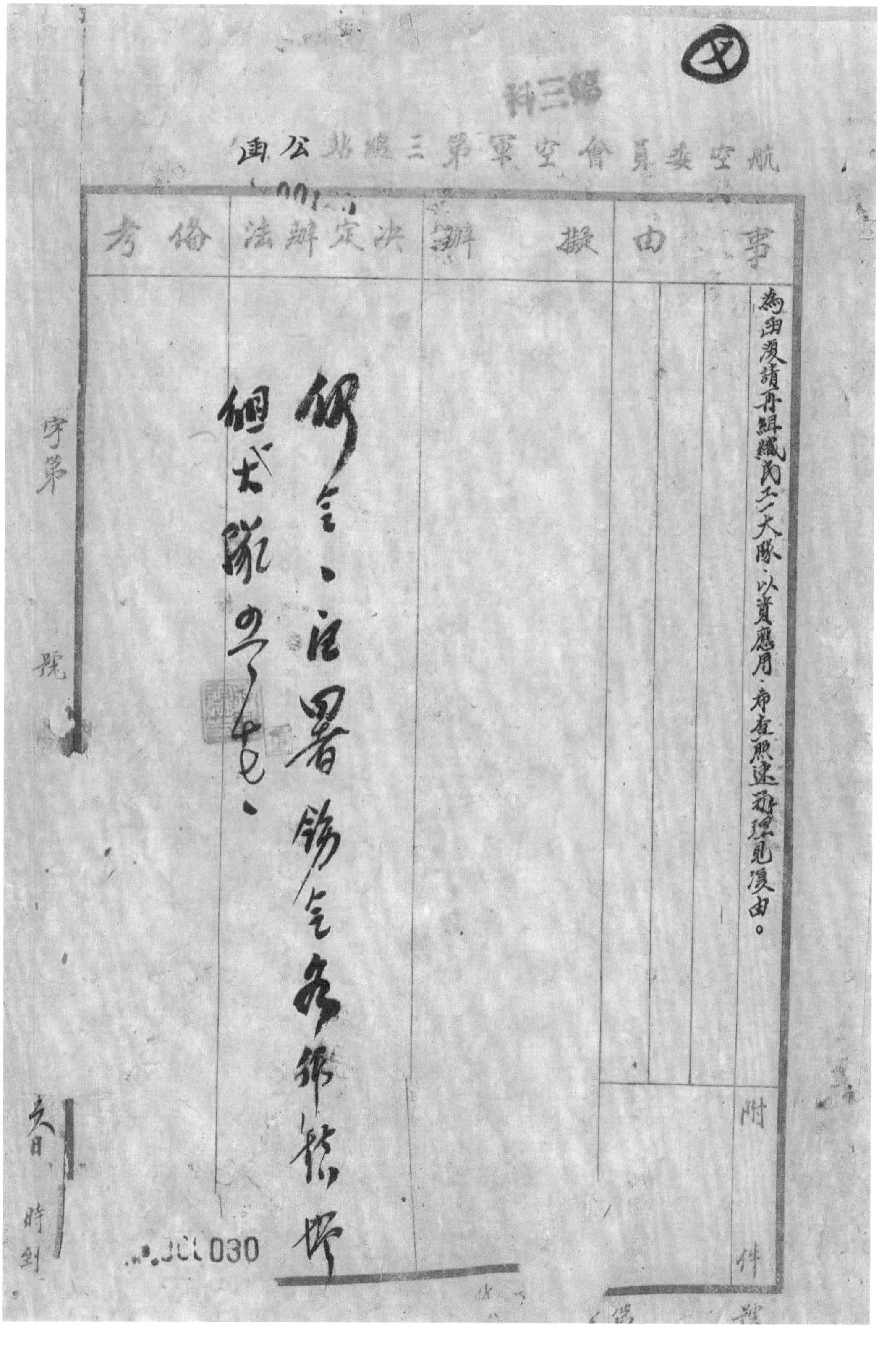

航空委員會空軍第三總站公函　字第101

案准

貴府建字七八八六号公函内開：

「本年五月十二日案據第一區區長黃膺呈稱：「案奉鈞府建字第七一八八號訓令為抄發培修機場民工大隊暫行辦法飭遵照組織民工一大隊造册呈報等因，遵即遴定東城等十四鎮鄉健壯民工四百八十名編組完竣，理合造具花名册二份，隨文賚呈鈞府俯賜存轉備查，俟令祇遵。」等情，計呈民工花名册二份。據此，除將名册抽存一份備查并指令外，相應檢同原册函請貴站煩為查照為荷！」

等由，附民工名册一份。准此。查本站機場面積廣濶，石土距場甚遠，曾請朱處長每可收

炸之時，一大隊之人數恐難應付，擬請

貴府再組織民工一大隊，以資應用，俾便呈報，相應再函煩請

查照，從速辦理見復為荷！

此致

梁山縣政府

總站長

中華民國二十八年五月十五日

梁山县政府致梁山县第一区区署的训令（一九三九年五月十八日）

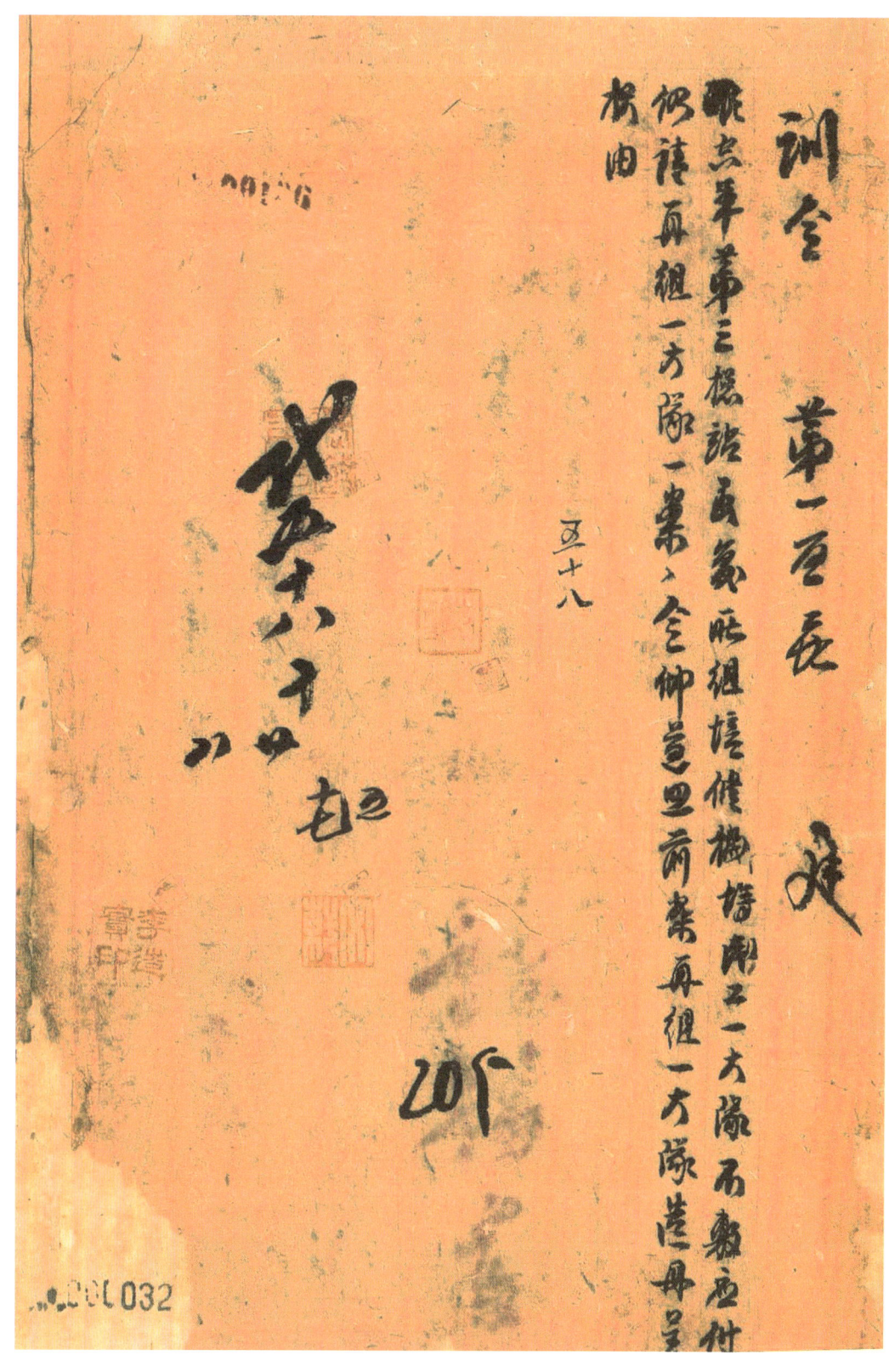

训令　第一区长

案奉第三總路長氣所組織便衣隊之一大隊而雜應付

仰該再組一大隊一案ㄟ令仰遵照前案再組一大隊造冊呈

核由

五十八

令

衔训令 廿八年建字第 794 号

令第一区区长黄灵

案查本年五月十二日據該區長呈為遵照填修機場民工大隊暫行辦法組織民工大隊，造具花名清冊二份，呈予存轉令遵，等情到府，當經本府檢同原冊一份函請航空委員會第三總站查照在案，茲准發巳字第一九一號公函（回文）開：

「查本站機場面積廣闊……云云……此致」

等由，准此。除函覆外，合行令仰該區長、

00127

即按意见前（速依）来筹法，再组第二一大队，仍造花名清册二份，呈核分别存转为要！

此令〇二

033

廿八年五月十八

处长陈 9 0

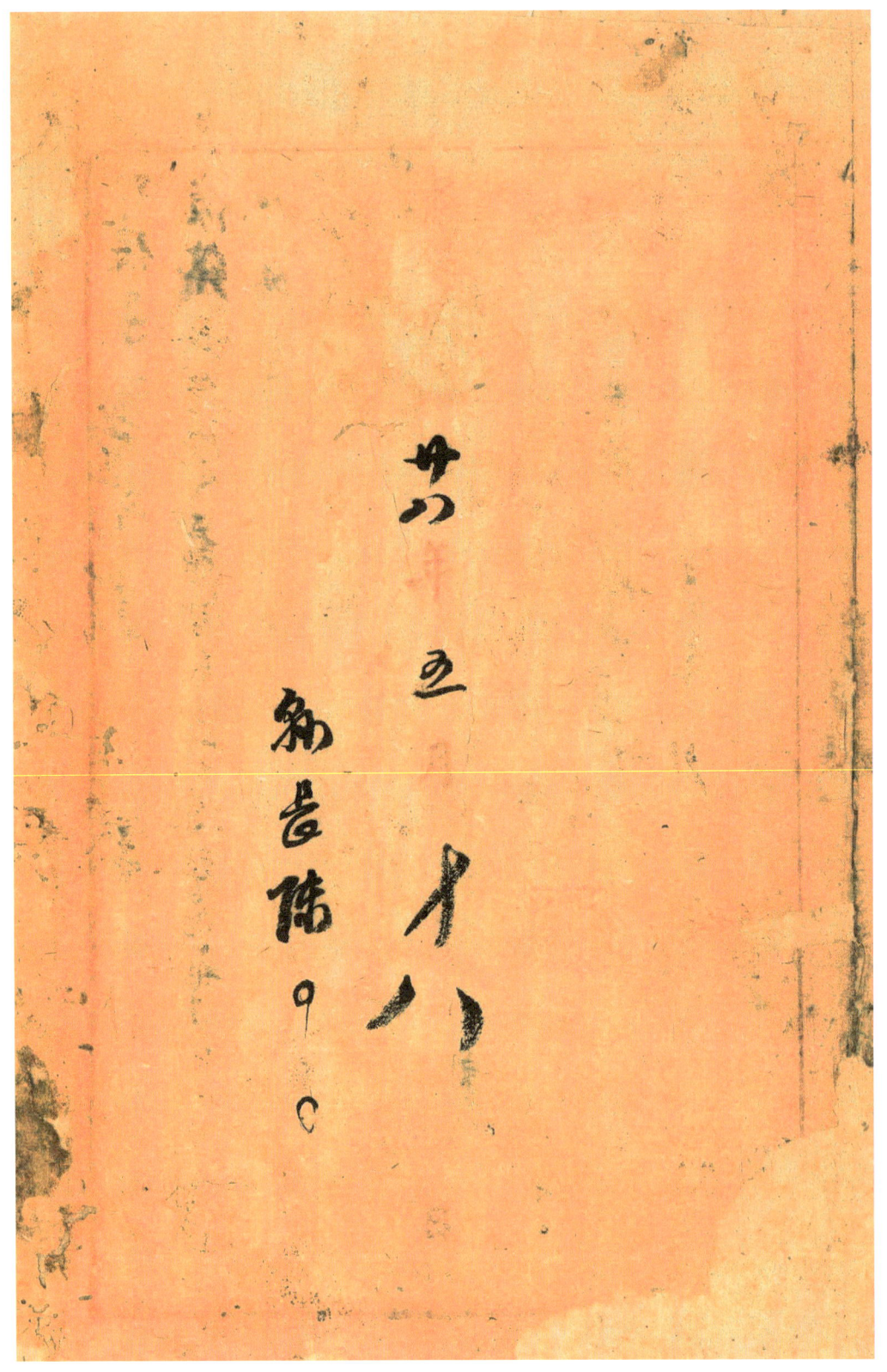

梁山县第一区区署致梁山县政府的呈（一九三九年六月十四日）

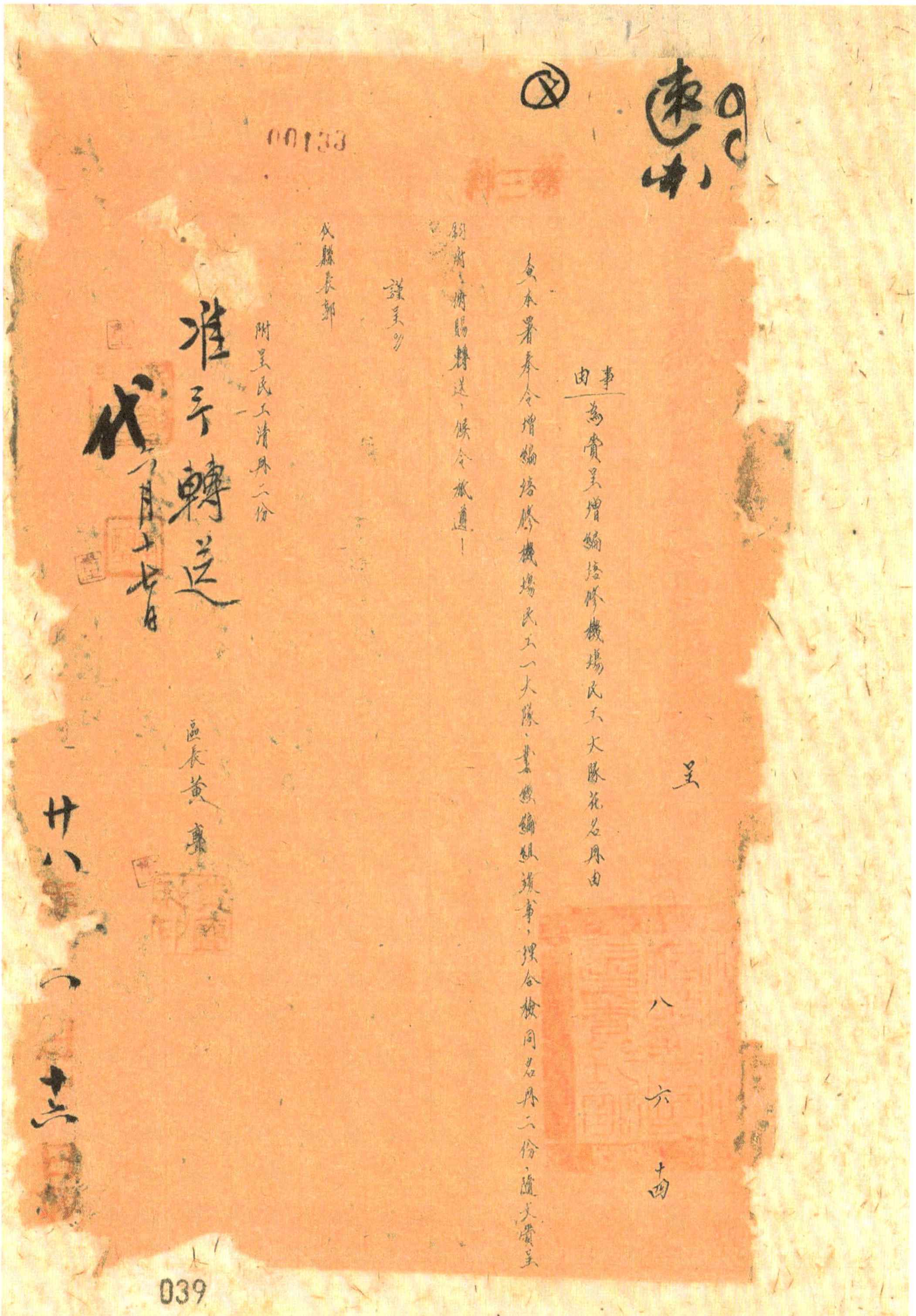
事由：为赍呈增编培修机场民工大队花名册由

呈 八 六 十四

查本署奉令增编培修机场民工一大队，业经编组竣事，理合检同名册二份，随文赍呈

钧府，俯赐转送，俾令祗遵！

谨呈

代县长郭

附呈民工清册二份

区长黄□

准予转送

代 六月十七日

廿八 一 十六

00133

039

梁山县政府第一区培修机场民工第二大队花名册（节选）（一九三九年六月十六日）

梁山縣政府第一區培修機場民工第二大隊花名冊

00135

梁山縣政府第一區培修機場民工第二大隊花名冊

隊別	職別	姓名	年齡	所屬鎮鄉	備考
第一中隊	中隊長	段治本	三九	南城鎮	
第一小隊	小隊長	黄照金	二八	東城鎮	
	民工	謝壽發	三〇	同	
		蕭安吉	四一	同	
		黄[illegible]俊	二六	同	
		范銀全	三一	同	
		劉大才	二五	同	
		唐炎德	三七	同	

002

李春林	二〇	東城鄉
張禧羣	一九	同
謝坤全	二四	同
黃朝文	二二	同
楊啟盛	三一	同
李德壽	三六	同
譚遠壽	四八	同
方義全	三二	同
鄭玉山	二五	同
楊參盛	一七	同

00160

唐天爽	四三	同
谢亚合	三九	同

00027

中華民國二十八年六月十六日區長黄　　璽

航空委员会空军第三总站关于征工五千名辟修临时机场致梁山县政府的公函（一九三九年七月二十六日）

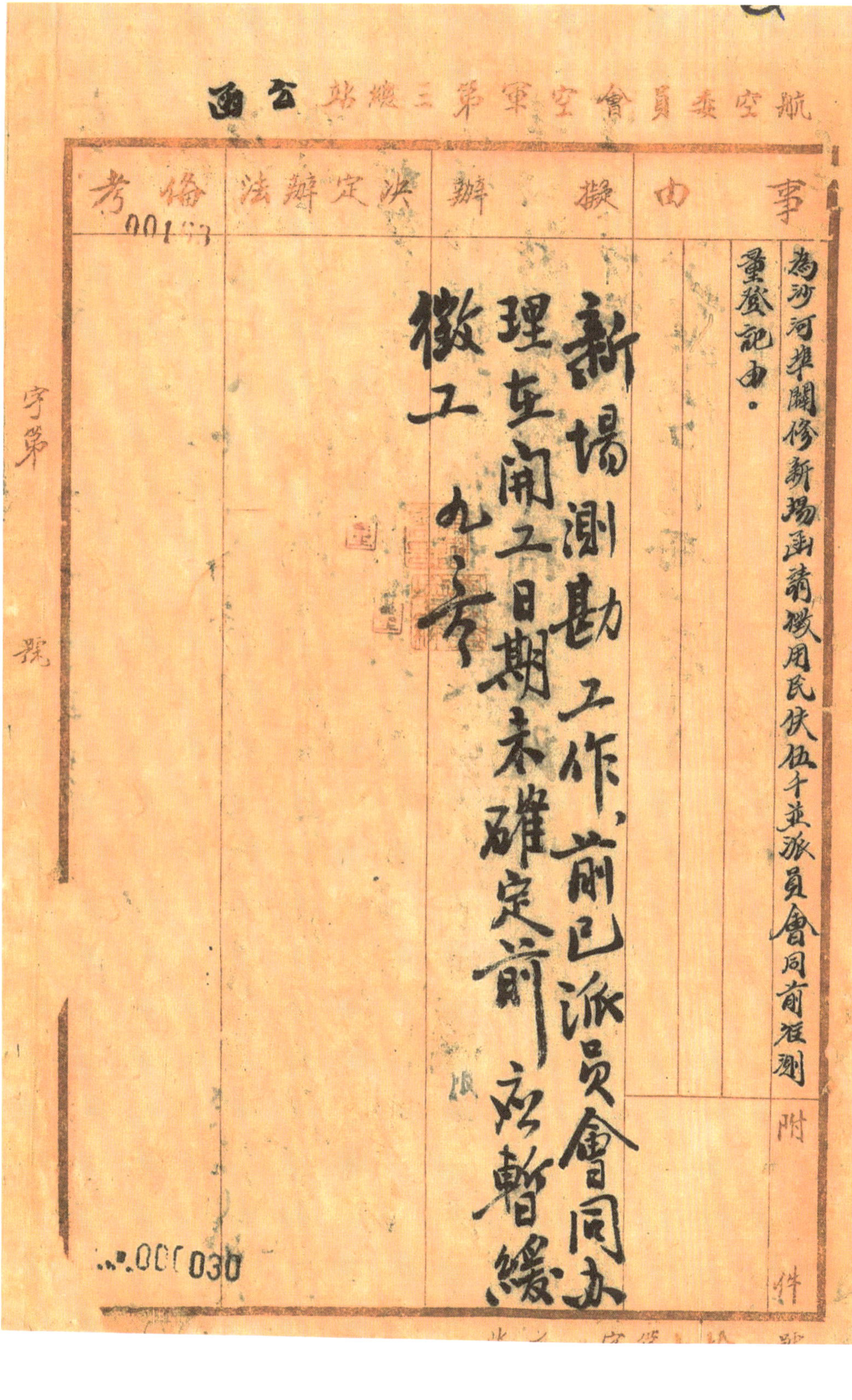

航空委員會空軍第三總站公函

事由：為沙河壩闢修新場函請徵用民伕伍千並派員會同前往測量登記由。

擬辦：新場測勘工作，前已派員會同辦理，在開工日期未確定前，應暫緩徵工。九、六

決定辦法

備考

字第　號

附件

航空委員會空軍第三總站公函

字第　　號

逕啓者：查距城五十里之沙河塆馬路兩旁有廣場一處，本站擬在該處修闢一臨時機場以資備用，此項闢修工程決定徵用民伕五千，每日工資以三角，一星期後即行興工，相應函請

貴府預為籌劃，並希魁日派工程人員乙員會同本站前往沙查登記，俾能如期興工，至紉公誼！

此致

梁山縣政府

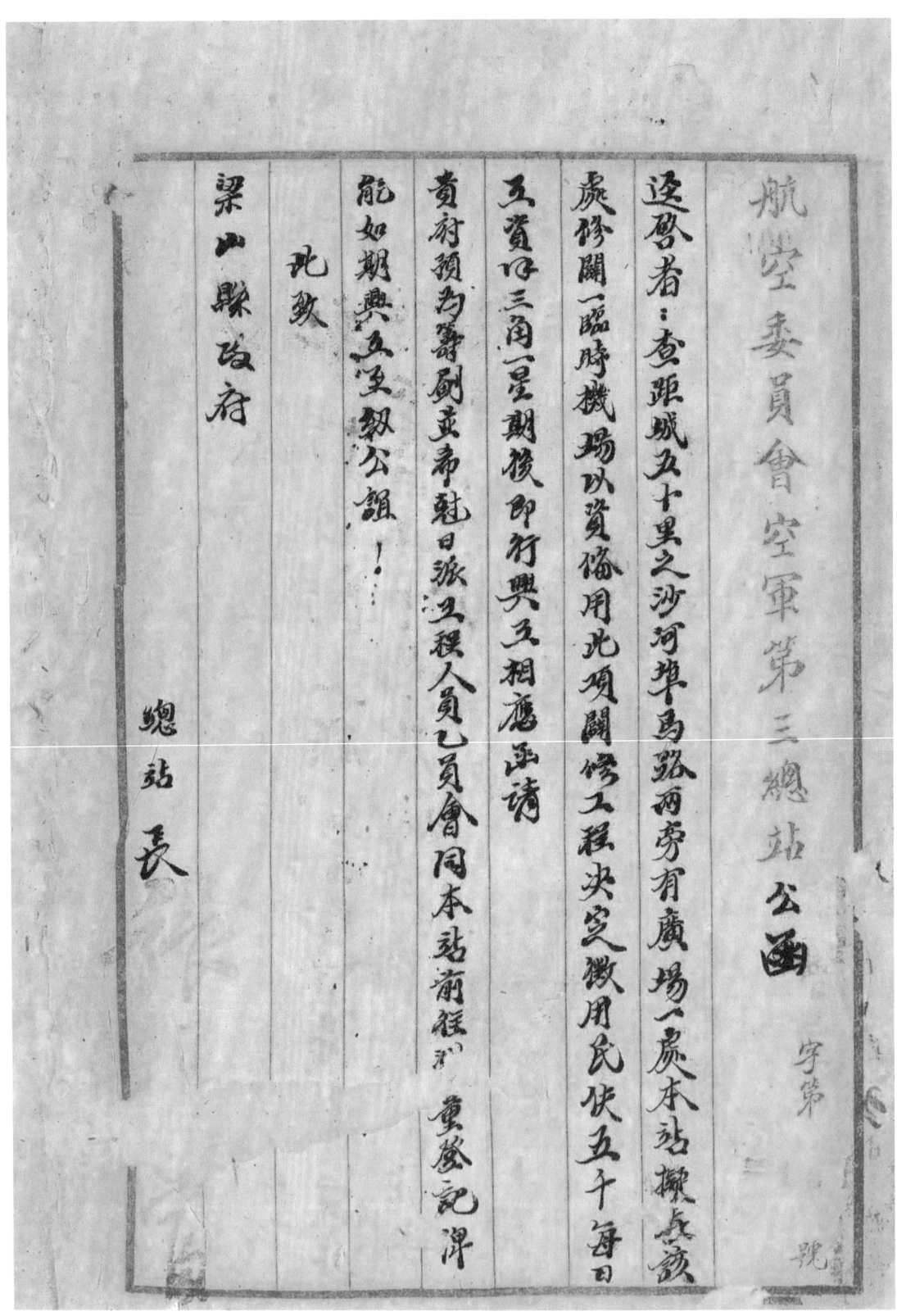

總站長

100

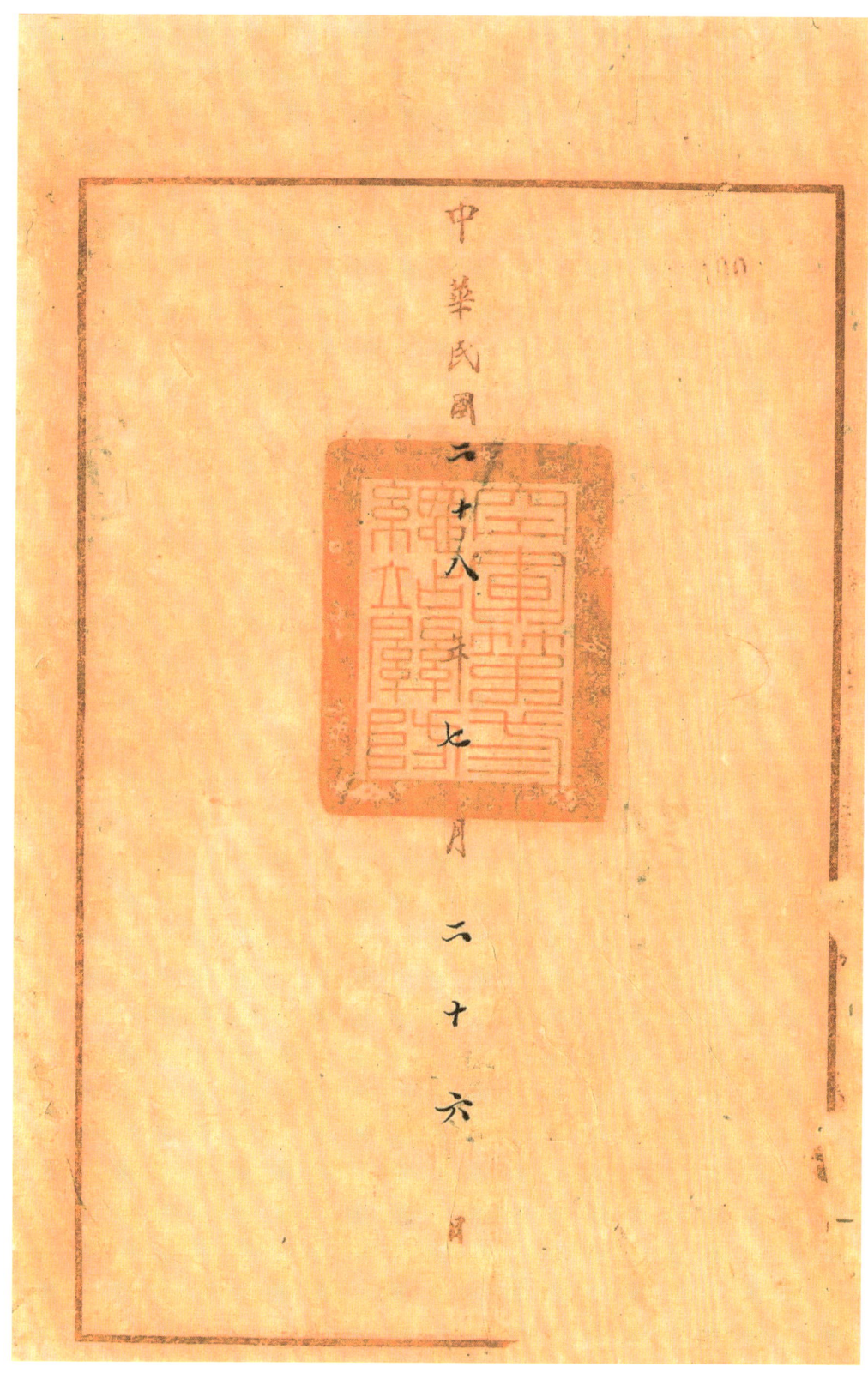

中華民國二十八年七月二十六日

航空委员会空军第三总站关于征集一万名民工扩修梁山机场致梁山县政府的公函

（一九三九年九月二十二日收）

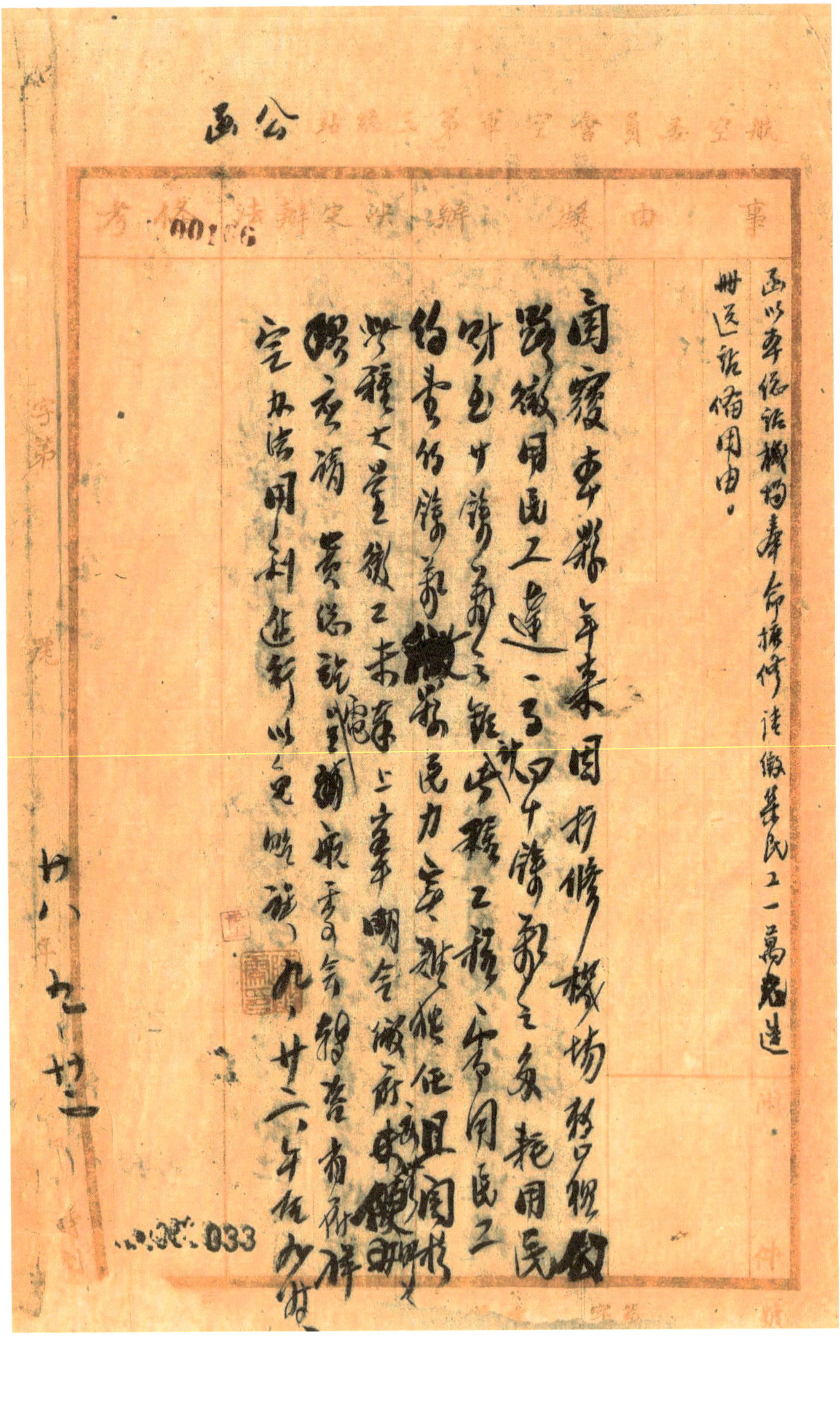

航空委員會空軍第三總站公函　經字第0140號

本總站機場奉　命擴充並待動工修築據工程估算至少須先徵集民工壹萬名備用為此相應函達即希查照從速日徵集民工壹萬名繕同花名冊函送過站以便照收分配工作惟事關緊急並盼迅速辦理見覆為荷！

此致

梁山縣政府

梁山县政府关于速派民工补修一九三九年九月二十八日夜被炸机场致梁山县第一区区署的命令（一九三九年九月二十八日）

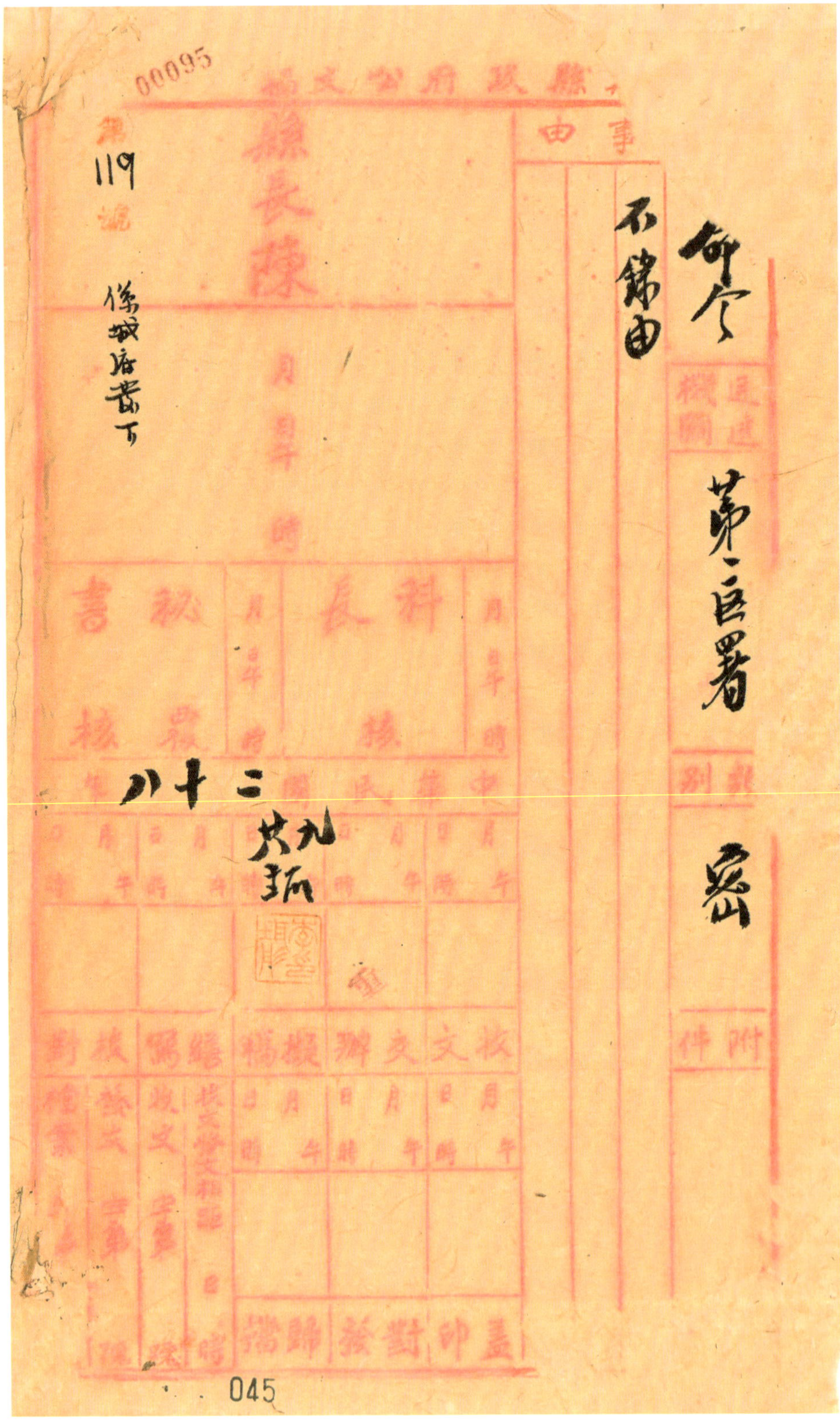
00095
县政府公文稿
第119号
保城库发下
县长
事由
不录由
命令
送达机关
第一区署
秘书 核稿
科长 核稿
密
八十二
附件
校文 交办 拟稿 缮写 校对 盖印 封发 归档
045

命令　卅六年九月廿六日夜于梁山县政府

1、顷准空军第三总站函称本夜梁山机场被敌机炸坏请速派民工来场修理等由

2、合行令仰该区长即便遵照迅调民工三百名于明晨齐到空军总站报候指派工作勿延为要此令

第一区二区长黄□

县长陈○○

045-1

航空委员会空军第三总站关于扩修机场征调民工减为三千名致梁山县政府的公函（一九三九年十月五日）

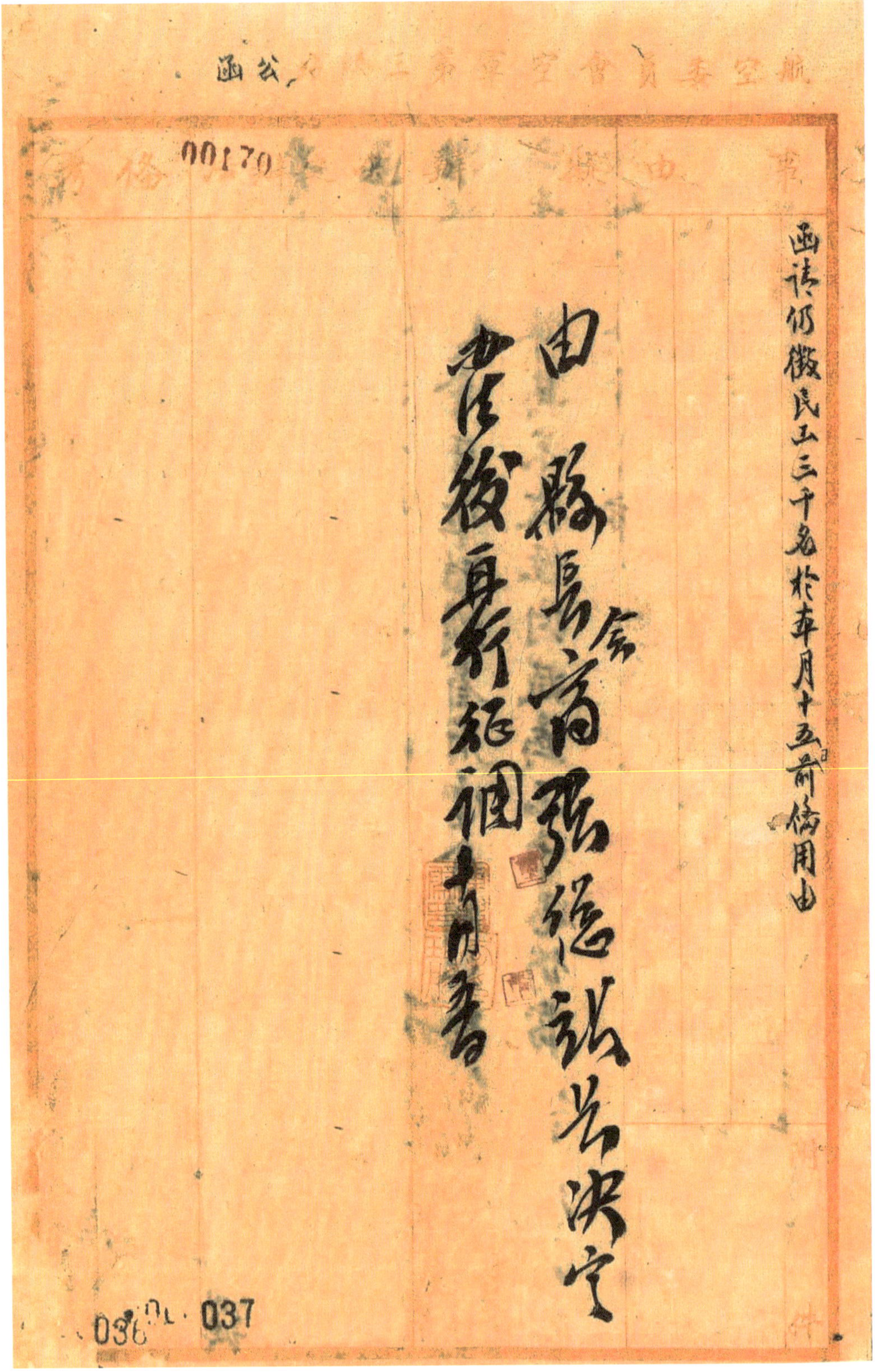

航空委員會空軍第三總站公函

00170

函請仍徵民工三千名於本月十五日前備用由

由縣長會商張總站長決定
准後再行征調　十月五日

037

航空委員會空軍第三總站

公函 經

0127

查本總站機場奉命擴修需要民工壹萬名經函請
貴府徵調壹萬名民工備用去後准
函覆力難獨任請呈航委會商同省府詳定辦法等由
准此除電令奉准特頒省府電令開江墊江大竹各徵
二千名外其不敷經約減為三千名仍需在梁徵調為
此相應函達即希
查照倏本月十五日以前徵齊備用所有鉄鋤扁担土
箕等工具及炊具雨具卧具等均須自備并希飭知為荷

此致

梁山縣政府

總站長 張錫官

中華民國八十月五日

梁山县第一区区署关于报送征工数目表并请以后征工事件另调他区担负致梁山县政府的呈

（一九三九年十月七日）

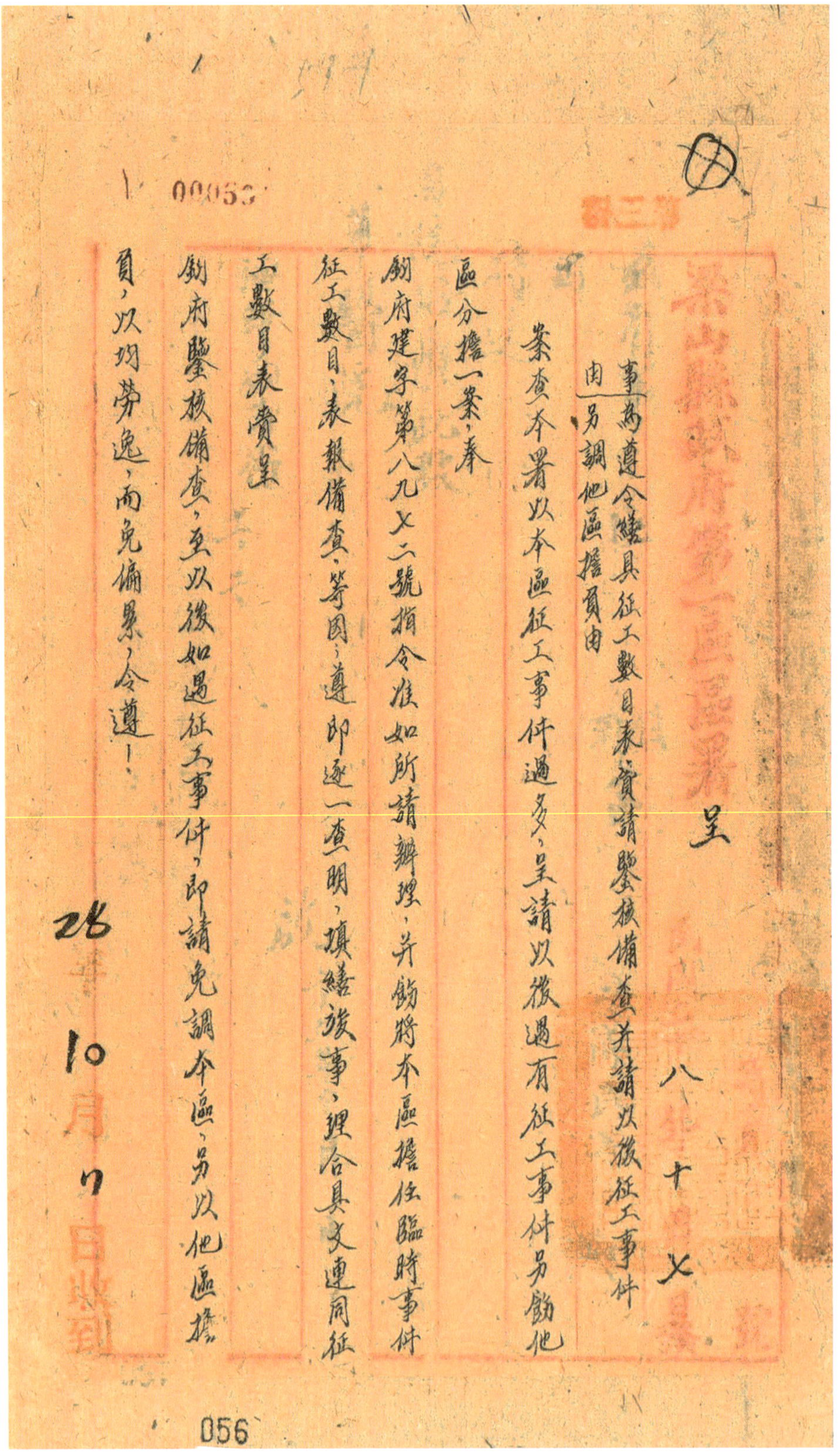
00053

第三科

梁山縣政府第一區區署　呈

八十七

事由：為遵令填具征工數目表賫請鑒核備查并請以後征工事件另調他區擔負由

案查本署以本區征工事件過多，呈請以後遇有征工事件另飭他區分擔一案，奉

鈞府建字第八九七二號指令，准如所請辦理，并飭將本區擔任臨時事件征工數目，表報備查，等因，遵即逐一查明，填繕竣事，理合具文連同征工數目表賫呈

鈞府鑒核備查，至以後如遇征工事件，即請免調本區，另以他區擔負，以均勞逸，而免偏累，今遵！

28年10月7日收到

056

00060

謹呈𠛆

縣長陳

計呈征工數目表一份

區長黃

呈表均悉。函空軍總站請飭主管股查明廿七年十月以後所有徵工津貼賬目，將徵工事由、實到名額、作工總數、每工津貼數列表函復，以為該區此次擴築機場應徵民工人數之依據，俟得復函再予指令。十一廿五

表式自行附成

059

附：梁山县政府第一区区署造具自一九三八年十月二十三日起至一九三九年十月七日止临时事件征工数目表

00062

梁山县政府第一区区署造具自二十七年十月二十三日起至二十八年十月七日止临时事件征工数目表

项别	征调日期	征工人数	作工总数	备考
培修机场	二十七年十月二十三日	九〇〇	一六〇〇	
	十月二十七日	五〇〇	六五〇	
搬运空军第四大队军用器材由梁赴万县	十二月五日	二〇〇	八〇〇	往返四天
整补三二九被炸街面及机场被炸坑陷	二十八年三月二十九日	四〇〇	四八二	
搬运机场油弹	六月二十五日	一〇〇	七四〇〇	
整补机场六卅被炸陷坑	七月一日	四二五	一九一七	
整补机场九一被炸陷坑	九月二日	二〇〇	三六二	
搬运空站草麻油由梁赴万县	九月二十一日	三六六	一八三〇	往返五天

061

搬運空站炸彈	九月二十五日	三〇〇	一五〇〇	
整補機場九二八被炸陷坑	九月二十九日	三〇〇	四二〇	
修築西外土城門至機場支路橋樑路面	十月一日	六〇	四二〇	第二期應征民工一百五十人業經奉令準備
合計		三七五一	一七三八一	

附記 1、本表所列征工事件概係其他各區未克担負者

2、修築土城門支路橋樑路面工程僅列已作工四百二十個以後需工數目尚未列入又本區前征工修築土城門至車站支路土方工程亦未列入

梁山县政府关于另调他区担负修筑沙河铺机场临时征工任务致梁山县第一区区署的指令（一九三九年十一月二日）

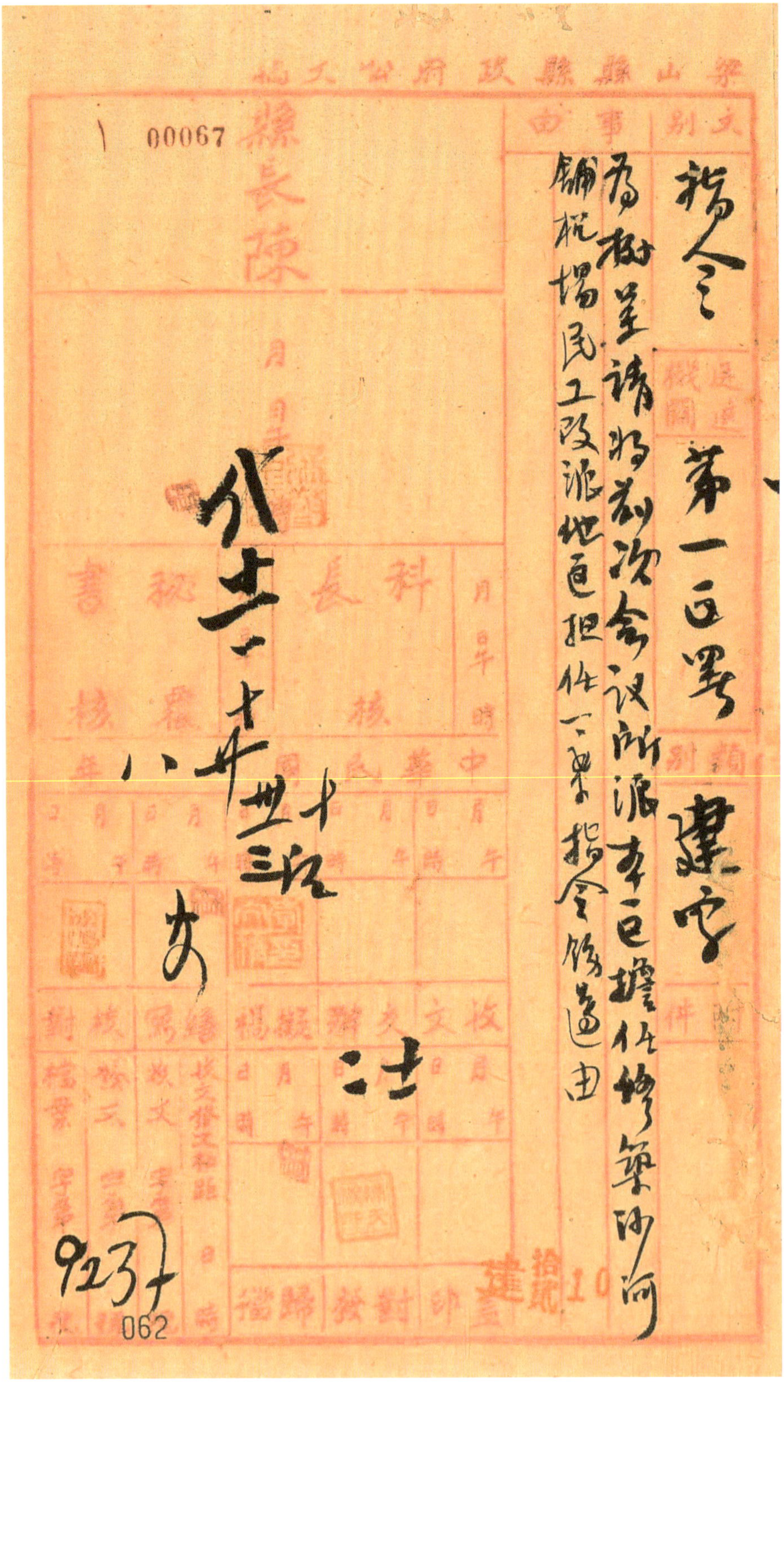
梁山縣政府公文稿

00067

縣長陳

文別：指令

事由：為據呈請將前次會議所派本區擔任修築沙河鋪機場民工改派他區擔任一案指令遵照由

受文者：第一區署

字號：建字

062

令　飭指令　廿八年建字第　　號

令第一區區長黃豐

本年十月廿六日呈一件，為本區單獨徵工事件已多，民力已憊，懇請准將前次會議所派本區擔任修築沙河鋪機場之民工兩隊改派他區擔任一案

呈悉。查前次攤徵修築機場民工已照該區應徵數額核減十分之八，並經會議決定，該區所徵調之民工除修理機場外，其餘概屬雇用，自不能併入徵工計算。所請免予徵調之處，礙難照准。仰知。

此令。

航空委员会空军第三总站、梁山县政府关于扩修梁山机场及预备场征调民工三千名于一九四〇年一月十日前到场施工的文书（一九三九年十二月二十五日至三十日）

航空委员会空军第三总站致梁山县政府的公函（一九三九年十二月二十五日）

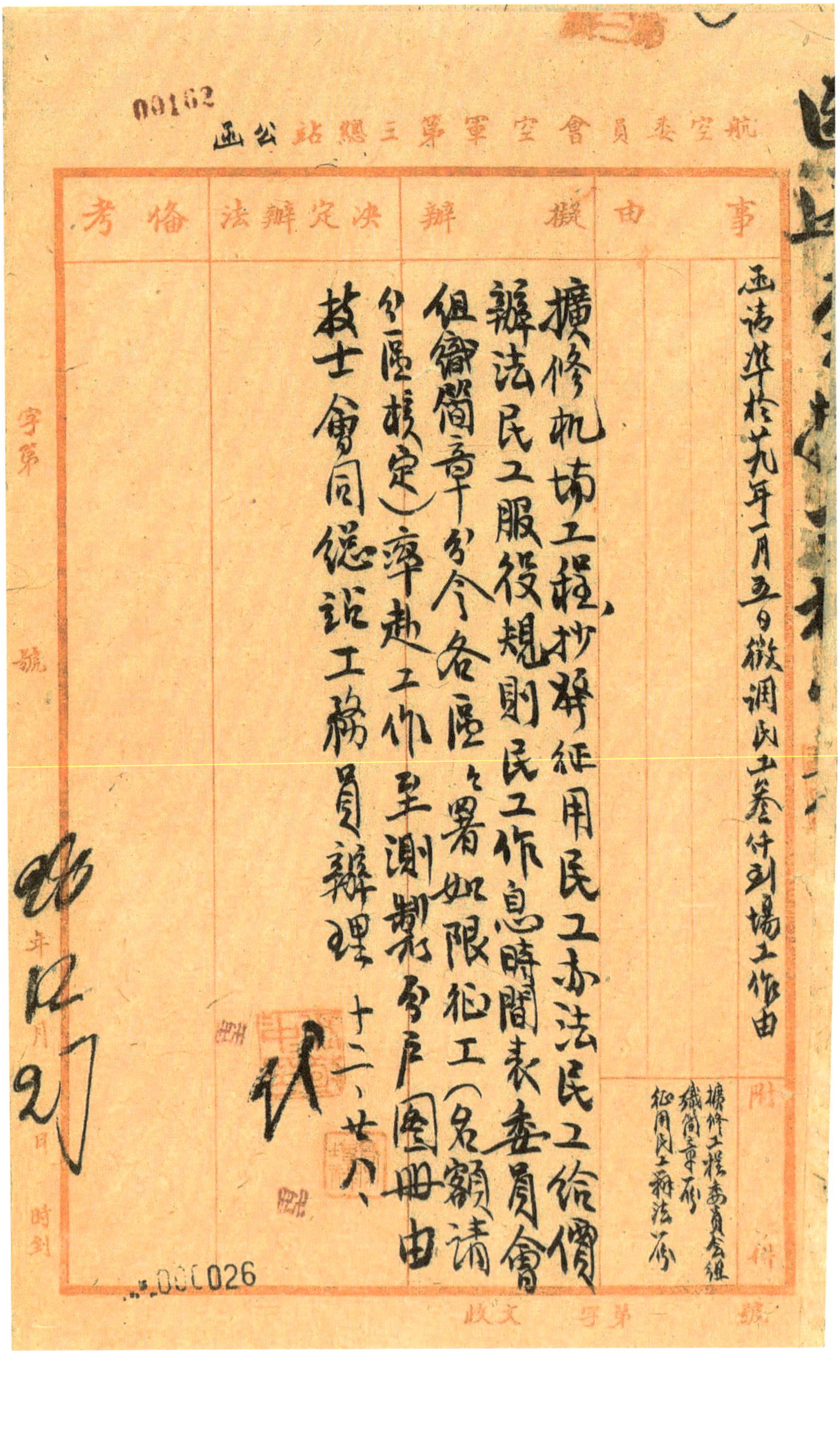

00162

航空委員會空軍第三總站公函

事由	擬辦	決定辦法	備考
函請準於廿九年一月五日徵調民工叁仟到場工作由	擴修机場工程，抄發征用民工办法民工給價辦法民工服役規則民工作息時間表委員會組織簡章，分令各區區署如限征工（名額請分區核定）率赴工作，至測劃田冊由技士會同總站工務員辦理 十二、廿八、		

附件：擴修工程委員會組織簡章乙份　征用民工辦法乙份

字第　號

年　月　日　時到

文號　字第　號

000026

航空委員會空軍第三總站公函　經字第37號

查本總站擴修梁山機場及預備場工程已奉准興動工前于前以經字第零一二七號及經字第零二三一號公函請
貴府徵調民工叁千名並請派員測製分戶圖冊各項相應
函請
查照迅即分別辦理並飭限民工於二十九年一月五日徵集出發限十日以前到場工作為荷
此致
梁山縣政府

中華民國二十八年十二月二十五日

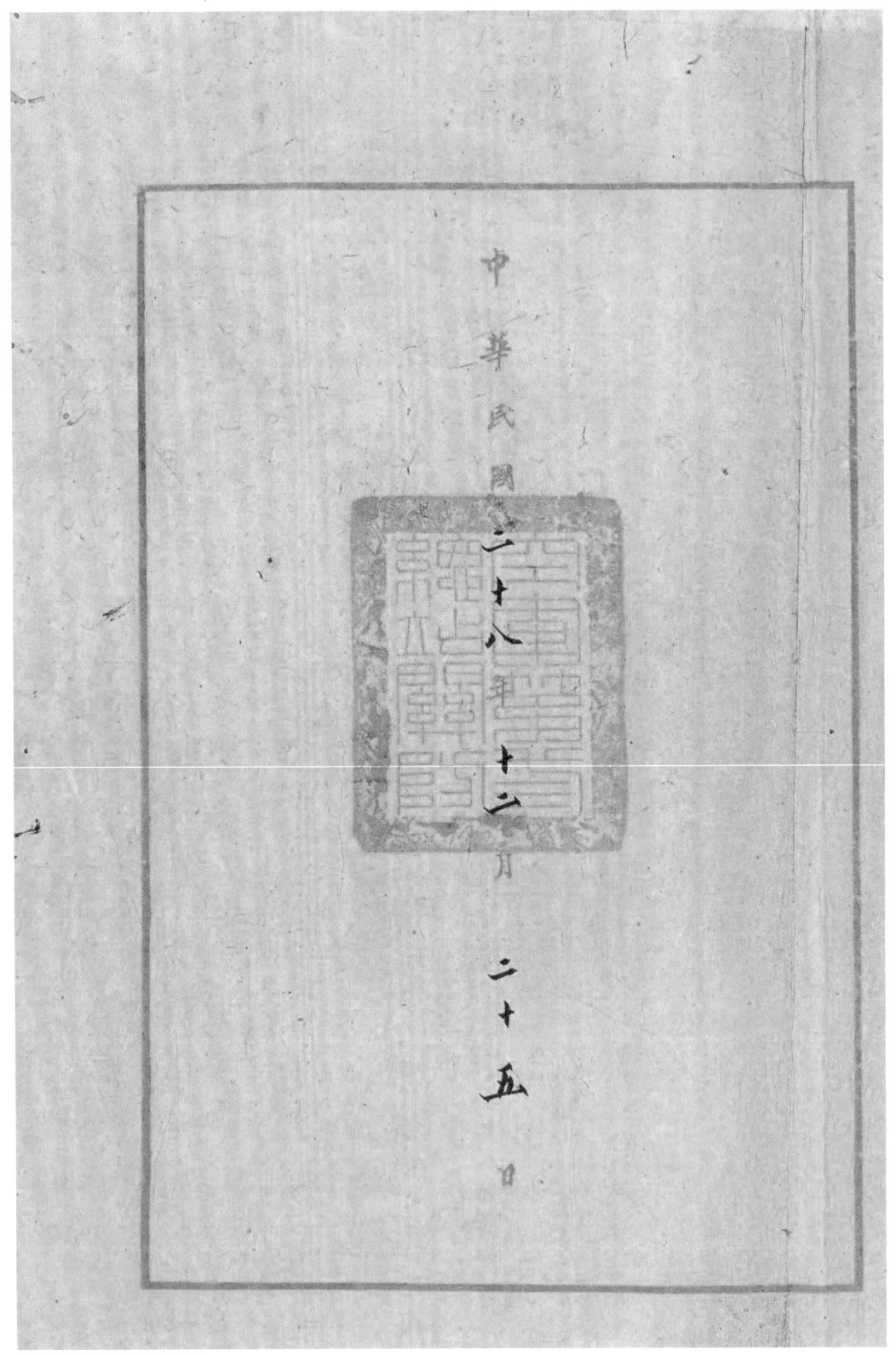

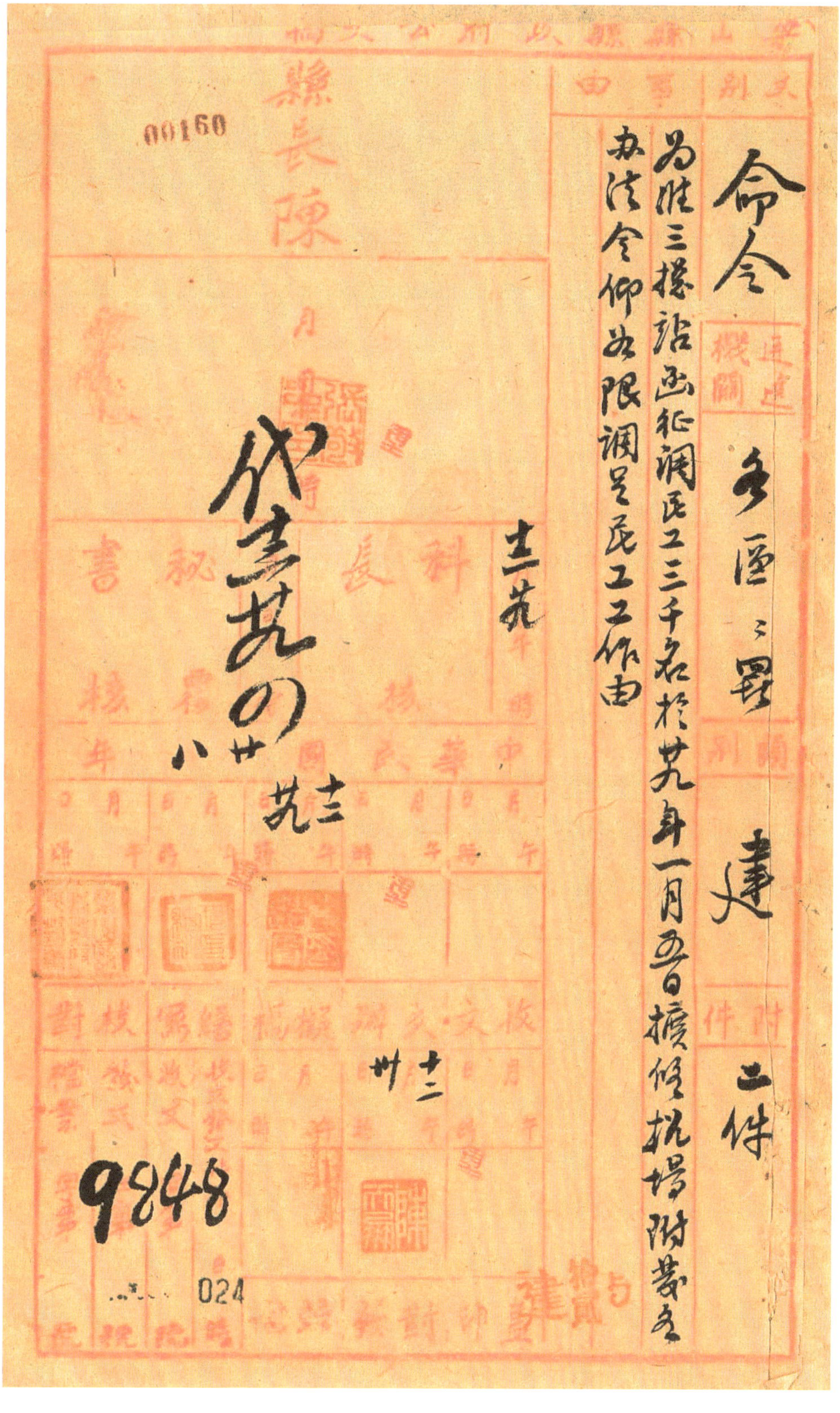

梁山县政府致梁山县各区区署的命令（一九三九年十二月三十日）

命令

二十八年十二月廿

于临时办公处

一、案准

航空委员会空军第三总站第三七号公函（略）开：

查本总站据修复梁山机场及预备场工程已奉准定期动工兹请征调民工二千名于廿九年一月四日出发限十日以前到场工作等由准此

二、兹[redacted]除分令外合行抄发征用民工办法民工给价办法民工服役规则民工作息时间表工程委员会组织简章各一份仰即遵照办理

00161

又仰該區征調精壯民工二四〇〇（九六〇〇、一二〇〇〇、六〇〇〇）名編爲八二（十、五）個中隊、各隊
隊長由該區長派任，并造具民工花名清冊二份來府、
所有民工應用炊具工具被蓋等項，[illegible]務須携
帶齊全，至民工伙食及旅費仰逕呈給價由民處理、
[illegible]統限於本年一月九日到達機場十日
開工，不得違誤，切切此令

一二三四區區長

芸 竟

章宗澤

謝鎮濤

李文華

025

附募征用民工办法一份、民工给养办法一份、民工服役规则一份、休息时间表一份、工程委员会组织简章一份、

县長陈〇〇

空軍第三總站擴修梁山機場工程委員會徵用民工辦法

一、本會綜核工程需要，經請准就梁山及開江、墊江、大竹四縣徵用民工，其數額遵航委會核准為梁山三千名，開江、大竹、墊江各二千名。

二、所征工人以壯年男子、年在十八歲以上四十五歲以下為限，如有以老弱殘廢婦孺充數者，除剔除換工外，並處罰其所屬之大中隊長。

三、民工給價辦法另定之。

四、各該縣依照配定名額所征民工應組為一大隊，下轄若干中隊，每中隊轄三分隊，每分隊轄四十人，所有大中隊長及分隊長概由各縣政府派定人員，糧伕於集合出發前組織完竣，到達時即將編制名單送會查核。

五、各級隊長應一律駐場督飭所屬工作，並負考核各該管工人之勤惰。

六、各級隊長應秉承上級命令統率並約束各該隊民工工作及管理宿營等事。

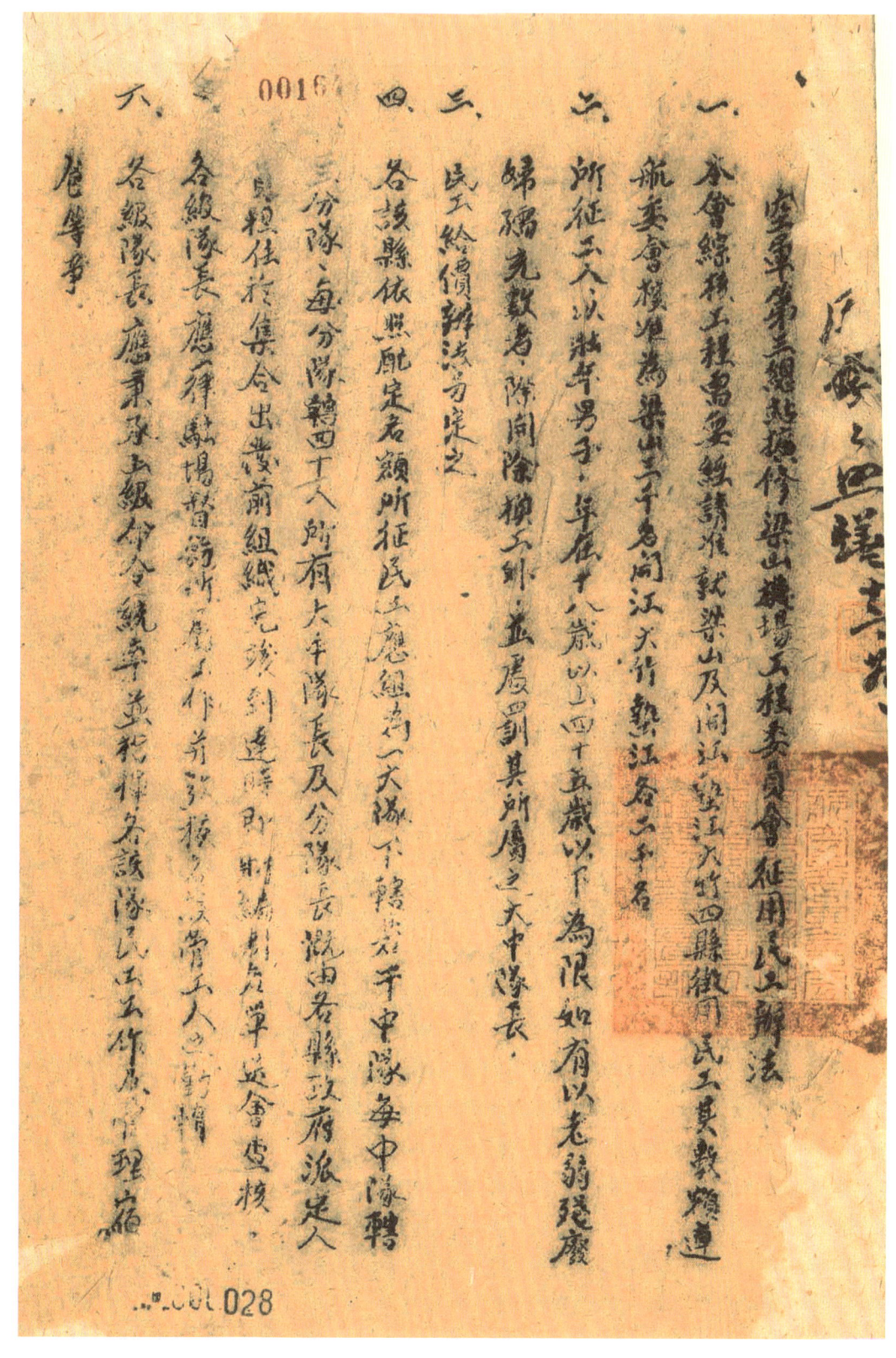

七、各大隊應於限期內遵照施工細則之規定與在場工程人員之指導並於限定之期間內完成其所劃定之工程

八、民工如有怠工、偷惰或其他不良事件發生時，得酌量其情節之輕重處以申飭及羈押等懲戒之

九、各民工應各自携帶工具（挖鋤、土箕、扁担等）、雨具及自備炊具、被服等

十、各級隊長應隨時檢查其所率民工之工具，如有不堪應用者，應立即設法補充之

十一、民工有無故逃亡，應由該管大中隊長立即負責補足，不得藉故懈誤

十二、民工如有疾病，應事先報請本會事務組轉送醫生診斷其病勢較重者，應由該管大中隊長另覓替工代替之，其病假在三天以下經醫官證明者，得照兩天給伙食辦法津貼之，三天以上應由該管隊長遣回原籍，即以替工者抵其名額

十三、各級隊長及民工由本會發給旗幟符號以資識別倘有遺失以下列各條處罰之。

1、大隊及中隊旗每面罰法幣二元分隊旗每面罰一元

2、各隊長符号每方罰法幣五角民工符号每方罰一角

十四、各隊既領旗幟符號於工竣時繳還本會如有缺少責由各級隊長照上列規定賠償之

十五、上項罰款悉數充作出力民工之獎勵金（該款收支賬目公告週知）

附二：空军第三总站扩修机场工程委员会民工给价办法

空軍第三總站擴修機場工程委員會民工給價辦法

一、填挖土方每立公方須填地點在八百公尺以內者給費二角如運距過度每增三十公尺另加運費二分

二、挖石照土方三分之八給價（必要時得按實際情形辦理）

三、因雨停工不給工價僅給伙食費一角五分

四、工具民工自備僅津貼消耗費每立公方加價二分

五、旅費三十華里每名給五分往返給一角路遠者酌予增加

附註：上項旅費各縣民工以在各該縣城集合出發至機場之里程核給之工畢返縣時同

00167

空軍第三總站擴修機場工程委員會

一、被征民工應絕對遵從各級隊長民工管理人員之指導

二、被征民工應絕對遵守本會規定作息時間

三、被征民工所需工具雨具炊具被服等概歸工人自備
保管須完竣時如有不堪應用者得責令重備其費
用須由該工人等負擔工畢亦由各自帶回

四、民工伙食地點由本會事務組會同總隊部指定不得
任意離遠紊亂秩序

五、民工伙食由各隊長負責辦理

六、民工在工作時間不得無故擅自離職或遲到早退
違則懲處之

七、民工不得有爭吵鬥毆聚賭等情事違者予處罰其
情節重大者得送縣政府懲辦之

八、民工非得准許不得進入原有機場

九、本規則呈請　航委會核准施行工畢廢止。

031

附四：空军第三总站扩修机场工程委员会民工作息时间表

00168

空軍第三總站擴修機場工程委員會民工作息時間表

上午	起床	五時正
	早餐	五時十分
	集合工作	六時正
	下工	十一時三十分
	午餐	十二時
下午	集合工作	一時正
	下工	五時三十分
	晚餐	六時
	各該隊長訓話	七時三十分
	就寢	八時正

附記：

(1)集合上工以哨音為號(2)下工以擊鼓為號(3)臨時集合或臨時休息以警笛為號(4)點名不定時由本會派員臨時抽調集合事前通知被點隊長以警笛為號其餘未接到本會通知者仍照常工作。

032

附五：空军第三总站扩修机场工程委员会组织简章

航空委員會空軍第三總站擴修機場工程委員會組織簡章

一、空軍第三總站為擴修梁山飛行場及沙河鋪預備場特参照建築工程簡則會同梁山縣政府縣党部及駐梁空軍機関組設擴修機場工程委員會（以下稱本會）負責辦理工程設計民工徵調會計調查等事項

二、本會設主任委員一人由總站長兼任委員八人由總站長就第一條之規定及總站有関主管人員聘任之

三、本會設工程會計事務徵調調查五組及民工總隊其編組如下

（1）工程組設主任一人由總站工程員担任副主任一人由縣政府技士担任下設監工若干人由本會聘用其職掌如左

a. 擴修工程之測繪事項

b. 計劃一切工程實施及管理事項

c. 分配民工並擬定各種圖表事項

d、監工人員應秉承主任意旨協助民工大隊長指導各中隊分隊工作

(2) 徵調組設主任一人由縣長兼任下設辦事員若干人其職掌如左

a、征調民工及編組事項

b、清查征用田畝及辦理免糧手續等事項

c、作工人員勤惰之獎罰事項

(3) 事務組設主任副主任各一人由總站派員兼任下設事務員若干人其職掌如左

a、管理本會一切庶務及文書等事項

b、攷核職員勤惰事項

c、民工冊籍之編造事項

d、民工傷病醫務事項

(4) 會計組設主任一人由總站派員兼任下設助理員若干人其職掌如左

00170

a. 管理本會一切經費出納事項

b. 本會經費用途之支配事項

c. 發放工款初步審核事項　d. 編造報銷事項

(6) 調查組設主任一人由會議推選委員一人担任 下設組員四人由参與組織各機関派員担任其職掌如左

a. 左列各項應負調查審核檢舉處理之責 其情節重大者 應報會辦理

(子) 民工名冊有無虛報

(丑) 工款經手有無剋扣

(寅) 對民工有無虐待

(卯) 有無浮支濫報

(辰) 民工有無不良份子

034

乙、其他一切有關擴修工程之調查事項均應協助

(6) 民工總隊設總隊長一人由徵調組主任兼任副總隊長一人由工程組主任兼任總隊附一人由總隊長遴員提出會議決定委用其總隊部以下編制如左

a、大隊轄各該縣所徵民工即每縣徵調民工成立一大隊大隊長一人由各縣縣政府委派其人數為

(子) 梁山大隊轄三千人

(丑) 開江大隊轄二千人

(寅) 墊江大隊轄二千人

(卯) 大竹大隊轄二千人

b、大隊轄若干中隊每中隊轄三分隊每分隊轄四十人中隊長及分隊長各一人由徵調各縣遴員充任

0171

丙、大隊及中隊各設副隊長一人，由總站調派。

丁、總隊部職員由征調、工程兩組職員兼任。

四、本會定於每星期召開會議一次，遇有緊急事項時得由主任委員召集臨時會議，均由主任委員主席，各大隊長得列席會議。

五、本會遇有特殊事故發生，不[illegible]時，應即報請航委會及省政府核办。

六、各隊工作情形，應按日填表交工程組，致核後呈由本會彙轉航委會備案（各種表式另定之）。

七、本會各組所需辦理人員，應以盡量調用為原則，其必須臨時僱用人員待遇暫定如附表：

組別	僱用人數	待遇	計算方法	備考
工程組	監工 人	月給二〇〇四〇	以工作日數計算	監工須有技術能力，故待較高，但完工後即無工作，故以日計
征調組	辦事員 人	月給一五〇二〇	以整月計算	事務辦事人員，完工後尚有相當事宜，故以月計
事務組	事務員 人	月給一五〇二〇	同	

035

會計組	助理員一人	月給一五〇—二〇	同

八、上項雇用人員應秉承各組主任意旨襄办各組應办事宜，如有不良情事發生得立即撤懲之

九、上項人員如由各機關調用者，不另給薪資，但在工作場合得由會酌給伙食津貼，職員日支五角，夫役三角，不另支旅費

十、本會办公時間上午八時起至下午五時止，但工作緊張時得延長之

十一、對于工程出力人員得由各組主任隨時查明，報請本會獎勵之

十二、本會得呈報　航委會刊用木質圖記一顆以資信守

十三、本簡章如有未盡事處得隨時提出會議修改之，並呈報備案

十四、本簡章經會議通過，即呈報　航委會核准後施行，迨工程完竣之日廢止之

四川省政府关于征调梁山、开江、垫江、大竹县民工扩修梁山机场致梁山县政府的训令（一九四〇年一月二十二日收）

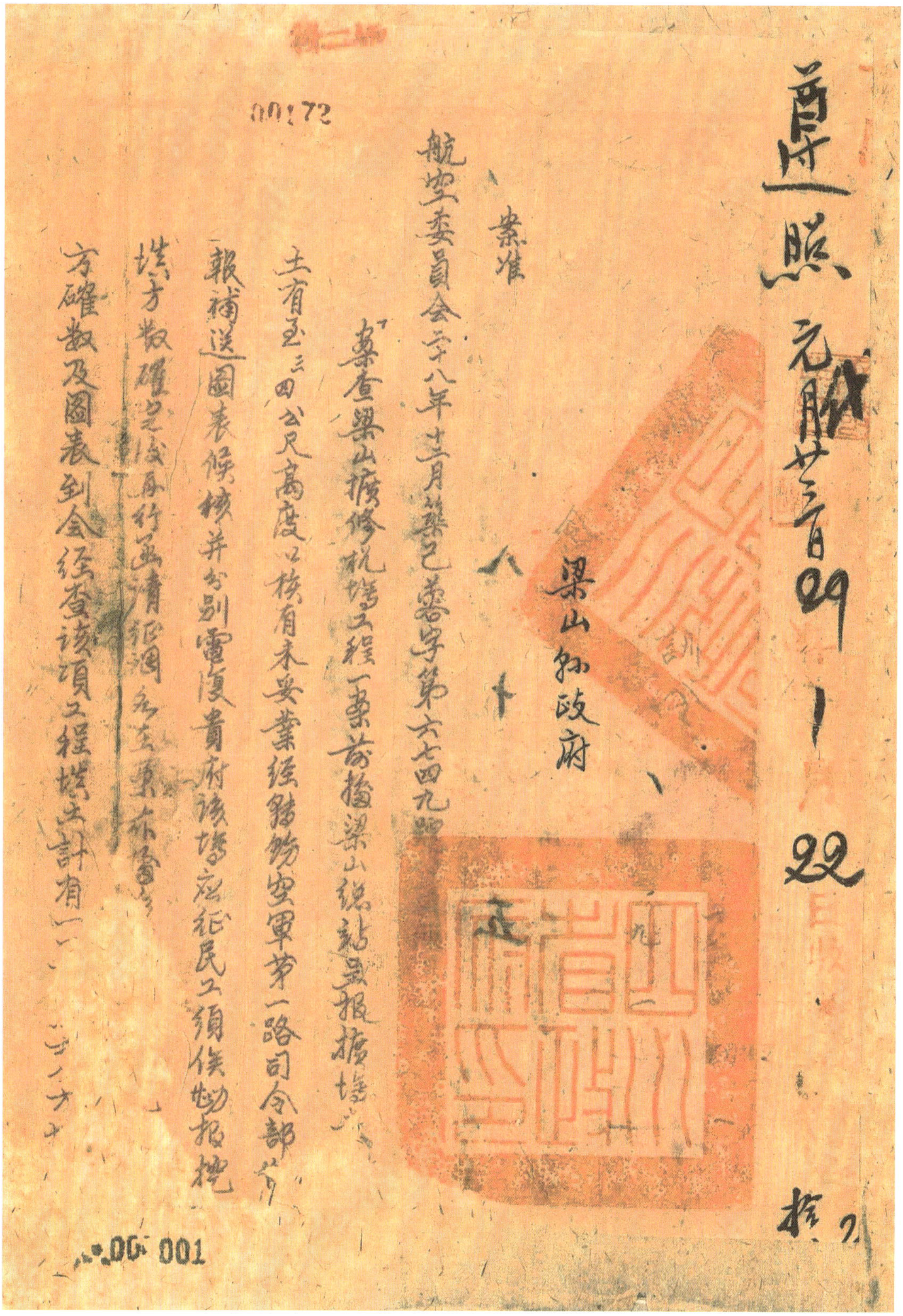
遵照

梁山縣政府

案准

航空委員會廿八年十二月筑參己審字第六七四九號

案查梁山擴修機場工程一案前據梁山總站呈報擴場之

土方五十四公尺高度工程有未妥業經轉飭空軍第一路司令部

報補送圖表候核并分別電復貴府該場應征民工須俟勘報挖

填方數確定後再行函請征調各在案茲准前由會

方確數及圖表到會經查該項工程填土計有一

00172

001

00133

四四八四四[illegible]調民工九千名方足以敷分

配，計梁山三千[illegible]名，請煩貴府賜予頒飭機

調命令，飭令[illegible]至到達機場報到日期，飭梁山機

站確定具報到。」等因。除分行外，用特函請查照辦理為荷」

等由。准此，除分令外，合行令仰該知府遵照為要！

此令。

兼理主席

民政廳長

[illegible]廳長

校對員 監印

002

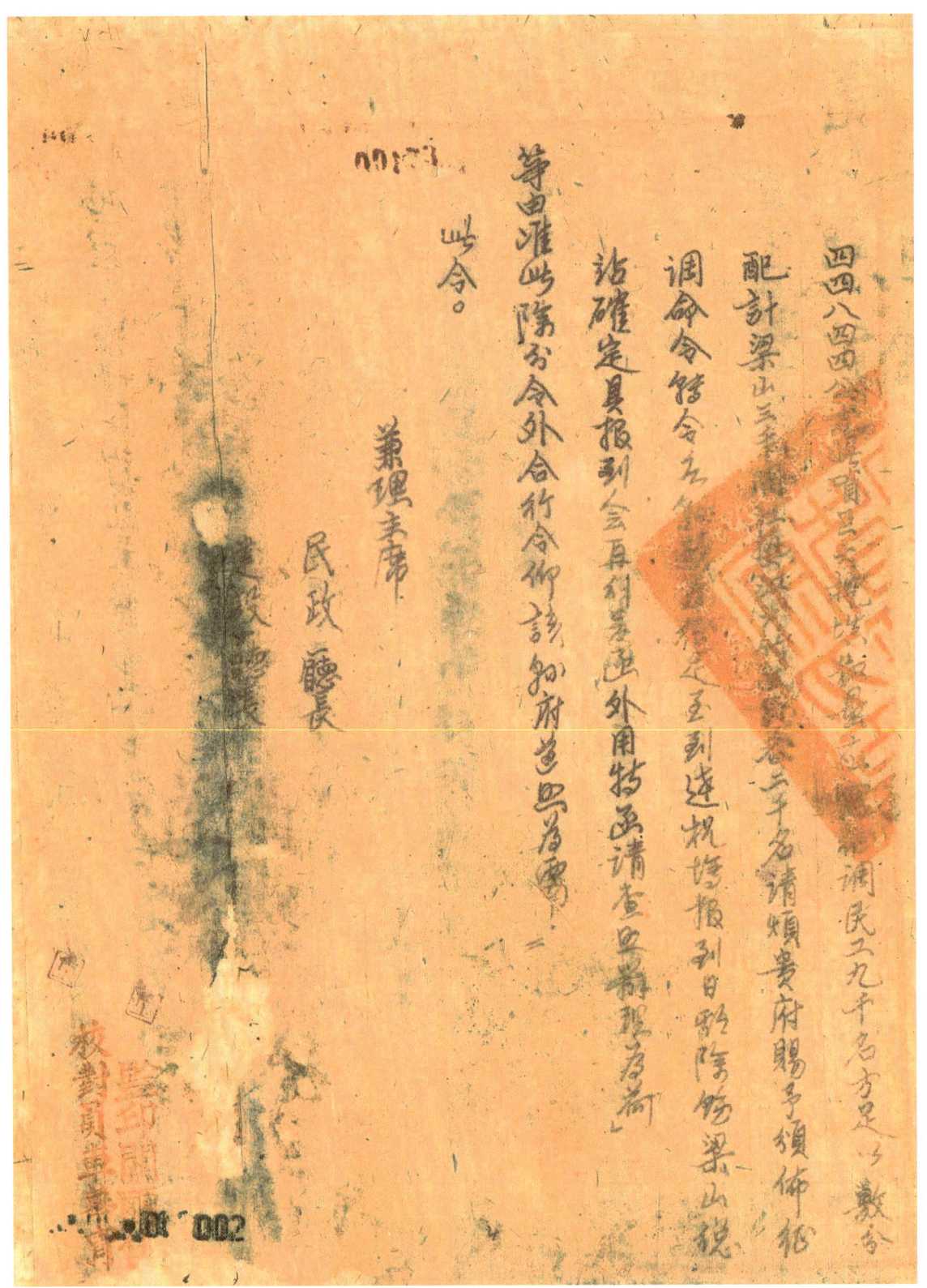

航空委员会空军第三总站扩修机场委员会关于补足逃亡民工致梁山县政府的函（一九四〇年一月二十四日）

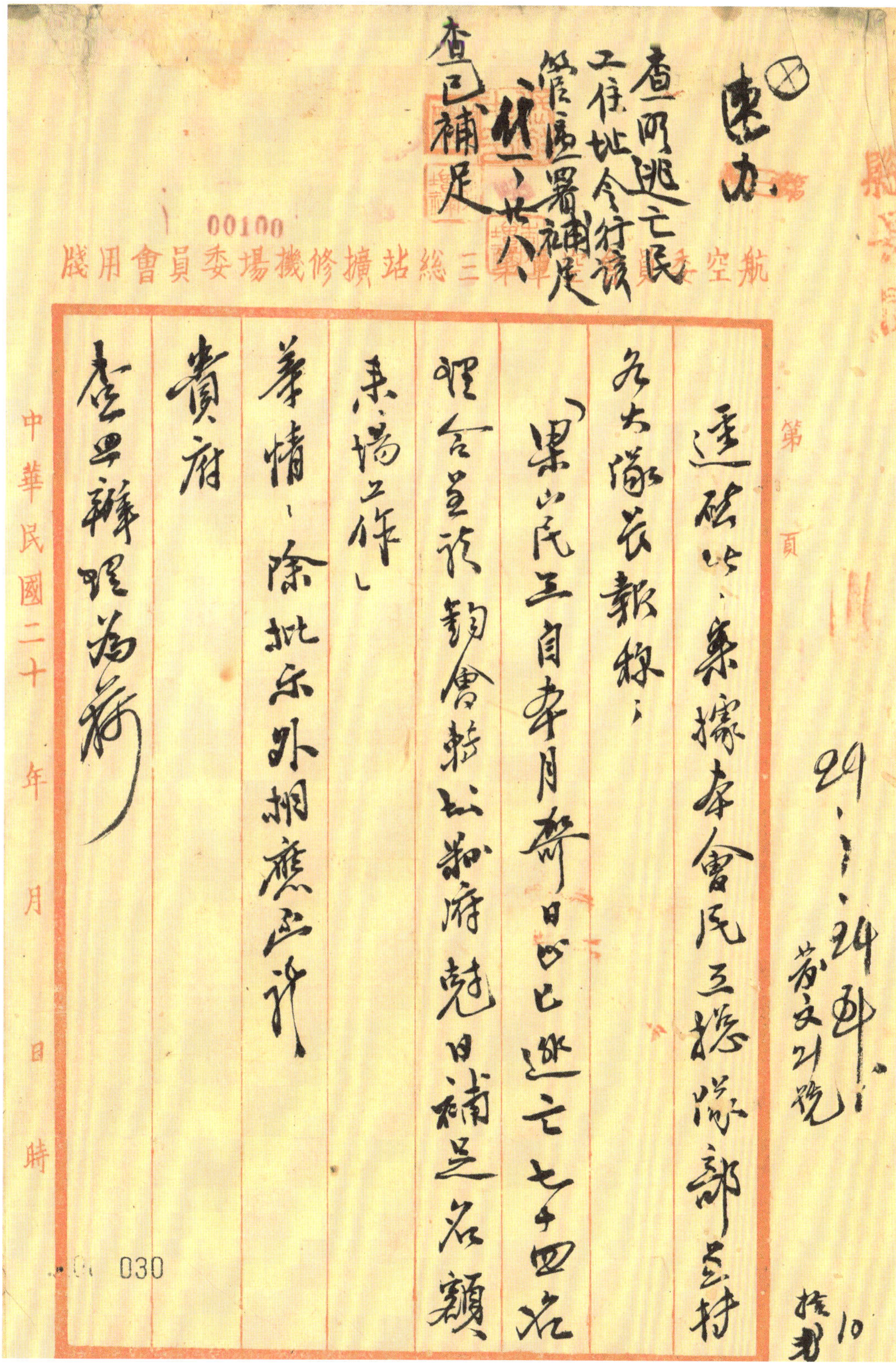

00101

航空委员会空军第三总站扩修机场委员会用笺

第　页

梁山县政府

公启

中华民国二十九年六月廿四日　时

031

梁山县第一区中城镇镇公所关于造报机场抢修队名册致梁山县政府的呈（一九四一年六月二十八日）

00097

梁山縣第一區中城鎮鎮公所呈　民卅　二八

民國三十年六月廿八日

為遵令呈報搶修隊名冊懇予鑒核示遵由

呈冊均悉，仰候彙轉。冊暫存。此令　七、一

案奉

鈞府三十年建字第一二五七號訓令後開：

「除分令外合行令仰該鎮長即便遵照赶速組織一中隊并造具名冊三份報府憑轉勿延干咎為要此令」

等因；奉此，遵照轉令各保遵照辦理去後，旋據保長周海清等呈復前來，奉令前因，理合彙繕名冊三份，隨文賫呈

民國　年6月30日收

037

鈞府鑒核示遵！

謹呈

梁山縣縣長劉

計呈搶修隊名册三份

中城鎮鎮長林閶聲

00098

038

梁山縣第一區中城鎮鎮公所造具搶修隊名冊

保別	隊員姓名				備攷
一	郭永福	郭天金	謝世文	汪元仲	
二	謝銀祥	鄺 云	戴云華	周樹生	
三	劉桂芳	龔仲倫	陸建銀	李世良	
四	文義廷	劉鴻鈞	熊炳清	余海清	
五	蕭漢清	周富清	喬少林	鄭質君	
六	張興揚	廖春山	首弟光	黃永清	
九	陳進三	張興合	梁益成	譚少清	
八	葉漢雲	黃吉三	舒耀華	楊成才	

卅年六月　日造

梁山縣第一區中城鎮鎮公所

十二	丁貫揚	涂春山	黃克金	謝恒之
十三	劉大云	范昌良	羅云成	張樹清
十六	扈洪順	刘大惠	陶远祥	沈世發
十七	謝之慶	陳远明	楊仁中	汪世洪
十八	張德元	楊癸举	黃文堂	李洪順
十九	孫登炳	刘茂興	田守萬	鄒元富
二十	刘倫常	孫發榮	賀吉三	陳必才
廿一	鄧本禄	孫啟友	唐攸富	余興富
廿二	岳安發	張玉成	謝柱云	張安春
廿三	張世祥	羅濵祥	鄧國揚	丁永生

00100

廿四	李老五	明玉山	林沅臣	余達三
廿五	李子華	郭遠合	王海洲	陳俊
廿六	周海清	徐光祥	鄧家如	唐代祿
廿七	王良貴	王萬忻	高金發	高傳明
廿九	林大貴	謝代清	魏孝奉	文南元
三〇	汪興國	倪大品	沈光祿	朱興仁
卅一	潘世祿	游宗明	周武合	刘光和
卅二	蕭安富	唐海雲	楊吉武	朱萬金
同	孫海云	高思壽	陳玉山	吳正太
卅七	劉福文	刘福恩	胡正如	莫永壽

040

廿七	余正峯	刘光友	刘孝娘	藍志揚
廿九	王順發	傅青云	夏宗三	陳國定

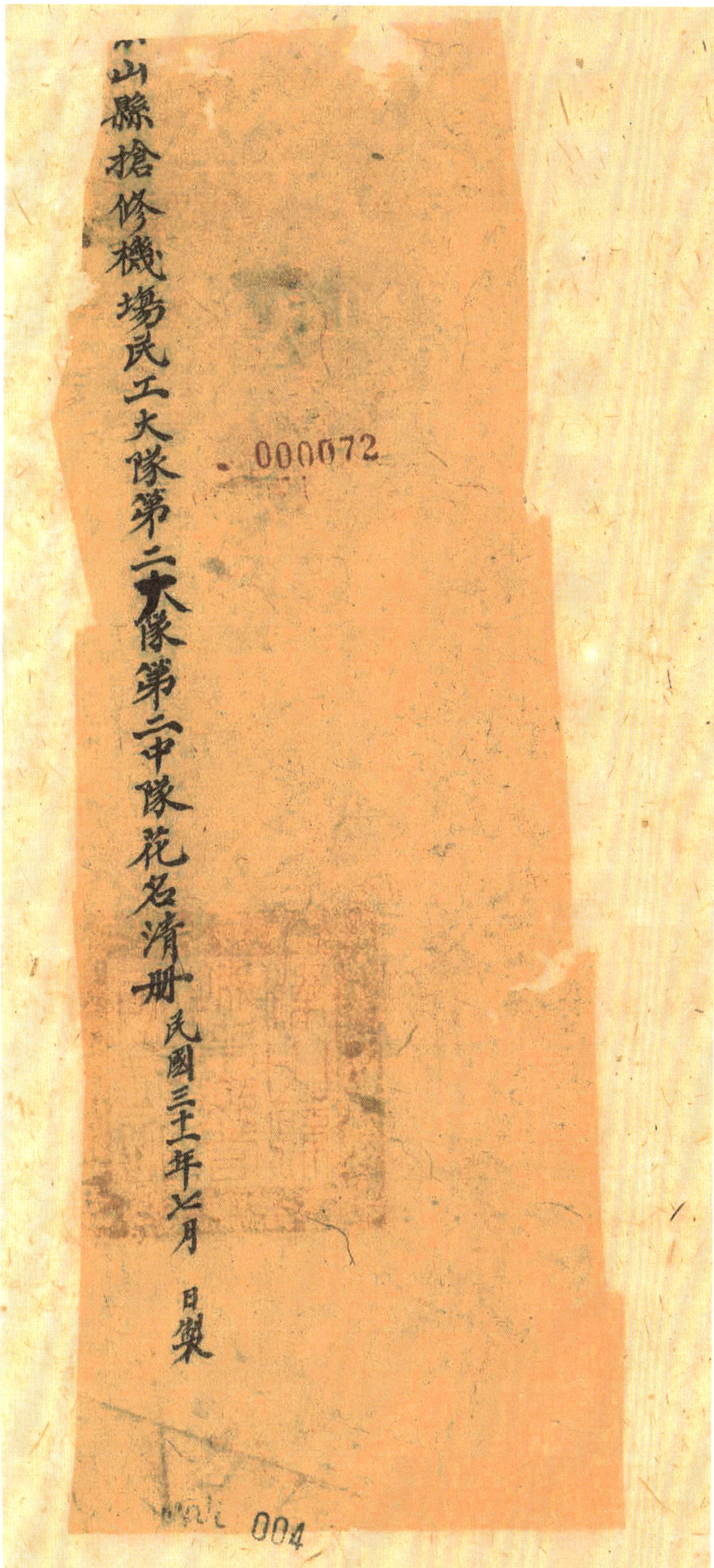

梁山縣搶修機場民工大隊第二大隊第二中隊花名清册
民國三十一年七月　日製

000072

004

梁山县抢修机场民工第二大队第二中队花名清册（节选）（一九四二年七月）

梁山縣搶修機場民工大隊第二大隊第二中隊花名清册

職別	姓名	年齡	住所 新屬保	甲	小地名
中隊長	徐中令	三六	一	四	石埡子
第一小隊小隊長	王洪軒	三七	一	六	亂山寺
民工	譚明山	四〇	一	二	同縣場街上
	謝定富	四〇	一	一	同
	李長培	三六	一	三	同
	賀少清	三九	一	四	張家灣
	邱元興	四〇	一	五	石埡子
	龍治康	四〇	一	六	亂山寺

致

民工

蔣邦裕	四〇	一	六	乱山寺
陳國學	三九	一	八	同
蔣世俊	四〇	一	九	同
蔣邦邑	四〇	一	十	同
蔣世培	四〇	一	十	尖峯垻
蔣世昀	三〇	二	一	石塘子
蔣錫存	三八	二	二	諶家坨
陳世田	三八	二	三	同
蔣小雨	三〇	二	四	同
孫永富	三〇	二	五	同

李啟斌	三八	二	六	吕宗清
蔡萬賢	三四	二	七	陳光冲
蔣光榮	三〇	二	八	同
吕宗清	三〇	二	九	鄭家沱院子
李仁銀	四〇	二	十	譚家塡
廖云山	二九	二	一	顏家老院子
肖春山	四〇	三	一	老店子灣
嚴云茂	三一	三	二	乱石山
譚倫懷	三一	三	三	譚家塝
劉才武	四〇	三	四	同

第二小隊小隊長

民工

蔣仁瑞	四〇	三	四	油菜溝
劉啟德	三六	三	五	响水灘
陳只全	四〇	三	六	石家坡
王明位	二四	三	七	鑼鑼廠
鄭相臣	三一	二	四	鄭家老屋
賀發才	四〇	三	八	謝家墻
張前仁	二六	三	九	[illegible]山[illegible]
周萬忠	三九	三	十	石鎮屋基
廖愛寶	四〇	四	一	龍王廟
賀[illegible]	四〇	四	二	同

第三小隊
小隊長
民工

李恩才	二七	六	一	花院子
王天真	四〇	六	一	梁元冲
李宗寿	三六	六	三	桐子山
王心保	三九	六	四	沙坝
藍定紀	四〇	六	五	石院牆
蔣俊峯	三六	十	六	大地
陽宗祿	三四	六	六	田坝子
陽呂松	六八	六	七	同
羅洪福	四〇	六	八	同
龍耀福	四〇	六	八	同

民

工

李功貴	三六	六	九	田塅子
蔣錫六	四〇	六	十	陳元冲
藍天壽	四〇	七	一	高子灣
鄧國毛	二〇	七	二	小灣
朱華富	二一	七	三	朱家灣
李天華	三四	七	四	老井灣
蔣慶貴	二〇	七	五	李家灣
朱代林	四〇	七	六	大地
李功美	二一	七	七	河心街
黃發才	三五	七	八	大地

航空委员会空军第三总站、梁山县政府关于增编抢修机场民工队二千名的文书

（一九四三年四月至五月）

航空委员会空军第三总站致梁山县政府的代电（一九四三年四月十四日）

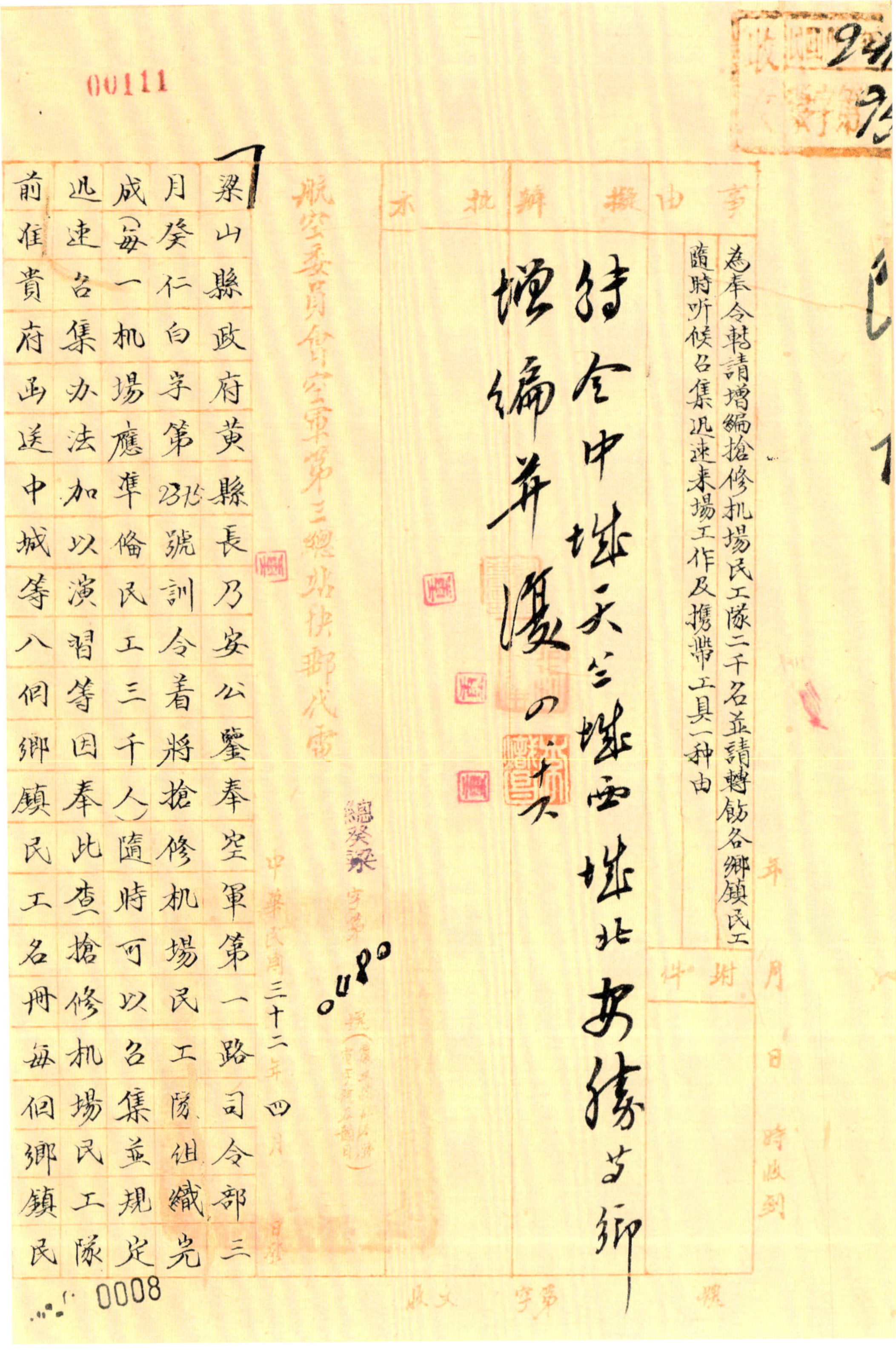
00111

事由：為奉令轉請增編搶修机場民工隊二千名並請轉飭各鄉鎮民工隨時聽候召集迅速來場工作及攜帶工具一种由

擬辦：飭令中壩、天竺、壩西、壩北、安勝等鄉增編并復 四.十六

批示：

附件：

年 月 日 時收到

梁山縣政府黃縣長乃安公鑒：奉空軍第一路司令部三月癸仁白字第2375號訓令，着將搶修机場民工隊組織完成（每一机場應準備民工三千人），隨時可以召集，並規定迅速召集办法，加以演習等因。奉此，查搶修机場民工隊，前准貴府函送中城等八個鄉鎮民工名冊，每個鄉鎮民

航空委員會空軍第三總站快郵代電

中華民國三十二年四月 日發

0008

工一百二十五名共计一千名过站業經轉呈在案茲復
奉司令部電令搶修民工須增至三千人合应煩請貴府
轉飭所屬鄉鎮迅照另造民工名冊來站並請規定附近
鄉鎮在三小時內較遠鄉鎮在五小時內可以到站工作
致民伕之編組及管理則由本總站臨時規定之並請轉
令各鄉鎮着各民伕於來場工作時每十五人携帶土箕七
把鋤頭二把扒鋤或鐮鋤二把以利工作事關軍急特電
請查照尅日將民工隊名冊彙送來站並希見復為荷空
軍第三總站寒總癸梁

0087

梁山县政府致梁山县中城、天竺等乡镇公所的训令（一九四三年五月四日）

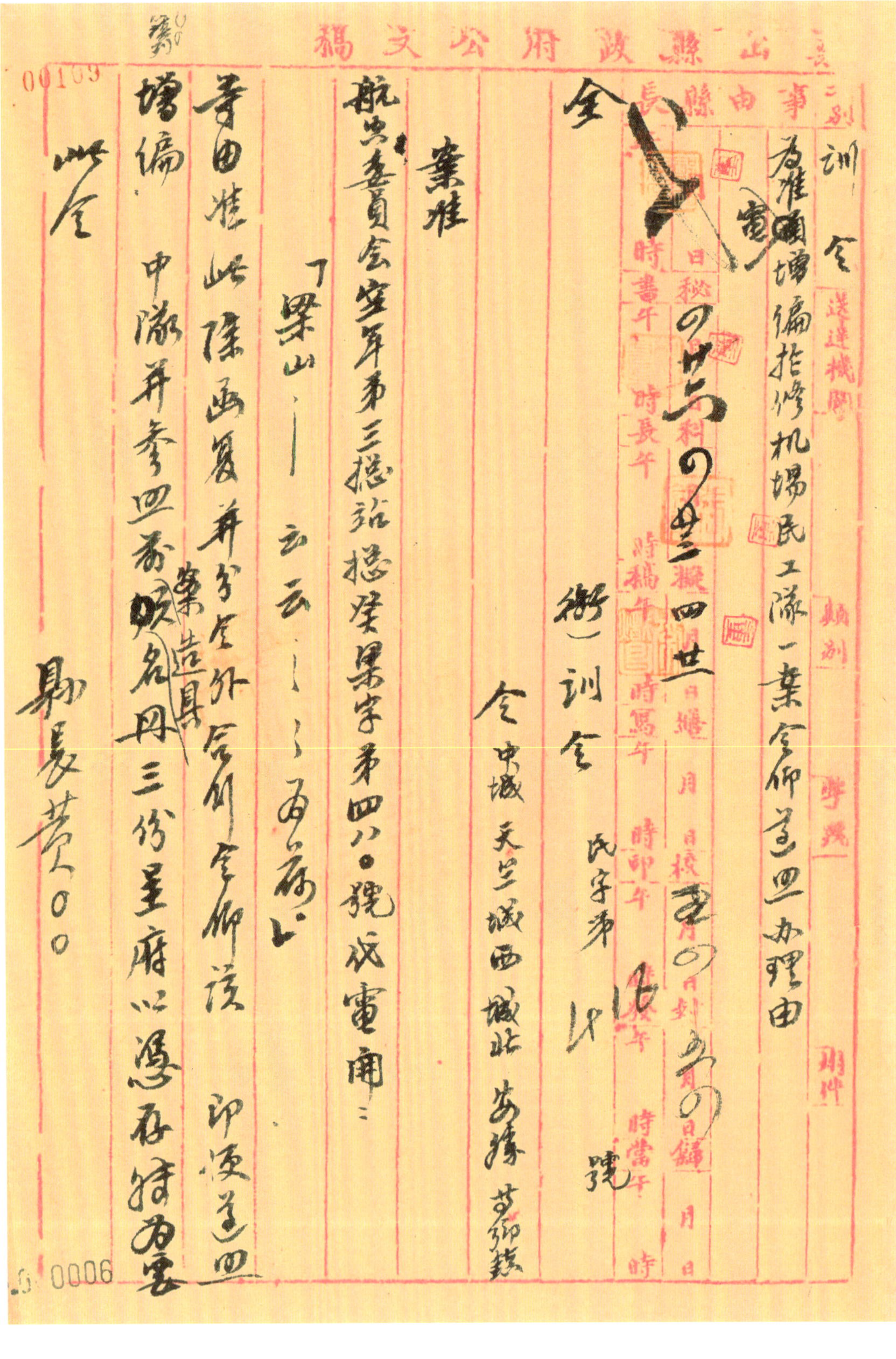

梁山縣政府公文稿

事由：為准增編推修机場民工隊一案令仰遵照办理由

訓令

民字第　號

令中城、天竺、城西、城北、安勝、□鄉鎮

案准

航空委員會空軍第三總站總站梁字第四八〇號代電開：「梁山……云云……為要」等由；准此，除函復并分令外，合行令仰遵照，即便遵照增編中隊，并參照番號名冊三份呈府以憑存轉為要。

此令。

縣長黄○○

中城

湖西

城北

安缘

天竺

增编

五中隊

二中隊

三中隊

一中隊

一中隊

3 3

航空委员会空军第三总站、梁山县政府关于征雇民夫三百名于五月二十八日上午六时到达机场工作的来往公函

（一九四三年五月二十七日至二十八日）

航空委员会空军第三总站致梁山县政府的公函（一九四三年五月二十七日）

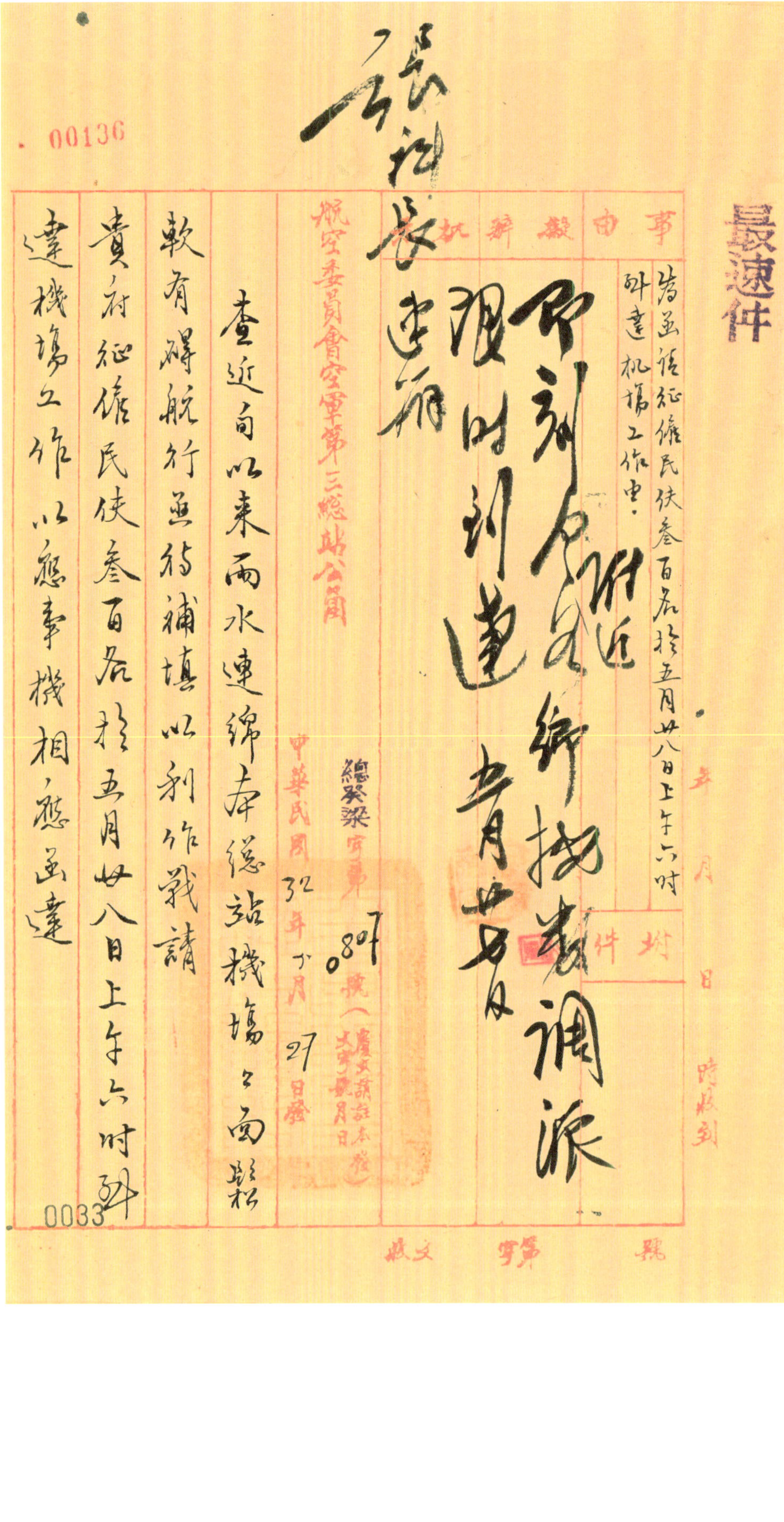
00136

最速件

張科長速辦

事由：為函請征僱民伕叁百名於五月廿八日上午六時到達機場工作由

航空委員會空軍第三總站公函

查近旬以來雨水連綿，本總站機場各面跑道鬆軟，有礙航行，亟待補填，以利作戰。請貴府征僱民伕叁百名，於五月廿八日上午六時到達機場工作，以應事機。相應函達

即刻分飭附近鄉村調派，限明日到達

總發梁字第0817號

中華民國32年5月27日發

0033

五廿八夜移存手令簿

已辦

五廿七午后六時

查照辦理為荷！

此致

梁山縣政府

總站長 李逸儕

希令中城、天呈城、西各組調民工五百名限時到達工作

五廿七午后六時

0331

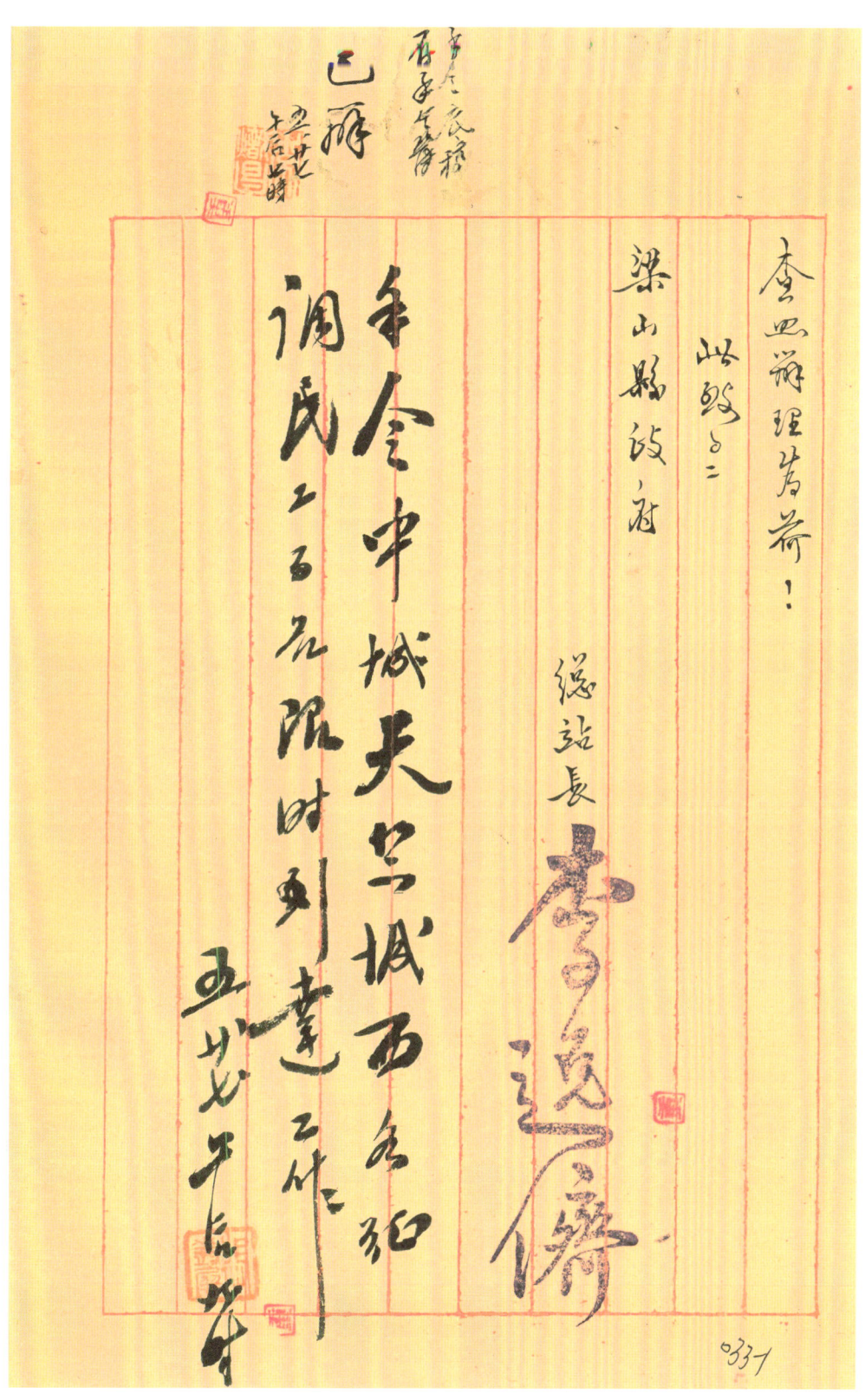

梁山县政府致航空委员会空军第三总站的公函（一九四三年五月二十八日）

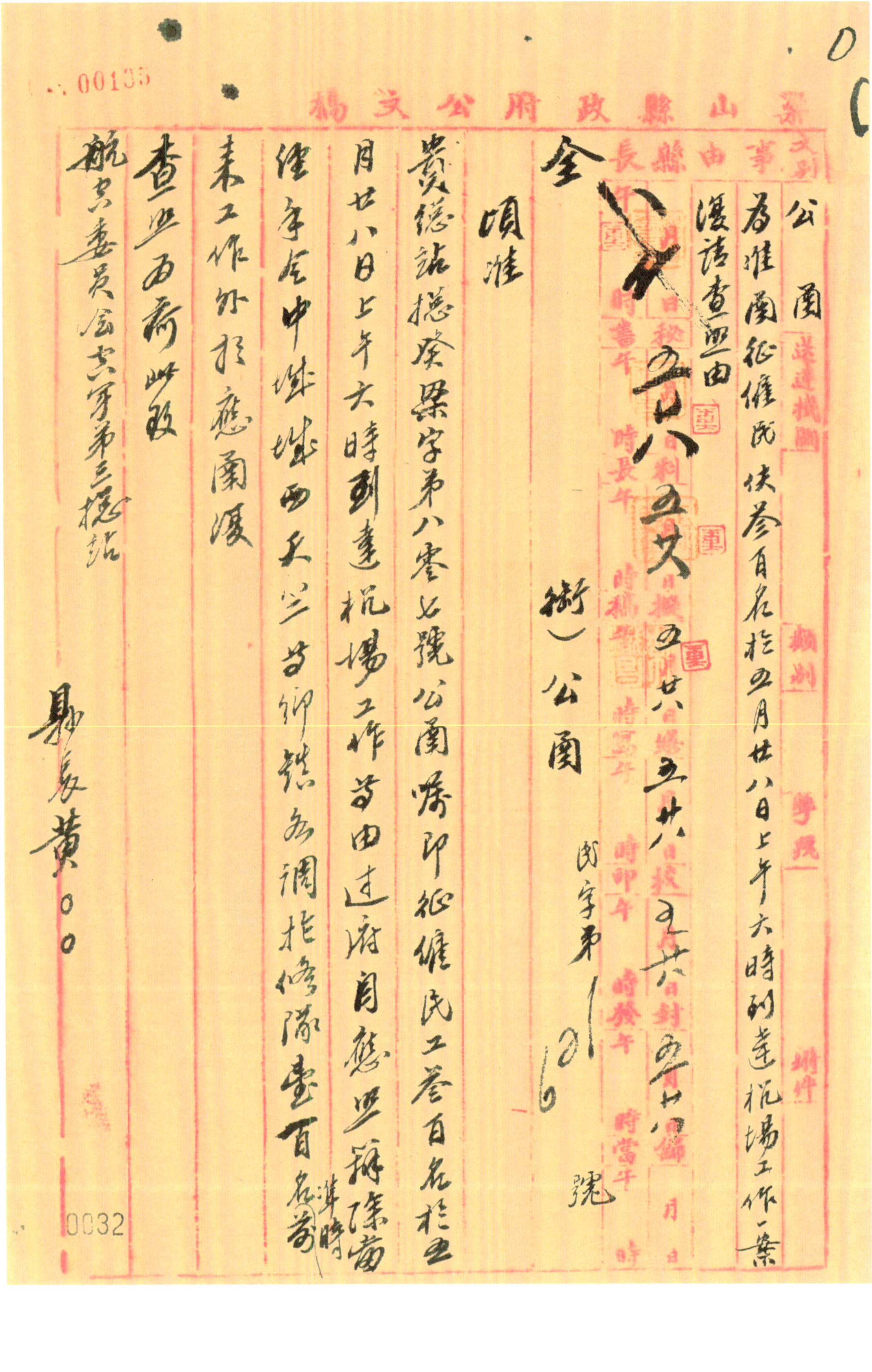

梁山縣政府公文稿

文別 公函

事由 為准函征雇民伕叁百名於五月廿八日上午六時到達機場工作一案復請查照由

全銜）公函 民字第 號

頃准

貴總站總發梁字第八零七號公函囑即征雇民工叁百名於五月廿八日上午六時到達機場工作等由到府自應照辦除當經令在中城西天興等鄉鎮各調撥修備壹百名準時前來工作外相應函復

查照為荷此致

航空委員會空軍第三總站

縣長 黃〇〇

航空委员会空军第三总站关于征雇大量民夫抢修雨水浸泡机场致梁山县政府的公函（一九四三年五月二十八日）

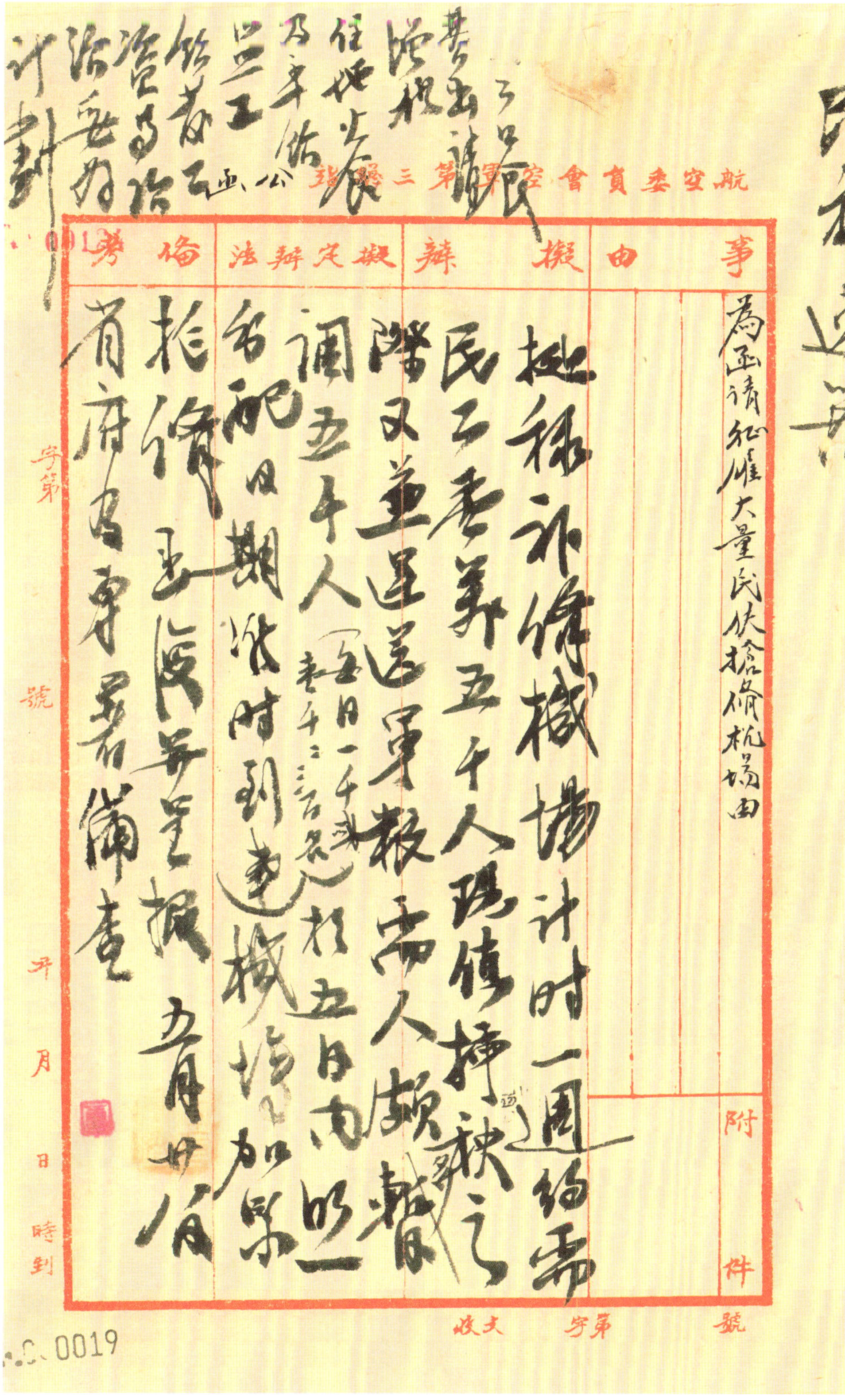
航空委員會空軍第三總站

事由：為函請征雇大量民伕搶修機場由

擬辦

擬定辦法

備考

附件

字第　號　年　月　日　時到

收文　字第　號

航空委員會空軍第三總站公函　總發聯字第0813號

查本總站機場因霪雨連綿，鬆軟濘泥，亟應漏夜搶修，以便航行，請

貴府征催大量民伕，限於明（九）日來站搶修，而利事機，相應函達

查照辦理為荷！

此致

梁山縣政府

總站長　李[illegible]僑

019-1

中華民國三十二年五月廿八日

0221

航空委员会空军第三总站关于紧急征雇民三千名抢修一九四三年五月二十九日被炸机场致梁山县政府的公函（一九四三年五月二十九日）

00119

2529
2485

最速件

事由：為電请轉飭各鄉鎮搶修机場民工隊尅日来場工作以利搶修工作由

批示

附件

航空委員會空軍第三總站快郵代電

梁山縣政府黄縣長乃安公鑒查本日机場被炸彈坑甚多亟待修復以利作戰请迅轉飭各鄉鎮將前已組織之搶修机場民工隊三千名尅日来場並着攜帶規定工具數量以利搶修工作事関軍机请即查照辦理為荷空軍第三總站總癸梁

中華民國三十二年五月　日

總癸梁字第　號

0814

年　月　日　時收到

字第　號

0016

航空委员会空军第三总站关于增雇民夫二千名抢修一九四三年五月二十九日被炸机场致梁山县政府的公函

（一九四三年五月二十九日）

最速件

收文 2529
2484

事由：為本總站机場被炸奉令限本日修復請征僱民伕五千名於本日晚七時前集合来站漏夜搶修函請查照辦理由

擬辦

批示

年 月 日 時收到

附件

航空委員會空軍第三總站公函

總（癸）梁字第817號（復文請註本文字號年月發）

查本（廿九）日敵机襲梁本總站机場被炸奉
航委會主任周轉奉
委座面諭限本日修復等因前請征僱之民伕三千名不敷
支配請再征僱民伕兩千湊足五千名之數（各帶工具）務請於本日晚

中華民國三十二年五月二十九日發

0011

七時前集合來站漏夜搶修 以應事机相應函達即希
查照辦理為荷
此致
梁山縣政府
總站長 李廷儒
011-1

航空委员会空军第三总站关于组织各乡镇抢修机场民工队随时听候召集致梁山县政府的代电

（一九四三年五月）

00134

250
3211

事由	爲電請轉飭各鄉鎮將已組織之搶修機場民工隊隨時準備聽候召集並希見復由　以代電
擬辦	飭令遵照并具复　五、廿六
批示	
附件	

年　月　日　時收到

航空委員會空軍第三總站快郵代電

梁山縣政府公鑒：四月總癸梁字第零四八零號代電計達。查本總站位居要衝，隨時有遭受空襲可能，設一旦機場被炸，必須趕速備復，以利作战。相應電請貴府轉飭各鄉鎮將前組織搶修機場民工隊人數準備妥善，隨時在接到本總站通知後，立即携帶工具到場工作，用免延誤

中華民國32年5月　日

總癸梁字第618號

0031

收文　字第　號

梁山县蟠龙乡乡公所关于报告征调抢修一九四三年五月二十九日被炸机场民工到位请予验收致梁山县政府的呈（一九四三年五月）

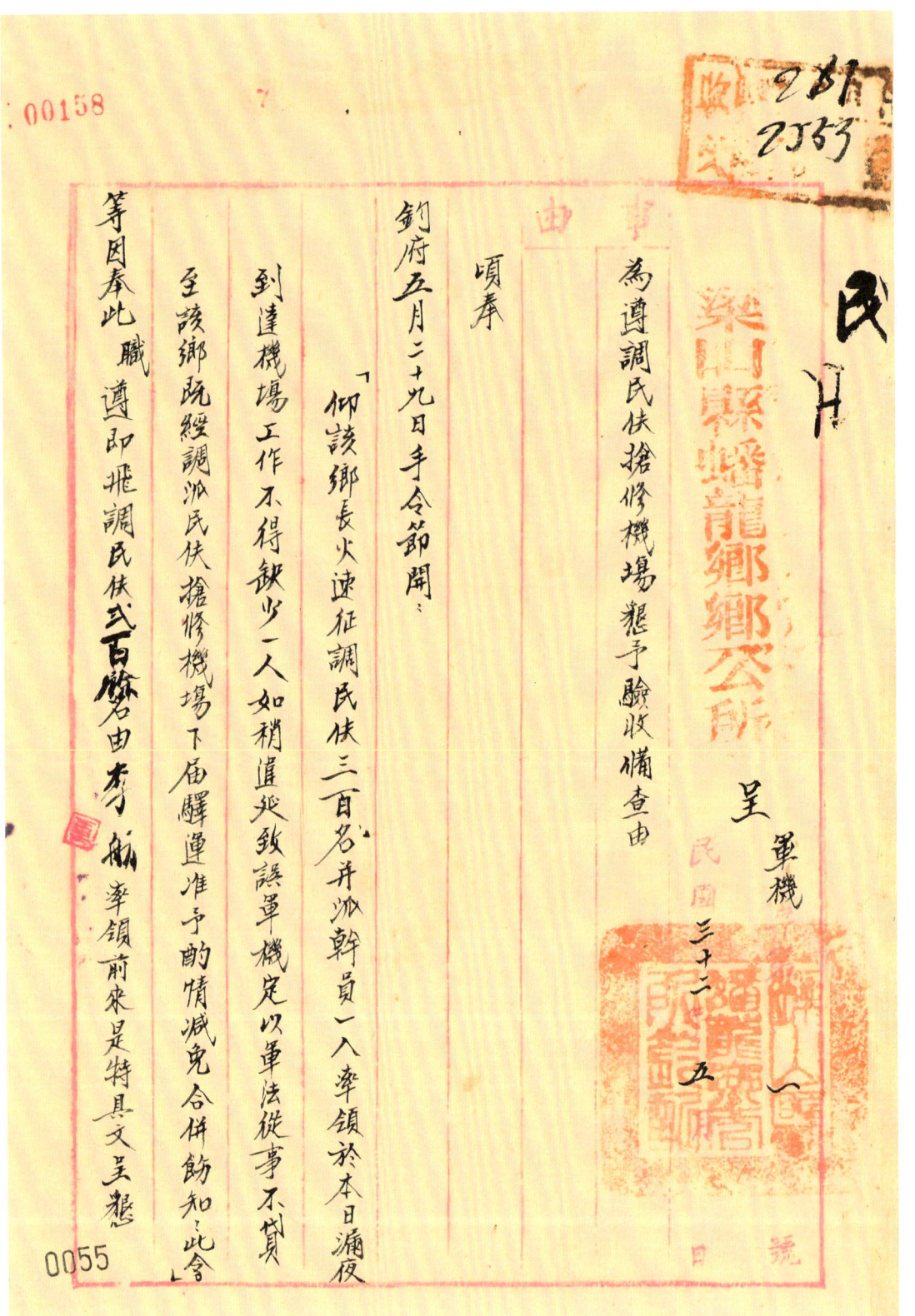

民 廾

梁山縣蟠龍鄉鄉公所 呈 單機（ ）號

民國三十二年五月 日

事由：為遵調民伕搶修機場懇予驗收備查由

頃奉

鈞府五月二十九日手令節開：「仰該鄉長火速征調民伕三百名并派幹員一入率領於本日漏夜到達機場工作不得缺少一人如稍遲延致誤軍機定以軍法從事不貸至該鄉既經調派民伕搶修機場下屆驛運准予酌情減免合併飭知此令」等因奉此，職遵即催調民伕貳百餘名由李舫率領前來，是特具文呈懇

00159

鈞府鑒核驗收指派工作不勝沾感伏乞令遵謹呈

梁山縣縣長黄

蟠龍鄉鄉長梁鈞秋

准予驗收。以後如遇臨時征調民伕，仍仰迅速辦理以免遺誤為要。不一

0056

梁山县政府关于漏夜征调民夫二百名到机场工作致梁山县城北乡乡公所的命令（一九四三年六月四日）

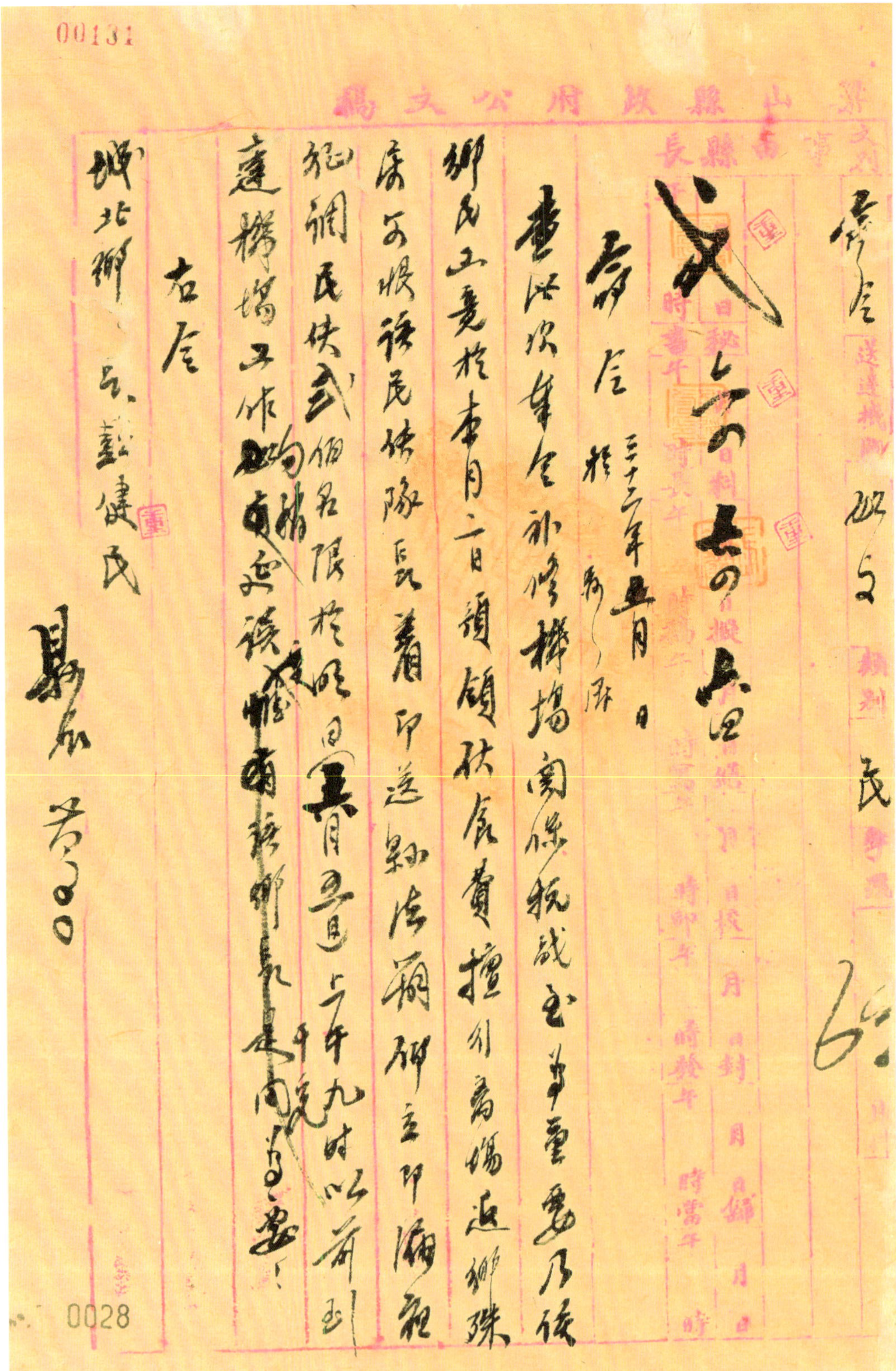

梁山縣政府公文稿

訓令 政字 第 號

令 城北鄉鄉長 彭鍵民

查現次奉令補修機場，關係抗戰至為重要，乃該鄉民工竟於本月二日領領伙食費，擅行離場返鄉，殊屬不服。該民伕隊長着即送縣法辦，仰立即漏夜徵調民伕弍佰名，限於明日（六月五日）上午九時以前到達機場工作，如有延誤，惟該鄉長是問，切要！

右令

城北鄉鄉長 彭鍵民

縣長 黄〇〇

航空委员会空军第三总站关于迅速征调一千名民工抢修一九四三年六月六日被炸机场致梁山县政府的代电（一九四三年六月七日）

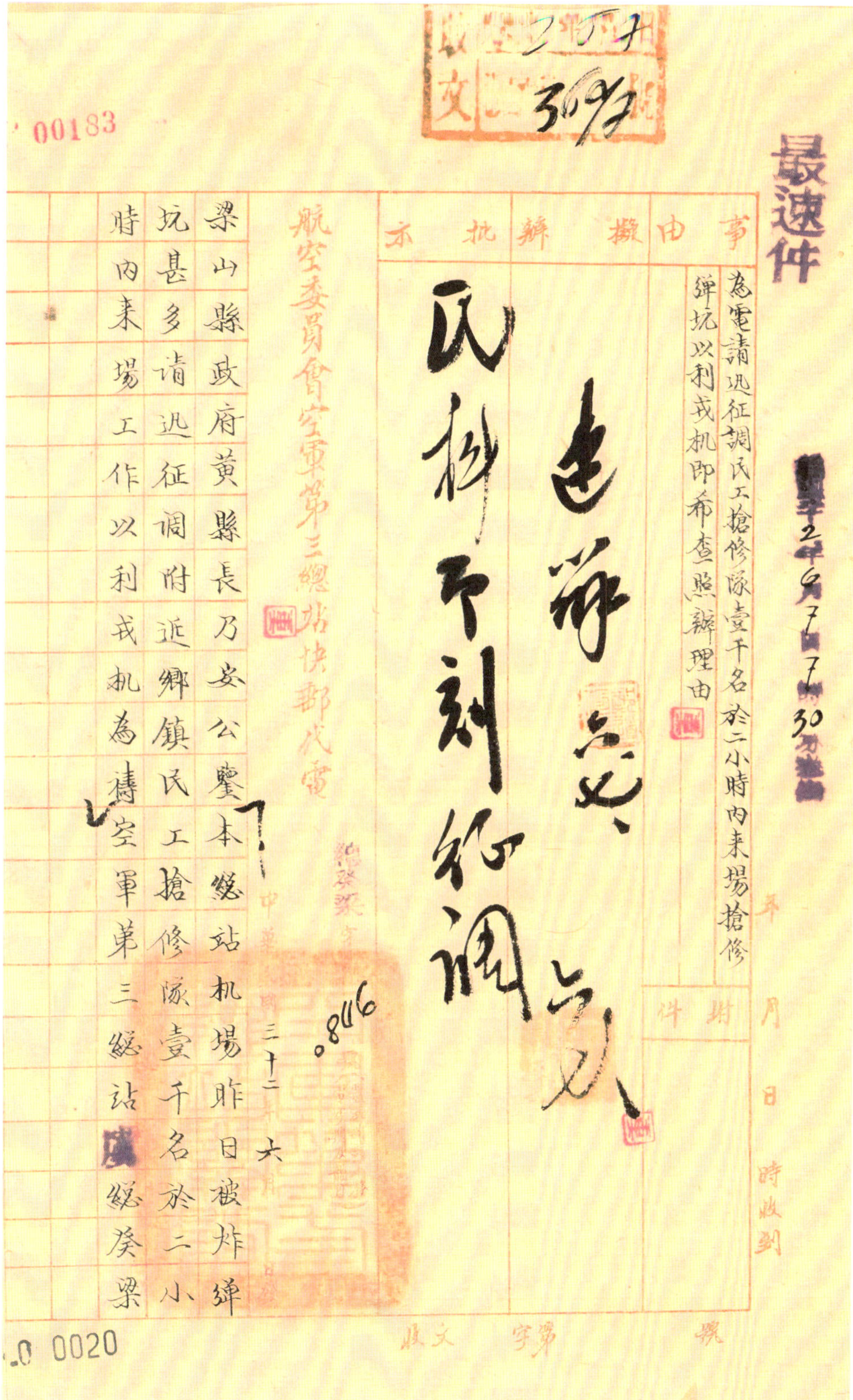
00183

最速件

事由：為電請迅征調民工搶修隊壹千名於二小時內來場搶修彈坑以利戎机即希查照辦理由

擬辦：

批示：速辦 民工即刻征调

附件：

年 月 日 時收到

航空委員會空軍第三總站快郵代電

梁山縣政府黄縣長乃安公鑒：本總站机場昨日被炸，彈坑甚多，请迅征调附近鄉鎮民工搶修隊壹千名，於二小時内来場工作，以利戎机為禱。空軍第三總站[虞][總]參梁

中華民國三十二年六月

8116

0020

第 字 文號

中城征调四百名（武恺） 西乡天竺

各征调三百名（武恺）

六七

020-1

航空委员会空军第三总站、梁山县政府关于征调民工抢修机场跑道及滑行道的来往文书（一九四三年六月九日至二十三日）

航空委员会空军第三总站致梁山县政府的代电（一九四三年六月九日）

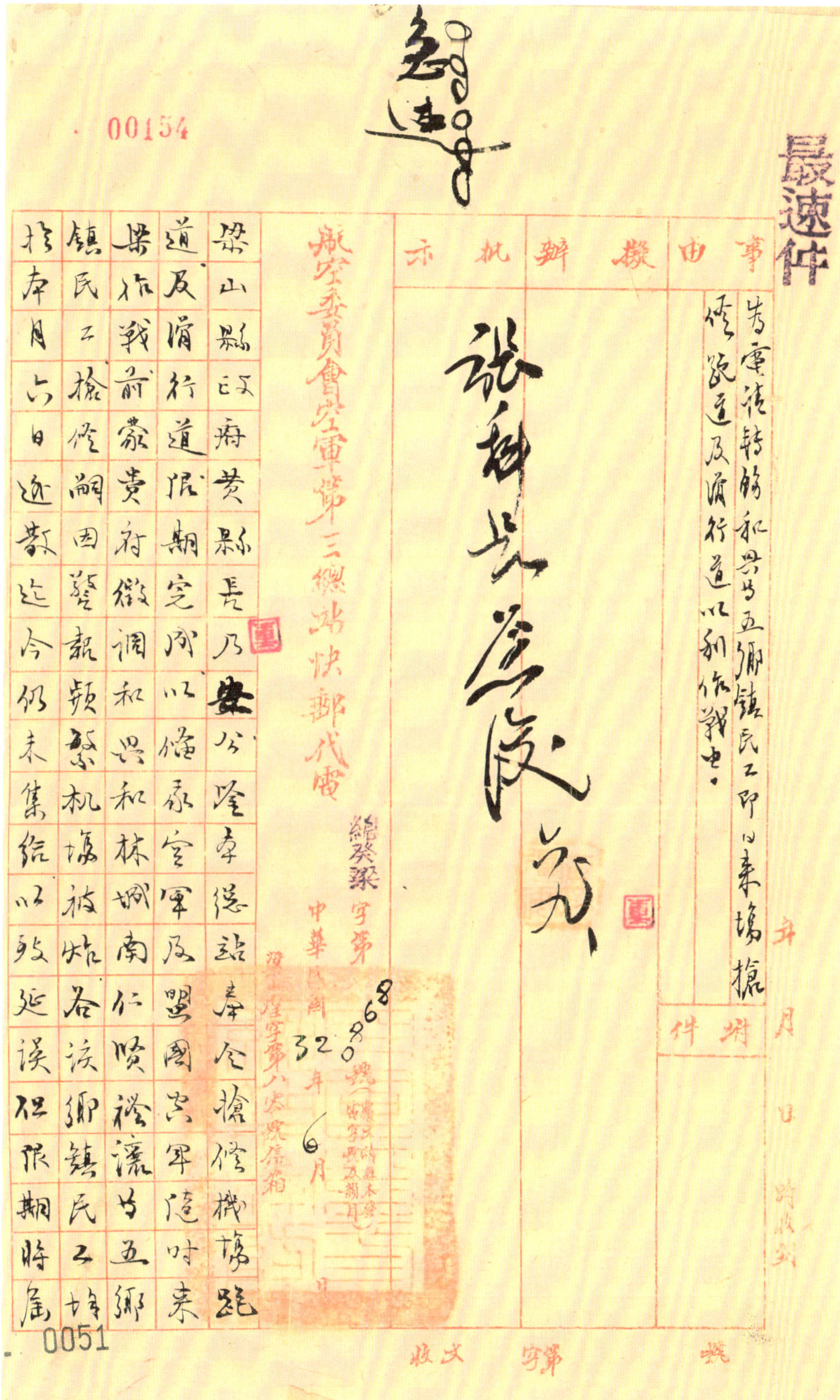
最速件

急速

00154

事由：為電請轉飭和興等五鄉鎮民工即日來場搶修跑道及滑行道以利作戰由

擬辦

批示

航空委員會空軍第三總站快郵代電

梁山縣政府黄縣長乃安公鑒：本總站奉令搶修機場跑道及滑行道，限期完成，以備美空軍及盟國空軍隨時來渠作戰，前蒙貴府徵調和興、和林、城南、仁賢、稽議等五鄉鎮民工搶修，嗣因警報頻繁，機場被炸，各該鄉鎮民工均於本月六日返散，迄今仍未集結，以致延誤，但限期將届

總發渠字第0868號

中華民國32年6月

0051

查鄂西戰事將轉，本總站位置重要，為空軍前進據根地，迭奉層峯電令催速完成，以利作戰。該項工程係按方給償，如中途而更調民工，殊於公款給算困難多矣。用特電請貴府轉飭各該鄉鎮限本（九）日派民工來場，以便擴修，免誤戎機。即希查照辦理見復為荷。總站長李遜儕佳總

癸渠印

一、據情函梁縣府，計已調集搶修民工若干
二、七月廿六函據迭至，現計已調集飛機場民工一万若干
三、前項調集民工完工應領工資若干，係由何人具領
及前項情形為何

張科長趕日報核

表式如下：

鄉鎮別	日期	徵調人數	實到人數	應領工資	實領工資	領款人姓名	備考

051-1

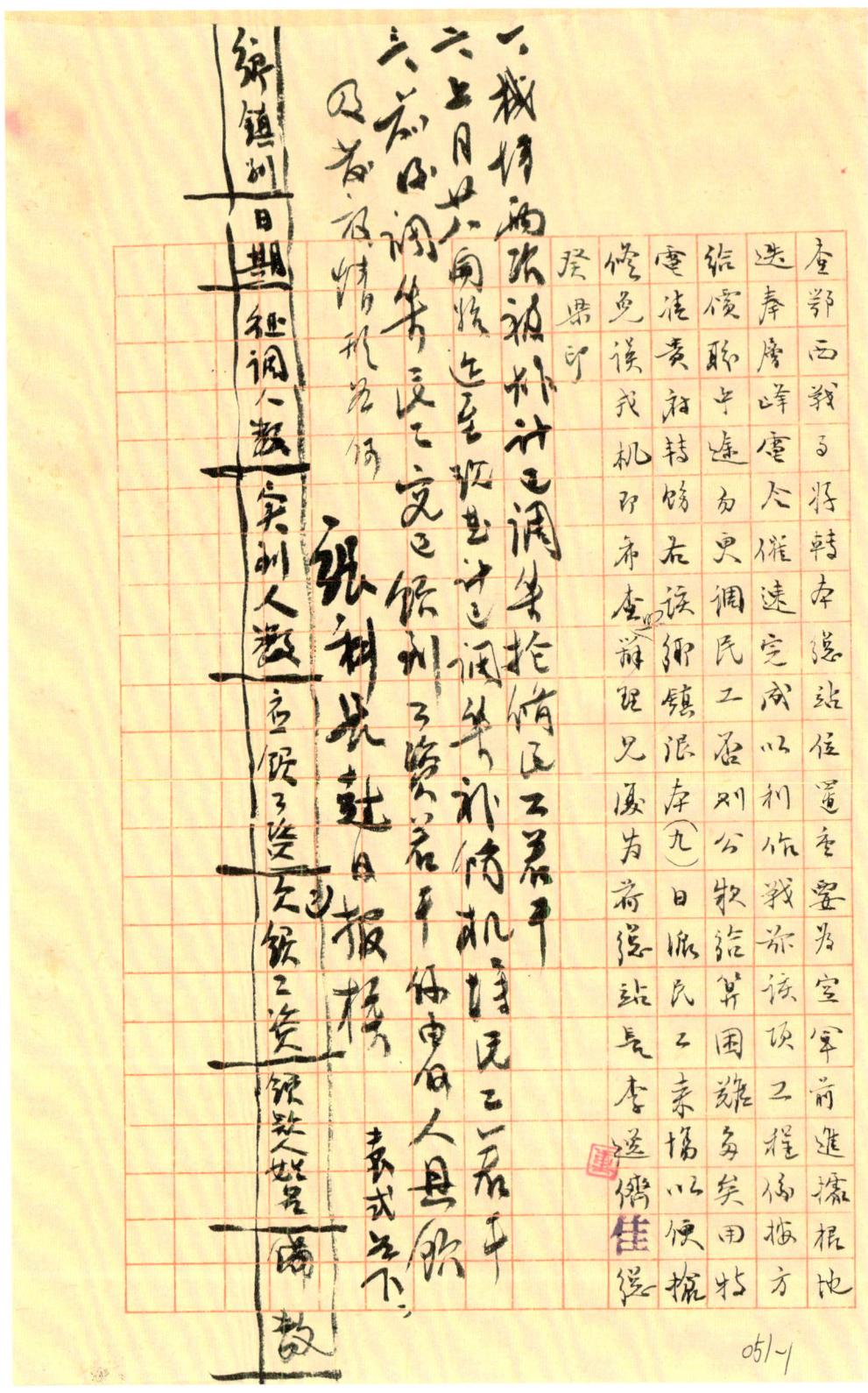

梁山县政府致航空委员会空军第三总站的公函（一九四三年六月二十三日）

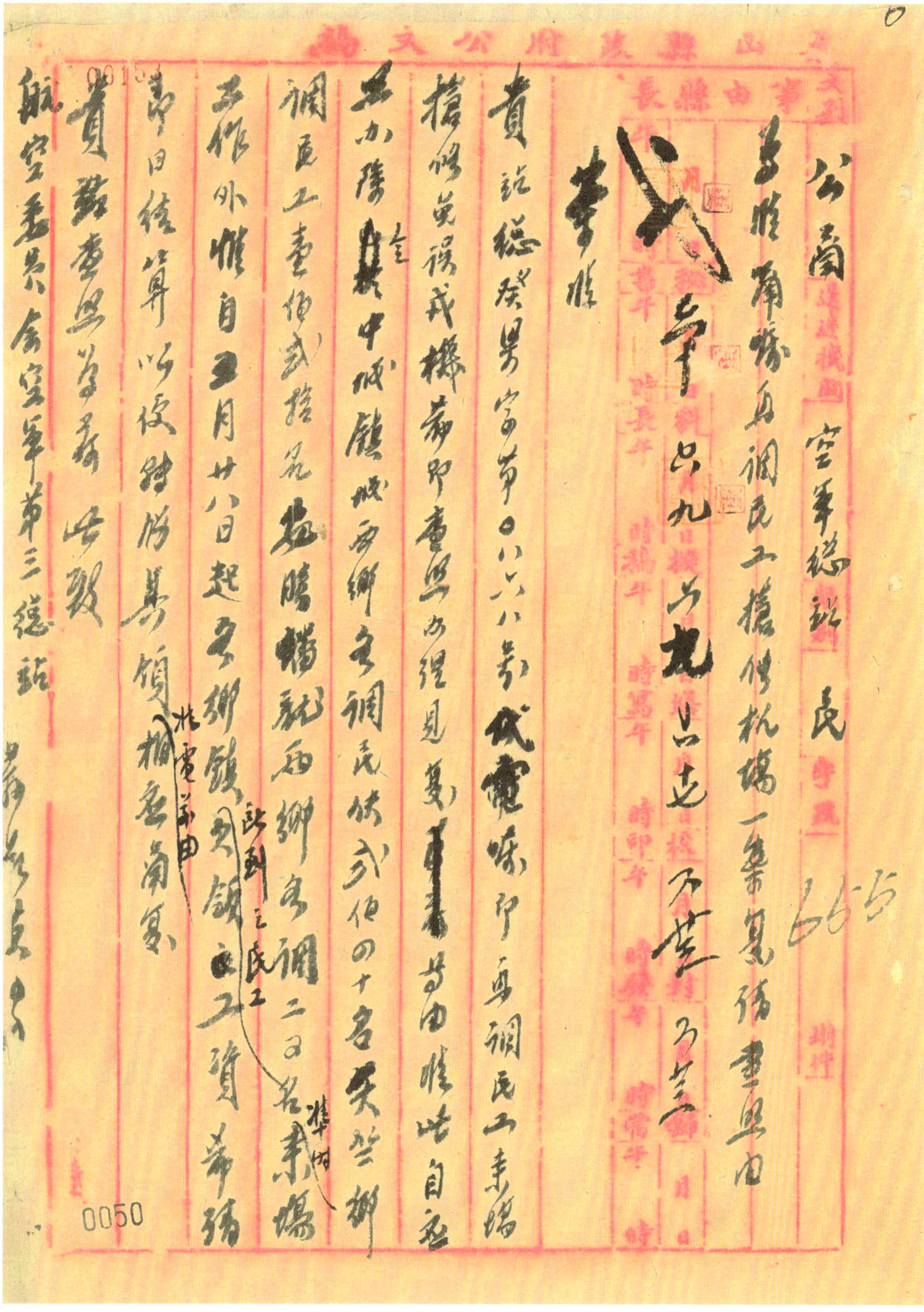

梁山縣政府公文稿

事由 縣長

公函 空軍總站 民字第 號

為准函囑再調民工擴修機場一案復請查照由

發 [illegible]

逕啟者：准

貴站總發男字第〇八六八號代電略以再調民工來場擴修機場，希即查照辦理見復等由，准此。自應照辦，除將中城鎮、城西鄉各調民伕[illegible]名，[illegible]鄉調民工[illegible]名，[illegible]鄉各調二百名來場工作外，惟自五月廿八日起各鄉鎮民工領取工資，希按節日結算，以便轉發其領，相應函復

貴站查照為荷。此致

航空委員會空軍第三總站

縣長 [illegible]

梁山县政府关于紧急征调五百名民工于九月六日到场补修机场致安胜、城北乡乡公所的代电（一九四三年九月四日）

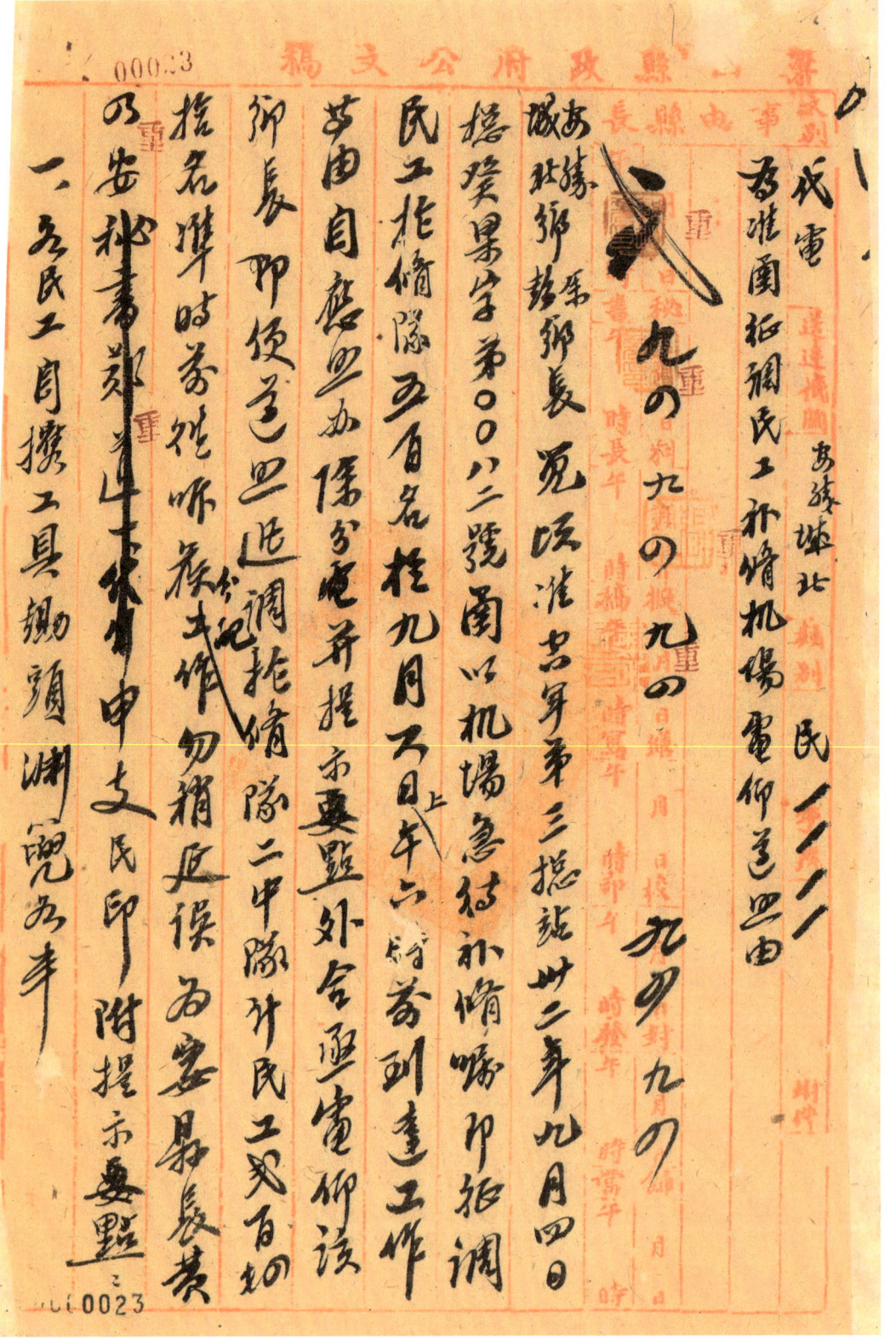

梁山縣政府公文稿

代電

事由：為准函征調民工補修機場電仰遵照由

安勝、城北 民

安勝、城北鄉鄉長覽：頃准梁山機場第三總站卅二年九月四日總營字第〇〇八二號函，以機場急待補修，囑即派調民工補修隊五百名於九月六日上午六時前到達工作，等由，自應照辦。除分電並提示要點外，合亟電仰該鄉長即便遵照，迅速調補修隊二中隊計民工五百切指名準時前往聽候分配工作，勿稍延誤為要。縣長黃乃安 申支 民印

附提示要點：

一、各民工自攜工具鋤頭、撮箕各半。

00023

二、各民工队按照机场补修队之组织每三十人为一
分队设分队长每四分队为一中队设中队长以便
管理
三、分队长均须遴选富有经验之干练人员充任
四、每中队招收时应造具民工花名册
册（花名式样附后）请汇缴县
五、各民工之伙食费按照省颁修正征工办法由县
府转发各中队长具领
六、各队民工按照组织名额不得缺少一名并不
得以老弱充数如违即将该队长及乡长

0024

呈秉完

七、工作数限自九月六日起　九月十日止

八、到达据该段先向本府抢修机场临时办公处要

报到后各段（再行找适当地点）开始工作

梁山县○○乡民工抢修队第○中队民工花名册

队别	职别	姓名	年龄	保别	备考

致

0025

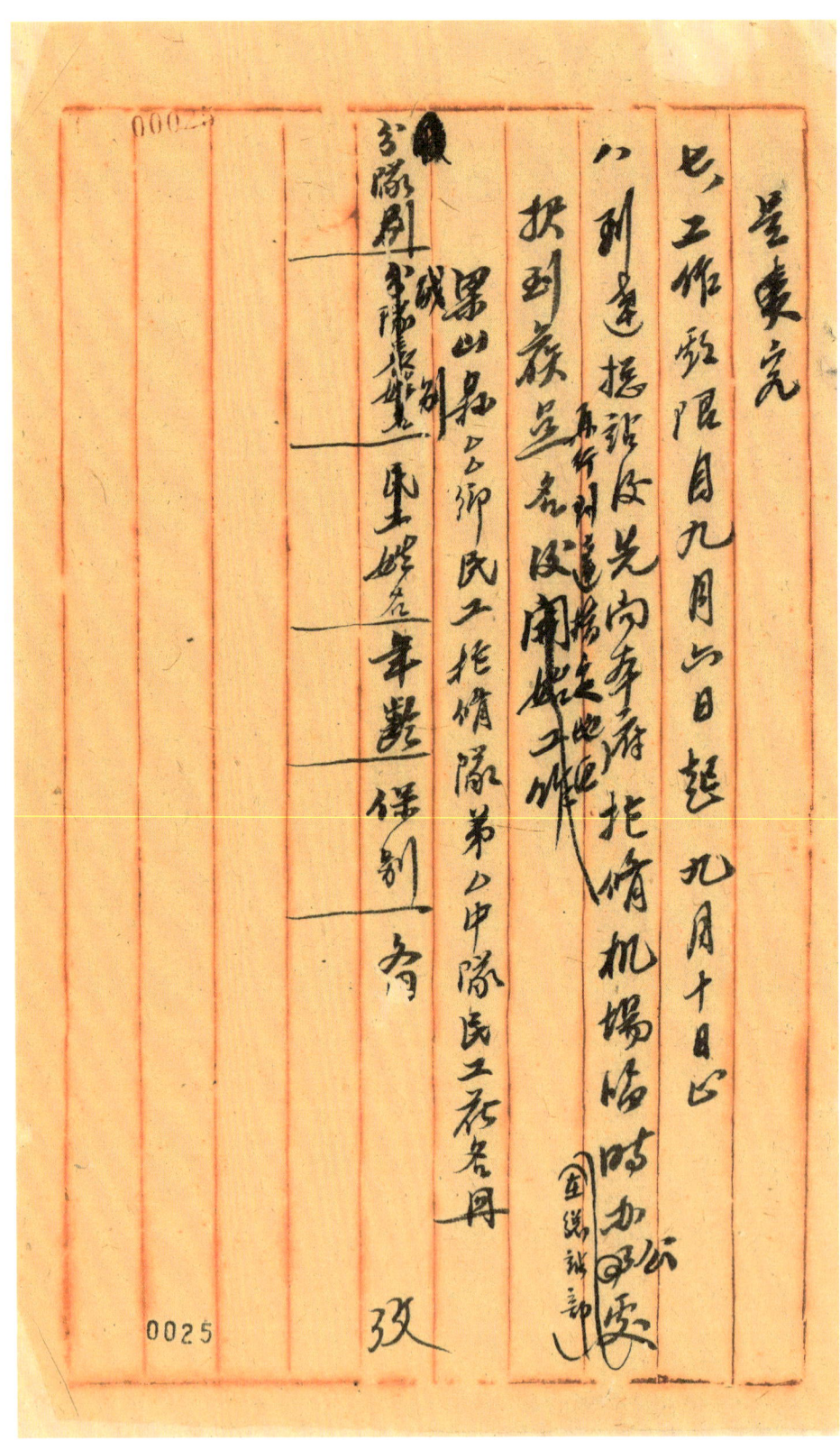

航空委员会空军第三总站、梁山县政府关于自九月十日起每日征催民工一千名抢修机场的文书（一九四三年九月五日至九日）

航空委员会空军第三总站致梁山县政府的公函（一九四三年九月五日）

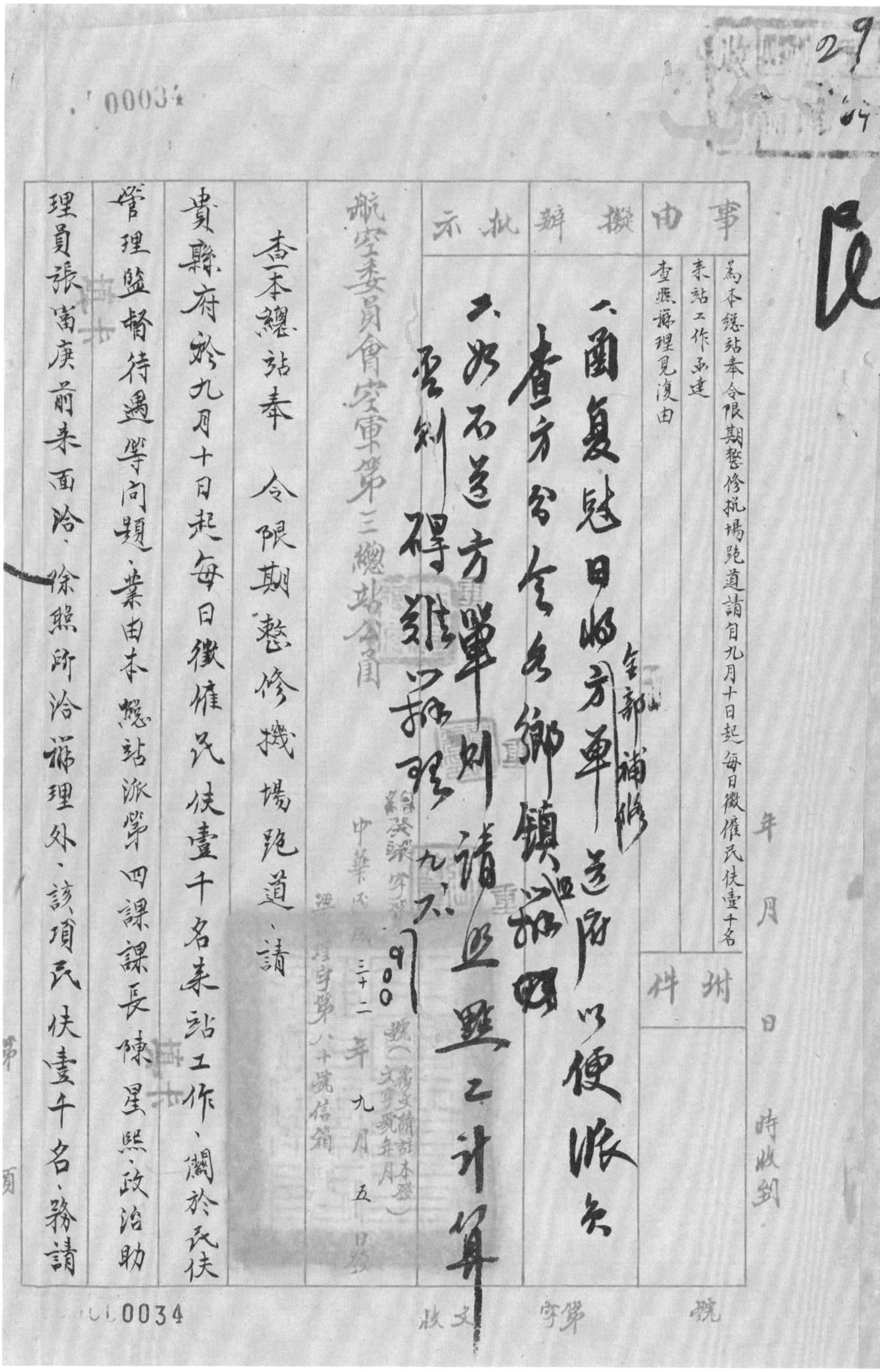

00034

事由：為本總站奉令限期整修機場跑道請自九月十日起每日徵催民伕壹千名來站工作函達查照辦理見復由

擬辦批示：一、函復遵日將方單（全部補修）送府以便派欠 查方分令各鄉鎮照辦 二、如不遵方單則請照工計算 呈判得派以辦理 九.八

收文 第 號

年 月 日 時收到

查本總站奉 令限期整修機場跑道，請 貴縣府於九月十日起每日徵催民伕壹千名來站工作，關於民伕管理監督待遇等問題，業由本總站派第四課課長陳星熙、政治助理員張富庚前來面洽，除照所洽辦理外，該項民伕壹千名，務請

航空委員會空軍第三總站公函

中華民國三十二年九月五日發

梁山第八十號信箱

於十日徵集来站工作，相應函達，即希

查照辦理見復為荷

此致

梁山縣政府

總站長 ［签名］

03411

梁山县政府致航空委员会空军第三总站的公函（一九四三年九月七日）

00032

公函

為准函催徵民伕壹千名整修機場跑道一案復請查照見復由

卅二年三總站

一一一五

案准

貴總站儀浮渠字第〇〇九五號公函以奉令限期整修機場跑道囑於九月十日起每日徵雇民伕壹千名等由准此自應照辦惟關於全部補修方案迄今未准送府分配工程不無困難惟函由相應函復

請

貴總站將整修方案於工作開始前十日送府以便派員查看分配各鄉鎮照辦（）如方案不能如期送府其民工工作起迄時間亦以展

工價等費究按何種標準發給希即明白規復以利辦理

0032

為簽函致

本年第三總站

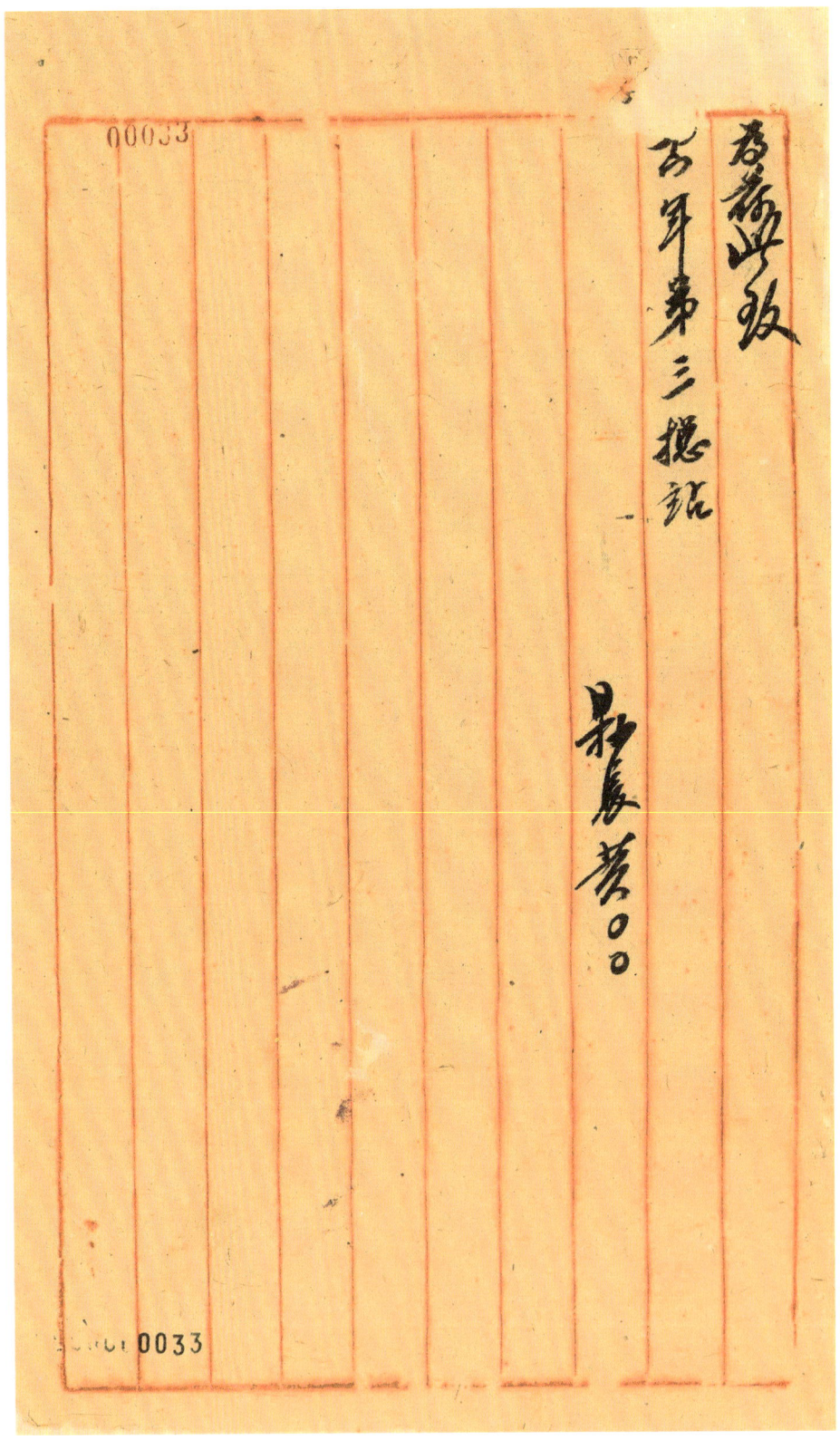

縣長黃○○

梁山县政府致梁山县各乡镇公所的代电（一九四三年九月九日）

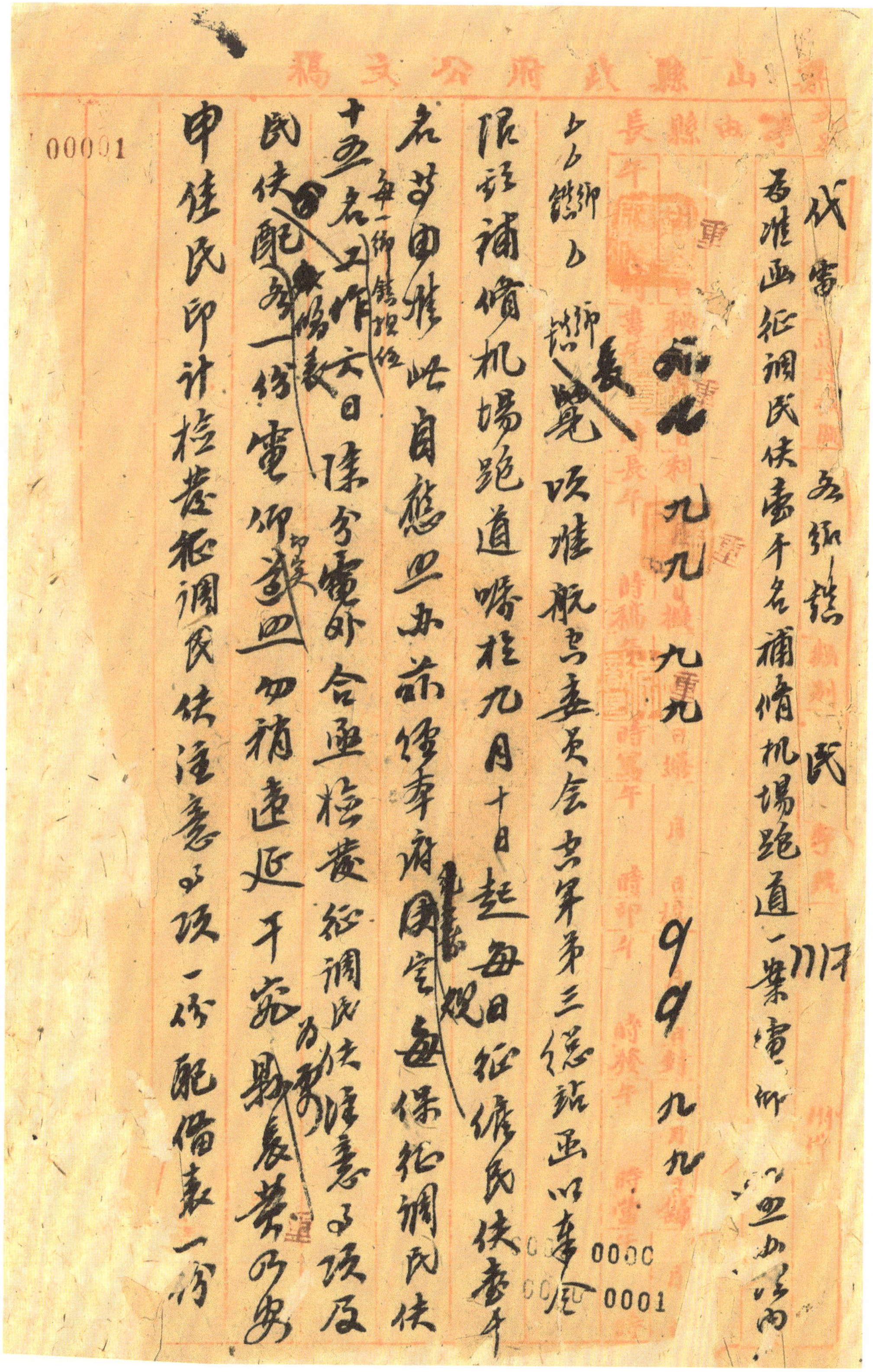

梁山縣政府公文稿

代電 各鄉鎮 民

為准函征調民伕壹千名補修機場跑道一案電仰遵照由

各鄉鎮長覽

頃准航空委員會吉安第三總站函以奉令限期補修機場跑道，嗒於九月十日起每日征伕壹千名等由，准此，自應照辦。茲經奉府規定每保征調民伕十五名（每一鄉鎮担任），工作六日，除分電外，合亟檢發征調民伕注意事項及民伕配備表一份，電仰該鄉鎮長遵照，切實遵辦，毋稍遲延干究為要。

申佳民印

計檢發征調民伕注意事項一份、配備表一份

附一：各乡镇征调补修机场民工配备表

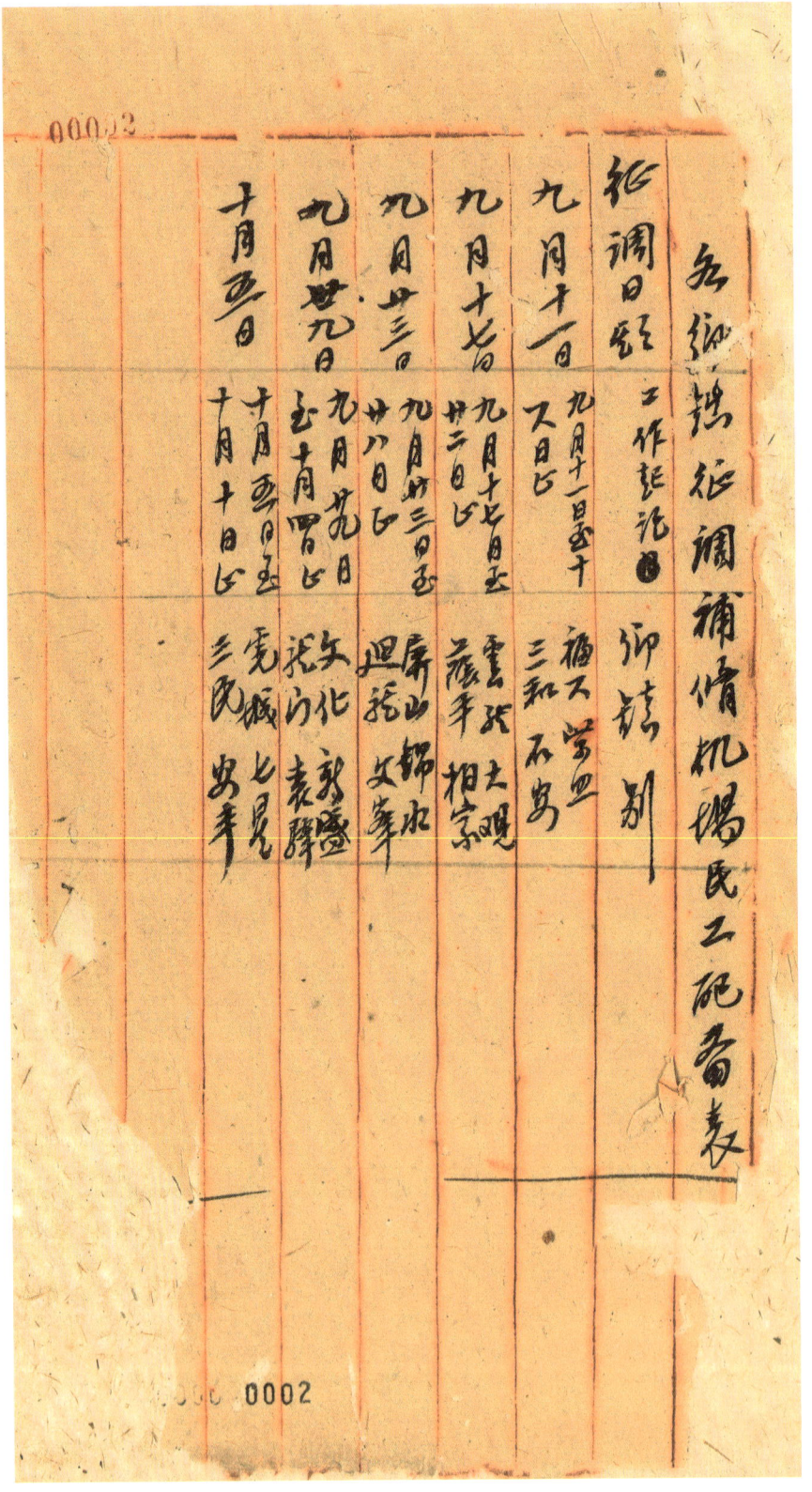

各乡镇征调补修机场民工配备表

征调日期	工作起讫日期	乡镇别
九月十一日	九月十一日至十六日止	福禄 紫照 三和 石安
九月十七日	九月十七日至廿二日止	云龙 大观 荫平 柏家
九月廿三日	九月廿三日至廿八日止	屏山 锦水 回龙 文峰
九月廿九日	九月廿九日至十月四日止	文化 新盛 龙门 袁驿
十月五日	十月五日至十日止	虎城 七星 三民 安胜

一、每保征调十五人编为一班，以副保长或保队附为班长。

二、每三班至四班编一分队，以遴派对做工富有经验之保长或保甲职员充任。

三、每一乡镇编为一中队，以副乡镇长

戴主任羅徵之兼為中隊長

四、中隊長分隊長班長必須親率民工赴機場督導工作

五、民工於到達飛機場後由中隊長率領先赴本所補修機場臨時辦公處（西門外鄉村建設社

0004

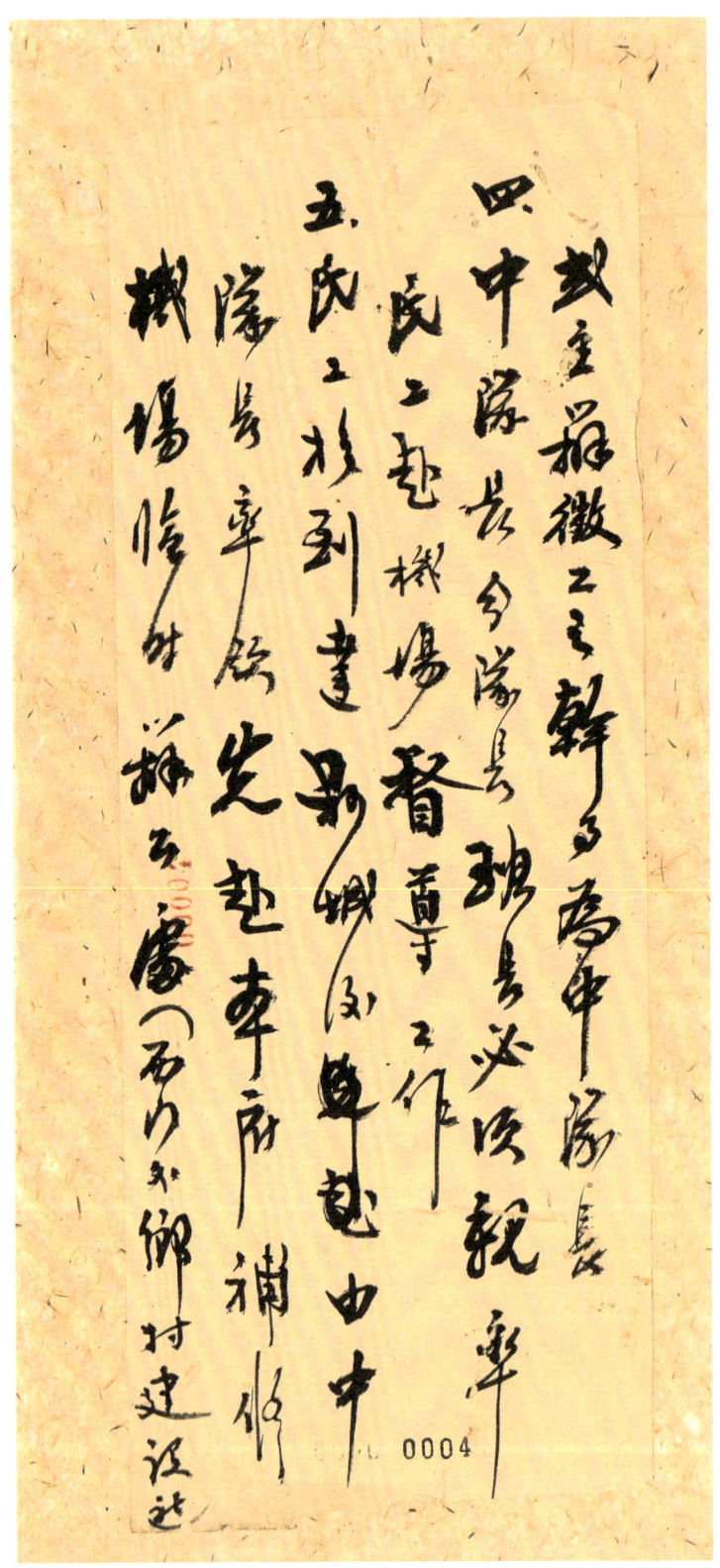

报到时签署名

六、民工报到后中队长经常住在各御镇补修机场中队部办公（在石马乡御村建设社）以便指挥联络

七、各民工以三分之一携带锄头三分之二携带[illegible]箢篼（即每班以五人带锄头

0005

十人（第渊竹觅）

八、民工口食费照征工办法由本府颁发

九、各保不得缺少一名并不得以老弱抵额如有违其规即（以保长）送府究办

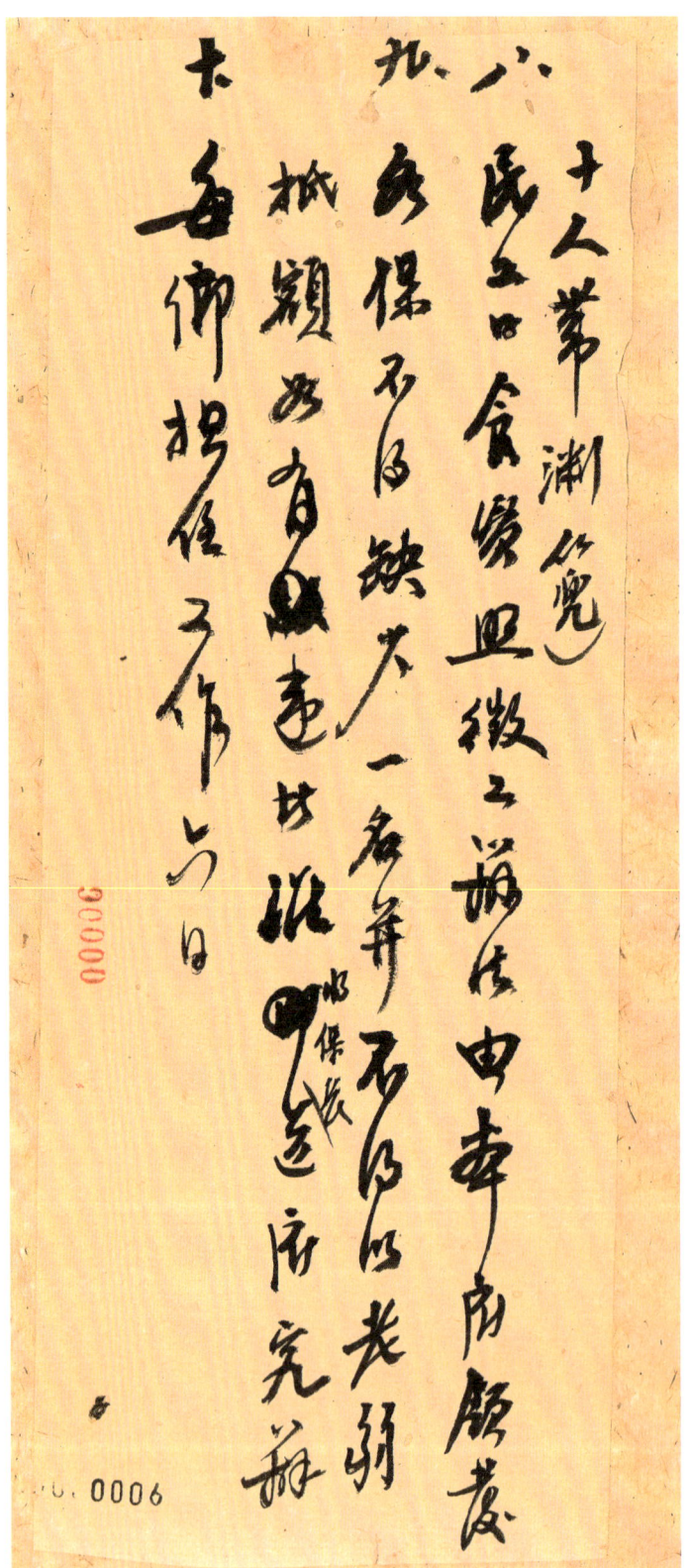

十、每乡担任工作六日

專務辦理經費銀之叢㨿及伙食傳達
命令並飭各中隊勇長班隨帶會
計兌材務長公役一人[redacted]信柱
中隊部辦公

0007

一、民工壹千名编为一总队，十中队，每中队辖三分队，每分队辖三班。

二、总队长由县长兼，总队附由县长遴派，中分队长由各乡镇荐委，班长就民工中挑派。

三、民工必需工具，由本人携带，另草鞋及工作费每名日给食米、柴炭费、工资由本队携带具

饮馔由工粮处发

八、按每工作时即照每队每日所作工数算给工资外另酌拨由各乡自行负责

五、工具由各乡民工自带，以五分之一携带锄头，三分之二携带畚箕、扁担，不得缺欠

六、民工人数及工作情形，应由各队按日填表送请总指挥暨工程总队部备查核汇报

请核办

△七、遇雨及空袭停工均已规定信号发出后民工始
有备上等嫡荐已规定信号警报烧埋擦卯
务实

△八、民工如因病（完）竣不得离队违即将究罚不
服从队长管理指挥者送请县府究办

九、中分队班长均已规定需出待遇合添伏线

0010

五、各平信組以負每日所收報上之挑選摘錄

或整補充其人數均照以上標準工作之論但每

日最多不得過十名

六、各隊每以及修理工具等物之規律

七、總隊部之新聞由總隊補助其他之

規律過

〇十二、各組工作每以日計須表，報違者不得違則

△其餘部份工作未做完理後繼續驗收為要

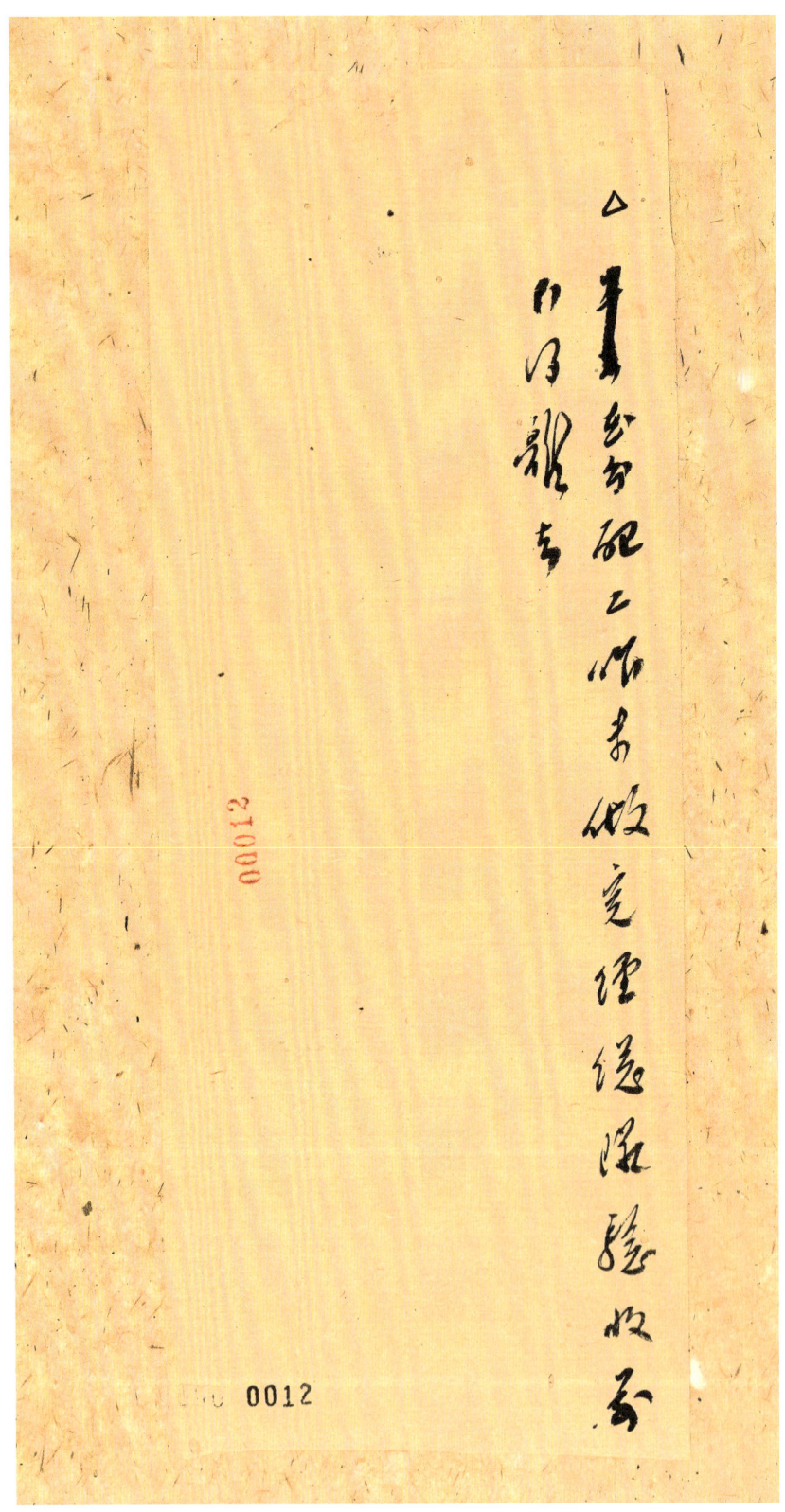

11日報告

航空委员会空军第三总站关于催促按期征足民夫三千名到机场工作致梁山县政府的代电（一九四三年九月十三日）

00103

2913
6088

民

林春

事由：為電催迅予按期增調民伕三千名到場工作以利戎机

年 月 日 時收到

附件

擬辦：已電飭各鄉鎮于本月十八日一律按省征調計有民工四千餘名函覆 查照 九.十六

批示：乃安

收文 字第 號

航空委員會空軍第三總站快郵代電

工 字第0038號（覆文請註本發電字號及蠲目）

中華民國三十二年九月 日發

梁山煌字第八十號信箱

梁山縣政府黄縣長乃安勛鑒：本總站此次奉令修整机場，列入最重要國防工程之一，限期迫促，萬不能有所貽误，致影响全局。前由貴府洽妥本月六日准到民伕五百人，十日准到民伕千五百人，然迄今日所到民伕每天不过三百人，本工程限期需要之數相差懸殊，茲特再行函

0045

達務請于本月十六日前每日征足民伕三千人庶免貽
誤而利戎机為荷空軍第三總站總站長狄志揚元工癸
梁

045-1

梁山县政府关于检发梁山县一九四三年九月补修机场民工队组织及服务办法致梁山县各乡镇公所的训令（一九四三年九月二十日）

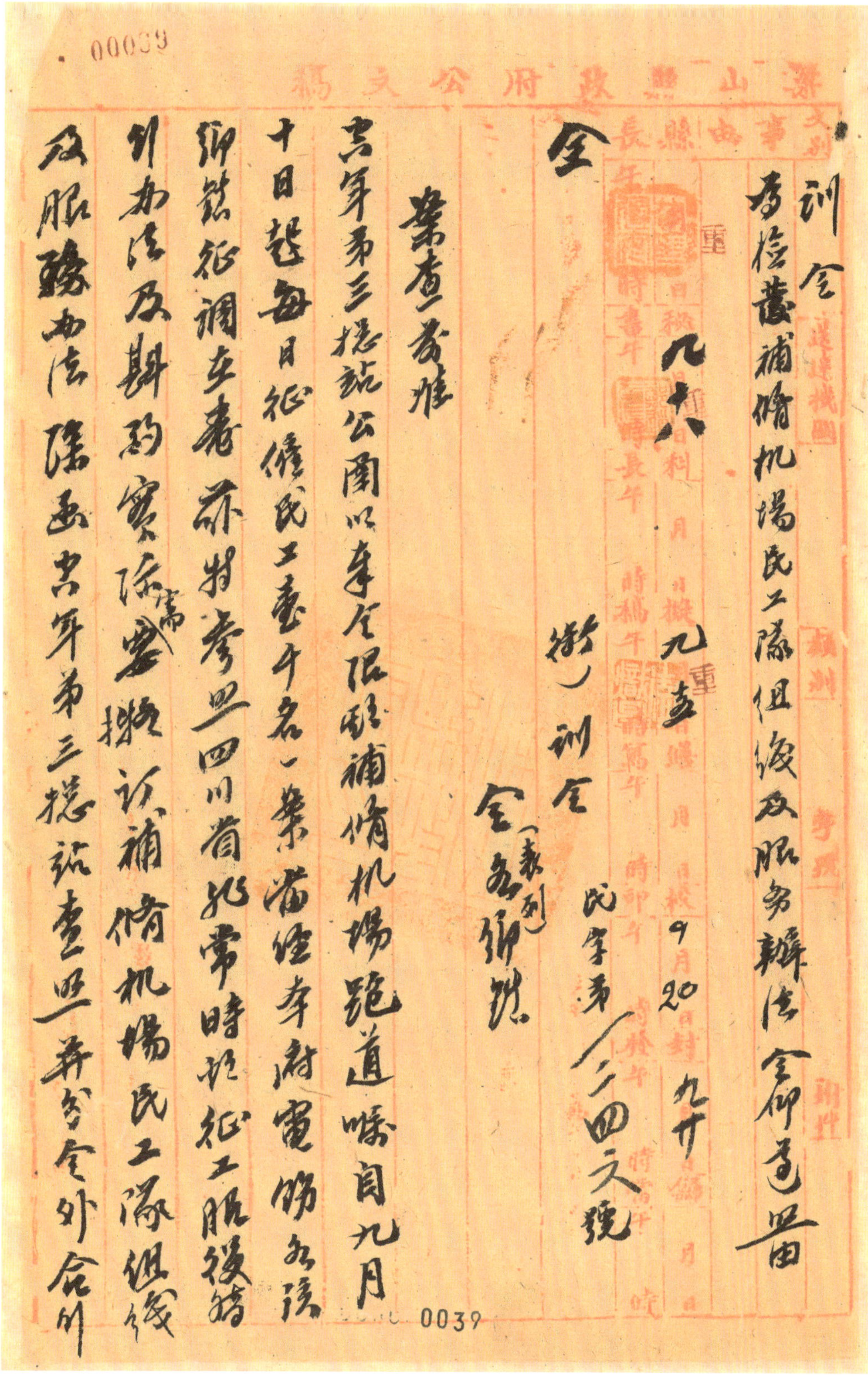

梁山縣政府公文稿

訓令

為檢發補修機場民工隊組織及服務辦法令仰遵照由

令

民字第一二四〇號

令（表列）各鄉鎮

案查前准

空軍第三總站公函以奉令限期補修機場跑道囑自九月十日起每日征傭民工壹千名一案當經本府電飭各該鄉鎮征調在卷茲將參照四川省戰時征工服役規則辦法及斟酌實際需要擬訂補修機場民工隊組織及服務辦法 除函空軍第三總站查照并分令外合行

00040

检发该表一份，仰遵照如实办理为要。

此令

计检发补偿机场民工涨迴（？）费及服务办法一份

县长黄〇〇

0040

梁山縣三十二年九月補修機場民工隊組織及服務辦法

一、本辦法為准空軍第三總站本年九月四日公函以奉令趕修機場常自九月十日起至十月十日止逐日征調民工壹千名担任補修業由特參照修正四川省非常時期征工服役暫行辦法訂定之

二、本縣本次補修機場組設民工一總隊二十中隊

三、每四中隊編為一組每組任服工役十二日各組之服役日期表另定之

四、中隊以各該鄉鎮之分隊組織之以副鄉鎮長或主辦征工之幹事充任之

五、分隊以三班至四班組成之設分隊長一人遴選富有做工經驗之精幹保長或鄉公所職員充任每班民伕十五人設班長一人由副

保長或隊附充任

六、總隊部設副總隊長總隊附技士會計員會計助理員各一人事務員錄事公役傳達伕役各二人其職掌如左：

總隊長由縣長兼任下設……由專任總隊長分別委派

1.總隊長綜理全總隊一切事宜

2.副總隊長承總隊長之命辦理總隊一切事務

2、總隊附承正副總隊長之命督導民工辦理補修機場事宜

3、技士辦理查方驗工及技術上指導事宜

4、会計員及會計助理員辦理民工用費之領發稽查及报銷事宜

5、事務員錄事辦理點驗民工協助查驗工程及文件繕寫事宜

七、中隊部設會計員特務長公役各一人其職掌如左：

六、會計員辦理各該中隊民工用費之領發稽核及報銷事宜

七、特務長辦理各該中隊民工食宿管理指導事宜

八、總隊部中隊部之公役傳達伙伕辦理文件之傳達命令之傳遞及其他雜務事宜每隊最多不得逾五名暫行均照修正四川省征工服役辦法之規定給予

九、總隊部中隊部之員役除專任者支薪津外所有兼職人員均照民工之待遇每人每日發給二角伙食費為參諮咸路並總隊長外得酌予津貼其津貼數目每日最多不能超過二市斤之米費

十、民工於到達縣城後由中隊長率領先赴本府補修機場總隊部報到

十一、民工報到後中隊長即在各鄉鎮之補修機場中隊部辦公處(西門外御建社)報到簽名(西門外御建社)以便指揮聯絡

十二、各民工以三分之一携帶鋤頭三分之二携帶淵篼（即每班以五人帶鋤頭以十人帶淵篼）不得缺欠

十三、民工口食工價在未按照方單分配工作前按名每日發給口食費

十四、按方工作時即照每隊每日所作之方數結算工價如有虧折由各鄉鎮自行負責

十五、民工人數及工作情形應由各隊按日填表送請總站監工總隊部暨工查驗蓋章報請核辦

十六、遇雨及空襲停工均照規定給與民工口食如有傷亡等情并照規定給與醫藥撫卹各費

十七、民工非至工作完竣不得離隊違即傳究如有不服從隊長管理

循彈者送請縣府究辦

十八、各鄉鎮工作起止日期須嚴格遵守不得違延在分配工作未做完驗收前不得離去

十九、被征民工之往返途程費集中費及工具修理費悉照修正四川省征工服役暫行辦法辦理之均不在方價內扣除

廿、各中隊應造具民工名冊送請總隊部派員逐日查點

廿一、各保不得缺少一名并不得以老弱抵額如有違者准將保長送府究辦

廿二、本辦法如有未盡事宜得隨時以命令修正之

廿三、本辦法自公布日施行

附二：补修机场征调民工名册

查八月份原核償[illegible]

補脩機場征調民工名冊

組別	征調日期	征調鄉鎮	征調人數	起訖日期	備攷
	九月十一日	福祿 三和 石安 臨紫	一〇四〇	九月十一日至廿六日止	
	九月十七日	雲龍 大觀 蔭平 柏家	二一八五	九月十七日至[illegible]月廿[illegible]日	
	九月廿三日	屏山 錦水 文峯 迴龍	一〇三七	九月廿三日至[illegible]月[illegible]日	
	九月廿九日	文化 新盛 龍门 袁驛	一〇六五	九月廿九日至十月[illegible]日	
	十月五日	虎城 七星 三民 安丰	一〇〇五	十月[illegible]日至十[illegible]	

张树屏、赵仕武关于补足梁山机场补修欠征民工及置办工具事致梁山县政府的签呈（一九四三年九月二十四日）

簽呈　三二、九、廿四、

于民工總隊部

敬簽者竊職等此次奉令辦理補修機場事宜迄今已逾十二日對於應辦事項已會同總站逐日辦理無異惟其中尚有數點問題須得請示辦理如下（一）關於各鄉民工因栽除老弱病苦暨逃亡者外與應征數額相差甚鉅應請迅飭補足以期早日完成（二）關於工具如扁担鳶兜因各鄉民工來時未備無具挑運致工作進度大相懸殊可否飭由附近鄉鎮收借如毀壞照市價賠還以備需用（三）關於鐵頭一項據總站擬難於購製請縣府令飭本縣附近鐵匠上緊趕製總站備給價款有此上項數點問題如不立求解決辦法恐難達到依限完成之目的用特簽請

鈞座俯予鑒核示遵！

謹呈。

（一）項擬函催

（二）項扁担鳶兜向西鄉征借貳百付

（三）水桶向天竺鄉借租五十付

四、鐵鍬向中城鎮征借租壹百个

00237

縣長黄

附現在各鄉實到民工人數表一份

職 張樹屏

趙仕武

0000

附：各乡现在实到作工人数表

00238

各鄉現在實到作工人數表

鄉別	實到作工人數	鄉別	實到作工人數
龍門	六八名	迴龍	二三三名
七星	三七名	玄就	一〇六名
三民	一三四名	袁驛	二八九名
錦水	二一三名	大觀	一三一名
嵬峨	三八四名	蔭平	五七名
新盛	二二九名	柏家	一七三名
文峯	二二一名	文化	一四五名
屏山	二五〇名		

合計弍千六佰七十名

0005

梁山县政府、航空委员会空军第三总站关于紧急征调民工六百名于十月三十日晨到场滚压场面的来往文书

（一九四三年十月二十九日至三十日）

航空委员会空军第三总站致梁山县政府的代电（一九四三年十月二十九日）

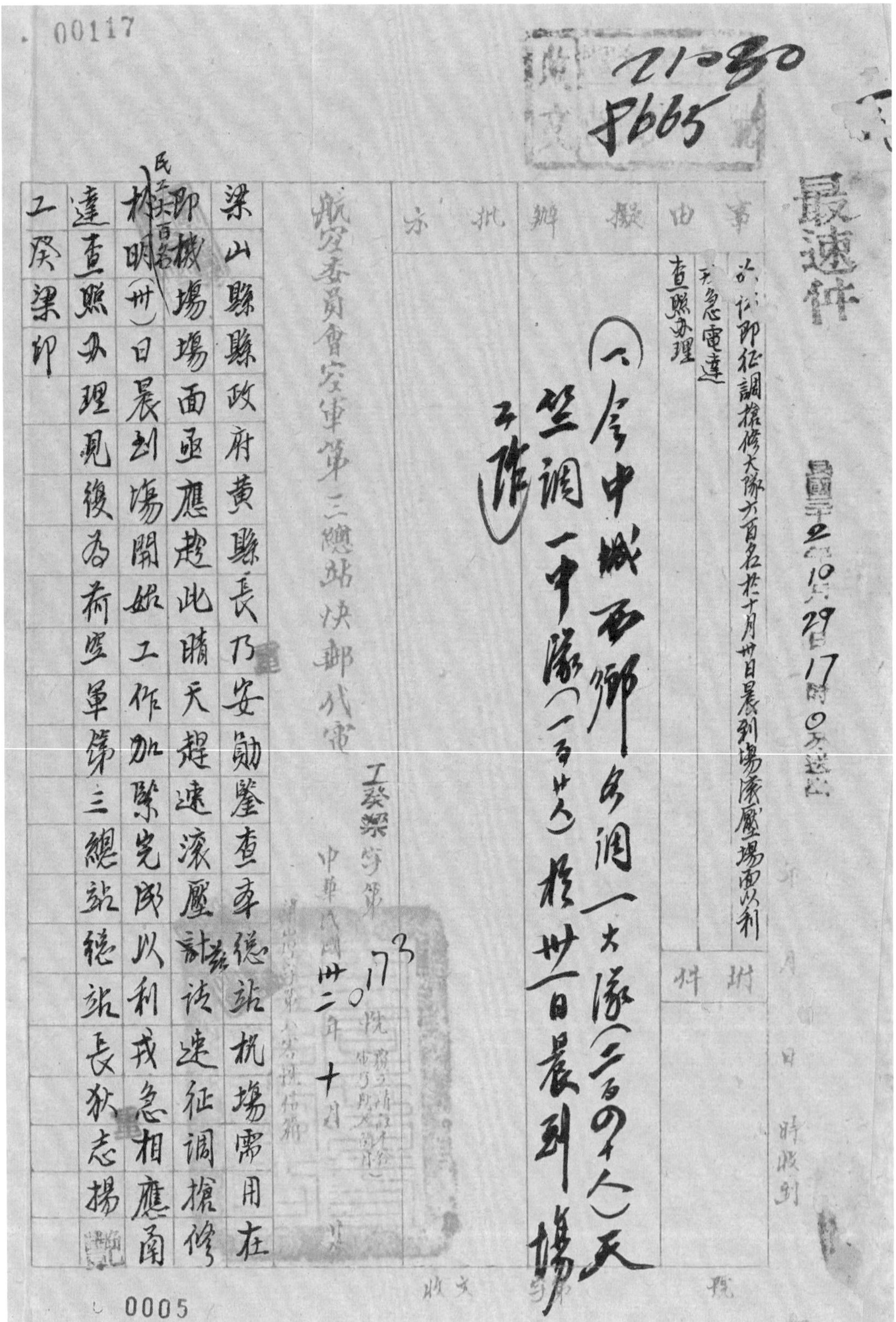
00117

21080

P665

最速件

民國三十二年10月29日17時0分送出

事由：請即征調搶修大隊六百名於十月卅日晨到場滾壓場面以利急電達查照办理

擬辦

批示：（一）令中城西鄉各調一大隊（二百四十人）天竺調一中隊（一百廿人）於卅日晨到場

附件

航空委員會空軍第三總站快郵代電

工癸梁字第 17073 號

中華民國卅二年十月 日

梁山縣縣政府黃縣長乃安勛鑒：查本總站機場需用在即，機場場面亟應趁此晴天趕速滾壓，茲請速征調搶修民工六百名即於明（卅）日晨到場開始工作，加緊完成，以利戎急，相應函達，查照辦理見復為荷。空軍第三總站總站長狄志揚。工癸梁印

0005

一、令中城西鄉自調一大隊（二百四十人）天竺調一中隊（一百廿人）於廿一日晨到機場工作

二、由總站照工給付口食工資

三、由民工總隊部趙總隊長酌派人負管理

四、先向總站預領民工週轉費伍萬元，仍由游耕員交給會計

五、工作每日數請總站見復

十、卅

005-1

梁山县政府致航空委员会空军第三总站的公函（一九四三年十月三十日）

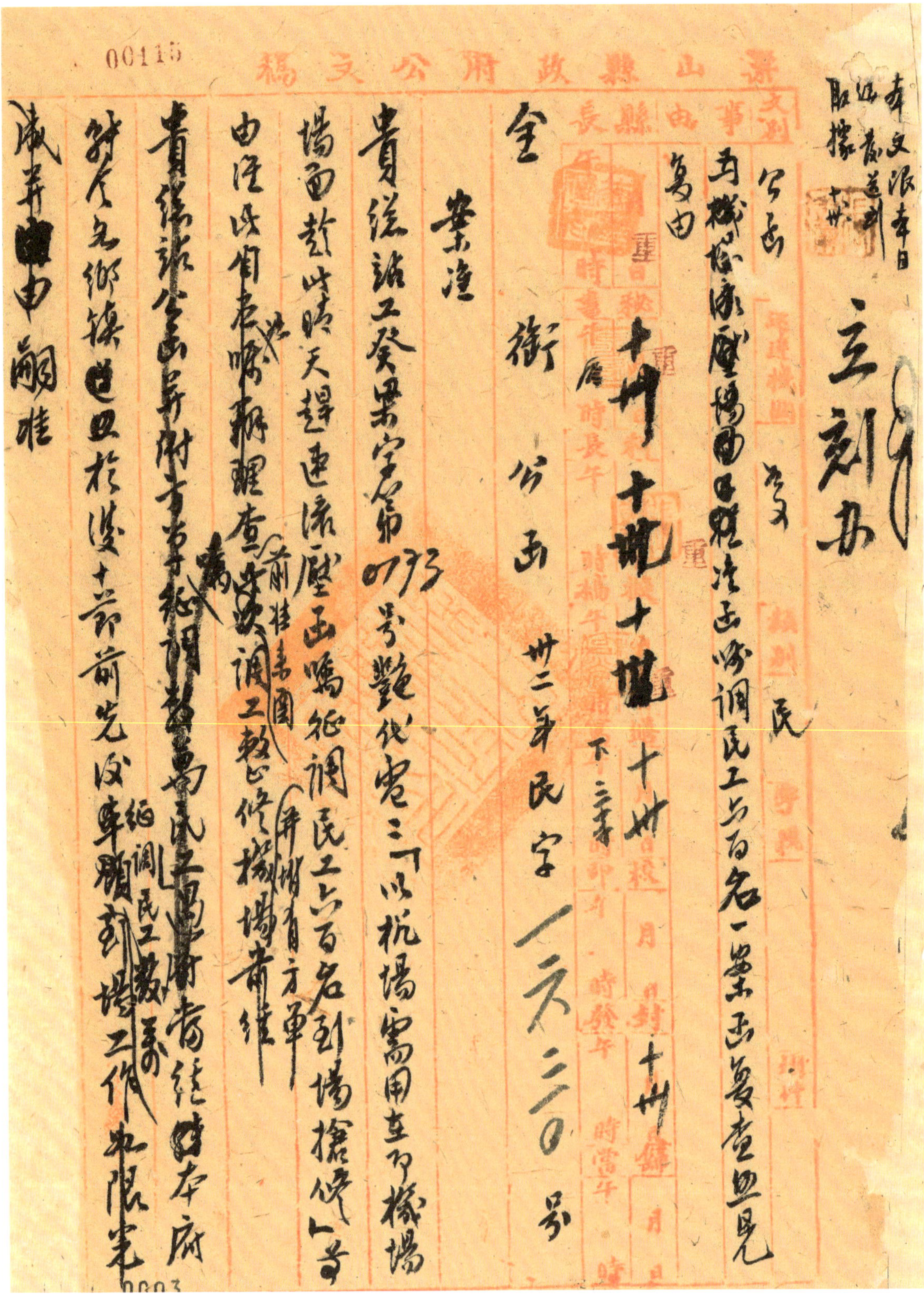
梁山縣政府公文稿
00115
文別
事由
縣長

00116

貴縣該工程告一段落，將各鄉鎮民工遣散回鄉
散回鄉，惟查前經派往機場工程完成若干
民工應屬多少，是否按方給價，鄉鎮照點工給發
民工每名每日工資如何規定，準此前相應復請
查照統希見復以便辦理為荷
此致
縣長黃〇〇

0004

航空委员会空军第三总站、梁山县政府关于代雇民工二百名运输梁山机场滑行道块石的文书

（一九四三年十一月一日至十三日）

航空委员会空军第三总站致梁山县政府的公函（一九四三年十一月一日）

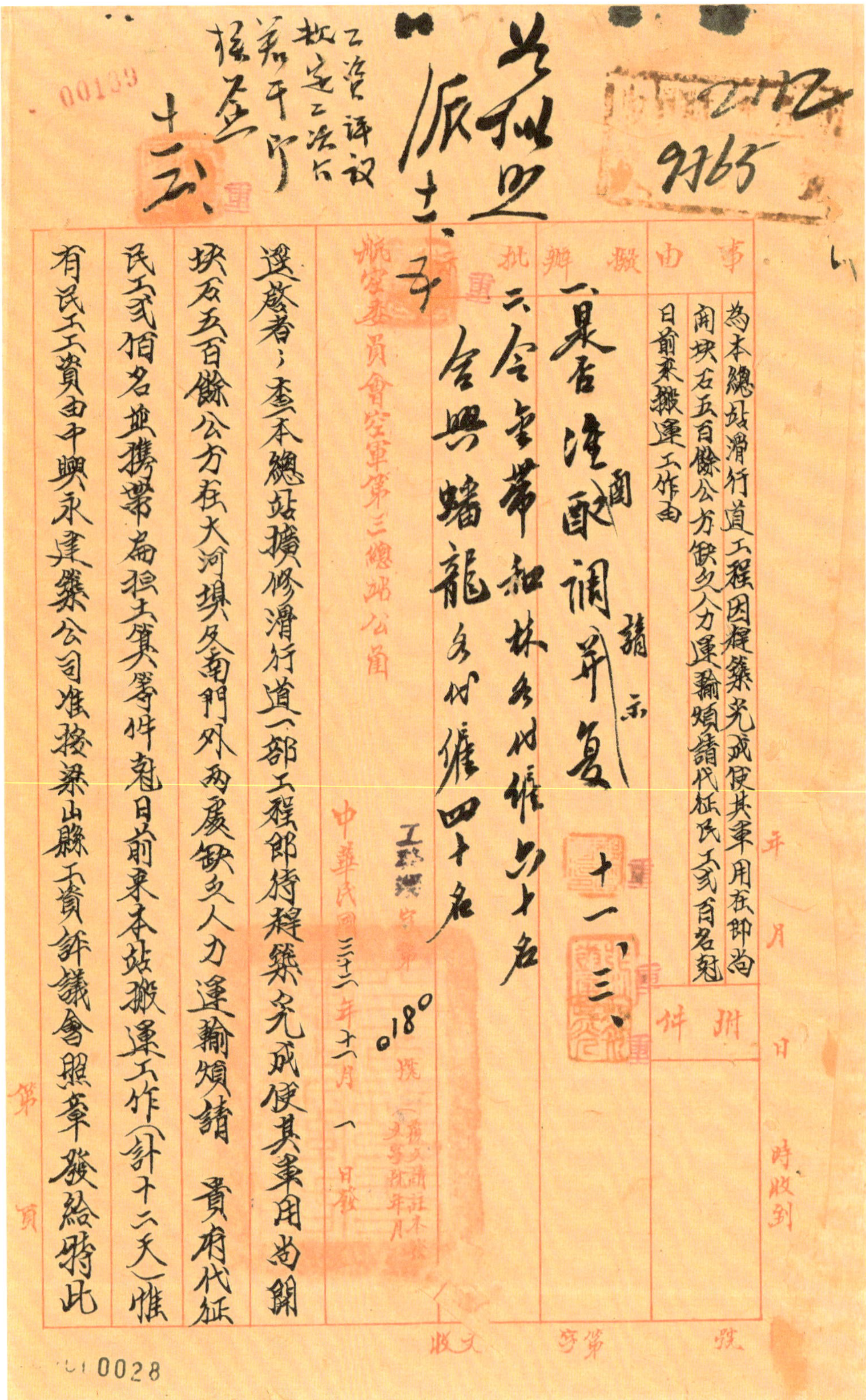

事由：為本總站滑行道工程因趕築完成便其專用在即尚闕塊石五百餘公方缺乏人力運輸煩請代征民工弍百名剋日前來搬運工作函

逕啓者：查本總站擴修滑行道一部工程郎待趕築完成便其專用尚闕塊石五百餘公方在大河壩及南門外兩處缺乏人力運輸煩請貴府代征民工弍佰名並攜帶扁担土箕等件剋日前來本站搬運工作（計十二天）惟有民工工資由中興永建築公司准援梁山縣工資評議會照章發給騎此

航空委員會空軍第三總站公函

中華民國三十二年十一月一日發

工務處字第0180號

爾請

查照見覆為荷

此致

梁山縣政府

繆志東[?]

028-1

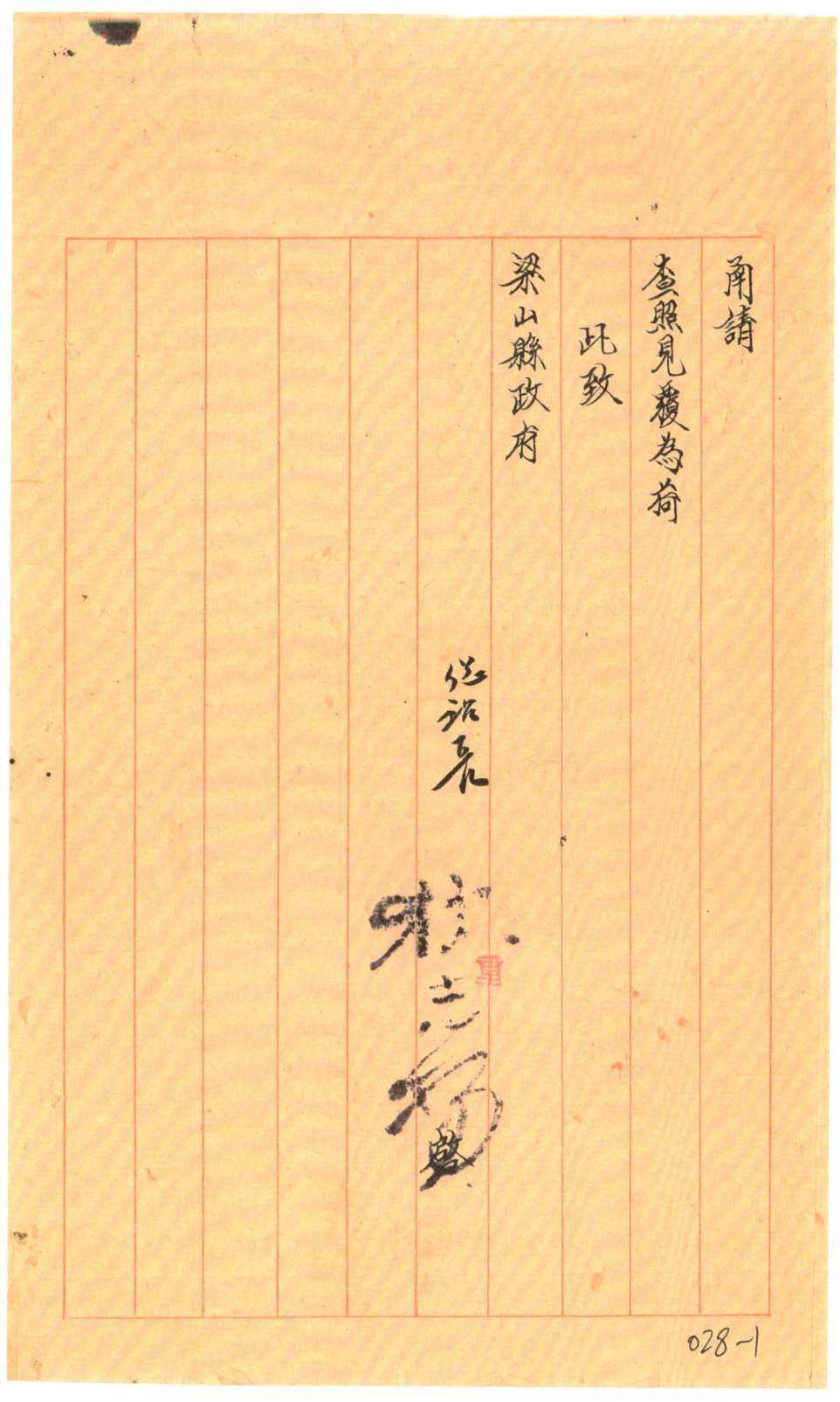

梁山县政府致航空委员会空军第三总站的公函（一九四三年十一月十三日）

公函

事由：为准函嘱代僱民工二佰名赶修滑行道工程一案函复查照由

衔 公函 卅二年民字第一七一二号

案准

贵站工发梁字第0180号公函以「扩修滑行道工程亟待赶筑完成，嘱代僱民工贰佰名，民工工资由中兴永建筑公司按照本县工资评议会照章给领，函请见复」等由。准此，县自应照办。除分令金带、和林两乡各代僱民工六十名，兴隆、蟠龙两乡各代僱民工四十名，并函外，并饬切实按照本县工资评议会议定工价，每工每日乾点工四十五元，供给伙食

相应函复，即希查照

00135

每二十元給付工資津貼者由相當長官
呈經該管長官核准行

此致

山軍第三總站

局長黄〇〇

0024

梁山县政府致金带、合兴等乡乡公所的训令（一九四三年十一月十三日）

00136

梁山县政府公文稿

训令　民　文

为令饬代雇民伕名按就近前往第三总站报到能否遣派工作由

十一　十三　十八　十三

全衔训令　卅二年民字第1712号

令金带、合兴乡乡长和林、蟠龙乡

案准

空军第三总站工务课字第0780号公函开：

「录原文」

等由。准此，自应照办。惟是项民工既系代雇，照本县工资评议会之规定，工价每工每日干盐工四十五元，供给伙食二十元，经付工资除由县分令外，合行令仰该乡长即

0025

00137

便道出發，擬帮白紙調民工　名，先擬帶之兩擔駕（印）

其前指派民工隊長一人帶率或隨第三縱隊接到縣

務遣派工作為要

此令

部長黃〇〇

金帮　廿名

和和　廿名

倉器　卅名

墻號　卅名

0026

航空委员会空军第三总站、梁山县政府关于征调民工滚压梁山机场松软跑道的来往公函（一九四三年十一月十日至十三日）

航空委员会空军第三总站致梁山县政府的公函（一九四三年十一月十日）

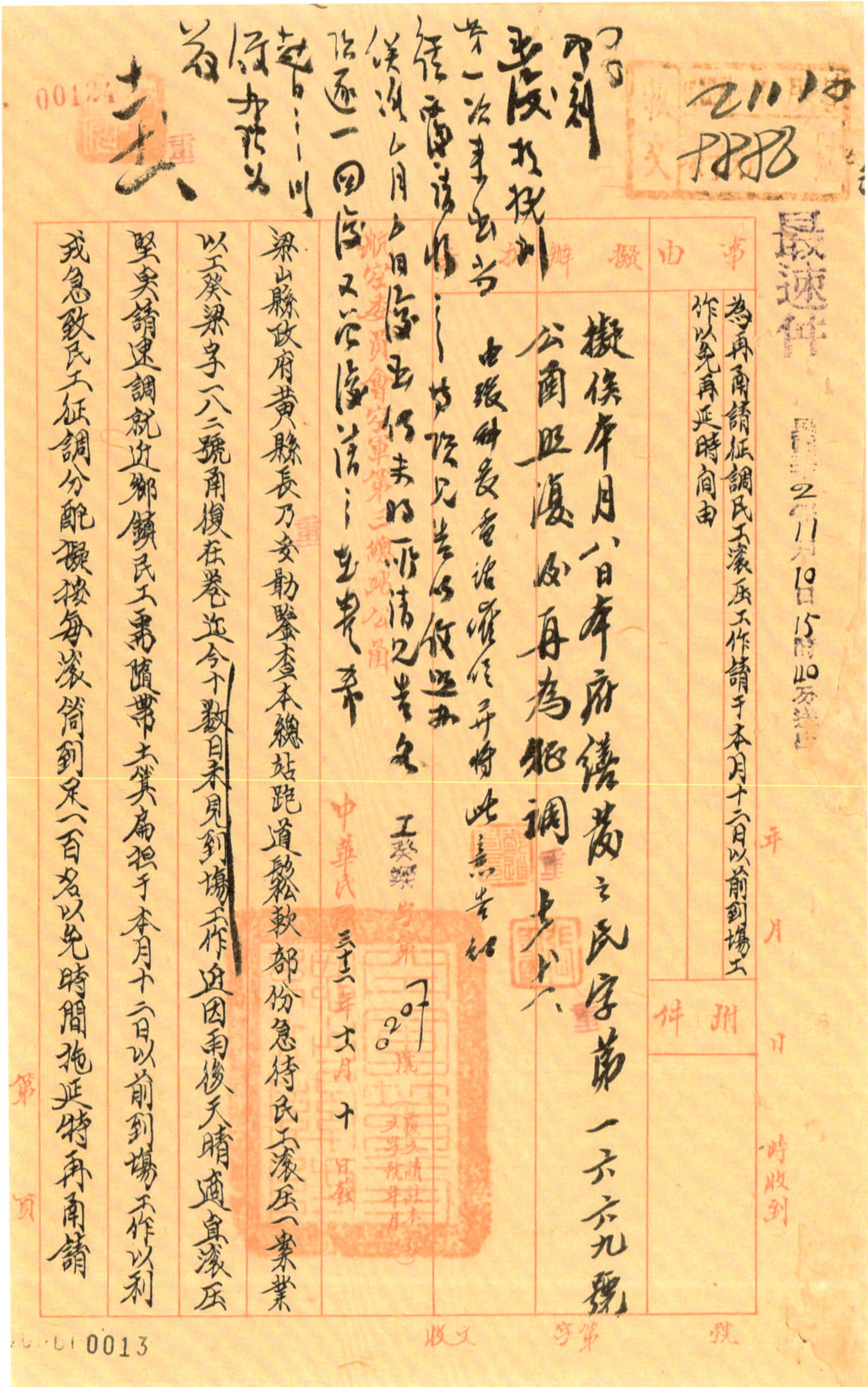
最速件
事由：為再函請征調民工滾压工作請于本月十二日以前到場工作以免再延時間由

梁山縣政府黄縣長乃安勛鑒：查本總站跑道鬆軟部份急待民工滾压一案，業以工癸梁字一八二號函復在卷，迄今十數日未見到場工作，近因雨後天晴，適宜滾压堅實，請速調就近鄉鎮民工，需隨帶土箕扁担，于本月十二日以前到場工作，以利戎急。致民工征調分配，擬按每保筒到足一百名，以免時間拖延，特再函請

查照辦理見復為荷

此致

梁山縣政府

總站長 張□□

013-1

梁山县政府致航空委员会空军第三总站的公函（一九四三年十一月十三日）

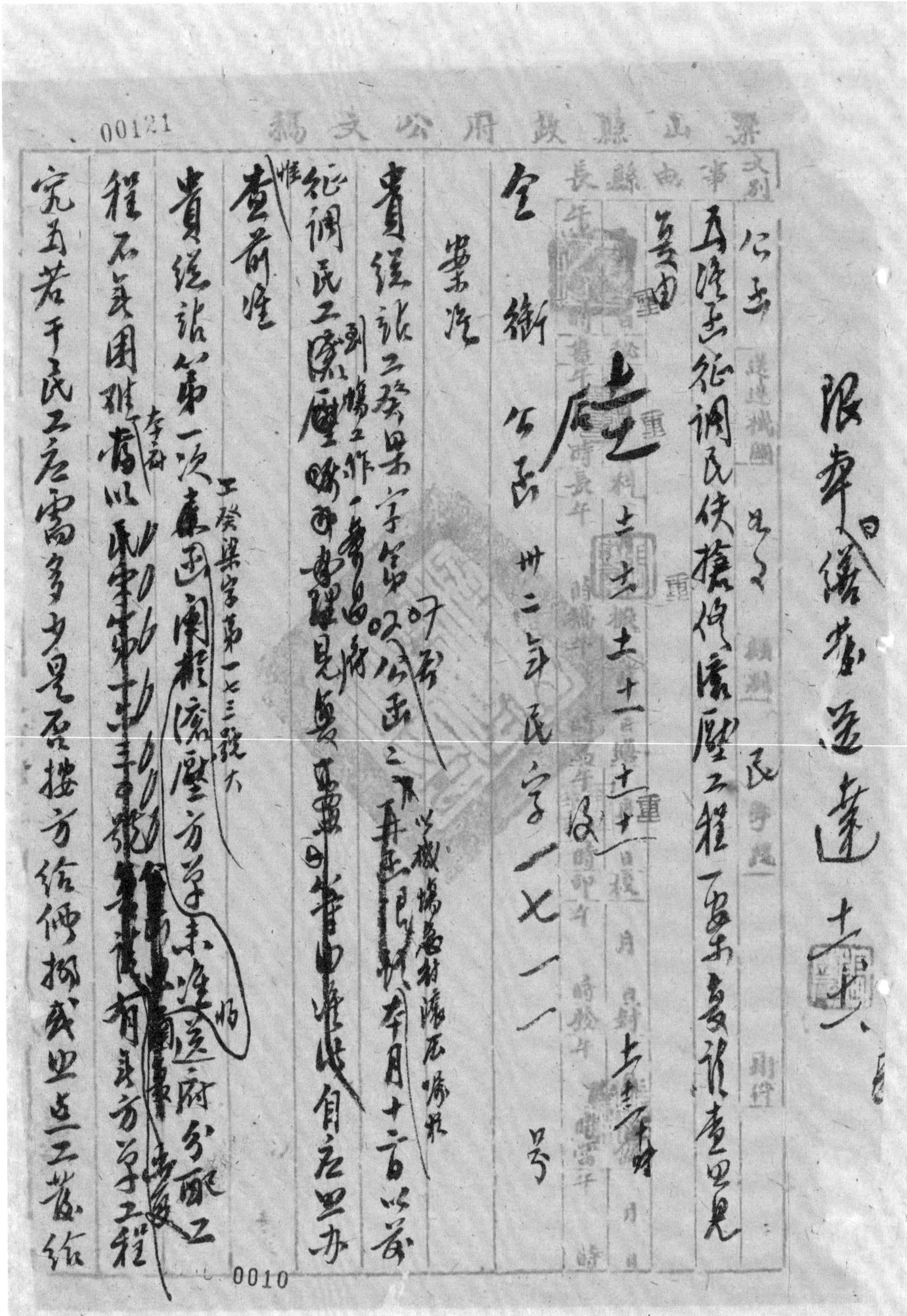
00121

梁山縣政府公文稿

文別 公函

事由 為准函征調民伕趕修滚壓工程一案函復查照見[illegible]

全銜 公函 卅二年民字一七一一號

案准

貴總站工癸渠字第[illegible]號公函[illegible]征調民工滚壓[illegible]

查前准

貴總站第一次[illegible]滚壓方[illegible]程不無困難[illegible]

完成若干民工應需多少是否撥方給價[illegible]

0010

00122

民工每名每日工資為何規定，須說希見復，以便照办。查

案准

貴縣諭廿二年十月二日工發黑字第0182號公函二，以此次搶修

工隊係專作滾壓工作，擬仍按滾壓西方草價支給伙食

等由，仍未將該項函送一併案，實難

照办。本府復以民字第一六六九號公函詢依前情，迄未

見復。果准函前由，相应急請

貴縣諭煩查照，希將方草及應需民工數並日給口食標準若干速送府，

以便派員丈方。查方草不詳，送府其

民工報到時間及口食，究按何種標準發給，希

0011

予明白見復以便辦理為荷

此致

空軍第三總站

站長黃〇〇

航空委员会空军第三总站、梁山县政府关于征调民工六百名继续修整机场场面未完工程的文书（一九四三年十一月十五日至二十六日）

航空委员会空军第三总站致梁山县政府的公函（一九四三年十一月十五日）

00182

事由	擬辦	批示
為貴函覆民字1669及1711號前後兩函征調民工一案由		

附件

年　月　日　時收到

航空委員會空軍第三總站公函

工梁字第022號（覆文請註本號文字號年月）

中華民國卅二年十一月十五日發

梁山縣字第八十號信箱

案准

貴府民字第1669及1711號前後兩函敬悉。查本總站此次征調民工係繼續上次從整場面未了工程，約計需民工陸千工，每日需民工陸百名，業已函明在案，工作自

收文　字第　號

00000009

嗣約需十日即有民工伙食依征工辦法每日以
[illegible]支給相應煩請
貴府迅予征调以利戎機為荷！
此致
梁山縣政府
總站長 杜[illegible]

009-1

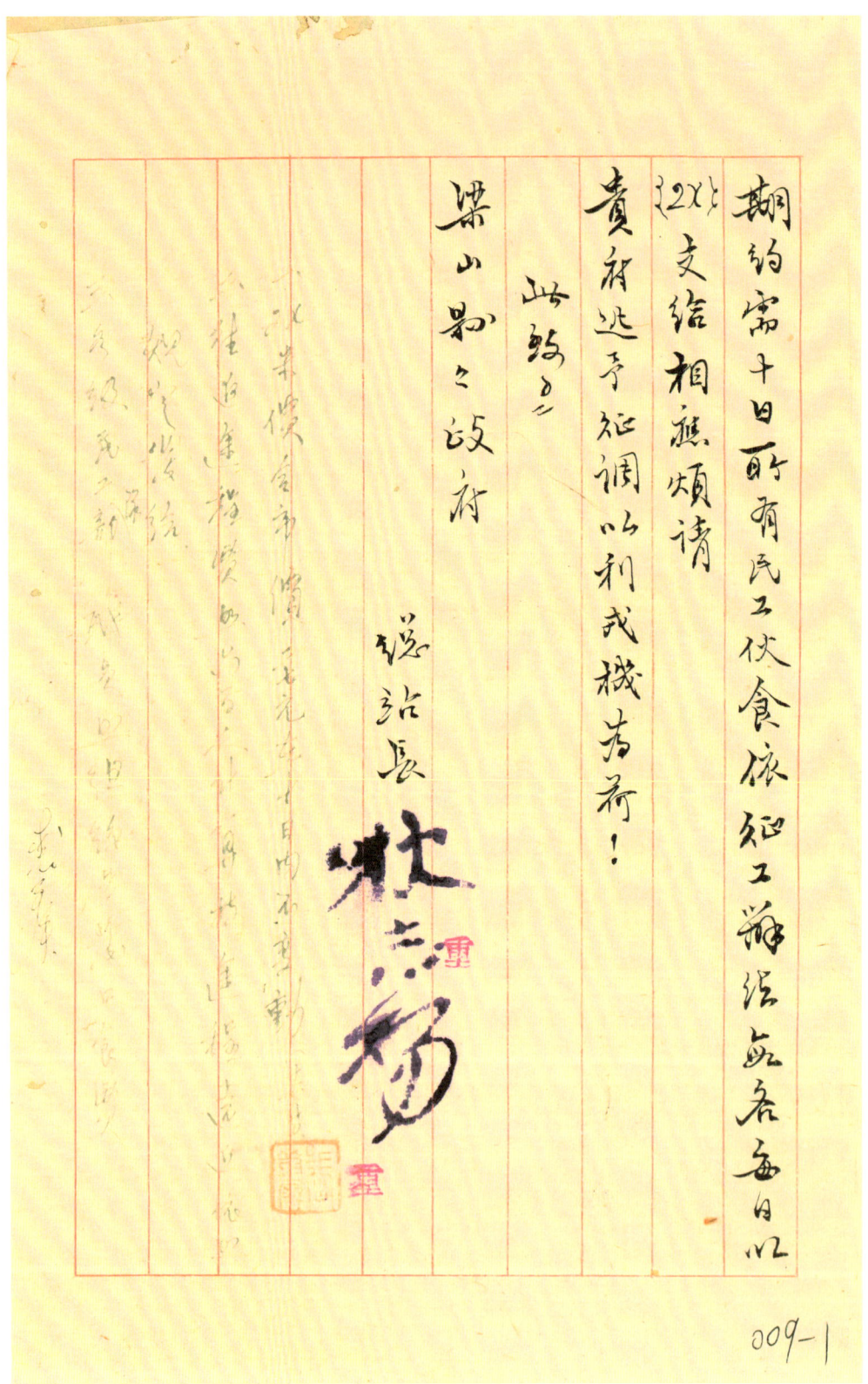

梁山县政府致四川省政府的呈（一九四三年十一月二十六日）

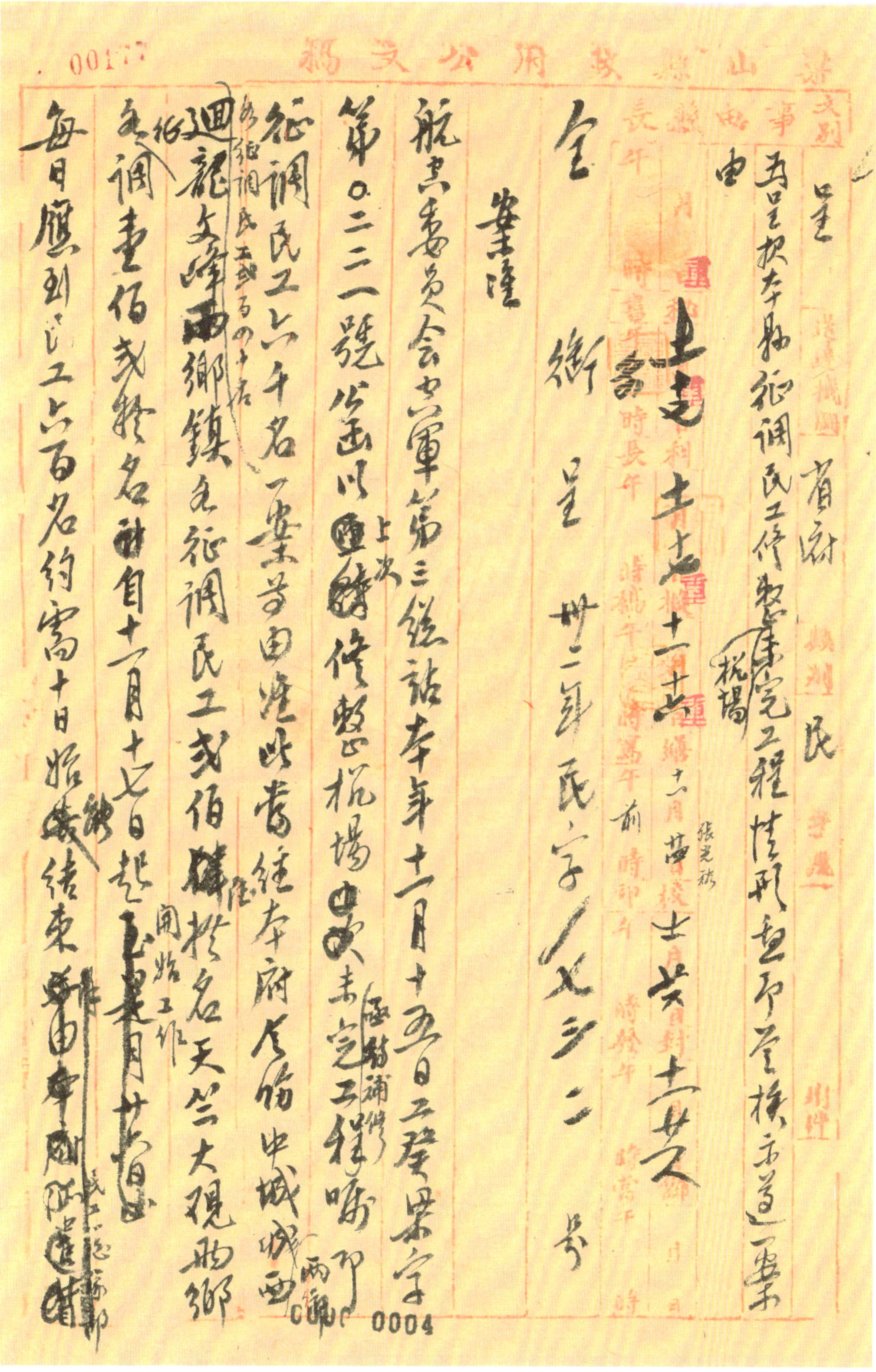

00173

派员

兹查本会同第三管理处所有工程进度

及工具补充、民工待遇、医药、伤亡抚恤等项，业经规定办

理，惟以所属各该地方民工工程办法暨实施情形，理合将办理

民工情形具文呈报

钧府俯赐鉴核示遵

再本处第三总队工程进度，经编制计划及图说，合并声明

谨呈

四川省政府主席张

梁山……长黄〇〇

00000005

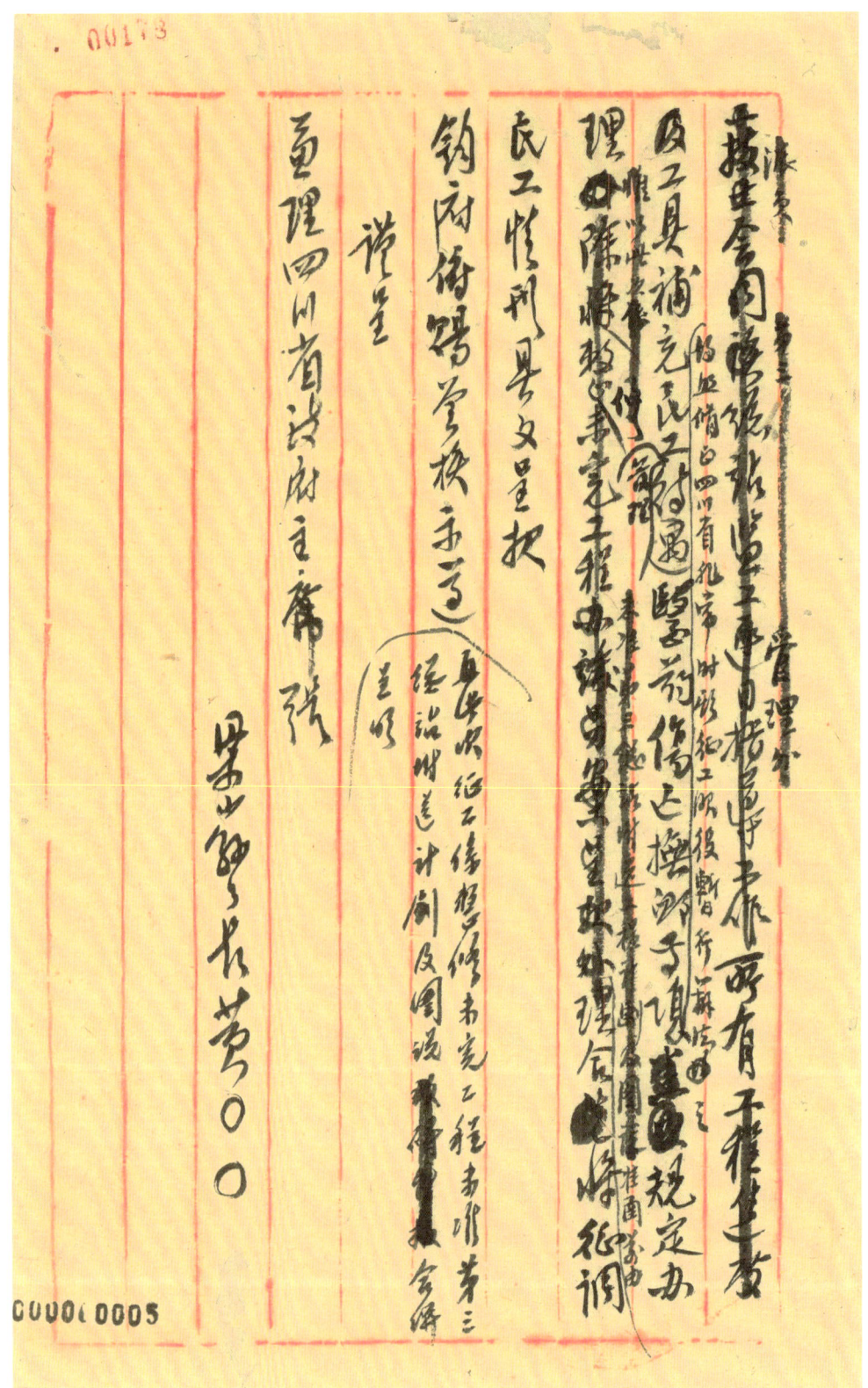

航空委员会空军第三总站、梁山县政府关于代征一千名民工赶运机场新兴工程石料的来往文书（一九四三年十二月二十二日至二十九日）

航空委员会空军第三总站致梁山县政府的代电（一九四三年十二月二十二日）

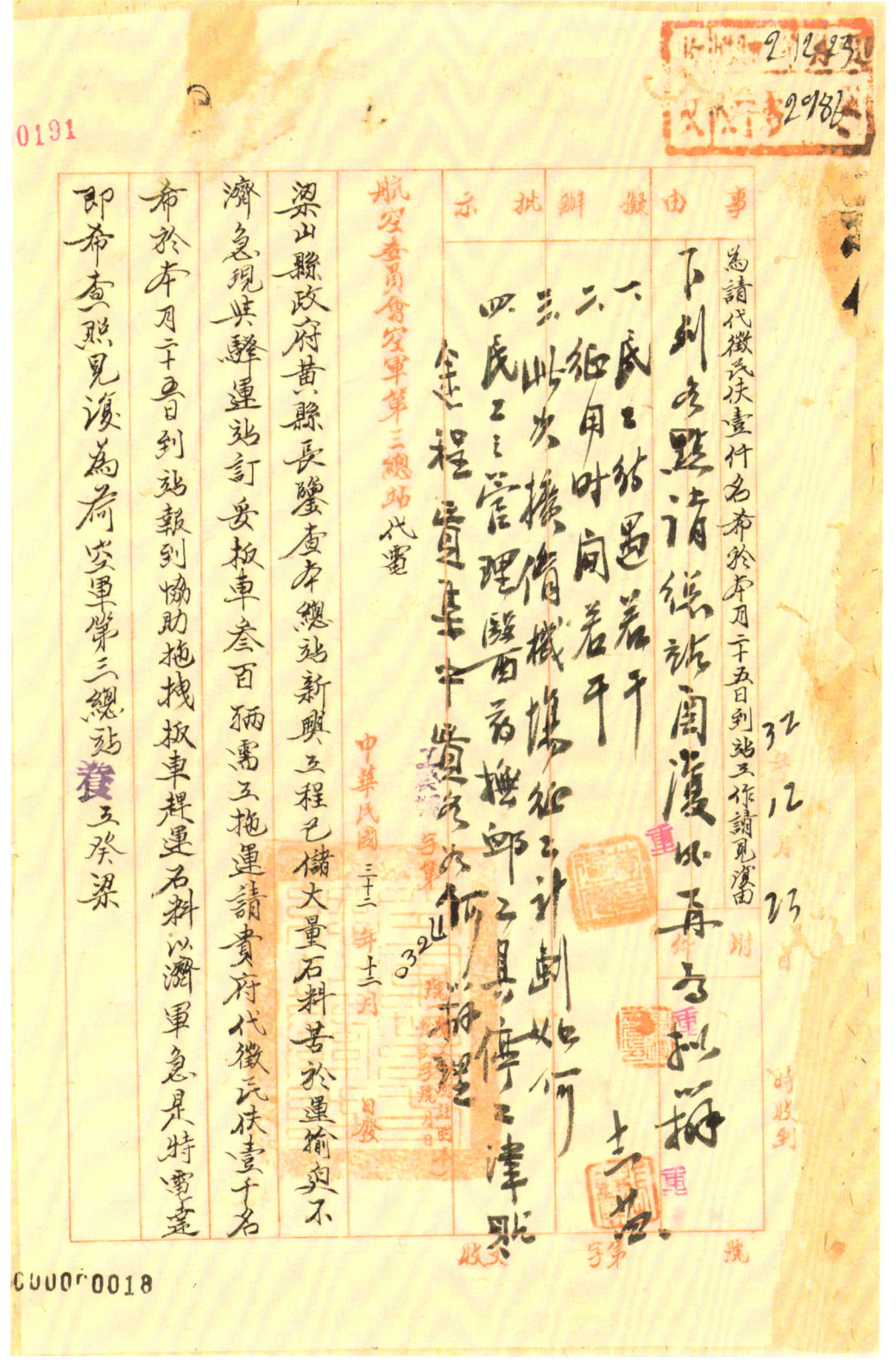

事由：為請代徵民伕壹仟名希於本月二十五日到站工作請見復由

擬辦：

批示：

下列各點請總站圍復以再另批辦
一、民工給養若干
二、給用時间若干
三、此次擴修機場征工計劃如何
四、民工之管理歸西蓋撫鄉之县，停工津貼
全途程費是否由□□□□辦理

梁山縣政府黄縣長鑒：查本總站新興工程已儲大量石料，苦於運輸，亟不濟急。現與驛運站訂妥板車叁百輛，需工拖運，請貴府代徵民伕壹千名，希於本月二十五日到站報到，協助拖拽板車，趕運石料，以濟軍急。是特電達，即希查照見復為荷。空軍第三總站養工癸梁

航空委員會空軍第三總站代電

中華民國三十二年十二月　日發

梁山县政府致航空委员会空军第三总站的公函（一九四三年十二月二十九日）

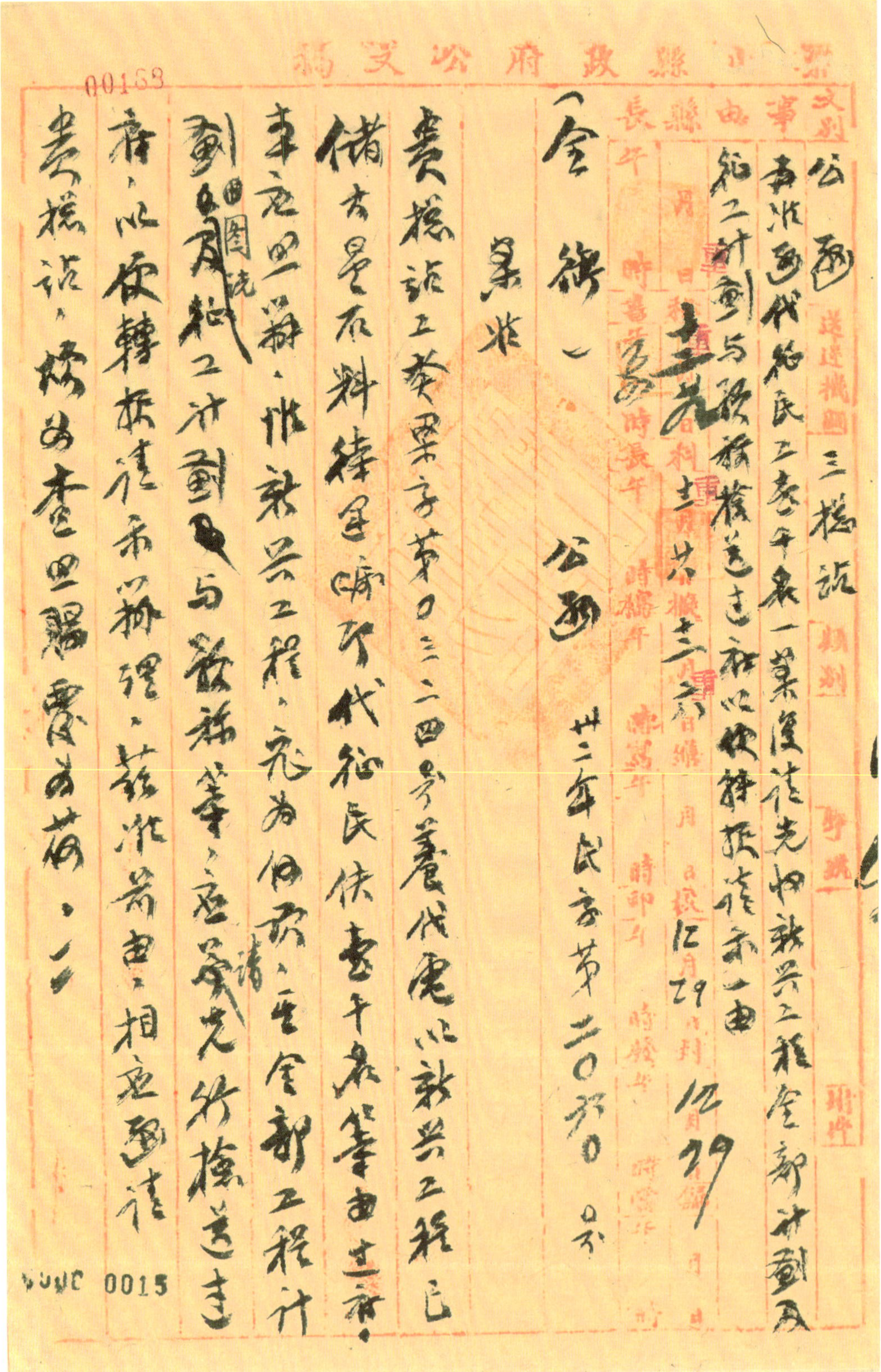

梁山縣政府公文稿

文別：公函

事由：為准函代徵民工壹千名一案復請先將新興工程全部計劃及需工計劃與預算檢送過府以便轉飭遵辦由

縣長 王先 十二月廿九

（令稿）三總站 公函 卅二年民字第二〇九〇號

案准

貴總站工參梁字第〇三二四號養代電以新興工程已備有器材料，徑屬府代徵民伕壹千名等由；查本案應予照辦。惟新興工程之範圍如何，全部工程計劃（附圖說）、需工計劃及與預算等，應請先行檢送過府，以便轉飭遵辦理。茲准前由，相應函請

貴總站查照賜覆為荷。

00189

告發

共軍第三樓話

縣長黃方

0000 0016

梁山县各乡镇一九四三年秋季补修机场民工队组织及服役办法（一九四三年）

呈
核示

…00075

梁山縣各鄉鎮卅二年秋季補修機場民工隊組織及服役辦法

一、本辦法遵照四川省非常時期徵工服役暫行辦法訂定之。

二、本縣設民工總隊一，下設若干中隊。

三、總隊以縣內各中隊組織之，設總隊長、副總隊長各一人，總隊長由縣長兼任，副總隊長遴選派充之。

四、大隊以各該區所屬之中隊組織之，設大隊長、大隊附各一人，由區指導員兼任。

四、中隊以各該鄉鎮之三分隊組織之，設中隊長一人，由鄉鎮長兼任。

五、分隊以三班組織之，設分隊長一人，由保長或遴選員派充，每班民伕廿名，設班長一人，由民伕推充組伕之

0016

六、總隊部大隊部中隊部之組織應照修正四川省非常時期徵工服役暫行辦法附表卷點各級民工隊部每月經費支給標準表按日支給之

七、民工服役應照每人每日工作能率以照土石方計算為原則

八、民工以中隊為單位分配工程但既經劃定後非有特殊情形不得任意變更

九、空軍總站應將全部補修工程於工作開始前十日將方單送縣府查對

十、倘補修方單不能如期送達縣府時則按照工計算

十一、空軍總站應派監工若干人縣府應派督工若干人會同指導民工並隨時查驗所做工程之進度是否合乎規定

十二、民工在服役期间内每人每日给以2X之待遇

十三、民工应领各费仍照实到工人数预领五日之周转数费。

十四、民工往返途程费以在乡镇公所为出发地点三十华里以内者给予半日方价之待遇，六十华里以内者每人给予一日之待遇，六十华里以外者每卅华里加给二分之一日待遇，在乡镇公所集合期内每名另给一日之伙食费，均不在方价内扣除。

十五、民工在服役期内遇有疾病或受伤应由空军医务所予以诊治或发给医药费自行治疗，并照左列规定给予病工口食费，不在方价内扣除：

1. 全休者给予~~食费~~1.6X之口食费

2. 半休者给予0.8X之口食费

十五、民工在工作地死亡重伤或残废者由空军第三修站照左列规定分别给予埋葬费抚恤费或医疗费，不在方价内扣除，其标价办法照下列规定之

1、在工作期间因病或因故死亡者给予棺埋费一百二十元，一次抚恤费一百六十元，因工作受重伤或残废者，一次给予抚恤费一百六十元

2、在敌机空袭之下不及躲避惨遭毙命者给予棺埋费一百二十元，一次抚恤费二百五十元，因重伤致残废者一次给予抚恤费二百五十元

3、因抢护工程或抢救器材奋不顾身致死亡或重伤致残废者除照前项规定外由空军总站斟酌情形从优奖恤

4、民工因重伤治疗时间较长者应为给予治疗费并发给回程旅费

00079

遣回治療

十、民工在工作地或工棚内患病自願回籍醫療而於途间或抵家五日内死亡比仍按本案第一項之規定發予棺埋費及撫卹費

十七、各級民工隊長及办理工役人員因公患病致死亡或殘廢比仍比照民工病傷殘死應發各費增發二分之一以示體恤

十八、服役民工因特殊故障不能工作時由工務委員会照左列規定分别發予口食費不在方價内扣除

1、因雨或特殊事故不能工作時每停工一小時發予口食費1.6元之八分之一停工八小時給與一日發予口食費1.6元

2、因敵机空襲停止工作時每小時給予口食費1.6元之八分之一時间

0020

长沟依次应加，其不足一小时者仍以一小时计算。

5. 因雨或特别事故或敌机空袭致停工，其时间及人数由空军三总站负责登记及民工总队部分别登记，随时查对核报。

十九、普通工具如铁锹、扁担、土箕、绳索等以民工自带为原则，但临时应添制之工具及修理费等应由空军总站拨各乡镇担任工程全部方价百分之三概算预发补助之，不在方价内扣除。

廿、特种工具如十字镐、铁锤、石滚等概由空军站总备发给民工应用，用毕仍缴还，如有遗失，得酌量情形责令赔偿。

廿一、民工住宿房屋所需稻草由总站酌予发给，不在方价内扣除。

廿二、本办法如有未尽事宜，得随时会商修正之。

00081

廿三、本办法自核定日施行

0022

梁山县政府、航空委员会空军第三总站关于随时准备民工队抢修机场以利作战的来往文书（一九四四年三月五日至二十日）

航空委员会空军第三总站致梁山县政府的代电（一九四四年三月五日）

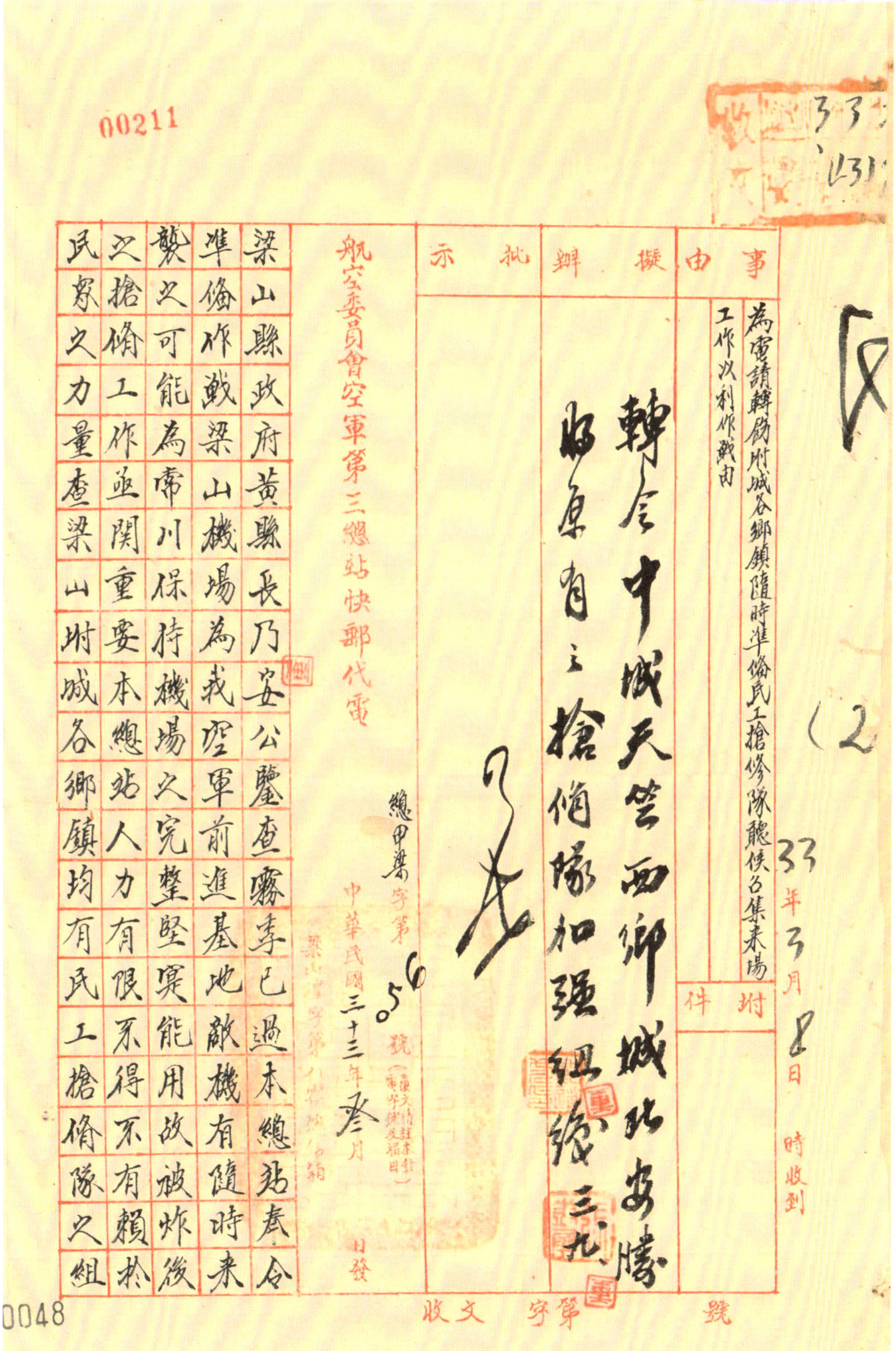
00211

事由：為電請轉飭附城各鄉鎮隨時準備民工搶修隊聽候召集來場工作以利作戰由

附件

33年3月8日時收到

擬辦：轉令中城天竺西鄉城北安勝

批示：飭原有之搶修隊加強組織 三.九

航空委員會空軍第三總站快郵代電

總甲桑字第056號

中華民國三十三年叁月 日發

梁山縣政府黃縣長乃安公鑒：查霧季已過，本總站奉令準備作戰，梁山機場為我空軍前進基地，敵機有隨時來襲之可能，為常川保持機場之完整堅實能用，故被炸後之搶修工作亟關重要，本總站人力有限，不得不有賴於民眾之力量。查梁山附城各鄉鎮均有民工搶修隊之組

收文 字第 號

0048

个

零六一八號代電轉飭各鄉鎮隨時準備民工三千人聽候召集來場工作以利作戰為荷總站長施政光

總甲梁

048-1

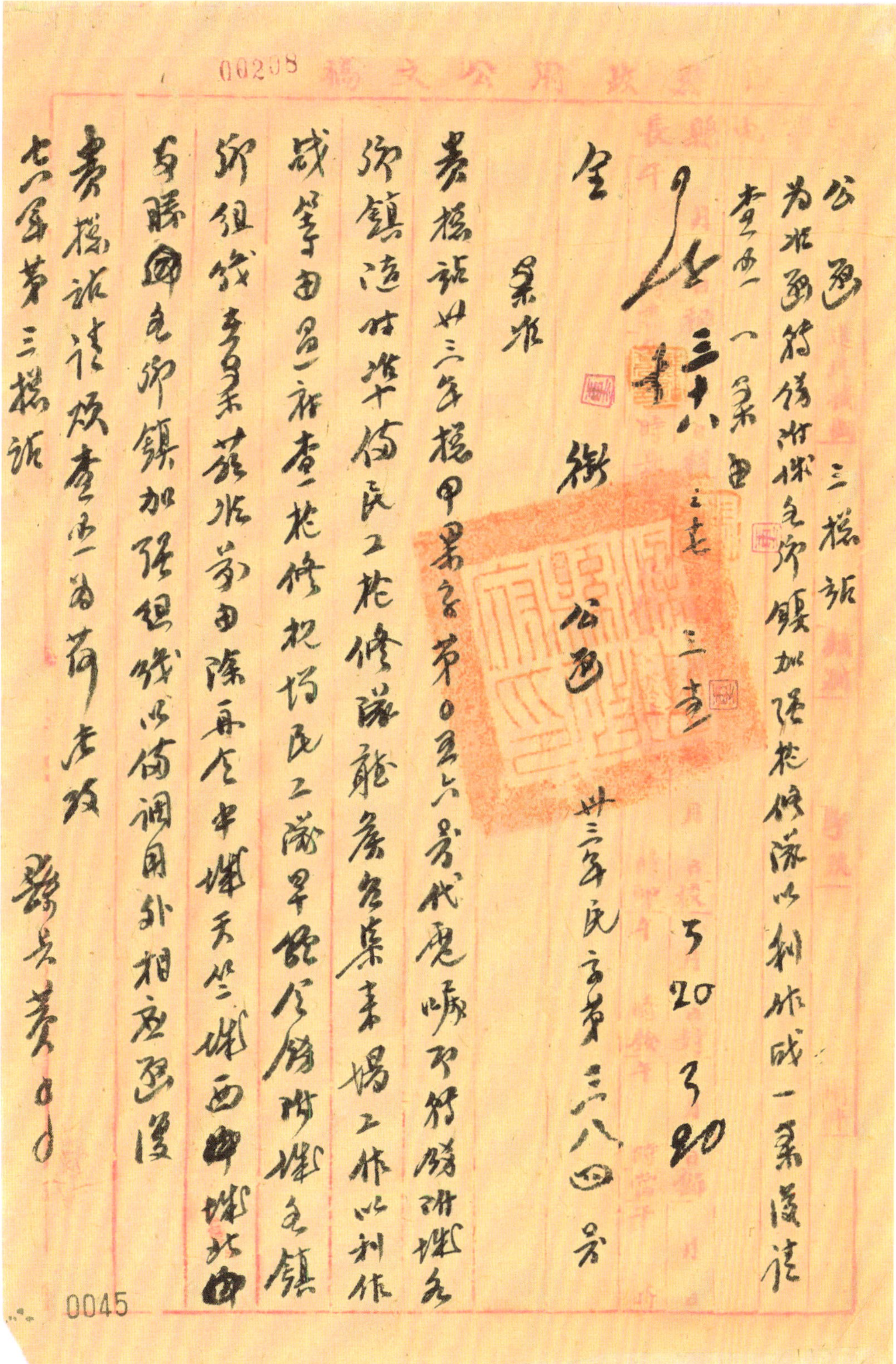
公函 三总站

为准函转饬所属各乡镇加强征修队以利作战一案复请查照由

全衔 公函 卅三年民字第三八四号

案准

贵总站卅三年总甲兵字第0三六号代电略开：即饬所辖附场各乡镇迅将草绳民工抢修队组织完竣来场工作以利作战等因。查本县征工抢修机场民工队早经分饬附场各乡组织在案，兹准前由，除再令中和、天竺、城西、城北四乡镇外，当县属各乡镇加强组织以备调用外，相应函复

贵总站请烦查照为荷。此致

空军第三总站

县长 黄

梁山县政府致航空委员会空军第三总站的公函（一九四四年三月二十日）

梁山县政府关于征调一万名民工赶修机场跑道致锦水乡乡公所的紧急命令（一九四四年三月二十日）

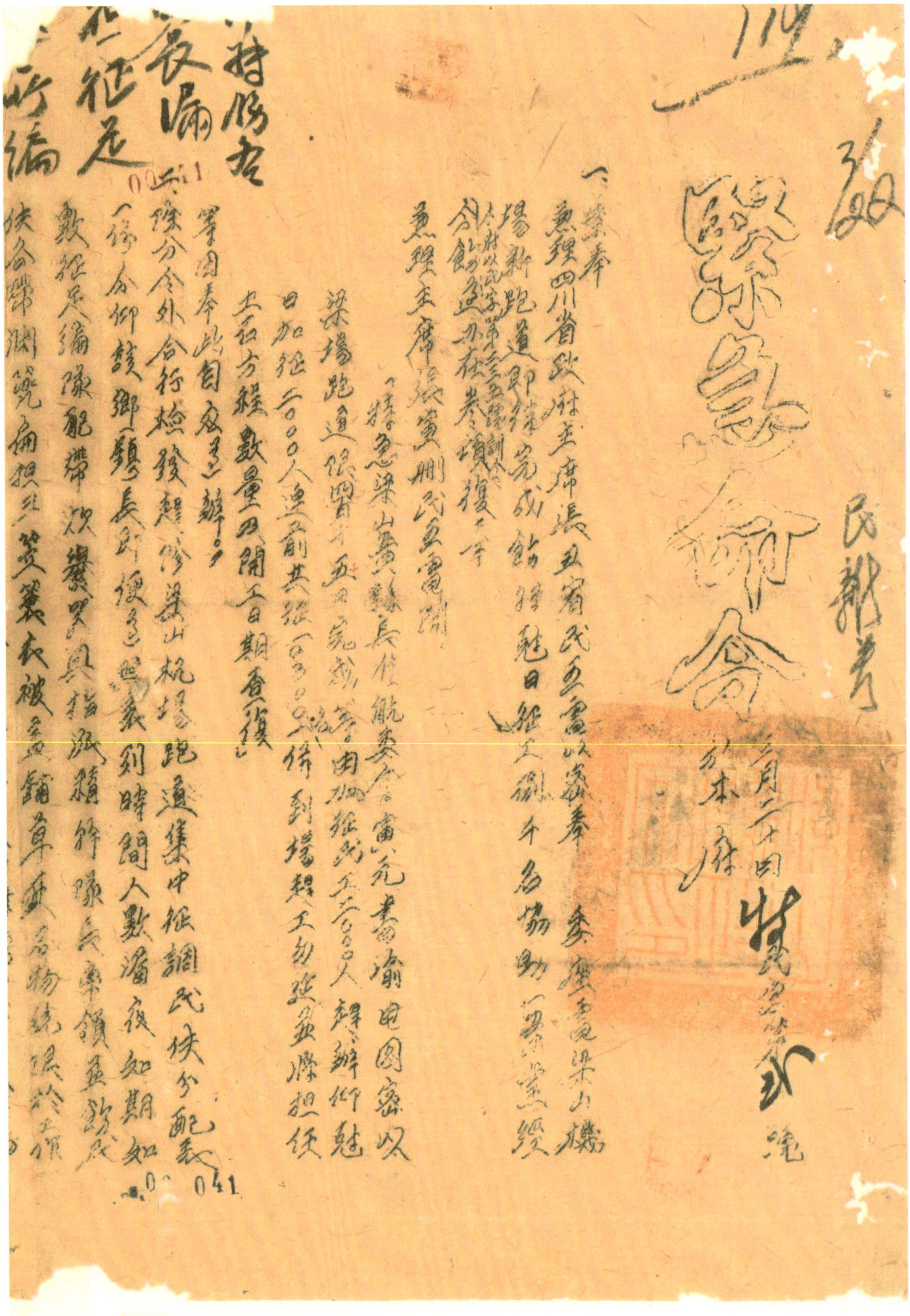
3/20
民耕考
紧急命令
一、案奉
兼理四川省政府主席张寅有民工电以案奉
委座[illegible]梁山机场新跑道即须完成，饬特赶日征工，[illegible]协助[illegible]
[illegible]令饬遵办在卷。顷复奉
兼理主席张寅删民工电开：
"特急。梁山县县长[illegible]
梁场跑道限四月五日完成[illegible]
日加征二〇〇〇人，连前共征[illegible]到场赶工，勿延，并将担任
土石方程数量及开工日期查复"
等因。奉此，自应遵办。
除分令外，合行检发赶修梁山机场跑道集中征调民伕分配表
（附分配表）仰该乡（镇）长即便遵照表列时间人数，漏夜如期如
数征足，编队配带[illegible]
伕各带锄[illegible]衣被[illegible]铺草[illegible]
特务长
征足
所编

……我經工
……三年六

……開始前（四日下午六時前）到達民工總隊部（柏樹灣雲門鄉公所）報到
大隊部）報到，聽候指派工作，如有違延（遲到）以貽誤兵役論罪
三、征調民伕時務須注意体質，不得以老弱充數，致滋□□之
類。
四、民伕待遇（每日各發思食米壹市斤六合，柴炭費□□□合發食）
菜式合折合代金，并將餉發給。
五、前項卅三年五月四日民字第六六五號調工令，仰遵照實施。
此令。

錦水鄉（鎮）々長徐彥君

計檢發征調民伕（編）配表一份

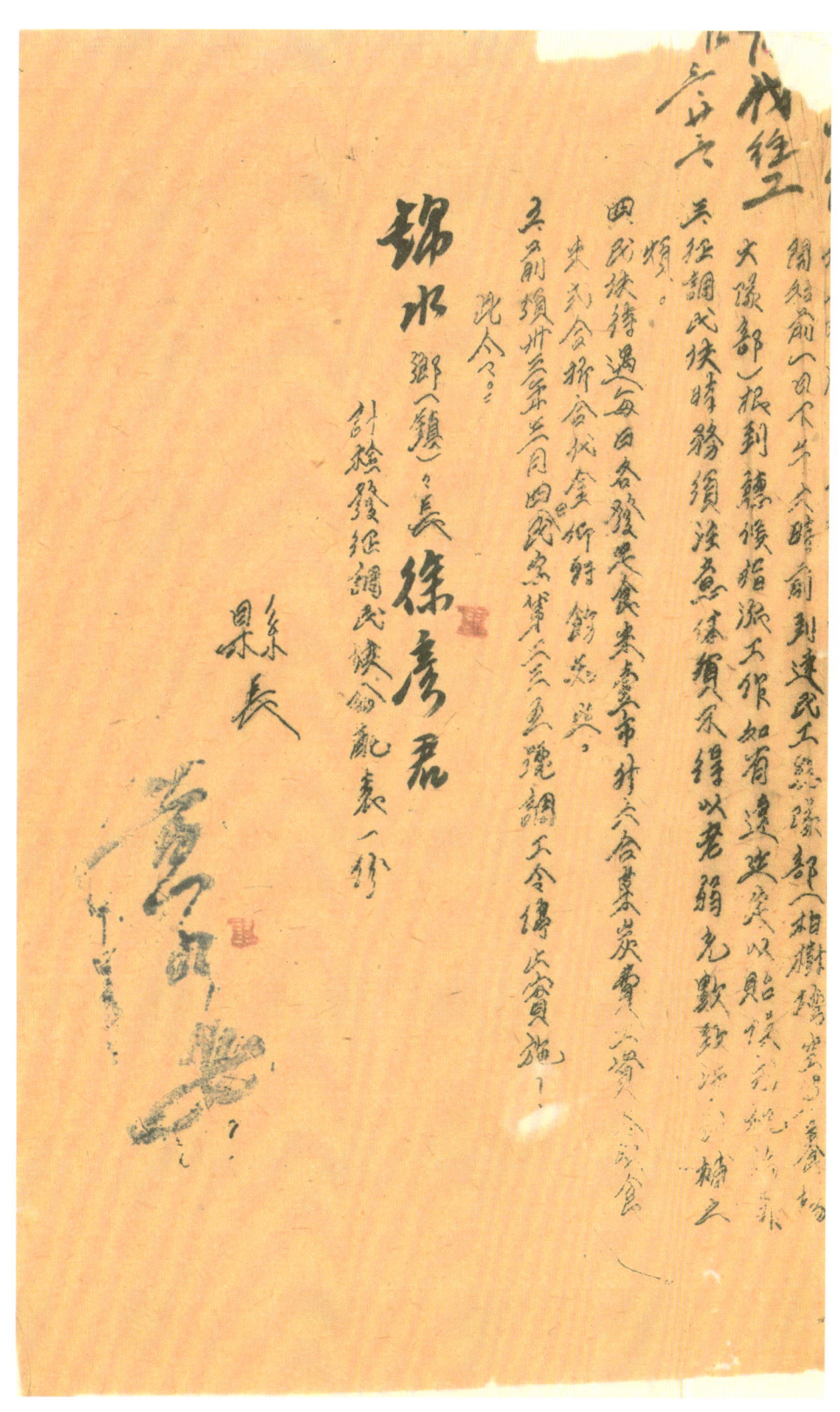

縣長 黃□□

附：赶修梁山机场跑道集中征调民夫分配表（一九四四年三月二十日）

扩修梁山机场跑道集中征调民伕分配表

卅三年三月二十日

乡镇别	保数	应征人数	编队	中队长人数	分队长	报到日期	备考
中城	三〇	三〇〇	三	一	二	自三月二十三日起至四月六日止	担任机场检修及临时横工 每保征调十名
天竺	一一	一一〇	一	一	一	同	同
西乡	二一	二一〇	二	一	二	同	同
安胜	一二	一二〇	一	一	一	同	同
城北	一三	一三〇	一	一	一	同	同
城东	五〇	五〇〇	五	一	四	同	同
金带	二七	三四〇	三	一	三	同	每保应征二十名
和林	一六	四四〇	四	一	二	同	同
南林	[illegible]	二六〇	二	一	一	同	同
仁贤	二四	四八〇	四	一	三	同	同
蟠龙	一二	二四〇	二	一	一	同	同
[illegible]	二六	二六〇	六	一一	一	自三月廿四日起至四月七日止	每保征调十名 每[illegible]征[illegible]名
福山	二〇	二〇〇	二	一	一	同	同

042

錦水	一九	一七〇	二	一	一	同	同
迴龍	一六	一六〇	一	一	/	同	同
天峰	一六	一六〇	一	一	/	同	同
合溪	七	七〇	一	一	//	同	同
明遠	二〇	四〇〇	四	一	三	同	每鎮征調二十名
復興	一七	三四〇	三	一	二	同	同
新盛	二〇	四〇〇	四	一	三	同	同
文化	一二	二四〇	二	一	一	同	同
金平	一七	三四〇	[illegible]	一	二	[illegible] 自二月二十五日起至四月八日止	同
大觀	二〇	四〇〇	[illegible]	一	三	同	同
雲龍	二四	四八〇	四	一	[illegible]	同	同
龍門	一六	三二〇	三	一	三	同	同
[illegible]	八	[illegible]	[illegible]	[illegible]	[illegible]	同	同

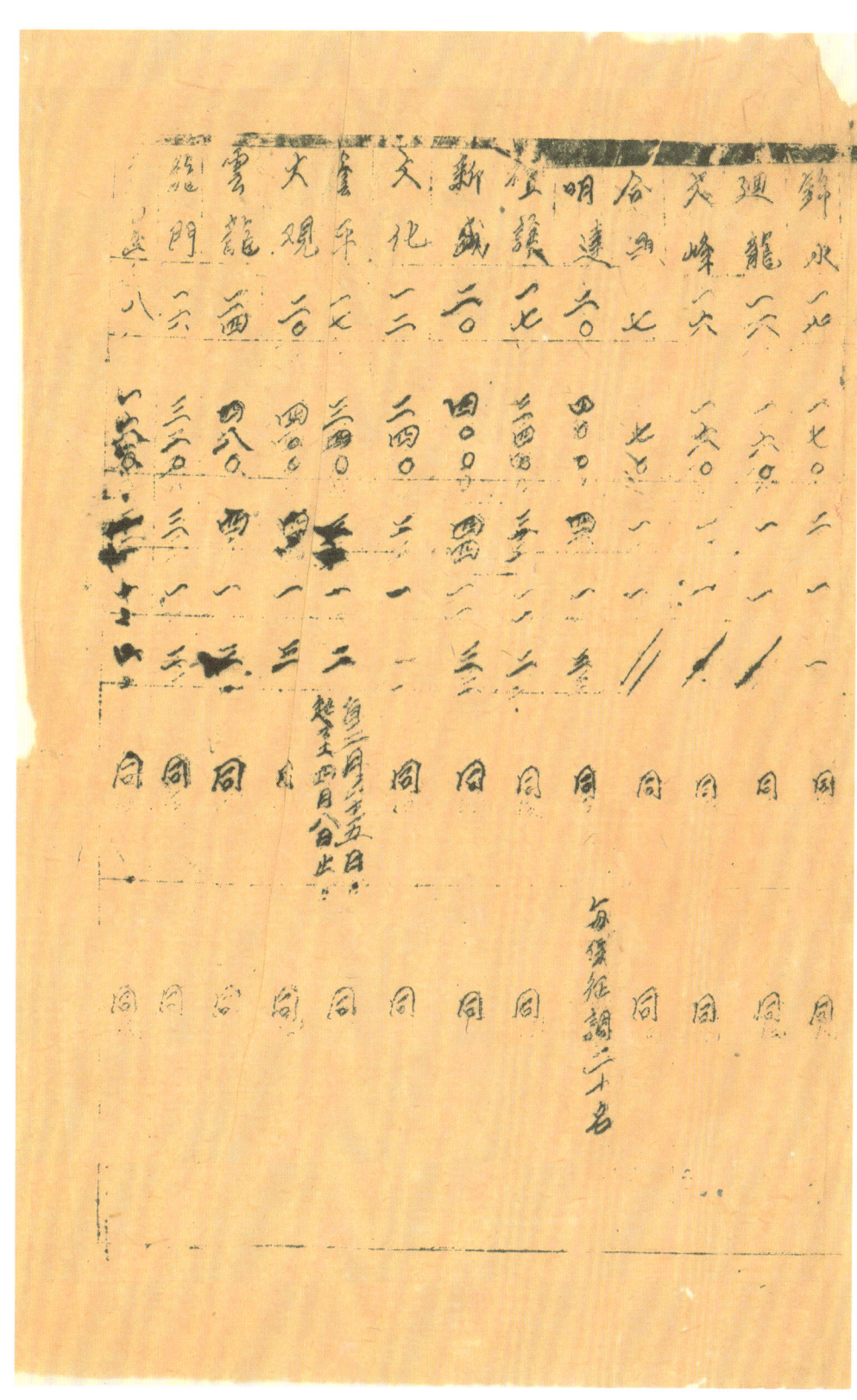

吴武	一九	三八〇	三	一	二	同	同
安壹	八〇	二〇〇	二	一	一	同	同
袁驛	一三	四六〇	〇	一	三	同	同
尧城	二〇	六〇〇	五	一	四	同	同
吴私	一七	五四〇	三	一	二	同	同
福禄	一四	四八〇	四	一	三	同	同
胡家	一八	三六〇	三	一	二	同	同
紫照	一四	二八〇	一	一	一	同	同
石安	一二	四二〇	四	一	三	同	同
合計	一三〇	一〇三二〇	九三	三五	五八		

0043

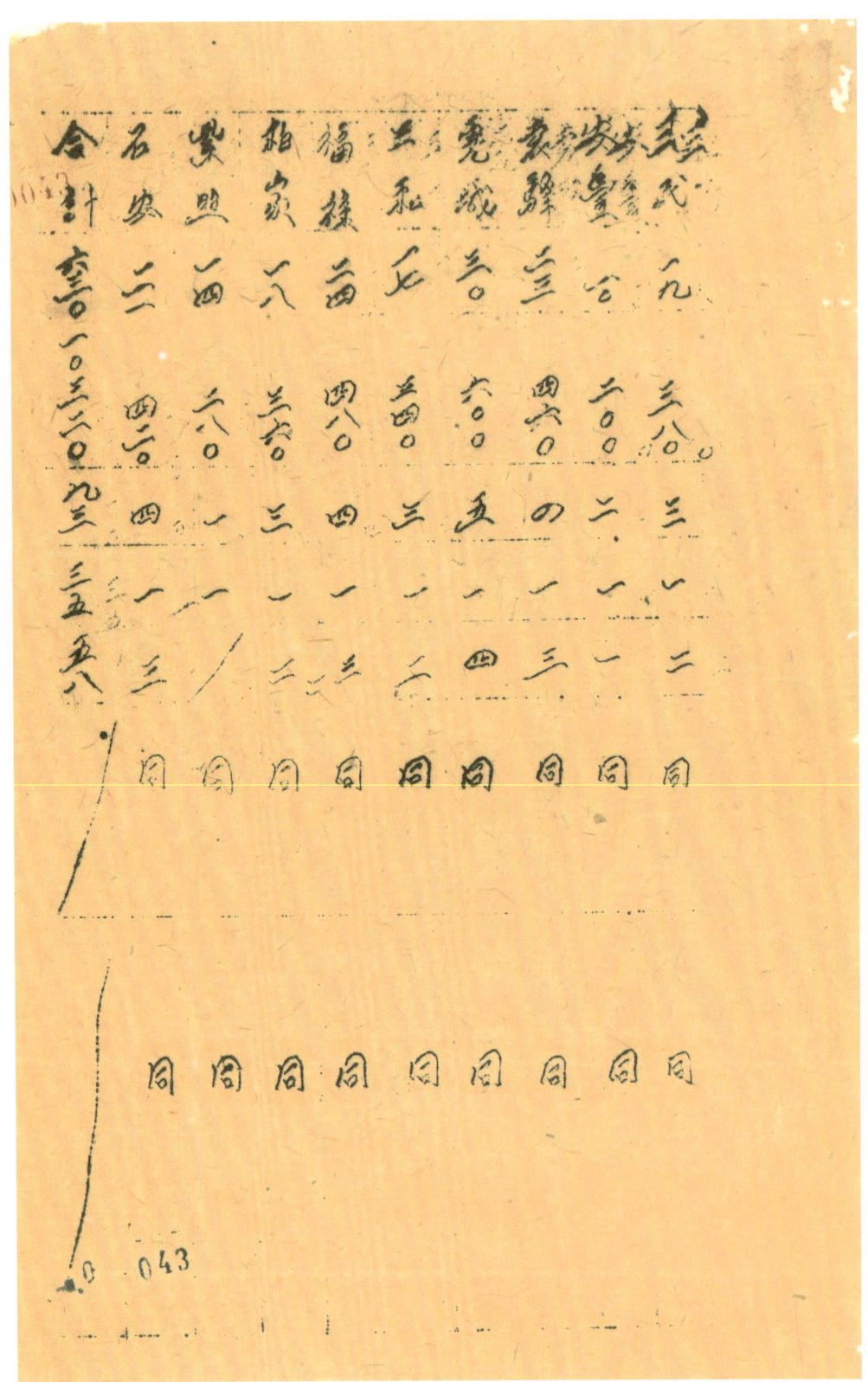

四川省政府关于加强抢修机场民工大队编组以备调遣致梁山县政府的训令（一九四四年三月）

00004

事由：為令飭該縣迅將搶修機場民工大隊加強編組具報由

35450

四川省政府訓令　三十三年民五字第　號　民國三十三年三月　日發

令梁山縣政府

查該縣搶修機場民工大隊組織已久，所有各級隊長及民工難免不無變動，現值霧季已過，空襲堪虞，所有該縣搶修大隊亟應依照規定迅予加強編組，以備調遣，除分令外，合行令仰遵照辦理，並將奉文日期暨辦理情形具報為要！

此令。

兼理主席　張群

民政廳長　胡次威

校對　鳳華　監印　武

令中機場、天竺機場、西機場、北岸、縣各鄉鎮加強編組，遵限具報，並呈報奉文日期及辦理情形。

0004

梁山县政府关于奉四川省政府令征调六千三百名民工赶修机场新跑道致三民乡乡公所的训令（一九四四年三月）

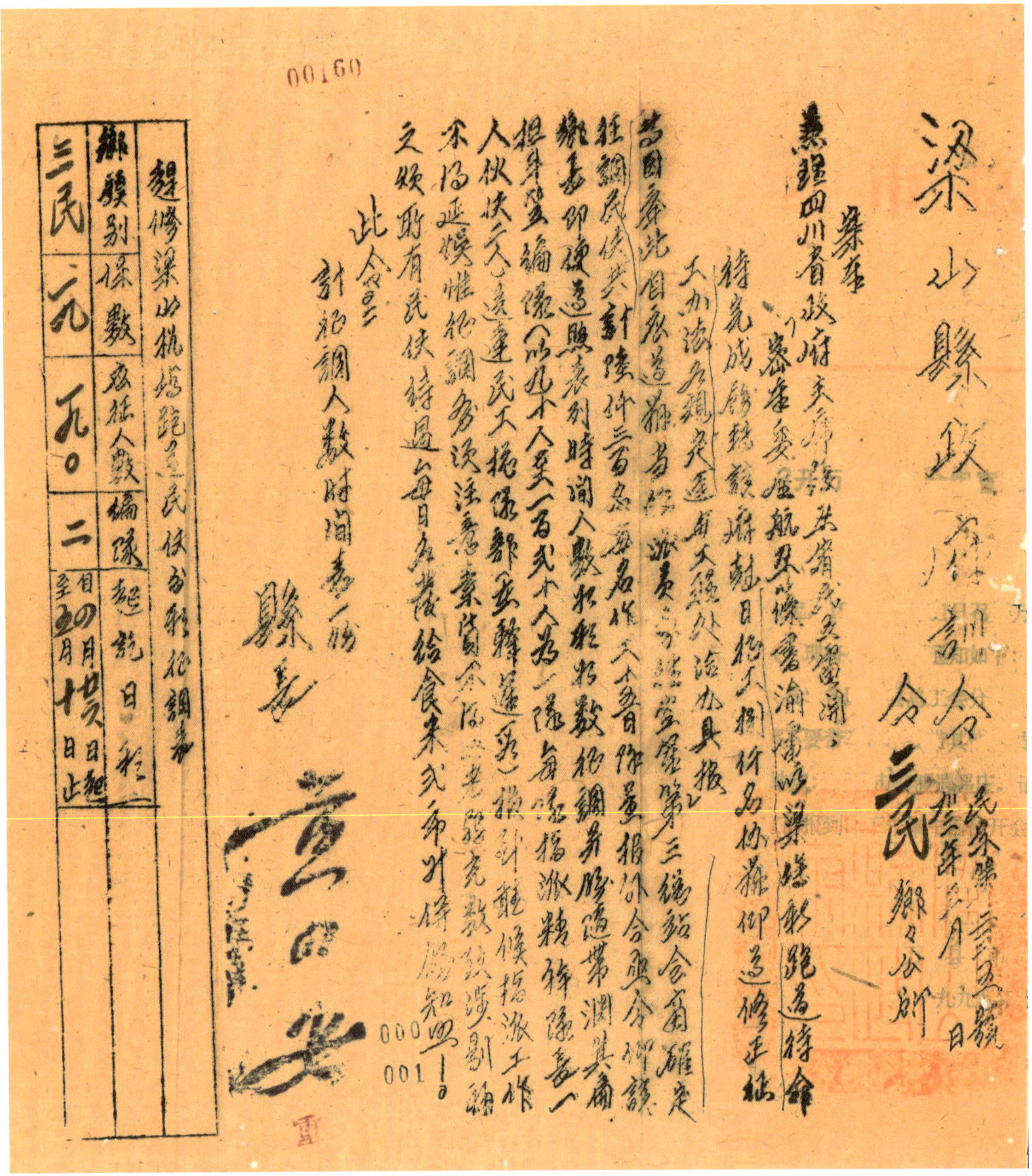

梁山县政府训令 民字第 号
卅三年 月 日
令三民乡乡公所
案奉
四川省政府[illegible]代电开："[illegible]案奉委座[illegible]航[illegible]修渝梁[illegible]梁山新跑道[illegible]待命
特[illegible]完成[illegible]日[illegible]修正[illegible]
大加[illegible]民工[illegible]具报"
等因。奉此，自应遵办。当经[illegible]派员[illegible]第三[illegible]会商[illegible]决定
征调民伕共计六千三百名，[illegible]合[illegible]
[illegible]照表列时间人数[illegible]征调[illegible]
组织编队（以九十人至一百二十人为一队，[illegible]
人[illegible]民工[illegible]
不得延误，[illegible]
该所有民伕[illegible]每日[illegible]给食米[illegible]知照。
此令。
计征调人数时间表一份
县长 [illegible]

赶修梁山机场跑道民伕分配征调表

乡镇别	三民
保数	一九
应征人数	五九〇
编队	二
起讫日程	自四月廿六日起至五月十日止

航空委员会梁山工程处关于一九四四年三月十一日至四月十九日梁山县政府征调赶修机场跑道民工数量的证明
（一九四四年四月二日）

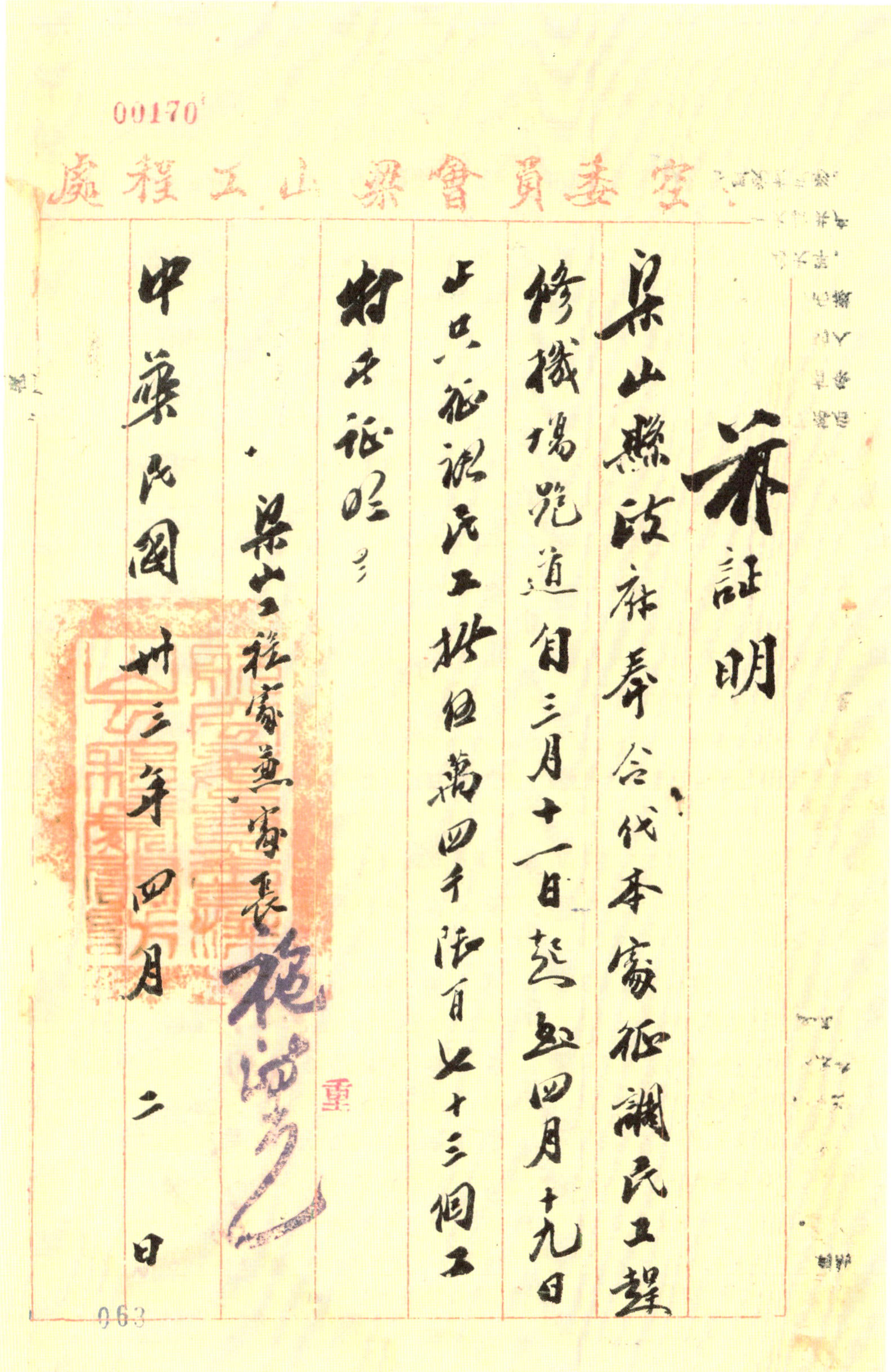
00170
航空委員會梁山工程處

茲証明
梁山縣政府奉令代本處征調民工趕
修機場跑道自三月十一日起至四月十九日
止只征調民工共計壹萬四千陆百七十三個工
特此証明
梁山工程處處長
中華民國卅三年四月二日
063

航空委员会空军第三总站、梁山县政府关于加强民工抢修队组织工作的来往文书（一九四四年四月至五月）

航空委员会空军第三总站致梁山县政府的代电（一九四四年四月二十三日）

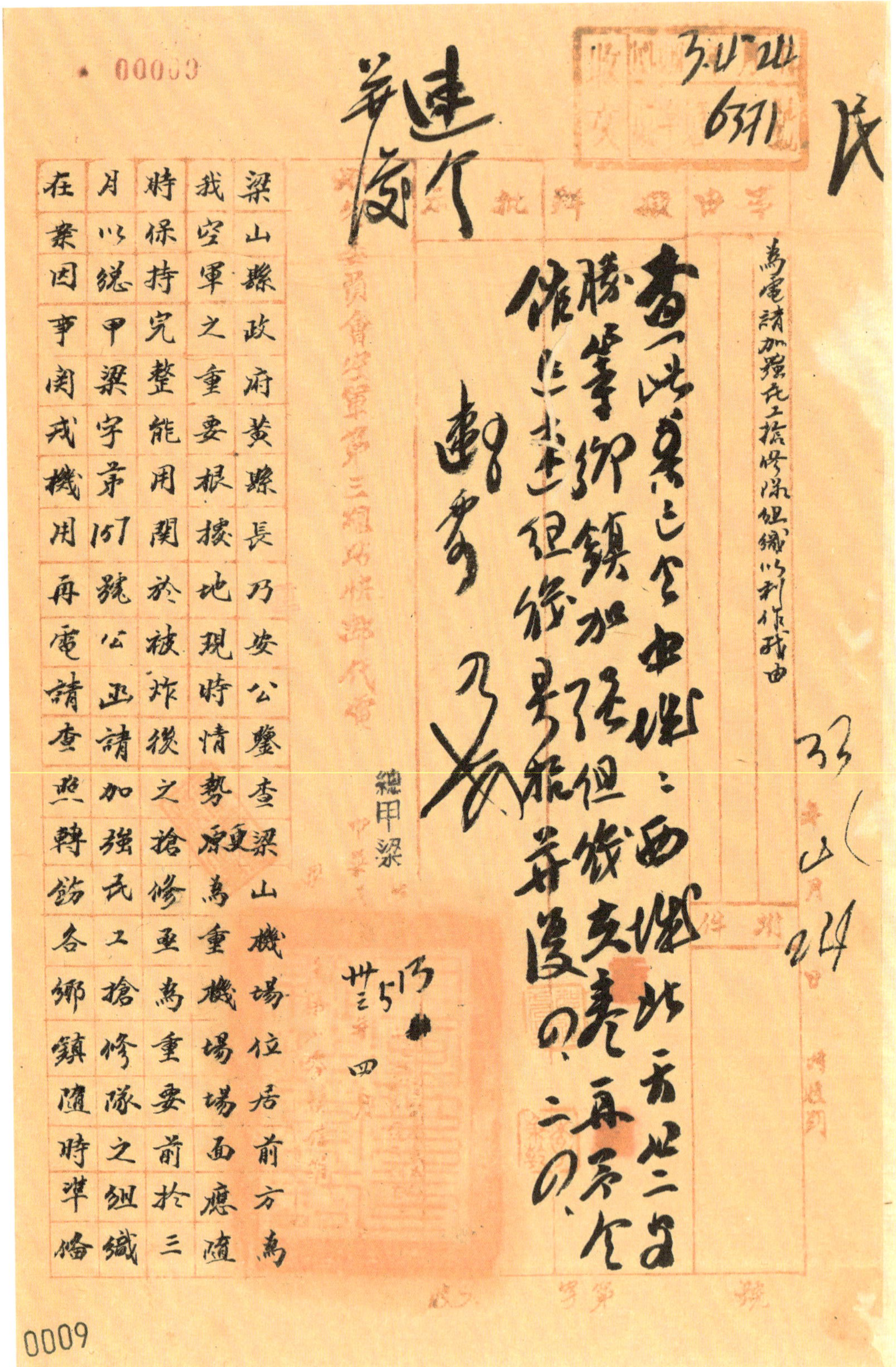

為電請加強民工搶修隊組織以利作戰由

梁山縣政府黃縣長乃安公鑒查梁山機場位居前方為
我空軍之重要根據地現時情勢更為重機場場面應隨
時保持完整能用關於被炸後之搶修亟為重要前於三
月以總甲梁字第151號公函請加強民工搶修隊之組織
在案因事關戎機用再電請查照轉飭各鄉鎮隨時準備

總甲梁

0009

聽候各集爲荐空甲第三總站總站李施政光模總甲梁

梁山县政府致航空委员会空军第三总站的公函（一九四四年五月五日）

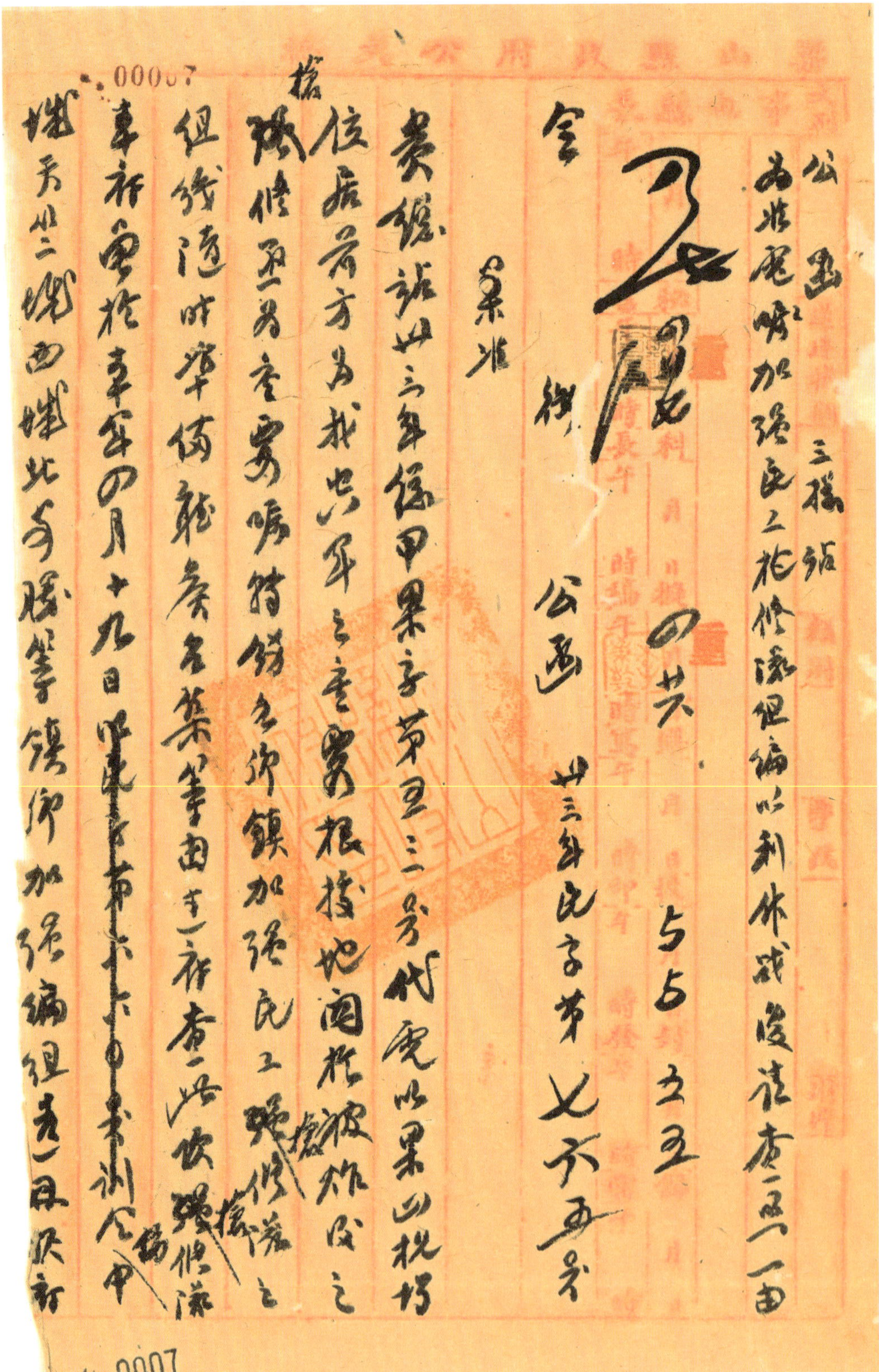

梁山縣政府公文

公函 三總站

為梁山機場加強民工搶修隊組編以利作戰復請查照由

令

公函 卅三年民字第七六五五號

案准

貴總站卅三年總甲眾字第五三一號代電以梁山機場位居前方為我空軍之重要根據地因於被炸後之搶修至為重要囑轉飭各鄉鎮加強民工搶修隊之組織隨時準備應命各等由；准此，查此項搶修隊業於本年四月十九日以民字第六六四號訓令中城東北二鎮西城北安勝等鎮鄉加強編組在案

0007

以憑轉飭調查去案，茲准前由，再令飭本機等至
卯鎮已予照其前大論但丹根外，相應函復
貴總站，請煩查照為荷。

此致
航空委員會
空軍第三探站

縣長 黃〇〇

0008

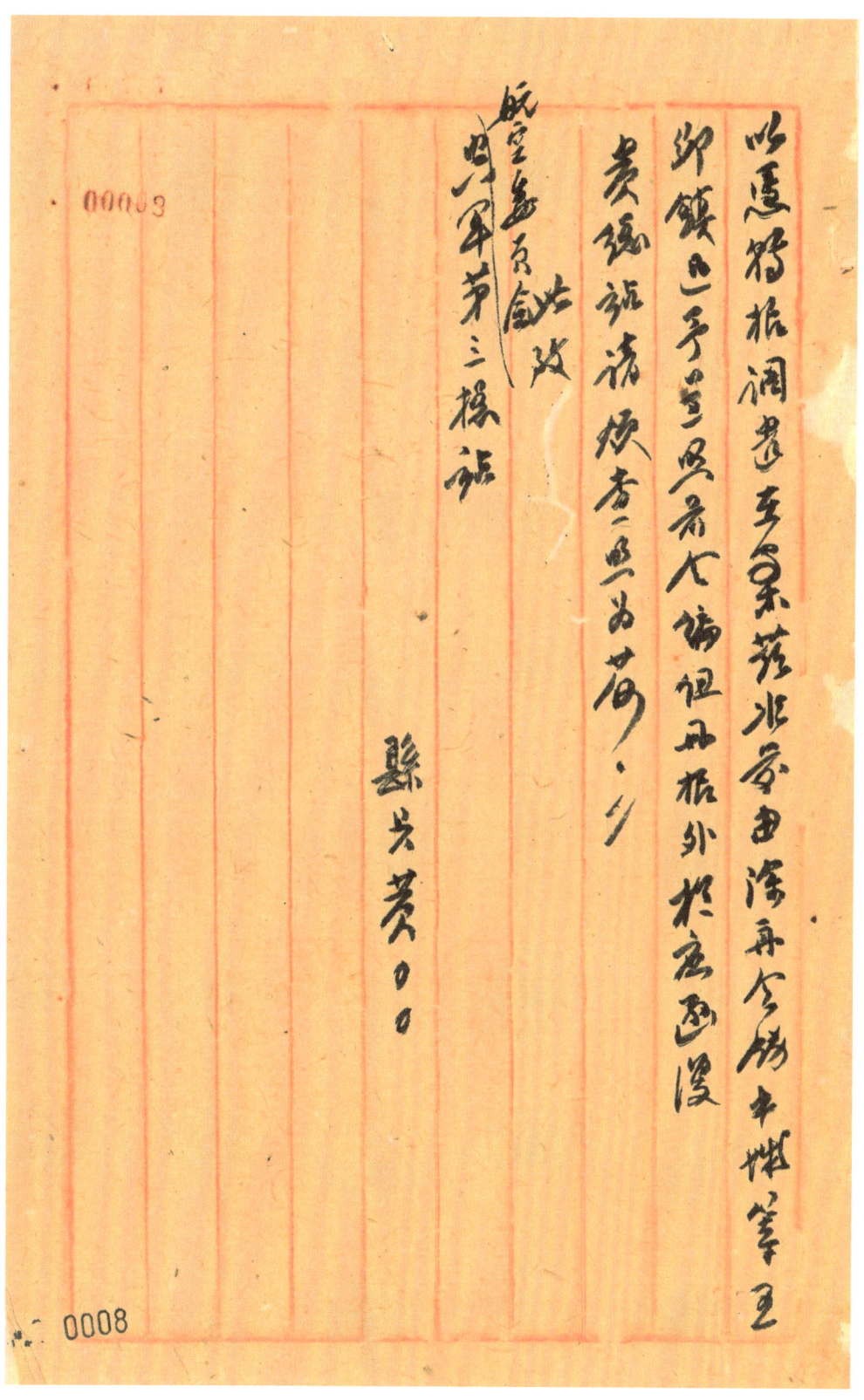

梁山县政府一九四四年三月二十三日至四月二十日征调民工赶修机场跑道逐日实到民工检查统计表（一九四四年四月）

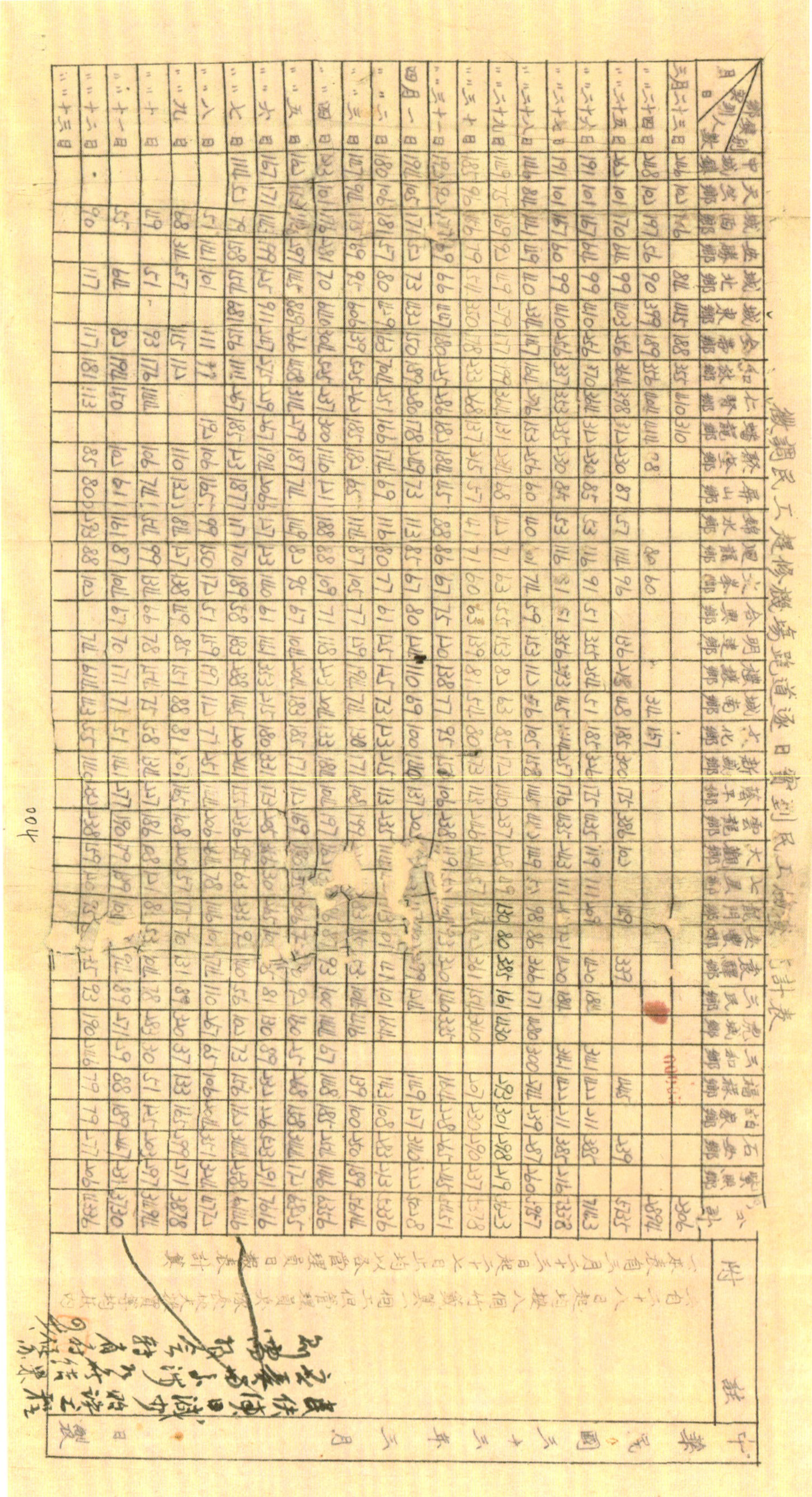
征调民工赶修机场跑道逐日实到民工检查统计表

附註

中华民国三十三年三月　日制

徵調民工趕修機場跑道逐日實到民工檢[illegible]表

月日 \ 鎮鄉 \ 實到人數	中城鎮	天竺鄉	城西鄉	安勝鄉	城北鄉	城東鄉	金常鄉	紹成鄉	仁賢鄉	蟠龍鄉	聚奎鄉	屏山鄉	錦水鄉	迴龍鄉	文峯鄉	合興鄉	明達鄉	禮讓鄉	城南鄉	文化鄉	新盛鄉	蔭平鄉	雲龍鄉	大觀鄉	七星鄉	龍門鄉	[illegible]	三民鄉	虎城鄉	三和鄉	福禄鄉	柏家鄉	石安鄉	紫照鄉	合計
四月十二日			90	117			117	181	113		85	80	293	88	102		74	614	43	55	140	232	238	159	120	95	5	93	190	246	79	79	277	206	4336
十三日			112	129			116	160	73		104	59	267	93	115		194	761	182	23	112	164	332	79	107	112		77	133	270	594	100	303	152	5030
十四日			166	70			283	277	114		111	165	254	141	112		284	405	194	20	157	149	221	303	215	169		87	111	321	1009	137	330	72	6058
十五日							293	71	97		172	179		157	106		231	12	119	47	154	301	408	301	133	219	8	100	132	295	642	137			4685
十六日							225		89		127	191			117		227		124	57	211	293	621	458	185	205	8	162	214	606	757	288			5671
十七日							122		79		98	195					847		130	145	252	311	895	291	259	197	33	157	197	826	451	224			5707
十八日							293		54		12	355					205		89	161	243	120	265	172	163	93	51	131	454	511		248			4933
十九日							86		34			72					50		35	165	127	83		171		53		49	798			277			2592
二十日																																			
總計																																			114623

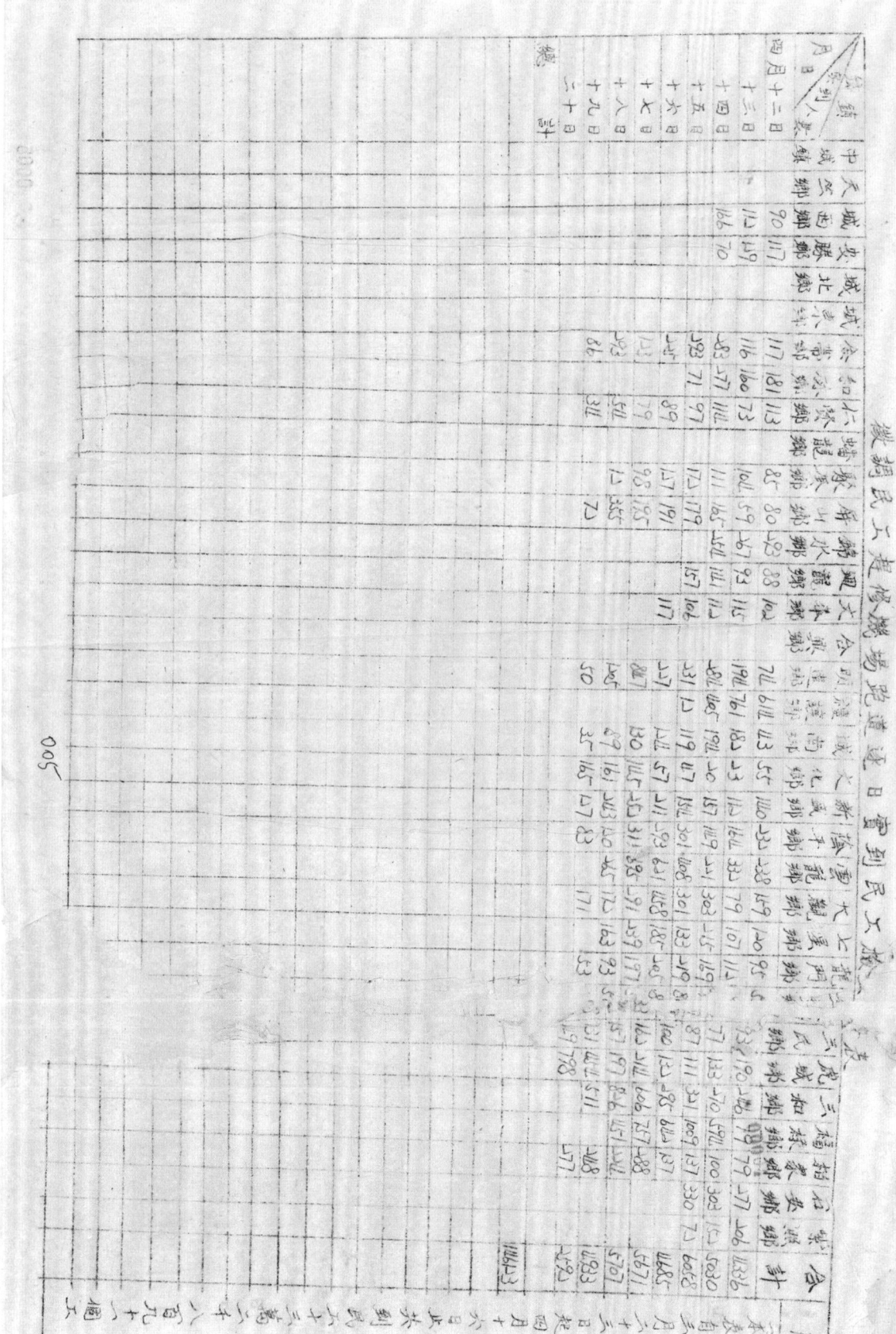

附：一、本表自三月二十三日起四月十六日止共到民工十三萬二千八百九十一個工

鄉鎮別	應到數	實到數	欠到數	應補數	備攷
中城	4500	2004	2496	200	
天竺	1650	959	691	86	
城西	3150	1711	1889	200	
安勝	1800	585	1215	152	
城北	1950	753	1197	149	
城東	7500	3779	3721	200	
金帶	5100	1977	3120	250	
和林	6200	2792	3808		
仁賢	7200	3767	3433	250	
蟠龍	3600	2490	1100	40	
聚奎	4050	2100	1950	240	
屏山	3000	629	2371	300	
錦水	2550	603	1920	200	
廻龍	2400	920	1480	200	
文峯	2400	746	1655	200	
合興	1050	500	550		
明達	6000	1536	4464	300	
禮讓	5100	1228	3870	300	
新盛	6000	1677	4323	300	
文化	2100	1155	945	100	
蔭平	5100	1167	3983	250	
大觀	6000	1106	4894	300	
雲龍	7200	2621	4579	300	
龍門	4800	1166	3634	250	
七星	2400	485	1915	160	
三民	5700	1118	3882	300	
安豐	3000	584	2416	180	
袁驛	6900	2951	3949	300	
虎城	9000	1749	7251	500	
三和	5100	1473	3627	300	
福祿	7200	2376	4626	300	
柏家	5400	1755	3645	300	
紫照	4200	1389	2611	180	
石安	6300	2428	3872	250	
城南	3300	497	2803	160	
合計					

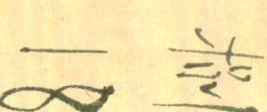

梁山县政府关于委派抢修机场民工总队部成员的训令（一九四四年五月二十六日）

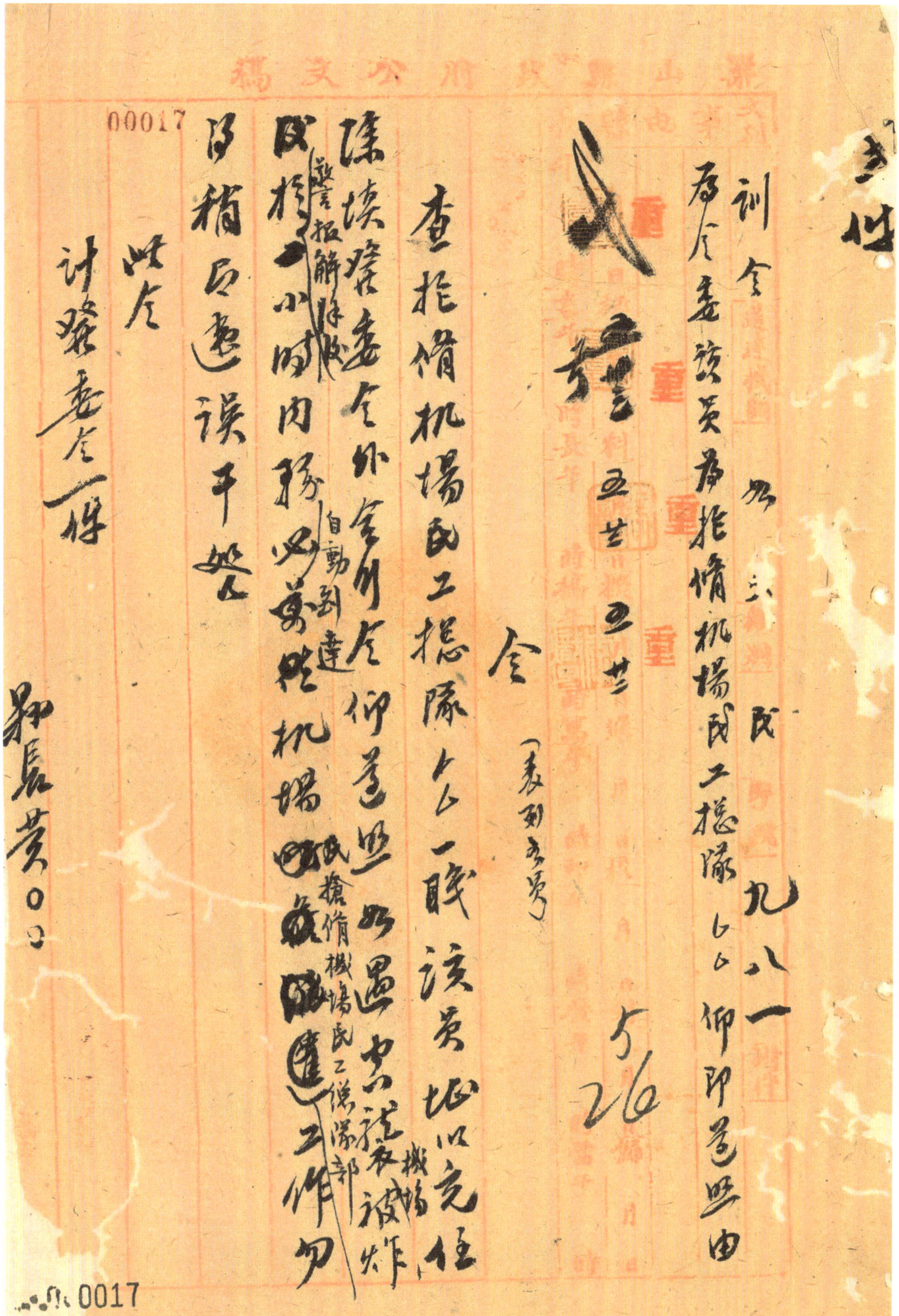

梁山縣政府公文稿

訓令 第 九八一 號

事由：令委該員為抢修機場民工總隊部人員仰即遵照由

五廿三 五廿三 5/26

令（表列各員）

查抢修機場民工總隊部人員一職，該員堪以充任，除填發委令外，合行令仰遵照，如遇空襲機場被炸，該管民夫於二小時內務必自動到達機場抢修機場民工總隊部實行工作，勿得稍有遲誤干咎。

此令

計發委令一件

縣長 黄〇〇

00017

附一：梁山县政府委派令（一九四四年五月）

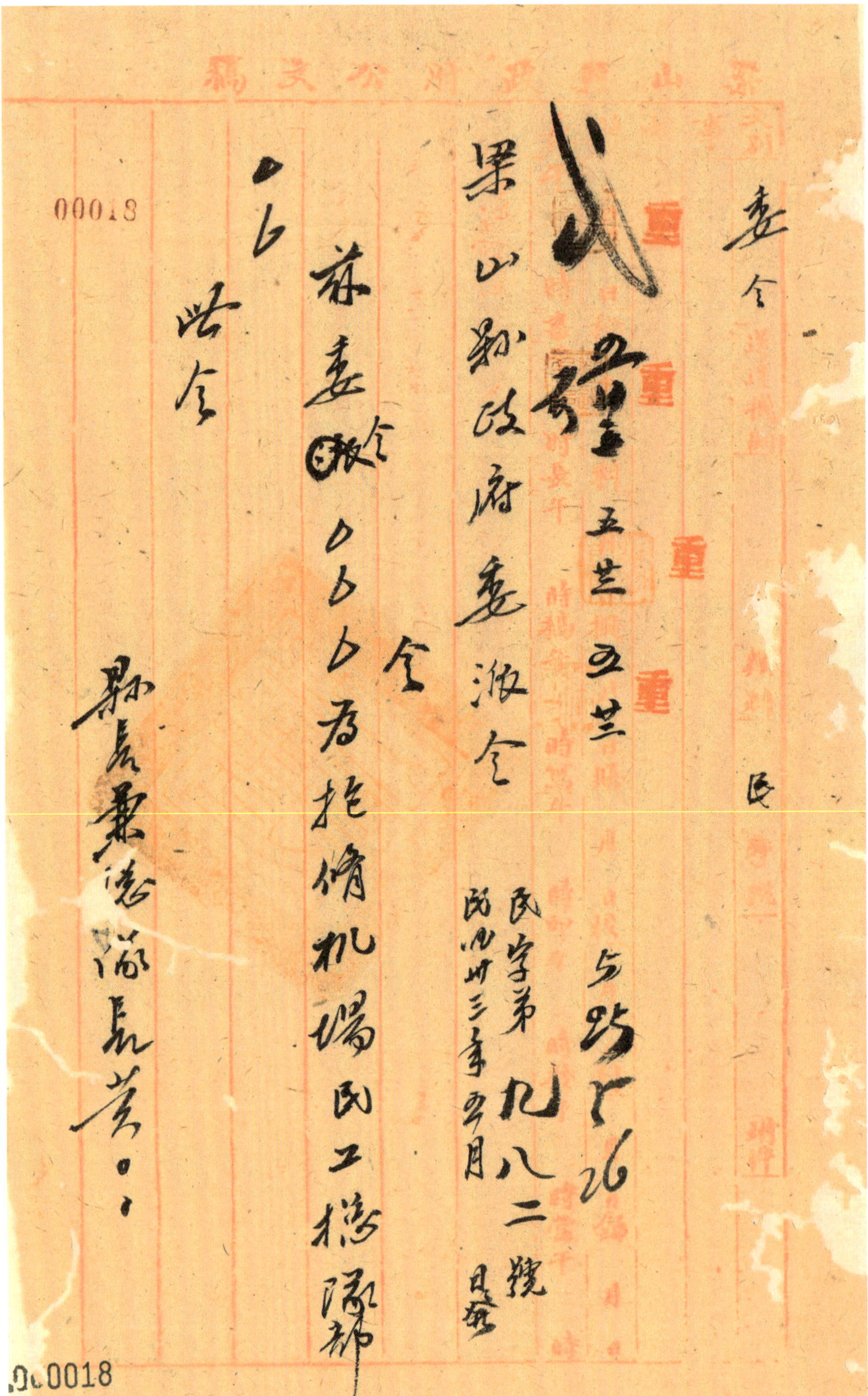
委令　民

梁山县政府委派令　民字第九八二号

民国卅三年五月　日发

五廿五廿　5 26

令

苏委派令0066为抗修机场民工总队部

06

此令

县长兼总队长黄○

00018

梁山縣搶修機場民工總隊部編制表

職別	姓名	職掌	備考
總隊長	縣長董	總理搶修機場一切事宜	
副總隊長	張樹屏	承總隊長之命指揮監督搶修機場事宜	
總隊副	羅四維	承總隊長之命副總隊長之指導辦理搶修機場事宜	
監工	熊有恒	辦理關於搶修机場民工之管理督導事宜	
〃〃	劉揚烈	〃〃〃	現在基幹團任隊長於去年補修機場曾任監工一次
會計	游安法	辦理關於搶修机場經費之領發報銷事宜	
幹事	李秉乾	辦理關於搶修機場文牘之擬辦事宜	
〃〃	李熾昌	〃〃〃	

事務員 吳正康 辦理關於搶修机場文稿之收發事宜

傳達長 文華傑 辦理關於搶修机場命令之傳達事宜

四川省政府、梁山县政府关于具报抢修一九四四年五月十日被炸机场实到民工人数的来往文书（一九四四年五月至六月）

四川省政府致梁山县政府的电（一九四四年五月二十三日）

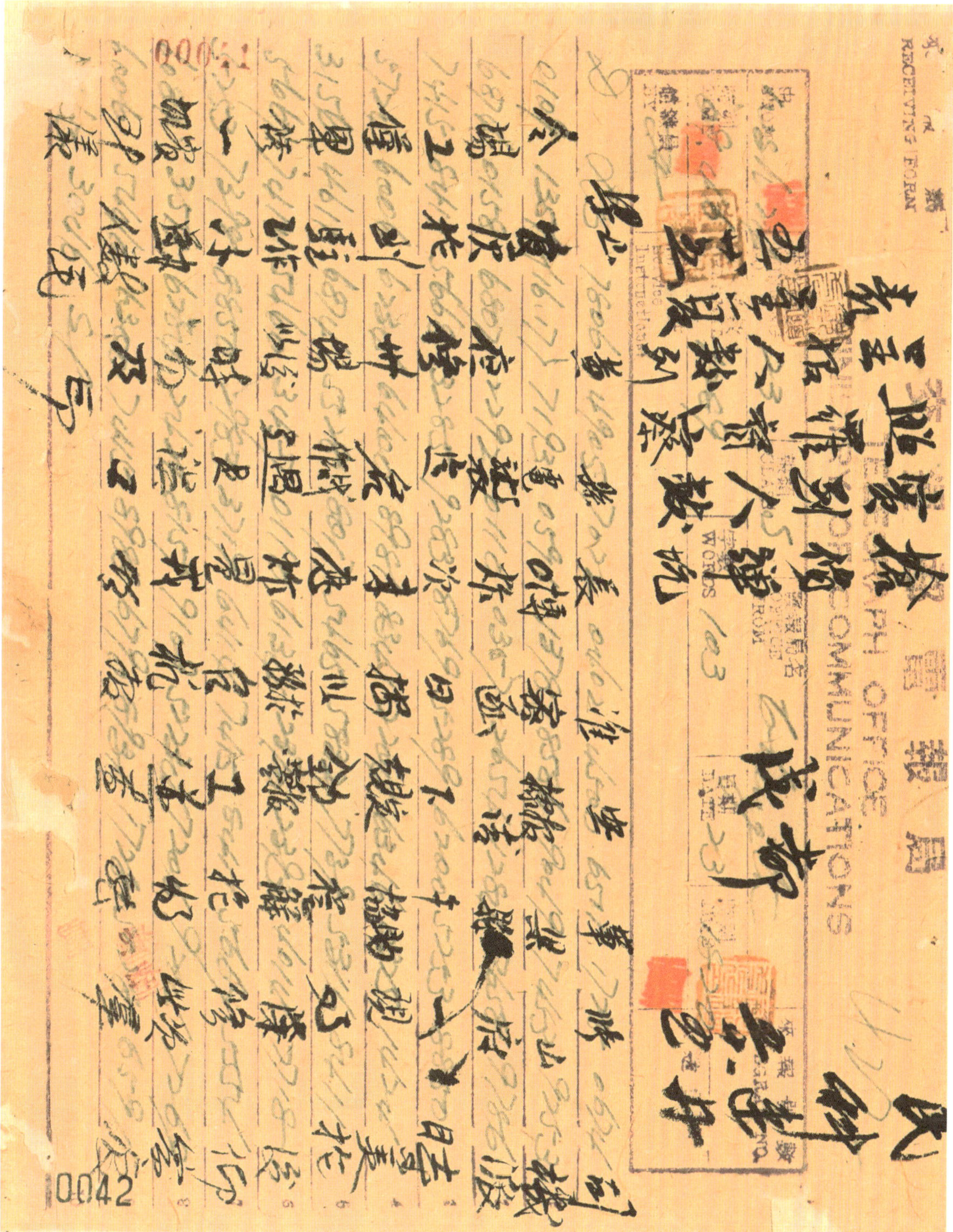

梁山县政府致四川省政府的呈（一九四四年六月十日）

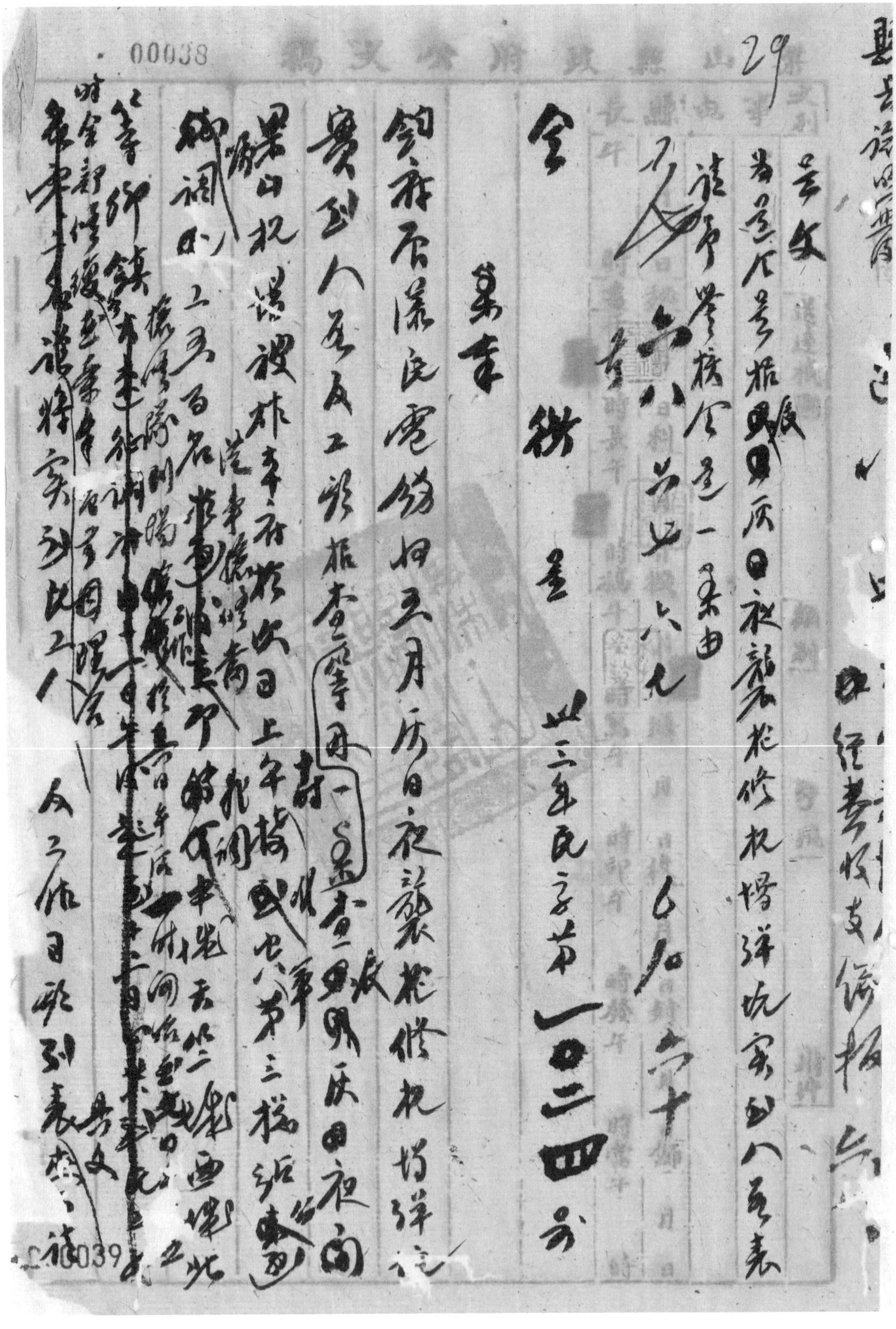

00039

钧府财务处核签·少

谨呈

兼理四川省主席张

计呈县长四明庆因祀龙窖於修机场弹坑实刘民

工人花表一份

县长黄〇〇

0040

附：梁山县抢修五月十日夜袭机场弹坑实到民工人数表（一九四四年五月三十日）

梁山县抢修五月十日夜袭机场弹坑实到民工人数表

日期	乡镇别	实到人数	工作	备考
五月十一日午后五时起 十二日午前八时半止	城西乡	156	填补被炸弹坑	将被炸弹坑填好遣散
五月十二日午前五时半起 午后五时止	城北乡	46	〃	〃
五月十二日午前七时起 午后五时止	天竺乡	75	〃	〃
五月十二午前七时起 午后五时止	中城镇	125	〃	〃

县长黄子安

三十三年五月三十日

0041

四川省政府致梁山县政府的代电（一九四四年六月二十日）

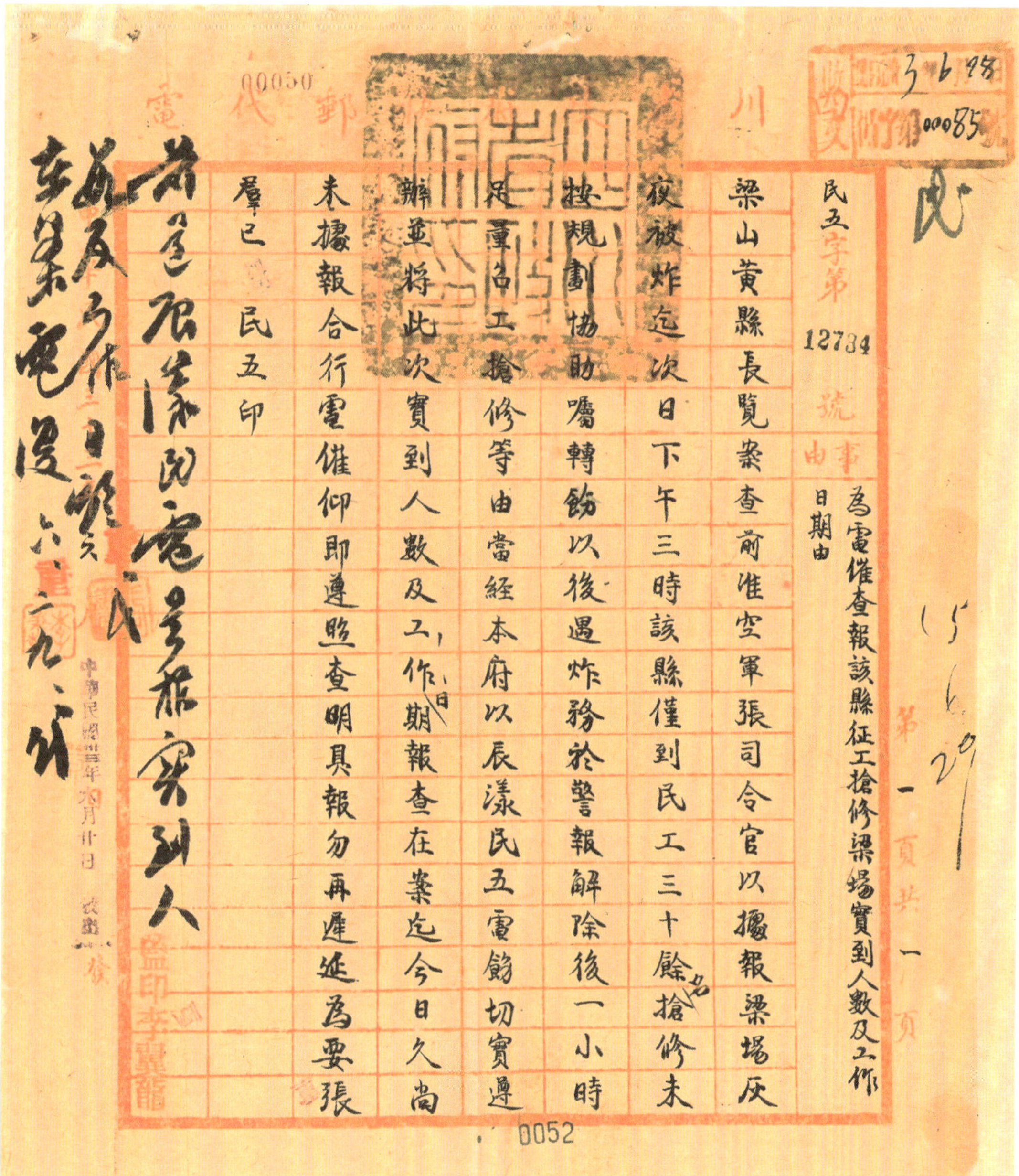
代電

為電催查報該縣征工搶修梁場實到人數及工作日期由

民五字第12734號

梁山黃縣長覽案查前准空軍張司令官以據報梁場厌夜被炸迄次日下午三時該縣僅到民工三十餘名搶修未按規劃協助囑轉飭以後遇炸務於警報解除後一小時足量召工搶修等由當經本府以辰漾民五電飭切實遵辦並將此次實到人數及工作日期報查在案迄今日久尚未據報合行電催仰即遵照查明具報勿再遲延為要張羣已民五印

中華民國卅三年六月廿日 發

監印李臺龍

四川省政府、梁山县政府关于报送抢修机场民夫大队组织情形的来往文书（一九四四年七月至九月）

四川省政府致梁山县政府的训令（一九四四年七月）

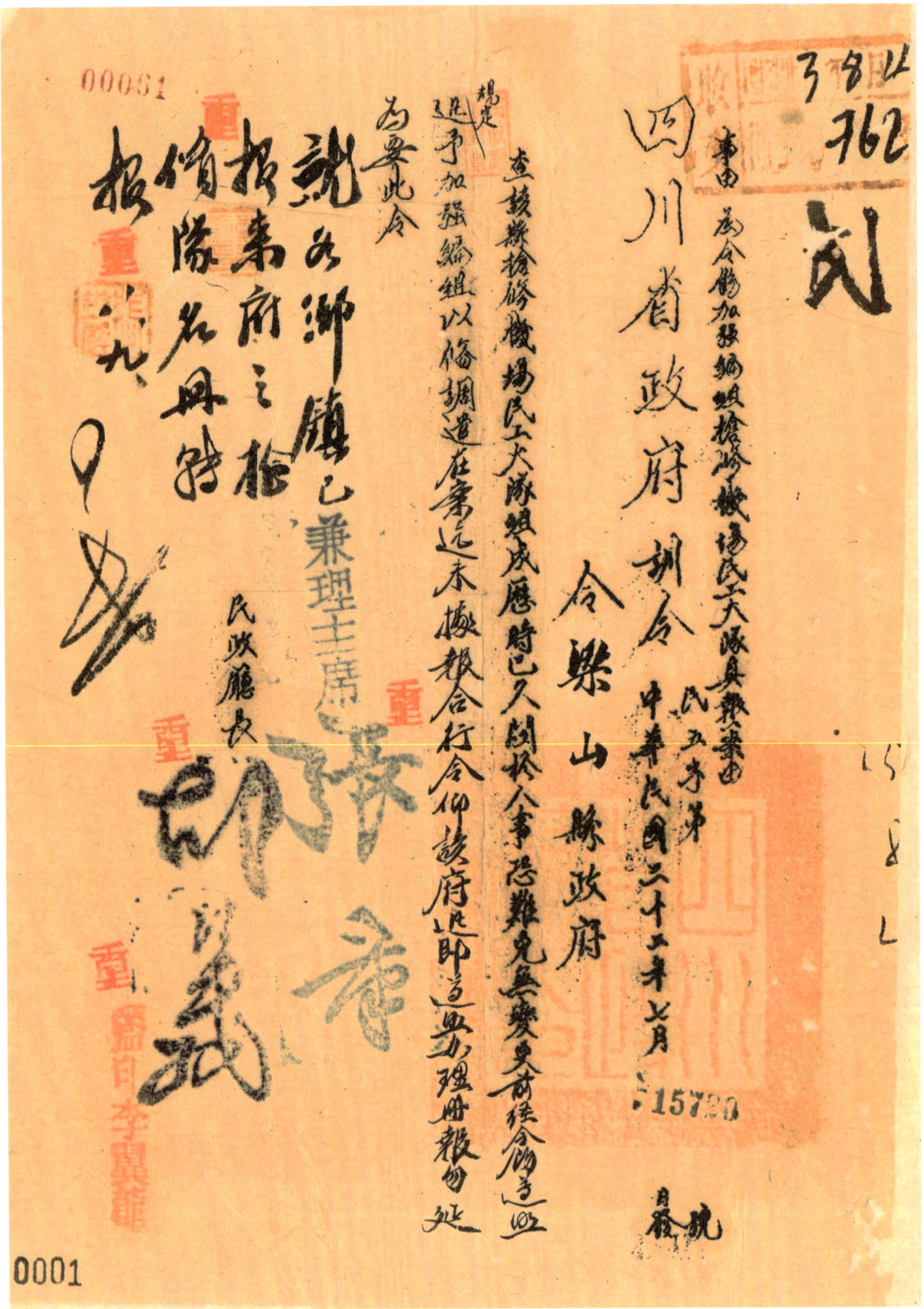

收文 378 762

四川省政府訓令 民五字第 號

事由：為令飭加強編組搶修機場民工大隊具報由

中華民國三十三年七月 日發

15720

令梁山縣政府

查該縣搶修機場民工大隊組成歷時已久，關於人事恐難免無變更，前經令飭迅予加強編組以備調遣在案，迄未據報，合行令仰該府迅即遵照辦理，册報勿延。

為要，此令。

兼理主席 張群

民政廳長 胡次威

監印 李賜興

飭各鄉鎮已報來府之搶修隊名冊轉報

九 9

00061

0001

梁山县政府致四川省政府的呈（一九四四年八月二十五日）

00059

266

呈文

为遵令呈报加强组织松柏修机场民伕大队花名册呈请鉴核由

府

全衔

呈　卅三年民字第一四一五号　八月廿五

案奉

钧府卅三年民丑字第一五七二〇号训令以梁山修机场民工大队组织应限时完成於八月五日悉非免因变更修建四规定迅予加强编组再报等因，奉此，遵即督查此次梁山修建机场备，附表饬乡镇长照加强编组完竣再呈报来府以凭转报去后，兹据本县城中镇编组大队民伕二百七十八名、第十乡一百廿八名、城西乡一百卅一名、安胜乡一百一十

0061

八万名，合共卅二万一千九百名，总共八万六千二百名。

奉令前因，理合将组织抗修机场民工花名具

文呈请

钧府俯赐察核指令祗遵。

谨呈

兼理四川省政府主席蒋

计呈本县天池、梓西、白鹤合兴等乡镇组织

抗修机场民伕花名册各一份

县长 黄[illegible]

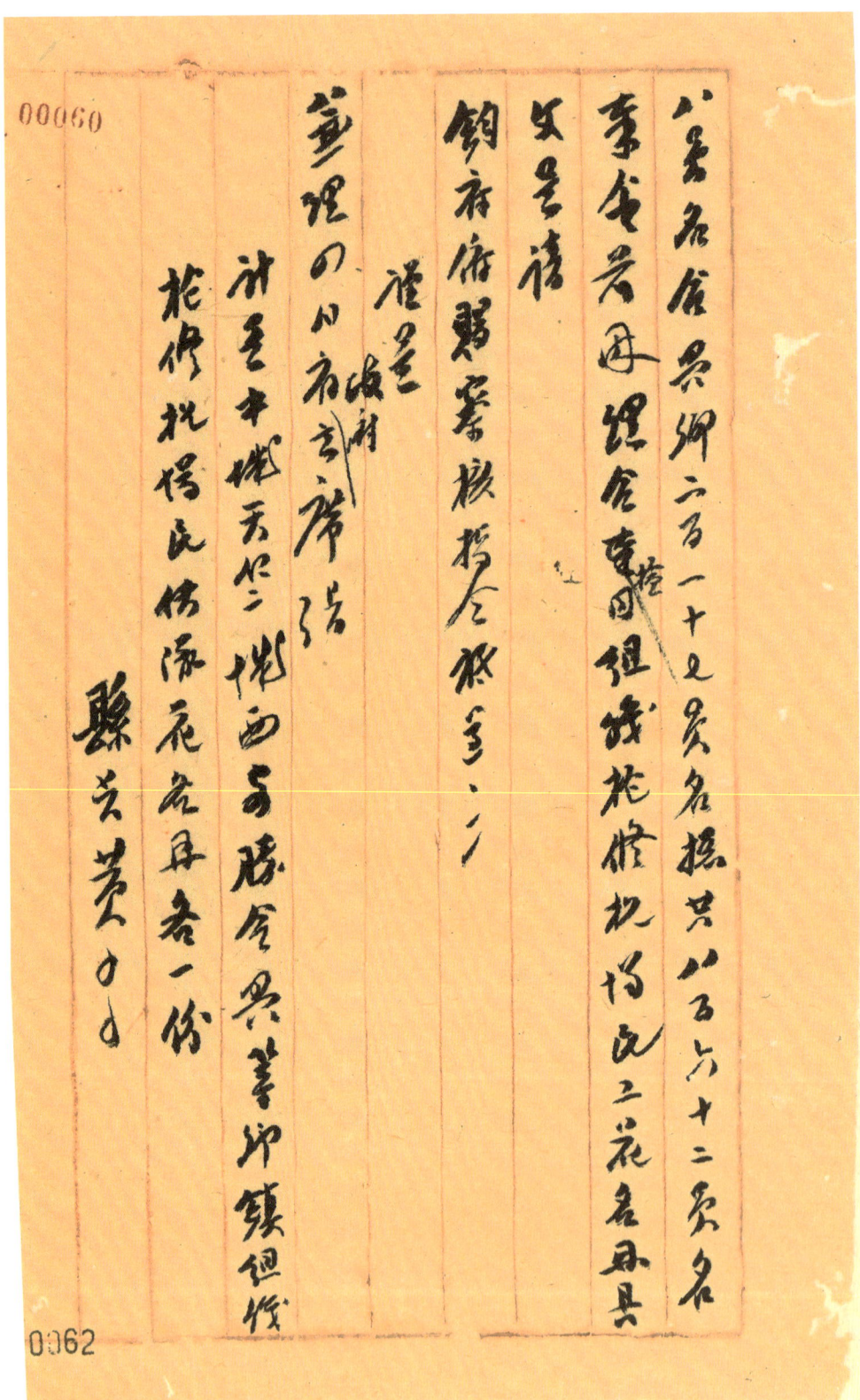

四川省政府致梁山县政府的指令（一九四四年九月十八日）

四川省政府指令

民五

三三 九

20307

為據報該縣加強組織搶修機場民伕大隊花名冊請鑒核一案指令遵照由。

令梁山縣政府

三十三年八月二十五日民字第一四一五號呈一件，為遵令具報加強組織搶修機場民伕大隊花名清冊呈請鑒核由。

呈及附件均悉。據報大隊編制核與規定不符，茲分別核示如后：

一、查修正非常時期各縣搶修飛機場民工大隊組織暫行辦法第三條規定每大隊為四百八十十人，該縣兩大隊除各級隊長外應共編足民工九百六十名。

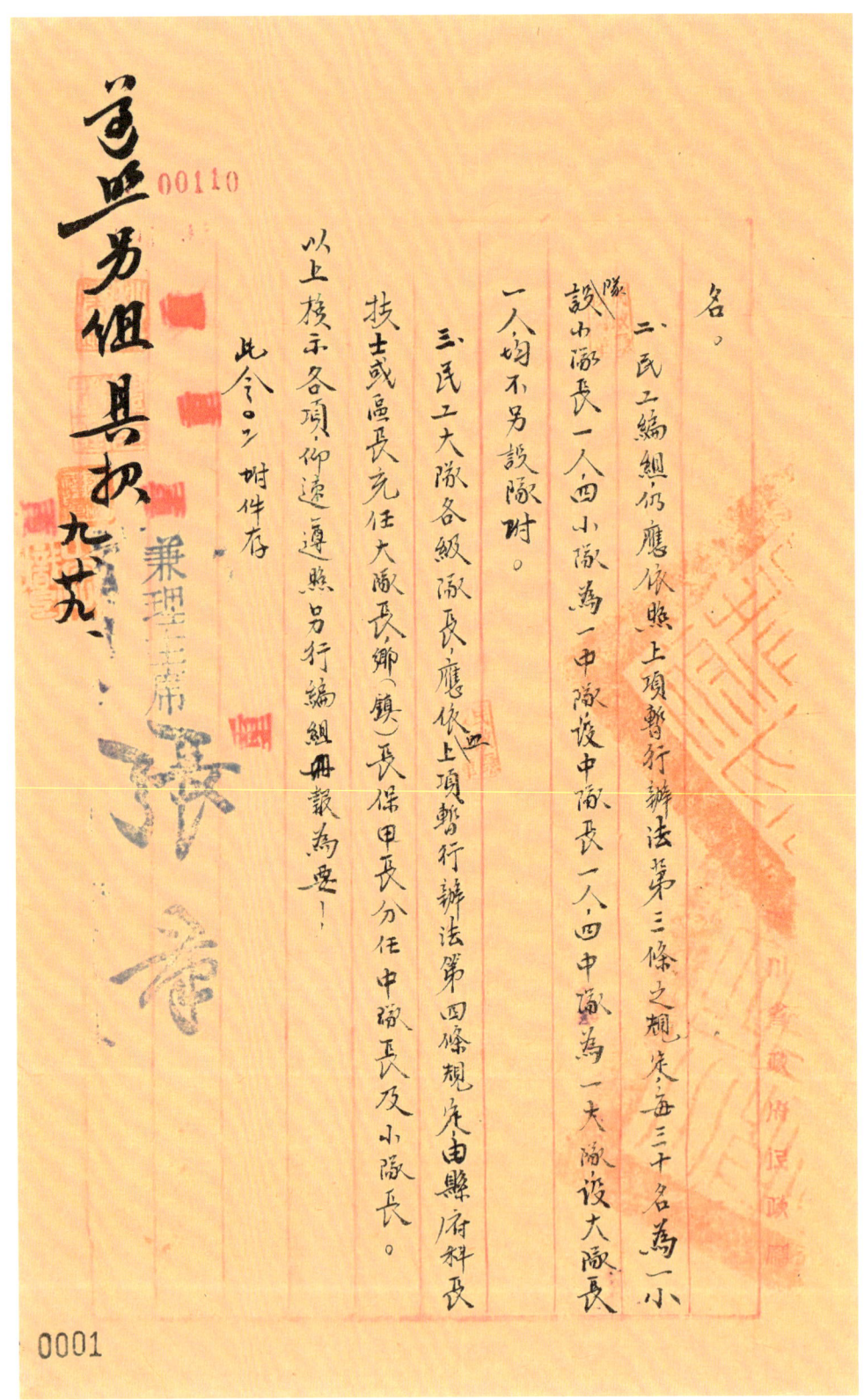

二、民工編組仍應依照上項暫行辦法第三條之規定，每三十名為一小隊，設小隊長一人，四小隊為一中隊，設中隊長一人，四中隊為一大隊，設大隊長一人，均不另設隊附。

三、民工大隊各級隊長，應依上項暫行辦法第四條規定，由縣府科長技士或區長充任大隊長，鄉（鎮）長、保甲長分任中隊長及小隊長。

以上核示各項，仰遵照另行編組冊報為要！

此令。○○附件存

兼理主席 張群

遵照另組具報，九、廿九、

00110

0001

航空委员会空军第三总站关于按美方建议加强梁山机场工程将来需征工数量致梁山县政府的代电
（一九四五年一月十九日）

为电复美方建议加强机场工程将来需征工数量请查照准备由

梁山县政府赵县长秉钺勋鉴：秘综字第[illegible]号代电敬悉。查美方建议加强机场工程除现已兴办者外，尚须征工运石，其最大限度约三万四千公方，约需工总计四一六〇〇〇工，已将概算表呈航委会核示，一俟工款到达即行电知征工办理。相应电复，即烦查照

代电

工乙梁

卅四 元 711

00046

045

航空军第三总站总站长施政光皓工乙梁印

梁山县民工总队部各乡镇征调民工检查表（一九四五年八月五日）

存查

梁山县民工总队部各乡镇征调民工检查表　卅四年八月五日

乡镇别	应到人数	实到人数	欠到人数	备考
中心镇	五二〇人	一九四人	三二六人	实到人数系截止八月五日各大队表报数字造列
天芝乡	二二〇	一三二	八八	
城东〃	五〇〇	二一六	二八四	
城南〃	二二〇	七八	一四二	
城西〃	四二〇	一〇六	三一四	
城北〃	二六〇	六五	一九五	
红肖〃	四六〇	一五八	三9二	
聚奎〃	五四〇	二〇六	三三四	

征调科

005

锦水乡	三四〇	六一	二七九
迴龙〃	三二〇	一二三	一九七
文华〃	三二〇	一〇七	二一三
福禄〃	四八〇	一六五	三一五
三和〃	三四〇	二〇〇	一四〇
紫照〃	二八〇	一九九	八一
蟠龙〃	二四〇	一〇四	一三六
石安〃	四二〇	二五〇	一七〇
安胜〃	二四〇	九六	一四四
合兴〃	一四〇	九五	四五

新民鄉	四〇〇	一三六	二六四
龍田〃	三二〇	六一	二五九
旺達〃	四〇〇	一〇四	二九六
上星〃	一六〇	五九	一〇一
礼儀〃	三四〇	一四二	一九八
表驛〃	四六〇	一三四	三二六
康城〃	六〇〇	一七〇	四三〇
三民〃	三八〇	五八	三二二
安鑫〃	二〇〇	四二	一五八
柏家〃	三六〇	一三一	二二九

雲龍鄉	四八〇	二三三	二〇七
泰平〃	三四〇	一四五	一九五
和林〃	四四〇	九四	三四六
金带〃	三四〇	一四六	一九四
合計	一三、五二〇	四、五六〇	七、九六〇

四川省政府关于军事委员会工程委员会决定抗战结束将留梁山机场的百分之十五民工一并遣回秋收不再复工致梁山县政府的代电（一九四五年八月三十日）

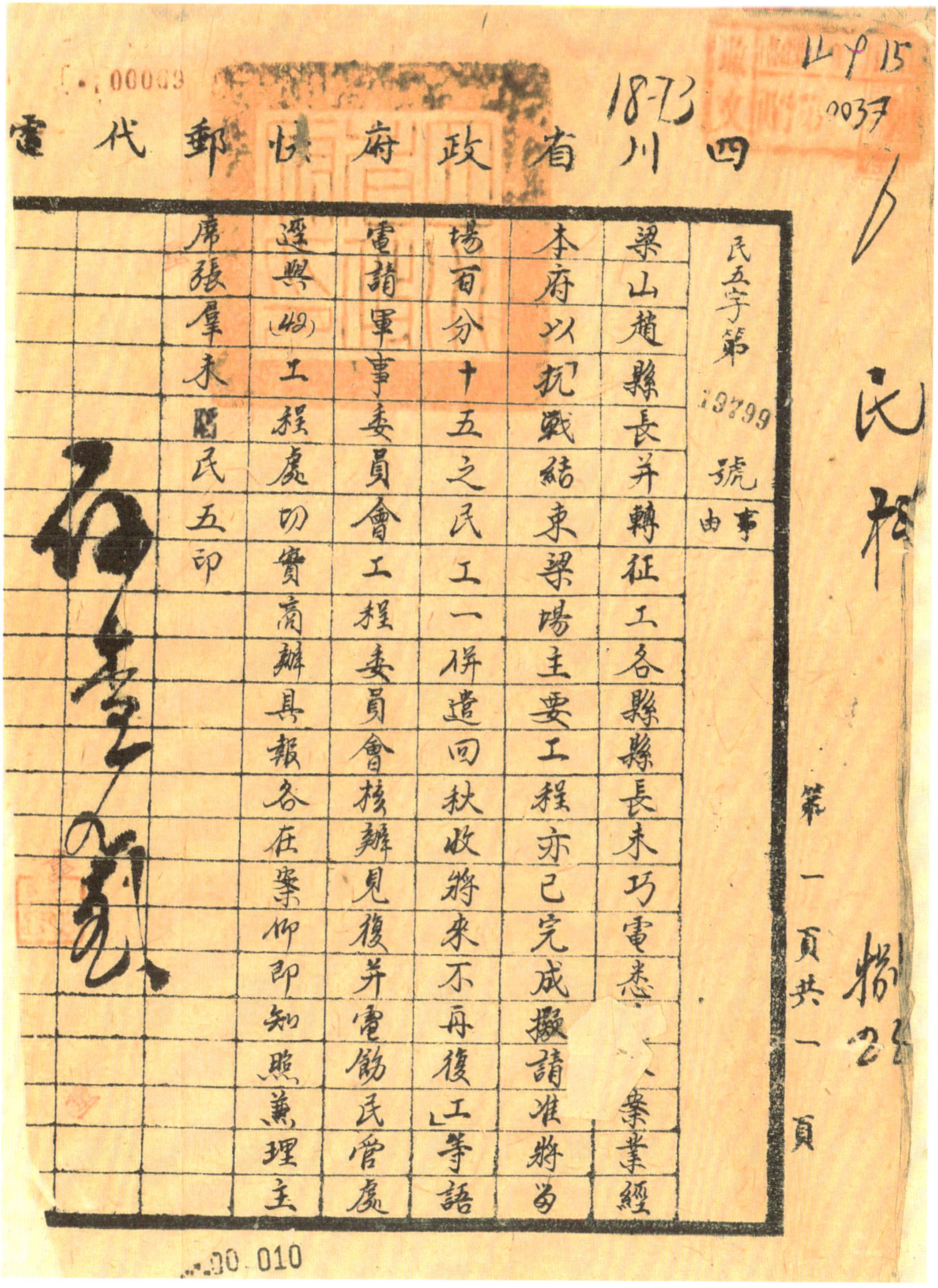
四川省政府快郵代電

民五字第19799號

梁山趙縣長并轉征工各縣縣長未巧電悉□案業經本府以抗戰結束梁場主要工程亦已完成擬請准將梁場百分十五之民工一併遣回秋收將來不再復工等語電請軍事委員會工程委員會核辦見復并電飭民管處遵與(48)工程處切實商辦具報各在案仰即知照辦理主席張羣未陷民五印

第一頁共一頁

航空委员会空军第三总站关于奉令撤销机场民工抢修大队致梁山县政府的代电（一九四五年十二月十日）

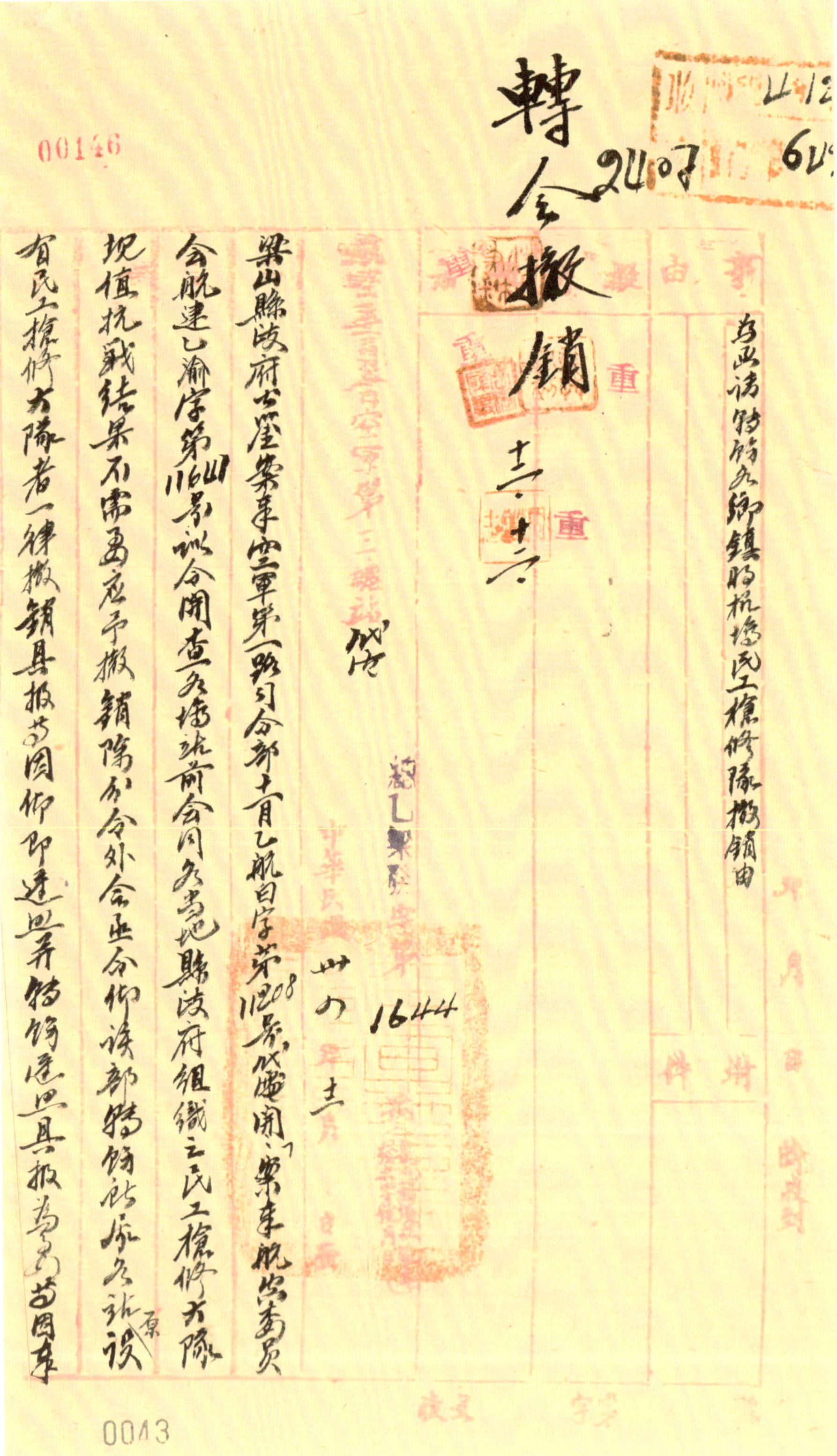

00146

转令撤销

24107

十二、十二

事由 为函请转饬各乡镇将机场民工抢修队撤销由

梁山县政府公鉴：案奉空军第一路司令部十一月乙航日字第11208号代电开：案奉航空委员会航建乙渝字第11641号训令开：查各场站前会同各当地县政府组织之民工抢修大队现值抗战结束不需要，应予撤销。除分令外，合亟令仰该部转饬所属各站原设有民工抢修大队者一律撤销具报，等因。仰即遵照并转饬遵照具报为要，等因。奉

代电

卅四 1644 十二

0043

146-1

此除分令各縣諸遵照外相應電請查照轉飭附城各鄉鎮知照為荷。粵軍第三

總指揮兼總公署

0044

扩修梁山飞行场民工第四大队造具各联保民工人数及住地表（时间不详）

擴修梁山飛行場民工第四大隊造具各聯保民工人數及住地表

區別	聯保別	應到人數	實到人數	住地	備攷
四、	福禄鎮	三七三	三七三	鷄神街	
	·石安鎮	四〇四	四〇四	傅家院	
	·蟠龍鄉	一八七	一八七	職校後	
	·柏家鄉	二八〇	二八〇	馬房街	
	·聚家鄉	一二五	一二五	喜雀河	
	·白水鄉	九四	九四	順城街	
	·曲洋鄉	九四	九四	鷄神街	
	·紫照鄉	二一八	二一八	馬房街	
	·同興鄉	九四	九四	袁家院	
	·觀音鄉	一八七	一八七	同	
	·太安鄉	九四	九四	同	
	·大寶鄉	一二五	一二五	鷄神廟	
	合計	二二七五			

唐查 十三

梁山县补修机场民工各级队部办事规则（时间不详）

梁山縣補修機場民工各級隊部辦事規則

一、本規則依照補修機場民工各級隊部之組織訂定之

二、總隊長由縣長兼任負責全縣補修機場民工之徵調指揮事宜

三、副總隊長由兼總隊長遴員派充承總隊長之命辦理補修機場民工之徵調指揮事宜

四、總隊附由兼總隊長遴員派充承總隊長副總隊長之命督導民工辦理補修機場事宜

五、技士由縣府技士兼任辦理查勘驗工及技術上之指導事宜

五、總隊部之會計員由兼總隊長遴員派充辦理補修機場民工用費之預發稽核報銷事宜

六、會計助理員由會計員遴員簽請核派協助會計員辦理一切會計帳事宜

七、工務員録由兼總隊長遴派办理补修机場逐日民工人数及工程之查報督工文件繕寫及其他一切事务

八、中隊長由鄉鎮長兼任办理各該鄉鎮民工之徵調指揮監督事宜

九、分隊長特务長由中隊長遴選精幹保長或職員派充分隊長負率領管理民工之責特务長負民工住宿及伙食集合點名之責

十、中隊部之会計員由中隊長遴派办理各該中隊民工用費之領發稽核報銷事宜

十一、總隊部（中隊部）之公役暨伙伕若干办理公文之傳達命令傳達伙食及其他雜务事宜

十二、本規則如有未盡事宜得隨時修正之

十三、本規則自公佈日施行

（二） 民工医疗

航空委员会空军第三总站关于准发扩修机场民工伤病医药费且需补呈医药单据及伤病人证明册致梁山县政府的公函（一九三八年七月一日）

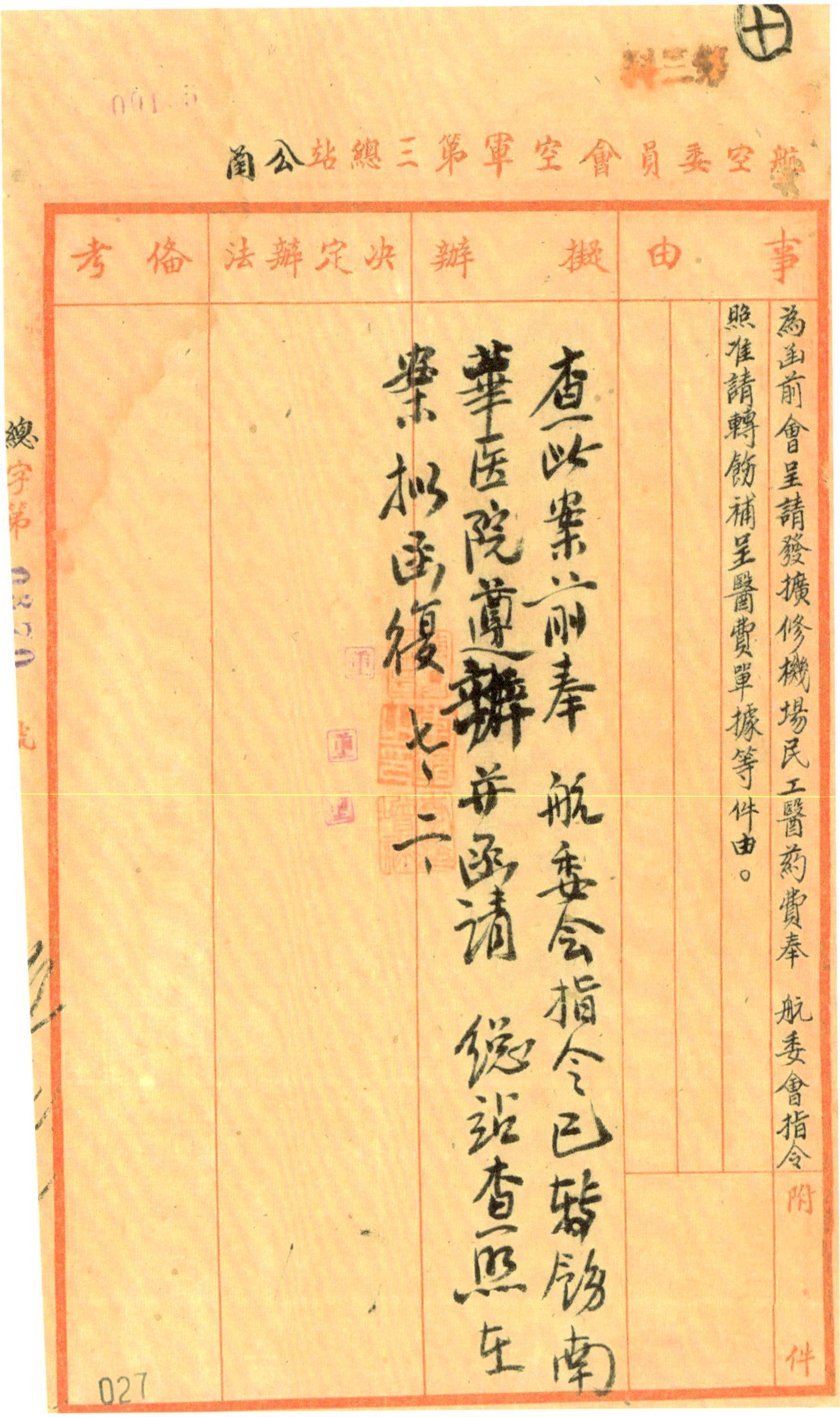

航空委員會空軍第三總站公函

第三科

總字第0270號

事由	擬辦	決定辦法	備考
為函前會呈請發擴修機場民工醫藥費奉 航委會指令照准請轉飭補呈醫費單據等件由。附件	查此案前奉 航委會指令已轉飭南華醫院遵辦並函請 總站查照在案擬函復 七、二		

027

航空委員會空軍第三總站公函　總字第0370號

案查

貴府前與敝站會呈航委會請發擴修機場民工傷病醫藥費一案。茲奉

航委會六月十六日財戌字第二九零八號指令略開：

「呈暨附件均悉。姑准發給，仰將醫費單據及傷病人證明冊，一併呈會為要！此令。」

等因。奉此，相應函請

貴府轉飭遵辦，即希

查照見復為荷。二

此致

縣政府

總站長 于富有

中華民國二十七年七月一日

028-1

梁山县卫生院关于组设特种工程民工总站医疗所并造报预算书致梁山县政府的呈（一九四五年六月四日）

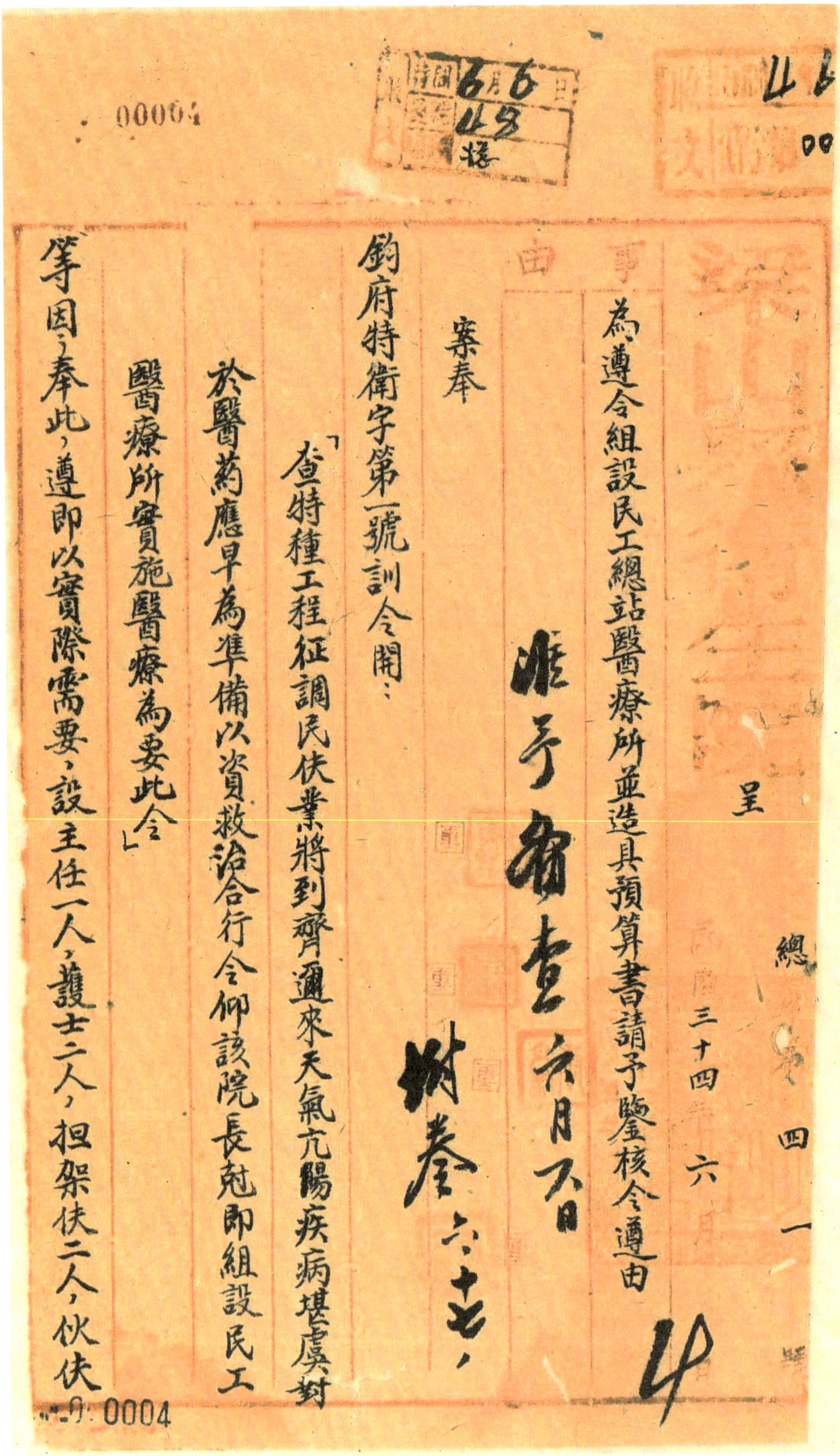

梁山縣衛生院 呈 總四一

三十四年六月 六

事由：為遵令組設民工總站醫療所並造具預算書請予鑒核令遵由

准予備查 六月七日

案奉

鈞府特衛字第一號訓令開：

「查特種工程征調民伕業將到齊，邇來天氣亢陽，疾病堪虞，對於醫藥應早為準備，以資救治，合行令仰該院長尅即組設民工醫療所，實施醫療為要，此令」

等因，奉此，遵即以實際需要，設主任一人，護士二人，担架伕二人，伙伕

00004

00005

一人，組織民工醫療所，早於六月一日，開始醫療工作，並造具經費支出預算書一份，備文賫呈

鈞府鑒核，當否？乞令遵！

謹呈

縣長趙

計呈特種工程民工總站醫療所經費支出預算書一份

院長何仁則

預算書已由何院長面呈
縣長核閱

0005

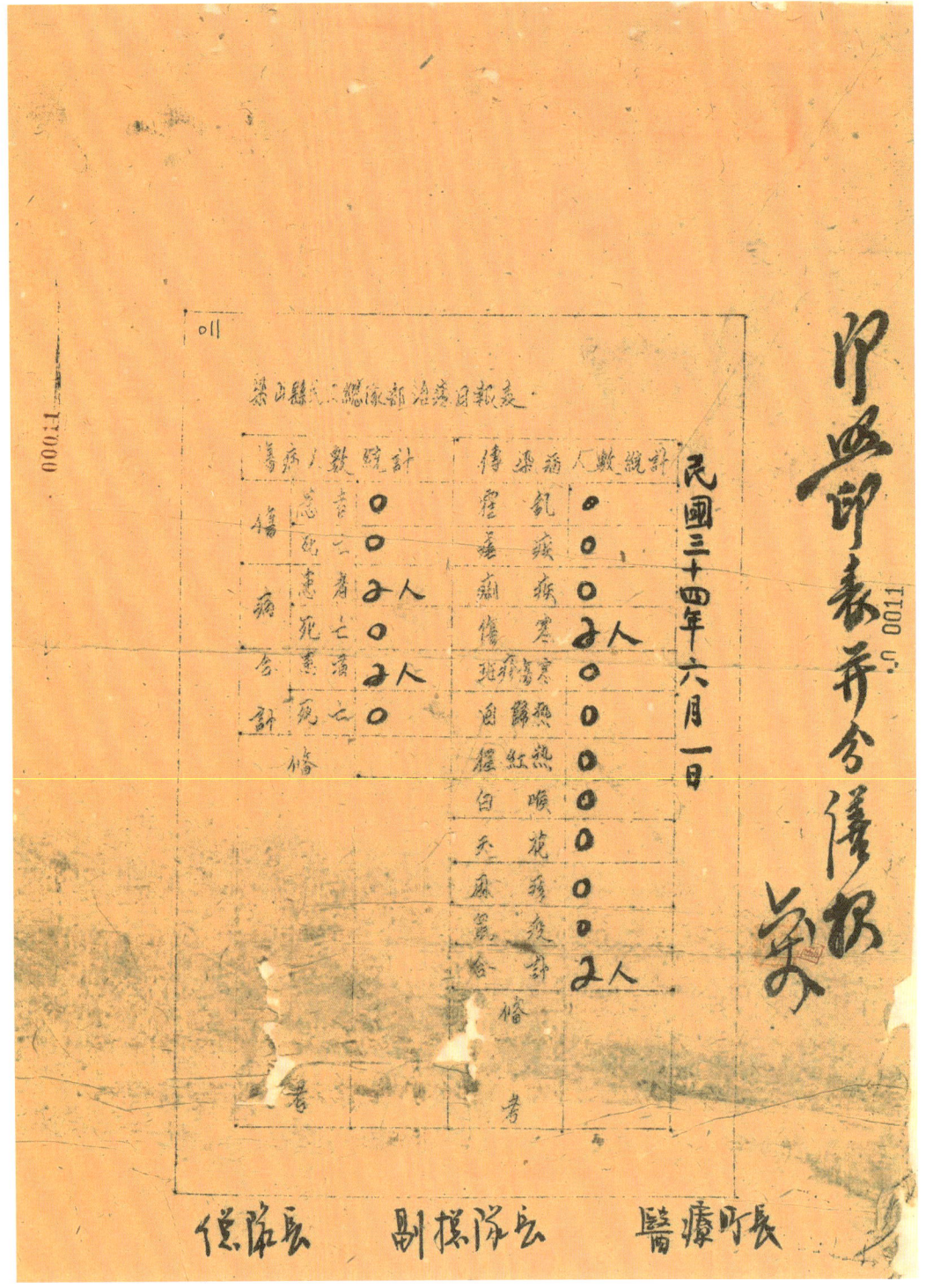

梁山县民工总队部一九四五年六月一日至二十八日治疗日报表（节选）（一九四五年六月）

梁山縣民工總隊部治療日報表

民國三十四年六月一日

普病人數統計		
傷	患者	0
	死亡	0
病	患者	2人
	死亡	0
合計	患者	2人
	死亡	0
備考		

傳染病人數統計	
霍亂	0
瘧疾	0
痢疾	0
傷寒	2人
斑疹傷寒	0
回歸熱	0
猩紅熱	0
白喉	0
天花	0
麻疹	0
鼠疫	0
合計	2人
備考	

總隊長　　副總隊長　　醫療所長

梁山縣民工總隊部治療日報表

傷病人數統計		
傷	患者	74人
	死亡	0
病	患者	145人
	死亡	0
合計	患者	219人
	死亡	0
備考		

傳染病人數統計	
霍亂	2人
瘧疾	15人
痢疾	20人
傷寒	108人
斑疹傷寒	0
回歸熱	0
猩紅熱	0
白喉	1
天花	0
麻疹	0
鼠疫	0
合計	145人
備考	

內外科患者合計貳百壹拾玖人

民國三十四年六月十日

梁山縣民工總隊部治療日報表

傷病人數統計			傳染病人數統計	
傷	患者	11人	霍亂	00
	死亡	00	痢疾	4人
病	患者	17人	瘧疾	7人
	死亡	00	傷寒	6人
合計	患者	28人	斑疹傷寒	00
	死亡	無	回歸熱	00
			猩紅熱	00
			白喉	00
			天花	00
			麻疹	00
			鼠疫	00
			合計	17人

備考：內外科患者合計二八人　住所二人

備考：

民國三十四年六月二十日

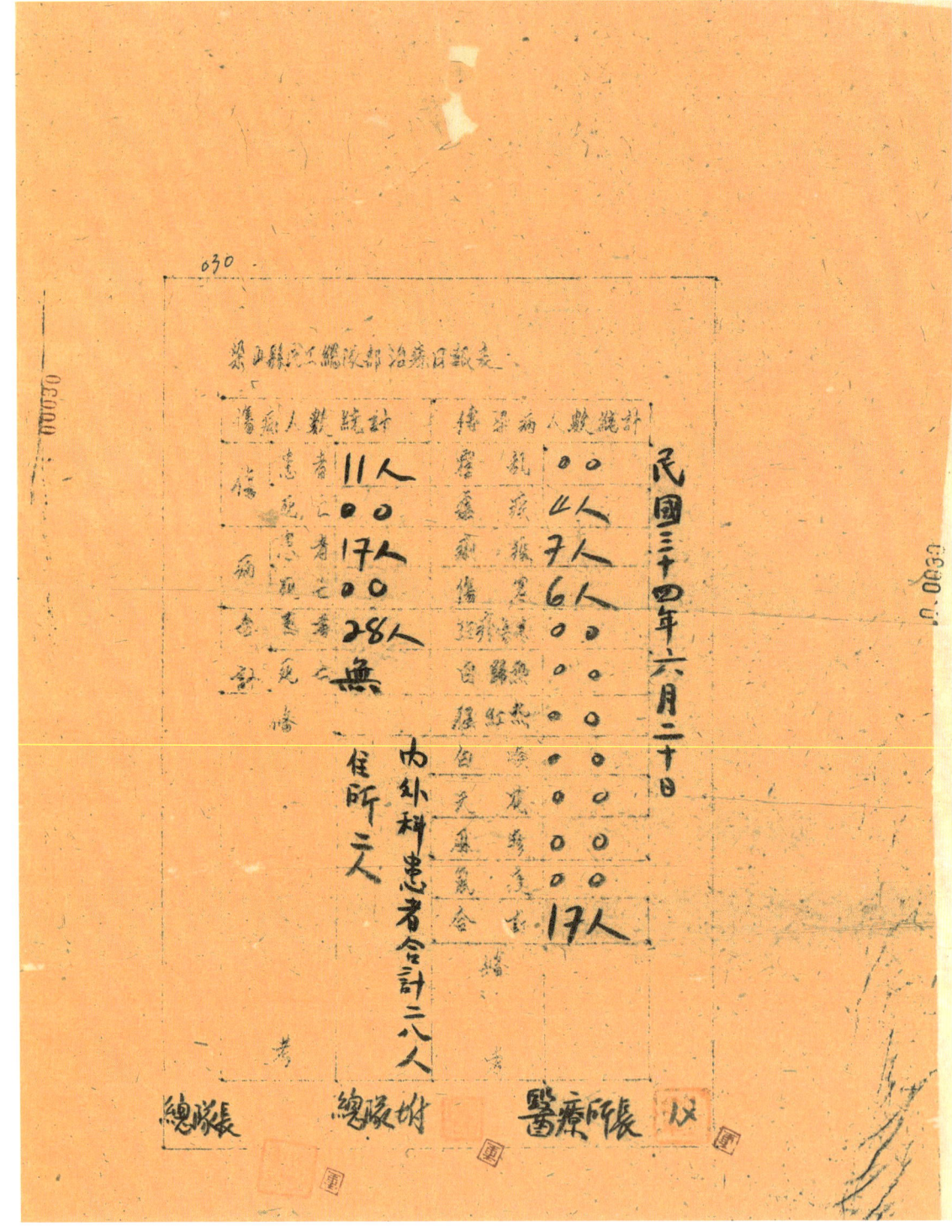

總隊長　　總隊附　　醫療所長

038

梁山縣民工總隊部治療日報表

傷病人數統計			傳染病人數統計	
傷	患者	53人	霍亂	0-
	死亡	00	瘧疾	12人
病	患者	87人	痢疾	25人
	死亡	00	傷寒	46人
合計	送醫	140人	斑疹傷寒	00
	死亡	無	回歸熱	00
備考	內外科患者合計一四〇人 住所二九人		猩紅熱	00
			白喉	4人
			天花	00
			麻疹	00
			鼠疫	00
			合計	87人
			備考	

民國三十四年六月二十八日

總隊長　　總隊附　　醫療所長

大竹、梁山等县政府关于增发民工医药费致四川省梁山县特种工程民工管理处的签呈（一九四五年七月四日）

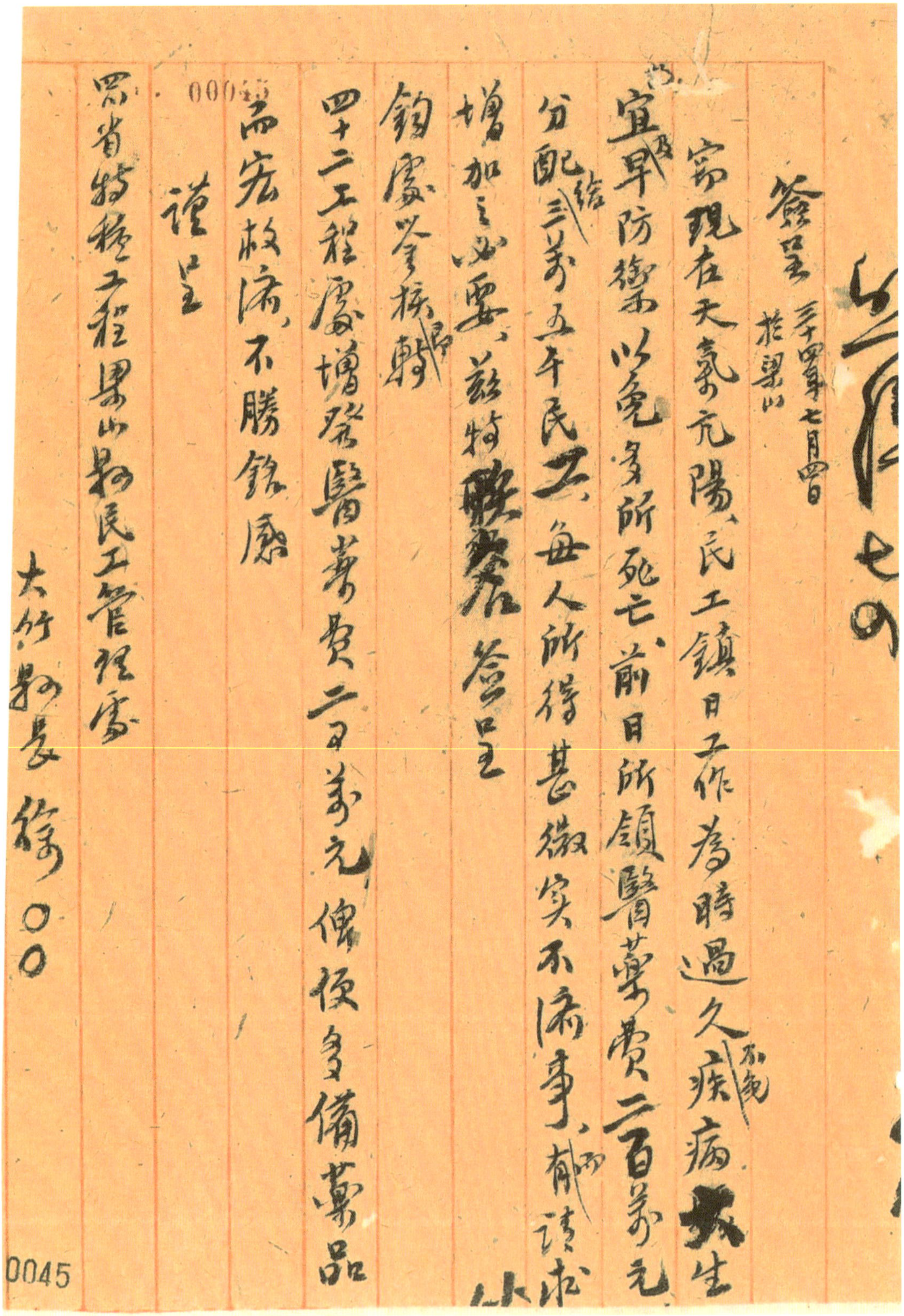

簽呈　卅四年七月四日　於梁山

竊現在天氣亢陽，民工鎮日工作，為時過久，疾病不免發生，宜及早防禦，以免多所死亡。前日所領醫藥費二百萬元，分配給三萬五千民工，每人所得甚微，實不濟事，而請求增加之必要，茲特聯名簽呈

鈞處鑒核，轉呈

四十二工程處增發醫藥費二百萬元，俾便多備藥品，而宏救濟，不勝銘感。

謹呈

四川省特種工程梁山縣民工管理處

大竹縣縣長　徐〇〇

0045

忠縣縣長何○○

達縣縣長陳○○

梁山縣縣長趙○○

墊江縣縣長黃○○

開江縣縣長黃○○

萬縣縣長盧○○

0046

四川省梁山县特种工程民工管理处关于派工役一名到民工总站医疗所工作致梁山县民工总队部的训令（一九四五年七月四日）

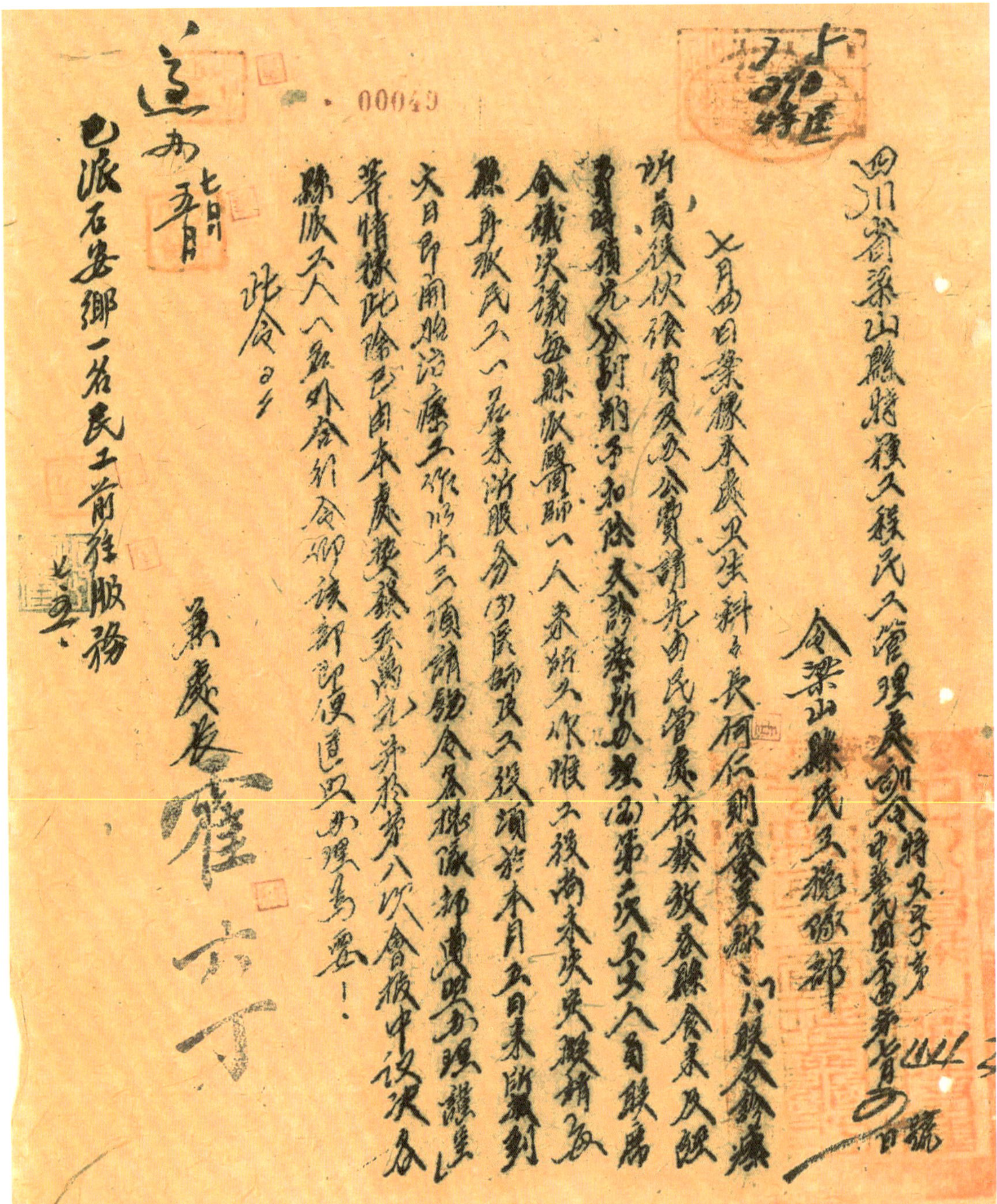

四川省梁山縣特種工程民工管理處訓令　特工字第　號　中華民國三十四年七月四日

令梁山縣民工總隊部

七月四日案據本處工生科科長何仁朋簽呈稱：「八縣民工總站醫療所前役伙食費及公費請先由民管處核發，救各縣食米及飲費由積先分別酌予扣除，又該療所由第二次工作人員聯席會議決議每縣派醫師一人來所工作，但尚未決定派遣，請飭縣每派民工一人來所服務。以上醫師及工役須於本月五日來所報到，次日即開始治療工作，以上三項請飭令各縣隊部遵照辦理，謹呈」等情。據此，除已由本處發款外，并於第八次會報中議決各縣派工人一名外，合行令仰該部即便遵照辦理為要！

此令。

處長　霍

已派石安鄉一名民工前往服務

送办　七月五日

00049

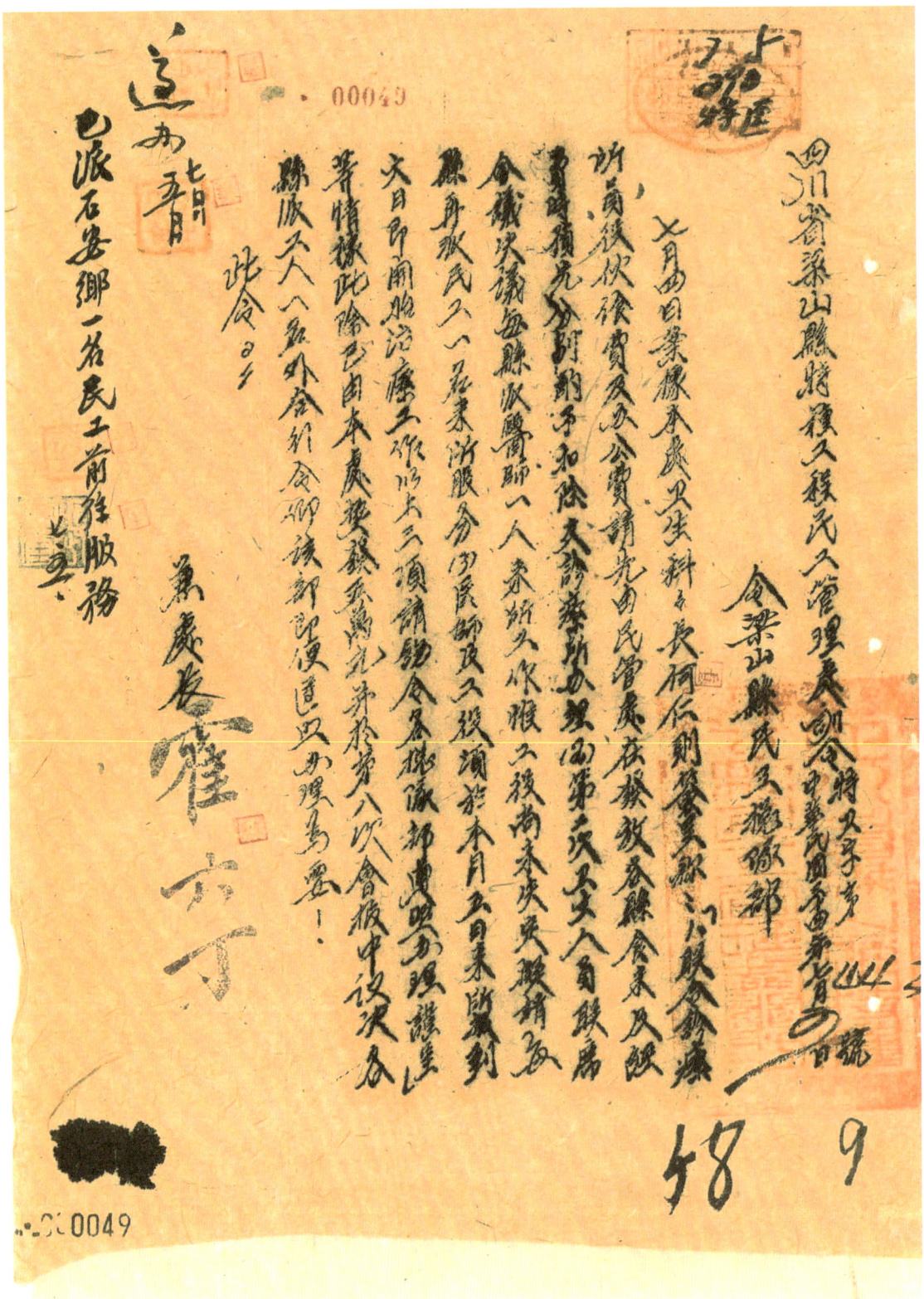

四川省梁山县特种工程民工管理处关于填具增发卫生费领款收据致梁山县民工总队部的训令
（一九四五年七月十日）

/00054

四川省梁山縣特種工程民工管理處訓令　特會字第4814號
中華民國卅四年七月10日

令梁山縣民工總隊部

查前據各該縣隊呈發請增發醫藥費貳佰萬元整經
周轉工程處並發在案前飭該縣應儘籌備工人衛生費叁拾萬元
應分扇繳現奉處仰即照上列數字限明白以前填具四
聯領收據並據來處以憑代向工程處轉賬為要！

處長　霍六丁

樊會　訓令　遵辦　七、十一

013

四川省梁山县特种工程民工管理处关于领取奎宁丸一百四十粒并转发疟疾患者致梁山县民工总队部的训令

（一九四五年七月十四日）

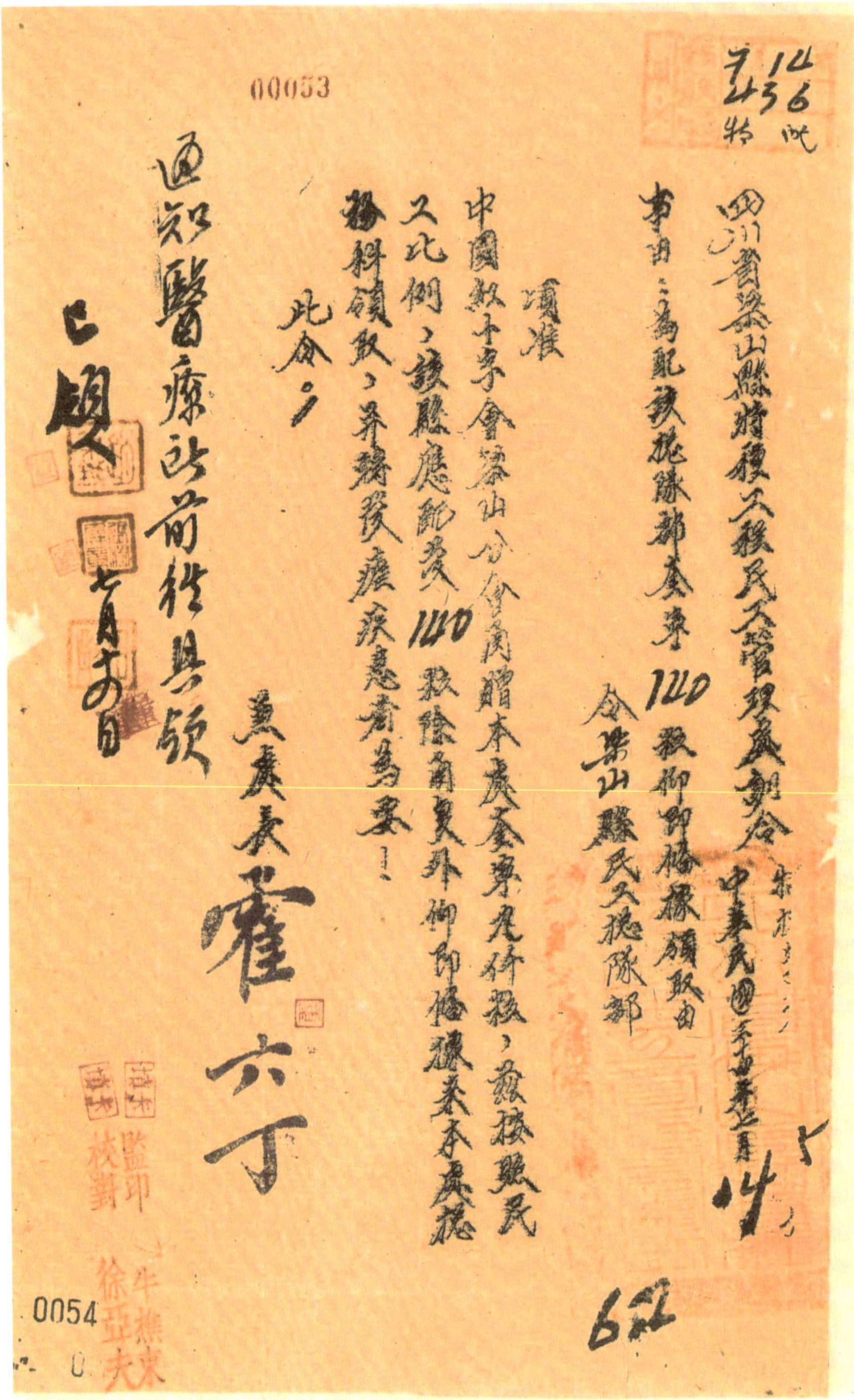

00053

四川省梁山縣特種工程民工管理處訓令 中華民國三十四年七月十四日

事由：為配發該施隊部奎寧一百四十粒仰即轉飭領取由

令梁山縣民工施隊部

頃准

中國紅十字會梁山分會函贈本處奎寧丸仟粒，茲按照民工比例，該總隊應配發一百四十粒，除分別外，仰即轉飭來本處總務科領取，並轉發瘧疾患者為要！

此令。

處長 霍六丁

通知醫療所前往具領

已閱 七月十六日

監印 校對

0054

四川省梁山县特种工程民工管理处关于领取验方价款致梁山县民工总队部的训令（一九四五年七月十七日）

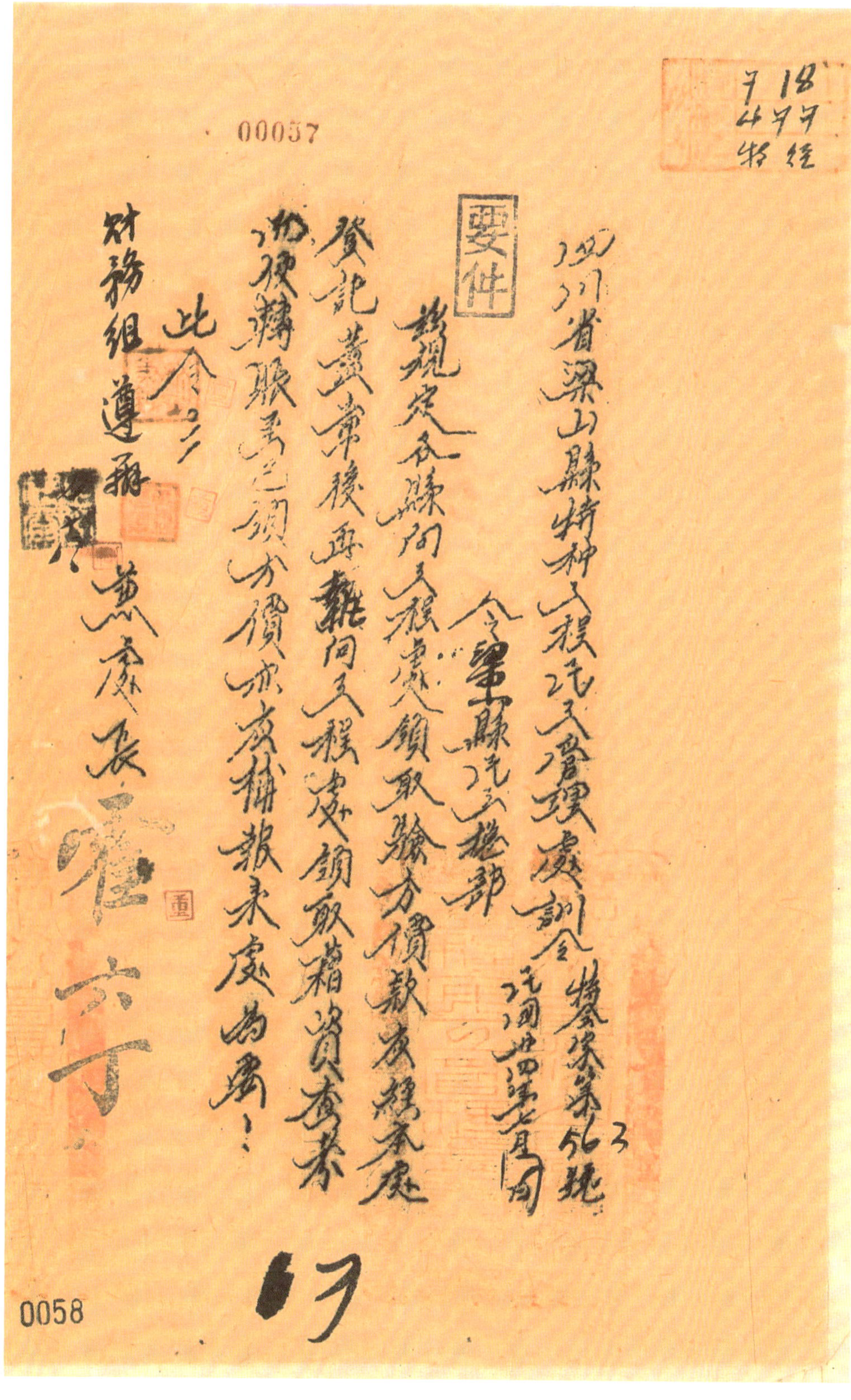
要件

00057

四川省梁山縣特種工程民工管理處訓令　特參發字第563號

民國卅四年七月　日

令梁山縣民工總隊部

案規定各縣向工程處領取驗方價款應經本處登記簽章後再向工程處領取藉資查考，仰該部具領之驗方價款應報來處為要！

此令

財務組遵辦

兼處長　霍六丁

0058

四川省梁山县特种工程民工管理处关于霍乱流行广为发动中西医师慈善团体到场服务致梁山县民工总队部的训令（一九四五年七月十七日）

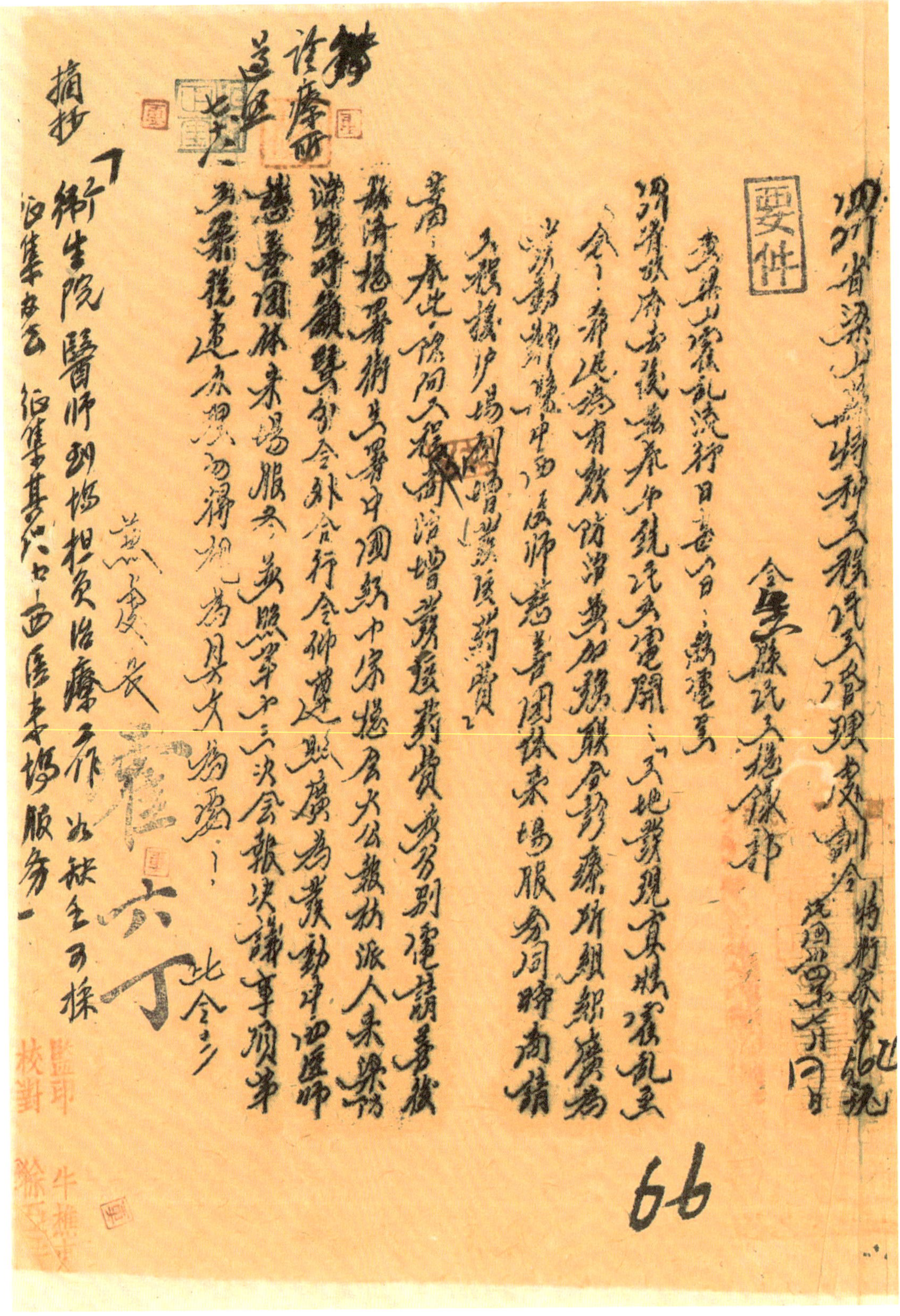
四川省梁山县特种工程民工管理处训令 [illegible]

令梁山县民工总队部

要件

查梁山霍乱流行日甚一日，为杜蔓延 [illegible]

[illegible] 中西医师慈善团体来场服务 [illegible]

[illegible] 广为发动中西医师 [illegible] 慈善团体来场服务 [illegible]

此令。

处长 [illegible]

摘抄

卫生院医师到场相负治疗工作 [illegible]

[illegible] 中西医来场服务

梁山县特种工程医药卫生人员第三次医药联席会议记录（一九四五年七月十七日）

送

00120

梁山縣特種工程醫藥衛生人員第三次席會議記錄

一、時間：卅四年七月十七日下午五時

二、地點：民工管理處

三、出席人：謝繼儒　陳遠生　劉文光　覃明遠　彭積光

楊子青　陳繼偉　張樹屏　蔣海生　趙啟科

何仕則　蕭東康　周馥封　張繼侯　吳嵩本

四、主席　張繼侯　紀錄　向梅卿

五、報告事項

六、討論事項

（一）診療辦法處事項

1、各醫生要有任勞任怨之精神。

2、濟世活人為醫師之美德，凡醫生之責任，有不負責任者，查出決嚴懲。

3、盡量準備醫治霍亂病人之藥械。

4、工作分配，當分配，以服務遠平均。

6、應聘醫生務移住診所。

0060

（6）對領購藥品要妥為保管應用。

（八）各民工隊注意事項

仝宣導組

1、廣為發動熱烈同体育娛樂。

2、採用中西民歌來鼓勵服務。

3、各縣住城中民工務須遷移城外，嚴禁入城。

仝合隊

4、緊急災害各發給五級警報入員各一張，一方文辭說明，一切警報[illegible]。

仝環境衛生隊

5、環境衛生業務照規程要點辦理。

仝合隊

6、發現民工有霍亂病，即時送診療所並隔離，發覺即用急救藥劑。（如附件）

仝合隊

7、[illegible]病人，已病人人，[illegible]鄉公所。

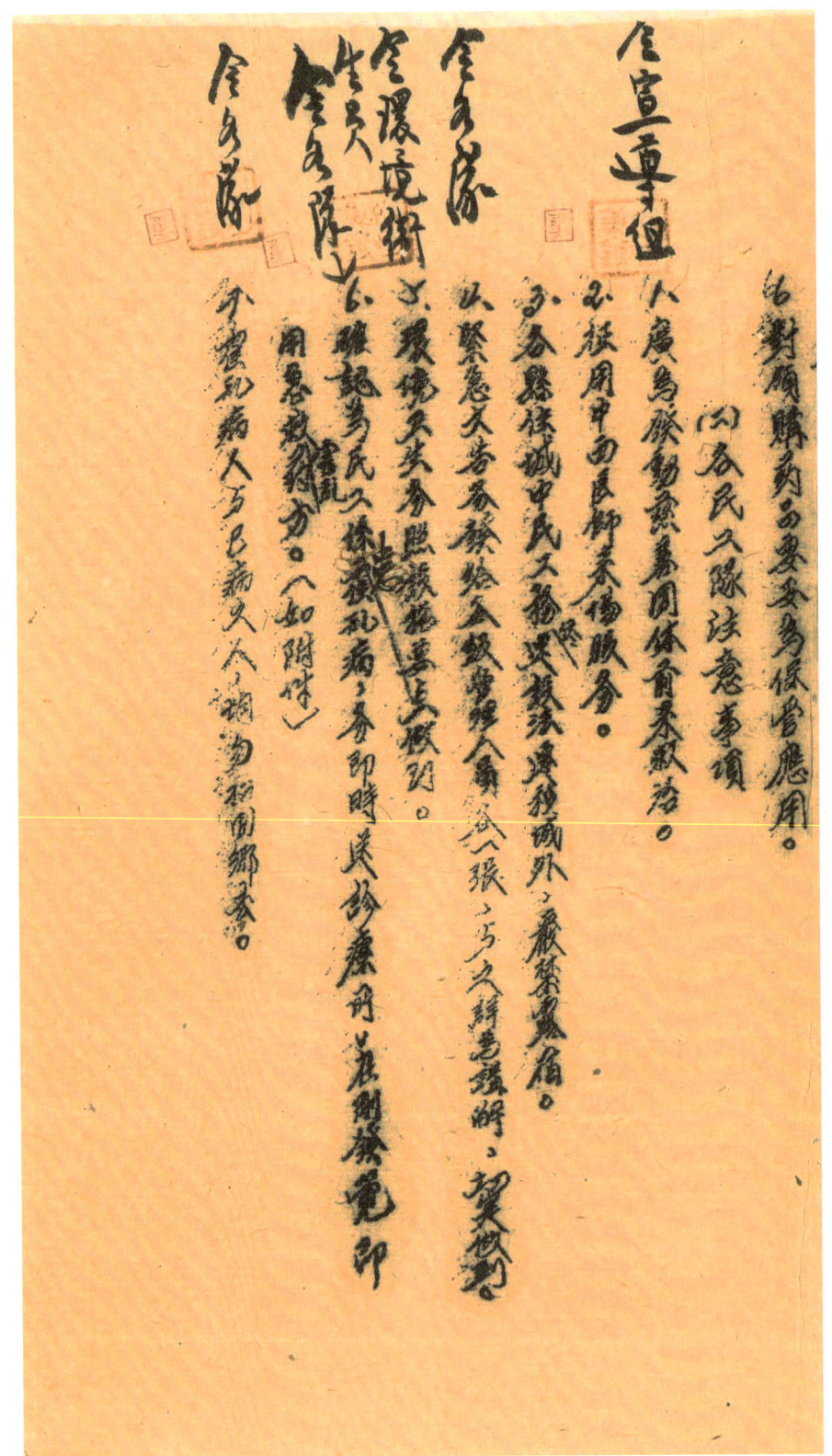

衛生署余蘇核兵報告：

(1) 預防重於治療。

(2) 分請嚴森法意被急救由治十名。

(3) 希望切實負責協助環境衛生員，進行一切。

(4) 糞便，一天內便要除去一次，更必得每天撒石灰，如有病人糞便，更須掘坑深埋，切不可隨便亂置，以免被風雨飄颺細菌。

四、防傳染。

(5) 死屍最好就地深埋，切不要搬回去，以免蔓延，如萬不得已而搬回去時，更必要將棺木嚴密緊封，並放練重兩條以上之石灰於其內，更須不可久存，尤不可鋪張門面，傳染親友，和人生前用具衣物，則絕不能帶回去，須就地深埋或消毒。

趙交涉長歸報告：

(1) 希望各同人大家都負起責任來，

(2) 联合诊疗所尚须充实人力物力。

(3) 病人如有发现，即刻报告诊疗所医治。

六、决议事项：

(1) 卫生署发给之药品，及自购药品，由联合诊疗所集中保管，事前由该所将所有药品名单，即发交知各县医师，并于结束时造具报销，由各县公布。

(2) 指派大竹彭医师怀谦，负联合诊疗所药品器材监督保管责任，并设助理司药一人，每日务将药品器材消费数量报告备核。

(3) 各县民工自开工到现在，伤亡患病人数日报表，须照日补报，以后逐日呈报民会备查。

(4) 医师不够，由各县自行指名征调，并须合时携带大量食盐及食盐水注射器。

(5) 病人被盖由原县负责，病人多时，即送至联合诊疗所。

七、天时散会

呈鉴组

全文派

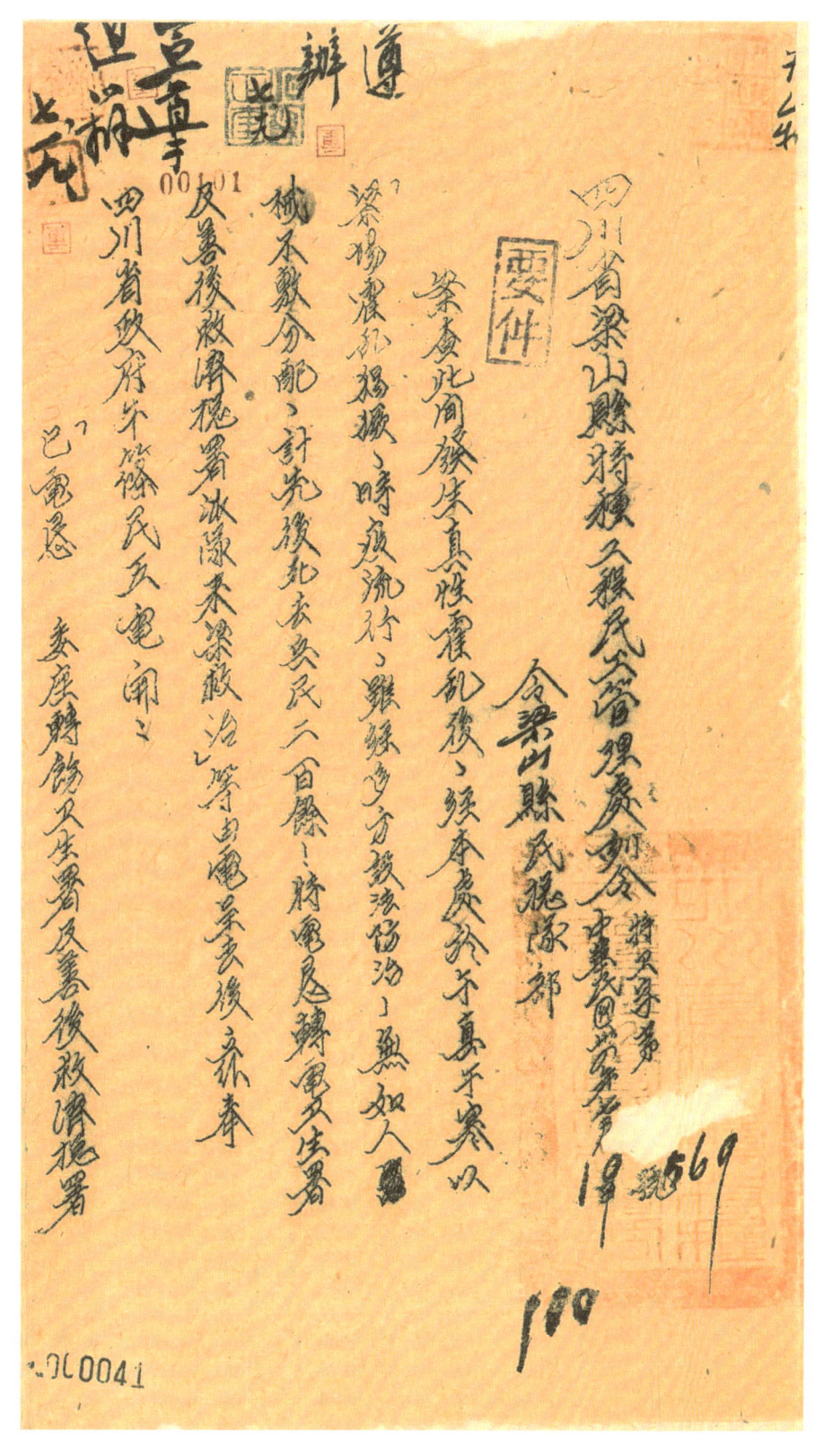

四川省梁山县特种工程民工管理处关于协助卫生署医疗队来梁救治霍乱病人致梁山县民工总队部的训令
（一九四五年七月十九日）

遵辦

00101

要件

四川省梁山縣特種工程民工管理處訓令 特工字第 號
中華民國卅四年七月19日 569

令梁山縣民工總隊部

案查此間發生真性霍亂後，經本處於本月真午寒以梁場霍亂猖獗，時疫流行，雖經多方設法防治，然如人員器械不敷分配，計先後死去民工二百餘人，特電懇轉電衛生署及善後救濟總署派隊來梁救治等由。電呈去後，茲奉四川省政府午篠民氏電開：已電懇委座轉飭衛生署及善後救濟總署

100

0L0041

速派大批医護人員、携帶藥械、馳赴梁山搶救防御、切實前處、祇用當地及鄰縣中西医師、發動慈善團体、深入縣中各地、設法救護、並利用各校々舍作隔離病室、毋使蔓延、為要。

等因奉此。除分令外、合行令仰遵照辦理為要。

此令。

專員兼處長 霍六丁

當日辦結

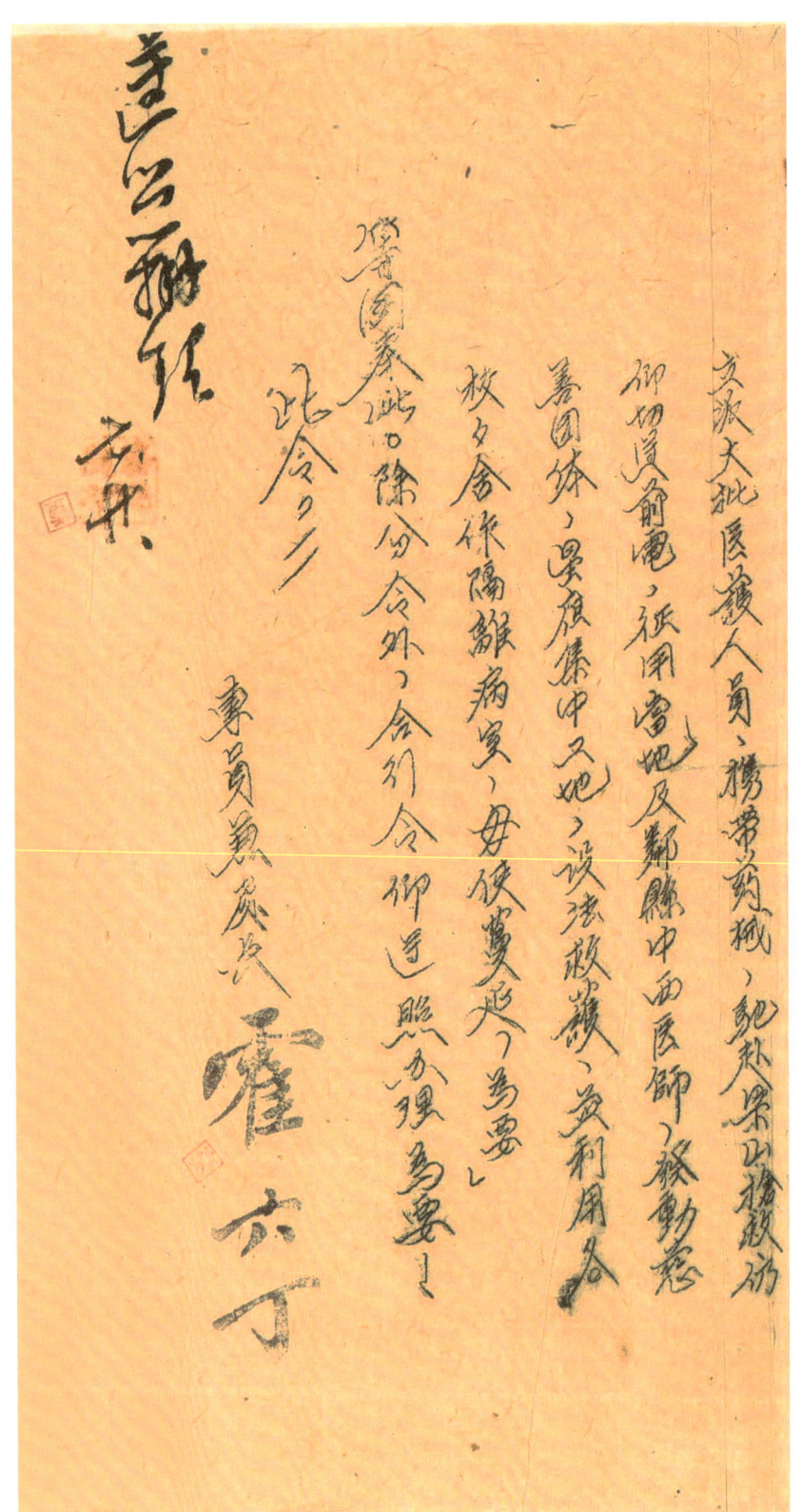

六卅

梁山县特种工程民工管理处关于注意饮食清洁、疏散居住、防范霍乱滋蔓致梁山县民工总队部的训令
（一九四五年七月十九日）

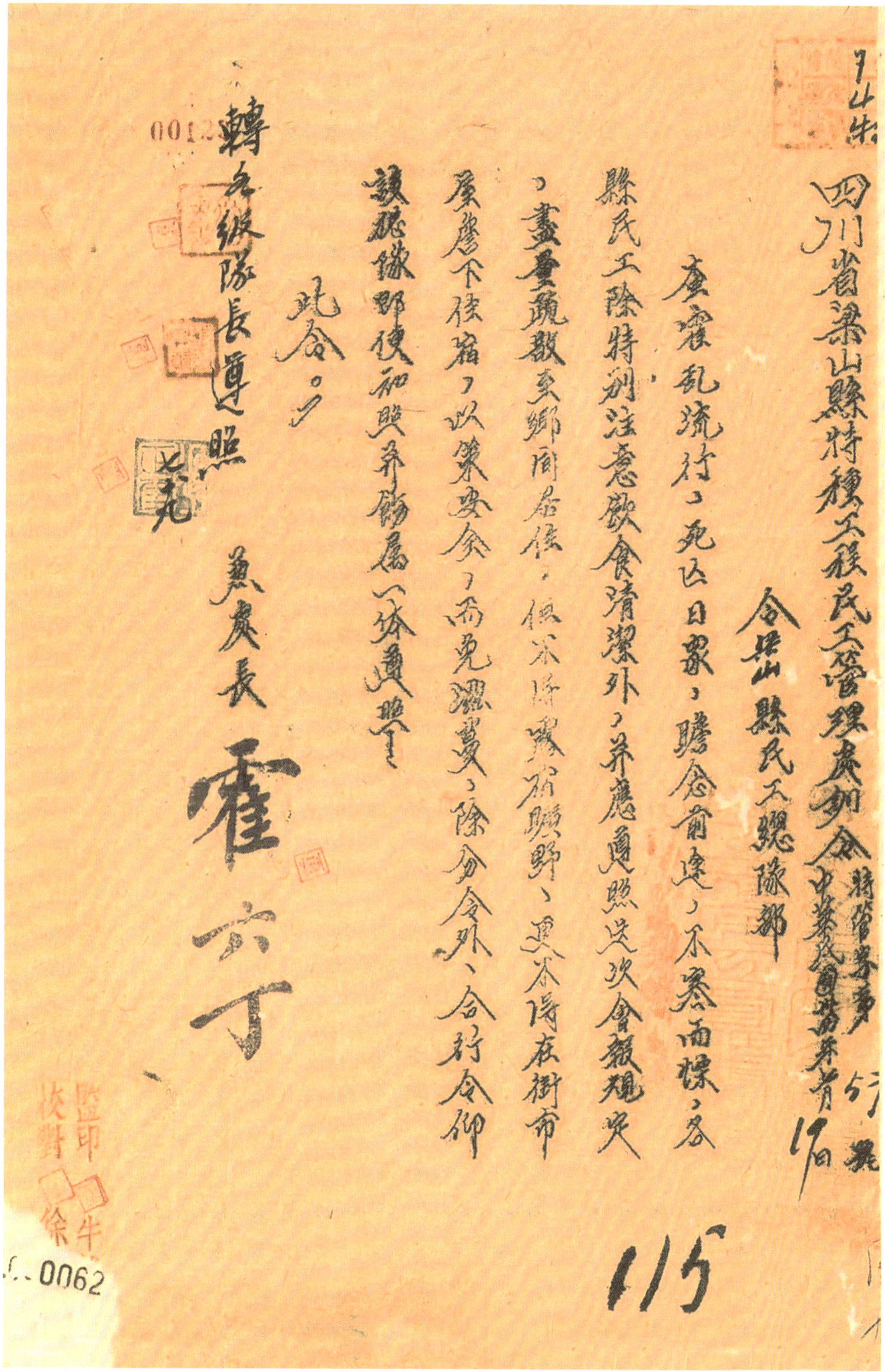

四川省梁山縣特種工程民工管理處訓令 特管秉字第 號
中華民國卅四年七月19日

令梁山縣民工總隊部

查霍乱流行，死亡日衆，瞻念前途，不寒而慄，各縣民工除特別注意飲食清潔外，并應遵照此次會報規定，盡量疏散至鄉間居住，但不得靠近街市屋簷下住宿，以策安全，而免滋蔓，除分令外，合行令仰該總隊部使知照并飭屬一体遵照！

此令。

處長 霍六丁

轉各級隊長遵照

115

梁山县民工总队部关于严禁商民售卖生冷食物致城区警察所的训令（一九四五年七月二十二日）

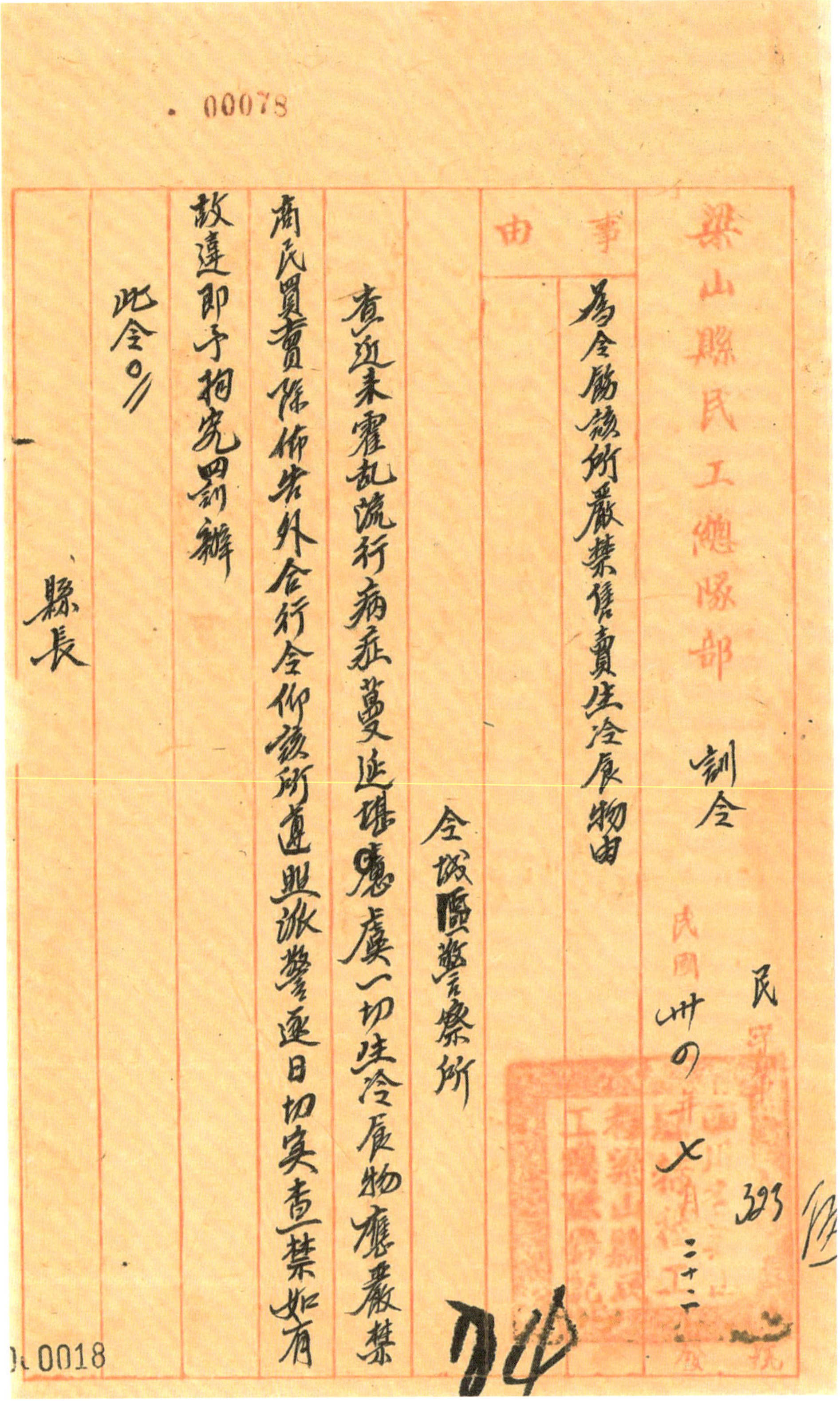
00078

梁山縣民工總隊部 訓令 民 字第323號

事由：為令飭該所嚴禁售賣生冷食物由

令城區警察所

查近來霍亂流行病症蔓延堪虞，一切生冷食物應嚴禁商民買賣，除佈告外，合行令仰該所遵照派警逐日切實查禁，如有故違，即予拘究罰辦。

此令。

縣長

民國卅四年七月二十二日

0018

四川省梁山县特种工程民工管理处关于发现病人即刻送医致梁山县民工总队部的训令

（一九四五年七月二十四日）

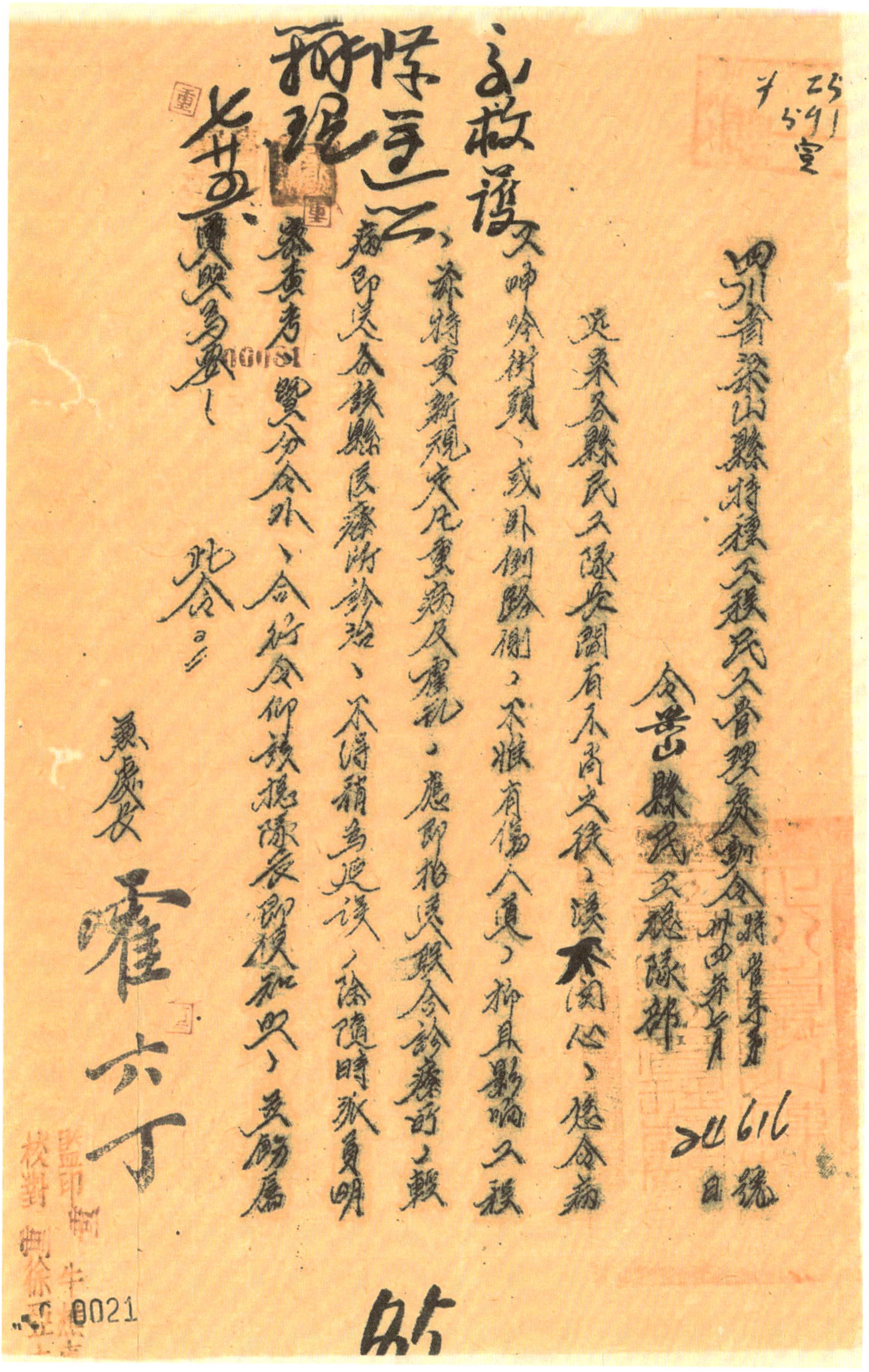

四川省梁山县特种工程民工管理处训令 特管字第 号 卅四年七月 日

令梁山县民工总队部

近来各县民工队发现有不肖之徒，漠不关心，遇有病工呻吟街头，或卧倒路侧，不惟有伤人道，抑且影响工程。兹特重新规定：凡重病及霍乱，应即指定民夫送令诊疗所；一般病即送各该县医疗所诊治，不得藉为延误。除随时派员明察考实，分令外，合行令仰该总队长即便知照，是为至要。此令。

处长 霍六丁

永救护 保运 办理 七廿五

四川省梁山县特种工程民工管理处关于军医署会同航委会派员赴梁山防救霍乱致梁山县民工总队部的训令

（一九四五年七月二十六日）

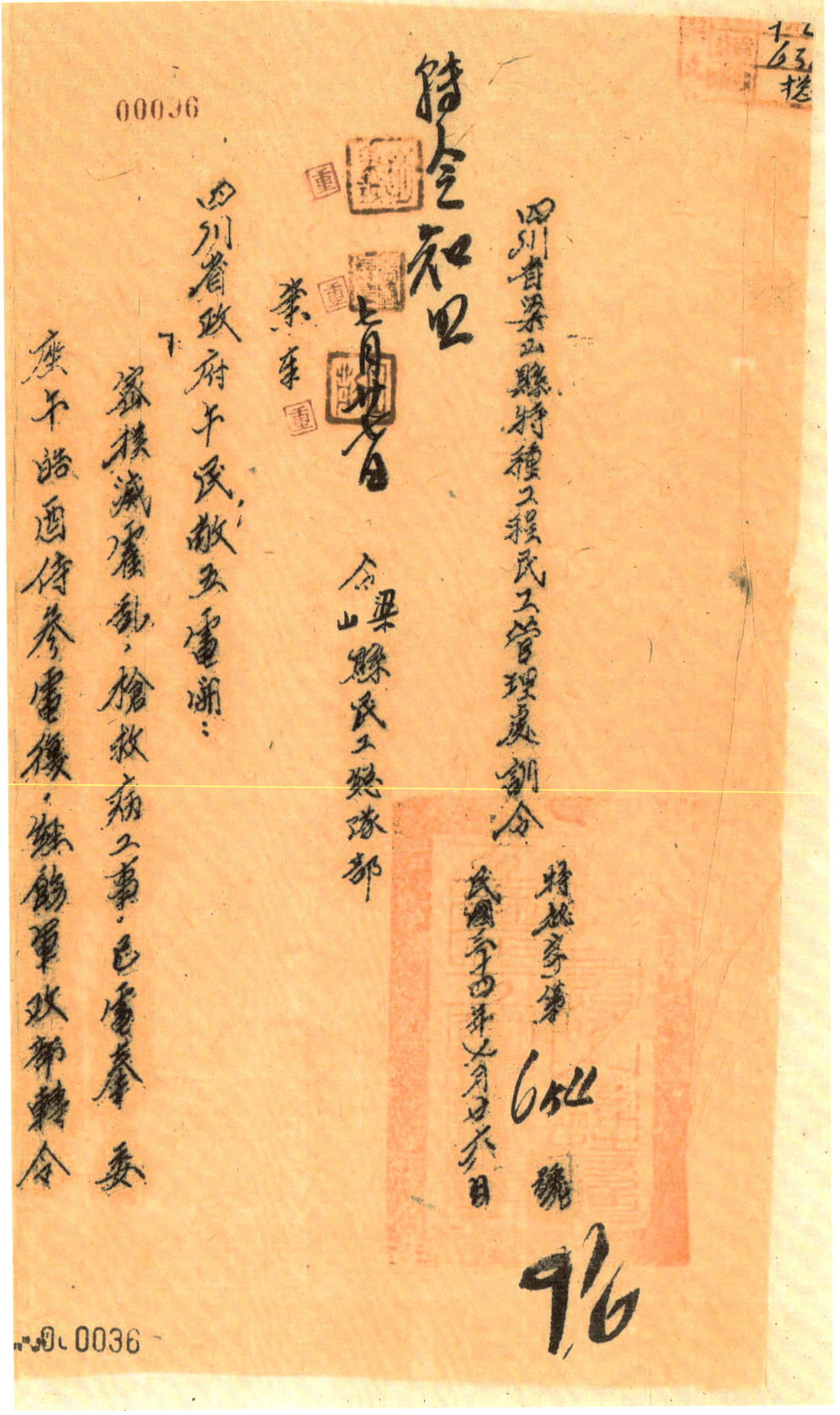

軍醫署會同航委會派員赴梁山防救、切盼忍受暫時痛苦、傾其全力、完成任務、毋負委座厚望。」等因奉此、除分令外、合行令仰知照！

此令。

兼處長 霍六丁

四川省梁山县特种工程民工管理处关于民工霍乱病亡安葬问题致梁山县民工总队部的训令

（一九四五年七月二十七日）

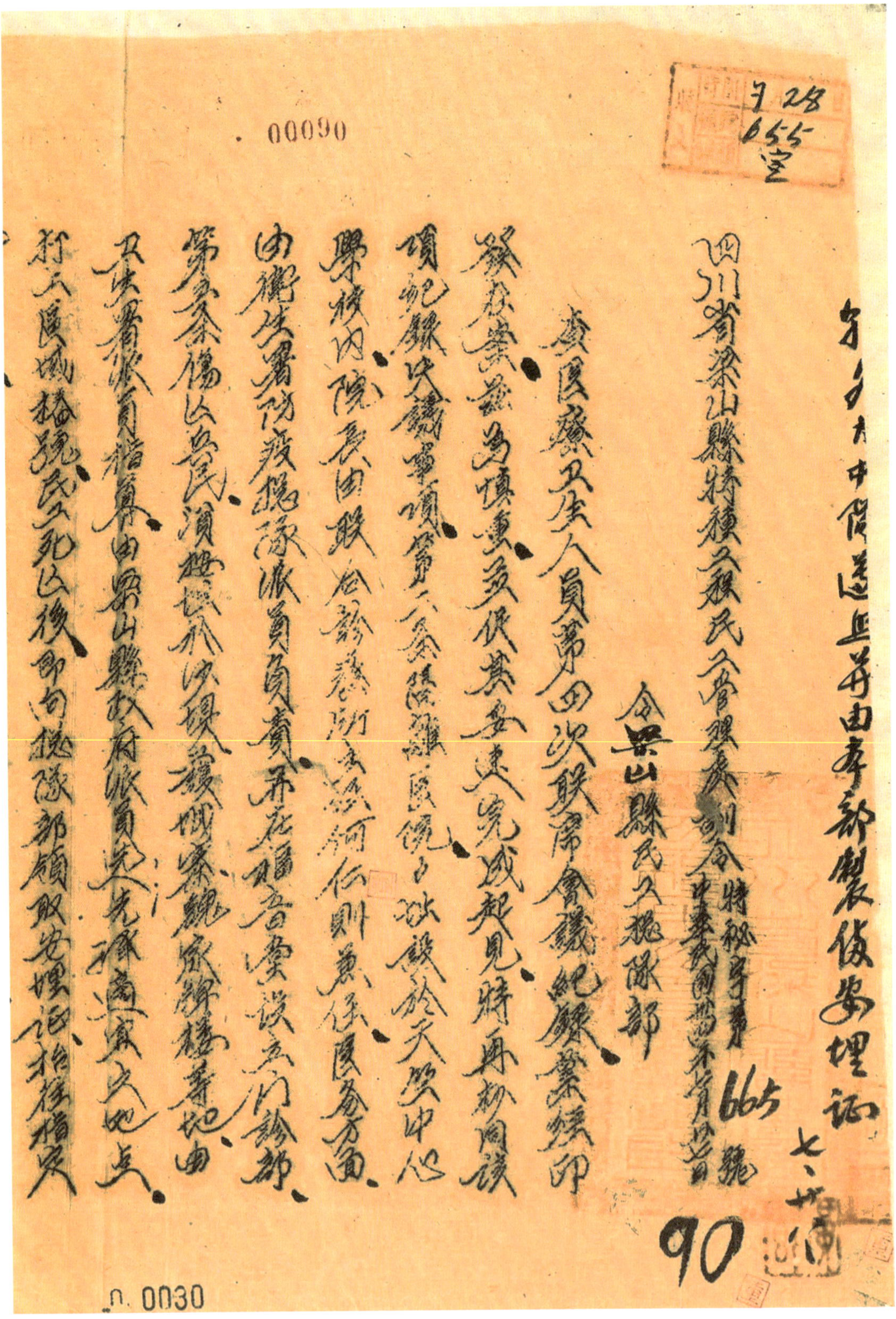

地点安埋，而民即向镇公所领取，而籍文统计，费实兼霞
死病人，绝对禁止抬回家乡，务即在隔离医院附近因病而
死之民人，须安葬于指定地点，如须搬回家乡，可立碑为记，俟
秋凉后始可移回，而民务即时安葬，不得停留三小时久，
由梁山县政府通令各乡镇派丁队以男劳役于各路看
七条民之死亡后，可用白布作棺安埋，既可了心愿，又为节省
时间，所允许隔离医院，即各备棺柩以安置已死之民人，余
分令外，合行令仰该乡切实遵照，并希转饬所属遵照为要！
此令！

县长　霍六丁

四川省梁山县特种工程民工管理处关于卫生署医防总队梁山霍乱办事处借梁山卫生院办公事致梁山县民工总队部的训令（一九四五年七月二十七日）

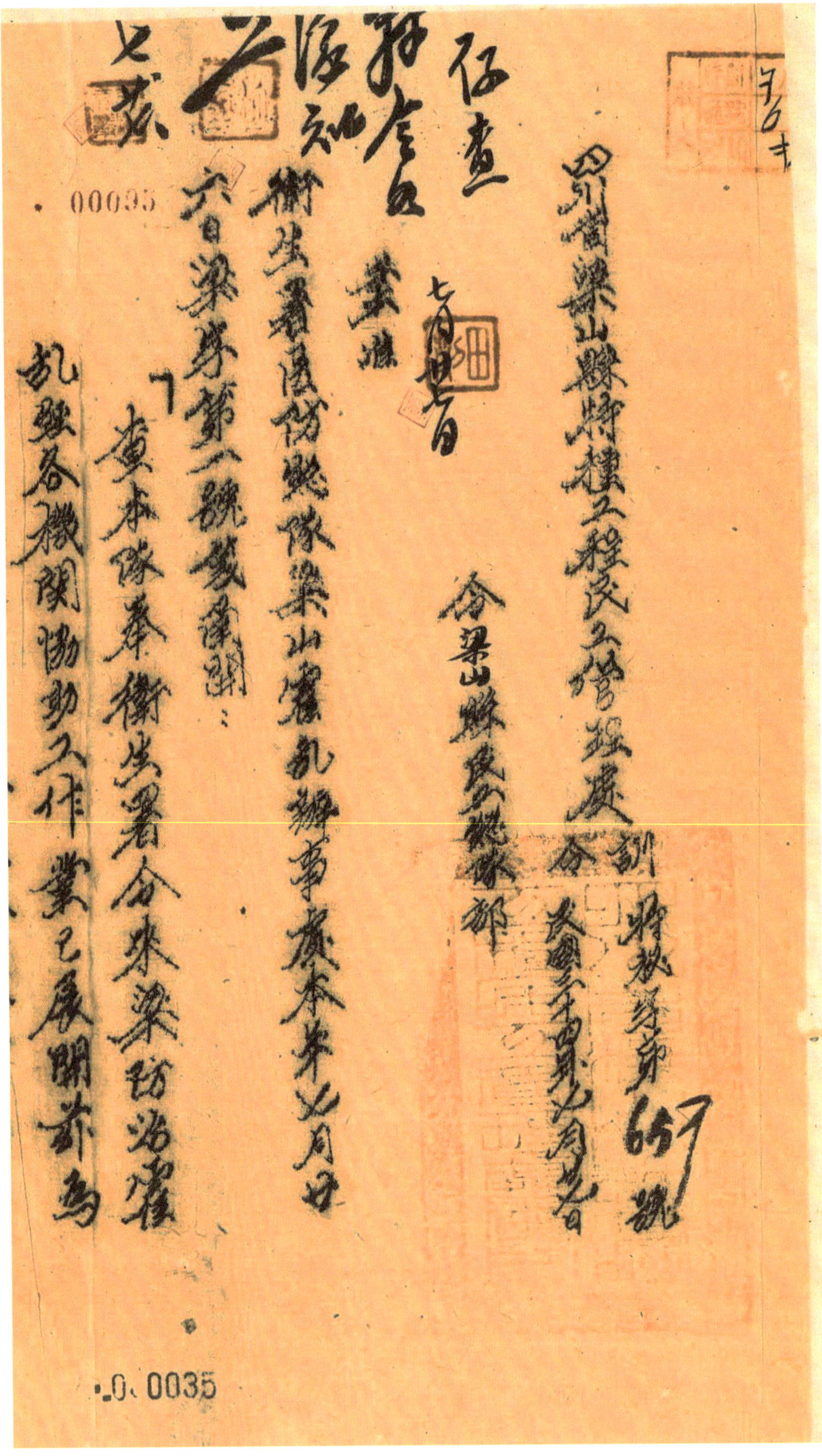

四川省梁山縣特種工程民工管理處訓令　特秘字第657號
民國卅四年七月廿七日
令梁山縣民工總隊部
衛生署醫防總隊梁山霍亂辦事處本年七月廿六日梁字第一號箋函開：
「查本隊奉衛生署令來梁防治霍亂，
發各機關協助工作，業已展開，辦爲

便利以後工作易於聯絡起見，自即日起假梁山衛生院開始辦公，相應函請查照，並轉知各縣民工總隊部及其他有關機關知照為荷。

等由。准此。除分別函令外，合行令仰知照！

此令。

兼處長 霍六丁

四川省梁山县特种工程民工管理处关于霍乱死亡民工安埋事致梁山县政府的训令（一九四五年七月二十七日）

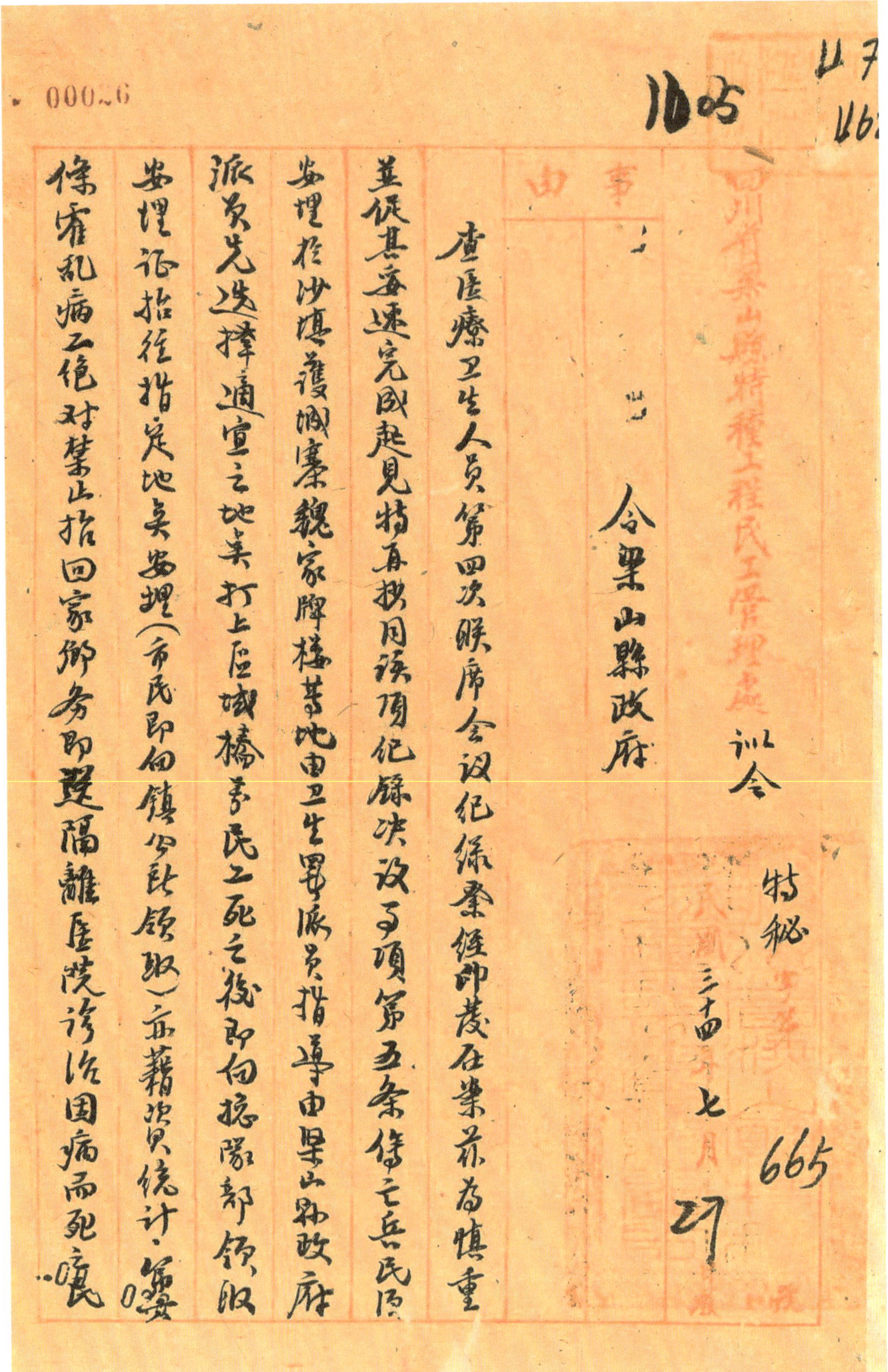

四川省梁山縣特種工程民工管理處訓令　特秘　665

民國三十四年七月27日

事由：

令梁山縣政府

查医療卫生人員第四次联席会议紀録案經印發在案，并為慎重並促其妥速完成起見，特再摘同該項紀録決议事項第五條：傷亡兵民同安埋於沙填護城寨魏家牌樓等地，由卫生署派員指導，由梁山縣政府派員先選擇適宜之地点，打上压城橋等民工死亡之後即向總隊部領取安埋证，抬往指定地点安埋（市民即向鎮公所領取），亦藉此员统计。嗣後倘霍亂病工絶对禁止抬回家鄉，务即送隔離医院诊治，因病而死民

00027

工須安葬於指定地点，如須搬回家鄉，可立碑為記，俟秋涼後始可啟回（市民务即时安葬，不得停留三小时之久）由果山縣政府通令附近各鄉鎮派丁阻止，以免蔓延於各縣。除分令外，合行令仰該府切實遵照！！

此令。

專員兼處長 霍六丁

特令天竺中埝、埝西各鄉聯辦

七月卅

監印 牛東

校對 徐丕夫

00027

（三）民工抚恤

航空委员会空军第三总站关于修建机场民工伤亡抚恤查照本会征雇民工伤亡给恤暂行规则办理致梁山县政府的公函（一九四〇年九月二十四日）

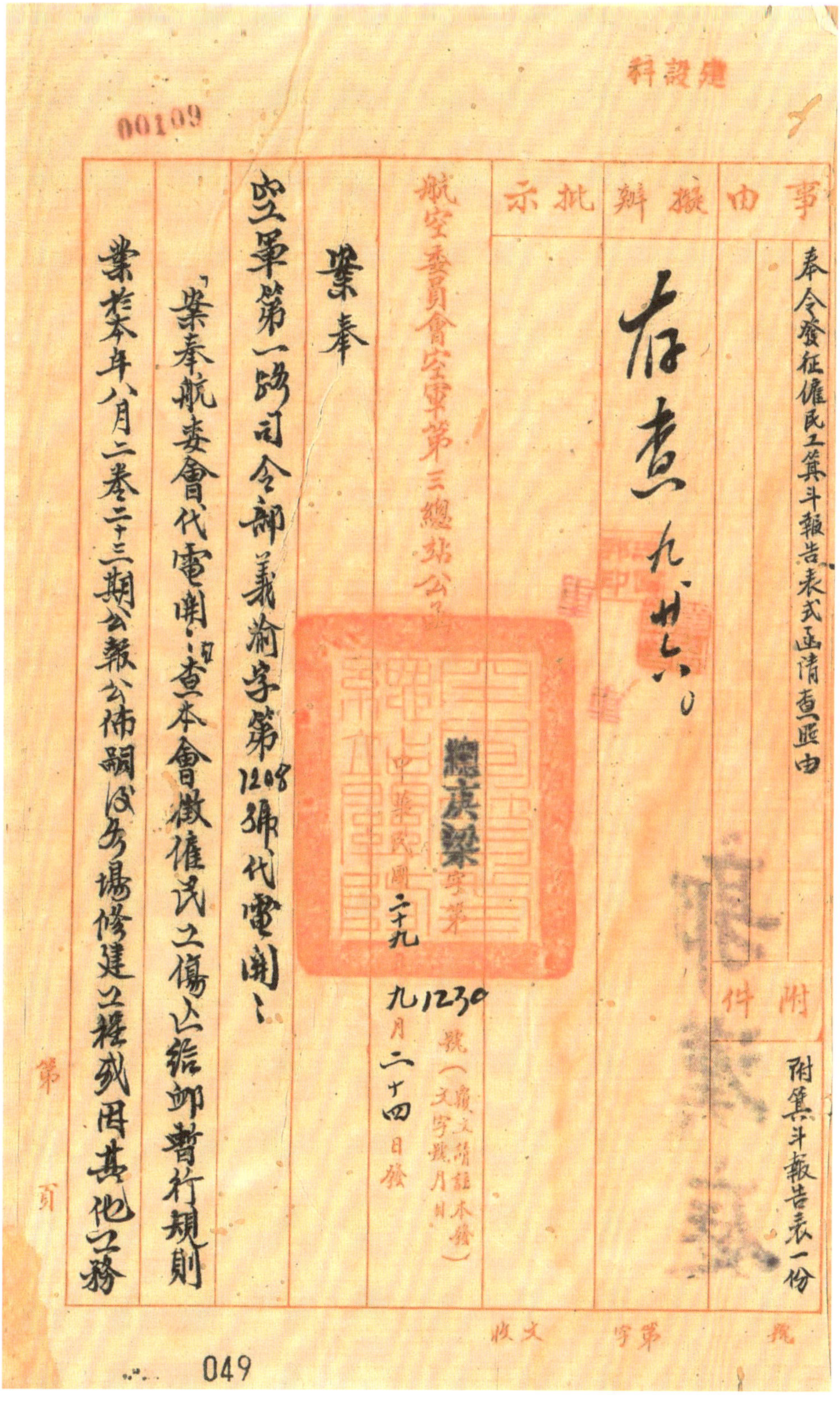
建設科

00109

事由：奉令發征僱民工募斗報告表式函請查照由

擬辦

批示：存查 九.廿六

航空委員會空軍第三總站公函

中華民國二十九年九月二十四日發（總庚梁字第九1230號）

案奉

空軍第一路司令部義渝字第1208號代電開：「案奉航委會代電開：『查本會徵僱民工傷亡給卹暫行規則業於本年八月二卷二十三期公報公佈頒行。凡場修建工程或因其他工務

附件：附募斗報告表一份

第　頁

收文　字第　號

049

征用民工时均应按照该项规则第四条规定办理册报手续，并于事前分业造送花名箕斗报告表来会，否则遇有伤亡概不给卹。仰即饬属一体切实遵办。除分令外，特电遵照等因。合行检发该项报告表，仰遵照。

等因。附发箕斗报告表一纸。奉此，相应检同原表式一份函请

查照是荷。

此致

梁山县政府

总站长 郭汉庭

附：征雇民工姓名箕斗报名表

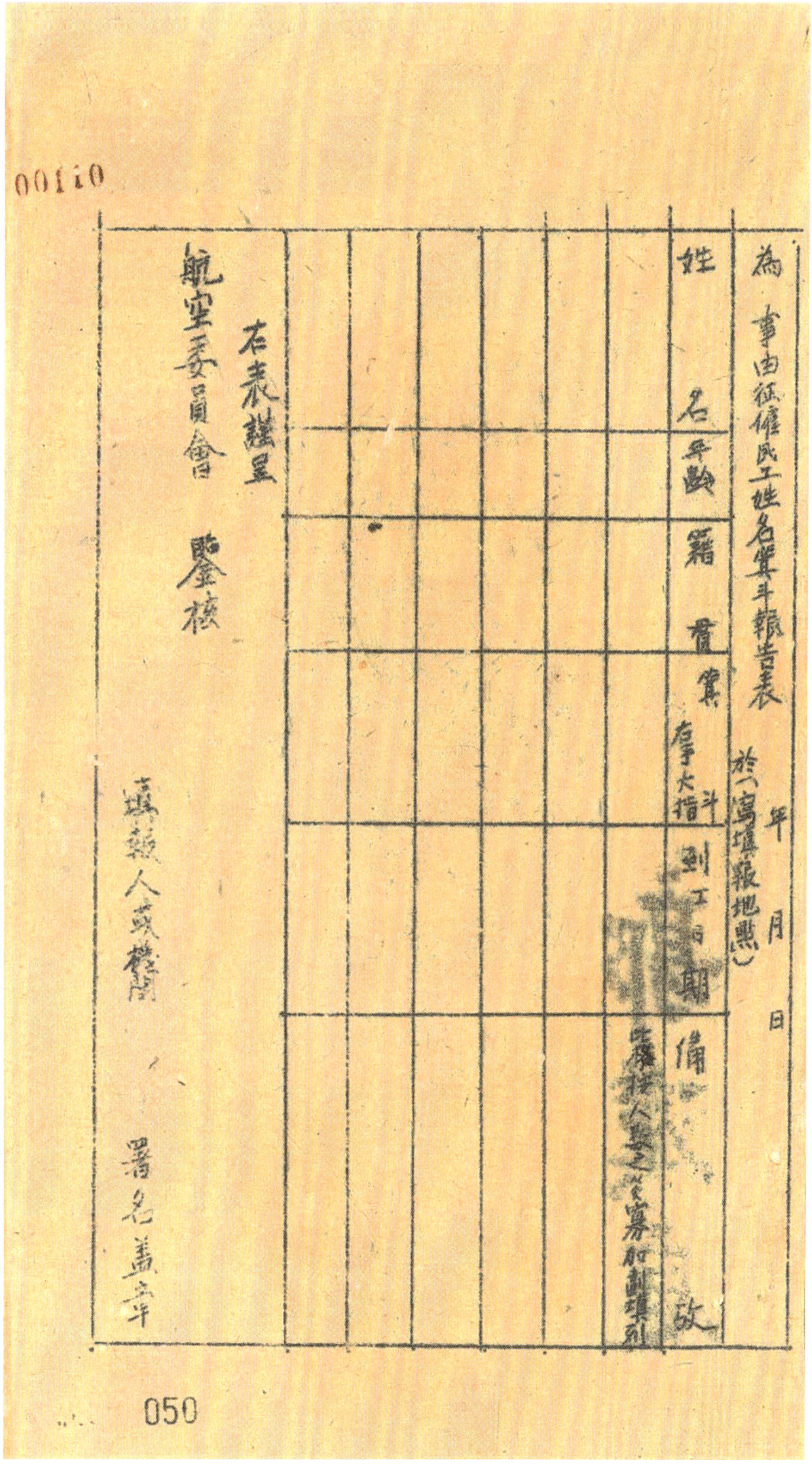

00110

為　事由征僱民工姓名箕斗報告表

年　月　日　於（寫填報地點）

姓名	年齡	籍貫	左手大指斗箕	到工日期	備考

此欄按人數之多寡加劃填列

右表謹呈

航空委員會　鑒核

填報人或機關　署名蓋章

050

梁山县城西乡乡公所关于报送服役特种工程民工死亡证明书及报请抚恤表致梁山县民工总队部的呈（一九四五年七月二十二日）

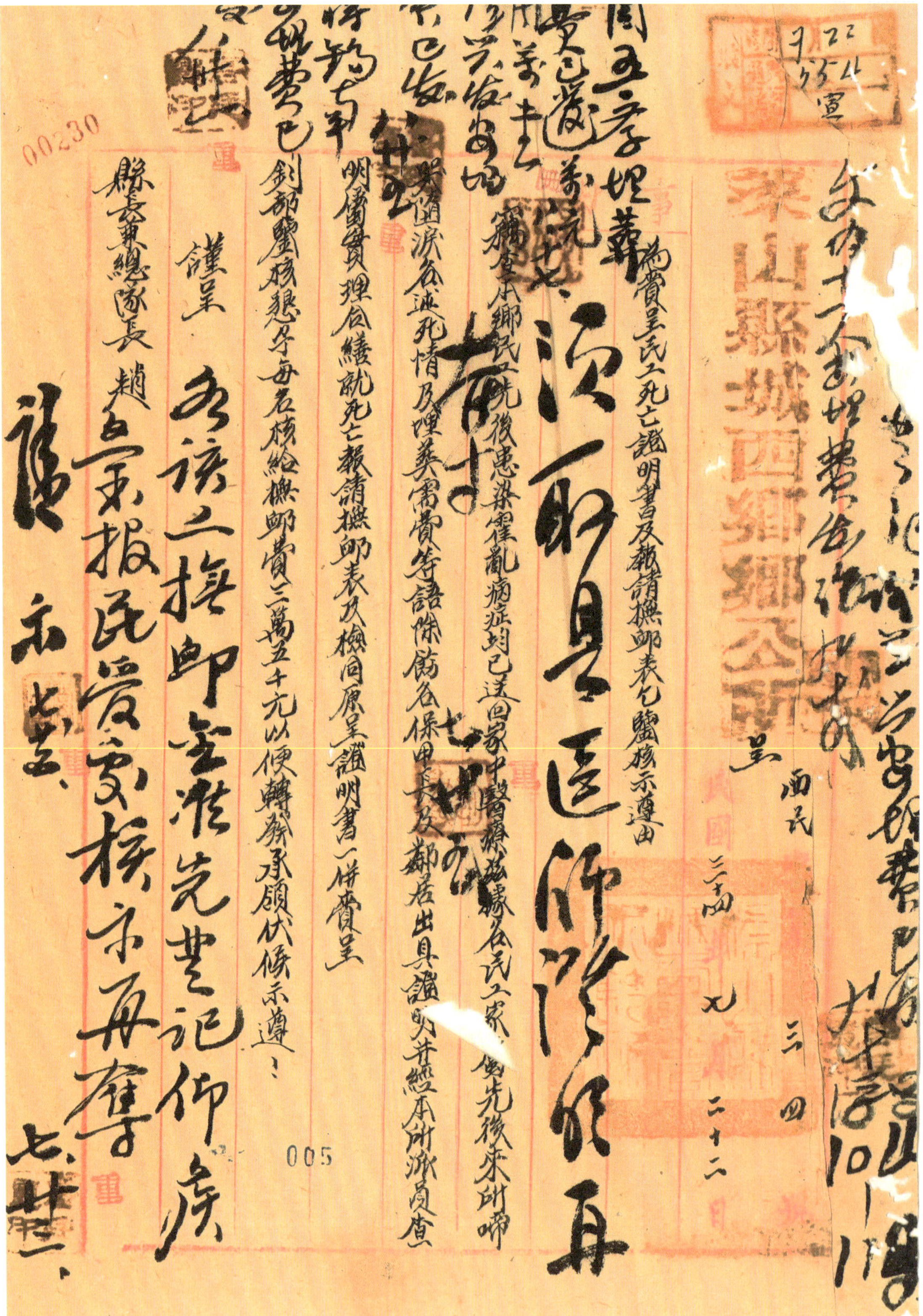
梁山縣城西鄉鄉公所 呈 西民 三十四 七 二十二

為賫呈民工死亡證明書及報請撫卹表乞鑒核示遵由

竊查本鄉民工……後患染霍亂病症均已送回家中醫療無效各民工家屬先後來所啼哭並聲述死亡情形及埋葬需費等語除飭各保甲長及鄉民出具證明并經本所派員查明屬實理合繕就死亡報請撫卹表及檢同原呈證明書一併賫呈

鈞部鑒核懇予每名核給撫卹費三萬五千元以便轉發承領伏候示遵！

謹呈

縣長兼總隊長 趙

附：梁山县城西乡中队部统率民工服役梁山特种工程死亡报请抚恤表（一九四五年七月二十日）

梁山縣城西鄉中隊部統率民工服役梁山特種工程死亡報請撫卹表

三四年七月二十日

番號（保甲）	姓名	性別	籍貫	死亡日期	死亡原因	證明文件	主管審核意見簽字蓋章	備攷
一九	蔣錫南	男	梁山	七月十日	霍亂病故	一		
一五一〇	周萬堂	男	梁山	七月十四日	霍亂病故	一		
一三四	周弟壽	男	梁山	七月十五日	染霍亂返家即亡	一		
一五六	譚興發	男	梁山	七月十五日	霍亂喪命	一		
四一〇	謝學照	男	梁山	七月十二日	霍亂即死	一		
一三九	楊明貴	男	梁山	七月十日	身染霍亂返家便死	一		
二一	闕興發	男	梁山	七月十日	霍亂入身回家調治即死	一		
一三四	王明福	男	梁山	七月十日	霍亂染身返家即故	一		

二一	周五學	男	梁山	七月二十日	霍乱梁身死(病)	一
一三五	户烟興	男	梁山	七月十六日	霍乱入身即死	一
四三	余紹木	男	梁山	七月二十日	重病退家即死	一

0061

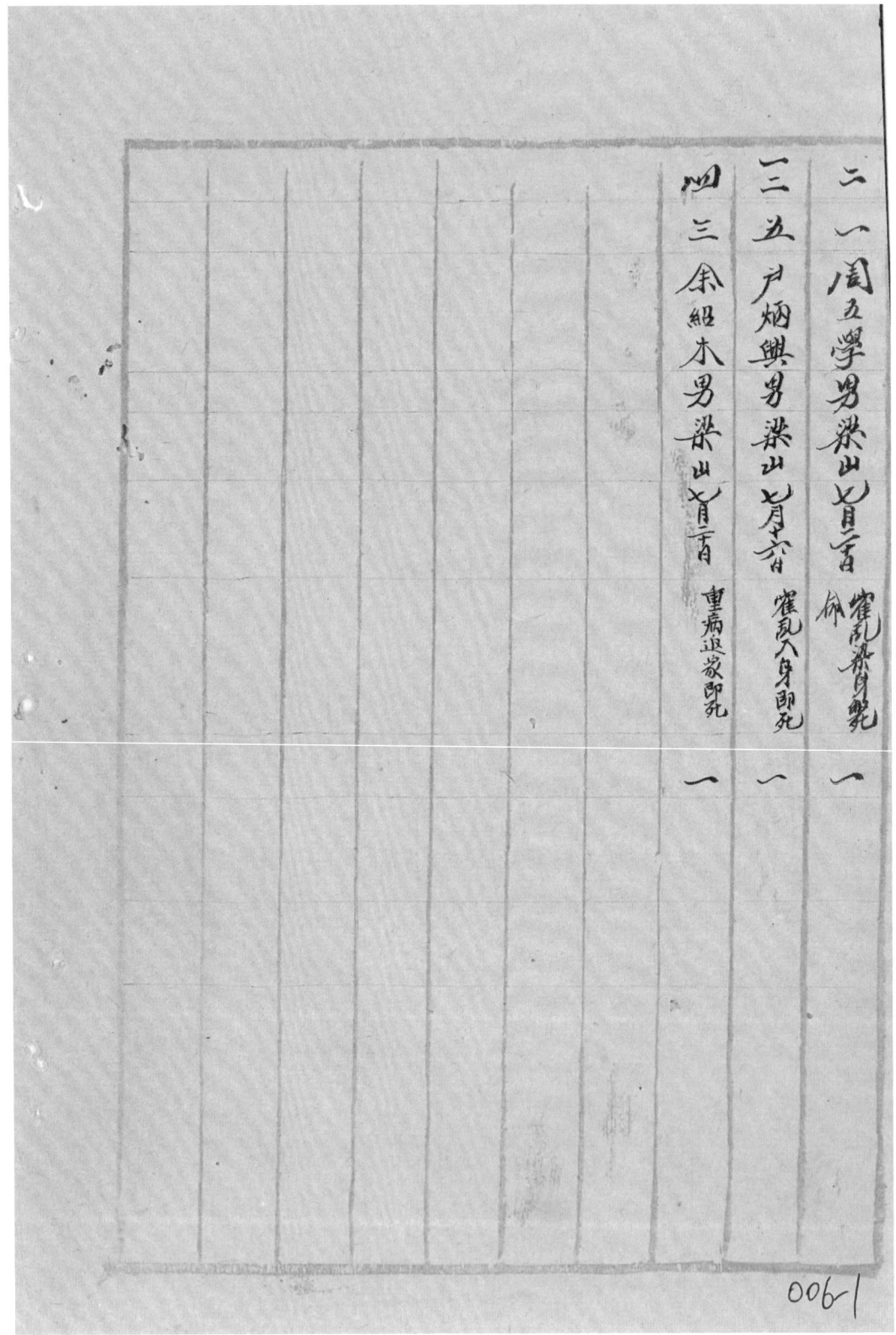

四川省梁山县特种工程民工管理处关于领取伤亡民工抚恤金致梁山县民工总队部的训令

（一九四五年七月二十四日）

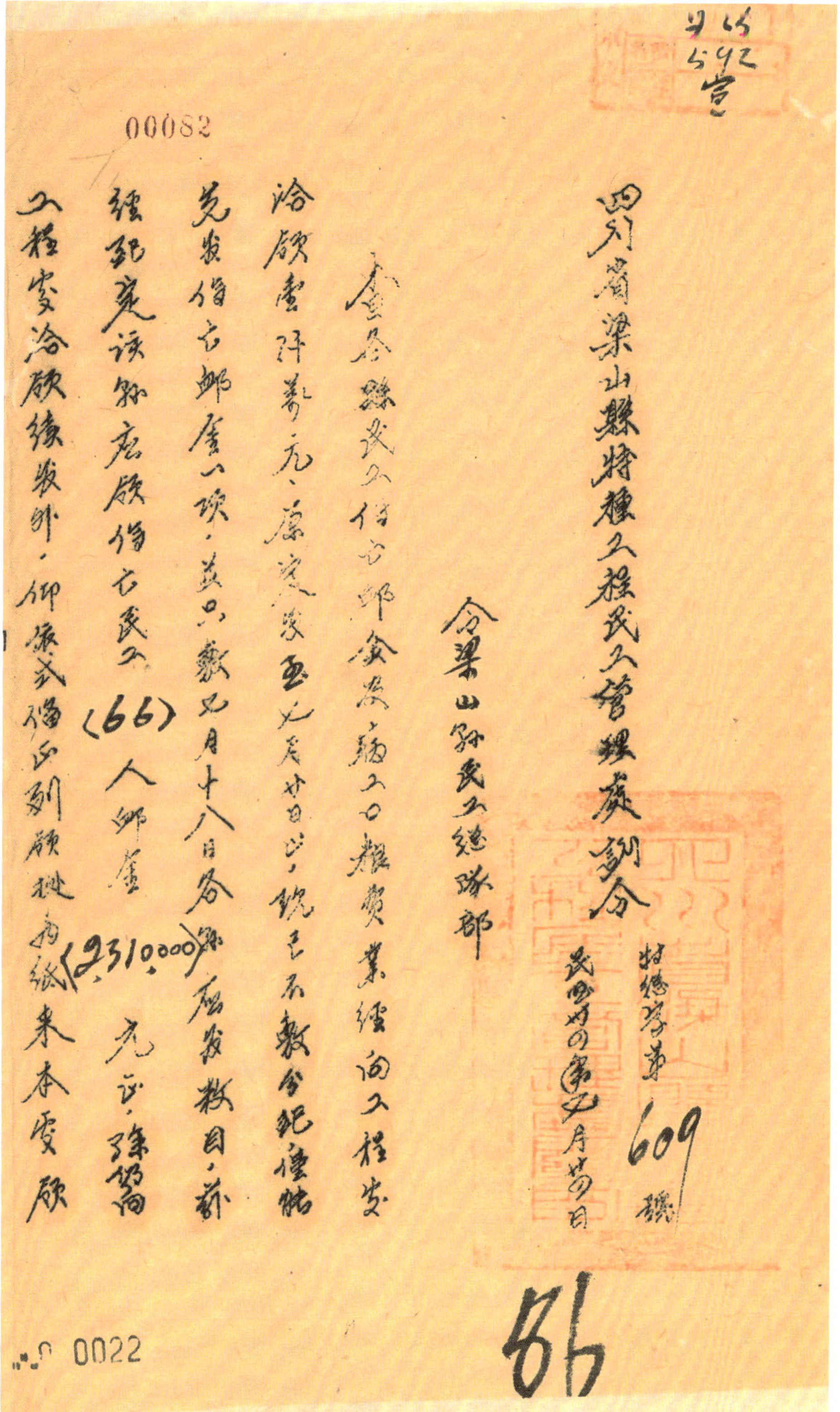

00082

四川省梁山縣特種工程民工管理處訓令

特總字第609號

民國卅四年七月廿四日

令梁山縣民工總隊部

查各縣民工傷亡卹金及藥品口糧費業經向工程處洽領壹仟萬元，原決定在五月廿日以前撥足，現已不敷分配，僅能先發傷亡卹金一項，並只敷九月十八日各縣應發數目，計經配定該縣應領傷亡民工（66）人，卹金（2310000）元正，除餘額俟向工程處洽領續發外，仰派員備正式領據攜同印紙來本處具領

0022

86

收为要。又该县应报之「民工人数逐日报告表」，若不能按期具报，第二期发款，亦即缓发，合併饬知！

此令。

专员长 霍六丁

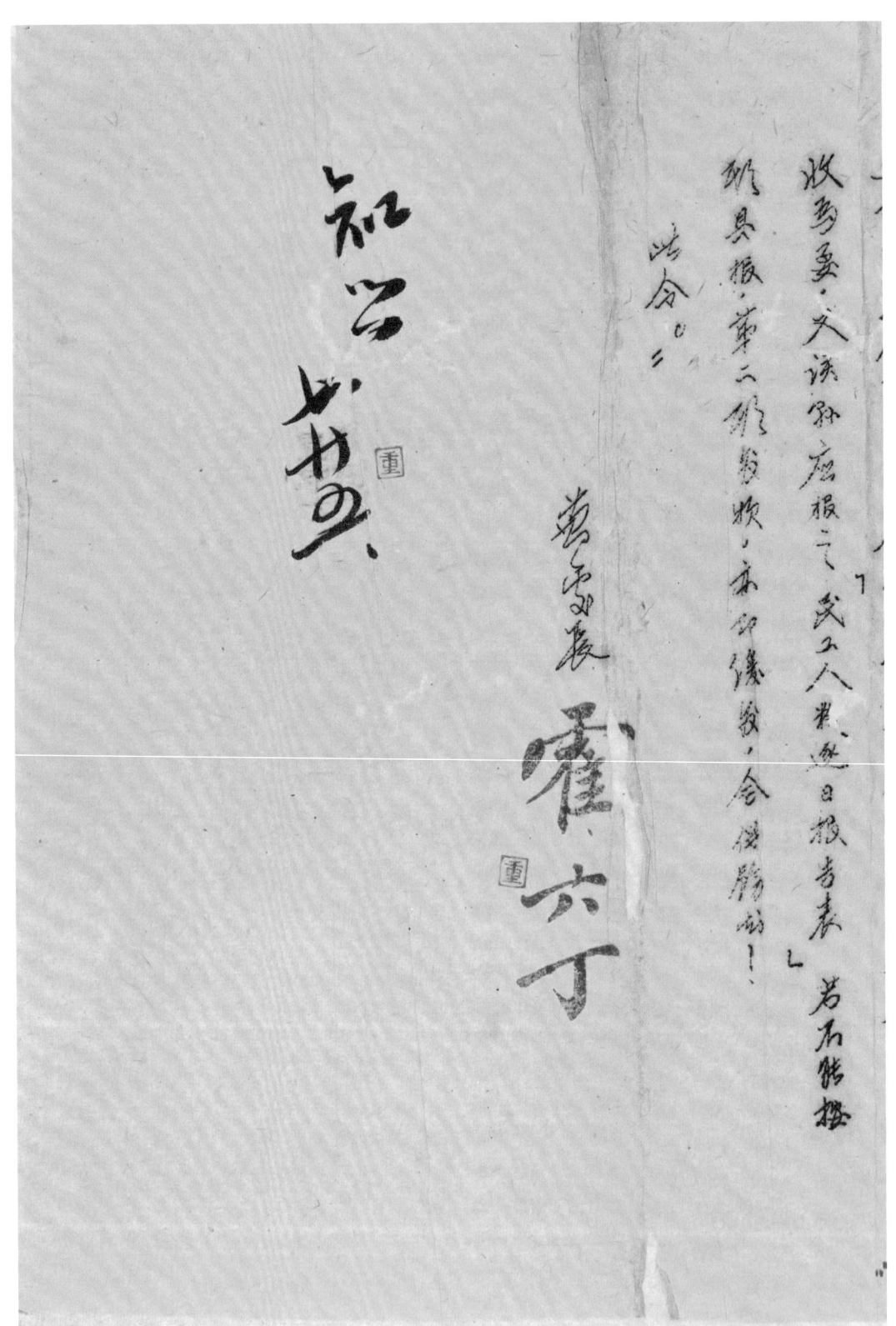

知照 如期

梁山县民工总队部一九四五年六月一日至七月三十一日民工死亡清册（节选）（一九四五年七月）

00172

梁山縣民工總隊部民工死亡清冊　民卅四年六月一日至七月卅一日

姓名	死亡日期 月	死亡日期 日	死亡種類	醫治及死亡地點	備攷
劉寬允	七	七	霍亂		
鄭汝	七	九	時疫暴痢		
廖炳忠	七	九	霍亂		
劉雙子	七	十	〃	聯合診療所	
張克靜	六	一	急症		
丁玉良	六	廿	疾痢		
袁汝竣	七	七	霍亂		
李錢臣	七	廿	〃		

032

陳萬才	七	卅一	
谷學書	七	廿一	霍亂
陳文義	七	廿二	〃
屈德應	七	廿五	〃
朱允學	七	廿四	〃
鄧榮林	七	廿二	〃
杜德五	七	廿二	〃
楊維國	七	廿五	〃
曾玉祥	〃	〃	〃
張顯子	七	卅一	〃
譚寅太	七	卅一	〃

042-1

梁山县民工总队部领取四川省梁山特种工程民工管理处发放死亡民工抚恤费的领条（一九四五年八月二十一日）

00271

梁山縣民工總隊部

今於與副印領事實領得

四川省梁山縣特種工程民工管理處撥來死亡民工撫卹費捌拾弍萬壹仟七百零

六元正。此據。

梁山縣民工總隊長 趙秉鉞

中華民國卅四年八月廿一日

0L0029

梁山县一九四五年七月一日至八月十八日工地服役民工伤亡请恤名册（节选）（一九四五年八月）

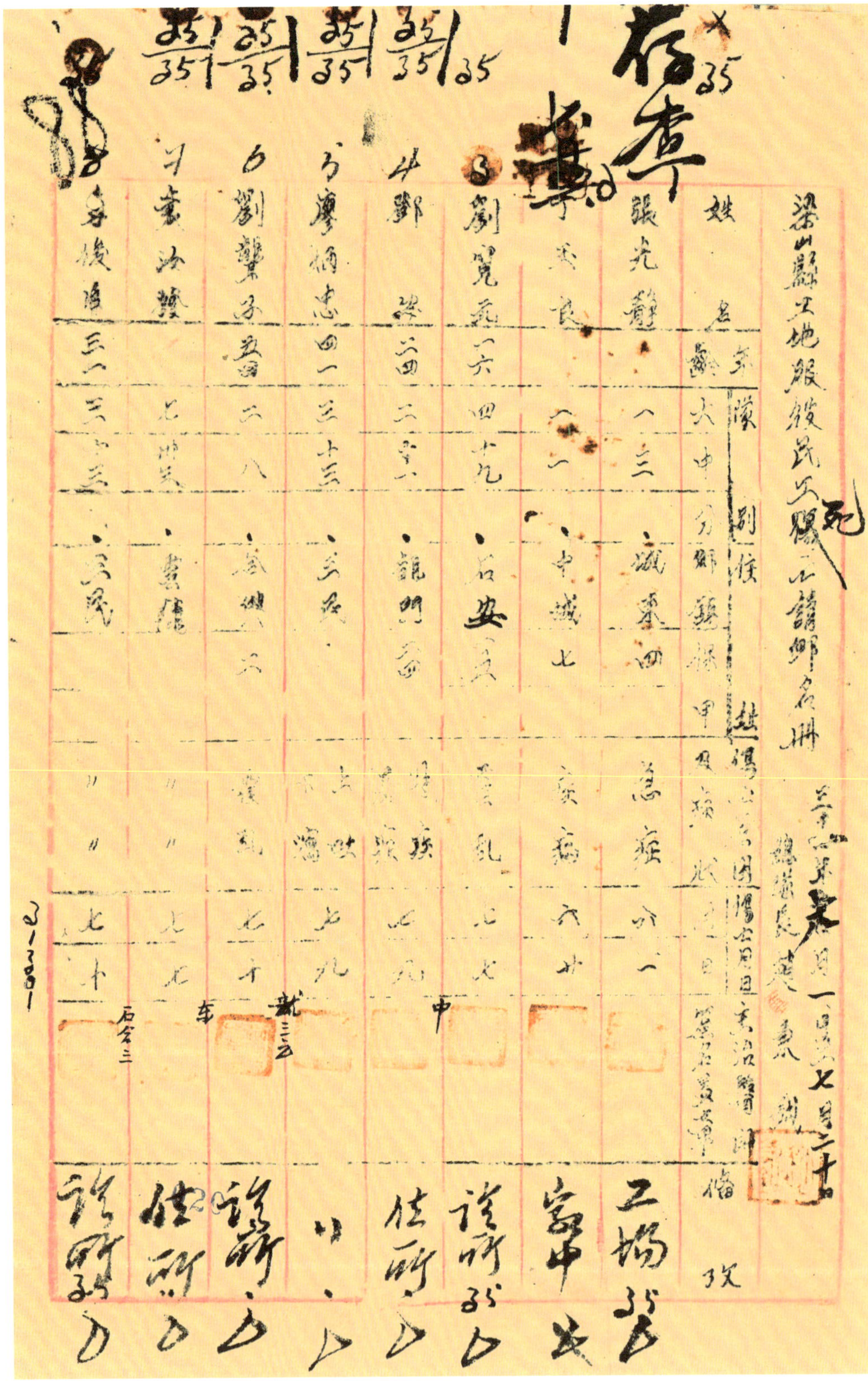
梁山縣工地服役民工傷亡請卹名冊

835 | 835 | 835 | 835 | 835 | 501 | 835

責任

梁山縣天地服役民夫傷病請卹名册

三十四年七月廿一日至七月卅一日

總隊長 趙秉鈜

姓名	年齡	隊別 大	隊別 中	隊別 分	住址 鄉鎮	住址 保	住址 甲	傷病原因及病狀	傷亡月日 月	傷亡月日 日	主治醫師簽名蓋章	備攷
73 劉大光		七	三五	、	柏家	一二		霍亂	七	二〇		痊
74 吳常春		四	二一	、	太和	八		〃	七	二〇	和在	[illegible]
75 夏申之		一	三	、	城泉			〃	七	二〇		[illegible]
76 高福宗		二	二一	、	龍門			〃	七	二〇	柏	請所
77 劉啟成		一	一	、	中城	一		〃	七	二六	中	住所
78 彭金廷		一	一	、	〃			〃	七	二一		〃
79 蔣世堂（路長）		四	一六	、	大觀			〃	七	二六		請所
80 蔣鳳鳴		二	八	、	合興			〃	七	二三	就大合	〃

3092-2

013

梁山縣工地服役民工死亡請卹名冊

三十四年八月一日至八月十八日

總隊長 趙秉鉞

編號	姓名	年齡	隊別 大隊	中隊	分隊	住址 鄉(鎮)	保	甲	傷亡原因及病狀	傷亡月	日	主治醫師簽名蓋章	備攷
200	高登福		一	三		城東	十六		重病	七	廿四		家
201	秦廣之		一	三		城東	八		疾病	七	廿七		家
202	伍詩才		一	三		城東	八		疾病	七	廿三		家
203	王云發		三	十二		聚勝			霍亂	七	廿七		
204	曾鳳楊		三	十四		韓水			霍亂	八	一		診所
205	朱光云		三	十六		文峯			霍亂	八	一		診所
206	藍定芳		七	三五		柏家	一		霍亂	七	十二		死在家中
207	劉樹德		七	三五		柏家	十五		霍亂	七	十二		死在家中

佚齋

梁山縣民工總隊部民工死亡暨撫恤情形一覽表

卅四年六月一日起至八月廿七日止

<table>
<tr><th>死亡地點</th><th>死亡人數</th><th>應發恤金額</th><th>已領恤金人數</th><th>已發恤金額</th><th>未領卹金人數</th><th>未發卹金額</th><th>備攷</th></tr>
<tr><td>診療所</td><td>一一七</td><td>四〇九五〇〇〇</td><td rowspan="2">一〇七</td><td rowspan="2">三七四五〇〇〇</td><td rowspan="2">四八</td><td rowspan="2">一六八〇〇〇〇</td><td rowspan="2">每人發給卹金三万五千元</td></tr>
<tr><td>工作地點</td><td>三八</td><td>一三三〇〇〇〇</td></tr>
<tr><td>回家死亡</td><td>二〇三</td><td>二一六〇〇〇〇</td><td rowspan="2">一八〇</td><td rowspan="2">一九三〇〇〇〇</td><td rowspan="2">一五五</td><td rowspan="2">一五五〇〇〇〇</td><td rowspan="2">每人卹金一萬元內中隊長一員發五萬元分隊長三員發四萬</td></tr>
<tr><td>途中</td><td>一三二</td><td>一三二〇〇〇〇</td></tr>
<tr><td>合計</td><td>四九〇</td><td>八九〇五〇〇〇</td><td>二八七</td><td>五六七五〇〇〇</td><td>二〇三</td><td>三二三〇〇〇〇</td><td></td></tr>
</table>

梁山县民工总队部第七大队第三十五中队关于报送建筑特种工程染霍乱死亡民工姓名表请予抚恤致梁山县民工总队部的签呈（一九四五年八月）

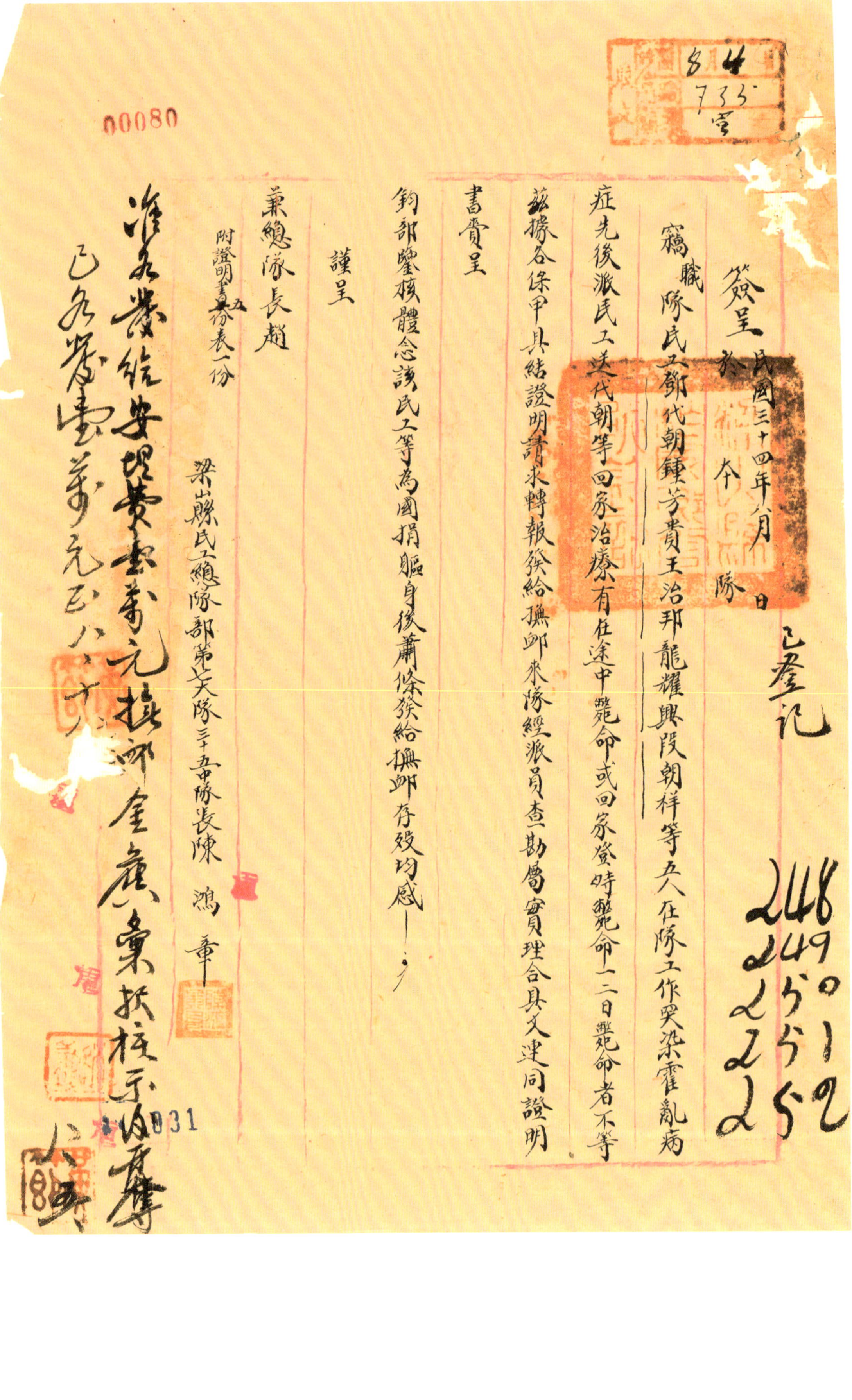

00080

已登記

簽呈 於 隊 民國三十四年八月 日

竊職隊民工鄧代朝、鍾芳貴、王治邦、龍耀興、段朝祥等五人在隊工作罹染霍亂病症，先後派民工送代朝等回家治療，有在途中斃命，或回家登時斃命，一二日斃命者不等。茲據各保甲具結證明，請求轉報發給撫卹，來隊經派員查勘屬實，理合具文連同證明書賚呈

鈞部鑒核，體念該民工等為國捐軀，身後蕭條，發給撫卹，存歿均感！

謹呈

兼總隊長趙

附證明書五份、表一份

梁山縣民工總隊部第七大隊三十五中隊隊長陳鴻華

248 249 250 251 252

准發給安埋費壹萬元，據部全廣彙核示遵辦

已各發安埋費壹萬元 八、十八

00081

梁山縣民工第七大隊第三十五中隊造具建築特種工程民工染霍亂斃命姓名表

民國三十四年八月　日　於本所

鄉鎮別保甲別	民工姓名	所染病症	斃命地址	患病日期	斃命日期	備攷
柏家鄉第十保第一甲	龍耀興	霍亂症	家中	一日夜半	七月三十日	
〃第五保第二甲	王治邦	〃	〃	一日午後四鐘	七月三十日	
〃第十四保六甲	鍾芳貴	〃	〃	〃	七月三十日	
〃第十四保三甲	倪朝祥	〃	〃	〃	七月三十日	
〃第九保九甲	鄧代朝	〃	東門外三洞橋	即日	八月一日	

附：梁山县民工第七大队第三十五中队造具建筑特种工程民工染霍乱毙命姓名表（一九四五年八月）

（四）人员奖惩

四川省第十区行政督察专员公署关于给予征调扩修梁山机场民工不力之开江县长记过一次致梁山县政府的训令（一九四〇年四月十八日）

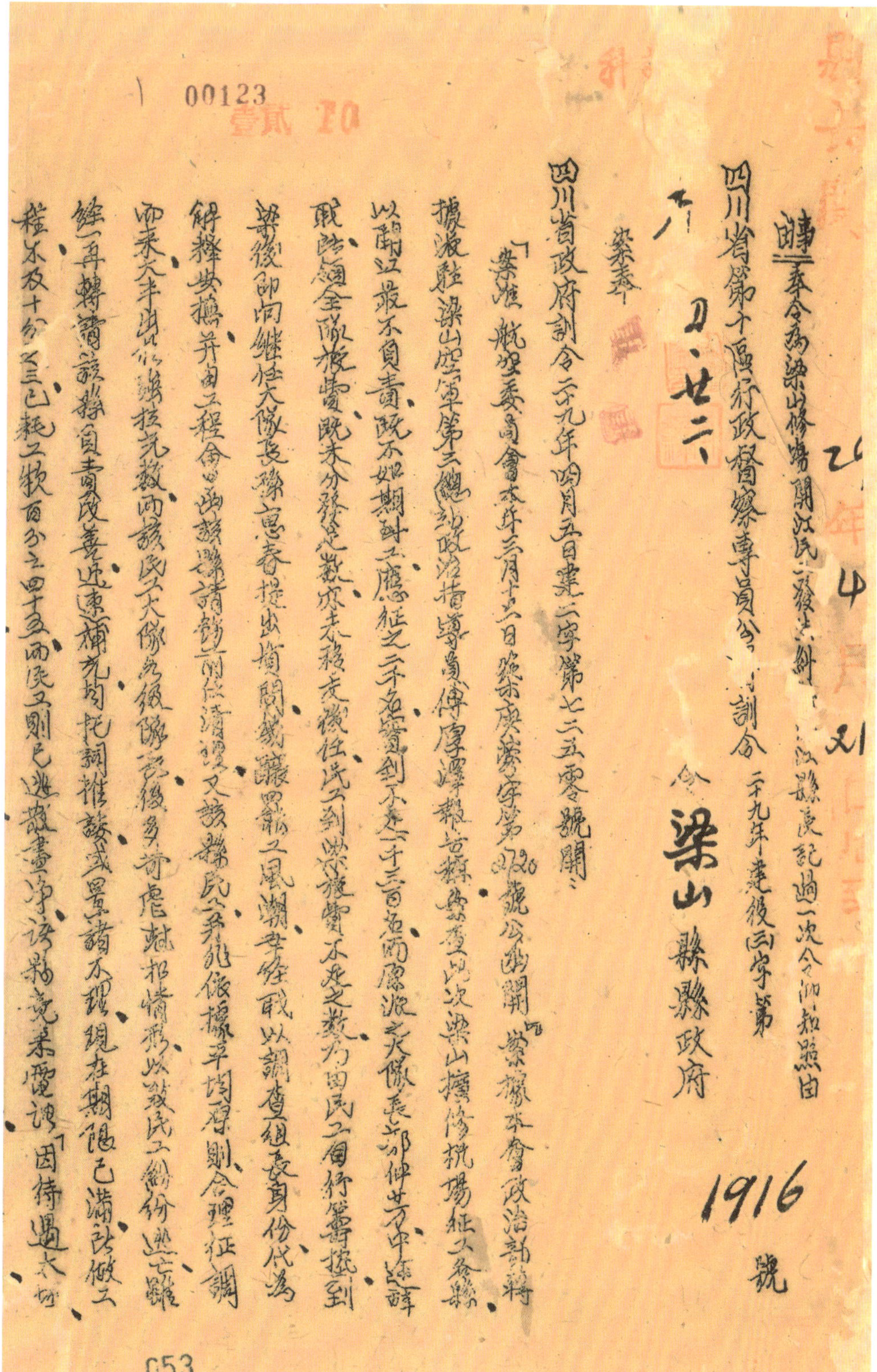

00123

事由：奉令为梁山修场开江民工发生纠纷，开江县长记过一次，令仰知照由

29年4月21

四川省第十区行政督察专员公署训令　二十九年建设(三)字第1916号

令梁山县县政府

廿九、四、廿二

案奉

四川省政府训令二十九年四月五日建二字第七二五零号开：

「案准航空委员会本年三月十六日渝宗庚济字第0220号公函开：『案据本会政治部转据派驻梁山空军第三总站政治指导员傅厚泽报告称：查此次梁山扩修机场征工各县，以开江最不负责，既不如期到工，应征之二千名实到不足一千三百名，而原派之大队长□伊甘方中途辞职，致全队被(散)，既未分发之款，亦未移交，继任民工到场后发觉不足之数，为因民工自行筹措，到场后即向继任大队长孙宪春提出质问，几酿罢工风潮，并经我以调查组长身份代为解释安抚，并由工程会函该县请饬前任清理，又该县民工并非依据平均原则合理征调而来，大半出以雇拉充数，而该民工大队各级队长复多苛虐敲诈情形，以致民工纷纷逃亡，虽经一再转请该县负责改善，迄未补充，均托词推诿，或置诸不理，现在期限已满，所做工程不及十分之三，已耗工款百分之四十五，而民工则已逃散尽净，该县竟未处理』，因(特)遇[illegible]

053

民犯怨沸騰，若一斗派調，恐釀民變，請改良待遇，及發重征旅費，以示體恤。查此次工程係係征工的包工制，各縣既負工程每方工價運費工具費平均三角八分，而民工發生疾病逃跑及來回旅費，在外每日每人先發伙食一角，完工清算找補，蓋此以避免民工影響工數，亦可藉資鼓勵也。如能依限完成，而又管理得當，中間無中飽濫耗情事，預算每人每日可得工資四角，縱稍稍延期，亦決無不敷之理。是項辦法均經呈會核准，并經分發各縣知照在案，且實行者梁山、墊江已有依限先方完成者，而平時火食亦未嘗不足，該縣又何為獨異。又查歷來各種征工事項，工款不敷時，各縣政府能有代工金之攤派，其流弊所及，往往超出足額數倍，乃至數十倍，不肖公務人員甚且資以為利，不獨工程延誤，抑且民犯怨沸騰。該縣未電所稱，顯係該縣卸責伎倆，試為將來以工款不足為口實而民間攤派代工金預留地步。果爾如此，不獨增加民眾意外之負擔，亦足以大啟貪污之門，不獨影響本軍體恤民眾間之情感，亦足喪失政府在民間之信仰。若不嚴予懲處，嚴切制止，何足以示體　總裁宵旰辛勞整飭吏治之意，又何以下副民間喁喁望治之情。擬請鈞座除轉函省府，對協助國防工程不力之墊江縣長從嚴予懲處，以儆，令迅速復工，切實制止，不得假借名義攤收代工。議軍事委員會嗣後如有建築國防工程採用征工的，時應……徐守，并請文公告下列事項：(一)如限期未滿，工程未完，應由原征調縣府負完全責任。(二)公工方面，應發之工款，如已用完而工程仍未完竣，時所有不敷之工款，應由原征調之縣長及其以下負征調之責任之區鄉鎮長及負管理統率民工之各級隊長，按百分比率分別攤賠，不得向民間攤派代工金或其他類似之賦課。(三)如有私自攤派代工金或其他類似之非法賦課，查出後以貪污論罪。(四)各級人員攤賠工欵之比例，視不完工之原因為不同之分配，其原則如下：(1)屬於征調不合理，以致民工逃亡太多，中途停止或怠工者，縣長及鄉鎮長及原負征調責任之各級人員賠償成數應多於其他人員。(二)屬於管理不善，例如扣虐待等情或督工不嚴以致逃亡或怠工者，縣長及負管理督飭責任之各隊長賠償成數應多於其他人員。(三)其不可抗拒之意外事故因而影響工程者，可以酌情減免。以上各項是否有當，理合報請鑒核等情。據此，該員所呈各情，揆諸機場工程，建議各項亦尚允當。理合備文賫呈鈞府鑒核示遵等情。據此，查各縣府征工築場，因人數眾多，對於民工怠工逃亡、管理欠周以及帶工領隊人員手續不清等五項，因此難免。最近委員長成都行轅為謀解決征工種種困難問題起見，召集有關各機關暨地方紳士組設征工委員會專司理征工事宜，并由行轅呈報軍委會委員長在案。嗣後對於改善民工待遇、推進工作效率以及撙節各項費用，均予從新另行規定相當辦法，該政治指導員傅學譯對於梁山修場開江民工發生糾紛後能為調處，并隨時改善工作辦法，是以指導有方，除准如所請并指令慰勉以昭激勸外，案據征工第□場加行流弊，相應函請貴府查核辦理見復為荷"等由，准此，查改善征工辦法，俾省征工委員會成立再另案飭遵，所有該開江縣政府此次辦理國防工程征工不力，殊屬不合，除將該開江縣長燕德光記過一次并分行外，合行令仰遵照，對於征□務須辦理國防工程務須切實督飭辦理，并飭屬遵照為要。此令。

等因，奉此，除分令外，合行令仰該縣長遵照。此令。

中華民國二十九年四月十八日

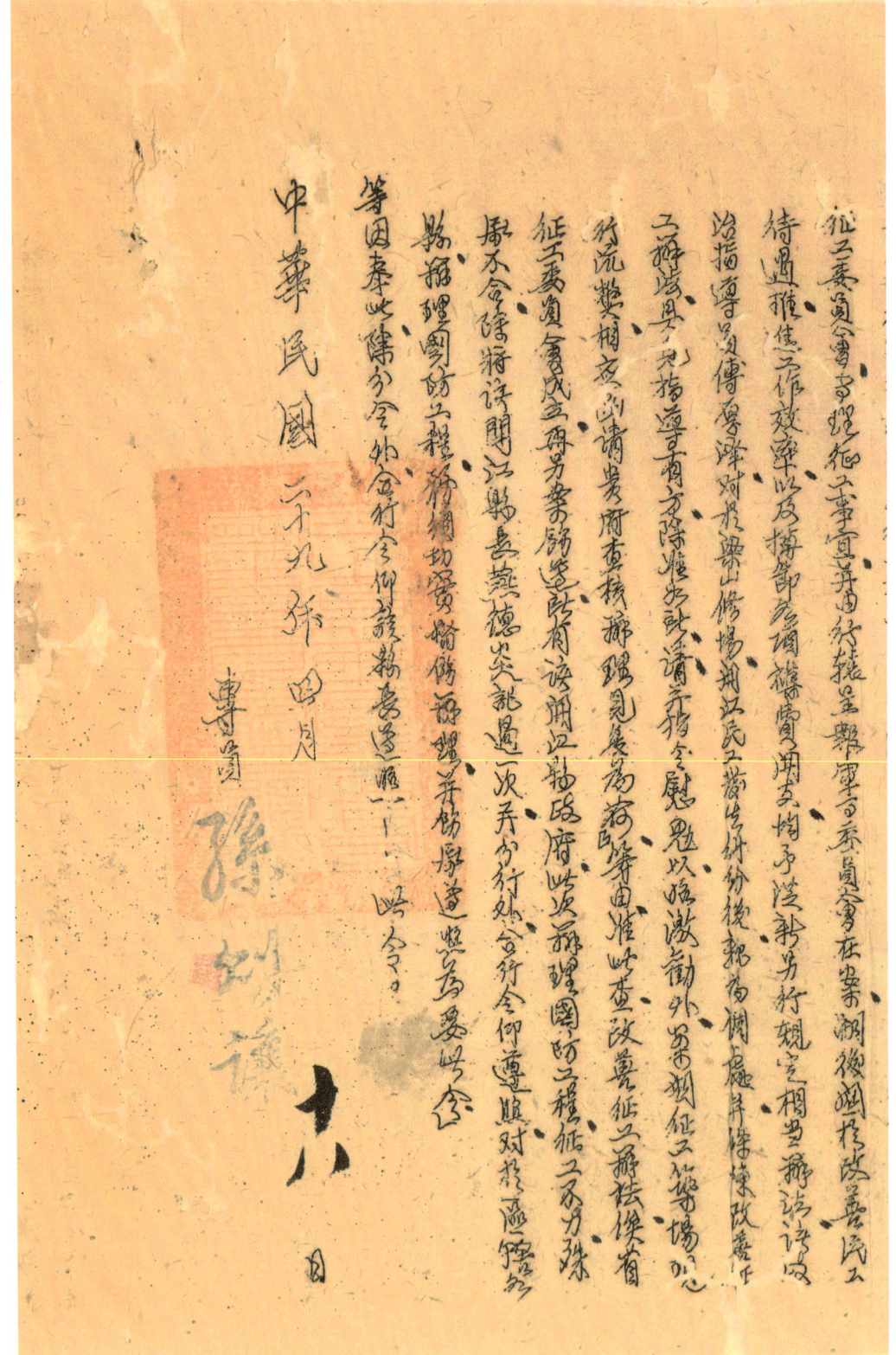

專員 孫□□

航空委员会、四川省政府等关于嘉奖梁山县征工抢修一九四三年五月二十九日敌机炸毁梁山机场有功的文书（一九四三年六月至十月）

航空委员会致空军第三总站的电（一九四三年六月二日收）

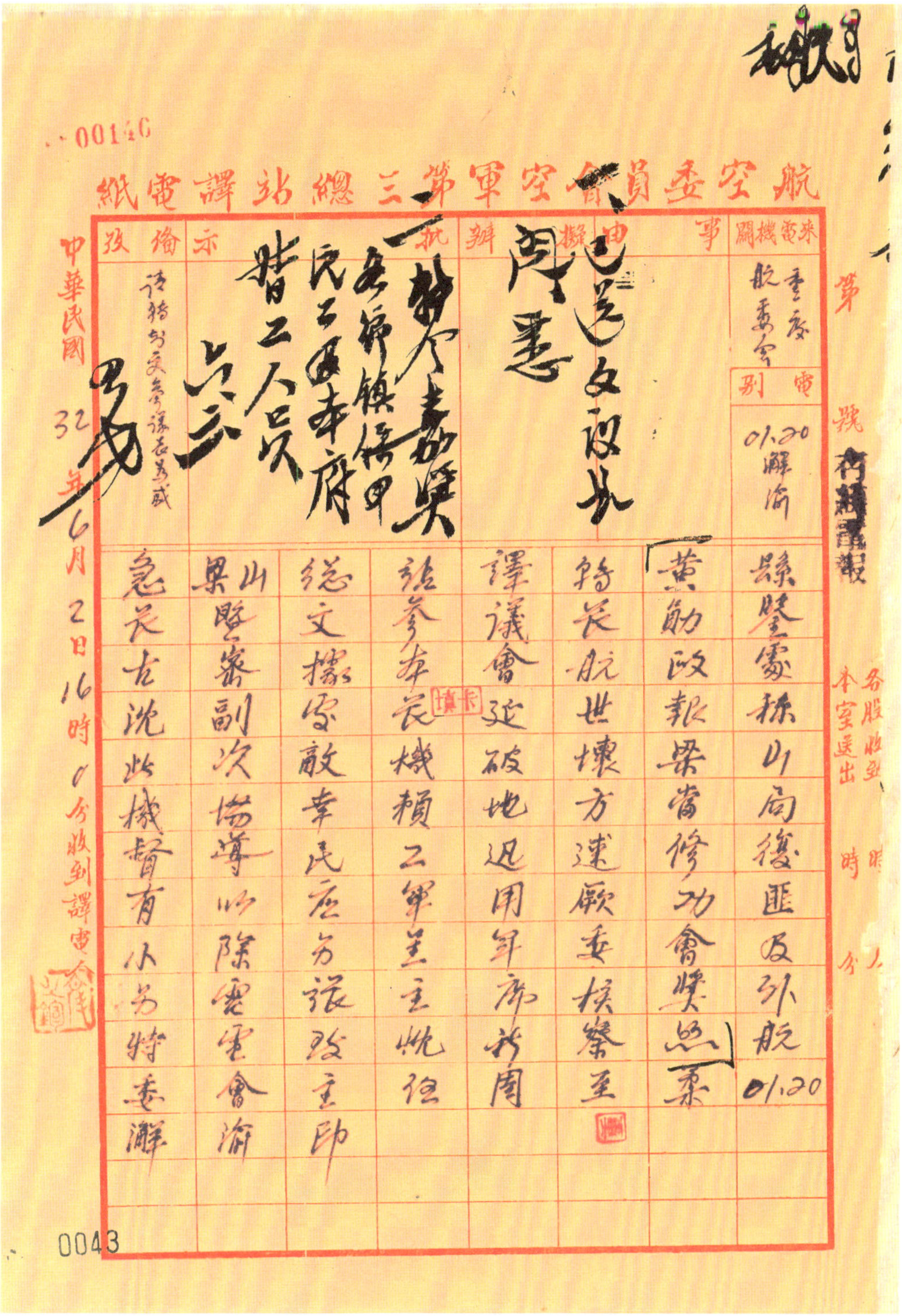

四川省政府致梁山县政府的代电（一九四三年六月十六日）

四川省政府代電

2620
4110

民五字第16813號

事由：准航委會周主任電為該縣長暨議長文贊丞征工搶修機場有利空軍作戰請核獎一案電仰遵照由

梁山黃縣長准航委會周主任引此渝電開「查梁山機場近經大雨冲刷本月29日復被敵机轟炸不能使用經黃縣長乃安與參議會文議長贊丞協同征集大量民工漏夜搶修有利本軍作戰厥功甚偉除報軍委會請獎外請貴府核予獎勵以昭激勸賜復為荷」等由查該縣長議長等此次協同征工搶修機場有利戎機殊堪嘉尚惟民工是否就原有之搶修大隊征集抑係臨時征調又服役民工寔列名額暨服役時間以及搶修工作情形等均待詳

中華民國　年　月　日　發

00136

四川省政府代電

字第　號

事由

細明瞭俾憑核敘准電前由除電復外仰速遵照查報主
席張群巳銑民五印

查蓉溪人挖修機場民工孫振修
係外出時經調女中四千一百
右~~附近作工小時~~被炸彈坑
完全修復

六、廿六

中華民國三十二年六月　日發

中華民國卅二年六月廿六日

監印　李竹鑑

校對

0033

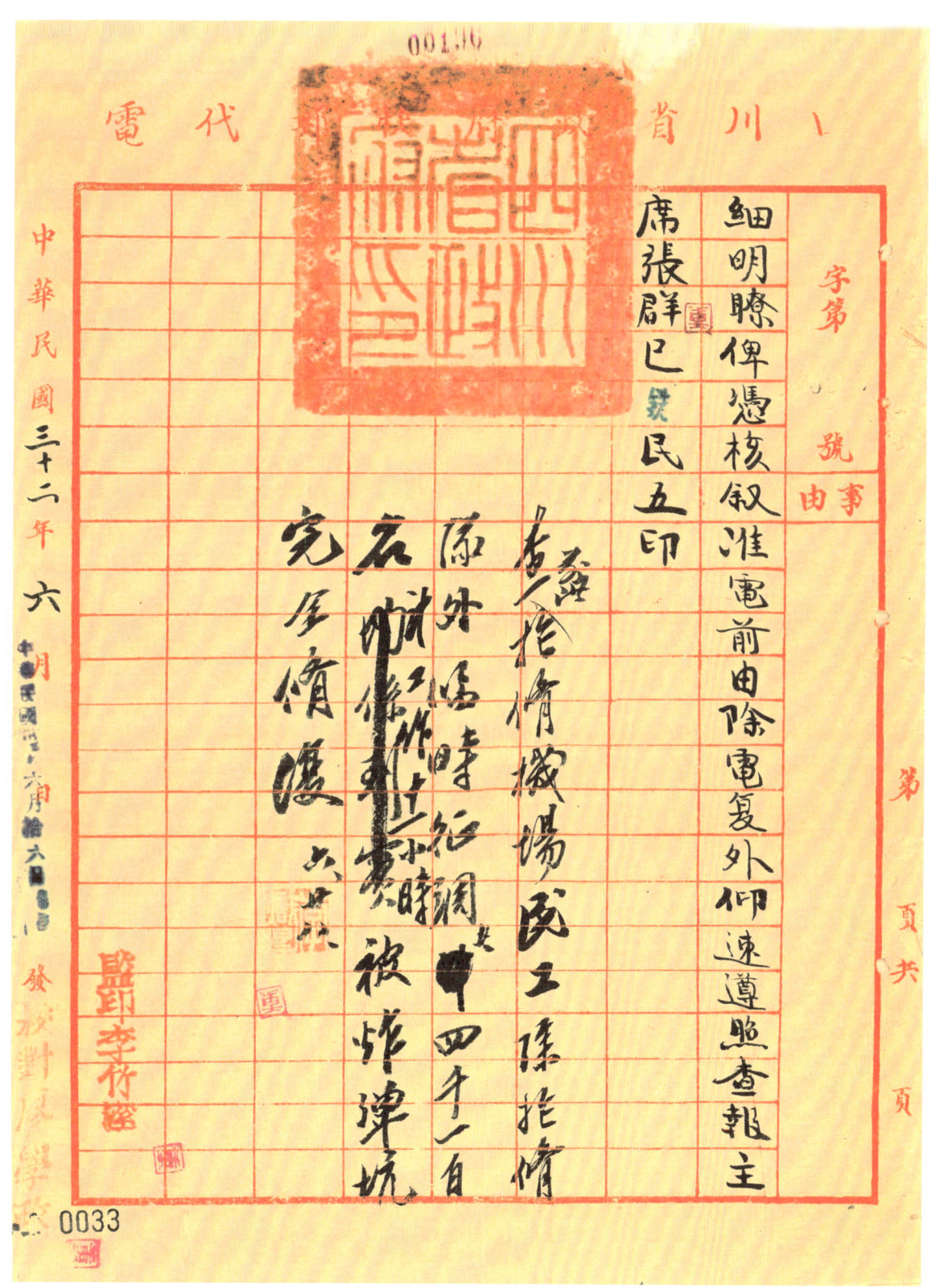

四川省政府致梁山县县长黄乃安的训令（一九四三年八月）

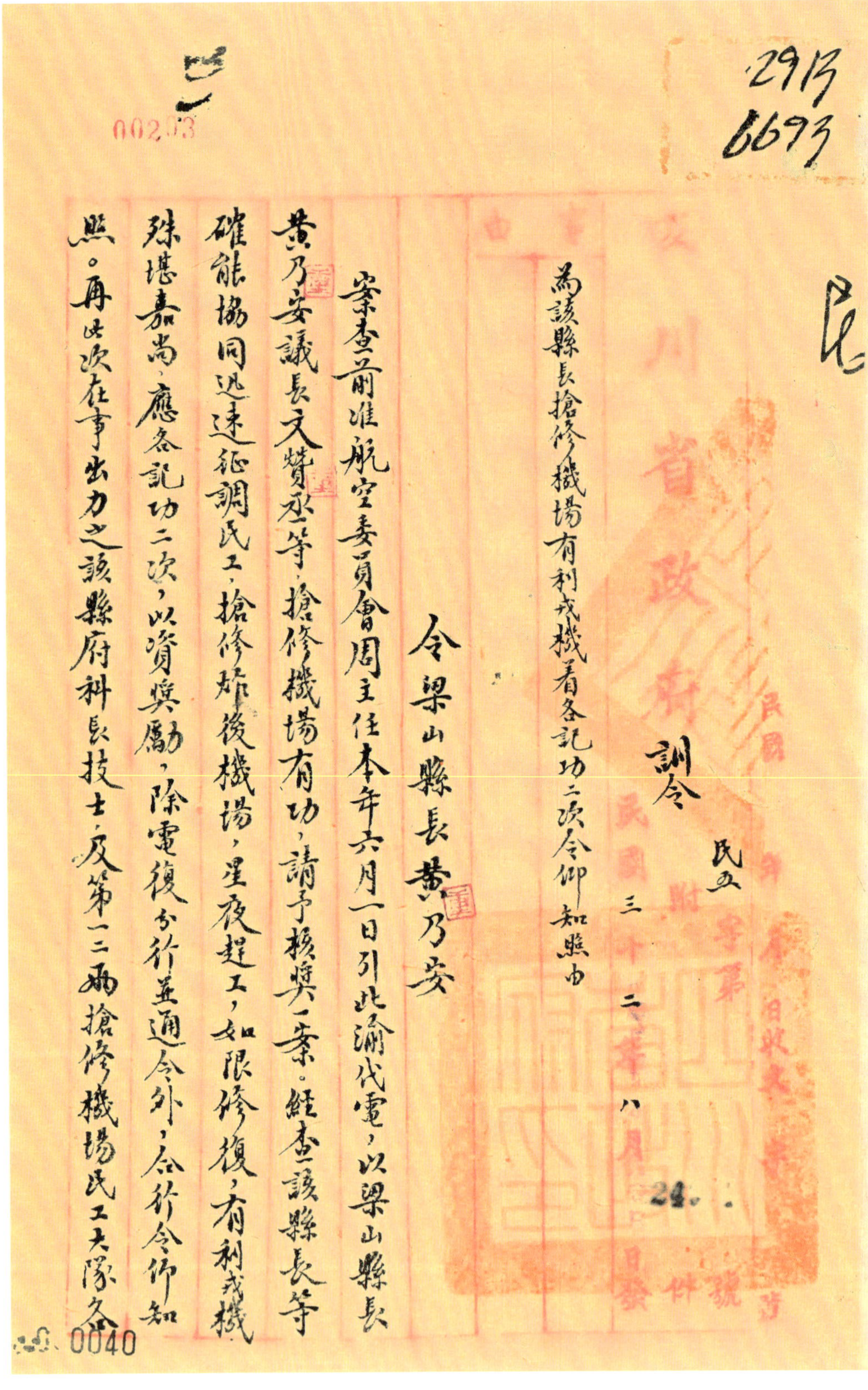

四川省政府訓令 民五 字第 號

民國三十二年八月 日發

為該縣長搶修機場有利戎機着各記功二次令仰知照由

令梁山縣長黃乃安

案查前准航空委員會周主任本年六月一日引此渝代電，以梁山縣長黃乃安、議長文贊丞等，搶修機場有功，請予核獎一案。經查該縣長等確能協同迅速征調民工，搶修炸後機場，星夜趕工，如限修復，有利戎機，殊堪嘉尚，應各記功二次，以資獎勵，除電復分行並通令外，合行令仰知照。再此次在事出力之該縣府科長技士，及第一二兩搶修機場民工大隊各

隊長，併仰分別查明傳令嘉獎，以昭激勵，仍將受獎各員名冊，報查

為要！

此令。

兼理主席 張群

民政廳長 胡次威

[illegible]

一、本府生子生力之耕長枝去

請縣長核獎

二、本鄉出力之鄉民工隊長

由民耕查明簽核

[illegible]

四川省政府民政廳

0041

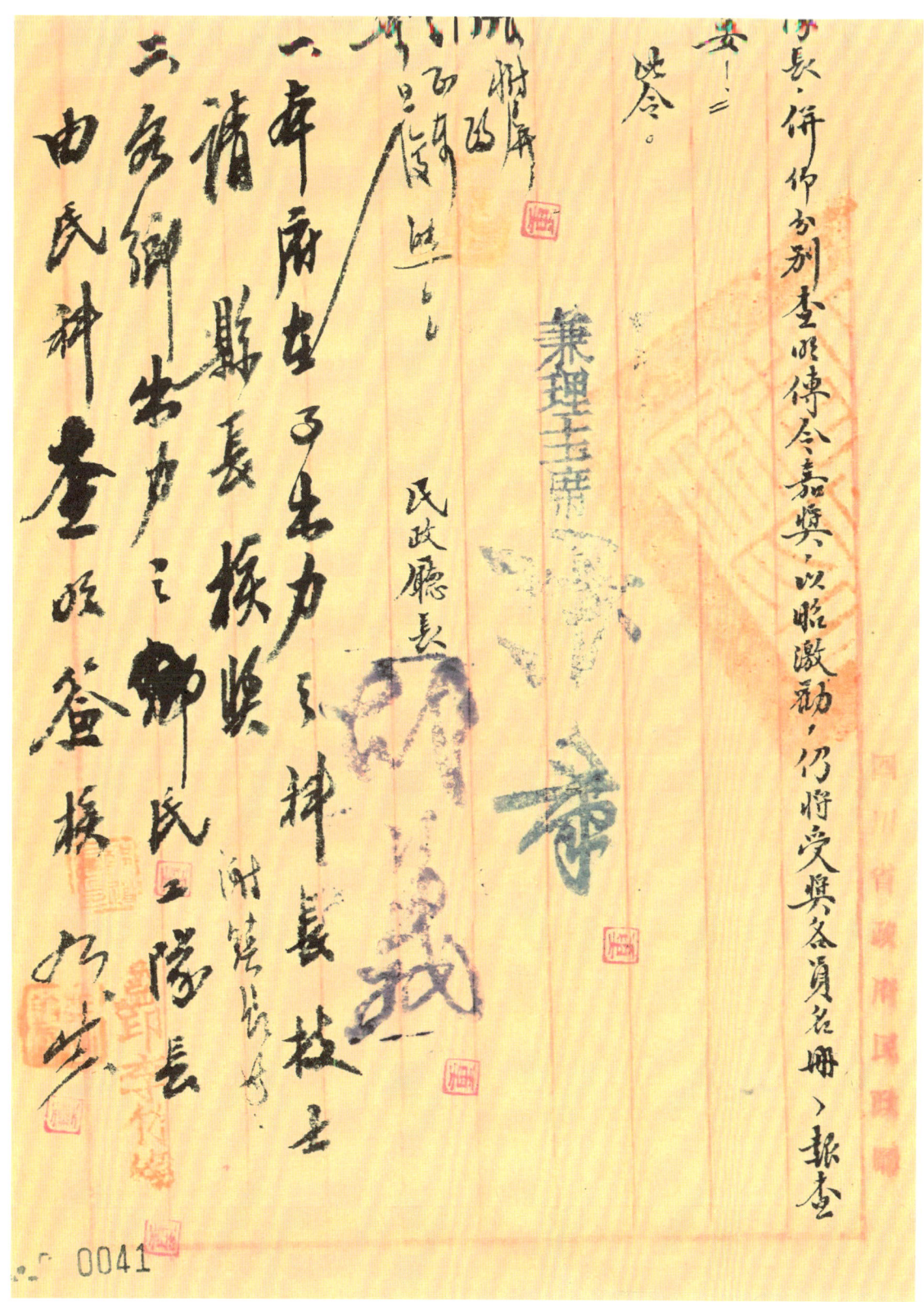

四川省政府致梁山县临时参议会议长文赞丞的训令（一九四三年八月）

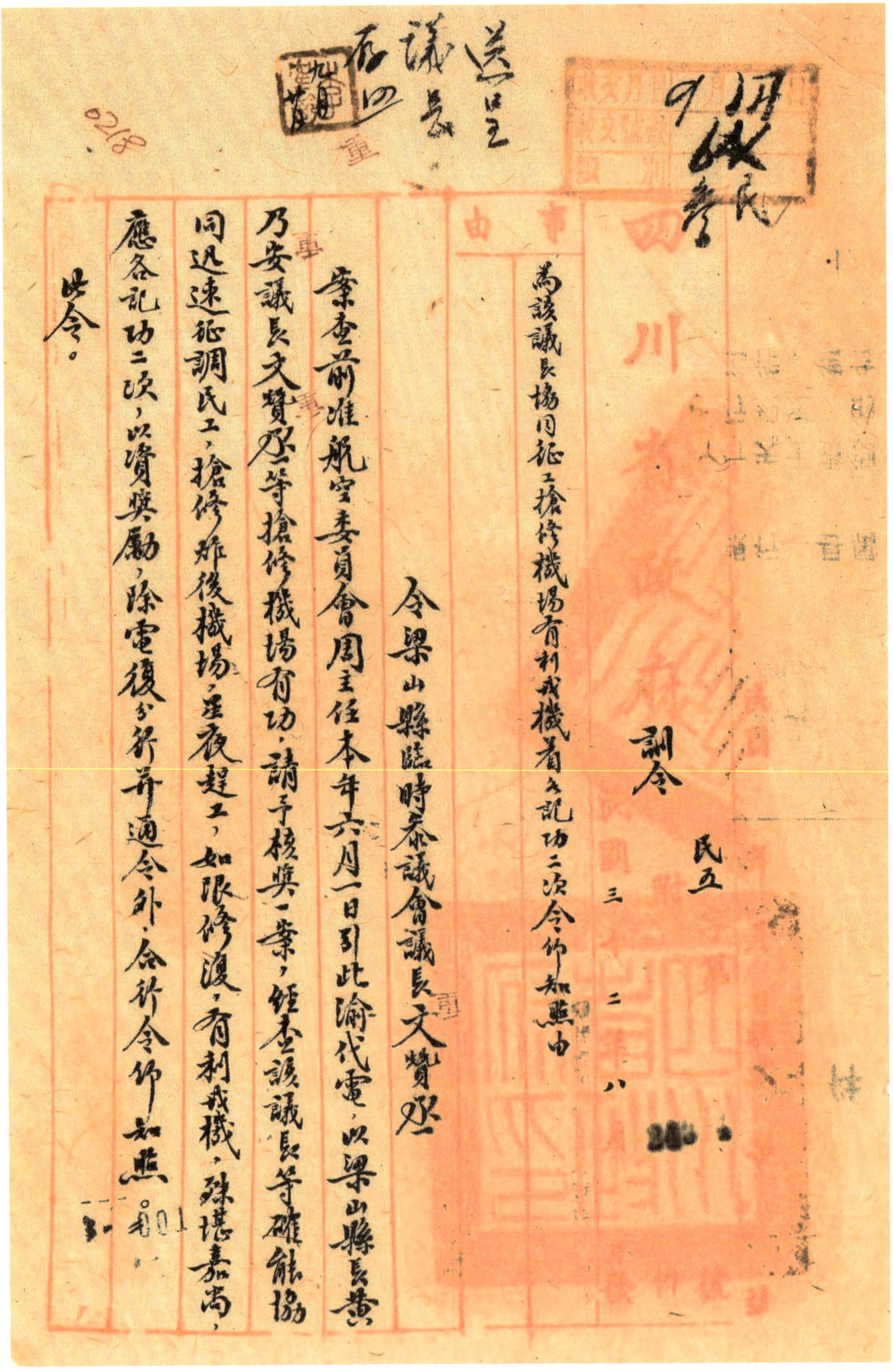

四川省政府訓令 民五 三二八

事由：為該議長協同征工搶修機場有利戎機著交記功二次令仰知照由

令梁山縣臨時參議會議長文贊丞

案查前准航空委員會周主任本年六月一日引此渝代電，以梁山縣長黃乃安、議長文贊丞等搶修機場有功，請予核獎一案，經查該議長等確能協同迅速征調民工，搶修炸後機場，星夜趕工，如限修復，有利戎機，殊堪嘉尚，應各記功二次，以資獎勵，除電復并通令外，合行令仰知照。

此令。

兼理主席 [illegible]

民政厅长 [illegible]

监印 李竹[illegible]

002

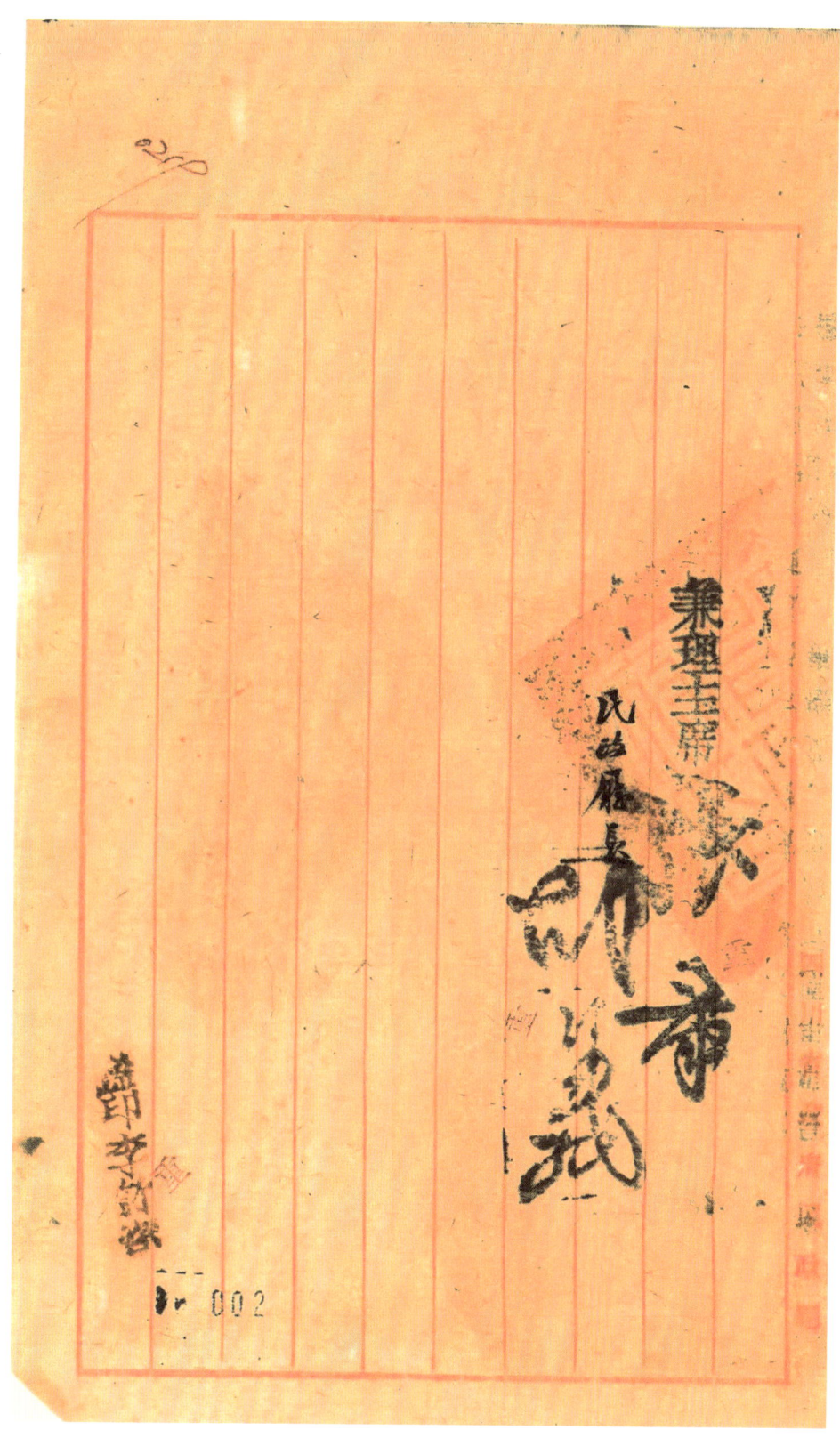

梁山县政府致梁山县各乡镇公所的训令（一九四三年十月）

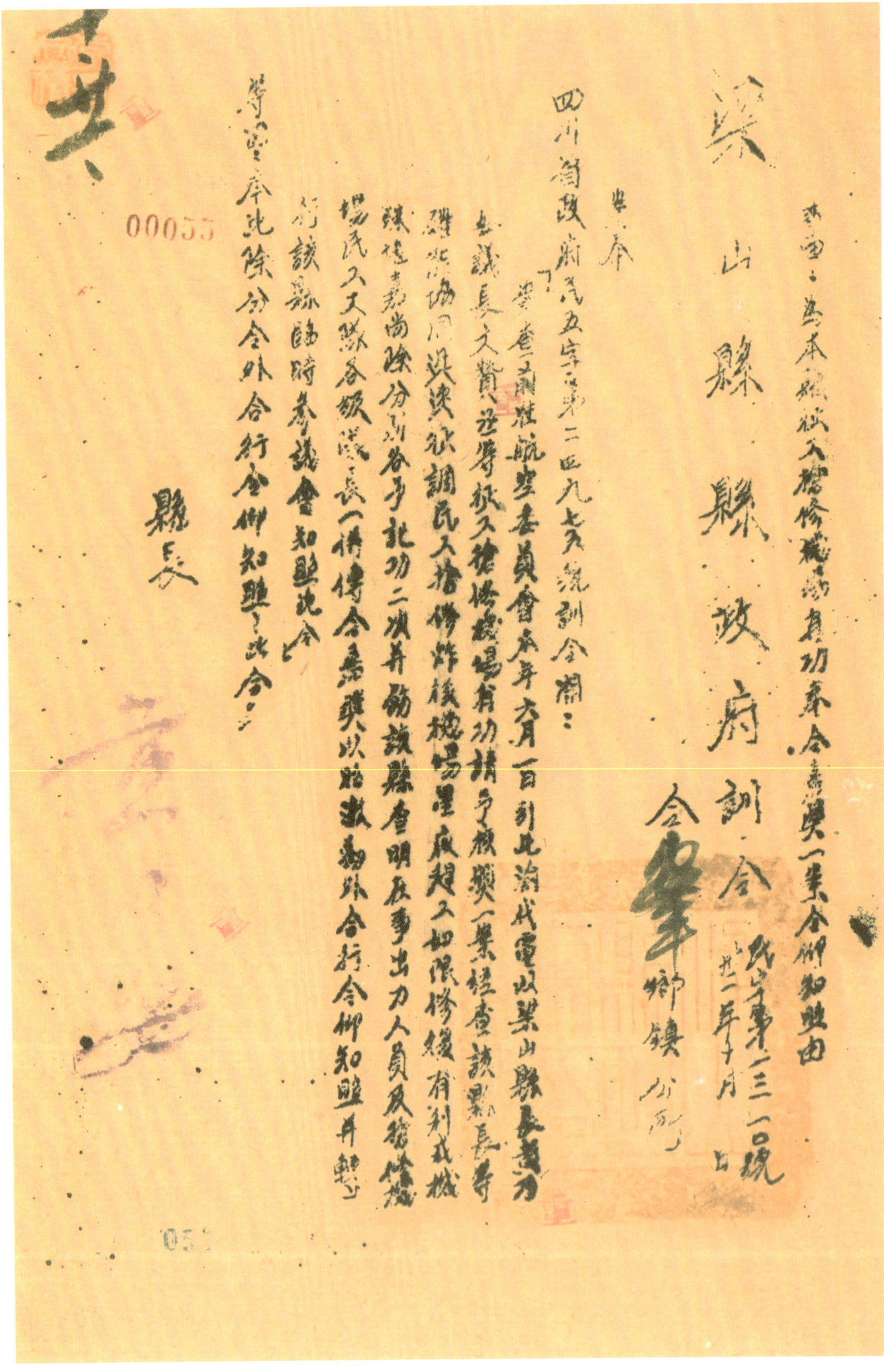

事由：為本縣縣民擴修機場有功奉令嘉獎一案令仰知照由

梁山縣縣政府訓令

民字第二三一〇號

卅二年十月　日

令　鄉鎮公所

案奉

四川省政府民五字第二四九七九號訓令開：

「案准航空委員會本年六月一日到渝代電以梁山縣長黃力安議長文贊廷等督率民工搶修機場有功請予嘉獎一案經查該縣長等確能協同與該縣民工搶修炸後機場星夜趕工如限修竣有利戰機殊堪嘉尚除分別各予記功二次并飭該縣查明在事出力人員及搶修機場民工大隊各級隊長一併傳令嘉獎以昭激勸外合行令仰知照并轉行該縣臨時參議會知照此令。」

等因；奉此，除分令外，合行令仰知照。此令。

縣長

梁山县临时参议会关于请予梁山县县长兼梁山县民工总队部总队长、民工管理处副处长赵秉钺嘉奖致四川省政府的代电（一九四五年九月十四日）

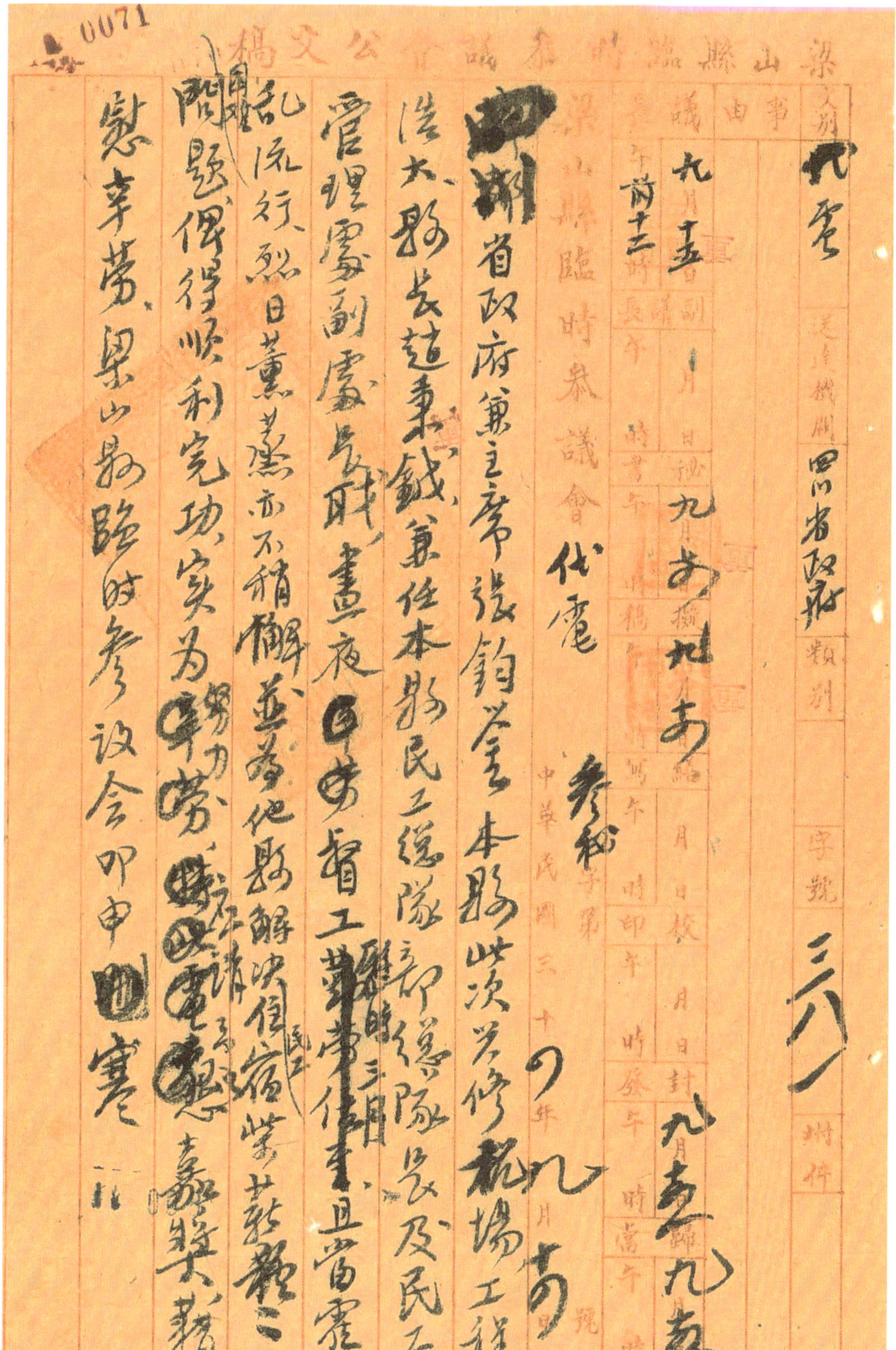
梁山縣臨時參議會公文稿

代電

四川省政府

四川省政府兼主席張鈞鑒：本縣此次興修機場工程，縣長兼任本縣民工總隊部總隊長及民工管理處副處長趙秉鉞晝夜督工，躬率作業，且當霪雨流行，烈日薰蒸，亦不稍懈，並為他縣解決住宿等難題，俾得順利完功，實為勞苦功高，懇予嘉獎，以慰辛勞。梁山縣臨時參議會叩申寒

梁山县民工总队部关于到部领取奖金致锦水乡乡公所的训令（一九四五年十月九日）

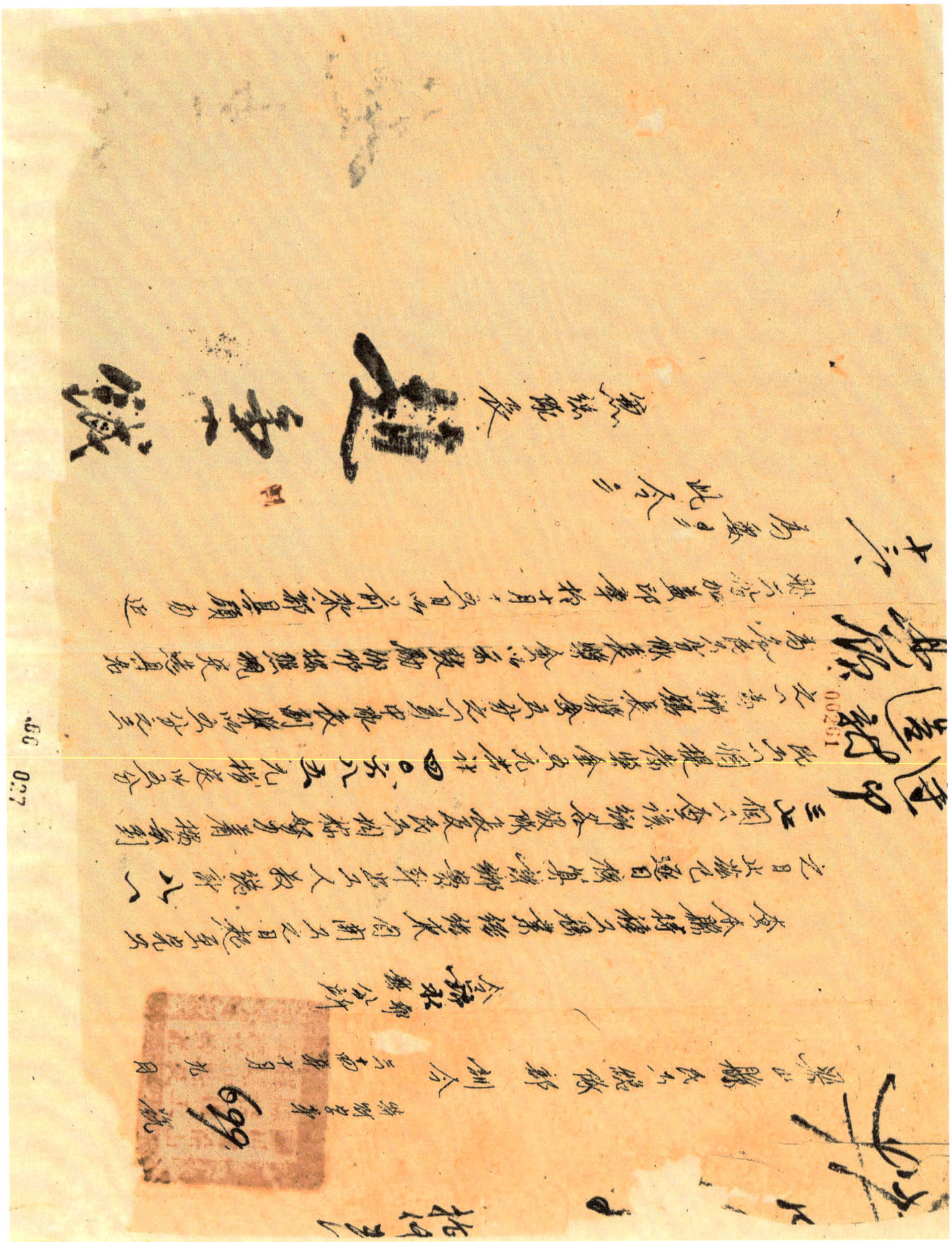

梁山县政府关于传令嘉奖谢锡森、陈德安致锦水乡乡公所的训令（一九四五年十月）

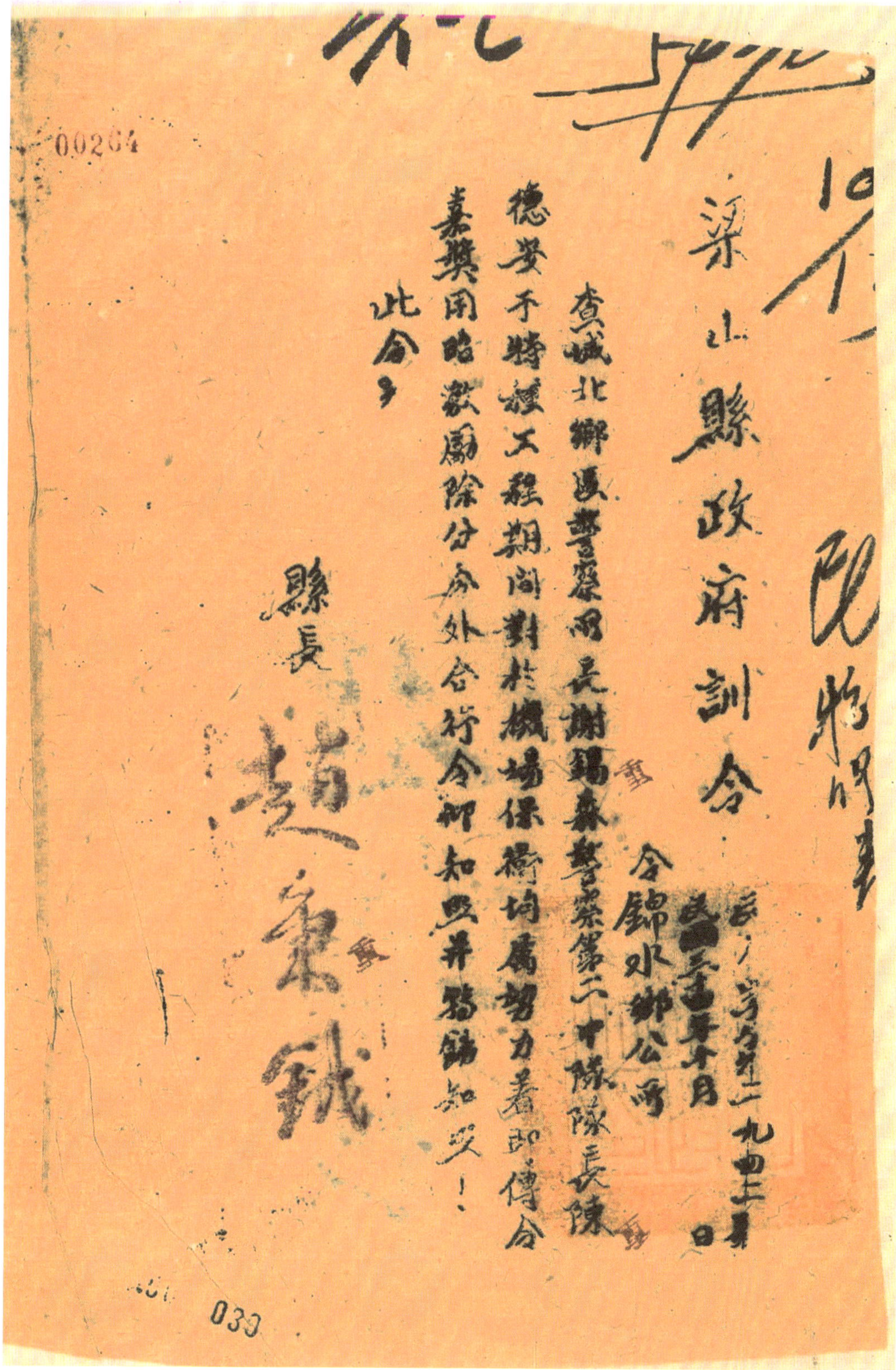

梁山縣政府訓令

民國三十四年十月　日

令錦水鄉公所

查城北鄉鎮警察所長謝錫森、警察第二十隊隊長陳德安于特護工程期間，對於機場保衛均屬努力，着即傳令嘉獎用昭激勵，除分令外合行令仰知照并轉飭知照！

此令。

縣長 趙[illegible]鉞

梁山县仁贤乡一九四五年担任特种工程领奖金人员清册（一九四六年二月）

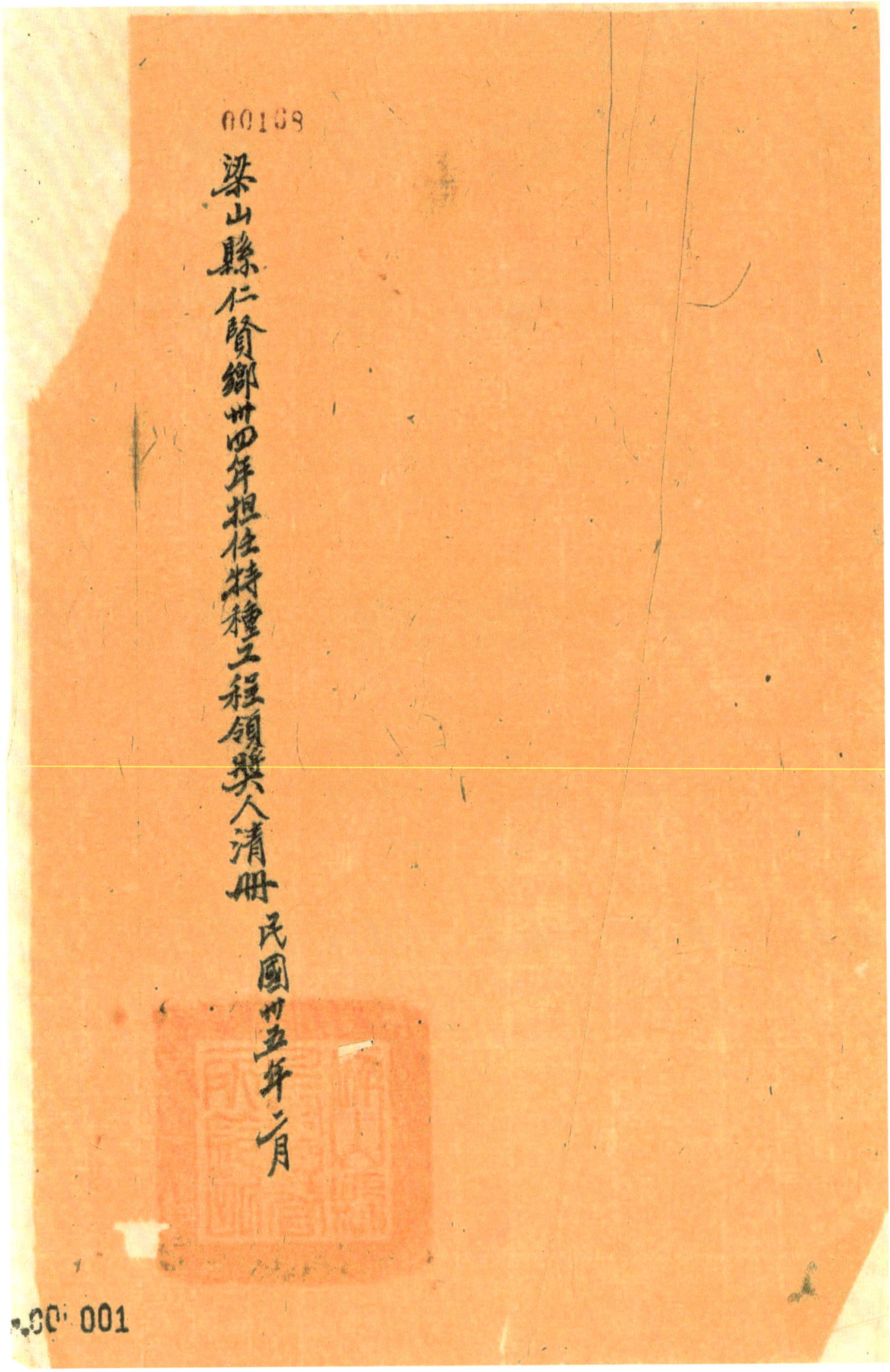
00168

梁山縣仁賢鄉卅四年担任特種工程領奬人清册

民國卅五年二月

00 001

梁山縣仁賢鄉三十四年担任特建工程領奬金人員清册

職別	姓名	應領奬金數	領款人蓋章	備攷
鄉長	彭滌康	二二八七五		
副鄉長	[illegible]林	[illegible]		
中隊長	黄厚德	四〇〇〇〇		
中隊長	楊白清	五〇〇〇〇		
分隊長	黄德明	五〇〇〇〇		
	高　楷	五〇〇〇〇		
	王雲鳳	三〇〇〇〇		
	王天壽	三〇〇〇〇		

以上奬金均係按成績優良核發

該員在工時間僅半月

彭名高 三〇〇〇
龍湘澄 三〇〇〇
劉鑫 三〇〇〇
劉有九 三〇〇〇
來青雲 二〇〇〇
黎樹雲 二〇〇〇
楊元賓 二〇〇〇
余新田 二〇〇〇
羅榮三 二〇〇〇
張安貴 二〇〇〇

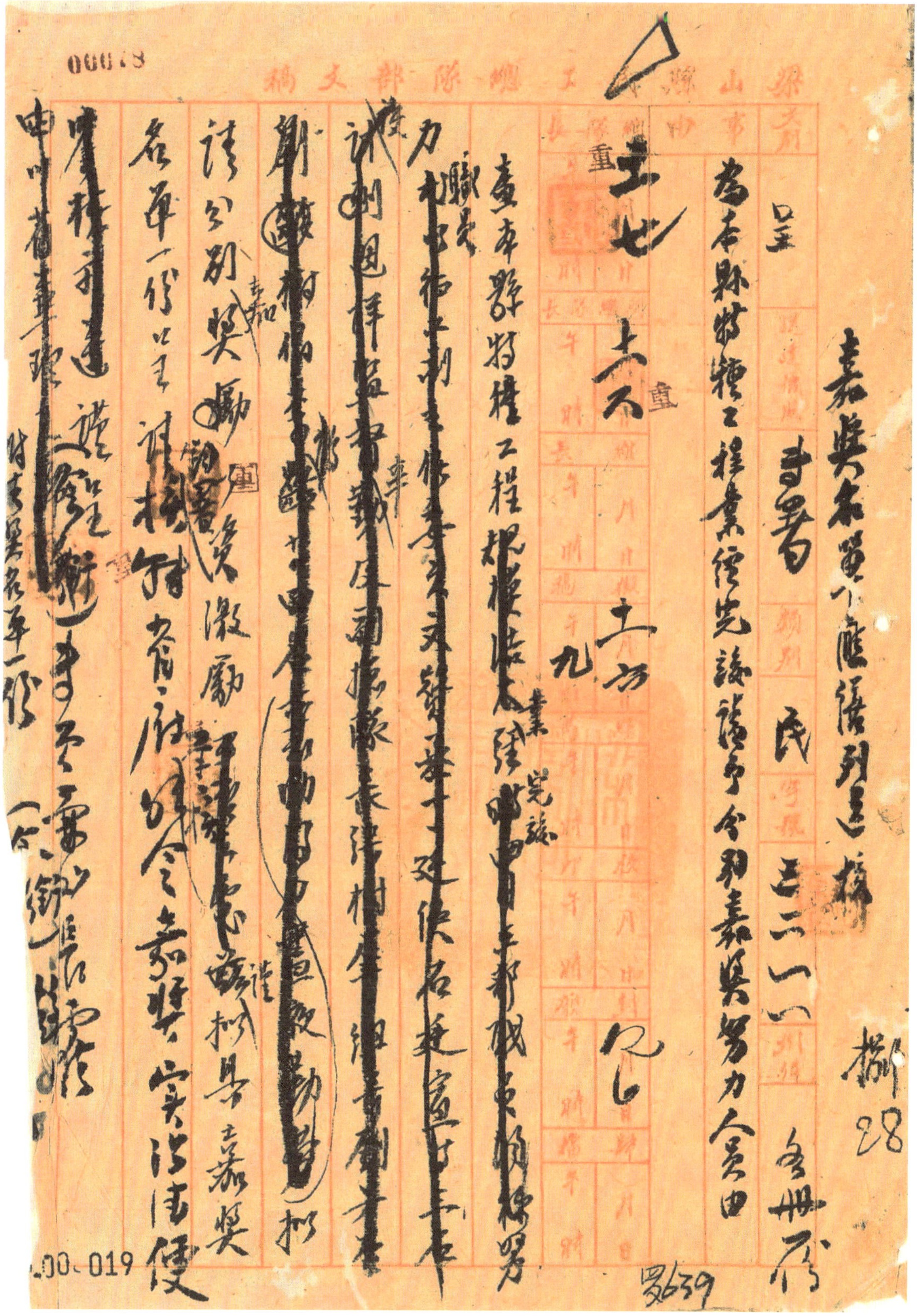

梁山县民工总队部关于嘉奖特种工程努力人员致四川省第十区行政督察专员公署的呈（时间不详）

附：梁山县特种工程民工总队部成绩优人员请奖名单

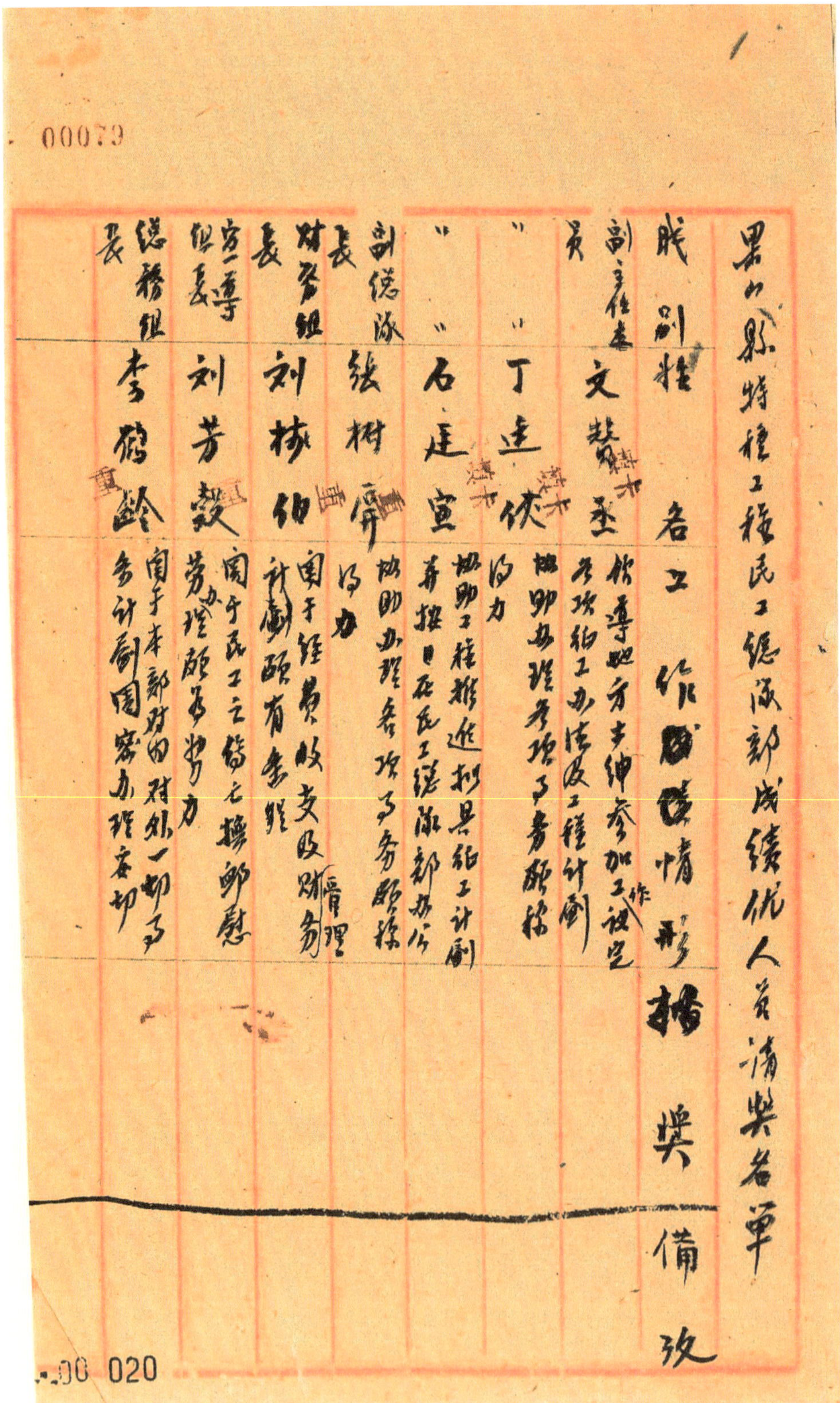
00079

梁山县特种工程民工总队部成绩优人员请奖名单

职别	姓名	工作情形	拟奖	备考
副主任委员	文赞丞	领导地方士绅参加工作设定各项征工办法及工程计划		
〃	丁述侠	协助办理各项事务颇称得力		
〃	石廷宣	协助工程进行拟具征工计划并按日在民工总队部办公		
副总队长	张树屏	协助办理各项事务颇称得力		
财务组长	刘桢伯	关于经费收支及财务管理计划颇有条理		
宣导组长	刘芳数	关于民工之给养邮慰劳办理颇为得力		
总务组长	李鹤龄	关于本部对外一切事务计划周密办理妥切		

00 020

后 记

本书编纂工作得到了中共重庆市梁平区委、区人民政府的高度重视，在资金拨付、工作协调等方面给予了鼎力支持，具体工作在《抗战时期扩修梁山机场档案汇编》编纂委员会的领导下进行。在编纂过程中，重庆市档案局、档案馆予以了具体指导，唐润明、周文彬、屈治国、黄娟、姚旭、温长松等同志审阅了书稿并提出了重要修改意见。在此，仅向上述单位和同志致以诚挚的感谢！

编 者